黄土高原降雨侵蚀产沙与水土保持减沙

王万忠　焦菊英　著

科 学 出 版 社

北 京

内 容 简 介

本书对黄土高原降雨侵蚀产沙特征与时空分异变化规律，以及水土保持的减沙效益评价进行了比较系统的研究。主要包括黄土高原的降水、暴雨特征及中小流域降雨分布的不均匀性；降雨与侵蚀产沙的关系及降雨侵蚀力；侵蚀产沙的区域分异特征与年际变化；水土保持减沙效益计算与综合治理效益评价等九个方面。

可供有关研究黄土高原水土保持、侵蚀产沙环境、水文气象、黄河泥沙的专业人员及高等院校有关专业师生参考。

图书在版编目（CIP）数据

黄土高原降雨侵蚀产沙与水土保持减沙/王万忠，焦菊英著. —北京：科学出版社, 2018.7

ISBN 978-7-03-057853-2

Ⅰ. ①黄… Ⅱ. ①王… ②焦… Ⅲ. ①黄土高原–降雨–侵蚀产沙–研究 ②黄土高原–水土保持–研究 Ⅳ. ①P512.2 ②S157

中国版本图书馆 CIP 数据核字(2018)第 129564 号

责任编辑：万 峰 朱海燕 / 责任校对：王 瑞 王萌萌

责任印制：肖 兴 / 封面设计：北京图阅盛世文化传媒有限公司

科学出版社 出版

北京东黄城根北街 16 号

邮政编码: 100717

http://www.sciencep.com

北京通州皇家印刷厂 印刷

科学出版社发行 各地新华书店经销

*

2018 年 7 月第 一 版 开本：787×1092 1/16

2018 年 7 月第一次印刷 印张：36 3/4

字数：846 000

定价：359.00 元

(如有印装质量问题，我社负责调换)

作 者 简 介

王万忠，男，汉族，中共党员，1952年2月生，陕西临潼人。中央党校在职研究生学历，教授，博士生导师。1976年参加工作，先后任中国科学院水利部水土保持研究所副所长，西北农林科技大学党委副书记、党委副书记兼副校长、党委常务副书记、兼任杨凌示范区党工委副书记等职。

1976年7月陕西师范大学地理系毕业后，分配到中国科学院水利部水土保持研究所工作。长期从事土壤侵蚀与水土保持效益评价方面的研究。1996年晋升为研究员，2000年被聘为博士研究生导师，2004年起兼任陕西省环境学会副理事长。

先后主持多项国家科技攻关项目和重大课题，在《地理学报》《水土保持学报》等刊物发表学术论文40余篇，出版专著4部，获中国科学院和陕西省科技进步奖3项，1998年被国家计委、国家科委、财政部授予“全国八五科技攻关先进个人”称号，1994年曾以中国科学院高级访问学者身份赴日本东京大学、广岛大学和宫崎大学访问、讲学。

焦菊英，女，汉族，1965年7月生，陕西宝鸡人，研究员，博士。1988年7月毕业于西北农业大学土壤农化系，分配到水土保持研究所工作至今。2000年7月获西北农林科技大学农业工程专业博士学位，2002年7月至11月在日本鸟取大学进修“干旱半干旱地区水资源开发与环境评价”，2004年在英国帝国理工学院开展景观生态与恢复方面的合作研究。2003年被聘为研究员，2005年12月被聘为创新工程研究员；于2002年和2007年分别被聘为硕士、博士研究生导师。

先后主持国家自然科学基金重点项目1项、面上项目5项。国家重点研发计划项目课题1项，以及中国科学院、水利部、教育部等有关科研项目多项。在黄土高原降雨侵蚀产沙与黄河输沙、水土保持效益评价、植被与土壤侵蚀关系及种子生态等方面取得了一定的研究积累与进展。发表学术论文百余篇，其中SCI论文30余篇；出版专著4部。其科研成果分别获得中国科学院科技进步奖二等奖1项，陕西省科技进步奖一等奖2项、二等奖1项。

前　言

黄土高原的水土流失和黄河的洪水灾害是举世闻名的。中华人民共和国成立以来，我们的党和政府对整治黄土高原水土流失和根治黄河水害工作十分重视，取得了巨大的成就。特别是20世纪90年代以来，大规模的退耕还林（草）工程和治沟骨干工程，使得黄土高原的水土流失得以根本性的控制，近年来入黄河泥沙急剧减少。

与此同时，围绕着黄土高原整治和黄河的水害问题，众多的科技人员在黄土高原水土流失规律、水土保持综合治理措施及效益评价、黄土高原侵蚀产沙的时空分布特征以及黄河水沙变化的原因分析方面开展了持久的卓有成效的研究。

长期以来，在黄土高原水土流失规律和黄河水沙变化的研究中，存在着两个层面的障碍因素或问题。一是在空间层面上，由于黄土高原区域间的自然条件差异很大，侵蚀产沙的空间分布极不均匀，由某一二个样点（小流域）所得的分析结果，或由某一局部性问题所得的结论，很难说明区域性的普遍规律，也很难将其应用或推广到其他地区或更大区域，有些结论可能带有很大的片面性。例如，黄土高原目前建立的一些小流域侵蚀产沙预报模型，很难在其他小流域得以满意的应用和推广；在一些流域建立的雨沙关系模型（关系式），也很难应用到更大的范围和区域，难以说明或解释黄河泥沙变化的特征与规律。又如，某一坡面或某一流域的产流产沙过程变化很难揭示不同集水区或不同空间尺度的产流产沙过程变化。二是在时间层面上，由于黄土高原降雨侵蚀产沙的年际变化很大，仅对某一个别年份或某一较短系列的时间尺度分析，很难将其年际变化的特征和规律解释清楚。有时，会被一些“假象”所遮掩。因此，对于黄土高原水土流失规律和黄河水沙变化特征的研究，必须着眼于研究分析区域性的关键问题，而不局限于局部的、个别的或孤立的分析某一个具体问题。而这种研究应当以大量的分析样点、丰富的资料数据和长序列的观测时段为支撑，特别要注意资料数据完整性、可靠性和系列代表性的甄别、分析和完善。

基于上述认识，30余年来，作者始终抓住降雨这一影响黄土高原水土流失时空分异和黄河水沙变化的主要因素，特别是抓住暴雨这一关键问题和主要矛盾，对其特征变化进行深入的、全方位的分析。在此基础上，分析降雨与侵蚀产沙的关系，优选并建立比较满意的雨沙关系，并将其应用到水沙变化的研究中。同时，在计算梯田、林草、淤地坝等水土保持措施减沙效益的基础上，依据各治理区的地形条件和气候植被状况，对其进行水土保持措施的优化配置，并对其不同配置情况下的侵蚀产沙量进行了预测。另外，作者还应用全区域、长系列的水文观测资料，对黄土高原近60年来侵蚀产沙的时空变化进行系统的统计分析。

本书是作者30余年来有关这一研究的系统总结。全书以降雨为主线，以丰富的资料和庞大的数据及多层次的分析样点为支撑，将降雨—侵蚀产沙—水土保持防蚀减沙作为一个相互联系的整体，从不同空间尺度和不同统计时段分析其各自的特征、规律和相互间的联系与影响。其主要内容和研究成果表现在以下几个方面：

一、对黄土高原近半个世纪以来，降水量各因子（年、月、季、汛期降水量；不同量级降水量；不同时段最大降水量）的时空分布特征和年际变化规律进行了比较细致的统计分析，并将其结果通过大量的图表予以体现和表达。

二、依据大量祥实的暴雨资料，对黄土高原暴雨雨型结构、时程分配、发生频率、空间分布等特性、特征和规律进行了比较系统的分析和研究，提出了用于侵蚀产沙研究的暴雨标准和特大暴雨标准，特别是有关特大暴雨和暴雨极值研究的资料和内容是至今最为丰富的。

三、在黄土高原的主要侵蚀产沙区选择了 13 条中小流域，通过近 500 场暴雨的统计分析，对 3 类暴雨不同时段最大雨量空间分布的不均匀性进行了研究，分析了暴雨中心发生的随机性、流域点降雨的面代表性及不同类型降雨的点面关系，提出了可用于降雨产沙预报的雨量站网布设密度。

四、通过对各种降雨因子与坡面土壤流失量关系的统计分析，提出了黄土高原降雨侵蚀力 R 值的最佳组合结构，并与通用流失方程中的方法计算的 R 值进行了对比分析，提供了次降雨、年降雨和多年平均降雨三种条件下 R 值的简易计算办法，绘制了黄土高原降雨侵蚀力 R 值等值线图。

五、通过对 20 多个坡面（小沟道）大量实测降雨侵蚀产沙资料的统计分析，给定了黄土高原侵蚀性降雨的一般雨量标准和不同侵蚀程度的雨量标准，分析了侵蚀性降雨不同要素（雨量、雨强、雨时、雨型）的基本特征。同时，通过对坡面和沟道小流域不同降雨因子多种组合形式下雨沙关系的统计分析，提出了可用于次降雨和年降雨两种情况下侵蚀产沙量预报的最佳降雨因子组合结构。

六、应用陕北子洲团山沟、蛇家沟、三川口、曹坪水文站多年实测的场暴雨降雨、径流、泥沙过程变化资料，逐一剖析了不同空间尺度的降雨、产流、产沙的相互关系和过程变化特征，包括降雨强度与产流、产沙的峰值出现时间以及各要素（流量、含沙量、输沙率）峰值出现的耦合形式，以及极强烈侵蚀的降雨产流产沙特征。

七、应用“水文—地貌法”，通过水文控制区与侵蚀类型区的空间叠加，将黄土高原划分为 292 个侵蚀产沙单元，计算出每个单元的侵蚀产沙量，继而系统地分析了四种不同空间范围（不同类型区、不同侵蚀带、不同水文区间、不同流域）侵蚀产沙的空间分布、年际变化和侵蚀强度结构特征。同时，给出了黄土高原的主要产沙区、“极限”含沙量和最大侵蚀强度。

八、在计算梯田、林草、淤地坝等水土保持措施减沙效益的基础上，将黄土高原强度侵蚀以上的区域划分为 10 个重点治理区，对其近 60 年来不同治理阶段的产沙量减幅变化进行了对比分析。同时，依据各治理区的地形条件和气候植被状况，进行了水土保持措施的优化配置，并对其不同配置情况下的侵蚀产沙量进行了预测，建立了不同水文年型与不同治理程度相结合的黄河输沙量预测模型。

九、对黄河中游地区雨沙关系分析中普遍存在的研究区域选择、基准期判定和降雨因子优选等问题，以及影响雨沙关系相关程度的主要因素（站网密度、面雨量计算方法、特异点处理等）进行了深入的分析，并以黄河主要产沙区为研究区域，以 1957～1969 年为基准期，对 21 个降雨因子与来沙量的关系进行了相关分析，从各降雨因子与来沙量的相关程度及降雨资料获取的难易程度综合考虑，选取 7～8 月雨量为降雨因子，建立了具有较高相关度的雨沙关系式，并将其关系式满意的应用到黄河泥沙变化原因的数量分析中。

在本书出版之际，非常感谢魏艳红博士完成了本书大部分图件的绘制工作，感谢张春林同志在本书资料分析和数据计算方面给予的帮助。感谢李春祖同志在书稿编辑和出版过程中给予的帮助。没有他们的辛苦付出，此项工作是难以完成的。

同时，本书的出版得到黄土高原土壤侵蚀与旱地农业国家实验室基本科研业务费的资助，得到“十三五”国家重点研发计划课题“黄土高原生态修复的土壤侵蚀效应与控制机制”和“黄河流域水沙变化机理与趋势预测”的资助。在此表示特别的致谢。

由于作者水平有限，加之本书数据处理和分析量较大，缺点、遗误和不足之处在所难免，恳请读者不吝赐教。

作　者

2017 年 10 月

目　录

第 1 章　黄土高原的降水

1.1　降水的地理环境与气候特征

1.1.1　黄土高原的地形与降水

一般认为黄土高原的范围是东起太行山，西至青海日月山（114°～101°E）；南界秦岭，北抵长城（34°～40°N），总面积约 40 万 km^2，海拔 1000～2000m，属于黄河中游流域的一部分。由于本书所研究的是黄土高原的降水产沙问题，为便于气象、水文资料的处理和应用，本书所分析的北界范围延伸到阴山以南，总面积 62 万 km^2，称之为黄土高原地区。

黄土高原是我国一个独特的地貌单元（陈永宗等，1988a），它的东、南、西、北四面均被高山环绕，整个地势由西北向东南倾斜。区内沟壑纵横，地形起伏较大。境内的中低山面积约 12 万～13 万 km^2，主要有六盘山、吕梁山、黄龙山、崂山、子午岭等。六盘山和吕梁山两个主要山脉把黄土高原分为三大区域：六盘山以西的西部为陇西盆地，海拔为 1500～2000m；六盘山和吕梁山之间的中部为陕北高原，海拔 1500m 左右；吕梁山以东的东部是山西高原，海拔在 1000m 左右。除了一些主要的山地外，塬、梁、峁是黄土高原最主要的地貌形态。完整的黄土塬主要分布在黄土高原的南部，如洛川塬、董志塬；破碎塬以晋西隰县和大宁一带最为典型。黄土高原的中北部主要为梁峁丘陵；六盘山以西多为宽梁大峁，梁体延伸几千米到十几千米；六盘山以东多为短梁小峁。

地形对黄土高原降水的影响主要有以下两方面：

（1）区域主要山脉的影响。横亘黄土高原南部的秦岭，是我国亚热带和暖温带的南北分界线，海拔高度 1500～3700m（钱林清，1991），它阻碍了冬季风的南下和夏季风的北上。东部的太行山是黄土高原与华北平原的地形分界线，海拔多在 1500m 以上。东西走向的秦岭与南北走向的太行山一起构成了一条自然屏障，对夏季来自东南方向的海洋暖湿气团在向黄河中游推进时起着阻滞作用。同时，境内的太岳山、吕梁山、渭河北山、六盘山等山脉，又构成了阻滞暖湿气团前进的第二道屏障，致使暖湿气团在向西推进的过程中步步受阻，水汽含量越来越少，形成降水的概率也相应变小，降水量从区域东南的超过 600mm 减少到西北部的 200mm 左右，气候逐渐从半湿润过渡到半干旱气候。同时，山脉对水汽运行的屏障作用，往往在迎风坡形成降水，在背风坡形成雨影区，迎风坡雨量较背风坡多，这样就造成黄土高原降水的局地差异。

（2）区域局部地形的影响。黄土高原的川、沟、塬、梁、峁等中、小地形对各地的降水情况也有所影响（钱林清，1991）。一方面由于本地区地面切割显著，地形起伏变化大，利于夏季热力对流，使得暴雨的发生频率增大。另一方面一些陡直的迎风坡、喇叭口地形，往往促使雨云单体强烈发展，从而形成强烈雷暴雨[①]。此外，下垫面热力性质的影响，在北部由于有大片的沙漠和沟壑纵横的黄土丘陵，植被稀少，同时分布了数目不等的盐池、海子和湖淖，因沙丘与水面热容量及山顶和山谷热力性质都有所不同，从而导致局地环流的产生和发展，触发大气不稳定容量释放，使降水系统加强[①]，形成局地性质的高强度降水。

由于黄土高原地形复杂，区域间降水差异性很大。要客观地研究和反映这一地区降水的时空分布特征，就必须有足够的且长时间序列的雨量观测站网资料来支撑。目前，虽然黄土高原地区的气象和水文观测站加起来有800余个，但大都观测时序较短，或观测资料系列中断缺失严重。经过反复挑选，最终选取了106个雨量观测站的资料作为这次分析研究黄土高原降水时空分布特征的基础资料。这些站点的资料一是时序较长，有70%的站点观测资料从20世纪50年代到2010年，有近60年的时间序列；二是观测系列中一般无中断缺失现象，或中断观测的时间较短，资料可进行插补延长；三是所在位置具有一定的区域代表性，并尽可能考虑到观测站网的疏密一致性（表1.1和图1.1）。

表1.1　黄土高原降水资料台站信息

序号	台站名称	省（自治区）	位置		资料年限（1）	资料年限（2）
			北纬	东经		
001	西　宁	青海	36°43′	101°45′	1954～2010年	1952～1989年
002	民　和	青海	36°19′	102°51′	1957～2010年	1950～1989年
003	临　夏	甘肃	35°35′	103°11′	1951～2010年	
004	临　洮	甘肃	35°21′	103°51′	1951～2010年	
005	兰　州	甘肃	36°03′	103°53′	1951～2008年	1950～1989年
006	靖　远	甘肃	36°34′	104°41′	1951～2010年	1950～1989年
007	会　宁	甘肃	35°41′	105°05′	1951～1990年	1956～1989年
008	海　源	宁夏	36°34′	105°39′	1958～2010年	1962～1989年
009	西　吉	宁夏	35°58′	105°43′	1958～2010年	
010	中　宁	宁夏	37°29′	105°41′	1953～2010年	1951～1986年
011	同　心	宁夏	36°58′	105°54′	1955～2010年	
012	固　原	宁夏	36°00′	106°16′	1957～2010年	1956～1989年
013	平　凉	甘肃	35°33′	106°40′	1951～2010年	1957～1989年
014	天　水	甘肃	34°35′	105°45′	1951～2008年	1952～1989年
015	宝　鸡	陕西	34°21′	107°08′	1952～2010年	1950～1989年
016	环　县	甘肃	36°35′	107°18′	1957～2010年	1971～1989年
017	西峰镇	甘肃	35°44′	107°38′	1951～2010年	1951～1989年
018	长　武	陕西	35°12′	107°48′	1957～2010年	1954～1989年
019	武　功	陕西	34°15′	108°13′	1955～2010年	
020	西　安	陕西	34°18′	108°56′	1951～2010年	1950～1989年
021	铜　川	陕西	35°05′	109°04′	1955～2010年	1955～1989年
022	灵　武	宁夏	38°06′	106°20′	1950～2009年	

① 黄河水利委员会水利勘测设计院. 1989. 黄河流域暴雨洪水特性分析报告

续表

序号	台站名称	省（自治区）	位置		资料年限（1）	资料年限（2）
			北纬	东经		
023	盐　池	宁夏	37°48′	107°23′	1954～2010年	1951～1970年
024	银　川	宁夏	38°29′	106°13′	1951～2010年	1951～1979年
025	惠　农	宁夏	39°13′	106°46′	1957～2010年	
026	鄂托克旗	内蒙古	39°06′	107°59′	1955～2010年	
027	杭锦旗	内蒙古	39°83′	108°70′	1954～2008年	
028	包　头	内蒙古	40°40′	109°51′	1951～2010年	1950～1989年
029	呼和浩特	内蒙古	40°49′	111°41′	1951～2010年	1951～1989年
030	东　胜	内蒙古	39°50′	109°59′	1957～2010年	1957～1989年
031	伊金霍洛旗	内蒙古	39°34′	109°44′	1959～2008年	
032	榆　林	陕西	38°16′	109°47′	1951～2010年	1953～1989年
033	横　山	陕西	37°56′	109°14′	1954～2010年	1957～1989年
034	绥　德	陕西	37°30′	110°13′	1953～2010年	1959～1989年
035	吴　旗	陕西	36°55′	108°10′	1957～2010年	1953～1989年
036	延　安	陕西	36°36′	109°30′	1951～2010年	1953～1989年
037	洛　川	陕西	35°49′	109°30′	1955～2010年	1952～1989年
038	潼关（张留庄）	陕西	34°56′	110°25′	1956～2010年	1950～1989年
039	右　玉	山西	40°00′	112°27′	1957～2010年	1956～1989年
040	大　同	山西	40°06′	113°20′	1955～2010年	1956～1980年
041	河　曲	山西	39°23′	111°09′	1955～2010年	
042	五　寨	山西	38°55′	111°49′	1957～2010年	1952～1989年
043	兴　县	山西	38°28′	111°08′	1955～2010年	1951～1989年
044	原　平	山西	38°44′	112°43′	1954～2010年	1956～1980年
045	静　乐	山西	38°37′	111°90′	1951～2010年	1951～1989年
046	忻　州	山西	38°38′	112°70′	1956～2010年	1953～1989年
047	方山（圪洞）	山西	37°88′	111°23′	1960～2010年	
048	离　石	山西	37°30′	111°06′	1957～2010年	1973～1989年
049	太　原	山西	37°47′	112°33′	1951～2010年	1953～1989年
050	阳　泉	山西	37°51′	113°33′	1955～2005年	
051	介　休	山西	37°02′	111°55′	1954～2010年	1958～1989年
052	榆　社	山西	37°04′	112°59′	1957～2010年	
053	隰　县	山西	36°42′	110°57′	1957～2010年	
054	沁　原	山西	36°50′	112°32′	1958～2010年	
055	安泽（飞岭）	山西	36°15′	112°20′	1957～2010年	
056	临　汾	山西	36°04′	111°30′	1954～2010年	1951～1989年
057	长　治	山西	36°03′	113°04′	1954～2010年	1955～1980年
058	运　城	山西	35°03′	111°03′	1956～2010年	1958～1989年
059	阳　城	山西	35°29′	112°24′	1957～2010年	1951～1985年
060	孟　津	河南	34°49′	112°26′	1961～2010年	
061	皇　甫	山西	39°71′	111°05′	1954～2010年	1953～1989年

续表

序号	台站名称	省（自治区）	位置		资料年限（1）	资料年限（2）
			北纬	东经		
062	岢　岚	山西	38°42′	111°34′	1951～2010 年	1951～1989 年
063	偏　关	山西	39°26′	111°29′	1958～2010 年	1957～1989 年
064	下河沿	宁夏	37°27′	105°03′		1951～1989 年
065	郭城驿	甘肃	36°13′	104°52′		1954～1989 年
066	定　西	甘肃	34°49′	104°37′		1957～1989 年
067	青铜峡	宁夏	37°54′	106°00′		1950～1989 年
068	石嘴山	宁夏	39°75′	106°47′		1950～1989 年
069	秦　安	甘肃	34°51′	105°40′		1953～1989 年
070	南河川	甘肃	34°37′	105°45′		1950～1989 年
071	毛家河	甘肃	35°31′	107°35′		1952～1989 年
072	泾　川	甘肃	35°20′	107°21′		1950～1989 年
073	正　宁	甘肃	35°41′	107°38′		1966～1989 年
074	淳　化	陕西	34°48′	108°35′		1951～1989 年
075	张家山	陕西	34°39′	108°34′		1950～1989 年
076	千　阳	陕西	34°38′	107°07′		1958～1989 年
077	旬　邑	陕西	35°06′	108°19′		1951～1989 年
078	张村驿	陕西	35°53′	109°07′		1952～1989 年
079	洑　头	陕西	34°59′	109°51′		1950～1989 年
080	义　门	陕西	35°08′	107°59′		1953～1989 年
081	神　木	陕西	38°48′	110°30′		1952～1989 年
082	高家堡	陕西	38°33′	110°17′		1953～1989 年
083	临　县	陕西	38°00′	111°00′		1951～1983 年
084	吴　堡	陕西	37°27′	110°43′		1952～1989 年
085	赵石窑	陕西	38°02′	109°44′		1950～1989 年
086	靖　边	陕西	37°36′	108°49′		1953～1989 年
087	子　长	陕西	37°09′	109°42′		1951～1989 年
088	甘谷驿	陕西	36°42′	109°48′		1952～1989 年
089	吉　县	山西	36°05′	110°40′		1959～1989 年
090	龙　门	陕西	35°40′	110°35′		1950～1989 年
091	河　津	山西	35°34′	110°48′		1950～1989 年
092	华　县	陕西	34°30′	109°46′		1950～1989 年
093	罗李村	陕西	34°08′	109°21′		1952～1989 年
094	兰　村	陕西	35°02′	109°16′		1950～1989 年
095	寿　阳	陕西	37°53′	113°10′		1951～1989 年
096	垣　曲	陕西	35°17′	111°39′		1950～1989 年
097	晋　城	陕西	35°29′	112°50′		1951～1985 年
098	润　城	山西	35°30′	112°30′		1952～1989 年
099	龙头拐	内蒙古	40°23′	110°01′		1960～1989 年
100	头道拐	内蒙古	40°33′	110°33′		1952～1989 年
101	沙珂堵	内蒙古	39°38′	110°52′		1951～1989 年

注：资料年限（1）为年降水、不同量级降水计算资料；资料年限（2）为不同时段降水计算资料。

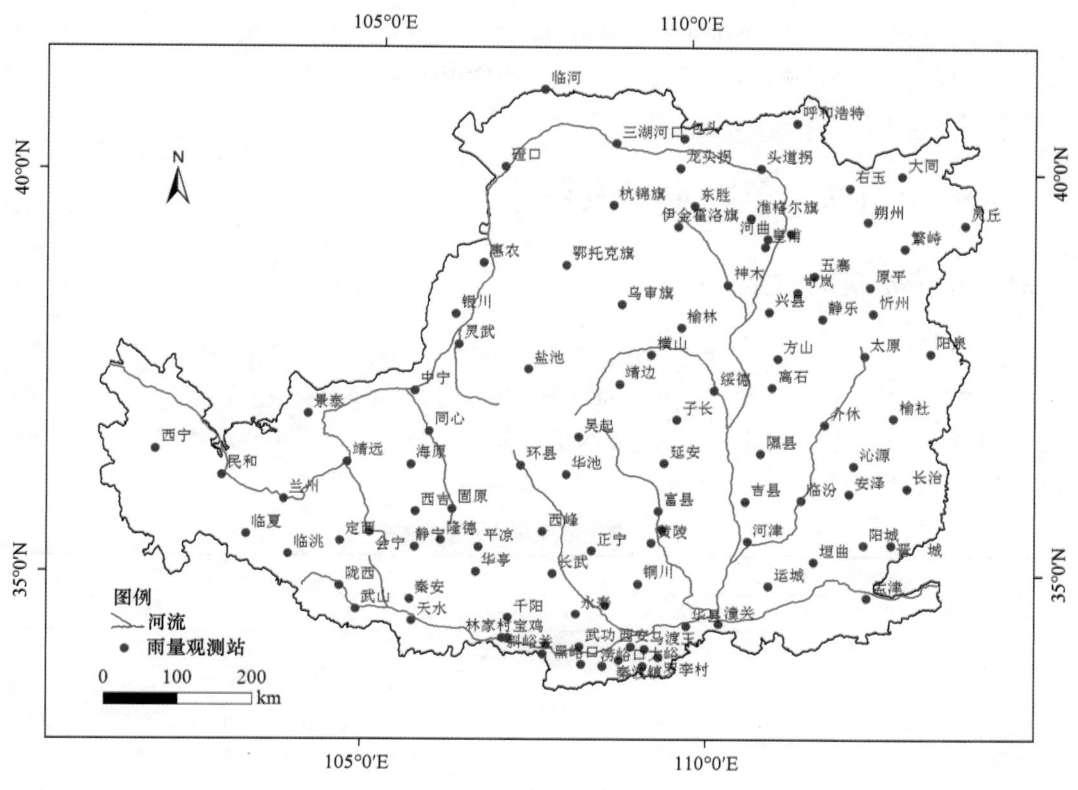

图 1.1　黄土高原雨量观测站分布图

1.1.2　黄土高原降水的气候特征

黄土高原位于中纬度地带的我国东部季风区，属高空盛行西风带的南部。近地面高低压系统活动频繁，环流形势季节性明显（钱林清，1991）。

冬季，受蒙古高压控制，极地大陆气团南下，冷空气活动常造成大风降温天气。由于极地大陆气团非常干燥和稳定，因此黄土高原冬季气候干燥而寒冷，很少降水。只有当上游天气区高空有西风槽吸引冷空气南下时，伴随地面冷风过境才可能有降雪天气发生（钱林清，1991）。

春季，虽然冬季风开始衰退，但由于太平洋上的暖湿空气势力还不很强盛，加之黄土高原距海较远，暖湿气流难以影响到黄土高原。由于冷锋的不断南下，该地区气旋活动最为频繁。但由于冬季长期为变性极地大陆气团所控制，空气和土壤中的水分含量都很少，因此黄土高原春旱现象十分严重。

夏季，黄土高原的近地面上处于大陆热低压槽的前部，高空在副热带高压的影响和控制之下，盛行太平洋热带海洋气团，湿度较大，成为降水的主要来源。这一地区，夏季降水主要是由于暖湿空气经过，冷空气的激发作用而形成大面积的降水。若遇较强冷空气侵入，则迫使暖空气强烈上升，出现暴雨天气。加之地面性质不太均一，夏季地面增热快，对流性强，很容易产生雷暴雨天气（陈永宗等，1988a）。

秋季，由于暖湿的海洋性气团逐渐南退，冷空气开始推进到黄土高原。由于暖湿的海洋性气团南退受到秦岭山地的阻挡作用，而变性的极地大陆气团侵入很快，就使得这一地区锋面降水很多。

1.2 年降水量及降水日数的时空分布

1.2.1 年降水量的时空分布

表1.2是黄土高原43个主要站的年降水量时空分布特征值，包括年平均降水量、最大年降水量、最小年降水量以及彼此间的比值和降水量年际变化变异系数CV值。图1.2～图1.5分别是黄土高原年平均降水量、最大年降水量、最小年降水量和变异系数CV等值线图。

表1.2 黄土高原年降水量特征值

站名	年平均降水量/mm	最大年		最小年		最大年/平均值	最小年/平均值	最大年/最小年	变异系数CV
		降水量/mm	发生年份	降水量/mm	发生年份				
西宁	383.9	541.2	1967	196.4	1966	1.4	0.51	2.8	0.20
民和	348.6	573.2	1967	198.6	1965	1.6	0.57	2.9	0.24
临洮	527.1	801.5	1979	326.6	1997	1.5	0.62	2.5	0.20
兰州	319.6	546.7	1978	189.2	1980	1.7	0.59	2.9	0.23
靖远	231.8	416.8	1985	135.4	1980	1.8	0.58	3.1	0.26
中宁	207.1	389.9	1964	78.5	2005	1.9	0.38	5.0	0.35
同心	267.8	491.8	1964	119.4	2005	1.8	0.45	4.1	0.30
盐池	289.1	586.8	1964	145.3	1980	2.0	0.50	4.0	0.30
银川	192.9	355.2	1961	74.9	2005	1.8	0.39	4.7	0.31
惠农	175.9	332.9	1967	54.5	1974	1.9	0.31	6.1	0.38
鄂托克	267.7	611.6	1976	125.3	1965	2.3	0.47	4.9	0.36
固原	449.0	766.4	1964	282.1	1982	1.7	0.63	2.7	0.23
平凉	495.9	744.5	1964	272.4	1991	1.5	0.55	2.7	0.22
天水	518.7	809.6	2003	321.8	1996	1.6	0.62	2.5	0.23
宝鸡	665.7	951.0	1981	378.3	1995	1.4	0.57	2.5	0.21
环县	426.7	812.9	1964	258.1	2006	1.9	0.60	3.1	0.28
西峰	544.6	828.2	2003	333.8	1995	1.5	0.61	2.5	0.21
长武	579.8	954.3	2003	296	1995	1.6	0.51	3.2	0.22
西安	571.7	903.2	1983	312.2	1995	1.6	0.55	2.9	0.22
铜川	581.4	889.4	1983	335.6	1995	1.5	0.58	2.7	0.21
东胜	373.1	609.7	1961	181	2000	1.6	0.49	3.4	0.27
榆林	392.1	695.4	1964	159.6	1965	1.8	0.41	4.4	0.25
绥德	447.6	747.5	1964	255.0	1965	1.7	0.57	2.9	0.23
吴旗	464.3	787.5	1964	270.0	1987	1.7	0.58	2.9	0.24
延安	529.5	871.2	1964	330.0	1974	1.6	0.62	2.6	0.22

续表

站名	年平均雨量/mm	最大年		最小年		最大年平均值	最小年平均值	最大年最小年	变异系数CV
		雨量/mm	发生年份	雨量/mm	发生年份				
洛川	605.9	929.4	2003	341.9	1995	1.5	0.56	2.7	0.21
右玉	422.9	662.0	1959	193.3	1965	1.6	0.46	3.4	0.24
大同	376.2	579.0	1967	212.8	1965	1.5	0.57	2.7	0.22
河曲	406.7	715.3	1967	211.4	1965	1.8	0.52	3.4	0.32
岢岚	465.0	836.3	1967	248.1	1972	1.8	0.53	3.4	0.27
原平	431.7	760.6	1967	162.4	1972	1.8	0.38	4.7	0.29
兴县	476.3	844.6	1964	181.1	1965	1.8	0.38	4.7	0.27
静乐	465.4	709.7	1964	240.1	1972	1.5	0.52	3.0	0.24
忻州	429.8	690.9	1967	167.6	1972	1.6	0.39	4.1	0.28
离石	484.4	744.8	1985	245.5	1999	1.5	0.51	3.0	0.26
太原	441.4	749.1	1969	216.1	1972	1.7	0.49	3.5	0.26
介休	463.7	733.1	1964	263.5	1997	1.6	0.57	2.8	0.24
榆社	540.4	876.1	1971	317.2	1997	1.6	0.59	2.8	0.24
隰县	518.3	816.3	1964	312.4	1997	1.6	0.60	2.6	0.24
临汾	483.9	799.9	1958	278.5	1965	1.7	0.58	2.9	0.24
长治	584.6	923.8	2003	320.8	1997	1.6	0.55	2.9	0.21
运城	534.5	879.9	1958	285.3	1997	1.6	0.53	3.1	0.23
阳城	600.2	896.2	2003	335.2	1965	1.5	0.56	2.7	0.23
平均	441.5	724.8		236.4		1.7	0.52	3.3	0.25

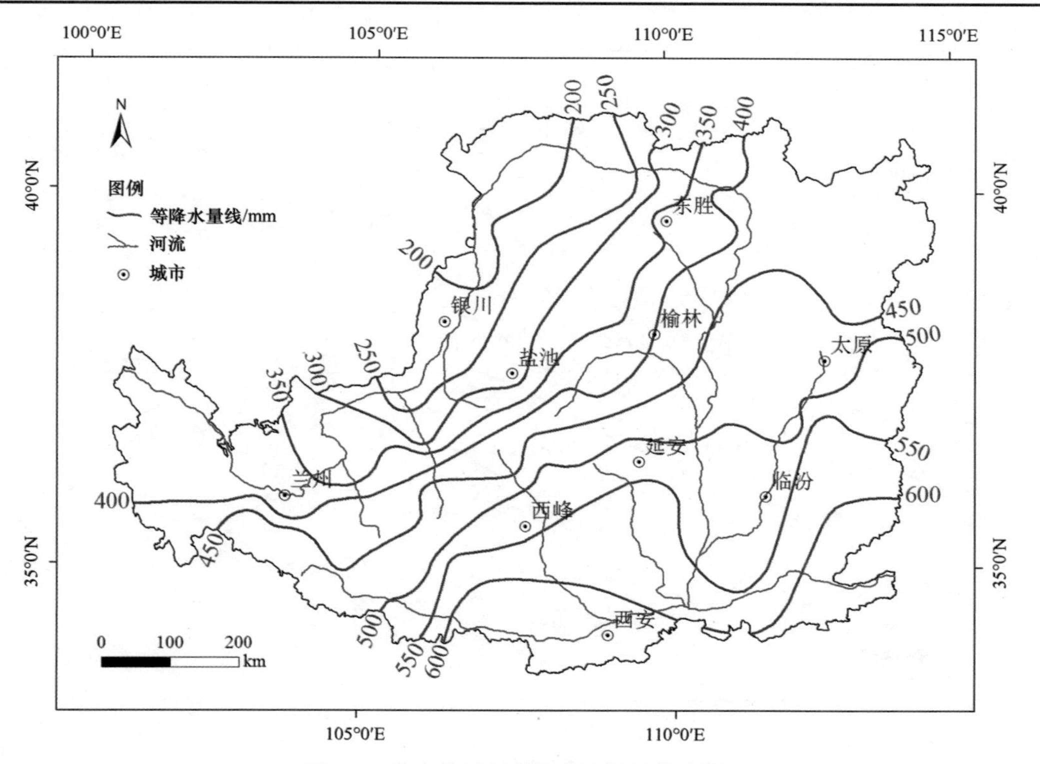

图1.2　黄土高原年平均降水量等值线图

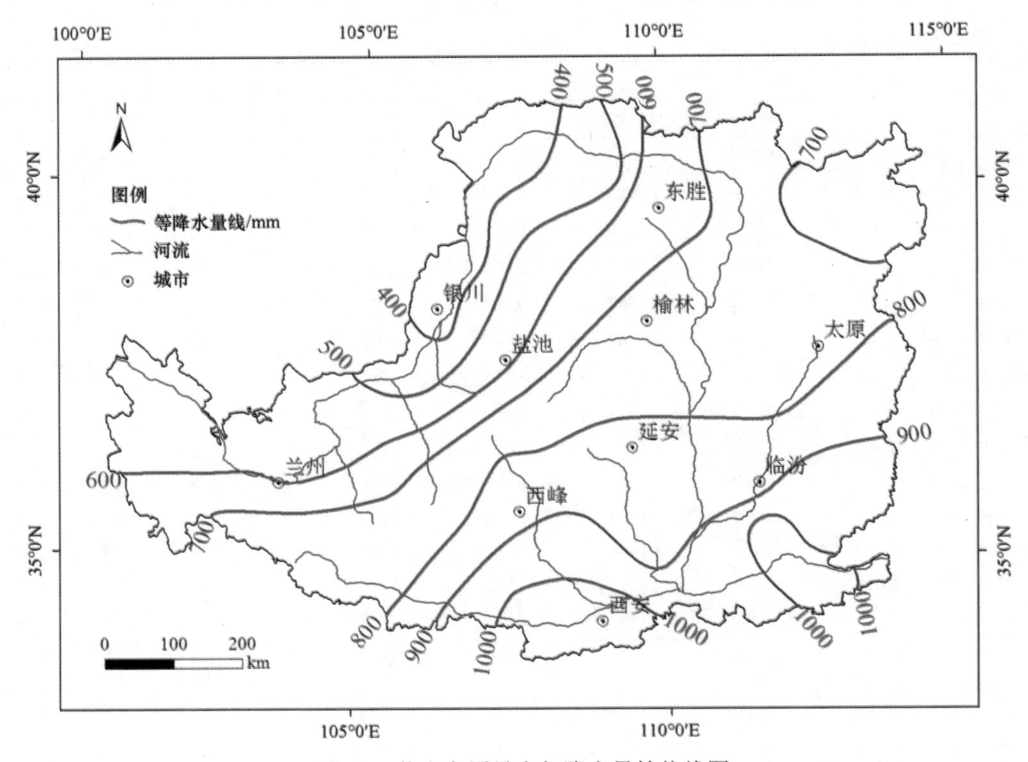

图 1.3　黄土高原最大年降水量等值线图

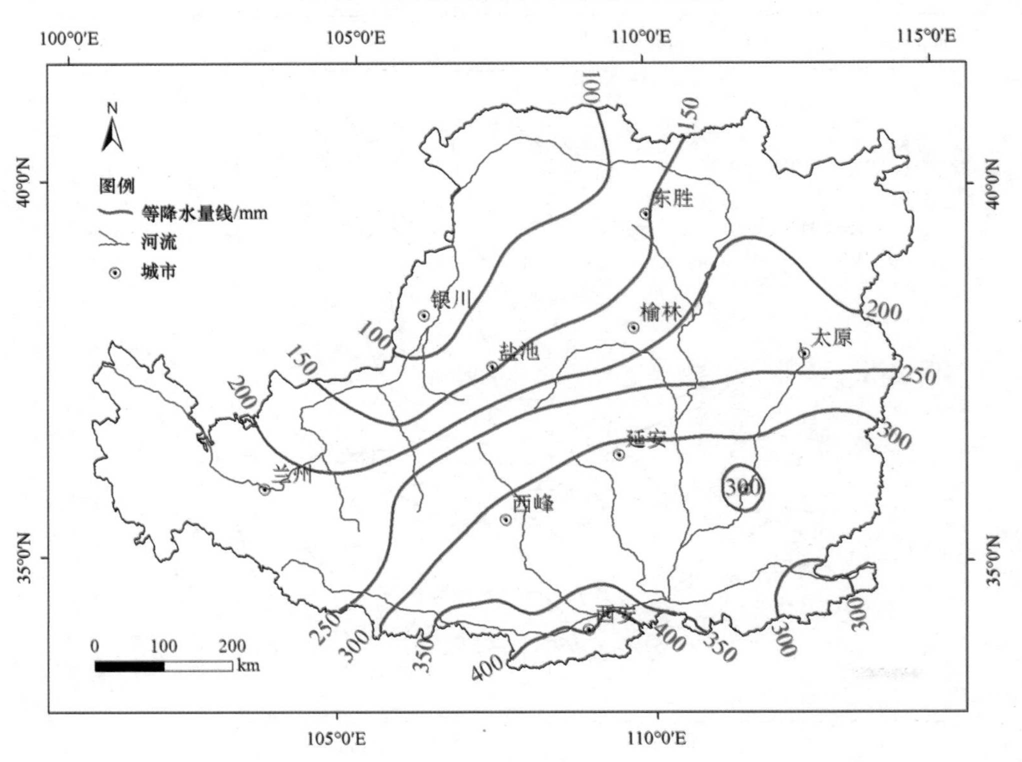

图 1.4　黄土高原最小年降水量等值线图

1. 年平均降水量的空间分布特征

从表 1.2，图 1.2～图 1.5 可以看出：黄土高原年降水量的空间分布有以下特征。

（1）受大气环流、区域位置和暖湿气流输送距离的综合影响，黄土高原年降水量的空间分布总体表现出由东南向西北逐渐减少的基本趋势。主体腹地的降水量为 250～600mm，等降水量线呈西南—东北走向。

年降水量不小于 600mm 的雨区主要分布在黄土高原南部和东南部的边缘地带，在这一地带有四个降水中心。一是渭河中上游宝鸡及周边的浅山丘陵地区。据统计①，1956～2000 年宝鸡周边区县的年平均降水量渭滨区为 815.6mm，陈仓区为 815.6mm，太白为 817.2mm，眉县为 747.1mm，岐山为 629.4mm，陇县为 635.4mm，麟游为 621.9mm，千阳为 606.6mm。二是关中平原临近秦岭北坡的地区。据统计（张国宏等，2008），1961～2005 年关中东部的蓝田年平均降水量为 722.9mm，长安为 649.5mm，关中西部的户县年平均降水量为 634.2mm，周至为 628.7mm。特别是靠近秦岭北坡的一些区域，年降水量达到了八九百毫米。例如，蓝田东南侧的罗李村 1950～1986 年的年平均降水量为 837.2mm，长安南侧的大峪 1956～1986 年的年平均降水量为 920.4mm，周至南侧的黑峪口 1950～1986 年的年平均降水量为 832.7mm，户县南侧的涝峪口 1950～1986 年的年平均降水量为 832.7mm。三是子午岭南段及北洛河中下游的洛川、宜君一带。根据 1954～1986 年资料统计，子午岭南段的正宁县年平均降水量为 623.3mm，耀县柳林镇的年平均降水量为 631.0mm，北洛河中下游富县的张村驿年平均降水量为 610.0mm，洛川年平均降水量为 619.5mm，宜君 1956～2010 年的年平均降水量为 690.1mm。四是晋东南的沁河、沁丹河流域及中条山和豫西的部分区域。据统计（张国宏等，2008），1956～2000 年晋城年平均降水量为 629.8mm，沁源、垣曲、阳城、陵川均超过 600mm。根据 1953～1988 年统计资料，沁水年平均降水量为 640.5mm，沁源为 637.4mm，阳城为 625.4mm，润城为 636.2mm，晋城为 629.3mm，济源赵礼庄为 652.9mm。

年降水量在 550～600mm 雨区包括两个区域：一是经宝鸡、长武、宁县、富县、宜川、韩城、潼关以南的关中、渭北区域；二是经垣曲、安泽、沁源、长治、阳城、济源的晋东南区域。上述两个区域是黄土高原降水量最多的区域，可将其分为三大雨区：一是晋东南的中条山、沁河雨区，该雨区大部分年降水量接近或超过 600mm，垣曲年平均降水量为 570.2mm，阳城为 600.2mm，长治为 584.6mm；二是关中、渭北东部的北洛河、渭河下游雨区，该雨区渭北和子午岭林区的黄龙、富县、洛川等年雨量均接近或超过 600mm，如西安的年平均降水量为 571.7mm，潼关为 571.9mm，华县为 567.2mm，铜川为 581.4mm，黄陵为 573.5mm，富县为 585.3mm；三是关中、渭北西部的泾河下游、渭河中下游雨区，该雨区的大部分地区年雨量也都接近或超过 600mm，如华亭为 597.5mm，长武为 579.8mm，永寿为 569.9mm，武功为 606.3mm。

在年降水量为 500～550mm 的雨带中包括三个雨区：一是晋中和晋陕交界的东部雨区，该雨区榆社年平均降水量为 540.4mm，隰县年平均降水量为 518.3mm；二是位于北

① 党卒. 2010. 宝鸡各县区耕地水资源现状研究

洛河上游和陕北南的中部雨区，该雨区延安年平均降水量为529.5mm；三是六盘山南段一带和泾河上游的西部雨区，该雨区西峰年平均降水量为 544.6mm。500mm 等降水量线从西经武山、秦安、平凉、庆阳、安塞、离石到阳泉，基本和暖温带亚湿润落叶阔叶林区的分界线走向一致。

在年降水量为450～500mm的雨带中受地形影响也包括四个雨区：一是晋西北中部离石、兴县、五寨、岢岚一带的北部雨区，该雨区离石年平均降水量为484.4mm，兴县为476.3mm，静乐为465.4mm，五寨为462.9mm，岢岚为465.0mm，太原为441.4mm；二是北洛河、泾河上游及延河中上游的中部雨区，该雨区吴起年平均降水量为464.3mm，子长为482.9mm，绥德为447.6mm；三是六盘山和华家岭一带的西部地区，该雨区固原年平均降水量为449.0mm，平凉为495.9mm，绥德为447.6mm；四是渭河上游陇西、渭源、静宁一带的南部雨区，该雨区陇西年平均降水量为450.4mm，武山为465.3mm，静宁为443.8mm，秦安为495.4mm。450mm等降水量线从西经渭源、固原、吴起、子长、绥德、兴县、五寨到太原，基本和暖温带半干旱森林草原带的分界线走向一致。

在年降水量为400～450mm的雨带中，没有明显的雨区形成，该雨带中，会宁年平均降水量为 428.9mm，定西为 438.9mm，西吉为 410.0mm，环县为 426.7mm，靖边为393.4mm，神木为423.5mm，榆林为392.1mm，河曲为406.7mm。400mm等降水量线经会宁、西吉、环县、靖边、榆林到准格尔，基本沿长城一线，和暖温带半干旱草原带的分界线走向一致。

在年降水量为 350～400mm 的雨带中，民和年平均降水量为 348.6mm，海原为378.2mm，伊金霍洛旗为342.3mm，东胜为373.1mm、托克托为340.6mm。350mm等降水量线经民和、榆中、海原、定边、伊金霍洛旗到东胜、托克托一线，和中温带半干旱荒草原带的分界线走向基本一致。

在年降水量为 300～350mm 的雨带中，兰州年平均降水量为 319.6mm，乌审旗为333.4mm，包头为306.8mm。300mm等降水量线经兰州、盐池南、东胜西到包头，此雨量线以西区域是黄土高原地区的少雨区。

在年降水量为 250～300mm 的雨带中，同心年平均降水量为 267.8mm，盐池为289.1mm，鄂托为267.7mm。250mm等降水量线经靖远、同心、鄂托克旗到乌拉特前旗的三湖河口东侧。

在年降水量为 200～250mm 的雨带中，中宁年平均降水量为 207.1mm，灵武为199.4mm，三湖河口为227.0mm。200mm等降水量线经中宁、贺兰山东侧到内蒙古、五原一带。

降水量不大于200mm的雨区主要集中在景泰、贺兰山周边及西磴口、临河以西区域，该区域年降水量大都小于 200mm。例如，银川 1951～2010 年的年平均降水量为192.5mm，惠农1957～2010年的年平均降水量为175.9mm，景泰1957～2010年的年平均降水量 174.6mm。另据统计（徐剑峰，1989），磴口、临河、五原的年降水量分别为148.4mm、136.7mm和173.9mm。

（2）受山地、丘陵、台塬、川谷、平原多种地形地貌的影响，黄土高原年降水量呈现出山地高值区与盆地、川谷低值区的区域性或局地性空间分布格局，并表现出降水量山地大于盆地、川谷，山地迎风坡大于背风坡及山地降水量随海拔增高而增加的三大特征。

汾渭平原是黄土高原东、南部最大的平原，从太原、临汾、运城到西安，年降水量大致从 450mm、500mm、550mm 到 580mm，而其周边五台山、吕梁山、中条山、秦岭北麓的降水量普遍高出盆地 50～200mm。从年降水等值线图可以看出，550mm 的等雨量线正好绕过了临汾盆地。另据统计，秦岭北麓长安较关中腹地西安的年降水量多 78.2mm，蓝田较渭南多 141.2mm，户县较咸阳多 63.4mm，眉县较武功多 140.7mm。

除了秦岭北麓和晋东南的沁河流域外，黄土高原降水的高值中心几乎全部分布在各区域的高山地区，这些山地的年降水量大都接近或超过 600mm。例如，黄土高原东部的五台山、管涔山、关帝山、中条山、太岳山年降水量均超过 650mm（杨霞，2007），五台山 1957～2012 的年均降水量为 772.1mm（袁瑞强等，2015），中条山东段年降水量达到 800mm。黄土高原中部子午岭东南部的宜君年降水量为 710.3mm，西南部的正宁年降水量为 621.5mm，西部六盘山 1971～2004 年的年平均降水量为 648.1mm，所在的泾源县 1960～2004 年的年平均降水量为 591.6mm（莫菲，2008）。

（3）黄土高原降水并不完全表现出由东南向西北逐渐减少的空间分布趋势，一些纬度（或经度）相同或相近的站点，会因地形、植被和热力条件的影响，出现西面降水量大于东面，北面大于南面的现象，甚至相差很大。

由于宝鸡一带正处于青藏高原的东北角，西北冷空气在此比较集中并绕角南下，与南来暖空气发生辐合，再加上地形对于锋面的阻滞作用，所以形成了一个多雨中心，同时也出现关中西部雨量大于关中东部的现象。西安与宝鸡东西相距 200km，反而宝鸡年平均降水量较西安多 94.0mm。

由于受子午岭的影响，南部区域形成的高值降水中心，在一定程度上改变了黄土高原年雨量东多西少、南多北少的基本趋势。例如，西安较洛川南北相距 200km，反而洛川年平均降水量较西安多 35.0mm。

另外，吕梁山地区的年降水量普遍较东侧汾河平原的多 50mm 左右。例如，隰县位置比临汾偏北和偏西，但隰县雨量却比临汾多 40mm。

（4）受山地及一些特殊地形的影响，即使是在同一雨带内，各地雨量也有明显差异，就连距离较近的两地雨量也差异很大，从而一个雨带内形成了许多“雨岛”。例如，秦岭北麓的大峪距西安只有 20km，同年代统计，西安的年降水量为 572.7mm，大峪的年降水量为 933.7mm。另外，子午岭东南部的宜君年雨量也较周边高出 100mm 左右。

（5）受降水资料统计年代和水文年型的影响，根据不同统计年代资料绘制的黄土高原年降水量等值线图会有所变化。根据 1951～2010 年降水资料绘制的黄土高原年降水量等值线图同原来应用 1951～1988 年降水资料绘制的黄土高原年降水量等值线图有所变化。一是 600mm 等雨量线由原来的连续性变成了渐断性，不小于 600mm 的雨区面积大幅减少。二是 400mm、450mm、500mm、550mm 的等雨量线普遍南移，主要原因是黄土高原 1951～2010 年的年平均降水量较 1951～1988 年普遍减少 20mm 左右。例如，延安 1951～1988 年的年平均降水量为 556.1mm，而 1951～2010 年的年平均降水量为 529.5mm，相差 26.6mm，原从延安穿过的 550mm 等雨量线现从延安南穿过；再如，固原 1957～1986 年的年平均降水量为 473.9mm，1951～2010 年的年平均降水量为

449.0mm，相差 24.9mm；西峰 1951～1986 年的年平均降水量为 561.9mm，1951～2010 年的年平均降水量为 544.6mm，相差 17.3mm；运城 1951～1987 年的年平均降水量为 551.9mm，1951～2010 年的年平均降水量为 534.9mm，相差 17.0mm。这些都一定程度上影响到等雨量线的南移。

2. 年极值降水量的空间分布特征

（1）黄土高原年极值降水量等值线走向和年平均降水量等值线走向基本一致。最大年降水 800mm 等降水量线和最小年降水 250mm 等降水量线同年平均 500mm 降水量等值线基本一致；最大年降水 700mm 等降水量线和最小年降水 200mm 等降水量线同年平均 400mm 降水量等值线基本一致；最大年降水 600mm 等降水量线和最小年降水 150mm 等降水量线同年平均 300mm 降水量等值线基本一致。

（2）黄土高原最大年降水量为 300～900mm，是平均年降水量的 1.5～1.8 倍。其与平均年降水量的比值一般西北部大于东南部，低值区大于高值区。在西北部的少雨区和高山地区，其比值可达 1.5～2.0 倍，个别地区超过 2.0 倍。例如，盐池为 2.0 倍，鄂托克为 2.3 倍，五台山为 2.1 倍。

最大年降水量高值区主要分布在秦岭北麓、关中和渭北西部、晋东南和豫西地区，及子午岭、六盘山、吕梁山、中条山、五台山等一些高山地区，这些地区的最大年降水量大都接近或超过 1000mm。例如，秦岭北麓 1958 年魏家堡、斜峪关、黑峪口、涝峪口、秦渡镇和罗李村各站的降水量分别为 1145.7mm、1157.1mm、1262.1mm、1285.6mm、1374.8mm 和 1255.5mm；晋东南和豫西地区 1964 年灵口、韩城、龙门镇、八里胡同、小浪底、晋城各站的降水量分别为 1038.2mm、1090.1mm、1202.6mm、1121.1mm、1053.6mm、1010.1mm；关中和渭北西部宝鸡 1981 年降水量为 951.0mm，林家村 1975 年降水量为 969.4mm，长武 2003 年降水量为 954.3mm；五台山 1959 年降水量为 1628.6mm，五台县马家庄站 1988 年降水量为 1397.4mm（王宏，2009）；子午岭东南部的宜君县 1983 年降水量为 998.7mm，西南部的正宁 1983 年降水量为 919.7mm（杨亚利和郑合清，2013）；六盘山 1984 年降水量为 945.6mm（陈海波等，2009）。

通过对表 1.2 中 43 个主要站最大年降水量发生年代和年份的统计，不同年代最大年降水量发生的站数分别为：1951～1959 年 3 站，1960～1969 年 26 站，1970～1979 年 4 站，1980～1989 年 5 站，1990～1999 年 0 站，2000～2009 年 6 站。最大年降水量发生最多的年份分别为：1964 年 14 站，1967 年 8 站，2003 年 6 站，1961 年 3 站，1958 年 2 站，1983 年 2 站、1985 年 2 站。这说明黄土高原最大年降水量主要发生在 20 世纪 60 年代，占 60%；发生年份以 1964 年和 1967 年最多，分别占 31.8%和 18.2%。

（3）黄土高原最小年降水量为 150～350mm，为平均年降水量的 0.4～0.6 倍。一般西北部小于东南部，低值区小于高值区。在北部和西北部的少雨区，其比值可小于 0.4，如晋北原平为 0.38、宁夏灵武为 0.38 和惠农为 0.31。

最小年降水量低值区主要分布山西北部大同和忻定盆地、宁夏银川平原、内蒙古河套平原以及甘肃景泰一带。大同忻定盆地 1965 年右玉、原平的降水量分别为 193.3mm

和 176.3mm，忻州 1972 年的降水量为 167.6mm；榆林和兴县 1965 年的降水量也分别为 159.6mm 和 181.1mm；宁夏银川平原 2005 年银川、中宁的降水量分别为 74.9mm、78.5mm；内蒙古河套平原 1965 年磴口、临河、五原的降水量分别为 60.9mm、53.7mm 和 68.7mm。景泰 1982 年的降水量为 89.7mm。

通过对表 1.2 中 43 个主要站最小年降水量发生年代和年份的统计，不同年代最小年降水量发生的站数分别为：1951～1959 年 0 站，1960～1969 年 11 站，1970～1979 年 7 站，1980～1989 年 5 站，1990～1999 年 15 站和 2000～2009 年 6 站。发生最多的年份分别为：1965 年 10 站，1995 年 6 站，1997 年 6 站，1972 年 5 站，1980 年 3 站，2005 年 3 站，1974 年 2 站、2000 年 2 站。这说明黄土高原最小年降水量主要发生在 20 世纪 60 和 90 年代，占 34%；发生年份以 1965 年、1995 年和 1997 年最多，分别占 22.7%、13.6%和 13.6%。

（4）黄土高原最大年降水量与最小年降水量的极值比大多为 2.5～5.0。一般西北部大于东南部，低值区大于高值区。中东部和南部一般为 2.5～3.5，西北部和北部一般为 3.5～5.0。在西北部和北部及一些高山和地形特殊地区，极值比也可能会大于 5.0。例如，宁夏惠农站最大年降水量为 332.9mm（1967 年），最小年降水量为 54.5mm（1974 年），极值比为 6.1；山西保德县朱家川的桥头站最大年降水量为 884.3mm（1967 年），最小年降水量为 127.6mm（1962 年），极值比为 6.9；山西五台县的马家庄站最大年降水量为 1397.4mm（1988 年），最小年降水量为 207.3mm（1962 年），极值比为 6.7（王宏，2009）。

3. 年降水量变异系数 CV 值的空间分布特征

黄土高原降水量年际变化的变异系数 CV 值大都在 0.22～0.34。CV 值的等值线走向和分布趋势和降水量基本一致，总体呈东南—西北向的递增。其等值线走向较降水量更纬向化。0.25 值基本把黄土高原从中东西向分成了两半。在西北部的降水量低值区，CV 值超过 0.35，如鄂托克为 0.36，惠农为 0.38。

4. 降水量年际变化及空间分布特征

表 1.3 是黄土高原 43 个主要站 1951～2009 年 60 年间不同年代降水量和各年代的距平率，表 1.4 是黄土高原 1951～2009 年的历年降水量（根据 43 个主要站平均统计计算值），图 1.6 是黄土高原 10 个代表性站降水量的年际变化曲线、趋势线，图 1.7 是黄土高原平均状态下降水量的年际变化曲线、趋势线（根据 39 个站资料平均计算）。

从表 1.3、表 1.4、图 1.6 和图 1.7 可以看出，近 60 年来，黄土高原降水的年际变化有以下特征：

（1）通过对表 1.3 中 43 个主要站的平均统计，黄土高原不同年代的年降水量平均分别为：1951～1959 年为 470.0mm，1960～1969 年为 478.3mm，1970～1979 年为 445.2mm，1980～1989 年为 431.8mm，1990～1999 年为 416.8mm 和 2000～2009 年为 421.7mm。1951～2009 年平均为 441.7mm。各年代距平率分别为 6.3%、8.4%、1.2%、–3.3%、–4.7%

和–4.9%。上述结果说明，就整体状况而言，黄土高原20世纪五六十年代降水量较多，从20世纪70年代起降水量逐渐减少；近20年来（1990～2009年）较20世纪五六十年代（1951～1969年）相比，降水量减少了11.6%。

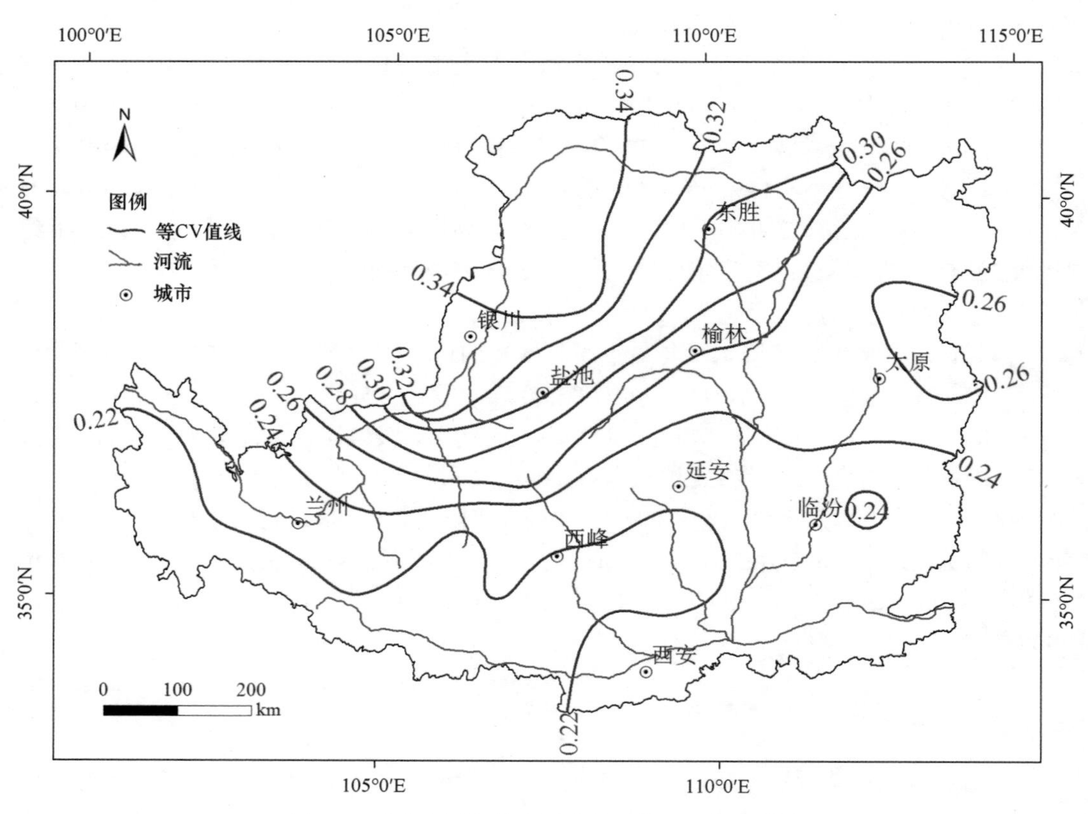

图1.5 黄土高原年降水量变异系数CV等值线图

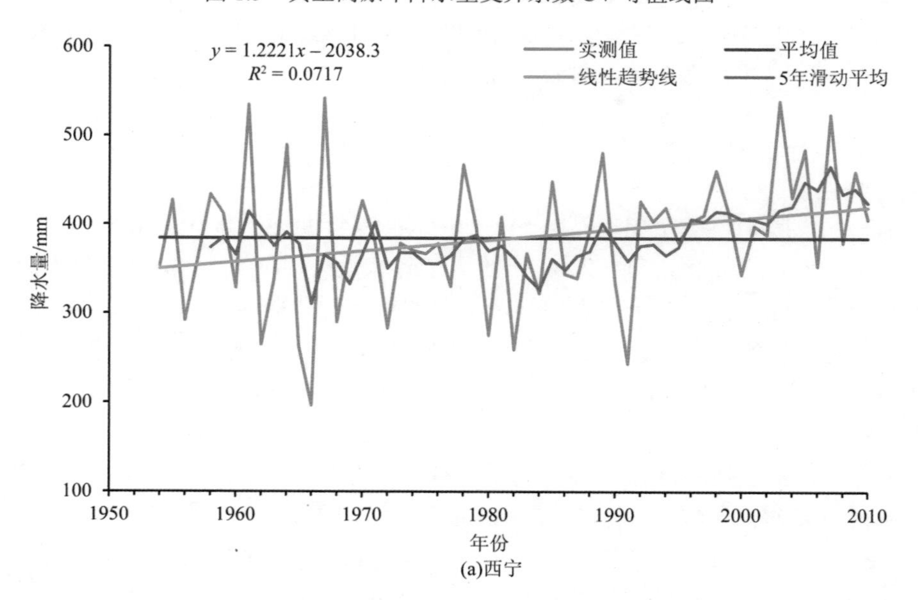

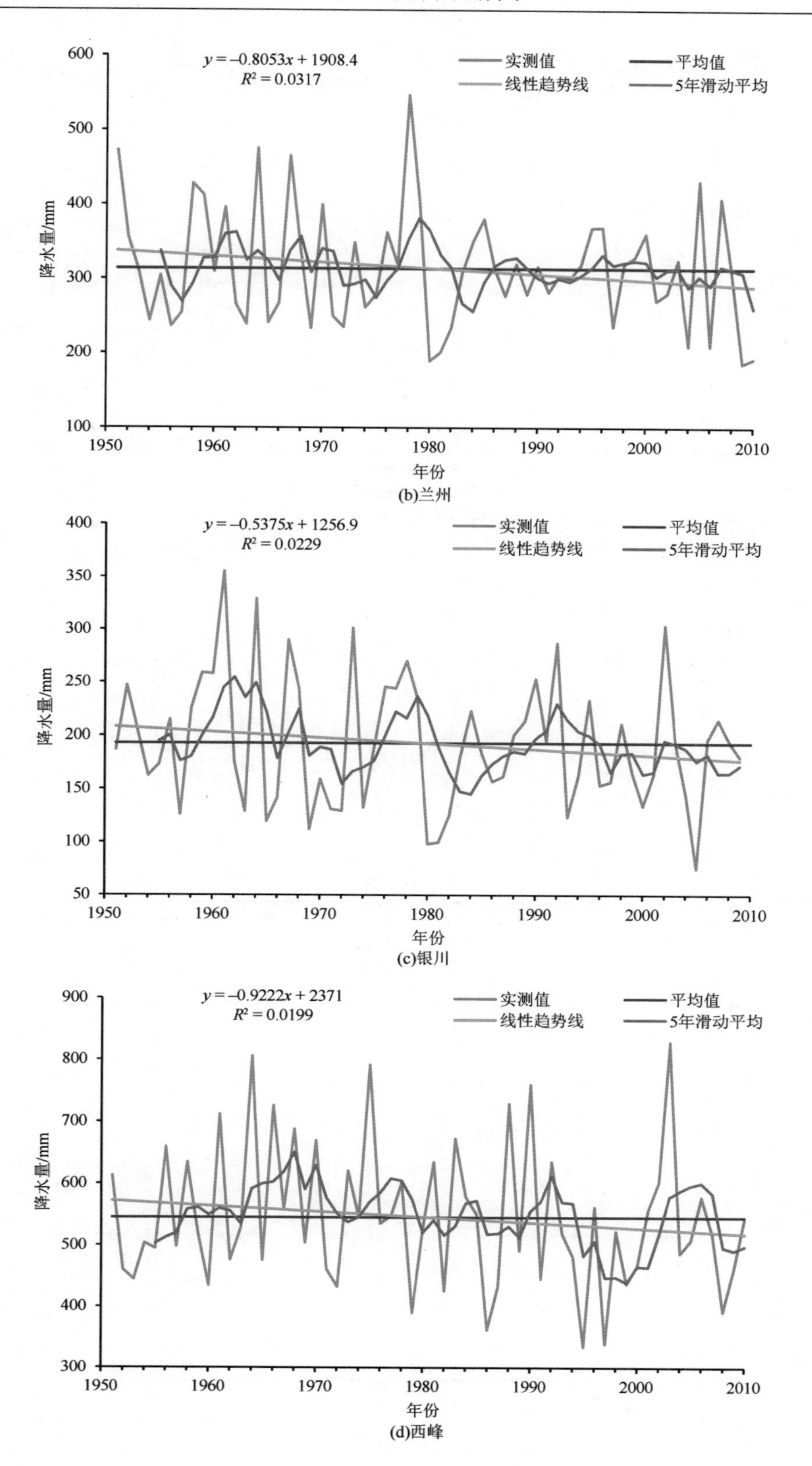

$y = -0.8053x + 1908.4$
$R^2 = 0.0317$
实测值
平均值
线性趋势线
5年滑动平均
降水量/mm
年份

(b)兰州

$y = -0.5375x + 1256.9$
$R^2 = 0.0229$
实测值
平均值
线性趋势线
5年滑动平均
降水量/mm
年份

(c)银川

$y = -0.9222x + 2371$
$R^2 = 0.0199$
实测值
平均值
线性趋势线
5年滑动平均
降水量/mm
年份

(d)西峰

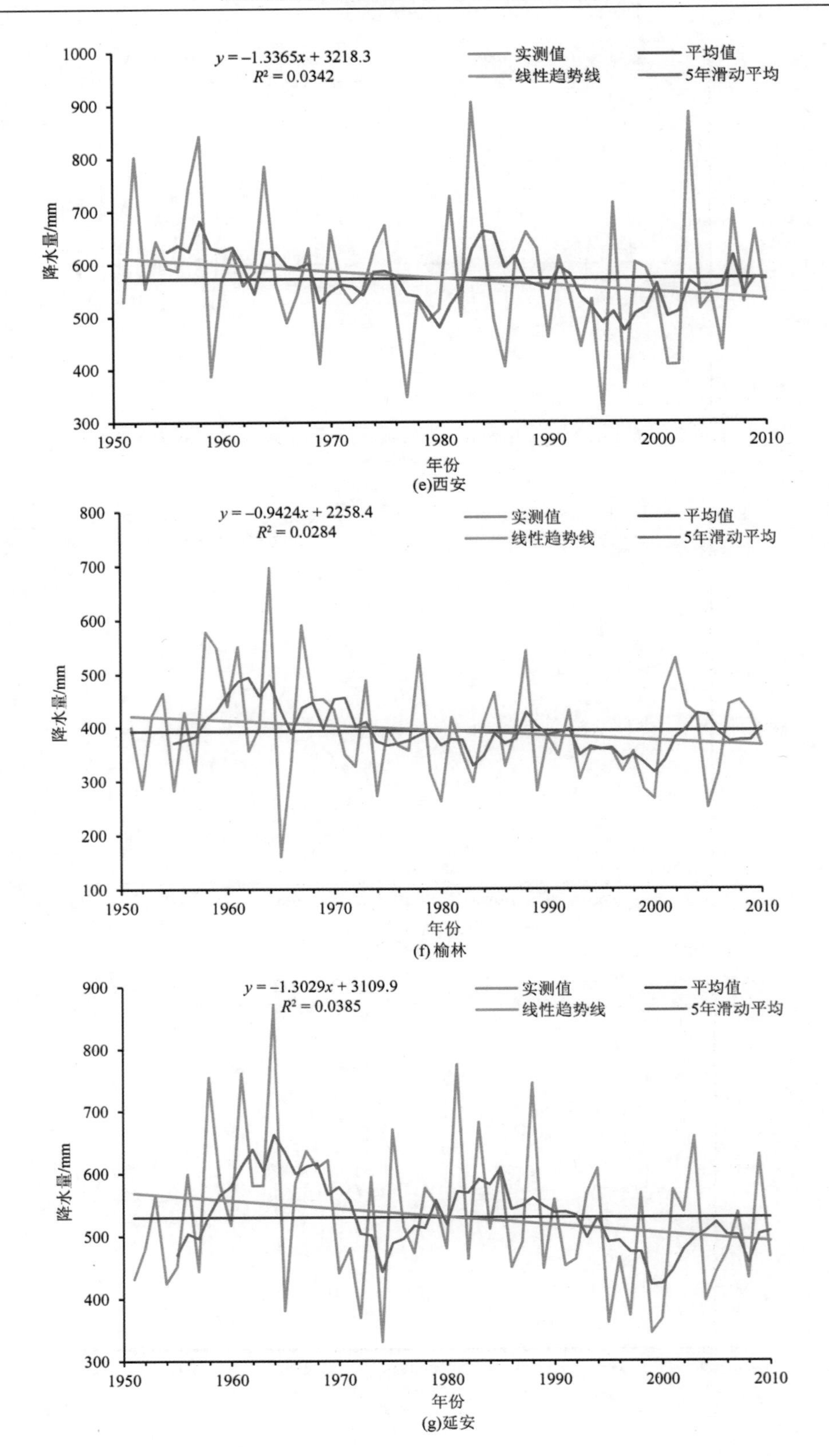

$y = -1.3365x + 3218.3$
$R^2 = 0.0342$
实测值
平均值
线性趋势线
5年滑动平均
降水量/mm
年份
(e)西安
$y = -0.9424x + 2258.4$
$R^2 = 0.0284$
实测值
平均值
线性趋势线
5年滑动平均
降水量/mm
年份
(f)榆林
$y = -1.3029x + 3109.9$
$R^2 = 0.0385$
实测值
平均值
线性趋势线
5年滑动平均
降水量/mm
年份
(g)延安

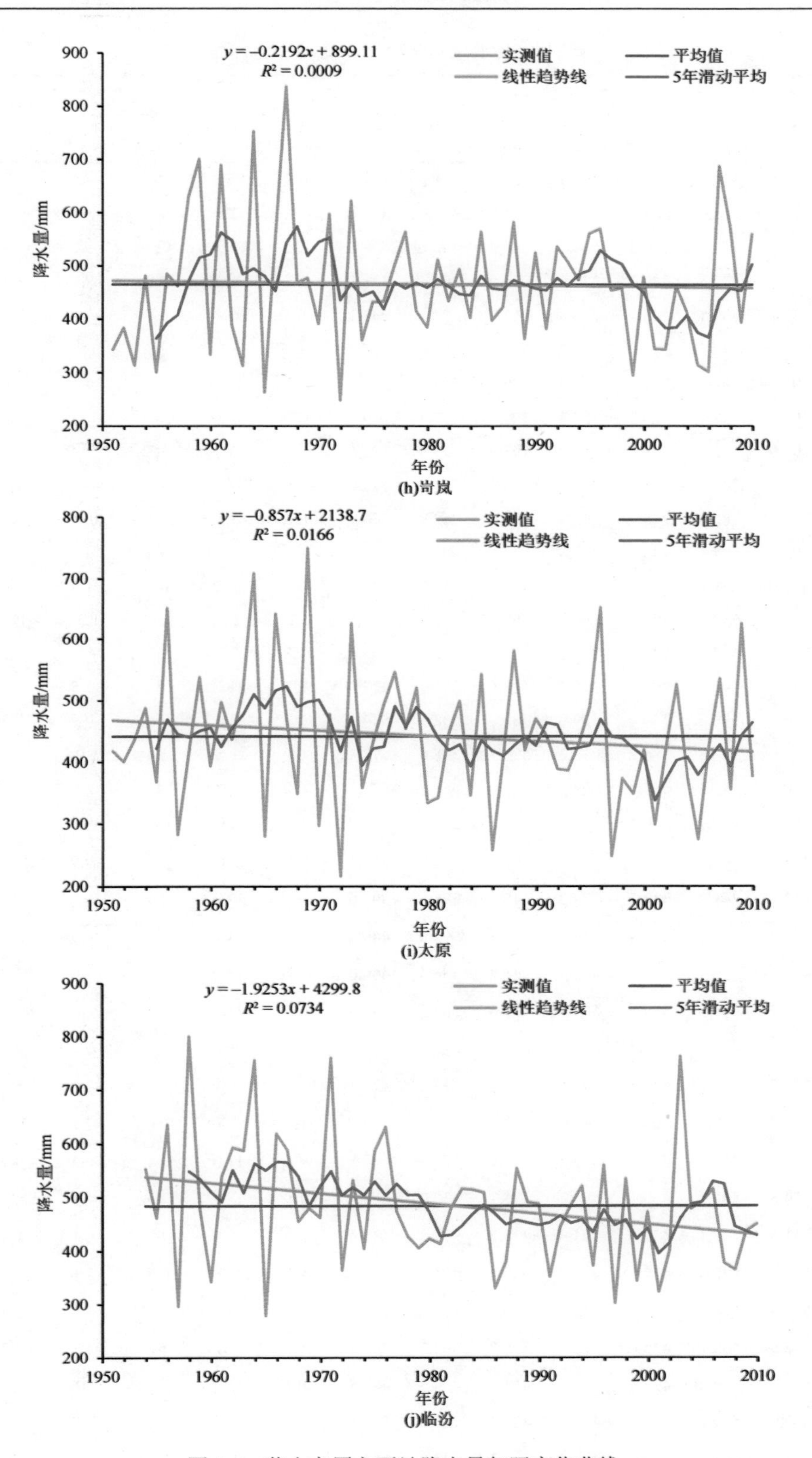

图 1.6　黄土高原主要站降水量年际变化曲线

表 1.3 黄土高原不同年代降水量及距平

站名	各年代降水量/mm							各年代距平/%					
	1951～1959 年	1960～1969 年	1970～1979 年	1980～1989 年	1990～1999 年	2000～2009 年	1951～2009 年	1951～1959 年	1960～1969 年	1970～1979 年	1980～1989 年	1990～1999 年	2000～2009 年
西宁	379.6	361.4	377.3	363.3	388.6	429.3	383.5	–1.0	–5.8	–1.6	–5.3	1.3	11.9
民和	414.0	361.6	366.0	308.2	363.2	328.9	349.4	18.5	3.5	4.7	–11.8	3.9	–5.9
临洮	517.8	575.4	596.3	501.7	486.3	490.6	528.2	–2.0	8.9	12.9	–5.0	–7.9	–7.1
兰州	334.8	322.5	340.2	284.9	314.0	298.4	315.5	6.1	2.2	7.8	–9.7	–0.5	–5.4
靖远	232.1	249.1	248.0	220.0	245.4	204.1	233.1	–0.4	6.9	6.4	–5.6	5.3	–12.5
中宁	230.7	225.5	227.0	182.9	203.1	181.9	207.4	11.3	8.8	9.5	–11.8	–2.0	–12.3
同心	292.4	296.4	261.1	257.9	289.0	228.8	269.0	8.7	10.2	–2.9	–4.1	7.4	–14.9
盐池	302.6	339.1	265.3	254.4	309.9	272.7	289.8	4.4	17.0	–8.5	–12.2	6.9	–5.9
银川	199.9	215.1	203.5	164.2	193.9	179.9	192.6	3.7	11.7	5.7	–14.8	0.7	–6.6
惠农	157.9	200.2	183.1	158.4	172.2	167.2	175.2	–9.9	14.3	4.5	–9.6	–1.7	–4.6
鄂托克	230.7	280.6	288.4	266.9	251.9	264.9	266.9	–13.6	5.1	8.1	0.0	–5.6	–0.8
固原	492.1	514.3	446.2	427.6	434.6	408.3	448.8	9.7	14.6	–0.6	–4.7	–3.2	–9.0
平凉	481.0	558.9	494.4	484.6	485.9	457.0	493.8	–2.6	13.2	0.1	–1.9	–1.6	–7.5
天水	535.4	559.8	502.7	530.4	460.6	529.1	518.7	3.2	7.9	–3.1	2.3	–11.2	2.0
宝鸡	744.1	687.3	642.6	730.3	598.9	606.3	665.6	11.8	3.3	–3.5	9.7	–10.0	–8.9
环县	448.0	505.1	405.4	395.2	428.6	394.7	427.0	4.9	18.3	–5.1	–7.5	0.4	–7.6
西峰	536.0	590.4	559.0	539.9	502.9	538.9	544.7	–1.6	8.4	2.6	–0.9	–7.7	–1.1
长武	577.0	586.8	586.7	613.3	527.4	578.0	578.4	–0.2	1.5	1.4	6.0	–8.8	–0.1
西安	630.6	574.5	547.3	609.2	516.0	560.7	572.1	10.2	0.4	–4.3	6.5	–9.8	–2.0
铜川	585.5	609.7	560.4	635.3	560.7	537.7	581.2	0.7	4.9	–3.6	9.3	–3.5	–7.5
东胜	404.4	394.6	399.8	336.4	385.8	342.0	373.5	8.3	5.6	7.0	–9.9	3.3	–8.4
榆林	413.2	441.9	382.5	373.2	348.1	398.6	392.6	5.3	12.6	–2.6	–4.9	–11.3	1.5
绥德	506.6	500.5	463.4	436.3	410.5	395.0	449.2	12.8	11.4	3.2	–2.9	–8.6	–12.1
吴起[①]	468.2	536.1	464.2	433.5	446.4	456.4	466.0	0.5	15.0	–0.4	–7.0	–4.2	–2.1
延安	525.2	613.7	499.5	564.5	475.6	504.7	530.6	–1.0	15.7	–5.9	6.4	–10.4	–4.9
洛川	574.8	661.8	606.0	602.3	546.1	623.7	605.0	–5.0	9.4	0.2	–0.4	–9.7	3.1
右玉	523.7	435.1	441.5	392.4	398.1	415.2	422.5	23.9	3.0	4.5	–7.1	–5.8	–1.7
大同	436.5	380.8	368.4	366.0	383.6	347.6	375.4	16.3	1.5	–1.9	–2.5	2.2	–7.4
河曲	480.5	454.6	421.4	381.2	367.9	375.2	407.3	18.0	11.6	3.4	–6.4	–9.7	–7.9
岢岚	454.8	506.7	456.1	455.2	475.7	430.9	463.4	–1.9	9.4	–1.6	–1.8	2.7	–7.0
原平	531.5	439.3	429.6	404.9	423.2	397.8	431.0	23.3	1.9	–0.3	–6.1	–1.8	–7.7
兴县	499.9	522.4	479.5	443.2	470.4	459.2	477.2	4.7	9.5	0.5	–7.1	–1.4	–3.8
静乐	517.3	478.0	440.7	443.1	446.8	467.6	464.7	11.3	2.9	–5.2	–4.6	–3.9	0.6
忻州	538.6	468.1	436.2	411.1	398.8	394.2	430.3	25.2	8.8	1.4	–4.5	–7.3	–8.4
离石	533.5	549.0	477.3	484.5	413.5	489.9	484.5	10.1	13.3	–1.5	0.0	–14.7	1.1
太原	443.6	504.2	441.8	417.2	422.5	425.6	442.5	0.3	14.0	–0.1	–5.7	–4.5	–3.8
介休	495.5	493.7	500.9	479.8	387.3	442.0	464.5	6.7	6.3	7.8	3.3	–16.6	–4.8

续表

站名	各年代降水量/mm							各年代距平/%					
	1951～1959 年	1960～1969 年	1970～1979 年	1980～1989 年	1990～1999 年	2000～2009 年	1951～2009 年	1951～1959 年	1960～1969 年	1970～1979 年	1980～1989 年	1990～1999 年	2000～2009 年
榆社	468.2	610.5	595.3	525.6	494.3	505.8	541.9	–13.6	12.7	9.9	–3.0	–8.8	–6.7
隰县	605.0	599.6	526.4	489.8	468.1	494.1	520.7	16.2	15.2	1.1	–5.9	–10.1	–5.1
临汾	537.4	523.5	504.3	460.7	440.1	462.0	484.5	10.9	8.1	4.1	–4.9	–9.2	–4.6
长治	628.0	636.6	594.2	559.8	526.0	572.4	585.5	7.3	8.7	1.5	–4.4	–10.2	–2.2
运城	639.8	529.7	544.4	565.1	496.7	495.1	534.6	19.7	–0.9	1.8	5.7	–7.1	–7.4
阳城	662.2	671.2	569.0	612.6	564.3	579.5	602.9	9.8	11.3	–5.6	1.6	–6.4	–3.9
平均	470.0	478.3	445.2	431.8	416.8	421.7	441.7	6.3	8.4	1.2	–3.3	–4.7	–4.9

①吴起：1942 年改名吴旗县，2005 年更名为吴起县。

表 1.4　黄土高原历年平均降水量

年份	降水量/mm	年份	降水量/mm	年份	降水量/mm	年份	降水量/mm	年份	降水量/mm	年份	降水量/mm
1951	422.7	1961	592.3	1971	430.6	1981	436.7	1991	372.7	2001	384.0
1952	445.3	1962	413.0	1972	325.3	1982	375.4	1992	456.6	2002	420.9
1953	429.8	1963	449.7	1973	521.3	1983	496.8	1993	400.8	2003	576.6
1954	476.5	1964	666.4	1974	374.5	1984	450.3	1994	440.0	2004	390.6
1955	387.0	1965	304.4	1975	485.3	1985	494.7	1995	404.2	2005	370.1
1956	521.9	1966	475.2	1976	490.6	1986	323.9	1996	481.3	2006	394.1
1957	368.1	1967	577.3	1977	452.1	1987	391.7	1997	309.8	2007	479.6
1958	559.2	1968	468.8	1978	515.2	1988	527.1	1998	453.4	2008	400.2
1959	508.6	1969	435.8	1979	417.7	1989	425.1	1999	357.0	2009	409.3
1960	395.5	1970	439.3	1980	383.4	1990	492.3	2000	378.3	2010	419.8

（2）黄土高原降水量年际变化的空间分布存在一定差异，这种差异可以从各站点不同年代的距平反映出来。

1951～1959 年，在 43 个站中，正距平有 31 个站，占 72.1%，负距平有 12 个站，占 27.9%。正距平合计为 327.7%，负距平合计为–52.8%。正距平主要发生在西峰、延安以南的中南部地区和山西的大部地区，这些地区的正距平率大都在 10%左右。其中大同、忻定盆地地区距平率超过了 20%，如原平为 23.3%、右玉为 23.9%和忻州为 25.2%。负距平主要发生银川平原和鄂尔多斯高原的西北部地区，这些地区的负距平率大都在–5%左右，但其中鄂托克、惠农分别达到了–13.6%和–9.9%。以上统计结果说明，20 世纪 50 年代，黄土高原有 70%的区域是多雨区，主要分布在东部和中南部地区；有 30%的区域是少雨区，主要分布在西北部地区。

1960～1969 年，在 43 个站中，正距平有 41 个站，占 95.3%，负距平有 2 个站，占 4.7%。正距平合计为 368.5%，负距平合计为–6.7%。除西宁为–5.8%和运城为–0.9%外，其余 42 个站均为正距平。正距平率≥10%的区域主要在固原、延安、隰县、榆社以北，同心、盐池、吴起、绥德、太原以南的中部东西向带状地区，其中吴起、隰县、延安、盐池正距平率≥15%，分别为 15.0%、15.2%、15.7%和 17.0%。以上统计结果说明，20

世纪 60 年代，整个黄土高原几乎都是是多雨区，而且形成了中部东西走向的带状高值区。

1970～1979 年，在 43 个站中，正距平有 24 个站，占 55.8%；负距平有 19 个站，占 44.2%。正距平合计为 110.1%，负距平合计为–58.1%。正距平主要发生为西部银川平原、高原沟壑区以北和东部山西的地区，并在西部兰州、靖远、银川、惠农、鄂托克形成高值区，其正距平率为 5%～10%；负距平主要发生渭河流域天水至潼关一线。另外，1970～1979 年各站的距平绝对值大都没超过 10%，说明整体降水属平水状态。同时，正距平和负距平的区域界线不是十分明显，有些在一个相近区域，正负距平同时出现，说明大范围的降水影响不多。以上统计结果说明，20 世纪 70 年代，黄土高原基本属于平水期，也是从多雨年份向少雨年份的过渡期。

1980～1989 年，在 43 个站中，正距平有 11 个站，占 25.6%；负距平有 32 个站，占 74.4%。正距平合计为 50.8%，负距平合计为–194.1%。正距平主要发生在宝鸡、长武、延安、介休以南的汾渭平原和渭北一带，宝鸡、铜川、西安的距平率分别为 9.7%、9.3%和 6.5%。负距平率以西部银川平原及兰州一带为最大，其距平率大都接近或超过–10%，如银川为–14.8%、盐池为–12.2%、中宁为–11.8%和兰州为–9.7%。以上结果说明，20 世纪 80 年代，黄土高原有 75%的区域是少雨区，并以西部最为显著；有 25%的区域是多雨区，主要分布在宝鸡、长武、延安、介休以南的汾渭平原和渭北一带。

1990～1999 年，在 43 个站中，正距平有 10 个站，占 23.2%；负距平 33 个站，占 76.8%。正距平合计为 34.0%，负距平合计为–235.1%。除西部地区和晋北的大同、忻定盆地一些地区外，大部地区都是负距平区，且距平程度并无明显差异。以上结果说明，20 世纪 90 年代，黄土高原除西部和晋北的大同、忻定盆地外，80%的区域都是少雨区，且少雨的程度并无明显地区差异。

2000～2009 年，在 43 个站中，正距平有 6 个站，占 13.9%；负距平有 37 个站，占 86.1%。正距平合计为 20.3%，负距平合计为–229.4%。正距平的 6 个站并无明显的区域性，而是分散在全区域；正距平率只有西宁最大，为 11.9%。负距平率超过–10%的区域主要分别在西部，如同心为–14.9%、靖远为–12.5%和中宁为–12.7%。以上结果说明，21 世纪初，黄土高原整体都是少雨区，无明显的多雨地区。

（3）黄土高原降水量的年际变化曲线只是表示了一种特征和趋势，这种变化并无明显的规律可循。平水、丰水、枯水这三种水文年型的出现和持续时间并无明显的规律性。例如，20 世纪 60 年代，虽然整体上是一个丰水期，但黄土高原的年极值降水量同时出现在这一时期。最大年降水量为 1964 年的 666.4mm，最小年降水量为 1965 年的 304.4mm，且两个极值年份相连。

（4）从 43 个站各年代降水量距平率变化的区域差异性来看，可将其分为五个相似区。一是以西宁为代表的青东区，这个区域降水量的年际变化和黄土高原其他地区完全不一样，也是唯一一个降水量逐年代增加的地区；二是以陇中、银川平原和鄂尔多斯高原为主体的西北部地区；三是以高塬沟壑区、阶地区，汾渭平原为主体的中南部地区，这一区域面积较大，基本包括了从武山、庆阳、延安、隰县、介休、榆社一线以南的陇东、渭北、关中和晋中南地区；四是庆阳、延安、隰县、介休一线以北，以丘陵沟壑区为主体的中北部地区；五是以大同、忻定盆地为主体的东北部地区，这个区域降水量的年际变化和黄土高原大部地区有明显差异，形成这种区域间差异的主要原因还是与大的地形条件、天气系统和暖湿气流的输送有关。

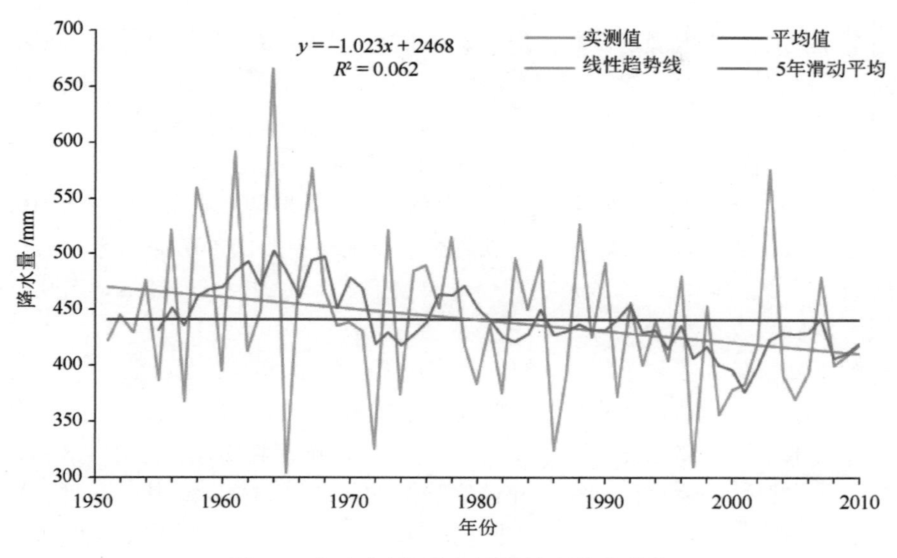

图 1.7　黄土高原历年平均降水量变化曲线

1.2.2　年降水日数的时空分布

表1.5是黄土高原39个主要站的年降水日数时空分布特征值，包括年平均降水日数、最大年降水日数、最小年降水日数以及彼此间的比值和降水日数年际变化变异系数 CV 值。图 1.8～图 1.11 分别是黄土高原年平均降水日数、最大年降水日数、最小年降水日数和变异系数 CV 等值线图。

1. 年平均降水日数的空间分布特征

从图 1.8 的年降水日数等值线分布可以看出，年降水日数的分布与年雨量的分布走向基本相近，但又有所不同。从总体上看，80 天等降水日线在东部和中部地区大致和 550mm 等雨量线吻合，但在西部已接近于 400mm 和 450mm 等雨量线，从兰州、延安北到太原，从东到西将黄土高原的年降水日数分布分成两部分。75 天等降水日线大致和 450mm 等雨量线吻合。70 天等降水日线大致和 400mm 等雨量线走向接近。60 天等降水日线大致和 350mm 等雨量线走向接近。

黄土高原年降水日数不小于 100 天的高值中心集中在渭河上中游和泾河下游，尤以秦岭北麓一带最多。例如，临洮为 111.1 天，天水为 105.0 天，宝鸡为 103.1 天，西峰和长武为 101.3 天，秦岭北麓黑峪口和涝峪口为 125.0 天，大峪和罗李村接近 150.0 天。

黄土高原年降水日数不大于 50 天的低值中心集中在银川盆地和三湖河平原以西的区域。例如，银川为 48.9 天，灵武为 40.4 天，惠农为 42.9 天。磴口和临河不到 30 天。

2. 年极值降水日数的空间分布特征

（1）黄土高原年极值降水日数等值线走向和年平均降水日数等值线走向并不完全一致。最大年降水日数150天等降水日线集中在渭河流域靠近秦岭的地带；140天等降水日线覆盖了渭河、泾河、北洛河的绝大部地区，形成了一个突起的完整区域；130天等降水日数线经临夏、定西、固原、环县、吴起、安塞到临汾、长治一线，覆盖了黄土高原中南部的整个区域。中宁、盐池、东胜、包头以西的西北部地区降水日数大都小于100天。

最小年降水日数70天等降水日数线覆盖了黄土高原西南部渭河、宛川河、洮河的大部分区域；60天等降水日数线从兰州、环县、延安南转到运城；盐池、东胜以西的大部分区域降水日数大都小于45天。

（2）黄土高原最大年降水日数为100～150天，为平均年降水日数的1.3～1.8倍。其与平均年降水日数的比值大小，并不像最大年降水量与平均年降水量之间具有明显的区域性，在西部银川、惠农比值可达1.7倍、1.8倍，东部临汾比值也达1.8倍。

最大年降水日数的高值区同平均年降水日数的高值区一样，集中在渭河上中游和泾河下游，尤以秦岭北麓一带最多。这一区域的最大年降水日数一般超过150天，秦岭北麓一带可接近或超过200天。例如，1964年宝鸡、平凉、西峰、吴起、洛川和西安的降水日数分别为155天、151天、158天、157天、155天和152天，1967年临洮的降水日数为155天。

通过对表1.4中39个主要站最大年降水日数发生年代和年份的统计，不同年代发生的站数分别为1951～1959年1站；1960～1969年38站。发生最多的年份分别为：1964年33站，1967年5站。这说明黄土高原最大年降水日数几乎全部发生在20世纪60年代，而且85%集中在1964年。这一点与最大年降水量有很大的不同。

（3）黄土高原最小年降水日数为35～75天，为平均年降水量的0.6～0.8倍。其与平均年降水日数的比值大小，并没有明显的区域性，平原及少雨区的比值相对于山地和多雨区要小一些。

最小年降水日数低值区主要分布在西北部的宁夏银川平原、内蒙古河套平原地区，这一地区的最小年降水日数一般在30天左右，个别地区极端年份不到20天。例如，1972年惠农、杭锦旗和磴口的降水日数分别为25天、19天和21天，1974年三湖河口的降水日数为27天，1977年中宁的降水日数为32天，1982年银川的降水日数为33天，2000年灵武的降水日数为22天。

通过对表1.4中39个主要站最小年降水日数发生年代和年份的统计，不同年代发生的站数分别为1951～1959年1站、1960～1969年3站、1970～1979年2站、1980～1989年1站、1990～1999年27站和2000～2009年5站。发生最多的年份分别为：1997年13站，1999年6站，1995年5站，2005年4站。说明黄土高原最小年降水日数主要发生在20世纪90年代，占69.3%。发生年份以1997年、1999年和1995年最多，分别占33.3%、15.4%和12.8%。

（4）黄土高原最大年降水日数与最小年降水日数的极值比大多为2.0～3.0。其比值大小与区域空间位置并无明显关系。

3. 年降水日数变异系数 CV 值的空间分布特征

黄土高原降水日数年际变化的变异系数 CV 值大都在 0.15～0.20 之间，比降水量要小一些。CV 值的等值线走向总体呈东南—西北向的递增。在西北部的雨量低值区，CV 值超过 0.20，如银川为为 0.23 和惠农为 0.22。在南部和东部的雨量高值区，CV 值大都小于 0.15。

表 1.5　黄土高原年降水日数特征值

站名	年平均	最大年		最小年		最大年平均值	最小年平均值	最大年最小年	变异系数CV
	降水日数/d	降水日数/d	发生年份	降水日数/d	发生年份				
西宁	98.4	125	1967	71	1972	1.3	0.72	1.8	0.11
民和	88.8	131	1967	66	1965	1.5	0.74	2.0	0.14
临洮	111.1	155	1967	74	1951	1.4	0.67	2.1	0.15
兰州	76.0	105	1967	51	1997	1.4	0.67	2.1	0.14
靖远	62.0	85	1964	47	2004	1.4	0.76	1.8	0.14
中宁	54.0	74	1964	32	1997	1.4	0.59	2.3	0.18
同心	63.0	93	1964	37	2005	1.5	0.59	2.5	0.18
盐池	65.3	107	1964	46	1999	1.6	0.70	2.3	0.16
银川	48.9	89	1964	33	1980	1.8	0.67	2.7	0.23
惠农	42.9	74	1964	25	2005	1.7	0.58	3.0	0.22
鄂托克	57.6	88	1964	38	1962	1.5	0.66	2.3	0.18
固原	93.3	130	1964	70	1997	1.4	0.75	1.9	0.14
平凉	98.0	151	1964	77	1971	1.5	0.79	2.0	0.15
天水	105.0	137	1964	84	1997	1.3	0.80	1.6	0.13
宝鸡	103.1	155	1964	72	1997	1.5	0.70	2.2	0.14
环县	86.2	149	1964	60	2005	1.7	0.70	2.5	0.21
西峰	101.3	158	1964	70	1995	1.6	0.69	2.3	0.15
长武	101.3	140	1964	69	1995	1.4	0.68	2.0	0.14
西安	97.7	152	1964	59	1995	1.6	0.60	2.6	0.19
铜川	95.9	139	1964	68	1997	1.4	0.71	2.0	0.14
东胜	73.3	120	1964	48	1999	1.6	0.65	2.5	0.18
榆林	71.9	125	1964	42	1986	1.7	0.58	3.0	0.20
绥德	81.0	129	1964	54	1999	1.6	0.67	2.4	0.20
吴起	92.5	157	1964	63	1987	1.7	0.68	2.5	0.20
延安	84.7	132	1964	57	2005	1.6	0.67	2.3	0.15
洛川	99.5	155	1964	67	1995	1.6	0.67	2.3	0.16
右玉	84.2	127	1964	59	1997	1.5	0.70	2.2	0.16

续表

站名	年平均	最大年		最小年		最大年/平均值	最小年/平均值	最大年/最小年	变异系数CV
	降水日数/d	降水日数/d	发生年份	降水日数/d	发生年份				
大同	76.3	101	1957	55	1999	1.3	0.72	1.8	0.14
河曲	74.1	107	1967	49	1962	1.4	0.66	2.2	0.17
原平	75.9	116	1964	49	1999	1.5	0.65	2.4	0.18
兴县	80.6	127	1964	63	1999	1.6	0.78	2.0	0.15
离石	78.2	112	1964	53	1997	1.4	0.68	2.1	0.15
太原	75.1	122	1964	43	1993	1.6	0.57	2.8	0.18
介休	77.9	119	1964	46	1997	1.5	0.59	2.6	0.18
榆社	86.1	118	1964	58	1997	1.4	0.67	2.0	0.15
隰县	85.2	127	1964	60	1997	1.5	0.70	2.1	0.15
临汾	77.1	141	1964	51	1997	1.8	0.66	2.8	0.18
运城	78.6	121	1964	54	1995	1.5	0.69	2.2	0.16
阳城	88.0	140	1964	63	1997	1.6	0.72	2.2	0.14
平均	81.8	124		56		1.5	0.68	2.3	0.16

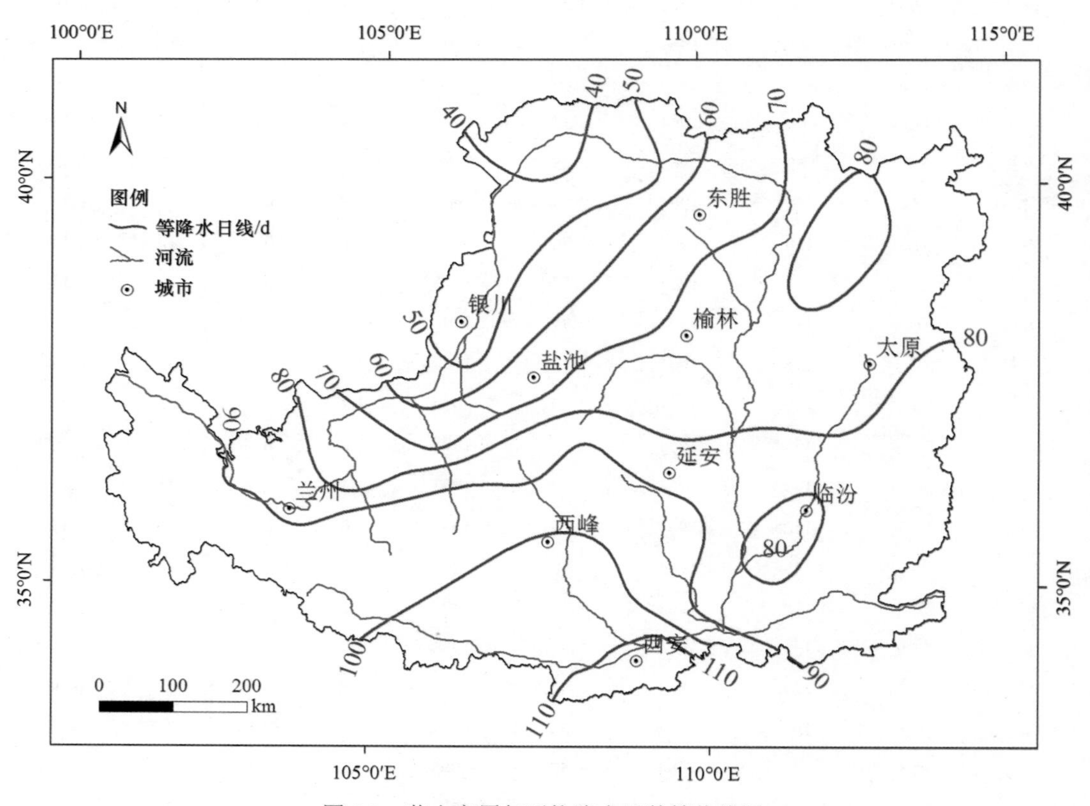

图 1.8 黄土高原年平均降水日数等值线图

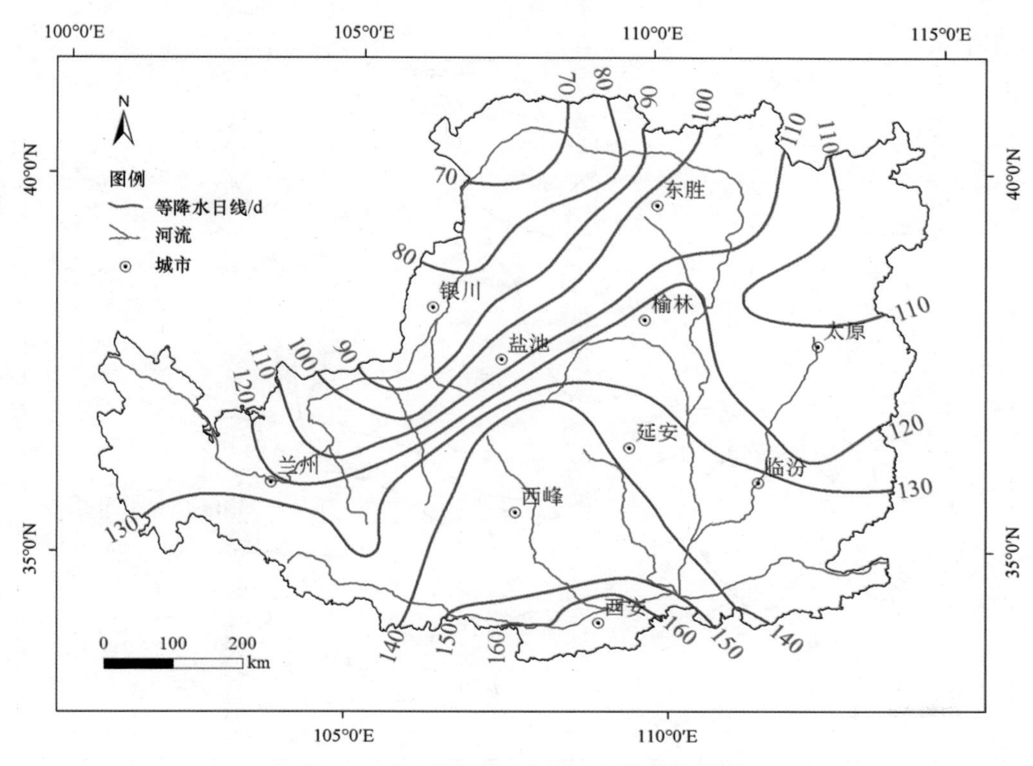

图 1.9　黄土高原最大年降水日数等值线图

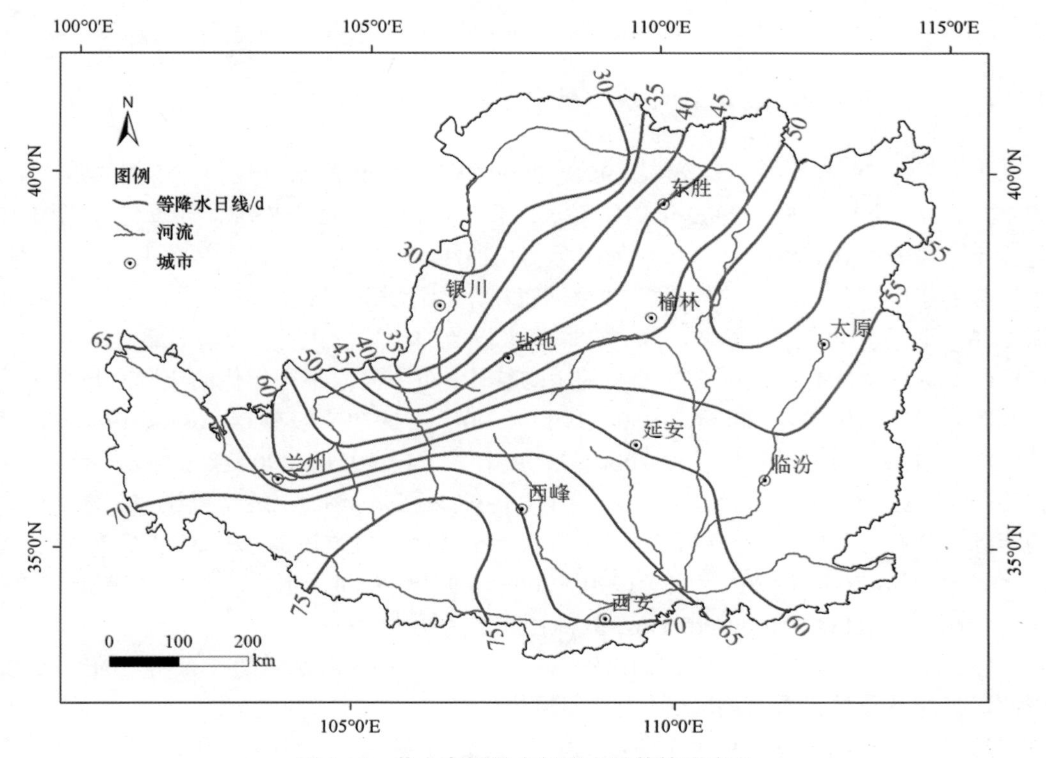

图 1.10　黄土高原最小年降水日数等值线图

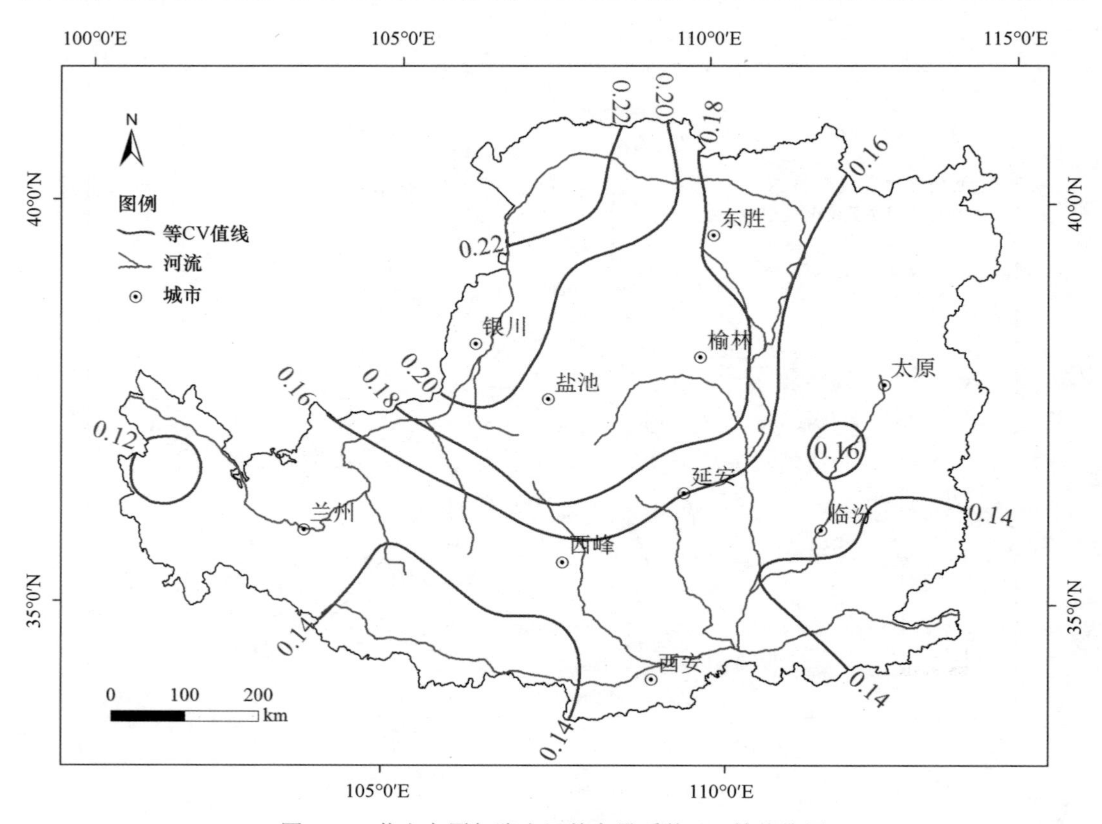

图 1.11　黄土高原年降水日数变异系数 CV 等值线图

4. 降水日数年际变化及空间分布特征

表 1.6 是黄土高原 39 个主要站 1951～2009 年不同年代降水日数和各年代的距平率，表 1.7 是黄土高原 1951～2009 年历年降水日数（39 个主要站平均统计计算值），图 1.12 是黄土高原九个代表性站降水日数的年际变化曲线、趋势线，图 1.13 是黄土高原平均降水日数的年际变化曲线、趋势线（39 个站资料平均计算）。从表 1.6、表 1.7、图 1.12 和图 1.13 可以看出，近 60 年来，黄土高原降水日数的年际变化有以下特征：

（1）通过对表 1.3 中 44 个主要站的平均统计，黄土高原不同年代的年降水日数平均分别为：1951～1959 年 88 天、1960～1969 年 90 天、1970～1979 年 86 天、1980～1989 年 80 天、1990～1999 年 74 天、2000～2009 年 77 天，1951～2009 年平均 82 天。各年代距平率分别为 6.9%、9.7%、4.5%、–3.1%、–9.2%和–5.8%。上述结果说明，降水日数的年际变化趋势和降水量一样，20 世纪五六十年代降水日数较多，从 20 世纪 70 年代起降水日数逐渐减少。近 20 年来（1990～2009 年）较 20 世纪五六十年代（1951～1969 年）相比，降水日数减少了 15.1%，减幅较降水量稍大一些。

（2）黄土高原降水日数年际变化的空间分布差异，不像降水量那样有明显的区域性。因此，只能从整体上看其增减变化的覆盖程度。

1951～1959 年，在 39 个站中，正距平有 33 个站，占 84.6%，负距平 6 个站，占

15.4%。正距平合计 284.8%，负距平合计–14.4%。说明 20 世纪 50 年代，黄土高原有 85%的区域为多雨日区。

1960～1969 年，在 39 个站中，正距平有 37 个站，占 94.9%，负距平 2 个站，占 5.1%。正距平合计 376.8%，负距平合计–0.4%。除西宁–0.1%和民和–0.3%外，其余 37 个站均为正距平。说明 20 世纪 60 年代，黄土高原有 95%的区域为多雨日区。

1970～1979 年，在 39 个站中，正距平有 33 个站，占 84.6%，负距平 6 个站，占 15.4%。正距平合计 191.0%，负距平合计–17.0%。说明 20 世纪 70 年代，黄土高原有 85%的区域为多雨日区。从正负距平的站数比例看，虽然和 50 年代相同，但正距平的合计数明显小于 50 年代，说明 20 世纪 70 年代降水日数还是有明显减少趋势。

1980～1989 年，在 39 个站中，正距平有 12 个站，占 30.8%，负距平 27 个站，占 69.2%。正距平合计 22.5%，负距平合计–144.1%。说明 20 世纪 80 年代，黄土高原有 70%的区域为少雨日区。

1990～1999 年，在 39 个站中，均为负距平。负距平合计–360.3%。说明 20 世纪 90 年代，黄土高原均为少雨日区。

2000～2009 年，在 39 个站中，正距平有 2 个站，占 5.1%，负距平 37 个站，占 94.9%。正距平合计 5.4%，负距平合计–232.9%。说明 21 世纪初，黄土高原有 95%的区域为少雨日区。

表 1.6　黄土高原各年代降水日数及距平率

站名	各年代降水日数/d							各年代降水日数距平率/%					
	1951～1959 年	1960～1969 年	1970～1979 年	1980～1989 年	1990～1999 年	2000～2009 年	1951～2009 年	1951～1959 年	1960～1969 年	1970～1979 年	1980～1989 年	1990～1999 年	2000～2009 年
西宁	99.0	98.5	93.6	101.2	95.6	103.7	98.6	0.4	–0.1	–5.0	2.7	–3.0	5.2
民和	90.7	88.8	89.5	91.2	88.9	86.6	89.1	1.8	–0.3	0.5	2.4	–0.2	–2.8
临洮	112.0	117.2	126.8	112.1	100.1	99.4	111.3	0.7	5.3	14.0	0.8	–10.0	–10.7
兰州	84.0	78.3	80.3	71.9	67.2	74.2	76.0	10.6	3.1	5.7	–5.3	–11.5	–2.4
靖远	61.4	63.7	69.0	62.5	60.2	56.3	62.2	–1.2	2.4	10.9	0.5	–3.2	–9.5
中宁	61.4	57.8	62.0	51.7	47.8	45.7	54.0	13.7	7.0	14.7	–4.3	–11.5	–15.4
同心	66.8	71.8	70.3	60.3	59.0	52.1	63.1	5.9	13.8	11.5	–4.4	–6.5	–17.4
盐池	68.7	72.6	67.6	63.4	60.4	61.2	65.4	4.9	11.0	3.3	–3.1	–7.7	–6.5
银川	60.2	53.1	49.5	45.3	43.8	43.6	49.1	22.7	8.2	0.9	–7.7	–10.7	–11.1
惠农	40.3	46.4	45.7	42.4	41.1	40.0	43.0	–6.1	8.0	6.4	–1.3	–4.3	–6.9
鄂托克	59.8	60.7	57.9	58.0	54.6	56.2	57.7	3.7	5.2	0.4	0.5	–5.4	–2.6
固原	105.0	97.9	96.6	99.2	85.7	84.2	93.4	12.4	4.8	3.4	6.2	–8.3	–9.9
平凉	95.9	104.1	100.9	99.8	94.2	95.0	98.4	–2.5	5.8	2.6	1.5	–4.2	–3.4
天水	104.0	109.2	115.5	106.0	93.8	99.3	105.0	–1.0	4.0	10.0	0.9	–10.7	–5.4
宝鸡	106.0	113.2	102.0	106.6	93.8	98.6	103.3	2.6	9.6	–1.2	3.2	–9.2	–4.5
环县	88.3	105.2	93.9	81.1	77.8	73.8	86.5	2.2	21.7	8.6	–6.2	–10.0	–14.7
西峰	98.8	111.6	108.1	103.3	92.3	93.8	101.4	–2.5	10.1	6.7	1.9	–8.9	–7.5
长武	109.7	107.8	104.7	100.0	91.9	100.4	101.5	8.1	6.3	3.2	–1.4	–9.4	–1.0

续表

站名	各年代降水日数/d							各年代降水日数距平率/%					
	1951～1959年	1960～1969年	1970～1979年	1980～1989年	1990～1999年	2000～2009年	1951～2009年	1951～1959年	1960～1969年	1970～1979年	1980～1989年	1990～1999年	2000～2009年
西安	119.0	110.2	91.4	98.2	82.7	87.2	97.9	21.5	12.5	–6.7	0.3	–15.6	–11.0
铜川	108.6	105.7	97.4	95.8	87.0	90.2	96.4	12.6	9.6	1.0	–0.7	–9.8	–6.5
东胜	76.3	82.3	76.4	68.5	66.9	72.4	73.5	3.9	12.0	4.0	–6.8	–8.9	–1.5
榆林	78.6	86.5	71.9	63.7	63.1	68.9	72.0	9.1	20.1	–0.1	–11.5	–12.4	–4.3
绥德	96.6	96.6	88.1	71.7	68.8	70.6	81.3	18.8	18.8	8.4	–11.8	–15.4	–13.2
吴起	95.7	107.1	104.7	90.3	81.3	80.8	92.7	3.2	15.5	12.9	–2.6	–12.3	–12.9
延安	86.2	95.0	86.4	81.1	78.2	82.9	84.9	1.5	11.8	1.7	–4.5	–7.9	–2.4
洛川	107.0	113.0	106.1	98.4	86.2	91.7	99.8	7.2	13.2	6.3	–1.4	–13.6	–8.1
右玉	97.0	92.9	89.4	80.1	75.1	80.8	84.4	14.9	10.1	5.9	–5.1	–11.0	–4.3
大同	86.8	79.9	79.4	73.5	69.7	74.4	76.4	13.6	4.6	3.9	–3.8	–8.8	–2.6
河曲	79.2	80.6	78.2	68.9	68.5	72.5	74.2	6.7	8.6	5.3	–7.2	–7.7	–2.3
原平	86.8	85.5	80.7	73.0	67.6	67.6	76.2	14.0	12.3	6.0	–4.2	–11.2	–11.2
兴县	85.8	88.7	82.3	75.6	75.3	79.9	80.9	6.1	9.7	1.8	–6.5	–6.9	–1.2
离石	87.0	88.8	76.6	73.9	72.1	78.4	78.3	11.2	13.4	–2.1	–5.6	–7.9	0.2
太原	83.9	83.1	79.0	68.3	66.0	71.7	75.2	11.6	10.5	5.1	–9.2	–12.2	–4.6
介休	77.3	88.2	83.5	73.9	69.4	76.2	78.1	–1.0	12.9	6.9	–5.4	–11.2	–2.5
榆社	92.7	92.8	91.4	79.2	81.2	84.3	86.2	7.5	7.7	6.1	–8.1	–5.8	–2.2
隰县	94.7	95.4	88.9	79.6	77.7	82.7	85.4	10.8	11.7	4.1	–6.8	–9.0	–3.2
临汾	84.0	85.6	81.8	74.0	66.5	74.2	77.2	8.8	10.8	5.9	–4.2	–13.9	–3.9
运城	84.3	89.6	77.3	80.0	67.9	76.2	78.6	7.1	13.9	–1.7	1.7	–13.7	–3.1
阳城	92.7	97.7	91.1	83.8	79.2	87.9	88.2	5.1	10.8	3.3	–5.0	–10.2	–0.3
平均	87.5	89.8	85.5	79.7	74.3	77.3	82.0	6.9	9.7	4.5	–3.1	–9.2	–5.8

表 1.7 黄土高原历年平均降水日数

年份	降水日数/d	年份	降水日数/d	年份	降水日数/d	年份	降水日数/d	年份	降水日数/d	年份	降水日数/d
1951	82	1961	95	1971	83	1981	75	1991	75	2001	77
1952	92	1962	78	1972	74	1982	77	1992	80	2002	75
1953	85	1963	90	1973	90	1983	86	1993	78	2003	93
1954	103	1964	122	1974	87	1984	88	1994	77	2004	75
1955	79	1965	73	1975	97	1985	81	1995	65	2005	66
1956	90	1966	87	1976	91	1986	70	1996	81	2006	74
1957	79	1967	105	1977	85	1987	72	1997	60	2007	81
1958	88	1968	86	1978	86	1988	90	1998	75	2008	79
1959	95	1969	84	1979	80	1989	84	1999	64	2009	74
1960	78	1970	82	1980	73	1990	88	2000	76	2010	76

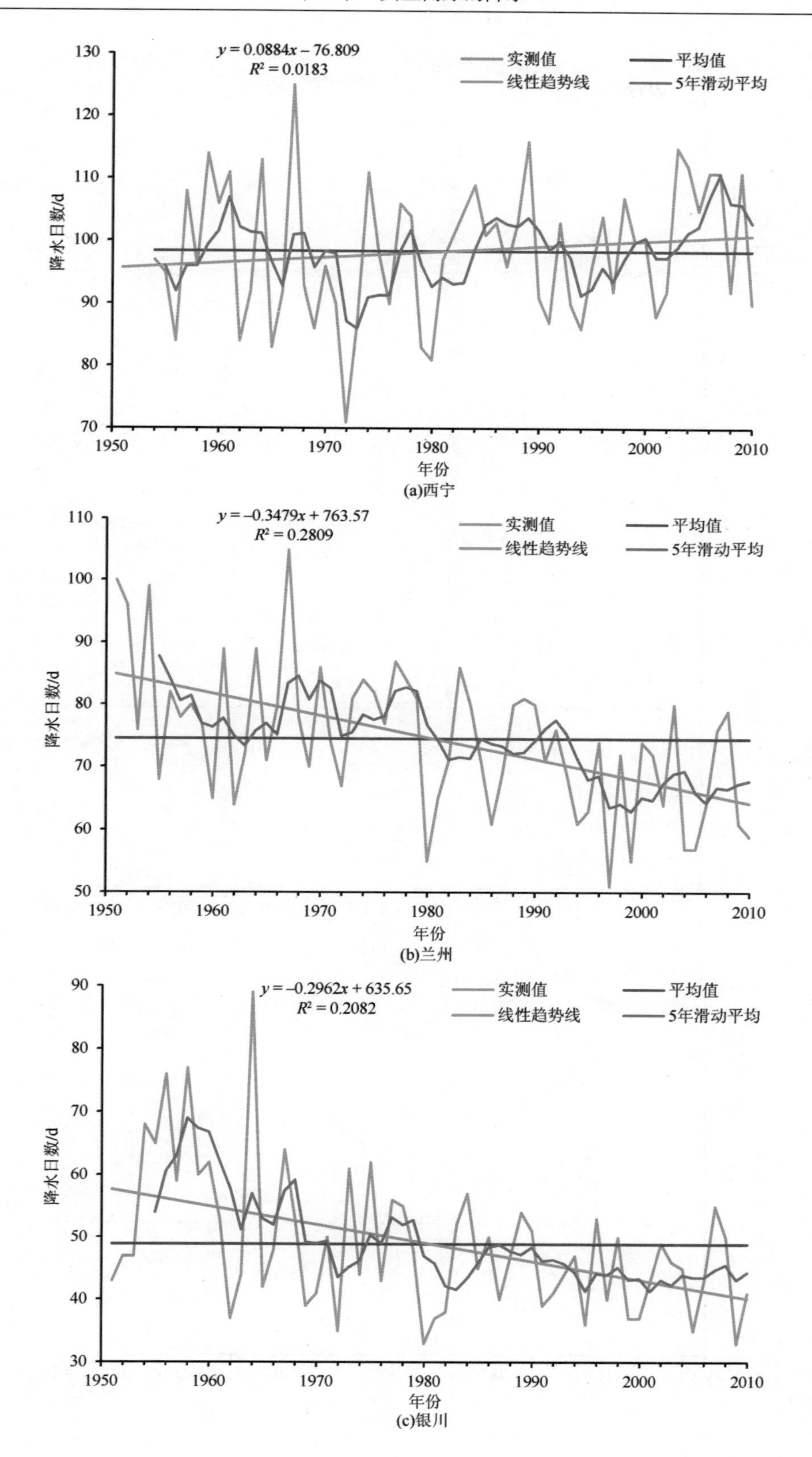

$y = 0.0884x - 76.809$
$R^2 = 0.0183$
实测值
平均值
线性趋势线
5年滑动平均
降水日数/d
年份
$y = -0.3479x + 763.57$
$R^2 = 0.2809$
$y = -0.2962x + 635.65$
$R^2 = 0.2082$

(a)西宁

(b)兰州

(c)银川

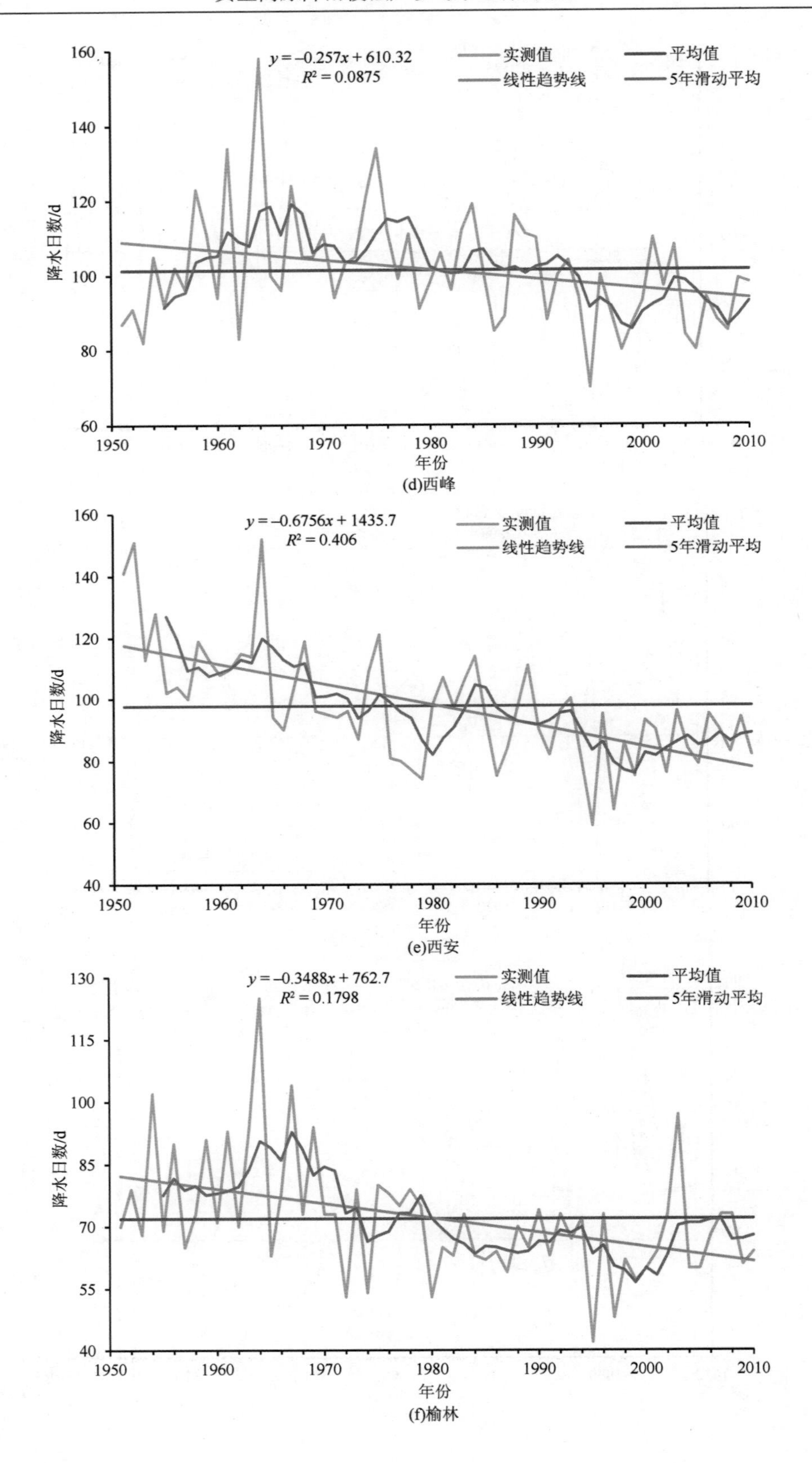

y = −0.257x + 610.32
R² = 0.0875
实测值
平均值
线性趋势线
5年滑动平均
降水日数/d
年份
y = −0.6756x + 1435.7
R² = 0.406
y = −0.3488x + 762.7
R² = 0.1798

(d)西峰

(e)西安

(f)榆林

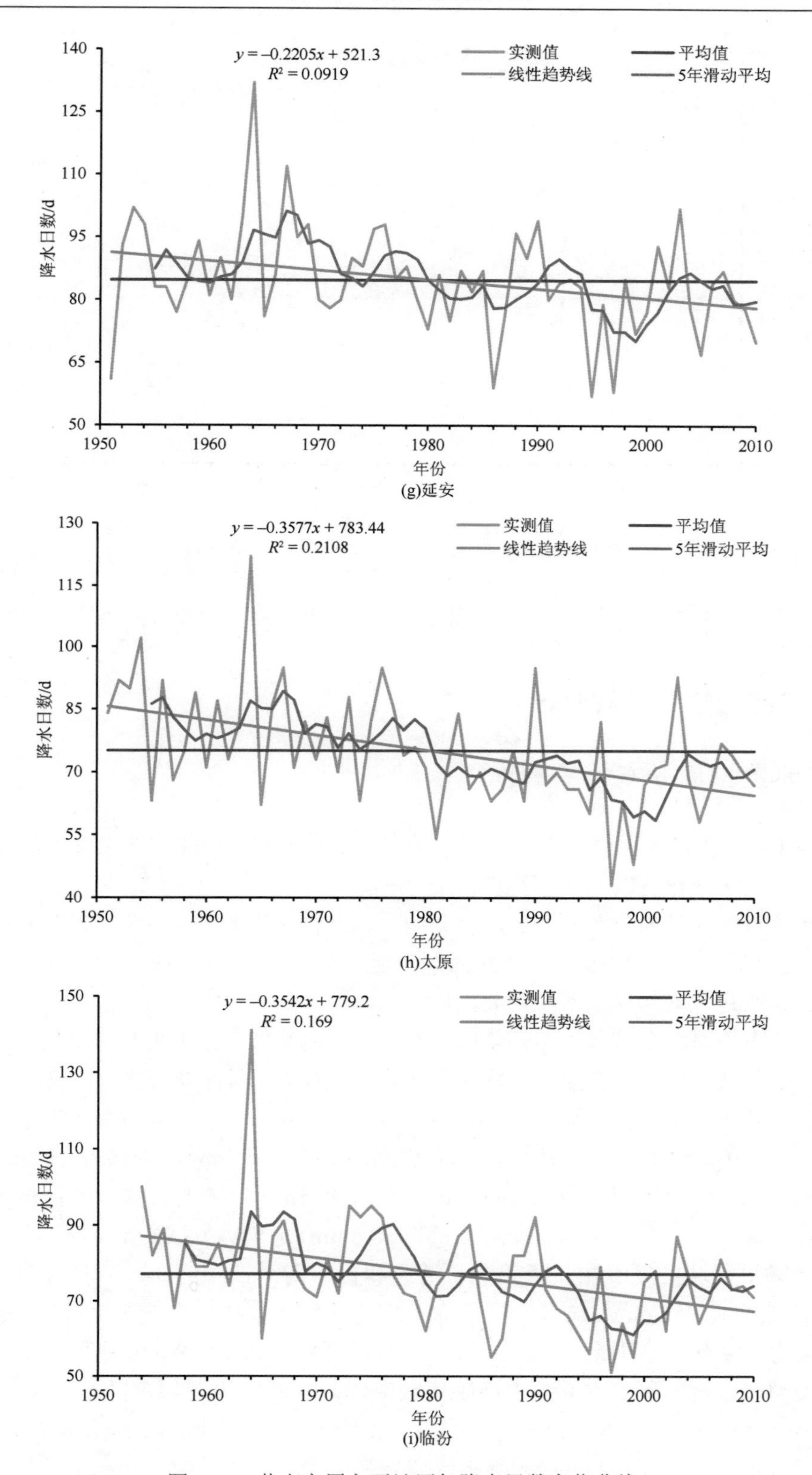

图 1.12　黄土高原主要站历年降水日数变化曲线

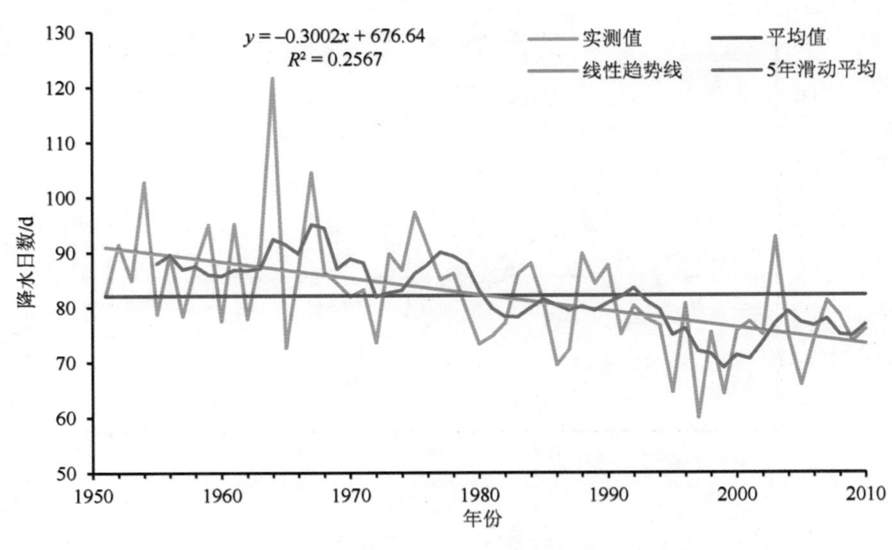

图 1.13　黄土高原历年平均降水日数变化曲线

1.3　月降水量及降水日数的空间分布

1.3.1　月降水量的空间分布

1. 月降水量空间分布的基本特征

从表 1.8 的各月降水量和图 1.14 的各月降水量等值线分布趋势可以看出，黄土高原月降水量的空间分布有以下几个特点：

一是各月降水量的分布变化虽均呈东南—西北向递减趋势，但这种趋势对不同的月份来说，也有所变化。3～5 月等值线的东西走向更明显，7 月、8 月等值线的南北走向更明显，其他月份基本呈东南—西北向。

二是黄土高原的多雨区虽然都集中在东南部，但其具体部位也与月份有关。1 月、2 月最大降水区域主要集中在陕西关中和晋东南（例如，1 月西安降水量为 7.2mm，阳城为 7.0mm；2 月西安降水量为 10.2mm，阳城为 11.3mm）；3 月、4 月最大降水区域主要集中在陕西关中、渭北一带（例如，3 月西安降水量为 26.3mm，宝鸡为 25.1mm，长武为 23.2mm；4 月西安降水量为 44.9mm，宝鸡为 49.5mm）；5 月最大降水区域集中在陕西关中和甘南一带（例如，5 月西安降水量为 58.8mm，宝鸡为 63.9mm，临洮为 65.4mm）；6 月最大降水区域又集中在陕西关中、渭北和晋东南一带（例如，6 月宝鸡降水量为 72.9mm，长治为 75.0mm）；7 月、8 月最大降水区域主要集中在晋东南（例如，7 月长治降水量为 149.4mm，阳城为 147.4mm；8 月长治降水量为 131.9mm，阳城为 114.4mm）；9 月和 10 月最大降水区域主要集中在陕西关中、渭北（例如，9 月宝鸡降水量为 117.4mm，西安为 94.8mm，长武为 96.1mm；10 月份宝鸡降水量为 61.6mm，西安为 60.4mm，长武为 51.8mm）；11 月、12 月最大降水区域集又回到在陕西关中和晋东南一带（例如，

11月宝鸡降水量为21.1mm，西安为26.7mm，阳城为22.4mm；12月西安降水量为6.9mm，阳城为6.7mm）

三是黄土高原最少降水区主要集中在宁夏银川、中宁一带，与月份变化基本无关。

2. 各月份降水量空间分布的基本特征

1月降水量为1.5～6.5mm；平均为3.3mm。降水量≥6mm的降水区域主要分布在陕西的渭北、关中和山西的晋东南一带。例如，宝鸡为6.5mm、长武为6.6mm、铜川为6.2mm、西安为7.2mm、华县为7.1mm、垣曲为6.7mm、阳城为7.1mm。在渭河以南靠近秦岭北麓的区域，1月降水量超过了8mm，如秦渡镇为8.5mm、大峪为11.2mm和罗李村为10.7mm。4～6mm的降水区域主要分布在陇东南、陕北南部和晋西南一带，包括陇西、西峰、富县、隰县、榆社以南的大部分区域，如天水为4.2mm、西峰为4.4mm、隰县为4.5mm、运城为4.8mm。2～4mm的降水区域涵盖了黄土高原中部的大部分地区，如固原为3.5mm、榆林为2.4mm、绥德为3.2mm、河曲为3.1mm、太原为3.0mm和介休为3.5mm。降水量≤2mm的降水区域主要集中在西北部兰州、海原、盐池、鄂托克以西和河套地区，如兰州为1.6mm、中宁为1.3mm、银川为1.2mm和鄂托克为1.7mm；在惠农、临河、磴口一带降水量不足1mm，磴口1月降水量只有0.5mm。

2月降水量为2.0～10.5mm，平均为5.2mm。最大点降水量阳城为11.3mm，最小点降水量中宁为1.4mm。天水、西峰、宜川、隰县、介休、榆社以南区域降水量大都大于7mm，兰州、海原、盐池、鄂托克以西区域降水量大都小于3mm，中间大部区域降水量为3～7mm。其中5mm等降水量线经天水—平凉—华池—绥德—忻州，基本西南—东北向将黄土高原2月降水划分成两部分。

3月降水量为5.0～25.0mm，平均为12.9mm。最大点降水量西安为26.3mm，最小点降水量中宁为4.1mm。天水、西峰、延安、隰县、沁源以南区域降水量大都大于15mm，兰州、东胜以西以及岢岚、原平以北区域降水量大都小于10mm。中间大部区域降水量为10～15mm。其中12mm等降水量线经临洮—平凉—吴起—离石—太原，西南—东北向将黄土高原3月降水划分成两部分。

4月降水量为10.0～40.0mm，平均为24.9mm。最大点降水量宝鸡为49.5mm，最小点降水量惠农为6.2mm。天水、西峰、延安、隰县、临汾、长治以南区域降水量大都大于30mm，兰州、盐池、东胜以西以及河曲、原平以北区域降水量大都小于20mm。中间大部区域降水量为20～30mm。其中25mm等降水量线经临洮—固原—吴旗—离石—榆社，西南—东北向将黄土高原4月降水划分成两部分。

5月降水量为20.0～60.0mm，平均为39.1mm。最大点降水量临洮为65.4mm，最小点降水量惠农为16.1mm。天水、西峰、洛川、阳城以南区域降水量大都大于50mm，兰州、盐池、东胜以西以及区域降水量大都小于30mm。中间大部区域降水量为30～50mm。其中40mm等降水量线经西宁—固原—环县—吴起—延安—临汾，东西向将黄土高原5月降水划分成两部分。

6月降水量为25.0～70.0mm，平均为52.6mm。最大点降水量长治为75.0mm，最小点降水量惠农为 21.2mm。天水、平凉、西峰、隰县、榆社以南区域降水量大都大于 60mm，兰州、盐池、东胜以西区域降水量大都小于 40mm。中间大部区域降水量为 40～60mm。

7 月降水量为 45.0～145.0mm，平均为 96.5mm。最大点降水量长治为 149.4mm，最小点降水量银川为 40.0mm。晋东南的隰县、榆社、临汾、运城以东区域降水量大都大于 120mm，兰州、盐池、鄂托克以西区域降水量大都小于 60mm。中间大部区域降水量为 60～120mm。其中 100mm 等降水量线经天水—平凉—吴起—绥德—河曲—右玉，将黄土高原 7 月降水划分成两部分。

8 月降水量为 50.0～120.0 mm，平均为 97.2mm。最大点降水量长治为 131.9mm，最小点降水量惠农为 46.9mm。105mm 等降水量线经宝鸡、西峰、吴旗、榆林、东胜，南北向将黄土高原 7 月降水划分成两部分。以东区域降水量大都大于 105mm，以西区域降水量大都小于 105mm。由于受地形和环流的影响，8 月降水量在一个区域内，个别点降水也有特殊，如关中的西安和晋南的运城、临汾等地，降水量明显少于周边和北部地区，西安 8 月降水量只有 77.7mm，比北边的铜川少了近 50mm。运城和临汾也只有 86.8mm 和 94.5mm。另外，少雨区陕北和晋西北区域，8 月降水量也普遍偏多，这种变化，使得黄土高原西南—东北向的降水分布趋势在 8 月变成了南北向。

9 月降水量为 30.0～100.0mm，平均为 64.4mm。最大点降水量宝鸡为 117.4mm，最小点降水量惠农为 23.1mm。降水量多的区域主要集中在关中中西部宝鸡、西安和渭北长武、铜川以及洛川一带。65mm 等降水量线经固原—环县—岢岚一线，将黄土高原 9 月降水划分成两部分。

10 月降水量为 10.0～50.0mm，平均为 31.4mm。最大点降水量宝鸡为 61.6mm，最小点降水量惠农为 8.7mm。天水、平凉、西峰、富县、阳城以南区域降水量大都大于 40mm，兰州、靖远、同心、盐池、鄂托克以西区域降水量大都小于 20mm，30mm 等降水量线经固原—环县—吴起—绥德—兴县—忻县一带，将黄土高原 10 月降水划分成两部分。

11 月降水量为 3.0～25.0mm，平均为 11.1mm。最大点降水量西安为 26.7mm，最小点降水量惠农为 2.4mm。天水、西峰、延安、隰县、榆社以南区域降水量大都大于 15mm，兰州、同心、盐池、鄂托克以西区域降水量大都小于 5mm，10mm 等降水量线经天水—平凉—环县—吴起—绥德—横山—忻州一带，将黄土高原 11 月降水划分成两部分。

12 月降水量为 1.0～6.0mm，平均为 2.9mm。最大点降水量西安为 6.9mm，最小点降水量惠农为 0.3mm。宝鸡、长武、铜川以南及晋东南长治、阳城一带降水量大都大于 5mm，兰州、同心、盐池、鄂托克以西区域降水量大都小于 1mm。3mm 等降水量线经天水—西峰—延安—绥德—离石—太原一带，将黄土高原 12 月降水量划分成两部分。

表 1.8 黄土高原各月降水量

站名	月降水量/mm											
	1 月	2 月	3 月	4 月	5 月	6 月	7 月	8 月	9 月	10 月	11 月	12 月
西宁	1.4	1.9	6.8	20.7	48.2	57.0	80.9	81.3	58.2	22.8	3.4	1.3
民和	1.6	2.8	8.9	19.7	43.9	41.1	65.7	83.6	51.8	24.6	3.8	1.2
临洮	3.6	4.9	14.6	34.2	65.4	66.0	104.3	109.5	76.2	38.8	7.3	2.3
兰州	1.6	2.2	8.4	17.0	36.9	41.0	61.3	77.6	45.2	23.9	3.6	1.1

续表

站名	月降水量/mm											
	1月	2月	3月	4月	5月	6月	7月	8月	9月	10月	11月	12月
靖远	1.6	2.2	5.2	12.9	27.0	27.7	46.3	55.0	32.1	18.1	3.0	0.8
中宁	1.3	1.4	4.1	11.1	19.1	24.8	41.1	55.6	30.3	14.0	3.6	0.6
同心	2.0	2.8	6.1	16.1	27.2	32.2	53.5	64.1	39.2	19.0	4.7	1.0
盐池	1.9	3.1	8.0	15.3	27.2	33.8	58.8	74.8	40.6	18.3	5.9	1.4
银川	1.2	2.1	6.0	10.7	19.4	21.9	40.0	49.5	25.9	11.7	3.6	0.8
惠农	0.8	1.5	4.3	6.2	16.1	21.2	44.4	46.9	23.1	8.7	2.4	0.3
鄂托克	1.7	2.5	7.3	10.5	23.1	28.9	58.9	81.1	35.3	13.3	4.0	1.0
固原	3.0	4.2	10.7	23.5	44.3	56.2	91.8	106.2	67.6	31.7	7.9	1.8
平凉	3.2	4.9	13.9	29.9	46.6	60.9	110.2	100.4	74.3	38.7	10.6	2.3
天水	4.8	6.1	16.9	38.6	53.9	71.1	92.1	84.5	86.5	47.6	13.3	3.3
宝鸡	6.5	10.3	25.1	49.5	63.9	72.9	119.4	113.0	117.4	61.6	21.1	5.1
环县	2.4	4.0	11.5	23.6	41.3	47.8	89.8	97.3	65.3	31.2	10.6	1.9
西峰	4.4	7.6	17.8	35.7	53.1	60.7	115.4	102.1	85.7	42.4	15.7	4.0
长武	6.6	9.4	23.2	39.8	54.1	59.4	107.3	107.2	96.1	51.8	20.2	4.8
西安	7.2	10.2	26.3	44.9	58.8	56.7	101.1	77.7	94.8	60.4	26.7	6.9
铜川	6.2	8.9	21.2	37.9	50.5	64.7	116.0	114.9	87.2	49.3	19.4	5.1
东胜	2.1	3.8	10.3	16.8	29.7	42.8	93.0	99.0	47.8	21.0	5.2	1.6
榆林	2.4	4.1	10.5	21.5	31.1	41.4	86.1	104.1	55.0	24.8	8.9	2.3
绥德	3.2	5.0	13.1	21.3	34.7	52.0	97.3	104.0	71.3	31.1	11.5	3.3
吴起	2.7	4.6	12.1	26.5	41.5	50.8	99.9	110.6	73.3	29.6	10.5	2.3
延安	3.2	5.5	16.2	28.5	43.8	65.0	113.5	119.1	78.7	38.1	14.7	3.2
洛川	6.3	10.2	23.1	37.8	50.8	69.1	129.1	116.1	89.7	47.9	20.4	5.3
右玉	2.6	3.5	9.5	20.9	35.7	55.2	103.1	107.1	54.9	21.6	6.9	1.9
大同	2.3	3.3	9.9	19.6	30.0	47.3	96.2	84.7	53.4	21.0	6.9	1.7
河曲	3.1	3.4	10.9	18.4	30.2	48.7	100.8	104.9	53.2	23.7	7.3	2.2
岢岚	2.5	3.7	9.8	22.5	33.4	60.2	113.4	115.9	66.1	26.9	8.8	2.9
原平	2.0	3.9	8.3	18.0	30.8	55.9	103.8	117.0	59.9	21.7	8.5	1.8
兴县	4.1	5.4	12.2	24.9	35.5	54.3	108.3	115.7	68.1	31.5	12.0	4.1
静乐	2.3	5.2	11.9	21.9	35.5	65.8	99.4	116.9	66.3	27.0	11.0	2.4
忻州	2.8	4.8	10.7	20.1	31.4	61.7	103.8	103.1	54.8	24.0	10.3	2.3
离石	3.0	5.7	12.8	24.2	36.7	55.6	106.3	114.9	74.5	33.0	14.5	3.2
太原	3.0	5.5	11.5	21.7	34.2	53.6	106.0	102.1	60.7	27.8	12.3	3.0
介休	3.5	5.6	13.8	25.9	34.6	51.1	107.9	102.1	68.2	34.5	12.6	3.8
榆社	4.2	7.0	13.4	25.3	38.2	67.1	140.0	121.0	70.7	33.8	15.0	4.6
隰县	4.5	7.0	15.0	27.2	37.9	61.6	118.8	111.7	78.5	36.7	15.4	4.2
临汾	3.8	5.6	15.5	28.5	38.2	54.1	120.5	94.5	67.4	36.2	15.3	4.2
长治	4.9	7.9	17.0	29.0	45.3	75.0	149.4	131.9	62.8	38.1	17.0	6.1
运城	4.8	6.8	19.2	38.8	51.2	61.8	107.9	86.8	80.7	50.9	21.2	4.4
阳城	7.0	11.3	21.9	34.9	50.1	65.3	147.4	114.4	78.9	40.0	22.4	6.7
平均	3.3	5.2	12.9	24.9	39.1	52.6	96.5	97.2	64.4	31.4	11.1	2.9

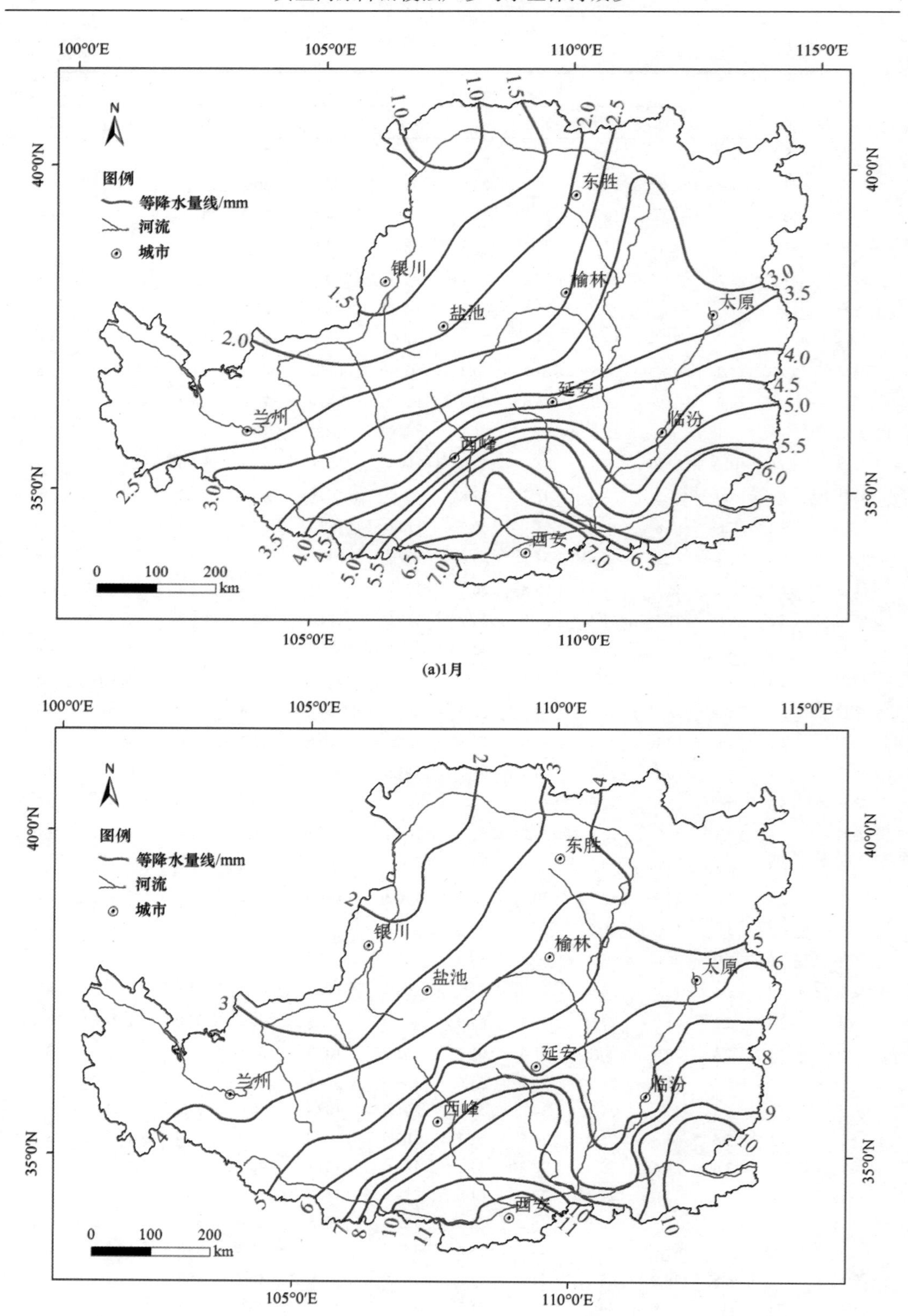
100°0′E
105°0′E
110°0′E
115°0′E
40°0′N
35°0′N
N
图例
等降水量线/mm
河流
城市
东胜
银川
榆林
太原
盐池
延安
兰州
临汾
西峰
西安
0 100 200 km
1.0
1.5
2.0
2.5
3.0
3.5
4.0
4.5
5.0
5.5
6.0
6.5
7.0
2
3
4
5
6
7
8
9
10
11

(a)1月

(b)2月

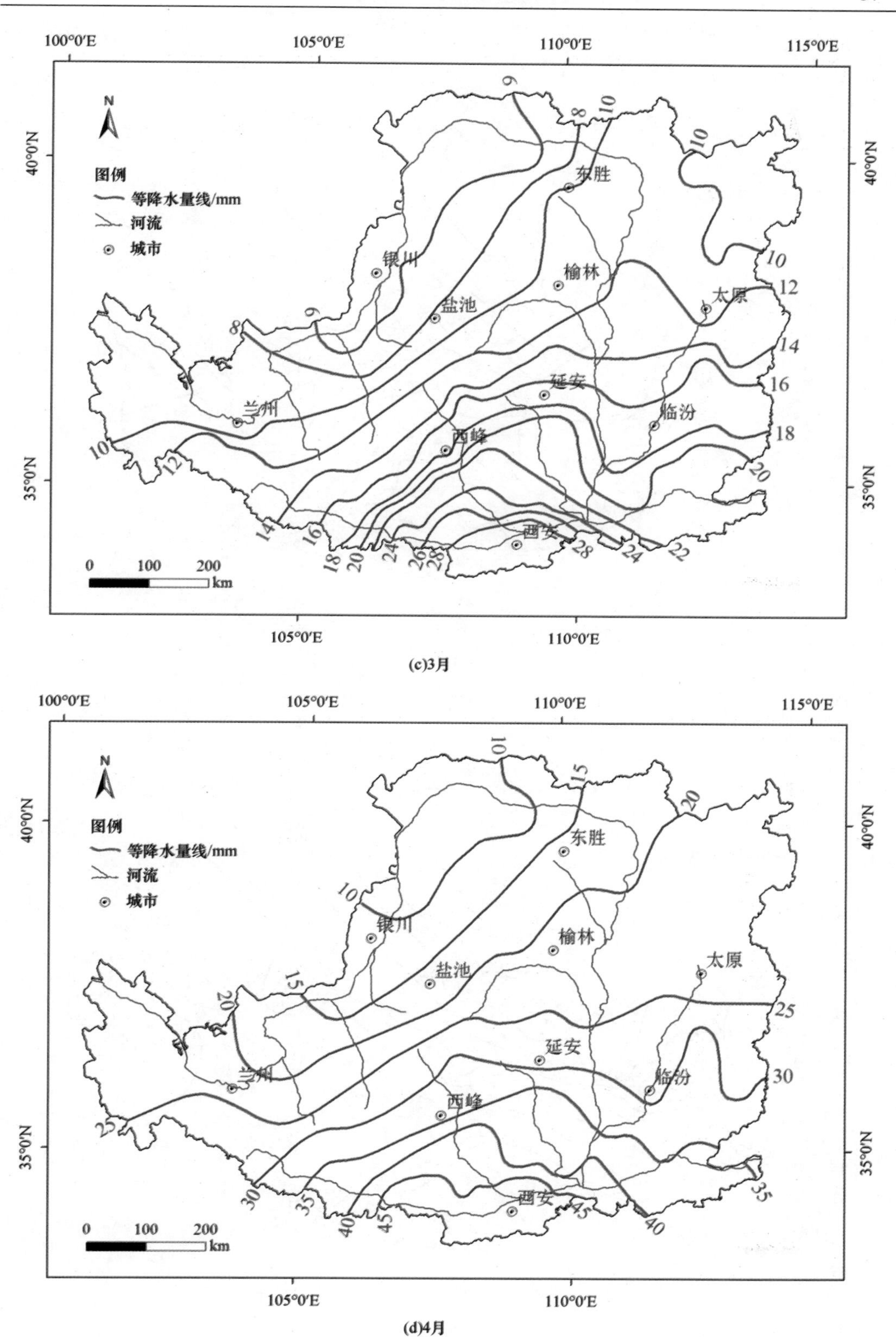
100°0′E
105°0′E
110°0′E
115°0′E
40°0′N
35°0′N
N
图例
等降水量线/mm
河流
城市
东胜
银川
榆林
盐池
太原
延安
兰州
临汾
西峰
西安
0 100 200 km
9
8
10
12
14
16
18
20
22
24
26
28

(c)3月

100°0′E
105°0′E
110°0′E
115°0′E
40°0′N
35°0′N
N
图例
等降水量线/mm
河流
城市
东胜
银川
榆林
盐池
太原
延安
兰州
临汾
西峰
西安
0 100 200 km
10
15
20
25
30
35
40
45

(d)4月

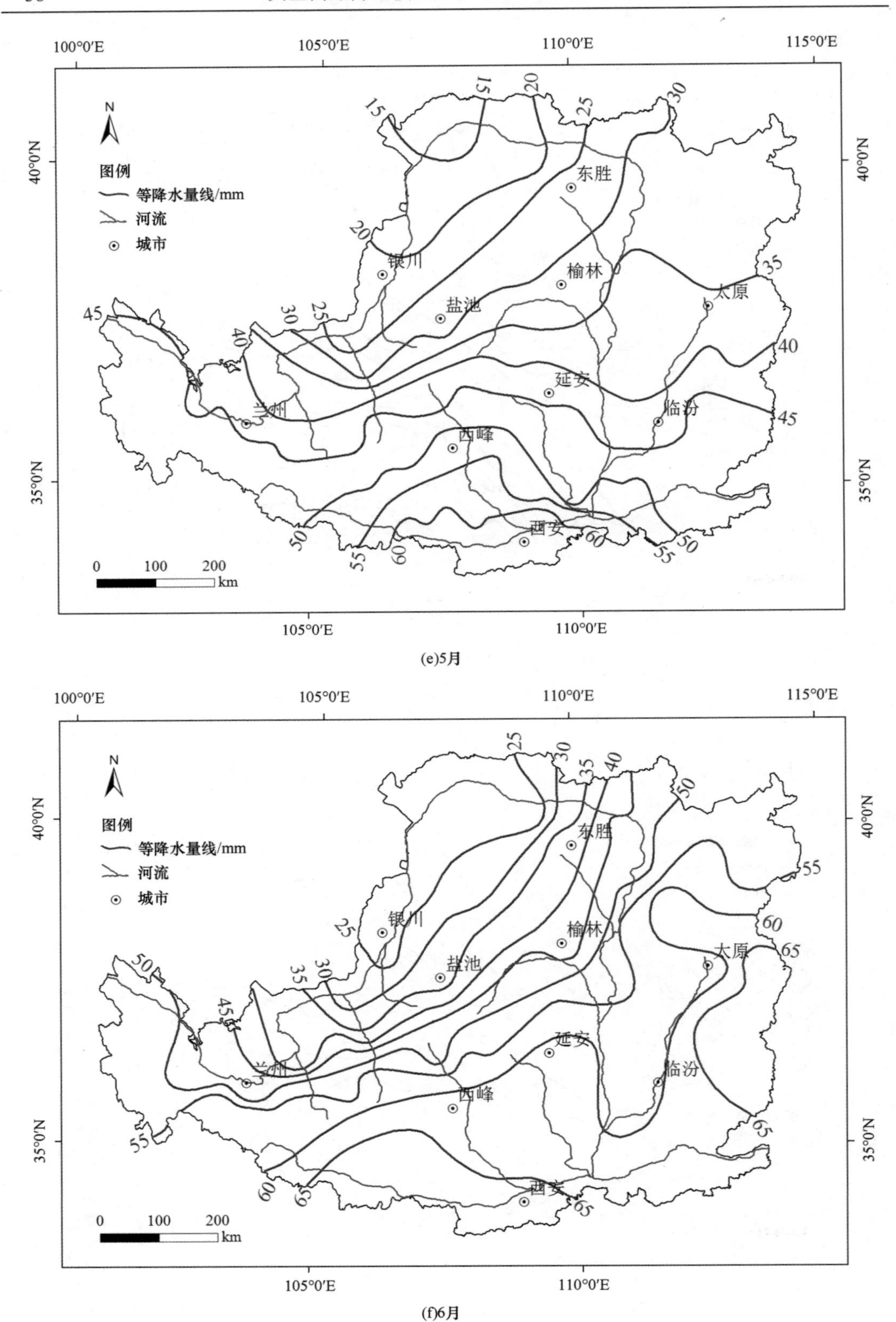
100°0′E
105°0′E
110°0′E
115°0′E
40°0′N
35°0′N
N
图例
等降水量线/mm
河流
城市
东胜
银川
榆林
盐池
太原
延安
兰州
临汾
西峰
西安
0 100 200 km

(e)5月

(f)6月

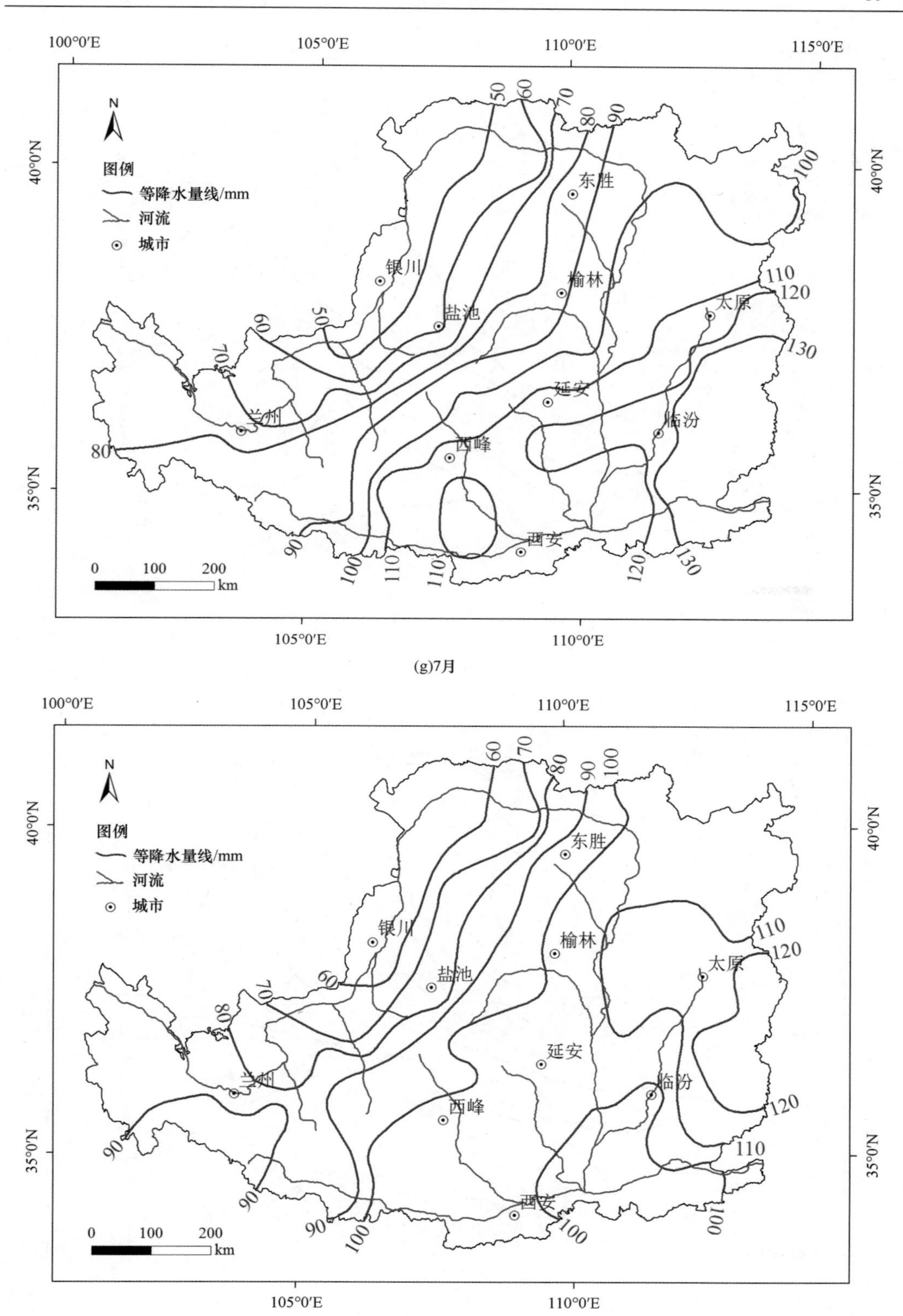
100°0′E
105°0′E
110°0′E
115°0′E
40°0′N
35°0′N
N
图例
等降水量线/mm
河流
城市
东胜
银川
榆林
盐池
太原
延安
兰州
临汾
西峰
西安
0 100 200 km
50
60
70
80
90
100
110
120
130

(g)7月

100°0′E
105°0′E
110°0′E
115°0′E
40°0′N
35°0′N
N
图例
等降水量线/mm
河流
城市
东胜
银川
榆林
盐池
太原
延安
兰州
临汾
西峰
西安
0 100 200 km
60
70
80
90
100
110
120

(h)8月

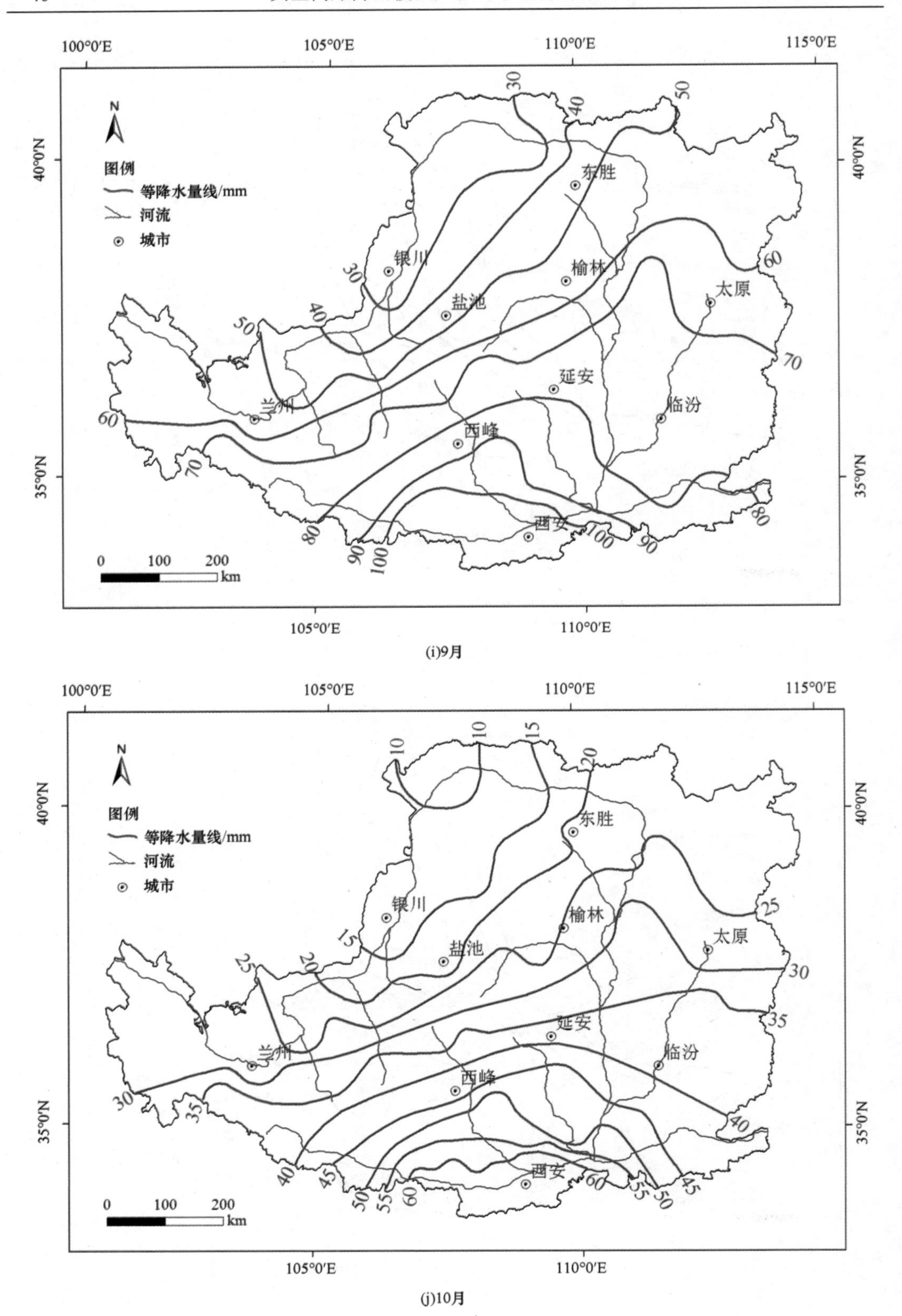
100°0′E
105°0′E
110°0′E
115°0′E
40°0′N
35°0′N
N
图例
等降水量线/mm
河流
城市
东胜
银川
榆林
盐池
太原
延安
兰州
临汾
西峰
西安
0 100 200 km
30 40 50 60 70 80 90 100

(i)9月

100°0′E
105°0′E
110°0′E
115°0′E
40°0′N
35°0′N
N
图例
等降水量线/mm
河流
城市
东胜
银川
榆林
盐池
太原
延安
兰州
临汾
西峰
西安
0 100 200 km
10 15 20 25 30 35 40 45 50 55 60

(j)10月

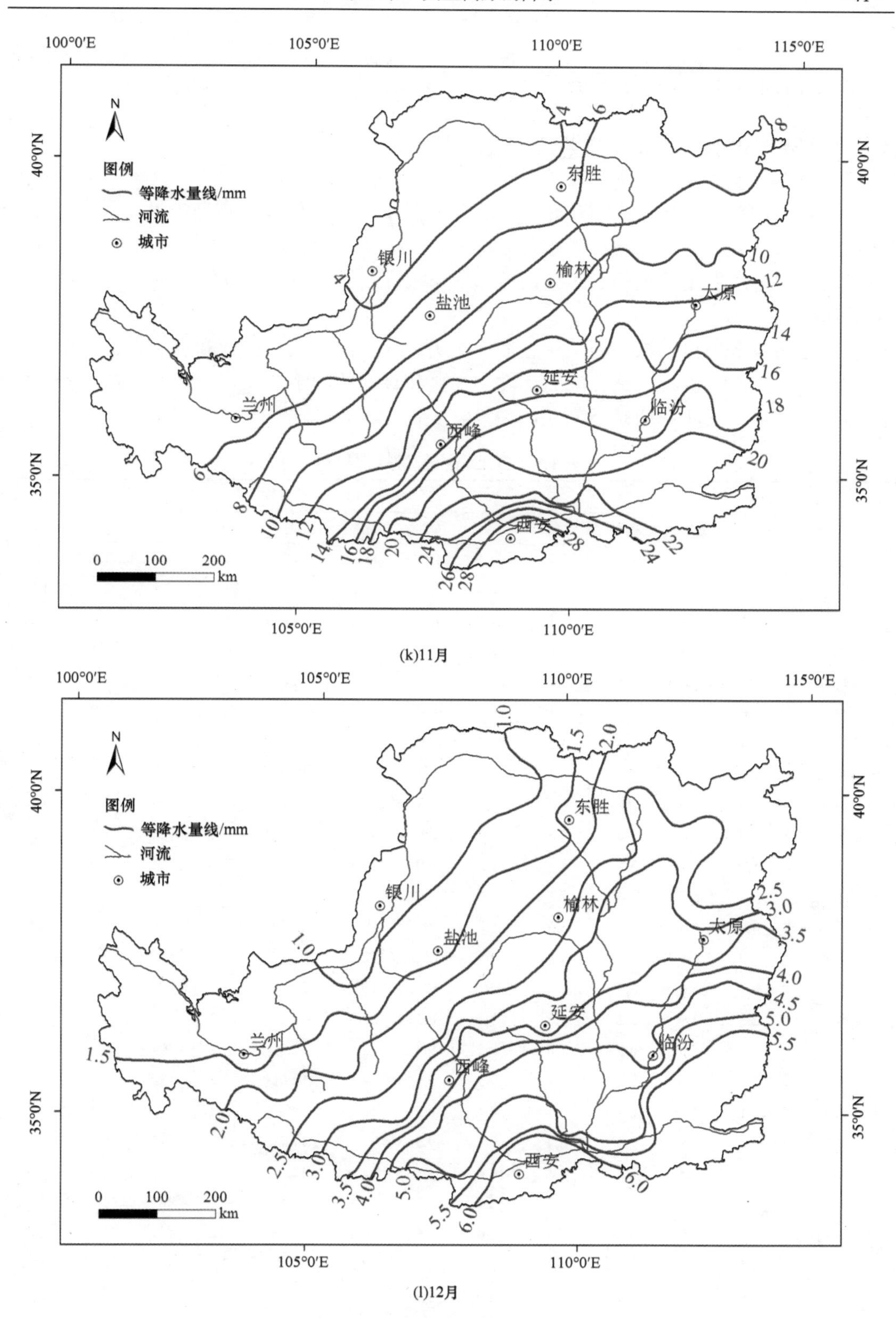

(k)11月

(l)12月

图 1.14　黄土高原各月降水量等值线图

1.3.2 月降水日数的空间分布

1. 月降水日数空间分布的基本特征

从表 1.9 的各月降水日数和图 1.15 的各月降水日数等值线分布趋势可以看出，黄土高原月降水日数的空间分布和降水量不尽相同，主要反映在两个方面：一是降水日数等值线较降水量线的走向更趋于东西向；二是降水日数的多雨日区域较降水量的多雨量区域更加分散。

黄土高原多雨日区域主要集中在四个地方：一是陕西关中西部和宝鸡、长武和陇东南的天水、武山一带；二是甘南的临洮、临夏和青海的西宁、民和一带；三是黄土高塬区的西峰和洛川一线；四是晋西北的右玉、大同、河曲一带。

表 1.9　黄土高原各月降水日数

站名	月降水日数/d											
	1 月	2 月	3 月	4 月	5 月	6 月	7 月	8 月	9 月	10 月	11 月	12 月
西宁	3.1	3.0	4.4	6.7	11.5	13.8	15.2	14.2	13.7	7.7	2.8	2.3
民和	2.6	2.9	5.1	6.2	9.7	11.2	13.5	12.9	12.8	7.5	2.6	1.7
临洮	4.1	4.2	6.8	8.7	11.9	12.9	14.7	14.4	14.6	11.8	4.6	2.5
兰州	2.0	2.3	4.2	5.9	8.1	9.2	11.4	11.1	10.5	7.2	2.5	1.6
靖远	1.8	1.8	3.1	4.4	6.6	7.4	9.8	9.4	8.9	5.9	1.9	0.9
中宁	1.6	1.6	2.4	3.4	5.3	6.8	8.7	8.8	7.7	5.0	2.0	0.9
同心	2.4	2.3	3.5	4.6	6.3	7.0	9.3	9.5	8.7	5.8	2.5	1.0
盐池	2.4	2.7	3.7	4.5	5.8	7.3	9.5	10.9	8.6	5.8	2.5	1.6
银川	1.5	1.5	2.2	3.0	4.4	5.4	7.4	9.1	6.4	4.0	2.7	1.6
惠农	0.9	1.0	2.0	2.3	3.9	5.6	8.2	8.4	5.7	3.2	1.1	0.6
鄂托克	1.9	2.1	3.4	3.1	5.3	6.9	10.2	10.0	7.1	4.4	2.0	1.4
固原	3.9	5.0	6.0	7.1	8.6	9.9	13.2	12.7	11.6	8.6	4.3	2.4
平凉	3.6	4.9	6.1	7.5	9.5	10.4	12.7	13.3	12.7	9.7	5.3	2.4
天水	4.9	5.3	7.5	9.0	10.4	10.6	12.1	11.1	12.5	11.4	7.2	3.1
宝鸡	4.1	5.6	7.9	8.6	10.3	10.0	11.7	11.5	13.1	10.6	6.1	3.6
环县	2.8	3.9	5.2	6.6	8.3	8.3	12.3	12.6	11.7	8.7	4.1	1.9
西峰	4.2	5.6	6.9	7.8	9.5	9.7	12.9	12.9	13.1	9.8	5.7	3.3
长武	4.4	5.6	6.7	8.1	9.5	9.5	12.2	12.0	13.2	10.5	6.0	3.7
西安	4.1	5.1	6.8	8.5	9.1	8.5	10.7	9.8	12.3	10.6	7.4	4.8
铜川	3.8	4.9	6.2	8.0	9.4	9.3	12.5	11.7	12.2	9.5	5.6	3.1
东胜	2.2	2.8	4.2	4.3	6.6	8.8	12.6	12.6	9.2	5.1	2.8	2.1
榆林	2.2	2.9	4.1	4.7	6.4	8.2	10.7	11.8	9.8	6.1	3.2	1.9
绥德	2.7	3.0	4.7	5.9	7.0	8.6	12.1	12.5	10.8	7.5	3.8	2.4
吴起	2.5	3.9	5.2	6.3	8.2	9.5	13.8	14.4	12.9	9.8	4.2	1.9
延安	2.4	3.5	5.1	6.4	8.0	9.4	13.0	12.4	10.8	7.6	4.1	2.2
洛川	3.7	5.0	6.5	7.6	9.0	10.2	14.0	12.7	12.6	9.5	5.6	3.1

续表

站名	月降水日数/d											
	1月	2月	3月	4月	5月	6月	7月	8月	9月	10月	11月	12月
右玉	2.6	3.4	5.2	5.4	7.3	10.4	14.1	13.6	9.7	6.4	3.6	2.5
大同	2.3	2.5	4.4	4.8	7.1	10.7	13.6	12.0	8.9	5.4	2.7	1.9
河曲	2.4	2.5	4.1	5.0	6.8	9.4	12.0	12.2	9.4	5.6	2.8	1.9
原平	1.6	2.5	3.7	4.8	6.5	10.2	13.4	13.2	9.5	5.8	3.2	1.4
兴县	2.8	3.3	4.9	5.6	7.2	9.8	12.8	12.2	9.4	6.3	3.8	2.6
离石	2.5	3.5	5.0	5.8	6.7	8.7	11.9	11.9	9.3	6.4	4.2	2.3
太原	2.0	3.0	4.3	5.0	6.4	9.9	12.6	11.9	8.8	5.9	3.7	1.7
介休	2.3	3.2	4.6	6.1	6.8	9.2	12.3	11.5	9.2	6.6	3.8	2.1
榆社	3.0	4.2	5.2	6.1	7.2	10.2	14.1	13.2	9.6	6.5	4.2	2.6
隰县	2.7	4.0	5.3	6.5	7.4	9.5	13.3	11.8	10.3	7.2	4.4	2.7
临汾	2.4	2.9	4.8	6.0	6.9	8.7	12.0	10.4	9.5	7.0	4.5	2.2
运城	2.8	3.1	4.8	6.9	7.9	7.9	10.1	9.6	9.8	8.1	5.0	2.6
阳城	3.6	4.5	5.6	6.6	7.8	9.0	13.1	12.0	10.3	7.6	4.9	3.0
平均	2.8	3.5	4.9	6.0	7.7	9.2	12.0	11.7	10.4	7.4	3.9	2.2

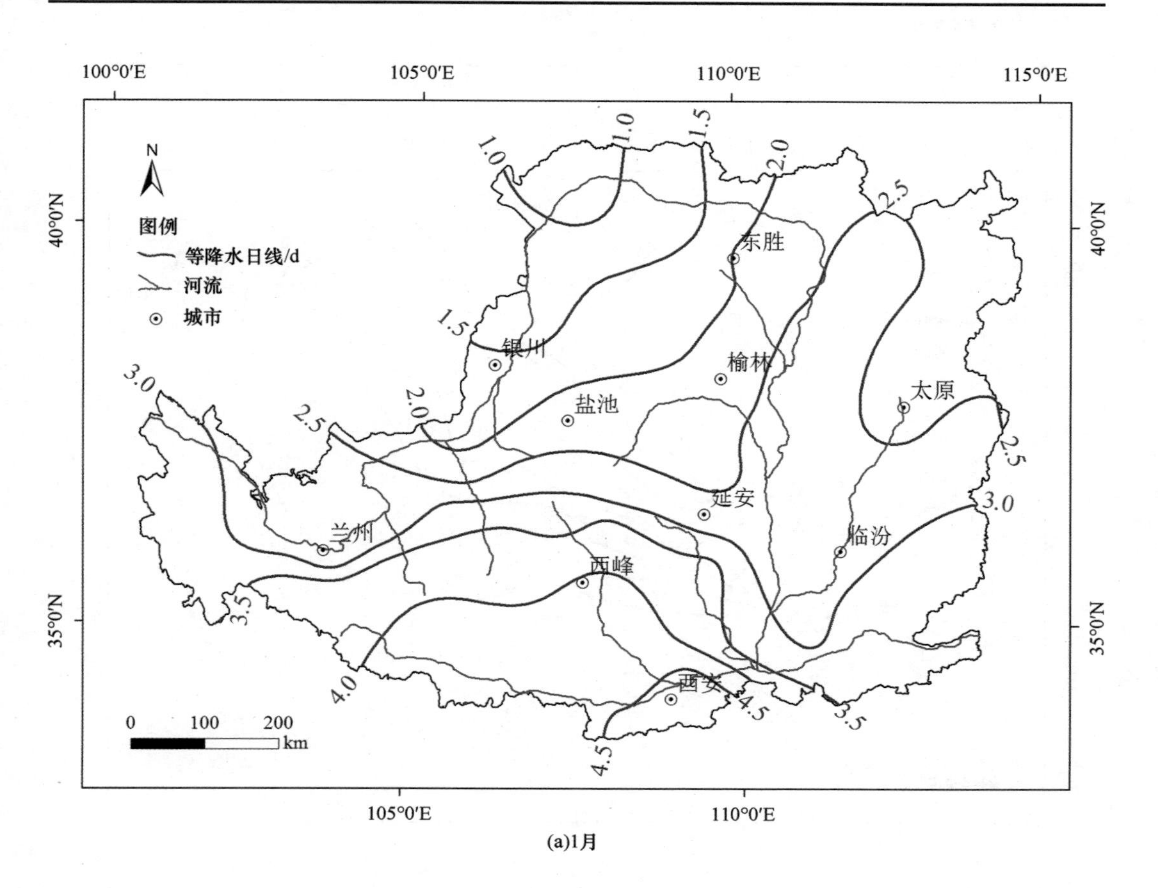

(a)1月

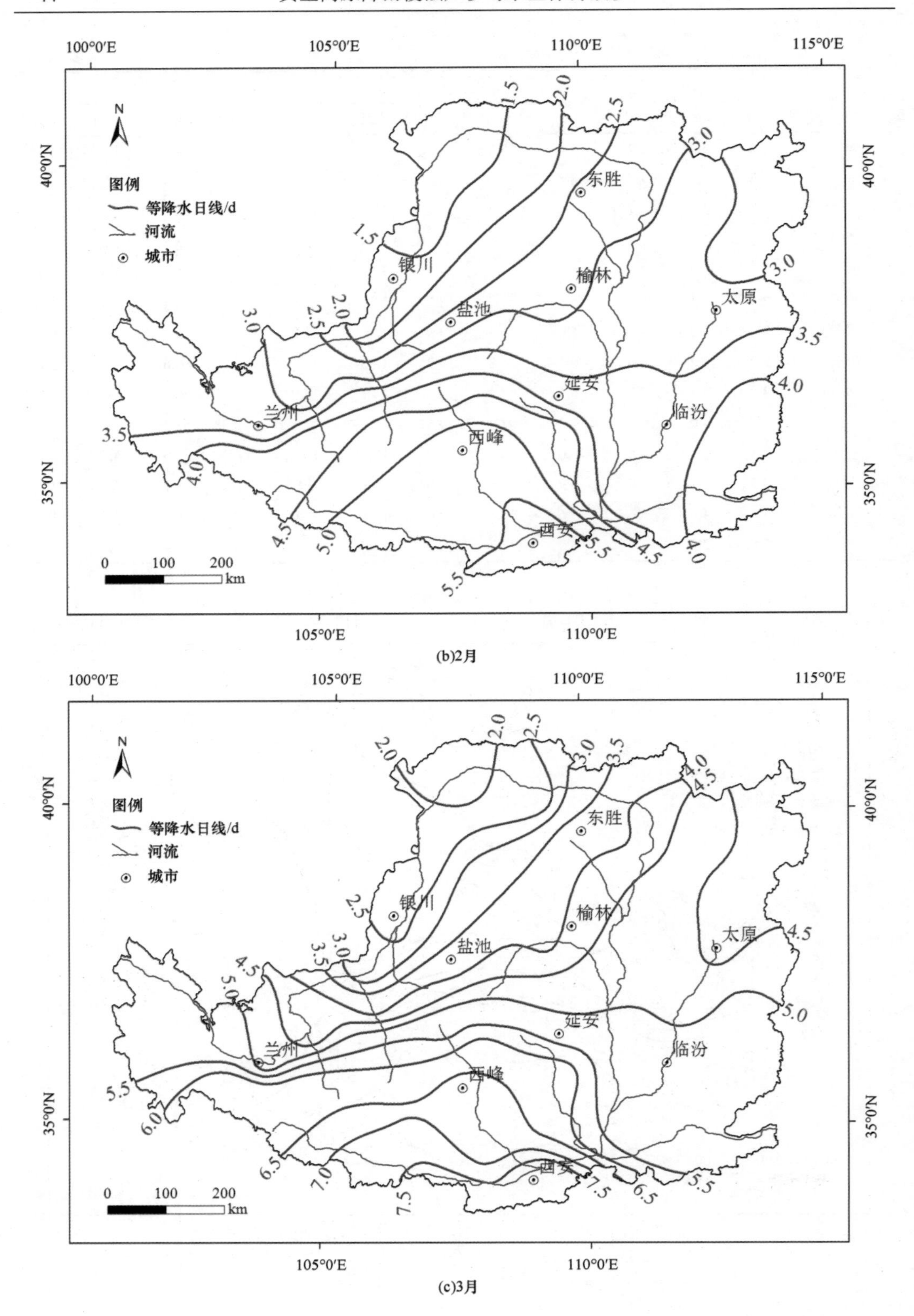

(b)2月

(c)3月

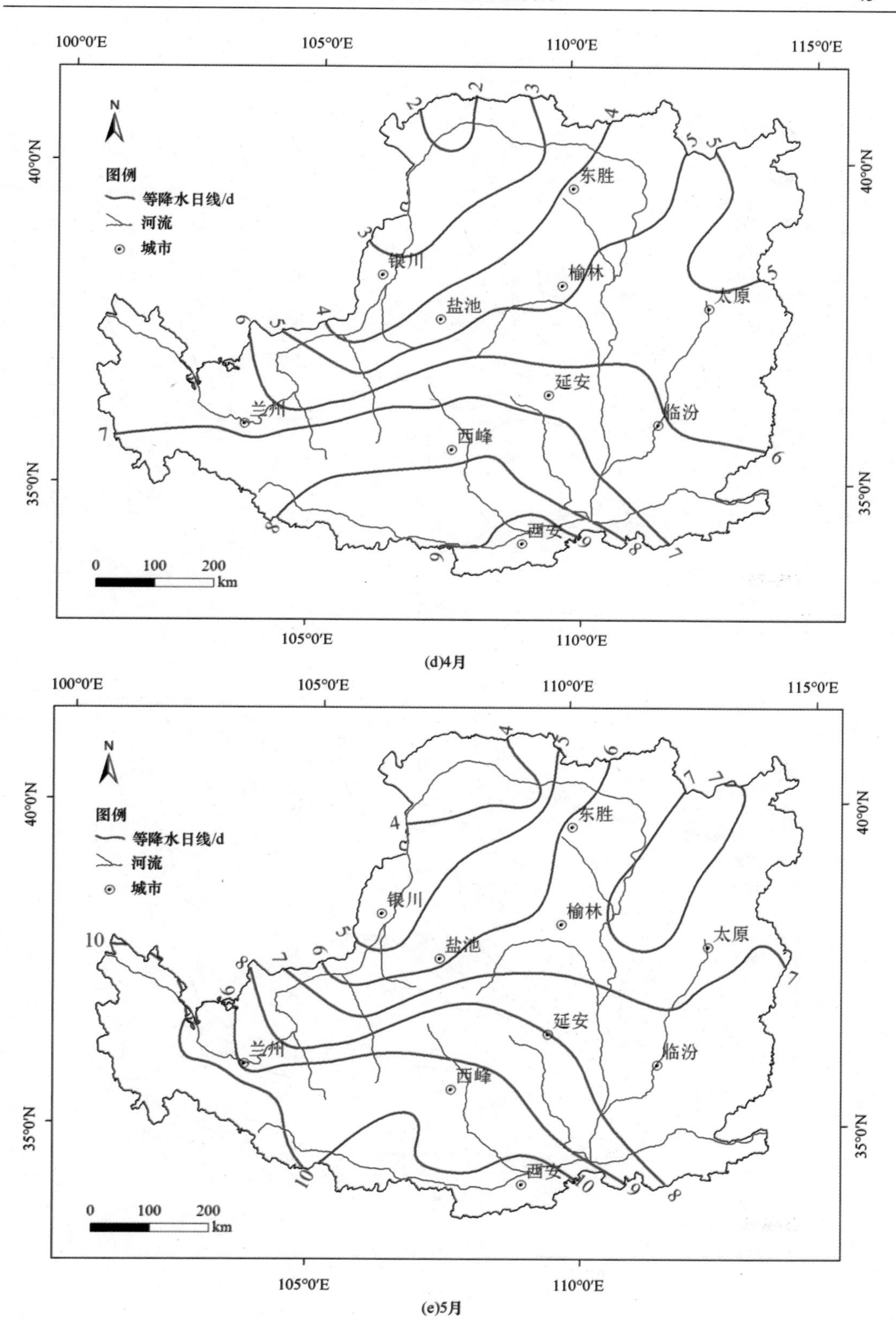
100°0′E
105°0′E
110°0′E
115°0′E
40°0′N
35°0′N
N
图例
等降水日线/d
河流
城市
东胜
银川
榆林
盐池
太原
延安
兰州
临汾
西峰
西安
0 100 200 km

(d)4月

(e)5月

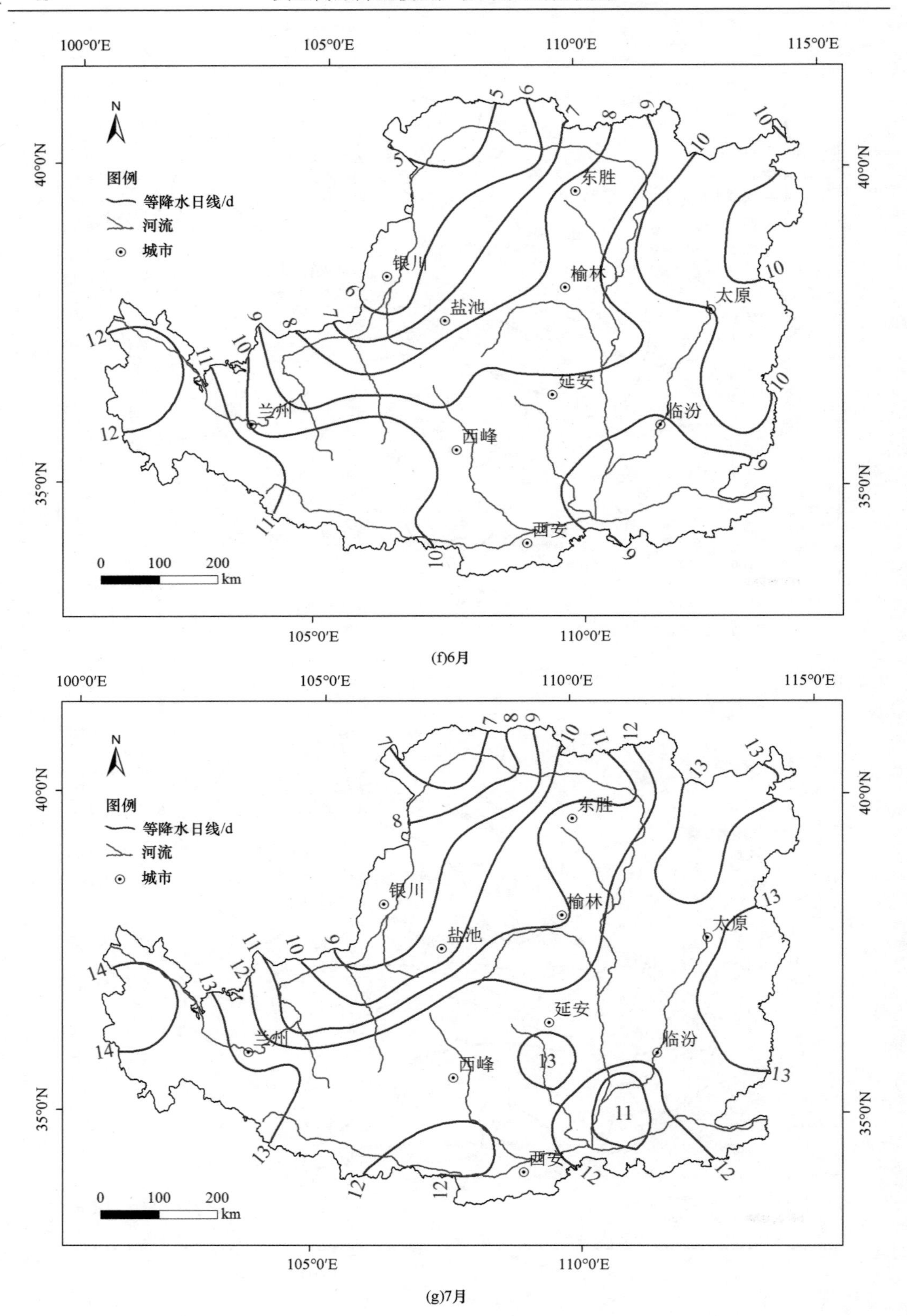
100°0′E
105°0′E
110°0′E
115°0′E
40°0′N
35°0′N
N
图例
等降水日线/d
河流
城市
东胜
银川
榆林
盐池
太原
延安
兰州
临汾
西峰
西安
0 100 200
km

(f)6月

(g)7月

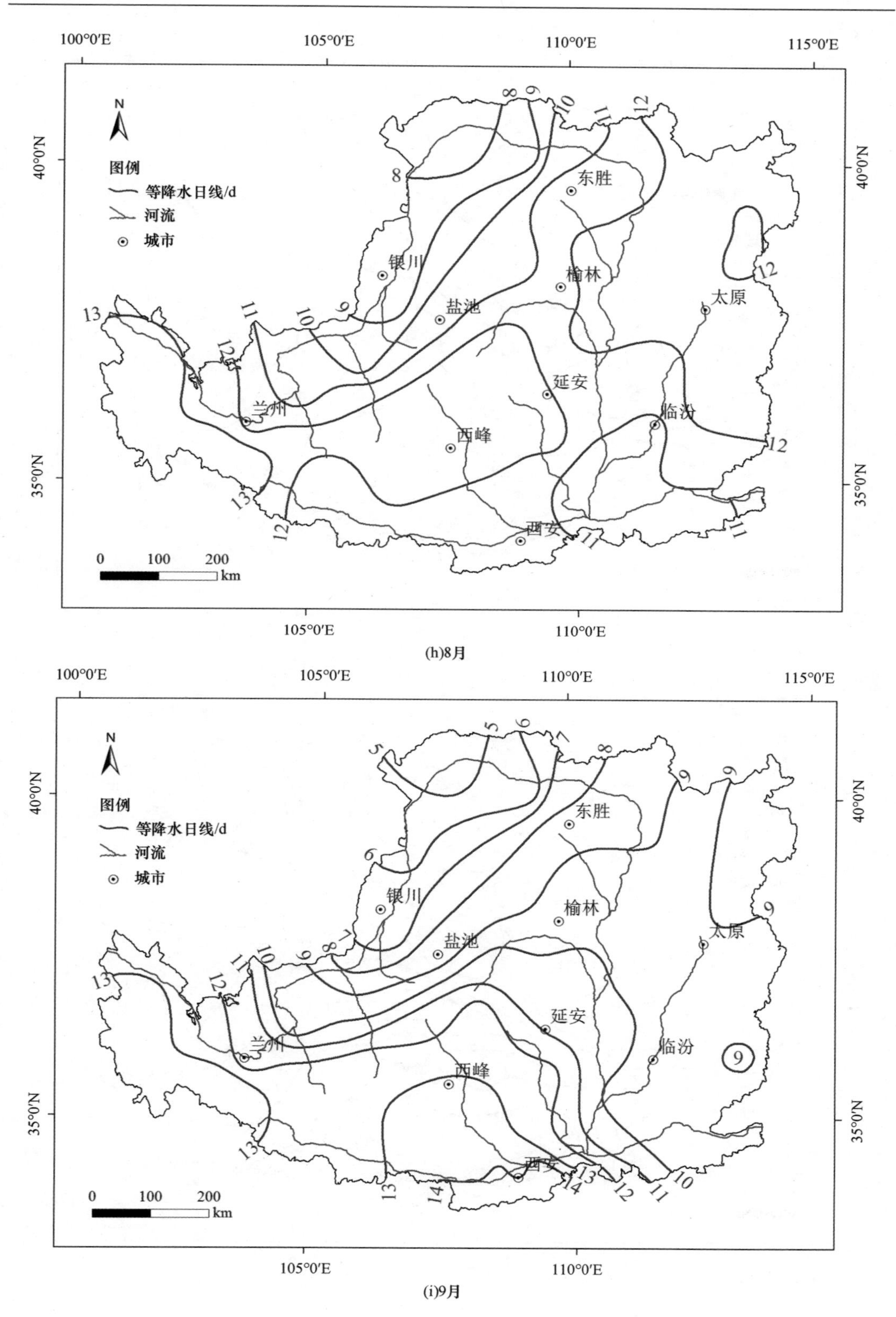
100°0′E
105°0′E
110°0′E
115°0′E
40°0′N
35°0′N
N
图例
等降水日线/d
河流
城市
东胜
银川
榆林
盐池
太原
延安
兰州
临汾
西峰
西安
0 100 200 km

(h)8月

100°0′E
105°0′E
110°0′E
115°0′E
40°0′N
35°0′N
N
图例
等降水日线/d
河流
城市
东胜
银川
榆林
盐池
太原
延安
兰州
临汾
西峰
西安
0 100 200 km

(i)9月

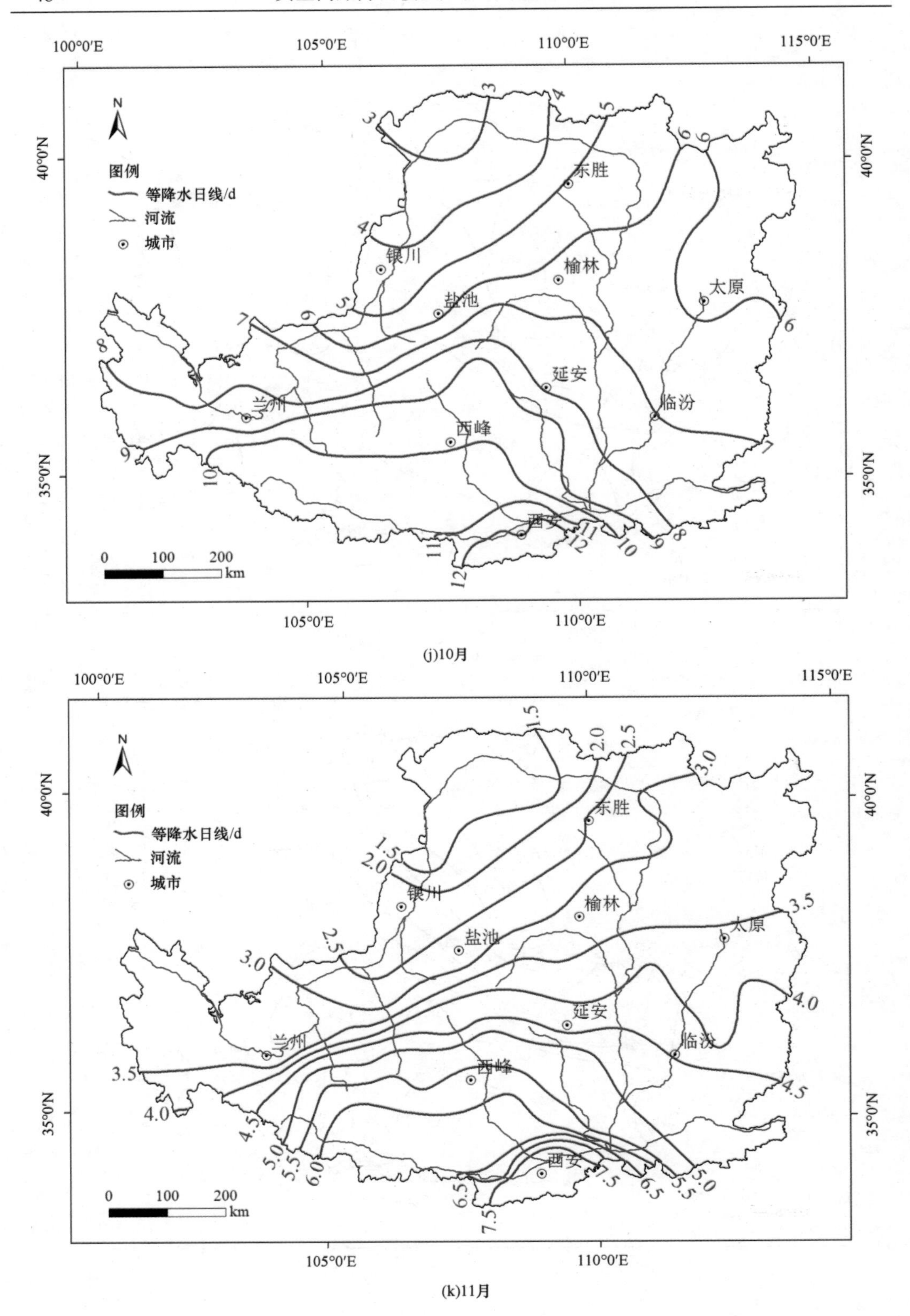
图例
等降水日线/d
河流
城市
东胜
银川
榆林
盐池
太原
兰州
延安
临汾
西峰
西安
100°0′E
105°0′E
110°0′E
115°0′E
40°0′N
35°0′N
0 100 200 km

(j)10月

(k)11月

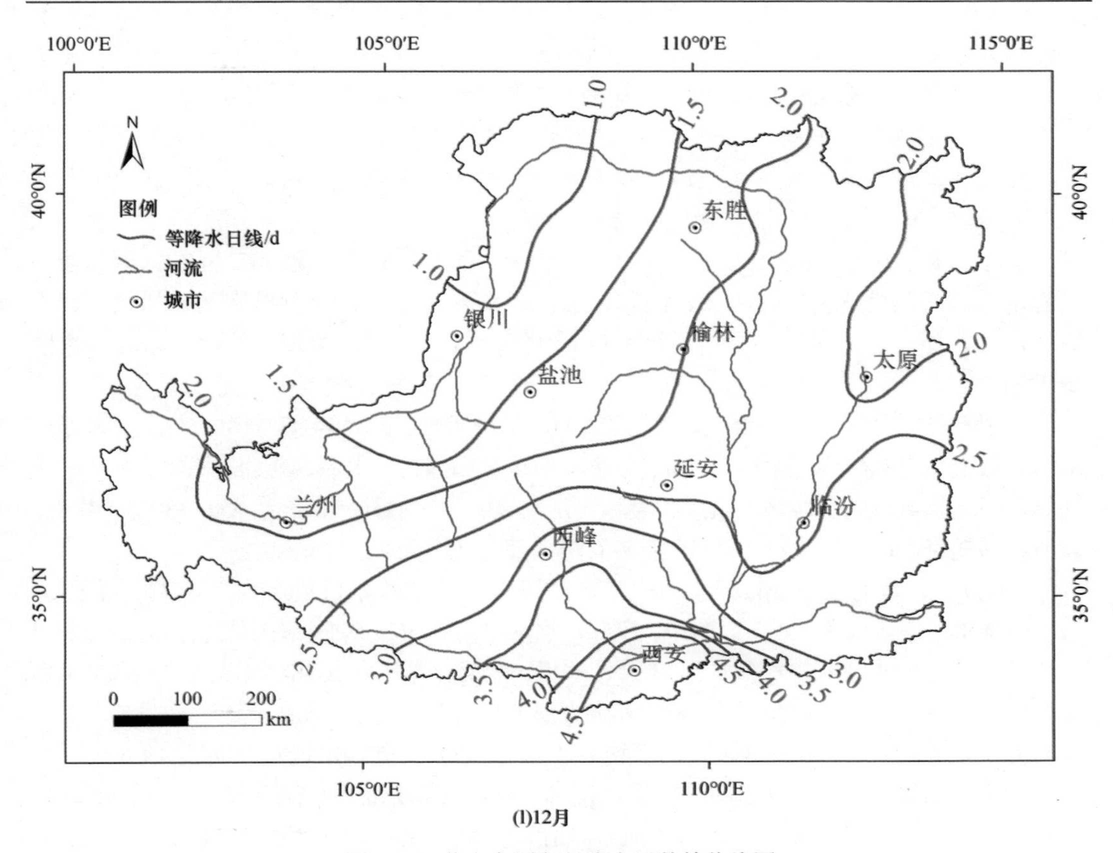

(l)12月

图 1.15　黄土高原各月降水日数等值线图

2. 各月份降水日数空间分布的基本特征

1 月降水日数为 1.0～4.5 天，平均为 2.8 天。最大点降水日数天水为 4.9 天，最小点降水日数惠农为 0.9 天。西宁、临洮、固原、环县、洛川、运城以南区域大都大于 3 天，兰州、靖远、同心、盐池、鄂托克以西区域大都小于 2 天，其余地区为 2～3 天。

2 月降水日数为 1.5～5.5 天，平均为 3.5 天。最大点降水日数宝鸡、西峰、长武为 5.6 天，最小点降水日数惠农为 1.0 天。天水、固原、平凉、西峰、长武、西安以南区域大都大于 5 天，兰州、靖远、盐池、东胜以西区域大都小于 3 天。3.5 天等降水日线从临洮—环县—延安—离石—太原南经过，将黄土高原 2 月降水日数分布划分成两部分。

3 月降水日数为 2.0～7.5 天，平均为 4.9 天。最大点降水日数宝鸡为 7.9 天，最小点降水日数惠农为 2.0 天。临洮、固原、西峰、西安以南区域大都大于 6 天，兰州、靖远、盐池、东胜以西区域大都小于 4 天，其余地区约为 5 个雨日。3.5 天等降水日线从临洮—环县—延安—离石—太原南经过，将黄土高原 3 月降水日数划分成两部分。

4 月降水日数为 2.5～8.5 天，平均为 6.0 天。最大点降水日数天水为 9.0 天，最小点降水日数惠农为 2.3 天。固原、西峰、洛川、运城以南区域大都大于 7 天，靖远、盐池、东胜以西区域大都小于 4 天。6.0 天等降水日线从民和—兰州—环县—延安—隰县—榆社经过，将黄土高原 4 月降水日数划分成两部分。

5 月降水日数为 4.5～11.5 天，平均为 7.7 天。最大点降水日数临洮为 11.9 天，最小点降水日数惠农为 3.9 天。西宁、临洮、天水、宝鸡以南区域大都大于 10 天，兰州、固原、环县、吴起、延安、河津、运城以南区域大都大于 8 天，靖远、中宁、盐池、鄂托克以西区域大都小于 6 天，其余地区为 6～8 天。

6 月降水日数为 6.0～13.0 天，平均为 9.2 天。最大点降水日数西宁为 13.8 天，最小点降水日数银川为 5.4 天。西宁、民和、临洮、秦安、天水、宝鸡以南区域和兴县、太原、河曲、原平、右玉、大同等晋西北区域大都大于 10 天，兰州、盐池、东胜以西区域大都小于 8 天，其余地区为 6～8 天。

7 月降水日数为 7.0～15.0 天，平均为 12.0 天。最大点降水日数西宁为 15.2 天，最小点降水日数银川为 7.4 天。西宁、民和、临洮以南区域和兴县、太原、河曲、原平、右玉、大同等晋西北区域，以及西峰、洛川、吴起、延安、隰县、榆社一带大都大于 13 天，兰州、盐池、鄂托克以西区域大都小于 10 天，其余大部分地区为 12 天左右。

8 月降水日数为 9.0～14.0 天，平均为 11.7 天。最大点降水日数临洮、吴起为 14.4 天，最小点降水日数惠农为 8.4 天。西宁、民和、临洮以南区域和原平、右玉等晋西北区域，以及西峰、平凉、吴起一带大都大于 13 天，兰州、盐池、鄂托克以西区域以及关中东部的西安和晋南的运城一带大都小于 11 天，其余大部分地区为 12 天左右。

9 月降水日数为 6.0～13.5 天，平均为 10.4 天。最大点降水日数临洮为 14.6 天，最小点降水日数惠农为 5.7 天。西宁、民和、临洮以南区域和天水、宝鸡、平凉、西峰、长武一带大都大于 13 天，兰州、盐池、东胜以西区域大都小于 9 天，其余大部分地区为 9～12 天。

10 月降水日数为 4.0～11.0 天，平均为 7.4 天。最大点降水日数临洮为 11.8 天，最小点降水日数惠农为 3.2 天。天水、宝鸡、长武、西安等关中西部一带大都大于 10 天，兰州、盐池、东胜以西区域大都小于 6 天，其余大部分地区为 6～10 天。

11 月降水日数为 2.0～7.0 天，平均为 3.9 天。最大点降水日数西安为 7.4 天，最小点降水日数惠农为 1.1 天。天水、宝鸡、长武、西安等关中西部一带大都大于 6 天，兰州、盐池、东胜以西区域大都小于 2.5 天，其余大部分地区为 2.5～6 天。

12 月降水日数为 1.0～4.0 天，平均为 2.2 天。最大点降水日数西安为 4.8 天，最小点降水日数惠农为 0.6 天。天水、宝鸡、长武、西峰、洛川、西安、阳城以南区域大都大于 3 天，兰州、盐池、鄂托克以西区域大都小于 1.5 天，其余大部分地区为 1.5～3 天。

1.4 季降水量及降水日数的空间分布

1.4.1 季降水量的空间分布

从表 1.10 各季及汛期降水量及占年降水量的比例和图 1.16 各季及汛期降水量等值线的分布趋势可以看出，黄土高原各季节降水量的空间分布有如下特征。

表 1.10　黄土高原年各季及汛期降水量及占年降水量比例

序号	站名	降水量/mm					占年降水量的比例/%				
		冬季	春季	夏季	秋季	汛期	冬季	春季	夏季	秋季	汛期
		12 月至翌年 2 月	3～5 月	6～8 月	9～11 月	5～9 月	12 月至翌年 2 月	3～5 月	6～8 月	9～11 月	5～9 月
1	西宁	4.6	75.7	219.2	84.4	325.6	1.2	19.7	57.1	22.0	84.8
2	民和	5.6	72.5	190.4	80.2	286.1	1.6	20.8	54.6	23.0	82.0
3	临洮	10.8	114.2	279.8	122.3	421.4	2.0	21.7	53.1	23.2	79.9
4	兰州	4.9	62.3	179.9	72.7	262.0	1.5	19.5	56.3	22.7	81.9
5	靖远	4.6	45.1	129.0	53.2	188.1	2.0	19.4	55.6	22.9	81.1
6	中宁	3.3	34.3	121.5	47.9	170.9	1.6	16.6	58.7	23.1	82.6
7	同心	5.8	49.4	149.8	62.9	216.2	2.2	18.4	55.9	23.5	80.7
8	盐池	6.4	50.5	167.4	64.8	235.2	2.2	17.5	57.9	22.4	81.4
9	银川	4.1	36.1	111.4	41.2	156.7	2.1	18.7	57.8	21.4	81.3
10	惠农	2.6	26.6	112.5	34.2	151.7	1.5	15.1	64.0	19.4	86.2
11	鄂托克	5.2	40.9	168.9	52.6	227.3	1.9	15.3	63.1	19.7	84.9
12	固原	9.0	78.5	254.2	107.2	366.1	2.0	17.5	56.6	23.9	81.6
13	平凉	10.4	90.4	271.5	123.6	392.4	2.1	18.2	54.7	24.9	79.1
14	天水	14.2	109.4	247.7	147.4	388.1	2.7	21.1	47.8	28.4	74.8
15	宝鸡	21.9	138.5	305.3	200.1	486.6	3.3	20.8	45.9	30.1	73.1
16	环县	8.3	76.4	234.9	107.1	341.5	1.9	17.9	55.1	25.1	80.0
17	西峰	16.0	106.6	278.2	143.8	417.0	2.9	19.6	51.1	26.4	76.6
18	长武	20.8	117.1	273.9	168.1	424.1	3.6	20.2	47.2	29.0	73.1
19	西安	24.3	130.0	235.5	181.9	389.1	4.3	22.7	41.2	31.8	68.1
20	铜川	20.2	109.6	295.6	155.9	433.3	3.5	18.9	50.9	26.8	74.5
21	东胜	7.5	56.8	234.8	74.0	312.3	2.0	15.2	62.9	19.8	83.7
22	榆林	8.8	63.1	231.6	88.7	317.7	2.2	16.1	59.1	22.6	81.0
23	绥德	11.5	69.1	253.3	113.9	359.3	2.6	15.4	56.6	25.4	80.2
24	吴起	9.6	80.1	261.3	113.4	376.1	2.1	17.2	56.3	24.4	81.0
25	延安	11.9	88.5	297.6	131.5	420.1	2.2	16.7	56.2	24.8	79.3
26	洛川	21.8	111.7	314.3	158.0	454.8	3.6	18.4	51.9	26.1	75.1
27	右玉	8.0	66.1	265.4	83.4	356.0	1.9	15.6	62.8	19.7	84.2
28	大同	7.3	59.5	228.2	81.3	311.6	1.9	15.8	60.6	21.6	82.8
29	河曲	8.7	59.5	254.4	84.2	337.8	2.1	14.6	62.5	20.7	83.0
30	原平	7.7	57.1	276.7	90.1	367.4	1.8	13.2	64.1	20.9	85.1
31	兴县	13.6	72.6	278.3	111.6	381.9	2.9	15.2	58.5	23.4	80.2
32	离石	11.9	73.7	276.8	122.0	388.0	2.5	15.2	57.1	25.2	80.1
33	太原	11.5	67.4	261.7	100.8	356.6	2.6	15.3	59.3	22.8	80.8
34	介休	12.9	74.3	261.1	115.3	363.9	2.8	16.0	56.3	24.9	78.5
35	榆社	15.8	76.9	328.1	119.5	437.0	2.9	14.2	60.7	22.1	80.9
36	隰县	15.7	80.1	292.1	130.6	408.5	3.0	15.4	56.3	25.2	78.8
37	临汾	13.6	82.2	269.1	118.9	374.7	2.8	17.0	55.6	24.6	77.4
38	运城	16.0	109.2	256.5	152.8	388.4	3.0	20.4	48.0	28.6	72.7
39	阳城	25.0	106.9	327.1	141.3	456.1	4.2	17.8	54.5	23.5	76.0
平均		11.3	77.4	240.9	107.3	344.8	2.6	17.7	55.1	24.5	78.9

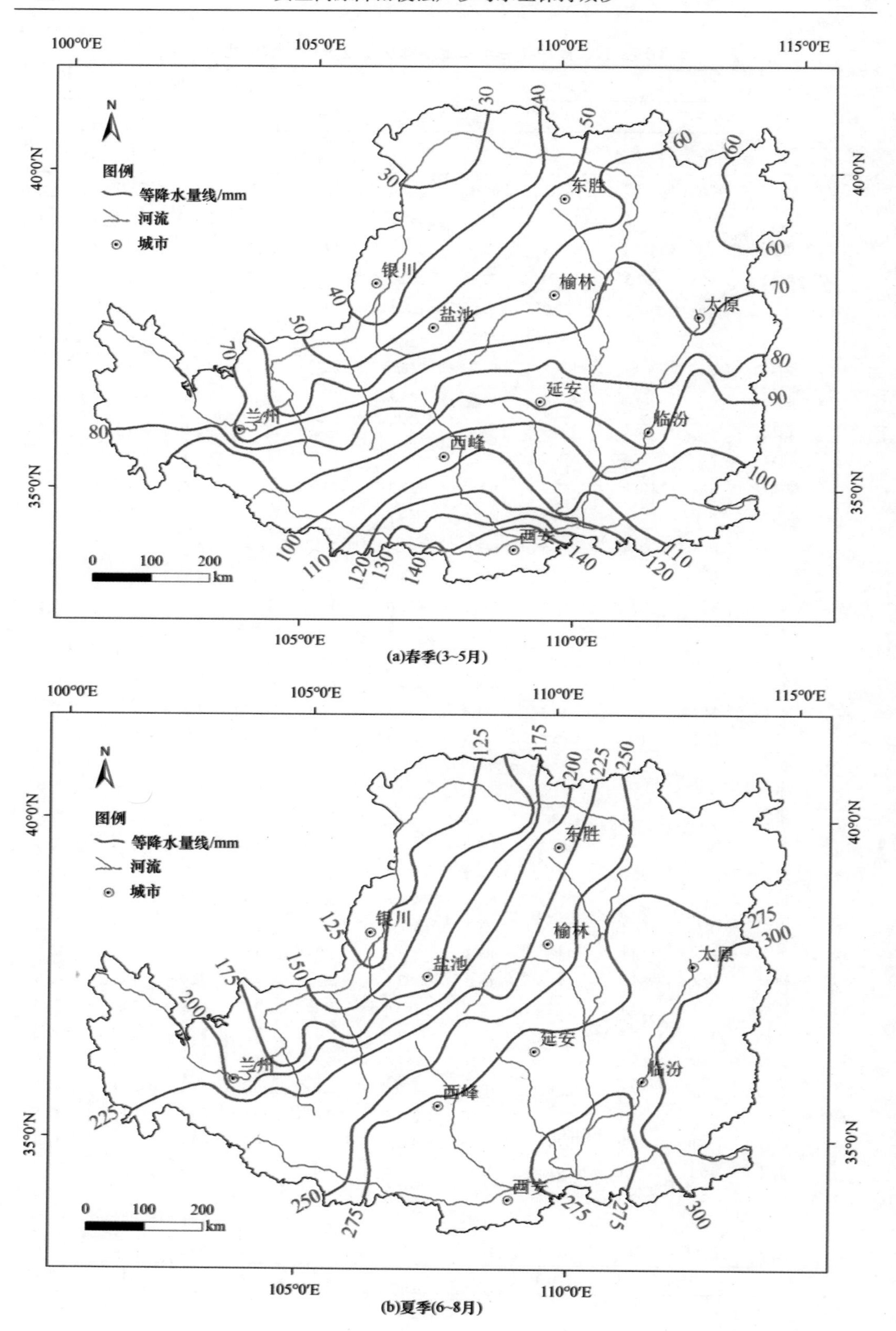

(a)春季(3~5月)

(b)夏季(6~8月)

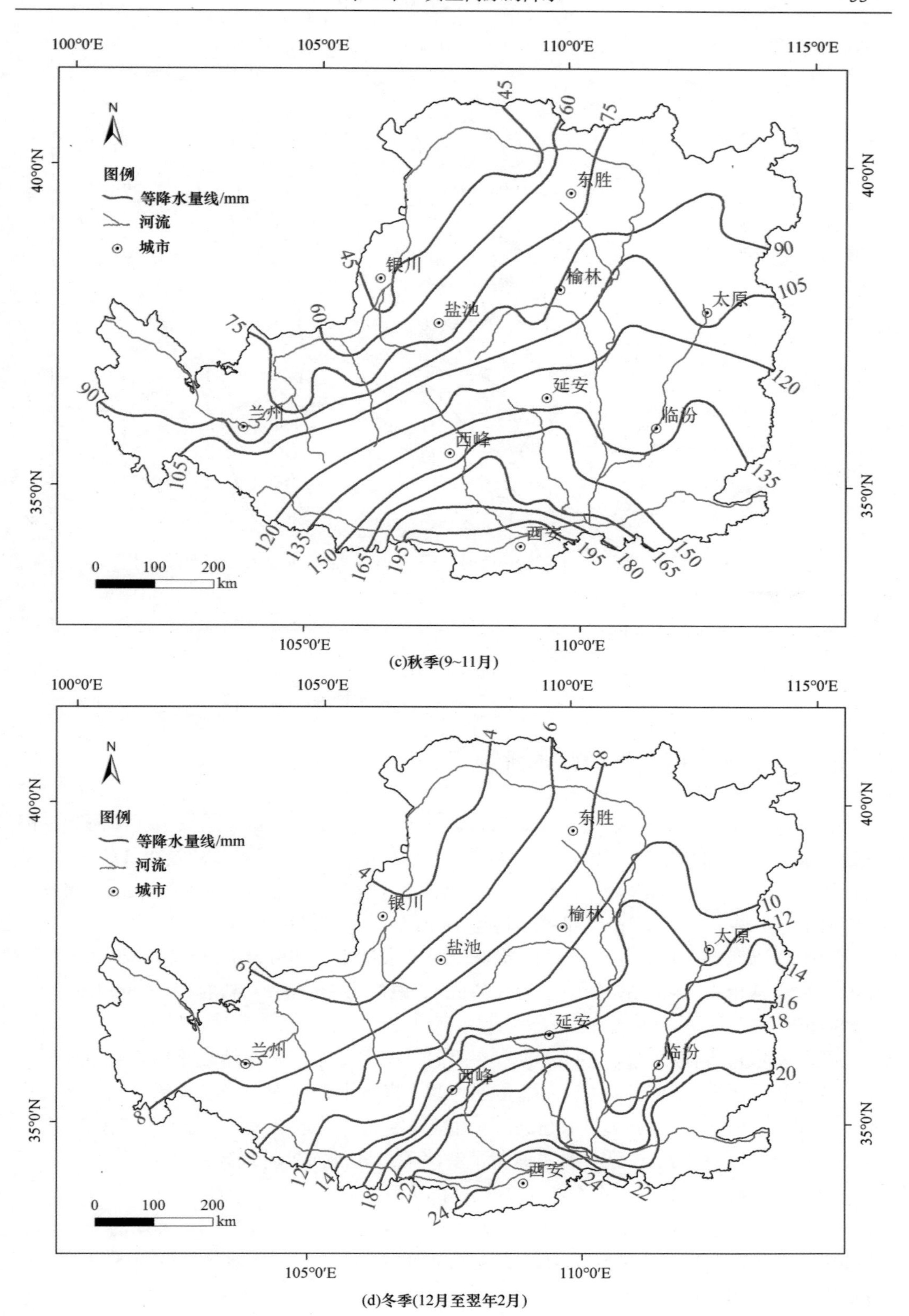

(c)秋季(9~11月)

(d)冬季(12月至翌年2月)

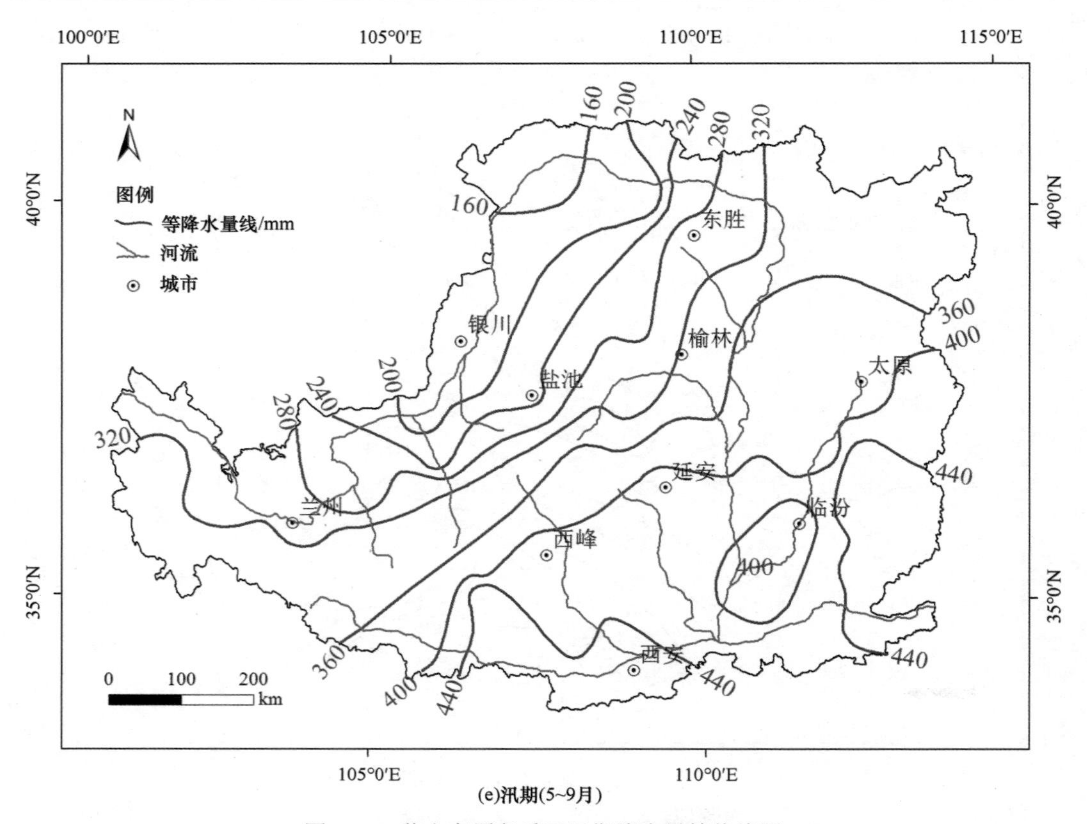

图 1.16　黄土高原各季及汛期降水量等值线图

1. 春季降水量空间分布的基本特征

春季（3～5 月）降水量为 40～130mm，平均为 77.4mm。多雨区集中在渭河和泾河下游一带，雨量大都超过 120mm。秦岭北麓一些站点，春季降水量超过了 150mm，甚至接近了 200mm，如宝鸡为 138.5mm、千阳为 124.7mm、武功为 133.4mm、西安为 130.0mm、斜峪关为 157.5mm 和罗李村为 193.2mm。少雨区分布在西北部的银川平原、三湖河平原以西的区域，这一区域的春季降水量大都少于 40mm。在磴口、临河一带，春季降水量甚至不到 20 m，如中宁为 34.3mm、银川为 36.1mm、惠农为 26.6mm 和磴口为 18.1mm。

春季降水量等值线走向呈明显的东—西向，空间分布趋于与纬线平行。80mm 等雨量线从民和—固原—环县—吴起—隰县到沁源，将黄土高原春季降水量的空间分布，东西向的分成了两部分。在南部 100mm 等雨量线覆盖了天水—庆阳—洛川—河津—阳城以南的整个区域，120mm 等雨量线覆盖了渭河关中和泾河下游地区；在北部，60mm 等雨量线覆盖了银川平原和鄂尔多斯高原以西的大片区域。

春季降水量占年降水量的比例大多为 10%～20%，平均为 17.7%。其比例大小与春季降水量的多少有关。南部和东南部多雨区为 20%左右，西部和西北部少雨区为 18%左右，中间地带为 16%～18%。

2. 夏季降水量空间分布的基本特征

夏季（6～8月）降水量为120～320mm，平均为240.9mm。多雨区的区域和春季不同，集中在晋中东部和晋东南一带，雨量大都超过300mm，如长治为356.3mm、阳泉为339.2mm、沁源为359.7mm、榆社为328.1mm和阳城为327.1mm。少雨区和春季一样，分布在西北部的银川平原、三湖河平原以西的区域，这一区域的夏季降水量大都少于150mm；在磴口、临河一带，春季降水量甚至不到100mm，如中宁为121.5mm、银川为111.4mm、惠农为112.5mm和磴口为76.5mm。

夏季降水量等值线走向没有像春季那样呈明显的东-西向，而是呈东南-西北向。250mm等雨量线从秦安—庆阳—环县—吴起—子洲—神木到准格尔旗东侧，将黄土高原夏季降水量的空间分布分成了两部分。在东南部，275mm等雨量线覆盖了天水—西峰—延安—兴县—忻州以南的全部区域；在北部，175mm等雨量线覆盖了银川平原和鄂尔多斯高原以西的大片区域。

夏季降水量占年降水量的比例大多为45%～65%，平均为55.1%。其比例大小与春季降水量的多少并不完全相关。高比例区主要分布在北部区域，包括银川平原、三湖河平原、鄂尔多斯高原、大同和忻定盆地等，如惠农为64.0%、磴口为63.9%、鄂托克为63.1%、东胜为62.5%、河曲为62.5%、原平为64.1%和右玉为62.8%。低比例区主要分布在南部渭河流域及泾河下游地区，如天水为47.8%、宝鸡为45.9%、西峰为51.1%、长武为47.2%。西安为41.2%和铜川为50.9%。

3. 秋季降水量空间分布的基本特征

秋季（9～11月）降水量为50～180mm，平均为107.3mm。多雨区的区域从夏季的晋中东部和晋东南一带移到了南部渭河中下游的关中地区，这一区域的秋季降水量大都超过180mm；在秦岭北麓的一些站点，超过了200mm，如宝鸡为200.1mm、武功为186.1mm、西安为181.9mm、斜峪关为219.8mm、黑峪口为240.1mm和罗李村为270.4mm。少雨区依然在西北部的银川平原、三湖河平原以西的区域，这一区域的秋季降水量大都为30mm左右，如银川为41.2mm、惠农为34.2mm和磴口为23.3mm。

秋季降水量等值线走向近似于春季和夏季的中间状态。110mm等降水量线从渭源—西吉—环县—子长—离石—太谷到和顺，相对东—西向的将黄土高原秋季降水量的空间分布分成了两部分。在南部，150mm等降水量线覆盖了天水—庆阳—洛川—运城以南的渭河关中和泾河、北洛河下游地区；在西北部，75mm等降水量线覆盖了银川平原和鄂尔多斯高原以西的大片区域。

秋季降水量占年降水量的比例大多为20%～30%之间，平均为24.5%。其比例大小与秋季降水量的多少有关。南部多雨区接近或超过30%，如宝鸡为30.1%、武功为30.7%、西安为31.8%、斜峪关为30.7%、黑峪口为30.8%和罗李村为31.8%。西北部少雨区在20%左右，如银川为21.4%、惠农为19.5%、鄂托克为19.7%和磴口为19.5%。

4. 冬季降水量空间分布的基本特征

冬季（12 月至翌年 2 月）降水量为 5～25mm，平均为 11.3mm。多雨区的区域主要分布在黄土高原的南部和东南部，包括渭河、泾河和北洛河的中下游及晋东南地区，这一区域的冬季降水量大都接近或超过 20mm，如宝鸡为 21.9mm、长武为 20.8m、西安为 24.3mm、铜川为 20.2mm、垣曲为 23.38mm 和阳城为 25.0mm。在秦岭北麓的一些站点，接近或超过了 30mm，如黑峪口为 27.1mm 和罗李村为 34.2mm。少雨区依然在西北部的银川平原、三湖河平原以西的区域，这一区域的秋季降水量大都为 5mm 左右，如银川为 4.1mm、三湖河口为 4.8mm、惠农为 2.6mm 和磴口为 1.8mm。

冬季 10mm 等降水量线从渭源—固原—环县—吴起—横山—河曲到忻州，将黄土高原冬季降水量的空间分布分成了两部分。在南部，18mm 等降水量线覆盖了渭河、泾河和北洛河的中下游及晋东南的大部地区；在西北部，6mm 等降水量线覆盖了银川平原和鄂尔多斯高原西侧的大片区域。

冬季降水量占年降水量的比例大多只有 1.5%～3.5%，平均为 2.6%。其比例大小与冬季降水量的多少有关。南部和东南部大都超过了 3%，如宝鸡为 3.3%、武功为 3.5%、长武为 3.6%、西安为 4.3%和阳城为 4.2%。西部和西北部大都不到 2%，如西宁为 1.2%、兰州为 1.5%、中宁为 1.6%、惠农为 1.5%和磴口为 1.5%。

5. 汛期降水量空间分布的基本特征

汛期（5～9 月）降水量为 180～450mm，平均为 344.8mm。多雨区集中在渭河中上游和泾河下游以及晋东南沁河流域一带，雨量大都超过 450mm；秦岭北麓一些站点，降水量汛期超过了 500mm，甚至接近了 600mm，如宝鸡为 486.8mm、淳化为 441.1mm、斜峪关为 508.5mm、黑峪口为 555.4mm、罗李村为 578.4mm、大峪为 612.5mm、沁源为 612.5mm、长治为 464.4mm 和阳城为 456.51mm。但是，在黄土高原南部的关中中东部和山西运城地区，汛期雨量还不足 400mm，如西安为 389.1mm 和运城为 388.4mm。受地形的影响，在一些高山或特殊地区，汛期雨量也很大，如华亭为 474.8mm 和洛川为 454.8mm。在西部和西北部的少雨区，汛期降水量大都少于 200mm，如中宁为 170.9mm、银川为 156.7mm、惠农为 151.7mm 和磴口为 103.2mm。

汛期降水量等值线呈明显的东南—西北向。360mm 等雨量线从武山—固原—环县—吴起—绥德—兴县到原平，将黄土高原汛期降水量的空间分布分成了两部分。在东南部 400mm 等雨量线覆盖了天水—西峰—延安—隰县—平遥—阳泉以南的整个区域；在西北部 200mm 等雨量线覆盖了银川平原和三湖河平原以西的区域。

汛期降水量占年降水量的比例大多为 75%～85%，平均为 78.9%。其比例大小与区域位置有关。在南部和东南部汛期降水量占年降水量的比例大都小于 80%，如天水为 74.8%、宝鸡为 78.9%和运城为 72.7%。在北部和西北部地区，大都超过 80%，如西宁为 84.8%、惠农为 86.2%和原平为 85.1%。

1.4.2　季降水日数的空间分布

从表 1.11 和表 1.12 各季及汛期降水日数及占年降水日数的比例及图 1.17 各季及汛期降水量等值线的分布趋势可以看出，黄土高原各季节降水日数的空间分布有如下特征。

表 1.11　黄土高原各季及汛期降水日数与占年降水日数比例

序号	站名	降水日数/d					占年降水日数比例/%				
		冬季	春季	夏季	秋季	汛期	冬季	春季	夏季	秋季	汛期
		12 月至翌年 2 月	3～5 月	6～8 月	9～11 月	5～9 月	12 月至翌年 2 月	3～5 月	6～8 月	9～11 月	5～9 月
1	西宁	8.4	22.6	43.2	24.2	68.4	8.5	23.0	43.9	24.6	69.5
2	民和	7.2	21.0	37.6	22.9	60.1	8.1	23.7	42.4	25.8	67.8
3	临洮	10.8	27.4	41.9	31.0	68.4	9.7	24.7	37.7	27.9	61.6
4	兰州	5.9	18.2	31.7	20.2	50.3	7.8	23.9	41.7	26.6	66.2
5	靖远	4.5	14.1	26.6	16.7	42.1	7.3	22.8	43.0	27.0	68.0
6	中宁	4.1	11.1	24.3	14.7	37.3	7.6	20.5	44.8	27.1	68.8
7	同心	5.7	14.4	25.8	17.0	40.8	9.1	22.9	41.0	27.0	64.9
8	盐池	6.7	14.0	27.7	16.9	42.1	10.3	21.4	42.4	25.9	64.5
9	银川	4.6	9.6	21.8	13.1	32.6	9.4	19.6	44.4	26.7	66.4
10	惠农	2.5	8.2	22.2	10.0	31.8	5.8	19.1	51.7	23.3	74.1
11	鄂托克	5.4	11.8	27.1	13.5	39.5	9.3	20.4	46.9	23.4	68.3
12	固原	11.3	21.7	35.8	24.5	56.0	12.1	23.3	38.4	26.3	60.0
13	平凉	10.9	23.1	36.4	27.7	58.6	11.1	23.5	37.1	28.2	59.7
14	天水	13.3	26.9	33.8	31.1	56.7	12.7	25.6	32.2	29.6	53.9
15	宝鸡	13.3	26.8	33.2	29.8	56.6	12.9	26.0	32.2	28.9	54.9
16	环县	8.6	20.1	33.2	24.5	53.2	10.0	23.3	38.4	28.4	61.6
17	西峰	13.1	24.2	35.5	28.6	58.1	12.9	23.9	35.0	28.2	57.3
18	长武	13.7	24.3	33.7	29.7	56.4	13.5	24.0	33.2	29.3	55.6
19	西安	14.0	24.4	29.0	30.3	50.4	14.3	25.0	29.7	31.0	51.6
20	铜川	11.8	23.6	33.5	27.3	55.1	12.3	24.5	34.8	28.4	57.3
21	东胜	7.1	15.1	34.0	17.1	49.8	9.7	20.6	46.4	23.3	67.9
22	榆林	7.0	15.2	30.6	19.1	46.8	9.7	21.1	42.6	26.6	65.1
23	绥德	8.1	17.6	33.2	22.1	51.0	10.0	21.7	41.0	27.3	63.0
24	吴起	8.3	19.7	37.7	26.8	58.8	9.0	21.3	40.8	29.0	63.6
25	延安	8.0	19.5	34.8	22.5	53.5	9.4	23.0	41.0	26.5	63.1
26	洛川	11.8	23.1	36.9	27.7	58.5	11.9	23.2	37.1	27.8	58.8
27	右玉	8.5	17.9	38.1	19.6	55.1	10.1	21.3	45.3	23.3	65.5
28	大同	6.7	16.3	36.3	17.0	52.3	8.8	21.4	47.6	22.3	68.5
29	河曲	6.8	15.9	33.6	17.8	49.8	9.2	21.5	45.3	24.0	67.2
30	原平	5.5	15.0	36.8	18.5	52.8	7.3	19.8	48.5	24.4	69.7
31	兴县	8.7	17.7	34.8	19.5	51.4	10.8	21.9	43.1	24.2	63.7
32	离石	8.2	17.5	32.5	19.9	48.5	10.5	22.4	41.6	25.5	62.1
33	太原	6.7	15.7	34.4	18.4	49.6	8.9	20.9	45.7	24.5	66.0
34	介休	7.6	17.5	33.0	19.6	49.0	9.8	22.5	42.5	25.2	63.1
35	榆社	9.8	18.5	37.5	20.3	54.3	11.4	21.5	43.6	23.6	63.1

续表

序号	站名	降水日数/d 冬季 12月至翌年2月	春季 3～5月	夏季 6～8月	秋季 9～11月	汛期 5～9月	占年降水日数比例/% 冬季 12月至翌年2月	春季 3～5月	夏季 6～8月	秋季 9～11月	汛期 5～9月
36	隰县	9.4	19.2	34.6	21.9	52.3	11.0	22.6	40.7	25.7	61.5
37	临汾	7.5	17.7	31.1	21.0	47.5	9.7	22.9	40.2	27.2	61.4
38	运城	8.5	19.6	27.6	22.9	45.3	10.8	24.9	35.1	29.1	57.6
39	阳城	11.1	20.0	34.1	22.8	52.2	12.6	22.7	38.8	25.9	59.3
平均		8.5	18.6	33.0	21.7	51.1	10.4	22.8	40.3	26.6	62.5

表 1.12　黄土高原各季及汛期降水量及降水日数特征值

类别			春季	夏季	秋季	冬季	汛期
降水量	降水量/mm	区间	40～30	120～320	50～180	5～25	180～450
		均值	77.4	240.9	107.3	11.3	344.8
	占比/%	区间	15～20	45～65	20～30	1.5～3.5	75～85
		均值	17.7	55.1	24.5	2.6	78.9
降水日数	降水日数/d	区间	10～25	25～35	15～30	5～15	35～60
		均值	18.6	33.0	21.7	8.5	51.1
	占比/%	区间	20～25	35～45	23～30	7～14	55～70
		均值	22.8	40.3	26.6	10.4	62.5

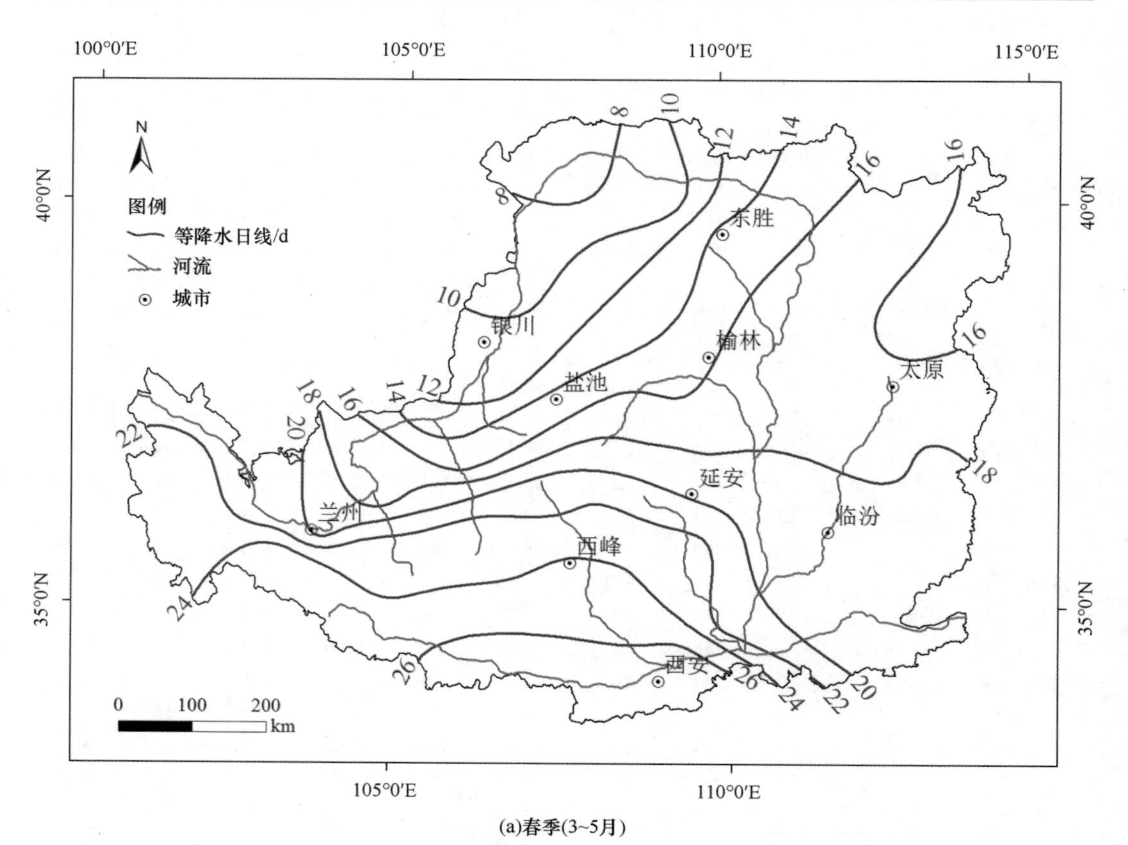

(a)春季(3~5月)

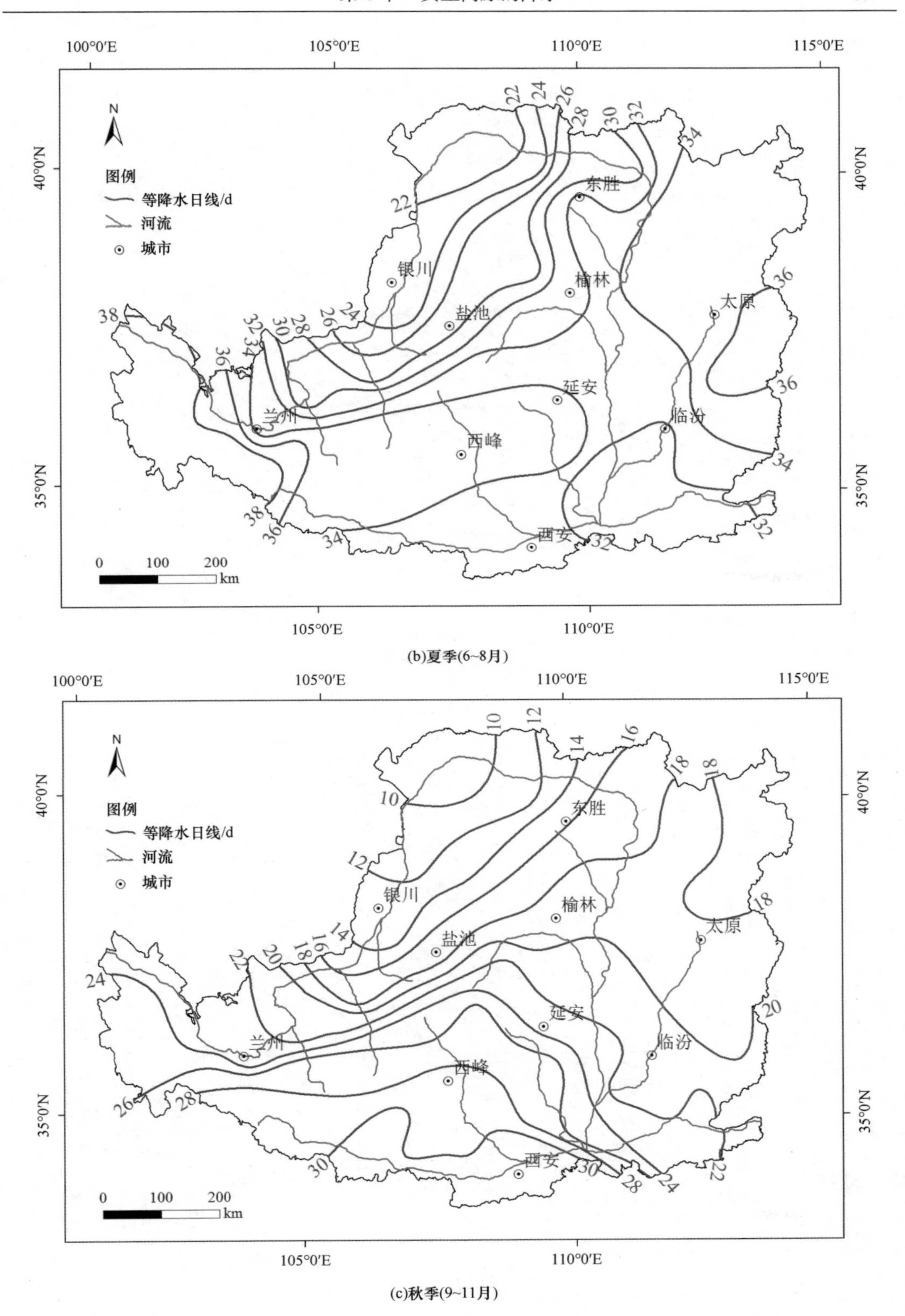

(b)夏季(6~8月)

(c)秋季(9~11月)

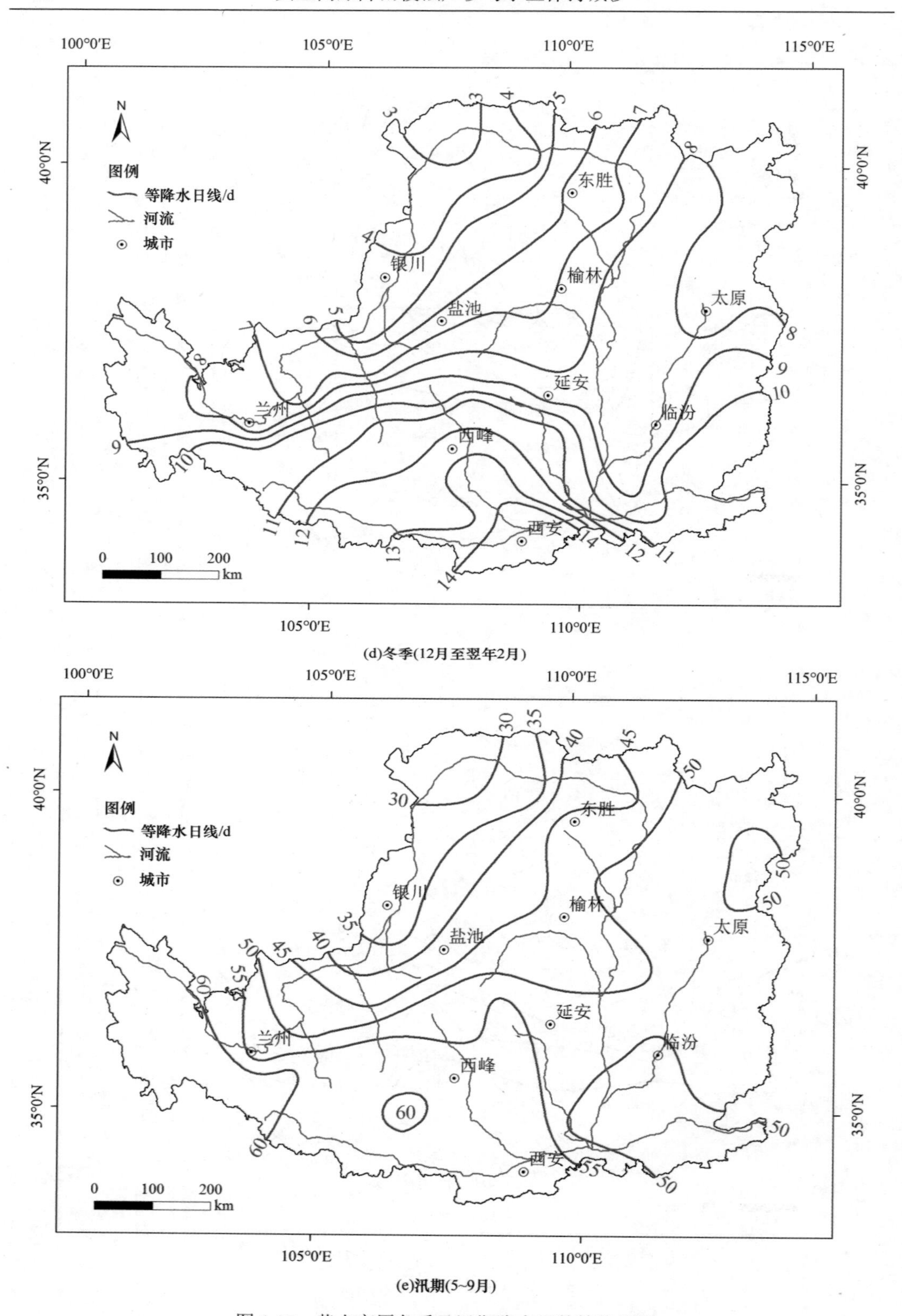

图 1.17 黄土高原各季及汛期降水日数等值线图

1. 春季降水日数空间分布的基本特征

春季（3～5 月）降水日数为 10～25 天，平均为 11.3 天。18 天等降水日线从兰州—吴起—隰县到榆社将黄土高原春季降水日数的空间分布东西向分成了两部分。在南部和西南部，20 天等降水日线覆盖了包括洮河、渭河、泾河、北洛河的大部分区域；24 天等降水日线覆盖了临洮—静宁—西峰—西安以南，洮河、渭河和泾河下游的大部分区域，形成了黄土高原春季的多降水日区，这一区域的春季降水日数大多接近或超过 25 天、秦岭北麓一些站点，超过了 30 天，如临夏为 28.2 天、临洮为 27.4 天、天水为 26.9 天、宝鸡为 26.8 天、长武为 24.3 天、西安为 24.4 天、黑峪口为 32.2 天和罗李村为 36.3 天。在北部和西北部，14 天等降水日线覆盖了银川平原和鄂尔多斯高原以西的大片区域，在银川平原和三湖河平原以西的少降水日区，春季降水日数不足 10 天，如银川为 9.6 天、惠农为 8.2 天、三湖河口为 8.9 天、磴口为 5.7 天。

春季降水日数占年降水日数的比例大多为 20%左右，平均为 22.8%，其比例大小与春季降水日数的多少关系不大。

2. 夏季降水日数空间分布的基本特征

夏季（6～8 月）降水日数为 25～35 天，平均为 33.0 天。34 天等降水日线覆盖了黄土高原的东、西两个区域：一个是西南部洮河及渭河、泾河、北洛河中上游所在青东、陇东、陕北南部大片区域；另一个是山西中、北部的大片区域。并分别在这两个区域的青东和晋北一带，形成了两个夏季多降水日中心，其降水日数大都接近或超过 40 天，如西宁为 43.2 天、临洮为 41.9 天、阳泉为 38.9 天和五寨为 40.1 天。32 天等降水日线覆盖了宁夏中、北部和鄂尔多斯高原以西的大片区域，在此区域的银川平原和三湖河平原以西地区，夏季的降水日数一般只有 20 天左右，如银川为 21.8 天、惠农为 22.2 天、三湖河口为 21.0 天和磴口为 15.1 天。

夏季降水日数占年降水日数的比例大多为 35%～45%，平均为 40.3%，其比例大小与夏季降水日数的多少并无关系。

3. 秋季降水日数空间分布的基本特征

秋季（9～11 月）降水日数为 15～30 天，平均为 21.7 天。24 个等降水日线从西宁—固原—环县—吴起—甘泉到河津，覆盖了黄土高原南部和西南部的大片区域；多降水日区集中在渭河和泾河下游一带，这一区域秋季的降水日数大都接近或超过 30 天，如天水为 31.1 天、宝鸡为 29.8 天、长武为 29.7 天和西安为 30.3 天。18 天等降水日线覆盖了银川平原和鄂尔多斯高原以西的区域，形成了一个少降水日区，在此区域的银川平原北部和三湖河平原以西地区，秋季的降水日数仅仅只有 10 天左右，如银川为 13.1 天、惠农为 10.0 天、三湖河口为 9.8 天和磴口为 6.8 天。

秋季降水日数占年降水日数的比例大多为 23%～30%，平均为 26.6%，其比例大小与秋季降水日数的多少有关。在南部和西南部多降水日区，秋季降水日数占年降水日数的比例大多接近30%，如宝鸡为28.9%、长武为29.3%和西安为31.0%；在北部和西北部少降水日区，其比例只有23%左右。

4. 冬季降水日数空间分布的基本特征

冬季（12月至翌年2月）降水日数为5～15天，平均为8.5天。10天等降水日线覆盖了两部分区域：一是从临洮—会宁—固原—富县到永济的南部区域，另一个是沁河中下游的东南部区域；多降水日区中心集中在渭河中下和泾河下游一带，这一区域东季的降水日数大都接近或超过13天，如天水为13.3天、宝鸡为13.3天、长武为13.7天、西安为14.0天和黑峪口为15.6天。7天等降水日线覆盖了银川平原和鄂尔多斯高原以西的区域，少降水日区中心集中在银川平原北部和三湖河平原以西地区，冬季的降水日数不足5天，如银川为4.6天、惠农为2.5天、三湖河口为4.0天和磴口为1.7天。

冬季降水日数占年降水日数的比例大多为7%～14%，平均为10.4%，其比例大小与冬季降水日数的多少有关。在南部和东南部多降水日区，秋冬季降水日数占年降水日数的比例大多为13%左右，如宝鸡为12.9%、长武为13.5%、西安为14.3%和长治为13.6%；在北部和西北部少降水日区，其比例只有7%左右。

5. 汛期降水日数空间分布的基本特征

汛期（5～9月）降水日数为35～60天，平均为51.1天。55天等降水日线覆盖了黄土高原南部和西南部洮河、渭河、泾河、北洛河所在青东、陇东、陇中、关中、渭北及陕北南部的大片区域，并在这两个区域的青东和泾河、北洛河一带，形成了三个多降水日中心，其降水日数大都接近或超过60天，如西宁为68.4天、临洮为68.4天、平凉为58.6天、吴起为58.8天和洛川为58.5天。45天等降水日线覆盖了宁夏中、北部和鄂尔多斯高原以西的大片区域，在此区域的银川平原和三湖河平原以西地区，汛期的降水日数一般只有30天左右，如银川为32.6天、惠农为31.8天、三湖河口为30.4天和磴口为21.7天。

汛期降水日数占年降水日数的比例大多为55～70%，39个站平均为62.5%，其比例大小与汛期降水日数的多少并无关系。

1.5 不同量级降水量及降水日数的时空分布

1.5.1 不同量级降水量的空间分布

1. 不同量级降水量空间分布的基本特征

表1.13是黄土高原各主要站点≥0.1mm、≥5mm、≥10mm、≥15mm、≥20mm、≥25mm、≥30mm、≥50mm（指日降水量，下同）8种量级的年均降水量，图1.18是各量级年均降水量等值线图。从表1.13和图1.18可以看出，各量级年均降水量的空间

分布有如下特征。

表 1.13　黄土高原不同量级年降水量

站名	不同量级年降水量/mm							
	≥0.1mm	≥5mm	≥10mm	≥15mm	≥20mm	≥25mm	≥30mm	≥50mm
西宁	383.9	287.8	188.8	115.2	68.2	41.2	26.3	3.1
民和	348.6	259.8	173.6	111.1	70.9	45.6	33.7	6.6
临洮	527.1	421.4	314.3	227.3	159.2	111.4	77.1	13.0
兰州	319.6	245.1	171.3	116.0	73.5	52.5	38.4	6.9
靖远	231.8	167.8	110.1	70.5	46.4	29.0	19.9	2.0
中宁	207.1	153.8	107.9	78.2	57.6	43.7	32.3	13.7
同心	267.8	204.7	148.2	103.8	73.9	51.3	37.3	5.8
盐池	289.1	224.5	161.5	117.6	84.4	66.3	49.8	23.1
银川	192.9	147.1	105.6	75.0	51.8	38.5	26.2	10.2
惠农	175.9	135.2	98.1	74.9	59.8	46.7	36.6	14.4
鄂托克	264.1	204.7	152.7	111.5	86.6	66.1	52.0	20.6
固原	449.0	356.7	272.3	203.3	153.0	108.5	74.7	26.9
平凉	495.9	401.5	310.3	230.5	177.9	138.5	103.3	40.2
天水	518.7	420.1	314.7	228.1	163.7	94.5	116.0	21.6
宝鸡	665.7	566.6	462.8	366.2	292.6	225.1	174.3	60.9
环县	426.7	346.3	262.8	190.3	140.6	105.2	81.2	31.5
西峰	544.6	448.0	348.6	266.3	204.8	159.0	119.8	41.4
长武	579.8	484.8	376.9	286.8	217.7	164.4	123.7	44.7
西安	571.2	482.2	378.1	293.6	219.5	168.4	119.6	44.2
铜川	583.7	492.7	393.0	299.2	230.8	185.7	138.8	52.6
东胜	373.1	303.7	237.2	182.7	138.7	104.9	85.9	34.0
榆林	392.1	320.7	256.1	202.8	156.6	120.7	94.7	30.7
绥德	447.6	369.2	292.0	229.1	178.7	138.5	114.2	40.4
吴起	464.3	379.7	302.3	236.5	179.3	137.6	99.5	38.2
延安	529.5	452.6	362.9	281.8	222.0	176.8	142.2	51.3
洛川	605.9	510.4	411.6	326.8	262.6	192.9	146.6	53.0
右玉	426.1	343.9	259.0	194.7	144.1	106.1	79.7	23.4
大同	376.2	297.5	217.0	156.9	115.9	85.2	63.1	15.5
河曲	406.7	332.2	254.1	198.0	148.4	116.1	89.4	34.8
岢岚	471.2	384.0	292.2	225.1	166.3	125.2	98.3	37.1
原平	431.7	358.5	283.6	226.0	183.4	145.9	119.0	49.6
兴县	476.3	393.9	303.7	237.4	180.1	135.2	103.3	34.2
离石	484.4	405.9	322.9	253.3	204.2	161.8	123.4	48.2
太原	441.4	366.5	290.6	227.9	180.6	143.6	109.2	44.3
介休	463.7	388.4	312.1	242.1	184.3	144.9	114.3	47.0
榆社	540.4	458.6	371.0	292.9	235.0	188.4	150.2	61.9
隰县	518.3	433.3	348.1	284.1	224.2	176.3	143.9	49.5
临汾	483.9	408.8	339.0	274.9	212.9	166.3	130.9	56.7
长治	584.6	499.7	407.0	327.0	264.7	217.6	170.4	77.6
运城	534.5	460.3	381.2	310.7	243.6	196.2	153.5	59.4
阳城	600.2	519.3	434.0	353.1	280.3	221.4	182.6	72.0
平均	436.9	357.8	277.7	212.2	161.7	123.1	95.6	34.0

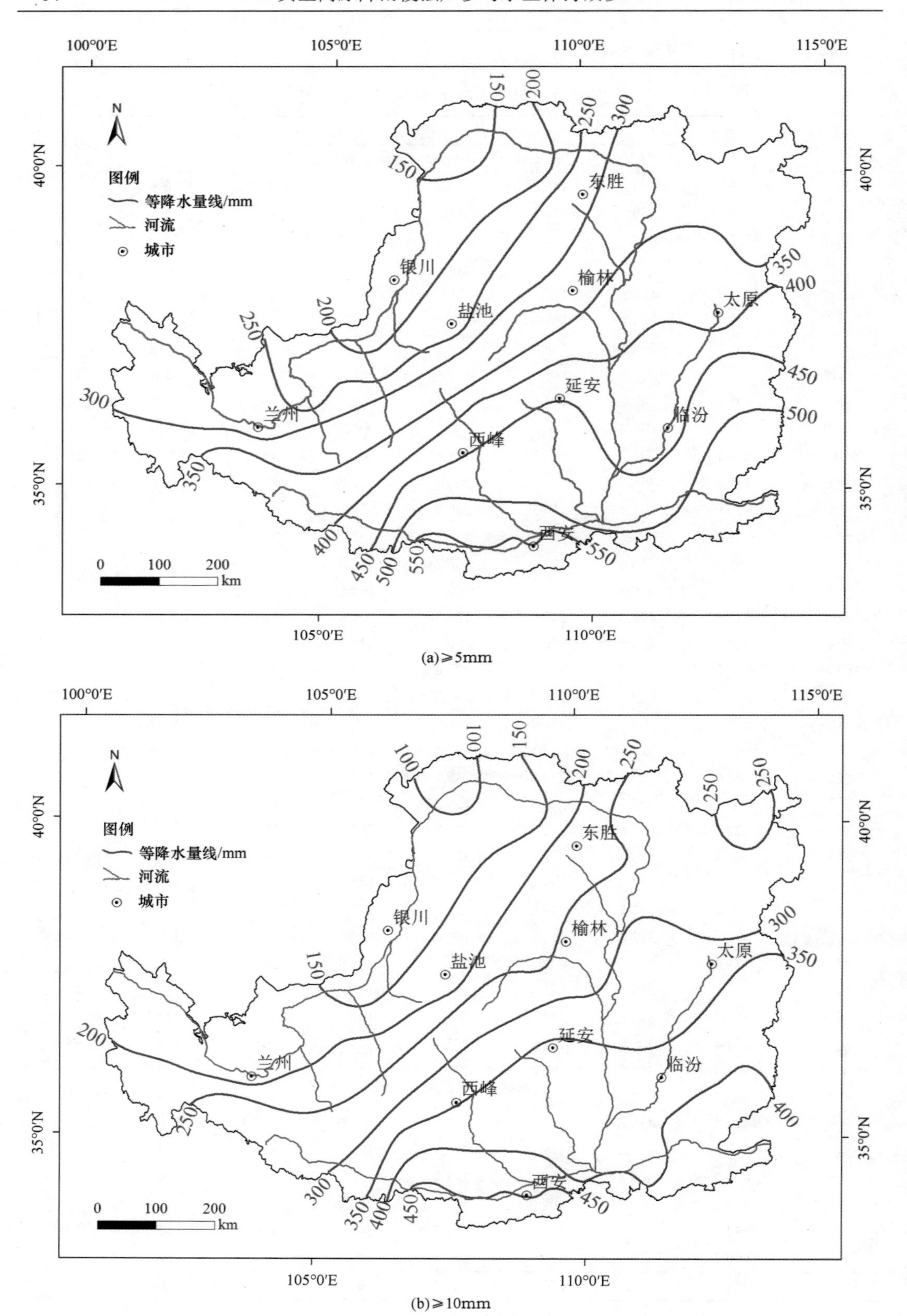
100°0′E
105°0′E
110°0′E
115°0′E
40°0′N
35°0′N
N
图例
等降水量线/mm
河流
城市
东胜
银川
榆林
太原
盐池
延安
兰州
临汾
西峰
西安
150
200
250
300
350
400
450
500
550
0 100 200 km
100
150
200
250
300
350
400
450

(a)≥5mm

(b)≥10mm

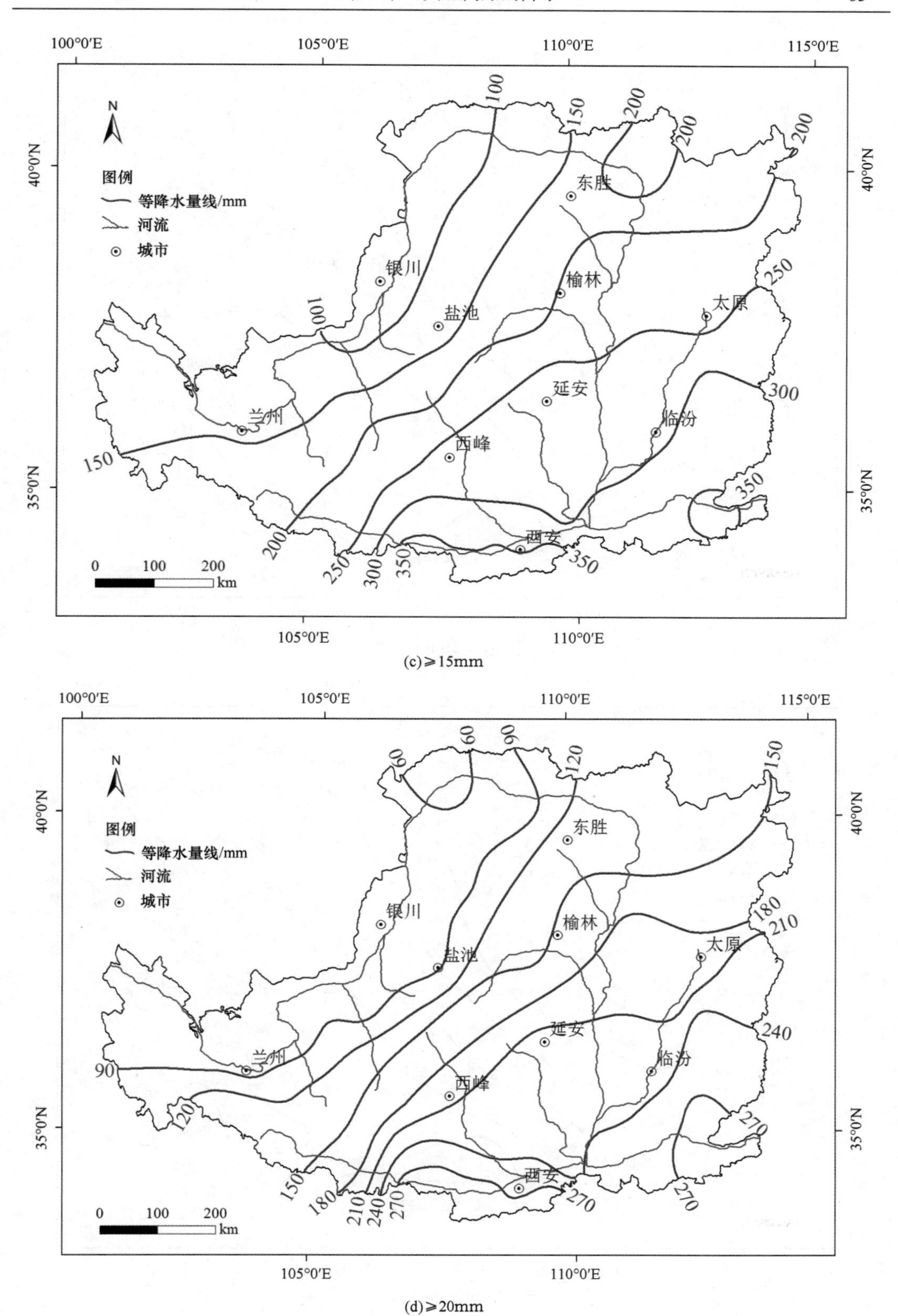
100°0′E
105°0′E
110°0′E
115°0′E
40°0′N
35°0′N
N
图例
等降水量线/mm
河流
城市
银川
盐池
榆林
东胜
太原
兰州
延安
临汾
西峰
西安
0 100 200 km
100
150
200
250
300
350

(c)≥15mm

100°0′E
105°0′E
110°0′E
115°0′E
40°0′N
35°0′N
N
图例
等降水量线/mm
河流
城市
银川
盐池
榆林
东胜
太原
兰州
延安
临汾
西峰
西安
0 100 200 km
60
90
120
150
180
210
240
270

(d)≥20mm

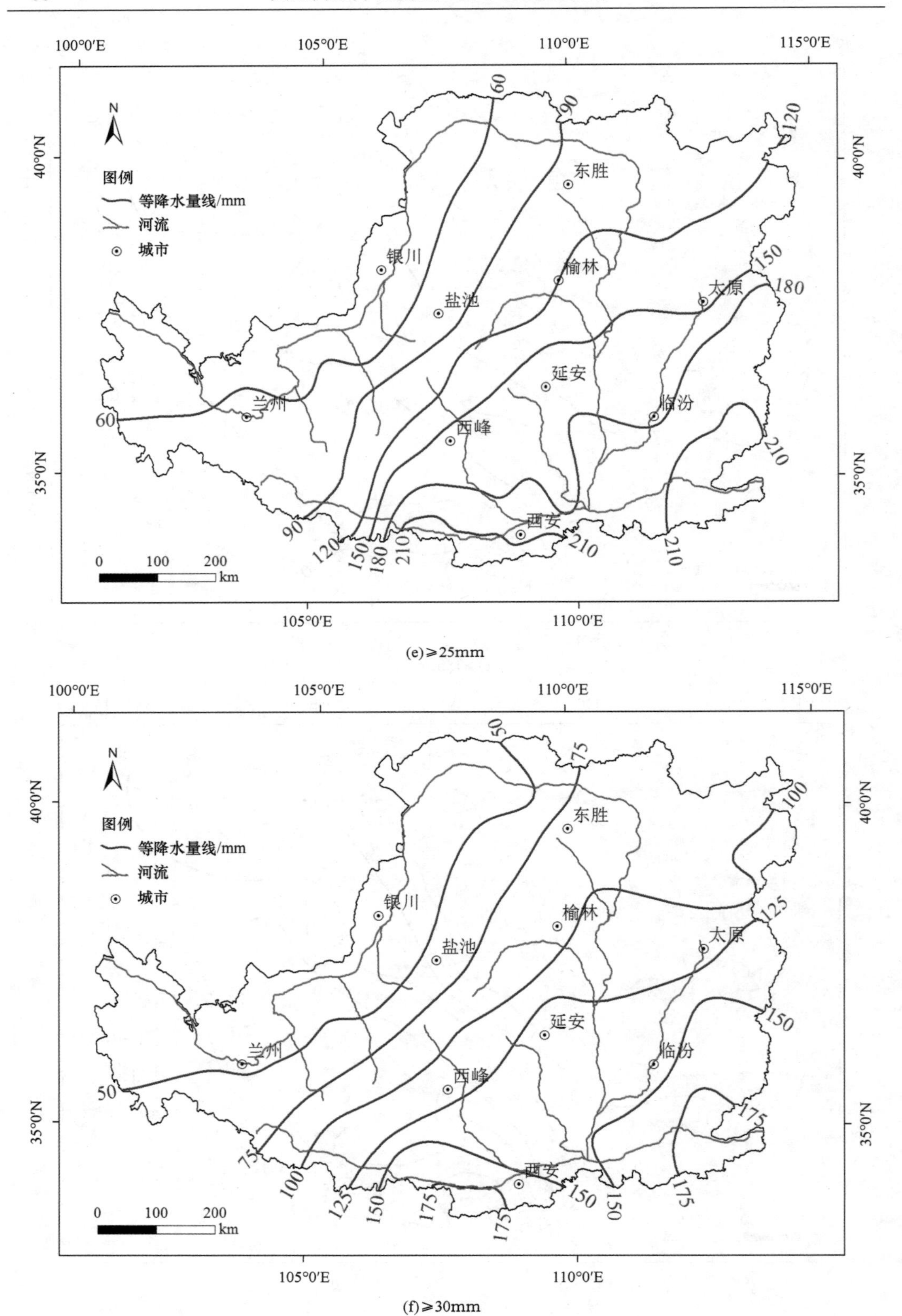
100°0′E
105°0′E
110°0′E
115°0′E
40°0′N
35°0′N
N
图例
等降水量线/mm
河流
城市
东胜
银川
榆林
盐池
太原
延安
兰州
临汾
西峰
西安
60
90
120
150
180
210
0
100
200
km
50
75
100
125
150
175

(e) ≥25mm

(f) ≥30mm

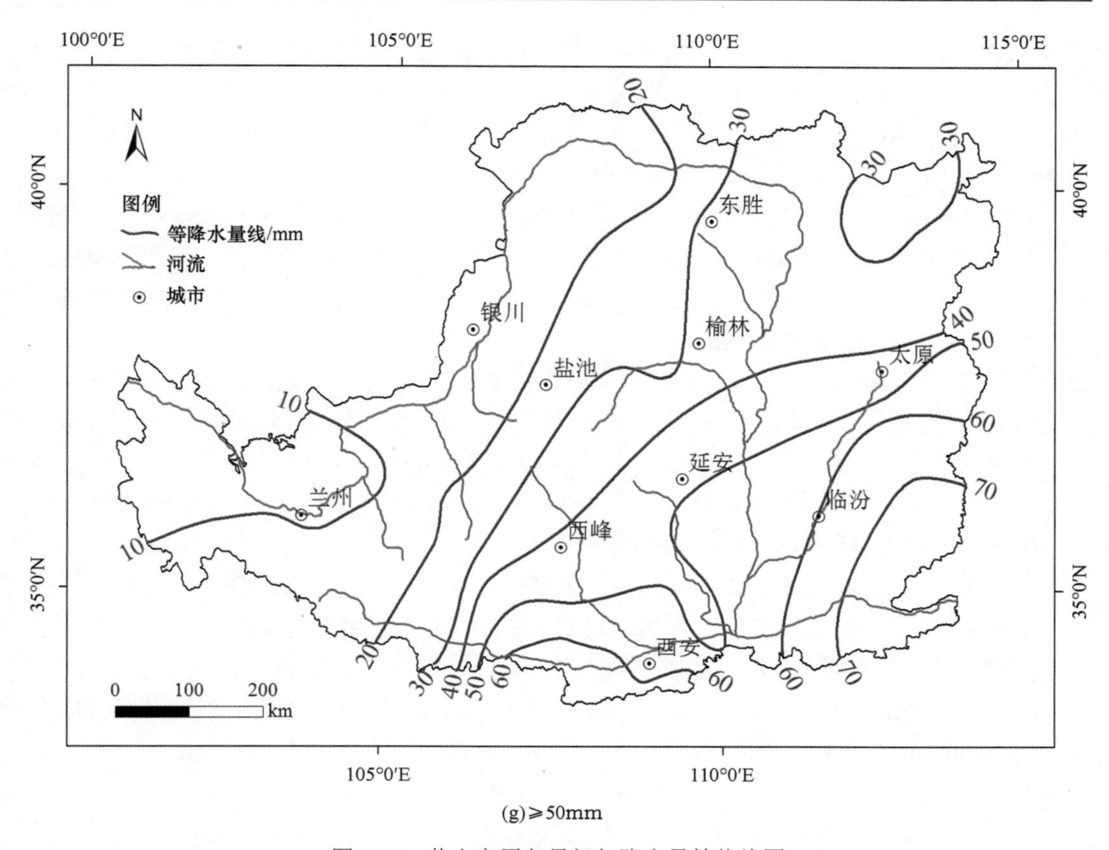

(g)≥50mm

图 1.18　黄土高原各量级年降水量等值线图

日降水量≥5mm 的年降水量为 200～500mm，平均为 357.8mm。武山—庆阳—志丹—绥德—离石—太原—阳泉以南区域大多超过 400mm，其中渭河中下游和泾河下游以及晋东南沁河流域一些地方，接近或超过 500mm，如宝鸡为 566.6mm、千阳为 509.9mm、长武为 484.8mm、沁源为 514.4mm 和阳城为 519.3mm；靠近秦岭北麓的一些站点，超过了 600mm，如斜峪关为 609.4mm、黑峪口为 665.8mm、罗李村为 716.8mm。兰州—海原—定边—乌审旗—东胜以西的区域，大多少于 300mm，其中银川平原和三湖口平原以西区域，只有 150mm 左右，甚至不到 100mm，如中宁为 153.8mm、银川为 147.1mm、惠农为 135.2mm 和磴口为 91.9mm。

日降水量≥10mm 的年降水量为 150～450mm，平均为 277.7mm。武山—庆阳—志丹—绥德—兴县—太原—阳泉以南区域大多超过 300mm；渭河中下游和泾河下游以及晋东南沁河流域一些地方，接近或超过 400 mm，如宝鸡为 462.8mm、千阳为 416.5mm、武功为 416.7mm、西安为 378.1mm、沁源为 414.6mm 和阳城为 434.0mm。靠近秦岭北麓的一些站点，超过了 500mm，如黑峪口为 537.5mm，罗李村为 562.1mm。兰州—海原—定边—乌审旗—东胜以西的区域，大多少于 200mm，其中银川平原和三湖口平原以西区域，只有 100mm 左右，如中宁为 107.9mm、银川为 105.6mm、惠农为 98.1mm 和磴口为 66.7mm。

日降水量≥15mm 的年降水量为 100～350mm，平均为 212.2mm。200mm 等降水量线从武山—固原—吴起—榆林—五寨—浑源，将日降水量≥15mm 的年降水量分成了两部分。天水—西峰—延安—太原以南区域大多超过 250mm，兰州—盐池—东胜以西区域大多小于 150mm。在渭河中下游和泾河下游以及晋东南一些地方，接近或超过300mm，如宝鸡为 366.2mm、千阳为 329.6mm、武功为 330.8mm、西安为 293.6mm、沁源为 335.1mm、长治为 327.0mm 和阳城为 353.1mm。靠近秦岭北麓的一些站点，超过了 400mm，如黑峪口为 426.7mm 和罗李村为 436.4mm。另外，陇中、银川平原和三湖口平原以西区域，不足 100mm，如靖远为 70.5mm、中宁为 78.2mm、银川为 75.0mm、惠农为 74.9mm 和磴口为 50.9mm。

日降水量≥20mm 的降水量大多为 70～250mm，平均为 161.7mm。由于≥20mm 的降水量和≥15mm 的降水量一般相差 50mm 左右，因此从等降水量线的空间分布看，两个量级的等降水量线走向基本一致，只是相相差了 50mm。例如，≥20mm 降水量的100mm 等降水量线和≥15mm 降水量的 150mm 等降水量线基本一致，≥20mm 降水量的 200mm 等降水量线和≥15mm 降水量的 250mm 等降水量线基本一致。150mm 等降水量线从武山—固原—吴起—榆林—五寨—浑源，将≥20mm 的降水量分成了两部分。天水—西峰—延安—太原以南区域大多超过 200mm；在渭河中下游和泾河下游以及晋东南一些地方，接近或超过 250mm，如宝鸡为 292.6mm、千阳为 263.3mm、武功为 260.6mm、沁源为 269.6mm、长治为 264.6mm 和阳城为 243.6mm。兰州—盐池—东胜以西区域大多小于 100mm，在陇中、银川平原和三湖口平原以西区域，不足 70 mm，如靖远为46.4mm、中宁为 57.6mm、银川为 51.8mm、惠农为 59.8mm 和磴口为 40.7mm。

日降水量≥25mm 的年降水量为 50～200mm，平均为 123.1mm。120mm 等降水量线同≥20mm 降水量的 150mm 等降水量线走向基本相同，也是从武山—固原—吴起—榆林—五寨—浑源，将≥25mm 的降水量分成了两部分。渭河中下游、泾河下游及晋东南一些地区，大多接近或超过 200mm，如宝鸡为 225.1mm、千阳为 202.6mm、武功为200.7mm、运城为 196.2mm、长治为 217.6mm 和阳城为 221.4mm。靠近秦岭北麓的一些站点，接近或超过了 250mm，如斜峪关为 236.9mm、黑峪口为 258.7mm 和罗李村为250.3mm。陇西—盐池—东胜以西区域大多小于 100mm，其中陇中、银川平原和三湖口平原以西有些区域，不足 50mm，如靖远为 29.0mm、中宁为 43.7mm、银川为 38.5mm、惠农为 46.7mm 和磴口为 31.8mm。

日降水量≥30mm 的年降水量为 30～150mm，平均为 95.6mm。100mm 等降水量线同≥25mm 降水量的 120mm 等降水量线走向基本相同，从武山—固原—吴起—榆林—五寨—浑源，将≥30mm 的降水量分成了两部分。天水—西峰—延安—太原以南区域大多超过 125mm，在渭河中下游和泾河下游以及晋东南一些地方，接近或超过 150mm，如宝鸡为 174.3mm、千阳为 156.9mm、武功为 163.6mm、沁源为 175.9mm、长治为 170.4mm 和阳城为 182.6mm。靠近秦岭北麓的一些站点，接近或超过了 200 mm，如斜峪关为193.2mm 和黑峪口为 211.0mm。陇西—盐池—东胜以西区域大多小于 75mm，其中青东、陇中、银川平原和三湖口平原以西有些区域，只有 50mm 左右，如西宁为 26.3mm、靖远为 19.9mm、中宁为 32.3mm、银川为 26.2mm、惠农为 36.6mm 和磴口为 24.9mm。

日降水量≥50mm 的年降水量为 10～60mm，平均为 34.0mm。天水—西峰—延安—

太原以南区域大多超过40mm，多雨区中心主要在晋东南沁河流域及渭河中下游靠近秦岭北麓的一些地区，这些地区≥50mm的降水量超过了60mm，如宝鸡为60.9mm、黑峪口为78.5mm、沁源为81.9mm、长治为77.6mm和阳城为72.0mm。天水—环县—盐池—东胜以西区域大多小于30mm，其中青东、陇中、银川平原和三湖口平原以西有些区域，只有20mm左右，有的不足10mm，如西宁为3.1mm、靖远为2.0mm、同心为5.8mm、银川为10.2mm、惠农为14.4mm和磴口为9.8mm。

总体来看，不同量级降水量的空间分布和等值线走向有以下三个特点。

一是随着降水量量级的增大，其相应降水日数等值线的整体走向逐渐由东西方向向南北方向偏转。

二是随着降水量量级的增大，其相应的雨量高值区和低值区也有所变化。降水量高值区除了秦岭北麓这一特殊地带外，≥5mm和≥10mm的降水量高值区有四个：一是洮河临洮一带，二是渭河、泾河中下游地区，三是延安及北洛河下游洛川一线，四是沁河晋东南地区。≥15mm至≥30mm的降水量高值区已不包含洮河、临洮一带。≥50mm的降水量高值区主要集中在沁河晋东南地区。例如，除了秦岭北麓外，≥5mm量级的降水量临洮为421.4mm、宝鸡为566.6mm、洛川为510.4mm和阳城为519.3mm；≥15mm量级的降水量临洮为227.3mm，明显低于多数站点，已不是一个高值区。其他三个高值区代表性站点分别是宝鸡为366.2mm、洛川为326.8mm和阳城为353.1mm；再到≥50mm量级，宝鸡为60.9mm、洛川为52.0mm和阳城为72.0mm，阳城明显高于宝鸡和洛川。而且沁河晋东南地区的大多站点，都接近或超过了70mm，远高于其他地区，如沁源为80.9mm和长治为77.6mm。

低值区也是随着降水量量级的增大，逐渐由银川平原和三湖口平原以西的西北区域转到兰州以西的区域。在≥15mm量级以前，低值区主要集中在银川平原和三湖口平原以西的西北区域，兰州以西区域的雨量要高过这一地区。例如，≥5mm量级，西宁、兰州、银川、惠农的降水量分别为287.8mm、245.1mm、147.1mm和135.2mm；≥15mm量级，上述四站的降水量依次分别为115.2mm、116.0mm、75.0mm和74.9mm；到了≥25mm量级，银川平原和三湖口平原以西的西北区域和兰州以西区域的降水量基本接近，上述四站的降水量依次分别变为41.2mm、52.5mm、38.5mm和46.7mm；再到≥50mm量级，银川平原和三湖口平原以西的西北区域降水量反而高于兰州以西区域，上述四站的降水量依次再分别变为3.1mm、6.9mm、10.2mm和14.4mm，兰州以西区域成为了低值区。

三是除了≥50mm量级的等降水量线分布和走向特殊外，其他各量级的等降水量线分布和走向基本相似。例如，≥5mm量级的300mm等降水量线同≥10mm量级的250mm、≥15mm量级的200mm、≥20mm量级的150mm、≥25mm量级的120mm、≥30mm量级的100mm等降水量线走向基本一致；≥5mm量级的250mm等降水量线同≥10mm量级的200mm、≥15mm量级的150mm、≥20mm量级的120mm、≥25mm量级的90mm、≥30mm量级的75mm等降水量线走向基本一致；≥5mm量级的200mm等降水量线同≥10mm量级的150mm、≥15mm量级的100mm、≥20mm量级的90mm、≥25mm量级的60mm、≥30mm量级的50mm等降水量线走向基本一致。

2. 不同量级降水量对年降水量的贡献率

表 1.14 是黄土高原主要站点不同量级降水量占年总降水量的比例。从表中数据可以看出，各量级降水量对年总降水量的贡献程度有如下特点。

降水量≥5mm 的一般可占年降水量的 75%～85%，平均为 81.0%。南部和东部地区可占到 80%以上，有的超过了 85%，如宝鸡为 85.1%、运城为 86.1%和阳城为 86.5%。中部地区可占到 80%左右，但也有一些地方接近或超过了 85%，如延安为 85.5%和洛川为 84.2%。西部地区一般在 75%左右，如西宁为 75.0%、兰州为 76.7%、靖远为 72.4%和银川为 76.3%。

降水量≥10mm 的一般可占年降水量的 55%～70%，平均为 62.2%。南部和东部地区一般超过了 65%，有的接近或超过了 70%，如宝鸡为 69.5%、临汾为 70.1%、运城为 71.3%和阳城为 72.3%。中部地区可占到 65%左右。西部和北部大同盆地的一些地区一般为 50%～55%，如大同为 57.7%、西宁为 49.2%、兰州为 53.6%、靖远为 47.5%和银川为 54.7%。

降水量≥15mm 的一般可占年降水量的 30%～55%，平均为 47.1%。中南部和东部大部分地区在 50%左右。东南部一些地区接近或超过了 55%，如临汾为 56.8%、运城为 58.1%和阳城为 58.8%。西部地区一般为 40%以下，有的仅为 30%左右，如西宁为 30.0%、兰州为 36.3%、靖远为 30.4%和银川为 38.9%。

降水量≥20mm 的一般可占年降水量的 25%～45%，平均为 35.6%。中南部和东部大部分地区为 40%左右。东南部一些地区接近或超过了 45%，如临汾为 44.0%、运城为 45.6%和阳城为 46.7%。西部和北部大同盆地一般在 30%左右，西部一些地区仅为 20%左右，如西宁为 17.8%、兰州为 23.0%、靖远为 20.0%和银川为 26.9%。

降水量≥25mm 的一般可占年降水量的 20%～35%，平均为 27.0%。中南部和东部大部分地区在 30%左右。东南部一些地区接近或超过了 35%，如临汾为 34.4%、运城为 36.7%和阳城为 36.9%。西部和北部大同盆地一般在 25%左右，西部一些地区仅为 10%左右，如西宁为 10.7%、兰州为 16.4%、靖远为 12.5%和同心为 19.2%。

降水量≥30mm 的一般可占年降水量的 15%～30%，平均为 20.9%。中南部和东部大部分地区在 25%左右。除了东南部一些超过了 25%外，黄土高原一些高强度雨区，也超过了 25%，如宝鸡为 26.2%、绥德为 25.5%和延安为 26.9%。西部和北部大同盆地一般为 15%左右，西部一些地区仅不足 10%，如西宁为 6.9%和靖远为 8.6%。

降水量≥50mm 的一般可占年降水量的 5%～10%，平均为 7.4%。中部和南部地区多为 7%～10%。东部地区一般超过了 10%。西部和北部大同盆地一般为 5%左右，西部一些地区仅仅只有 2%左右，甚至不足 1%，如西宁为 0.8%和靖远为 0.9%。

总体来看，由于地理位置及降水特性的影响，不同量级降水量、特别是≥25mm 以上量级的降水量占年总降水量的比例，呈明显的从东南向西北递减的趋势。而且，随着量级的增大，减幅越大，东西向减幅变化越明显。同时，由于地形条件的影响，不同量级降水量占年总降水量的比例不仅形成了晋东南沁河流域以东的高值区，而且也形成了宝鸡、延安、洛川、铜川、离石、榆林等高值点。

表 1.14　黄土高原不同量级降水量占年降水量比例

站名	不同量级降水量占年降水量比例/%						
	≥5mm	≥10mm	≥15mm	≥20mm	≥25mm	≥30mm	≥50mm
西宁	75.0	49.2	30.0	17.8	10.7	6.9	0.8
民和	74.5	49.8	31.9	20.3	13.1	9.7	1.9
临洮	79.9	59.6	43.1	30.2	21.1	14.6	2.5
兰州	76.7	53.6	36.3	23.0	16.4	12.0	2.2
靖远	72.4	47.5	30.4	20.0	12.5	8.6	0.9
中宁	74.3	52.1	37.8	27.8	21.1	15.6	6.6
同心	76.4	55.3	38.8	27.6	19.2	13.9	2.2
盐池	77.7	55.9	40.7	29.2	22.9	17.2	8.0
银川	76.3	54.7	38.9	26.9	20.0	13.6	5.3
惠农	76.9	55.8	42.6	34.0	26.5	20.8	8.2
鄂托克	77.5	57.8	42.2	32.8	25.0	19.7	7.8
固原	79.4	60.6	45.3	34.1	24.2	16.6	6.0
平凉	81.0	62.6	46.5	35.9	27.9	20.8	8.1
天水	81.0	60.7	44.0	31.6	18.2	22.4	4.2
宝鸡	85.1	69.5	55.0	44.0	33.8	26.2	9.1
环县	81.2	61.6	44.6	33.0	24.7	19.0	7.4
西峰	82.3	64.0	48.9	37.6	29.2	22.0	7.6
长武	83.6	65.0	49.5	37.5	28.4	21.3	7.7
西安	84.4	66.2	51.4	38.4	29.5	20.9	7.7
铜川	84.4	67.3	51.3	39.5	31.8	23.8	9.0
东胜	81.4	63.6	49.0	37.2	28.1	23.0	9.1
榆林	81.8	65.3	51.7	39.9	30.8	24.2	7.8
绥德	82.5	65.2	51.2	39.9	30.9	25.5	9.0
吴起	81.8	65.1	50.9	38.6	29.6	21.4	8.2
延安	85.5	68.5	53.2	41.9	33.4	26.9	9.7
洛川	84.2	67.9	53.9	43.3	31.8	24.2	8.7
右玉	80.7	60.8	45.7	33.8	24.9	18.7	5.5
大同	79.1	57.7	41.7	30.8	22.6	16.8	4.1
河曲	81.7	62.5	48.7	36.5	28.6	22.0	8.6
原平	83.0	65.7	52.4	42.5	33.8	27.6	11.5
兴县	82.7	63.8	49.8	37.8	28.4	21.7	7.2
离石	83.8	66.7	52.3	42.2	33.4	25.5	10.0
太原	83.0	65.8	51.6	40.9	32.5	24.7	10.0
介休	83.8	67.3	52.2	39.7	31.2	24.6	10.1
榆社	84.9	68.7	54.2	43.5	34.9	27.8	11.5
隰县	83.6	67.2	54.8	43.3	34.0	27.8	9.6
临汾	84.5	70.1	56.8	44.0	34.4	27.1	11.7
运城	86.1	71.3	58.1	45.6	36.7	28.7	11.1
阳城	86.5	72.3	58.8	46.7	36.9	30.4	12.0
平均	81.0	62.2	47.1	35.6	27.0	20.9	7.4

3. 不同程度降水量及对年降水量的贡献率

表 1.15 是按照气象部门有关小雨（<10mm）、中雨（10～25 mm）、大雨（25～50mm）、暴雨（≥50mm）的标准，统计得出的黄土高原主要站点四种级别降水量及占年总降水量的比例。从表 1.15 中数据可以看出，四种不同级别降水对年总降水量的贡献程度。

表 1.15　黄土高原不同程度降水量及占年降水量比例

序号	站名	年降水量/mm	降水量/mm				占年降水量比例/%			
			小雨	中雨	大雨	暴雨	小雨	中雨	大雨	暴雨
1	西宁	383.9	195.1	147.6	38.1	3.1	50.8	38.4	9.9	0.8
2	民和	348.6	175.0	128.0	39.0	6.6	50.2	36.7	11.2	1.9
3	临洮	527.1	212.8	202.9	98.4	13.0	40.4	38.5	18.7	2.5
4	兰州	319.6	148.3	118.8	45.6	6.9	46.4	37.2	14.3	2.2
5	靖远	231.8	121.7	81.1	27.0	2.0	52.5	35.0	11.6	0.9
6	中宁	207.1	99.2	64.2	30.0	13.7	47.9	31.0	14.5	6.6
7	同心	267.8	119.6	96.9	45.5	5.8	44.7	36.2	17.0	2.2
8	盐池	289.1	127.6	95.2	43.2	23.1	44.1	32.9	14.9	8.0
9	银川	192.9	87.3	67.1	28.3	10.2	45.3	34.8	14.7	5.3
10	惠农	175.9	77.8	51.4	32.3	14.4	44.2	29.2	18.4	8.2
11	鄂托克	264.1	111.4	86.6	45.6	20.6	42.2	32.8	17.3	7.8
12	固原	449.0	176.8	163.7	81.6	26.9	39.4	36.5	18.2	6.0
13	平凉	495.9	185.6	171.8	98.3	40.2	37.4	34.6	19.8	8.1
14	天水	518.7	204.0	220.2	72.9	21.6	39.3	42.5	14.1	4.2
15	宝鸡	665.7	202.9	237.7	164.2	60.9	30.5	35.7	24.7	9.1
16	环县	426.7	163.9	157.6	73.7	31.5	38.4	36.9	17.3	7.4
17	西峰	544.6	196.0	189.6	117.6	41.4	36.0	34.8	21.6	7.6
18	长武	579.8	202.9	212.5	119.7	44.7	35.0	36.7	20.6	7.7
19	西安	571.2	193.1	209.7	124.2	44.2	33.8	36.7	21.7	7.7
20	铜川	583.7	190.7	207.3	133.1	52.6	32.7	35.5	22.8	9.0
21	东胜	373.1	135.9	132.3	70.9	34.0	36.4	35.5	19.0	9.1
22	榆林	392.1	136.0	135.4	90.0	30.7	34.7	34.5	23.0	7.8
23	绥德	447.6	155.6	153.5	98.1	40.4	34.8	34.3	21.9	9.0
24	吴起	464.3	162.0	164.7	99.4	38.2	34.9	35.5	21.4	8.2
25	延安	529.5	166.7	186.0	125.5	51.3	31.5	35.1	23.7	9.7
26	洛川	605.9	194.3	218.7	139.9	53.0	32.1	36.1	23.1	8.7
27	右玉	426.1	167.1	152.9	82.7	23.4	39.2	35.9	19.4	5.5
28	大同	376.2	159.2	131.8	69.7	15.5	42.3	35.0	18.5	4.1
29	河曲	406.7	152.6	138.0	81.3	34.8	37.5	33.9	20.0	8.6

续表

序号	站名	年降水量/mm	降水量/mm				占年降水量比例/%			
			小雨	中雨	大雨	暴雨	小雨	中雨	大雨	暴雨
30	原平	431.7	148.1	137.7	96.3	49.6	34.3	31.9	22.3	11.5
31	兴县	476.3	172.6	168.5	101.0	34.2	36.2	35.4	21.2	7.2
32	离石	484.4	161.5	161.1	113.6	48.2	33.3	33.3	23.5	10.0
33	太原	441.4	150.8	147.0	99.3	44.3	34.2	33.3	22.5	10.0
34	介休	463.7	151.6	167.2	97.9	47.0	32.7	36.1	21.1	10.1
35	榆社	540.4	169.4	182.6	126.5	61.9	31.3	33.8	23.4	11.5
36	隰县	518.3	170.2	171.8	126.8	49.5	32.8	33.1	24.5	9.6
37	临汾	483.9	144.9	172.7	109.6	56.7	29.9	35.7	22.6	11.7
38	运城	534.5	153.3	185.0	136.8	59.4	28.7	34.6	25.6	11.1
39	阳城	600.2	166.2	212.6	149.4	72.0	27.7	35.4	24.9	12.0
平均		436.9	159.2	154.6	89.1	34.0	37.8	35.2	19.6	7.4

黄土高原年小雨的雨量为100～200mm，平均为159.2mm。小雨雨量的高值区主要集中在南部渭河及泾河、北洛河下游及西南部洮河一带，这些地区的小雨雨量接近或超过了200mm，如临洮为212.8mm、天水为204.0mm、宝鸡为202.9mm、西峰为196.0mm、长武为202.9mm、西安为193.1mm、铜川为190.7mm和洛川为194.3mm。低值区主要集中在宁夏平原及内蒙古三湖河平原以西区域，这一区域的小雨雨量只有100mm左右，有的不足100mm，如中宁为99.2mm、银川为87.3mm、惠农为77.8mm和磴口为52.9mm。小雨雨量占年降水总量的比例为30%～45%，平均为37.8%。其比例大小呈明显的由东南向西递增的趋势。低值区晋东南不足30%，如运城为28.7%和阳城为27.7%；高值区西宁、靖远超过了50%。同时可以看出，小雨雨量多少与占年降水量的比例大小并不相关，两个的高值区与低值区也不吻合。

黄土高原年中雨的雨量为90～220mm，平均为154.6mm。站际间大小差异较小雨雨量大一些。中雨雨量的高值区除了集中在南部渭河及泾河、北洛河下游一带外及西南部洮河一带外，晋东南的沁河流域以东也是一个高值区，这些地区的中雨雨量大多超过了200mm，如临洮为202.9mm、天水为220.2mm、宝鸡为237.7mm、西峰为196.0mm、长武为212.5mm、西安为209.7mm、铜川为207.3mm、洛川为218.7mm和阳城为212.6mm。低值区依然集中在宁夏平原及内蒙古三湖河平原以西区域，这一区域的中雨雨量不足100mm，如中宁为64.2mm、银川为67.1mm、惠农为51.4mm和磴口为34.9mm。中雨雨量占年降水总量的比例大多为35%左右，平均为35.2%；站际间的比例大小差异较小雨雨量占年降水量的比例小一些，其比例大小没有明显的区域差异。

黄土高原年大雨的雨量为30～150mm，平均为89.1mm。大雨雨量的高值区主要集中在晋东南地区，以及南部渭河、泾河、北洛河中下游地区的个别区域，这些地区大雨雨量接近或超过了150mm，如宝鸡为164.2mm、洛川为139.9mm和阳城为149.4mm。

低值区主要集中在宁夏平原及兰州以西区域，这一区域大雨的雨量有的不到30mm，如靖远为27.0mm、中宁为30.0mm、银川为28.3mm、惠农为32.3mm和磴口为22.0mm。大雨雨量占年降水总量的比例大都为15%～25%，平均为19.6%；其比例大小呈明显的由东南向西递减的趋势，高值区晋东南地区接近或超过了25%，如运城为25.6%、阳城为24.9%。低值区西宁、靖远分别只有9.9%和12.5%。同时，可以看出，大雨雨量的多少与占年降水量的比例大小基本相关。

黄土高原年暴雨的雨量为10～60mm，平均为34.0mm。暴雨雨量的高值区主要集中在晋东南沁河流域及渭河中下游靠近秦岭北麓的一些地区，以及延河、北洛河中下游的延安、洛川、铜川一线。晋东南沁河流域以东的暴雨雨量年平均接近或超过70mm，如沁源为81.9mm、长治为77.6mm和阳城为72.0mm。渭河中下游靠近秦岭北麓的一些地区也超过60mm，如宝鸡为60.9mm和黑峪口为78.5mm。延河、北洛河中下游的延安、洛川、铜川一线的暴雨雨量超过50mm，如延安为51.3mm、洛川为52.0mm和铜川为52.6mm。低值区集中在兰州以西、银川平原和三湖口平原以西有些区域，一般只有20mm左右，有的不足10mm，如西宁为3.1mm、靖远为2.0mm、同心为5.8mm、银川为10.2mm、惠农为14.4mm和磴口为9.8mm。暴雨雨量占年降水量的比例大都为3%～10%，平均为7.4%，其比例大小与暴雨雨量多少有关，呈明显的由东南向西递减的趋势，高值区晋东南地区超过了10%，如临汾为11.7%、榆社为11.5%、运城为11.1%和阳城为12.0%，而低值区的西宁、靖远分别只有0.8%和0.9%。

1.5.2　不同量级降水日数的空间分布

1. 不同量级降水日数空间分布的基本特征

表1.16是黄土高原各主要站点≥0.1mm、≥5mm、≥10mm、≥15mm、≥20mm、≥25mm、≥30mm、≥50mm（指日雨量，下同）8种量级的年均降水日数，图1.19是各量级年均降水日数等值线图。从表1.16和图1.19可以看出，各量级年均降水日数的空间分布有如下特征。

表1.16　黄土高原不同量级年均降水日数

站名	不同量级年均降水日数/d							
	≥0.1mm	≥5mm	≥10mm	≥15mm	≥20mm	≥25mm	≥30mm	≥50mm
西宁	98.4	25.4	11.3	5.2	2.4	1.2	0.7	0.05
民和	88.8	22.3	9.9	4.8	2.4	1.3	0.8	0.1
临洮	111.1	31.5	16.5	9.3	5.3	3.2	1.9	0.2
兰州	76.0	20.1	9.4	4.9	2.4	1.5	1.0	0.1
靖远	62.0	14.5	6.3	3.0	1.6	0.9	0.5	0.03
中宁	54.0	11.8	5.4	3.0	1.8	1.1	0.7	0.2
同心	63.0	16.1	7.9	4.3	2.5	1.5	1.0	0.1
盐池	65.3	16.9	8.0	4.4	2.5	1.7	1.1	0.3

续表

站名	不同量级年降水日数/d							
	≥0.1mm	≥5mm	≥10mm	≥15mm	≥20mm	≥25mm	≥30mm	≥50mm
银川	48.9	11.4	5.5	3.0	1.6	1.0	0.6	0.2
惠农	42.9	9.9	4.6	2.7	1.8	1.2	0.8	0.2
鄂托克	57.6	14.6	7.4	4.1	2.6	1.7	1.2	0.3
固原	93.3	25.6	13.6	7.9	4.9	2.9	1.7	0.4
平凉	98.0	27.9	15.0	8.5	5.4	3.7	2.3	0.6
天水	105.0	31.0	16.1	9.0	5.3	3.2	2.3	0.4
宝鸡	103.1	35.7	21.0	13.1	8.9	5.8	4.0	0.9
环县	86.2	24.8	13.0	7.1	4.3	2.7	1.8	0.5
西峰	101.3	30.5	16.4	9.8	6.2	4.1	2.7	0.6
长武	101.3	33.4	18.1	10.8	6.7	4.3	2.8	0.7
西安	97.7	32.6	18.1	11.2	6.9	4.5	2.8	0.7
铜川	95.9	32.5	18.6	10.9	6.9	4.9	3.2	0.8
东胜	73.3	20.7	11.2	6.7	4.1	2.6	1.9	0.5
榆林	71.9	20.9	11.8	7.4	4.8	3.2	2.2	0.5
绥德	81.0	24.2	13.3	8.2	5.2	3.4	2.6	0.6
吴起	92.5	25.2	14.2	8.8	5.5	3.6	2.2	0.6
延安	84.7	29.5	16.6	10.0	6.5	4.5	3.2	0.8
洛川	98.1	32.1	18.4	11.6	7.9	4.9	3.2	0.8
右玉	84.4	24.6	12.8	7.5	4.6	2.9	1.9	0.4
大同	76.3	22.5	11.1	6.1	3.8	2.4	1.6	0.3
河曲	74.1	22.9	11.9	7.3	4.4	2.9	1.9	0.5
原平	75.9	23.1	12.5	7.8	5.3	3.6	2.6	0.8
兴县	80.6	26.9	14.2	8.8	5.5	3.5	2.3	0.5
离石	78.2	26.2	14.5	8.9	6.0	4.1	2.7	0.7
太原	75.1	24.0	13.2	8.0	5.3	3.6	2.3	0.7
介休	77.9	25.3	14.5	8.8	5.5	3.7	2.5	0.7
榆社	86.1	28.8	16.4	10.1	6.7	4.6	3.2	0.9
隰县	85.2	27.1	15.2	10.0	6.5	4.4	3.2	0.7
临汾	77.1	25.0	15.1	9.8	6.2	4.1	2.8	0.8
运城	78.6	27.8	16.7	10.9	7.1	4.9	3.4	0.8
阳城	88.0	30.9	18.8	12.2	8.0	5.3	3.9	1.0
平均	81.8	24.5	13.2	7.8	4.9	3.2	2.1	0.5

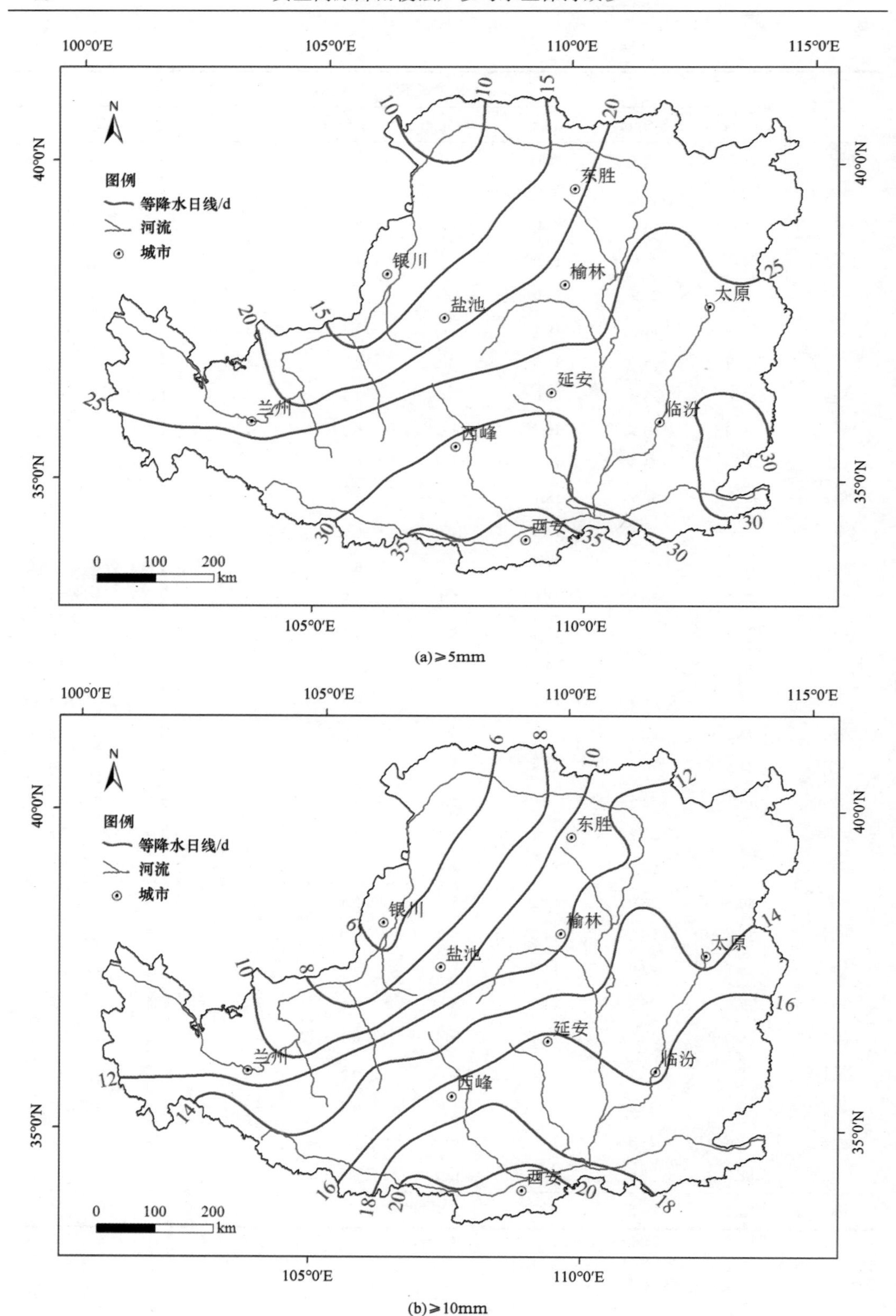
100°0′E
105°0′E
110°0′E
115°0′E
40°0′N
35°0′N
N
图例
等降水日线/d
河流
城市
东胜
银川
榆林
盐池
太原
延安
兰州
临汾
西峰
西安
0 100 200
km

(a)≥5mm

(b)≥10mm

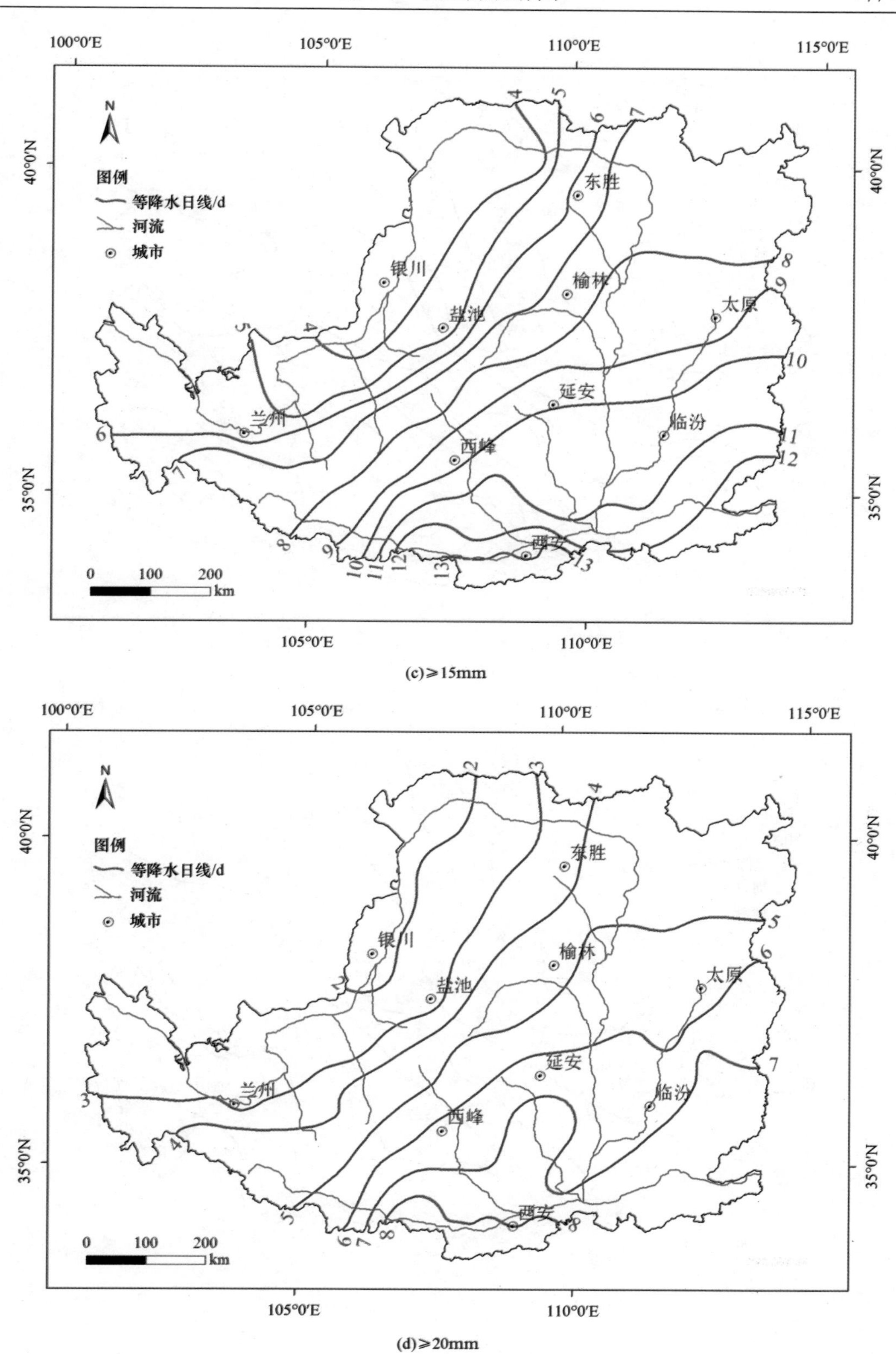
100°0′E
105°0′E
110°0′E
115°0′E
40°0′N
35°0′N
N
图例
等降水日线/d
河流
城市
东胜
银川
榆林
盐池
太原
延安
兰州
临汾
西峰
西安
0 100 200 km
4
5
6
7
8
9
10
11
12
13

(c)≥15mm

100°0′E
105°0′E
110°0′E
115°0′E
40°0′N
35°0′N
N
图例
等降水日线/d
河流
城市
东胜
银川
榆林
盐池
太原
延安
兰州
临汾
西峰
西安
0 100 200 km
2
3
4
5
6
7
8

(d)≥20mm

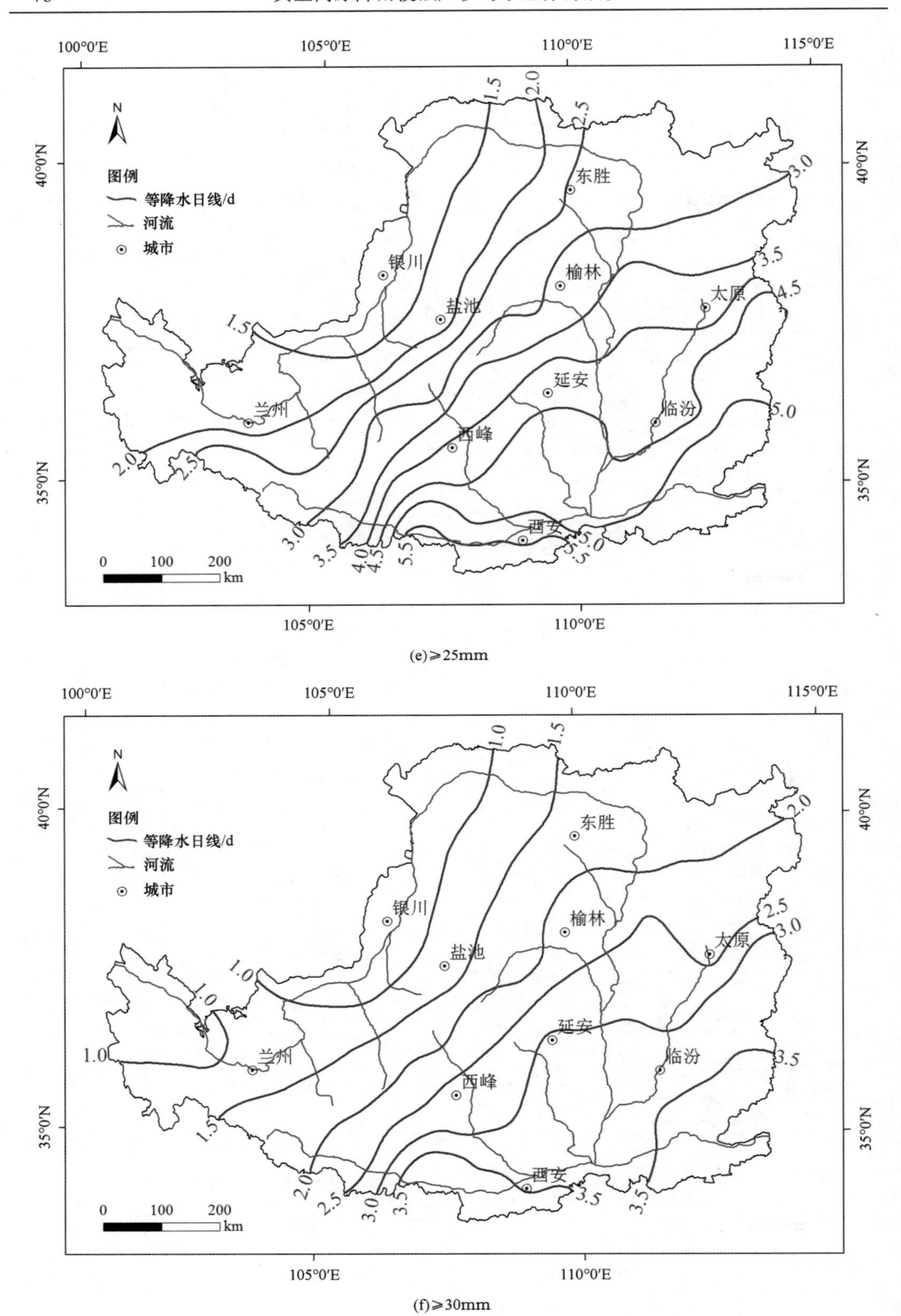
100°0′E
105°0′E
110°0′E
115°0′E
40°0′N
35°0′N
N
图例
等降水日线/d
河流
城市
东胜
银川
榆林
盐池
太原
延安
兰州
临汾
西峰
西安
1.5
2.0
2.5
3.0
3.5
4.0
4.5
5.0
5.5
0 100 200
km
1.0
1.5
2.0
2.5
3.0
3.5

(e)≥25mm

(f)≥30mm

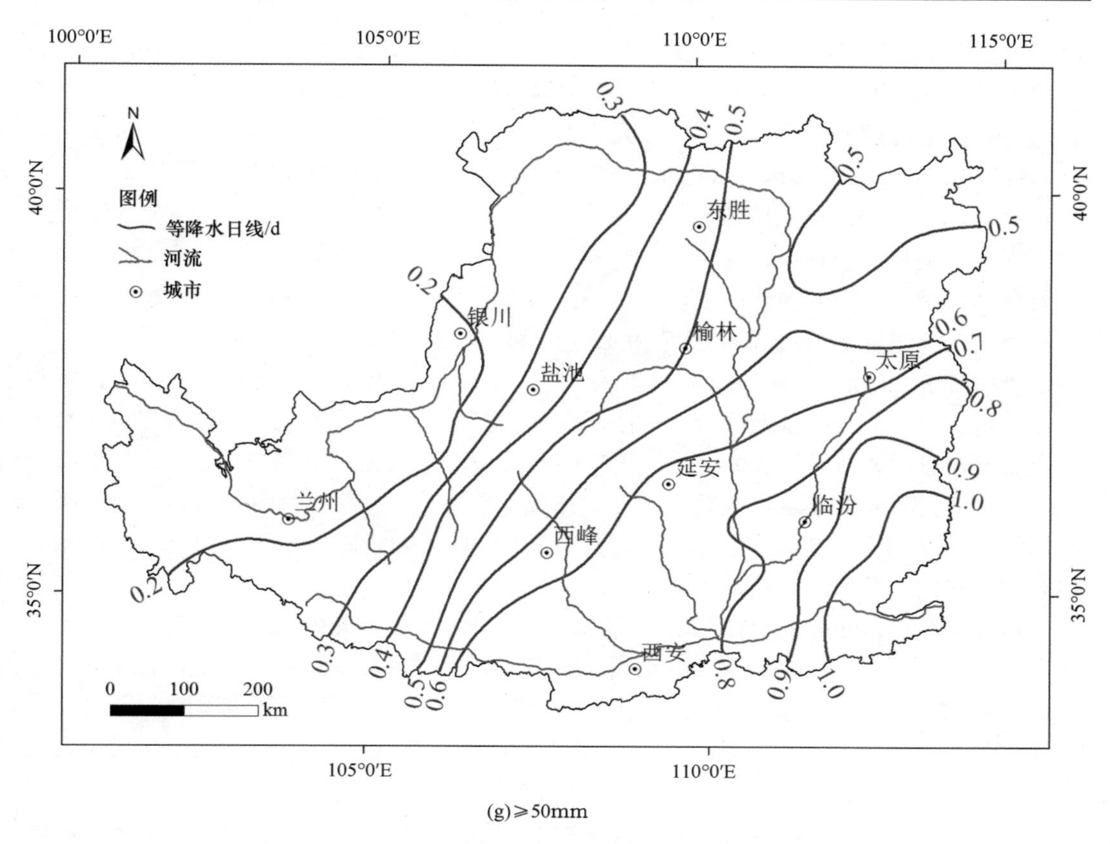

(g)≥50mm

图1.19　黄土高原各量级年均降水日数等值线图

日降水量≥5mm的降水日数大多为20～30天，平均为24.5天。25天等降水日线从西宁—固原—志丹—绥德—兴县—太原—阳泉，相对东西向穿过黄土高原中部。渭河、泾河、北洛河的中下游和沁河以东区域一般超过了30天，如宝鸡为35.7天、千阳为32.1天、西安为32.6天、铜川为32.5天、沁源为32.1天、长治为30.7天和阳城为30.9天。靠近秦岭北麓的一些站点，接近或超过了40天，如斜峪关为38.6天、黑峪口为42.2天和罗李村为48.5天。另外，兰州—盐池—东胜以西的区域，大多小于20天，其中银川平原和三湖口平原以西区域，只有15天左右，甚至不到10天，如中宁为11.8天、银川为11.4天、惠农为9.9天和磴口为7.2天。从≥5mm的降水日数等值线和从≥5mm的降水量等值线空间分布和走向对比来看，降水日数为30天、25天、20天、15天、10天与降水量450mm、350mm、300mm、200mm、150mm相对应，这五组等值线的走向基本一致。

日降水量≥10mm的降水日数大多为10～20天，平均为13.2天。14天雨日等值线从临洮—固原—志丹—绥德—兴县—太原到阳泉。在天水—西峰—延安—临汾—榆社一线以南区域，≥10mm的降水日数大多超过16天，其中渭河、泾河的中下游一带超过了18天，如宝鸡为21.0天、千阳为18.9天、西安为18.1天和铜川为18.6天。靠近秦岭北麓的一些站点，接近或超过了40天，如斜峪关为22.2天、黑峪口为24.3天和罗李村为26.9天。在西北部，兰州—盐池—东胜以西的区域，大多小于10天，其中银川平原和三湖口平原以西区域，只有5天左右，如中宁为5.4天、银川为5.5天、惠农为4.6天和磴口为3.1天。从≥10mm的降水日数等值线和≥10mm的降水量等值线空间分布和走向对比来看，降水日数18天、16天、14天、12天、10天、8天分别同降水量400mm、350mm、300mm、250mm、200mm、150mm相对应，它们的等值线走向基本一致。

日降水量≥15mm的降水日数为3～12天，平均为7.8天。8天雨日等值线从武山—固原—吴起—榆林—兴县—原平，将≥15mm的降水日数分成了两部分。在南部，在天水—西峰—延安—榆社一线以南区域，大多超过10天，其中渭河中下游一带和晋东南一些地方超过了12天，如宝鸡为13.1天和阳城为12.2天。在秦岭北麓一带，大多接近或超过了15天，如斜峪关为14.1天、黑峪口为15.2天和罗李村为16.6天。在西北部，兰州—盐池—东胜以西区域大多小于7天，其中银川平原和三湖口平原以西区域，只有3天左右，如靖远为3.0天、中宁为3.0天、银川为3.0天、惠农为2.7天和磴口为1.8天。从≥15mm的降水日数等值线和≥15mm的降水量等值线空间分布和走向对比来看，降水日数11天、9天、8天、6天分别同降水量300mm、250mm、200mm、150mm相对应，它们的等值线走向基本一致。

日降水量≥20mm的降水日数大多为2～8天，平均为4.9天。5天雨日等值线从武山—固原—吴起—榆林—兴县—原平，将≥20mm的降水日数分成了两部分。在南部，在天水—西峰—延安—太原一线以南区域，大多超过6天，其中渭河、泾河、北洛河中下游一带和晋东南一些地方超过了7天，如宝鸡为8.9天、洛川为7.9天和阳城为8.0天。在秦岭北麓一带，大多接近或超过了10天，如斜峪关为9.1天、黑峪口为10.0天和罗李村为10.3天。在西北部，兰州—盐池—东胜以西区域大多小于4天，其中银川平原和三湖口平原以西区域，只有2天左右，如靖远为1.6天、中宁为1.8天、银川为1.6天、惠农为1.8天和磴口为1.8天。从≥20mm的降水日数等值线和≥20mm的降水量等值线空间分布和走向对比来看，降水日数6天、5天、4天、3天分别同降水量210mm、150mm、120mm、90mm相对应，它们的等值线走向基本一致。

日降水量≥25mm的降水日数大多为1.5～5.0天，平均为3.2天。3天降水日数等值线从武山—固原—吴起—榆林—河曲到浑源。在其南部，天水—西峰—延安—太原一线以南区域，雨日大多超过4天，其中渭河、泾河、北洛河中下游一带和晋东南一些地方接近或超过了5天，如宝鸡为5.8天、铜川为4.9天和阳城为5.3天。在秦岭北麓一带，大多接近或超过了6天，如斜峪关为5.9天、黑峪口为6.5天和罗李村为6.7天。在西北部，兰州—盐池—东胜以西区域大多小于2天，其中银川平原和三湖口平原以西区域，只有1天左右，如靖远为0.9天、中宁为1.1天、银川为1.0天、惠农为1.2天和磴口为0.8天。从≥25mm的降水日数等值线和≥25mm的降水量等值线空间分布和走向对比来看，降水日数5天、4.5天、4天、3天、2.5天分别同210mm、180mm、150mm、120mm、90mm降水量相对应，它们的等值线走向基本一致。

日降水量≥30mm的降水日数大多为1.0～3.5天，平均为2.1天。2天降水日数等值线从武山—固原—吴起—榆林—河曲到浑源。在其南部，宝鸡—长武—延安—介休—榆社一线以南区域，大多超过3天，其中渭河中下游一带和晋东南一些地方接近或超过了3.5天，如宝鸡为4.0天、铜川为3.2天和阳城为3.9天。在秦岭北麓一带，降水日数大多超过了 4 天，如斜峪关为 4.3 天、黑峪口为 4.6 天和罗李村为 4.2 天。在西北部，兰州—盐池—东胜以西区域大多小于 1.5 天，其中银川平原和三湖口平原以西区域，不足 1 天，如靖远为 0.5 天、中宁为 0.7 天、银川为 0.6 天、惠农为 0.8 天、磴口为 0.5 天。从≥30mm 的降水日数等值线和≥30mm 的降水量等值线空间分布和走向对比来看，降水日数 3.5 天、2.5 天、2 天、1.5 天分别同降水量 150mm、125mm、100mm、75mm 相对应，它们的等值线走向基本一致。

日降水量≥50mm 的降水日数大多为 0.3～0.8 天，平均为 0.5 天。0.5 天降水日数等值线从天水—庆阳—吴起—榆林—东胜，相对南北向穿过，将≥50mm 的降水日数分成了两部分。在其东部，宝鸡—西峰—延安—太原一线以南区域，大多接近或超过 0.7 天，在晋东南一些地方大多超过了 0.8 天，如榆社为 0.9 天、沁源为 1.1 天、长治为 1.1 天、运城为 0.8 天和阳城为 1.0 天。在秦岭北麓一带，大多接近或超过 1 天，如斜峪关为 1.1 天、黑峪口为 1.2 天和罗李村为 1.0 天。在其西部，陇西—会宁—盐池—鄂托克—三湖河口以西区域大多小于 0.3 天，其中兰州以西区域，不足 0.1 天，如西宁为 0.05 天、靖远为 0.03 天和兰州为 0.1 天。从≥50mm 的降水日数等值线和≥50mm 的降水量等值线空间分布和走向对比来看，降水日数 0.8 天、0.6 天、0.5 天、0.3 天分别同降水量 60mm、40mm、30mm、20mm 相对应，它们的等值线走向基本一致。

总体来看，不同量级降水日数的空间分布和等值线走向有以下几个特点：

一是随着降水量量级的增大，其相应降水日数等值线的整体走向逐渐由东西方向向南北方向偏转。

二是随着降水量量级的增大，其相应的降水日数高值区和低值区也在变化。高值区除了秦岭北麓这一特殊地带外，≥5mm 和≥10mm 的降水日数高值区有四个，一是洮河临洮一带，二是渭河、泾河中下游地区，三是延安及北洛河下游洛川一线，四是沁河晋东南地区。≥15mm 至≥30mm 的降水日数高值区已不包含洮河临洮一带；到≥50mm 的降水日数高值区主要在沁河晋东南地区。低值区也随雨量量级的增大，逐渐由银川平原和三湖口平原以西的西北区域转到兰州以西的区域。

三是根据 7 个不同降水量量级的降水日数等值线空间分布和走向特征，可将其分为三类：第一类，≥5mm 和≥10mm 降水量的降水日数等值线相对东西向，其中≥5mm 降水量的 15 天、20 天、25 天降水日数等值线和≥10mm 降水量的 8 天、10 天、14 天降水日数等值线走向基本相一致；第二类，≥15mm 至≥30mm 降水量的降水日数等值线相对西北向，其中≥15mm 降水量的 6 天、8 天、9 天降水日数等值线分别同≥20mm 降水量的 3 天、5 天、6 天、≥25mm 降水量的 2 天、3 天、4 天及≥30mm 降水量的 1.5 天、2 天、3 天降水日数等值线走向基本相一致；第三类，≥50mm 降水量的降水日数等值线相对南北向。

四是同一量级的降水量等值线和降水日数等值线走向相互比较接近。

2. 不同量级降水日数对年降水日数的贡献率

表 1.17 是黄土高原主要站点不同量级降水日数占年总降水日数的比例。从表中数据可以看出，各量级降水量对年总降水量的贡献程度如下：

≥5mm 的降水日数一般可占年降水日数的 25%～35%，平均为 29.6%。除了西部地区外，黄土高原大部分地区都接近或超过了 30%。中南部和东部一些地区接近或超过了 35%，如宝鸡为 34.6%、延安为 34.8%、运城为 35.4%和阳城为 35.1%。西部地区一般为 25%左右，有的小于 25%，如靖远为 23.4%、中宁为 21.9%、银川为 23.3%和惠农为 23.1%。

≥10mm 的降水日数一般可占年降水日数的 12%～20%，平均为 15.8%。除了西部地区外，黄土高原大部分地区都超过了 15%。中南部和东部一些地区接近或超过了 20%，如宝鸡为 20.4%、延安为 19.6%、铜川为 19.4%、运城为 21.2%和阳城为 21.4%。西部地区一般为 12%左右，有的仅有 10%，如靖远为 10.2%、中宁为 10.0%、银川为 11.2%和惠农为 10.7%。

≥15mm 的降水日数一般可占年降水日数的 7%～12%，平均为 9.4%。除了西部地区和大同盆地外，大部分地区都接近或超过了 10%。宝鸡和晋东南一些地区超过了 12%，如宝鸡为 12.7%、运城为 13.9%和阳城为 13.9%。西部地区一般为 7%左右，有的不足 5%，如靖远为 4.8%。

≥20mm 的降水日数一般可占年降水日数的 4%～8%，平均为 5.9%。中南部和东部大部分地区为 5%左右，一些地区超过了 8%，如宝鸡为 8.6%、洛川为 8.1%、运城为 9.0%和阳城为 9.1%。西部和北部一般为 5%左右，西部一些地区仅有 3%，如西宁为 2.4%、兰州为 3.2%、靖远为 2.6%和银川为 3.3%。

≥25mm 的降水日数一般可占年降水日数的 2%～6%，平均为 3.8%。除了西部地区和大同盆地外，黄土高原大部分地区都为 4%左右，中南部和东部一些地区超过了 5%，如宝鸡为 5.6%、延安为 5.3%、洛川为 5.0%、离石为 5.2%、临汾为 5.3%、运城为 6.2%和阳城为 6.0%。大同盆地一般在 3%左右。西部地区一般不足 3%，有些连 2%都不到，如西宁为 1.2%和靖远为 1.5%。

≥30mm 的降水日数一般可占年降水日数的 1.5%～3.5%，平均为 2.6%。中南部和东部大部分地区为 3%左右，有的接近或超过了 4%，如宝鸡为 3.9%、延安为 3.8%、运城为 4.3%和阳城为 4.4%。大同盆地一般在 2%左右。西部地区一般不足 2%，有些连 1%都不到，如西宁为 0.7%和靖远为 0.8%。

≥50mm 的降水日数一般仅占年降水日数的 0.3%～1.0%，平均为 0.6%。中南部和东部大部分地区超 0.7%，有的接近或超过了 1.0%，如宝鸡为 0.9%、延安为 0.9%、榆社为 1.1%、临汾为 1.1%、运城为 1.0%和阳城为 1.1%。大同盆地一般为 0.5%左右。西部地区一般不足 0.5%，有些连 0.1%都不到，如西宁为 0.05%和靖远为 0.05%。

总体来看，不同量级降水日数占年降水日数的比例，有四个高值区，一是秦岭北麓，二是晋东南地区，三是宝鸡周边地区，四是延安、洛川一带。有两个低值区，一是西部青东、陇中、银川平原地区，另一个是东北部大同盆地周边地区。

表 1.17　黄土高原不同量级降水日数占年降水日数比例

站名	不同量级降水日数占年降水日数比例/%						
	≥5mm	≥10mm	≥15mm	≥20mm	≥25mm	≥30mm	≥50mm
西宁	25.8	11.5	5.3	2.4	1.2	0.7	0.05
民和	25.1	11.1	5.4	2.7	1.5	0.9	0.1

续表

站名	不同量级降水日数占年降水日数比例/%						
	≥5mm	≥10mm	≥15mm	≥20mm	≥25mm	≥30mm	≥50mm
临洮	28.4	14.9	8.4	4.8	2.9	1.7	0.2
兰州	26.4	12.4	6.4	3.2	2.0	1.3	0.1
靖远	23.4	10.2	4.8	2.6	1.5	0.8	0.05
中宁	21.9	10.0	5.6	3.3	2.0	1.3	0.4
同心	25.6	12.5	6.7	4.0	2.4	1.6	0.2
灵武	31.2	13.9	7.4	4.0	2.2	1.5	0.3
盐池	25.9	12.3	6.7	3.8	2.6	1.7	0.5
银川	23.3	11.2	6.1	3.3	2.0	1.2	0.4
惠农	23.1	10.7	6.3	4.2	2.8	1.9	0.5
鄂托克	25.3	12.8	7.1	4.5	3.0	2.1	0.5
固原	27.4	14.6	8.5	5.3	3.1	1.8	0.4
平凉	28.5	15.3	8.7	5.5	3.7	2.3	0.6
天水	29.5	15.3	8.6	5.0	3.0	2.2	0.4
宝鸡	34.6	20.4	12.7	8.6	5.6	3.9	0.9
环县	28.8	15.1	8.2	5.0	3.1	2.1	0.6
西峰	30.1	16.2	9.7	6.1	4.0	2.7	0.6
长武	33.0	17.9	10.7	6.6	4.2	2.8	0.7
西安	33.4	18.5	11.5	7.1	4.6	2.9	0.7
铜川	33.9	19.4	11.4	7.2	5.1	3.3	0.8
东胜	28.2	15.3	9.1	5.6	3.5	2.6	0.7
榆林	29.1	16.3	10.3	6.6	4.4	3.1	0.7
绥德	29.9	16.4	10.1	6.4	4.2	3.2	0.7
吴起	27.2	15.4	9.5	5.9	3.9	2.4	0.7
延安	34.8	19.6	11.8	7.7	5.3	3.8	0.9
洛川	32.7	18.8	11.8	8.1	5.0	3.3	0.8
右玉	29.1	15.2	8.9	5.5	3.4	2.3	0.5
大同	29.5	14.5	8.0	5.0	3.1	2.1	0.4
河曲	30.9	16.1	9.9	5.9	3.9	2.6	0.7
原平	30.4	16.5	10.3	7.0	4.7	3.4	1.1
兴县	33.4	17.6	10.9	6.8	4.3	2.9	0.6
离石	33.5	18.5	11.4	7.7	5.2	3.5	0.9
太原	31.9	17.6	10.7	7.0	4.8	3.1	0.9
介休	32.5	18.6	11.3	7.1	4.7	3.2	0.9
榆社	33.4	19.0	11.7	7.8	5.3	3.7	1.1
隰县	31.8	17.8	11.7	7.6	5.2	3.8	0.8
临汾	32.4	19.6	12.7	8.0	5.3	3.6	1.0
运城	35.4	21.2	13.9	9.0	6.2	4.3	1.0
阳城	35.1	21.4	13.9	9.1	6.0	4.4	1.1
平均	29.6	15.8	9.4	5.9	3.8	2.6	0.6

3. 不同程度降水日数及对年降水日数的贡献率

表 1.18 是黄土高原主要站点 4 种等级降水日数及占年降水日数的比例。从表中数据可以看出，4 种等级降水日数对年总降水量的贡献程度如下：

黄土高原年小雨的雨日区域间差异比较大，为 45～85 天，平均为 68.6 天。小雨雨日的高值区同雨量的高值区分布一样，主要集中在南部渭河及泾河中下游及西南部洮河一带，这些地区的小雨雨日大多超过了 80 天，如西宁为 87.1 天、临洮为 94.6 天、平凉为 83.0 天、天水为 88.9 天、宝鸡为 82.1 天、西峰为 84.9 天、长武为 83.2 天和西安为 79.6 天。低值区主要集中在宁夏平原及内蒙古三湖河平原以西区域，这一区域的小雨雨日一般不足 50 天，如中宁为 48.6 天、银川为 43.4 天、惠农为 38.3 天和磴口为 26.4 天。小雨雨日占年降水总日数的比例大都为 80～85%，平均为 84.2%，其比例大小区域间差异不大，最大相差 10 个百分点左右，西部和北部地区比东南部地区略高一些，如西部的西宁、靖远和西北部的中宁、银川、惠农分别为 88.5%、89.8%和 90.0%、88.8%、89.3%，东南部的运城、阳城分别为 78.8%和 78.6%。

黄土高原年中雨的雨日区域间差异也比较大，为 5～15 天，平均为 10.0 天。中雨雨日的高值区主要分布在西南部洮河、南部渭河及泾河、北洛河下游、东南部沁河一带，这些地区的中雨雨日大多超过了 13 天，如临洮为 13.3 天、宝鸡为 15.2 天、长武为 13.8 天、西安为 13.6 天、铜川为 13.7 天、洛川为 13.7 天和阳城为 13.5 天。低值区依然集中在宁夏平原及内蒙古三湖河平原以西区域，这一区域的中雨雨日一般不足 5 天，如中宁为 4.3 天、银川为 4.5 天、惠农为 3.4 天和磴口为 1.9 天。中雨雨日占年降水总日数的比例大多为 10%～15%，平均为 12.0%；高值区东南部有的超过了 15%，如运城为 15.0%和阳城为 15.3%；低值区西北部有的不到 10%，如靖远为 8.7%、中宁为 8.0%、银川为 9.2%和惠农为 7.9%。

黄土高原年大雨的雨日区域间差异较大，大多为 1.0～4.5 天，平均为 2.7 天。大雨雨日的高值区主要集中在晋东南地区，以及南部渭河、泾河、北洛河中下游地区，这些地区大雨的雨日接近或超过了 4 天，如宝鸡为 4.9 天、铜川为 4.1 天、洛川为 4.2 天、运城为 4.1 天和阳城为 4.3 天。低值区主要集中在宁夏平原及兰州以西区域，这一区域大雨的雨日一般只有 1.0 天左右，如西宁为 1.2 天、靖远为 0.9 天、中宁为 0.9 天、银川为 0.8 天和惠农为 1.0 天。大雨雨日占年降水总日数的比例大都为 1.5%～4.5%，平均为 3.2%，其比例大小与大雨雨日的多少明显相关，高值区超过了 4%，如宝鸡为 4.8%、铜川为 4.3%、洛川为 4.2%，延安为 4.4%、运城为 5.2%和阳城为 4.9%；低值区西宁、靖远分别只有 1.2%和 1.4%。

黄土高原年暴雨的雨日为 0.2～0.8 天，平均为 0.5 天。区域间呈明显的东西向差异，高值区主要集中在晋东南地区，以及南部渭河、泾河、北洛河中下游地区，这些地区暴雨雨日大多超过了 0.8 天，晋东南个别地区超过了 1.0 天，如宝鸡为 0.9 天、铜川为 0.8 天、延安为 0.8 天、洛川为 0.8 天、榆社为 0.9 天、运城为 0.8 天、阳城为 1.0 天和长治为 1.1 天。在西部低值区，年平均暴雨日数甚至不足 0.1 天，如西宁为 0.05 天、靖远为 0.03 天、兰州为 0.1 天和同心为 0.1 天。暴雨雨日占年降水总日数的比例大都为 0.3%～

1.0%，平均为 0.6%；其比例大小与暴雨雨日的多少有关，并呈明显的由东南向西递减的趋势；高值区晋东南地区超过了 1.0%，如临汾为 11.7%、榆社为 1.1%、运城为 1.0%和阳城为 1.1%，低值区西宁、靖远分别只有 0.05%。表 1.19 是黄土高原不同量级年降水量及降水日数特征值的统计。

表 1.18 黄土高原不同程度降水日数及占年降水日数比例

序号	站名	年降水日数/d	降水日数/d				占年降水日数比例/%			
			小雨	中雨	大雨	暴雨	小雨	中雨	大雨	暴雨
1	西宁	98.4	87.1	10.1	1.2	0.05	88.5	10.3	1.2	0.05
2	民和	88.8	78.9	8.6	1.2	0.1	88.9	9.7	1.4	0.1
3	临洮	111.1	94.6	13.3	3.0	0.2	85.1	12.0	2.7	0.2
4	兰州	76.0	66.6	7.9	1.4	0.1	87.6	10.4	1.8	0.1
5	靖远	62.0	55.7	5.4	0.9	0.03	89.8	8.7	1.4	0.05
6	中宁	54.0	48.6	4.3	0.9	0.2	90.0	8.0	1.7	0.4
7	同心	63.0	55.1	6.4	1.4	0.1	87.5	10.2	2.2	0.2
8	盐池	65.3	57.3	6.3	1.4	0.3	87.7	9.6	2.1	0.5
9	银川	48.9	43.4	4.5	0.8	0.2	88.8	9.2	1.6	0.4
10	惠农	42.9	38.3	3.4	1.0	0.2	89.3	7.9	2.3	0.5
11	鄂托克	57.6	50.2	5.7	1.4	0.3	87.2	9.9	2.4	0.5
12	固原	93.3	79.7	10.7	2.5	0.4	85.4	11.5	2.7	0.4
13	平凉	98.0	83.0	11.4	3.1	0.6	84.7	11.6	3.1	0.6
14	天水	105.0	88.9	12.9	2.8	0.4	84.7	12.3	2.7	0.4
15	宝鸡	103.1	82.1	15.2	4.9	0.9	79.6	14.7	4.8	0.9
16	环县	86.2	73.2	10.3	2.2	0.5	84.9	11.9	2.6	0.6
17	西峰	101.3	84.9	12.3	3.5	0.6	83.8	12.1	3.5	0.6
18	长武	101.3	83.2	13.8	3.6	0.7	82.1	13.6	3.6	0.7
19	西安	97.7	79.6	13.6	3.8	0.7	81.5	13.9	3.9	0.7
20	铜川	95.9	77.3	13.7	4.1	0.8	80.6	14.3	4.3	0.8
21	东胜	73.3	62.1	8.6	2.1	0.5	84.7	11.7	2.9	0.7
22	榆林	71.9	60.2	8.6	2.7	0.5	83.7	12.0	3.7	0.7
23	绥德	81.0	67.7	9.9	2.8	0.6	83.6	12.2	3.5	0.7
24	吴起	92.5	78.3	10.6	3.0	0.6	84.6	11.5	3.2	0.6
25	延安	84.7	68.1	12.1	3.7	0.8	80.4	14.3	4.4	0.9
26	洛川	99.5	80.8	13.7	4.2	0.8	81.2	13.8	4.2	0.8
27	右玉	84.4	71.6	9.9	2.5	0.4	84.8	11.7	3.0	0.5
28	大同	76.3	65.2	8.7	2.1	0.3	85.5	11.4	2.8	0.4
29	河曲	74.1	62.2	9.0	2.4	0.5	83.9	12.1	3.2	0.7
30	原平	75.9	63.4	8.9	2.8	0.8	83.5	11.7	3.7	1.1
31	兴县	80.6	66.4	10.7	3.0	0.5	82.4	13.3	3.7	0.6
32	离石	78.2	63.7	10.4	3.4	0.7	81.5	13.3	4.3	0.9
33	太原	75.1	61.9	9.6	3.0	0.7	82.4	12.8	3.9	0.9
34	介休	77.9	63.4	10.8	3.0	0.7	81.4	13.9	3.9	0.9

续表

序号	站名	年降水日数/d	降水日数/d				占年降水日数比例/%			
			小雨	中雨	大雨	暴雨	小雨	中雨	大雨	暴雨
35	榆社	86.1	69.7	11.8	3.7	0.9	81.0	13.7	4.3	1.0
36	隰县	85.2	70.0	10.8	3.7	0.7	82.2	12.7	4.3	0.8
37	临汾	77.1	62.0	11.0	3.3	0.8	80.4	14.3	4.3	1.0
38	运城	78.6	61.9	11.8	4.1	0.8	78.8	15.0	5.2	1.0
39	阳城	88.0	69.2	13.5	4.3	1.0	78.6	15.3	4.9	1.1
平均		81.8	68.6	10.0	2.7	0.51	84.2	12.0	3.2	0.6

表 1.19　黄土高原不同量级年降水量及降水日数特征值

类别			≥0.1mm	≥5mm	≥10mm	≥15mm	≥20mm	≥25mm	≥30mm	≥50mm
降水量	降水量/mm	区间	250～600	200～500	150～450	100～350	70～250	50～200	30～15	10～60
		均值	436.7	357.6	277.5	212.1	161.6	123.0	95.5	34.0
	占比/%	区间	100.0	75～85	55～70	35～55	25～45	20～35	15～30	5～10
		均值	100.0	81.0	62.2	47.1	35.6	27.0	20.9	7.4
降水日数	降水日数/d	区间	50～100	20～30	10～20	3～12	2～8	1.5～5	1～3.5	0.3～0.8
		均值	81.8	24.5	13.2	7.8	4.9	3.2	2.1	0.5
	占比/%	区间	100.0	25～35	12～20	7～12	4～8	2～6	1.5～3.5	0.3～1.0
		均值	100.0	29.6	15.8	9.4	5.9	3.8	2.6	0.6

1.5.3　不同量级降水量和降水日数的年际变化

1. 不同量级降水量和降水日数年际变化的基本特征

从表 1.20～表 1.23 中的统计数据可以看出，随着降水量级的增大，降水量和降水日数的年际变化幅度越显著。≥0.1mm、≥5mm、≥10mm、≥25mm 四个量级年最大降水量和年平均降水量的比值依次为 1.7、1.8、2.0、2.9，变异系数 CV 值依次为 0.25、0.30、0.36、0.67。四个量级年最大降水日数和年平均降水日数的比值依次为 1.5、1.6、1.8、2.8，变异系数 CV 值依次为 0.16、0.24、0.32、0.63。降水量的年际变化幅度较降水日数更大一些。

表 1.20　黄土高原主要站年≥5mm 降水量和降水日数年际变化特征值

站名	降水量				降水日数			
	年平均/mm	最大年/mm	最大年/年平均	CV	年平均/d	最大年/d	最大年/年平均	CV
西宁	287.8	442.9	1.5	0.26	25.4	40.0	1.6	0.24
民和	259.8	467.1	1.8	0.30	22.3	34.0	1.5	0.25
临洮	421.4	716.0	1.7	0.25	31.5	45.0	1.4	0.20
兰州	245.1	478.1	2.0	0.30	20.1	32.0	1.6	0.22
靖远	167.8	354.6	2.1	0.34	14.5	25.0	1.7	0.30
中宁	153.8	319.1	2.1	0.45	11.8	20.0	1.7	0.35

续表

站名	降水量				降水日数			
	年平均/mm	最大年/mm	最大年/年平均	CV	年平均/d	最大年/d	最大年/年平均	CV
同心	204.7	420.4	2.1	0.37	16.1	31.0	1.9	0.29
盐池	224.5	501.7	2.2	0.37	16.9	36.0	2.1	0.30
银川	147.1	308.9	2.1	0.39	11.4	20.0	1.8	0.32
惠农	135.2	290.6	2.1	0.47	9.9	19.0	1.9	0.41
鄂托克	204.7	451.1	2.2	0.40	14.6	23.0	1.6	0.28
固原	356.7	647.5	1.8	0.28	25.6	42.0	1.6	0.21
平凉	401.5	666.9	1.7	0.27	27.9	42.0	1.5	0.22
天水	420.1	666.8	1.6	0.28	31.0	43.0	1.4	0.20
宝鸡	566.6	834.9	1.5	0.23	35.7	52.0	1.5	0.19
环县	346.3	673.7	1.9	0.32	24.8	40.0	1.6	0.26
西峰	448.0	736.8	1.6	0.24	30.5	48.0	1.6	0.22
长武	484.8	841.4	1.7	0.25	33.4	45.0	1.3	0.18
西安	482.2	822.1	1.7	0.25	32.6	52.0	1.6	0.18
铜川	492.7	833.5	1.7	0.24	32.5	50.0	1.5	0.20
榆林	320.7	584.3	1.8	0.29	20.9	37.0	1.8	0.24
东胜	303.7	546.4	1.8	0.32	20.7	30.0	1.4	0.23
绥德	369.2	605.1	1.6	0.26	24.2	34.0	1.4	0.21
吴起	379.7	659.3	1.7	0.28	25.2	43.0	1.7	0.25
洛川	501.7	808.5	1.6	0.27	32.1	48.0	1.5	0.24
延安	452.6	767.8	1.7	0.25	29.5	51.0	1.7	0.21
右玉	343.9	573.2	1.7	0.27	24.6	42.0	1.7	0.22
大同	297.5	498.3	1.7	0.27	22.5	37.0	1.6	0.22
河曲	332.2	624.4	1.9	0.37	22.9	39.0	1.7	0.28
原平	358.5	671.1	1.9	0.34	23.1	39.0	1.7	0.28
兴县	393.9	732.7	1.9	0.31	26.9	45.0	1.7	0.26
太原	366.5	702.9	1.9	0.30	24.0	38.0	1.6	0.22
离石	405.9	681.1	1.7	0.29	26.2	37.0	1.4	0.20
介休	388.4	621.5	1.6	0.28	25.3	42.0	1.7	0.22
榆社	458.6	780.4	1.7	0.27	28.8	40.0	1.4	0.22
隰县	433.3	729.6	1.7	0.28	27.1	39.0	1.4	0.21
临汾	408.8	721.9	1.8	0.28	25.0	36.0	1.4	0.24
运城	460.3	812.8	1.8	0.26	27.8	42.0	1.5	0.20
阳城	519.3	827.7	1.6	0.26	30.9	50.0	1.6	0.21
平均	357.5	626.2	1.8	0.30	24.5	38.7	1.6	0.24

表 1.21　黄土高原主要站年≥10mm 降水量和降水日数年际变化特征值

站名	降水量				降水日数			
	年平均/mm	最大年/mm	最大年/年平均	CV	年平均/d	最大年/d	最大年/年平均	CV
西宁	188.8	338.1	1.8	0.33	11.3	19.0	1.7	0.31
民和	173.6	356.0	2.1	0.40	9.9	19.0	1.9	0.33
临洮	314.3	583.1	1.9	0.30	16.5	28.0	1.7	0.25
兰州	171.3	399.3	2.3	0.40	9.4	17.0	1.8	0.32

续表

站名	降水量				降水日数			
	年平均/mm	最大年/mm	最大年/年平均	CV	年平均/d	最大年/d	最大年/年平均	CV
靖远	110.1	265.3	2.4	0.41	6.3	13.0	2.1	0.36
中宁	107.9	242.3	2.2	0.55	5.4	11.0	2.0	0.47
同心	148.2	348.9	2.4	0.46	7.9	17.0	2.2	0.41
盐池	161.5	380.1	2.4	0.48	8.0	19.0	2.4	0.42
银川	105.6	252.7	2.4	0.48	5.5	12.0	2.2	0.42
惠农	98.1	249.3	2.5	0.57	4.6	10.0	2.2	0.52
鄂托克	152.7	422.5	2.8	0.51	7.4	14.0	1.9	0.39
固原	272.3	539.7	2.0	0.35	13.6	26.0	1.9	0.31
平凉	310.3	568.7	1.8	0.33	15.0	26.0	1.7	0.30
天水	314.7	559.5	1.8	0.33	16.1	25.0	1.6	0.28
宝鸡	462.8	785.0	1.7	0.27	21.0	35.0	1.7	0.22
环县	262.8	558.8	2.1	0.39	13.0	24.0	1.8	0.33
西峰	348.6	608.7	1.7	0.29	16.4	30.0	1.8	0.28
长武	376.9	742.0	2.0	0.31	18.1	28.0	1.5	0.29
西安	378.1	717.5	1.9	0.30	18.1	31.0	1.7	0.26
铜川	393.0	701.2	1.8	0.28	18.6	32.0	1.7	0.24
榆林	256.1	485.5	1.9	0.35	11.8	22.0	1.9	0.30
东胜	237.2	465.3	2.0	0.37	11.2	19.0	1.7	0.27
绥德	292.0	500.2	1.7	0.31	13.3	24.0	1.8	0.26
吴起	302.3	561.3	1.9	0.32	14.2	24.0	1.7	0.33
洛川	404.4	698.5	1.7	0.30	18.4	33.0	1.8	0.28
延安	362.9	639.5	1.8	0.30	16.6	27.0	1.6	0.29
右玉	259.0	488.7	1.9	0.35	12.8	25.0	2.0	0.34
大同	217.0	443.6	2.0	0.35	11.1	20.0	1.8	0.33
河曲	254.1	534.0	2.1	0.44	11.9	24.0	2.0	0.36
原平	283.6	544.1	1.9	0.38	12.5	21.0	1.7	0.33
兴县	303.7	578.7	1.9	0.38	14.2	24.0	1.7	0.33
太原	290.6	613.4	2.1	0.38	13.2	21.0	1.6	0.31
离石	322.9	620.4	1.9	0.35	14.5	23.0	1.6	0.29
介休	312.1	533.1	1.7	0.33	14.5	29.0	2.0	0.33
榆社	371.0	698.8	1.9	0.32	16.4	26.0	1.6	0.29
隰县	348.1	636.5	1.8	0.33	15.2	26.0	1.7	0.28
临汾	339.0	646.5	1.9	0.32	15.1	24.0	1.6	0.29
运城	381.2	719.2	1.9	0.31	16.7	30.0	1.8	0.27
阳城	434.0	714.1	1.6	0.30	18.8	33.0	1.8	0.27
平均	277.5	531.8	2.0	0.36	13.2	23.6	1.8	0.32

表1.22　黄土高原主要站年≥25mm降水量和降水日数年际变化特征值

站名	降水量				降水日数			
	年平均/mm	最大年/mm	最大年/年平均	CV	年平均/d	最大年/d	最大年/年平均	CV
西宁	41.2	158.0	3.8	0.90	1.2	5.0	4.2	0.89
民和	45.6	167.3	3.7	1.02	1.3	4.0	3.1	0.98
临洮	111.4	294.9	2.6	0.60	3.2	7.0	2.2	0.55
兰州	52.5	194.3	3.7	0.91	1.5	4.0	2.7	0.86
靖远	29.0	159.1	5.5	1.14	0.9	5.0	5.9	1.13
中宁	43.7	171.2	3.9	0.93	1.1	4.0	3.6	0.87
同心	51.3	172.9	3.4	0.95	1.5	5.0	3.3	0.95
盐池	66.3	213.2	3.2	0.85	1.7	5.0	2.9	0.78
银川	38.5	133.7	3.5	0.93	1.0	4.0	4.0	0.86
惠农	46.7	153.0	3.3	0.87	1.2	4.0	3.3	0.81
鄂托克	66.1	307.4	4.7	0.90	1.7	6.0	3.5	0.81
固原	108.5	297.0	2.7	0.68	2.9	7.0	2.4	0.62
平凉	138.5	329.6	2.4	0.57	3.7	10.0	2.7	0.55
天水	94.5	249.5	2.6	0.71	3.2	8.0	2.5	0.62
宝鸡	225.1	515.3	2.3	0.47	5.8	12.0	2.1	0.43
环县	105.2	332.3	3.2	0.72	2.7	9.0	3.3	0.71
西峰	159.0	338.5	2.1	0.45	4.1	9.0	2.2	0.43
长武	164.4	447.2	2.7	0.52	4.3	10.0	2.3	0.47
西安	168.4	434.9	2.6	0.52	4.5	14.0	3.1	0.51
铜川	185.7	383.7	2.1	0.54	4.9	11.0	2.2	0.53
榆林	120.7	350.0	2.9	0.57	3.2	8.0	2.5	0.56
东胜	104.9	283.4	2.7	0.76	2.6	7.0	2.7	0.69
绥德	138.5	309.5	2.2	0.58	3.4	7.0	2.1	0.54
吴起	137.6	305.2	2.2	0.42	3.6	7.0	1.9	0.43
洛川	189.5	411.8	2.2	0.53	4.9	11.0	2.2	0.50
延安	176.8	441.7	2.5	0.48	4.5	9.0	2.0	0.47
右玉	106.1	254.8	2.4	0.53	2.9	6.0	2.1	0.50
大同	85.2	243.7	2.9	0.61	2.4	7.0	2.9	0.60
河曲	116.1	349.1	3.0	0.70	2.9	8.0	2.8	0.67
原平	145.9	372.7	2.6	0.64	3.6	9.0	2.5	0.62
兴县	135.2	354.4	2.6	0.61	3.5	10.0	2.9	0.61
太原	143.6	387.3	2.7	0.63	3.6	9.0	2.5	0.61
离石	161.8	421.8	2.6	0.58	4.1	11.0	2.7	0.57
介休	144.9	387.0	2.7	0.56	3.7	9.0	2.4	0.54
榆社	188.4	463.4	2.5	0.50	4.6	11.0	2.4	0.46
隰县	176.3	482.1	2.7	0.56	4.4	12.0	2.7	0.52
临汾	166.3	525.7	3.2	0.53	4.1	10.0	2.4	0.49
运城	196.2	484.7	2.5	0.52	4.9	11.0	2.2	0.46
阳城	221.4	538.5	2.4	0.48	5.3	12.0	2.3	0.41
平均	123.0	328.7	2.9	0.67	3.2	8.1	2.8	0.63

表 1.23　黄土高原不同量级降水量和降水日数年际变化特征值

雨量量级/mm	降水量				降水日数			
	年平均/mm	最大年/mm	最大年/年平均	CV	年平均/d	最大年/d	最大年/年平均	CV
≥0.1	436.9	718.1	1.7	0.25	81.8	124.0	1.5	0.16
≥5.0	357.5	626.2	1.8	0.30	24.5	38.7	1.6	0.24
≥10.0	277.5	531.8	2.0	0.36	13.2	23.6	1.8	0.32
≥25.0	123.0	328.7	2.9	0.67	3.2	8.1	2.8	0.63

2. 不同量级降水量和降水日数年际变化变异系数 CV 的空间分布

（1）从图 1.20 三种量级降水量年际变化变异系数 CV 的等值线走向和表 1.20～表 1.22 的统计数据可以看出，各量级降水量年际变化变异系数 CV 的空间分布特征如下：

≥5mm 降水量年际变化变异系数 CV 值为 0.25～0.45，平均为 0.30。0.30 等值线经兰州、固原、环县、榆林到太原。渭河、泾河、北洛河、汾河中下游及沁河流域的东南部地区，CV 值大都在 0.27 以下，其中渭河及泾河中下游一带，只有 0.25 左右，如西峰为 0.24、长武为 0.25、宝鸡为 0.23、西安为 0.25 和铜川为 0.24。宁夏中、北部及鄂尔多斯高原的西北部地区，CV 值大都在 0.36 以上，其中银川平原和三湖河平原以西地区为 0.40 左右，如中宁为 0.45、银川为 0.39、鄂托克为 0.40 和惠农为 0.47。

≥10mm 降水量年际变化变异系数 CV 值为 0.30～0.50，平均为 0.36。渭河、泾河、北洛河、汾河及沁河流域的中南部地区，CV 值大都在 0.35 以下，其中南部渭河、泾河中下游、北洛河中下游及晋东南一带散分布有一些 0.30 左右的低值区，如宝鸡为 0.27、西峰为 0.29、西安为 0.30、铜川为 0.28、洛川为 0.30 和阳城为 0.30。宁夏中、北部及鄂尔多斯高原的西北部地区，CV 值大都在 0.40 以上，其中银川平原和三湖河平原以西地区达 0.50 以上，如中宁为 0.55、鄂托克为 0.51 和惠农为 0.57。

≥25mm 降水量年际变化变异系数 CV 值为 0.50～1.00，平均为 0.67。0.70 等值线经天水、固原、环县、到东胜，接近南北向穿过黄土高原；宝鸡、西峰、榆林、太原以南区域 CV 值大都小于 0.60；宝鸡、西峰、吴起、延安、阳城等地 CV 值不到 0.50；青东、陇中、宁夏中北部及鄂尔多斯高原的西北部地区，CV 值大都在 0.80 以上。

（2）从图 1.21 三种量级降水日数年际变化变异系数 CV 的等值线走向和表 1.20～表 1.22 的统计数据可以看出，各量级降水日数年际变化变异系数CV值的空间分布特征如下：

≥5mm 降水日数年际变化变异系数 CV 值为 0.20～0.35，平均为 0.24。除陇中、宁夏中北部及鄂尔多斯高原的西北部地区外，黄土高原≥5mm 降水日数年际变化变异系数 CV 值大都在 0.24 以下。渭河、泾河中下游、北洛河中下游及沁河流域的东南部地区，CV 值只有 0.20 左右，有的不到 0.20，如宝鸡为 0.19、长武为 0.18 和西安为 0.18；银川平原和三湖河平原以西地区达 0.30 以上，如中宁为 0.35、银川为 0.32 和惠农为 0.41。

≥10mm 降水日数年际变化变异系数 CV 值为 0.25～0.45，平均为 0.32。临洮、平凉、西峰、延安、离石、榆社以南的区域 CV 值一般小于 0.30；银川平原和三湖河平原以西地区一般在 0.40 以上。

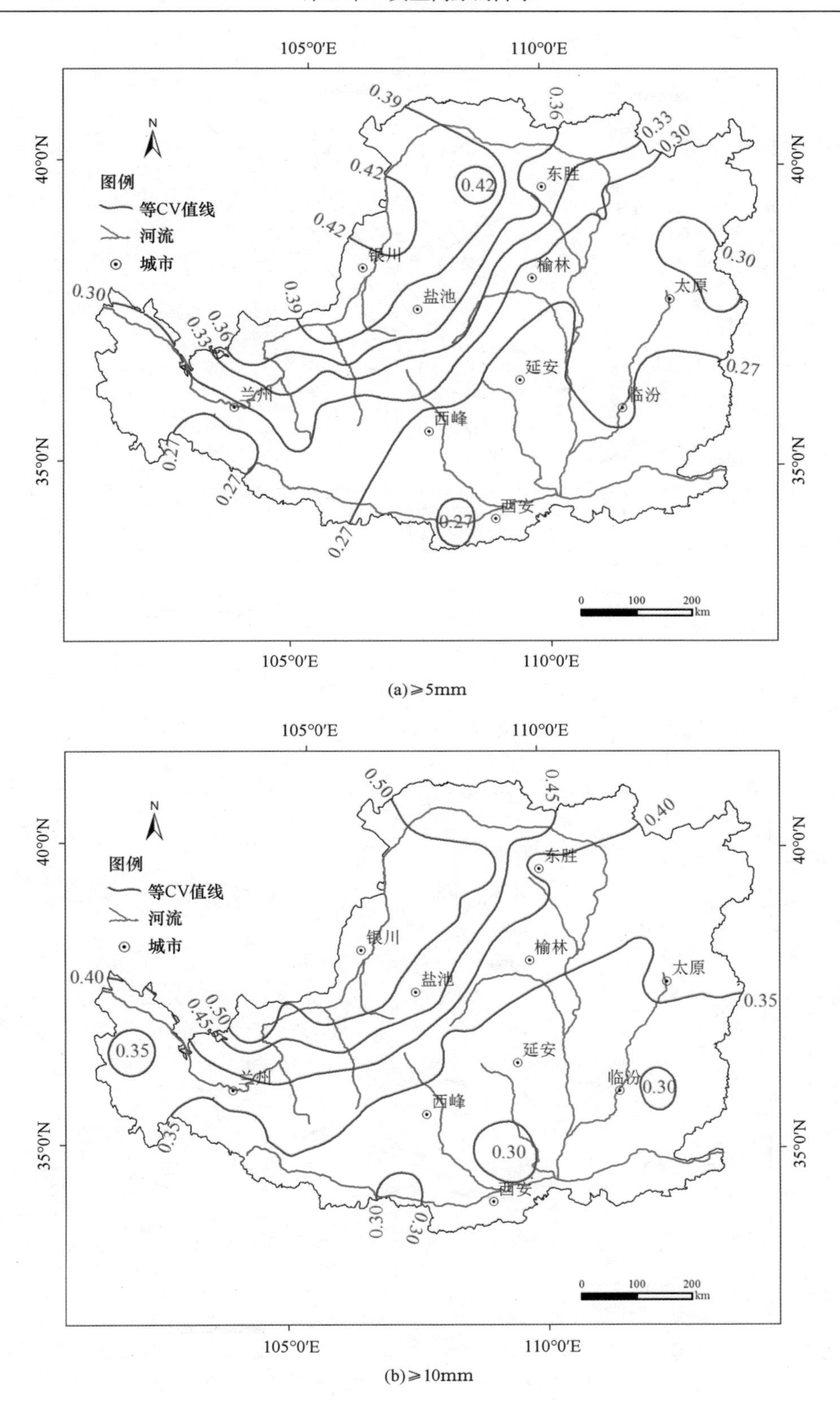
105°0′E
110°0′E
40°0′N
35°0′N
N
图例
等CV值线
河流
城市
东胜
银川
榆林
盐池
太原
延安
临汾
兰州
西峰
西安
0.39
0.36
0.33
0.30
0.42
0.27
0 100 200 km

(a)≥5mm

105°0′E
110°0′E
40°0′N
35°0′N
N
图例
等CV值线
河流
城市
东胜
银川
榆林
盐池
太原
延安
临汾
兰州
西峰
西安
0.50
0.45
0.40
0.35
0.30
0 100 200 km

(b)≥10mm

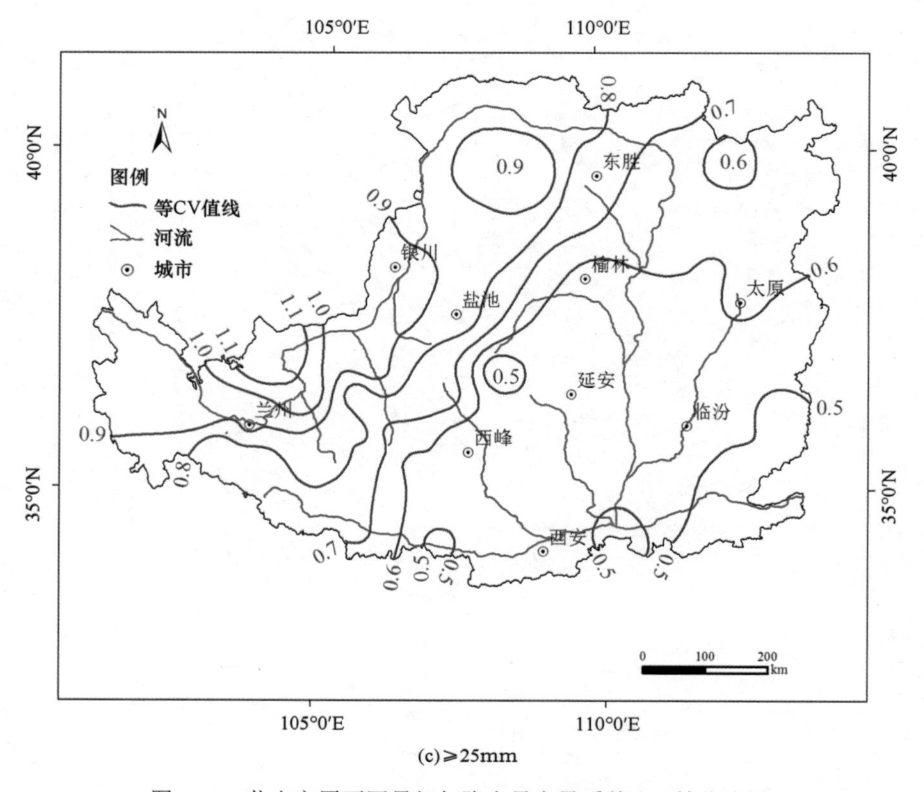

(c)≥25mm

图 1.20　黄土高原不同量级年降水量变异系数 CV 等值线图

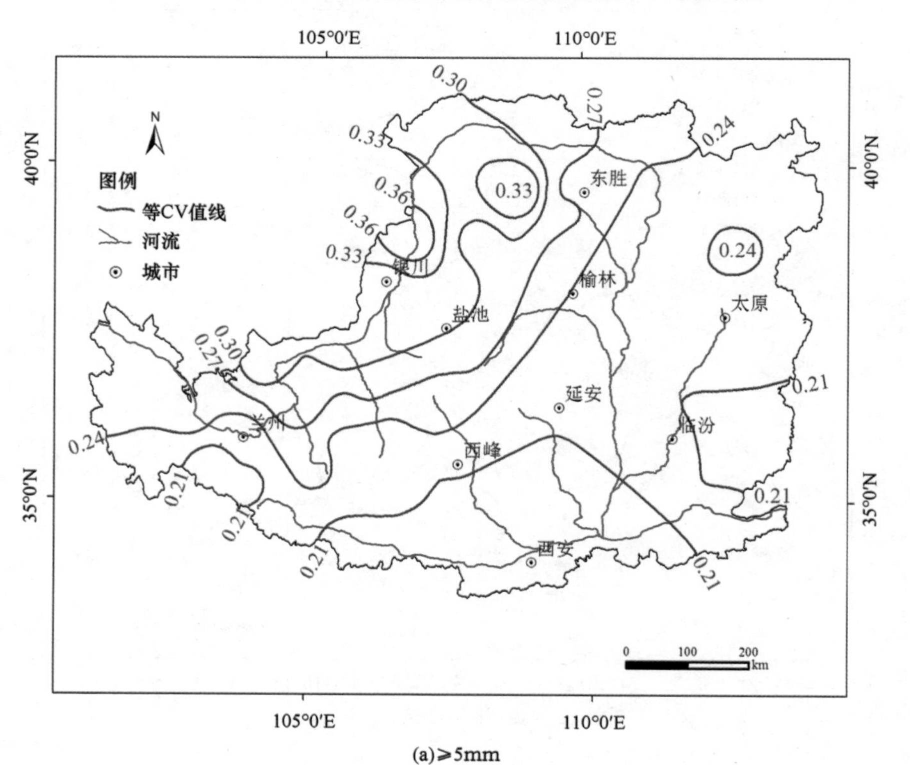

(a)≥5mm

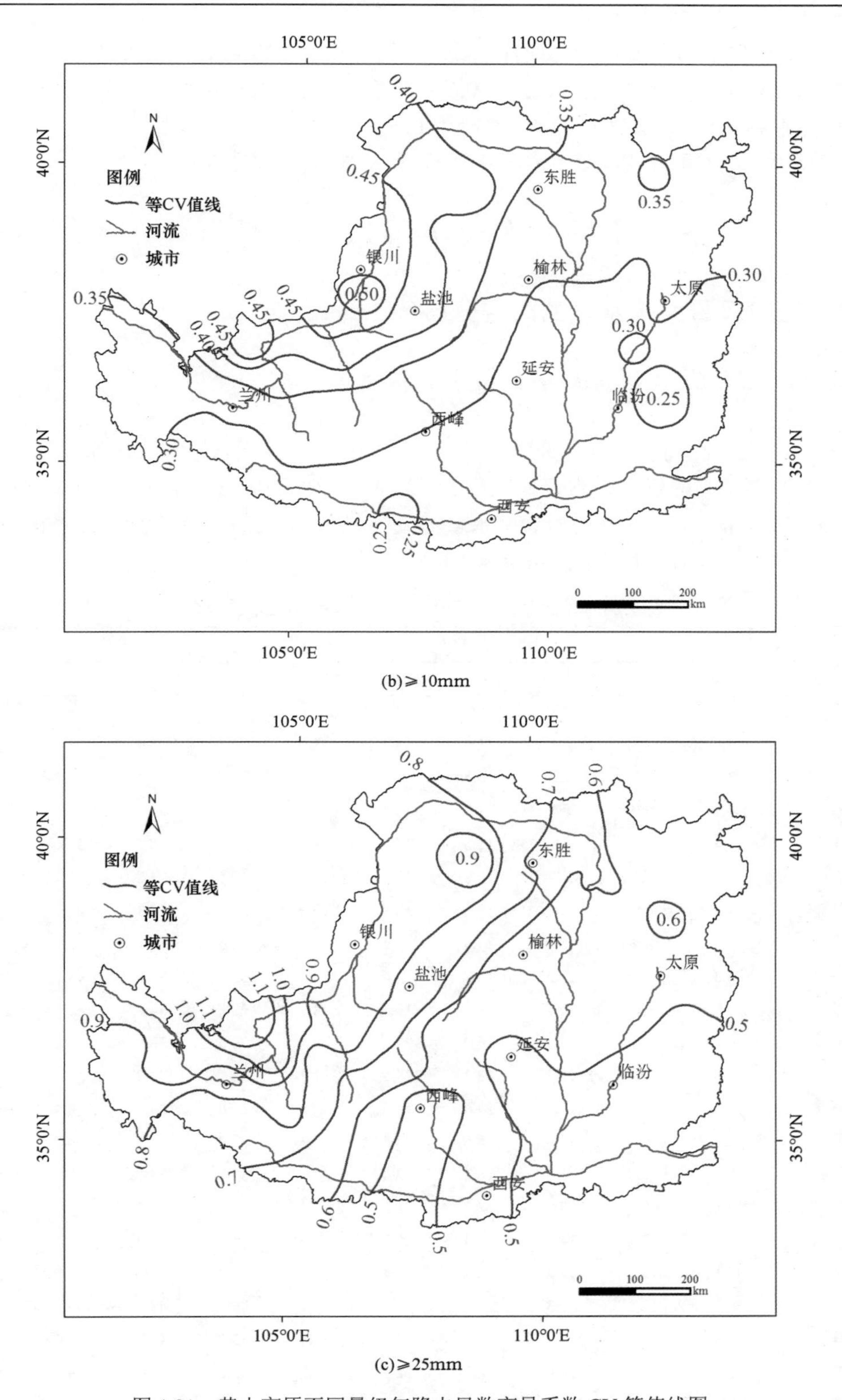

图 1.21　黄土高原不同量级年降水日数变异系数 CV 等值线图

≥25mm 降水日数年际变化变异系数 CV 值为 0.50～1.0，平均为 0.63。天水、固原、榆林、太原以南区域 CV 值大都小于 0.6；渭河、泾河、北洛河及汾河中下游的一些地区 CV 值不到 0.5，如宝鸡为 0.43、西峰为 0.43、吴起为 0.43 和阳城为 0.41；青东、陇中、宁夏中北部及鄂尔多斯高原的西北部地区，CV 值大都在 0.8 以上。

1.6　不同时段最大降水量的时空分布

1.6.1　短时段最大降水量的时空分布

1. 短时段最大降水量空间分布的基本特征

表 1.24 是黄土高原重点站短历时（5～1440min）10 个时段年最大降水量值。同时，根据 157 个雨量站的资料绘制了黄土高原年最大 10min、30min、60min、120min、180min、360min、720min、1440min 时段的降水量等值线图（图 1.22）。通过表 1.24 和图 1.22，对黄土高原年不同时段最大降水量的空间分布有如下认识。

表 1.24　黄土高原不同时段（短历时）年最大降水量

站名	不同时段最大降水量/mm									
	5min	10min	15min	30min	60min	120min	180min	360min	720min	1440min
西宁	4.2	6.3	7.3	9.5	12.1	15.9	18.7	24.0	28.7	31.2
民和	5.0	7.7	9.5	11.9	14.1	17.0	19.5	25.2	29.6	33.2
兰州	3.7	6.1	7.6	10.6	14.3	18.7	22.0	28.3	33.5	36.2
靖远	4.3	7.0	8.5	11.3	14.1	17.7	20.2	24.9	28.7	30.7
会宁	5.4	7.7	9.4	12.5	15.5	19.1	22.5	28.6	34.6	37.9
银川	4.7	6.9	8.3	10.6	13.6	16.6	19.1	24.2	30.2	34.3
青铜峡	4.2	6.9	8.4	10.6	13.8	16.8	18.7	23.1	27.7	30.8
固原	5.5	8.3	10.8	14.0	17.6	21.5	24.3	31.2	40.3	48.3
平凉	6.3	10.4	13.5	18.9	23.0	28.6	32.5	39.8	48.5	57.3
天水	5.6	9.0	11.5	15.2	19.7	24.9	28.3	34.8	42.3	47.7
秦安	6.2	9.8	12.5	16.9	21.7	26.4	30.5	36.5	43.8	49.7
宝鸡	6.8	10.6	13.3	18.4	24.5	31.2	35.6	44.7	56.0	66.4
环县	5.3	8.9	10.7	14.0	16.6	21.3	23.8	30.7	40.4	47.3
西峰	6.5	10.1	12.4	16.6	22.5	28.3	32.0	37.3	46.7	58.8
长武	6.8	10.7	13.6	18.2	23.4	28.4	31.7	38.7	46.8	52.9
张家山	6.8	10.8	13.5	17.7	22.3	26.4	29.0	36.1	43.6	52.9
张村驿	7.5	12.1	14.7	19.4	25.7	32.0	35.5	42.2	49.3	59.5
西安	7.1	11.4	14.2	18.8	23.4	27.4	31.7	39.4	47.6	56.3
铜川	8.1	13.0	16.3	22.0	28.0	33.1	36.8	45.0	52.8	59.6
洑头	7.8	11.8	14.4	18.6	23.9	28.8	33.1	40.7	47.0	55.4
头道拐	7.3	11.0	14.0	18.3	22.5	27.5	32.1	39.4	46.0	51.3
赵石窑	7.1	11.8	13.9	18.9	23.3	28.7	32.5	39.4	46.0	51.5

续表

站名	不同时段最大降水量/mm									
	5min	10min	15min	30min	60min	120min	180min	360min	720min	1440min
高家堡	7.0	11.1	13.7	18.0	23.0	28.1	32.5	40.3	48.7	60.5
黄甫	8.6	14.3	16.7	20.9	28.3	31.9	33.9	42.7	52.9	61.9
义门	7.4	11.7	14.6	20.7	25.7	32.2	36.5	44.0	52.0	57.4
神木	6.2	10.2	12.4	16.6	21.3	27.0	31.9	43.7	57.2	66.0
绥德	7.5	12.0	15.1	19.7	24.0	31.8	37.3	49.5	59.2	67.7
子长	8.4	13.8	16.1	21.7	28.7	34.0	37.1	45.7	53.7	60.2
延安	8.0	12.9	15.7	20.8	26.6	33.1	37.0	46.8	57.5	66.8
洛川	8.1	12.2	15.7	20.9	26.9	32.1	34.9	41.0	48.9	57.0
兴县	7.5	11.5	14.0	18.6	23.8	29.3	34.3	44.0	51.5	58.3
五寨	6.6	10.2	12.5	16.9	21.3	27.8	31.8	39.8	49.8	60.5
静乐	6.6	10.5	12.9	16.3	19.6	23.5	26.3	32.3	39.9	48.0
吉县	8.8	13.7	18.0	26.2	34.9	41.0	43.8	51.3	57.6	67.7
太原	7.3	11.8	14.1	18.7	24.7	29.4	32.8	38.7	45.9	53.4
介休	8.2	12.7	16.3	22.0	27.5	31.8	35.7	43.2	52.7	65.4
河津	7.3	12.1	15.7	21.9	27.5	32.0	34.4	41.6	50.3	60.9
华县	6.1	10.1	13.1	18.0	23.7	30.2	34.0	40.9	48.5	56.7
阳城	9.3	14.4	17.5	23.8	29.0	34.2	39.8	48.5	59.1	74.4
平均	6.7	10.6	13.1	17.6	22.4	27.3	30.9	38.2	46.0	53.6

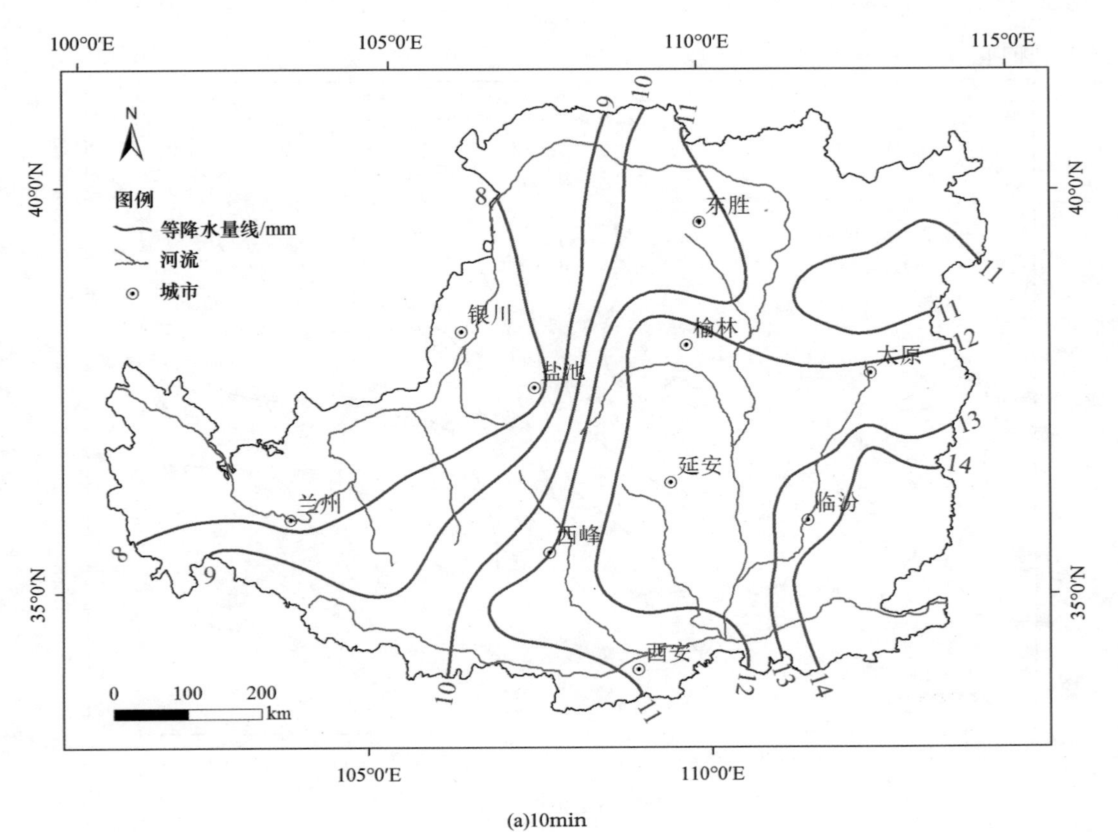

(a)10min

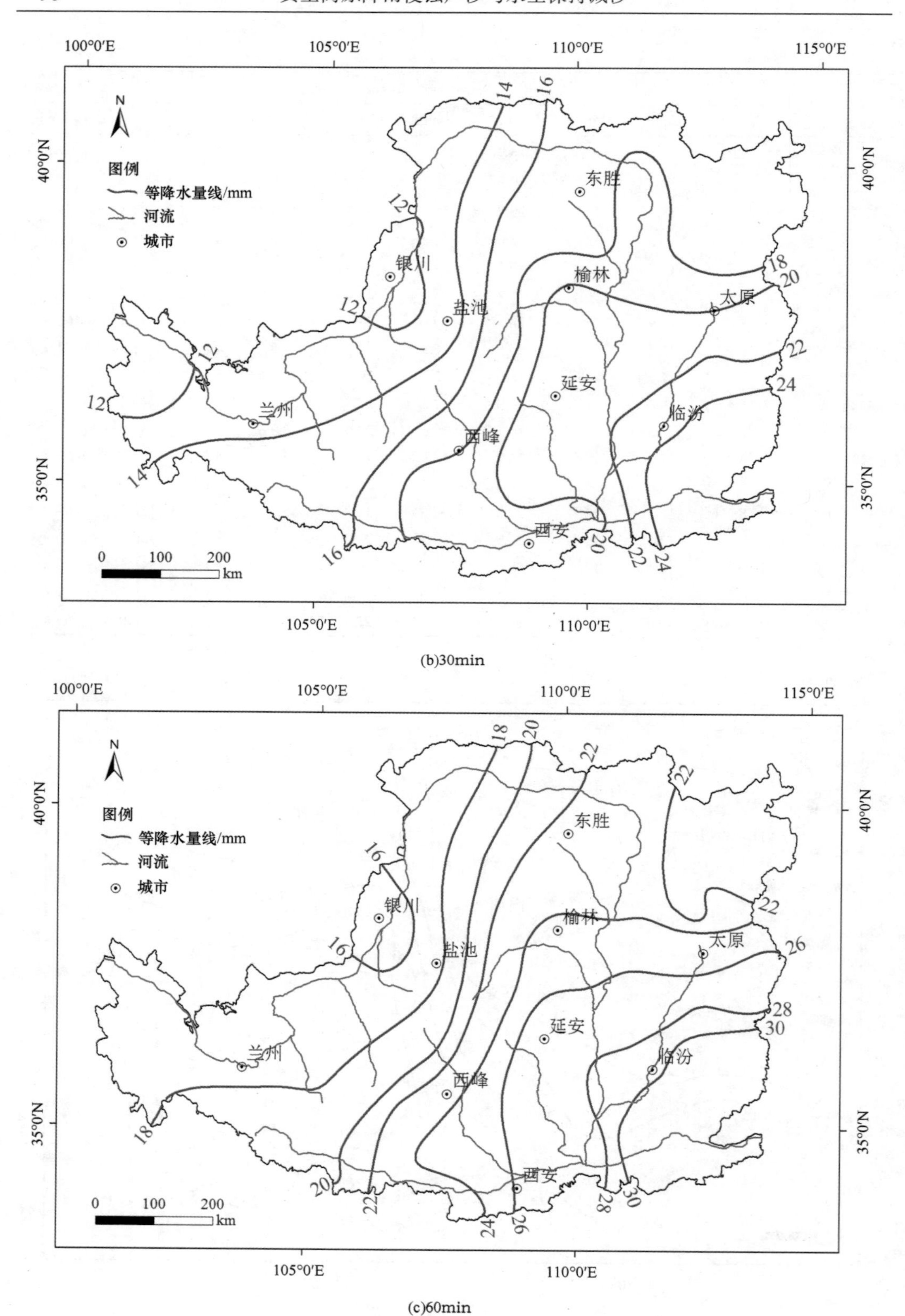

(b)30min

(c)60min

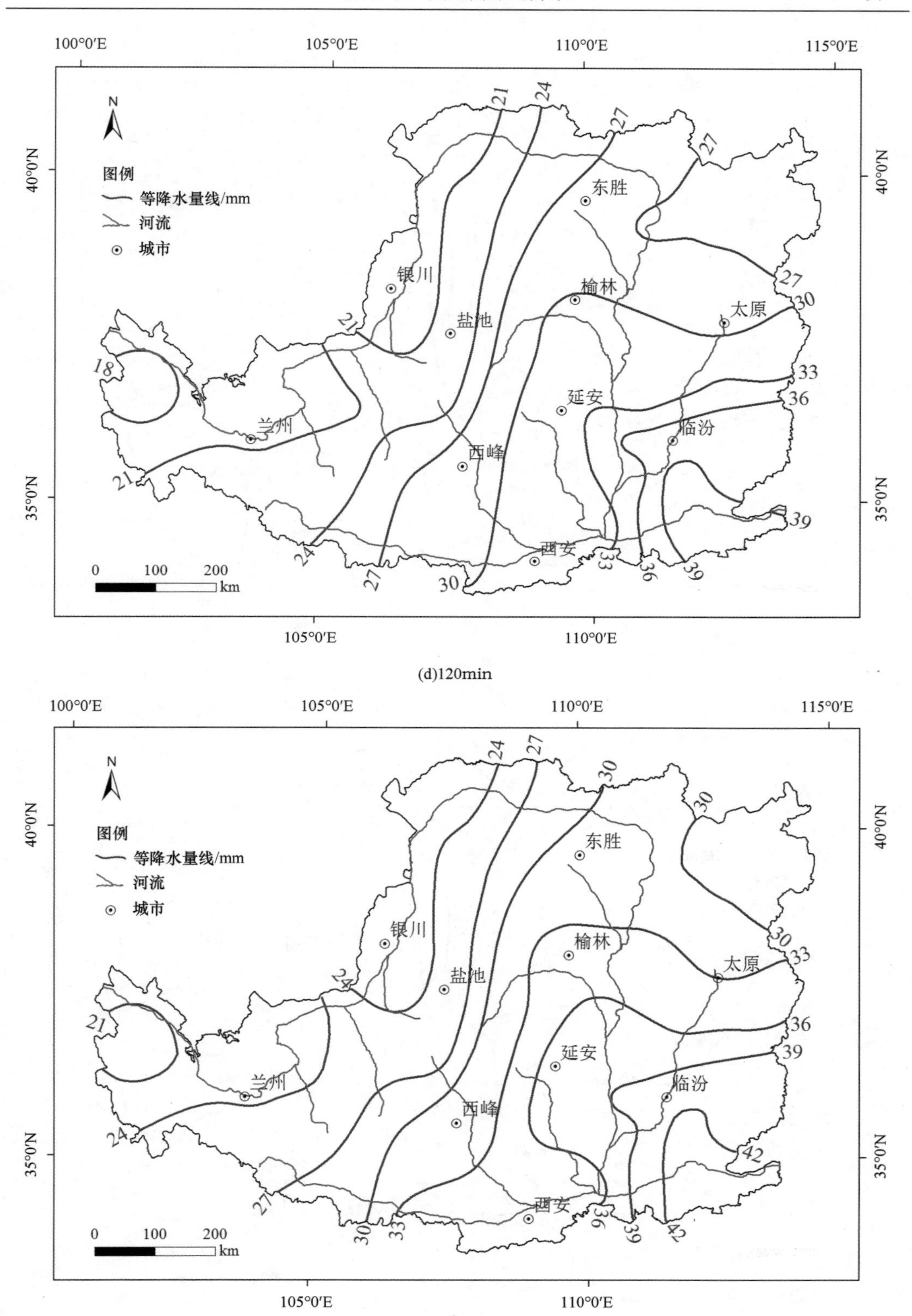

(d)120min

(e)180min

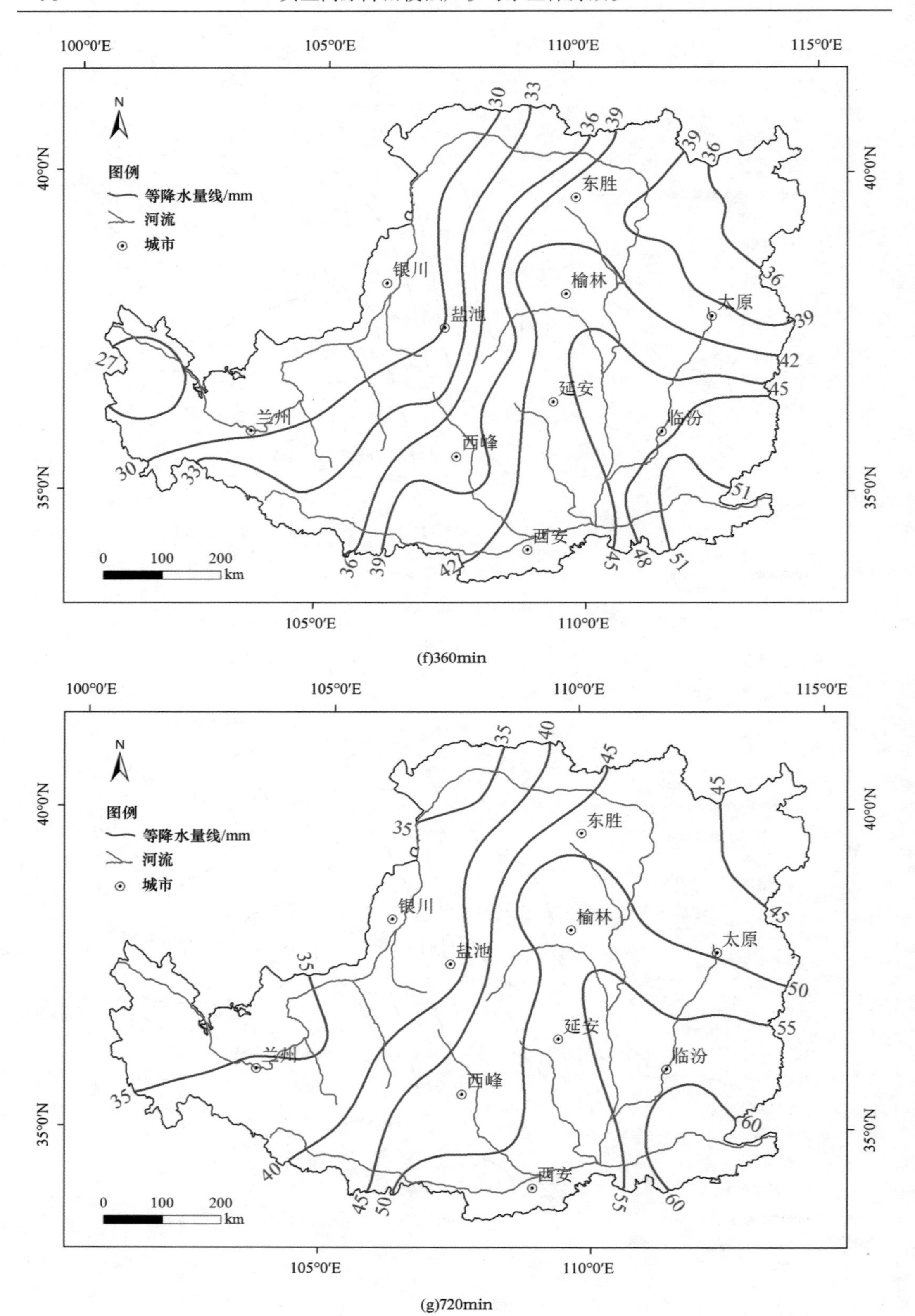

(f)360min

(g)720min

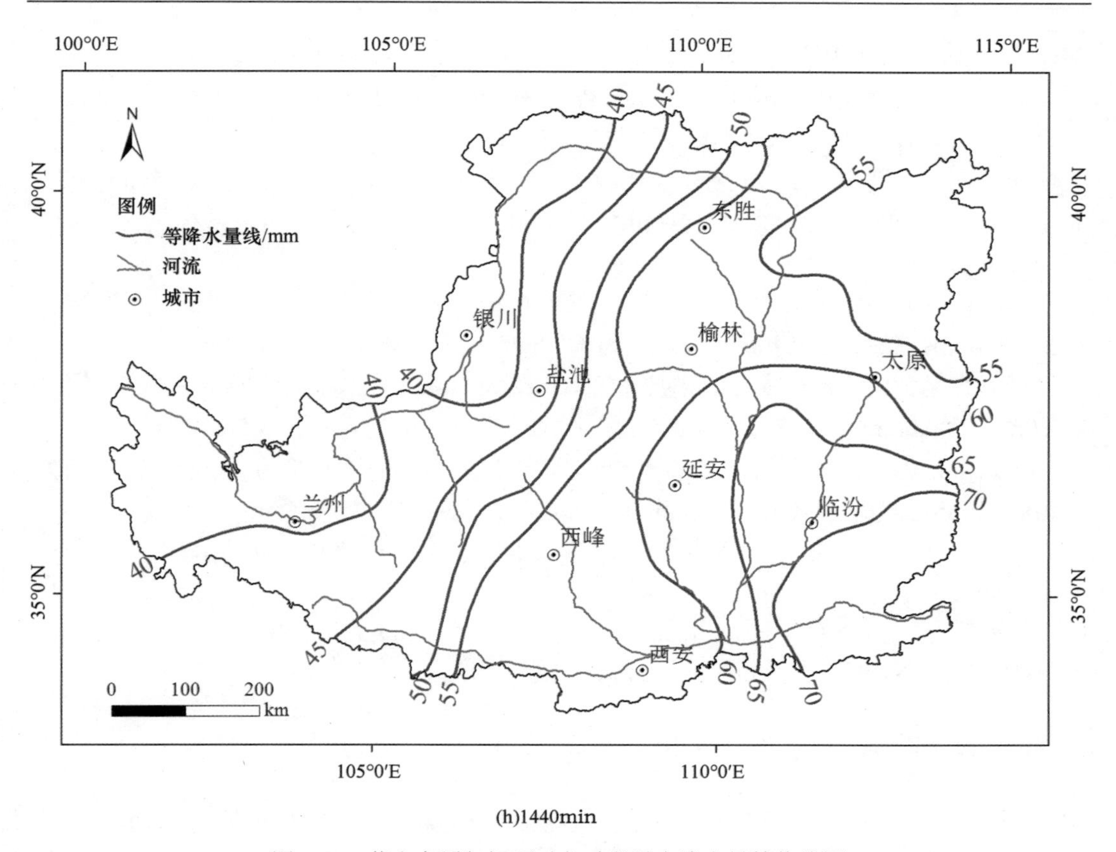

(h)1440min

图 1.22　黄土高原年短历时各时段最大降水量等值线图

（1）黄土高原年平均最大 5min 降水量为 3～10mm，平均为 6.7mm；最大 10min 降水量为 5～15mm，平均为 10.6mm；最大 15min 降水量为 7～18mm，平均为 13.1mm；最大 30min 降水量为 10～25mm，平均为 17.6mm；最大 60min 降水量为 12～35mm，平均为 22.4mm；最大 120min 降水量为 15～40mm，平均为 27.3mm；最大 180min 降水量为 18～45mm，平均为 30.9mm；最大 360min 降水量为 23～50mm，平均为 38.2mm；最大 720min 降水量为 28～60mm，平均为 46.0mm；最大 1440min 降水量为 30～75mm，平均为 53.6mm。

（2）黄土高原短历时最大时段的降水量分布与年降水量分布有所不同。短历时最大时段降水量的分布趋势呈明显东西向变化，而年降水量变化则呈东南—西北向变化。时段越短，东西向变化越明显。这种空间分布变化和年降水量明显不同。例如，榆林和咸阳两地相比较，咸阳的年降水量为 576.9mm，榆林的年降水量为 414.4mm（1951～1989 年资料），榆林比较咸阳年降水量偏少 28.2%，但榆林年最大 10min、60min、180min 雨量分别为 13.1mm、27.9mm 和 35.7mm，而咸阳最大 10min、60min、180min 的雨量分别为 11.6mm、23.7mm 和 31.9mm，榆林反而较咸阳的短历时年最大降水量偏大 15%左右。

（3）黄土高原短历时最大时段的降水量分布有 8 个高值中心：

第一个是豫西地区的陕县、渑池、济源一带。年最大 60min 降水量为 35mm 左右，八里胡同、小浪底、赵礼庄超过 40mm；年最大 1440min 降水量约为 80mm，其中八里胡同为 91.2mm，小浪底和赵礼庄均为 84.5mm。

第二个是秦岭北麓的涝峪口、大峪、罗李村一带。年最大 60min 降水量为 30mm 左右，其中涝峪口为 79.3mm、黑峪口为 75.1mm 和大峪为 74.4mm。

第三个是泾河中下游的旬邑、淳化、耀县一带。年最大 60min 降水量为 25mm 左右，其中旬邑为 27.0mm；年最大 1440min 降水量为 55mm 左右，其中柳林超过 60mm（61.9mm）。

第四个是北洛河中有的黄陵、富县一带。年最大 60min 降水量为 28mm 左右，黄陵达到 33.4mm；年最大 1440min 降水量为 60.0mm 左右，黄陵达到 64.0mm。

第五个是黄河干流的龙门、吉县一带。年最大 60min 降水量为 27mm 左右，吉县接近 30mm（29.9mm）；年最大 1440min 降水量约为 65mm，吉县为 68.5mm。

第六个是无定河中游的横山、榆林一带。年最大 60min 降水量为 25mm 左右，韩家峁为 27.6mm；最大 1440min 降水量为 55mm 左右，韩家峁为 56.4mm。

第七个是晋西和陕北的石楼、吴堡一带。年最大 60min 降水量为 27mm 左右，年最大 1440min 降水量为 65mm 左右。

第八个是晋西的临县一带。年最大 60min 降水量为 28mm 左右，临县达到 29.2mm；年最大 1440min 降水量为 68mm 左右，临县为 73.9mm。

2. 短时段最大降水量年际变化的基本特征

表 1.25 是根据 70 多个雨量站 1951～1989 年近 40 年资料统计计算、汇总的黄土高原短时段最大降水量年际变化特征值，包括年平均、最大年、最小年、最大年与年平均的比值、最大年与最小年的比值，以及年际变化变异系数 CV 值。

表 1.25 黄土高原年不同时段（短历时）最大降水量年际变化特征值

时段/min	年平均/mm		最大年/mm		最小年/mm		最大年/年平均		最大年/最小年		变异系数 CV	
	区间	平均	区间	平均	区间	平均	区间	平均	区间	平均	区间	平均
10	5～15	10.6	13～40	25.1	1.5～7.5	4.2	1.5～3.5	2.3	3.0～15.0	7.0	0.25～0.65	0.43
30	10～25	17.6	20～75	43.1	2.5～12.0	7.0	2.0～4.0	2.3	4.0～20.0	7.1	0.30～0.65	0.46
60	12～35	22.4	30～100	53.3	3.0～13.0	8.5	2.0～4.5	2.4	4.5～18.0	7.0	0.35～0.70	0.46
120	15～40	27.3	35～120	63.2	3.5～15.0	10.7	2.0～4.5	2.3	4.5～15.0	6.5	0.35～0.70	0.43
180	18～45	30.9	40～130	70.1	4.0～17.0	12.3	1.5～4.0	2.3	4.0～13.0	6.3	0.35～0.65	0.42
360	23～50	38.2	50～150	86.2	5.0～23.0	15.2	1.7～3.5	2.2	3.0～15.0	6.3	0.30～0.60	0.41
720	28～60	46.0	55～170	101.1	7.0～30.0	18.7	1.7～3.2	2.2	3.5～18.0	6.2	0.28～0.55	0.40
1440	30～75	53.6	60～175	114.5	8.0～35.0	22.3	1.6～3.0	2.2	3.5～16.0	5.9	0.28～0.50	0.39

（1）各短时段最大降水量的最大年与年平均的比值范围普遍为 1.5～4.5，平均为 2.2～2.4，其差异并没有明确的区域性。

（2）各短时段最大降水量的最大年与最小年的极值比范围普遍为 3.0～20.0，平均为 5.9～7.1，平均值随时段的增大逐渐减小。10min、30min、60min 的平均值分别为 7.0、7.1 和 7.0；其后由 120min 的 6.5 减小到 1440min 的 5.9。最大年与最小年的极值比有一定的区域性差异，降水量少的西北部较东南部普遍偏大。60min 最大降水量的极值比东南部大多在 7.0 以下，而西北部一些站点超过了 10.0。例如，盐池年 60min 最大降水量最大年（1971 年）为 56.3mm，而最小年（1966 年）只有 3.8mm，最大年和最小年的极值比为 14.8；头道拐 1978 年 60min 最大降水量达到 100.6mm，而 1980 年只有 7.1mm，最大年和最小年的极值比为 14.2；极值比超过 10 的站还有靖远（12.8）、石嘴山（17.2）、太原（11.0）。

（3）各短时段最大降水量的年变异系数 CV 值普遍为 0.25～0.70，平均为 0.39～0.46。平均值最大的是 30min 和 60min，为 0.46，最小的 1440min，为 0.39。短时段最大降水量变异系数 CV 值随时段的增大而逐渐减小。从空间上看，CV 值的高值区主要分布在黄土高原北部神木、榆林、头道拐一带。

1.6.2　长时段最大降水量的时空分布

1. 长时段最大降水量空间分布的基本特征

表 1.26 是黄土高原重点站长历时（1～30 天）5 个时段年最大降水量值，图 1.23 是 5 个时段的最大降水量等值线分布。通过上述图表，可以看出黄土高原长历时时段最大降水量的空间分布有以下特征。

表 1.26　黄土高原不同时段（长历时）年平均最大降水量

站名	时段（天）最大降水量/mm					站名	时段（天）最大降水量/mm				
	1	3	7	15	30		1	3	7	15	30
西宁	27.5	37.4	51.6	77.6	113.6	偏关	45.4	63.4	81.7	111.6	162.9
民和	28.9	39.2	54.3	78.3	114.8	黄甫	54.1	76.9	102.4	137.1	184.7
兰州	33.9	46.5	58.1	80.0	111.6	赵石窑	45.5	58.7	79.7	107.6	147.4
靖远	31.3	38.1	46.9	65.6	90.7	义门	52.1	73.1	98.4	133.6	186.7
会宁	36.0	46.6	61.7	84.6	122.5	神木	58.6	79.7	101.6	133.9	186.3
中宁	28.6	38.2	46.5	60.1	81.1	榆林	56.6	78.8	107.1	146.9	215.5
银川	33.7	39.0	43.9	57.4	72.9	靖边	44.4	62.2	78.9	107.2	150.6
青铜峡	29.1	35.7	43.9	57.1	76.1	高家堡	54.2	79.1	99.8	133.8	186.2
秦安	43.9	59.0	79.7	109.6	155.1	咸阳	47.6	72.0	96.1	129.6	184.8
天水	40.0	60.5	81.0	114.7	158.7	岢岚	48.3	70.8	91.2	125.2	182.5
宝鸡	58.5	89.8	123.4	170.2	238.4	吴堡	54.6	76.2	97.8	132.9	181.2
庆阳	51.7	72.5	96.7	129.2	172.4	甘谷驿	53.2	71.1	98.4	135.4	182.8
淳化	51.6	74.3	99.8	138.3	194.1	静乐	40.8	65.1	91.6	119.3	170.3
长武	48.8	68.1	90.6	121.8	175.8	太原	47.3	67.3	91.1	122.3	168.2
铜川	52.6	75.0	100.4	136.6	197.3	介休	55.5	78.5	102.5	138.3	195.0
张家山	46.3	71.9	95.1	127.2	182.3	临汾	55.9	84.2	105.7	137.7	183.2
张村驿	54.6	75.9	100.5	134.0	195.6	垣曲	63.7	89.8	123.0	157.7	212.7
洑头	50.2	71.1	89.1	125.2	175.5	晋城	66.4	99.0	130.5	168.8	228.9
洛川	52.3	69.7	93.8	132.0	180.5	阳城	66.0	106.8	133.5	170.4	230.1
东胜	50.9	66.5	85.4	108.1	153.7	平均	47.7	67.2	88.5	119.4	166.7

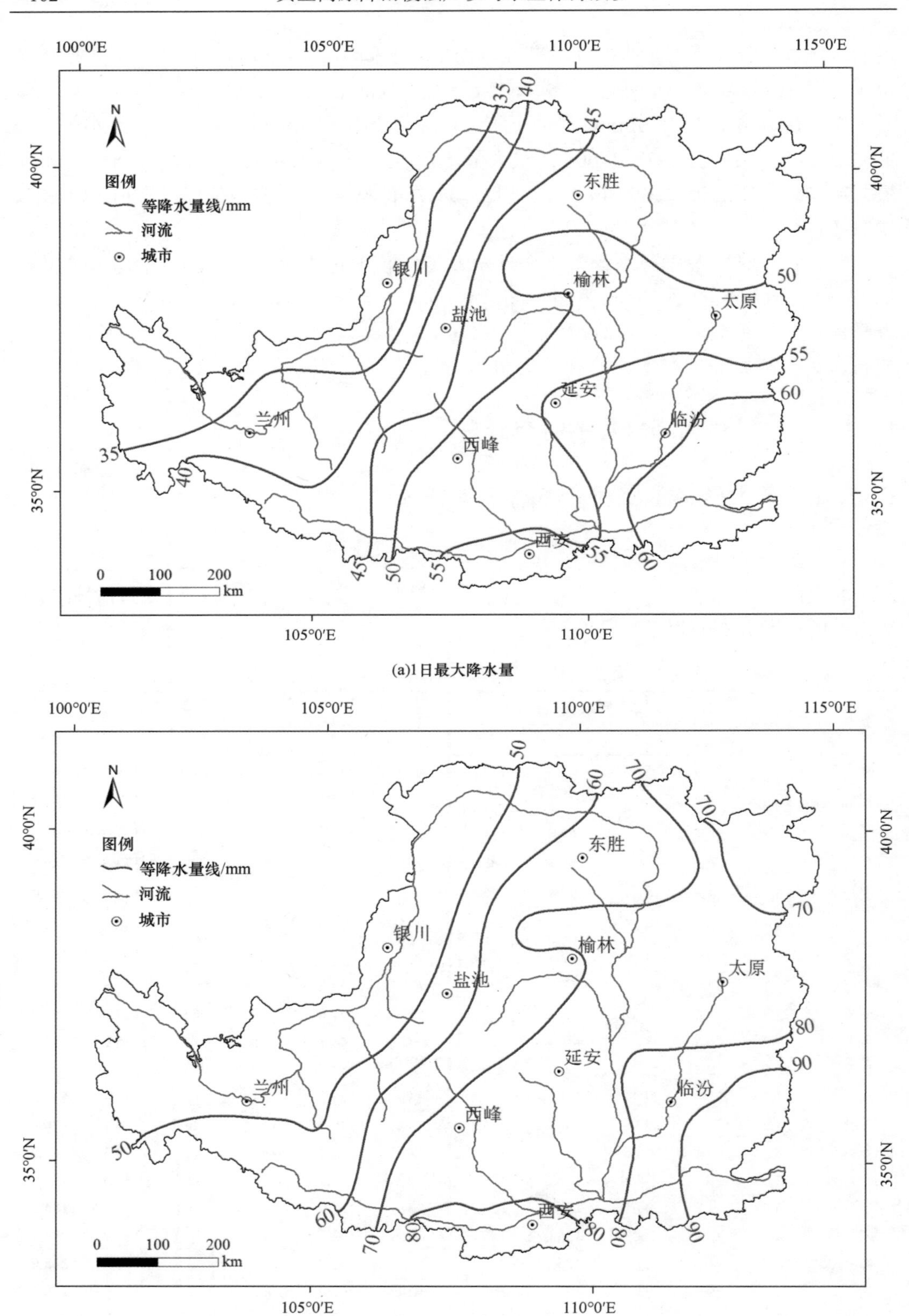

(a)1日最大降水量

(b)3日最大降水量

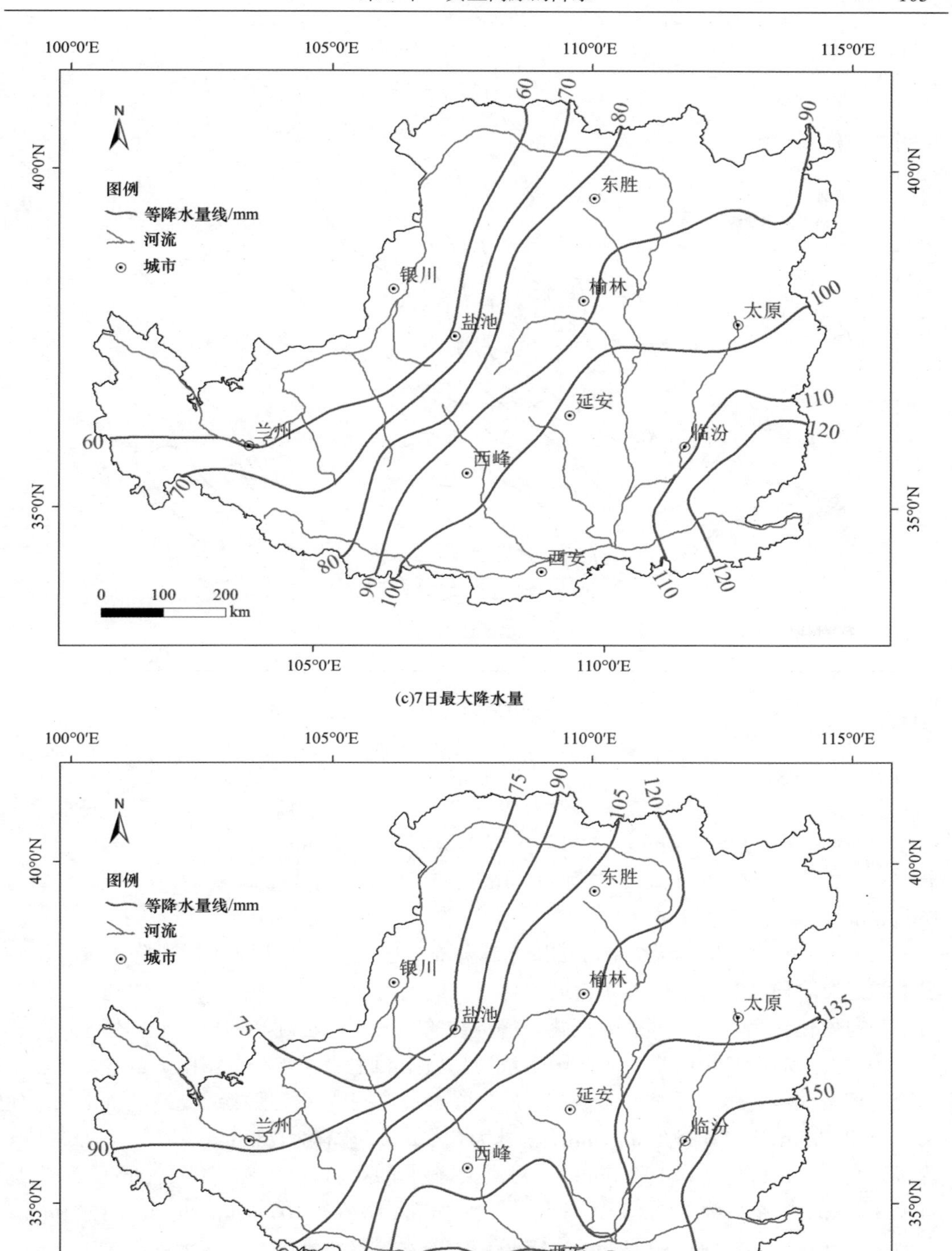

(c)7日最大降水量

(d)15日最大降水量

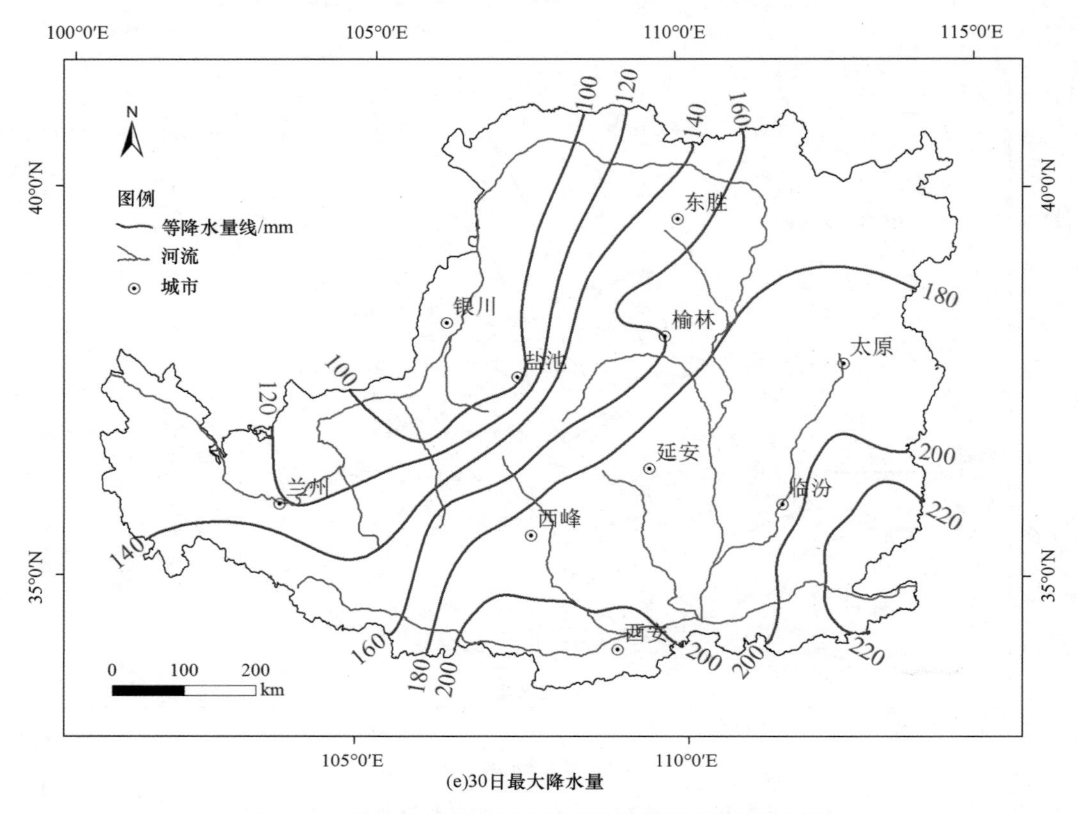

图 1.23　黄土高原年长历时各时段最大降水量等值线图

（1）黄土高原年 1 日最大降水量为 28～70mm，平均为 47.7mm；3 日最大降水量为 35～100mm，平均为 67.4mm；7 日最大降水量为 45～130mm，平均为 88.5mm；15 日最大降水量为 55～170mm，平均为 119.4mm；30 日最大降水量为 80～230mm，平均为 166.7mm。

（2）黄土高原长历时最大时段的降水量分布态势处于短历时最大时段降水量与年降水量的过渡阶段，其降水量的东西向变化不如短历时那么明显，随着时段的延长，逐渐由东西向变化转为东南—西北向变化，等值线的南北走向也逐渐向偏西北向倾斜。

（3）黄土高原长历时最大时段降水量的高值中心主要分布在晋东南、秦岭北麓、子午岭南部及北部神木、榆林一带。3 日最大降水量这些地区一般接近或超过 80mm，如宝鸡为 89.8mm、黑峪口为 103.1mm、柳林为 79.6mm、榆林为 78.8mm、垣曲为 89.8mm、晋城为 99.0mm 和阳城为 106.8mm。7 日最大降水量这些地区大都超过 100mm，如宝鸡为 123.4mm、黑峪口为 137.2mm、淳化为 128.4mm、榆林为 107.1mm、垣曲为 123.0mm、晋城为 130.5mm 和阳城为 133.5mm；15 日最大降水量这些地区一般接近或超过 150mm，如宝鸡为 170.2mm、黑峪口为 188.4mm、黄陵为 143.7mm、榆林为 146.9mm、垣曲为 157.7mm、晋城为 168.8mm 和阳城为 170.4mm；30 日最大降水量这些地区一般超过 200mm，如宝鸡为 238.4mm、黑峪口为 260.6mm、淳化为 193.4mm、榆林为 215.5mm、垣曲为 212.7mm、晋城为 228.8mm 和阳城为 230.1mm。

2. 长时段最大降水量年际变化的基本特征

表 1.27 是黄土高原长时段最大降水量年际变化特征值，包括年平均、最大年、最小年、最大年与年平均的比值、最大年与最小年的比值，以及年际变化变异系数 CV 值。

表 1.27　黄土高原年不同时段（长历时）最大降水量年际变化特征值

时段/日	年平均/mm		最大年/mm		最小年/mm		最大年/年平均		最大年/最小年		变异系数 CV	
	区间	平均	区间	平均	区间	平均	区间	平均	区间	平均	区间	平均
1	28～70	47.7	60～170	107.6	7～35	20.7	1.5～3.0	2.3	3.5～15.0	5.6	0.30～0.50	0.40
3	35～100	67.4	70～300	149.3	10～45	29.9	1.5～3.0	2.2	3.5～15.0	5.3	0.30～0.50	0.39
7	45～130	88.5	80～350	192.4	15～70	36.6	1.5～3.0	2.1	3.5～15.0	5.8	0.30～0.50	0.39
15	55～170	119.4	120～450	235.0	20～90	52.4	1.5～2.8	2.0	3.0～10.0	4.8	0.25～0.48	0.36
30	80～230	166.7	150～550	336.4	30～120	74.8	1.5～2.6	2.0	3.0～10.0	4.8	0.25～0.45	0.35

（1）各长时段最大降水量的最大年与年平均的比值范围普遍为 1.5～3.0，平均为 2.0～2.3，其差异并没有明确的区域性。

（2）各长时段最大降水量的最大年与最小年的比值范围，1 日、3 日、7 日为 3.5～15.0，平均为 5.6；15 日、30 日为 3.0～10.0，平均为 4.8。最大年与最小年的极值比在长时段不像短时段那样有一定的区域性，极值比比较大的区域主要发生在西部和北部个别站点。

（3）各长时段最大降水量的年变异系数 CV 值普遍为 0.30～0.50，平均为 0.35～0.40。其中，1 日、3 日、7 日为 0.30～0.50，平均为 0.39；15 日、30 日为 0.25～0.45，平均为 0.35。从空间上看，长时段 CV 值的高值区和短时段一样，主要分布在黄土高原北部神木、榆林、头道拐一带。

1.7　小　　结

（1）黄土高原 1951～2009 年的年平均降水量为 441.5mm，主体腹地的降水量为 300～600mm。空间分布总体表现出由东南向西北逐渐减少的基本趋势。等降水量线呈西南—东北走向。≥600mm 的雨区主要分布在黄土高原南部和东南部的边缘地带；550～600mm 的雨区包括了两个区域，一是经宝鸡、长武、宁县、富县、宜川、韩城、潼关以南的关中、渭北区域，二是经垣曲、安泽、沁源、长治、阳城、济源的晋东南区域；500mm 等雨量线从西经武山、秦安、平凉、庆阳、安塞、离石到阳泉，基本和暖温带亚湿润落叶阔叶林区的分界线走向一致；450mm 等雨量线从西经渭源、固原、吴起、子长、绥德、兴县、五寨到太原，基本和暖温带半干旱森林草原带的分界线走向一致；400mm 等雨量线经会宁、西吉、环县、靖边、榆林到准格尔，基本沿长城沿线，和暖温带半干旱草原带的分界线走向一致；350mm 等雨量线经民和、榆中、海原、定边、伊金霍洛旗到东胜、托克托一线，和中温带半干旱荒草原带的分界线走向基本一致；300mm 等雨量线经兰州、盐池南、东胜西到包头，此雨量线以西区域是黄土高原地区的少雨区；250mm 等雨量线经靖远、同心、鄂托克旗到乌拉特前旗的三湖河口东侧；200mm 等雨量线经中宁、贺兰山东侧到内蒙古、五原一带；≤200mm 的雨区主要集中在景泰、贺兰山周边及西磴口、临河以西区域。

（2）黄土高原降水并不完全表现出由东南向西北逐渐减少的空间分布趋势，一些纬度（或经度）相同或相近的站点，会因地形、植被和热力条件的影响，出现西面降水量大于东面，北面大于南面的现象，甚至相差很大。受山地及一些特殊地形的影响，即使是在同一雨带内，各地雨量也有明显差异，就连距离较近的两地雨量也差异很大，从而一个雨带内形成了许多“雨岛”。

（3）受山地、丘陵、台塬、川谷、平原多种地形地貌的影响，黄土高原年降水量呈现出山地高值区与盆地、川谷低值区的区域性或局地性空间分布格局；并表现出降水量山地大于盆地、川谷，山地迎风坡大于背风坡，以及山地降水量随海拔高度增高而增加的三大特征。

（4）黄土高原年极值降水量的空间分布与年平均降水量的空间分布大致相同，其等值线走向和年平均降水量等值线走向基本一致。黄土高原最大年降水量为 300～900mm，为平均年降水量的 1.5～1.8 倍；最小年降水量为 150～350mm，为平均年降水量的 0.4～0.6 倍；最大年降水量与最小年降水量的极值比大多为 2.5～5.0。一般西北部大于东南部，低值区大于高值区。

（5）黄土高原降水量年际变化的变异系数 CV 值大都为 0.22～0.34。CV 值的等值线走向和分布趋势和降水量基本一致，总体呈东南—西北向的递增，其等值线走向较降水量更纬向化。0.25 等 CV 值线基本把黄土高原东西向分成了两半；在西北部的雨量低值区，CV 值超过 0.35。

（6）黄土高原不同年代的年降水量平均分别为：1951～1959 年为 470.0mm、1960～1969 年为 478.3mm、1970～1979 年为 445.2mm、1980～1989 年为 431.8mm、1990～1999 年为 416.8mm、2000～2009 年为 421.7mm。黄土高原 20 世纪五六十年代降水量较多，从 20 世纪 70 年代起降水量逐渐减少。近 20 年来（1990～2009 年）较 20 世纪五六十年代（1951～1969 年）相比，降水量减少了 11.6%。

（7）黄土高原 1951～2009 年的年平均降水日数为 81.8 天，主体腹地的降水日数为 60～100 天。年降水日数≥100 天的高值区集中在渭河上中游和泾河下游，尤以秦岭北麓一带最多。年降水日数≤50 天的低值区集中在银川盆地和三湖河平原以西的区域。

（8）黄土高原年降水日数的空间分布虽也表现出由东南向西北逐渐减少的基本趋势，但变化幅度不如降水量。黄土高原年降水日数的分布与年雨量的分布走向基本相近，但又有所不同。从总体上看，80 天的等降水日线在东部和中部地区大致和 550mm 等雨量线吻合，但在西部已接近于 400mm 和 450mm 等雨量线；75 天的等降水日线大致和 450mm 等雨量线吻合；70 天的等降水日线大致和 400mm 等雨量线走向接近；60 天等降水日线大致和 350mm 等雨量线走向接近。80 天的等降水日线从兰州、延安北到太原，从东到西将黄土高原的降水日数分布分成两部分。

（9）黄土高原最大年降水日数为 100～150 天，为平均年降水日数的 1.3～1.8 倍。其与平均年降水日数的比值大小，并不像最大年降水量与平均年降水量之间具有明显的区域性。在西部银川、惠农比值可达 1.7、1.8 倍，东部临汾比值也达 1.8 倍；黄土高原最小年降水日数为 35～75 天，为平均年降水量的 0.6～0.8 倍。其与平均年降水日数的比值大小，也没有明显的区域性，平原及少雨区的比值相对于山地和多雨区要小一些。最大年降水日数与最小年降水日数的极值比大多为 2.0～3.0。

（10）黄土高原降水日数年际变化的变异系数 CV 值大都为 0.15～0.20，比降水量要小一些。CV 值的等值线走向总体呈东南—西北向的递增。在西北部的雨量低值区，CV 值超过 0.20；在南部和东部的雨量高值区，CV 值大都小于 0.15。

（11）黄土高原不同年代的年降水日数平均分别为：1951～1959 年为 88 天、1960～1969 年为 90 天、1970～1979 年为 86 天、1980～1989 年为 80 天、1990～1999 年为 74 天、2000～2009 年为 77 天。降水日数的年际变化趋势和降水量一致，20 世纪五六十年代降水日数较多，从 20 世纪 70 年代起降水日数逐渐减少。近 20 年来（1990～2009 年）较 20 世纪五六十年代（1951～1969 年）相比，降水日数减少了 15.1%，减幅较降水量稍大一些。

（12）黄土高原各月降水量的空间分布虽基本均呈东南—西北向递减趋势，但其各月降水量等值线的走向变化有所不同。3～5 月等值线的东西走向更明显，7 月、8 月等值线的南北走向更明显，其他月份基本呈东南—西北向。

（13）黄土高原的多雨区虽然都集中在东南部，但其具体部位也与月份有关。1 月、2 月最大降水区域主要集中在陕西关中和晋东南；3 月、4 月最大降水区域主要集中在陕西关中、渭北一带；5 月最大降水区域集中在陕西关中和甘南一带；6 月最大降水区域又集中在陕西关中、渭北和晋东南一带；7 月、8 月最大降水区域主要集中在晋东南；9 月、10 月最大降水区域主要集中在陕西关中、渭北；11 月、12 月最大降水区域集又回到在陕西关中。

（14）黄土高原降水量主要集中在 6～9 月四个月，平均各月占年降水量的比例分别为 11.9%、21.9%、22.0%和 14.6%。从平均状况看，7 月、8 月两个月占年降水量的比例虽基本相同，但区域间有所变化：在东部和南部地区，以 7 月降水量最多，8 月次之，如阳城 7 月为 147.4mm 和 8 月为 114.4mm；在西部和北部地区，以 8 月降水量最多，7 月次之，如兰州 7 月为 61.3mm 和 8 月为 77.6mm；在中部地区 7 月、8 月两个月基本相同，如长武 7 月为 107.3mm 和 8 月为 107.2mm。也有 9 月降水量比较多的，如西安 7～9 月 3 个月的降水量分别为 101.1mm、77.7mm 和 94.8mm，9 月降水量比 8 月还多。

（15）黄土高原月降水日数的空间分布和月降水量不尽相同，主要反映在两个方面：一是降水日数等值线较降水量线的走向更加东西向；二是降水日数的多雨日区域较降水量的多雨量区域更加分散。

（16）黄土高原多雨日区域主要集中在四个地方：一是陕西关中西部的宝鸡、长武和陇东南的天水、武山一带；二是甘南的临洮、临夏和青海的西宁、民和一带；三是黄土高塬区的西峰和洛川一线；四是晋西北的右玉、大同、河曲一带。

（17）黄土高原降水日数也主要集中在 6～9 月四个月，平均各月份占年降水日数的比例分别为 11.3%、14.7%、14.3%和 12.7%。虽然降水日数也主要集中在 6～9 月四个月，但占年降水日数的比例远不及降水量那样集中（4 个月降水日数占年降水日数的比例为 53.0%，而降水量为 70.4%）。同时，区域间变化也与降水量有所不同，黄土高原大多数地区 7 月和 8 月两个月降水日数基本相同，中西部地区 7～9 月 3 个月降水日数也基本相同，如兰州 7～9 月 3 个月的降水日数分别为 11.4 天、11.1 天和 10.5 天，长武 7～9 月 3 个月的降水日数分别为 12.2 天、12.0 天和 13.2 天。

（18）春季（3～5 月）降水量为 40～130mm，平均为 77.4mm。多雨区集中在渭河和泾河下游一带，雨量大都超过 120mm；秦岭北麓一些站点，春季降水量超过了 150mm，甚至接近了 200mm。少雨区分布在西北部的银川平原、三湖河平原以西的区域，这一区域的春季降水量大都少于 40mm；在磴口、临河一带，春季降水量甚至不到 20mm。春季降水量等值线走向呈明显的东—西向，空间分布更加纬向化。

（19）夏季（6～8 月）降水量为 120～320mm，平均为 240.9mm。多雨区的区域和春季不同，集中在晋中东部和晋东南一带，雨量大都超过 300mm。少雨区和春季一样，分布在西北部的银川平原、三湖河平原以西的区域，这一区域的夏季降水量大都少于 150mm；在磴口、临河一带，春季降水量甚至不到 100mm。夏季降水量等值线走向没有像春季那样呈明显的东—西向，而是呈东南—西北向。

（20）秋季（9～11 月）降水量为 50～180mm，平均为 107.3mm。多雨区的区域从夏季的晋中东部和晋东南一带移到了南部渭河中下游的关中地区，这一区域的秋季降水量大都超过 180mm；在秦岭北麓的一些站点，超过了 200mm。少雨区依然在西北部的银川平原、三湖河平原以西的区域，这一区域的秋季降水量大都在 30mm 左右。秋季降水量等值线走向近似于春季和夏季的中间状态。

（21）冬季（12～2 月）降水量为 5～25mm，平均为 11.3mm。多雨区的区域主要分布在黄土高原的南部和东南部，包括渭河、泾河和北洛河的中下游及晋东南地区，这一区域的冬季降水量大都接近或超过 20mm。少雨区依然在西北部的银川平原、三湖河平原以西的区域，这一区域的秋季降水量大都在 5mm 左右。

（22）汛期（5～9 月）降水量为 180～450mm，平均为 344.8mm。多雨区集中在渭河中上游和泾河下游以及晋东南沁河流域一带，雨量大都超过 450mm；秦岭北麓一些站点，降水量汛期超过了 500mm，甚至接近了 600mm；同时，受地形的影响，在一些高山或特殊地区，汛期雨量也很大，如华亭为 474.8mm 和洛川为 454.8mm。在西部和西北部的少雨区，汛期降水量大都少于 200mm。汛期降水量等值线呈明显的东南—西北向。

（23）黄土高原春季（3～5 月）降水量占年降水量的比例大多为 15%～20%，平均为 17.7%；夏季降水量占年降水量的比例大多为 45%～65%，平均为 55.1%；秋季（9～11 月）降水量占年降水量的比例大多为 20%～30%，平均为 24.5%；冬季（12 月～翌年 2 月）降水量占年降水量的比例大多只有 1.5%～3.5%，平均为 2.6%；汛期（5～9 月）降水量占年降水量的比例大多为 75%～85%，平均为 78.9%。

（24）黄土高原春季降水日数占年降水日数的比例大多为 20%左右，平均为 22.8%；夏季降水日数占年降水日数的比例为 35%～45%，平均为 40.3%；秋季降水日数占年降水日数的比例大多为 23%～30%，平均为 26.6%；冬季降水日数占年降水日数的比例大多为7%～14%，平均为10.4%；汛期降水日数占年降水日数的比例大多为55%～70%，平均为62.5%。

（25）黄土高原≥5mm的降水量一般可占年降水量的75%～85%，平均为81.0%；南部和东部地区可占到80%以上，有的超过了85%，西部地区一般在75%左右。≥10mm的降水量一般可占年降水量的55%～70%，平均为62.2%；南部和东部地区一般超过了65%，有的接近或超过了70%，中部地区可占到65%左右，西部和北部大同盆地的一些地区一般为55%左右。≥15mm的降水量一般可占年降水量的35%～55%，平均为47.1%。≥20mm的降水量一般可占年降水量的25%～45%，平均为35.6%。≥25mm的降水量一般可占年降水量的20%～35%，平均为27.0%；中南部和东部大部分地区为30%左右；东南部一些地区接近或超过了35%，西部一些地区仅有10%左右。≥30mm的降水量一般可占年降水量的15%～30%，平均为20.9%。≥50mm的降水量一般可占年降水量的5%～10%，平均为7.4%；中部和南部地区多为7%～10%，东部地区一般超过了10%，西部和北部大同盆地一般为5%左右，西部一些地区仅仅只有2%左右，甚至不足1%。总体来看，由于地理位置及降水特性的影响，不同量级降水量，特别是≥25mm以上量级的降水量占年总降水量的比例，呈明显的从东南向西北递减的趋势。而且，随着量级的增大，减幅越大，东西向减幅变化越明显。同时，由于地形条件的影响，不同量级降水量占年总降水量的比例不仅形成了晋东南沁河流域以东的高值区，而且也形成了宝鸡、延安、洛川、铜川、离石、榆林等高值点。

（26）黄土高原≥5mm的降水日数一般可占年降水日数的25%～35%，平均为29.6%；除了西部地区外，黄土高原大部分地区都接近或超过了30%；中南部和东部一些地区接近或超过了35%。≥10mm的降水日数一般可占年降水日数的12%～20%，平均为15.8%；除了西部地区外，黄土高原大部分地区都超过了15%，中南部和东部一些地区接近或超过了20%，西部地区一般为12%左右，有的仅为10%。≥15mm的降水日数一般可占年降水日数的7%～12%，平均为9.4%。≥20mm的降水日数一般可占年降水日数的4%～8%，平均为5.9%。≥25mm的降日数量一般可占年降水日数的2%～6%，平均为3.8%；除了西部地区和大同盆地外，黄土高原大部分地区都为4%左右，中南部和东部一些地区超过了5%，西部地区一般不足3%，有些连2%都不到。≥30mm的降水日数一般可占年降水日数的1.5%～3.5%，平均为2.6%。≥50mm的降水日数一般仅占年降水日数的0.3%～1.0%，平均为0.6%；中南部和东部大部分地区超0.7%左右，有的接近或超过了1.0%，西部地区一般不足0.5%，有些连0.1%都不到。总体来看，不同量级雨日占年降水日数的比例，有四个高值区，一是秦岭北麓，二是晋东南地区，三是宝鸡周边地区，四是延安、洛川一带。有两个低值区，一是西部青东、陇中、银川平原地区，另一个是东北部大同盆地周边地区。

（27）黄土高原年小雨的雨量为100～200mm，平均为159.2mm。小雨雨量占年降水总量的比例大都为30%～45%，平均为37.8%；其比例大小呈明显的由东南向西递增的趋势，低值区晋东南不足30%，高值区西宁、靖远超过了50%。黄土高原年小雨的雨日为45～85天，平均为68.6天。小雨雨日的高值区同雨量的高值区分布一样，主要集中在南部渭河及泾河中下游及西南部洮河一带，这些地区的小雨雨日大多超过了80天；

低值区主要集中在宁夏平原及内蒙古三湖河平原以西区域，这一区域的小雨雨日一般不足 50 天。小雨雨日占年降水总日数的比例大都为 80%～85%，平均为 84.2%；其比例大小区域间差异不大，最大相差 10 个百分点左右，在西部和北部地区比东南部地区略高一些。

（28）黄土高原年中雨的雨量为 90～220mm，平均为 154.6mm。中雨雨量占年降水总量的比例大多为 35%左右，平均为 35.2%。站际间的比例大小差异较小雨雨量占年降水总量的比例小一些，其比例大小没有明显的区域差异。黄土高原年中雨的雨日为 5～15 天，平均为 10.0 天。中雨雨日占年降水总日数的比例大多为 10%～15%，平均为 12.0%。

（29）黄土高原年大雨的雨量为 30～150mm，平均为 89.1mm。大雨雨量的高值区主要集中在晋东南地区，以及南部渭河、泾河、北洛河中下游地区的个别区域，这些地区大雨雨量接近或超过了 150mm。大雨雨量占年降水总量的比例大都为 15%～25%，平均为 19.6%；其比例大小呈明显的由东南向西递减的趋势，高值区晋东南地区接近或超过了 25%，低值区西宁、靖远分别只有 9.9%和 12.5%。黄土高原年大雨的雨日大多为 1.0～4.5 天，平均为 2.7 天。大雨雨日占年降水总日数的比例大都为 1.5%～4.5%之间，平均为 3.2%；其比例大小与大雨雨日的多少明显相关。

（30）黄土高原年暴雨的雨量为 10～60mm，平均为 34.0mm。暴雨雨量的高值区主要集中在晋东南沁河流域及渭河中下游靠近秦岭北麓的一些地区，以及延河、北洛河中下游的延安、洛川、铜川一线。暴雨雨量占年降水总量的比例大都为 3%～10%，平均为 7.4%；其比例大小与暴雨雨量多少有关，呈明显的由东南向西递减的趋势。黄土高原年暴雨的雨日为 0.2～0.8 天，平均为 0.5 天。暴雨雨日占年降水总日数的比例大都为 0.3%～1.0%，平均为 0.6%；其比例大小与暴雨雨日的多少有关，并呈明显的由东南向西递减的趋势。

（31）黄土高原年≥5mm 降水量年际变化变异系数 CV 值为 0.25～0.45，平均为 0.30；≥10mm 降水量年际变化变异系数 CV 值为 0.30～0.50，平均为 0.36；≥25mm 降水量年际变化变异系数 CV 值为 0.50～1.0，平均为 0.67。

（32）黄土高原年≥5mm 降水日数年际变化变异系数 CV 值为 0.2～0.35，平均为 0.24；≥10mm 降水日数年际变化变异系数 CV 值为 0.25～0.45，平均为 0.32；≥25mm 降水日数年际变化变异系数 CV 值为 0.50～1.0，平均为 0.63。

（33）黄土高原年平均最大 5min 雨量为 3～10mm，平均为 6.7mm；最大 10min 雨量为 5～15mm，平均为 10.6mm；最大 15min 雨量为 7～18mm，平均为 13.1mm；最大 30min 雨量为 10～25mm，平均为 17.6mm；最大 60min 雨量为 12～35mm，平均为 22.4mm；最大 120min 雨量为 15～40mm，平均为 27.3mm；最大 180min 雨量为 18～45mm，平均为 30.9mm；最大 360min 雨量为 23～50mm，平均为 38.2mm；最大 720min 雨量为 28～60mm，平均为 46.0mm；最大 1440min 雨量为 30～75mm，平均为 53.6mm。

（34）黄土高原短历时最大时段的雨量分布与年雨量分布有所不同。短历时最大时段雨量的分布趋势呈明显东-西向变化，而年雨量变化则呈东南—西北向变化。时段越短，东-西向变化越明显。这种空间分布变化和年降水量明显不同，如榆林和咸阳两地相比较，咸阳的年雨量为 576.9mm，榆林的年雨量为 414.4mm（1951～1989 年资料），榆林比较咸阳年雨量偏少 28.2%，但榆林年最大 10min、60min、180min 雨量分别为 13.1mm、27.9mm 和 35.7mm，而咸阳最大 10min、60min、180min 的雨量分别为 11.6mm、23.7mm 和 31.9mm，榆林反而较咸阳的短历时年最大雨量偏大 15%左右。

（35）各短时段最大降水量的年变异系数 CV 值平均为 0.39～0.46，最大的是 30min 和 60min，最小的是 1440min。短时段最大降水量变异系数 CV 值随时段的增大而逐渐减小。从空间上看，CV 值的高值区主要分布在黄土高原北部神木、榆林、头道拐一带。

（36）黄土高原年 1 日最大降水量为 28～70mm，平均为 47.7mm；年 3 日最大降水量为 35～100mm，平均为 67.4mm；年 7 日最大降水量为 45～130mm，平均为 88.5mm；年 15 日最大降水量为 55～170mm，平均为 119.4mm；年 30 日最大降水量为 80～230mm，平均为 166.7mm。

（37）黄土高原长历时最大时段的雨量分布态势处于短历时时段雨量与年雨量的过渡阶段。其雨量的东-西向变化不如短历时那么明显，随着时段的延长，逐渐由东-西向变化转为东南—西北向变化，等值线的南北走向也逐渐向偏西北向倾斜。

（38）各长时段最大降水量的年变异系数 CV 值普遍为 0.3～0.5，平均为 0.35～0.40。其中，1 日、3 日、7 日为 0.30～0.50，平均为 0.39；15 日、30 日为 0.25～0.45，平均为 0.35。从空间上看，长时段 CV 值的高值区和短时段一样，主要分布在黄土高原北部神木、榆林、头道拐一带。

第 2 章　黄土高原的暴雨

2.1　一般性暴雨

2.1.1　暴雨标准

暴雨是指在短期内出现的大量降水，即降雨强度超过一定量值的猛烈降雨。国家标准化管理委员会 2012 年 6 月 29 日批准发布的《降水量等级》规定 24h 雨量≥50mm 或 12h 雨量≥30mm 为暴雨。

按照暴雨的定义，暴雨是一个强度概念。它应是雨量和雨时的函数，因此，它也应反映出不同历时的雨量大小。我国目前气象部门的规定一般并不能包括 24h 雨量<50mm 或 12h 雨量<30mm，但降雨强度却很大的降雨。而在黄土高原，这类暴雨的发生频率非常高，造成的水土流失最为严重，对水保工程造成的危害也最大。

正是基于黄土高原的降雨特征及洪水危害综合考虑，我国不少学者对黄土高原的暴雨特性进行了专门研究。20 世纪 50 年代方正三先生根据陇东南及晋陕北部的暴雨性质，参照苏联暴雨的标准，拟定了黄土高原的暴雨标准（方正三等，1958）。20 世纪 80 年代初，张汉雄与王万忠（1982）根据两条标准：①1440min 雨量等于或大于 55mm；②降雨的初始强度，即在最短时段 5min 内的最大平均强度为 0.78mm/min 能产生坡面径流，并引起土壤侵蚀。经统计分析，用一组抛物线-椭圆方程联结 5min 和 1440min 之雨量值，得到不同历时的暴雨标准；紧接着作者在研究降雨与水土流失量的关系中，认为暴雨是引起水土流失的最主要的降水形式，但产生水土流失的并不全都是暴雨。必须给定暴雨一个适当的侵蚀量指标，经用 15°～25°裸露坡面的水土流失资料分析，以土壤流失量超过 500t/km^2 的降雨强度作为暴雨的最低标准（王万忠，1984）；同时，周佩华和王占礼（1989）通过在 20°无植被覆盖的均一黄土母质小区人工降雨试验，拟定了黄土高原天然降雨的土壤侵蚀暴雨标准。21 世纪初，范兴科等（2003）建立了暴雨判断标准公式等。

表 2.1 是几位研究者拟定的黄土高原暴雨标准，可以看出，各种标准差异并不大，其差别主要表现在 30min 以前。作者拟定的标准在初始强度较他人高的原因主要是与其他几位研究者对暴雨概念的理解不同。周佩华先生认为，凡是能产生坡面径流的降雨可认为是暴雨，张汉雄先生也是将能产生坡面径流的降雨强度作为暴雨的初始降雨强度。而作者给定暴雨的概念是引起的土壤流失量大于 500t/km^2。由于认识的不同，所采用的分析样本就有所不同。如果按照周佩华先生的暴雨概念，根据分析样本，重新计算的 5～30min 暴雨的标准为 5min 雨量为 4.8mm、10min 雨量为 5.8mm、15min 雨量为 6.4mm

和 30min 雨量为 7.7mm，这与周佩华先生的结果就很相接近。

表 2.1　黄土高原几种暴雨标准的比较

研究者	不同历时暴雨标准/mm										
	5min	10min	15min	30min	60min	120min	180min	240min	360min	720min	1440min
方正三	2.5	3.8	5.0	8.0	12.0	16.8	—	26.4	33.0	45.4	60.5
张汉雄等	3.9	5.5	6.7	9.5	13.4	18.7	22.8	26.2	31.6	42.8	55.0
刘尔铭	2.3	3.4	4.4	7.5	10.8	15.0	—	23.0	—	38.0	50.0
周佩华等	4.4	5.6	6.5	8.2	10.5	13.4	15.5	17.3	25.9	—	—
王万忠	5.8	7.1	8.0	9.7	11.9	14.6	17.8	20.5	25.0	35.1	50.0
范兴科等	3.2	4.5	—	7.7	11.0	15.5	19.0	21.9	26.8	37.9	53.7

2.1.2　暴雨类型

1. 暴雨类型的划分

关于暴雨类型的划分，有按天气成因的，有按降雨历时的，也有按降雨强度和雨区面积大小划分的。我们将暴雨的成因和降水特点综合考虑，可把黄土高原的暴雨分为三种类型：一是由局地强对流条件引起的小范围、短历时、高强度暴雨，简称 A 型暴雨；二是由锋面型降雨夹有局地雷暴性质的较大范围、中历时、中强度暴雨，简称 B 型暴雨；三是由锋面型降雨引起的大面积、长历时、低强度暴雨，简称 C 型暴雨。

鉴于在实际的降雨资料处理中，很难找出一个划分这三种暴雨类型的具体指标，通过对 248 场不同类型暴雨时段雨量集中程度的统计分析，我们选择最大 60min 雨量（P_{60}）占次降雨总雨量（P）的比例（%），作为划分这三种暴雨的数量指标：

A 型暴雨
$$\frac{P_{60}}{P} \geqslant 80\% \tag{2.1}$$

B 型暴雨
$$20\% < \frac{P_{60}}{P} < 80\% \tag{2.2}$$

C 型暴雨
$$\frac{P_{60}}{P} \leqslant 20\% \tag{2.3}$$

也可用最大 360min 雨量（P_{360}）占次降雨总雨量的比例（%），作为划分 B 型暴雨和 C 型暴雨的数量指标：

B 型暴雨
$$\frac{p_{360}}{p} \geqslant 80\% \tag{2.4}$$

C 型暴雨
$$\frac{p_{360}}{p} < 80\% \tag{2.5}$$

2. 不同类型暴雨的降水特点

1）A 型暴雨

A 型暴雨主要发生在热对流强和地形比较特殊的地区。其中，以阴山北麓的哈德门沟、大脑包、头道拐一带，陕北的榆林、神木一带，晋西北的原平、临县一带，泾河中下游的旬邑、淳化、耀县一带，以及渭河上游的秦安等地发生的频率和强度最高。

从表 2.2 中陕北神木、子洲等地一些典型暴雨的降雨历时和时段雨量集中程度看，这类暴雨的降雨历时一般为 30～120min，最长一般不超过 180min，最短只有几分钟。最常见发生的降雨历时在 60min 以内。主降雨历时大都只有几分钟至二三十分钟。这类暴雨的雨量为 10～30mm，一般不超过 50mm。从不同时段雨量的集中程度看，最大 10min 雨量一般占总雨量的 30%～70%，最大 30min 雨量占总降雨量的 50%～90%，最大 60min 雨量占总雨量的 80%～100%。也就是说，这类暴雨 90%的雨量集中在 60min 内，80%的雨量集中在 30min 内，50%的雨量集中在 10min 内。

表 2.2 黄土高原陕北神木、子洲等地 A 型暴雨的降水特征

地点	日期	历时/min	雨量/mm	最大时段雨量/mm			占总雨量的比例/%		
				10min	30min	60min	10min	30min	60min
陕西神木县高家堡乡洞川沟	1981.8.3	104	50.0	15.9	32.7	47.7	31.8	65.4	95.4
	1982.7.28	122	48.9	18.3	38.2	47.1	37.4	78.1	96.3
	1983.8.27	66	28.5	12.6	17.4	28.1	44.2	61.1	98.6
	1985.6.19	111	29.9	22.6	27.9	28.6	75.6	93.3	95.7
	1979.6.29	141	32.3	14.7	24.8	31.0	45.5	76.8	96.0
	1987.7.14	73	25.5	23.6	25.3	25.5	92.5	99.2	100.0
陕西神木县贺家川乡贾家沟	1982.6.14	144	38.8	20.9	30.6	34.9	53.9	78.9	89.9
	1982.6.15	66	31.8	20.6	31.6	31.8	64.8	99.4	100.0
	1982.7.28	84	21.1	10.6	19.8	20.8	50.2	93.8	98.6
	1982.8.4	40	18.6	11.8	18.2	18.6	63.4	97.8	100.0
	1985.8.7	25	29.1	11.6	29.1	29.1	39.9	100.0	100.0
	1988.7.23	40	22.9	15.7	17.2	22.9	68.6	75.1	100.0
	1988.8.5	64	25.4	7.4	18.9	24.6	29.1	74.4	96.9
	1985.8.2	140	22.0	18.7	21.9	21.9	85.0	99.5	99.5
陕西横山县殿市乡店房台沟	1978.6.28	58	25.2	15.6	23.0	25.2	61.9	91.3	100.0
	1978.7.20	128	31.1	10.1	21.1	29.9	32.5	67.8	96.1
	1979.7.23	178	56.0	15.4	32.6	51.6	27.5	58.2	92.1
	1982.8.4	80	20.2	15.4	19.1	19.8	76.2	94.6	98.0
	1983.6.29	90	39.4	10.4	35.4	39.1	26.4	89.8	99.2
	1984.6.11	40	20.5	14.7	19.5	20.5	71.7	95.1	100.0
	1985.6.14	85	17.7	10.2	11.5	17.6	57.6	65.0	99.4
	1986.7.6	32	21.1	12.7	21.0	21.1	60.2	99.5	100.0

续表

地点	日期	历时/min	雨量/mm	最大时段雨量/mm			占总雨量的比例/%		
				10min	30min	60min	10min	30min	60min
陕西清涧县店则沟乡店则沟	1979.7.23	95	13.1	8.9	11.6	12.1	67.9	88.5	92.4
	1982.8.2	78	19.9	7.3	16.8	19.7	36.7	84.4	99.0
	1983.8.26	55	20.6	11.7	20.0	20.6	56.8	97.1	100.0
	1985.6.19	122	35.1	19.8	31.6	32.8	56.4	90.0	93.4
	1986.7.19	111	19.5	13.2	17.6	19.1	67.7	90.3	97.9
	1988.6.22	61	26.3	14.6	23.4	26.2	55.5	89.0	99.6
	1988.7.18	143	51.4	13.8	29.6	44.0	26.8	57.6	85.6
陕西子洲县岔巴沟	1966.8.28	62	33.5	16.2	30.4	33.5	48.4	90.7	100.0
	1967.7.6	60	28.1	15.6	25.6	28.1	55.5	91.1	100.0
	1961.7.22	58	31.0	9.6	21.7	31.0	31.0	70.0	100.0
	1960.7.19	128	33.8	13.2	28.6	32.6	39.1	84.6	96.4
	1960.7.31	110	36.4	8.0	19.7	34.8	22.0	54.1	95.6
	1962.7.23	170	67.2	28.0	62.5	64.0	41.7	93.0	95.2
	1961.7.30	100	44.8	14.3	32.6	44.0	31.9	72.8	98.2
	1961.7.21	60	38.4	9.8	23.0	38.4	25.5	59.9	100.0

这类暴雨的时程分布为单峰型，其雨型有三种（图2.1）。

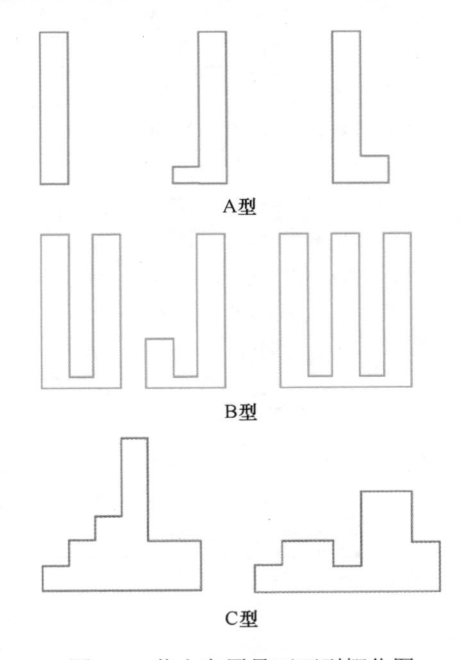

图2.1　黄土高原暴雨雨型概化图

A型暴雨的雨区面积一般在500km^{2}以下，中心雨区只有十几平方千米，甚至几平方千米，而且流域空间降雨的不均匀性很差，流域降雨不均匀系数η值一般在0.5左右，有的只有0.2、0.3；面雨量变异系数CV值一般为0.5～0.7，有的超过了1.0。在这类暴雨中，有的空间分布的均匀性极差，如陕西神木县高家堡乡的洞川沟流域，面积为140km^2，1981年8月3日有123min降雨，流域平均雨量为29.5mm，最大点雨量为50mm，最小点雨量只有4.9mm；陕西横山县殿市乡店房台沟流域，面积为87km^2，1986年7月6日有42min降雨，流域平均雨量只有6.7mm，但最大点雨量为21.1mm，最小点雨量只有0.2mm；陕西子洲县岔巴沟流域为187km^2，1966年8月26日35min降雨，流域平均雨量只有0.9mm，但最大点的雨量达17.6mm，雨区面积很小。

2）B型暴雨

这类暴雨在黄土高塬沟壑区和丘陵沟壑区都普遍发生。从表2.3可以看出，这类暴雨的降雨历时为3～18h，一般不超过24h，最常见发生的降雨历时为6～12h。这类暴雨的雨量一般为30～100mm。从不同时段雨量的集中程度看，最大10min雨量占总雨量的10%～25%，最大30min雨量占总雨量的20%～50%，最大60min雨量占总雨量的30%～70%，最大3h雨量可占总雨量的50%～90%，最大6h雨量可占总雨量的80%～100%。由于这类暴雨个体差异比较大，因此，雨量的时间集中程度也不相同。

表2.3　黄土高原B型暴雨的降水特征

地点	日期	历时/min	雨量/mm	最大时段雨量/mm				占总雨量的比例/%			
				10min	30min	60min	120min	10min	30min	60min	120min
陕西神木县高家堡乡洞川沟	1988.7.22	325	84.7	22.9	51.3	71.6	77.6	27.0	60.6	84.5	91.6
	1987.8.13	785	50.7	6.3	13.1	19.7	29.4	12.4	26.2	38.9	58.0
	1986.6.26	472	80.5	5.3	9.6	14.9	28.4	6.6	11.9	18.5	35.3
	1983.7.27	236	33.2	12.3	15.4	23.9	31.9	37.0	46.4	72.0	96.1
陕西横山县殿市乡房台沟	1984.8.26	867	83.0	10.3	24	30.8	35.2	12.4	28.9	37.1	42.4
	1988.7.14	246	56.4	14.5	29.7	32.0	35.3	25.7	52.7	56.7	62.6
	1985.7.8	502	34.6	9.4	21.0	24.2	29.7	27.2	60.7	69.9	85.8
陕西清涧县店则沟乡店则沟	1978.8.7	858	64.9	9.0	17.7	23.7	30.6	13.9	27.3	36.5	47.1
	1978.7.12	663	114.5	10.4	21.9	35.6	43.1	9.1	19.1	31.1	37.6
	1979.7.27	326	43.8	12.1	13.1	19.8	24.6	27.6	29.9	45.2	56.2
	1984.8.3	672	43.6	7.8	14.9	20.8	21.7	17.9	34.2	47.7	49.8
	1988.7.15	380	60.9	9.3	21.6	28.9	41.1	15.3	35.5	47.5	67.5
	1987.8.26	591	76.2	13.0	28.4	37.9	60.2	17.1	37.3	49.7	79.0
陕西神木县贺家川乡贾家沟	1979.7.23	461	54.6	5.5	14.2	18.9	26.1	10.1	26.0	34.6	47.8
	1980.8.26	337	46.3	3.1	9.2	16.2	19.8	6.7	19.9	35.0	42.8
	1988.7.6	365	61.5	9.8	18.5	34.8	44.2	15.9	30.1	56.6	71.9
	1989.7.22	568	153.9	20.5	45.0	72.3	90.8	13.3	29.2	47.0	59.0
陕西西峰市南小河沟	1978.7.12	505	89.0	4.8	14.3	28.6	36.8	5.4	16.1	32.1	41.3
	1988.7.24	555	113.4	22.9	35.5	68.8	83.7	20.2	31.3	60.7	73.8
	1988.8.7	591	87.7	11.7	29.1	46.3	67.2	13.3	33.2	52.8	76.6
	1986.6.26	577	66.6	9.8	18.7	25.1	34.3	14.7	28.1	37.7	51.5
山西临县林家坪乡招贤沟	1980.8.18	624	62.4	7.7	21.8	41.7	52.6	12.3	34.9	66.8	84.3
	1985.7.30	535	50.1	8.1	16.9	29.2	45.1	16.2	33.7	58.3	90.0
	1988.8.6	450	62.5	14.3	30.8	34.3	42	22.9	49.3	54.9	67.2
	1980.8.18	624	62.4	7.7	21.8	41.7	52.6	12.3	34.9	66.8	84.3

续表

地点	日期	历时/min	雨量/mm	最大时段雨量/mm				占总雨量的比例/%			
				10min	30min	60min	120min	10min	30min	60min	120min
陕西延川县城关乡文安驿川沟	1986.8.18	935	52.9	8.2	16.7	22.1	29.4	15.5	31.6	41.8	55.6
	1984.8.27	688	52.4	9.1	13.7	19.1	26.1	17.4	26.1	36.5	49.8
	1981.7.2	1014	120.9	7.9	23.7	45.5	69.2	6.5	19.6	37.6	57.2
甘肃泾川县城关乡田沟门沟	1979.8.12	360	69.6	5.4	16.1	32.1	64.2	7.8	23.1	46.1	92.2
	1982.7.29	1275	105.2	10.0	20.9	32.4	41.3	9.5	19.9	30.8	39.3
陕西子洲县岔巴沟	1967.8.10	250	70.1	12.7	27.5	45.0	—	18.1	39.2	64.2	—
	1963.8.28	500	55.8	10.6	20.3	28.8	—	19.0	36.4	51.6	—
	1966.6.27	600	78.9	12.6	22.0	33.0	—	16.0	27.9	41.8	—

这类暴雨的时程分布为双峰型或多峰型，其雨型有三种（图 2.1），其中最大高峰雨量一般为其他峰的 3～5 倍。

这类暴雨的雨区面积一般为 1000～10 000km^2，流域空间分布不均匀系数 η 值一般为 0.6～0.8，面雨量变异系数 CV 为 0.2～0.4。

3）C 型暴雨

C 型暴雨主要发生黄土高原中南部和东南部。从表 2.4 可以看出降雨历时一般大于 24h，次雨量一般为 60～130mm，从不同时段的雨量集中程度看，最大 10min 雨量一般仅占总雨量的 5%左右，最大 30min 雨量占总雨量的 5%～15%，最大 60min 雨量占总雨量的 8%～25%，最大 3h 雨量占总雨量的 15%～40%，最大 6h 雨量占总雨量的 30%～60%。

这类暴雨的时程分布为多峰型（图 2.1），雨区面积一般为 10000～50000km^2，流域空间分布不均匀系数 η 值平均为 0.9，面雨量变异系数 CV 值为 0.15。

表 2.4　黄土高原 C 型暴雨的降水特征

地点	日期	历时/min	雨量/mm	最大时段雨量/mm				占总雨量的比例/%			
				10min	30min	60min	120min	10min	30min	60min	120min
宁夏泾源县泾河源乡	1979.7.1	3601	118.7	2.3	4.8	8.5	12.8	1.9	4.0	7.2	10.8
	1980.7.27	2105	177.2	5.6	6.2	8.6	12.6	3.2	3.5	4.9	7.1
	1981.8.17	6622	197.2	2.4	6.6	10.7	19.2	1.2	3.3	5.4	9.7
	1983.5.13	1970	82.6	2.5	6.1	9.4	14.1	3.0	7.4	11.4	17.1
	1981.7.12	2280	88.1	6.1	7.8	8.5	19.6	6.9	8.9	9.6	22.2
	1980.6.28	3637	104.3	2	3.1	4.9	9	1.9	3.0	4.7	8.6
	1984.9.4	4728	105.6	6.1	11.6	11.7	11.8	5.8	11.0	11.1	11.2
陕西神木县贺家堡乡贾家沟	1979.7.1	1375	68.4	3.3	9.9	19.7	27.3	4.8	14.5	28.8	39.9
	1981.7.2	1736	68.4	5.8	13.2	14.7	19.8	8.5	19.3	21.5	28.9
	1989.6.6	1647	67.6	3.4	4.1	4.7	9	5.0	6.1	7.0	13.3
甘肃泾川县城关乡田沟门沟	1981.8.14	1974	94.4	2.9	5.5	8.5	12.2	3.1	5.8	9.0	12.9
	1988.8.7	1178	104.6	9.7	12.2	15.1	20.7	9.3	11.7	14.4	19.8
陕西延川县城关乡文安驿川	1981.8.14	1450	149.8	3.7	12.1	20.5	34.4	2.5	8.1	13.7	23.0
	1982.7.30	1570	110.6	3.7	11.1	22.2	44.3	3.3	10.0	20.1	40.1

续表

地点	日期	历时/min	雨量/mm	最大时段雨量/mm				占总雨量的比例/%			
				10min	30min	60min	120min	10min	30min	60min	120min
陕西吴堡县张家乡	1981.6.18	2635	114	6.7	13.5	17.3	20.5	5.9	11.8	15.2	18.0
	1981.6.20	878	60.9	4.4	8.7	11.3	12.4	7.2	14.3	18.6	20.4
	1987.6.21	1580	65.1	2.8	7.3	12.7	20.3	4.3	11.2	19.5	31.2
山西临县林家坪乡招贤沟	1979.8.2	1281	75.6	4.5	7.6	12.1	17.9	6.0	10.1	16.0	23.7
	1981.6.19	2754	140.4	8.8	22.8	31.5	32.5	6.3	16.2	22.4	23.1
陕西子洲县岔巴沟	1961.9.26	2260	134.9	4.3	11.6	22.2	—	3.2	8.6	16.5	—
	1961.8.13	800	88	2.5	7.0	11.0	—	2.8	8.0	12.5	—
陕西清涧县店则沟乡	1979.8.2	1271	67.3	5	7.8	13.9	19.8	7.4	11.6	20.7	29.4

表 2.5 是通过对 13 个小流域 405 场暴雨统计计算得到的不同类型暴雨的流域降雨不均匀系数 η 值和面雨量变差系数 CV 值，反映了不同类型暴雨降水空间分布的基本特征。

表 2.5　不同类型暴雨降水的空间分布特征

流域	面积/km²	A 型		B 型		C 型	
		CV	η	CV	η	CV	η
脱家沟	34.4	0.37	0.75	0.26	0.84	0.19	0.89
张家墕沟	52.6	0.54	0.70	0.21	0.78	0.09	0.93
店则沟	56.4	0.46	0.63	0.09	0.91	0.03	0.96
招贤沟	57.2	0.40	0.64	0.30	0.72	0.16	0.87
田沟门	58.0	0.24	0.82	0.17	0.86	0.19	0.88
韭园沟	70.1	0.61	0.50	0.33	0.64	0.20	0.75
店房台沟	87.0	0.66	0.66	0.33	0.82	0.07	0.98
贾家沟	93.4	0.46	0.70	0.25	0.76	0.19	0.85
涧川沟	140.0	0.67	0.62	0.29	0.75	0.15	0.79
岔巴沟	187.0	0.97	0.35	0.40	0.55	0.15	0.77
文安驿	303.0	0.62	0.47	0.36	0.65	0.16	0.78
砚瓦川	330.0	1.03	0.31	0.36	0.65	0.23	0.73
南小河沟	336.0	1.11	0.36	0.32	0.68	0.15	0.82
平均	—	0.63	0.58	0.28	0.74	0.15	0.85

3. 不同类型暴雨的时深关系

通过对 214 场暴雨的统计，得到不同类型暴雨的时深关系式为

A 型暴雨：

$$\text{HT}（\%）=\frac{T(\%)}{0.0065T(\%)+0.35} \tag{2.6}$$

B 型暴雨：

$$\text{HT}（\%）=\frac{T(\%)}{0.0085T(\%)+0.15} \tag{2.7}$$

C 型暴雨：　HT（%）=8.70+45.66Log$T$（%）　（2.8）

式中，HT 为 T 时段雨量占总雨量的比例，%；T（%）为 T 时段历时占总降雨历时的比例，%。

2.1.3　暴雨频率与暴雨中心

1. 暴雨频率

表 2.6 是张汉雄和王万忠（1982）按照其暴雨标准，通过对黄土高原 16 个代表性雨量站 1710 场暴雨的统计计算，得出的各站暴雨频率发生情况。

表 2.6　黄土高原的暴雨频数

地点	资料年限/a	暴雨总次数/次	年均次数/次	最多年次数/次	无暴雨年数/a	其中		各历时次数占年总次数比例/%	
						6～8 月/次	占比例/%	≤60min	≤180min
西宁	28	37	1.3	3	7	35	95.0	70.3	86.5
兰州	28	37	1.3	5	8	31	83.8	64.9	78.4
银川	28	38	1.4	4	6	33	86.8	52.6	71.1
固原	24	57	2.4	10	3	52	91.2	50.9	71.9
天水	26	65	2.5	6	1	58	89.2	66.2	87.7
西峰	24	96	4.0	9	0	87	90.6	49.0	72.2
呼和浩特	26	112	4.3	10	0	100	89.3	67.9	75.9
榆林	26	94	3.6	9	0	82	93.2	40.0	67.0
延安	25	132	5.3	11	0	112	84.8	50.0	74.6
洛川	25	100	4.0	9	0	85	85.0	44.0	78.0
耀县	20	81	4.0	8	0	67	83.0	41.0	65.7
大同	24	91	3.8	7	2	82	90.1	60.4	82.4
兴县	24	115	3.8	12	0	98	85.2	58.4	71.3
长治	25	160	6.4	12	0	140	83.8	48.8	66.8
侯马	25	110	4.4	10	0	88	80.0	50.0	70.0
平均	25	88	3.5	8.3	1.8	77	87.4	54.3	74.6

统计结果表明，16 个代表性雨量站平均年暴雨次数为 3.5 次，最多年为 8.3 次，无暴雨年份占 7.2%。其中，六盘山以西地区，每年仅有 2 次暴雨，无暴雨年数约占 25%；中北部广大地区年均暴雨 3～5 次，几乎每年都有暴雨发生；东南部地区年均暴雨次数在 6 次左右，最多年超过 10 次。暴雨历时小于 1h 的约占 40%～70%，3h 以下的约占 70%～80%，由西向东，短历时暴雨逐渐减少，长历时暴雨相应增多。

同时，作者又按照自己所拟定的暴雨标准（王万忠，1984），统计了长治、大同、原平、兰州、银川不同类型暴雨的发生情况（表 2.7），从表中所列结果可以看出，A 型、B 型和 C 型三种类型暴雨平均所占比例分别为 57.1%、38.2%和 3.7%。其中西北部较东南部 A 型暴雨所占比例要大一些，东南部的 C 型和 B 型暴雨发生频率要比西北部高。

表 2.7　黄土高原不同类型暴雨的发生情况

地点	资料年限/a	暴雨总次数	不同类型暴雨次数			占总暴雨次数的比例/%		
			A 型	B 型	C 型	A 型	B 型	C 型
兰州	16	31	19	11	1	61.3	35.5	3.2
银川	15	24	14	9	1	58.3	37.5	4.2
大同	21	73	51	20	2	69.9	27.4	2.7
原平	20	82	39	35	4	47.6	42.7	4.9
长治	21	115	56	55	4	48.7	47.8	3.5
平均	18	65	35	26	2	57.1	38.2	3.7

2. 暴雨中心区

由于黄土高原的暴雨与地理位置和地形因素密切相关，因此在黄土高原分布着许多暴雨中心。所谓暴雨中心，应该包含频率和强度两个概念，即是指最易发生暴雨且强度最大的地方。由于黄土高原的暴雨主要是短历时的局地雷暴雨，因此，选用年最大 60min 雨量和 1440min 雨量作为确定暴雨中心的指标。根据对 184 个雨量站 1955～1987 年近 30 年系列年最大 60min 雨量和年最大 1440min 雨量及大暴雨发生频率的统计，在黄土高原共确定了 18 个暴雨中心区和 49 个暴雨中心点（图 2.2，表 2.8）。各暴雨区的暴雨特征指标见表 2.8。

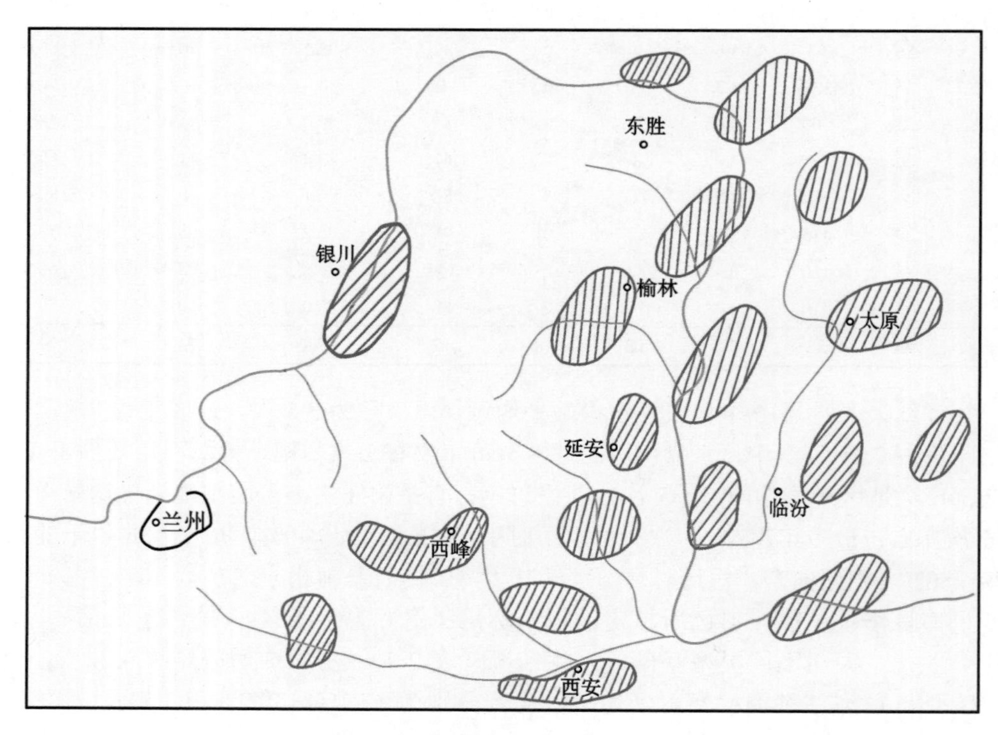

图 2.2　黄土高原暴雨中心区分布图

表 2.8　黄土高原暴雨中心及其降水特征指标

暴雨中心区	暴雨中心点	年最大 60min 雨量/mm			年最大 1440min 雨量/mm		
		年平均	最大年	极值	年平均	最大年	极值
东部济源暴雨区	赵礼庄、小浪底、八里胡同	40	80～100	104.3	85～90	150～200	218.4
太行山南翼暴雨区	长治、陵川	35	70～80	69.7	75～80	150～250	556.0
沁河中上游暴雨区	古县、沁源、安泽	30～35	70～80	64.1	65～70	150	156.7
秦岭北麓暴雨区	涝峪口、大峪、罗李村	25～30	65～80	80.6	55～80	100～150	262.1
渭北暴雨区	千阳、旬邑、淳化、耀县	25～28	60～90	117.9	55～65	100～180	269.9
北洛河中游暴雨区	黄陵、洛川、黄龙	28～32	75～80	110.7	60～65	110～130	307.9
泾河中上游暴雨区	平凉、庆阳、泾川	22～25	45～55	64.1	60	120～150	238.0
渭河上游暴雨区	秦安、天水、渭源	20	45～50	62.7	45	85～95	113.4
吉（县）龙（门）暴雨区	吉县、龙门	30	55～65	63.5	65～70	110～190	190.9
延河、清涧河暴雨区	延安、子长	27	50～60	68.9	60～70	100～150	406.0
吕梁山西侧暴雨区	临县、榆林、吴堡、石楼	28～30	55～65	84.4	65～75	140～180	422.5
吕梁山东侧暴雨区	朔县	22	40	51.2	58	150	480.0
晋中暴雨区	昔阳、太原、汾河二坝	28	50～80	100.0	60～70	150～200	422.5
无定河中上游暴雨区	榆林、韩家峁、纳林河	27	70～100	85.6	55～65	140～180	1440
河（曲）神（木）暴雨区	皇甫、神木、高家堡	25～28	60～80	84.0	50～65	140～180	408.7
大青山南侧暴雨区	呼和浩特、大脑包 哈德门沟、头道拐	25	55～65	100.6	60～65	150～200	300.3
贺兰山东侧暴雨区	中宁、贺兰、银川	15	50	98.6	35～40	75	212.5

2.2　特大暴雨

2.2.1　特大暴雨标准

一般把暴雨标准的 2 倍定为大暴雨，把暴雨标准的 3～4 倍定为特大暴雨，国家气象局规定特大暴雨的标准为日雨量≥200mm。

我们认为，国家气象局规定的特大暴雨标准对于应用于水土保持工作来说，过于严格，因为它不能包括许多严重引起水土流失的特大强度降雨。虽然这些暴雨的总雨量未达到 200mm，但其降雨强度很大，水土流失危害最为严重。因此根据黄土高原超渗产流和水土流失的特点，考虑到标准的实用性，经降雨强度与土壤流失关系的统计分析，用暴雨标准的 4～5 倍作为黄土高原特大暴雨的标准（表 2.9）。

表 2.9　黄土高原特大暴雨的标准

指标	时段雨量/mm									
	5min	10min	30min	60min	2h	3h	4h	6h	12h	24h
标准	15	25	45	60	80	90	100	120	150	200

2.2.2 特大暴雨的降水特征

1. 资料的整理计算

根据上述标准，统计了 1955～2006 年黄土高原不同历时 333 场特大暴雨的发生情况，其中 1986 年以前的特大暴雨主要来自黄河流域水文年鉴中各水文站的降水资料和各地气象站的降水资料，1987 年以后的特大暴雨主要来自有关文献中的资料。

对于有些暴雨短缺的时段雨量进行了插补。根据 286 场特大暴雨降雨强度随降雨时间延长的递减变化情况，确定插补系数为 0.52～0.55，多数取 0.53。即降雨时间缩短 50%，对应的雨量为其雨量的 52%～55%。以系数 0.53 为例，若这场暴雨 60min 的雨量为 40.0mm，那么 30min 的雨量就用 40mm 乘以 0.53，为 21.2mm。若已知 60min 的雨量为 40.0mm，120min 的雨量为 80.0mm，那出要求 90min 的雨量，就先用 80.0mm 减 40.0mm，然后乘以 0.53 等于 21.2mm，再加上 40.0mm（60min 雨量）等于 61.2mm，即 90min 的雨量为 61.2mm。根据 80 多场暴雨用插补方法与实测值的检验，误差一般不超过 5%。

在雨型的划分上，根据各类暴雨的时段雨量结构特征，基本上先按两个 80%进行初步划分，然后再根据每场暴雨的实际情况进行适当调整。即先按 $\frac{P_{60}}{P} \geqslant 80\%$划分出 A 型暴雨，再按 $\frac{P_{360}}{P} \geqslant 80\%$划分出 B 型暴雨，剩余的就是 C 型暴雨；最后再根据每场暴雨的实际情况进行适当调整。

通过上述资料的整理，最后在 333 场特大暴雨中，划分出 A 型暴雨 151 场，占 45.4%；B 型暴雨 122 场，占 36.6%；C 型暴雨 60 场，占 18.0%。表 2.10～表 2.12 所列是各类型的代表性特大暴雨。

表 2.10 黄土高原 A 型特大暴雨（62 例）

序号	地点	时间	历时/min	雨量/mm	时段雨量/mm							备注
					5min	10min	30min	60min	90min	2h	3h	
1	甘肃华池县悦乐	1985.8.5	15	34.3	15.7	26.1						
2	甘肃宁县杨家坪	1983.8.24	20	29.5	15.5	25.9						
3	宁夏银川市市区	1951.8.10	30	65.0	13.1*	23.8	65.0					调查值
4	甘肃华池县白家川	1985.8.14	30	40.1	15.3*	27.8	40.1					
5	甘肃庆阳县毛家河	1968.7.14	30	47.0	24.0	30.0	47.0					
6	陕西西安市马渡王	1982.8.6	60	53.1	14.5	24.2	53.1					
7	内蒙古伊金霍洛旗阿勒腾席热	1987.8.18	45	41.6	16.6*	30.1	40.5					
8	内蒙古土默特右旗公山湾	1980.8.26	45	49.9	20.6	37.4	48.2					
9	山西兴县裴家川	1985.8.11	45	48.2	11.4*	20.8	45.2					
10	山西祁县盘陀	1960.7.20	45	46.3	15.6	26.0	44.4					
11	甘肃西峰市西峰	1976.7.16	45	43.1	18.0	20.9	41.5					
12	山西沁源县城区	1982.0.0	45	45.1	16.7	27.7	45.0					

续表

序号	地点	时间	历时/min	雨量/mm	时段雨量/mm							备注
					5min	10min	30min	60min	90min	2h	3h	
13	甘肃岷县寺沟村	2001.7.24	50	124.0	17.2*	31.3*	77.4*	124.0				调查值
14	山西永济县张留庄	1978.6.28	55	61.9	17.9	33.7	56.6	61.9				
15	甘肃永登县武胜驿	1973.8.6	60	44.8	15.0	22.1	42.0	44.8				
16	宁夏中宁县城区	1961.7.22	60	49.8	21.3	35.5	35.5	49.8				
17	内蒙古固阳县阿塔山	1978.8.12	60	46.9	15.0	24.9	42.3	46.9				
18	陕西横山县赵石窑	1969.5.11	60	43.1	18.3	31.6	41.8	43.1				
19	陕西靖边县城区	1984.9.16	60	50.1	21.1	35.1	49.4	50.1				
20	陕西子长县城区	1971.7.23	60	58.5	18.0	30.0	41.0	58.5				
21	山西古县东庄	1974.7.31	60	82.4	14.6*	26.5*	65.6	82.4				
22	山西寿阳县曲旺	1975.7.16	60	68.5	16.8	25.5	64.0	68.5				
23	甘肃合水县西华池	1971.7.1	60	91.1	19.1*	34.8	53.6	91.1				调查值
24	陕西黄陵县城区	1983.8.4	60	64.1	18.8	31.4	44.9	64.1				
25	甘肃武山县高家河	1985.8.10	70	440.0	46.1*	83.8*	207.4*	377.1	440.0			调查值
26	内蒙古达格特旗龙头拐	1974.7.5	90	45.1	19.6	28.6	43.5	44.8	45.1			
27	陕西延安市甘谷驿	1958.8.24	90	59.0	17.5	29.1	50.1	58.9	59.0			
28	山西娄烦县上静游	1981.7.24	90	40.8	16.8*	30.6	38.9	40.2	40.8			
29	山西太原市岔口	1974.8.21	90	27.5	20.5	22.2	26.1	26.5	27.5			
30	山西曲沃县浍河水库	1983.8.5	90	77.5	11.7	19.5	50.9	77.2	77.5			
31	甘肃华亭县华亭	1983.9.4	90	33.7	18.3	31.3	32.9	33.5	33.7			
32	陕西长武县张家沟	1978.7.27	90	57.4	18.1	26.1	55.8	57.3	57.4			
33	陕西长安区高桥	1981.7.28	90	74.0	12.5*	22.7	52.4	70.9	74.0			
34	甘肃临洮县英家嘴	1986.5.29	120	320.0	21.5*	39.1*	96.8*	176.0*	260.4*	320.0		调查值
35	内蒙古伊金霍洛旗伊金霍洛	1960.0.0	120	40.4	18.5	30.6	40.0	40.0	40.2	40.4		
36	陕西绥德县绥德	1980.8.8	120	48.5	19.0*	34.6	48.4	48.4	48.4	48.5		
37	陕西延长县桐湾	1985.7.8	120	44.1	22.3*	40.6	41.1	41.1	43.1	44.0		
38	陕西延川县文安驿川	1988.8.11	120	85.5	29.2*	53.0	82.0	84.4	85.5	85.5		
39	山西太原市太原	1969.7.27	120	96.5	13.5	26.2	52.2	88.1	95.2	96.5		
40	山西沁源县沁源	1977.8.6	120	73.3	16.5	21.5	42.2	71.9	72.7	73.3		
41	甘肃西峰市肖金	1991.7.26	126	215.0	13.8*	25.0*	62.0*	112.6*	166.7*	204.8	215.0	
42	甘肃镇原县新城	1987.5.0	150	283.7	15.3*	27.8*	68.8*	125.1*	185.0*	227.4	283.7	
43	甘肃镇原县白家岔	1985.5.1	150	359.0	19.3*	35.1*	86.9*	158.0*	233.7*	287.2	359.0	调查值
44	甘肃庆城县熊家庙	1988.7.23	150	270.0	14.5*	26.4*	65.3*	118.8*	175.8*	216.0	270.0	调查值
45	山西祁县梁坪寨	1974.7.24	155	49.2	23.5	28.0	42.7	46.1	47.2	47.8	49.2	
46	宁夏西吉县偏城	1982.5.26	165	225.0	20.9*	38.0*	94.1*	171.0	206.9*	223.0	225.0	调查值
47	山西闻喜县坡底村	1977.7.29	175	464.0	21.4*	38.9*	96.3*	175.0*	258.9*	318.2*	464.0	调查值
48	山西临县兔坂镇	2012.7.27	180	197.0	9.1*	16.5*	40.9*	74.4*	110.1*	135.3	197.0	
49	山西柳林县后大成	1988.7.18	180	84.6	16.3*	29.7	61.0	68.5	71.0	76.9	84.5	
50	山西朔县大尹庄	1962.7.5	180	250.0	13.7*	24.8*	61.5*	111.8*	165.4*	203.2	250.0	调查值
51	陕西志丹县城区	1988.0.0	180	62.7	18.1	25.8	48.0	59.4	61.8	62.5	62.7	

续表

序号	地点	时间	历时/min	雨量/mm	时段雨量/mm							备注
					5min	10min	30min	60min	90min	2h	3h	
52	陕西太白县鹦鸽	1978.7.9	180	69.4	20.4	30.6	52.5	64.3	69.1	69.2	69.4	
53	陕西咸阳市咸阳	1983.9.4	180	46.6	22.9	38.4	43.0	43.2	43.2	43.9	46.6	
54	山西阳城县润城	1978.7.9	180	92.9	14.3*	25.9*	64.1	90.5	92.8	92.8	92.9	
55	山西阳城县阳城	1959.5.30	180	29.9	20.6	21.3	21.4	21.5	25.0	29.0	29.9	
56	山西襄垣县襄垣	1970.6.25	180	33.4	20.6	23.0	26.2	30.0	31.2	32.5	33.4	
57	甘肃泾川县城区	2007.7.24	190	148.2	18.6*	33.8*	83.5	104.6*	115.7*	123.5*	140.4	
58	陕西榆林市韩家峁	1987.8.25	240	71.9	26.1	43.5	61.8	62.0	63.7	65.6	71.1	
59	甘肃宁县杨家坪	1974.7.31	240	52.1	19.2	25.5	40.5	49.2	50.3	51.0	51.9	
60	陕西渭南市大石槽	1981.6.20	275	339.9	30.8*	56.0*	138.6*	252.0	274.1	296.0	333.0	调查值
61	陕西周至县黑峪口	1973.5.26	317	77.5	59.1	61.0	63.9	74.5	77.5	78.0	90.1	
62	山西太原市梅洞沟	1971.7.1	360	56.8	53.1	53.1	53.1	53.1	55.8	55.8	55.8	

*为插补值。

表 2.11　黄土高原 B 型特大暴雨（50 例）

序号	地点	时间	历时/min	雨量/mm	最大时段雨量/mm							备注
					10min	30min	60min	3h	6h	12h	24h	
1	宁夏平罗县黄草滩	1979.8.6	240	134.6	20.0	47.3	71.4	132.0	134.5			
2	陕西宝鸡市育家沟	1985.5.3	240	555.0	37.0*	91.5*	166.4*	447.5*	550.0			调查值
3	山西夏县泗交	1982.8.9	240	153.0	30.2	72.7	113.2	151.6	153.0			
4	内蒙古达格特旗青达门	1989.7.20	300	186.0	12.1*	30.0	43.0	116.0	186.0			
5	陕西澄城县洑头	1971.7.1	310	60.0	29.0	33.2	35.0	57.3	60.0			
6	甘肃临洮县临洮	1979.8.10	360	167.9	16.9	39.8	74.1	135.0	167.9			
7	甘肃临洮县新荣	1979.8.12	360	401.0	19.8*	49.0*	89.2*	220.6*	401.0			调查值
8	宁夏贺兰县苏峪口	1998.5.20	360	167.8	14.9*	37.0*	67.2	146.4	167.8			
9	山西兴县任家塔	1989.7.22	360	245.0	12.1*	30.0*	54.5*	134.8*	245.0			
10	陕西清涧县清涧	1978.7.23	360	202.4	10.0*	24.8*	45.0*	111.3*	202.4			
11	陕西延安市延安	1979.7.21	360	83.1	29.5	61.2	62.1	70.7*	83.1			
12	山西霍州市陶村堡	1970.8.10	360	600.0	29.7*	73.4*	133.4*	330.0*	600.0			调查值
13	山西榆社县榆社	1961.8.2	360	127.9	17.1	30.4	53.3	119.4	127.9			
14	河南济源县赵礼庄	1979.7.11	360	108.0	25.1	49.2	71.2	107.2	108.0			
15	内蒙古呼和浩特市坝口子	1959.7.27	390	300.2	14.3*	35.4*	64.3	156.0	227.1			
16	山西汾阳市北花枝	1988.8.6	420	260.0	18.0*	44.5*	80.9*	200.0	223.0			
17	甘肃西峰市驿马	1958.7.13	480	258.0	8.9*	22.1*	40.2*	99.3*	180.6*			
18	内蒙古土默特左旗三两	1979.7.21	540	130.4	23.5	59.0	96.0	129.6	129.8			
19	陕西岐山县枣林	2007.8.8	540	207.1	21.6*	53.4*	97.0	129.1*	151.0			
20	河南济源县赵礼庄	1978.6.28	540	104.5	24.0	49.0	78.1	102.6	104.2			
21	宁夏永宁县高山站	1975.8.5	600	212.5	19.3*	47.6*	86.6	160.9*	181.2			
22	内蒙古乌审旗木多才当	1977.8.1	600	1400.0	42.7*	105.7*	192.1*	475.2*	864.0	1400.0		调查值
23	陕西礼泉县礼泉	2007.8.8	600	207.8	21.1*	52.3*	95.0	127.8*	151.0*	207.8		

续表

序号	地点	时间	历时/min	雨量/mm	最大时段雨量/mm							备注
					10min	30min	60min	3h	6h	12h	24h	
24	内蒙古乌审旗纳林河	1972.7.19	720	156.4	52.5	75.0	107.1	122.4	153.0	156.4		
25	山西临县城区	1970.8.8	720	175.8	15.9	27.6	42.2	112.9	149.3	175.8		
26	陕西吴旗县沙集	1994.8.30	720	383.0	26.7*	66.0*	120.0	161.5*	251.0	383.0		调查值
27	陕西长武县亭口	1954.9.2	720	206.0	9.4*	23.2*	42.2*	104.5	165.2	206.0		
28	陕西旬邑县职田	1960.7.4	720	298.0	44.5	108.6	117.9	154.1	270.0	298.0		
29	甘肃靖远县论古	1979.8.6	720	108.3	15.5	32.2	55.1	99.2	106.8	108.3		
30	山西沁源县城区	1979.7.30	720	133.6	17.6	35.4	53.1	97.7	131.3	133.6		
31	陕西绥德县辛店沟	1994.8.4	780	159.7	25.5*	63.0	88.8*	134.0	144.2	159.7		
32	宁夏贺兰县滑雪场	2016.8.21	840	242.2	18.3*	45.4*	82.5	113.9*	137.8*	204.0	242.2	
33	甘肃灵台县中台	2013.7.21	840	287.8	18.3*	45.3*	82.3	122.3*	157.1*	246.7	287.8	
34	宁夏银川市小口子	1984.8.1	1440	202.7	24.5	53.7	98.6	176.3	193.8	197.5	202.7	
35	内蒙古包头市包头	1958.8.7	1440	97.8	44.8	48.9	54.3	63.4	79.2	88.0	97.8	
36	陕西府谷县黄甫	1977.8.1	1440	139.6	41.2	58.8	84.0	96.0	120.0	132.5	139.6	
37	陕西榆林市韩家峁	1970.8.27	1440	188.9	48.0	68.0	85.6	124.4	178.0	185.2	188.9	
38	陕西洛川县洛川	1978.7.9	1440	124.6	35.5	61.0	100.7	117.5	121.6	122.6	124.6	
39	陕西旬邑县旬邑	1960.0.0	1440	140.7	44.5	63.6	90.9	103.8	129.8	136.8	140.7	
40	陕西宝鸡市范家庄	1980.8.23	1440	161.6	9.2	25.0	44.6	104.3	131.0	158.5	161.6	
41	陕西长安区大峪	1960.7.22	1440	124.7	19.5	43.3	80.6	105.7	108.1	124.0	124.7	
42	陕西耀县柳林	1979.8.2	1440	195.1	22.0	45.9	76.9	140.9	186.7	195.0	195.1	
43	陕西大荔县羌白	1981.8.15	1440	159.5	19.4	43.0	69.3	135.0	147.1	148.5	159.5	
44	河南济源县赵礼庄	1971.8.1	1440	129.0	33.4	47.0	80.8	123.6	126.2	126.2	129.0	
45	河南济源县八里胡同	1983.7.1	1440	162.4	17.4	27.1	38.6	80.0	134.3	161.8	162.4	
46	河南沁阳县山路平	1982.7.30	1440	232.7	22.2	45.8	83.8	125.6	203.0	218.3	232.7	
47	山西阳城县横河	2011.7.2	1440	321.2	22.0*	54.5*	99.1	184.1*	272.7	305.4*	321.2	
48	山西清徐县汾河二坝	1969.7.25	3100	204.2	20.2	51.5	100.0	176.7	180.1	180.1	192.7	
49	山西陵川县甘河	1961.8.2	4320	259.5	20.0*	49.6*	90.1*	223.0	224.0	239.4	259.5	
50	河南济源县八里胡同	1977.7.30	4320	192.4	45.0	64.3	104.3	168.8	169.0	169.1	169.3	

*为插补值。

表 2.12 黄土高原 C 型特大暴雨（30 例）

序号	地点	时间	历时/min	雨量/mm	最大时段雨量/mm							备注
					60min	2h	3h	6h	9h	12h	24h	
1	甘肃平凉县崆峒峡	1977.7.4	1140	255.0	17.2*	31.2*	42.4*	77.1*	114.1*	140.3*	255.0	
2	山西平顺县杏城	1975.8.6	1400	556.0	87.8*	159.6*	217.2*	394.9	421.8*	448.6*	556.0	调查值
3	山西柳林县金家庄	1964.7.6	1440	464.8	64.5*	117.2*	159.5*	290.0	319.1*	348.2*	364.8	
4	山西古交市顺道村	1971.7.31	1440	570.0	106.7*	194.0*	264.0	480.0	495.0*	510.0	570.0	调查值
5	山西太原市西沟	1966.8.23	1440	331.0	38.7*	70.3*	95.7*	174.0	201.7*	229.4	330.0	
6	山西洪洞县石滩	1981.8.15	1440	162.1	25.1*	45.6	63.4	106.2	140.0	156.5	162.1	
7	甘肃西峰市王家坪	2003.8.25	1440	217.5	28.9*	52.6*	71.5*	130.0	162.8*	180.1	217.5	

续表

序号	地点	时间	历时/min	雨量/mm	最大时段雨量/mm							备注
					60min	2h	3h	6h	9h	12h	24h	
8	陕西户县涝峪口	1980.8.23	1440	262.1	74.6	113.1	143.5	205.7	244.8	249.8	262.1	
9	山西垣曲县垣曲	1982.7.30	1440	202.4	55.5	73.2	83.6	106.3	137.3	160.0	187.4	
10	山西垣曲县长直	1982.7.29	1440	202.4	80.4	98.4	116.9	149.1	164.2	177.7	202.4	
11	山西垣曲县朱家庄	2007.7.29	1440	384.7	78.8	107.3*	125.5	160.0*	194.5*	229.0	384.7	
12	山西阳城县润城	1970.7.31	1440	206.2	59.5	103.0	106.7	113.3	113.4	113.7	206.1	
13	山西石楼县裴沟	1977.8.5	1740	294.7	84.4	120.8	144.8	215.9	220.3	230.8	286.8	
14	陕西安塞县招安	1977.7.5	1800	406.0	62.3*	113.2*	154.0*	280.0	310.0	315.0	406.0	调查值
15	陕西子长县子长	2002.7.4	2040	382.9	105.0	150.5*	181.6*	258.4	277.2*	296.0	371.4	
16	山西平定县滦泉	1966.8.23	2160	610.0	100.7*	183.1*	249.2*	453.0	474.2*	495.3*	580.0	调查值
17	山西平遥县平遥	1977.8.5	2280	377.3	65.0	128.0	166.6	262.8	323.5	323.9	358.6	
18	陕西澄城县洑头	1965.7.19	2520	179.6	57.3	61.0	68.5	114.7	142.0	155.8	168.5	
19	甘肃庆阳县玄马	1978.7.10	2660	171.4	51.6	87.4	114.2	141.0	145.4	146.4	170.9	
20	内蒙古准格尔旗头道拐	1978.8.11	2760	185.0	100.6	181.4	128.9	131.0	139.1	142.4	157.6	
21	陕西神木县杨家坪	1971.7.23	2880	418.9	43.2*	78.6*	106.9	205.5	307.9*	408.7	408.7	
22	山西古县永乐	1975.7.20	2880	166.3	48.0	73.0	91.5	105.3	113.6	113.8	151.9	
23	山西临猗县薛公村	1983.7.28	2880	205.8	76.8	91.5	107.0	123.6	124.0	124.3	205.8	
24	甘肃镇原县开边	1996.7.26	2880	257.2	22.2*	40.4*	54.9*	99.9	140.0*	166.7	215.7	
25	陕西清涧县白家川	1977.8.5	3120	254.0	64.1	98.8	103.6	150.8	152.7	171.8	242.9	
26	山西昔阳县三教河	1996.8.3	3660	539.1	67.5	89.7*	103.4*	135.9	177.1*	196.2	356.3	
27	内蒙古固阳县阿塔山	1958.8.4	4320	187.6	72.6	87.2	90.5	143.1	155.8	161.4	170.1	
28	山西方山县峪口	1974.7.30	4320	172.4	49.2	85.2	108.5	122.2	132.7	139.0	170.1	
29	河南沁阳县山路平	1975.8.4	4320	195.3	65.6	104.1	126.6	144.2	173.3	177.4	179.5	
30	山西垣曲县华锋	1958.7.14	7200	499.6	79.4*	144.4*	196.5	245.5	247.3*	249.0	366.6	

*为插补值。

2. 特大暴雨的时段雨量达标次数与雨型结构

表 2.13 是不同雨型特大暴雨各时段雨量达到特大暴雨标准的发生次数。从表中结果可以看出：

表 2.13 黄土高原不同时段不同雨型特大暴雨的发生次数

雨型	不同时段发生次数									
	5min	10min	30min	60min	2h	3h	4h	6h	12h	24h
A 型	92	85	67	50	23	19	14	14	12	11
B 型	33	30	57	79	68	68	64	46	34	21
C 型	11	10	21	32	28	34	28	26	23	21
合计	136	125	145	161	119	121	106	86	69	53

1）不同雨型各时段雨量达标次数的纵向比较

在 5min、10min、30min 这三个时段，A 型暴雨达标次数最多，B 型暴雨次之，C 型暴雨最少。5min 时段三种类型暴雨达标次数的比例分别为 67.6%、24.3%和 8.1%；10min 时段分别为 68.0%、24.0%和 8.0%；30min 时段分别为 46.2%、39.3%和 14.5%。

在 60min 时段，B 型暴雨达标次数最多，A 型暴雨次之，C 型暴雨最少；A 型、B 型、C 型三种类型暴雨达标次数的比例分别为 31.0%、49.1%和 19.9%。

在 2～24h 的六个时段，B 型暴雨达标次数最多，C 型暴雨次之，A 型暴雨最少；A 型、B 型和 C 型三种类型暴雨达标次数的比例分别为 13.2%～20.7%、39.6%～57.1%和 23.5%～39.6%。

三种类型暴雨各时段达标次数的基本特点是：随着降雨时段的延长，A 型暴雨的达标率越来越少，C 型暴雨的达标率逐渐增加，B 型暴雨的达标率相对比较稳定。

2）各雨型不同时段雨量达标次数的横向比较

A 型暴雨各时段的达标次数从 5min 的 92 次逐渐减少到 24h 的 11 次，也就是在 151 场 A 型暴雨中，有 61.0%的 5min 雨量达到了该时段的特大暴雨标准（≥15mm），有 7.3%的 24h 雨量达到了该时段的特大暴雨标准（≥200mm）。同时，各时段达标次数的变化以 60min 为转折点。在 60min 时段有 33.1%的 A 型暴雨达到了该时段的特大暴雨标准（≥60mm），而到了 2h，只有 15.2%的 A 型暴雨达到了该时段的特大暴雨标准（≥80mm）。因为，A 型特大暴雨由于时间短，降雨集中，集中性雨量一般不会超过 80mm，特别是雨量超过 200mm 更是很少发生的，60 余年来，整个黄土高原只发生了 11 次。

B 型暴雨各时段的达标次数特点是两端少中间多。左端 5min 和 10min 两个时段的达标次数为 33 次和 30 次，分别占 122 场 B 型特大暴雨的 27.1%和 24.6%。右端 12h 和 24h 两个时段的达标次数为 34 次和 21 次，分别占 122 场 B 型特大暴雨的 27.9%和 17.2%。中间 30min 至 6h 六个时段的达标次数为 46～79 次，可占 37.7%和 64.7%。这一特点很符合 B 型特大暴雨的降水特征。

C 型暴雨各时段的达标次数除了 5min 和 10min 两个时段的达标次数较少外，其他各时段变化不是很大。5min 和 10min 两个时段的达标次数只有 11 和 10 次，仅占 60 场 C 型特大暴雨的 17%。C 型暴雨以 60min 至 6h 这五个时段达标次数较多，最多为 3h 时段，达标次数 34 次，占 C 型特大暴雨的 56.7%。

三种类型特大暴雨各时段的达标次数变化完全是由其降水特征决定的。

3）三种类型特大暴雨各时段达标次数的基本特点

60min 以下的特大强度降水主要发生在 A 型暴雨，1～6h 的特大强度降水主要发生在 B 型暴雨，6h 以上的特大强度降水主要发生在 C 型暴雨。

3. 特大暴雨的时段雨量特征

表 2.14 是三种雨型不同时段的平均降雨量。从表中结果可以看出以下特征：

在最大 30min 以前的各时段，A 型暴雨的雨量最大，B 型暴雨次之，C 型暴雨最小。特别是在最大 30min 以前尤为明显。A 型暴雨最大 5min 的平均雨量为 16.3mm，B 型

表 2.14　黄土高原特大暴雨不同雨型不同时段的平均雨量

雨型	不同时段平均雨量/mm														
	5min	10min	15min	20min	30min	45min	60min	90min	2h	3h	4h	6h	9h	12h	24h
A 型	16.3	26.4	33.3	38.9	46.5	54.6	59.5	65.4	68.9	73.1	73.3	73.5	73.6	73.7	74.1
B 型	13.4	22.6	29.4	35.5	45.3	58.1	68.5	82.0	92.3	106.1	116.5	130.7	140.9	144.8	148.1
C 型	10.7	18.7	25.1	31.2	40.6	51.7	60.4	73.5	86.8	102.0	117.4	138.2	154.0	163.6	196.2

暴雨为 13.4mm，C 型暴雨只有 10.7mm。最大 10min 平均雨量 A 型暴雨为 26.4mm，B 型暴雨为 22.6mm，C 型暴雨只有 18.7mm。

在最大 60min～3h 之间的各时段，B 型暴雨的雨量最大，C 型暴雨次之，A 型暴雨最小。特别是在最大 2h 和 3h 两个时段尤为明显：最大 2h 的平均雨量 B 型暴雨为 92.3mm，C 型暴雨为 86.8mm，A 型暴雨只有 68.9mm；最大 3h 的平均雨量 B 型暴雨为 106.1mm，C 型暴雨为 102.0mm，A 型暴雨只有 73.1mm。

在最大 4h 以后的各时段，C 型暴雨的降雨量最大，B 型暴雨次之，A 型暴雨最小。C 型暴雨最大 12h 的平均降雨量为 163.6mm，B 型暴雨为 144.8mm，C 型暴雨为 73.7mm；最大 24h 平均雨量 C 型暴雨为 196.2mm，B 型暴雨为 148.1mm，A 型暴雨为 74.1mm。

上述结果说明，短时段（特别是 30min 以前）A 型暴雨的降雨强度最大，中时段（特别是 3h 以前）B 型暴雨的降雨强度最大，长时段（主要是 6h 以后）C 型暴雨的降雨强度最大。

表 2.15 是根据黄土高原 333 场特大暴雨各时段的实际降雨情况，按雨量大小，从 15mm 到 1000mm 分作若干等级，分别统计不同时段达到不同雨量等级的发生次数。根据表 2.15 的统计结果，按照各时段不同量级雨量发生次数占 333 场特大暴雨的比例，黄土高原特大暴雨不同时段最大雨量的相对发生概率（分易见、少见、罕见三种情形）见表 2.16。

表 2.15　黄土高原特大暴雨不同时段不同雨量量级的发生次数　　单位：次

雨量量级/mm	最大降雨时段暴雨发生次数									
	5min	10min	30min	60min	2h	3h	4h	6h	12h	24h
≥15	136									
≥20	37									
≥25	13	125								
≥30	5	50								
≥35	3	26								
≥40	3	15								
≥45	3	8	145							
≥50	2	6	87							
≥55		3	51							
≥60		1	38	161						
≥70			16	78						
≥80			11	56	119					

续表

雨量量级/mm	最大降雨时段暴雨发生次数									
	5min	10min	30min	60min	2h	3h	4h	6h	12h	24h
≥90			8	36	83	121				
≥100			4	27	63	88	106			
≥120			2	12	40	57	71	86		
≥150				8	23	35	42	55	69	
≥180				3	17	24	33	42	52	
≥200				2	14	20	27	35	44	53
≥250				2	7	13	16	23	27	36
≥300				1	5	8	10	12	19	24
≥350					2	5	7	10	12	16
≥400					1	4	5	8	10	11
≥450						1	3	6	6	7
≥500							2	3	4	6
≥550							2	3	3	5
≥600							1	2	2	2
≥800								1	1	1
≥1000									1	1

表 2.16　黄土高原特大暴雨不同时段最大雨量的可能发生情况

发生可能程度	不同时段最大雨量/mm									
	5min	10min	30min	60min	2h	3h	4h	6h	12h	24h
易见	15	25	45	60	80	90	100	120	150	180
少见	25	45	80	120	200	250	300	350	400	450
罕见	35	55	100	180	300	400	450	500	550	600

4. 特大暴雨的年内分配特征

对 333 场特大暴雨的发生日期按旬进行统计，除去发生日期不详的 13 场暴雨，纳入统计的共 320 场暴雨（表 2.17）。

表 2.17　黄土高原特大暴雨发生次数的日期统计　　单位：次

雨型	5 月			6 月			7 月			8 月			9 月			合计
	上旬	中旬	下旬	上旬	中旬	下旬	上旬	中旬	下旬	上旬	中旬	下旬	上旬	中旬	下旬	
A 型	2	3	4	6	2	4	19	10	34	27	14	13	4	2	1	145
B 型	3	1	2	1	0	5	15	10	29	33	6	7	4	0	0	116
C 型	0	0	0	0	0	3	12	7	13	11	7	6	0	0	0	59
合计	5	4	6	7	2	12	46	27	76	71	27	26	8	2	1	320

按月统计，黄土高原特大暴雨主要发生在 5～9 月，各月的发生比例分别为 4.7%、6.6%、46.6%、38.7%和 3.4%，其中 7 月、8 月两月的发生比例占到 85.3%。

按旬统计，黄土高原特大暴雨 5～9 月各旬均有发生，其中 A 型暴雨各旬均有发生，B 型暴雨发生在 5 月上旬到 9 月上旬，C 型暴雨只发生在 6 月下旬至 8 月下旬。发生次数最多的是 7 月上旬、7 月下旬和 8 月上旬，分别占总暴雨次数的 14.4%、23.8%和 22.2%，其中 A 型暴雨为 13.1%、23.4%和 18.6%，B 型暴雨为 12.9%、25.0%和 28.4%，C 型暴雨为 20.3%、22.0%和 18.6%。

5. 特大暴雨的区域分布特征

根据黄土高原的区域特征，把其分为西北部（黄河上游）、中部（河龙区间）、中南部（北洛河、泾河流域）、南部（渭河流域）、东部（汾河及太行山以西）和东南部（潼关以东区域）六个大区 16 个区域，分别统计各类特大暴雨发生的次数（表 2.18），可以看出，A 型特大暴雨分布基本上不受区域位置的影响，主要与地形和下垫面条件有关，C 型特大暴雨在中部、南部和东南部发生的概率多一些。

表 2.18　黄土高原不同区域不同雨型特大暴雨发生次数　　单位：次

区域	范围		A 型	B 型	C 型	合计
A 西北部地区（黄河上游）	A1	兰州以西及洮河流域	4	4	1	9
	A2	靖远以北贺兰山地区	3	7		10
	A3	宁南地区及盐池、环县一带	4		1	5
	A4	鄂尔多斯地区	1	4		5
	A5	磴口—头道拐的大青山以南地区	12	8	2	22
	Σ		24	23	4	51
B 中部地区（河龙区间）	B1	黄河中游头道拐—吴堡之间	9	7	7	23
	B2	无定河流域及吴堡—龙门之间	18	7	7	32
	Σ		27	14	14	55
C 东部地区（汾河及太行山以西）	C1	晋北忻州以北地区	5		1	6
	C2	晋中汾河流域	23	15	8	46
	C3	晋东太行山以西地区	4	3	4	11
	Σ		32	18	13	63
D 中南部地区（北洛河、泾河）	D1	北洛河流域	11	6	5	22
	D2	泾河流域	13	9	5	27
	Σ		24	15	10	49
E 南部地区（渭河流域）	E1	秦岭以北天水以上地区	3	1	1	5
	E2	秦岭以北宝鸡以下地区	12	20	5	37
	Σ		15	21	6	42
F 东南部地区（潼关以东）	F1	潼关以东晋南和豫西地区	10	24	10	44
	F2	沁河流域及以东的晋东南地区	19	7	3	29
	Σ		29	31	13	73
	总计		151	122	60	333

根据对 333 场特大暴雨具体发生地点的进一步发现，特大暴雨发生很大程度上受地形的影响，而且也易形成了一些特大暴雨的常发地区。在西部地区，特大暴雨主要集中在贺兰山、银川一带。在北部地区，特大暴雨主要发生在大青山南侧的呼和浩特、包头一带。在中部地区，特大暴雨有三个常发地区，一个是长城风沙沿线的准格尔、神木、榆林、横山、靖边一线；第二个是子洲、绥德、吴堡、柳林一带；第三个是延安、子长、清涧一带。在中南部地区，特大暴雨也有三个相对集中区，一是在黄陵、洛川、富县一带；二是庆阳、西峰一带；三是旬邑、彬县一带。在南部地区，特大暴雨主要集中在秦岭北麓以及渭北的耀县、淳化一带。在东部地区，特大暴雨主要发生在北部的朔县、中部的太原、南部的古县等周围地区。在东南部，特大暴雨有四个常发地区，第一个是太行山南翼的长治、陵川一带；第二个在沁河的安泽、沁源一带；第三个是河南的济源、沁阳、孟津一带；第四个是山西的永济、运城、夏县、垣曲一带。

从各地特大暴雨的发生频率看，特大暴雨发生频率比较高的几个地区是：宁夏的银川；内蒙古的呼和浩特、包头、准格尔旗；陕北的榆林、神木、延安、黄陵；秦岭北麓的眉县、户县、长安、蓝田；渭北的千阳、耀县、淳化；晋西北的柳林、中阳；晋中的太原、朔县；晋东南的运城、永济、古县、沁源、陵川、长治；河南的济源、孟津、沁阳等地区。

2.2.3　特大暴雨的易发地区

根据对黄土高原特大暴雨发生次数的统计分析，认为以下 8 个区域是特大暴雨的易发地区。

1. 贺兰山东麓沿山地区

贺兰山位于宁夏西北部，海拔 2000～3000m，呈西南、东北向分布。全长约 200km，宽约 30km，是银川平原的天然屏障。由于贺兰山的特殊位置，常能拦截东南暖湿气流，并使其抬升形成地形雨。因此，贺兰山东麓沿山一带是暴雨，特别是特大暴雨的易发地区。

1960 年 8 月 21 日，银川 45min 降雨 25.7mm。其中最大 10min 雨量为 20.5mm，最大 5min 雨量为 15.5mm。

1970 年 8 月 7 日，石嘴山突降暴雨，雨量达 113.3mm。

1975 年 8 月 4 日 23:00 至 5 日 9:00，在永宁县一带发生特大暴雨（田文彬，2013）。暴雨中心位于贺兰山海拔 2901m 的高山气象站，总雨量为 212.5mm，其中 7h 雨量为 211.5mm，90min 雨量为 130.0mm。

1984 年 8 月 1 日，贺兰山小口子发生特大暴雨。24h 雨量为 202.7mm，其中最大 6h 雨量为 193.8mm，3h 雨量为 176.3mm，60min 雨量为 98.6mm，30min 雨量为 53.7mm，10min 雨量为 24.5mm，6h 雨量为宁夏全区该时段的最大记录（陆存生等，2006）。

1998 年 5 月 20 日，在贺兰山自榆树沟以北至大武口沟地区一带发生特大暴雨（吕梅花，2008）。暴雨中心在拜寺口、苏峪口、贺兰山口及金山乡一带，苏峪口 3h 雨量为 146.4mm，6h 雨量为 167.8mm。这次暴雨强度大，时间较长，30mm 的笼罩面积为 1365km^2。

2006 年 7 月 2 日 12:13 至 14:40，陶乐出现短时特大暴雨（陶林科等，2008）。2h27min 雨量为 72.8mm，其中最大 60min 雨量为 69.4mm，最大 10min 雨量为 21.5mm。60min 和 10min 雨量达到了宁夏 44 年（1961～2004 年）之最。

2006 年 7 月 13～14 日，贺兰山沿县大部分地区降大到暴雨、局地大暴雨（张华和汪文浩，2007）。暴雨中心黄草滩雨量为 156.4mm，插旗口为 150.0mm，小口子为 146.3mm，贺兰山为 130.0mm，银川为 104.8mm，惠农为 92.5mm。这次暴雨 100mm 以上的笼罩面积为 1942km^2，50mm 以上的笼罩面积为 7420km^2，是该地区历史上最大范围的暴雨。

2012 年 7 月 29 日 22:00 至 30 日 12:00，贺兰山沿山出现大暴雨、局地特大暴雨（陶林科等，2014）。暴雨中心滚钟口站雨量为 166.2mm，银川为 116.5mm（最大 3h 雨量为 59.2mm），贺兰站为 108.8mm（最大 60min 雨量为 40.6mm），创 1951 年以来的日雨量最大值。

2016 年 8 月 21 日 18:00 到 22 日 8:00，贺兰山沿山出现暴雨到大暴雨。暴雨中心出现在贺兰山苏峪口一带，累计降水量贺兰山滑雪场为 239.5mm，最大 60min 雨量为 82.5mm；拜寺口沟为 219.1mm，最大 60min 雨量为 80.6mm；两站破历史记录。贺兰山气象站为 136.1mm；贺兰山响水沟为 121.9mm。

2. 六盘山东侧的泾河中游地区

六盘山（陇山），位于宁夏西南部，甘肃东部，南延至陕西宝鸡以北（南段称陇山）。海拔 2000 余米，近南北走向。全长约 240km，宽 30～60km，是陕北黄土高原与陇西黄土高原的界山。由于六盘山的地形位置，一方面，在川北一带的暴雨（水汽）越过秦岭经六盘山、子午岭移至陕北的过程中，常在六盘山东南侧的泾河中游庆阳、平凉及宝鸡北部一带形成区域性大暴雨。

1971 年 7 月 14～16 日，川陕甘大范围特大暴雨，100mm 的笼罩面积为 65000km^2，200mm 的笼罩面积为 5750km^2。泾河大屋脊三天雨量为 411.3mm（扈祥来等，2004）。

1977 年 7 月 4～6 日，川北暴雨北上，自西南向东北方向运动经秦岭、六盘山、子午岭移向陕北，在六盘山和子午岭西侧形成多个暴雨中心，雨区面积 33 200km^2。华池、庆阳、镇原、平凉的中心雨量分别为 226.5mm、220.0mm、161.0mm、255.0mm。200mm 的笼罩面积 650.0km^2（丁树繁，2004）。1977 年 7 月 5 日六盘山南段宁夏隆德县风岭乡李士中心雨量为 255mm，为宁夏最大的日记录（吕梅花，2008）。

1996 年 7 月 26～28 日，陇东的平凉、庆阳两市 14 个县（区）普降暴雨，局地大暴雨或特大暴雨，覆盖面积 33150km^2。26 日暴雨中心在崇信县新窑镇，雨量为 210.0mm。27 日凌晨，暴雨中心移至镇原县，雨量为 208.7mm。其中开边乡 3 天总雨量为 257.2mm，24h 雨量为 215.7mm，12h 雨量为 166.7mm，6h 雨量为 99.9mm，60min 雨量为 78.5mm。泾河支流大路河次平均雨量为 192.9mm，什字站雨量为 223.3mm，24h 雨量为 191.0mm，12h 雨量为 151.0mm，6h 雨量为 80.2mm（王鑫平，2008）。

2003 年 8 月 25 日 8:00 至 26 日 4:00，马莲河流域中游两侧，包括该流域中南部的 5 个县(市)41 个乡镇发生特大暴雨，雨量大于 100mm 的面积为 7650.0km^2，大于 150mm 的面积为 1234.0km^2，大于 200mm 的面积为 210.0km^2。暴雨中心在庆城县桐川沟附近的王家坪，总雨量为 217.5mm，其中 12h 雨量为 180.1mm，6h 雨量为 130.0mm，3h 雨量为 104.8mm（惠俊堂，2008）。

2010 年 7 月 22 日 20:00 至 24 日 20:00，在四川广元、甘肃平凉、陕西宝鸡的南北向狭窄范围内现了特大暴雨，是平凉、宝鸡近 60 年来范围最广、强度最大的一场区域性大暴雨。崆峒、灵台、泾川、崇信、华亭、隆县 6 县(区)绝大部分地方降雨超过 200mm。22 日 8:00 至 24 日 20:00，灵台县朝那乡雨量达到 319.4mm。陇县杜阳镇和东南镇雨量达 343.6mm 和 315.0mm。7 月 23 日 24h 崆峒区雨量为 159.7mm，泾川县为 184.2mm，灵台县为 156.1mm，崇信县为 134.8mm，华亭县为 163.5mm，陇县为 223.8mm（王伏村等，2014）。受六盘山屏障作用和陇东区域地形的共同作用，这一区域短时段特大暴雨频发，且 30min 以下时段的降雨强度很大。

1959 年 8 月 27 日 19:56～21:03，甘肃平凉市崆峒峡 90min 雨量为 65.5mm。其中 60min 雨量为 64.1mm，30min 雨量为 37.8mm，10min 雨量为 15.0mm。

1960 年 7 月 4 日 20:00 至 5 日 8:00，陕西旬邑县职田镇总雨量为 298.0mm。其中，6h 雨量为 269.9mm，3h 雨量为 154.0mm，1h 雨量为 117.9mm，26min 雨量为 107.8mm，10min 雨量为 42.8mm 和 5min 雨量为 26.7mm[①]。

1962 年 7 月 1 日 16:05～16:43，甘肃镇原县 38min 雨量为 45.9mm。其中 30min 雨量为 41.7mm，10min 雨量为 13.9mm。

1968 年 7 月 15 日 19:50～20: 20，甘肃庆城县肖金镇毛家河 30min 雨量为 47.0mm。其中 10min 雨量为 30.0mm，5min 雨量为 24.0mm。

1970 年 7 月 24 日 15:44～23:00，陕西彬县景村站 6h 雨量为 63.4mm。其中 60min 雨量为 56.0mm，30min 雨量为 53.4mm，10min 雨量为 23.7mm。

1971 年 7 月 1 日，甘肃西峰站 45min 雨量为 43.1mm。其中 30min 雨量为 41.5mm，10min 雨量为 20.8mm，5min 雨量为 18.0mm。

1974 年 7 月 31 日 0:20～5:00，甘肃宁县杨家坪站 4h 雨量为 52.0mm。其中 60min 雨量为 49.2mm，30min 雨量为 40.5mm，10min 雨量为 25.2mm，5min 雨量为 19.2mm；1983 年 8 月 24 日，杨家坪站 15min 雨量为 29.5mm，其中 10min 雨量为 25.9mm。

1976 年 7 月 16 日，西峰站 45min 雨量为 43.1mm。其中 30min 雨量为 41.5mm，10min 雨量为 20.8mm，5min 雨量为 18.0mm。

1978 年 7 月 11 日 0:52～12 日 22:30，庆阳、合水一带发生大暴雨，局地特大暴雨。庆城县玄马乡 24h 雨量为 170.9mm，其中 6h 雨量为 141.0mm，3h 雨量为 114.2mm，60min 雨量为 51.6mm，30min 雨量为 35.0mm；合水县城区 24h 雨量为 120.6mm，其中 6h 雨量为 104.2mm，3h 雨量为 91.7mm，60min 雨量为 67.0mm，30min 雨量为 41.0mm。

1978 年 7 月 27 日 12:16～13:40，甘肃灵台县百里乡张家沟 80min 雨量为 57.4mm，

---

① 陕西省水电局暴雨编图组. 1978. 7.17 杨家坪暴雨档案，陕雨档 41 号：67～86

其中 30min 雨量为 55.8mm，10min 雨量为 26.1mm，5min 雨量为 18.1mm。

1980 年 7 月 14 日 13:55～17:20，陇县固关镇 3h 雨量为 41.2mm，其中 30min 雨量为 40.0mm，10min 雨量为 34.1mm。

1983 年 9 月 4 日，甘肃华亭站 60min 雨量为 33.5mm，其中 10min 雨量为 31.3mm。

1985 年 8 月 5 日，甘肃华池县悦乐站 20min 雨量为 43.3mm，其中 10min 雨量为 26.1mm；1985 年 8 月 14 日，华池县白家川站 30min 雨量为 40.1mm，其中 20min 雨量为 39.8mm，10min 雨量为 27.8mm。

1985 年 5 月 1 日，蒲河白家岔 150min 雨量达 359.0mm（调查值），100mm 的笼罩面积为 89.8km^2，200mm 的笼罩面积为 22.3km^2。

1988 年 7 月 22 日 23：20 至 23 日 1:00，西峰市北部熊家庙乡发生短时特大暴雨（邢天佑等，1991），暴雨中心驿马 140min 雨量为 240.7mm。22 日 23:30 暴雨中心又迅速南移，在董志乡的孙庙、南庙一带又形成了一个暴雨中心，至 23 日 2:05，暴雨中心 1.55min 雨量为 210.0mm。

1991 年 7 月 26 日 0:00～4:50，西峰市肖金镇发生短时特大暴雨（王筱萍，2012），50mm 的等雨量线包围面积为 150.2km^2，中心雨量为 215.0mm，主要降雨历时 2.5h。

另据有关文献报道（牛最荣等，2004），1992 年 8 月 11 日，甘肃正宁县榆林子站 24h 雨量为 198.0mm。1978 年 7 月 11 日，甘肃庆阳县玄马站最大 6h 雨量为 141.0mm。1991 年 6 月 9 日平凉市余寨站最大 6h 雨量为 136.2mm。1971 年 7 月 22 日合水 60min 雨量为 92.1mm，10min 雨量为 34.8mm。

同时，有关文献报道（郑自宽，2003），1984 年 8 月 26 日，正宁县罗川乡 6h 雨量为 250.0mm。1987 年 5 月，镇原县新城乡 2.5h 雨量为 283.7mm。

3. 子午岭东南侧的北洛河中下游地区

子午岭地跨陕甘两省，位于董志塬与洛川塬之间的抬升山地，介于泾河和北洛河之间，海拔 1300～1700m，是黄土高原腹地保存最好的一块天然植被。受子午岭地形和植被条件的双重影响，子午岭东南的北洛河中下游一带，特大暴雨（特别是 B 型和 A 型）发生也比较频繁，短时降雨强度很大。

洛川县城区 1977 年 8 月 2 日，1h 雨量为 41.9mm，其中 30min 雨量为 40.0mm，10min 雨量为 24.4mm，5min 雨量为 18.5mm；1978 年 7 月 9 日，12h 雨量为 122.6mm，其中 6h 雨量为 121.6mm，3h 雨量为 117.5mm，60min 雨量为 100.7mm，30min 雨量为 61.0mm，10min 雨量为 35.5mm，5min 雨量为 20.0mm。

洛川县交口河 1978 年 7 月 27 日，6h 雨量为 81.5mm。其中 60min 雨量为 74.9mm，30min 雨量为 47.5mm，10min 雨量为 26.3mm。

富县槐树庄 1982 年 8 月 6 日，6h 雨量 79.1mm。其中 60min 雨量为 68.7mm，30min 雨量为 42.5mm，10min 雨量为 21.4mm。

黄陵县城区 1983 年 8 月 4 日，60min 雨量 64.1mm。其中 30min 雨量为 44.9mm，10min 雨量为 31.4mm，5min 雨量为 18.8mm；2013 年 7 月 25 日 12:30～15:30，3h 雨量

为 143.5mm。

耀县 1978 年 7 月 27 日 17:30 至 28 日 11:52 雨量为 79.9mm，其中 3h 雨量为 74.9mm，60min 雨量为 71.3mm，30min 雨量为 60.0mm，10min 雨量为 32.8mm，5min 雨量为 20.2mm；1982 年 8 月 4 日，3h 雨量为 55.8mm，其中 60min 雨量为 50.5mm，30min 雨量为 49.0mm，10min 雨量为 20.4mm。

耀县柳林镇 1979 年 8 月 2 日 2:34 至 3 日 20:00，总雨量 195.2mm。其中 24h 雨量为 195.1mm，3h 雨量为 140.9mm，60min 雨量为 76.9mm，30min 雨量为 45.9mm，10min 雨量为 22.0mm。

澄城县洑头水文站 1971 年 7 月 1 日 14:50～24:00，总雨量虽然只有 60.0mm。但 10min 雨量为 29.0mm，5min 雨量为 26.3mm；1976 年 6 月 5 日 15:08～19:00，总降雨 63.9mm，其中 30min 雨量为 36.8mm，10min 雨量为 29.7mm，5min 雨量为 24.3mm。

4. 靠近秦岭北麓的渭河中下游地区

渭河发源于甘肃渭源县，向东流经甘肃陇西、天水和陕西关中平原至潼关。秦岭是我国气候的重要分界线，由于秦岭特殊地型对气流的多种影响，常会在秦岭北麓的山谷地带及靠近秦岭北麓的渭河中下游地区发生局地性特大暴雨。

1965 年 7 月 20 日 20:00 至 21 日 10:00，华县降雨为 144.7mm，其中 6h 雨量为 126.2mm，3h 雨量为 98.9mm，60min 雨量为 60.2mm，30min 雨量为 40.0mm，10min 雨量为 20.7mm。

1971 年 8 月 2 日 21:07 至 3 日 8:00，户县涝峪口降雨 78.0mm，其中 6h 雨量为 77.9mm，3h 雨量为 77.3mm，60min 雨量为 62.2mm，30min 雨量为 42.0mm，10min 雨量为 17.5mm。

1971 年 7 月 31 日 22:55 至 8 月 1 日 6:00，眉县汤浴镇漫湾村降雨为 90.7mm，其中 3h 雨量为 88.9mm，60min 雨量为 75.6mm，30min 雨量为 55.0mm，10min 雨量为 19.4mm。

1973 年 5 月 27 日 18:43～24:00，周至县马召乡黑峪口降雨 77.5mm，其中 3h 雨量为 74.5mm，60min 雨量为 63.9mm，30min 雨量为 61.0mm，10min 雨量为 59.1mm，5min 雨量为 59.1mm。一直是黄土高原 10min 和 5min 的实测雨量极值。

1978 年 7 月 9 日 18:11～22:45，太白县汤浴镇降雨 69.7mm，其中 3h 雨量为 69.4mm，60min 雨量为 64.3mm，30min 雨量为 52.5mm，10min 雨量为 30.6mm，5min 雨量为 20.4mm。

1980 年 8 月 23～24 日渭河南岸关中西部发生较长时间的特大暴雨。暴雨中心户县涝峪口 24h 降雨 262.1mm，其中 12h 雨量为 249.8mm，6h 雨量为 205.7mm，3h 雨量为 143.5mm，60min 雨量为 74.6mm，30min 雨量为 43.9mm，10min 雨量为 18.2mm。同时，宝鸡市石坝河乡范家庄 24h 降雨 161.6mm，其中 12h 雨量为 158.5mm，6h 雨量为 131.0mm，3h 雨量为 104.3mm，60min 雨量为 44.6mm，30min 雨量为 25.0mm；眉县汤浴镇长柳萍 24h 降雨 165.4mm，其中 12h 雨量为 151.0mm，6h 雨量为 123.7mm，3h 雨量为 74.0mm，60min 雨量为 31.0mm，30min 雨量为 20.4mm；周至县马召乡黑峪口 24h 降雨 141.7mm，其中 12h 雨量为 129.9mm，6h 雨量为 119.6mm，3h 雨量为 93.7mm，60min

雨量为 44.6mm，30min 雨量为 24.7mm。

1981 年 6 月 20 日 15:25～20:00，渭南市桥南乡大石槽 275min 降雨 339.9mm（肖文忠等，1989），其中 3h 雨量为 333.0mm，60min 雨量为 252.8mm。雨量大于 50mm 的笼罩面积为 107km^2，大于 100mm 的为 40km^2，大于 350mm 的为 2.46km^2。

1981 年 7 月 20 日，眉县齐镇斜峪关 2h 降雨 89.8mm，其中 60min 雨量为 65.2mm，30min 雨量为 40.7mm，10min 雨量为 22.8mm。

1981 年 7 月 28 日，长安县乾河乡高桥 90min 降雨 89.8mm，其中 60min 雨量为 70.9mm，30min 雨量为 52.4mm，10min 雨量为 22.7mm。

1982 年 8 月 6 日，西安市毛西乡马渡王 30min 雨量为 53.1mm，10min 雨量为 42.4mm，5min 雨量为 24.2mm。

另据有关资料（骆承政和沈国昌，2004），1985 年 8 月 12 日，渭河上游武山县天局村 70min 降雨 436.0mm（调查值）；1985 年 5 月 13 日，宝鸡曹家沟村 4h 降雨 550.0mm（调查值）。

5. 汾河上游的晋中东地区

晋中东地区包括晋中市、阳泉市和太原市的大部地区。这一地区东有太行山，西有吕梁山，云中山、系舟山位于太原北部，太岳山在其中南部，区内有山脉、高原、盆地多种地形，且西南、东南、南部各方向的暖湿气流都会作用于此；同时，华北暴雨也会经太行山影响到这一地区。因此，区域性和局地性暴雨都易发生。

1963 年 8 月 1～10 日，在河北、山西边境发生了一次区域性的特大暴雨①。暴雨中心在河北内邱到獐麽。晋中东山雨区昔阳雨量为 501.0mm，楼坪雨量为 655.5mm，和顺雨量为 526.6mm，新庄雨量为 802.6mm，和顺松烟镇雨量为 790.7mm，平定东回雨量为 725.0mm。降雨主要集中在 8 月 3～6 日的 4 天内，占总雨量的 75%，24h 雨量可占 30%～40%。

1966 年 8 月 22～24 日，山西晋中平定、阳泉、昔阳等太行山一带及太原古交地区普降暴雨[1]。雨区长约 400km，宽约 150km。暴雨中心平定滦泉大于 200mm 的雨区范围为 1340km^2，大于 100mm 为 6440km^2。平定县滦泉总雨量为 610.0mm，其中 24h 雨量为 580.0mm，6h 雨量为 453.0mm；平定东回站实测 24h 雨量为 286.0mm，12h 雨量为 276.0mm，6h 最大雨量为 224.0mm；古交区西沟村总雨量为 331.8mm，其中 24h 雨量为 331.0mm，12h 雨量为 229.0mm，6h 雨量为 174.0mm；梅洞沟实测 24h 雨量为 156.3mm。

1969 年 7 月 25 日 5:36 至 27 日 8:20，清徐县城关乡汾河二坝降雨 204.2mm，其中 24h 雨量为 192.7mm，6h 雨量为 180.1mm，3h 雨量为 176.7mm，60min 雨量为 100.0mm，30min 雨量为 51.5mm，10min 雨量为 20.2mm。

1969 年 7 月 27 日，太原市 2h 雨量为 96.5mm，其中 60min 雨量为 88.1mm，30min 雨量为 52.2mm，10min 雨量为 26.2mm。

① 山西重大洪水灾害

1971 年 7 月 1 日 6:30～17:20，梅洞沟雨量为 57.3mm，其中，最大 5min 雨量达 53.1mm，是黄土高原该时段的第二大强度，仅次于陕西黑峪口 1973 年 5 月 27 日 5min 雨量的 59.1mm。

1973 年 7 月 16 日 15:03～20:00，祁县来远乡梁家坪村 5h 降雨 79.5mm，其中 3h 雨量为 78.1mm，60min 雨量为 60.7mm，30min 雨量为 34.0mm。1974 年 7 月 24 日 19:05～21:40，该村又出现短时大暴雨，60min 雨量为 46.1mm，30min 雨量为 42.7mm，10min 雨量为 28.0mm，5min 雨量为 23.5mm。

1975 年 7 月 16 日 2:15～3:15，寿阳县松塔乡曲旺 60min 降雨 68.5mm，其中 30min 雨量为 64.0mm，10min 雨量为 25.5mm，5min 雨量为 16.8mm。

1975 年 8 月 30 日 13:48 至 9 月 2 日 4:03，寿阳县上湖乡芦家庄降雨 111.4mm，其中 24h 雨量为 101.7mm，12h 雨量为 100.5mm，3h 雨量为 95.4mm，60min 雨量为 66.3mm，30min 雨量为 39.0mm。

1976 年 6 月 30 日 17:21～19:30，太原市北郊兰村降雨 96.5mm，其中 60min 雨量为 61.2mm，30min 雨量为 49.0mm，10min 雨量为 23.4mm。

1977 年 8 月 5 日凌晨到 7 日上午，山西平遥、石楼与陕西清涧之间的大部地区，发生特大暴雨（李保如等，1979），历时约 60h，100mm 雨量的笼罩面积为 16000km^2，150mm 雨量为 4500km^2，200mm 雨量为 2500km^2；暴雨中心平遥总雨量为 365.0mm；其中最大 24h 雨量为 358.5mm，12h 雨量为 323.9mm，6h 雨量为 262.8mm，3h 雨量为 166.6mm，60min 雨量为 65.0mm，30min 最大雨量为 36.6mm。

1985 年 5 月 11 日，太原市古交区 50min 内达 74mm。

1988 年 8 月 6 日 1:00～8:00，汾阳县西南部及孝义、文水两县的部分地区发生短时特大暴雨①，雨区 200mm 的笼罩面积为 73km^2，100mm 为 566km^2，50mm 为 1383km^2；暴雨中心汾阳县北花枝雨量为 260.0mm，其中 6h 最大雨量为 223.0mm，3h 雨量为 200.0mm，60min 雨量为 81.0mm（推算值）。

1996 年 8 月 2 日 23:00 至 5 日 11:00，河北赞皇县和山西昔阳、和顺、左权东部一带，发生特大暴雨（曹润珍，2008；崔泰昌和王耀东，2001），中心雨区集中在松溪河县中下游，雨区 200mm 的笼罩面积为 1280.0km^2，300mm 的笼罩面积为 632.0km^2，400mm 的笼罩面积为 371.0km^2，500mm 的笼罩面积为 105.0km^2。山西昔阳、和顺、左权东部一带的总雨量为 300～500mm，松溪河丁峪、王寨部分乡镇雨量超过 500mm，暴雨中心昔阳县三教河站雨量达到 539.1mm，其中 24h 雨量为 356.3mm。雨区其他测站的雨量分别为：泉口总雨量为 476.2mm，其中 12h 雨量为 196.2mm，6h 雨量为 135.9mm，1h 雨量为 67.5mm；口上总雨量为 413.1mm，其中 9h 雨量为 177.1mm；梅洞沟总雨量为 314.0mm，其中 24h 雨量为 279.0mm。

2016 年 7 月 18 日至 20 日下午 6:00，最大雨量出现在阳泉娘子关镇河滩村，雨量达 434.5mm。在这次降雨过程中，最大 60min 雨量为平定县巨城镇的 57.1mm。19 日白天到夜间 24h 雨量郊区为 223.3mm、平定雨量为 192mm、盂县雨量为 148.6mm、阳泉市

① 山西重大洪水灾害

区雨量为 208.3mm，盂县、平定超过气象站建站以来日雨量极值，阳泉市超过 1967 年以来日雨量极值。

另有文献资料报道（陈永宗等，1988a），1971 年 7 月 31 日太原古交顺道最大 24h 雨量为 570mm（调查值）。

6. 中条山及沁水流域以东的晋东南地区

该区域地处黄土高原的东南部，偏南气流持续时间较长，水汽供应相对较多，加之中条山、王屋山、太行山等山脉的抬升作用，以及华北暴雨沿太行山南下的影响，这一地区成为黄土高原区域性特大暴雨最易发生的地区。

1956 年 8 月 2～9 日，晋南和晋东南部出现长历时暴雨①。雨区沿五台山、太行山直至中条山一带，暴雨中心陵川县东双脑 8 月 2～4 日 3 天雨量为 440.5mm，平顺县石城雨量为 362.2mm，和顺县松烟镇雨量为 345.2mm。

1958 年 7 月 14～19 日，晋东南和豫西的黄河中下游地区发生区域性特大暴雨（陈廷赞等，1981；“587”暴雨研究组，1987；汤克清等，1995），200mm 的笼罩面积为 16000km^2，300mm 的为 6500km^2，400mm 的为 2000km^2。本次暴雨 300mm 以上的暴雨中心有 3 个，分别为山西垣曲县城，河南济源县瑞村、宜阳县盐镇。垣曲总雨量为 499.6mm，其中 24h 雨量为 366.6mm，12h 雨量为 249.0mm，6h 最大雨量为 245.5mm；瑞村总雨量为 393.0mm，其中 24h 雨量为 303.1mm，12h 雨量为 228.7mm，6h 雨量为 228.3mm，3h 雨量为 196.5mm；盐镇总雨量为 377mm，其中 24h 雨量为 342.5mm，12h 雨量为 167.3mm，6h 雨量为 156.7mm；降县横岭关、总雨量为 366.5mm，其中 24h 雨量为 262.0mm。

1970 年 7 月 31 日至 8 月 1 日，阳城县润城乡下河村 24h 降雨 206.0mm，其中 12h 雨量为 113.7mm，6h 雨量为 113.3mm，3h 雨量为 106.7mm，60min 雨量为 59.5mm，30min 雨量为 38.9mm。

1975 年 8 月 6 日平顺县杏城 24h 雨量为 556.0mm（申天平，2009）（调查值）。

1982 年 7 月 29 日至 8 月 5 日，山西忻州以南的大部分地区出现区域性特大暴雨①，200mm 的笼罩面积为 15430km^2，300mm 的笼罩面积为 6610km^2，400mm 的笼罩面积为 2750km^2。暴雨中心壶关县桥上乡 6 天总雨量为 688.0mm，其中 31 日日雨量为 330.1mm；阳城县董封水库 8 月 1 日雨量为 255.7mm。这次暴雨超过 400mm 雨量的为沁水 412.0mm、阳城 406.0mm 和垣曲 400.0mm。

2007 年 7 月 29 日 8:00 至 30 日 8:00，晋中南部 20 多个县市出现暴雨，部分地区特大暴雨（董春卿等，2015；苗爱梅等，2008；赵桂香等，2008）。暴雨中心垣曲县朱家庄 24h 雨量为 384.7mm，其中 12h 雨量为 229.0mm，3h 雨量为 125.5mm，60min 最大雨量为 78.8mm；垣曲县城 24h 雨量为 313.3mm。

2010 年 6 月 30 日下午至 7 月 1 日凌晨，晋城短时雷暴雨，陵川县杨村 60min 雨量为 87.7mm；2010 年 8 月 18 日夜间至 19 日下午，晋城市 24h 雨量为 181.6mm，暴雨中

① 山西重大洪水灾害

心晋城市东部的俯城 24h 雨量为 210.5mm（程海霞等，2011）。

2011 年 7 月 2 日 8:00 至 7 月 3 日 8:00，阳城、高平发生特大暴雨（苗爱梅等，2014）。暴雨中心阳城横河 24h 降雨 321.2mm，其中 6h 雨量为 272.7mm，60min 雨量为 99.1mm；高平杜寨水库 24h 降雨 225.0mm，其中 6h 雨量为 148.0mm，60min 雨量为 47.4mm；高平北诗 24h 降雨 214.0mm，其中 6h 雨量为 171.8mm，60min 雨量为 43.4mm；高平石木 24h 降雨 207.8mm，其中 6h 雨量为 164.2mm，60min 雨量为 63.8mm。

2012 年 7 月 30 日 8:00 至 7 月 31 日 8:00，晋城 4 乡镇雨量超过 200mm（王洪霞等，2014），暴雨中心泽州雨量为 266.4mm，其中 60min 雨量为 88.0mm。

另据有关文献资料报道（骆承政和沈国昌，2004），1977 年 7 月 29 日，闻喜县 170min 雨量为 464.0mm。

7. 吕梁山以西延河、北洛河上游地区

吕梁山是黄河与汾河的分水岭，位于山西省西部。呈东北—西南走向，长约 400km，海拔 2000～2800m。由于受西南暖湿气流及川北暴雨北上的影响，常会在泾河上游、北洛河上游、延河、清涧河及吕梁山以西的晋西一带形成区域性大暴雨。同时由于地形和热力作用的影响，这一地区也易发生一些短时高强度的局地性雷暴雨。

1933 年 8 月 6～10 日，黄土高原中部发生特大暴雨（史辅成等，1984；郑似苹，1981）。100mm 的笼罩面积为 110 000km^2，150mm 的为 20 000km^2，200mm 的为 8000km^2，暴雨中心主要分布在渭河上游通渭、泾河上游环县、延河上游安塞一带，环县总雨量达 300mm，安塞、清涧雨量为 255mm。

1977 年 7 月 5～6 日，延安地区发生特大暴雨（范荣生和阎逢春，1989；李保如等，1979）。招安总雨量为 224.9mm，24h 雨量为 215.0mm；志丹总雨量为 165.8mm，24h 雨量为 154.4mm；安塞总雨量为 182.6mm，24h 雨量为 177.0mm；子长总雨量为 170.5mm，24h 雨量为 168.0mm。暴雨中心招安乡的王庄村，总雨量约为 406mm（调查值）。据调查，该村 6 日 0:00～5:00，5h 雨量为 270.0mm；5 日 20:00 至 6 日 5:00，9h 雨量为 310.0mm；5 日 14:00 至 6 日 5:00，15h 雨量为 320.0mm。

1977 年 8 月 5 日 3:37 至 6 日 8:32，石楼县裴沟乡总降雨 294.0mm，其中 24h 雨量为 286.8mm，12h 雨量为 230.8mm，6h 雨量为 215.9mm，3h 雨量为 144.8mm，60min 雨量为 84.4mm，30min 雨量为 50.9mm；清涧县解家沟乡白家川总降雨 253.7mm，其中 24h 雨量为 242.9mm，12h 雨量为 171.8mm，6h 雨量为 150.8mm，3h 雨量为 103.6mm，60min 雨量为 64.1mm，30min 雨量为 45.1mm。

1971 年 7 月 23 日，子长县冯家屯乡湫沟台村 60min 降雨 58.5mm，其中 30min 雨量为 41.0mm，10min 降雨 30.0mm；同时，1978 年 7 月 18 日 22:56 至 19 日 6:20，降雨 71.6mm，其中 60min 雨量为 62.4mm，30min 雨量为 41.7mm，10min 雨量为 21.6mm。

1978 年 7 月 20 日 13:17～18:05，柳林县金家庄 5h 降雨 74.9mm，其中 3h 雨量为 72.3mm，60min 雨量为 67.8mm，30min 雨量为 50.7mm，10min 雨量为 21.5mm。

1980 年 8 月 8 日 16:29～17:05，绥德县薛家畔乡 30min 降雨 48.4mm，其中 10min

雨量为 34.6mm。

1980年6月28日12:53～18:05，延安市枣园6h降雨74.9mm，其中3h雨量为71.9mm，60min 雨量为 68.8mm，30min 雨量为 50.7mm，10min 雨量为 26.4mm。

1983 年 7 月 26 日，延安市甘谷驿镇 6h 降雨 74.4mm，其中 3h 雨量为 69.7mm，60min 雨量为 68.9mm，30min 雨量为 51.2mm，10min 雨量为 23.7mm。

1985 年 7 月 8 日，延长县安沟乡桐湾村 2h 降雨 44.0mm，其中 30min 雨量为 41.1mm，10min 雨量为 40.6mm。

1988 年 7 月 18 日，柳林县薛村乡后大成村 3h 降雨 84.5mm，其中 60min 雨量为 68.5mm，30min 雨量为 61.0mm，10min 雨量为 29.7mm。

1994 年 8 月 4 日 18:00 至 5 日 7:00，靖边、子洲、绥德、吴堡以及山西柳林一线发生特大暴雨（张胜利，1995；王允升和王英顺，1995）。100mm 的笼罩面积约 1.0 万 km^2，暴雨中心绥德县辛店沟 13h 总降雨量为 159.7mm，其中 6h 雨量为 144.2mm，60min 雨量为 63.0mm；最大 12h 雨量为横山 150.0mm 和吴堡 139.1mm；最大 3h 雨量为靖边 134.0mm；最大 60min 雨量为子洲 58mm、柳林 48mm 和吴堡 41.0mm。

1994 年 8 月 30 日 20:00 至 31 日 8:00，北洛河上游的吴旗和志丹县境内发生特大暴雨（景效礼和宋志林，2000）。100mm 的笼罩面积为 1966km^2，暴雨中心吴旗县薛岔乡沙集村 12h 总雨量为 383.0mm（调查值），其中 6h 雨量为 251.0mm，60min 最大雨量为 120mm；雨区其他测站的雨量为：孙家水库 214.0mm、吴仓堡 233.0mm，志丹县杏河乡雨量为 125mm。

2002 年 7 月 4～5 日，清涧河流域发生特大暴雨（杨德应等，2002；张海敏和牛玉国，2003）。降雨明显分为两个时段，第一次降水从 7 月 4 日 0:00～9:00，历时约 9h，雨区 100mm 的笼罩面积为 683km^2，150mm 的笼罩面积为 70km^2，暴雨中心子长县城西南瓷窑雨量为 300.0mm（调查值），子长防汛办为 258.4mm，子长气象局为 195.3mm，道园树坪为 240.0mm（调查值）；第二次降水从 4 日 20:00 开始，到 5 日 10:00 结束，约历时 14h，雨区 100mm 的笼罩面积为 380km^2，150mm 的笼罩面积为 65km^2，暴雨中心各测站的雨量分别为：瓷窑 163.0mm（调查值），子长防汛办 124.5mm，子长气象局 111.8mm，道园树坪 131.0mm（调查值）。两次降雨总雨量分别为：瓷窑 463mm（调查值），子长气象局 307.1mm，子长水文站 283mm，道园树坪 371mm（调查值）。暴雨中心各时段的最大雨量：60min 为 105mm（子长防汛办）、78.0mm（子长气象站），3h 为 193.0mm（推算值），6h 为 258.4mm（子长气象站），24h 为 371.4mm（子长防汛办）。

2012 年 7 月 15 日凌晨 1:00，绥德县遭遇短时特大暴雨袭击。绥德满堂川 60min 雨量达 108.8mm；义合、韭园、马家川和中角等乡镇 60min 雨量也分别达到 98.5mm、98.3mm、67mm 和 53mm。

8. 头道拐至吴堡间的北部地区

由于头道拐至吴堡间的大部分区域处于毛乌素沙地的边缘，且地表裸露，夏季热对流强烈，易形成强度极大的短时雷暴雨。雨量往往集中在30min以内，甚至只有10min左右。

1957年7月23日，府谷县墙头乡后会村60min降雨58.6mm，其中30min雨量为53.8mm，10min雨量为20.1mm。

1967年8月19日7:32至21日3:30，榆林市榆阳区降雨160.2mm，其中3h雨量为116.0mm，60min雨量为71.4mm，30min雨量为38.6mm。

1969年5月11日，横山县赵石窑村60min降雨43.1mm，其中30min雨量为41.8mm，10min雨量为31.6mm，5min雨量为18.3mm。同时，1985年5月30日45min降雨39.1mm，其中30min雨量为37.3mm，10min雨量为19.9mm。

1970年8月27日，榆林红石桥乡韩家峁村24h降雨188.9mm，其中12h雨量为185.2mm，6h雨量为178.0mm，3h雨量为124.4mm，60min雨量为85.2mm，30min雨量为68.0mm，10min雨量为48.0mm，5min雨量为25.6mm。同时，1981年6月9日45min降雨为39.7mm，其中30min雨量为39.5mm，10min雨量为25.4mm；1987年8月25日4h降雨71.9mm，其中60min雨量为62.0mm，30min雨量为61.8mm，10min雨量为43.5mm。

1971年7月23～25日，窟野河、岚漪河流域一带的陕西神木、府谷及山西河曲、保德、岢岚、五寨等县发生特大暴雨①。100mm的笼罩面积为9590km^2，150mm的笼罩面积为3850km^2，200mm的笼罩面积为620km^2，300mm的笼罩面积为70km^2。暴雨中心神木县沙峁乡杨家坪降雨量为418.9mm（25日02:00～14:00），其中12h雨量为408.7mm，6h雨量为214.8mm（推算值），3h雨量为109.8mm（推算值），60min雨量为59.9mm，30min雨量为46.4mm；其他测站神木县高家堡乡总雨量为252.0mm，其中24h雨量为170.3mm，12h雨量为88.3mm，60min雨量为59.9mm，30min雨量为46.4mm；草垛山雨量233.7mm，单寨雨量183.5mm，岢岚雨量167.1mm。

1972年7月19日，乌审旗纳林河村12h降雨156.4mm，其中6h雨量为153.0mm，3h雨量为122.4mm，60min雨量为107.1mm，30min雨量为75.0mm，10min雨量为52.5mm，5min雨量为31.5mm。同时，1984年7月22日6h降雨74.1mm，其中3h雨量为54.9mm，60min雨量为53.2mm，30min雨量为50.1mm，10min雨量为23.4mm。

1977年8月1日16:00至2日6:00，内蒙古鄂托克旗至山西偏关、保德一带发生特大暴雨，降雨历时约14h（郑梧森等，1979；1981）。100mm的笼罩面积为8700km^2，200mm的为1860km^2，600mm的为501km^2，800mm的为111km^2，1000mm的为30.8km^2。暴雨中心雨量分别为：木多才当总雨量为1400mm，葫芦素为1080mm，什拉淖海为1050mm，耍刀兔为1230mm，呼吉尔特为1060mm。

1979年7月23日16:18～18:30，米脂县郭兴庄降雨63.8mm，其中60min雨量为59.8mm，30min雨量为43.2mm，10min雨量为24.8mm。

1981年6月30日，神木县大柳塔乡乔家梁村60min降雨49.5mm，其中30min雨量为46.5mm，10min雨量为25.0mm。

---

① 陕西省水电局暴雨编图组. 1978. 607职田暴雨档案. 陕雨档第1号：1～26

1981年7月21日，榆林市榆阳区巴拉素乡马家兔村90min降雨40.6mm，其中60min雨量为40.2mm，30min雨量为37.3mm，10min雨量为21.8mm。

1981年7月22日，偏关县沈家村3h降雨50.9mm，其中60min雨量为49.3mm，30min雨量为46.8mm，10min雨量为29.7mm。

1981年7月23日，准格尔旗沙圪堵镇90min降雨52.8mm，其中60min雨量为52.3mm，30min雨量为50.2mm，10min雨量为24.5mm。

1984年7月2日，河曲县旧县镇3h降雨44.4mm，其中60min雨量为43.0mm，30min雨量为42.0mm，10min雨量为29.7mm。

1984年9月16日，靖边县城关镇张家畔45min降雨50.0mm，其中30min雨量为49.4mm，10min雨量为35.1mm。

1987年8月18日，伊金霍洛旗阿腾席热镇60min降雨41.6mm，其中30min雨量为40.5mm，10min雨量为30.1mm。

1987年8月25日，横山县波罗乡樊家河村4h降雨98.5mm，其中60min雨量为62.1mm，30min雨量为57.3mm，10min雨量为31.8mm。

1989年7月21日21:00至21日10:00，内蒙古伊克昭盟中东部皇甫川和窟野河上游的大部地区发生特大暴雨（袁金梁和徐剑峰，1991；吕光圻和任齐，1990）。100mm的笼罩面积为4407km^2，150mm的笼罩面积为282km^2。暴雨中心达拉特旗青达门13h的总雨量为186.4mm，其中6h雨量为144.0mm，3h雨量为110.0mm，60min雨量为43.0mm，30min最大雨量为30.0mm。

1989年7月22日4:00～10:00，窟野河下游、岚漪河、蔚汾河中下游和湫水河上游地区发生特大暴雨（吕光圻和任齐，1990）。暴雨中心山西兴县任家塔6h总雨量为245mm，康宁镇雨量为203mm。

2003年7月30日0:00～8:00，河曲至府谷黄河干流的山陕区间和清水河上游发生短时特大暴雨（陈国华等，2007；屠新武和马文进，2004）。降雨主要集中在以黄甫为中心，直径约5km^{2}的圆形范围内及以府谷县城以上沿黄河两岸10km^{2}长的带状范围内。暴雨中心黄甫总雨量为136.0mm，其中6h雨量为121.4mm，60min雨量为63.2mm；府谷6h雨量为133.0mm，高石崖雨量为131.0mm。

2012年7月27日晚9:00，陕西榆林北部接连三次出现历时短、强度高、量级大的暴雨过程，榆阳、横山、靖边、神木、佳县、米脂、子洲等七县区21个乡镇超过100mm，其中佳县申家湾雨量为282mm，王家砭雨量为226mm，榆阳区刘千河雨量为212mm，佳县雨量为221.9mm。

2.2.4　典型特大暴雨个例

1. 甘肃环县1933.8.6暴雨（史辅成等，1984；郑似苹，1981）

发生时间：1933年8月6日

暴雨类型：长历时区域型暴雨

暴雨中心：甘肃环县、平凉，陕西安塞

暴雨走向：西南—东北向

笼罩面积：本次暴雨的雨区范围覆盖了渭河上游到汾河流域的整个黄河中游地区，雨区长约 900km，宽约 200km。并形成了四个主要雨区：一是渭河上游的散渡河和葫芦河流域；二是马莲河的东西川和蒲河流域；三是延河和清涧河中游；四是三川河和汾河中游。雨量大于 100mm 的笼罩面积为 110000km^2，大于 150mm 的为 20000km^2，大于 200mm 的为 8000km^2。

降雨过程：本次暴雨从 8 月 6～10 日，共 5 天时间，主要有两次降雨过程。第一次发生在 8 月 6～7 日，整个雨区普遍降雨；第二次主要发生在 8 月 9 日，雨区集中在渭河上游和泾河中上游一带，8 月 10 日基本结束。暴雨自 8 月 6 日从陇东开始，迅速向东北偏东方向发展，雨区呈斑状分布。暴雨中心主要分布在渭河上游通渭、泾河上游环县、延河上游安塞一带。环县总雨量达 300mm，安塞、清涧雨量为 255mm。

最大时段雨量：无记录。

天气系统：本次暴雨的影响天气系统为暖湿切变（低涡）。

2. 山西垣曲 1958.7.14 暴雨（陈赞廷等，1981；“587”暴雨研究组，1987；汤克清等，1995）

发生时间：1958 年 7 月 14 日

暴雨类型：长历时区域性暴雨

暴雨中心：本次暴雨 300mm 以上的暴雨中心有 3 个，分别为山西垣曲县城，河南济源县瑞村、宜阳县盐镇。

暴雨走向：东—西向

笼罩面积：本次暴雨整个覆盖了晋东南和豫西的黄河中下游地区，笼罩面积达 86800km^2，其中雨量大于 200mm 的笼罩面积为 16000km^2，大于 300mm 的为 6500km^2，大于 400mm 的为 2000km^2。

降雨过程：本次暴雨从 7 月 14 日 8:00 开始，至 19 日 8:00 结束，历时 5 天。主要降水集中在 16 日 20:00 至 17 日 8:00 这 12h 内，大约占 5 日总雨量的 50%。降雨过程大概有四场暴雨组成，第一场在 14 日 8:00 至 20:00，主要雨区偏西，位于晋西南一带，最大雨量为 90mm；第二场在 15 日 20:00 至 16 日 20:00，主要雨区偏西南，位于洛阳西部，最大雨量为 150mm；第三场在 16 日 20:00 至 17 日 8:00，主要暴雨区位于三花间，暴雨中心在垣曲瑞村、盐镇，最大降雨量为 249mm；第四场在 18 日 8:00 至 19 日 8:00，雨区偏南，位于三花间东南部，最大雨量为 137mm。

最大时段雨量：本次暴雨 3 个中心的雨量分别为垣曲总雨量为 499.6mm，其中 6h 最大雨量为 245.5mm，12h 雨量为 249.0mm，24h 雨量为 366.6mm；瑞村总雨量 393.0mm，其中 6h 最大雨量为 228.3mm，12h 雨量为 228.7mm，24h 雨量为 303.1mm；盐镇总雨量 377mm，其中 6h 雨量为 156.7mm，12h 雨量为 167.3mm，24h 雨量为 342.5mm。这次暴雨 3h 最大雨量为 196.5mm（济源）。

天气系统：本次暴雨的影响天气系统为南北向切变。

3. 陕西旬邑1960.7.4暴雨[①]

发生时间：1960年7月4日

暴雨类型：短历时局地型暴雨

暴雨中心：陕西旬邑县职田镇职田村、耀县柳林镇庙湾村

暴雨走向：西南—东北向

笼罩面积：本次暴雨雨区主要分布在泾河支流的三水河、四郎河流域，包括泾河以东，北洛河以西，陕西淳化县以北，甘肃宁县以南的大部地区。雨量大于50mm的笼罩面积为11354km^2，大于100mm的为3778km^2，大于150mm的为1627km^2，大于200mm的为712km^2，大于250mm为198km^2。

降雨过程：本次暴雨从7月4日20h开始，5日8h结束，大约历时12h。主要降雨集中在4日20:00～5日4:00的8h内。本次暴雨中心旬邑县职田镇总雨量为298.0mm，马栏镇雨量为222.0mm；耀县柳林镇庙湾村雨量为250.0mm，瑶曲镇雨量为223.0mm。

最大时段雨量：本次暴雨中心职田镇各时段的最大时段雨量分别为：5min雨量26.7mm，10min雨量42.8mm，26min雨量107.8mm，60min雨量117.9mm，3h雨量154.0mm，5h雨量260.0mm，6h雨量269.9mm，12h雨量269.9mm。

天气系统：本次暴雨的主要影响天气系统是高原低涡。

4. 山西平定1966.8.22暴雨[②]

发生时间：1966年8月22日

暴雨类型：长历时区域型暴雨

暴雨中心：山西平定县滦泉、太原市古交区西沟村

暴雨走向：西北—东南向

笼罩面积：本次暴雨雨区覆盖了山西晋中平定、阳泉、昔阳等太行山一带及太原古交地区。雨区长约400km，宽约150km。滦泉暴雨中心区大于200mm的雨区范围1340km^2，大于100mm的为6440km^2，大于80mm的为11825km^2，大于60mm的为22125km^2。

降雨过程：本次暴雨从8月22日午后开始，24日早上基本结束。主雨时段集中在23日下午。暴雨中心平定县滦泉总雨量为610.0mm，古交区西沟村331.8mm。

最大时段雨量：平定滦泉6h最大雨量为453.0mm，24h雨量为580.0mm，36h雨量为610.0mm；平定东回站实测6h最大雨量为224.0mm，12h雨量为276.0mm，24h雨量为286.0mm；阳泉站实测1h最大雨量为67.5mm；古交区西沟村6h最大雨量为174.0mm，24h雨量为331.0mm；梅洞沟实测24h最大雨量为156.3mm。

---

① 陕西省水电局暴雨编图组. 1978. 607职田暴雨档案. 陕雨档第1号：1～26

② 山西重大洪水灾害

5. 陕西神木1971.7.23暴雨[①]

发生时间：1971年7月23日

暴雨类型：长历时区域性暴雨

暴雨中心：本次暴雨有3个中心，分别为陕西神木县沙峁乡杨家坪（主中心），山西河曲县单寨、岢岚县城关镇（副中心）。

暴雨走向：西南—东北向

笼罩面积：本次暴雨发生在黄河中游的窟野河、岚漪河流域一带，笼罩陕西神木、府谷及山西河曲、保德、岢岚、五寨等县，雨量大于100mm的为笼罩面积为9590km^2，大于150mm的为笼罩面积为3850km^2，大于200mm的为笼罩面积为620km^2，大于300mm的为笼罩面积为70km^2。

降雨过程：本次暴雨从7月23日开始，25日结束，历时3天，主要有两个降水时段：一是23日14:00～20:00，约6h；二是24日20:00至25日10:00，约14h。雨区自西北向东南移动，中心呈斑状分布。暴雨主中心的雨量分别为：杨家坪雨量为418.9mm（25日02:00～14:00），草垛山雨量为233.7mm，高家堡雨量为252.0mm；暴雨副中心的雨量分别为单寨雨量为183.5mm和岢岚雨量为167.1mm。

最大时段雨量：本次暴雨中心杨家坪30min最大雨量为46.4mm，60min雨量为59.9mm，3h雨量为109.8mm（推算值），6h雨量为214.8mm（推算值），12h雨量为408.7mm。

天气系统：本次暴雨的主要影响天气系统是冷锋与低空天气系统的配合。

6. 陕西安塞1977.7.5暴雨（范荣生和阎逢春，1989；李保如等，1979；陕西省气象局，1978）

发生时间：1977年7月5日

暴雨类型：中历时区域性暴雨

暴雨中心：陕西安塞招安，宁夏隆德风岭

暴雨走向：西南—东北向

笼罩面积：雨区波及川北、甘南、陇东、陕北、晋西等地区。雨量大于50mm的笼罩面积为90000km^2，大于100mm的为28000km^2，大于150mm的为10000km^2，大于200mm的为4000km^2。

降雨过程：本次暴雨从7月5日2:00至6日8:00，总历时30h。主要有两个强降雨时段：一是7月5日5:00～15:00；二是7月6日0:00～4:00。大于200mm的暴雨中心有两个：一个位于宁夏隆德县风岭乡，降雨集中在第一降雨时段（5日6:00～14:00），雨量为255mm；另一个位于陕西安塞县招安乡，也是这次暴雨的主中心。中心周边各测站的雨量分别为：安塞招安总降雨量为224.9mm，24h雨量为215.0mm；志丹总降雨

① 陕西省水电局暴雨编图组. 1978. 717杨家坪暴雨档案. 陕雨档41号：67～86

量为 165.8mm，24h 雨量为 154.4mm；安塞总雨量为 182.6mm，24h 雨量为 177.0mm；子长总雨量为 170.5mm，24h 雨量为 168.0mm。

最大时段雨量：本次暴雨的最大雨量发生在招安乡的雨王庄村，总雨量约为 406mm（调查值）。据调查，该村 6 日 0:00～5:00，5h 雨量为 270.0mm；5 日 20:00 至 6 日 5:00，9h 雨量为 310.0mm；5 日 14:00 至 6 日 5:00，15h 雨量为 320.0mm。根据以上调查结果，推算各时段的最大雨量分别为：60min 雨量为 105.2mm，3h 雨量为 165.0mm，6h 雨量为 280.0mm，9h 雨量为 310.0mm，12h 雨量为 315.0mm，24h 雨量为 400mm。

天气系统：本次暴雨的主要影响天气系统是北槽南涡。

7. 山西平遥 1977.8.5 暴雨（李保如等，1979）

发生时间：1977 年 8 月 5 日

暴雨类型：中历时局地型暴雨

暴雨中心：山西平遥县、石楼县

暴雨走向：西北—东南向

笼罩面积：本次暴雨雨区覆盖了山西晋中盆地南部平遥县及石楼县与陕西清涧县之间的大部地区，包括了 10 余个县（市），雨量大于 50mm 的笼罩面积约 45000km^2，大于 100mm 的为 16000km^2，大于 150mm 的为 4500km^2，大于 200mm 为 2500km^2。

降雨过程：本次暴雨从 8 月 5 日凌晨开始，到 7 日上午基本结束，历时约 60h。其中有两个主雨时段：第一个主雨时段是在 8 月 5 日 3:00～14:00，历时 11h；第二个主雨时段是从 5 日 23:00 至 6 日 9:00，历时 10h。5 日凌晨开始，雨区由陕西吴堡县，经山西石楼、柳林、中阳、汾阳一县，移至平遥县，在此形成了一个暴雨中心；同时，又在石楼县的屈产河下游一带形成了一个暴雨中心，平遥中心总雨量为 365.0mm，石楼中心（裴沟水文站）总雨量为 286.8mm。

最大时段雨量：平遥 30min 最大雨量为 36.6mm，60min 雨量为 65.0mm，3h 雨量为 166.6mm，6h 雨量为 262.8mm，9h 雨量为 323.5mm，12h 雨量为 323.9mm，24h 雨量为 358.5mm；石楼（裴沟水文站）30min 最大雨量为 50.9mm，60min 雨量为 84.4mm，3h 雨量为 144.8mm，6h 雨量为 215.9mm，9h 雨量为 220.3mm，12h 雨量为 230.8mm，24h 雨量为 286.8mm。

天气系统：本次暴雨的影响天气系统为暖切变与低槽低涡。

8. 内蒙古乌审旗 1977.8.1 暴雨（郑梧森等，1979；1981）

发生时间：1977 年 8 月 1～2 日

暴雨类型：中历时区域型暴雨

暴雨中心：本次暴雨大于 1000mm 的暴雨中心共有 5 个，分别为木多才当、葫芦素、什拉淖海、耍刀兔、呼吉尔特。

暴雨走向：东—西向

笼罩面积：本次暴雨笼罩的雨区西起内蒙古鄂托克旗，东至山西偏关、保德一带，雨量大于50mm的笼罩面积为24650km^2，大于100mm的为8700 km^2，大于200mm的为1860km^2，大于400mm的为1238km^2，大于600mm的为501km^2，大于800mm的为111km^2，大于1000mm的为30.8km^2。

降雨过程：本次暴雨从8月1日14:00开始，至2日9:00结束，历时19h，主要降雨集中在1日20:00至2日8:00的12h内，其中雨区西部集中在8月1日16:00至2日6:00，约14h，东部集中在1日23:00至2日9:00，约10h。本次暴雨5个中心雨量分别为：木多木当总雨量1400mm，葫芦素雨量为1080mm，什拉淖海雨量为1050mm，要刀兔雨量为1230mm，呼吉尔特雨量为1060mm。

最大时段雨量：根据雨量和降雨历时推算，这次暴雨的最大60min雨量为160.0mm，3h雨量为450.0mm，6h雨量为860.0mm。

天气系统：本次暴雨的影响天气系统为暖切变。

9. 陕西渭南1981.6.20暴雨（肖文忠等，1989）

发生时间：1981年6月20日

暴雨类型：短历时局地性暴雨

暴雨中心：陕西渭南市桥南乡

暴雨走向：西南—东北向

笼罩面积：本次暴雨雨区主要位于陕西渭南、华县境内的湭河、赤水河上游浅山区，雨量大于50mm的笼罩面积为107km^2，大于100mm的为40km^2，大于350mm的为2.46km^2。

降雨过程：本次暴雨从20日15:25开始，20:00结束，历时4h35min。暴雨中心桥南乡大石槽总雨量为339.9mm。降雨主要集中在15:25～16:30和17:00～18:05，前者65min，雨量为273.0mm；后者65min，雨量为60.0mm，其他时间降雨6.9mm。

最大时段雨量：根据降雨过程，这次暴雨各时段的最大雨量分别为：10min雨量为42.1mm，30min雨量为126.4mm，60min雨量为252.8mm，3h雨量为333.0mm，6h雨量为339.9mm。

天气系统：本次暴雨的主要影响天气系统是西风槽。

10. 宁夏西吉1982.5.26暴雨（宁夏水文总站，1983）

发生时间：1982年5月26日

暴雨类型：短历时局地型暴雨

暴雨中心：宁夏西吉县偏城乡

暴雨走向：西北—东南向

笼罩面积：本次暴雨笼罩面积比较小，雨量大于50mm的笼罩面积为13.3km^2，大于100mm的为5.3km^2，大于200mm的只有1.0km^2。

降雨过程：本次暴雨主要发生在 26 日 16:00～18:45（降雨历时约 4.5h），以偏城乡大庄为中心；28 日 12:30～14:00（降雨历时约 2.5h），以偏城乡黑泉口为中心。暴雨中心大庄的总雨量为 225.0mm，黑泉口总雨量为 214.0mm。

最大时段雨量：本次暴雨 10min 最大雨量为 31.4mm（推算值），30min 雨量为 89.0mm（推算值），60min 雨量为 171.0mm，2h 雨量为 223.0mm，3h 雨量为 225.0mm。

天气系统：本次暴雨的主要影响天气系统为冷锋与低层高温高湿天气。

11. 山西壶关 1982.7.29 暴雨[①]

发生时间：1982 年 7 月 29 日

暴雨类型：长历时区域型暴雨

暴雨中心：山西壶关县桥上

暴雨走向：西北—东南向

笼罩面积：本次暴雨雨区几乎覆盖了山西的大部分地区，大暴雨主要集中在忻州以南，雨量超过 200mm 的有 11 个县，雨量大于 400mm 的笼罩面积为 2750km^2，大于 300mm 的为 6610km^2，大于 200mm 的为 15430km^2，大于 100mm 的为 82170km^2。

降雨过程：本次暴雨从 7 月 29 日开始，8 月 5 日早上基本结束，历时 7 天。主雨时段集中在 7 月 31 日至 8 月 2 日；暴雨中心壶关县桥上总雨量为 688.0mm（6 天），沁水雨量为 412.0mm，阳城雨量为 406.0mm。

最大时段雨量：这次暴雨雨量时程分布相对比较均匀，暴雨中心壶关县桥上 24h 最大雨量为 330.1mm，阳城县董封水库 24h 最大雨量为 255.7mm。

12. 甘肃西峰 1988.7.23 暴雨（邢天佑等，1991）

发生时间：1988 年 7 月 23 日

暴雨类型：短历时局地型暴雨

暴雨中心：甘肃庆阳县熊家庙、西峰市董志乡

暴雨走向：西北—东南向

笼罩面积：本次暴雨覆盖甘肃西峰、宁县、庆阳、华池 4 个县市 6000km^2 的范围，雨量大于 200mm 的笼罩面积为 7.5km^2，大于 100mm 的为 238.0km^2，大于 50mm 的为 875.0km^2。

降雨过程：本次暴雨主要有两次降雨过程，一是 7 月 22 日 23:20 至 23 日 1:00，大约历时 140min，主要降雨区集中在庆阳县的熊家庙、驿马一带，并在熊家庙形成暴雨中心；二是从 22 日 23:30 开始，至 23 日 2:50，大约历时 155min，暴雨向西南移动，在西峰市董志乡孙庙、南庄一带形成暴雨中心。暴雨中心熊家庙的雨量为 240.0mm，孙庙雨量为 210.0mm；雨区其他测站的雨量分别为：王家湾雨量为 156.0mm，砚瓦川雨量为 63.8mm，南小河沟雨量为 65.0mm。

---

① 山西重大洪水灾害

最大时段雨量：暴雨中心最大60min雨量为105.8mm，2h雨量为207.0mm，3h雨量为248mm。

天气系统：本次暴雨影响天气系统为两槽一脊。

13. 山西汾阳1988.8.6暴雨[①]

发生时间：1988年8月6日

暴雨类型：短历时区域型暴雨

暴雨中心：山西汾阳县北花枝、杏花村

暴雨走向：西北—东南向

笼罩面积：本次暴雨雨区主要在汾阳县西南部及孝义、文水两县的部分地区，雨量大于200mm的笼罩面积为73km^2，大于100mm的为566km^2，大于50mm的为1383km^2。

降雨过程：本次降雨从8月6日凌晨开始，8:00基本结束，历时6～8h。暴雨中心北花枝的雨量为260.0mm，杏花村的雨量为250.0mm。

最大时段雨量：暴雨中心北花枝6h最大雨量为223.0mm，3h雨量为200.0mm，60min雨量为81.0mm（推算值）。

14. 山西兴县1989.7.22暴雨（吕光圻和任齐，1990）

发生时间：1989年7月22日

暴雨类型：短历时局地型暴雨

暴雨中心：山西兴县任家塔

暴雨走向：南一北向

笼罩面积：本次暴雨雨区主要位于山西兴县和临县之间，整个雨区范围笼罩了窟野河下游、岚漪河、蔚汾河中下游和湫水河上游地区，雨量大于100mm的为800km^2，大于150mm的为450km^2。

降雨过程：本次暴雨从7月22日4:00开始，10:00基本结束，历时约6h。暴雨中心任家塔总雨量为245mm，康宁镇雨量为203mm。

最大时段雨量：60min最大雨量为54.5mm（插补值），3h最大雨量为134.8mm（插补值），6h最大雨量为245.0mm。

天气系统：本次暴雨影响天气系统为暖切变伴低涡。

15. 内蒙古伊克昭盟1989.7.21暴雨（袁金梁和徐剑峰，1991；吕光圻和任齐，1990）

发生时间：1989年7月21日

暴雨类型：短历时区域型暴雨

① 山西重大洪水灾害

暴雨中心：内蒙古伊克昭盟达拉特旗青达门、准格尔旗暖水

暴雨走向：东—西向

笼罩面积：本次暴雨雨区覆盖了内蒙古伊克昭盟中东部皇甫川和窟野河上游的大部地区，雨量大于 50mm 的笼罩面积为 14200km^2，大于 100mm 的为 4407km^2，大于 150mm 的为 282km^2。

降雨过程：本次暴雨从 7 月 20 日 21:00 开始，至 21 日 10:00 结束，历时约 13h，主降雨集中在 21 日 4:00～9:00，历时不足 6h。暴雨中心青达门的总雨量为 186.4mm，暖水雨量为 124mm，雨区其他测站雨量分别为：耳字壕站 6h 雨量为 123mm，高头窑站 3h 雨量为 88.5mm，东胜 3h10min 雨量为 116mm。

最大时段雨量：30min 最大雨量为 30.0mm，60min 为 43.0mm，3h 为 110.0mm，6h 为 144.0mm，12h 为 185.0mm。

天气系统：本次暴雨的主要影响系统是暖湿横切变。

16. 陕西绥德 1994.8.4 暴雨（张胜利，1995；王允升和王英顺，1995）

发生时间：1994 年 8 月 4～5 日

暴雨类型：中历时区域型暴雨

暴雨中心：陕西绥德县辛店沟

暴雨走向：西南—东北向

笼罩面积：本次降雨雨区主要集中在陕西北部靖边、子洲、绥德、吴堡以及山西柳林一线，雨量大于 50mm 的笼罩面积约 3.5 万 km^2，大于 100mm 的约 1.0 万 km^2。

降雨过程：本次暴雨主降雨从 4 日 18:00 起，至 5 日 7:00 结束，历时 13h，暴雨中心绥德县辛店沟总雨量为 159.7mm。

最大时段雨量：本次暴雨最大时段雨量比较分散，其中 30min 最大雨量绥德为 63.0mm，吴堡雨量为 41.0mm；60min 最大雨量子洲为 58mm，柳林雨量为 48mm；3h 最大雨量靖边为 134.0mm；6h 最大雨量绥德为 144.2mm；12h 最大雨量横山为 150.0mm，吴堡雨量为 139.1mm。

17. 陕西吴旗 1994.8.30 暴雨（景效礼和宋志林，2000）

发生时间：1994 年 8 月 30 日

暴雨类型：短历时局地性暴雨

暴雨中心：陕西吴旗县薛岔乡（主中心）、志丹县杏河乡

暴雨走向：西北—东南向

笼罩面积：本次暴雨雨区主要覆盖北洛河上游的吴旗县和志丹县境内，雨量大于 100mm 的笼罩面积为 1966km^2。

降雨过程：本次降雨自 8 月 30 日 20:00 开始，至 31 日 8:00 基本结束，历时约 12h。降雨主要集中在 30 日 23:00 至 31 日 5:00，约 6h。降雨主中心雨区分布在吴旗县北部仓

堡乡、五谷城乡、薛岔乡，其中心薛岔乡沙集村的总雨量为 383mm（调查值），雨区其他测站的雨量为：孙家水库雨量 214.0mm、吴仓堡雨量 233.0mm、蔡家砭雨量 145mm、薛岔雨量 145mm、吴旗县雨量 91mm。副中心位于志丹县北部周水河及杏子河上游，中心杏河乡总雨量为 125mm，其他测站为：黄草湾雨量 125.0mm、张渠雨量 123.0mm、志丹雨量 97.0mm。

最大时段雨量：暴雨中心 60min 最大雨量为 120mm，6h 雨量为 251.0mm，12h 雨量为 383.0mm。

18. 山西昔阳 1996.8.2 暴雨（曹润珍，2008；崔泰昌和王耀东，2001）

发生时间：1996 年 8 月 2 日

暴雨类型：长历时区域型暴雨

暴雨中心：山西省昔阳县三教河

暴雨走向：东南—西北向

笼罩面积：本次暴雨雨区主要位于河北赞皇县和山西昔阳、和顺、左权东部一带，中心雨区集中在松溪河县中下游。中心雨区大于 500mm 的笼罩面积为 105.0km^2，大于 400mm 的为 371.0km^2，大于 300mm 的为 632.0km^2，大于 200mm 的为 1280.0km^2。

降雨过程：本次暴雨从 8 月 2 日 23:00 开始，至 5 日 11:00 结束。山西昔阳、和顺、左权东部一带的总雨量为 300～500mm，昔阳全县平均雨量为 213.0mm，松溪河丁峪、王寨部分乡镇雨量超过 500mm，三教河站雨量达到 539.1mm；雨区其他测站的雨量分别为：泉口为 476.2mm，口上为 413.1mm，梅洞沟为 314.0mm。

最大时段雨量：60min 最大雨量为 67.5mm（泉口），3h 雨量为 103.4mm（插补值），6h 雨量为 135.9mm（泉口），9h 雨量为 177.1mm（口上），12h 雨量为 196.2mm（泉口），24h 雨量为 356.3mm（三教河）。

天气系统：本次暴雨影响天气系统为台风暖湿气流与弱冷空气。

19. 甘肃镇原 1996.7.26 暴雨（王鑫平，2008；吕来瑞和郑自宽，1999；王锡稳等，1998）

发生时间：1996 年 7 月 26～28 日

暴雨类型：长历时区域型暴雨

暴雨中心：甘肃镇原县、崇信县

暴雨走向：西南—东北向

笼罩面积：本次暴雨笼罩了陇东地区的庆阳、平凉 14 个县（市），雨区面积 38000km^2，雨量大于 100mm 的笼罩面积约 20000km^2。

降雨过程：本次暴雨为连续降雨过程，26 日雨区主要集中在径河中上游的平凉地区，暴雨中心位于芮河中游的崇信县新窑镇，雨量为 210m；27 日凌晨雨区移至马莲河流域的庆阳地区，暴雨中心茹河中游镇原县开边乡雨量为 215.7mm，雨区其他站雨量分别为：

镇原县雨量 208.7mm，西峰市雨量 120.0mm，合水县雨量 110.0mm。三天总雨量第一个中心崇信县新窑镇为 223.3mm（大路河什字站），第二个中心镇原县开边乡雨量为 257.2mm。

最大时段雨量：开边乡 6h 最大雨量为 99.9mm，12h 雨量为 166.7mm，24h 雨量为 215.7mm；大路河什字 6h 最大雨量为 80.2mm，12h 雨量为 151.0mm，24h 雨量为 191.0m。

天气系统：本次暴雨影响天气系统为低涡切变。

20. 陕西子长 2002.7.4 暴雨（杨德应等，2002；张海敏和牛玉国，2003）

发生时间：2002 年 7 月 4～5 日

暴雨类型：中历时局地性暴雨

暴雨中心：陕西子长县城西南瓷窑

暴雨走向：西北—东南向

笼罩面积：本次暴雨雨区主要集中在子长县境内，降雨明显分为两个时段：第一次降雨大于 50mm 的笼罩面积为 1895km^2，大于 100mm 的为 683km^2，大于 150mm 的为 70km^2；第二次降雨大于 50mm 的笼罩面积为 1425km^2，大于 100mm 的为 380km^2，大于 150mm 的为 65km^2。

降雨过程：本次暴雨有两次降雨过程，第一次降水从 4 日 00:00 左右开始，9:00 结束，历时约 9h，雨区各测站的雨量为：瓷窑 300.0mm（调查值），子长防汛办雨量为 258.4mm，子长气象局雨量为 195.3mm，道园树坪雨量为 240.0mm（调查值）；第二次降水从 4 日 20:00 开始，到 5 日 10:00 结束，约历时 14h，雨区各测站的雨量分别为：瓷窑雨量为 163.0mm（调查值），子长防汛办雨量为 124.5mm，子长气象局雨量为 111.8mm，道园树坪雨量为 131.0mm（调查值）。两次降雨总雨量分别为：瓷窑雨量为 463mm（调查值），子长气象局雨量为 307.1mm，子长水文站雨量为 283mm，道园树坪雨量为 371mm（调查值）。

最大时段雨量：暴雨中心各时段的最大雨量分别为 60min 为 105mm（子长防汛办），78.0mm（气象站），3h 雨量为 193.0mm（推算值），6h 雨量为 258.4mm（子长气象站），24h 雨量为 371.4mm（防汛办）。

21. 陕西府谷 2003.7.30 暴雨（陈国华等，2007；屠新武和马文进，2004）

发生时间：2003 年 7 月 30 日

暴雨类型：短历时局地型暴雨

暴雨中心：府谷县县城及黄甫

暴雨走向：西北—东南向

笼罩面积：本次暴雨主要发生在河曲至府谷黄河干流的山陕区间和清水河上游，降雨主要集中在以黄甫为中心，直径约 5km^2 的圆形范围内及以府谷县城以上沿黄河两岸 10km^2 长的带状范围内，大于 50mm 的笼罩面积为 11847km^2，大于 100mm 的为 1462km^2，大于 130mm 的为 270km^2。

降雨过程：本次暴雨从 30 日 0:00 开始，8:00 基本结束，约 8h，主要集中在 30 日 2:00～4:00 和 7:00～8:00 两个时段，第一个时段降雨集中在清水川上游游哈镇和皇甫川黄甫，第二个时段集中在府谷县城。降雨中心黄甫总雨量为 136.0mm，府谷雨量为 133.0mm，高石崖雨量为 131.0mm。

最大时段雨量：本次暴雨最大 1h 雨量为 63.2mm（黄甫）、52.4mm（高石崖）和 40.2mm（府谷），6h 雨量为 121.4mm（黄甫）和 133.0mm（府谷）。

22. 甘肃庆城 2003.8.25 暴雨（惠俊堂，2008）

发生时间：2003 年 8 月 25～26 日

暴雨类型：中历时区域型暴雨

暴雨中心：甘肃庆城县王家坪

暴雨走向：东南—西北向

笼罩面积：本次暴雨雨区主要分布在马莲河流域中游两侧，包括该流域中南部的 5 个县（市）41 个乡镇，雨量大于 50mm 的笼罩面积约 18000.0km^2，大于 100mm 的为 7650.0km^2，大于 150mm 的为 1234.0km^2，大于 200mm 的为 210.0km^2。

降雨过程：这次暴雨从 8 月 25 日 8:00 开始，26 日 4:00 左右结束，主要降雨集中在 25 日 16:00 至 26 日 1:00 的 9h 内，暴雨中心在桐川沟附近的王家坪，总雨量为 217.5mm。

最大时段雨量：暴雨中心各时段的最大雨量分别为 30min 雨量 42.0mm，60min 雨量 70.0mm，3h 雨量 104.8mm，6h 雨量 130.0mm，12h 雨量 180.1mm，24h 雨量 217.5m。

天气系统：本次暴雨影响天气系统为暖湿气流与高原切变。

23. 宁夏平罗 2006.7.14 暴雨（马筛艳等，2006；任蓓，2008）

发生时间：2006 年 7 月 14 日

暴雨类型：中历时区域型暴雨

暴雨中心：宁夏平罗县县黄草滩

暴雨走向：西北—东南向

笼罩面积：本次暴雨主要分布在宁夏中北部银川市及贺兰山沿线地区，笼罩面积为 13200km^2，雨量大于 50mm 的为 7420.0km^2，大于 100mm 的为 1942.0km^2，大于 140mm 的为 170.4km^2。

降雨过程：本次暴雨大约从 14 日 15:00 开始，15 日 8:00 基本结束，历时约 15h，主降雨集中在 14 日 19:00～23:00 和 15 日 0:00～4:00。暴雨中心黄草滩总雨量为 168.4mm，其他测站为小口子雨量为 146.3mm，贺兰口雨量为 130.0mm，苏峪口雨量为 110.3mm，银川雨量为 104.8mm。

最大时段雨量：本次暴雨银川 60min 最大雨量为 31.1mm，3h 雨量为 61.1mm。

24. 山西垣曲 2007.7.29 暴雨（董春卿等，2015；苗爱梅等，2008；赵桂香等，2008）

发生时间：2007 年 7 月 29～30 日

暴雨类型：中历时区域型暴雨

暴雨中心：山西垣曲县朱家庄

暴雨走向：西南—东北向

笼罩面积：本次暴雨笼罩了晋中南部 20 余个县市，其中 4 个县市雨量超过 100mm。

降雨过程：本次暴雨从 7 月 29 日 8:00 开始，至 30 日 8:00 结束，历时 24h。降雨过程大概分为 3 个阶段：第一阶段为 29 日 12:00～14:00，60min 雨量为 40.1mm；第二阶段为 29 日 20:00～23:00，3h 雨量为 125.5mm，60min 最大雨量为 78.8mm；第三阶段为 30 日 1:00～4:00，3h 雨量为 86.0mm，60min 最大雨量为 42.9mm。暴雨中心朱家庄雨量为 384.7mm，垣曲县雨量为 313.3mm。

最大时段雨量：本次暴雨 60min 最大雨量为 78.8mm，3h 雨量为 125.5mm，6h 雨量为 160.0mm（插补值），12h 雨量为 229.0mm，24h 雨量为 384.7mm。

天气系统：本次暴雨影响天气系统为暖切变。

25. 陕西岐山 2007.8.8 暴雨（慕建利等，2009，2012；刘瑞芳等，2008）

发生时间：2007 年 8 月 8～9 日

暴雨类型：短历时区域性暴雨

暴雨中心：本次暴雨有 3 个降雨中心，分别为岐山县、礼泉县和高陵县。

暴雨走向：东-西向

笼罩面积：本次暴雨雨区范围集中在关中西部至中部的宝鸡、咸阳、西安一线，在关中地区形成了东西向水平尺度约 200km 的暴雨带，暴雨带上有 47 个测站雨量超过 50mm，12 个测站雨量达到 100mm。

降雨过程：本次暴雨从 8 日 17:00 开始，至 9 日 3:00 结束，历时 10h，其中强降雨时段主要集中在 8 日 20:00 至 9 日 1:00 的 6h 内。本次暴雨从关中西部向东移动，形成 3 个降雨中心，每个中心大约维持 1～2h 强降水，各中心雨量分别为：岐山县枣林乡 207.1mm、礼泉县 151.0mm、高陵县 118.0mm。雨区其他测站雨量为：麟游 84.0mm、乾县 83.0mm、兴平 82.0mm、泾阳 83.0mm、岐山 118.0mm、咸阳 106.0mm。

最大时段雨量：本次暴雨 60min 最大雨量礼泉为 95mm，高陵为 92.1mm。

天气系统：本次暴雨影响天气系统为西风槽，副高外围暖湿气流和低涡，中尺度对流云团。

2.3　暴 雨 极 值

2.3.1　黄土高原不同时段的暴雨极值

1. 暴雨极值的统计计算

暴雨极值是指一个地区一定降雨时间暴雨量的最大值，一般以不同历时的最大雨量或次最大雨量表示。暴雨极值受两方面因素的影响：一是资料年限，由于观测资料年限的延长，原有的极值记录可能会被不断地刷新；二是站网密度，由于黄土高原地形的复杂性，没有足够的雨量站网，是很难捕捉到真正的暴雨中心的，这样就会可能漏掉真正的暴雨极值。在已有的文献中，有不少有关黄土高原降雨极值的报道（陈永宗和景可等，1988；张汉雄，1983；小流域暴雨径流研究组，1978），在这次暴雨极值的统计计算中，尽可能充分利用水文和气象部门多年的降雨资料，查阅了有关文献和新闻报道中的特大暴雨和极值，同时，对一些只有次暴雨量的极值进行了其他时段的插补（一般为调查值），如甘肃省武山县高家河1985年8月10日70min降雨440.0mm，对其进行了5～60min各时段雨量的插补（插补方法如前所述）。

由于黄土高原气候和地形的区域间差异很大，为了尽可能反映各地的暴雨极值，根据各时段的最大降雨强度特征，确定了不同时段的暴雨极值选取标准（表2.19）。暴雨极值的来源分为实测值、插补值、调查值、调查插补值四类。实测值是雨量站实际观测的数据，插补值是实测值基础上对某一时段进行插补的值，调查值是未有实际降雨的观测数据，而通过对当地农户居民调查访问而获的雨量值，调查插补值是在调查值基础上对某一时段进行插补的值。

表2.19　黄土高原不同时段暴雨极值的选取标准

项目	不同时段暴雨极值标准														
	5min	10min	15min	20min	30min	45min	60min	90min	120min	180min	240min	360min	450min	720min	1440min
雨强/（mm/min）	4.00	3.00	2.67	2.25	2.0	1.67	1.5	1.11	1.00	0.83	0.75	0.56	0.49	0.34	0.21
雨量/mm	20	30	40	45	60	75	90	100	120	150	180	200	220	245	300

2. 不同降雨时段的暴雨极值

表2.20至表2.34列出了15个降雨时段经过统计和筛选的暴雨极值；图2.3为几个主要时段暴雨极值的空间分布情况，深色数字表示的是实测值（含插补值），浅色数字表示的是调查值（含调查插补值）。

5min雨量≥20mm的暴雨共发生了39次，其中实测值（含插补值）34次，调查值（含调查插补值）5次。5min雨量≥30mm的暴雨共6次。5min暴雨极值最大的3次分别为陕西周至县黑峪口59.1mm（1973.5.27，实测值）、山西太原市梅洞沟53.1mm（1971.7.1，实测值）和甘肃武山县高家河36.7mm（1985.8.10，调查插补值）。

表 2.20　黄土高原各时段暴雨极值（5min 雨量≥20mm）

序号	发生地点	发生时间	雨型	时段/min	雨量/mm	资料来源
1	陕西周至县黑峪口	1973.5.27	A	5	59.1	实测值
2	山西太原市梅洞沟	1971.7.1	A	5	53.1	实测值
3	甘肃武山县高家河	1985.8.10	A	5	36.7	调查插补值
4	内蒙古乌审旗纳林河	1972.7.19	B	5	31.5	实测值
5	陕西渭南市大石槽	1981.6.20	A	5	30.8	插补值
6	陕西子长县城区	1971.7.23	A	5	30.0	实测值
7	陕西神木洞川沟	1988.7.22	A	5	29.6	实测值
8	陕西延川县文安驿川	1988.8.11	A	5	29.2	插补值
9	河南济源县八里胡同	1977.7.30	B	5	27.0	实测值
10	内蒙古包头市城区	1958.8.7	C	5	26.9	实测值
11	陕西旬邑县职田	1960.7.4	B	5	26.7	实测值
12	陕西澄城县洑头	1971.7.1	B	5	26.3	实测值
13	陕西榆林县韩家峁	1987.8.25	A	5	26.1	实测值
14	陕西榆林县韩家峁	1970.8.27	B	5	25.6	实测值
15	陕西府谷县黄甫	1977.8.1	B	5	24.7	实测值
16	陕西澄城县洑头	1976.6.5	A	5	24.3	实测值
17	甘肃庆阳县毛家河	1968.7.14	A	5	24.0	实测值
18	河南济源县赵礼庄	1971.8.1	B	5	23.6	实测值
19	内蒙古乌审旗木多才当	1977.8.1	B	5	23.5	调查插补值
20	山西祁县梁坪寨	1974.7.24	A	5	23.5	实测值
21	甘肃渭原县半阴坡	1991.6.11	A	5	23.0	插补值
22	山西永济县风伯峪	1977.5.29	B	5	23.0	实测值
23	陕西咸阳市城区	1983.9.4	A	5	22.9	实测值
24	陕西延长县桐湾	1985.7.8	A	5	22.3	插补值
25	甘肃临洮县英家嘴	1986.5.29	A	5	21.5	调查插补值
26	山西闻喜县坡底村	1977.7.29	A	5	21.4	调查插补值
27	宁夏中宁县城区	1961.7.22	A	5	21.3	实测值
28	陕西神木县草垛山	1970.8.8	C	5	21.2	实测值
29	陕西靖边县城区	1984.9.16	A	5	21.1	实测值
30	宁夏西吉县偏城	1982.5.26	A	5	20.9	插补值
31	山西临县兔坂镇	1959.5.30	A	5	20.6	实测值
32	山西阳城县城区	1970.6.25	A	5	20.6	实测值
33	内蒙古准格尔旗头道拐	1978.8.11	C	5	20.5	实测值
34	山西太原市岔口	1974.8.21	A	5	20.5	实测值
35	陕西太白县鹦鸽	1978.7.9	A	5	20.4	实测值
36	陕西宝鸡市育家沟	1985.5.3	B	5	20.3	调查插补值
37	陕西耀县城区	1978.7.27	A	5	20.2	实测值
38	山西寿阳县独堆	1958.7.24	A	5	20.0	实测值
39	陕西洛川县城区	1978.7.9	B	5	20.0	实测值

表 2.21　黄土高原各时段暴雨极值（10min 雨量≥30mm）

序号	发生地点	发生时间	雨型	时段/min	雨量/mm	资料来源
1	甘肃武山县高家河	1985.8.10	A	10	70.7	调查插补值
2	陕西周至县黑峪口	1973.5.27	A	10	59.1	实测值
3	陕西渭南市大石槽	1981.6.20	A	10	56.0	插补值
4	山西太原市梅洞沟	1971.7.1	A	10	53.1	实测值
5	陕西延川县文安驿川	1988.8.11	A	10	53.0	实测值
6	内蒙古乌审旗纳林河	1972.7.19	B	10	52.5	实测值
7	陕西榆林县韩家峁	1970.8.27	B	10	48.0	实测值
8	河南济源县八里胡同	1977.7.30	B	10	45.0	实测值
9	内蒙古包头市城区	1958.8.7	C	10	44.8	实测值
10	陕西旬邑县职田	1960.7.4	B	10	44.5	实测值
11	陕西榆林县韩家峁	1987.8.25	A	10	43.5	实测值
12	内蒙古乌审旗木多才当	1977.8.1	B	10	42.7	调查插补值
13	甘肃渭原县半阴坡	1991.6.11	A	10	41.8	实测值
14	陕西府谷县黄甫	1977.8.1	B	10	41.2	实测值
15	陕西延长县桐湾	1985.7.8	A	10	40.6	实测值
16	甘肃临洮县英家嘴	1986.5.29	A	10	39.1	调查插补值
17	山西闻喜县坡底村	1977.7.29	A	10	38.9	调查插补值
18	陕西咸阳市城区	1983.9.4	A	10	38.1	实测值
19	宁夏西吉县偏城	1982.5.26	A	10	38.0	插补值
20	内蒙古土默特右旗公山湾	1980.8.26	A	10	37.4	实测值
21	内蒙古准格尔旗头道拐	1978.8.11	C	10	37.1	实测值
22	陕西宝鸡市育家沟	1985.5.3	B	10	37.0	调查插补值
23	宁夏中宁县城区	1961.7.22	A	10	35.5	实测值
24	陕西洛川县城区	1978.7.9	B	10	35.5	实测值
25	陕西神木县草垛山	1970.8.8	C	10	35.4	实测值
26	甘肃镇原县白家岔	1985.5.1	A	10	35.1	调查插补值
27	陕西靖边县城区	1984.9.16	A	10	35.1	实测值
28	甘肃合水县城区	1971.7.1	A	10	34.8	实测值
29	陕西绥德县城区	1980.8.8	A	10	34.6	实测值
30	陕西陇县固关	1980.7.14	A	10	34.1	实测值
31	甘肃泾川县城区	2007.7.24	A	10	33.8	插补值
32	山西永济县风伯峪	1977.5.29	B	10	33.7	实测值
33	山西永济县张留庄	1978.6.28	A	10	33.7	实测值
34	河南济源县赵礼庄	1971.8.1	B	10	33.4	实测值
35	陕西耀县城区	1978.7.27	A	10	32.8	实测值
36	陕西横山县樊家河	1987.8.25	B	10	31.8	实测值
37	甘肃天水市石岭寺	1978.7.12	B	10	31.6	实测值
38	陕西横山县赵石窑	1969.5.11	A	10	31.6	实测值
39	陕西黄陵县城区	1983.8.4	A	10	31.4	实测值
40	甘肃华亭县城区	1983.9.4	A	10	31.3	实测值

续表

序号	发生地点	发生时间	雨型	时段/min	雨量/mm	资料来源
41	甘肃岷县寺沟村	2001.7.24	A	10	31.3	调查插补值
42	甘肃环县木钵	1988.6.27	A	10	30.9	实测值
43	内蒙古伊金霍洛旗	1960	A	10	30.6	实测值
44	山西娄烦县上静游	1981.7.24	A	10	30.6	实测值
45	陕西太白县鹦鸽	1978.7.9	A	10	30.6	实测值
46	陕西榆林县城区	1958.7.12	B	10	30.6	实测值
47	陕西神木县城区	1971.7.23	A	10	30.5	实测值
48	山西夏县泗交	1982.8.9	B	10	30.2	实测值
49	内蒙古伊金霍洛阿腾席热	1987.8.18	A	10	30.1	实测值
50	甘肃庆阳县毛家河	1968.7.14	A	10	30.0	实测值
51	河南济源县五龙口	1987.9.1	A	10	30.0	实测值
52	内蒙古固阳县阿塔山	1958.8.4	C	10	30.0	实测值
53	陕西子长县城区	1971.7.23	A	10	30.0	实测值

表 2.22　黄土高原各时段暴雨极值（15min 雨量≥40mm）

序号	发生地点	发生时间	雨型	时段/min	雨量/mm	资料来源
1	甘肃武山县高家河	1985.8.10	A	15	102.0	调查插补值
2	陕西渭南市大石槽	1981.6.20	A	15	76.2	插补值
3	陕西旬邑县职田	1960.7.4	B	15	65.6	插补值
4	陕西延川县文安驿川	1988.8.11	A	15	65.0	插补值
5	内蒙古乌审旗纳林河	1972.7.19	B	15	60.6	实测值
6	陕西周至县黑峪口	1973.5.27	A	15	59.3	实测值
7	内蒙古乌审旗木多才当	1977.8.1	B	15	58.1	调查插补值
8	甘肃临洮县英家嘴	1986.5.29	A	15	53.2	调查插补值
9	山西太原市梅洞沟	1971.7.1	A	15	53.1	实测值
10	山西闻喜县坡底村	1977.7.29	A	15	52.9	调查插补值
11	河南济源县八里胡同	1977.7.30	B	15	52.4	实测值
12	内蒙古准格尔旗头道拐	1978.8.11	C	15	52.0	实测值
13	宁夏西吉县偏城	1982.5.26	A	15	51.7	插补值
14	陕西榆林县韩家峁	1987.8.25	A	15	51.5	实测值
15	陕西榆林县韩家峁	1970.8.27	B	15	50.5	实测值
16	陕西宝鸡市育家沟	1985.5.3	B	15	50.3	调查插补值
17	陕西府谷县黄甫	1977.8.1	B	15	47.5	实测值
18	内蒙古包头市城区	1958.8.7	C	15	46.2	实测值
19	甘肃泾川县城区	2007.7.24	A	15	45.9	插补值
20	内蒙古固阳县阿塔山	1958.8.4	C	15	44.6	实测值
21	陕西耀县城区	1978.7.27	A	15	44.4	实测值
22	内蒙古土默特右旗公山湾	1980.8.26	A	15	43.6	插补值
23	山西夏县泗交	1982.8.9	B	15	43.6	插补值
24	山西永济县风伯峪	1977.5.29	B	15	43.4	实测值

续表

序号	发生地点	发生时间	雨型	时段/min	雨量/mm	资料来源
25	甘肃合水县城区	1971.7.1	A	15	42.6	插补值
26	甘肃岷县寺沟村	2001.7.24	A	15	42.6	调查插补值
27	陕西靖边县城区	1984.9.16	A	15	42.2	实测值
28	陕西靖边县城区	1984.9.16	A	15	42.2	实测值
29	山西永济县张留庄	1978.6.28	A	15	42.0	实测值
30	山西柳林县后大成	1988.7.18	A	15	41.7	插补值
31	陕西横山县樊家河	1987.8.25	B	15	41.6	插补值
32	陕西绥德县城区	1980.8.8	A	15	41.5	实测值
33	陕西咸阳市城区	1983.9.4	A	15	41.2	实测值
34	陕西延长县桐湾	1985.7.8	A	15	41.1	实测值
35	陕西洛川县城区	1978.7.9	B	15	40.0	实测值

表 2.23　黄土高原各时段暴雨极值（20min 雨量≥45mm）

序号	发生地点	发生时间	雨型	时段/min	雨量/mm	资料来源
1	甘肃武山县高家河	1985.8.10	A	20	136.0	调查插补值
2	陕西渭南市大石槽	1981.6.20	A	20	101.9	插补值
3	陕西旬邑县职田	1960.7.4	B	20	80.4	插补值
4	内蒙古乌审旗木多才当	1977.8.1	B	20	77.7	调查插补值
5	甘肃临洮县英家嘴	1986.5.29	A	20	71.1	调查插补值
6	陕西延川县文安驿川	1988.8.11	A	20	70.9	插补值
7	山西闻喜县坡底村	1977.7.29	A	20	70.7	调查插补值
8	宁夏西吉县偏城	1982.5.26	A	20	69.1	插补值
9	陕西宝鸡市育家沟	1985.5.3	B	20	67.2	调查插补值
10	内蒙古乌审旗纳林河	1972.7.19	B	20	66.0	实测值
11	甘肃镇原县白家岔	1985.5.1	A	20	63.9	调查插补值
12	内蒙古准格尔旗头道拐	1978.8.11	C	20	63.9	实测值
13	甘肃泾川县城区	2007.7.24	A	20	61.4	插补值
14	陕西周至县黑峪口	1973.5.27	A	20	59.6	实测值
15	陕西榆林县韩家峁	1987.8.25	A	20	59.5	实测值
16	内蒙古固阳县阿塔山	1958.8.4	C	20	57.9	实测值
17	陕西榆林县韩家峁	1970.8.27	B	20	57.8	实测值
18	甘肃岷县寺沟村	2001.7.24	A	20	56.9	调查插补值
19	河南济源县八里胡同	1977.7.30	B	20	56.6	实测值
20	山西太原市梅洞沟	1971.7.1	A	20	53.1	实测值
21	陕西耀县城区	1978.7.27	A	20	53.1	实测值
22	山西夏县泗交	1982.8.9	B	20	52.8	实测值
23	陕西府谷县黄甫	1977.8.1	B	20	51.7	实测值
24	甘肃镇原县新城乡	1987.5	A	20	50.6	插补值
25	山西柳林县后大成	1988.7.18	A	20	49.8	实测值
26	山西寿阳县曲旺	1975.7.16	A	20	48.5	实测值

续表

序号	发生地点	发生时间	雨型	时段/min	雨量/mm	资料来源
27	内蒙古包头市城区	1958.8.7	C	20	47.8	实测值
28	陕西横山县樊家河	1987.8.25	B	20	47.5	实测值
29	山西娄烦县汾河水库	1982.8.20	A	20	47.1	实测值
30	山西永济县张留庄	1978.6.28	A	20	47.0	实测值
31	陕西靖边县城区	1984.9.16	A	20	47.0	实测值
32	陕西靖边县城区	1984.9.16	A	20	47.0	实测值
33	陕西绥德县城区	1980.8.8	A	20	46.8	实测值
34	陕西吴旗县金佛坪	1971.8.14	C	20	46.8	实测值
35	山西永济县风伯峪	1977.5.29	B	20	46.7	实测值
36	甘肃合水县城区	1971.7.1	A	20	46.4	插补值
37	陕西绥德县辛店沟	1994.8.4	B	20	46.3	插补值
38	河南济源县五龙口	1987.9.1	A	20	46.2	实测值
39	陕西洛川县城区	1978.7.9	B	20	46.0	实测值
40	内蒙古土默特右旗公山湾	1980.8.26	A	20	45.6	实测值
41	宁夏银川市城区	1951.8.10	A	20	45.5	实测值
42	甘肃秦安县千户镇	1983.8.31	A	20	45.4	实测值
43	山西安泽县飞岭	1979.7.21	B	20	45.4	实测值

表 2.24　黄土高原各时段暴雨极值（30min 雨量≥60mm）

序号	发生地点	发生时间	雨型	时段/min	雨量/mm	资料来源
1	甘肃武山县高家河	1985.8.10	A	30	196.2	调查插补值
2	陕西渭南市大石槽	1981.6.20	A	30	138.6	插补值
3	陕西旬邑县职田	1960.7.4	B	30	108.6	实测值
4	内蒙古乌审旗木多才当	1977.8.1	B	30	105.7	调查插补值
5	甘肃临洮县英家嘴	1986.5.29	A	30	96.8	调查插补值
6	山西闻喜县坡底村	1977.7.29	A	30	96.3	调查插补值
7	宁夏西吉县偏城	1982.5.26	A	30	94.1	插补值
8	陕西宝鸡市育家沟	1985.5.3	B	30	91.5	调查插补值
9	甘肃镇原县白家岔	1985.5.1	A	30	86.9	调查插补值
10	甘肃泾川县城区	2007.7.24	A	30	83.5	实测值
11	陕西延川县文安驿川	1988.8.11	A	30	82.0	实测值
12	内蒙古准格尔旗头道拐	1978.8.11	C	30	79.8	实测值
13	甘肃岷县寺沟村	2001.7.24	A	30	77.4	调查插补值
14	内蒙古乌审旗纳林河	1972.7.19	B	30	75.0	实测值
15	山西霍州市陶村堡	1970.8.10	B	30	73.4	调查插补值
16	山西夏县泗交	1982.8.9	B	30	72.7	实测值
17	内蒙古固阳县阿塔山	1958.8.4	C	30	69.7	实测值
18	甘肃镇原县新城乡	1987.5	A	30	68.8	插补值
19	陕西榆林县韩家峁	1970.8.27	B	30	68.0	实测值
20	陕西吴旗县北沙集	1994.8.30	B	30	66.0	调查插补值

续表

序号	发生地点	发生时间	雨型	时段/min	雨量/mm	资料来源
21	山西古县东庄	1974.7.31	A	30	65.6	实测值
22	甘肃庆城县熊家庙	1988.7.23	A	30	65.3	调查插补值
23	宁夏银川市城区	1951.8.10	A	30	65.0	实测值
24	河南济源县八里胡同	1977.7.30	B	30	64.3	实测值
25	山西阳城县润城	1978.7.9	A	30	64.1	实测值
26	山西寿阳县曲旺	1975.7.16	A	30	64.0	实测值
27	陕西绥德县辛店沟	1994.8.4	B	30	63.0	实测值
28	甘肃西峰市肖金镇	1991.7.26	A	30	62.0	插补值
29	陕西榆林县韩家峁	1987.8.25	A	30	61.8	实测值
30	山西朔州市大尹庄	1962.7.5	A	30	61.5	调查插补值
31	陕西延安市城区	1979.7.21	A	30	61.2	实测值
32	山西柳林县后大成	1988.7.18	A	30	61.0	实测值
33	陕西合阳县露井	1979.7.8	C	30	61.0	实测值
34	陕西洛川县城区	1978.7.9	B	30	61.0	实测值
35	陕西周至县黑峪口	1973.5.27	A	30	61.0	实测值
36	陕西耀县城区	1978.7.27	A	30	60.0	实测值

表 2.25　黄土高原各时段暴雨极值（45min 雨量≥75mm）

序号	发生地点	发生时间	雨型	时段/min	雨量/mm	资料来源
1	甘肃武山县高家河	1985.8.10	A	45	292.4	调查插补值
2	陕西渭南市大石槽	1981.6.20	A	45	205.1	插补值
3	内蒙古乌审旗木多才当	1977.8.1	B	45	143.7	调查插补值
4	甘肃临洮县英家嘴	1986.5.29	A	45	143.2	调查插补值
5	山西闻喜县坡底村	1977.7.29	A	45	142.4	调查插补值
6	陕西宝鸡市育家沟	1985.5.3	B	45	135.3	调查插补值
7	甘肃镇原县白家岔	1985.5.1	A	45	128.5	调查插补值
8	甘肃岷县寺沟村	2001.7.24	A	45	113.8	调查插补值
9	陕西旬邑县职田	1960.7.4	B	45	113.4	实测值
10	甘肃镇原县新城乡	1987.5	A	45	101.8	插补值
11	山西霍州市陶村堡	1970.8.10	B	45	99.8	调查插补值
12	甘肃泾川县城区	2007.7.24	A	45	98.0	插补值
13	陕西吴起县北沙集	1994.8.30	B	45	97.7	调查插补值
14	甘肃庆城县熊家庙	1988.7.23	A	45	96.7	调查插补值
15	内蒙古乌审旗纳林河	1972.7.19	B	45	94.2	实测值
16	山西夏县泗交	1982.8.9	B	45	93.6	实测值
17	内蒙古准格尔旗头道拐	1978.8.11	C	45	93.0	实测值
18	甘肃西峰市肖金镇	1991.7.26	A	45	91.7	插补值
19	山西朔州市大尹庄	1962.7.5	A	45	90.9	调查插补值
20	陕西洛川县城区	1978.7.9	B	45	90.6	实测值
21	河南济源县八里胡同	1977.7.30	B	45	88.3	实测值

续表

序号	发生地点	发生时间	雨型	时段/min	雨量/mm	资料来源
22	陕西子长县城区	2002.7.4	C	45	85.4	插补值
23	陕西延川县文安驿川	1988.8.11	A	45	83.2	插补值
24	山西阳城县润城	1978.7.9	A	45	81.2	插补值
25	山西古交市顺道	1971.7.31	C	45	79.9	调查插补值
26	陕西绥德县辛店沟	1994.8.4	B	45	79.7	插补值
27	山西清徐县汾河二坝	1969.7.25	B	45	78.0	实测值
28	山西古县东庄	1974.7.31	A	45	77.7	插补值
29	甘肃合水县城区	1971.7.1	A	45	76.5	插补值
30	宁夏银川市小口子	1984.8.1	B	45	75.5	实测值

表 2.26　黄土高原各时段暴雨极值（60min 雨量≥90mm）

序号	发生地点	发生时间	雨型	时段/min	雨量/mm	资料来源
1	甘肃武山县高家河	1985.8.10	A	60	377.1	调查插补值
2	陕西渭南市大石槽	1981.6.20	A	60	252.0	实测值
3	内蒙古乌审旗木多才当	1977.8.1	B	60	192.1	调查插补值
4	甘肃临洮县英家嘴	1986.5.29	A	60	176.0	调查插补值
5	山西闻喜县坡底村	1977.7.29	A	60	175.0	调查插补值
6	宁夏西吉县偏城	1982.5.26	A	60	171.0	实测值
7	陕西宝鸡市育家沟	1985.5.3	B	60	166.4	调查插补值
8	甘肃镇原县白家岔	1985.5.1	A	60	158.0	调查插补值
9	山西霍州市陶村堡	1970.8.10	B	60	133.4	调查插补值
10	甘肃镇原县新城乡	1987.5	A	60	125.1	插补值
11	甘肃岷县寺沟村	2001.7.24	A	60	124.0	调查值
12	陕西吴旗县北沙集	1994.8.30	B	60	120.0	调查值
13	甘肃庆城县熊家庙	1988.7.23	A	60	118.8	调查插补值
14	陕西旬邑县职田	1960.7.4	B	60	117.9	实测值
15	山西夏县泗交	1982.8.9	B	60	113.2	实测值
16	甘肃西峰市肖金镇	1991.7.26	A	60	112.6	插补值
17	山西朔州市大尹庄	1962.7.5	A	60	111.8	调查插补值
18	陕西绥德县满堂川	2012.7.15	A	60	108.8	实测值
19	内蒙古乌审旗纳林河	1972.7.19	B	60	107.1	实测值
20	山西古交市顺道	1971.7.31	C	60	106.7	调查插补值
21	陕西陇县城区	2010.8.1	A	60	105.7	实测值
22	陕西子长县城区	2002.7.4	C	60	105.0	实测值
23	甘肃泾川县城区	2007.7.24	A	60	104.6	插补值
24	河南济源县八里胡同	1977.7.30	B	60	104.3	实测值
25	山西兴县城区	1996.7.23	A	60	101.6	实测值
26	山西平定县滦泉	1966.8.23	C	60	100.7	调查插补值
27	陕西洛川县城区	1978.7.9	B	60	100.7	实测值
28	内蒙古准格尔旗头道拐	1978.8.11	C	60	100.6	实测值

续表

序号	发生地点	发生时间	雨型	时段/min	雨量/mm	资料来源
29	山西浑源县大仁庄	1983.5.11	A	60	100.0	实测值
30	山西清徐县汾河二坝	1969.7.25	B	60	100.0	实测值
31	山西阳城县横河	2011.7.2	B	60	99.1	实测值
32	宁夏银川市小口子	1984.8.1	B	60	98.6	实测值
33	河南济源县瑞村	1958.7.14	C	60	98.1	插补值
34	陕西西安市城区	1989.7.18	A	60	97.0	实测值
35	内蒙古土默特左旗三两	1979.7.21	B	60	96.0	实测值
36	陕西礼泉县城区	2007.8.8	B	60	95.0	实测值
37	甘肃合水县城区	1971.7.1	A	60	92.1	实测值
38	陕西高陵县城区	2007.8.8	B	60	92.1	实测值
39	山西阳城县润城	1978.7.9	A	60	90.5	实测值
40	山西陵川县甘河	1961.8.2	B	60	90.1	插补值

表 2.27 黄土高原各时段暴雨极值（90min 雨量≥100mm）

序号	发生地点	发生时间	雨型	时段/min	雨量/mm	资料来源
1	甘肃武山县高家河	1985.8.10	A	90	440.0	调查值
2	陕西渭南市大石槽	1981.6.20	A	90	274.1	实测值
3	内蒙古乌审旗木多才当	1977.8.1	B	90	261.4	调查插补值
4	甘肃临洮县英家嘴	1986.5.29	A	90	260.4	调查插补值
5	山西闻喜县坡底村	1977.7.29	A	90	258.9	调查插补值
6	陕西宝鸡市育家沟	1985.5.3	B	90	246.1	调查插补值
7	甘肃镇原县白家岔	1985.5.1	A	90	233.7	调查插补值
8	宁夏西吉县偏城	1982.5.26	A	90	206.9	插补值
9	甘肃镇原县新城乡	1987.5	A	90	185.0	插补值
10	山西霍州市陶村堡	1970.8.10	B	90	181.5	调查插补值
11	甘肃庆城县熊家庙	1988.7.23	A	90	175.8	调查插补值
12	甘肃西峰市肖金镇	1991.7.26	A	90	166.7	插补值
13	山西朔州市大尹庄	1962.7.5	A	90	165.4	调查插补值
14	山西古交市顺道	1971.7.31	C	90	145.2	调查插补值
15	山西清徐县汾河二坝	1969.7.25	B	90	137.8	实测值
16	山西平定县滦泉	1966.8.23	C	90	137.0	调查插补值
17	陕西子长县城区	2002.7.4	C	90	134.1	插补值
18	河南济源县八里胡同	1977.7.30	B	90	133.5	实测值
19	河南济源县瑞村	1958.7.14	C	90	133.4	插补值
20	宁夏银川市小口子	1984.8.1	B	90	133.2	实测值
21	宁夏永宁县高山站	1975.8.5	B	90	130.0	实测值
22	山西阳城县横河	2011.7.2	B	90	130.0	插补值
23	陕西旬邑县职田	1960.7.4	B	90	126.8	实测值
24	山西柳林县金家庄	1971.7.31	C	90	124.8	插补值
25	山西夏县泗交	1982.8.9	B	90	123.9	实测值

续表

序号	发生地点	发生时间	雨型	时段/min	雨量/mm	资料来源
26	陕西吴旗县北沙集	1994.8.30	B	90	123.0	调查值
27	山西陵川县甘河	1961.8.2	B	90	122.7	插补值
28	甘肃临洮县新荣	1979.8.12	A	90	121.3	调查插补值
29	山西平顺县杏城	1975.8.6	C	90	119.5	调查插补值
30	内蒙古土默特左旗三两	1979.7.21	B	90	119.2	实测值
31	甘肃泾川县城区	2007.7.24	A	90	115.7	插补值
32	内蒙古乌审旗纳林河	1972.7.19	B	90	112.6	实测值
33	陕西礼泉县城区	2007.8.8	B	90	111.3	插补值
34	陕西洛川县城区	1978.7.9	B	90	111.2	实测值
35	山西汾阳市北花枝	1988.8.6	B	90	110.0	插补值
36	内蒙古准格尔旗头道拐	1978.8.11	C	90	109.7	实测值
37	山西垣曲县华锋	1958.7.14	C	90	108.1	插补值
38	河南济源县赵礼庄	1971.8.1	B	90	107.4	实测值
39	陕西绥德县辛店沟	1994.8.4	B	90	106.1	插补值
40	山西石楼县裴沟	1977.8.5	C	90	104.2	实测值
41	河南沁阳县山路平	1982.7.29	C	90	102.3	实测值
42	陕西榆林县韩家峁	1970.8.27	B	90	100.5	实测值

表 2.28　黄土高原各时段暴雨极值（120min 雨量≥120mm）

序号	发生地点	发生时间	雨型	时段/min	雨量/mm	资料来源
1	甘肃武山县高家河	1985.8.10	A	120	440.0	调查值
2	内蒙古乌审旗木多才当	1977.8.1	B	120	349.3	调查插补值
3	甘肃临洮县英家嘴	1986.5.29	A	120	320.2	调查值
4	山西闻喜县坡底村	1977.7.29	A	120	318.2	调查插补值
5	陕西宝鸡市育家沟	1985.5.3	B	120	302.5	调查插补值
6	陕西渭南市大石槽	1981.6.20	A	120	296.0	实测值
7	甘肃镇原县白家岔	1985.5.1	A	120	287.2	调查插补值
8	山西霍州市陶村堡	1970.8.10	B	120	242.6	调查插补值
9	甘肃镇原县新城乡	1987.5	A	120	227.4	实测值
10	宁夏西吉县偏城	1982.5.26	A	120	223.0	实测值
11	甘肃庆城县熊家庙	1988.7.23	A	120	216.0	调查值
12	甘肃西峰市肖金镇	1991.7.26	A	120	204.8	实测值
13	山西朔州市大尹庄	1962.7.5	A	120	203.2	调查值
14	山西古交市顺道	1971.7.31	C	120	194.0	调查插补值
15	山西平定县滦泉	1966.8.23	C	120	183.1	调查插补值
16	内蒙古准格尔旗头道拐	1978.8.11	C	120	181.4	实测值
17	河南济源县瑞村	1958.7.14	C	120	178.3	插补值
18	山西陵川县甘河	1961.8.2	B	120	163.9	插补值
19	甘肃临洮县新荣	1979.8.12	A	120	162.1	调查插补值
20	山西平顺县杏城	1975.8.6	C	120	159.6	调查插补值

续表

序号	发生地点	发生时间	雨型	时段/min	雨量/mm	资料来源
21	宁夏银川市小口子	1984.8.1	B	120	155.3	实测值
22	河南济源县八里胡同	1977.7.30	B	120	151.0	实测值
23	陕西子长县城区	2002.7.4	C	120	150.5	插补值
24	山西阳城县横河	2011.7.2	B	120	148.7	插补值
25	陕西吴起县北沙集	1994.8.30	B	120	147.8	调查插补值
26	宁夏永宁县高山站	1975.8.5	B	120	147.3	插补值
27	山西清徐县汾河二坝	1969.7.25	B	120	147.1	实测值
28	山西汾阳市北花枝	1988.8.6	B	120	147.0	插补值
29	山西垣曲县华锋	1958.7.14	C	120	144.4	插补值
30	陕西旬邑县职田	1960.7.4	B	120	135.9	实测值
31	山西临县兔坂镇	2012.7.27	A	120	135.3	插补值
32	内蒙古土默特左旗三两	1979.7.21	B	120	128.5	实测值
33	山西平遥县城区	1977.8.5	C	120	128.0	实测值
34	宁夏平罗县黄草滩	1979.8.6	B	120	126.7	实测值
35	山西夏县泗交	1982.8.9	B	120	125.1	实测值
36	甘肃泾川县城区	2007.7.24	A	120	123.5	插补值
37	山西石楼县裴沟	1977.8.5	C	120	120.8	实测值
38	河南济源县赵礼庄	1971.8.1	B	120	120.2	实测值
39	陕西绥德县辛店沟	1994.8.4	B	120	120.0	实测值

表 2.29　黄土高原各时段暴雨极值（180min 雨量≥150mm）

序号	发生地点	发生时间	雨型	时段/min	雨量/mm	资料来源
1	内蒙古乌审旗木多才当	1977.8.1	B	180	475.2	调查插补值
2	山西闻喜县坡底村	1977.7.29	A	180	464.0	调查值
3	陕西宝鸡市育家沟	1985.5.3	B	180	447.5	调查插补值
4	甘肃武山县高家河	1985.8.10	A	180	440.0	调查值
5	甘肃镇原县白家岔	1985.5.1	A	180	359.0	调查值
6	陕西渭南市大石槽	1981.6.20	A	180	333.0	实测值
7	山西霍州市陶村堡	1970.8.10	B	180	330.0	调查插补值
8	甘肃临洮县英家嘴	1986.5.29	A	180	320.2	调查值
9	甘肃镇原县新城乡	1987.5	A	180	283.7	实测值
10	甘肃庆城县熊家庙	1988.7.23	A	180	270.0	调查值
11	山西古交市顺道	1971.7.31	C	180	264.0	调查插补值
12	山西朔州市大尹庄	1962.7.5	A	180	250.0	调查值
13	山西平定县滦泉	1966.8.23	C	180	249.2	调查插补值
14	河南济源县瑞村	1958.7.14	C	180	242.6	实测值
15	宁夏西吉县偏城	1982.5.26	A	180	225.0	实测值
16	山西陵川县甘河	1961.8.2	B	180	223.0	实测值
17	甘肃临洮县新荣	1979.8.12	A	180	220.6	调查插补值
18	山西平顺县杏城	1975.8.6	C	180	217.2	调查插补值

续表

序号	发生地点	发生时间	雨型	时段/min	雨量/mm	资料来源
19	甘肃西峰市肖金镇	1991.7.26	A	180	215.0	实测值
20	山西汾阳市北花枝	1988.8.6	B	180	200.0	实测值
21	山西临县兔坂镇	2012.7.27	A	180	197.0	实测值
22	河南济源县城区	1958.7.14	C	180	196.5	实测值
23	山西垣曲县华锋	1958.7.14	C	180	196.5	实测值
24	山西阳城县横河	2011.7.2	B	180	184.1	插补值
25	陕西子长县城区	2002.7.4	C	180	181.6	插补值
26	山西清徐县汾河二坝	1969.7.25	B	180	176.7	实测值
27	宁夏银川市小口子	1984.8.1	B	180	176.3	实测值
28	河南济源县八里胡同	1977.7.30	B	180	168.8	实测值
29	山西平遥县城区	1977.8.5	C	180	166.6	实测值
30	陕西吴起县北沙集	1994.8.30	B	180	161.5	调查插补值
31	山西阳泉市城区	1966.8.23	C	180	160.8	实测值
32	山西柳林县金家庄	1964.7.6	C	180	159.5	插补值
33	内蒙古呼和浩特市坝口子	1959.7.27	B	180	156.0	插补值
34	陕西旬邑县职田	1960.7.4	B	180	154.1	实测值
35	陕西安塞县招安	1977.7.5	C	180	154.0	调查插补值
36	山西夏县泗交	1982.8.9	B	180	151.6	实测值

表 2.30　黄土高原各时段暴雨极值（240min 雨量≥180mm）

序号	发生地点	发生时间	雨型	时段/min	雨量/mm	资料来源
1	内蒙古乌审旗木多才当	1977.8.1	B	240	635.0	调查插补值
2	陕西宝鸡市育家沟	1985.5.3	B	240	550.0	调查值
3	山西闻喜县坡底村	1977.7.29	A	240	464.0	调查值
4	山西霍州市陶村堡	1970.8.10	B	240	441.0	调查插补值
5	甘肃武山县高家河	1985.8.10	A	240	440.0	调查值
6	甘肃镇原县白家岔	1985.5.1	A	240	359.0	调查值
7	山西古交市顺道	1971.7.31	C	240	352.8	调查插补值
8	陕西渭南市大石槽	1981.6.20	A	240	337.0	实测值
9	山西平定县滦泉	1966.8.23	C	240	333.0	调查插补值
10	甘肃临洮县英家嘴	1986.5.29	A	240	320.2	调查值
11	甘肃临洮县新荣	1979.8.12	A	240	294.7	调查插补值
12	山西平顺县杏城	1975.8.6	C	240	290.3	调查插补值
13	甘肃镇原县新城乡	1987.5	A	240	283.7	实测值
14	河南济源县瑞村	1958.7.14	C	240	273.9	插补值
15	甘肃庆城县熊家庙	1988.7.23	A	240	270.0	调查值
16	宁夏西吉县偏城	1982.5.26	A	240	225.0	实测值
17	山西陵川县甘河	1961.8.2	B	240	224.0	实测值
18	山西垣曲县华锋	1958.7.14	C	240	223.5	插补值
19	陕西安塞县招安	1977.7.5	C	240	216.0	调查值

续表

序号	发生地点	发生时间	雨型	时段/min	雨量/mm	资料来源
20	甘肃西峰市肖金镇	1991.7.26	A	240	215.0	实测值
21	山西阳城县横河	2011.7.2	B	240	213.4	插补值
22	山西柳林县金家庄	1964.7.6	C	240	213.2	插补值
23	陕西旬邑县职田	1960.7.4	B	240	209.8	实测值
24	山西汾阳市北花枝	1988.8.6	B	240	207.6	实测值
25	陕西子长县城区	2002.7.4	C	240	206.9	插补值
26	河南济源县城区	1958.7.14	C	240	206.8	实测值
27	山西平遥县城区	1977.8.5	C	240	205.4	实测值
28	山西临县兔坂镇	2012.7.27	A	240	197.0	实测值
29	河南沁阳县山路平	1982.7.29	C	240	193.7	实测值
30	内蒙古呼和浩特市坝口子	1959.7.27	B	240	188.4	插补值
31	宁夏银川市小口子	1984.8.1	B	240	188.2	实测值
32	山西阳泉市城区	1966.8.23	C	240	187.8	插补值
33	甘肃正宁县罗川	1984.8.26	B	240	183.8	调查插补值
34	山西石楼县裴沟	1977.8.5	C	240	181.7	实测值

表 2.31　黄土高原各时段暴雨极值（360min 雨量≥200mm）

序号	发生地点	发生时间	雨型	时段/min	雨量/mm	资料来源
1	内蒙古乌审旗木多才当	1977.8.1	B	360	864.0	调查值
2	山西霍州市陶村堡	1970.8.10	B	360	600.0	调查值
3	陕西宝鸡市育家沟	1985.5.3	B	360	550.0	调查值
4	山西古交市顺道	1971.7.31	C	360	480.0	调查值
5	山西闻喜县坡底村	1977.7.29	A	360	464.0	调查值
6	山西平定县滦泉	1966.8.23	C	360	453.0	调查值
7	甘肃武山县高家河	1985.8.10	A	360	440.0	调查值
8	甘肃临洮县新荣	1979.8.12	A	360	401.0	调查值
9	山西平顺县杏城	1975.8.6	C	360	394.9	调查值
10	甘肃镇原县白家岔	1985.5.1	A	360	359.0	调查值
11	陕西渭南市大石槽	1981.6.20	A	360	339.9	实测值
12	甘肃临洮县英家嘴	1986.5.29	A	360	320.2	调查值
13	河南济源县瑞村	1958.7.14	C	360	297.4	实测值
14	山西柳林县金家庄	1964.7.6	C	360	290.0	实测值
15	甘肃镇原县新城乡	1987.5	A	360	283.7	实测值
16	陕西安塞县招安	1977.7.5	C	360	280.0	调查值
17	内蒙古呼和浩特市坝口子	1959.7.27	B	360	277.1	插补值
18	山西阳城县横河	2011.7.2	B	360	272.7	实测值
19	甘肃庆城县熊家庙	1988.7.23	A	360	270.0	调查值
20	陕西旬邑县职田	1960.7.4	B	360	270.0	实测值
21	山西平遥县城区	1977.8.5	C	360	262.8	实测值
22	陕西子长县城区	2002.7.4	C	360	258.4	实测值

续表

序号	发生地点	发生时间	雨型	时段/min	雨量/mm	资料来源
23	陕西吴起县北沙集	1994.8.30	B	360	251.0	调查值
24	甘肃正宁县罗川	1984.8.26	B	360	250.0	调查值
25	山西垣曲县华锋	1958.7.14	C	360	245.6	实测值
26	山西兴县任家塔	1989.7.22	B	360	245.0	实测值
27	宁夏西吉县偏城	1982.5.26	A	360	225.0	实测值
28	河南济源县城区	1958.7.14	C	360	224.3	实测值
29	山西陵川县甘河	1961.8.2	B	360	224.0	实测值
30	山西平定县东回	1966.8.23	C	360	224.0	实测值
31	山西汾阳市北花枝	1988.8.6	B	360	223.0	实测值
32	山西阳泉市城区	1966.8.23	C	360	222.6	实测值
33	山西石楼县裴沟	1977.8.5	C	360	215.9	实测值
34	甘肃西峰市肖金镇	1991.7.26	A	360	215.0	实测值
35	陕西户县涝峪口	1980.8.23	C	360	205.7	实测值
36	陕西神木县杨家坪	1971.7.23	C	360	205.5	实测值
37	河南沁阳县山路平	1982.7.29	C	360	203.0	实测值
38	山西兴县康宁镇	1989.7.22	B	360	203.0	实测值
39	山西兴县康宁镇	1989.7.22	B	360	203.0	实测值
40	陕西清涧县城区	1978.7.23	B	360	202.4	实测值

表 2.32　黄土高原各时段暴雨极值（450min 雨量≥220mm）

序号	发生地点	发生时间	雨型	时段/min	雨量/mm	资料来源
1	内蒙古乌审旗木多才当	1977.8.1	B	540	1296.0	调查值
2	山西霍州市陶村堡	1970.8.10	B	540	600.0	调查值
3	陕西宝鸡市育家沟	1985.5.3	B	540	550.0	调查值
4	山西古交市顺道	1971.7.31	C	540	495.0	调查插补值
5	山西平定县滦泉	1966.8.23	C	540	474.2	调查插补值
6	山西闻喜县坡底村	1977.7.29	A	540	464.0	调查值
7	甘肃武山县高家河	1985.8.10	A	540	440.0	调查值
8	山西平顺县杏城	1975.8.6	C	540	421.8	调查插补值
9	甘肃临洮县新荣	1979.8.12	A	540	401.0	调查值
10	甘肃镇原县白家岔	1985.5.1	A	540	359.0	调查值
11	陕西渭南市大石槽	1981.6.20	A	540	339.9	实测值
12	山西平遥县城区	1977.8.5	C	540	323.5	实测值
13	甘肃临洮县英家嘴	1986.5.29	A	540	320.2	调查值
14	山西柳林县金家庄	1964.7.6	C	540	319.1	插补值
15	陕西吴起县北沙集	1994.8.30	B	540	317.0	调查值
16	陕西安塞县招安	1977.7.5	C	540	310.0	调查值
17	陕西神木县杨家坪	1971.7.23	C	540	307.8	插补值
18	河南济源县瑞村	1958.7.14	C	540	300.2	插补值
19	内蒙古呼和浩特市坝口子	1959.7.27	B	540	300.2	实测值

续表

序号	发生地点	发生时间	雨型	时段/min	雨量/mm	资料来源
20	陕西旬邑县职田	1960.7.4	B	540	298.0	实测值
21	山西阳城县横河	2011.7.2	B	540	282.1	插补值
22	陕西子长县城区	2002.7.4	C	540	277.2	插补值
23	甘肃庆城县熊家庙	1988.7.23	A	540	270.0	调查值
24	山西汾阳市北花枝	1988.8.6	B	540	260.0	实测值
25	甘肃西峰市驿马	1958.7.13	B	540	258.0	调查值
26	山西阳泉市城区	1966.8.23	C	540	251.5	插补值
27	甘肃正宁县罗川	1984.8.26	B	540	250.0	调查值
28	山西平定县东回	1966.8.23	C	540	250.0	插补值
29	山西垣曲县华锋	1958.7.14	C	540	247.3	插补值
30	山西兴县任家塔	1989.7.22	B	540	245.0	实测值
31	陕西户县涝峪口	1980.8.23	C	540	244.8	实测值
32	山西陵川县甘河	1961.8.2	B	540	231.7	插补值
33	河南济源县城区	1958.7.14	C	540	226.1	实测值
34	宁夏西吉县偏城	1982.5.26	A	540	225.0	实测值
35	山西和顺县松烟镇	1963.8.4	C	540	222.0	调查插补值
36	山西石楼县裴沟	1977.8.5	C	540	220.3	实测值

表 2.33　黄土高原各时段暴雨极值（720min 雨量≥245mm）

序号	发生地点	发生时间	雨型	时段/min	雨量/mm	资料来源
1	内蒙古乌审旗木多才当	1977.8.1	B	720	1400.0	调查值
2	山西霍州市陶村堡	1970.8.10	B	720	600.0	调查值
3	陕西宝鸡市育家沟	1985.5.3	B	720	550.0	调查值
4	山西古交市顺道	1971.7.31	C	720	510.0	调查值
5	山西平定县滦泉	1966.8.23	C	720	495.3	调查插补值
6	山西闻喜县坡底村	1977.7.29	A	720	464.0	调查值
7	山西平顺县杏城	1975.8.6	C	720	448.6	调查插补值
8	甘肃武山县高家河	1985.8.10	A	720	440.0	调查值
9	陕西神木县杨家坪	1971.7.23	C	720	408.7	实测值
10	甘肃临洮县新荣	1979.8.12	A	720	401.0	调查值
11	陕西吴起县北沙集	1994.8.30	B	720	383.0	调查值
12	甘肃镇原县白家岔	1985.5.1	A	720	359.0	调查值
13	山西柳林县金家庄	1964.7.6	C	720	348.2	插补值
14	陕西渭南市大石槽	1981.6.20	A	720	339.9	实测值
15	山西平遥县城区	1977.8.5	C	720	323.9	实测值
16	甘肃临洮县英家嘴	1986.5.29	A	720	320.2	调查值
17	陕西安塞县招安	1977.7.5	C	720	315.0	调查值
18	山西阳城县横河	2011.7.2	B	720	305.4	插补值

续表

序号	发生地点	发生时间	雨型	时段/min	雨量/mm	资料来源
19	河南济源县瑞村	1958.7.14	C	720	303.1	实测值
20	内蒙古呼和浩特市坝口子	1959.7.27	B	720	300.2	实测值
21	陕西旬邑县职田	1960.7.4	B	720	298.0	实测值
22	陕西子长县城区	2002.7.4	C	720	296.1	插补值
23	甘肃镇原县新城乡	1987.5	A	720	283.7	实测值
24	山西平定县东回	1966.8.23	C	720	276.0	实测值
25	山西和顺县松烟镇	1963.8.4	C	720	272.8	调查插补值
26	甘肃庆城县熊家庙	1988.7.23	A	720	270.0	调查值
27	山西汾阳市北花枝	1988.8.6	B	720	260.0	实测值
28	甘肃西峰市驿马	1958.7.13	B	720	258.0	调查值
29	山西阳泉市城区	1966.8.23	C	720	256.4	实测值
30	甘肃正宁县罗川	1984.8.26	B	720	250.0	调查值
31	陕西户县涝峪口	1980.8.23	C	720	249.8	实测值
32	山西垣曲县华锋	1958.7.14	C	720	249.0	实测值
33	甘肃灵台县中台镇	2013.7.21	B	720	246.7	实测值
34	山西兴县任家塔	1989.7.22	B	720	245.0	实测值

表 2.34　黄土高原各时段暴雨极值（1440min 雨量≥300mm）

序号	发生地点	发生时间	雨型	时段/min	雨量/mm	资料来源
1	内蒙古乌审旗木多才当	1977.8.1	B	1440	1400.0	调查值
2	山西霍州市陶村堡	1970.8.10	B	1440	600.0	调查值
3	山西平定县滦泉	1966.8.23	C	1440	580.0	调查值
4	山西古交市顺道	1971.7.31	C	1440	570.0	调查值
5	山西平顺县杏城	1975.8.6	C	1440	556.0	调查值
6	陕西宝鸡市育家沟	1985.5.3	B	1440	550.0	调查值
7	山西和顺县松烟镇	1963.8.4	C	1440	496.0	调查值
8	山西闻喜县坡底村	1977.7.29	A	1440	464.0	调查值
9	山西蒲县井儿上	1975.7.20	C	1440	457.2	调查值
10	甘肃武山县高家河	1985.8.10	A	1440	440.0	调查值
11	陕西神木县杨家坪	1971.7.23	C	1440	408.7	实测值
12	甘肃临洮县新荣	1979.8.12	A	1440	401.0	调查值
13	陕西安塞县招安	1977.7.5	C	1440	400.0	调查值
14	山西壶关县桥上乡	1975.8.6	C	1440	387.5	实测值
15	山西垣曲县朱家庄	2007.7.29	C	1440	384.7	实测值
16	陕西吴起县北沙集	1994.8.30	B	1440	383.0	调查值
17	陕西子长县城区	2002.7.4	C	1440	371.4	实测值

续表

序号	发生地点	发生时间	雨型	时段/min	雨量/mm	资料来源
18	山西垣曲县华锋	1958.7.14	C	1440	366.6	实测值
19	山西柳林县金家庄	1964.7.6	C	1440	364.8	实测值
20	甘肃镇原县白家岔	1985.5.1	A	1440	359.0	调查值
21	山西平遥县城区	1977.8.5	C	1440	358.6	实测值
22	山西昔阳县三教河	1996.8.3	C	1440	356.3	实测值
23	陕西陇县东风镇	2010.7.23	C	1440	350.7	实测值
24	陕西渭南市大石槽	1981.6.20	A	1440	339.9	实测值
25	山西古交市西沟	1966.8.23	C	1440	331.0	实测值
26	山西壶关县桥上乡	1982.7.31	C	1440	330.1	实测值
27	山西阳城县横河	2011.7.2	B	1440	321.2	实测值
28	甘肃临洮县英家嘴	1986.5.29	A	1440	320.2	调查值
29	陕西黄陵县城区	1970.7.23	C	1440	307.9	实测值
30	河南济源县瑞村	1958.7.14	C	1440	305.8	实测值
31	内蒙古呼和浩特市坝口子	1959.7.27	B	1440	300.2	实测值
32	山西昔阳县泉口	1996.8.3	C	1440	300.2	实测值
33	甘肃环县城区	1993.8.6	C	1440	300.0	调查插补值

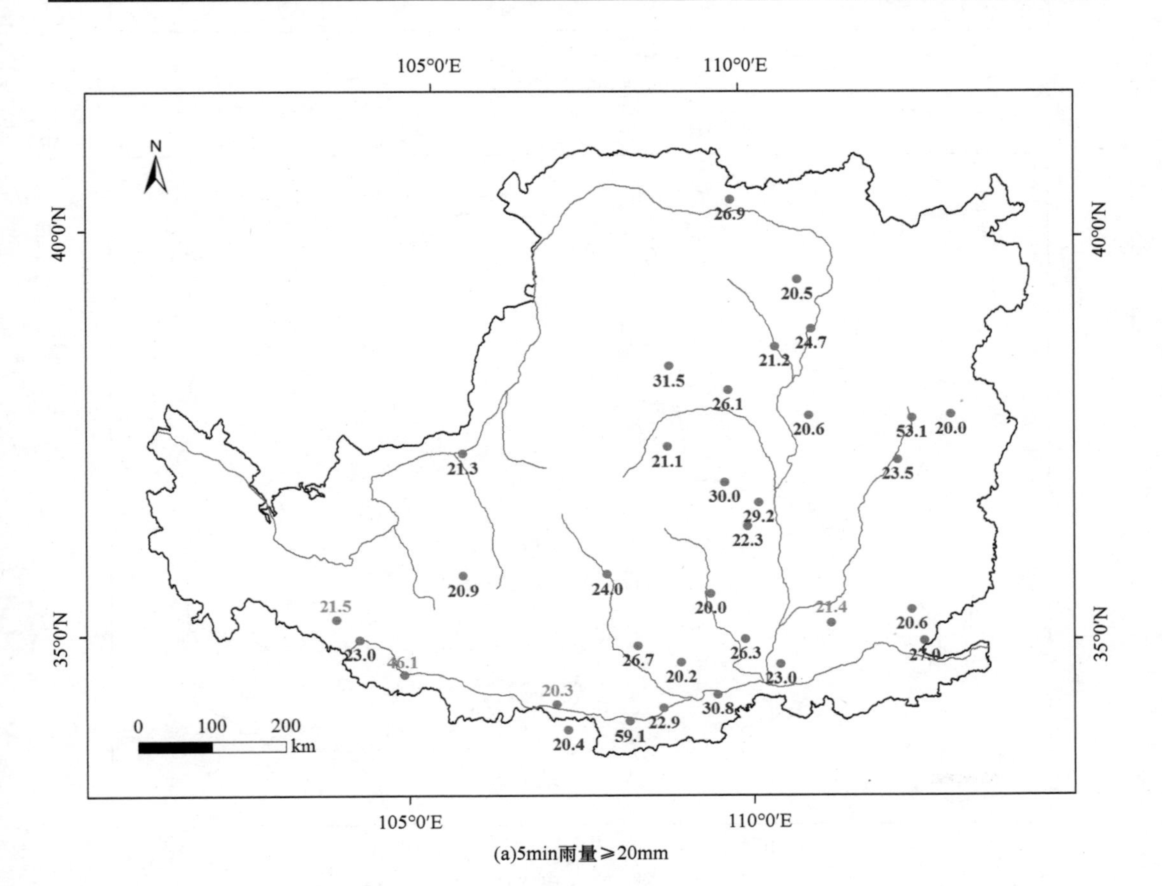

(a)5min雨量≥20mm

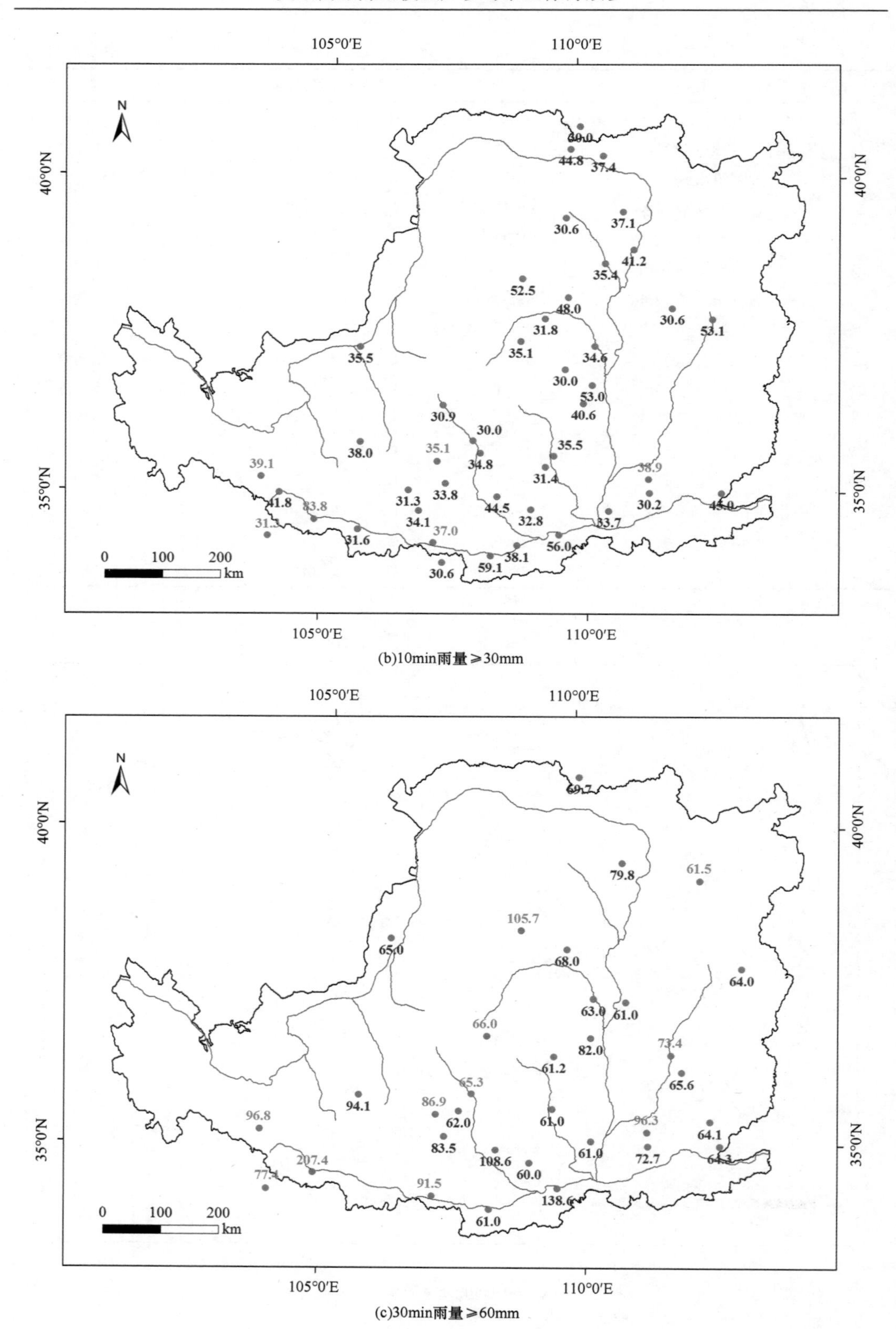

(b)10min雨量≥30mm

(c)30min雨量≥60mm

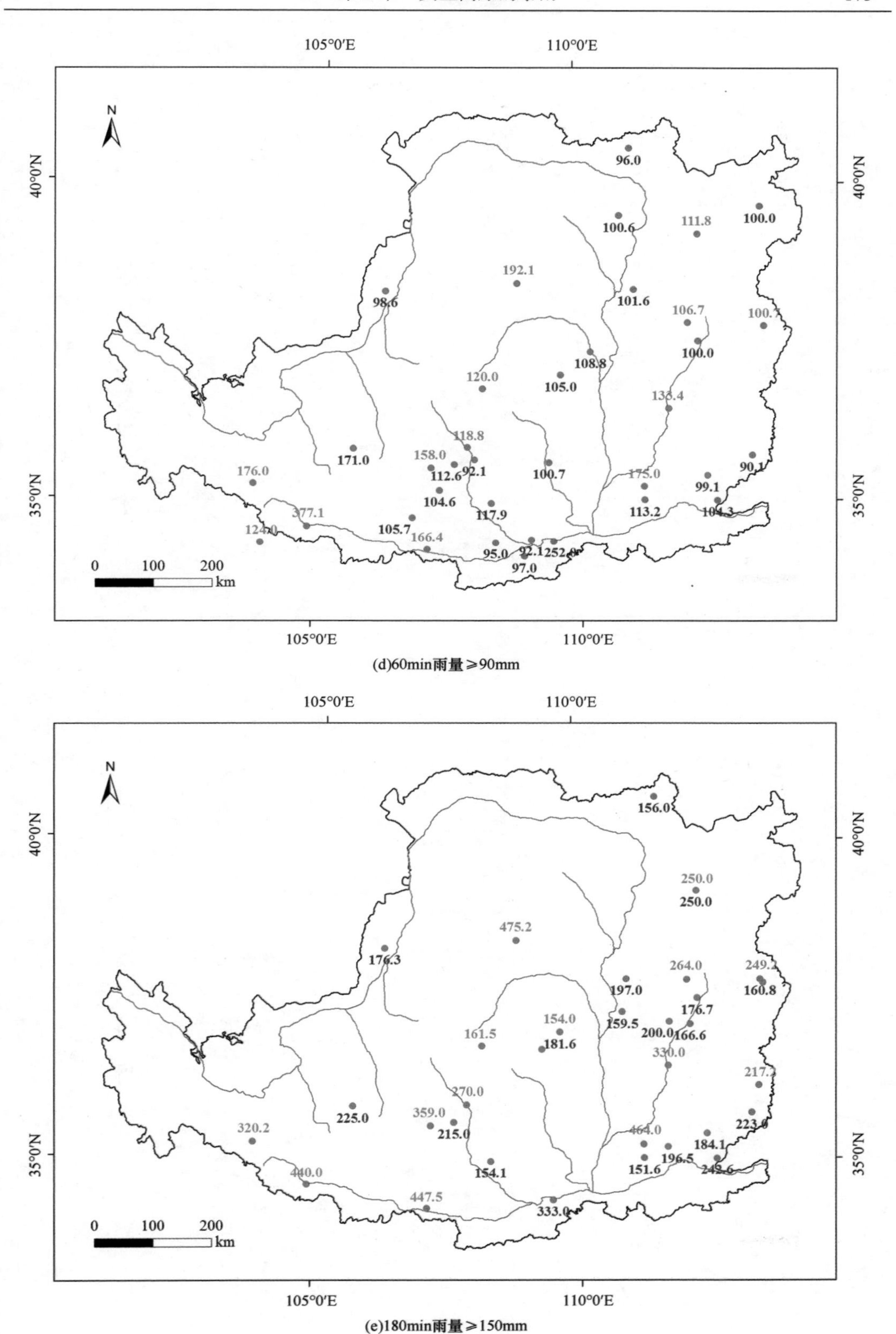

(d)60min雨量≥90mm

(e)180min雨量≥150mm

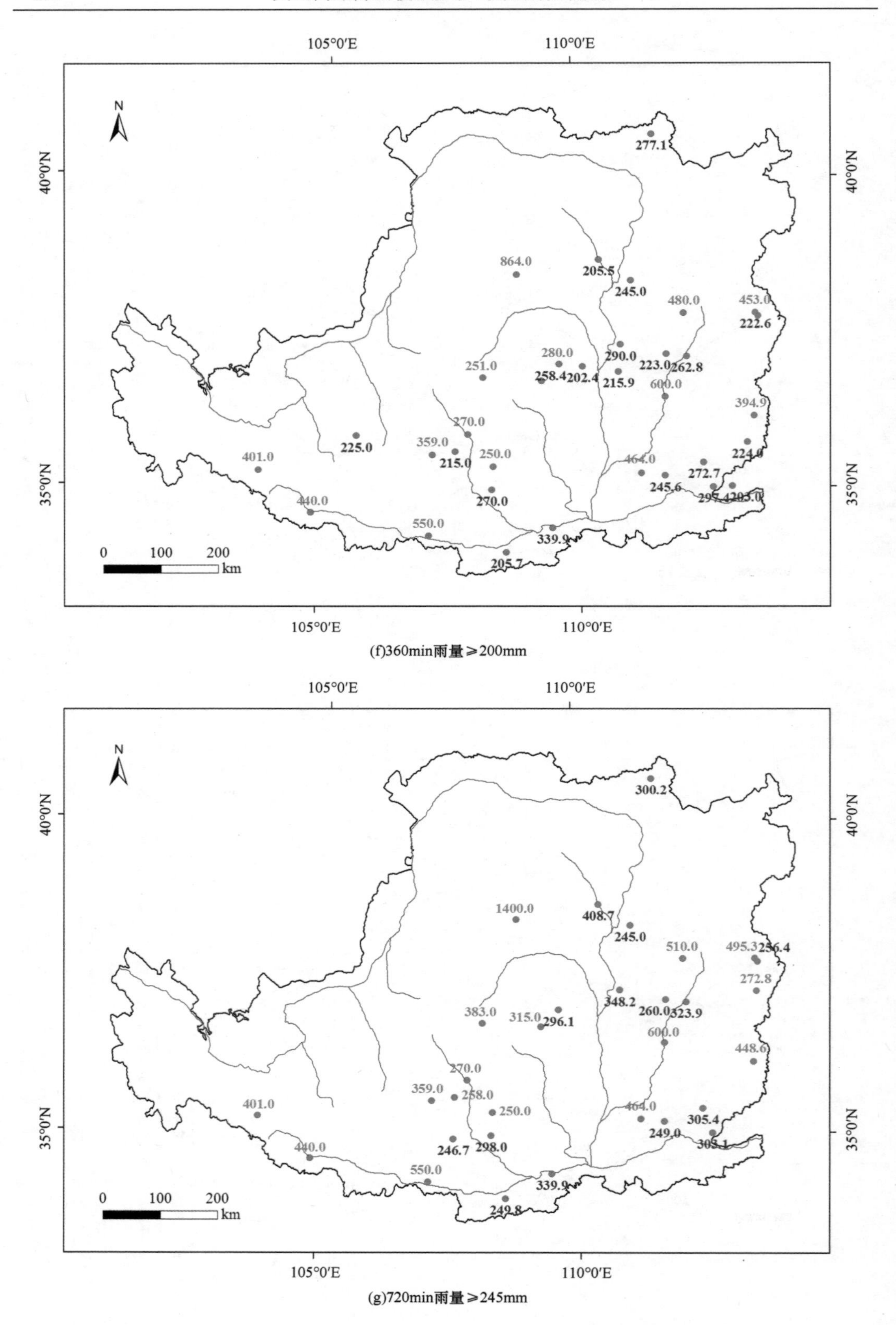

(f)360min雨量≥200mm

(g)720min雨量≥245mm

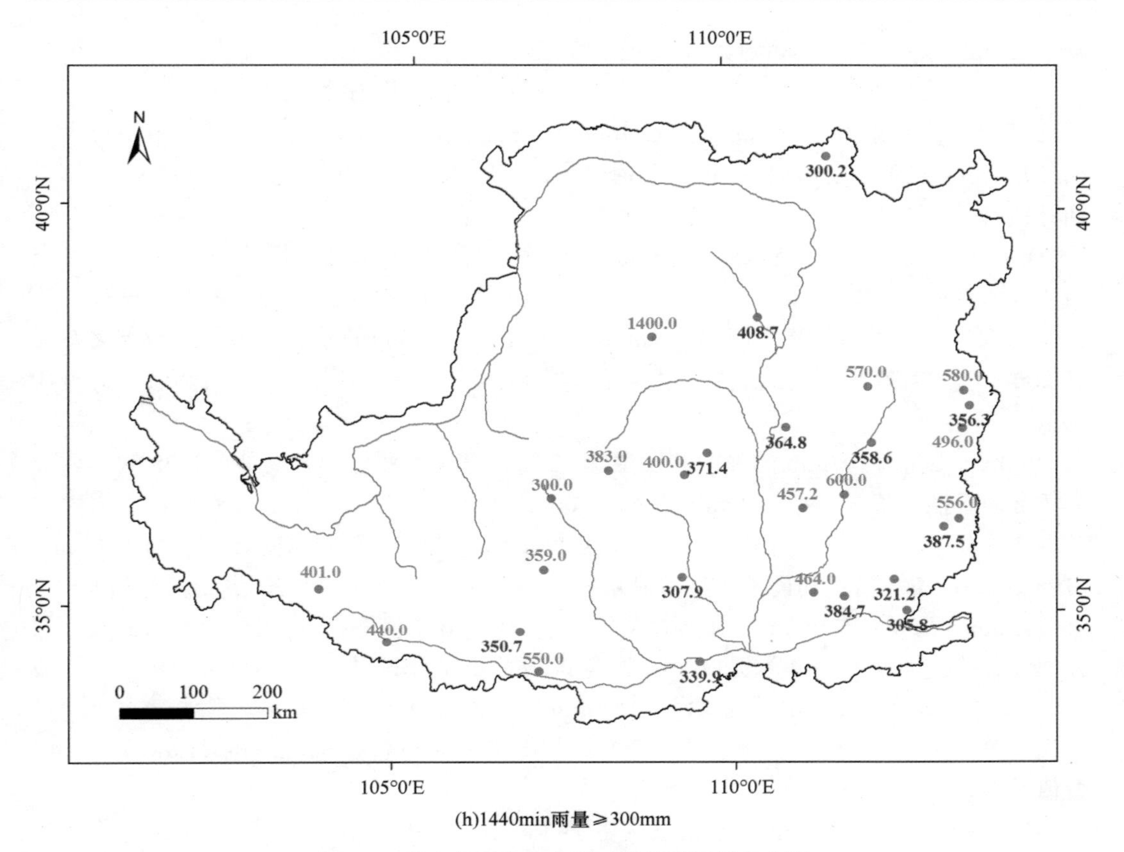

(h)1440min 雨量≥300mm

图 2.3　黄土高原几个主要时段暴雨极值分布图

10min 雨量≥30mm 的暴雨共发生了 53 次，其中实测值（含插补值）46 次，调查值（含调查插补值）7 次。10min 雨量≥50mm 的暴雨共 6 次。10min 暴雨极值最大的 3 次分别为甘肃武山县高家河 70.7mm（1985.8.10，调查插补值）、陕西周至县黑峪口 59.1mm（1973.5.27，实测值）和陕西渭南市大石槽 56.0mm（1981.6.20，插补值）。

15min 雨量≥40mm 的暴雨共发生了 35 次，其中实测值（含插补值）29 次，调查值（含调查插补值）6 次。15min 雨量≥60mm 的暴雨共 5 次。15min 暴雨极值最大的 3 次分别为甘肃武山县高家河 102.0mm（1985.8.10，调查插补值）、陕西渭南市大石槽 76.2mm（1981.6.20，插补值）和陕西旬邑县职田 65.6mm（1960.7.4，插补值）。

20min 雨量≥45mm 的暴雨共发生了 43 次，其中实测值（含插补值）36 次，调查值（含调查插补值）7 次。20min 雨量≥70mm 的暴雨共 7 次。20min 暴雨极值最大的 3 次分别为甘肃武山县高家河 136.0mm（1985.8.10，调查插补值）、陕西渭南市大石槽 101.9mm（1981.6.20，插补值）和陕西旬邑县职田 80.4mm（1960.7.4，插补值）。

30min 雨量≥60mm 的暴雨共发生了 36 次，其中实测值（含插补值）25 次，调查值（含调查插补值）11 次。30min 雨量≥90mm 的暴雨共 9 次。30min 暴雨极值最大的 3 次分别为甘肃武山县高家河 196.2mm（1985.8.10，调查插补值）、陕西渭南市大石槽 138.6mm（1981.6.20，插补值）和陕西旬邑县职田 108.6mm（1960.7.4，插补值）。

45min 雨量≥75mm 的暴雨共发生了 30 次，其中实测值（含插补值）18 次，调查值（含调查插补值）12 次。45min 雨量≥100mm 的暴雨共 10 次。45min 暴雨极值最大的 3 次分别为甘肃武山县高家河 292.4mm（1985.8.10，调查插补值）、陕西渭南市大石槽 205.1mm（1981.6.20，插补值）和内蒙古乌审旗木多才当 143.7mm（1977.8.1，调查插补值）。

60min 雨量≥90mm 的暴雨共发生了 40 次，其中实测值（含插补值）27 次，调查值（含调查插补值）13 次。60min 雨量≥150mm 的暴雨共 8 次。60min 暴雨极值最大的 3 次分别为甘肃武山县高家河 377.1mm（1985.8.10，调查插补值）、陕西渭南市大石槽 252.0mm（1981.6.20，实测值）和内蒙古乌审旗木多才当 192.1mm（1977.8.1，调查插补值）。

90min 雨量≥100mm 的暴雨共发生了 42 次，其中实测值（含插补值）28 次，调查值（含调查插补值）14 次。90min 雨量≥200mm 的暴雨共 8 次。90min 暴雨极值最大的 3 次分别为甘肃武山县高家河 440.0mm(1985.8.10，调查值)、陕西渭南市大石槽 274.1mm（1981.6.20，实测值）和内蒙古乌审旗木多才当 261.4mm（1977.8.1，调查插补值）。

120min 雨量≥120mm 的暴雨共发生了 39 次，其中实测值（含插补值）25 次，调查值（含调查插补值）14 次。120min 雨量≥300mm 的暴雨共 5 次。120min 暴雨极值最大的 3 次分别为甘肃武山县高家河 440.0mm（1985.8.10，调查值）、内蒙古乌审旗木多才当 349.3mm（1977.8.1，调查插补值）和甘肃临洮县英家嘴 320.2mm（1986.5.29，调查值）。

180min 雨量≥150mm 的暴雨共发生了 36 次，其中实测值（含插补值）21 次，调查值（含调查插补值）15 次。180min 雨量≥400mm 的暴雨共 4 次。180min 暴雨极值最大的 3 次分别为内蒙古乌审旗木多才当 475.2mm（1977.8.1，调查插补值）、山西闻喜县坡底村 464.0mm（1977.7.29，调查值）和陕西宝鸡市育家沟 447.5mm（1985.5.3，调查插补值）。

240min 雨量≥180mm 的暴雨共发生了 34 次，其中实测值（含插补值）20 次，调查值（含调查插补值）14 次。240min 雨量≥400mm 的暴雨共 5 次。240min 暴雨极值最大的 3 次分别为内蒙古乌审旗木多才当 635.0mm（1977.8.1，调查插补值）、陕西宝鸡市育家沟 550.0mm（1985.5.3，调查值）和山西闻喜县坡底村 464.0mm（1977.7.29，调查值）。

360min 雨量≥200mm 的暴雨共发生了 40 次，其中实测值（含插补值）25 次，调查值（含调查插补值）15 次。360min 雨量≥450mm 的暴雨共 6 次。360min 暴雨极值最大的 3 次分别为内蒙古乌审旗木多才当 864.0mm（1977.8.1，调查值）、山西霍州市陶村堡 600.0mm（1970.8.10，调查值）和陕西宝鸡市育家沟 550.0mm（1985.5.3，调查值）。

450min 雨量≥220mm 的暴雨共发生了 36 次，其中实测值（含插补值）19 次，调查值（含调查插补值）17 次。450min 雨量≥500mm 的暴雨共 3 次。450min 暴雨极值最大的 3 次分别为内蒙古乌审旗木多才当 1296.0mm（1977.8.1，调查值）、山西霍州市陶村堡 600.0mm（1970.8.10，调查值）和陕西宝鸡市育家沟 550.0mm（1985.5.3，调查值）。

720min 雨量≥245mm 的暴雨共发生了 34 次，其中实测值（含插补值）17 次，调查值（含调查插补值）17 次。720min 雨量≥500mm 的暴雨共 4 次。720min 暴雨极值最大的 3 次分别为内蒙古乌审旗木多才当 1400.0mm（1977.8.1，调查值）、山西霍州市陶村堡 600.0mm（1970.8.10，调查值）和陕西宝鸡市育家沟 550.0mm（1985.5.3，调查值）。

1440min 雨量≥300mm 的暴雨共发生了 33 次，其中实测值（含插补值）17 次，调查值（含调查插补值）16 次。1440min 雨量≥500mm 的暴雨共 6 次。1440min 暴雨极值最大的 3 次分别为内蒙古乌审旗木多才当 1400.0mm（1977.8.1，调查值）、山西霍州市陶村堡 600.0mm（1970.8.10，调查值）和山西平定县滦泉 580.0mm（1966.8.23，调查值）。

2.3.2　黄土高原暴雨极值的基本特征

1. 暴雨极值的雨型结构特征

按照表 2.19 各时段暴雨极值的选取标准，15 个时段共选取了 569 个暴雨极值，这 569 个暴雨极值取自 131 场暴雨。其中，A 型暴雨 62 个，占 47.3%；B 型暴雨 37 个，占 28.2%；C 型暴雨 32 个，占 24.5%。

表 2.35 是各时段暴雨极值的雨型结构。从中可以看出，60min 以前的各时段暴雨极值主要来自 A 型暴雨。90～180min 各时段，来自 B 型暴雨的较多一些。360～1440min 各时段的暴雨极值，主要来自 C 型暴雨。总体上看，随着降雨时间的延长，暴雨极值的出现逐渐由 A 型暴雨转变为 C 型暴雨。

表 2.35　黄土高原各时段暴雨极值的雨型结构

雨型	各时段暴雨次数/次										
	5min	10min	30min	60min	90min	120min	180min	360min	450min	720min	1440min
A	24	35	22	19	12	13	12	10	8	8	6
B	11	14	11	16	20	17	13	14	12	12	6
C	3	4	3	5	10	9	11	16	16	14	21
合计	38	53	36	40	42	39	36	40	36	34	33

表 2.36 是各时段最大 5 次暴雨极值的雨型结构。从中可以看出，360min 以前的各时段最大 5 次暴雨极值主要来自 A 型和 B 暴雨，其中 90min 以前的各时段大都来自 A 型暴雨，450min 以后的各时段主要来自 B 暴雨和 C 型暴雨。

表 2.36　黄土高原各时段最大 5 次暴雨极值的雨型结构

雨型	各时段暴雨次数/次										
	5min	10min	30min	60min	90min	120min	180min	360min	450min	720min	1440min
A	4	5	3	4	4	3	3	1			
B	1		2	1	1	2	2	3	3	3	2
C								1	2	2	3

又统计了各时段最大 3 次暴雨极值的雨型结构，除了山西平定县滦泉 1966 年 8 月 23 日 1440min 雨量 580.0mm（排该时段第三名）外，其余各时段最大 3 次的暴雨极值

全部出现在 A 型和 B 暴雨中。

以上统计结果可以说明，黄土高原各时段的暴雨极值主要来自 A 型和 B 暴雨。其中 60min 以前短时段的暴雨极值主要来自 A 型暴雨，120～360min 的暴雨极值主要来自 B 型暴雨，450～1440min 的暴雨极值主要来自 B 型和 C 型暴雨。

2. 暴雨极值的数据来源

根据统计，在产生各时段暴雨极值的 131 场暴雨中，来自实测值（含插补值）的共 106 场，占 80.9%；来自调查值（含调查插补值）的共 25 场，占 19.1%。

表 2.37 是各时段暴雨极值的数据来源。从中可以看出，360min 以前的各时段暴雨极值主要来自实测值。其中，30min 以前各时段实测值占 70%～90%，60～360min 实测值占 60%～70%，450min 以后实测值占 50%左右。

表 2.37　黄土高原各时段暴雨极值的数据来源

数据来源		各时段暴雨次数/次										
		5min	10min	30min	60min	90min	120min	180min	360min	450min	720min	1440min
实测值	实测值	28	43	21	22	15	16	17	24	10	14	17
	插补值	5	3	4	5	13	9	4	1	9	3	
	小计	33	46	25	27	28	25	21	25	19	17	17
调查值	调查值				2	2	4	6	15	13	14	15
	调查插补值	5	7	11	11	12	10	9		4	3	1
	小计	5	7	11	13	14	14	15	15	17	17	16
合计		38	53	36	40	42	39	36	40	36	34	33

表 2.38 是各时段最大 5 次暴雨极值的数据来源。从中可以看出，只有 5min 和 10min 的数据主要来自实测值，其余各时段均主要来自调查值。特别是 120min 以后的各时段最大 5 次暴雨极值全部来自调查值。

表 2.38　黄土高原各时段最大 5 次暴雨极值的数据来源

数据来源		各时段暴雨次数/次										
		5min	10min	30min	60min	90min	120min	180min	360min	450min	720min	1440min
实测值	实测值	3	3	1	1	1						
	插补值	1	1	1								
	小计	4	4	2	1	1						
调查值	调查值					1	2	3	5	3	4	5
	调查插补值	1	1	3	4	3	3	2		2	1	
	小计	1	1		4	4	5	5	5	5	5	5

黄土高原各时段最大 5 次暴雨极值来自 16 场暴雨，表 2.37 是这各 16 场暴雨降雨的基本情况和在各时段暴雨极值的大小排序。从中可以看出，黄土高原能够产生暴雨极值的特大暴雨主要还是来自调查值。这 16 场暴雨有 6 次是实测值，而这 6 次实测值主要

产生的是 30min 的短时段的暴雨极值。

表 2.39 是黄土高原各时段实测值与调查值的最大 1 次暴雨极值雨量比较。从中可以看出，除了 5min 最大雨量实测值大于调查值外，其余各时段均是调查值大于实测值，而且随着时段的延长，实测值与调查值的雨量差距越来越大。这同时说明，即使目前的雨量站网密度，也是很难捕捉到暴雨中心的。

表 2.39 黄土高原各时段最大暴雨极值与数据来源的关系

数据来源	各时段暴雨极值/mm										
	5min	10min	30min	60min	90min	120min	180min	360min	450min	720min	1440min
实测值	59.1	59.1	138.6	252.0	274.1	296.0	333.0	339.9	339.9	408.7	408.7
调查值	36.7	70.7	196.2	377.1	440.0	440.0	475.2	635.0	864.0	1296.0	1440.0

表 2.40 是按每个时段雨量大小，排序在前 5 位的暴雨情况，从 5～1440min 共 15 个时段的前 5 位产生于 16 场暴雨，其中 A 型暴雨 8 场、B 型暴雨 5 场和 C 型暴雨 3 场。A 型暴雨雨量排序在前 5 位的主要在 120min 以前的各时段，B 型暴雨雨量排序在前 5 位的主要在 360min 以前的各时段，C 型暴雨雨量排序在前 5 位的主要在 720min 以后的各时段。

表 2.40 黄土高原各时段暴雨极值排序前 5 位的暴雨基本情况

发生地点	时间	历时/min	雨量/mm	雨型	来源	时段暴雨极值排序
陕西周至县黑峪口	1973.5.27	1920	91.3	A	实测值	5（1）、10（2）
山西太原市梅洞沟	1971.7.1	360	56.8	A	实测值	5（2）、10（4）
甘肃武山县高家河	1985.8.10	70	440.0	A	调查值	5（3）、10（1）、15（1）、20（1）、30（1）、45（1）、60（1）、120（1）、180（4）、240（5）
陕西渭南市大石槽	1981.6.20	275	339.9	A	实测值	5（5）、10（3）、30（2）、60（2）、90（2）
甘肃临洮县英家嘴	1986.5.29	120	320.0	A	调查值	20（5）、30（5）、45（4）、60（4）、90（4）、120（3）
山西闻喜县坡底村	1977.7.29	175	464.0	A	调查值	45（5）、60（5）、90（5）、120（4）、180（2）、240（3）、360（5）
甘肃镇原县白家岔	1985.5.1	150	359.0	A	调查值	180（5）
陕西延川县文安驿	1988.8.11	120	85.5	A	实测值	10（5）、15（4）
陕西宝鸡市育家沟	1985.5.3	240	555.0	B	调查值	120（5）、180（3）、240（2）、360（3）、540（3）、720（3）
山西霍州市陶村堡	1970.8.10	360	600.0	B	调查值	240（4）、360（2）、720（2）、1440（2）
内蒙古乌审旗木多才当	1977.8.1	600	1400.0	B	调查值	20（4）、30（4）、45（3）、60（3）、90（3）、120（2）
陕西旬邑县职田	1960.7.4	720	298.0	B	实测值	15（3）、20（3）、30（3）
内蒙古乌审旗纳林河	1972.7.19	720	156.4	B	实测值	5（4）、15（5）
山西平定县滦泉	1966.8.23	2160	610.0	C	调查值	720（5）、1440（3）
山西平顺县杏城	1975.8.6	1400	556.0	C	调查值	1440（5）
山西古交市顺道	1971.7.31	1440	570.0	C	调查值	360（4）540（4）、720（4）、1440（4）

注：表中时段暴雨极值排序栏目，前面数字表示时段，括号内数字表示该时段雨量大小的排序。例如 10（2）表示 10min 时段，雨量大小排第 2 位。

3. 暴雨极值的重现性

对于一个区域来说，随着时间的推移，暴雨极值会被不断刷新，原有的暴雨极值会被新的更大的值所取代。但是，对于个别极端降雨条件所形成的特大暴雨，这些极值还是很难被刷新的，因为这些特特大暴雨可能是数百年一遇的。特别是黄土高原的一些短历时暴雨极值在全国甚至世界上都是名列前茅的。

结合表 2.41 中所列的各时段最大 3 次暴雨极值情况，对黄土高原各时段暴雨极值的重现性作一简单讨论。

表 2.41 黄土高原各时段最大 3 次暴雨极值

时段/min	5min	10min	15min	20min	30min	45min	60min	90min
雨量 1/mm	59.1 〔1〕	70.7 〔3〕	102.0 〔3〕	136.0 〔3〕	196.2 〔3〕	292.4 〔3〕	377.1 〔3〕	440.0 〔3〕
雨量 2/mm	53.1 〔2〕	59.1 〔1〕	76.2 〔4〕	101.9 〔4〕	138.6 〔4〕	205.1 〔4〕	252.0 〔4〕	274.1 〔4〕
雨量 3/mm	36.7 〔3〕	56.0 〔4〕	65.6 〔5〕	80.4 〔5〕	108.6 〔5〕	143.7 〔6〕	192.1 〔6〕	261.4 〔6〕

时段/min	120min	180min	240min	360min	450min	720min	1440min
雨量 1/mm	440.0 〔3〕	475.2 〔6〕	635.0 〔6〕	864.0 〔6〕	1296.0 〔6〕	1400 〔6〕	1400 〔6〕
雨量 2/mm	349.3 〔6〕	464.0 〔8〕	550.0 〔9〕	600.0 〔10〕	600.0 〔10〕	600.0 〔10〕	600.0 〔10〕
雨量 3/mm	320.2 〔7〕	447.5 〔9〕	464.0 〔8〕	550.0 〔9〕	550.0 〔9〕	550.0 〔9〕	580.0 〔11〕

注：括号中的数字表示各自的暴雨编号，如下：

〔1〕陕西周至县黑峪口，1973.5.27
〔2〕山西太原市梅洞沟，1971.7.1
〔3〕甘肃武山县高家河，1985.8.10
〔4〕陕西渭南市大石槽，1981.6.20
〔5〕陕西旬邑县职田，1960.7.4
〔6〕内蒙古乌审旗木多才当，1977.8.1
〔7〕甘肃临洮县英家嘴，1986.5.29
〔8〕山西闻喜县坡底村，1977.7.29
〔9〕陕西宝鸡市育家沟，1985.5.3
〔10〕山西霍州市陶村堡，1970.8.10
〔11〕山西平定县滦泉，1966.8.23

5min 的最大 3 次暴雨极值分别来自陕西周至县黑峪口（1973.5.27）、山西太原市梅洞沟（1971.7.1）和甘肃武山县高家河（1985.8.10）。雨量分别为 59.1mm、53.1mm 和 46.1mm。前两场暴雨都是实测值，而且降雨强度超过了 10mm/min，前者接近 12mm/min。无论是从暴雨的形成条件还是云团结构上讲，黄土高原再次出现 5min≥55mm 这样的极值是很难的。

10～120min 共 8 个时段的最大暴雨极值均来自甘肃武山县高家河 1985 年 8 月 10 日的短历时极高强度暴雨，70min 降雨 440mm。由此不仅囊括了 10～120min 共 8 个时段的最大暴雨极值，而且各时段的雨量远超第二名。10min 雨量为 70.7mm，雨强超过 7mm/min；30min 雨量为 196.2mm，雨强超过 6.5mm/min；60min 雨量为 377.1mm，雨强接近 6.3mm/min。10～120min 共 8 个时段的第二大暴雨极值来自陕西渭南市大石槽

1981 年 6 月 20 日的短历时极高强度暴雨，275min 降雨 339.9mm，这场暴雨 60min 的实测雨量为 252.0mm，雨强为 4.2mm/min；30min 雨量为 138.6mm，雨强为 4.6mm/min。

180～1440min 共 6 个时段的最大暴雨极值均来自内蒙古乌审旗木多才当 1977 年 8 月 1 日的罕见特大暴雨，600min 降雨 1400mm，其各时段的雨量远远超过第二名。

表 2.41 所列的这 11 场暴雨是黄土高原各类型暴雨中强度最大的暴雨，特别是像陕西周至县黑峪口、甘肃武山县高家河、陕西渭南市大石槽、内蒙古乌审旗木多才当这样的暴雨是极其罕见的，重现的可能性甚小。

通过对实测值和调查值的综合分析，提出黄土高原可能会再次出现的暴雨极值大致雨量如表 2.42 所示。

表 2.42　黄土高原可能会再次出现的暴雨极值雨量

历时/min	5	10	15	20	30	60	120	180	360	720	1440
雨量/mm	45	55	75	100	150	250	300	350	500	700	800

2.4　小　　结

（1）从暴雨的成因和降水特点综合考虑，可把黄土高原的暴雨分为三种类型：一是由局地强对流条件引起的小范围、短历时、高强度暴雨，简称 A 型暴雨；二是由锋面型降雨夹有局地雷暴性质的较大范围、中历时、中强度暴雨，简称 B 型暴雨；三是由锋面型降雨引起的大面积、长历时、低强度暴雨，简称 C 型暴雨。

（2）A 型暴雨可占总暴雨次数的 50%左右。主要发生在热对流强和地形比较特殊的地区。其中，以阴山北麓的哈德门沟、大脑包、头道拐，陕北的榆林、神木一带，晋西北的原平、临县一带，泾河中下游的旬邑、淳化、耀县一带，渭河上游的秦安等地，发生的频率和强度最高。这类暴雨降雨历时为 30～120min，一般不超过 180min，次雨量为 10～30mm，一般不超过 50mm，主要降雨历时只有几分钟或十几分钟，时程分布为单峰型。最大 10min 雨量一般占总雨量的 30%～50%，最大 30min 雨量一般占总雨量的 60%～80%，最大 60min 雨量一般占总雨量的 80%～100%。雨区面积 300km^2 左右，流域空间雨量的分布极不均匀，不均匀系数 η 值一般在 0.5 左右，面雨量变异系数 CV 值一般为 0.5～0.7。

（3）B 型暴雨在黄土高塬沟壑区和丘陵沟壑区都普遍发生。这类暴雨的降雨历时为 3～18h，一般不超过 24h，最常见发生的降雨历时为 6～12h。这类暴雨的雨量一般为 30～100mm。从不同时段雨量的集中程度看，最大 10min 雨量占总雨量的 10%～25%，最大 30min 雨量占总雨量的 20%～50%，最大 60min 雨量占总雨量的 30%～70%，最大 3h 雨量可占总雨量的 50%～90%，最大 6h 雨量可占总雨量的 80%～100%。由于这类暴雨个体差异比较大，因此，雨量的时间集中程度也不相同。这类暴雨的时程分布为双峰或多峰型，其中最大高峰雨量一般为其他峰的 3～5 倍。雨区面积一般为 1000～10000km^2，流域空间分布不均匀系数 η 值一般为 0.6～0.8，面雨量变异系数 CV 为 0.2～0.4。

（4）C 型暴雨主要发生黄土高原中南部和东南部。降雨历时一般大于 24h，次雨量一般为 60～130mm，从不同时段的雨量集中程度看，最大 10min 雨量一般仅占总雨量的 5%左右，最大 30min 雨量占总雨量的 5%～15%，最大 60min 雨量占总雨量的 8%～25%，最大 3h 雨量占总雨量的 15%～40%，最大 6h 雨量占总雨量的 30%～50%。这类暴雨的时程分布为多峰型，雨区面积一般为 10000～50000km^2，流域空间分布不均匀系数 η 值平均为 0.9，面雨量变异系数 CV 值为 0.15。

（5）鉴于在实际的降雨资料处理中，很难找出一个划分这三种暴雨类型的具体指标，通过对 248 场不同类型暴雨时段雨量集中程度的统计分析，可选择用最大 60min 雨量占次降雨总量的比例及最大 6h 雨量占次降雨总量的比例（≥80%），作为划分 A 型暴雨与 B 型暴雨及 B 型暴雨与 C 型暴雨的数量指标。

（6）按照用于水土保持工作的暴雨标准，黄土高原平均年暴雨次数为 3.5 次，最多年为 8.3 次，无暴雨年份占 7.2%。其中，六盘山以西地区，每年仅有 2 次暴雨，无暴雨年数约占 25%；中北部广大地区年均暴雨为 3～5 次，几乎每年都有暴雨发生；东南部地区年均暴雨次数为 6 次左右，最多年超过 10 次。

（7）根据黄土高原超渗产流和水土流失的特点，考虑到标准的实用性，经降雨强度与土壤流失关系的统计分析，可用暴雨标准的 4～5 倍作为黄土高原特大暴雨的标准。其各主要时段的雨量标准分别为：10min（25mm）、30min（45mm）、60min（60mm）、180min（90mm）、360min（120mm）、720min（150mm）、1440min（200mm）。

（8）在收集到的 333 场特大暴雨中，A 型暴雨 151 场，占 45.4%；B 型暴雨 122 场，占 36.6%；C 型暴雨 60 场，占 18.0%。

（9）根据对不同雨型特大暴雨各时段雨量达到特大暴雨标准的发生次数统计分析结果，随着降雨时段的延长，A 型暴雨的达标率越来越少，C 型暴雨的达标率逐渐增加，B 型暴雨的达标率相对比较稳定。60min 以下的特大强度降水主要发生在 A 型暴雨，60～360min 的特大强度降水主要发生在 B 型暴雨，360min 以上的特大强度降水主要发生在 C 型暴雨。

（10）不同雨型特大暴雨各时段的雨量特征：在最大 30min 以前的各时段，A 型暴雨的雨量最大，B 型暴雨次之，C 型暴雨最小；在最大 60～180min 的各时段，B 型暴雨的雨量最大，C 型暴雨次之，A 型暴雨最小；在最大 360min 以后的各时段，C 型暴雨的雨量最大，B 型暴雨次之，A 型暴雨最小。说明短时段（特别是 30min 以前）A 型暴雨的降雨强度最大，中时段（特别是 180min 以前）B 型暴雨的降雨强度最大，长时段（主要是 360min 以后）C 型暴雨的降雨强度最大。

（11）特大暴雨发生很大程度上受地形的影响，而且也形成了一些特大暴雨的常发地区，主要有：西北部贺兰山东麓沿山地区、北部头道拐至吴堡间的北部地区、中西部六盘山东侧的泾河中游地区、中南部子午岭东南侧的北洛河中下游地区、中部吕梁山以西延河、北洛河上游地区，南部靠近秦岭北麓的渭河中下游地区，东部汾河上游的晋中东地区，东南部中条山及沁水流域以东的晋东南地区。

（12）暴雨极值是指一个地区一定降雨时间暴雨量的最大值，一般以不同历时的最大雨量或次最大雨量表示。暴雨极值受两方面因素的影响：一是资料年限，由于观测资料年限的延长，原有的极值记录可能会被不断刷新；二是站网密度，由于黄土高原地形的复杂性，没有足够的雨量站网，是很难捕捉到真正的暴雨中心的，这样就会可能漏掉真正的暴雨极值。为了尽可能反映各地的暴雨极值，根据各时段的最大降雨强度特征，确定了不同时段的暴雨极值选取标准。

（13）根据不同时段的暴雨极值选取标准，黄土高原 5min 雨量≥20mm 的暴雨共发生了 38 次，5min 暴雨极值最大的 3 次分别为陕西周至县黑峪口 59.1mm（1973.5.27，实测值）、山西太原市梅洞沟 53.1mm（1971.7.1，实测值）和甘肃武山县高家河 36.7mm（1985.8.10，调查插补值）；10min 雨量≥30mm 的暴雨共发生了 53 次，10min 暴雨极值最大的 3 次分别为甘肃武山县高家河 70.7mm（1985.8.10，调查插补值）、陕西周至县黑峪口 59.1mm（1973.5.27，实测值）和陕西渭南市大石槽 56.0mm（1981.6.20，插补值）；30min 雨量≥60mm 的暴雨共发生了 36 次，30min 暴雨极值最大的 3 次分别为甘肃武山县高家河 196.2mm（1985.8.10，调查插补值）、陕西渭南市大石槽 138.6mm（1981.6.20，插补值）和陕西旬邑县职田 108.6mm（1960.7.4，插补值）；60min 雨量≥90mm 的暴雨共发生了 40 次，60min 暴雨极值最大的 3 次分别为甘肃武山县高家河 377.1mm（1985.8.10，调查插补值）、陕西渭南市大石槽 252.0mm（1981.6.20，实测值）和内蒙古乌审旗木多才当 192.1mm（1977.8.1，调查插补值）；180min 雨量≥150mm 的暴雨共发生了 36 次，180min 暴雨极值最大的 3 次分别为内蒙古乌审旗木多才当 475.2mm（1977.8.1，调查插补值）、山西闻喜县坡底村 464.0mm（1977.7.29，调查值）和陕西宝鸡市育家沟 447.5mm（1985.5.3，调查插补值）；360min 雨量≥200mm 的暴雨共发生了 40 次，360min 暴雨极值最大的 3 次分别为内蒙古乌审旗木多才当 864.0mm（1977.8.1，调查值）、山西霍州市陶村堡 600.0mm（1970.8.10，调查值）和陕西宝鸡市育家沟 550.0mm（1985.5.3，调查值）；720min 雨量≥245mm 的暴雨共发生了 34 次，720min 暴雨极值最大的 3 次分别为内蒙古乌审旗木多才当 1400.0mm（1977.8.1，调查值）、山西霍州市陶村堡 600.0mm（1970.8.10，调查值）和陕西宝鸡市育家沟 550.0mm（1985.5.3，调查值）；1440min 雨量≥300mm 的暴雨共发生了 33 次，1440min 暴雨极值最大的 3 次分别为内蒙古乌审旗木多才当 1400.0mm（1977.8.1，调查值）、山西霍州市陶村堡 600.0mm（1970.8.10，调查值）和山西平定县滦泉 580.0mm（1966.8.23，调查值）。

（14）黄土高原各时段的暴雨极值主要来自 A 型和 B 暴雨，其中：60min 以前短时段的暴雨极值主要来自 A 型暴雨，120～360min 的暴雨极值主要来自 B 型暴雨，450～1440min 的暴雨极值主要来自 B 型和 C 型暴雨。

（15）根据统计，在产生各时段暴雨极值的 131 场暴雨中，来自实测值的共 106 场，占 80.9%；来自调查值的共 25 场，占 19.1%。但从产生各时段最大 5 次暴雨极值的 16 场暴雨的资料来源看，只有 5min 和 10min 的数据主要来自实测值，其余各时段均主要来自调查值，特别是 120min 以后的各时段最大 5 次暴雨极值全部来自调查值。

（16）黄土高原各时段实测值与调查值的最大 1 次暴雨极值雨量的比较表明，除了 5min 最大雨量实测值大于调查值外，其余各时段均是调查值大于实测值，而且随着时段的延长，实测值与调查值的雨量差距越来越大，说明即是目前的雨量站网密度也是很难捕捉到暴雨中心的。

（17）对于一个区域来说，随着时间的推移，暴雨极值会被不断刷新，原有的暴雨极值会被新的更大的值所取代。但是，对于个别极端降雨条件所形成的特特大暴雨，这些极值还是很难被刷新的，因为这些特大暴雨可能是数百年一遇的，特别是黄土高原的一些短历时暴雨极值在全国甚至世界上都是名列前茅的。

第3章　中小流域降雨分布的不均匀性及点面关系

3.1　目的与方法

众所周知，黄土高原雨量空间分布的不均匀性是十分显著的。特别是在中北部丘陵沟壑地区，局地性暴雨的笼罩面积只有几十平方千米，而且面衰减很快。即使在 1km^2 内，雨量的面分布也不均匀。例如，秃尾河流域的洞川沟（140km^2），1982 年 7 月 28 日，在中下游设置的康庄则站 127min 雨量 48.9mm，其中 47min 雨量 44.8mm，最大 30min 雨量 38.2mm，最大 10min 雨量 18.3mm，而流域内的其他三站（下游高家堡站，中上游邱家园则站，上游西大沟站）雨量分别只有 0.3mm、3.4mm 和 0.9mm。该次暴雨 10mm 的笼罩面积只有 12.4km^2；泾河流域的南小河沟（33.6km^2），1978 年 6 月 30 日，兴丰镇站 75min 雨量 64.0mm，而该站附近的中山镇、杨家老湾等 5 个站距该站只有 7km 左右，雨量仅有 4mm；另外，大理河流域岔巴沟（187km^2），1963 年 8 月 26 日，鸳鸯山站 280min 雨量 123.6mm，而距该站 2km 左右的杜家山站雨量只有 24.7mm。

降雨的空间分布变化是影响流域产流产沙空间变化的主要因素，特别是目前已成为雨沙关系分析中的一重要问题，因为它明显影响着雨沙关系预报的精度。因此，中小流域降雨分布的不均匀性研究是本地区雨沙关系分析与侵蚀产沙预报研究的基础性工作。

自 20 世纪 70 年代起，不少学者对黄土高原降雨空间分布的不均匀性进行了深入的研究（张汉雄，1983；加生荣和徐雪良，1991；小流域暴雨径流研究组，1978；李长兴等，1995）。这些研究一般是选择一两个典型流域或几场典型暴雨，建立暴雨的点面转换关系。由于黄土高原降雨空间分布的复杂性，用一两个流域或几场典型暴雨资料来说明这一地区降雨空间分布的规律性显然是不够的，只有通过较多的样点和样本分析，才能得到带有普遍性和规律性的认识。因此，在这次研究中，突出以下三点：一是考虑到黄土高原降雨空间分布的极不均匀性以及区域间地形和降水特征的复杂性，尽可能选择比较多的中小流域作为分析对象，因为用一两个流域的资料来说明这一地区降雨分布的不均匀性，对于黄土高原这样一个地形条件和降雨变化都十分复杂的地区，难免带有一定的片面性，只有通过比较多的资料，才能得到一个比较客观的共性认识；二是采用多种指标参数，多方位反映和描述这一地区降雨分布不均匀性的特征，建立起能够普遍应用的点面关系式；三是以进行雨沙关系分析和侵蚀产沙预报为主要应用目的，使其研究有明确的针对性。用于本研究的小流域基本情况如表 3.1 和图 3.1 所示。

表 3.1　用于降雨空间分布不均匀性分析的小流域概况

流域名称	水系	面积/km²	雨量观测站数/个	单站控制面积/km²	位置		所在地区
					东经	北纬	
脱家沟	泾河	34.4	3	11.5	107°35′	35°31′	甘肃镇原县上岔乡
张家墕沟	黄河	52.6	4	13.1	110°40′	37°29′	陕西吴堡县张家墕乡
店则沟	无定河	56.4	6	9.4	110°25′	37°14′	陕西清涧县店则沟乡
招贤沟	湫水河	57.2	6	9.5	110°53′	37°42′	山西临县林家坪乡
田沟门	泾河	58.0	3	19.3	107°22′	35°21′	甘肃泾川县城关乡
店房台沟	无定河	87.0	3	29.0	109°29′	37°56′	陕西横山县殿市乡
贾家沟	窟野河	93.4	4	23.3	110°44′	38°28′	陕西神木县贺家川乡
洞川沟	秃尾河	140.0	4	35.0	110°17′	38°33′	陕西神木高家堡乡
岔巴沟	大理河	187.0	24	7.8	109°57′	37°44′	陕西子洲县
南小河沟	泾河	336.0	8	42.0	107°37′	35°42′	甘肃庆阳县
文安驿川	清涧河	303.0	13	23.3	110°11′	36°53′	陕西延川县城关乡
砚瓦川	泾河	330.0	11	30.0	107°52′	35°35′	甘肃宁县
韭园沟	无定河	70.1	12	5.8	110°16′	37°33′	陕西绥德县城关乡

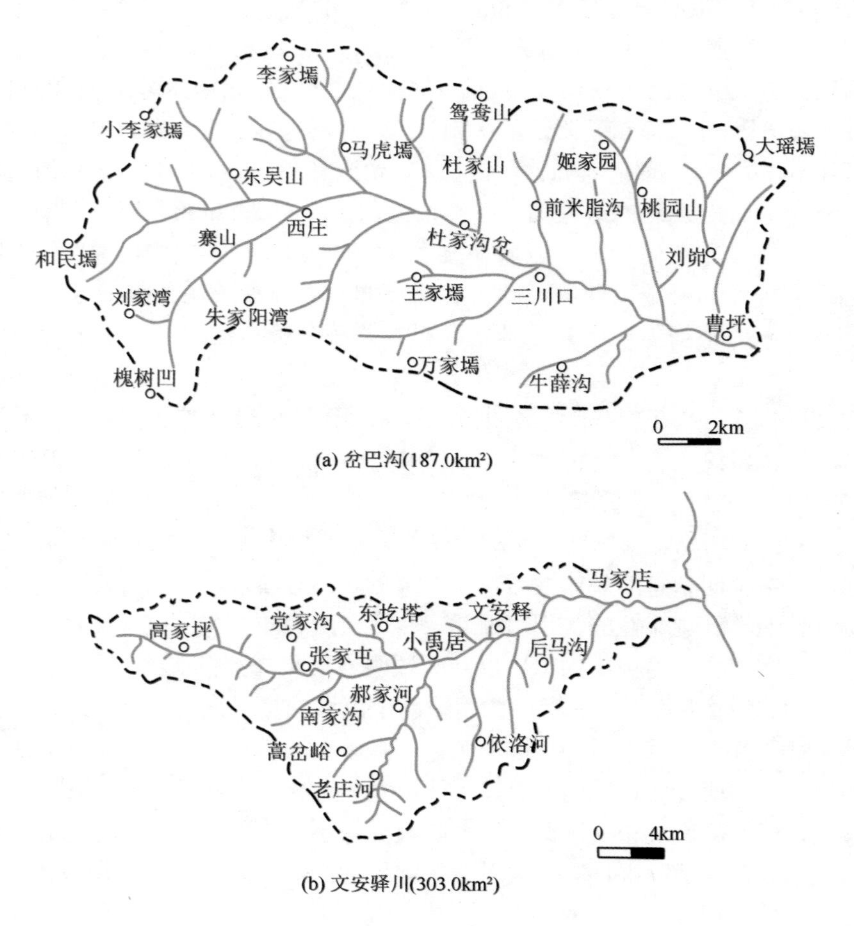

(a) 岔巴沟(187.0km²)

(b) 文安驿川(303.0km²)

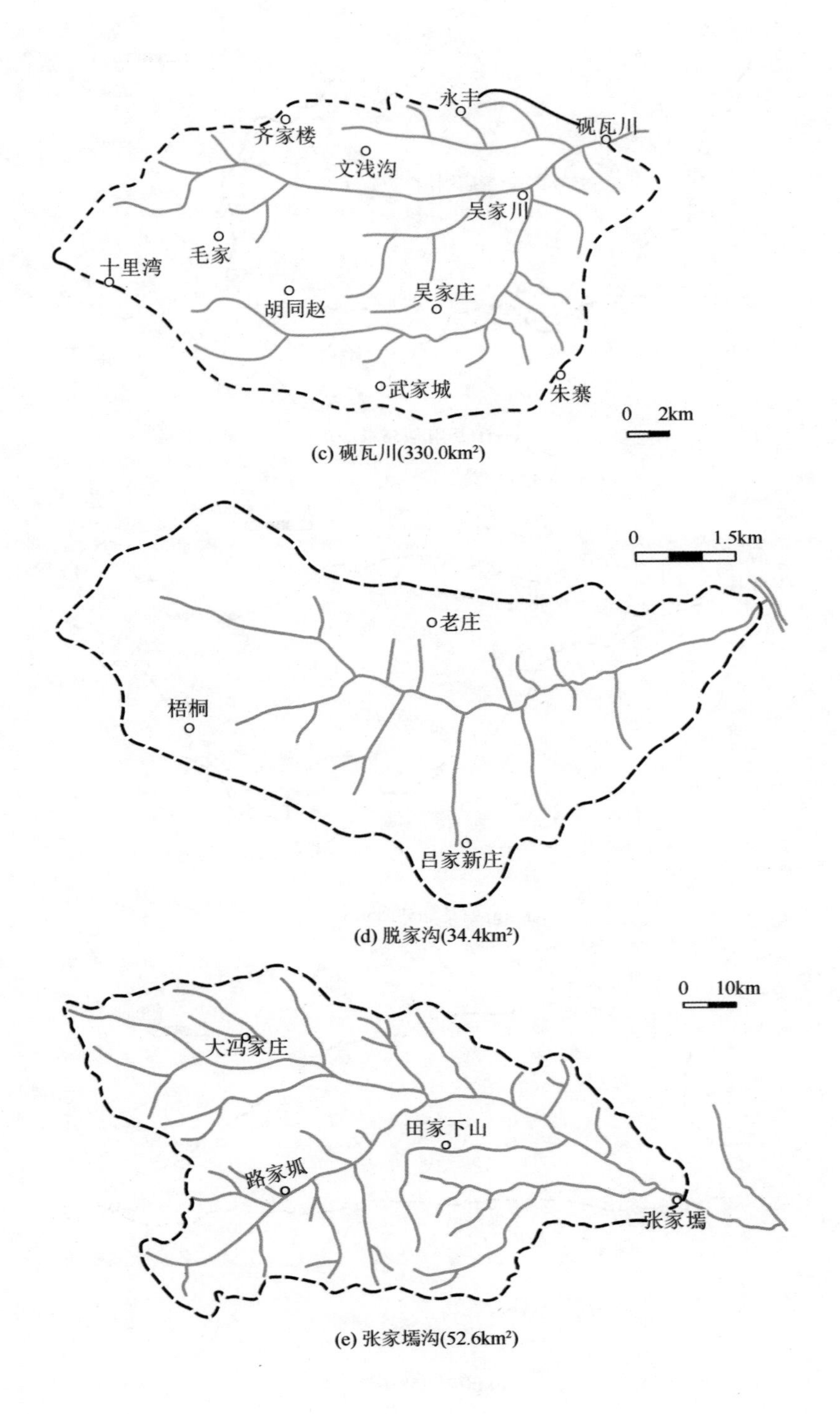

(c) 砚瓦川(330.0km²)

(d) 脱家沟(34.4km²)

(e) 张家墕沟(52.6km²)

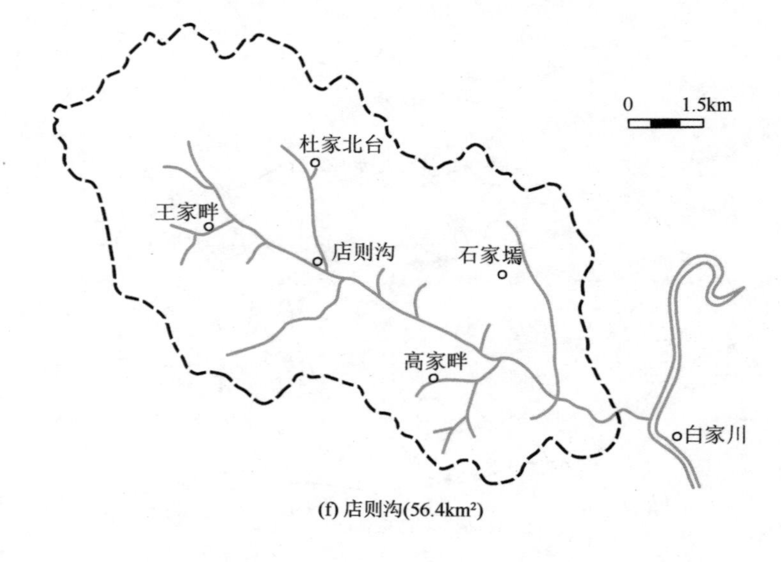

(f) 店则沟(56.4km²)

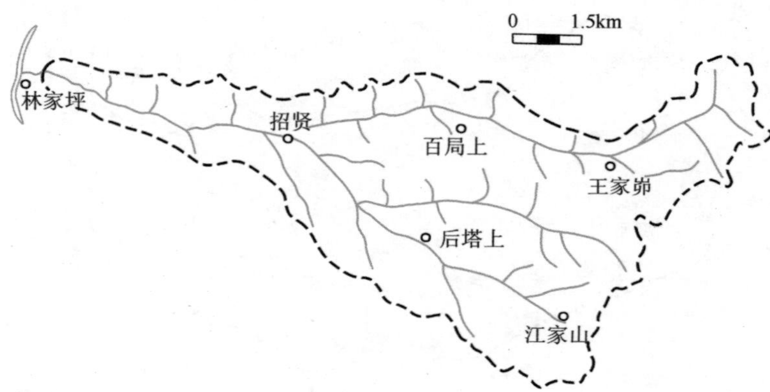

(g) 招贤沟(57.2km²)

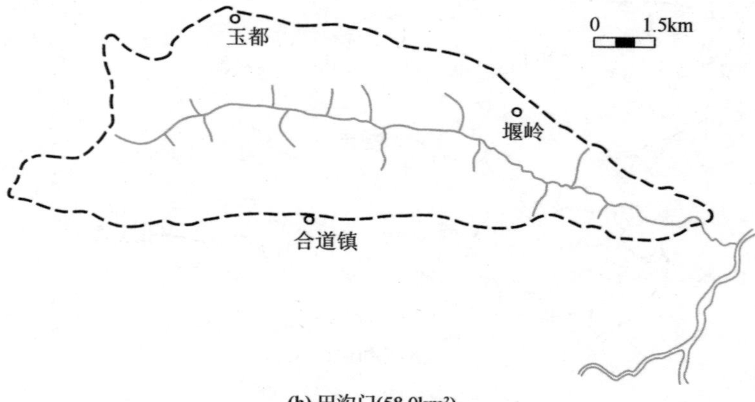

(h) 田沟门(58.0km²)

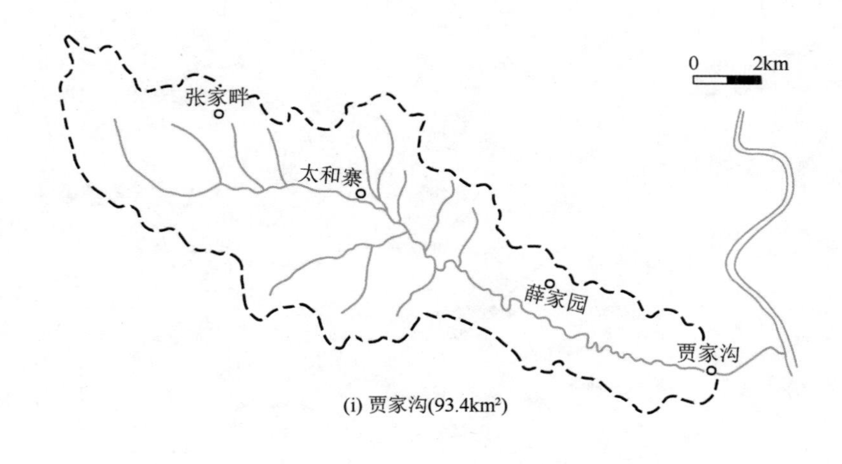

(i) 贾家沟(93.4km²)

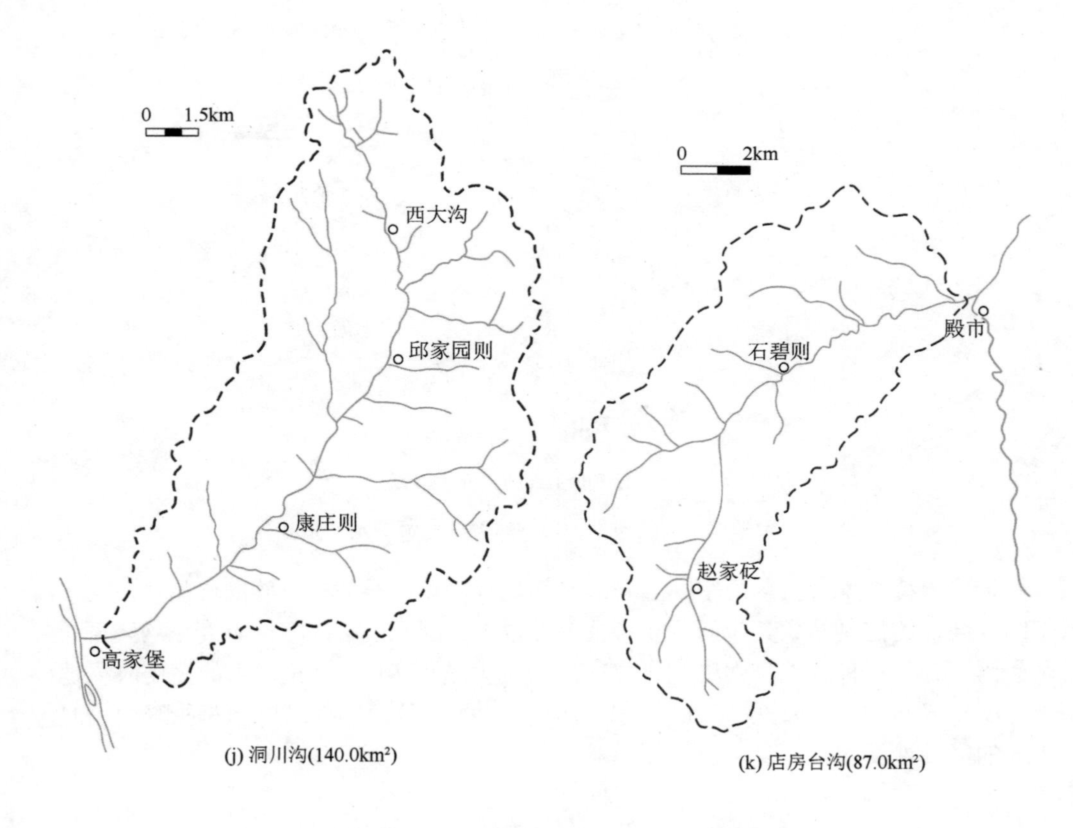

(j) 洞川沟(140.0km²)

(k) 店房台沟(87.0km²)

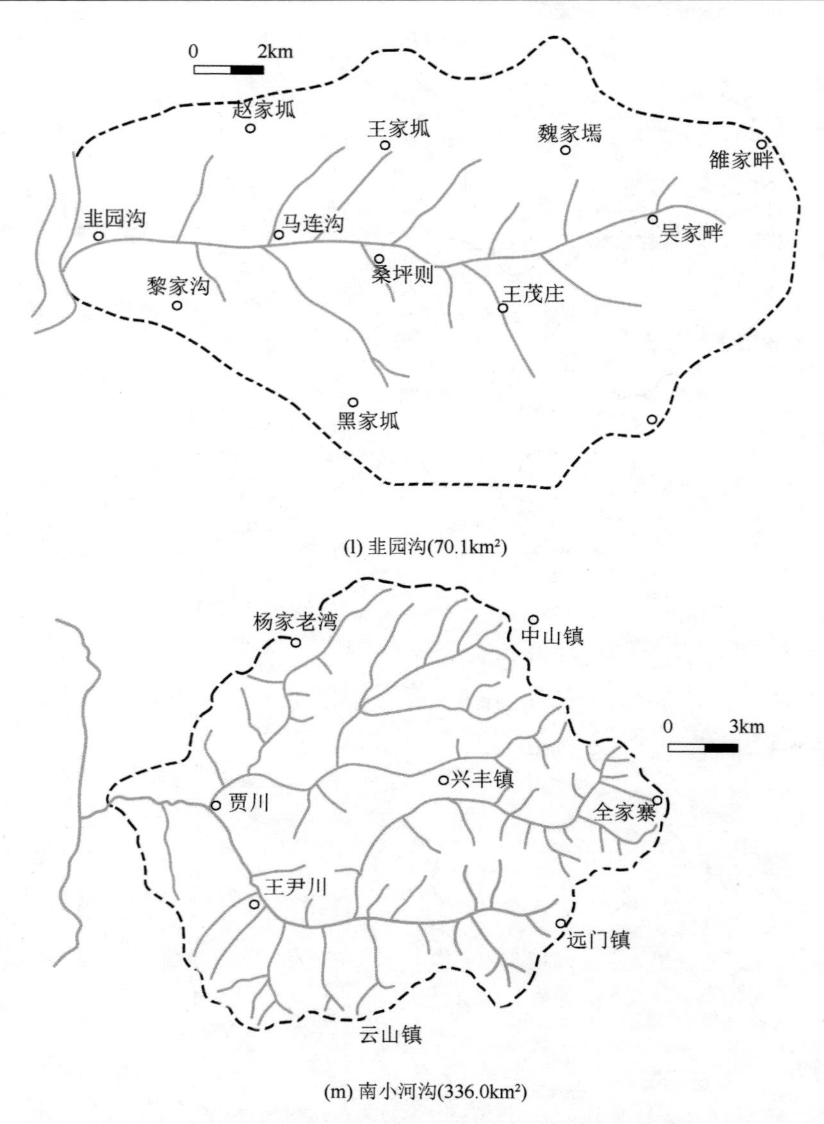

(l) 韭园沟(70.1km²)

(m) 南小河沟(336.0km²)

图 3.1　用于降雨空间分布不均匀性研究的小流域及雨量站分布

由于降雨特征本身对降雨空间分布的不均匀程度影响很大，不同的雨型，在同一流域空间或同样的控制站数其空间分布特征差异很大。因此，这次将黄土高原的降雨（主要是暴雨）分为三种类型分别进行研究：A 型降雨是指历时在 2h 以内的短历时局地性暴雨；B 型降雨是指历时在 3～12h 的中历时较大面积暴雨；C 型降雨是指降雨历时超过 12h 的区域性暴雨。

3.2　降雨空间分布的不均匀性

关于降雨空间分布的不均匀性，用流域面雨量变异系数 CV、流域降雨不均匀系数 η 和流域最大点与最小点雨量比值系数（称为流域空间极端降雨比值系数）α 表示：

$$CV=\sqrt{\frac{\sum_{i=1}^{n}(K_i-1)^2}{n-1}} \tag{3.1}$$

$$\eta=\frac{\bar{H}}{H_o} \tag{3.2}$$

$$\alpha=\frac{H_o}{H_m} \tag{3.3}$$

式中，K_i（变率）为 H_i 与 $\bar{H}$ 的比值［H_i 为流域内某一站的雨量，mm;］$\bar{H}$ 为流域平均雨量，mm；H_o 为流域最大点降雨量，mm；H_m 为流域最小点降雨量，mm；n 为雨量站数。

3.2.1　次雨量空间分布的不均匀性

表 3.2 是根据 13 条流域 448 场降雨统计得出的有关次雨量空间分布不均匀性的特征值。

表 3.2　黄土高原次雨量空间分布不均性特征值

流域	面积/km²	综合				A 型				B 型				C 型			
		n	CV	η	α	n	CV	η	α	n	CV	η	α	n	CV	η	α
脱家沟	34.4	19	0.27	0.83	2.46	4	0.37	0.75	2.88	12	0.26	0.84	2.49	3	0.19	0.89	1.80
张家墕沟	52.6	23	0.25	0.80	2.67	5	0.54	0.70	4.13	12	0.21	0.78	2.80	6	0.09	0.93	1.22
店则沟	56.4	19	0.34	0.72	4.59	13	0.46	0.63	6.11	5	0.09	0.91	1.34	1	0.03	0.96	1.08
招贤沟	57.2	18	0.33	0.70	13.79	7	0.40	0.64	9.32	10	0.30	0.72	18.15	1	0.16	0.87	1.41
田沟门	58.0	20	0.19	0.86	1.63	4	0.24	0.82	1.65	9	0.17	0.86	1.50	7	0.19	0.88	1.78
韭园沟	70.1	130	0.38	0.64	12.57	48	0.61	0.50	24.17	24	0.33	0.64	13.83	58	0.20	0.75	2.46
店房台沟	87.0	27	0.48	0.75	6.94	13	0.66	0.66	12.44	13	0.33	0.82	1.89	1	0.07	0.98	1.16
贾家沟	93.4	34	0.33	0.74	4.04	13	0.46	0.70	7.24	17	0.25	0.76	2.15	4	0.19	0.85	1.67
涧川沟	140.0	26	0.44	0.70	20.07	11	0.67	0.62	44.44	13	0.29	0.75	2.31	2	0.15	0.79	1.51
岔巴沟	187.0	61	0.66	0.48	80.33	32	0.97	0.35	134.69	19	0.40	0.55	30.02	10	0.15	0.77	1.94
文安驿川	303.0	18	0.43	0.60	25.00	6	0.62	0.47	10.46	11	0.36	0.65	35.05	1	0.16	0.78	1.68
砚瓦川	330.0	31	0.48	0.59	58.47	7	1.03	0.31	100.82	17	0.36	0.65	62.27	7	0.23	0.73	6.88
南小河沟	336.0	22	0.50	0.62	34.14	6	1.11	0.36	117.62	12	0.32	0.68	3.23	4	0.15	0.82	1.66
平均	138.8	448	0.39	0.69	20.52	169	0.63	0.58	36.61	174	0.28	0.74	13.62	105	0.15	0.85	2.02

从表 3.2 结果可以看出：

（1）13 条流域次雨量面变异系数 CV 值平均为 0.39，最大为 0.66。CV 值的大小与流域面积呈正相关（实际与流域内雨量观测站的布数即单站的控制面积有很大关系）。CV 值大小也与雨型有关，从三种雨型的 CV 值大小来看，A 型降雨平均为 0.63，最大为 1.11；B 型降雨平均为 0.28，最大为 0.40；C 型降雨平均为 0.15，最大为 0.23。由此可以看出，A 型降雨面雨量空间分布的不均匀程度比 B 型、C 型两种雨型大得多。上述结果表明流域面雨量变异系数 CV 值的大小取决于三个因素：一是流域面积；二是布站数目；三是降雨类型；即 CV 值与流域面积和布站数目呈正相关，与雨量的集中程度、降雨强度也呈正相关。

（2）13 条流域降雨不均匀系数 η 值平均为 0.69，最小为 0.48。三种雨型的 η 值分别为：A 型降雨平均为 0.58，最小为 0.31；B 型降雨平均为 0.74，最小为 0.55；C 型降雨平均为 0.85，最小为 0.73。由此也可以看出，三种雨型次降雨雨量空间分布的不均匀程度是 A 型降雨大于 B 型降雨，B 型降雨大于 C 型降雨。表 3.2 中的数据也说明，流域降雨不均匀系数 η 值的大小主要取决于两个因素：一是流域面积；二是降雨雨型；即 η 值与流域面积呈负相关，与雨量的集中程度也呈负相关。

（3）13 条流域降雨最大点与最小点的比值系数 α 平均为 20.52，最大为 80.33，其中 A 型降雨平均为 36.61，最大为 134.69；B 型降雨平均为 13.62，最大为 62.27；C 型降雨平均为 2.02，最大为 6.88；α 值的大小与流域面积、布站数目、雨量集中程度三因素均呈正相关。

（4）流域面积、布站数目和降雨类型三种因素对 CV、η、α 三种参数值的影响程度最大是 α，次之是 η 和 CV。

关于面积与 CV、η、α 值的关系如图 3.2 所示。

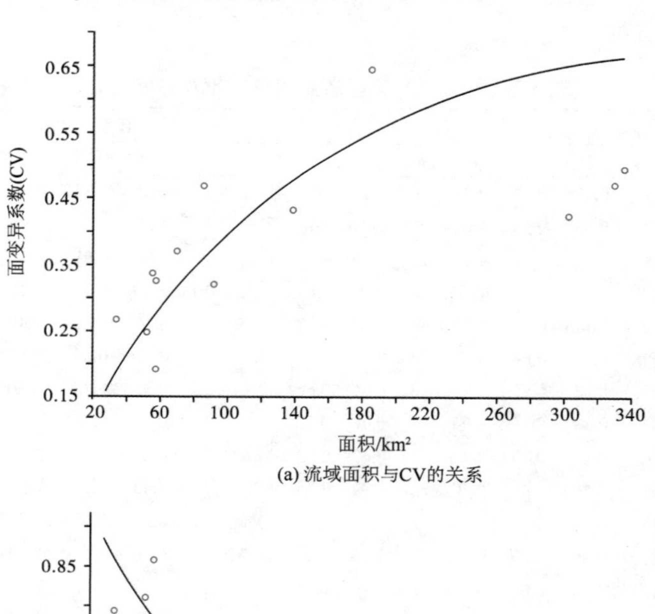

(a) 流域面积与CV的关系

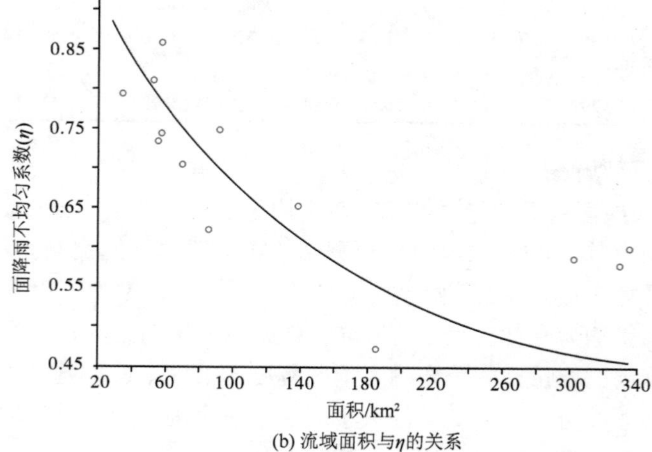

(b) 流域面积与η的关系

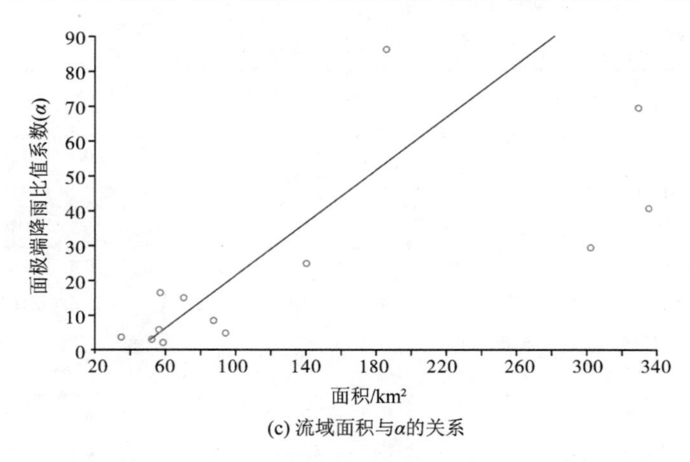

(c) 流域面积与α的关系

图 3.2　黄土高原流域面积与降雨空间不均匀分布特征值的关系

表 3.2 的结果仅就平均统计而言，因此，其结论也只能就普遍或总体情况而言，实际上在黄土高原确实存在着一些降雨（主要是 A 型降雨），其空间分布的不均匀程度远比平均情况大得多。表 3.3 列出了一些空间分布均匀性极差的典型降雨，例如：脱家沟（34.4km^2），1980 年 8 月 18 日一次历时 289min 降雨，面平均雨量为 37.7mm，最大点梧桐站雨量为 54.2mm，而距之 3.5km 的吕家新庄雨量只有 5.1mm；岔巴沟（187km^2），1963 年 8 月 26 日一次历时 360min 的降雨，面雨量为 31.4mm，最大点（鸳鸯山）雨量为 123.6mm，距离最大点 2km 的杜家山雨量为 24.7mm；文安驿川（303.0km^2），1988 年 8 月 11 日一次 382min 的降雨面雨量为 30.9mm，最大点（前袁家沟）雨量为 106.4mm，距离最大点 4.2km 的小禹居站雨量只有 8.3mm；砚瓦川流域（330.0km^2），1977 年 6 月 25 日一次 20min 的降雨，面雨量为 20.5mm，最大点（武家城）雨量为 82.0mm，距离 8.8km 的朱家寨雨量只有 7.1mm；南小河沟（336.0km^2），1978 年 6 月 30 日降雨历时 143min，面雨量为 18.9mm，最大点（兴丰镇）雨量为 64mm，距离 9.45km 的齐家楼雨量只有 0.4mm。

表 3.3　黄土高原次降雨空间分布极不均匀的典型降雨

流域	面积/km^2	日期（年.月.日）	雨型	历时/min	$\bar{H}$	H_o	H_{min}	CV	η	α	P_L/mm	L/m
脱家沟	34.4	1980.8.18	B	289	37.7	54.2	5.1	0.7	0.7	10.6	5.1	3500
张家墕沟	52.6	1984.7.25	B	414	8.9	38.3	2.3	0.7	0.2	16.7	2.3	78667
		1982.8.12	A	153	10.5	21.4	2.1	1.1	0.5	10.2	2.1	45333
招贤沟	57.2	1982.8.4	A	98	11.1	22.6	0.8	0.7	0.5	28.3	6.0	3500
		1986.7.19	B	114	17.9	44.9	0.3	0.8	0.4	149.7	0.3	6667
店房台沟	87.0	1986.7.6	A	42	6.7	21.1	0.2	1.0	0.3	105.5	0.2	12500
		1978.7.20	A	144	10.0	31.1	7.0	0.7	0.3	4.4	7	6500
		1984.6.11	A	36	11.0	20.5	0.9	1.3	0.5	22.8	0.9	7100
		1983.6.29	A	74	21.7	39.4	5.6	1.3	0.6	7.0	5.6	7100
贾家沟	93.4	1982.6.14	A	137	14.7	38.8	3.4	1.2	0.4	11.4	7.8	6105
		1984.7.30	A	99	11.4	22.6	0.8	1.0	0.5	28.3	0.8	6105

续表

流域	面积/km²	日期（年.月.日）	雨型	历时/min	$\bar{H}$	H_o	H_{min}	CV	η	α	P_L/mm	L/m
岔巴沟	187.0	1966.8.26	A	35	0.9	17.6	0.0	4.4	0.1	176.0	0	2444
		1960.7.19	A	128	7.5	33.8	0.0	1.6	0.2	338.0	0	3889
		1963.8.26	A	360	31.4	123.6	11.9	0.7	0.3	10.4	24.7	2056
洞川沟	140.0	1983.8.27	A	29	10.5	28.5	0.0	1.6	0.4	285.0	1.4	6000
		1982.7.28	A	261	18.3	48.9	0.3	1.5	0.4	163.0	0.3	6600
		1981.8.3	A	123	29.5	50.0	4.9	0.7	0.6	10.2	6.7	6000
		1979.6.29	A	102	10.5	32.3	2.6	0.9	0.3	12.4	2.6	6600
文安驿川	303.0	1988.8.11	B	382	30.9	106.4	2.9	0.9	0.3	36.7	8.3	4200
		1983.8.24	A	129	17.3	47.8	5.4	0.8	0.4	8.9	5.7	4000
砚瓦川	330.0	1977.6.25	A	20	20.5	82.0	2.8	1.3	0.3	29.3	7.1	8800
		1977.8.26	A	40	3.0	14.3	0.0	1.3	0.2	143.0	3.8	4600
		1978.6.28	A	100	11.2	38.5	1.1	1.1	0.3	35.0	1.2	8700
		1977.7.5	C	1870	70.4	111.7	3.0	0.4	0.6	37.2	3	9000
南小河沟	336.0	1982.5.26	A	128	15.0	42.0	0.0	1.3	0.4	420.0	0	9450
		1978.6.30	A	143	18.9	64.0	0.4	1.7	0.3	160.0	0.4	9450
		1983.8.31	A	104	10.8	34.7	0.9	1.1	0.3	38.6	1.4	7800

注：表中 P_L 是距离最大降雨点的雨量，mm；L 是距离最大降雨点的距离，m。

3.2.2 次降雨雨强空间分布的不均匀性

表 3.4～表 3.6 分别是不同类型次降雨雨强（P）和 10min、30min、60min、120min 最大时段降雨强度（I_{10}、I_{30}、I_{60}、I_{120}）的 CV、η 和 α 值。

从表 3.4 至表 3.6 中结果可以看出：

（1）不同类型降雨最大时段雨强的面变异系数 CV 值（以 I_{30} 为标准），A 型降雨为 0.65，B 型降雨为 0.40，C 型降雨为 0.32。而这三种雨型的雨量（P）面变异系数 CV 值为：A 型降雨 0.56，B 型降雨 0.26，C 型降雨 0.13。因此，面雨强的变异系数 CV 值普遍较面雨量的变异系数 CV 值偏大，其差异程度以 C 型和 B 型降雨最为显著。同时面雨强变异系数 CV 值大小与雨型有关，与最大时段的时间取值关系不是很大，如 A 型降雨 10min、30min、60min、120min 四种时段的 CV 值分别为 0.67、0.65、0.61 和 0.58，差别不是很大。从总体看，CV 值随降雨时段的增长而略有减小。

（2）以 I_{30} 为例，三种类型降雨的面雨强不均匀系数 η 值分别为 0.58、0.68 和 0.72，面雨量不均匀系数 η 值分别为 0.63、0.77、0.88。雨强 η 值较雨量 η 值一般偏小 10%～20%，三种雨型 η 值均随时段的增长而略有增大，如 B 型降雨 10min、30min、60min 和 120min 四种时段的 η 值分别为 0.65、0.68、0.70 和 0.72。

（3）以 I_{30} 为例，三种类型降雨最大点与最小点的雨强比值系数 α 分别为 25.00、10.55 和 2.71，而雨量比值系数 α 值分别为 20.77、6.76 和 1.47。雨强 α 值较雨量 α 值偏大 20%～50%，三种雨型 α 值均随时段的增长而减小。

表 3.4　不同类型次降雨雨强空间分布不均匀性特征值（CV）

流域	面积/km²	A 型降雨						B 型降雨						C 型降雨					
		n	P	I_{10}	I_{30}	I_{60}	I_{120}	n	P	I_{10}	I_{30}	I_{60}	I_{120}	n	P	I_{10}	I_{30}	I_{60}	I_{120}
脱家沟	34.4	4	0.37	0.57	0.50	0.46	0.43	12	0.26	0.43	0.40	0.34	0.36	3	0.19	0.35	0.24	0.24	0.37
张家墕沟	52.6	5	0.54	0.63	0.67	0.55	0.52	12	0.21	0.37	0.28	0.27	0.28	6	0.09	0.24	0.21	0.24	0.24
店则沟	56.4	13	0.46	0.49	0.48	0.50	0.46	5	0.09	0.20	0.17	0.12	0.13	1	0.03	0.12	0.20	0.21	0.13
招贤沟	57.2	7	0.40	0.46	0.47	0.45	0.42	10	0.30	0.39	0.38	0.37	0.35	1	0.16	0.53	0.69	0.75	0.55
田沟门	58.0	4	0.24	0.29	0.24	0.23	0.24	9	0.17	0.43	0.37	0.32	0.29	7	0.19	0.28	0.26	0.25	0.25
店房台沟	87.0	13	0.66	0.74	0.75	0.76	0.72	13	0.33	0.51	0.45	0.40	0.37	1	0.07	0.12	0.06	0.04	0.12
贾家沟	93.4	13	0.46	0.52	0.50	0.47	0.48	17	0.25	0.44	0.40	0.40	0.37	4	0.19	0.59	0.48	0.41	0.44
洞川沟	140.0	11	0.67	0.78	0.72	0.72	0.69	13	0.29	0.54	0.43	0.34	0.36	2	0.15	0.10	0.21	0.29	0.28
岔巴沟	187.0	6	0.60	0.66	0.66	0.61	0.60	10	0.31	0.41	0.37	0.36	0.32	2	0.07	0.21	0.26	0.15	0.12
文安驿川	303.0	6	0.62	1.00	0.89	0.78	0.68	11	0.36	0.77	0.64	0.54	0.48	1	0.16	0.75	0.58	0.44	0.38
南小河沟	336.0	6	1.11	1.25	1.26	1.22	1.14	12	0.32	0.55	0.49	0.47	0.42	4	0.15	0.39	0.34	0.30	0.27
平均	127.7	8	0.56	0.67	0.65	0.61	0.58	11	0.26	0.46	0.40	0.36	0.34	3	0.13	0.33	0.32	0.30	0.29

表 3.5　不同类型次降雨雨强空间分布不均匀性特征值（η）

流域	面积/km²	A 型降雨						B 型降雨						C 型降雨					
		n	P	I_{10}	I_{30}	I_{60}	I_{120}	n	P	I_{10}	I_{30}	I_{60}	I_{120}	n	P	I_{10}	I_{30}	I_{60}	I_{120}
脱家沟	34.4	4	0.75	0.66	0.69	0.71	0.72	12	0.84	0.73	0.77	0.80	0.78	3	0.89	0.76	0.86	0.85	0.80
张家墕沟	52.6	5	0.70	0.66	0.63	0.68	0.70	12	0.78	0.68	0.74	0.77	0.76	6	0.93	0.69	0.75	0.76	0.76
店则沟	56.4	13	0.63	0.62	0.61	0.60	0.62	5	0.91	0.81	0.85	0.88	0.86	1	0.96	0.90	0.78	0.77	0.88
招贤沟	57.6	7	0.64	0.62	0.61	0.60	0.62	10	0.72	0.65	0.66	0.69	0.67	1	0.87	0.61	0.53	0.52	0.61
田沟门	58.0	4	0.82	0.81	0.82	0.82	0.83	9	0.86	0.73	0.75	0.76	0.79	7	0.88	0.80	0.80	0.82	0.83
店房台沟	87.0	13	0.66	0.57	0.59	0.60	0.64	13	0.82	0.69	0.70	0.71	0.76	1	0.98	0.83	0.90	0.98	0.90
贾家沟	93.4	13	0.70	0.64	0.65	0.67	0.68	17	0.76	0.70	0.67	0.67	0.67	4	0.85	0.62	0.68	0.69	0.66
洞川沟	140.0	11	0.62	0.57	0.58	0.58	0.62	13	0.75	0.57	0.68	0.70	0.73	2	0.79	0.73	0.76	0.80	0.79
岔巴沟	187.0	6	0.57	0.53	0.54	0.56	0.55	10	0.68	0.61	0.64	0.65	0.68	2	0.92	0.74	0.70	0.80	0.82
文安驿川	303.0	6	0.47	0.32	0.38	0.43	0.47	11	0.65	0.40	0.45	0.52	0.57	1	0.78	0.32	0.45	0.56	0.56
南小河沟	336.0	6	0.36	0.32	0.33	0.33	0.35	12	0.68	0.54	0.58	0.58	0.61	4	0.82	0.60	0.68	0.72	0.73
平均	127.7	8	0.63	0.58	0.58	0.60	0.62	11	0.77	0.65	0.68	0.70	0.72	3	0.88	0.69	0.72	0.75	0.76

表 3.6　不同类型次降雨雨强空间分布不均匀性特征值（α）

流域	面积/km²	A 型降雨						B 型降雨						C 型降雨					
		n	P	I_{10}	I_{30}	I_{60}	I_{120}	n	P	I_{10}	I_{30}	I_{60}	I_{120}	n	P	I_{10}	I_{30}	I_{60}	I_{120}
脱家沟	34.4	4	2.88	4.64	3.58	3.10	2.94	12	2.49	3.69	4.64	3.62	3.14	3	1.80	2.34	1.77	1.74	2.59
张家墕沟	52.6	5	4.13	9.33	5.53	4.23	4.09	12	2.80	4.42	4.01	3.64	4.65	6	1.22	2.69	2.13	2.03	1.84
店则沟	56.4	13	6.11	17.22	9.58	6.94	6.19	5	1.34	1.66	1.54	1.38	1.42	1	1.08	1.32	1.59	1.55	1.38
招贤沟	57.2	7	9.32	15.99	16.77	16.07	14.14	10	18.15	11.20	11.27	14.74	18.93	1	1.41	3.89	6.94	7.29	3.49
田沟门	58.0	4	1.65	2.15	1.67	1.61	1.62	9	1.50	2.75	2.20	2.04	1.87	7	1.78	1.74	1.74	1.72	1.71
店房台沟	87.0	13	12.44	11.63	13.77	13.54	12.80	13	1.89	2.94	2.50	2.20	2.06	1	1.16	1.29	1.15	1.09	1.21
贾家沟	93.4	13	7.24	8.82	7.01	7.55	7.37	17	2.15	4.34	3.75	3.64	3.50	4	1.67	3.86	2.98	2.49	3.02
洞川沟	140.0	11	44.44	28.04	34.10	45.48	44.72	13	2.31	3.92	2.64	2.55	2.53	2	1.51	2.57	1.84	2.05	2.15
岔巴沟	187.0	6	12.22	17.92	16.38	16.02	13.63	10	3.46	4.12	3.66	3.59	3.44	2	1.18	1.95	2.11	1.55	1.40
文安驿川	303.0	6	10.46	59.43	40.73	28.22	18.31	11	35.05	124.44	73.77	46.02	32.28	1	1.68	7.92	4.90	3.83	3.36
南小河沟	336.0	6	117.62	111.98	125.94	121.34	118.84	12	3.23	8.13	6.02	5.26	4.44	4	1.66	3.05	2.71	2.43	2.35
平均	127.7	8	20.77	26.11	25.00	24.01	22.24	11	6.76	15.60	10.55	8.06	7.11	3	1.47	2.96	2.71	2.53	2.23

（4）综上分析，雨强的面分布不均匀程度一般较雨量高出 20%～80%，其中 CV 值偏大 15%～75%，η 值偏小 10%～20%，α 值偏大 20%～50%。CV 值的大小与流域面积和雨型（降雨强度和集中程度）呈正相关，与最大雨强的时段取值呈负相关；η 值的大小与流域面积、雨型呈负相关，与最大雨强的时段取值呈正相关；α 值的大小与流域面积、雨型呈正相关，与最大雨强的时段取值呈负相关。

（5）流域面积、布站数目和降雨类型三种因素对次降雨雨强空间分布不均匀特性的影响程度和雨量基本相同。

3.2.3 年雨量空间分布的不均匀性

从表 3.7 中的结果可以看出，在 300km^2 以下，年雨量空间分布的 CV 值一般在 0.1 以下，最大一般不超过 0.2；η 值一般在 0.85 以上，最小不低于 0.8；α 值一般在 1.5 以下，最大一般不超过 2.0。因此，假如以 η 值大于 0.8 为标准，年雨量空间分布相对均匀度的对应面积在 500km^2 左右。

表 3.7　年雨量空间不均匀分布特征值

流域	面积/km^2	年限	CV		η		α	
			平均	最大	平均	最大	平均	最大
店则沟	56.4	1980～1988 年	0.05	0.09	0.94	0.98	1.16	1.31
招贤沟	57.2	1980～1988 年	0.09	0.16	0.88	0.93	1.29	1.55
韭园沟	70.1	1955～1966 年	0.10	0.14	0.83	0.91	1.44	1.74
文安驿川	303.0	1981～1988 年	0.09	0.16	0.88	0.93	1.42	2.32
砚瓦川	330.0	1978～1980 年	0.06	0.07	0.91	0.96	1.19	1.25
南小河沟	336.0	1978～1984 年	0.15	0.21	0.81	0.90	1.58	2.03
平均			0.09	0.14	0.88	0.93	1.35	1.70

3.2.4 年最大时段雨强空间分布的不均匀性

表 3.8 是文安驿川、南小河沟、店则沟三条流域年最大时段（10min、30min、60min、120min）雨强空间分布特征的三种参数值，可以看出：

（1）年最大时段雨强的面变异系数 CV 值明显大于年雨量的面变异系数 CV 值，且与面积大小有关，在 300km^2 以下的小流域，CV 值一般不超过 0.6，最大不超过 1.2。

（2）年最大时段雨强流域不均匀系数 η 值低于年雨量的流域不均匀系数 η 值，在 300km^2 以下的小流域，η 值一般不小于 0.6，最小不低于 0.3。

（3）流域最大点与最小点年最大时段雨强的比值系数 α 值明显大于年雨量的 α 值，以 I_{30} 为例，在 300km^2 的小流域，年雨强 α 值一般为 3.0～7.0，年雨量 α 值只有 1.4 左右。同时，年雨强 α 值的年际变化幅度比年雨量 α 值的年际变化幅度大得多。

（4）CV、η 值与年最大时段雨强的时段取值大小关系不大（例如，文安驿川 10min、30min、60min、120min 四种时段的 CV 值分别为 0.7、0.6、0.5、0.4，η 值分别为 0.4、

0.5、0.5、0.6；南小河沟 10min、30min、60min、120min 四种时段的 CV 值均为 0.5，η 值亦均为 0.6）。

表 3.8　年最大时段雨强空间不均匀分布特征值

年份	CV					η					α				
	10min	30min	60min	120min	P	10min	30min	60min	120min	P	10min	30min	60min	120min	P
（文安驿川，面积 303.0km²，雨量站 13 个）															
1981	0.6	0.4	0.4	0.4	0.1	0.4	0.6	0.5	0.5	0.9	10.2	5.3	5.1	4.5	1.3
1982	0.6	0.4	0.2	0.2	0.1	0.4	0.5	0.7	0.7	0.9	9.2	4.1	2.2	2.4	1.3
1983	0.5	0.6	0.6	0.5	0.1	0.5	0.5	0.4	0.5	0.9	7.6	7.3	7.4	5.1	1.3
1984	0.4	0.3	0.2	0.2	0.1	0.6	0.6	0.8	0.8	0.9	10.1	6.2	3.6	2.4	1.3
1985	0.9	0.6	0.5	0.4	0.1	0.4	0.4	0.5	0.5	0.9	11.2	7.9	5.1	3.2	1.3
1986	0.6	0.6	0.5	0.3	0.1	0.4	0.5	0.5	0.6	0.9	7.9	6.8	5.1	2.9	1.3
1987	0.7	0.5	0.4	0.3	0.1	0.4	0.4	0.5	0.6	0.9	9.2	6.1	3.3	2.3	1.2
1988	1.3	1.0	0.8	0.7	0.2	0.2	0.2	0.3	0.3	0.8	22.1	13.7	9.5	6.8	2.3
平均	0.7	0.6	0.5	0.4	0.1	0.4	0.5	0.5	0.6	0.9	10.9	7.2	5.2	3.7	1.4
（南小河沟，面积 336.0km²，雨量站 8 个）															
1978	0.5	0.5	0.6	0.5	0.2	0.6	0.6	0.5	0.6	0.8	6.2	6.5	7.3	5.8	1.8
1979	0.6	0.5	0.5	0.5	0.1	0.6	0.6	0.6	0.6	0.9	7.8	6.0	5.3	4.7	1.3
1980	0.3	0.3	0.3	0.2	0.1	0.6	0.7	0.7	0.7	0.9	2.5	2.7	2.6	1.8	1.3
1981	0.3	0.3	0.3	0.3	0.1	0.7	0.7	0.7	0.7	0.8	3.1	2.9	2.8	3.3	1.4
1982	0.6	0.8	0.6	0.5	0.2	0.5	0.5	0.5	0.6	0.7	7.3	13.1	8.6	6.3	2.0
1983	0.9	0.9	0.9	0.9	0.2	0.4	0.3	0.3	0.4	0.7	38.0	28.0	18.5	11.9	1.8
1984	0.2	0.3	0.3	0.3	0.1	0.8	0.6	0.6	0.6	0.8	1.8	2.9	2.8	2.4	1.4
1985	0.2	0.4	0.4	0.4	0.1	0.7	0.6	0.6	0.6	0.9	2.3	2.8	3.6	2.6	1.4
1988	0.5	0.5	0.5	0.6	0.2	0.6	0.6	0.6	0.5	0.7	8.3	6.3	5.6	6.0	1.8
平均	0.5	0.5	0.5	0.5	0.2	0.6	0.6	0.6	0.6	0.8	8.6	7.9	6.3	5.0	1.6
（店则沟，面积 56.4km²，雨量站 6 个）															
1980	0.3	0.3	0.3	0.3	0.06	0.7	0.7	0.7	0.7	0.9	2.8	2.5	2.4	2.4	1.2
1981	0.1	0.2	0.2	0.2	0.09	0.8	0.8	0.7	0.8	0.9	1.4	1.7	1.8	1.6	1.3
1982	0.2	0.2	0.2	0.2	0.06	0.7	0.8	0.7	0.7	0.9	1.8	1.7	1.8	1.8	1.2
1983	0.4	0.3	0.2	0.1	0.03	0.6	0.7	0.8	0.9	1.0	2.8	2.0	1.7	1.4	1.1
1984	0.3	0.2	0.2	0.2	0.04	0.7	0.7	0.7	0.8	1.0	2.5	2.1	1.7	1.6	1.1
1985	0.3	0.3	0.2	0.2	0.02	0.7	0.8	0.8	0.8	1.0	2.8	2.0	1.8	1.8	1.1
1986	0.4	0.4	0.4	0.2	0.06	0.7	0.7	0.8	0.8	0.9	2.9	2.5	2.7	1.9	1.2
1987	0.2	0.2	0.1	0.1	0.03	0.8	0.8	1.0	1.0	1.0	1.6	1.6	1.1	1.1	1.1
1988	0.2	0.2	0.2	0.2	0.06	0.8	0.8	0.8	0.9	0.9	1.5	1.5	1.6	1.6	1.2
平均	0.3	0.2	0.2	0.2	0.05	0.7	0.8	0.8	0.8	0.9	2.2	2.0	1.9	1.7	1.2

3.2.5　暴雨中心发生的随机性

对 11 条流域 409 次降雨，流域把口站、中心站和流域其他站暴雨中心的发生概率进行了统计（表 3.9），可以看出：

（1）在 409 场降雨中，暴雨中心发生在流域中心点的平均占 18.4%，其中 A 型降雨占 22.0%，B 型降雨占 16.0%，C 型降雨占 33.3%；暴雨中心发生在流域把口站的平均占 13.9%，其中 A 型降雨占 13.9%，B 型降雨占 13.9%，C 型降雨占 7.3%。

（2）从 11 个流域看，流域中心点暴雨中心发生概率大于 20%的有 5 个流域。其中 A 型降雨 6 个流域，B 型降雨 3 个流域，C 型降雨 5 个流域；流域把口站暴雨中心发生概率大于 20%的有 3 个流域，其中 A 型降雨 3 个流域，B 型降雨 5 个流域，C 型降雨 2 个流域。

（3）在小流域，暴雨中心发生的随机性很大，无论是中心站还是把口站或流域的任一点，暴雨中心发生的概率一般不超过 20%。相比较而言，暴雨中心发生在流域中心点的概率比把口站偏大 20%～40%。

表 3.9　流域内不同站点暴雨中心发生的概率

流域	面积/km²	站数	综合				A 型				B 型				C 型			
			雨次	发生概率/%			雨次	发生概率/%			雨次	发生概率/%			雨次	发生概率/%		
				中心站	把口站	其他站		中心站	把口站	其他站		中心站	把口站	其他站		中心站	把口站	其他站
张家墕沟	52.6	4	23	34.8	17.4	47.8	5	60.0	20.0	20.0	12	8.3	25.0	66.7	6	66.7	0.0	33.3
店则沟	56.4	6	19	21.1	15.8	63.2	13	7.7	23.1	69.2	5	40.0	0.0	60.0	1	100.0	0.0	0.0
招贤沟	57.2	6	18	0.0	0.0	100.0	7	0.0	0.0	100.0	10	0.0	0.0	100.0	1	0.0	0.0	100.0
韭园沟	70.1	12	130	3.8	3.1	93.1	48	6.3	8.3	85.4	24	8.3	0.0	91.7	58	0.0	0.0	100.0
店房台沟	87.0	3	27	55.6	25.9	18.5	13	53.8	30.8	15.4	13	53.8	23.1	23.1	1	100.0	0.0	0.0
贾家沟	93.4	4	34	20.6	23.5	55.9	13	30.8	15.4	53.8	17	11.8	35.3	52.9	4	25.0	0.0	75.0
洞川沟	140.0	4	26	30.8	19.2	50.0	11	27.3	9.1	63.6	13	30.8	23.1	46.2	2	50.0	50.0	0.0
岔巴沟	187.0	24	61	4.9	14.8	80.3	32	6.3	15.6	78.1	19	0.0	5.3	94.7	10	10.0	30.0	60.0
文安驿川	303.00	13	18	11.1	22.2	66.7	6	16.7	16.7	66.7	11	9.1	27.3	63.6	1	0.0	0.0	100.0
砚瓦川	330.0	11	31	6.5	6.5	87.1	7	0.0	14.3	85.7	17	5.9	5.9	88.2	7	14.3	0.0	85.7
南小河沟	336.0	8	22	13.6	4.5	81.8	6	33.3	0.0	66.7	12	8.3	8.3	83.3	4	0.0	0.0	100.0
平均或总计	127.7		409	18.4	13.9	67.7	161	22.0	13.9	64.1	153	16.0	13.9	70.0	95	33.3	7.3	59.5

3.3　点降雨的面代表性

3.3.1　流域中心点降雨的面代表性

1. 流域中心点次降雨雨量的面代表性

表 3.10 是对 10 个流域 391 次降雨流域中心点雨量与流域面雨量误差程度的统计分析结果，误差计算公式如下：

$$误差（\%）=\frac{中心站雨量-面雨量}{面雨量}\times 100\% \tag{3.4}$$

表 3.10　流域中心点雨量与面雨量的误差分析

流域	面积/km^2	综合			A型			B型			C型		
		雨次/次	误差/%		雨次/次	误差/%		雨次/次	误差/%		雨次/次	误差/%	
			平均	最大		平均	最大		平均	最大		平均	最大
张家墕沟	52.6	23	17.3	103.6	5	39.9	103.6	12.0	12	31.0	6	8.5	26.0
店则沟	56.4	19	18.2	92.8	13	23.7	92.8	5	6.6	14.3	1	4.6	4.6
韭园沟	70.1	130	21.0	125.5	48	34.5	125.5	24	20.6	78.6	58	9.9	48.6
店房台沟	87.0	27	27.9	86.8	13	39.8	86.8	13	17.9	49.6	1	1.9	1.9
贾家沟	93.4	34	15.9	47.1	13	20.5	47.1	17	12.5	39.5	4	15.8	29.9
洞川沟	140.0	26	29.0	86.6	11	41.2	86.6	13	20.5	48.1	2	16.2	29.8
岔巴沟	187.0	61	39.2	426.3	32	58.3	426.3	19	21.4	83.0	10	11.9	52.3
文安驿川	303.0	18	34.6	175.6	6	69.7	175.6	11	17.7	57.4	1	9.3	9.3
砚瓦川	330.0	31	18.5	90.0	7	45.8	90.0	17	11.1	39.7	7	9.4	20.4
南小河沟	336.0	22	37.5	239.4	6	99.9	239.4	12	15.9	54.0	4	8.5	11.4
平均	165.6	39	25.9	147.4	15	47.2	147.4	14	15.7	49.5	9	9.6	23.4

从表3.10中结果可以看出：

（1）10个流域391场降雨流域中心点雨量与面雨量的平均误差为25.9%，其中A型降雨误差为47.2%，最大误差为147.4%；B型降雨误差为15.7%，最大误差49.5%；C型降雨误差为9.6%，最大误差为23.4%；降雨类型与误差值的大小明显有关。

（2）流域中心点雨量与面雨量的误差%与流域面积大小有关。一般情况下，误差%随着面积的增大而增大，而且这种关系的密切程度与雨型有关，A型降雨误差%与面积的关系比较密切，B型和C型降雨误差与面积的关系就远不如A型降雨。

（3）就总体而言，以误差不超过25%计算，A型降雨中心点雨量的可代表面积一般小于50km^2，B型降雨为300km^2左右，C型降雨为500km^2以上。

（4）上述认识只是就总体情况而言，实际上，就是同一类降雨，中心点降雨的面代表性也相差很大（表3.11）。

表 3.11　不同雨型次降雨中心点雨量与面雨量误差程度最大的典型雨次

流域	面积/km^2	日期（年.月.日）	降雨历时/min	面雨量/mm	流域中心雨量/mm	误差/%
			A型降雨			
张家墕沟	52.6	1982.8.12	153	10.5	21.4	103.6
店则沟	56.4	1988.7.18	180	26.7	51.4	92.8
韭园沟	70.1	1964.8.5	50	5.1	11.5	125.5
店房台沟	87.0	1984.6.11	36	11.0	20.5	86.8
贾家沟	93.4	1982.6.14	137	14.7	7.8	47.1
洞川沟	140.0	1983.8.27	29	10.5	1.4	86.6
岔巴沟	187.0	1967.8.1	60	2.1	11.2	426.3
文安驿川	303.0	1983.8.24	129	17.3	47.8	175.6
砚瓦川	330.0	1980.7.12	60	11.2	21.3	90.0
南小河沟	336.0	1978.6.30	143	18.9	64.0	239.4
平均						147.4

续表

流域	面积/km²	日期（年.月.日）	降雨历时/min	面雨量/mm	流域中心雨量/mm	误差/%
			B 型降雨			
张家塌沟	52.6	1985.8.6	609	16.1	21.1	31.0
店则沟	56.4	1984.8.3	640	35.6	40.7	14.3
韭园沟	70.1	1964.8.20	470	12.6	22.5	78.6
店房台沟	87.0	1985.7.8	400	29.6	44.3	49.6
贾家沟	93.4	1986.7.29	283	37.2	22.5	39.5
洞川沟	140.0	1980.8.8	174	20.2	10.5	48.0
岔巴沟	187.0	1962.8.11	140	18.7	34.2	83.0
文安驿川	303.0	1982.8.15	316	17.1	7.3	57.4
砚瓦川	330.0	1978.8.7	110	8.3	5.0	39.7
南小河沟	336.0	1978.7.12	439	57.8	89.0	54.0
平均						49.5
			C 型降雨			
张家塌沟	52.6	1982.7.8	467	35.0	25.9	26.0
店则沟	56.4	1983.9.7	820	79.3	82.9	4.6
韭园沟	70.1	1959.7.20	1200	24.3	12.5	48.6
店房台沟	87.0	1986.6.25	850	68.8	70.1	1.9
贾家沟	93.4	1978.7.26	570	86.5	112.4	29.9
洞川沟	140.0	1982.7.7	848	78.9	102.4	29.8
岔巴沟	187.0	1960.9.24	650	60.3	91.8	52.3
文安驿川	303.0	1981.8.14	1512	117.6	106.6	9.3
砚瓦川	330.0	1979.7.11	600	23.5	18.7	20.4
南小河沟	336.0	1981.7.12	1346	60.8	67.8	11.4
平均						23.4

为了进一步分析流域中心点雨量与面雨量误差随面积大小的变化情况，用岔巴沟流域 62 场降雨资料，分别计算流域中心点雨量与不同控制面积（相当于流域面积）面雨量的误差%，控制面积以流域中心点为圆心，向四周均匀扩大（表 3.12）。从表 3.12 可以看出，误差%随着面积的增大而增大，而且对于 34.8km² 的面积，平均误差已达到 23.7%，A 型降雨已达到 38.4%；对于 117km² 的面积，平均误差已达到 35.6%，A 型降雨已达到 56.7%。同时可以看出，对于 A 型降雨，中心点的面代表性很差，而对于 B 型和 C 型降雨，流域中心点在 300km² 的范围内，具有较好的代表性。

表 3.12　岔巴沟流域中心点雨量与面雨量误差随控制面积的变化情况

控制面积/km²	中心点雨量与面雨量的误差/%			
	综合	A 型	B 型	C 型
34.8	23.7	38.4	7.9	6.6
116.9	35.6	56.7	13.7	9.6
187.0	39.2	58.3	21.4	11.9

下面，再进一步分析中心点雨量与面雨量正负误差的发生概率。从表 3.13 中可以看出：10 个流域平均统计中心点雨量与面雨量正负误差的雨次发生概率基本相同，中心点雨量大于面雨量的正误差总发生次数为 194 次，中心点雨量小于面雨量的负误差总发生次数为 197 次（其中 A 型降雨正误差为 75 次，负误差为 79 次；B 型降雨正误差 72 次，负误差为 71 次；C 型降雨正负误差均为 47 次）。

表 3.13　中心点雨量与面雨量正负误差的发生概率及误差程度统计

流域	面积/km²	综合				A 型降雨				B 型降雨				C 型降雨			
		雨次/次		误差/%		雨次/次		误差/%		雨次/次		误差/%		雨次/次		误差/%	
		+	−	+	−	+	−	+	−	+	−	+	−	+	−	+	−
张家墕沟	52.6	11	12	19.9	−20.2	4	1	40.9	−31.7	3	9	14.5	−11.9	4	2	4.3	−17.0
店则沟	56.4	12	7	12.0	−8.4	7	6	23.8	−23.6	4	1	7.8	−1.7	1	0	4.6	0.0
韭园沟	70.1	63	67	21.8	−21.5	25	23	36.0	−32.8	10	14	20.9	−20.4	28	30	8.4	−11.4
店房台沟	87.0	19	8	21.0	−16.7	9	4	42.6	−33.6	9	4	18.6	−16.6	1	0	1.9	0.0
贾家沟	93.4	14	20	15.9	−21.2	4	9	22.1	−19.8	8	9	6.4	−17.9	2	2	19.2	−25.7
洞川沟	140.0	10	16	31.6	−20.7	3	8	42.7	−40.7	6	7	22.3	−19.0	1	1	29.8	−2.5
岔巴沟	187.0	30	31	37.6	−24.2	15	17	67.4	−50.2	11	8	25.5	−15.8	4	6	20.1	−6.5
文安驿川	303.0	10	8	41.0	−21.2	3	3	108.3	−31.2	7	4	14.7	−23.0	0	1	0.0	−9.3
砚瓦川	330.0	13	18	26.5	−20.8	2	5	62.0	−39.4	8	9	9.3	−12.6	3	4	8.1	−10.4
南小河沟	336.0	12	10	57.2	−25.2	3	3	149.1	−50.8	6	6	13.4	−18.3	3	1	9.1	−6.5
平均		194	197	28.5	−20.0	75	79	59.5	−35.4	72	71	15.3	−15.7	47	47	10.6	−8.9

但是就某一个流域而言，正负误差发生的概率并不相同。在 10 个站中，正负误差发生概率基本相等的有 5 个站，正误差发生概率大于负误差的有 2 个站，正误差概率小于负误差的有 3 个站。从正负误差%的绝对值看，正误差大于负误差，如 194 场正误差值为 28.5%，197 场负误差值为–20%。A 型降雨正误差明显大于负误差（75 场正误差%为 59.5%，57 场负误差%为–35.4%）。

因此，从总体概念上可以认为：黄土高原次降雨流域中心点雨量大于面雨量与小于面雨量的发生概率基本相同，但是大于面雨量的正误差值比小于面雨量的负误差值偏大，尤以 A 型降雨最为明显。

2. 流域中心点次降雨最大时段雨强的面代表性

在分析次降雨雨量面代表性的同时，对次降雨最大 10min、30min、60min、120min 四种时段降雨强度中心点与面平均值误差也进行了统计，计算结果见表 3.14，可以看出：

（1）中心点雨强与面雨强的误差%随着时段的增大而减小，但变化幅度不是很大，而且对于短历时的 A 型降雨，误差%与时段的长短几乎没有多少关系。三种雨型误差%与时段大小的变幅是 C 型＞B 型＞A 型，如 8 个流域平均 I_{10}、I_{30}、I_{60}、I_{120}、P 五种时段的误差%：A 型降雨分别为 48.2%、47.6%、47.6%、46.7%和 46.4%，B 型降雨分别为 28.7%、25.4%、22.3%、17.4%和 15.5%，C 型降雨分别为 23.0%、20.6%、18.5%、16.3%和 8.8%。

表 3.14　流域中心站次降雨最大时段雨强与面最大时段雨强的误差

流域	面积/km^2	雨次/次	中心站雨强与面雨强误差/%				
			P	I_{10}	I_{30}	I_{60}	I_{120}
A 型降雨							
张家墕沟	52.6	5	39.0	56.3	54.4	42.2	38.8
店则沟	56.4	13	23.7	24.6	22.0	24.4	23.2
店房台沟	87.0	13	39.8	39.4	37.9	41.7	42.4
贾家沟	93.4	13	20.5	32.5	25.6	21.4	20.9
洞川沟	140.0	11	41.2	47.6	47.5	46.1	42.9
岔巴沟	187.0	6	37.5	46.3	41.9	38.8	35.5
文安驿川	303.0	6	69.7	43.3	47.3	60.8	68.1
南小河沟	336.0	6	99.9	95.4	104.4	105.1	102.0
平均	156.9	9	46.4	48.2	47.6	47.6	46.7
B 型降雨							
张家墕沟	52.6	12	12.6	23.4	16.6	16.1	16.4
店则沟	56.4	5	6.6	6.4	11.8	8.0	7.1
店房台沟	87.0	13	17.9	24.8	21.8	18.2	18.5
贾家沟	93.4	17	12.5	24.4	28.0	27.6	2.6
洞川沟	140.0	13	20.5	41.1	33.8	29.1	28.4
岔巴沟	187.0	10	20.7	26.3	21.0	23.1	20.8
文安驿川	303.0	11	17.7	48.1	46.6	35.9	28.1
南小河沟	336.0	12	15.9	35.1	23.7	20.2	17.6
平均	156.9	12	15.5	28.7	25.4	22.3	17.4
C 型降雨							
张家墕沟	52.6	6	8.5	19.2	11.0	11.6	12.3
店则沟	56.4	1	4.6	15.8	19.8	16.2	3.8
店房台沟	87.0	1	1.9	6.8	3.5	1.6	8.9
贾家沟	93.4	4	15.8	36.9	27.7	19.0	17.6
洞川沟	140.0	2	16.2	14.2	2.1	9.2	16.1
岔巴沟	187.0	2	5.9	7.1	17.7	16.9	13.2
文安驿川	303.0	1	9.3	60.5	52.0	41.8	31.1
南小河沟	336.0	4	8.5	23.7	31.4	31.9	27.4
平均	156.9	3	8.8	23.0	20.6	18.5	16.3

（2）从总体统计情况看，中心点最大时段雨强的面代表程度偏低于雨量面代表程度的 20%～50%。

（3）以误差不超过 25%，A 型降雨 30min 最大时段雨强的可代表面积为 30km^2，B 型降雨为 50km^2 左右，C 型降雨一般大于 150km^2。

3. 流域中心点年雨量的面代表性

表3.15是店则沟、韭园沟、文安驿川、南小河沟四个小流域中心点年雨量与面平均年雨量误差的统计计算结果，可以看出：流域中心点年雨量的面代表性较次雨量要好得多，在300km^{2}的范围内，误差只有5%～7%。若以误差不超过10%计算，流域中心点年雨量的可代表面积在1000km^{2}左右；同时，从正负误差的发生概率看，负误差的发生概率大于正误差，而且实际误差值亦大于正误差。因此，就总体而言，流域中心点的雨量一般小于面平均雨量。

表3.15　流域中心站年雨量与面平均年雨量的误差分析

流域	面积/km^2	年限	综合误差		正误差		负误差		最大误差/%
			发生年数	误差/%	发生年数	误差/%	发生年数	误差/%	
店则沟	56.4	1980～1988年	9	3.8	2	0.6	7	–4.7	–16.9
韭园沟	70.1	1955～1966年	12	4.1	5	4.9	7	–3.6	–13.0
文安驿川	303.0	1981～1988年	8	5.4	4	5.9	4	5.0	–12.5
南小河沟	336.0	1978～1984年	7	7.1	2	6.0	5	–7.6	–17.2
平均			9	5.1	3	4.3	6	–5.2	–14.9

3.3.2　流域把口站降雨的面代表性

1. 流域把口站次降雨的面代表性

1）把口站雨量与面雨量误差分析

在雨沙关系分析中，人们习惯于用流域把口站雨量直接与流域把口站的泥沙量建立统计分析关系，但由于对流域把口站雨量与流域面雨量的误差程度缺乏充分的分析，对流域把口站雨量的面代表性缺乏充分的依据，因此，其统计结果的精度和可信度就难以被人们接受。表3.16是10个流域把口站雨量与面平均雨量的误差分析结果，可以看出：

（1）10个流域391场降雨，流域把口站雨量与面雨量的平均误差为40.9%，其误差程度较中心站的误差程度（25.9%）高出58.0%；其中A型降雨误差为65.5%，较中心站的误差程度（47.2%）高38.7%，最大误差为205.8%；B型降雨误差为30.6%，较中心站的误差程度（15.7%）高出94.9%，最大误差为112.5%；C型降雨误差为13.4%，较中心站的误差程度（9.6%）高出39.6%，最大误差为29.8%。

（2）流域把口站雨量与面雨量误差%与流域面积基本呈正相关，但是变幅不大，其相关程度除A型降雨比较密切外，B型和C型降雨把口站雨量与面雨量的误差程度与面积大小的关系不是很密切。

（3）以误差不超过25%计算，A型降雨把口站雨量可代表面雨量的流域控制面积为30～50km^2，B型降雨为50～150km^2，C型降雨为300～1000km^2。

10个流域不同类型降雨把口站次雨量与面雨量误差%最大的典型雨次如表3.17所示。

表 3.16　流域把口站雨量与面雨量的误差分析

流域	面积/km²	综合			A 型			B 型			C 型		
		雨次/次	误差/%		雨次/次	误差/%		雨次/次	误差/%		雨次/次	误差/%	
			平均	最大		平均	最大		平均	最大		平均	最大
张家塌沟	52.6	23	29.0	331.0	5	24.4	41.0	12	42.1	331.0	6	6.6	15.7
店则沟	56.4	19	33.8	106.0	13	43.8	106.0	5	13.9	33.2	1	2.9	2.9
韭园沟	70.1	130	34.1	258.8	48	63.4	258.8	24	24.5	51.2	58	13.9	63.8
店房台沟	87.0	27	35.4	215.4	13	49.3	215.4	13	23.4	65.5	1	11.9	11.9
贾家沟	93.4	34	40.7	161.9	13	47.9	111.7	17	38.9	161.9	4	24.8	45.8
洞川沟	140.0	26	42.4	207.1	11	61.3	207.1	13	30.7	68.8	2	14.7	24.2
岔巴沟	187.0	61	63.1	395.7	32	88.3	395.7	19	43.3	121.4	10	20.2	55.0
文安驿川	303.0	18	44.7	173.4	6	67.2	173.4	11	35.4	90.3	1	11.6	11.6
砚瓦川	330.0	31	49.5	448.8	7	135.8	448.8	17	27.8	149.7	7	16.1	38.7
南小河沟	336.0	22	36.1	100.0	6	73.3	100.0	12	25.7	52.1	4	11.3	28.5
平均	165.6	39	40.9	239.8	15	65.5	205.8	14	30.6	112.5	9	13.4	29.8

表 3.17　不同类型降雨流域把口站雨量与面雨量误差最大的典型雨次

流域	面积/km²	降雨日期（年.月.日）	降雨历时/min	面雨量/mm	把口站雨量/mm	误差/%
A 型降雨						
张家塌沟	52.6	1982.8.12	153	10.5	6.2	41.0
店则沟	56.4	1982.8.16	177	15.9	32.7	106.0
招贤沟	57.2	1982.8.4	98	11.1	0.8	92.8
韭园沟	70.1	1963.8.26	70	3.9	14.0	258.8
店房台沟	87.0	1986.7.6	42	6.7	21.1	215.4
贾家沟	93.4	1982.6.14	137	14.7	31.2	111.7
洞川沟	140.0	1979.6.29	102	10.5	32.3	207.1
岔巴沟	187.0	1963.8.3	195	4.2	20.8	395.7
文安驿川	303.0	1985.6.19	190	10.2	27.8	173.4
砚瓦川	330.0	1978.7.30	20	2.6	14.3	448.8
南小河沟	336.0	1980.6.23	61	1.3	0.0	100.0
平均						195.5
B 型降雨						
张家塌沟	52.6	1984.7.25	414	8.9	38.3	331.0
店则沟	56.4	1984.8.3	640	35.6	23.8	33.2
招贤沟	57.2	1986.7.19	114	17.9	0.3	98.3
韭园沟	70.1	1965.7.7	410	17.6	8.6	51.2
店房台沟	87.0	1988.6.27	163	22.0	7.6	65.5
贾家沟	93.4	1989.7.22	726	58.8	153.9	161.9
洞川沟	140.0	1987.7.14	60	11.6	3.6	68.8
岔巴沟	187.0	1967.8.10	250	22.9	50.7	121.4
文安驿川	303.0	1985.8.12	159	13.6	25.9	90.3
砚瓦川	330.0	1978.8.7	110	8.3	20.7	149.7
南小河沟	336.0	1978.6.19	252	17.7	8.5	52.1
平均						111.2

续表

流域	面积/km²	降雨日期（年.月.日）	降雨历时/min	面雨量/mm	把口站雨量/mm	误差/%
			C型降雨			
张家堝沟	52.6	1982.7.8	469	35.0	40.5	15.7
店则沟	56.4	1983.9.7	820	79.3	81.6	2.9
招贤沟	57.2	1981.6.19	2657	121.8	124.8	2.4
韭园沟	70.1	1960.7.6	1700	8.3	3.0	63.8
店房台沟	87.0	1986.6.25	850	68.8	60.6	11.9
贾家沟	93.4	1978.7.26	570	86.5	46.9	45.8
洞川沟	140.0	1986.6.26	485	64.8	80.5	24.2
岔巴沟	187.0	1960.9.24	650	60.3	27.1	55.0
文安驿川	303.0	1981.8.14	1512	117.6	103.9	11.6
砚瓦川	330.0	1979.7.11	600.0	23.5	14.4	38.7
南小河沟	336.0	1984.7.9	3916	65.1	46.5	28.5
平均						27.3

为了进一步分析流域把口站雨量与面雨量误差随面积大小的变化特征，用岔巴沟流域 62 场降雨资料，分别计算了流域把口站雨量与不同控制面积面雨量的误差%，控制面积从流域把口站向上，分下游、中下游、全流域三个层次，结果见表 3.18。

表 3.18　流域把口站雨量与面雨量误差随流域控制面积的变化情况

流域区间	面积/km²	误差/%			
		平均	A型降雨	B型降雨	C型降雨
下游	57.3	53.6	80.5	30.1	12.2
中下游	122.8	67.1	99.8	38.2	17.6
全流域	187.0	63.1	88.3	43.3	20.2

2）把口站雨量与面雨量误差发生概率分析

关于把口站雨量与面雨量正负误差的发生概率分析见表 3.19，从表中数据可知：

（1）从 11 个流域 409 场降雨的平均情况看，把口站雨量大于面平均雨量的正误差发生概率为 160 次（总雨次的 39.1%），把口站雨量小于面平均雨量的负误差发生概率为 249 次（占总雨次 60.9%）；把口站正误差%值为 43.1%，负误差%值为–30.1%。由此看来，把口站雨量与面雨量的正负误差发生概率为 4∶6，而正负误差%值为 4∶3，正误差的误差概率小于负误差，正误差的误差绝对值大于负误差。

（2）从不同雨型的误差概率和误差值看，三种雨型的误差概率均以负误差为主，即把口站雨量普遍小于面雨量；A、B 雨型正误差值大于负误差值，C 型降雨负误差值大于正误差值。

（3）从 11 个流域不同类型降雨正负误差的发生概率看：在 11 个流域中，A 型降雨正误差发生概率大于负误差的有 2 个流域，小于负误差的有 9 个流域；B 型降雨正误差发生概率大于负误差的有 1 个流域，小于负误差的有 9 个流域，相同的有 1 个流域；C

型降雨正误差发生概率大于负误差的有 2 个流域，相同的有 2 个流域，小于负误差的有 7 个流域。三种雨型年均正误差发生概率大于负误差的有 3 个流域，小于的有 8 个流域。因此，从总体来看 80%的流域把口站雨量小于流域面雨量。

（4）从 11 个流域不同类型降雨正负误差的绝对值来看，A 型降雨正误差值大于负误差值的有 7 个流域，小于的有 4 个流域；B 型降雨正误差值大于负误差值的有 7 个流域，小于的有 4 个流域；C 型降雨正误差值大于负误差值的有 5 个流域，小于负误差值的也有 5 个流域；三种雨型平均正误差值大于负误差值的有 6 个流域，小于的有 5 个流域。因此，有 70%的流域把口站雨量与面雨量的正误差程度大于负误差程度。

表 3.19　流域把口站雨量与面雨量的正负误差发生概率与误差程度分析

流域	面积/km²	综合				A 型				B 型				C 型			
		雨次/次		误差/%		雨次/次		误差/%		雨次/次		误差/%		雨次/次		误差/%	
		+	−	+	−	+	−	+	−	+	−	+	−	+	−	+	−
张家坬沟	52.6	13	10	31.7	−21.2	4	1	20.3	−41.0	6	6	65.8	−18.5	3	3	9.1	−4.1
店则沟	56.4	7	12	16.6	−18.3	6	7	47.0	−41.1	0	5	0.0	−13.9	1	0	2.9	0.0
招贤沟	57.2	3	15	11.2	−36.0	1	6	29.7	−62.7	1	9	1.4	−45.2	1	0	2.4	0.0
韭园沟	70.1	49	81	39.6	−29.3	20	28	89.2	−44.9	8	16	20.9	−26.3	21	37	8.7	−16.8
店房台沟	87.0	14	13	27.2	−20.4	9	4	60.1	−24.9	5	8	21.6	−24.5	0	1	0.0	−11.9
贾家沟	93.4	15	19	36.1	−36.9	6	7	36.6	−57.7	8	9	53.4	−25.9	1	3	18.3	−27.0
涧川沟	140.0	9	17	42.0	−31.4	3	8	72.9	−57.0	5	8	28.7	−32.0	1	1	24.2	−5.2
岔巴沟	187.0	25	36	65.7	−38.5	15	17	121.6	−58.9	6	13	47.7	−41.3	4	6	27.8	−15.1
文安驿川	303.0	11	7	52.4	−26.4	2	4	120.1	−40.8	9	2	37.2	−26.9	0	1	0.0	−11.6
砚瓦川	330.0	10	21	122.3	−34.3	2	5	310.9	−65.8	7	10	36.8	−21.5	1	6	19.2	−15.5
南小河沟	336.0	4	18	28.7	−38.8	1	5	51.4	−77.7	2	10	31.8	−24.5	1	3	3.0	−14.1
平均或总计	165.6	160	249	43.1	−30.1	69	92	87.3	−52.0	57	96	31.4	−27.3	34	61	10.5	−11.0

2. 流域把口站次降雨最大时段雨强的面代表性

表 3.20 是各流域次降雨最大 10min、30min、60min、120min 四种时段把口站雨强与面平均雨强的误差分析结果，可以看出：

（1）把口站不同时段雨强与面时段雨强误差程度的变化趋势与中心站相同，即随着降雨时段的增加误差也相应减小，30min 最大时段雨强 I_{30} 与雨量 P 的误差程度相比，A 型降雨的误差程度高 31.0%（30min 雨强误差 73.5%，雨量误差为 56.1%），B 型降雨高 33.1%（30min 雨强误差为 40.2%，雨量误差为 30.2%），C 型降雨高 195.6%（30min 雨强误差为 34.0%，雨量误差为 11.5%）。

（2）以误差不超过 25%计算，流域把口站最大时段雨强（以 30min 为标准）的面代表性（流域控制面积）A 型降雨小于 30km²，B 型降雨为 50～100km²，C 型降雨为 150km² 左右。

表 3.20　流域把口站与面平均最大时段雨强的误差分析

流域	面积/km²	雨次/次	误差/%				
			P	I_{10}	I_{30}	I_{60}	I_{120}
			A 型降雨				
张家墕沟	52.6	5	24.4	25.2	36.9	33.9	34.0
店则沟	56.4	13	43.8	37.7	41.9	44.4	43.7
店房台沟	87.0	13	49.3	104.2	89.2	67.7	54.1
贾家沟	93.4	13	47.9	65.2	61.6	56.4	52.5
洞川沟	140.0	11	61.3	81.6	74.9	69.6	61.6
岔巴沟	187.0	6	81.4	96.2	103.5	85.7	83.9
文安驿川	303.0	6	67.2	119.2	102.9	80.0	66.9
南小河沟	336.0	6	73.3	74.9	76.9	74.2	72.0
平均	156.9	9	56.1	75.5	73.5	64.0	58.6
			B 型降雨				
张家墕沟	52.6	12	42.1	48.7	55.9	48.5	58.8
店则沟	56.4	5	13.9	11.7	9.3	11.2	12.7
店房台沟	87.0	13	23.4	52.5	53.0	49.3	38.3
贾家沟	93.4	17	38.9	56.3	60.6	60.5	62.9
洞川沟	140.0	13	30.7	61.1	37.2	42.4	37.0
岔巴沟	187.0	10	31.6	45.6	48.4	44.8	37.3
文安驿川	303.0	11	35.4	29.1	24.6	34.0	43.0
南小河沟	336.0	12	25.7	36.7	32.4	35.3	35.7
平均	156.9	12	30.2	42.7	40.2	40.7	40.7
			C 型降雨				
张家墕沟	52.6	6	6.6	67.5	49.3	34.3	26.8
店则沟	56.4	1	2.9	2.5	15.3	1.2	13.4
店房台沟	87.0	1	11.9	20.3	11.2	6.9	10.7
贾家沟	93.4	4	24.8	23.5	31.8	37.9	37.7
洞川沟	140.0	2	14.7	67.4	36.1	16.0	15.3
岔巴沟	187.0	2	7.7	22.6	55.1	19.2	7.5
文安驿川	303.0	1	11.6	52.5	42.2	30.0	17.2
南小河沟	336.0	4	11.3	28.5	30.8	26.3	20.8
平均	156.9	3	11.5	35.6	34.0	21.5	18.7

3. 流域把口站年雨量的面代表性

从表 3.21 可以看出，流域把口站年雨量与面年雨量的误差在流域面积 300km² 以下一般不超过 10%。从正负误差发生的概率看，负误差概率大于正误差，正负误差发生概率的比例为 3∶7。而且四条流域把口站年雨量均小于流域平均年雨量。

表 3.21　流域把口站年雨量与面年雨量的误差程度分析

流域	面积 /km²	年限	正负误差的发生年数			正负误差/%			最大误差 /%
			Σ	+	−	Σ	+	−	
店则沟	56.4	1980～1988 年	9	2	7	5.7	6.0	−5.6	−11.8
韭园沟	70.1	1955～1966 年	12	4	8	8.0	2.8	−10.5	−20.9
文安驿川	303.0	1981～1988 年	8	3	5	9.4	14.2	−6.5	17.0
南小河沟	336.0	1978～1984 年	7	1	6	18.9	18.5	−18.9	−30.8
平均	191.4		9	2.5	6.5	10.5	10.4	−10.4	−11.6

3.4　降雨空间变化的结构特征

3.4.1　应用于次降雨产沙预报的站网密度分析

目前，在水沙关系和侵蚀产沙预报中，站网密度的影响作用甚大，一个流域或一个地区，究竟需要布设多少个雨量站才能较为准确地说明这一地区的降雨特性，才能使所计算的面雨量误差达到误差允许的程度，以提高侵蚀产沙预报的精度。实际上，站网密度太疏，往往会漏掉暴雨中心，使预报的产沙量与实际产沙量出现较大误差。

1945 年，美国大气局拟定了估算雨量站布站数目的计算公式（马秀峰和任春香，1992）：

$$S_E=\frac{\mathrm{CV}}{\sqrt{n}} \tag{3.5}$$

式中，S_E 为均匀布设 n 站计算面平均雨量可能产生的相对标准误差；CV 为 n 个站点的雨量相对于面平均雨量的空间变异系数。

1961 年，日本小林依据田子仓流域的雨量站网记录，建立了下式（马秀峰和任春香，1992）：

$$\frac{\Delta P}{P}=0.819\left(\frac{\sigma}{P}\right)\left(\frac{1}{n}\right)^{0.686} \tag{3.6}$$

式中，P 为面平均雨量；ΔP 为 P 的抽样误差；σ 为 n 站雨量相对于面平均雨量的空间标准差，比值 σ/P 与式（3.5）的 CV 相同。

美国科勒（Konler）的最优布站公式为

$$n=0.58F^{0.42} \tag{3.7}$$

式中，n 为布站数目；F 为流域面积，km²。

马秀峰（1983）以岔巴沟为实验区，得出黄土高原大理河地区最优布站的经验公式为

$$n=0.65\sqrt{\left(1-\overline{\gamma}_{\mathrm{G}}\right)F} \tag{3.8}$$

$$\overline{\gamma}_{\mathrm{G}}=0.79\mathrm{e}^{-\sqrt{\frac{F}{93}}} \tag{3.9}$$

式中，n 为布站数目；F 为流域面积，km^2；$\overline{\gamma}_G$ 为 $\overline{\gamma}$ 随 n 增加的极限值。

马秀峰根据式（3.7）算得 F-n 的变化见表 3.22。

表 3.22　不同面积下的布站数目表

指标	不同面积 F 下的站数 n/个															
	50 km^2	100 km^2	150 km^2	200 km^2	300 km^2	400 km^2	600 km^2	800 km^2	1000 km^2	1500 km^2	2000 km^2	2500 km^2	3000 km^2	3500 km^2	4000 km^2	4500 km^2
站数	2.4	3.5	4.4	5.1	6.6	7.8	10.0	11.9	13.6	17.4	20.8	23.9	26.7	29.3	31.8	34.2

一般计算最优布站数目的公式为（王华贤，1992）：

$$n=(1-\gamma_G)\left(\frac{CV}{\varepsilon}\right)^2；\ \varepsilon=0.1 \tag{3.10}$$

式中，n 为布站数目；γ_G 为 $\overline{\gamma}$ 当 $n\to\infty$ 时的极限；CV 为一定面积上各雨量站实测系列变异系数的平均值；ε 为面平均雨量允许相对误差。

上述最优布站数目的计算方法是基于以最少的投资，获取满足精度要求的雨量资料这一目的。这次在布站数目的计算上，以满足水沙关系分析和侵蚀产沙预报精度要求为主要目的，以次雨量为样本，分雨型进行统计计算，分别挑选了北部黄土丘陵沟壑区的岔巴沟和中南部黄土高塬沟壑区的砚瓦川两个流域为典型，在流域内均匀的挑选出不同数目的站点，计算其雨量和面雨量（以流域相对多的站为标准）的相对误差程度（表 3.23），可以看出：

表 3.23　流域布站数目与面雨量的误差程度分析（次降雨雨量）

流域	布站数目/个	控制面积/km^2	综合（59）*		A 型（30）*		B 型（19）*		C 型（10）*	
			误差/%	最大误差/%	误差/%	最大误差/%	误差/%	最大误差/%	误差/%	最大误差/%
岔巴沟	1	187.0	31.1	174.8	44.1	174.8	21.0	68.7	11.1	49.2
	3	62.3	20.1	119.2	30.8	119.2	12.0	42.6	3.4	10.5
	7	26.7	10.3	52.8	14.8	52.8	7.4	16.1	2.2	5.4
	11	17.0	7	34.4	9.5	34.4	5.7	27.1	1.8	3.4
	24	7.8	0	0	0.0	0.0	0.0	0.0	0.0	0.0
砚瓦川	1	330.0	19.6	107.5	48.1	107.5	12.0	42.9	9.3	18.4
	3	110.0	13.3	65.4	34.1	65.4	8.2	18.8	4.9	12.9
	5	66.0	8.4	26.9	15.5	26.9	6.5	26.5	3.0	14.2
	8	41.3	7	30	15.9	30.0	5.3	17.8	2.4	7.1
	11	30.0	0	0	0.0	0.0	0.0	0.0	0.0	0.0

*表中（59）、（30）、（19）、（10）为统计的降雨次数。

（1）从区域看，岔巴沟（丘陵沟壑区）布站数目多少对面雨量误差的影响程度要比砚瓦川（高塬沟壑区）明显偏大，以单站控制面积 60km^2 左右计算，A 型降雨的面雨量误差岔巴沟为 30.8%，砚瓦川为 15.5%；B 型暴雨岔巴沟为 12.0%，砚瓦川为 8.2%；C 型降雨岔巴沟为 3.4%，砚瓦川为 3.0%。

（2）从雨型看，A 型降雨（局地性暴雨）布站数目多少对面雨量误差的影响程度要明显大于其他两种雨型，仍以单站控制面积 60km^2 左右计算，岔巴沟 A 型降雨的平均面雨量误差为 30.8%，最大误差为 119.2%；B 型降雨平均面雨量误差为 12.0%，最大误差为 42.6%；C 型降雨的平均面雨量误差为 3.4%，最大误差为 10.5%。

（3）布站数目（以单站控制面积表示）与面雨量误差程度（%）的关系，可以用对数函数曲线表示：

岔巴沟（黄土丘陵沟壑区）

A 型降雨　$E（\%）=-32.416+33.453\log F$　（3.11）

B 型降雨　$E（\%）=-14.949+15.408\log F$　（3.12）

C 型降雨　$E（\%）=-7.460+7.236\log F$　（3.13）

砚瓦川（黄土高塬沟壑区）

A 型降雨　$E（\%）=-59.562+43.457\log F$　（3.14）

B 型降雨　$E（\%）=-13.881+11.004\log F$　（3.15）

C 型降雨　$E（\%）=-8.493+6.783\log F$　（3.16）

式中，$E（\%）$为与面雨量的相对误差，%；F 为单站控制的面积，km^2。

按照式（3.11）～式（3.16）计算得到当面雨量相对误差 $E（\%）$分别为 10%、15%、20%时的单站控制面积（表 3.24）

表 3.24　不同误差程度下的单站控制面积　　单位：km^2

雨型	岔巴沟（丘陵沟壑区）			砚瓦川（高塬沟壑区）		
	10%	15%	20%	10%	15%	20%
A	18.5	26.1	36.9	39.9	52.0	67.7
B	41.6	87.8	185.4	148.2	422.2	1202.5
C	258.8	1270.3	6236.1	429.6	1885.7	8277.5

上述结果说明，雨量站布设数目的多少与雨型很有关系，如在陕北丘陵沟壑区 600km^2 布设 10 站（按马秀峰先生的标准计算），对于 A 型降雨面雨量误差可达到 27.1%；B 型降雨，误差为 12.4%；C 型降雨，面雨量误差只有 5.4%。因此，式（3.11）～式（3.16）提供了不同雨型不同误差程度所要求的单站控制面积，可作为次雨沙关系分析的参数。

图 3.3、图 3.4 分别为岔巴沟流域和砚瓦川流域布站数目与面雨量误差程度的关系曲线图。

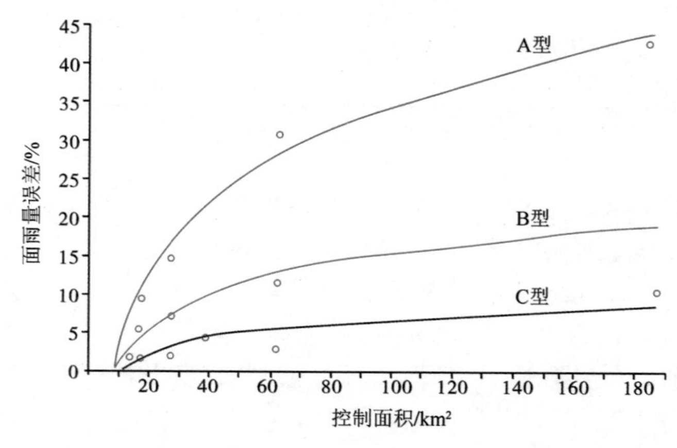

图 3.3　岔巴沟流域布站数目（单站控制面积）与面雨量误差程度的关系

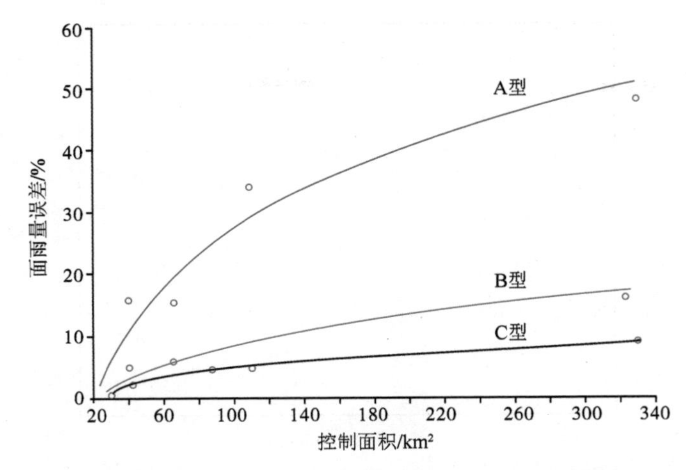

图 3.4　砚瓦川流域布站数目（单站控制面积）与面雨量误差程度的关系

3.4.2　应用于年降雨产沙预报的站网密度分析

近年来，在开展黄河水沙变化的研究中，年雨沙关系的分析方法很多，这些方法对于小范围来说，雨沙关系的相关性比较好，预报精度较高。而对于集水面积较大或大区域来说，由于雨量站网密度不够，计算面雨量和实际面雨量出现较大误差，雨沙关系普遍不如小范围好。另外，目前黄土高原水土流失区 43 万 km^2 具有较长系列的雨量站只有 150 余个，平均 $2860km^2$ 一个雨量站，仅用这 150 个站的雨量资料能否说明全区域的雨量变化情况，究竟相对面雨量误差有多大？同时对雨沙关系的相关程度又影响如何？在黄土高原究竟需要多少个雨量站才能在误差允许的条件下，提高雨沙关系的相关程度和预报精度，这是目前黄河水沙变化研究中急需解决的问题。

用于雨沙关系分析的年降雨特性指标主要包括年雨量、汛期雨量和年最大时段雨量三种，其中以最大时段雨量的面分布均匀性最差。因此，重点对年最大时段雨量的站网密度进行分析。从黄土高原主要侵蚀产沙区选择了三个雨量站布设密度比较大的区域，作为相对理想的站网密度（同时认为这种密度可以较为准确地反映出全区域面雨量的特征，也相对认为与面雨量的误差为 0）。这三个区域的基本情况是：A 区域位于皇甫川、孤山川和窟野游上游一带（110°12′～111°13′E，39°01′～39°39′N），面积 $5660km^2$，雨量站数 14 个，平均单站控制面积 $404.3km^2$；B 区域位于无定河流域中下游及黄河干流东侧的湫水河、三川河、屈产河等流域（100°21′～111°20′E，37°00′～38°07′N），面积 $20053km^2$，雨量站数 34 个，平均单站控制面积 $589.8km^2$；C 区域主要位于延河及州川河一带，东南—西北走向，面积 $10728km^2$，雨量站数 17 个，单站控制面积 $631.1km^2$（图 3.5）。

雨量资料为 1981～1986 年连续 6 年各雨量站年最大 10min、60min、180min、360min、720min、1440min 六个时段的雨量。每个区域均匀选择四级布站密度，求出每种站网密度每个时段雨量的面雨量误差（表 3.25）。

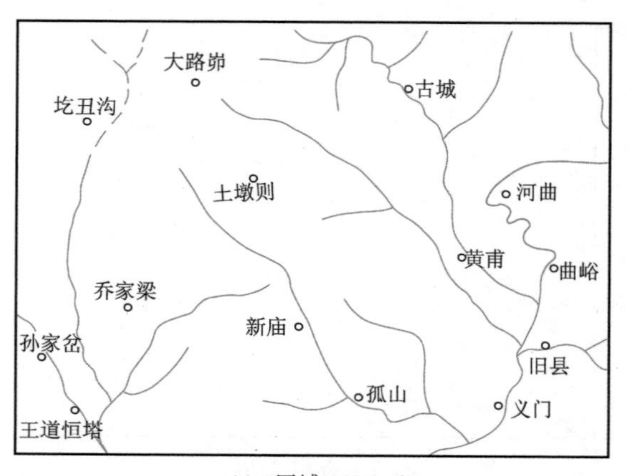

(a) A区域(5660km²)

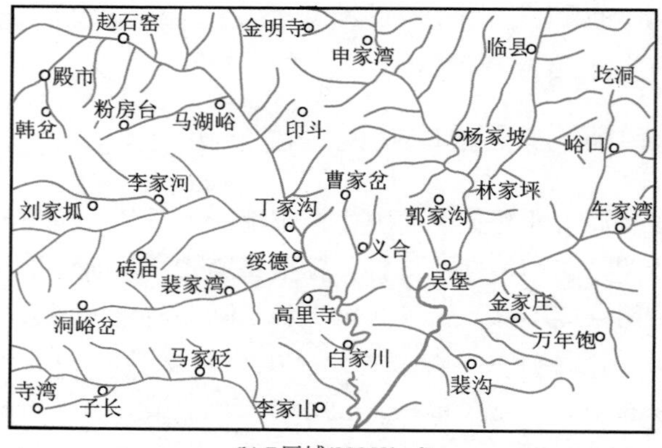

(b) B区域(20053km²)

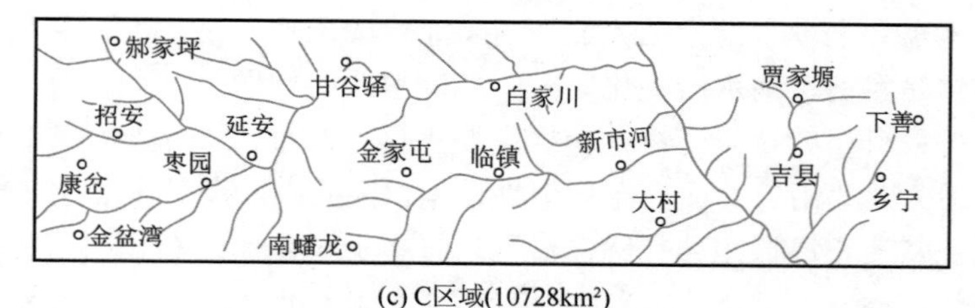

(c) C区域(10728km²)

图 3.5 用于站网密度与面雨量误差关系分析的代表性区域

表 3.25 区域布站数目与面雨量的误差程度分析（年最大时段雨量）

布站数	控制面积/km^2	平均误差/%						最大误差/%					
		10min	60min	180min	360min	720min	1440min	10min	60min	180min	360min	720min	1440min
北部 A 区域													
2	2830.0	16.1	14.8	8.4	9.1	7.8	10.6	44.9	54.3	29.9	20.2	17.3	16.0
5	1132.0	7.1	8.1	5.2	5.4	4.5	5.1	10.9	14.6	15.1	11.4	12.2	9.6
8	707.5	5.9	5.1	4.6	2.3	1.7	3.3	7.5	9.3	7.7	3.9	3.7	5.5
14	404.3	0.0	0.0	0.0	0.0	0.0	0.0	0.0	0.0	0.0	0.0	0.0	0.0

续表

布站数	控制面积/km^2	平均误差/%						最大误差/%					
		10min	60min	180min	360min	720min	1440min	10min	60min	180min	360min	720min	1440min
中部 B 区域													
5	4010.6	11.8	11.6	10.2	9.3	8.1	7.1	22.5	19.1	18.2	16.2	13.4	11.7
10	2005.3	6.5	8.3	8.8	8.5	7.2	5.1	8.8	21.5	20.5	16.5	12.3	11.1
15	1336.9	2.7	5.7	6.1	4.8	3.6	3.5	6.4	12.7	14.1	9.9	7.1	5.9
34	589.8	0.0	0.0	0.0	0.0	0.0	0.0	0.0	0.0	0.0	0.0	0.0	0.0
南部 C 区域													
3	3576.3	18.1	18.3	21.2	14.1	5.3	2.2	61.6	35.9	34.3	27.2	14.8	3.9
5	2145.8	12.9	15.3	14.2	10.8	7.6	4.1	39.8	28.9	20.0	22.9	9.3	5.5
8	1341.1	9.1	7.8	7.9	6.6	4.4	2.3	27.7	17.3	13.8	14.3	9.7	6.8
17	631.1	0.0	0.0	0.0	0.0	0.0	0.0	0.0	0.0	0.0	0.0	0.0	0.0

根据表 3.25 的结果，分别点绘了不同布站数目（单站控制面积）年最大 10min、60min 和 1400min 雨量的面最大相对误差，其拟合方程为：

年最大 10min 雨量　　E（%）$=-221.8+77.2\log F$　　（3.17）

年最大 60min 雨量　　E（%）$=-187.4+65.22\log F$　　（3.18）

年最大 1440min 雨量　　E（%）$=-48.36+17.50\log F$　　（3.19）

式中：E（%）为相对误差，%；F 为单站控制面积，km。

以式（3.17）和式（3.18）计算，当相对误差 E（%）<10%时，年最大 60min、1440min 雨量所要求的单站控制面积为 1063.4km^2 和 2162.0km^2；当相对误差 E（%）<5%时，年最大 60min、1440min 雨量所要求的单站控制面积为 893.0km^2 和 1119.8km^2。从而可知，当面雨量相对误差 E（%）<10%时，黄土高原 43 万 km^2 年最大 60min 雨量所需要的雨量站为 404 个，年最大 1440min 降雨所需要的雨量站数为 200 个。

实际上，因为采用的 E(%)是在将单站控制面积 500km^2 以下面雨量误差假设为“0”条件下的相对误差值，根据流域中心点年雨量的面代表性分析资料，在 500km^2 范围内，面雨量误差为 5%左右，对于年最大时段雨量可能达到了 8%。如果采用实际误差值，当 E（%）为 10%时，实际误差可能达到 18%。因此，404 个和 200 个站数所对应的面雨绝对误差大概为 20%。目前在黄土高原 43 万 km^2 采用的 150 个站，年最大 60min、1440min 雨量的面相对误差 E（%）分别达到 38.1%和 12.2%，实际误差前者达到 45.0%左右，后者达到 20%左右。要使黄土高原年最大时段雨量的面误差不超过 15%，那么对于年最大 60min 雨量来说需要 450 个站，对于年最大 1440min 降雨来说，需要 300 个站。

图 3.6（a）、图 3.6（b）、图 3.6（c）分别是区域布站数目（单站控制面积）与年最大 10min、60 min 和 1440min 面雨量误差程度的关系曲线。

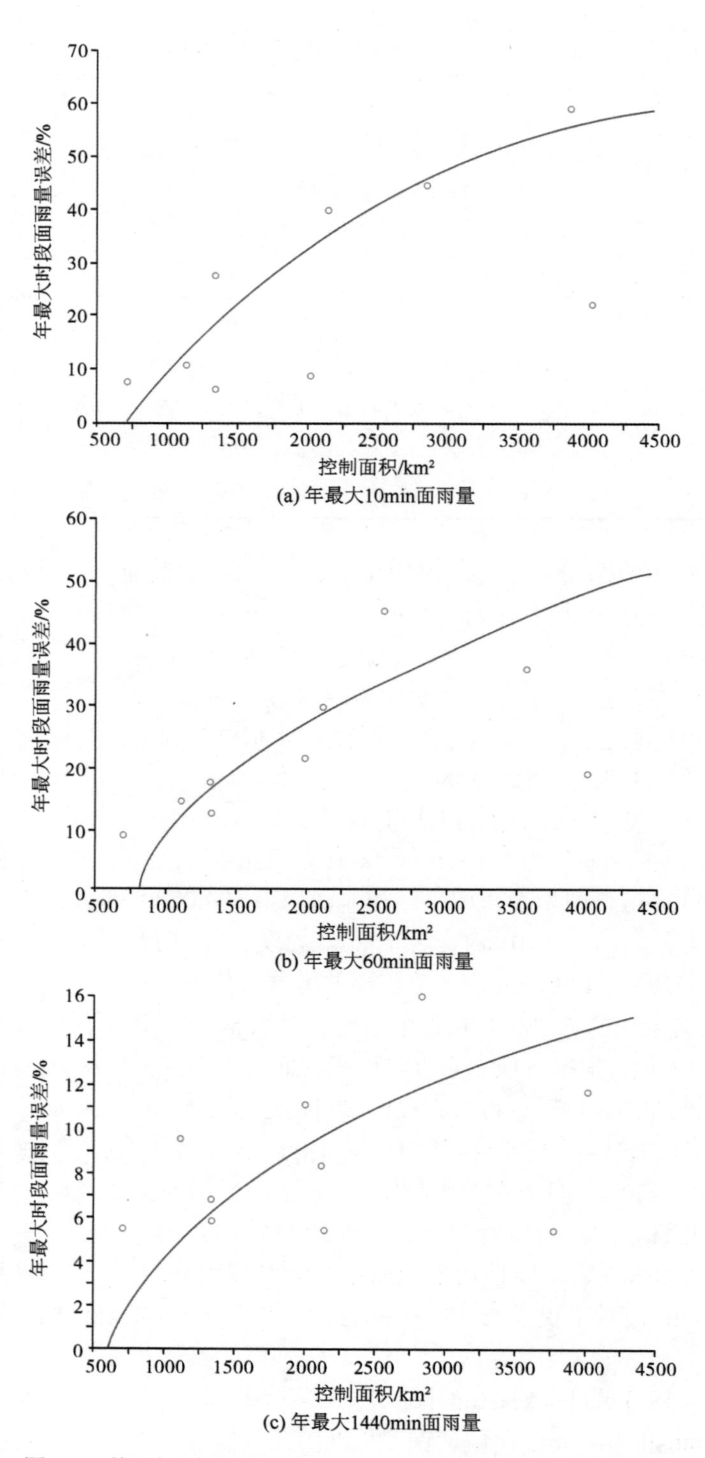

图 3.6　单站控制面积与不同年最大时段面雨量误差程度的关系

3.4.3 降雨的空间相关特性

把降雨过程可看作空间坐标和时间坐标的多维随机过程，相关函数可分离为空间相关函数和时间相关函数。一般把空间相关函数看成随距离增加的衰减函数，常用指数函数和一阶二类贝塞尔函数表示（钱学伟，1987）：

$$\text{指数函数型}\ r(L)=e^{-nL} \tag{3.20}$$

$$\text{贝塞尔函数型}\ r(L)=bLK_1(bL) \tag{3.21}$$

式中，L 为区域内任意两点间的距离；n 和 b 分别为指数函数型和贝塞尔函数型相关函数的参数；K_1 为一阶第二类修正的贝塞尔函数。

在黄土高原选择了三个面积在 300km^2 左右的流域，进行降雨的空间相关特性分析。其中文安驿川流域在清涧河，面积 303km^2，用于相关分析的雨量站 13 个，雨次样本 18 个；南小河沟流域位于泾河，面积 336.0km^2，用于相关分析的雨量站 8 个，雨次样本 22 个；砚瓦川流域也在泾河，面积 330km^2，用于相关分析的雨量站 11 个，雨次样本 31 个。三个流域两站间降雨相关系数 r 与距离 L 的关系见表 3.26。表中“1”以上的右上方为相关系数，左下方为距离（km），根据表中的数据，点绘了相关系数 r 与距离 L 关系图（图 3.7（a）～（c））。

表 3.26 黄土高原三个典型流域次降雨空间相关系数 r 与距离 L 的关系

站名	文安驿川流域（303km^2）												
	高家坪	党家沟	小禹居	老庄河	蒿岔峪	郝家河	依洛河	文安驿	张家屯	后马沟	南家沟	东圪塔	马家店
高家坪	1	0.878	0.801	0.825	0.923	0.796	0.690	0.547	0.918	0.771	0.890	0.912	0.804
党家沟	5.6	1	0.888	0.854	0.906	0.846	0.745	0.650	0.981	0.786	0.938	0.958	0.771
小禹居	14.6	9.2	1	0.960	0.930	0.919	0.886	0.730	0.925	0.764	0.942	0.921	0.78
老庄河	14	10.8	9.2	1	0.960	0.910	0.909	0.727	0.914	0.766	0.957	0.911	0.791
蒿岔峪	11.2	8.2	8.8	3.0	1	0.912	0.858	0.711	0.948	0.822	0.971	0.968	0.853
郝家河	13.2	8.4	4.0	5.4	5.0	1	0.896	0.783	0.882	0.706	0.9	0.891	0.781
依洛河	18.4	13.8	7.0	6.6	8.4	5.6	1	0.853	0.809	0.754	0.883	0.842	0.856
文安驿	18.4	13	4.2	12.6	12.6	7.6	8.0	1	0.650	0.748	0.743	0.767	0.793
张家屯	7.0	2.2	7.8	9.0	6.2	6.4	11.8	11.8	1	0.796	0.974	0.966	0.815
后马沟	21.2	15.6	6.6	13.0	14.0	9.0	7.4	3.4	14.2	1	0.829	0.865	0.869
南家沟	8.4	4.4	7.4	6.6	4.0	5.0	10.2	11.4	2.4	13.4	1	0.973	0.872
东圪塔	11.6	6.0	3.6	10.0	8.6	5.0	9.8	7.0	5.0	9.8	5.6	1	0.873
马家店	25.2	19.6	11.0	18.4	19.0	14.2	12.6	6.8	18.4	5.4	18.2	13.6	1

续表

站名	砚瓦川流域（330km²）										
	砚瓦川	吴家川	朱寨	吴家庄	武家城	胡同赵	毛家	十里湾	齐家楼	永丰	文浅沟
砚瓦川	1	0.965	0.893	0.846	0.720	0.832	0.879	0.806	0.651	0.937	0.906
吴家川	4.7	1	0.887	0.902	0.716	0.842	0.836	0.787	0.624	0.957	0.902
朱寨	11.6	8.9	1	0.863	0.704	0.866	0.901	0.764	0.747	0.87	0.842
吴家庄	11.1	6.5	6.6	1	0.766	0.894	0.795	0.768	0.674	0.914	0.876
武家城	15.8	11.2	8.7	4.7	1	0.820	0.724	0.746	0.716	0.783	0.781
胡同赵	16.6	12.0	13.8	7.4	6.3	1	0.885	0.883	0.727	0.874	0.898
毛家	19.4	15.1	18.4	11.8	11.0	4.8	1	0.851	0.820	0.845	0.853
十里湾	23.8	19.4	21.5	15.3	13.2	7.9	4.6	1	0.590	0.815	0.898
齐家楼	15.4	12.1	18.4	12.0	13.7	8.2	6.6	10.8	1	0.657	0.662
永丰	6.9	5.0	13.7	9.6	13.7	11.9	13.5	18.0	8.6	1	0.893
文浅沟	11.3	7.8	14.5	8.5	11.3	7.7	8.6	13.1	4.3	4.9	1

南小河沟流域（336.0km²）

站名	中山镇	兴丰镇	杨家老湾	全家寨	运门镇	云山镇	王伊川	贾　川
中山镇	1	0.718	0.833	0.892	0.880	0.871	0.793	0.815
兴丰镇	8.7	1	0.653	0.798	0.730	0.700	0.645	0.705
杨家老湾	10.8	9.3	1	0.757	0.831	0.796	0.815	0.900
全家寨	10.2	9.6	17.7	1	0.922	0.918	0.787	0.803
运门镇	14.4	8.6	17.7	7.2	1	0.891	0.892	0.895
云山镇	20.9	12.3	18.3	17.3	10.5	1	0.835	0.837
王伊川	18.3	10.2	12.6	18.6	13.7	7.1	1	0.888
贾川	16.7	10.2	8.7	19.7	16.4	12.0	5.0	1

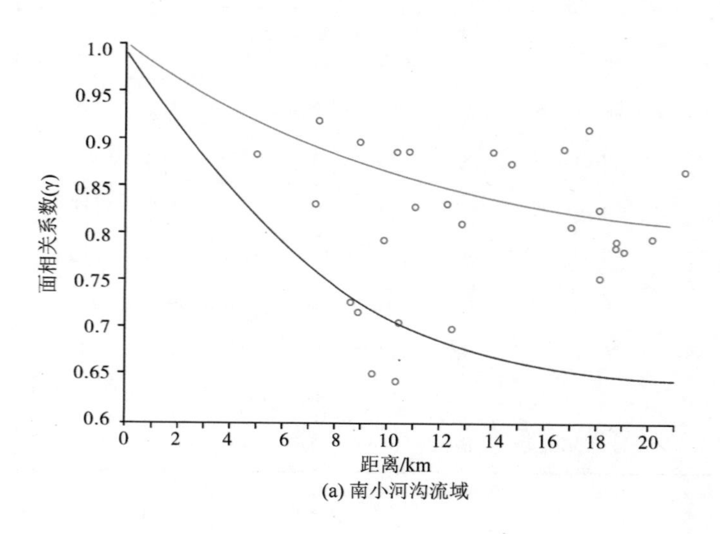

(a) 南小河沟流域

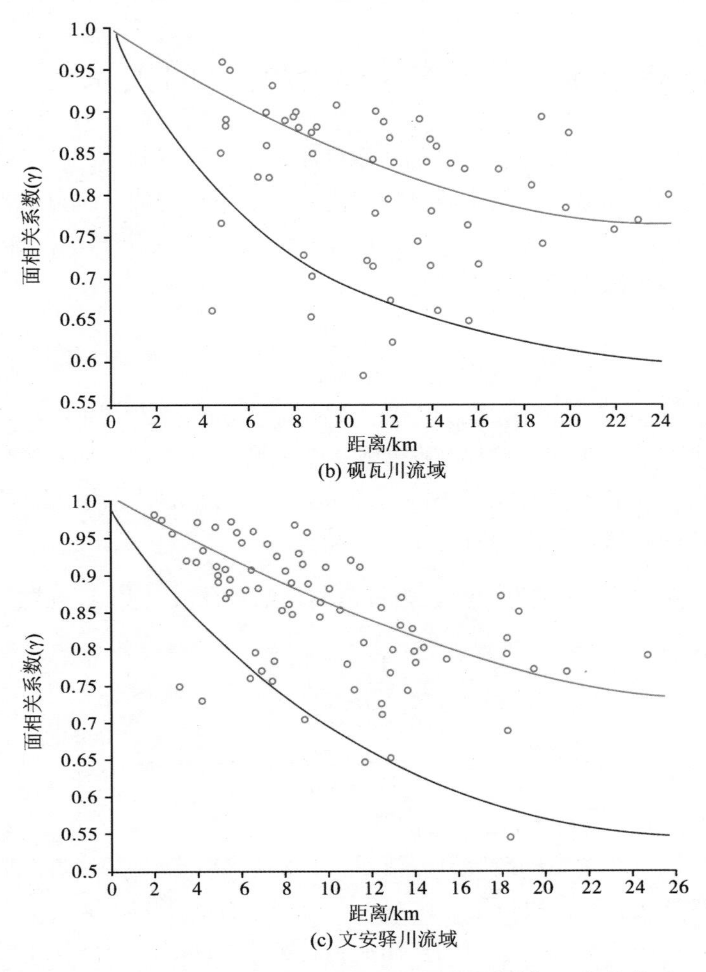

图 3.7　黄土高原三个典型流域面降雨相关系数与距离的关系

从图 3.7（a）～（c）可以看出三个流域文安驿川的关系分布比较规律，根据散点的分布情况，分别绘出了散点的下包线和平均线，并给出了空间相关系数 r 与距离 L 的曲线方程：

南小河沟：平均线　$r=1.001-0.017L+0.0004L^2$　（3.22）

下包线　$r=0.994-0.040L+0.0012L^2$　（3.23）

砚瓦川：平均线　$r=1.001-0.18L+0.0004L^2$　（3.24）

下包线　$r=0.980-0.037L+0.0009L^2$　（3.25）

文安驿川：平均线　$r=1.003-0.015L+0.0002L^2$　（3.26）

下包线　$r=0.987-0.035L+0.0007L^2$　（3.27）

以下包线为最大衰减幅度，由式（3.23）、式（3.25）和式（3.27）计算得出在 0.7 的相关水平下（按照常规水文计算中统计相关分析要求）三个流域的相关域（两站间距离）分别为：南小河沟为 11.0km，文安驿川为 10.2km，砚瓦川为 10.4km，三个流域很接近，因此，可以认为在 0.7 的相关水平下，黄土高原次降雨的相关域为 10km。

3.5　不同类型降雨的点面关系

自然界的降雨都有其中心和一定的笼罩面积，在一次降雨中，各观测点的降雨因距降雨中心位置的不同而不同，在流域上的降雨往往是不均匀的，面雨量指的是在一定降雨时间内，在流域面上产生的平均雨量，它可通过流域最大点雨量与点面换算系数的乘积而求得，其点面折减系数 η 用下式计算：

$$\eta=\frac{\bar{H}}{H_{\mathrm{o}}} \tag{3.28}$$

式中，H_{o} 为点最大雨量，mm；$\bar{H}$ 为面平均降雨量，mm。

已有研究表明：η 值由降雨中心随等雨量面积增大而递减，对 η 值起主要作用的是降雨本身的分布，流域形状影响很小；另外 η-F（面积）的关系呈抛物线函数递减，降雨历时越短，递减越快，降雨历时越长，递减越慢。

单场暴雨的 $\frac{1-\eta}{\eta}$-F 曲线为一组较为规范的幂函数曲线，其函数式为

$$\frac{1-\eta}{\eta}=aF^{b} \tag{3.29}$$

$$\eta=\frac{1}{1+aF^{b}} \tag{3.30}$$

式中，F 为等雨量面积，km^2；a、b 为系数。

有关黄土高原点面关系的研究，张汉雄（1983）、小流域暴雨径流研究组（1978）、加生荣和徐雪良（1991）已取得了一些成果，根据已有的研究，这次重点分析引起中小流域水土流失的短历时局地性暴雨的点面关系特征，并选用观测资料比较详细的子洲岔巴沟流域为样点。表 3.27 列出了岔巴沟流域 24 场降雨点面折减系数 η 值与面积 F 的回归分析结果，图 3.8、图 3.9 是次降雨点面折减系数 η 与面积 F 的关系曲线图，可以看出：

（1）η-F 的关系可用指数函数 $y=d\mathrm{e}^{bx}$ 表示，而且同一类型降雨，系数 d、b 很相接近，对于 A 型（局地性暴雨）降雨，系数 d 一般为 0.70～0.85，指数 b 为–0.005～–0.002；对于 B 型和 C 型降雨（区域性暴雨或长历时锋面雨）系数 d 一般为 0.80～0.90，指数 b 为–0.0008～–0.0003。

（2）用 $\frac{1-\eta}{\eta}$-F 的关系曲线（幂函数）表示 η-F 的关系比用指数函数 $y=d\mathrm{e}^{bx}$ 模型的相关性要好一些，在 $\eta=\frac{1}{1+aF^{b}}$ 回归方程中，系数 a 值无明显的规律和区界，指数 b 一般为 0.3～0.7。

从图 3.8（a）、图 3.9（b）中 η-F 及 $\frac{1-\eta}{\eta}$-F 的关系曲线，得到黄土高原 η-F 的拟合方程为

用指数方程表示的 η-F 关系：

$$\text{局地性暴雨：}\eta=0.745\mathrm{e}^{-0.0026F} \tag{3.31}$$

$$\text{区域性暴雨：}\eta=0.922\mathrm{e}^{-0.0007F} \tag{3.32}$$

用幂函数方程表示的 $\frac{1-\eta}{\eta}$-F 的关系：

$$\text{局地性暴雨：}\frac{1-\eta}{\eta}=0.072F^{0.623} \tag{3.33}$$

$$\text{区域性暴雨：}\frac{1-\eta}{\eta}=0.031F^{0.462} \tag{3.34}$$

按照式（3.33）、式（3.34）的通用形式，得到黄土高原次降雨点面折减系数 η-F 的关系式为

$$\text{局地性暴雨：}\eta=\frac{1}{1+0.072F^{0.623}} \tag{3.35}$$

$$\text{区域性暴雨：}\eta=\frac{1}{1+0.031F^{0.462}} \tag{3.36}$$

表 3.27　降雨点面折减系数 η 与面积 F 关系的回归分析结果

降雨日期（年.月.日）	雨型	历时/min	中心雨量/mm	60min 最大雨量/mm	$\eta=de^{bF}$			$\eta=\frac{1}{1+aF^b}$		
					d	b	R	a	b	R
1962.7.23	A	170	67.2	64.0	0.764	−0.002	0.835	0.064	0.616	0.972
1963.6.3	A	120	50.3	45.6	0.630	−0.003	0.890	0.341	0.376	0.993
1960.7.31	A	110	36.4	34.8	0.814	−0.003	0.984	0.040	0.738	0.979
1966.8.28	A	60	33.5	33.5	0.824	−0.003	0.970	0.133	0.438	0.993
1961.7.21	A	60	31.0	31.0	0.878	−0.003	0.994	0.062	0.512	0.97
1963.8.26	A	360	123.6	103.2	0.70	−0.006	0.939	0.123	0.605	0.988
1961.7.31	A	80	37.5	32.1	0.762	−0.003	0.983	0.022	0.856	0.988
1967.8.1	A	60	11.2	11.2	0.787	−0.008	0.972	0.066	0.773	0.999
1966.8.14	A	300	33.1	27.7	0.670	−0.003	0.880	0.091	0.65	0.990
1962.6.27	A	230	40.4	38.0	0.702	−0.005	0.888	0.081	0.723	0.980
1964.8.2	A	190	40.0	38.5	0.771	−0.004	0.961	0.073	0.629	0.997
1967.8.26	A	180	42.5	36.0	0.838	−0.002	0.947	0.071	0.490	0.997
19617.30	A	100	47.1	44.0	0.825	−0.002	0.978	0.054	0.510	0.993
1966.6.26	A	210	40.1	38.7	0.812	−0.002	0.993	0.086	0.489	0.976
1965.8.1	A	250	45.6	38.5	0.787	−0.003	0.968	0.117	0.468	0.996
1963.8.28	B	500	55.8	28.8	0.790	−0.002	0.973	0.156	0.448	0.983
1966.8.15	B	1300	86.7	45.8	0.850	−0.001	0.962	0.077	0.378	0.997
1965.8.4	B	1500	72.2	24.3	0.812	−0.004	0.891	0.090	0.545	0.988
1960.9.24	C	650	91.8	21.6	0.923	−0.001	0.991	0.038	0.466	0.987
1963.7.6	B	1000	56.3	14.7	0.865	−0.0007	0.98	0.074	0.349	0.971
1966.7.17	B	900	150.0	56.0	0.782	−0.0008	0.989	0.022	0.631	0.984
1961.9.26	C	2260	134.9	22.2	0.919	−0.0007	0.971	0.014	0.617	0.999
1961.8.13	C	800	88.0	11.0	0.923	−0.0003	0.945	0.041	0.280	0.997
1964.7.5	C	1020	115.4	22.4	0.907	−0.0004	0.973	0.022	0.465	0.992

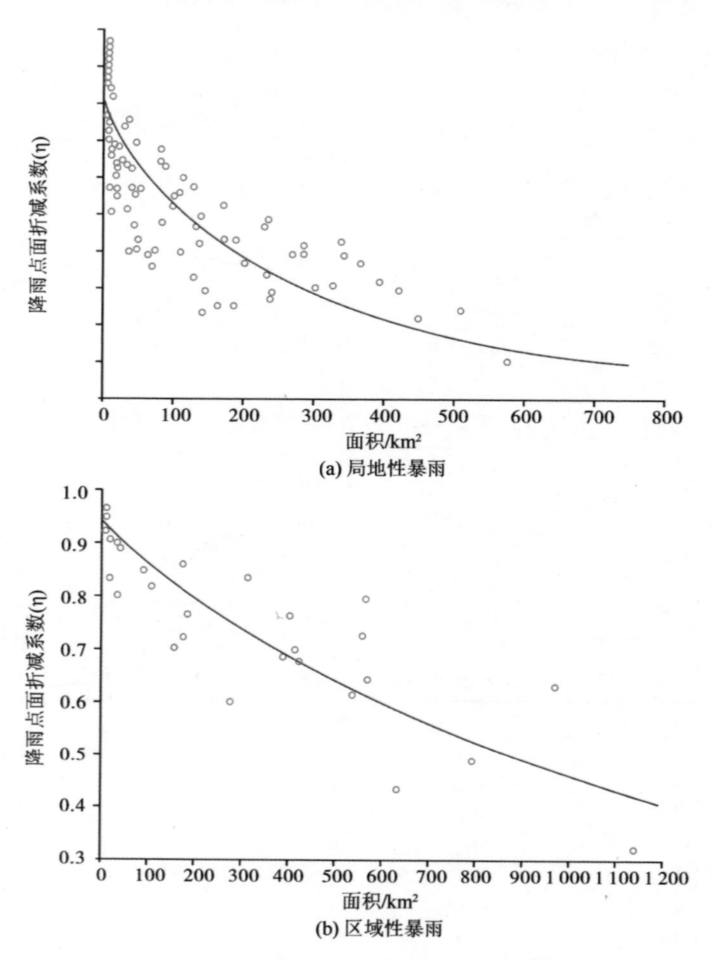

图 3.8　次降雨点面折减系数 η 与面积 F 的关系

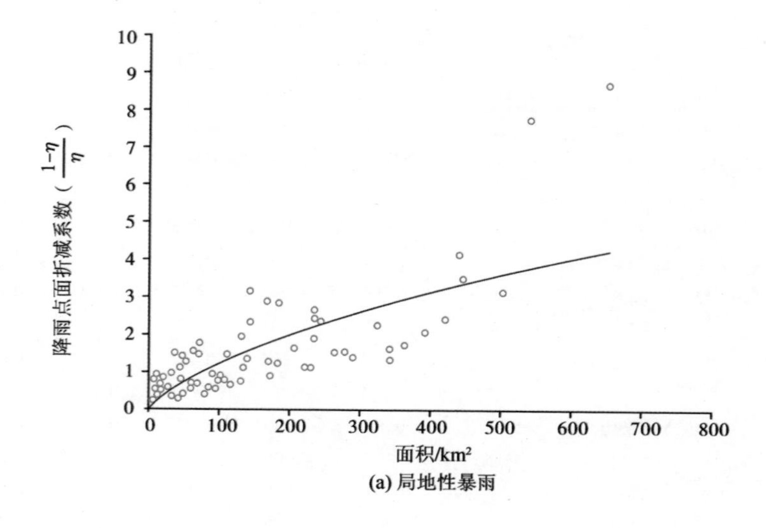

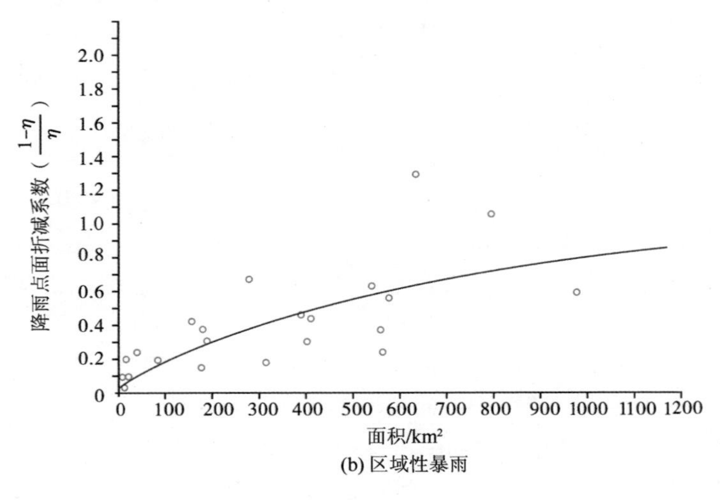

(b) 区域性暴雨

图 3.9　次降雨点面折减系数 $\frac{1-\eta}{\eta}$ 与面积 F 的关系

3.6　小　　结

（1）关于降雨空间分布的不均匀性，可用流域面雨量变异系数 CV、流域降雨不均匀系数 η 和流域最大点与最小点雨量比值系数（称为流域空间极端降雨比值系数）α 表示。

（2）黄土高原次降雨面雨量分布的均匀性很差。根据 13 条小流域的统计：①面雨量变异系数 CV 值一般为 0.3～0.5；CV 值大小与流域面积（实际与流域内雨量站的布数即单站的控制面积）、降雨的集中程度、降雨强度呈正相关；CV 值的大小与雨型有关，A 型暴雨平均为 0.60，B 型暴雨为 0.30，C 型暴雨为 0.15。②流域降雨不均匀系数 η 值一般为 0.6～0.8，η 值与流域面积、降雨的集中程度呈反相关；η 值大小与雨型有关，A 型暴雨平均为 0.60，B 型暴雨为 0.75，C 型暴雨平为 0.85。③流域最大点与最小点雨量的比值系数 α 平均为 20.0 倍左右，α 值的大小与流域面积、布站数目、降雨集中程度三因素均呈正相关，其中 A 型降雨为 35.0，B 型降雨为 15.0，C 型降雨为 2.0。④黄土高原有些降雨的面分布均匀性极差，如岔巴沟（187km^2）1963 年 8 月 26 日一次历时 360min 的降雨，面雨量为 31.4mm，最大点（鸳鸯山）雨量为 123.6mm，距离最大点 2km 的杜家山雨量只有 24.7mm；文安驿川（303.0km^2）1988 年 8 月 11 日一次历时 382min 的降雨，面雨量为 30.9mm，最大点（前袁家沟）雨量为 106.4mm，距离最大点 4.2km 的小禹居站雨量只有 8.3mm。

（3）黄土高原次降雨最大时段雨强的面分布不均匀程度一般较雨量高出 20%～80%，其中 CV 值偏大 15%～75%，η 值偏小 10%～20%，α 值偏大 20%～50%。CV 值的大小与流域面积和雨型（降雨强度和集中程度）呈正相关，与最大雨强的时段取值呈负相关；η 值的大小与流域面积、雨型呈负相关，与最大雨强的时段取值呈正相关；α 值的大小与流域面积、雨型呈正相关，与最大雨强的时段取值呈负相关；最大时段雨强面分布的不均匀程度与时段历时有关，即历时越短，分布程度越差；流域面积、布站数目和降雨类型三种因素对次降雨雨强空间分布不均匀特性的影响程度和雨量基本相同。

（4）年雨量空间分布的均匀程度明显好于次雨量。在 300km^2 以下，年雨量空间分布的 CV 值一般在 0.1 以下，最大一般不超过 0.2；η 值一般在 0.85 以上，最小不低于 0.8；α 值一般在 1.5 以下，最大一般不超过 2.0；若以 η 值大于 0.8 为标准，年雨量空间分布相对均匀度的对应面积在 500km^2 左右。

（5）年最大时段雨强空间分布的均匀程度较年雨量要差得多。在 300km^2 以下的小流域，CV 值一般不超过 0.6，最大不超过 1.2；η 值一般不小于 0.6，最小不低于 0.3；α 值一般为 3.0～7.0。同时，年雨强 α 值的年际变化幅度比年雨量 α 值的年际变化幅度大得多；CV、η 值与年最大时段雨强的时段取值大小关系不大。

（6）在小流域，暴雨中心发生的随机性很大，根据 409 场暴雨的统计，暴雨中心发生在流域中心的只有 18.4%，发生在流域把口站的只有 13.9%。无论是流域中心站、把口站或流域的任一点，暴雨中心发生的概率一般不超过 20%。相比较而言，暴雨中心发生在流域中心点的概率要比把口站偏大 20%～40%。

（7）根据 13 个流域的统计，黄土高原次降雨流域中心点雨量与面雨量的平均误差为 25.9%，其误差大小与流域面积和雨型有关。A 型降雨误差为 45%左右，B 型降雨误差为 15%左右，C 型降雨误差为 10%左右。一般情况下，误差随着面积的增大而增大，而且这种关系的密切程度与雨型有关。A 型降雨误差与面积的关系比较密切，B 型和 C 型降雨误差与面积的关系远不如 A 型降雨。如果以误差不超过 25%计算，A 型降雨中心点雨量的可代表面积一般小于 50km^2，B 型降雨为 300km^2 左右，C 型降雨一般大于 500km^2。另外，流域中心点雨量大于面雨量与小于面雨量的发生概率基本相同，但大于面雨量的正误差发生概率略大于小于面雨量的负误差，尤以 A 型降雨最为明显。流域中心点最大时段雨强的面代表程度偏低于雨量面代表程度的 20%～50%，以误差不超过 25%计算，A 型降雨 30min 最大时段雨强的可代表面积为 30km^2，B 型暴雨为 50km^2 左右，C 型降雨为 150km^2 以上。流域中心点年雨量的面代表性较次雨量要好得多，在 300km^2 的范围内，误差只有 5%左右，若以不超过 10%计算，流域中心点年雨量的可代表面积为 1000km^2 左右。

（8）黄土高原次降雨流域把口站雨量与面雨量的平均误差为 40.9%，明显大于中心点雨量与面雨量的误差，其中 A 型降雨误差为 65.0%，B 型降雨为 30.0%，C 型降雨为 15%。若以误差不超过 25%计算，A 型降雨把口站雨量可代表面雨量的流域控制面积为 30～50km^2，B 型降雨为 50～150km^2，C 型降雨为 300～1000km^2。把口站雨量大于面雨量的正误差发生概率为 40%左右，小于面雨量的负误差概率为 60%左右，说明把口站雨量多数小于面雨量。但是绝对误差值却是正误差大于负误差，11 个流域 409 场降雨统计，正误差值为 43.1%，负误差值为–30.1%。流域把口站年雨量的面误差在 300km^2 以下，一般不超过 10%，正负误差发生概率的比例为 3∶7，即流域把口站雨量一般小于面雨量。

（9）对于次降雨的面雨量误差来说，布站数目多少也就是单站的控制面积对面误差的影响程度取决于两方面因素：一是地形特征的影响，丘陵沟壑区布站数目多少对面雨量误差的影响程度要比高塬沟壑区明显偏大，若以单站控制面积 60km^2 计算，丘陵沟壑的面雨量误差为 20.1%，高塬沟壑为 8.4%；二是与雨型有关，同一布站数目，A 型降雨要比其他两类降雨的误差大得多。例如，仍以单站控制面积 $60km^2$ 计算，在高塬沟壑区，A 型降雨的面误差为 30.8%，B 型降雨为 12.0%，C 型降雨为 3.4%。单站控制面积（km^2）与面雨量误差程度（%）的关系可用对数函数曲线表示。若以 20%的误差为标准，在高塬沟壑区，A 型降雨的单站控制面积为 $67.7km^2$，B 型降雨为 $1202.5km^2$，C 型降雨为 $8277.5km^2$；在丘陵沟壑区，A 型降雨的单站控制面积为 $36.9km^2$，B 型降雨为 $185.4km^2$，C 型降雨为 $6236.11km^2$。因此，雨型与布站数目多少关系甚为密切。

（10）要使黄土高原年最大 60min 降雨的面误差不超过 15%，黄土高原 43 万 km^2 至少需要布设 450 个雨量站；要使黄土高原年最大 1440min 降雨的面误差不超过 15%，黄土高原至少需要布设 300 个雨量站。

（11）根据降雨的空间相关特性分析结果，在 0.7 相关水平下，黄土高原次降雨的相关域为 $10km^2$。

（12）关于黄土高原暴雨的点面关系，用 $\frac{1-\eta}{\eta}$-F 的关系曲线（幂函数）表示 η-F 的关系要比指数函数 $y=de^{bx}$ 模型的相关性好一些。在 $\eta=\frac{1}{1+aF^b}$ 的回归方程中，系数 a 值无明显的规律和区界，指数 b 一般为 0.3～0.7。

（13）黄土高原次降雨点面折减系数 η-F 的关系式为

$$\text{局地性暴雨：}\eta=\frac{1}{1+0.072F^{0.623}}$$

$$\text{区域性暴雨：}\eta=\frac{1}{1+0.03F^{0.462}}$$

第 4 章　黄土高原降雨侵蚀力

4.1　降雨侵蚀力指标的确定

降雨侵蚀力是降雨引起土壤侵蚀的潜在能力，降雨侵蚀力因子（Erosive factor of Rainfall，简称 R）是评价这种潜在能力的一个动力指标。自从美国学者威斯奇迈尔（Wischmeier，W. H.）等提出 R 指标的计算方法并将其应用于土壤流失通用方程（USLE）以来，随着 USLE 在世界各国的普遍应用，有关 R 值的研究愈益为人们所重视。目前，国内外不少学者提出了不同形式的 R 指标及 R 值的简易计算方法，世界上已有近 20 个国家和地区编制了本国或本地区的 R 值等值线图。

4.1.1　国内外有关 *R* 指标的主要结构形式

美国学者威斯奇迈尔和史密斯（Wischmeier and Smith，1958）利用美国 35 个土壤保持试验站 8250 个休闲小区的降雨侵蚀实测资料，进行了雨量（P）、降雨动能（E）、最大时段雨强（I_n）、前期降雨（P_a）及其各种复合因子与土壤流失量关系的回归分析，发现暴雨动能与最大 30min 降雨强度的乘积 $E·I_{30}$ 是判断土壤流失的最好指标，并将其应用于通用流失方程（USLE）中：

$$R=\sum E\cdot I_{30} \tag{4.1}$$

式中，$\sum E$ 为一次降雨的总动能（m·t/hm^2）；I_{30} 为一次降雨过程中连续 30min 最大降雨强度，cm/h。

英国土壤保持专家哈德逊（Hudon，1976）在非洲的研究发现，式（4.1）在热带和亚热带地区的应用效果并不十分理想，他认为对于出现侵蚀的降雨来说，存在着一个起始降雨强度，把小于这一强度的降雨从计算中去掉，用减去非侵蚀性降雨能量后的剩余能量作为 R 指标，较式（4.1）更适合热带和亚热带的降雨情况：

$$R=\mathrm{KE}>25.4 \tag{4.2}$$

式中，KE＞25.4 为降雨强度大于 25.4mm/h 的降雨总动能（J/m^2）。

保加利亚学者翁契夫（Onchev，1990）将一次降雨中引起土壤流失部分的侵蚀性降雨与非侵蚀性降雨分开，用引起土壤流失部分的侵蚀性雨量（P）除以侵蚀性降雨历时的开平方（$\sqrt{t}$）作为 R 值指标：

$$R=\frac{P}{\sqrt{t}} \tag{4.3}$$

式中，P 为雨量≥9.5mm，且降雨强度≥0.18mm/min 的雨量；t 为降雨强度≥0.18mm/min

的降雨历时，min。

苏联学者科辛等在克拉斯诺达尔州黑海沿岸地区的研究发现，在亚热带地区，应用式（4.1）计算侵蚀指数，结果偏大，而用式（4.2）由于未考虑小于 25.4mm/h 的降雨又使得历时长而强度小的降雨侵蚀指标计算值偏小，因而，他提出用微分法来计算降雨侵蚀力，即降雨强度大于 25.4mm/h 的降雨按式（4.2）计算，部分或全部降雨强度小于 25.4mm/h 的按式（4.1）计算（王礼先，1987）：

$$R'_{微}=KE>25+E\cdot I_{30} \tag{4.4}$$

美国学者福斯特（Foster，1982）用威斯奇迈尔用过的资料，以雨量代替动能取得了较好的预报结果，他认为可以直接用 $P\cdot I_{30}$ 作为 R 指标：

$$R=P\cdot I_{30} \tag{4.5}$$

式中，P 为一次降雨的雨量，mm；I_{30} 为一次降雨的最大降雨强度，mm/h。

日本学者大味新学（1967）等指出，以 10min 最大降雨强度（I_{10}）作为瞬时最大降雨强度，把它与雨量（P）和 60min 最大降雨强度（I_{60}）的乘积作为降雨侵蚀因子，并命名为降雨加速指数：

$$R=P\cdot I_{10}\cdot I_{60} \tag{4.6}$$

另外，斯坦内斯库和日本学者种田行男等则分别根据各地试验情况，采用 $E\cdot I$ 结构的基本形式，以 $E\cdot I_{10}$ 和 $E\cdot I_{60}$ 作为 R 指标（方华荣译，1982）：

$$R=\sum E\cdot I_{10} \tag{4.7}$$

$$R=\sum E\cdot I_{60} \tag{4.8}$$

近年来我国不少科研工作者对降雨侵蚀力指标的选择做了大量的研究，他们通过各地小区资料的统计分析，以 $E\cdot I$ 结构形式为基础，提出了各地区的 R 指标。

（1）东北黑土地区（张宪奎等，1991）：

$$R=E_{60}\cdot I_{30} \tag{4.9}$$

式中，E_{60} 为一次降雨 60min 最大雨量产生的动能，J/m^2；I_{30} 为一次降雨 30min 最大降雨强度，cm/h。

（2）西北黄土地区（王万忠，1983；贾志军等，1986；贾志伟等，1990）：

$$R=E_{60}\cdot I_{10} \text{ 或 } R=\sum E\cdot I_{10} \tag{4.10}$$

$$R=\sum E\cdot I_{10} \tag{4.11}$$

$$R=P\cdot I_{30} \tag{4.12}$$

式中，$\sum E$、E_{60}、P、I_{10}、I_{30} 的定义同上。

（3）南方红壤地区（吴素业，1989，1992；黄炎和等，1992）：

$$R=\sum E\cdot I_{60} \text{ 或 } R=2.455E_{60}\cdot I_{60} \tag{4.13}$$

$$R=\sum E\cdot I_{60} \tag{4.14}$$

式中，$\sum E$ 为一次降雨的总动能；E_{60} 为 60min 的最大雨量产生的动能，J/m^2；I_{60} 为最大 60min 降雨强度，cm/h。

另外，我国姚治君（1991）等提出与大味新学相似结构形式，将 10min 最大雨强（I_{10}）作为瞬时降雨强度，60min 最大雨强（I_{60}）作为峰值降雨强度，把二者同一次降雨的平均强度（I_a）的乘积（$I_{10}\cdot I_{60}\cdot I_a$）作为降雨侵蚀因子，并命名为雨强递减系数：

$$R=I_{10}\cdot I_{60}\cdot I_{\mathrm{a}} \tag{4.15}$$

4.1.2　黄土高原 *R* 指标的确定

自 20 世纪 80 年代以来，不少学者对黄土高原降雨侵蚀力 *R* 指标的确定，进行了广泛的研究（王万忠，1983；贾志军等，1986；贾志伟等，1990；贾西安等，1992；杨开宝等，1993）。为了确定一个对黄土高原地区普遍适用的 *R* 指标，在已有工作基础上，选择了 10 个坡面小区和 10 个微型集水区、特小流域 543 次降雨径流实测资料，进行降雨单因子及其不同复合因子与土壤流失量关系的回归统计分析，结果见表 4.1 和表 4.2。

从表 4.1 的结果可以看出：

第一，雨量（*P*）与土壤流失量的相关程度很低，相比较集水区比坡面的相关程度略高一些。一些坡面小区，雨量与土壤流失量之间几乎没有多大关系，这主要是受暴雨类型和降雨特性的影响所致。在黄土高原，一场十几毫米的短历时、高强度局地性

表 4.1　黄土高原降雨单因子与土壤流失量的相关关系（*r*）

类别	资料来源	坡度/(°)	面积/m²	降雨因子							
				P	E	I_5	I_{10}	I_{15}	I_{30}	I_{60}	E_{60}
坡面小区	子洲团山沟										
	2 号小区	22.0	40×15=600	0.338	0.473	0.729	0.761	0.755	0.738	0.714	0.737
	3 号小区	22.0	30×15=900	0.460	0.600	0.778	0.862	0.877	0.852	0.815	0.844
	4 号小区	22.0	20×15=300	0.434	0.587	0.754	0.817	0.851	0.870	0.865	0.881
	5 号小区	31.0	20×15=300	0.582	0.716	0.613	0.742	0.806	0.889	0.922	0.924
	绥德辛店沟										
	8 号小区	28.3	20×5=100	0.182	0.351	0.678	0.827	0.859	0.860	0.817	0.855
	11 号小区	28.6	20×5=100	0.161	0.322	0.660	0.806	0.836	0.831	0.777	0.820
	18 号小区	14.6	20×5=100	0.150	0.309	0.677	0.787	0.813	0.792	0.758	0.793
	12 号小区	21.7	20×5=100	0.317	0.471	0.607	0..758	0.794	0.815	0.792	0.821
	团山沟新庄										
	4 号小区	30.0	34.6×10=346	0.443	0.533	0.778	0.738	0.766	0.797	0.734	0.754
	5 号小区	30.0	17.3×10=173	0.365	0.477	0.880	0.860	0.870	0.880	0.780	0.814
微型集水区及特小流域	团山沟 7 号汇水区		0.004km²	0.610	0.746	0.727	0.812	0.845	0.892	0.924	0.921
	团山沟 9 号汇水区		0.017km²	0.608	0.734	0.681	0.786	0.826	0.878	0.887	0.902
	子洲团山沟		0.18km²	0.605	0.741	0.730	0.819	0.856	0.897	0.906	0.916
	子洲黑矾沟		0.133km²	0.491	0.606	0.654	0.638	0.689	0.746	0.851	0.855
	子洲蛇家沟		4.72km²	0.313	0.636	0.558	0.628	0.676	0.708	0.730	
	绥德团圆沟		0.491km²	0.503	0.708	0.689	0.772	0.847	0.919	0.914	0.924
	榆林王家沟		0.434km²	0.483	0.824	0.637	0.682	0.749	0.763	0.851	0.851
	离石羊道沟		0.206km²	0.742	0.763	0.300	0.331	0.381	0.485	0.548	0.580
	延安小砭沟		4.05km²	0.359	0.484	0.462	0.603	0.635	0.636	0.589	0.616

表 4.2　黄土高原降雨复合因子（$E·I_n$）与土壤流失量的相关关系（r）

类别	资料来源	坡度（°）	面积/m²	$\sum E·I_n$			$E_{60}·I_n$			样本/个
				$\sum E·I_{10}$	$\sum E·I_{30}$	$\sum E·I_{60}$	$E_{60}·I_{10}$	$E_{60}·I_{30}$	$E_{60}·I_{60}$	
坡面小区	子洲团山沟									
	2 号小区	22.0	40×15=600	0.702	0.668	0.624	0.767	0.737	0.723	21
	3 号小区	22.0	60×15=900	0.851	0.776	0.715	0.907	0.848	0.817	35
	4 号小区	22.0	20×15=300	0.845	0.809	0.762	0.920	0.893	0.881	21
	5 号小区	31.0	20×15=300	0.902	0.911	0.885	0.890	0.917	0.930	21
	绥德辛店沟									
	8 号小区	28.3	20×5=100	0.914	0.886	0.783	0.969	0.969	0.958	29
	11 号小区	28.1	20×5=100	0.886	0.856	0.747	0.953	0.951	0.935	29
	18 号小区	14.6	20×5=100	0.826	0.793	0.701	0.885	0.876	0.871	29
	12 号小区	21.7	20×5=100	0.899	0.891	0.826	0.918	0.924	0.917	29
	西峰南小河沟									
	长 5	18.7	16×5=80	0.856	0.884	0.745	0.853	0.880	0.731	31
	北 11	2.9	35×15=525	0.778	0.603	0.515	0.790	0.617	0.517	41
		11.0	16×5=80	0.790	0.800	0.700				
		19.0	15×5=75	0.900	0.860	0.770				
	天水梁家坪沟									
	4 号小区	9.6	20×5=100	0.838	0.515	0.524	0.847	0.519	0.513	32
	15 号小区	5.4	20×5=100	0.796	0.453	0.412	0.801	0.470	0.431	35
	离石羊道沟坡面			0.801	0.757	0.690				21
	准格尔旗五分地沟	6.0		0.745	0.687	0.651				52
	子洲新庄									
	4 号小区	30.0	34.6×10=346	0.750	0.706	0.632	0.861	0.852	0.800	19
	5 号小区	30.0	17.3×10=173	0.782	0.771	0.747	0.765	0.772	0.765	18
	米脂泉家沟	14.0	20×5=100	0.841	0.819	0.789				
微型集水区及特小流域	团山沟 7 号汇水区		0.004km²	0.875	0.849	0.847	0.859	0.832	0.861	36
	团山沟 9 号汇水区		0.017km²	0.903	0.889	0.854	0.895	0.901	0.899	39
	子洲团山沟		0.18km²	0.900	0.878	0.861	0.894	0.868	0.884	21
	子洲黑矾沟		0.133km²	0.796	0.839	0.872	0.864	0.889	0.911	47
	子洲蛇家沟		4.72km²	0.931	0.881	0.877				
	绥德团圆沟		0.491km²	0.952	0.965	0.973	0.927	0.941	0.943	25
	榆林王家沟		0.434km²	0.802	0.848	0.936	0.714	0.745	0.846	19
	离石羊道沟		0.206km²	0.768	0.855	0.833	0.512	0.580	0.611	109
	延安小砭沟		4.05km²	0.650	0.618	0.551	0.693	0.671	0.604	51

注：西峰南小河沟长 5、北 11 小区、天水梁家坪沟 4、15 小区为贾西安分析资料；西峰 11°、19°小区为汪忠善分析资料；离石羊道沟坡面小区为贾志军分析资料；准格尔旗五分地沟 6°小区为金争平分析资料；陕西米脂泉家沟 14°小区为杨开宝分析资料。

暴雨要比七八十毫米的长历时、低强度区域性暴雨的侵蚀量大的多。例如，子洲团山沟3号径流场1968年7月15日一场29.0mm的短历时高强度暴雨（降雨历时34min，平均降雨强度为51.2mm/h，最大10min降雨23mm）的侵蚀模数为19600t/km^2，而1964年7月5日92mm的长历时暴雨（降雨历时1105min，平均降雨强度为5.0mm/h，最大10min降雨8.7mm）的侵蚀模数为1523t/km^2，前者的雨量不足后者的32%，而侵蚀量却相当于后者的12.9倍。

第二，降雨动能（E）与土壤流失量的相关程度较雨量（P）与土壤流失量的相关程度普遍提高5%～30%。

第三，最大时段雨强I_5～I_{60}与土壤流失量的相关程度，坡面小区在I_{10}～I_{30}之间差不多，普遍以I_{15}或I_{30}最好；微型集水区在I_{15}～I_{60}之间差不多，普通以I_{60}或I_{30}为最好。由此看来，不同时段最大降雨强度与土壤流失量的相关程度受集水区面积大小的影响，随着集水区面积的增大，与其相关最大雨强的时段尺度可能会增加。在坡面小区，与土壤流失量关系最好的时段雨强是I_{15}，在微型集水区，与土壤流失量关系最好时段雨强为I_{30}，在小流域与土壤流失量关系最好的时段雨强是I_{60}，在对较大的面积来说，时段雨强也可能是I_{120}或I_{180}。但从表4.1的分析结果看，I_{30}是坡面小区和微型集水区普遍适用的一个指标。

第四，E_{60}与土壤流失量的相关程度较I_{60}略有提高。

从表4.2的结果可以看出：

第一，在$E{\cdot}I$结构中，坡面小区以$E_{60}{\cdot}I_{10}$与土壤流失量的相关程度最好，其相关系数明显高出其他组合因子；微型集水区以$\sum E{\cdot}I_{10}$与土壤流失量的相关程度最好；特小流域普遍以$\sum E{\cdot}I_{30}$或$\sum E{\cdot}I_{60}$为最好。同时可以看出：对于微型集水区和特小流域，$\sum E{\cdot}I_{10}$～$\sum E{\cdot}I_{60}$与土壤流失相关程度都差不多，没有很大差别。

第二，在$E{\cdot}I$结构中，E值取用E_{60}和$\sum E$其相关结果不同，在坡面小区，用$E_{60}{\cdot}I_n$较用$\sum E{\cdot}I_n$与土壤流失的相关程度明显提高，但对微型集水区或小流域，用E_{60}较用$\sum E$没有多少区别，除了$E_{60}{\cdot}I_{60}$较$\sum E{\cdot}I_{60}$的相关程度稍好一些外，其余因子用E_{60}的相关程度略低于用$\sum E$。

综上分析，认为对于黄土高原的坡面侵蚀预报来说，降雨侵蚀力R值的最好指标是$E_{60}{\cdot}I_{10}$；对于微型集水区或小流域土壤流失预报来说，降雨侵蚀力R值的最好指标是$\sum E{\cdot}I_{30}$。

下面，再讨论有关R指标确定中的几个问题。

一是关于用$P{\cdot}I$代替$E{\cdot}I$直接作为侵蚀力指标问题。表4.3是$P{\cdot}I$和$E{\cdot}I$与土壤流失量相关程度的比较结果，可以看出：$E{\cdot}I$较$P{\cdot}I$与土壤流失量的相关程度普遍提高3%～10%，平均为6%。$E_{60}{\cdot}I$与$P_{60}{\cdot}I$与土壤流失量的相关程度几乎相同，这是由于在最大60min降雨时段内，降雨集中，雨强变化不是很大，因此用其动能与用其雨量效果一致。由此可见，在黄土高原，完全可以用$P_{60}{\cdot}I_{10}$代替$E_{60}{\cdot}I_{10}$作为R指标，也可用$P{\cdot}I_{30}$代替$\sum E{\cdot}I_{30}$。在一些文献中，见到用$P{\cdot}I_{30}$较用$\sum E{\cdot}I_{30}$与土壤流失量的相关程度还要高，认为出现这种现象可能是资料统计有误，在理论和实际上都是不可能的。

表 4.3　$E·I$ 结构和 $P·I$ 结构与土壤流失量相关程度比较（r）

组合结构	坡面小区								微型集水区			平均
	子洲团山沟				绥德辛店沟				子洲团山沟			
	2 号	3 号	4 号	5 号	8 号	11 号	18 号	12 号	7 号	9 号	团山沟	
$\sum E·I_{10}$	0.702	0.851	0.845	0.902	0.914	0.886	0.826	0.899	0.875	0.903	0.900	0.864
$P·I_{10}$	0.664	0.791	0.772	0.864	0.848	0.817	0.764	0.853	0.856	0.867	0.874	0.815
$\sum E·I_{30}$	0.668	0.776	0.809	0.911	0.886	0.856	0.793	0.891	0.849	0.889	0.878	0.837
$P·I_{30}$	0.614	0.717	0.739	0.870	0.806	0.774	0.718	0.837	0.834	0.848	0.859	0.783
$E_{60}·I_{10}$	0.767	0.907	0.920	0.890	0.969	0.953	0.885	0.918	0.859	0.895	0.894	0.896
$P_{60}·I_{10}$	0.766	0.902	0.920	0.900	0.963	0.945	0.882	0.911	0.856	0.894	0.894	0.895

二是关于直接用最大时段雨强 I_n 作为 R 指标的问题。表 4.4 是采用 I_n 单因子和采用复合结构 $E·I_n$、$P·I_n$ 因子与土壤流失量相关程度的比较结果，可以看出，采用 $E·I_{10}$ 或 $E_{60}·I_{10}$ 复合因子与土壤流失量的相关程度明显好于单用 I_{10} 因子。而用 $E·I_{30}$ 复合因子较用 I_{30} 单因子的相关程度差不多。但用 $P·I_{30}$ 的相关程度不如用 I_{30} 单因子，这种现象在坡面小区和微型集水区的资料分析中普遍存在。认为产生这种现象的主要原因有两个方面：一是黄土性土壤本身具有良好的疏松度和孔隙度，渗透性很强，前 30min 平均渗透率为 2.3mm/min 左右，表现为明显的超渗产流特点，因此决定土壤流失量的关键因子是降雨强度；二是试验的坡度大多在 15°以上，坡度对入渗的影响作用更增加了降雨强度对土壤流失量的影响程度，加上雨型的影响，就使得雨量对土壤的影响作用很小，有些资料的分析结果发现雨量与土壤流失量几乎没有多大关系，那么，当用雨量（P）与降雨强度（I_n）组成复合因子 $P·I$ 时，势必就没有单因子 I_n 与土壤流失量的相关程度好。

表 4.4　最大时段雨强 I 和 $E·I$、$P·I$ 复合结构与土壤流失量相关程度比较（r）

因子	坡面小区									微型集水区、小流域					
	子洲团山沟				绥德辛店沟				平均	子洲团山沟			黑矾沟	蛇家沟	平均
	2 号	3 号	4 号	5 号	8 号	11 号	18 号	12 号		7 号	9 号	沟道			
I_{10}	0.761	0.862	0.817	0.742	0.827	0.806	0.787	0.758	0.795	0.812	0.786	0.819	0.638	0.628	0.737
$E·I_{10}$	0.702	0.851	0.845	0.902	0.914	0.886	0.826	0.899	0.853	0.875	0.903	0.900	0.796	0.931	0.881
$P·I_{10}$	0.664	0.791	0.772	0.864	0.848	0.817	0.764	0.853	0.796	0.856	0.867	0.874	0.737	0.910	0.849
I_{30}	0.738	0.852	0.870	0.889	0.860	0.831	0.792	0.815	0.831	0.892	0.878	0.897	0.746	0.708	0.824
$E·I_{30}$	0.668	0.776	0.809	0.911	0.886	0.856	0.793	0.891	0.823	0.849	0.889	0.878	0.839	0.881	0.863
$P·I_{30}$	0.614	0.717	0.739	0.870	0.806	0.774	0.718	0.837	0.759	0.834	0.848	0.859	0.789	0.833	0.832
I_{10}	0.760	0.862	0.817	0.742	0.827	0.806	0.787	0.758	0.795	0.812	0.786	0.819	0.638		0.767
$E_{60}·I_{10}$	0.767	0.907	0.920	0.890	0.969	0.953	0.885	0.918	0.901	0.859	0.895	0.894	0.864		0.878
$P_{60}·I_{10}$	0.766	0.902	0.920	0.900	0.963	0.945	0.882	0.911	0.898	0.856	0.894	0.894	0.865		0.877

三是关于坡度对 R 指标的影响问题。维斯奇迈尔所得的 $E·I_{30}$ 指标采用的是美国 5°左右的坡面资料，本研究所得的 $E_{60}·I_{10}$ 指标一般采用的是大于 10°以上的坡面资料，那

么坡度对 R 指标选择的影响如何呢？表 4.5 是一组试验结果，可以看出：$E \cdot I_{30}$ 与土壤流失量的相关程度以 5°坡面为最好，$E \cdot I_{10}$ 与土壤流失量的相关程度以 20°坡面为最好，由此看来随着坡度的增大，其 $E \cdot I$ 组合中 I 的时段取值（最大降雨强度的持续时间）可能变短。

表 4.5　坡度对 $E \cdot I$ 结构与土壤流失量相关程度的影响（r）

坡度/（°）	安塞径流小区	离石王家沟径流小区	
	$E \cdot I_{30}$	$E \cdot I_{30}$	$E \cdot I_{10}$
5	0.862	0.831	0.714
10	0.856	0.772	0.708
15	0.829	0.810	0.800
20	0.831	0.782	0.937
25	0.822	0.697	0.853
30	0.814	0.748	0.881

注：安塞径流小区为江忠善等（1983）的试验资料，离石王家沟小区为贾志军等（1986）的试验资料。

综上分析，选用 $E_{60} \cdot I_{10}$ 作为黄土高原坡面侵蚀量预报的降雨侵蚀力 R 指标。尽管完全可以用 $P_{60} \cdot I_{10}$ 直接作为 R 指标，但由于使用单位和概念的不同，不便于 USLE 的应用。

4.2　R 值的简易计算方法

4.2.1　R 值的经典算法

在原有的通用流失方程（USLE）中，R 的计算采用美制习用单位，随着 USLE 在世界各国的普遍应用及国际单位制（SI）在美国的采用，可将 R 的使用单位和因次转换成国际制公用单位。

按照公制（米吨单位），R 的计算方法是：

$$R=\sum E \cdot I_{30}/100 \tag{4.16}$$

式中，R 为一次降雨的侵蚀力值，$100\text{m·t·cm/hm}^2\text{·h}$；$\sum E$ 为一次降雨的总动能，m·t/hm^2；I_{30} 为一次降雨中最大 30min 降雨强度，cm/h。

$$E=e \cdot P \tag{4.17}$$

式中，E 为一次降雨过程中某时段雨量的动能，m·t/hm^2；e 为单位降雨动能，$\text{m·t/hm}^2\text{·cm}$；$P$ 为某时段降雨雨量，cm。

$$e=210.35+89.04\log i \qquad i \leqslant 7.6\text{cm/h} \tag{4.18}$$

$$e=289 \qquad i > 7.6\text{cm/h} \tag{4.19}$$

式中，e 为单位降雨动能，$\text{m·t/（hm}^2\text{·cm）}$；$i$ 为单位降雨的降雨强度，cm/h。

R 值计算中最易出现错误的是 e 在计算中的单位使用，表 4.6 是不同使用单位下动能 e 的计算公式。

表 4.6 单位雨量动能（e）的计算公式（Wischmeier and Smith，1958）

单位制	（e）的计算公式	（e）计算中采用的单位
美制单位	e=916+331log$i$	e—ft·sht/ac·in i—in/h
公制单位（米吨系统）	e=210.35+89.04log$i$	e—m·t/h m^2·cm i—cm/h
	e=121.32+89.04log$i$	e—m·t/hm^2·cm i—mm/h
	e=1.2132+89.04log$i$	e—m·kg/m^2·mm i—mm/h
公制单位（焦耳系统）	e=0.11897+0.0873log$i$	e—mJ/hm^2·mm i—mm/h
	e=11.897+8.73log$i$	e—J/m^2·mm i—mm/h
	e=27.432+8.73log$i$	e—J/m^2·mm i—mm/min

降雨动能取决于雨滴直径的大小，而雨滴直径的大小，又决定降落雨滴的质量和速度的大小，如果知道了雨滴的大小和速度，那么将每一个雨滴的数值加起来，就可算出降雨动能，但是由于一个雨滴中所蕴含的能量是非常小的，以至于给测定造成很大的困难，通常动能的计算是通过雨滴大小组成、雨滴中数粒径与雨强的关系，由动能与雨强的统计关系式间接计算的。一次暴雨的总动能$\sum E$是该次暴雨总雨量及其降雨过程中所有各种雨强的函数，当以连续函数表示方法给定降雨时，计算暴雨能量的方程式为

$$E=\int_0^T e\cdot i\mathrm{d}t \tag{4.20}$$

式中，e为单位降雨的动能；i为dt微分时间内的降雨强度；t为时间；T为该次降雨的总历时。

在大多数应用中，式（4.20）可写成式（4.17）的不连续形式。

我国学者分别通过对当地实测天然降雨雨滴特征的分析研究，建立了我国西北、东北和南方地区动能（e）的计算公式（江忠善等，1983；刘素媛和聂振刚，1988；周伏建等，1995）：

西北地区（陕北、晋西、陇东）：

普通雨型： $e=27.83+11.55\log i$ （4.21）

短阵型雨型： $e=32.98+12.13\log i$ （4.22）

东北地区（辽西）：

普通雨型： $e=25.92i^{0.172}$ （4.23）

短阵型雨型： $e=28.95i^{0.075}$ （4.24）

南方地区（福建）：

$$e=34.32i^{0.27} \tag{4.25}$$

式（4.21）～式（4.25）中，e 为单位降雨动能，$J/m^2 \cdot mm$；i 为降雨强度，mm/min。

用黄土高原 e 的算式（4.21）和式（4.22）同威斯奇迈尔的动能算式（4.18）相比较，在 0.1～1.0mm/min 的强度范围内，式（4.18）的计算结果较黄土高原的普通型暴雨偏大 1%～7%，较短阵型暴雨偏小 10%～20%。

4.2.2　次降雨 *R* 值的简易计算

在实际应用中，R 值计算最为麻烦的是动能（E）的计算，由于 E 值的计算需要降雨过程，而降雨过程又要从自记雨量纸上查得，分析自记纸是一件极费时间的事，即使借助计算机，工作也很费事。因此，R 值简易计算的关键在于寻求一个通过常规降雨资料就可得到的参数，建立它与 R 值经典算法的关系，省去动能 E 的计算。

国内外的大量研究表明：在雨量（P）与动能（E）之间存在着很好的线性关系，因为 E 是根据一次降雨的雨量和雨强过程变化而求得的。因此，次降雨 R 值的简易计算主要建立 $E \cdot I_{30}$ 与 $P \cdot I_{30}$ 之间的关系式，通过 $P \cdot I_{30}$ 求得 $E \cdot I_{30}$。

苏联一般采用的计算公式为（王礼先，1987）

$$R=0.0285P \cdot I_{30}-0.149 \tag{4.26}$$

西非地区采用的公式为（美国土壤保持协会，1981）

$$R=0.0158P \cdot I_{30}-1.2 \tag{4.27}$$

王万忠（1987）在应用陕北子洲径流站小区资料得出的公式为

$$R=0.0247P \cdot I_{30}-0.17 \tag{4.28}$$

式中，P 为一次降雨的雨量，mm；I_{30} 为 30min 最大降雨强度，mm/h；R 均为$\sum E \cdot I_{30}$。

为了同国际上通用 R 指标相区别，将黄土高原的 R 指标（$E_{60} \cdot I_{10}$）记作 R_H，把通用 R 指标（$\sum E \cdot I_{30}$）记作 R_U。

表 4.7 是黄土高原 13 个代表站及东部、西部、中部地区和全地区四种区域尺度次雨量（P）、最大 60min 雨量（P_{60}）分别与降雨动能 E 和 E_{60} 的相关分析结果，表 4.8 和表 4.9 分别是不同类型降雨及不同强度降雨的雨量 P、P_{60} 与降雨动能 E、E_{60} 的相关分析结果，可以看出：

（1）雨量和降雨动能之间存在着很好的线性关系，而且 P_{60} 与 E_{60} 的相关程度较 P 与 E 的相关程度要好；另外，无论是方程 $E=a+b \cdot P$ 或 $E_{60}=a+b \cdot P_{60}$，各地区的回归系数 b 值差异不大，而常数项 a 的区域差异就比较明显。

（2）在 P 与 E 的线性回归方程中，回归系数 b 和常数项 a 随着降雨强度的增大而增大。在 P_{60} 与 E_{60} 的线性回归方程中，回归系数 b 随着降雨强度的增大而增大，常数项 a 随着降雨强度的增大而减少。

（3）在不同类型降雨雨量与动能回归方程中，a、b 的变化也表现与降雨强度相同的特点，即在 P 与 E 的线性回归方程中，b 和 a 的大小顺序依次为局地性暴雨、区域性暴雨和一般降雨；而在 P_{60} 与 E_{60} 的回归方程中，系数 b 的大小顺序为局地性暴雨、区域性暴雨和一般暴雨，常数项 a 的顺序与其相反。

表 4.7　雨量与降雨动能的相关分析

地点	$E=a+b\cdot P$			$E_{60}=a+b\cdot P_{60}$			样本数/个
	a	b	r	a	b	r	
长治	121.179	18.747	0.976	−37.401	27.505	0.959	88
离石	33.385	21.577	0.987	−35.710	26.725	0.981	79
兴县	23.328	22.478	0.982	−50.819	28.126	0.992	107
大同	96.904	19.203	0.947	−27.045	27.586	0.981	48
原平	107.226	20.042	0.974	−11.013	26.121	0.988	68
绥德	33.044	20.974	0.982	−35.524	26.892	0.990	199
子洲	72.765	20.193	0.973	−55.932	29.185	0.993	60
延安	105.338	19.670	0.980	−47.252	28.284	0.991	68
西峰	84.931	18.628	0.977	−41.437	26.865	0.994	144
固原	89.177	18.425	0.972	−50.565	27.748	0.988	58
天水	91.199	18.169	0.972	−54.119	28.025	0.983	55
兰州	110.434	17.284	0.949	−51.784	28.303	0.975	27
银川	88.723	19.230	0.984	−38.147	27.577	0.973	23
东部	110.731	19.469	0.974	−23.111	26.772	0.973	156
西部	90.440	18.574	0.972	−51.449	28.161	0.987	108
中部	58.383	20.235	0.976	−41.707	27.386	0.992	573
全区	74.727	19.908	0.974	−42.043	27.534	0.990	837

注：P、P_{60} 单位为 mm；E、E_{60} 单位为 $m\cdot t/hm^2$。

表 4.8　不同类型降雨雨量与降雨动能的相关分析

降雨类型	$E=a+b\cdot P$			$E_{60}=a+b\cdot P_{60}$			样本数/个
	a	b	r	a	b	r	
局地性暴雨	−63.21	28.690	0.989	−70.93	29.863	0.992	215
区域性暴雨	−109.92	24.687	0.983	−56.89	28.105	0.995	320
一般降雨	−127.02	20.366	0.978	−24.84	24.561	0.981	209
综　合	−38.42	21.56	0.938	−51.14	28.40	0.994	774

注：单位同表 4.7。

表 4.9　不同强度降雨雨量与降雨动能的相关分析

降雨强度	$E=a+b\cdot P$			$E_{60}=a+b\cdot P_{60}$			样本数/个
	a	b	r	a	b	r	
$I_{60}>30$mm	167.64	22.560	0.964	−84.99	29.610	0.937	28
$10\leqslant I_{60}\leqslant 30$mm	54.03	20.629	0.978	−62.19	28.720	0.978	330
$I_{60}<10$mm	−6.07	16.600	0.961	−20.44	23.305	0.963	386
综合	−38.42	21.560	0.938	−51.14	28.400	0.994	774

注：单位同表 4.7。

在雨量（P）与降雨动能（E）相关关系分析的基础上，进行 $P\cdot I$ 与 $E\cdot I$ 复合结构关系的回归分析，结果见表 4.10、表 4.11 和表 4.12，可以看出：

表 4.10　复合因子 $P\cdot I$ 与 $E\cdot I$ 的相关关系分析

地点	$E\cdot I_{30}=a+b\cdot(P\cdot I_{30})$			$E_{60}\cdot I_{10}=a+b\cdot(P_{60}\cdot I_{10})$		
	a	b	r	a	b	r
长治	0.072	2.363	0.970	−2.326	2.854	0.995
离石	−0.444	2.336	0.992	−0.787	2.637	0.997
兴县	−0.765	2.494	0.993	−1.017	2.732	0.998
大同	0.709	2.233	0.973	−1.138	2.762	0.995
原平	1.251	2.195	0.981	−1.005	2.710	0.996
绥德	−0.579	2.312	0.992	−0.496	2.687	0.997
子洲	−0.529	2.404	0.979	−1.514	2.913	0.997
延安	−0.647	2.475	0.989	−1.024	2.827	0.997
西峰	−0.519	2.220	0.982	−0.587	2.614	0.998
固原	−0.812	2.282	0.965	−0.859	2.716	0.999
天水	−0.153	2.230	0.965	−1.648	2.784	0.998
兰州	−0.496	2.392	0.961	−1.482	2.736	0.997
银川	−0.145	2.358	0.968	−2.422	2.921	0.996
东部	0.838	2.257	0.976	−1.771	2.797	0.995
西部	−0.750	2.375	0.968	−1.043	2.719	0.999
中部	−0.617	2.356	0.988	−0.771	2.716	0.997
全区	−0.475	2.350	0.985	−0.878	2.720	0.998

注：$E\cdot I$ 的单位为 m·t·cm/（hm²·h）；$P\cdot I$ 的单位为 cm·cm/h。

表 4.11　不同类型降雨复合因子 $P\cdot I$ 与 $E\cdot I$ 的相关关系

降雨类型	$E\cdot I_{30}=a+b\cdot(P\cdot I_{30})$			$E_{60}\cdot I_{10}=a+b\cdot(P_{60}\cdot I_{10})$			样本数/个
	a	b	r	a	b	r	
局地性暴雨	−1.510	2.837	0.988	−1.380	2.794	0.998	215
区域性暴雨	−1.523	2.492	0.997	−0.979	2.727	0.998	320
一般降雨	−0.799	2.118	0.997	−0.202	2.513	0.993	209

注：单位同表 4.10。

表 4.12　不同强度降雨复合因子 $P\cdot I$ 与 $E\cdot I$ 的相关关系

降雨强度	$E\cdot I_{30}=a+b\cdot(P\cdot I_{30})$			$E_{60}\cdot I_{10}=a+b\cdot(P_{60}\cdot I_{10})$			样本数/个
	a	b	r	a	b	r	
$P_{60}>30$mm	1.004	2.545	0.977	−9.63	3.086	0.988	28
$10\leqslant P_{60}\leqslant 30$mm	0.014	2.316	0.984	−1.940	2.821	0.997	330
$P_{60}<10$mm	−0.148	1.813	0.988	−0.152	2.312	0.979	386

注：单位同表 4.10。

（1）$P\cdot I$ 与 $E\cdot I$ 复合因子之间的相关程度较 P 与 E 单因子之间的相关程度要好一些，同单因子一样，$P_{60}\cdot I_{10}$ 与 $E_{60}\cdot I_{10}$ 的相关程度比 $P\cdot I_{30}$ 与 $E\cdot I_{30}$ 的相关程度高；另外，无论是方程 $E\cdot I_{30}=a+b\cdot(P\cdot I_{30})$ 或 $E_{60}\cdot I_{10}=a+b\cdot(P_{60}\cdot I_{10})$，其 a、b 的区域差异很小。

（2）降雨强度和降雨类型对回归方程 a、b 的影响和单因子相同。虽然在 P 与 E 及

$P{\cdot}I$ 与 $E{\cdot}I$ 之间存在着很好的线性关系，但要使其用于次 R 值的简易计算，仅从相关系数 r 值的大小来看，是不够的。表 4.13 是采用三种函数形态分别表示 $P{\cdot}I$ 与 $E{\cdot}I$ 的关系式及其方程的相关系数与预报效果，表 4.14 是几个代表站的预报误差分析。关于预报效果的分析，采用两种指标，一是剩余标准差（S），一个地区 R 值计算关键是要求对高强度降雨特别是大暴雨的 R 值计算误差要小，因为这部分降雨不但是引起土壤流失的最主要降雨，而且对一个地区 R 值的大小影响很大，由于 S 值是与 R 同单位的，因此，它的大小从一定程度上也反映了对高强度降雨 R 值计算的误差程度；二是用相对误差（%），因为它从总体上反映了预报值与实测值的误差范围。

$$\text{剩余标准差 } S=\sqrt{\frac{\sum\left(\hat{Y}-Y\right)^2}{n-2}} \tag{4.29}$$

$$\text{相对误差（\%）}=\frac{\sum\left|\left(\hat{Y}-Y\right)/Y\right|}{n} \tag{4.30}$$

表 4.13　$P{\cdot}I$ 与 $E{\cdot}I$ 关系的不同函数表达式及预报效果（n=744）

函数形式	关系式	相关系数 r	剩余标准差 S	相对误差/%
	$E{\cdot}I_{30}$ 与 $P{\cdot}I_{30}$			
$y=ax+b$	$E{\cdot}I_{30}=2.577（P{\cdot}I_{30}/100）^{-1.34}$	0.993	2.4	43.0
$y=ax^b$	$E{\cdot}I_{30}=1.666（P{\cdot}I_{30}/100）^{1.153}$	0.994	4.1	12.5
$y=ax_1^{b_1}x_2^{b_2}$	$E{\cdot}I_{30}=0.014P^{0.918}I_{30}^{1.242}$	0.998	1.5	6.7
	$E_{60}{\cdot}I_{10}$ 与 $P_{60}{\cdot}I_{10}$			
$y=ax+b$	$E_{60}{\cdot}I_{10}=2.774（P_{60}{\cdot}I_{10}/100）-0.94$	0.998	1.4	274.4
$y=ax^b$	$E_{60}{\cdot}I_{10}=2.005（P_{60}{\cdot}I_{10}/100）^{1.107}$	0.997	1.4	7.7
$y=ax_1^{b_1}x_2^{b_2}$	$E_{60}{\cdot}I_{10}=0.012P_{60}^{1.071}I_{10}^{1.133}$	0.997	1.0	8.6

注：$E{\cdot}I$ 的单位为 m·t·cm/（hm²·h）；$P{\cdot}I$ 的单位分别为 mm 和 mm/h。

表 4.14　几个代表站 $P{\cdot}I$ 与 $E{\cdot}I$ 关系不同函数表达式的预报误差/%

函数形式	原平	延安	兴县	兰州	西峰	天水
			$E{\cdot}I_{30}$ 与 $P{\cdot}I_{30}$			
$y=ax+b$	8.0	3.9	6.1	9.4	11.8	11.1
$y=ax^b$	8.0	4.1	6.1	9.3	10.9	10.7
$y=ax_1^{b_1}x_2^{b_2}$	5.0	2.8	2.9	4.1	2.1	5.4
			$E_{60}{\cdot}I_{10}$ 与 $P_{60}{\cdot}I_{10}$			
$y=ax+b$	2.6	6.9	8.9	3.4	12.7	7.6
$y=ax^b$	2.5	1.2	1.7	3.3	2.7	2.5
$y=ax_1^{b_1}x_2^{b_2}$	2.0	1.1	1.6	3.4	3.0	2.3

从表 4.13 和表 4.14 可以看出：这三种函数关系式的相关系数都很高，而且剩余标准差 S 差异也不很显著，只是相对误差（%）线性关系式明显偏大。其主要原因是线性方程对计算雨量和降雨强度较小的降雨，虽然绝对误差很小，但相对误差很大。同时，对强度比较大的暴雨，这三种函数表达式的预报效果没有多少区别。因此认为，如果是

用于实际计算某一次降雨的 R 值，采用第三种函数关系式比较合适；如果是想通过次 R 值来统计计算年 R 值，这三种关系式都可用。但从总体看，第三种函数关系式效果最为理想。

综上分析，推荐黄土高原次降雨 R 值的简易计算公式为

$$R_H=0.012P_{60}^{1.071}I_{10}^{1.133} \quad (4.31)$$

$$R_U=0.014P^{0.918}I_{30}^{1.242} \quad (4.32)$$

式中，R_H、R_U 的单位为 m·t·cm/（hm^2·h）；P_{60}、P 的单位为 mm；I_{30}、I_{10} 的单位为 mm/h。

表 4.15 和表 4.16 是三个代表站分别用式（4.31）、式（4.32）计算次降雨 R 值后所得年 R 值与用自记雨量过程计算年 R 值的误差情况。

表 4.15 三个代表站式（4.31）计算结果的误差分析

兴县				兰州				西峰			
年份	实测值	计算值	误差/%	年份	实测值	计算值	误差/%	年份	实测值	计算值	误差/%
1966	146.9	144.1	1.9	1952	9.2	9.4	2.2	1965	88.0	90.9	3.3
1967	239.1	236.1	1.3	1953	43.0	42.5	1.3	1966	129.7	133.6	3.0
1968	147.3	144.8	1.7	1957	27.1	27.0	0.3	1967	30.7	32.4	5.5
1969	63.8	62.5	2.0	1958	13.1	13.9	5.8	1968	121.9	123.4	1.2
1970	83.0	78.4	5.6	1959	86.8	88.3	1.8	1969	130.1	132.2	1.7
1971	39.5	38.7	2.0	1961	23.4	25.2	7.7	1970	174.0	177.9	2.3
1972	3.4	3.4	0.8	1964	8.4	8.2	3.1	1971	99.6	100.7	1.1
1973	117.5	118.1	0.5	1967	12.2	12.0	1.7	1972	15.6	14.4	7.9
1974	37.3	37.2	0.0	1970	33.2	31.0	6.6	1973	118.8	122.6	3.2
1975	61.0	59.9	1.9	1971	7.5	7.8	3.1	1974	135.2	136.9	1.2
1976	131.5	133.8	1.8	1974	22.6	23.0	1.6	1975	120.0	113.3	5.6
1977	136.5	135.8	0.5	1976	68.0	69.5	2.3	1976	145.7	149.0	2.2
1978	86.3	86.8	0.6	1977	34.1	33.5	1.8	1977	67.7	68.2	0.7
1979	18.7	18.2	2.3	1978	124.9	125.3	0.3	1978	172.5	179.3	3.9
1980	102.7	102.7	0.0	1979	24.0	26.8	11.6	1979	24.2	24.6	1.9
平均	94.3	93.4	1.0	平均	35.9	36.2	3.4	平均	104.9	106.6	3.0

表 4.16 三个代表站式（4.32）计算结果的误差分析

兴县				兰州				西峰			
年份	实测值	计算值	误差/%	年份	实测值	计算值	误差/%	年份	实测值	计算值	误差/%
1966	91.9	89.3	2.9	1952	4.2	4.1	2.1	1965	69.2	70.1	1.2
1967	330.2	338.3	2.4	1953	26.3	26.1	0.9	1966	134.7	133.3	1.0
1968	98.6	100.5	1.9	1957	15.6	15.6	0.2	1967	40.4	42.3	4.7
1969	56.7	54.3	4.3	1958	11.0	12.0	8.8	1968	119.2	122.1	2.4
1970	112.7	102.7	8.8	1959	48.9	49.2	0.7	1969	80.8	81.6	1.0
1971	27.8	28.9	4.0	1961	14.0	15.4	10.3	1970	142.1	144.2	1.5
1972	2.6	2.5	2.4	1964	16.9	16.1	4.3	1971	67.0	65.3	2.6

续表

兴县				兰州				西峰			
年份	实测值	计算值	误差/%	年份	实测值	计算值	误差/%	年份	实测值	计算值	误差/%
1973	86.3	86.8	0.5	1967	5.1	4.8	4.9	1972	23.9	25.4	6.1
1974	36.1	36.7	1.9	1970	32.5	34.3	5.5	1973	122.4	127.5	4.2
1975	60.8	56.1	7.8	1971	4.4	4.5	1.7	1974	91.0	92.0	1.0
1976	92.4	92.6	0.3	1974	14.2	14.4	1.2	1975	153.3	152.7	0.4
1977	116.2	112.8	2.9	1976	41.1	41.3	0.6	1976	117.8	119.2	1.2
1978	77.6	75.9	2.2	1977	23.5	25.4	7.9	1977	82.6	79.4	3.9
1979	15.6	15.5	0.6	1978	143.3	147.9	3.2	1978	120.3	120.2	0.1
1980	136.1	130.0	4.5	1979	28.6	31.1	8.9	1979	31.3	31.3	0.1
平均	89.4	88.2	1.3	平均	28.6	29.5	4.1	平均	93.1	93.8	2.1

4.2.3　年 *R* 值的简易计算

关于年 *R* 值的简易计算目前主要有两种途径，一是采用次降雨 *R* 值简易计算的基本形式，即通过年雨量（P_y）或汛期雨量（P_f）与年最大 30min 雨强（I_{30}）的乘积形式计算年 *R* 值；二是采用月雨量与年雨量模比系数的方法估算年 *R* 值。

福斯特等（Foster and Lane，1981）采用的估算公式为

$$R=0.276P\cdot I_{30}/173.55 \tag{4.33}$$

式中，*R* 为年侵蚀力，100m·kg·mm/（m^2·h·a）；*P* 为年雨量，mm；I_{30} 为年最大 30min 雨强，mm/h。

埃尔沃尔（Elwell，1980）采用的公式为

$$R=18.864P_f\cdot I_{30}/17.02\times10 \tag{4.34}$$

式中，*R* 为侵蚀力，100·J·mm/（m^2·h·a）；P_f 为汛期雨量，mm；I_{30} 为年最大 30min 雨强，mm/h。

鲁斯（Rooe，1975）直接用年雨量（*P*）估算年 *R* 值：

$$R=0.5P \tag{4.35}$$

式中，*P* 为年雨量，mm；*R* 为美制习用单位。

富耐尔（Fournier，1980）提出，后经联合国粮农组织修正的公式为（Lal，1991）

$$R=a\sum_{i=1}^{12}\left(\frac{p_i^2}{p}\right)+b \tag{4.36}$$

式中，*R* 的单位为美制习用单位；P_i 为月雨量，mm；*P* 为年雨量，mm；*a*、*b* 为气候带变化系数。

阿罗尔达斯（Arnolaus）应用美国 164 个站和西非 14 个站的资料，采用式（4.36）的结构形式，建立的估算公式为（Hussein，1988）

$$R=0.0302\left(\sum_{i=1}^{12}\frac{p_i^2}{p}\right)^{1.93} \tag{4.37}$$

威斯奇迈尔（Wischmeier and Smith，1958）采用的公式为

$$R=\sum_{i=1}^{12}1.735\times10[1.5\log\left(\frac{p_i^2}{p}\right)-0.8188]=\sum_{i=1}^{12}0.2633\times31.6228\log\left(\frac{p_i^2}{p}\right) \tag{4.38}$$

式中，符号的意义、单位同式（4.36）。

我国有关年 R 值简易计算的主要公式有以下几个。

卜兆宏等（1992）采用 $P\cdot I_{30}$ 结构形式，提出了以汛期雨量（P_f）和年 I_{30} 值的乘积计算 R 值：

$$R=0.128P_f\,I_{30B}-0.1921I_{30B} \tag{4.39}$$

式中，P_f 为汛期雨量，mm；I_{30B} 为年 I_{30} 特征值，cm/h；R 为年 R 值（美制习用单位）。

黄炎和等（1992）得出闽东南地区 R 值的估算公式为

$$R=\sum_{i=1}^{12}0.199P_i^{1.5682} \tag{4.40}$$

式中，R 为年侵蚀力，J·cm/（m^2·h·a）；P_i 为各月大于 20mm 的降雨总量，mm。

刘秉正（1993）以 $P\cdot I_{30}$ 为指标，提出渭北年 R 值的计算式为

$$R=105.44\frac{p_{6\sim9}^{1.2}}{p}-104.96 \tag{4.41}$$

式中，$P_{6\sim9}$ 为年 6～9 月降雨量之和，mm；P 为年雨量，mm。

马志尊（1989）通过式（4.38）同实测 R 值进行回归分析，得出海河流域太行山区 R 值的计算公式为

$$R=1.2157\sum_{1}^{12}1\,01.5\left(\log\frac{p_i^2}{p}\right)-0.8188 \tag{4.42}$$

式中，单位意义同式（4-38）。

孙保平等（1990）在计算宁南西吉县年 R 值采用的估算公式为

$$R=1.77p_{5\sim8}-133.03 \tag{4.43}$$

式中，$P_{5\sim10}$ 为 5～10 月雨量之和，mm；R 的单位为 J·cm/（m^2·h·a）。

从式（4.39）～式（4.43）可以看出，目前我国估算年 R 值采用的方法多为第二类，即采用年雨量和月雨量因子。由于这两个因子是最容易得到的常规降雨资料，因此，它的应用对计算年 R 值无疑是简便得多了。但是通过分析，预报效果在黄土高原误差较大。其主要原因正如前面分析的那样，在黄土高原，强度因素对土壤流失量的影响程度要比雨量因子大得多，而无论年雨量或月雨量都未明显包含强度概念，这也与 $E\cdot I$ 结构的物理意义不相接近。因此，试图在年降雨特征中寻找一个既包含雨量因素又包含强度因素的组合因子，使其与 $E\cdot I$ 结构的物理意义接近，作为年 R 值简易计算方法。

为了建立一个比较理想年 R 值估算公式，表 4.17 和表 4.18 是从所有可以表达年降雨特征参数的 50 多个因子中选择出的有代表性的三类（雨量因素、强度因素和雨量量级因素）24 个因子与年 R 值的相关关系（幂函数回归）分析结果，其中 X_1～X_5 为年雨量特征因子（包括年雨量，不同月份组合的汛期雨量）；X_6～X_{21} 为年最大时段降雨特征因子（从时段上选择了最大 10min、30min、60min 和 1440min 四种，从次数上选择了最

大 1 次、最大 2 次、最大 3 次，最大 5 次四个量级）；X_{22}～X_{24}为雨量量级特征因子（选择次雨量≥10mm、≥15mm、≥30mm 三种量级）。

表 4.17　年降雨特征单因子与年 R_H 值的关系（相关系数 r）

序号	因子	兰州	银川	固原	西峰	延安	榆林	太原	西安	运城	平均
X_1	P		0.773	0.396	0.390	0.589	0.751	0.811	0.337	0.442	0.499
X_2	$P_{5\sim6}$		0.782	0.519	0.392	0.672	0.803	0.781	0.273	0.513	0.526
X_3	$P_{6\sim9}$		0.775	0.457	0.461	0.683	0.792	0.810	0.338	0.513	0.537
X_4	$P_{6\sim8}$		0.739	0.492	0.397	0.696	0.708	0.811	0.518	0.697	0.562
X_5	$P_{7\sim8}$		0.743	0.390	0.406	0.761	0.727	0.813	0.552	0.526	0.546
X_6	$I_{10\sim1}$	0.957	0.942	0.924	0.897	0.806	0.939	0.937	0.905	0.909	0.913
X_7	$I_{10\sim2}$	0.974	0.974	0.951	0.966	0.929	0.980	0.973	0.948	0.942	0.960
X_8	$I_{10\sim3}$	0.984	0.982	0.961	0.977	0.946	0.984	0.981	0.960	0.969	0.972
X_9	$I_{10\sim5}$	0.978	0.978	0.949	0.954	0.952	0.965	0.981	0.964	0.966	0.965
X_{10}	$I_{30\sim1}$	0.964	0.976	0.911	0.881	0.812	0.937	0.930	0.915	0.908	0.915
X_{11}	$I_{30\sim2}$	0.976	0.983	0.845	0.933	0.927	0.951	0.973	0.950	0.954	0.944
X_{12}	$I_{30\sim3}$	0.987	0.961	0.862	0.945	0.959	0.963	0.989	0.969	0.973	0.956
X_{13}	$I_{30\sim5}$	0.988	0.933	0.869	0.920	0.966	0.977	0.993	0.967	0.984	0.955
X_{14}	$I_{60\sim1}$	0.888	0.917	0.887	0.699	0.721	0.839	0.911	0.864	0.896	0.847
X_{15}	$I_{60\sim2}$	0.918	0.934	0.890	0.769	0.837	0.900	0.941	0.885	0.927	0.889
X_{16}	$I_{60\sim3}$	0.934	0.915	0.910	0.637	0.874	0.927	0.959	0.914	0.942	0.890
X_{17}	$I_{60\sim5}$	0.955	0.896	0.932	0.748	0.903	0.957	0.973	0.920	0.959	0.916
X_{18}	$I_{1440\sim1}$	0.427	0.651	0.447	0.251	0.425	0.565	0.617	0.421	0.701	0.501
X_{19}	$I_{1440\sim2}$	0.545	0.697	0.434	0.296	0.459	0.603	0.723	0.496	0.691	0.549
X_{20}	$I_{1440\sim3}$	0.594	0.724	0.448	0.323	0.524	0.668	0.760	0.535	0.686	0.585
X_{21}	$I_{1440\sim5}$	0.664	0.714	0.464	0.358	0.590	0.742	0.793	0.587	0.722	0.626
X_{22}	$P_{>10}$	0.587	0.731	0.940	0.513	0.719	0.830	0.868	0.305	0.431	0.658
X_{23}	$P_{>15}$	0.069	0.620	0.831	0.440	0.739	0.778	0.799	0.362	0.659	0.589
X_{24}	$P_{>30}$	0.378	0.756	0.486	0.298	0.636	0.562	0.695	0.406	0.642	0.540

注：X_1为年雨量，mm；X_2～X_5分别为 5～6 月、6～9 月、6～8 月、7～8 月组合的汛期雨量，mm；X_6～X_9为年最大 1 次、2 次、3 次和 5 次的 10min 雨量，mm；X_{10}～X_{13}，X_{14}～X_{17}，X_{18}～X_{21}分别为年最大 1 次、2 次、3 次和 5 次的 30min、60min 和 1440min 雨量，mm；X_{22}～X_{24}分别表示次降雨雨量≥10mm、≥15mm 和≥30mm 的年降雨总量。

表 4.18　年降雨特征单因子与年 R_U 值的关系（相关系数 r）

序号	因子	兰州	银川	固原	西峰	延安	榆林	太原	西安	运城	平均
X_1	P	0.755	0.887	0.754	0.644	0.725	0.816	0.905	0.689	0.620	0.755
X_2	$P_{5\sim6}$	0.812	0.832	0.828	0.643	0.787	0.850	0.868	0.650	0.699	0.774
X_3	$P_{6\sim9}$	0.827	0.813	0.816	0.702	0.812	0.847	0.885	0.682	0.698	0.787
X_4	$P_{6\sim8}$	0.818	0.846	0.827	0.570	0.835	0.780	0.882	0.754	0.735	0.783
X_5	$P_{7\sim8}$	0.799	0.818	0.736	0.509	0.872	0.807	0.860	0.782	0.545	0.748
X_6	$I_{10\sim1}$	0.794	0.742	0.562	0.547	0.670	0.857	0.883	0.653	0.791	0.722
X_7	$I_{10\sim2}$	0.810	0.833	0.628	0.700	0.851	0.906	0.914	0.706	0.810	0.795
X_8	$I_{10\sim3}$	0.835	0.885	0.675	0.764	0.892	0.928	0.926	0.714	0.829	0.827

续表

序号	因子	兰州	银川	固原	西峰	延安	榆林	太原	西安	运城	平均
X_9	$I_{10\sim5}$	0.857	0.929	0.710	0.805	0.927	0.923	0.937	0.756	0.824	0.852
X_{10}	$I_{30\sim1}$	0.853	0.876	0.614	0.729	0.729	0.894	0.912	0.790	0.870	0.807
X_{11}	$I_{30\sim2}$	0.844	0.929	0.724	0.744	0.882	0.912	0.943	0.849	0.893	0.858
X_{12}	$I_{30\sim3}$	0.864	0.945	0.778	0.721	0.930	0.917	0.946	0.861	0.911	0.875
X_{13}	$I_{30\sim5}$	0.893	0.965	0.811	0.642	0.948	0.935	0.955	0.878	0.905	0.881
X_{14}	$I_{60\sim1}$	0.870	0.870	0.666	0.760	0.713	0.856	0.915	0.839	0.914	0.822
X_{15}	$I_{60\sim2}$	0.878	0.921	0.746	0.919	0.864	0.924	0.950	0.883	0.941	0.892
X_{16}	$I_{60\sim3}$	0.896	0.939	0.815	0.824	0.913	0.946	0.964	0.891	0.944	0.903
X_{17}	$I_{60\sim5}$	0.929	0.959	0.865	0.939	0.946	0.972	0.977	0.919	0.933	0.938
X_{18}	$I_{1440\sim1}$	0.708	0.859	0.780	0.701	0.594	0.745	0.745	0.716	0.848	0.744
X_{19}	$I_{1440\sim2}$	0.816	0.893	0.805	0.768	0.644	0.788	0.853	0.799	0.860	0.803
X_{20}	$I_{1440\sim3}$	0.860	0.915	0.823	0.473	0.695	0.843	0.889	0.845	0.864	0.801
X_{21}	$I_{1440\sim5}$	0.912	0.917	0.840	0.806	0.747	0.894	0.913	0.887	0.889	0.867
X_{22}	$P_{\geqslant10}$	0.861	0.903	0.986	0.877	0.847	0.873	0.937	0.690	0.665	0.849
X_{23}	$P_{\geqslant15}$	0.344	0.802	0.85	0.852	0.858	0.856	0.886	0.733	0.815	0.777
X_{24}	$P_{\geqslant30}$	0.589	0.874	0.513	0.729	0.801	0.703	0.761	0.628	0.781	0.709

注：单位同表 4.17。

从表 4.17 和表 4.18 的结果可以看出：

（1）在这三类降雨特征因子中，与年 R 值相关程度普遍较好的是雨强特征因子（X_6～X_{21}），雨量量级因子和年雨量特征因子普遍较差。

（2）在强度特征因子中，与 R_H 关系最好的是年最大 10min 雨量（I_{10}）因子，其次是 I_{30}，再之为 I_{60} 和 I_{1440}，其中最密切的是年最大 3 次 10min 的雨量（X_8）；与 R_U 关系最好的是年最大 60min 雨量（I_{60}）因子，其次是 I_{30}，再之为 I_{1440} 和 I_{10}，其中最密切的是年最大 5 次 60min 雨量（X_{17}）；另外，从最大降雨的次数看，1 次的相关程度普通较 3 次以上降低 5%左右。

（3）在雨量特征因子中，与 R_H 相关程度较好的是 6～8 月雨量，与 R_U 相关程度较好的是 6～9 月雨量。

（4）在雨量量级因子中，次雨量≥10mm 的年降雨总量（$P_{\geqslant10}$）与年 R 值的相关程度普遍较 $P_{\geqslant15\text{mm}}$、$P_{\geqslant30\text{mm}}$ 为好。

（5）从各因子与 R_H 和 R_U 二者的相关程度看，雨量特征因子和雨量量级因子与 R_U 的关系较与 R_H 密切，而雨强特征因子与 R_H 的关系又较与 R_U 密切。

通过以上分析，选择年雨量（P）、年≥10mm 雨量（$P_{\geqslant10}$）、年 6～8 月雨量（$P_{6\sim8}$）分别与年最大 10min、60min 雨量（I_{10}、I_{60}）的乘积，年最大 1440min、60min 雨量（I_{1440}、I_{60}）分别与 I_{10} 的乘积，最大 60min 雨量≥10mm 的年总雨量（$P_{60\geqslant10}$）与 I_{10} 的乘积等 13 种组合作为复合因子进行与年 R_H 关系的回归分析；选择 P、$P_{\geqslant10}$、$P_{6\sim9}$ 分别与 I_{30}、I_{60}、I_{1440} 的乘积，I_{1440}、$P_{60\geqslant10}$ 分别与 I_{30}、I_{60} 的乘积，月雨量（P_i）的平方及年 6～9 月雨量（$P_{6\sim9}$）的平方分别除以年雨量（P）等 18 种组合作为复合因子进行与 R_U 关系的

回归分析，结果见表4.19和表4.20。

表4.19　年降雨复合因子与年 R_H 值的关系（相关系数 r）

序号	因子	兰州	银川	固原	西峰	延安	榆林	太原	西安	运城	平均
X_1	$P \cdot I_{10}$	0.952	0.966	0.940	0.913	0.861	0.950	0.955	0.934	0.878	0.928
X_2	$P \cdot I_{60}$	0.894	0.913	0.900	0.688	0.851	0.930	0.936	0.815	0.881	0.867
X_3	$P \cdot I_{10} \cdot I_{60}$	0.969	0.975	0.964	0.899	0.916	0.971	0.964	0.935	0.933	0.947
X_4	$P_{\geq 10} \cdot I_{10}$	0.944	0.939	0.926	0.876	0.893	0.951	0.960	0.905	0.854	0.916
X_5	$P_{\geq 10} \cdot I_{60}$	0.869	0.887	0.876	0.691	0.887	0.940	0.950	0.772	0.848	0.858
X_6	$P_{\geq 10} \cdot I_{10} \cdot I_{60}$	0.961	0.964	0.965	0.877	0.926	0.970	0.975	0.927	0.925	0.94
X_7	$P_{6\sim 9} \cdot I_{10}$	0.947	0.942	0.937	0.900	0.131	0.957	0.952	0.893	0.889	0.839
X_8	$P_{6\sim 9} \cdot I_{60}$	0.878	0.906	0.903	0.681	0.186	0.933	0.932	0.771	0.883	0.786
X_9	$P_{6\sim 9} \cdot I_{10} \cdot I_{60}$	0.962	0.963	0.973	0.885	0.927	0.973	0.964	0.921	0.934	0.945
X_{10}	$I_{1440} \cdot I_{10}$	0.880	0.939	0.894	0.889	0.783	0.880	0.881	0.881	0.872	0.878
X_{11}	$I_{60} \cdot I_{10}$	0.970	0.970	0.942	0.903	0.859	0.938	0.951	0.933	0.941	0.934
X_{12}	$I_{1440} \cdot I_{60} \cdot I_{10}$	0.912	0.959	0.941	0.852	0.837	0.900	0.933	0.911	0.906	0.906
X_{13}	$P_{60 \geq 10} \cdot I_{10}$	0.963	0.986	0.954	0.969	0.966	0.983	0.987	0.958	0.962	0.970

表4.20　年降雨复合因子与年 R_U 值的关系（相关系数 r）

序号	因子	兰州	银川	固原	西峰	延安	榆林	太原	西安	运城	平均
X_1	$P \cdot I_{30}$	0.940	0.941	0.827	0.822	0.911	0.963	0.973	0.908	0.935	0.913
X_2	$P \cdot I_{60}$	0.959	0.936	0.861	0.836	0.908	0.971	0.975	0.924	0.951	0.925
X_3	$P \cdot I_{1440}$	0.837	0.929	0.848	0.767	0.752	0.860	0.872	0.813	0.865	0.838
X_4	$P \cdot I_{60} \cdot I_{1440}$	0.930	0.968	0.940	0.861	0.883	0.947	0.968	0.949	0.948	0.933
X_5	$P_{\geq 10} \cdot I_{30}$	0.976	0.965	0.890	0.958	0.950	0.958	0.985	0.944	0.955	0.954
X_6	$P_{\geq 10} \cdot I_{60}$	0.986	0.968	0.914	0.948	0.955	0.973	0.985	0.939	0.964	0.959
X_7	$P_{\geq 10} \cdot I_{1440}$	0.878	0.920	0.867	0.898	0.784	0.898	0.917	0.813	0.871	0.872
X_8	$P_{\geq 10} \cdot I_{60} \cdot I_{1440}$	0.952	0.973	0.961	0.940	0.904	0.960	0.977	0.952	0.956	0.953
X_9	$P_{6\sim 9} \cdot I_{30}$	0.940	0.899	0.894	0.832	0.274	0.960	0.968	0.923	0.941	0.848
X_{10}	$P_{6\sim 9} \cdot I_{60}$	0.945	0.903	0.920	0.835	0.271	0.971	0.967	0.931	0.955	0.855
X_{11}	$P_{6\sim 9} \cdot I_{1440}$	0.841	0.913	0.862	0.782	0.789	0.874	0.895	0.801	0.882	0.849
X_{12}	$P_{6\sim 9} \cdot I_{60} \cdot I_{1440}$	0.921	0.952	0.957	0.858	0.901	0.950	0.972	0.947	0.952	0.934
X_{13}	$I_{1440} \cdot I_{30}$	0.930	0.960	0.856	0.884	0.792	0.926	0.951	0.907	0.924	0.903
X_{14}	$I_{1440} \cdot I_{60}$	0.888	0.951	0.876	0.829	0.781	0.887	0.940	0.909	0.932	0.888
X_{15}	$P_{60 \geq 10} \cdot I_{30}$	0.896	0.937	0.806	0.868	0.931	0.959	0.945	0.859	0.918	0.902
X_{16}	$P_{60 \geq 10} \cdot I_{60}$	0.893	0.935	0.822	0.882	0.918	0.962	0.947	0.878	0.927	0.907
X_{17}	$\sum(P_i^2/P)$	0.842	0.851	0.768	0.428	0.798	0.848	0.944	0.699	0.670	0.761
X_{18}	$P_{6\sim 9}^2/P$	0.830	0.701	0.810	0.678	0.822	0.833	0.834	0.636	0.642	0.754

从表4.19结果可以看出：

（1）在年雨量特征因子和年最大时段雨量的乘积（$X_1 \sim X_9$）与年 R_H 的关系中，年雨量特征因子无论采用 P、$P_{\geq 10}$ 或 $P_{6\sim 8}$ 其相关程度无明显差异，但最大时段雨量的选择，采用I_{10}较I_{60}要好一些，最好的组合是P、$P_{\geqslant 10}$、$P_{6\sim 8}$分别与I_{10}、I_{60}的三因子乘积。

（2）年最大时段雨量相互乘积（X_{10}～X_{12}）与年R_H的关系，以$I_{60}{\cdot}I_{10}$为最好，$I_{1440}{\cdot}I_{60}{\cdot}I_{10}$次之，$I_{1440}{\cdot}I_{10}$再之。

（3）最大 60min 雨量≥10mm 的年总雨量（$P_{60\geqslant 10}$）与I_{10}的乘积（X_{13}）是与R_H关系最好的复合因子。

从表 4.20 的结果可以看出：

（1）在年雨量特征因子和年最大时段雨量的乘积（X_1～X_{12}）与年 R_U 的关系中，年雨量特征因子以采用 $P_{\geqslant 10}$ 为最好，年最大时段雨量因子 I_{60} 较 I_{30} 略好一些，I_{1440} 较差；其最好的组合是 $P_{\geqslant 10}{\cdot}I_{60}$ 和 $P_{\geqslant 10}{\cdot}I_{30}$，但从总体看，$P{\cdot}I_{60}$ 和 $P{\cdot}I_{30}$ 与 R_U 也具有很好的相关性。

（2）用 $P_{60\geqslant 10}$ 因子与年最大时段雨量的乘积（X_{15}、X_{16}）与 R_U 的关系不如表 4.19 中（X_{18}）与 R_H 的效果好。

（3）月雨量、汛期雨量的平方与年雨量的比值结构（X_{17}、X_{18}）与年 R_U 的关系明显不如年雨量特征因子与年最大时段雨量的相互乘积及年最大时段雨量间的乘积结构（X_1～X_{16}），显然，X_{17}、X_{18} 与 R_U 相关性不好的主要原因在于未能明显体现出降雨强度这一概念。

综上分析，考虑到资料获取的难易程度，以 $P{\cdot}I_{10}{\cdot}I_{60}$ 和 $P{\cdot}I_{60}{\cdot}I_{1440}$ 分别作为年 R_H 值和年 R_U 值的复合结构形式，并对其与 R_H、R_U 的关系进行三种函数形式的回归分析，以便从中选择一个比较理想的估算公式（表 4.21），结果可见，虽然这三种函数关系式与年 R 值都具有很好的相关性，但第三种关系式较第一种、第二种的预报误差要小一些，因此，选择黄土高原年 R 值（R_H）及通用方程中 R 值（R_U）在黄土高原地区的估算公式为

$$R_H=0.008P^{0.776}\cdot I_{10}^{0.965}\cdot I_{60}^{0.732} \tag{4.44}$$

$$R_U=0.002P^{1.03}\cdot I_{60}^{0.971}\cdot I_{1440}^{0.31314} \tag{4.45}$$

如果有≥10mm 的年雨量，采用下式，预报效果更理想：

$$R_H=0.038P_{\geqslant 10}{}^{0.615}\cdot I_{10}^{0.961}\cdot I_{60}^{0.645} \tag{4.46}$$

$$R_U=0.002P_{\geqslant 10}{}^{0.825}\cdot I_{60}^{0.889}\cdot I_{1440}^{0.220} \tag{4.47}$$

式中，R_H、R_U 的单位为 m·t·cm/（hm^2·h·a）；P、$P_{\geqslant 10}$，I_{10}、I_{60}、I_{1440} 的单位为 mm。

表 4.21　年 *R* 值估算的不同函数表达式及预报效果

序号	关系式	相关系数 R	剩余标准差 S	相对误差/%
1	$R_U=0.064（P{\cdot}I_{60}{\cdot}I_{1440}/1000）+61.772$	0.844	47.2	56.8
2	$R_U=0.826（P{\cdot}I_{60}{\cdot}I_{1440}/1000）^{0.742}$	0.924	42.9	24.1
3	$R_U=0.0022{\cdot}P^{1.03}{\cdot}I_{60}^{0.971}{\cdot}I_{1440}^{0.313}$	0.941	35.6	21.0
1	$R_H=0.456（P{\cdot}I_{10}{\cdot}I_{60}/1000）+43.566$	0.908	44.4	54.5
2	$R_H=1.72（P{\cdot}I_{10}{\cdot}I_{60}/1000）^{0.835}$	0.953	44.4	54.3
3	$R_H=0.0079P^{0.776}{\cdot}I_{10}^{0.965}{\cdot}I_{60}^{0.732}$	0.954	41.4	22.2

注：P、I_{10}、I_{60}、I_{1440} 的单位统一为 mm。

图 4.1 是黄土高原年降雨侵蚀力 R_H 与 $P·I_{10}·I_{60}$ 的关系曲线，图 4.2 是通用方程年降雨侵蚀力 R_U 与 $P·I_{60}·I_{1440}$ 的关系曲线。

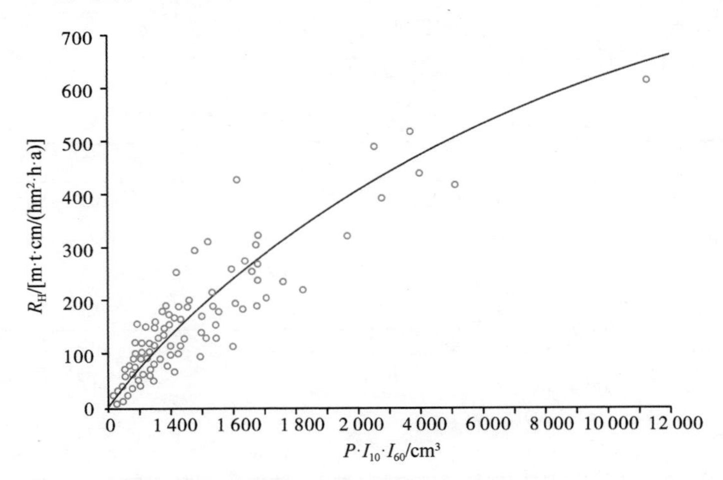

图 4.1　年降雨侵蚀力 R_H 与 $P·I_{10}·I_{60}$ 的关系曲线

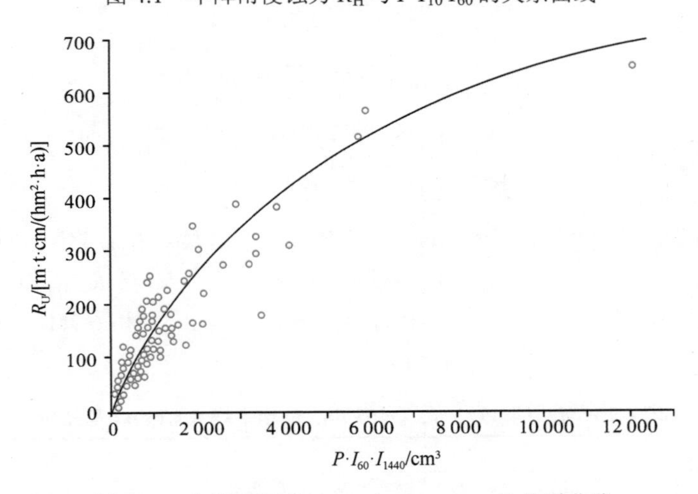

图 4.2　年降雨侵蚀力 R_U 与 $P·I_{60}·I_{1440}$ 的关系曲线

4.2.4　多年平均 *R* 值的估算

关于一个地区多年平均 R 值的估算，目前主要采取类似年 R 值的估算形式，选择可以反映一个地区多年降雨情况的特征因子，建立其与该地年 R 值的关系式。

阿特希安（Ateshian，1974）在美国西部缺乏自记资料的地区，用两年一遇的年最大 6h 雨量（$P_{2,6}$）估算 R 值：

$$R=0.0245P_{2,6}^{2.17} \tag{4.48}$$

式中，R 为美制习用单位；$P_{2,6}$ 单位为 mm。

我们在对年 R 值估算方法研究的基础上，仍采用比较容易得到的年降雨特征因子，建立一个地区多年平均 R 值的估算关系式，由于式（4.50）在黄土高原地区的应用效果并不好，因此，仍旧采用组合因子或多因子的形式。

表 4.22 是用 14 站五种多年平均降雨特征因子（P、$P_{\geqslant 10}$、I_{10}、I_{60}、I_{1440}）多元结构三种函形关系式估算多年平均 R 值的回归分析结果，通过比较，选择表 4.22 中的序号（3）、（4）的关系式作为多年平均 R 值的估算式：

表 4.22　多年平均 R 值的不同函数表达式及预报效果

序号	关系式	复相关系数 R	剩余标准差 S	相对误差/%
1	R_H=−98.28−0.0193P+18.43I_{10}+0.638I_{60}	0.985	10.7	11.4
2	R_H=32.665（$I_{10}\cdot I_{60}$/100）$^{1.185}$	0.985	12.2	10.6
3	$R_H=0.159P^{0.0168}\cdot I_{10}^{1.392}\cdot I_{60}^{0.954}$	0.985	10.9	10.1
4	$R_H=0.0925P_{\geqslant 10}^{0.275}\cdot I_{10}^{1.336}\cdot I_{60}^{0.702}$	0.989	9.5	7.9
1	R_U=−108.48−0.0035P+4.115I_{60}+2.348I_{1440}	0.984	10.4	12.3
2	R_U=1.764（$P\cdot I_{60}\cdot I_{1440}$/1000）$^{0.683}$	0.955	14.7	15.5
3	$R_U=0.015P^{0.107}\cdot I_{60}^{0.939}\cdot I_{1440}^{1.312}$	0.989	8.3	7.2
4	$R_U=0.0172P_{\geqslant 10}^{0.286}\cdot I_{60}^{0.942}\cdot I_{1440}^{1.031}$	0.992	7.6	6.3

$$R_H=0.16P^{0.017}\cdot I_{10}^{1.392}\cdot I_{60}^{0.954} \tag{4.49}$$

$$R_H=0.093P_{\geqslant 10}^{0.275}\cdot I_{10}^{1.336}\cdot I_{60}^{0.702} \tag{4.50}$$

$$R_U=0.015P^{0.107}\cdot I_{60}^{0.939}\cdot I_{1440}^{1.312} \tag{4.51}$$

$$R_U=0.017P_{\geqslant 10}^{0.286}\cdot I_{60}^{0.942}\cdot I_{1440}^{1.033} \tag{4.52}$$

式中，R_H、R_U 的单位为 $m\cdot t\cdot cm/hm^2\cdot h\cdot a$；$P$、$P_{\geqslant 10}$、$I_{10}$、$I_{60}$、$I_{1440}$ 的单位为 mm。

表 4.23 列出了用公式（4.49）和（4.51）分别计较的 R_H 与 R_U 值与其实测值的误差情况。从其结果可以看出，14 个站的平均误差分别只有 3.5%和 6.7%，说明完全可以用上述公式估算黄土高原各站的多年平均 R 值。

表 4.23　式（4.49）、式（4.51）估算年平均 R 值的误差分析

站名	R_U				R_H			
	实测值	计算值	误差/%	误差实测值/%	实测值	计算值	误差/%	误差实测值/%
固原	53.7	59.8	6.1	11.4	44.6	50	5.4	12.1
兰州	34.1	36.6	2.5	7.3	28.7	30.4	1.7	5.9
天水	70.7	68.3	−2.4	−3.4	62.5	60.4	−2.1	−3.4
太原	119.6	127.7	8.1	6.8	117	125.3	8.3	7.1
五寨	92.8	98.6	5.8	6.2	90.2	96.4	6.2	6.9
西安	86.3	88.6	2.3	2.7	73.7	78.6	4.9	6.6
西峰	89.8	91.2	1.4	1.6	84.2	87.9	3.7	4.4
西宁	27.3	29.6	2.3	8.4	22.4	25.8	3.4	15.2
延安	137.4	142	4.6	3.3	144.6	153.8	9.2	6.4
盐池	43.6	47.1	3.5	8.0	37.8	41.3	3.5	9.3
阳城	171	172.3	1.3	0.8	183.8	183.3	−0.5	−0.3
银川	30.3	30.7	0.4	1.3	30.6	28.5	−1.7	−5.6
运城	175	179.3	4.3	2.5	153.2	159.4	6.2	4.0
榆林	117.7	125.2	7.5	6.4	128.4	137.2	8.8	6.9

4.3 R 值的时空分布变化特征

4.3.1 R 值的时间分布变化

1. R 值的月分布

关于 R 值的月分布特征用自然分布变化与集中分布程度两种指标表示，表 4.24 和图 4.3 是各地月 R 值的自然分布状况（用各月 R 值占年 R 值的%表示）；表 4.25 和图 4.4 是按各月 R 值占年 R 值的%大小自然排列的情况；表 4.26 和图 4.5 是按月 R 值占年 R 值%的大小顺序累加结果。为分析方便，根据区域特点，把 16 个代表站分为北部、中部、东南部和西部四个区域讨论。

表 4.24 各月降雨侵蚀力 R_H 占年 R_H 值的比例

地点	各月 R_H 占年 R_H 比例/%											
	1 月	2 月	3 月	4 月	5 月	6 月	7 月	8 月	9 月	10 月	11 月	12 月
大同					1.3	10.0	52.4	32.8	3.5			
五寨				0.4	1.5	14.9	49.1	28.9	4.9	0.2		
太原				0.4	2.1	14.1	58.2	19.9	4.8	0.5		
榆林				0.3	1.7	3.4	50.0	37.4	7.0	0.2		
兴县			0.1	0.5	2.8	15.9	45.0	31.1	4.2	0.4		
延安				0.6	1.8	13.4	50.9	26.9	5.9	0.5		
西峰				0.3	6.8	8.6	50.7	27.3	6.0	0.3		
固原				0.3	2.7	13.8	41.7	28.2	12.6	0.7		
西安			0.2	3.8	4.9	7.8	49.7	18.9	10.7	3.9	0.1	
运城			0.2	2.4	6.6	12.0	45.3	23.1	9.6	0.6	0.1	
阳城				0.3	3.9	14.0	37.0	37.3	7.3	0.3		
银川				1.5	11.1	9.0	26.3	47.6	4.2	0.3		
盐池				0.4	1.8	4.5	32.1	53.6	7.4	0.2		
兰州				0.7	3.8	11.3	16.7	53.7	12.8	1.0		
天水				1.6	6.7	30.5	29.0	22.0	8.0	2.3		
西宁				0.3	3.8	8.1	41.1	37.7	8.9			

表 4.25 按各月 R_H 占年 R_H 的比例大小顺序自然排列

地点	月 R_H 占年 R_H 比例排列顺序/%								
	1	2	3	4	5	6	7	8	9
大同	52.5	32.8	10.0	3.5	1.3				
五寨	49.1	28.9	14.9	4.9	1.5	0.4	0.2		

续表

地点	月 R_H 占年 R_H 比例排列顺序/%								
	1	2	3	4	5	6	7	8	9
太原	58.2	19.9	14.1	4.8	2.1	0.5	0.4		
榆林	50.0	37.4	7.0	3.4	1.7	0.3	0.2		
兴县	45.0	31.1	15.9	4.2	2.8	0.5	0.4	0.1	
延安	50.9	26.9	13.4	5.9	1.8	0.6	0.5		
西峰	50.7	27.3	8.6	6.8	6.0	0.3	0.3		
固原	41.7	28.2	13.8	12.6	2.7	0.7	0.3		
西安	49.7	18.9	10.7	7.8	4.9	3.9	3.8	0.2	0.1
运城	45.3	23.1	12.0	9.6	6.6	2.4	0.6	0.2	0.1
阳城	37.3	37.0	14.0	7.3	3.9	0.3	0.3		
银川	47.6	26.3	11.1	9.0	4.2	1.5	0.3		
盐池	53.6	32.1	7.4	4.5	1.8	0.4	0.2		
兰州	53.7	16.7	12.8	11.3	3.8	1.0	0.7		
天水	30.5	29.0	22.0	8.0	6.7	2.3	1.6		
西宁	41.1	37.7	8.9	8.1	3.8	0.3			

表 4.26　按月 R_H 占年 R_H 比例大小顺序累加排列

地点	前 5 个月份	月 R_H 占年 R_H 比例累加排列顺序/%								
		1	2	3	4	5	6	7	8	9
大同	78695	52.4	85.2	95.2	98.7	100.0				
五寨	78695	49.1	78.0	92.9	97.8	99.3	99.7	100.0		
太原	78695	58.2	78.1	92.2	97.0	99.1	99.6	100.0		
榆林	78965	50.0	87.4	94.4	97.8	99.5	99.8	100.0		
兴县	78695	45.0	76.0	92.0	96.1	99.0	99.4	99.9	100.0	
延安	78695	50.9	77.8	91.2	97.1	98.9	99.5	100.0		
西峰	78659	50.7	78.0	86.6	93.4	99.4	99.7	100.0		
固原	78695	41.7	69.9	83.7	96.2	98.9	99.6	100.0		
西安	78965	49.7	68.7	79.3	87.1	92.1	95.9	99.7	99.9	100.0
运城	78695	45.3	68.4	80.5	90.1	96.7	99.1	99.7	99.9	100.0
阳城	87695	37.3	74.2	88.2	95.5	99.4	99.7	100.0		
银川	87569	47.6	73.9	85.1	94.0	98.2	99.7	100.0		
盐池	87965	53.6	85.7	93.0	97.6	99.4	99.8	100.0		
兰州	87965	53.7	70.4	83.3	94.6	98.4	99.3	100.0		
天水	67895	30.5	59.5	81.5	89.4	96.1	98.4	100.0		
西宁	78965	41.1	78.8	87.7	95.8	99.7	100.0			

注：五位数，如“78695”是指按占年 R 值%大小排列的前五个月份。

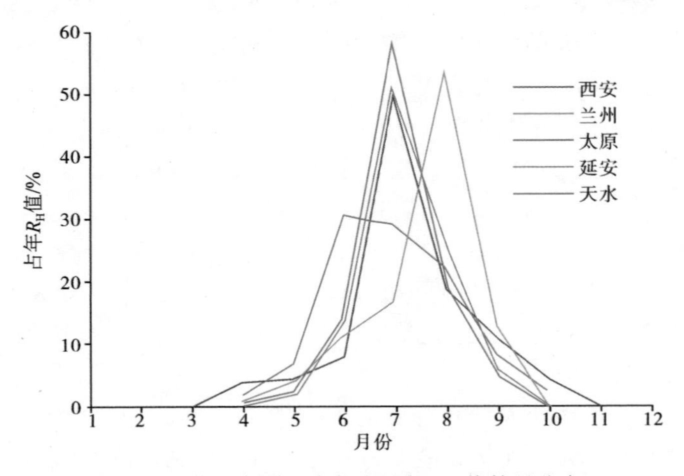

图 4.3　黄土高原五个代表站年 R_H 值的月分布

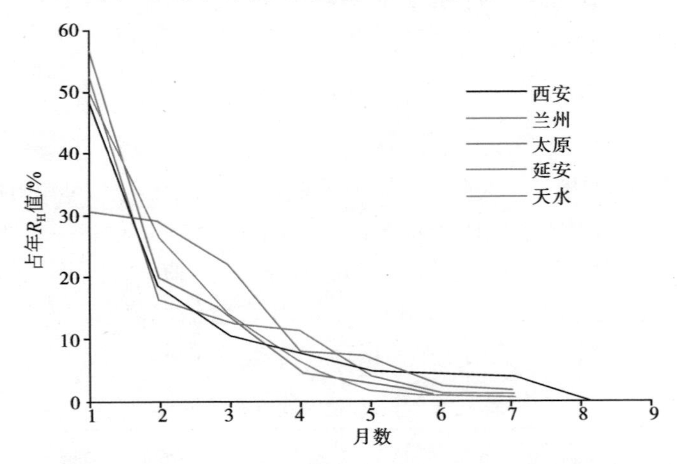

图 4.4　黄土高原五个代表站月 R_H 值从大到小的自然排列

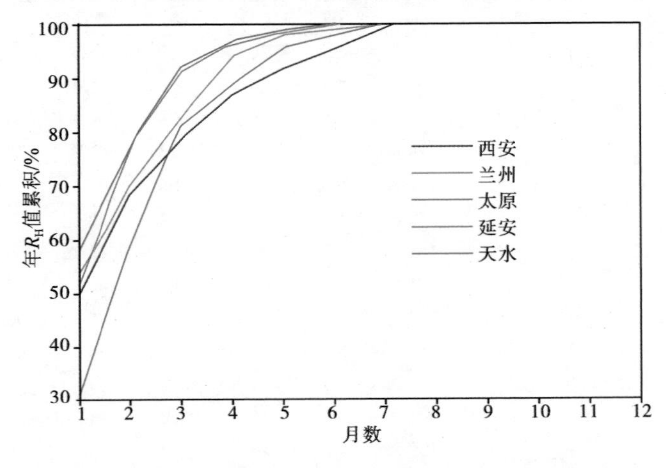

图 4.5　黄土高原五个代表站月 R_H 值从大到小的累积排列

从上述图表的结果可以看出：

（1）黄土高原 R 值主要分布在 6～8 月或 7～9 月三个月（占年 R 值的 92%），其中

7月、8月两个月可占年 R 值的80%左右；中、北部地区以7月 R 值最大（占年 R 值的50%左右），西部地区以8月 R 值最大（占年 R 值的48%左右），天水 R 值月分布比较特殊，6月、7月、8月三个月基本均匀分布，6月 R 值相对最大，占年 R 值的30.5%。

（2）黄土高原 R 值的月分布集中程度相当高，其中5个月 R 值占年 R 值的98%，4个月 R 值占年 R 值的96%，3个月 R 值占年 R 值的92%，2个月 R 值占年 R 值的75%～80%；1个月 R 值的占年 R 值的50%左右。而且这种集中程度，北部和中部大于西部和南部。例如，2个月 R 值占年 R 值的百分比，榆林为87.4%，延安为77.8%，西安为68.7%，兰州为70.4%，天水为59.5%；上述五站3个月 R 值占年 R 值的百分比也依次为94.4%、91.2%、79.3%、83.3%和81.5%。

（3）从16站月 R 值占年 R 值百分比的大小排列顺序看，月 R 值最大为7月的有11个站，占16个站的68.8%；月 R 值最大为8月的有4个站，占16站的25.0%；月 R 值最大为5月的有1个站，占6.2%；月 R 值占年 R 值百分比最大两个月为7月、8月的有15个站，占93.8%，为6月、7月的有1个站，占6.2%。

2. R 值的次分布

已有的研究结果表明，一年的水土流失主要是由几次比较大的暴雨所形成。在黄土高原地区，一次最大降雨的土壤流失量可占年土壤流失量的50%左右。因此，分析 R 值的次分布特征很有必要。关于 R 值的次分布特征采用两种指标进行分析，一是用年最大一次和系列最大一次 R 值与次平均 R 值、年平均 R 值的比值系数作为指标，二是用年最大1～5次的累积 R 值占年值的%作为指标，分析结果见表4.27。

表4.27 年 R_H 值的次分布特征

站名	年 R 值	年雨次	次 R 值	年最大一次 R 值	系列最大一次	(4)/(3)	(5)/(3)	(5)/(1)	年最大次 R 值占年 R 值的%			
	（1）	（2）	（3）	（4）	（5）	（6）	（7）	（8）	1次	2次	3次	5次
大同	80.9	9.4	8.6	44.3	231.5	5.2	26.9	2.9	48.5	68.2	79.6	91.9
五寨	90.2	14.1	6.4	33.9	163.9	5.3	25.6	1.8	38.4	58.3	70.3	84.1
太原	117.0	13.3	8.8	57.0	447.5	6.5	50.9	3.8	44.3	65.3	77.7	90.4
榆林	128.4	12.1	10.6	64.4	324.0	6.1	30.6	2.5	47.0	68.1	81.0	92.8
兴县	153.6	15.9	9.6	54.2	158.7	5.6	16.5	1.0	35.2	55.9	70.6	86.3
延安	144.6	17.5	8.3	56.8	352.0	6.9	42.4	2.4	38.6	57.6	70.2	84.8
西峰	84.2	14.5	5.8	39.0	161.1	6.7	27.8	1.9	46.2	66.3	77.3	89.9
固原	44.6	13.1	3.4	22.2	181.1	6.5	53.3	4.1	44.3	65.1	75.7	86.5
西安	78.7	18.4	4.0	38.6	284.7	9.7	71.1	3.9	45.7	66.4	76.5	85.7
运城	153.2	16.9	9.0	76.4	286.7	8.4	31.9	1.9	46.7	65.2	76.4	87.9
阳城	183.8	16.1	11.4	71.8	219.5	6.3	19.3	1.2	39.5	59.5	71.3	86.1
银川	30.2	5.7	5.3	19.2	85.3	3.6	16.1	2.8	61.7	83.6	93.1	98.7
盐池	37.8	8.0	4.8	23.0	139.5	4.8	29.1	3.7	55.5	76.6	86.4	95.9
兰州	28.7	8.9	3.2	15.6	115.0	4.9	35.9	4.0	46.9	70.7	80.9	91.8
天水	62.5	16.2	3.9	29.4	160.4	7.6	41.1	2.6	44.6	62.7	72.7	84.6
西宁	22.4	9.3	2.4	13.1	45.2	5.4	18.8	2.0	53.7	71.6	81.3	91.1

从表 4.27 的结果可以看出，年 R 值的次分布特征有以下几个特点：

（1）黄土高原每年≥10mm 的降雨（侵蚀性降雨）在北、中、东部地区一般有 15 次左右，在西部地区有 8 次左右；次降雨平均 R 值，在北部、中部和东部地区平均为 8.5 次，在西部地区平均为 4.0 次。

（2）在东部、北部和中部地区，年最大 1 次降雨 R 值一般为 40～70，相当于次降雨平均 R 值的 5～7 倍；在西部地区 R 值一般为 15～25，亦相当于次降雨平均 R 值的 5～7 倍；1955～1984 年 30 年系列中最大 1 次降雨 R 值各地差异很大。从 16 站看，系列最大 1 次降雨 R 值最大的是太原、延安、榆林三地，分别为 447.5、352.0 和 324.0；最小的是银川、西宁两地，只有 85.3 和 45.2。同时，系列最大 1 次降雨 R 值与次降雨平均 R 值的比值大小与地区位置并无明显关系，主要取决于系列最大 1 次降雨 R 值的发生频率。

（3）年最大 1～5 次降雨 R 值占年 R 值的%情况是：年最大 1 次降雨 R 值一般占年 R 值的 40%～50%，除西部地区超过 50%以外，其他地区一般为 40%～45%；年最大 2 次降雨 R 值一般占年 R 值的 60%～70%，西部地区可占到 75%左右，其他地区一般为 60%～65%；年最大 3 次降雨 R 值一般占年 R 值的 70%～80%，西部一些地区可占年到 85%～90%，其他地区一般为 70%～75%；年最大 5 次降雨 R 值一般可占年 R 值的 85%～90%，西部地区可占 90%～98%。

3. R 值的年际变化与频率分布

关于 R 值的年际变化特征，用三种指标表示，一是变异系数 CV；二是最大年 R 值与平均年 R 值的比值系数；三是最大年 R 值与最小年 R 值的比值系数。从表 4.28 的结果可以看出：黄土高原 R 值年际变化变异系数 CV 值一般都大于 0.6，有些站超过了 1.0，而且年 R 值的 CV 普遍较年雨量的 CV 大 3 倍左右；最大年 R 值一般为平均年 R 值的 2.5～5 倍，地区间差异不大；最大年 R 值与最小年 R 值的比值系数各地差异很大，多到 150 倍以上（固原 163.1、西宁 154.3），最小的只有 10 倍左右（兴县 11.9、阳城 12.3）。从总体分布看，北部和西部地区二者的比值较大（30～150 倍），中南部偏小（10～25 倍）。

表 4.28　年 R_H 值的年际变化特征

站名	年平均	最大年	最小年	CV 值	最大年/年平均	最大年/最小年
大同	80.9	261.1	7.6	0.7	3.2	34.4
五寨	90.2	251.6	7.0	0.7	2.8	35.8
太原	117.0	614.6	7.8	1.0	5.3	78.7
榆林	128.4	517.4	6.0	0.9	4.0	85.8
兴县	153.6	393.0	33.0	0.6	2.6	11.9
延安	144.6	438.9	19.6	0.7	3.0	22.4
西峰	84.2	189.4	10.3	0.6	2.2	18.5
固原	44.6	203.9	1.2	1.0	4.6	163.1
西安	78.7	418.8	16.4	1.1	5.3	25.5
运城	153.2	425.9	21.8	0.7	2.8	19.5

续表

站名	年平均	最大年	最小年	CV 值	$\frac{最大年}{年平均}$	$\frac{最大年}{最小年}$
阳城	183.8	510.1	41.4	0.7	2.8	12.3
银川	30.2	111.8	1.4	1.0	3.7	79.1
盐池	37.8	154.9	1.8	1.1	4.1	83.9
兰州	28.7	149.9	2.6	1.2	5.2	58.1
天水	62.5	194.8	9.5	0.7	3.1	20.6
西宁	22.4	77.0	0.5	0.8	3.4	154.3

R 值的年际变化距平呈不对称结构（表 4.29）。正距平的年份占总年数的 30%～45%，平均为 38.5%，最大为 53.6%（西峰）；负距平的年份占总年数的 55%～70%，平均为 61.5%，最大为 72.4%（兰州）。正负距平的年数比例基本为 4∶6；正距平的年 R_H 值为年平均 R_H 值的 1.4～1.6 倍，平均为 1.56 倍，最大为 1.72 倍（银川），负距平的年 R_H 值为年平均 R_H 值的 0.5～0.7，平均为 0.65。从 R_H 值的总量分析，正距平的 R_H 值占总 R_H 值的 60%，负距平的 R_H 值占总 R_H 值的 40%。因此，从总体看，正负距平的年数比为 4∶6，正负距平的 R 值比为 6∶4。黄土高原年 R 值的频率分布见表 4.30。

表 4.29 R_H 值年际变化距平的不对称分布

序号	指标	固原	西安	西峰	银川	运城	太原	榆林	天水	兰州	盐池	延安	大同
(1)	总年数 n	27	29	28	29	28	29	29	29	29	25	29	29
(2)	年平均 R_H 值	44.6	78.7	84.2	30.2	153.2	117.0	128.4	62.5	28.7	37.8	144.6	80.9
(3)	总 R_H 值	1204.2	2137.3	2357.6	875.8	4299.6	3393.0	3723.6	1812.5	872.3	945.0	4193.4	2346.1
(4)	大于平均值的年数	9	11	15	11	12	10	9	11	8	11	10	11
(5)	大于平均值的年均 R_H 值	72.1	107.0	118.0	52.0	235.2	178.1	209.8	97.8	55.9	57.9	236.7	124.1
(6)	大于平均值的总 R_H 值	648.9	1177.0	1770.0	572.0	2822.4	1781.0	1888.2	1075.8	447.2	636.9	2367.0	1365.1
(7)	小于平均值的年数	18	18	13	18	16	19	20	18	21	14	19	18
(8)	小于平均值的年均 R_H 值	30.9	53.3	45.1	16.9	91.7	84.8	91.7	41.0	18.3	22.1	96.1	54.5
(9)	小于平均值的总 R_H 值	556.2	959.4	586.3	304.2	1467.2	1611.2	1834.0	738.0	384.3	309.4	1825.9	981.0
(10)	$\frac{(4)}{(1)}\times\%$	33.3	37.9	53.6	37.9	42.9	34.5	31.0	37.9	27.6	44.0	34.5	37.9
(11)	$\frac{(5)}{(2)}\times\%$	161.5	145.2	140.2	172.0	153.5	152.2	163.4	156.4	195.0	153.1	163.7	153.4
(12)	$\frac{(7)}{(1)}\times\%$	66.7	62.1	46.4	62.1	57.1	65.5	69.0	62.1	72.4	56.0	65.5	62.1
(13)	$\frac{(8)}{(2)}\times\%$	69.3	72.4	53.6	56.0	59.9	72.5	71.5	65.5	63.8	58.3	66.5	67.4
(14)	$\frac{(6)}{(3)}\times\%$	53.9	55.1	75.1	65.3	65.8	52.5	50.7	59.3	51.3	67.4	56.4	58.2
(15)	$\frac{(9)}{(3)}\times\%$	46.1	44.9	24.9	34.7	34.2	47.5	49.3	40.7	48.7	32.6	43.6	41.8

表 4.30　不同频率（P）的年 R_H 值

站名	P=2%	P=5%	P=10%	P=20%	P=50%	P=80%
大同	297.0	211.5	166.5	126.0	71.0	27.0
五寨	288.0	218.2	177.8	139.5	76.5	38.2
太原	663.0	351.0	243.8	175.5	87.8	29.3
榆林	726.0	445.5	276.4	173.3	90.8	49.5
兴县	528.0	384.0	306.0	234.0	132.0	54.0
延安	492.8	384.8	317.3	239.7	108.0	57.5
西峰	219.0	189.0	162.0	132.0	72.0	33.0
固原	270.0	172.5	112.5	67.5	31.8	15.0
西安	553.5	263.5	155.3	108.0	45.5	20.3
运城	499.5	398.3	337.5	256.5	128.3	50.6
阳城	610.5	486.8	387.8	280.5	144.3	74.3
银川	128.3	96.8	75.4	54.0	23.5	4.5
盐池	279.0	168.0	111.0	60.0	23.0	6.0
兰州	189.0	119.3	72.0	42.5	16.9	4.5
天水	228.0	172.0	136.5	99.0	48.0	26.0
西宁	85.5	63.0	49.5	36.0	19.2	8.0

4.3.2　*R* 值的降雨特征分布

1. *R* 值的雨量分布

为了讨论 R 值的雨量分布，将次降雨雨量分作<15mm、15～30mm、30～50mm、50～100mm 及＞100mm 五个量级，分别计算出不同量级雨量 R 值占年 R 值的比例（表 4.31）。可以看出：黄土高原 R 值主要由≥15mm 的降雨构成，一般可占年 R 值的 80%以上；重点集中于 15%～50mm 的降雨，可占年 R 值的 60%～80%；其中 15～30mm 降雨所产生的 R 值占总 R 值的 35%左右（西部地区可达到 50%），31～50mm 降雨所产生的 R 值占总 R 值的 25%～35%左右（西部地区一般占 20%，中、北部地区有的占到 48%以上），由于大于 50mm 降雨发生的概率比较小，因此，占总 R 值的比例并不大。

图 4.6、图 4.7 是几个代表站不同量级雨量 R 值占总降雨 R 值的百分比及雨量 R 值的累积变化情况。

表 4.31　不同量级雨量 R_H 值占年总 R_H 值的比例

站名	年 R_H 值	不同量级雨量 R_H 值占年总 R_H 值的比例/%				
		<15mm	15～30mm	30～50mm	50～100mm	＞100mm
大同	80.9	21.3	29.8	41.8	7.1	0.0
五寨	90.2	22.7	39.8	23.2	11.8	2.5
太原	117.0	10.6	37.0	22.8	16.4	13.2
榆林	128.4	7.6	34.4	28.7	23.2	6.1

续表

站名	年 R_H 值	不同量级雨量 R_H 值占年总 R_H 值的比例/%				
		<15mm	15～30mm	30～50mm	50～100mm	>100mm
兴县	153.6	9.0	33.0	42.4	11.2	4.4
延安	144.6	13.1	36.1	29.4	21.4	0.0
西峰	84.2	16.4	33.2	40.1	6.2	4.1
固原	44.6	19.8	46.3	29.2	4.7	0.0
西安	78.7	11.1	34.3	25.0	29.7	0.0
运城	153.2	6.2	30.1	22.2	27.4	14.1
阳城	183.8	8.9	34.2	39.7	11.4	5.7
银川	30.2	19.6	37.1	26.6	16.8	0.0
盐池	37.8	14.3	30.7	18.9	36.1	0.0
兰州	28.7	21.2	49.4	15.6	13.8	0.0
天水	62.5	15.8	46.8	22.0	15.3	0.0
西宁	22.4	23.8	55.0	16.3	4.9	0.0

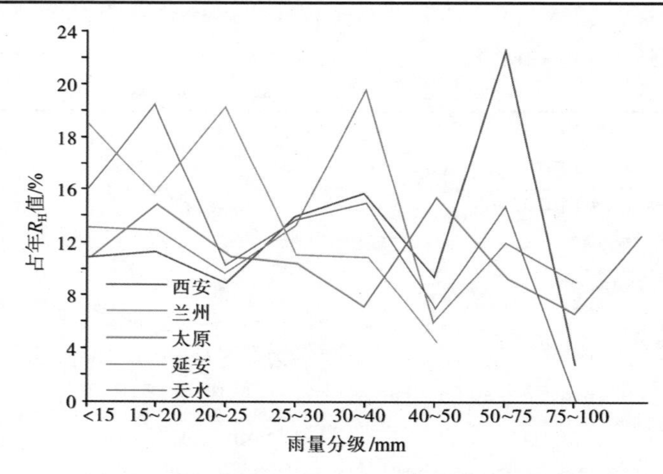

图 4.6　黄土高原五个代表站年 R_H 值的雨量分布

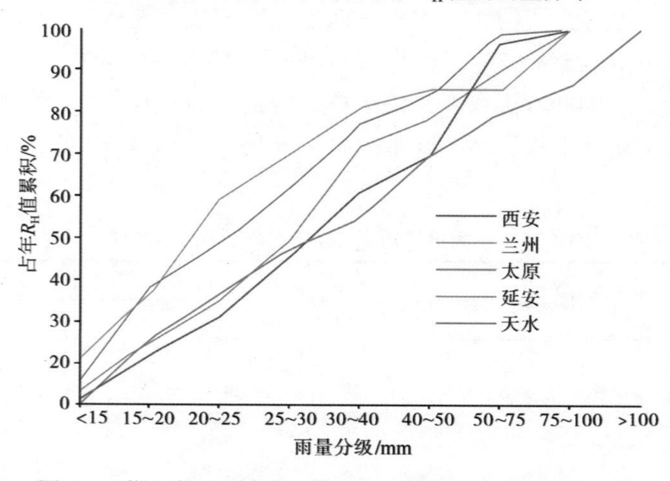

图 4.7　黄土高原五个代表站年 R_H 值的雨量大小累积分布

2. R 值的雨强分布

采取同分析 R 值雨量分布的同样方法，以次降雨最大 30min 降雨强度（I_{30}）作为强度指标，将其分为五个量组，分别统计各量级雨强 R 值占年 R 值的比例（表 4.32）。可以看出，黄土高原 R 值雨强分布的地区性差异较大，西部地区主要由 45mm/h 以下的降雨所构成（可占总 R 值的 90%），而且<15mm/h 降雨所产生的 R 值占 25%左右，西宁达到 35.4%；其他地区主要由 15～45mm/h 的降雨构成（可占总 R 值的 60%），<15mm/h 降雨所产生的 R 值占 10%～15%；由于东部和中、北部地区易发生高强度的暴雨，因此在一些地区，≥60mm/h 降雨所产生的 R 值占总 R 值的比例也很高，运城、太原、榆林分别达到 30.8%、27.0%和 22.1%。

表 4.32　不同量级雨强 R_H 值占年总 R_H 值的比例

站名	年 R_H 值	不同量级雨强 R_H 值占年总 R_H 值的比例/%				
		<15mm/h	15～30mm/h	30～45mm/h	45～60mm/h	>60mm/h
大同	80.9	14.4	34.4	22.1	19.2	9.9
五寨	90.2	19.8	44.5	22.9	6.2	6.5
太原	117.0	11.4	29.7	27.6	4.4	27.0
榆林	128.4	7.8	29.2	22.8	18.1	22.1
兴县	153.6	10.2	33.8	29.9	19.2	6.8
延安	144.6	9.6	30.5	33.6	11.2	15.1
西峰	84.2	15.7	39.7	21.2	11.3	12.1
固原	44.6	24.8	43.2	16.9	0.0	15.0
西安	78.7	17.6	25.2	25.8	13.2	18.2
运城	153.2	8.4	23.1	20.0	18.5	30.0
阳城	183.8	9.5	28.8	30.0	18.1	13.6
银川	30.2	16.4	43.4	21.5	18.7	0.0
盐池	37.8	20.3	39.2	18.5	7.2	14.7
兰州	28.7	28.9	30.3	27.0	0.0	13.8
天水	62.5	25.0	35.9	18.1	12.1	8.8
西宁	22.4	35.4	44.5	20.1	0.0	0.0

图 4.8、图 4.9 是几个代表站不同量级雨强 R_H 值占总 R_H 值的分布情况及雨强 R 值的累积变化情况。

4.3.3　R 值的空间分布

表 4.33 是根据 1955～1986 年黄土高原 164 个水文、气象站降雨资料计算得到的黄土高原 R_H 值、R_U 值和年雨量值，可以看出，黄土高原降雨侵蚀力的空间分布具有以下两个特征：

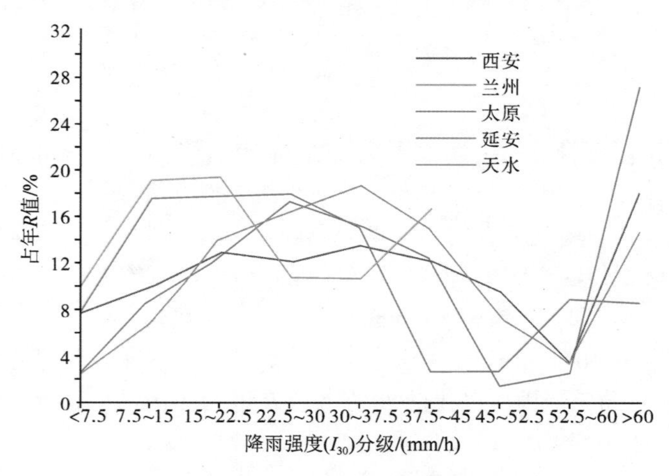

图 4.8　黄土高原五个代表站年 R 值的雨强分布

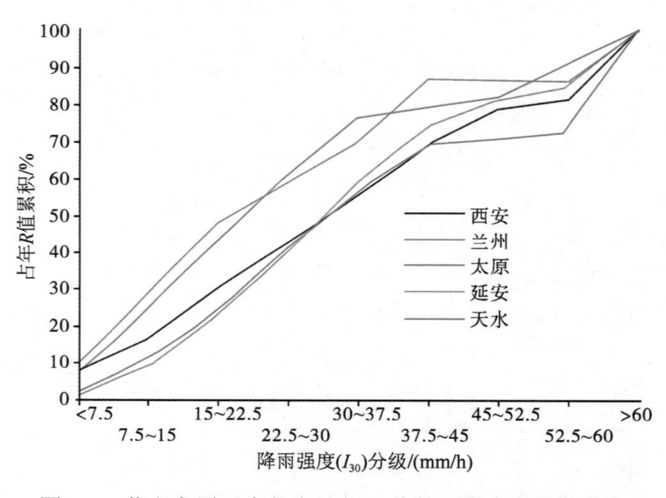

图 4.9　黄土高原五个代表站年 R 值的雨强大小累积分布

表 4.33　黄土高原及邻近地区雨量和降雨侵蚀力 R 值

站名	P	R_U	R_H	站名	P	R_U	R_H	站名	P	R_U	R_H
唐乃亥	250.6	23.0	31.4	临县	521.2	197.0	150.2	咸阳	576.9	114.3	109.9
贵德	244.0	18.4	20.9	圪洞	541.2	147.9	156.3	马渡工	647.1	135.4	115.0
循化	253.5	21.3	29.0	林家坪	464.6	134.8	130.8	罗李村	837.2	204.5	156.4
海晏	367.9	29.0	37.1	吴堡	466.7	157.4	121.7	华县	563.2	118.8	95.9
桥头	532.8	57.8	49.0	丁家沟	454.3	150.5	118.9	潼关	566.8	136.7	119.0
西宁	349.3	27.8	25.5	榆林	414.4	121.1	151.3	大同	384.0	71.6	95.9
大峡	329.9	33.0	37.6	赵石窑	375.6	94.2	107.3	右玉	443.0	90.1	78.9
民和	341.6	33.9	38.9	殿市	399.1	99.6	111.0	平鲁	435.3	70.8	87.6
双城	651.6	86.1	84.3	横山	385.5	114.2	146.8	山阴	428.7	72.0	72.1
李家村	579.6	95.2	103.3	韩家峁	388.0	128.3	172.1	灵邱	436.9	101.0	104.8
岷县	572.4	54.3	71.8	靖边	417.3	84.9	92.5	忻县	462.4	95.8	102.7

续表

站名	P	R_U	R_H	站名	P	R_U	R_H	站名	P	R_U	R_H
多坝	632.4	63.2	91.6	青阳岔	429.9	88.6	104.6	二岔上	642.9	121.6	75.1
武胜驿	334.8	32.1	52.8	子长	511.9	144.5	169.4	静乐	467.4	74.0	75.9
兰州	312.9	36.6	27.5	甘谷驿	515.2	133.2	136.9	汾河水库	439.1	107.0	103.1
靖远	249.4	29.0	33.3	延安	556.1	161.4	150.2	兰村	497.7	107.6	119.5
郭城驿	308.6	46.5	45.9	吉县	548.6	183.3	158.9	寨上	443.2	106.5	115.2
会宁	379.6	45.9	44.2	大村	529.0	146.1	132.0	董茹	469.5	128.4	120.7
馋口	402.2	68.5	60.0	龙门	527.5	171.2	175.1	太原	448.0	117.0	120.0
下河沿	193.3	28.8	45.7	金佛坪	470.1	134.8	132.2	芦家庄	499.4	135.0	159.8
中宁	222.9	51.7	45.0	志丹	517.1	128.5	113.2	独堆	511.5	117.3	136.9
贺堡	387.9	55.4	45.0	刘家河	535.8	132.6	130.5	汾河二坝	428.4	140.0	141.5
韩府湾	357.6	73.2	62.3	张村驿	610.0	132.4	124.2	文峪河水库	508.2	141.9	126.2
固原	473.9	59.8	51.5	交口河	565.7	133.1	134.0	义棠	523.5	148.0	132.5
夏寨	408.7	52.5	58.1	黄陵	586.8	187.4	160.2	盘托	494.0	121.8	132.9
青铜峡	187.8	27.7	29.4	洑头	511.6	106.2	106.1	南关	467.7	141.1	129.7
银川	190.0	32.4	31.4	大荔	540.9	118.6	117.0	石滩	491.5	152.3	130.3
石嘴山	169.3	41.3	41.3	环县	393.5	62.6	53.8	临汾	505.8	174.3	152.1
磴口	116.2	31.5	33.1	三岔	487.1	101.1	79.8	柴庄	478.9	125.2	129.4
临河	145.1	22.4	25.9	悦乐	517.8	122.7	98.6	东庄	519.5	227.8	243.6
三湖河口	231.2	49.5	70.7	庆阳	510.7	97.9	69.6	浍河水库	522.5	176.6	190.0
龙头拐	285.7	70.4	74.4	西峰	523.5	114.3	86.1	吕庄水库	535.1	181.4	176.2
哈德门沟	334.3	125.6	105.5	毛家河	521.1	122.3	109.7	河津	494.8	146.1	138.5
阿塔山	300.2	60.4	80.6	杨家坪	543.0	99.5	120.2	万荣	564.0	168.7	166.8
包头	333.9	71.9	103.3	雨落坪	531.6	88.8	82.1	南山底	604.1	214.8	204.8
大脑包	409.5	121.7	129.5	延安	551.9	133.4	142.6	运城	557.3	177.8	159.4
旗下营	480.7	132.3	95.6	柳林	631.5	144.0	127.0	张留庄	571.2	141.2	140.2
呼和浩特	399.8	125.1	99.4	淳化	596.1	123.4	127.9	虢镇	610.6	151.3	126.5
和林格尔	400.4	78.6	75.2	耀县	578.6	132.7	135.7	灵口	694.0	149.0	194.4
东胜	370.6	115.0	85.9	张家山	545.5	102.0	96.6	韩城	644.8	233.5	213.0
头道拐	340.5	85.2	88.7	平凉	571.4	117.5	89.7	龙门镇	636.5	249.3	250.7
准格尔	381.6	104.7	113.5	华亭	582.5	124.0	118.0	八里胡同	700.6	370.2	339.2
偏关	418.8	87.4	89.8	武山	477.5	65.0	56.8	小浪底	643.6	329.7	320.6
河曲	417.1	93.2	117.4	秦安	508.4	118.3	114.0	垣曲	637.2	338.6	335.7
黄甫	428.2	148.2	172.8	南河川	521.3	71.4	58.3	晋城	629.3	174.5	165.3
义门	452.6	121.8	118.8	天水	537.8	72.5	62.8	阳城	625.4	201.4	180.3
草垛山	424.1	129.8	127.7	千阳	612.6	134.3	128.9	沁源	637.4	201.9	200.3
神木	435.2	122.8	75.3	林家村	719.8	144.8	97.7	飞岭	597.4	193.4	193.3

续表

站名	P	R_U	R_H	站名	P	R_U	R_H	站名	P	R_U	R_H
温家川	429.4	105.9	91.4	好峙河	578.7	104.5	86.0	长治	618.9	260.2	264.5
高家堡	435.0	122.4	100.0	魏家堡	639.1	110.6	77.4	隰县	545.5	123.9	137.0
高家川	416.6	136.0	162.6	斜浴关	775.0	148.5	98.9	侯马	528.4	171.9	197.6
申家湾	420.6	136.0	136.9	黑浴口	832.7	161.5	89.3	隆务河口	338.7	29.6	25.9
三岔堡	428.6	96.8	97.3	涝浴口	837.9	204.6	107.0	泉眼山	189.8	35.5	35.7
五寨	482.5	111.3	82.4	秦渡镇	683.5	127.3	81.3	景村	567.6	87.1	92.7
岢岚	468.3	108.1	85.5	大浴	941.9	224.5	139.3	三门峡	596.7	203.7	244.9
				西安	585.9	88.6	78.6	张河	539.8	104.7	96.6

（1）由于 R_H 值为 $E_{60} \cdot I_{10}$，也相当于最大 60min 雨量与最大 10min 降雨强度的乘积（$P_{60} \cdot I_{10}$），实际上，它是短时段最大降雨强度的一个复合度量。因此，它的大小主要取决于一个地区降雨的强度和高强度降雨发生的频率，与一个地区的年雨量并无多大关系。例如，西安的年雨量为 582.9mm，R_H 值为 78.6，榆林的年雨量只有 414.4mm，R_H 值却高达 151.3。

（2）由于受地形等因素的影响，各地局地性高强度暴雨发生的频率和强度有很大差别，因此，就是在雨量相同的地区，R_H 值也差别很大。例如，在同一雨量范围（380mm 左右）而且相邻的榆林、赵石窑、殿市、横山、韩家峁五站，R_H 值最高达 172.1（韩家峁），最小只有 107.3（赵石窑）；又如北部偏关、河曲、黄甫三站，年雨量分别为 418.8mm、417.1mm 和 428.2mm，差别甚小，但年 R_H 值却分别为 89.8、117.4 和 172.8，差异悬殊。因此，R_H 值不像雨量有明显的区域性或规律性，它完全取决于一个地区高强度暴雨（主要是短历时暴雨）发生的频率和强度。

4.4　R 值等值线图的绘制

根据计算出的黄土高原 164 个站（点）侵蚀力 R 值，以资料年限较长的站（点）为主，绘制了黄土高原年降雨侵蚀力 R_H 值等值线图（图 4.10），具有以下几个特点：

（1）黄土高原年降雨量的分布趋势呈明显的东南—西北走向，而且在中部地区以南—北向的梯度变化为主；而 R_H 值分布趋势则主要以东—西梯度变化为主，南—北向变化幅度很小。同时，由于局地暴雨发生频率和强度的影响，在等值线分布中，产生了很多高 R_H 值的闭合中心。

（2）黄土高原 R_H 值的分布趋势可以分为三个大区，一是大于 150 的晋东南和豫东等东南部地区，二是在 100～150 之间的中部地区，三是小于 100 的宁、甘西部地区。同时有三个 R_H 高值中心，一个位于北部的皇甫川下游和黄河干流交界处，第二个位于榆林、无定河中下游到黄河干流东侧的临县一带，这是一个较大的 R_H 高值中心，第三个在延安、吉县一带。

（3）在黄土丘陵沟壑区，R_H 值的高值中心，也是暴雨中心，亦为水土流失相对严重的地区。因此，R_H 值是一个地区降雨强度和发生频率的综合定量指标，它是土壤侵蚀降雨评价的一个度量指标。

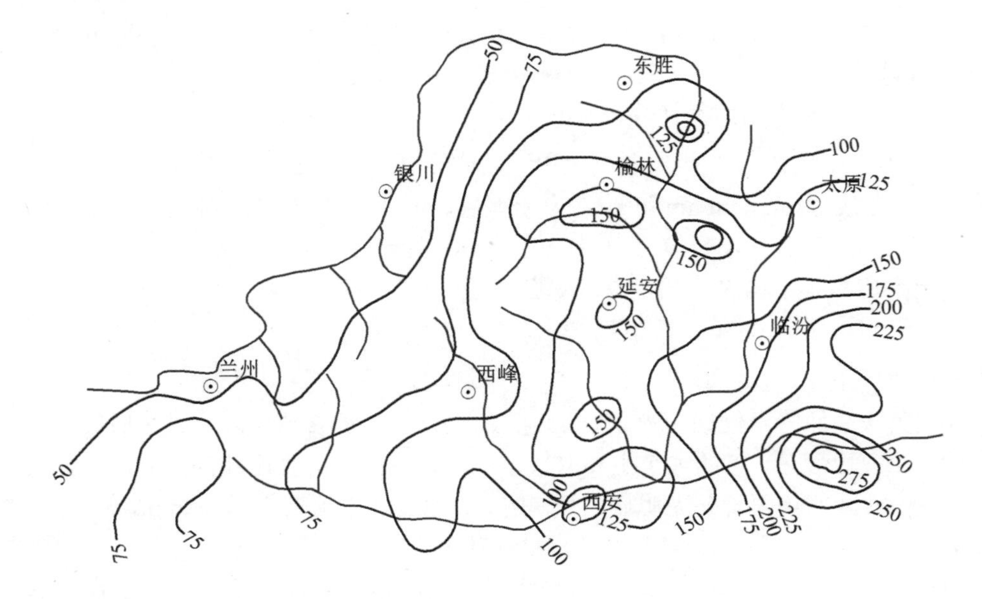

图 4.10　黄土高原年降雨侵蚀力 R_H 值等值线图（单位：m·t·cm/（hm^2·h·a））

4.5　小　　结

（1）黄土高原的各降雨特征因子中，雨量（P）与土壤流失的相关性很差，在一些坡面小区，雨量与土壤流失量之间几乎没有多大关系。降雨动能（E）与土壤流失量的相关程度较雨量（P）与土壤流失量的相关程度普遍提高 5%～30%。最大时段雨强与土壤流失量的相关程度明显好于雨量（P）和动能（E）。在坡面小区，与土壤流失关系最密切的是最大 15min 雨强（I_{15}），在微型集水区是最大 30min 雨强（I_{30}），在小流域是最大 60min 雨强（I_{60}）。从总体情况看，I_{30} 是坡面小区和微型集水区普遍适用的一个因子。

（2）由于黄土高原的地型因素和超渗产流的显著特点，坡面通用流失方程中的组合因子$\sum E\cdot I_{30}$ 与土壤流失的相关程度并不十分密切，而与坡面土壤流失相关程度最好的组合因子是 $E_{60}\cdot I_{10}$。

（3）大量统计结果表明，在黄土高原决定土壤流失程度的关键因素是降雨强度而不是降雨量。因此，在组合因子中，最大时段雨强的自相组合要比雨量与雨强的组合好。同时，最大时段雨强单因子本身与土壤流失量有着很好的关系，采用复合因子对提高相关程度不很显著。

（4）由于动能（E）与雨强的乘积（$E\cdot I$）并不比雨量与雨强的乘积（$P\cdot I$）好多少。用 $E_{60}\cdot I_{10}$ 作为黄土高原的降雨侵蚀力的指标只是为了和国际通用方程使用单位的一致。实际上完全可以用 $P_{60}\cdot I_{10}$ 代替 $E_{60}\cdot I_{10}$。因为应用动能并不能提高多少相关度。

（5）为了减少分析计算所带来的繁冗，推荐：

黄土高原次降雨 R 值的简易计算公式为

$$R=0.012P_{60}^{1.071}\cdot I_{10}^{1.133}$$

式中，R 为侵蚀力，m·t·cm/hm²·h；P_{60} 为 60min 最大雨量，mm；I_{10} 为 10min 最大降雨强度，mm/h。

黄土高原年 R 值的简易计算公式为

$$R=0.008P^{0.776}\cdot I_{10}^{0.965}\cdot I_{60}^{0.732}$$

式中，R 为侵蚀力，m·t·cm/hm²·h·a；P 为年雨量，mm；I_{10} 和 I_{60} 为年最大 10min 和 60min 降雨强度（为计算方便，直接采用时段雨量 mm 表示）。

黄土高原多年平均 R 值的简易计算公式为

$$R=0.160P^{0.017}\cdot I_{10}^{1.392}\cdot I_{60}^{0.954}$$

式中，单位同上。

（6）黄土高原降雨侵蚀力 R 值一般为 30～175。由于 R 值实际上是短时段最大降雨强度的一个复合度量，它的大小主要取决于一个地区降雨的强度和高强度降雨的发生频率，与一个地区的年雨量并无明显关系。例如，西安的年雨量为 582.9mm，R 值为 78.6；榆林的年雨量只有 414.4mm，R 值却高达 151.3。因此，R 值的分布与年雨量的分布趋势有所不同，黄土高原年雨量的分布趋势呈明显的东南—西北走向，而且在中部地区以南—北向的梯度变化为主，而 R 值的分布则主要以东—西梯度变化为主，南—北向变化幅度很小。按照 R 值的分布趋势可以分为三个大区，一是大于 150 的晋东南和豫东等东南部地区，二是为 100～150 的中部地区，三是小于 100 的宁、甘西部地区。

（7）受暴雨中心的影响，黄土高原有三个 R 值高值中心：一个位于北部的皇甫川下游和黄河干流交界处；第二个位于榆林、无定河中下游到黄河干流东侧的临县一带，这是一个较大的高值中心；第三个在延安、吉县一带。

（8）受地形因素的影响，各地高强度暴雨的发生频率和强度有很大差异，因此，即就是在雨量相同的地区，R 值也差别很大。例如，在同一雨量范围（380mm 左右）而且相邻的榆林、赵石窑、殿市、横山、韩家峁五站，年 R 值最高达 172.1（韩家峁），最小只有 107.3（赵石窑）；又如北部偏关、河曲、黄甫三站，年雨量分别为 418.8mm、417.1mm 和 428.2mm，差别甚少，但年 R 值却分别为 89.8、117.4 和 172.8，差异悬殊。这表明 R 值不像雨量有明显的区域性或规律性，它主要取决于一个地区高强度暴雨（特别是短历时暴雨）发生的频率和强度。

第 5 章　降雨与侵蚀产沙的关系

5.1　侵蚀性降雨的特征

5.1.1　侵蚀性降雨的标准

在自然界，并非所有的降雨都能引起土壤侵蚀。也就是说，侵蚀总是由于某一临界点以上的雨强度或降雨量所引起。侵蚀性降雨是指能够引起土壤流失的降雨，侵蚀性降雨的标准是指能够引起土壤流失的最小降雨强度和在该强度范围内的雨量。一般而言，凡是产生地表径流的降雨，就能引起土壤流失。因此，所谓侵蚀性降雨，也就是产生地表径流的临界降雨。

侵蚀性降雨标准的确定主要通过人工降雨试验和天然降雨侵蚀的资料统计而获得。由于雨型、雨强和降雨过程的影响，用一次降雨的雨量来准确划分侵蚀性降雨与非侵蚀性降雨的界限本身很困难，因此，只能从统计概率的角度来确定划分。

王万忠（1984）通过对天水、西峰、子洲等地径流小区 240 多次降雨侵蚀资料的统计分析，确定了黄土高原不同土地利用、不同侵蚀程度和不同降雨历时的侵蚀性降雨临界雨量标准、一般雨量标准和瞬时雨率标准。

1. 侵蚀性降雨的临界雨量标准

侵蚀性降雨临界雨量标准的确定方法是：先把每次侵蚀性降雨的雨量从大到小按顺序依次递减排列，然后用公式 $P=\frac{m}{n-1}\times100\%$求出经验频率值 P（m 为某一雨量的序列号，n 为整个序列的总样本数）。求出 P 值后，再把各雨量与其相应的 P 值点在频率格纸上绘出频率曲线。从曲线上查得 P=80%时的雨量值即为侵蚀性降雨的临界雨量标准。

为了便于实际应用，上述计算是按农、林、草三种土地利用条件和弱度、轻度、中度、强度四种侵蚀程度分别统计计算的。农地取自坡度为 20°左右的无覆盖（或郁闭度在 20%以下）的坡耕地；人工草地种有苜蓿，坡度为 28°左右，盖度大于 65%；林地为洋槐林，坡度为 30°左右，盖度为 70%。

四种侵蚀程度的资料都是来自 20°左右的无覆盖农地。这四种侵蚀程度的侵蚀量指标是：弱度（100～500t/km^2），轻度（501～1000t/km^2），中度（1001～5000t/km^2），强度（≥5000t/km^2）。为什么要以频率 P=80%时的雨量作为侵蚀性降雨的标准？这主要是考虑到，天然降雨雨型变化、降雨下垫面条件相对差异及雨前土壤含水量这三种不稳定因素对观测结果的影响。有时由于雨前土壤含水量很大，使得一次微量的降水也会引起土壤侵蚀，而在一般情况下，这一雨量并不能引起水土流失。取 P=80%时的雨量值作为侵蚀性降雨的临界雨量标准，正是为了消除上述因素对观测结果的影响。

计算结果表明，黄土地区侵蚀性降雨的临界雨量标准是：农地 8.1mm，人工草地 10.9mm，林地 14.6mm；弱度侵蚀 9.0mm，轻度侵蚀 11.5mm，中度侵蚀 14.2mm，强度侵蚀 25.0mm。应当指出，上面所求得的 7 个临界雨量标准，是单就雨量这一因子分析的，并未考虑降雨历时，这显然是不够全面的。一方面，对于侵蚀性降雨来说，不同的降雨历时所要求的雨量标准是不同的。也就是说，对于不同的降雨历时总有一个与其相适应的雨量值，当达到这个标准时就会产生土壤侵蚀。所以，侵蚀性降雨的临界雨量标准应是降雨历时的函数，它是一个“相对的”变量，而不是一个“绝对的”常量。这样在应用上述 7 个标准时，就显得不够具体和方便。另一方面，由于笼统的取 P=80%作为雨量标准的界限，这样就可能会把一些极短历时高强度降雨产生土壤侵蚀的现象忽略掉，所以在求得上述 7 个标准值的同时，还需要对不同历时侵蚀性降雨的临界雨量标准作一计算分析。

计算不同历时侵蚀性降雨临界雨量标准的方法是：以每次侵蚀性降雨的降雨历时（T）为横坐标，以其雨量为纵坐标，从散点的上界包线向下描绘 P=80%时的曲线（可参照 R 与 T 的回归曲线）。这条曲线就可基本作为不同历时侵蚀性降雨的雨量标准变化曲线。然后用回归分析方法对这条曲线进行定量的描述，由此得到了计算不同历时雨量标准的方程式（表 5.1）。上述计算是按三种地面条件和四个侵蚀程度分别进行的，关于方程式中 T 的取值范围是根据资料所实际存在的降雨历时规定的，在无资料的情况下，未对 T 进行延伸。

表 5.1 黄土地区不同历时侵蚀性降雨临界雨量标准计算公式

类别		方程式	
		T_1/min	T_2/h
不同土地利用	农地	$R=3.16T_1^{0.26}$ $5\leqslant T_1\leqslant 60$	$R=8.9T_2^{0.44}$ $1<T_2\leqslant 24$
	人工草地	$R=4.90T_1^{0.22}$ $20\leqslant T_1\leqslant 120$	$R=10.1T_2^{0.46}$ $2<T_2\leqslant 24$
	林地	$R=4.60T_1^{0.28}$ $45\leqslant T_1\leqslant 120$	$R=13.1T_2^{0.43}$ $2<T_2\leqslant 24$
不同侵蚀程度	弱度	$R=3.30T_1^{0.28}$ $10\leqslant T_1\leqslant 120$	$R=9.2T_2^{0.48}$ $2<T_2\leqslant 24$
	轻度	$R=3.63T_1^{0.29}$ $20\leqslant T_1\leqslant 120$	$R=10.4T_2^{0.49}$ $2<T_2\leqslant 24$
	中度	$R=3.80T_1^{0.35}$ $30\leqslant T_1\leqslant 120$	$R=13.9T_2^{0.54}$ $2<T_2\leqslant 24$
	强度		$R=28.6T_2^{0.38}$ $0.5<T_2\leqslant 24$

注：R 为雨量，mm；T_1、T_2 分别为降雨历时，min、h。

2. 侵蚀性降雨的一般雨量标准

侵蚀性降雨的临界雨量标准，是指引起土壤侵蚀的临界雨量值。它是根据所有产生土壤侵蚀的降雨为分析条件的，这就包括了相当数量的极其微量的土壤侵蚀现象。在一般分析中，这些侵蚀量可能在许可的范围内（也称允许侵蚀量）。把不包括那些微量侵蚀的侵蚀性降雨的雨量标准，称为侵蚀性降雨的一般雨量标准。

关于侵蚀性降雨的一般雨量标准是通过侵蚀性降雨的雨量与其每次降雨相应的侵蚀量及总土壤侵蚀量这三者的关系来确定的。具体方法是：把所有侵蚀性降雨的雨量按大小顺序递减排列，并将其相应的土壤侵蚀量逐个累加，得到 N 次侵蚀性降雨的总侵蚀量（q），求出大于某一雨量（P）的侵蚀累计百分比（P_Q），$P_Q=\frac{Q}{q}\times100\%$，点绘 P-P_Q 关系曲线。用这种方法，求得如下关系式：

$$P_Q=114.5-1.972P \tag{5.1}$$

式中，P_Q 为侵蚀累积百分比，%；P 为相应的雨量，mm。

根据黄土高原的土壤流失特征，初步规定允许的土壤流失量可占总流失量的 5%以下。这也就是说，拟定的侵蚀性降雨的一般雨量标准所引起的土壤流失量应占总流失量的 95%。

令 P_Q=95%，由式（5.1）求得 P=9.9mm。因此，可以认为黄土高原侵蚀性降雨的一般雨量标准为 9.9mm，当 P=9.9mm 时，所产生的土壤侵蚀模数≥230t/km^2。因此，可以给侵蚀性降雨的一般标准下这样一个定义：侵蚀性降雨的一般雨量标准为 9.9mm，它所产生土壤侵蚀量一般≥200t/km^2，由这一标准降雨所产生的土壤侵蚀量可占总侵蚀量的 95%以上。这一标准同其他几位研究者所得结果基本一致（表 5.2）。例如，江忠善等（1988）用子洲团山沟 4 号径流场 38 次降雨侵蚀资料分析所得结果为 10.0mm，刘元保（1990）用团山沟 3 号径流场资料所得结果为 9.6mm，贾西安等（1992）用西峰水保站资料所得结果为 10.0mm，郑粉莉（1994）采用的标准也为 10mm。美国采用的标准为 12.7mm，日本采用的标准为 13.0mm，保加利亚采用的标准为 9.8mm。如果用美国的 12.7mm 代入式（5.1），则 P_Q=89.5%，说明若采用美国的 12.7mm 标准，在黄土高原只能说明 89.5%的侵蚀量。

表 5.2　我国不同地区的侵蚀性降雨标准

地区	代表性土壤	地点	标准/mm			研究者
			P	I_{10}	I_{30}	
西北	黄土	陕北子洲	9.9	5.2	7.2	王万忠
	黄土	甘肃西峰	10.0		7.5	江忠善
	黄土	陕北子洲	9.6		7.1	刘宝元
东北	黑土	黑龙江宾县	8.9	5.0	8.0	高峰
华南	红壤	广东电白	9.4			陈法杨
西南	紫色土	四川资阳	8.9		10.7	张奇
	紫色土	贵州毕节		7.0		林昌虎

注：P 为次雨量；I_{10} 和 I_{30} 分别为 10min 和 30min 雨量。

3. 侵蚀性降雨的瞬时雨率标准

黄土地区侵蚀性降雨的一个显著降水特点是，在一次降雨中，大部分雨量仅集中在几分钟或几十分钟的时间里，形成了短时间的高强度大量降雨，一般称这一时间的降雨强度为瞬时雨率。瞬时雨率是产生土壤侵蚀的“触发”因素。一般来说，瞬时雨率对土壤侵蚀的形成作用较雨量更为重要。为此，对侵蚀性降雨的瞬时雨率标准也逐一分析。限于资料，这里只分析农地条件下4种土壤侵蚀程度的瞬时雨率标准。

先求出每次降雨的不同时段（5min、10min、15min、20min、30min、45min、60min 7个时段）的最大降雨量，然后将各次降雨的每一时段最大雨量值由大到小排列，再作频率计算，求出 P 为 80%时的各时段最大雨量值。再以降雨时段（t）为横坐标，以求出的 P 为 80%时的最大雨量值为纵坐标，得到不同侵蚀程度下瞬时雨率标准的一簇曲线（图 5.1），所绘曲线可由下述四个回归方程式表示：

$$弱度侵蚀，R_t=\frac{t}{0.1298t1.1668}\quad(t\leqslant 60)\tag{5.2}$$

$$轻度侵蚀，R_t=\frac{t}{0.0814t1.1097}\quad(t\leqslant 60)\tag{5.3}$$

$$中度侵蚀，R_t=\frac{t}{0.0563t0.7349}\quad(t\leqslant 60)\tag{5.4}$$

$$强度侵蚀，R_t=\frac{t}{0.0289t0.5432}\quad(t\leqslant 60)\tag{5.5}$$

式中，t 为降雨时段，min；R_t 为 t 时段的最大雨量，mm。

用上述方法可得到任一时段的最大雨量标准，若用其除以所相应的降雨时间，便可得到侵蚀性降雨的瞬时雨率标准。

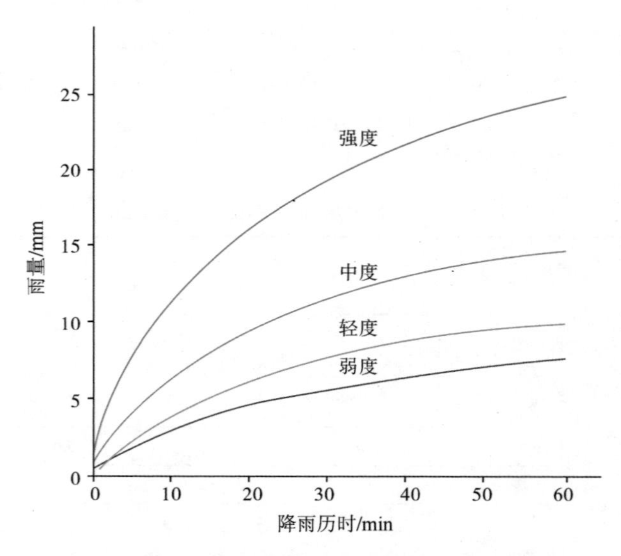

图 5.1　侵蚀性降雨的瞬时雨率标准变化曲线

5.1.2　侵蚀性降雨的特征

1. 侵蚀性降雨的雨量特征

在一年的降雨中，究竟有多少雨量可以引起土壤流失？它们占年雨量的比例如何？

表 5.3 是根据黄土高原 7 个坡面小区和 7 个沟道小流域的次降雨侵蚀资料得出的结果。考虑到黄土高原水土流失的集中程度，分别统计了所有引起土壤侵蚀降雨的雨量、侵蚀模数≥200t/km^2 降雨的雨量（假定以<200t/km^2 作为允许流失量）、占年总流失量 95%的降雨雨量、占年总流失量 80%的降雨雨量以及占年总流失量 50%的降雨雨量等五种侵蚀性降雨的雨量。

表 5.3　侵蚀性雨量及占年雨量的比例

地点	资料年限/a	年雨量/mm	不同侵蚀程度的雨量/mm					不同侵蚀程度雨量占年雨量的比例/%				
			总侵蚀	侵蚀模数≥200t/km^2	占年侵蚀量95%	占年侵蚀量80%	占年侵蚀量50%	总侵蚀	侵蚀模数≥200t/km^2	占年侵蚀量95%	占年侵蚀量80%	占年侵蚀量50%
团山沟 3 号场	7	508.7	139.6	112.2	99.6	53.7	25.6	27.4	22.0	19.6	10.5	5.0
团山沟 9 号场	7	508.7	139.6	125.3	106.6	67.2	28.7	27.4	24.6	21.0	13.2	5.6
辛店沟 11 号场	5	494.5	148.9	98.8	80.0	16.4	12.1	30.1	20.0	16.2	3.3	2.5
辛店沟 18 号场	5	494.5	148.9	81.4	78.5	25.3	12.5	30.1	16.5	15.9	5.1	2.5
梁家坪 7 号场	9	534.6	122.5	67.6	67.6	37.5	9.6	22.9	12.6	12.6	7.0	1.8
梁家坪 14 号场	9	534.6	119.6	66.6	65.6	42.4	12.5	22.4	12.5	12.3	7.9	2.3
离石山坡	6	575.0	151.3	108.8	98.6	48.5	18.4	26.3	18.9	17.1	8.4	3.2
平均	7	521.5	138.6	94.4	85.2	41.6	17.1	26.7	18.2	16.4	7.9	3.3
离石沟坡	6	575.0	159.1	143.9	123.7	96.9	45.6	27.7	25.0	21.5	16.8	7.9
团山沟	9	514.6	205.4	132.9	103.8	55.5	28.2	39.9	25.8	20.2	10.8	5.5
羊道沟	15	551.7	163.9	132.2	107.3	73.3	32.5	29.7	24.0	19.4	13.3	5.9
小砭沟	7	627.1	241.4	136.1	125.7	76.4	29.5	38.5	21.7	20.1	12.2	4.7
吕二沟	10	642.0	203.7	189.9	150.6	97.6	34.2	31.7	29.6	23.5	15.2	5.3
韭园沟	16	490.9	219.8	131.1	111.1	67.7	35.9	44.8	26.7	22.6	13.8	7.3
裴家峁沟	10	481.8	260.4	140.5	117.0	79.4	38.3	54.1	29.2	24.3	16.5	7.9
平均	10	554.7	207.7	143.8	119.9	78.1	34.9	38.0	26.0	21.6	14.1	6.4

从表 5.3 可以看出：

（1）黄土高原每年能够引起土壤流失的雨量在坡面平均为 138.6mm，可占年雨量的 26.7%，其中中北部地区一般为 140～150mm，占年雨量的 28%左右；南部地区一般为 120～130mm，占年雨量的 22%左右。在沟道小流域侵蚀雨量平均为 207.7mm，可占年雨量的 38.0%；受流域地形和集水区面积的影响，各流域间有一定的差异。

（2）减去次侵蚀模数≤200t/km^2 的轻微侵蚀雨量，黄土高原的年侵蚀性雨量在坡面平均为 94.4mm，占年雨量的 18.2%，其中中北部地区一般为 90～120mm，南部一般为 70mm 左右。在沟道小流域年侵蚀雨量平均为 143.8mm，可占年雨量的 26.0%。

（3）占年流失量 80%的侵蚀性雨量在坡面年平均为 41.6mm，仅占年雨量的 8%；在沟道小流域平均为 78.1mm，占年雨量的 14.0%。占年流失量 50%的侵蚀性雨量在坡面年平均为 17.1mm，仅占年雨量的 3.3%；在沟道小流域平均为 34.9mm，仅占年雨量的 6.4%。

（4）上述统计结果是按多年平均统计的。对于一个地区来说，一年的侵蚀量不仅决定于一次、二次降雨，就是对多年的总侵蚀量来说，也主要取决于几场降雨。例如，子洲团山沟 3 号径流场 1963～1969 年 7 年发生了 38 次侵蚀性降雨，侵蚀雨量为 977.0mm，总侵蚀量为 131468.7t/km²，其中 5 次降雨的侵蚀量就达 72230.0t/km²，占 38 次降雨侵蚀总量的 55%，而 5 次降雨的雨量只有 253.4mm，占侵蚀性雨量的 18.3%（仅占年雨量的 5%）。如果按占总侵蚀量的比例计算，7 年总流失量中 80%的侵蚀量是由 9 次降雨所引起，9 次降雨的雨量为 375.6mm，占 38 次侵蚀性降雨总雨量的 38.4%（占年雨量的 10.5%）；7 年流失量中 50%的侵蚀量仅由 4 次降雨所引起，4 次降雨的雨量只有 179.1mm，仅占 38 次侵蚀性降雨雨量的 18.3%（占年雨量的 5%）。

图 5.2 是根据 210 次降雨统计得出的不同雨量量级的土壤流失情况，从图 5.2 不同雨量量级的土壤流失量变化曲线可以看出：20～30mm 和 40～50mm 两个雨量量级引起的土壤流失量最多，分别可占总流失量的 28.2%和 20.5%；20～50mm 降雨所引起的土壤流失量可占总流失量的 57.6%；而≤10mm 降雨的流失量仅占总流失量的 1.4%。

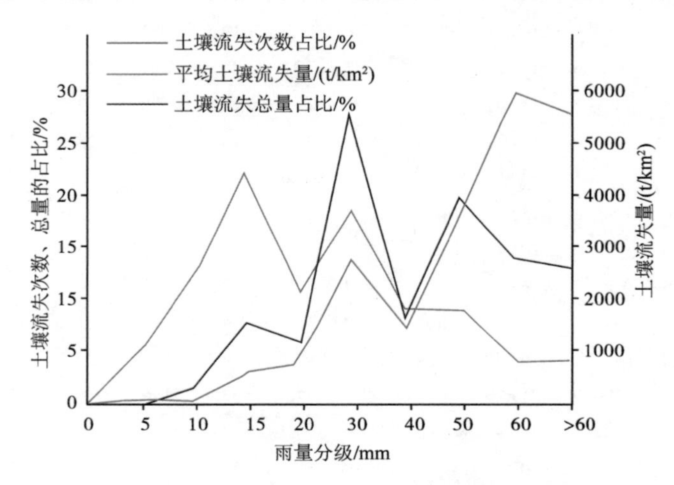

图 5.2　不同雨量量级的土壤流失情况

2. 侵蚀性降雨的雨次特征

与侵蚀性降雨雨量特征的分析方法相同，统计分析了侵蚀性降雨的雨次特征（表 5.4）。

表 5.4　侵蚀性降雨次数及占年总降雨次数的比例

地点	资料年限/a	年降雨次数/次	不同侵蚀程度的降雨次数/次					不同侵蚀程度降雨次数占年降雨次数的比例/%				
			总侵蚀	侵蚀模数≥200t/km²	占年侵蚀量95%	占年侵蚀量80%	占年侵蚀量50%	总侵蚀	侵蚀模数≥200t/km²	占年侵蚀量95%	占年侵蚀量80%	占年侵蚀量50%
团山沟 3 号场	7	76.1	5.4	3.7	2.6	1.3	0.6	7.1	4.9	3.4	1.7	0.8
团山沟 9 号场	7	76.1	5.4	4.3	2.7	1.4	0.6	7.1	5.6	3.6	1.9	0.8
辛店沟 11 号场	5	72.6	5.8	3.2	2.0	0.6	0.4	8.0	4.4	2.8	0.8	0.6
辛店沟 18 号场	5	72.6	5.8	2.8	2.6	1.0	0.4	8.0	3.9	3.6	1.4	0.6
梁家坪 7 号场	9	93.4	4.2	1.9	1.9	0.8	0.3	4.5	2.0	2.0	0.8	0.4

续表

地点	资料年限/a	年降雨次数/次	不同侵蚀程度的降雨次数/次					不同侵蚀程度降雨次数占年降雨次数的比例/%				
			总侵蚀	侵蚀模数≥200t/km^2	占年侵蚀量95%	占年侵蚀量80%	占年侵蚀量50%	总侵蚀	侵蚀模数≥200t/km^2	占年侵蚀量95%	占年侵蚀量80%	占年侵蚀量50%
梁家坪 14 号场	9	93.4	4.0	2.0	1.8	0.9	0.4	4.3	2.1	1.9	1.0	0.5
离石山坡	6	76.8	5.7	3.5	2.8	1.3	0.3	7.4	4.6	3.7	1.7	0.4
平均	7	80.2	5.2	3.1	2.3	1.0	0.4	6.6	3.9	3.0	1.3	0.6
离石沟坡	6	76.8	6.7	5.7	3.8	2.2	0.8	8.7	7.4	5.0	2.8	1.1
团山沟	9	76.2	8.3	4.2	2.8	1.2	0.6	10.9	5.5	3.6	1.6	0.7
羊道沟	15	79.9	7.3	4.7	3.1	1.7	0.5	9.1	5.9	3.9	2.2	0.6
小砭沟	7	89.1	9.9	3.7	3.1	1.7	0.7	11.1	4.2	3.5	1.9	0.8
吕二沟	10	94.3	7.5	6.6	5.1	2.9	1.0	8.0	7.0	5.4	3.1	1.1
韭园沟	16	76.3	8.9	3.9	3.0	1.3	0.4	11.6	5.2	3.9	1.7	0.6
裴家峁沟	10	79.3	11.8	5.5	4.3	2.1	0.6	14.9	6.9	5.4	2.6	0.8
平均	10	81.7	8.6	4.9	3.6	1.9	0.7	10.6	6.0	4.4	2.3	0.8

从表 5.4 的统计结果可以看出：

（1）黄土高原每年能够引起土壤流失的降雨次数在坡面平均为 5.2 次，可占年降雨总次数的 6.6%，其中中北部地区一般 5～7 次，占年总雨次的 7%～8%，南部地区一般为 4 次，占年总雨次的 4%～5%；在沟道小流域平均为 8.6 次，一般为 7～10 次，占年总降雨次数的 10.6%。

（2）减去次侵蚀模数≤200t/km^2 轻微侵蚀，黄土高原每年在坡面发生的侵蚀性降雨平均为 3 次，仅占年总雨次的 4%；在沟道小流域年平均为 5 次，仅占年总雨次的 6%。

（3）根据多年的统计资料，在坡面占总流失量 80%的降雨次数年均只有 1.3 次，而占总流失量 50%的降雨次数年均只有 0.6 次；在沟道小流域，占总流失量 80%的降雨次数年均只有 2.3 次，占总流失量 50%的降雨次数年均只有 0.8 次。

（4）上述结果充分说明，黄土高原水土流失的集中度相当高，一个地区多年的流失量往往取决于几场降雨。例如，团山沟 1961～1969 年 9 年发生 75 次侵蚀性降雨，总流失量为 177777.9t/km^2，其中最大 5 次降雨的流失量就达 99300.0t/km^2，占总流失量的 60%。对于 75 次侵蚀性降雨来说，5 次仅占 6.7%。5 次用 9 年平均年均只有 0.6 次，还占不到年均总雨次的 1%。

在表 5.5 中，统计了各地年最大 1 次、最大 2 次侵蚀量占年总流失量的比例，结果表明，黄土高原年最大 1 次侵蚀量占年总流失量的比例平均为 60.7%，一般为 45%～80%，最大 2 次侵蚀量占总流失量的比例平均为 81.8%，一般为 70%～90%。

3. 侵蚀性降雨的雨时特征

把降雨的历时分作四个量级，分别统计了各量级雨时的侵蚀性降雨发生次数、各历时侵蚀量占总侵蚀量的比例（表 5.6）。

表 5.5　最大 1 次、2 次侵蚀量占年总流失量的比例

地点	资料年限	统计年数/a	最大 1 次/%	最大 2 次/%
安塞 2 号场	1985～1989 年	5	66.7	84.5
安塞 4 号场	1985～1989 年	5	69.0	87.2
团山沟 3 号场	1963～1969 年	7	52.4	73.8
团山沟 9 号场	1963～1969 年	7	53.3	81.3
辛店沟 11 号场	1955～1959 年	6	73.6	88.0
辛店沟 18 号场	1955～1959 年	6	68.8	83.3
天水梁家坪 1 号场	1945～1953 年	9	77.9	92.4
天水梁家坪 2 号场	1945～1953 年	9	74.9	90.8
离石全山坡	1963～1968 年	6	54.4	76.3
离石全沟坡	1963～1968 年	6	58.5	78.1
子洲团山沟	1961～1969 年	9	49.9	70.6
子洲蛇家沟	1960～1969 年	10	59.0	78.8
子洲驼耳巷	1960～1967 年	8	67.7	85.9
离石羊道沟	1956～1970 年	15	63.5	81.3
子洲黑矾沟	1960～1967 年	8	52.7	77.9
绥德南窑沟	1954～1961 年	7	67.2	83.0
延安小砭沟	1961～1967 年	7	46.7	78.9
绥德裴家峁	1960～1969 年	10	60.5	74.8
离石王家沟	1955～1981 年	21	74.8	92.9
绥德韭园沟	1954～1969 年	16	59.7	78.3
子洲曹坪	1960～1969 年	10	43.7	68.0
子洲杜家沟岔	1960～1967 年	8	45.9	69.6
子洲新庄	1960～1967 年	8	46.8	67.3
子洲三川口	1960～1969 年	10	52.1	79.3
天水吕二沟	1954～1963 年	10	45.3	69.3
平均			60.7	81.8

表 5.6　侵蚀性降雨的雨时特征

地点	侵蚀性降雨的雨时结构比例/%				各历时侵蚀量占总侵蚀量的比例/%			
	<60min	60～180min	180～60min	≥360min	<60min	60～180min	180～60min	≥360min
团山沟 3 号场	29.7	10.8	21.6	37.8	29.5	4.8	19.2	46.5
团山沟 9 号场	30.6	11.1	22.2	36.1	25.0	10.7	12.7	51.6
辛店 11 号场	31.0	24.1	17.2	27.6	25.0	65.0	4.6	5.4
辛店 18 号场	31.0	24.1	17.2	27.6	37.2	44.4	10.4	8.1
蛇家沟	17.9	20.5	23.1	38.5	29.9	8.1	21.9	40.1
驼耳巷	11.8	17.6	17.6	52.9	6.8	33.1	20.1	40.0
团山沟	18.7	17.3	20.0	44.0	20.3	21.3	11.4	47.0
小砭沟	11.3	26.4	15.1	47.2	1.9	52.9	4.5	40.7
羊道沟	23.9	41.3	16.5	18.3	11.3	21.0	22.6	45.1
平均	22.9	21.5	19.0	36.7	20.7	29.0	14.2	36.1

由表 5.6 可以看出，在侵蚀性降雨中，有 22.9%的降雨历时小于 1h，其侵蚀量占总侵蚀量的 20.7%；有 44.4%的降雨历时小于 3h，其侵蚀量占总侵蚀量的近 50.0%；有 40.5%的降雨历时为 1～6h，其侵蚀量占总侵蚀量的 43.2%；有 36.7%的降雨历时大于 6h，其侵蚀量占总侵蚀量的 36.1%。

图 5.3 是根据延安、绥德、子洲等地 210 次侵蚀性降雨的资料，将降雨历时分作 9 个量级，统计计算不同量级历时的侵蚀次数和侵蚀量变化，可以看出，黄土高原的水土流失主要是由 1～4h 的降雨所引起。

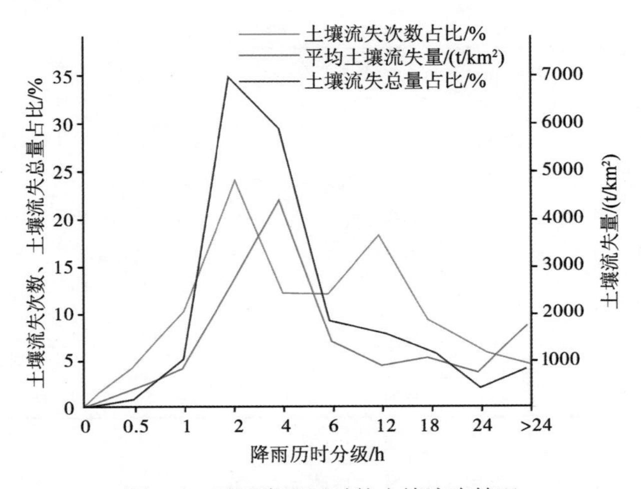

图 5.3　不同降雨历时的土壤流失情况

4. 侵蚀性降雨的雨强特征

在黄土高原，大部分降雨的过程变化特征是在高强度的降雨前后，总是有一段很长时间的微弱降水或间隙性降水，这些微弱降水并不能产生多大的水土流失，但降雨历时却拖得很长，大大降低了次降雨的平均强度。因此，用次降雨的平均强度是很难说明侵蚀性降雨的雨强特征。采用 30min 最大降雨强度来分析侵蚀性降雨的雨强特征（表 5.7），可以看出：在侵蚀性降雨中，30min 降雨强度小于 15mm/h 的发生次数占 32.8%，但其侵蚀量仅占总侵蚀量的 2.5%；30min 降雨强度为 15～30mm/h 的发生次数占 43.0%，其侵蚀量占总侵蚀量的 26.1%；30min 降雨强度为 30～60mm/h 的发生次数占 19.3%，其侵蚀量占总侵蚀量的 42.5%，30min 降雨强度≥60mm/h 的发生次数占 5.0%，其侵蚀量占总侵蚀量的 29.0%。因此，从总体上看，侵蚀性降雨的次数以 $15 \leqslant I_{30} < 30$（mm/h）所占比例最大（43.0%），侵蚀性降雨的侵蚀量以 $30 \leqslant I_{30} < 60$（mm/h）所占比例最大（42.5%）。一个地区的侵蚀量95%以上是由30min 降雨强度≥15mm/h（也就是30min 雨量≥7.5mm）的降雨所引起。

5. 侵蚀性降雨的雨型特征

把黄土高原的降雨分成三种类型：A 型（局地雷暴雨）、B 型（锋面性降雨夹有雷暴雨性质)、C 型（一般性锋面雨)，统计了不同类型降雨的侵蚀性降雨情况。从表 5.8 的统计结果可以看出，在侵蚀性降雨中，A 型暴雨的发生比例最大，可占侵蚀性降雨总次数的 55%左右，B 型暴雨占 35%左右，C 型暴雨占 15%左右；在侵蚀性降雨中，A 型暴雨所引起的土壤流失量最多，可占总流失量的 65%，B 型暴雨可占 30%，C 型暴雨仅占 5%。

表 5.7 侵蚀性降雨的雨强特征

地点	侵蚀性降雨的雨强（mm/h）结构比例/%				各雨强（mm/h）侵蚀量占总侵蚀量的比例/%			
	I_{30}<15	15～30	30～60	I_{30}≥60	I_{30}<15	15～30	30～60	I_{30}≥60
团山沟 3 号场	21.6	45.9	24.3	8.1	1.0	14.8	59.5	24.7
团山沟 9 号场	22.2	47.2	22.2	8.3	0.8	15.0	54.0	30.2
辛店 11 号场	31.0	55.2	10.3	3.4	0.6	32.4	6.4	60.6
辛店 18 号场	31.0	55.2	10.3	3.4	1.6	48.3	9.3	40.8
蛇家沟	23.1	38.5	28.2	10.3	7.2	19.9	33.0	39.8
驼耳巷	29.4	41.2	23.5	5.9	2.3	20.9	50.8	26.0
团山沟	48.0	33.3	13.3	5.3	1.8	15.3	44.2	38.6
小砭沟	50.9	26.4	22.6	0.0	3.3	21.8	74.9	0.0
羊道沟	37.6	44.0	18.3	0.0	3.4	46.6	50.0	0.0
平均	32.8	43.0	19.3	5.0	2.5	26.1	42.5	29.0

表 5.8 侵蚀性降雨的雨型特征

地点	侵蚀性降雨的雨型结构比例/%			各雨型侵蚀量占总侵蚀量的比例/%		
	A	B	C	A	B	C
团山沟 3 号场	62.2	35.1	2.7	66.0	32.4	1.6
团山沟 9 号场	63.9	33.3	2.8	71.4	23.9	4.7
辛店 11 号场	55.2	34.5	10.3	90.4	6.8	2.8
辛店 18 号场	55.2	34.5	10.3	83.0	11.7	5.4
蛇家沟	53.8	38.5	7.7	66.6	24.1	9.3
驼耳巷	38.2	38.2	23.5	57.8	39.0	3.2
团山沟	53.3	30.7	16.0	72.9	21.9	5.2
小砭沟	39.6	47.2	13.2	37.8	60.3	1.9
羊道沟	53.2	41.3	5.5	30.3	58.9	10.8
平均	52.7	37.0	10.2	64.0	31.0	5.0

5.2 不同集水区降雨产流产沙关系及过程变化

5.2.1 坡面产流过程中的降雨变化

表 5.9 是子洲团山沟 3 号径流场 13 次产流过程中的降雨变化情况，从统计结果可知：(1) 黄土高原引起产流的主要降雨类型为短历时局地雷暴雨（A 型)。这类暴雨产

流发生前的雨量一般为 2～4mm，占次雨量的 10%左右，引起产流的 5min 降雨强度为 0.36～0.55mm/min。在产流中的雨量一般占次降雨量的 80%以上，降雨强度一般在 0.5mm/min 以上，这和引起产流的降雨强度基本一致。产流停止后的雨量一般也只有 2～3mm，占次雨量的 5%～10%，降雨强度也只有 0.01～0.03mm/min。从降雨历时看，产流发生前的降雨历时多为 3～10min，也有一些超过了 50min，但是不论历时长短，真正引起产流的降雨历时也只有 2～5min，因为大部分的降雨历时为高强度降雨前的零星降雨。产流过程中的降雨历时（产流历时）一般为 10～40min，占次降雨历时的 20%～40%，产流停止后的降雨时间不等，有的只有几分钟，有的超过 100min，这主要取决于降雨强度，只要是不能产生径流的微量降水，时间长短是随降雨本身的特性而定。

（2）与 A 型暴雨不同，锋面性降雨夹有雷暴性质的 B 型暴雨，产流前的雨量一般为 3.5～5.5mm，同样占次降雨量的 10%左右，引起产流的 5min 降雨强度为 0.4～0.7mm/min。产流中的雨量一般占次雨量的 70%以上，这其中包括了一部分未产流的间歇性降雨，实际产流雨量一般占次雨量的 40%～70%。产流停止后的降雨量一般不超过 10mm，降雨强度为 0.02～0.04mm/min。从降雨历时看，B 型降雨产流发生前的降雨历时一般为 20～70min，如果雷暴性降雨先发生，那么，产流前的降雨历时可能只有几分钟。B 型暴雨的产流历时一般只有 50～80min，仅占降雨总历时的 10%～20%，产流过程中的间歇性降雨历时和产流停止后的降雨历时要占总降雨历时的 70%以上。

（3）长历时锋面雨（C 型）在产流前的雨量可达几十毫米，有时占次雨量的 1/3～1/2。只要没有能够引起产流的高强度降雨，其雨量还可能达到五六十毫米，因为对于黄土性土壤来说，超渗产流是最基本的产流特点。C 型降雨产流中雨量一般占次雨量的 20%～30%，产流过程中的间歇性降雨和产流停止后的降雨雨量可占次雨量的 20%～40%。从降雨历时看，C 型降雨在产流发生前的降雨历时达数百分钟，可占次降雨历时的一半左右，产流历时一般只有 50～80min，仅占次降雨历时的 5%～10%，产流过程中低强度间歇性降雨和产流停止后降雨的历时一般占次降雨历时的 30%～50%。

（4）从产流过程中降雨变化的总体情况看，由于黄土性土壤具有超渗产流的显著特点，因此，不论产流发生前雨量多大，降雨历时多长，关键是触发产流的瞬时降雨强度一般要达到 0.5mm/min 左右，A 型暴雨产流前的降雨历时一般为 3～10min，B 型暴雨为 20～50min，C 型暴雨为 300～800min，可能也有几十分钟。A 型暴雨的产流历时一般为 10～40min，B 型暴雨和 C 型暴雨有 50～80min。产流历时占降雨总历时的比例 A 型暴雨为 20%～40%，B 型暴雨为 10%～20%，C 型暴雨为 5%～10%；产流停止后和产流过程中低强度间歇性降雨的历时，A 型暴雨只有几分钟到几十分钟，B 型暴雨和 C 型暴雨可达数百分钟。从产流雨量和非产流雨量的比例看，A 型暴雨产流雨量占总雨量的 80%以上，B 型暴雨为 50%～80%，C 型暴雨为 30%左右。

表 5.9　子洲团山沟 3 号径流场产流过程中的降雨变化

日期（年.月.日）	降雨情况							产流发生前降雨				产流过程中降雨						产流停止后降雨		
	历时/min	雨量/mm	雨强/（mm/min）	最大时段雨量/mm			雨型	历时/min	雨量/mm	雨强/（mm/min）	5min雨强/（mm/min）	历时/min	雨量/mm	雨强/（mm/min）	停流历时/min	停流雨量/mm	停流雨强雨强/（mm/min）	历时/min	雨量/mm	雨强/（mm/min）
				10min	30min	60min														
1963.8.26	110	22.0	0.20	12.2	18.3	21.5	A	64	4.3	0.067	0.42	46	17.7	0.385				0	0	0
1964.7.14	35	14.2	0.406	9.7	14.1	14.2	A	7	2.4	0.34	0.42	19	11.7	0.616				9	0.1	0.011
1964.8.2	194	27.4	0.141	17.0	24.8	26.3	A	9	2.1	0.233	0.38	24	23.0	0.958				161	2.3	0.014
1964.8.23	30	7.8	0.26	7.1	7.8	7.8	A	15	2.0	0.133	0.36	10	5.6	0.560				0	0	0
1966.6.27	128	51.3	0.401	17.5	36.4	44.9	A	8	2.0	0.250	0.44	48	41.3	0.860				72	8.0	0.110
1966.8.8	51	11.5	0.225	10.3	11.3	11.5	A	3	1.3	0.43	0.38	15	9.9	0.660				33	0.3	0.009
1966.8.15	215	37.9	0.176	14.9	32.2	36.2	A	55	2.6	0.047	0.54	38	31.3	0.824				122	4.0	0.033
1967.8.26	150	28.3	0.190	10.5	20.8	26.4	A	13	3.2	0.246	0.36	40	22.0	0.550				97	3.1	0.032
1968.7.15	34	29.0	0.853	23.0	28.8	29.0	A	3	4.0	1.33	0.52	16	24.7	1.554				15	0.3	0.02
1966.7.17	445	71.3	0.160	12.8	25.1	37.5	B	73	5.7	0.078	0.74	78	54.7	0.701	33	5.6	0.170	261	5.3	0.020
1967.8.21	816	36.0	0.044	5.4	8.6	12.0	B	23	3.9	0.169	0.42	69	22.2	0.320	615	6.1	0.010	109	3.8	0.035
1963.6.15	728	36.5	0.050	13.4	20.2	21.9	B	7	3.8	0.54	0.64	67	20.3	0.300	52	2.2	0.04	602	10.2	0.034
1964.7.5	1095	92.1	0.084	8.7	17.1	22.2	C	649	33.5	0.052	0.46	64	31.6	0.494	110	16.6	0.151	272	10.4	0.038

5.2.2　坡面产流、产沙的过程变化

图 5.4～图 5.7 是团山沟 3 号径流场 6 次典型降雨的降雨与产流、产流与产沙、产流与输沙、产沙与输沙的过程变化，表 5.10 是团山沟 3 号径流场 1963～1969 年 39 次产流降雨最大流量、最大含沙量和最大输沙率在产流过程中的出现时间，表 5.11 是产流开始

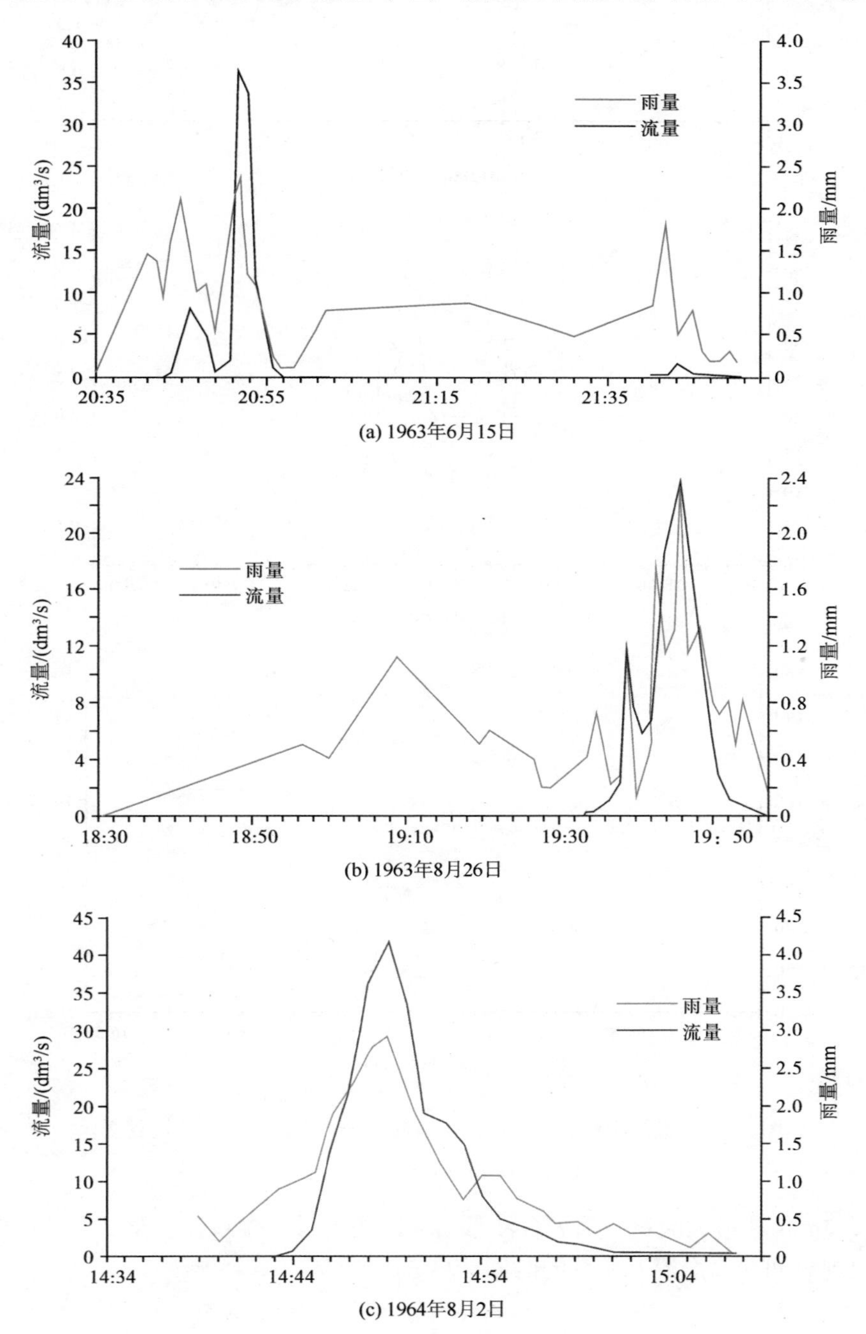

(a) 1963年6月15日

(b) 1963年8月26日

(c) 1964年8月2日

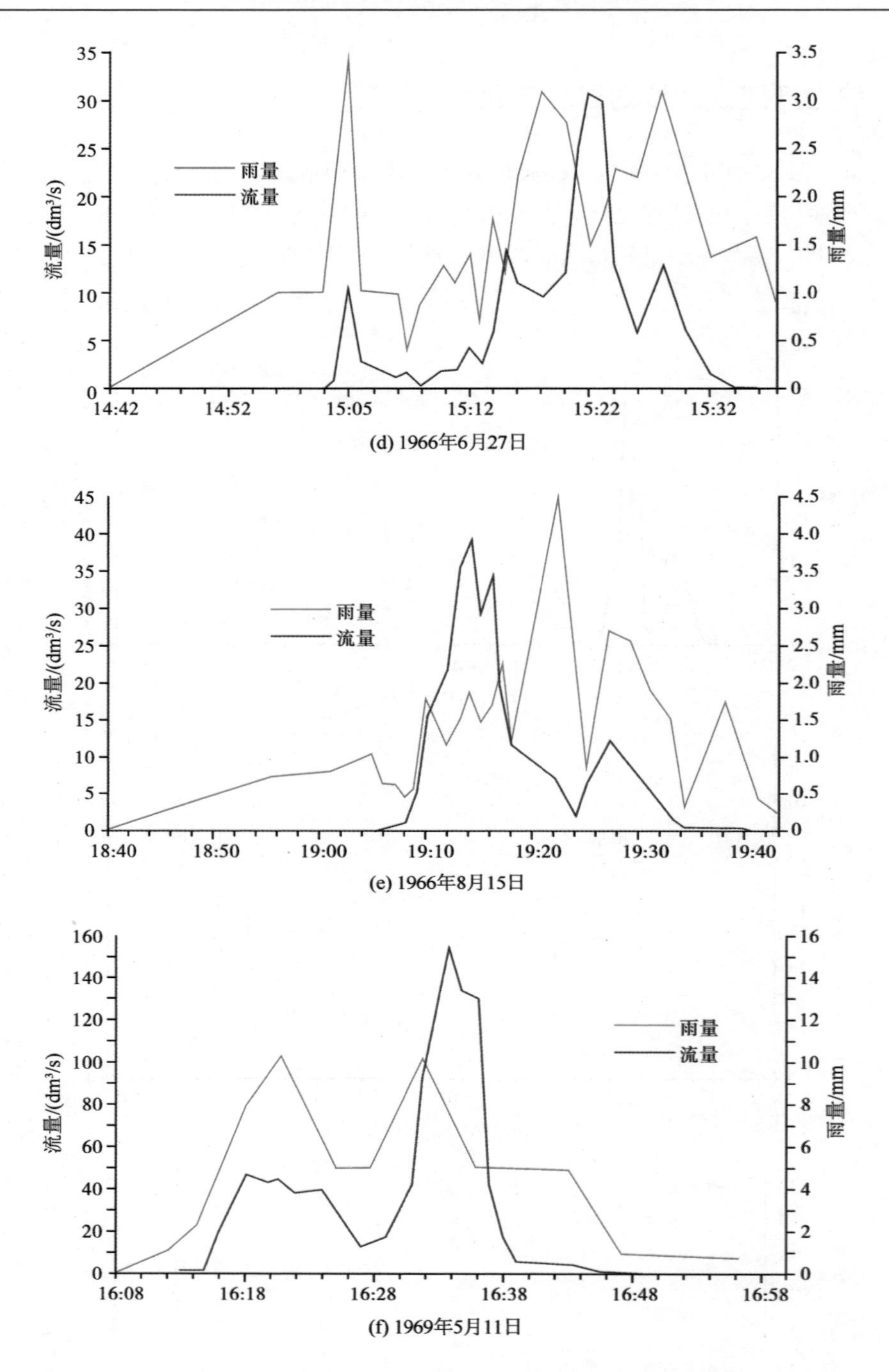

图 5.4　子洲团山沟 3 号径流场 6 次降雨产流雨量与流量的过程变化

后 1min、2min 和最大流量、最大含沙量出现时的流量、含沙量以及最大含沙量、最大流量的出现时间（以产流开始后的时间计算）。

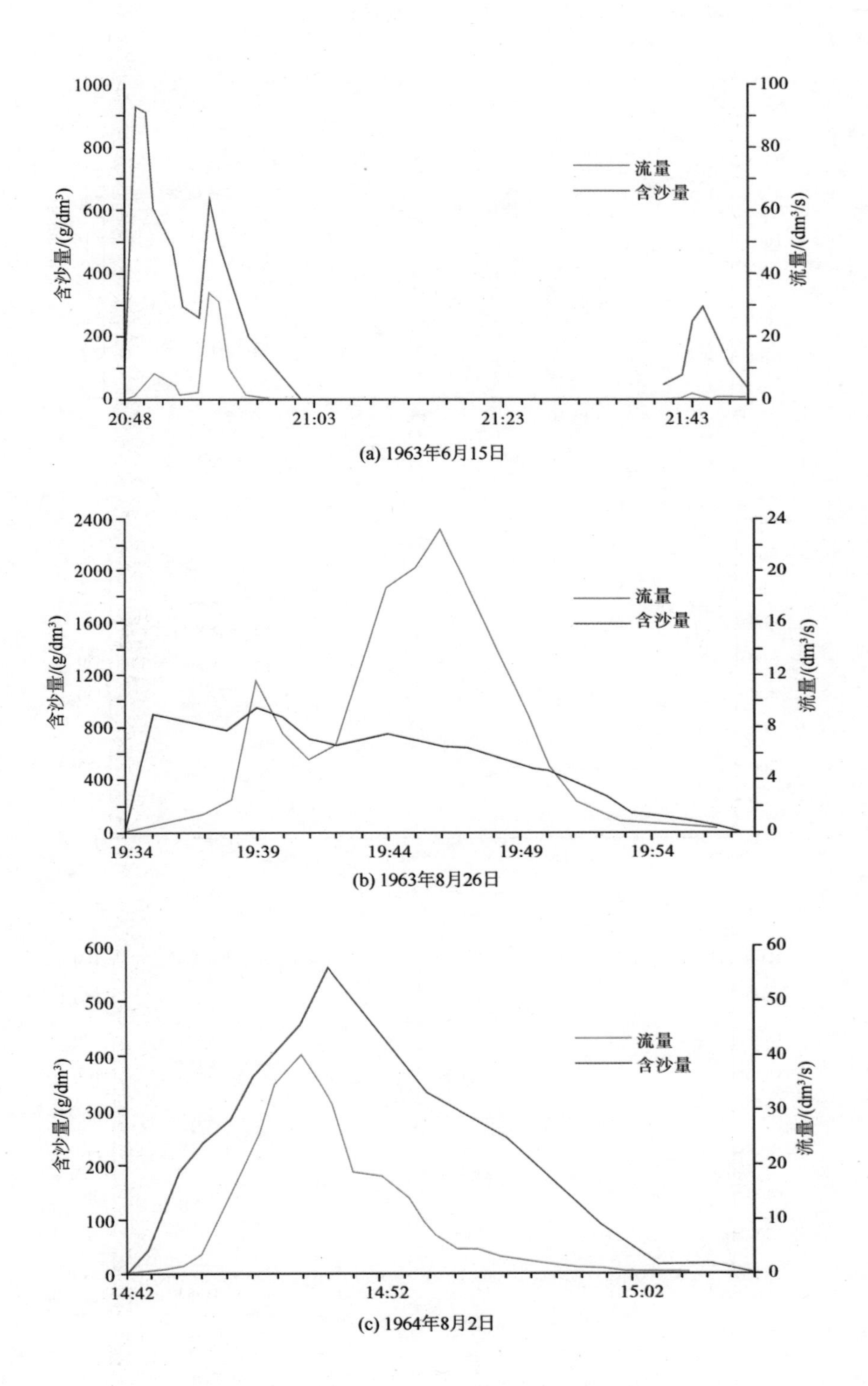

含沙量/(g/dm³)
流量/(dm³/s)
流量
含沙量
1000
800
600
400
200
0
100
80
60
40
20
20:48
21:03
21:23
21:43
(a) 1963年6月15日
2400
2000
1600
1200
24
16
12
8
4
19:34
19:39
19:44
19:49
19:54
(b) 1963年8月26日
500
300
100
50
30
10
14:42
14:52
15:02
(c) 1964年8月2日

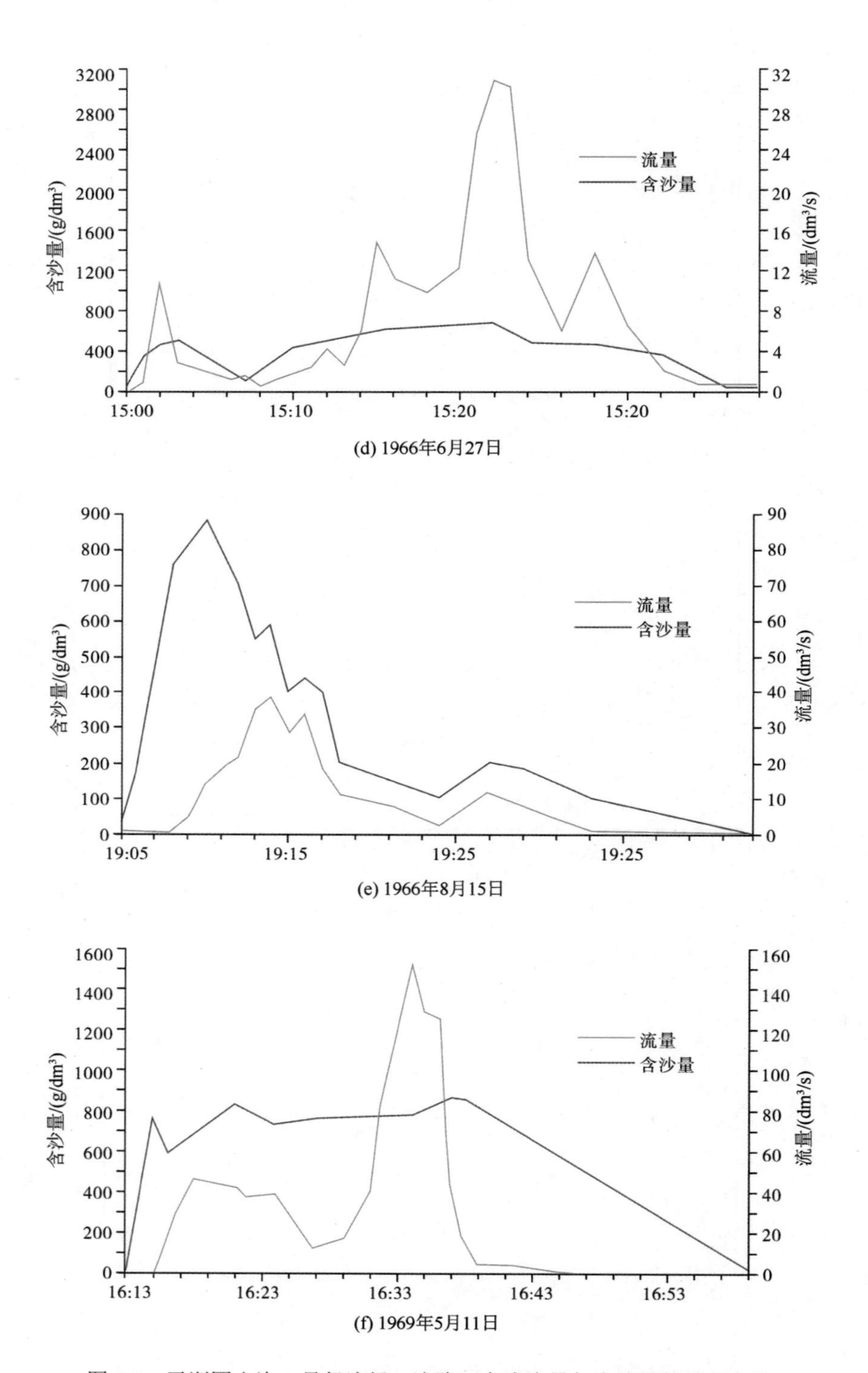

图 5.5　子洲团山沟 3 号径流场 6 次降雨产流流量与含沙量的过程变化

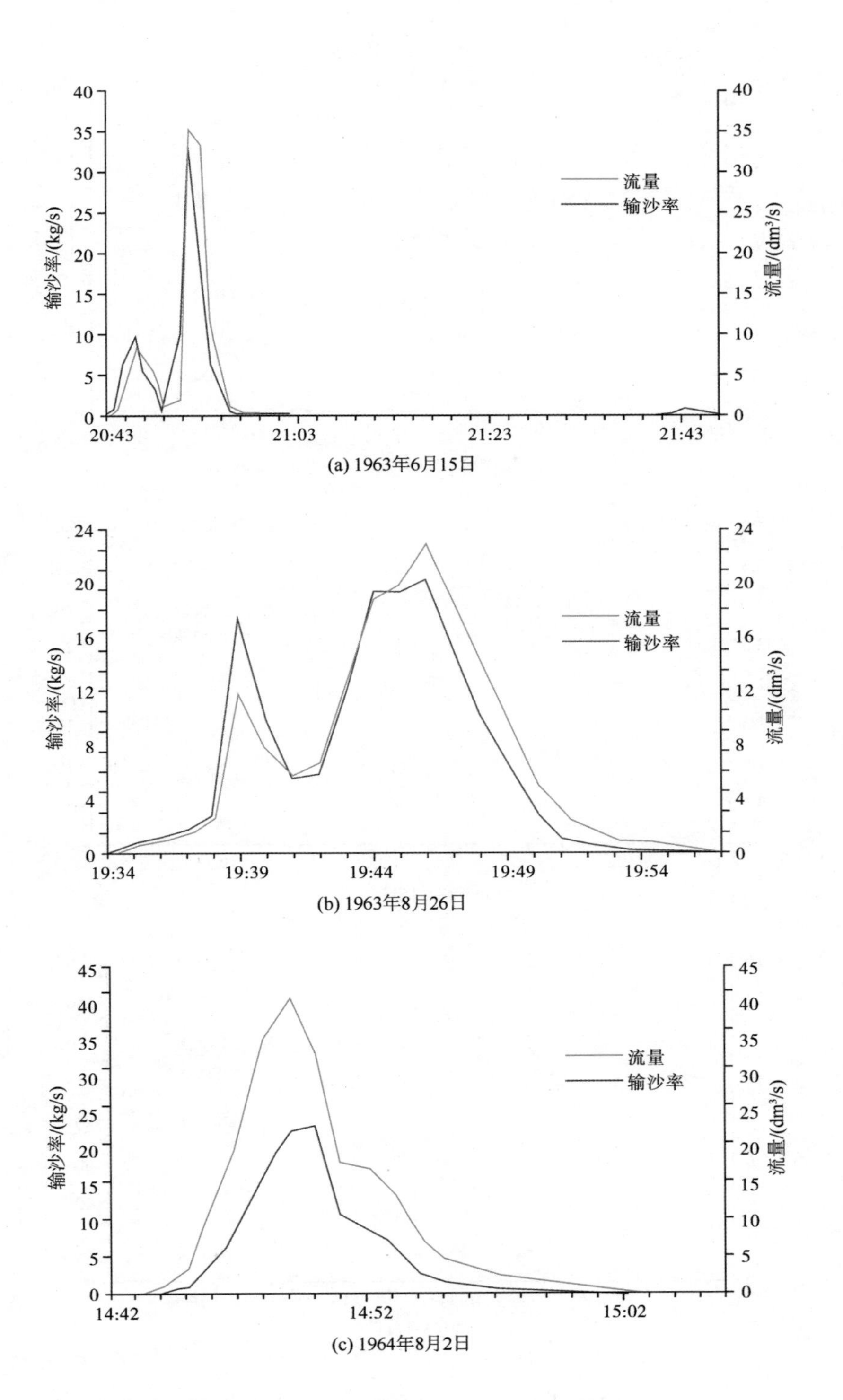

(a) 1963年6月15日

(b) 1963年8月26日

(c) 1964年8月2日

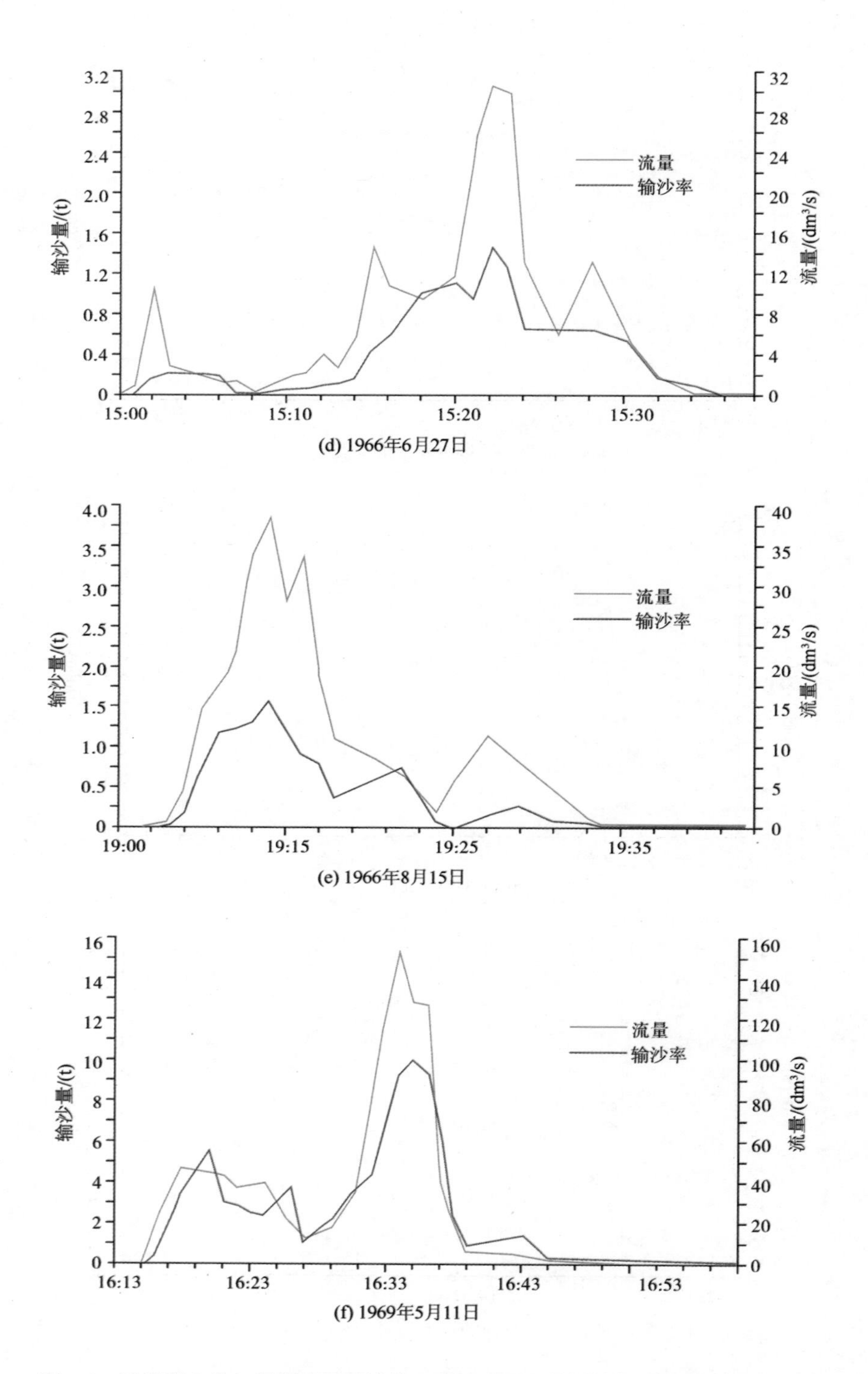

图 5.6　子洲团山沟 3 号径流场 6 次降雨产流流量与输沙率、输沙量的过程变化

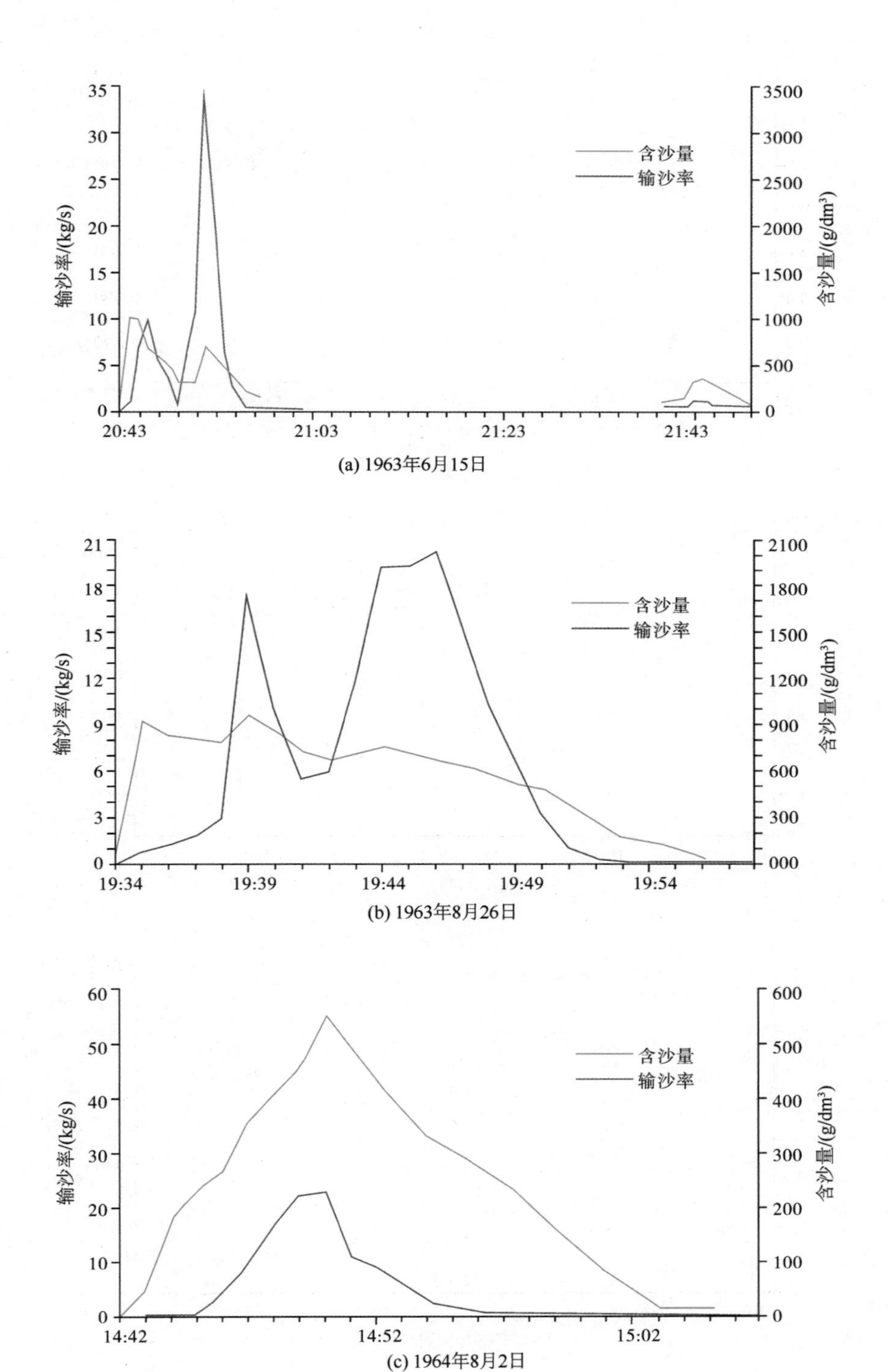

(a) 1963年6月15日

(b) 1963年8月26日

(c) 1964年8月2日

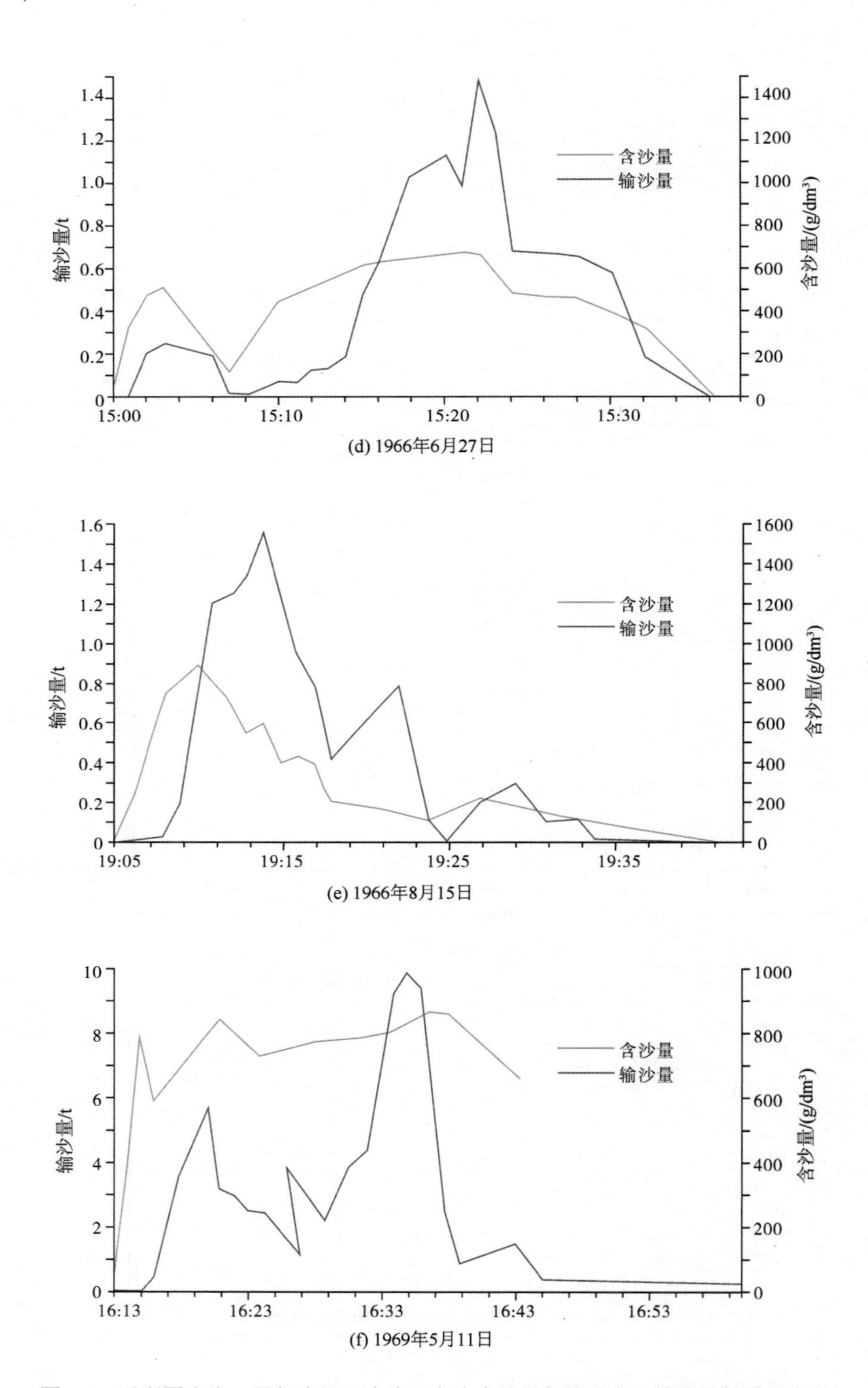

图 5.7　子洲团山沟 3 号径流场 6 次降雨产流含沙量与输沙率、输沙量的过程变化

表 5.10　子洲团山沟 3 号径流场流量、含沙量、输沙率的峰值出现时间

日期（年.月.日）	最大流量	最大含沙量	最大输沙率
流量、含沙量、输沙率峰值同时出现			
1964.7.5	1:00	1:00	1:00
1964.7.21	3:44	3:44	3:44
1964.8.23	21:43	21:43	21:43
1964.9.11	22:05	22:05	22:05
1966.6.26	16:44	16:44	16:44
1966.8.14	16:34	16:34	16:34
1967.8.29	13:07	13:07	13:07
1967.8.31	23:20	23:20	23:20
1969.5.12	2:07	2:07	2:07
1966.7.17	18:36	18:36	18:36
1964.7.14	22:37	22:37	22:37
1968.8.13	10:13	10:13	10:13
1969.8.9	23:24	23:24	23:24
1969.8.20	21:37	21:37	21:37
1961.9.27	3:59	3:59	3:59
1969.7.20	17:41	17:41	17:41
1966.8.8	7:27	7:27	7:27
1966.8.28	19:10	19:10	19:10
1967.8.19	22:24	22:24	22:24
1967.8.22	2:47	2:47	2:47
沙峰在先，流量和输沙率峰值同时出现			
1963.6.15	20:52	20:44	20:52
1963.8.26	19:46	19:39	19:46
1963.8.28	20:43	20:41	20:43
1966.6.27	15:22	15:21	15:22
1966.8.15	19:14	19:10	19:14
1967.8.21	19:54	19:53	19:54
1967.8.26	15:52	15:50	15:52
1968.7.15	19:48	19:44	19:48
1968.8.22	0:28	0:26	0:28
1969.7.4	14:43	14:42	14:43
1969.7.14	17:32	17:31	17:32
洪峰在先，沙峰和最大输沙率或洪峰和最大输沙率同时出现			
1964.8.2	14:49	14:50	14:50
1968.7.18	18:42	18:44	18:44
1968.7.25	18:47	19:03	18:47
1968.7.19	13:59	14:03	13:59
洪峰在后，沙峰和最大输沙率同时出现			
1969.6.16	15:12	15:11	15:11
流量、含沙量输沙率峰值互不同时出现			
1967.8.24	23:58	23:55	0:00
1969.7.26	19:07	19:08	19:01
1961.7.22	13:53	13:46	13:50

表 5.11　子洲团山沟 3 号径流场产流开始后 1min、2min 和洪峰、沙峰出现时的流量、含沙量及最大含沙量、最大流量的出现时间

日期（年.月.日）	产流 1min		产流 2min		最大流量		最大含沙量		最大含沙量出现时间	最大流量出现时间
	流量/(m^3/s)	含沙量/(kg/m^3)	流量/(m^3/s)	含沙量/(kg/m^3)	流量/(m^3/s)	含沙量/(kg/m^3)	含沙量/(kg/m^3)	流量/(m^3/s)	产流开始后的时间/min	产流开始后的时间/min
1963.6.15	0.59	1010	6.50	1000	36.4	693	1010	0.59	1	8
1963.8.26	0.63	909	1.00	841	22.9	661	957	11.5	4	11
1963.8.28	0.13	456	1.93	269	11.6	421	456	0.13	1	4
1964.7.5	0.04	29.9	0.26	145	5.52	740	740	5.52	10	10
1964.7.14	0.15	110	1.91	296	9.57	449	449	9.57	5	5
1964.8.2	0.04	52	0.89	186	40.9	462	556	33.6	8	7
1964.8.23	0.15	218	2.72	398	22.9	556	556	22.9	4	4
1964.7.21	0.04	21.4	0.16	19.2	0.44	97.8	97.8	0.44	13	13
1964.9.11	0.04	9.69	0.09	6.23	0.96	127	127	0.96	35	35
1966.6.26	0.8	625	3.8	700	23.7	765	765	23.7	6	6
1966.6.27	0.9	330	10.6	481	30.7	668	673	24.8	21	22

续表

日期（年.月.日）	产流 1min		产流 2min		最大流量		最大含沙量		最大含沙量出现时间	最大流量出现时间
	流量/（m^3/s）	含沙量/（kg/m^3）	流量/（m^3/s）	含沙量/（kg/m^3）	流量/（m^3/s）	含沙量/（kg/m^3）	含沙量/（kg/m^3）	流量/（m^3/s）	产流开始后的时间/min	产流开始后的时间/min
1966.7.17	0.2	327	2.6	695	17.4	863	863	17.4	3	3
1966.8.8	0.4	192	3.1	284	13.5	412	412	13.5	3	3
1966.8.14	0.3	607	0.4	799	0.4	799	799	0.4	2	2
1966.8.15	0.1	204	0.5	540	38.8	589	889	14.9	5	9
1966.8.28	0.4	66.6	1.0	112	9.2	244	244	9.2	5	5
1967.8.19	0.5	634	1.7	694	1.7	694	694	1.7	2	2
1967.8.21	0.2	170	0.2	58	1.1	637	639	0.8	6	7
1967.8.22	0.2	285	1.9	488	15.4	823	823	15.4	3	3
1967.8.25	0.2	237	0.6	191	3.1	272	289	0.9	22	20
1967.8.26	0.2	27	0.4	147	11.3	329	351	8.8	26	28
1968.7.15	0.5	509	1.2	549	54.3	798	880	44.5	3	7
1968.7.25	0.2	297	1.4	255	16.6	339	414	8.7	22	6
1968.8.13	0.2	294	0.4	683	1.1	796	796	1.1	4	4
1968.8.22	0.2	259	1.3	419	4.4	384	419	1.3	2	4
1969.6.16	0.9	293	3.1	271	4.8	184	467	1.5	3	4
1969.7.4	0.5	623	0.9	400	0.9	400	623	0.5	1	2
1969.7.14	0.3	245	1.8	575	6.2	451	575	1.8	2	3
1969.7.20	0.3	146	4.7	186	9.2	228	228	9.2	3	3
1968.7.18	0.2	200	0.9	200	2.5	263	347	0.5	5	3
1968.7.19	0.4	81.6	1.1	137	1.7	202	231	0.9	8	4
1969.5.12	0.1	47.9	0.2	84	8.3	472	472	8.3	7	7
1969.7.26	0.2	54.3	1.0	86	17.4	222	394	6.4	71	70

通过图 5.4～图 5.7、表 5.10 和表 5.11，对黄土高原坡面产流、产沙的过程变化有以下认识：

（1）从 39 次降雨流量、含沙量和输沙率的峰值出现时间看，有 50%的降雨流量、含沙量和输沙率峰值同时出现，有 30%的降雨含沙量峰值超前于流量和输沙率峰值，有 8%的降雨流量峰值超前于含沙量和输沙率峰值，有 12%的降雨流量、含沙量、输沙率峰值互不同时出现。

（2）当含沙量峰值超前于流量峰值时，最大含沙量多出现在产流开始后的 1min、2min，而最大流量多出现在最大含沙量后的 1～4min 或产流的中段。根据统计结果，流量峰值滞后于含沙量峰值的时间一般不超过 5min。当含沙量峰值滞后于流量峰值时，一般最大含沙量紧随最大流量出现，时间只差 1min、2min。因此对于坡面产流产沙来说，沙峰和洪峰几乎是同时出现。

（3）根据表 5.11 的统计结果，33 次降雨的最大含沙量平均为 552.6kg/m^3，最大流量出现时的含沙量平均为 476.7kg/m^3，最大流量时的含沙量相当于最大含沙量的 86.3%，比最大含沙量小 15%左右。在这 33 次降雨中，有 15 次降雨沙峰和洪峰同时出现，洪峰时的含沙量即为最大含沙量；有 12 次降雨沙峰超前于洪峰，这 12 次降雨最大含沙量平均为 662.4kg/m^3，而最大流量出现时的含沙量平均为 517.9kg/m^3，最大流量出现时的含沙量相当于最大含沙量的 78.2%，比最大含沙量小 20%左右；有 6 次降雨沙峰滞后于洪峰，这 6 次降雨的最大含沙量平均为 371.8kg/m^3，最大流量出现时的含沙量平均为 293.3kg/m^3，相当于最大含沙量的 78.8%，比最大含沙量也小 20%左右。从总体看，当洪峰和沙峰不同时出现时，最大流量出现时的含沙量一般比最大含沙量小 20%，但是洪峰和沙峰出现时的流量却差异很大。沙峰超前于洪峰的 12 次降雨，洪峰时的最大流量平均为 18.6dm^3/s，沙峰时的流量平均为 9.3dm^3/s，二者相差 1 倍。

（4）在 33 次降雨产流中，最大含沙量出现在产流开始后 1～3min 的占 40%，出现在产流开始后 5min 内的占 60%，出现在产流开始后 10min 内的占近 80%。

（5）在 33 次降雨产流中，产流开始 1min 的流量平均为 0.31dm^3/s，多数为 0.2～0.6dm^3/s，仅为最大流量的 2.2%，但其含沙量却高达 292.7kg/m^3，多数为 200～600kg/m^3，相当于洪峰含沙量的 61.4%；产流 2min 的流量平均为 1.8dm^3/s，多数为 1.0dm^3/s 左右，仅为最大流量的 13.3%，但其含沙量高达 369.5kg/m^3，相当于洪峰含沙量的 77.5%。

（6）含沙量峰值出现在产流一开始的多为局地雷暴雨，这类暴雨一开始，降雨强度很大，高强度的降雨以很大的能量冲击地表，并使地表薄层水流产生强烈紊乱，增加水流的挟沙能力。从统计结果看，在 33 次降雨中，产流 1min 含沙量超过 500kg/m^3 的有 7 次，占 21.2%；超过 300kg/m^3 的有 10 次，占 30.3%；超过 200kg/m^3 的有 19 次，占 57.6%。产流 2min 含沙量超过 500kg/m^3 的就有 10 次，占 30.3%；超过 300kg/m^3 的有 15 次，占 45.5%；超过 200kg/m^3 的有 21 次，占 63.6%。最大含沙量出现在产流后 1min 的有 3 次，出现在产流 2min 以内的有 7 次。

（7）流量与输沙率的过程变化基本是一致的，流量峰值和输沙率峰值一般同时出现。例如，1963 年 6 月 15 日 19:52 流量和输沙率同时出现峰，流量为 36.4dm^3/s，输沙率为 342000g/s；1963 年 8 月 26 日 19:46 流量为 22.9dm^3/s，输沙率为 20200g/s，同时出现峰值。也有个别降雨最大输沙率略后于洪峰。例如，1964 年 8 月 2 日 19:49 出现洪峰，流量为 40.9dm^3/s，输沙率为 22800g/s；当流量降为 33.6dm^3/s，输沙率升为 23500g/s，出现峰值；最大输沙率滞后于洪峰的时间一般只有 1min，其最大输沙率值也略高于洪峰时的输沙率，甚至很接近。

（8）在坡面上，含沙量峰值和流量峰值的持续时间都很短，一般只有 2～5min，但流量峰值降落要比含沙量快得多。例如，1963 年 8 月 26 日 19:46 流量出现峰值 22.9dm^3/s，到 19:50 流量降为 5.3dm^3/s，而含沙量则从 19:46 的 661kg/m^3 降到 19:05 的 510kg/m^3。

5.2.3　沟道小流域产流、产沙关系及过程变化

表 5.12～表 5.15 是子洲团山沟（毛沟，0.18km^2）、蛇家沟（小支沟，4.26km^2）、三

川口（支沟，21.0km^2）、曹坪（干沟，187.0km^2）主要产流降雨的最大流量、最大含沙量及出现时间。

表 5.12　团山沟主要产流降雨最大流量、最大含沙量及出现时间

日期（年.月.日）	最大流量				最大含沙量			
	出现时间（时:分）	距产流开始时间/min	流量/（m^3/s）	含沙量/（kg/m^3）	出现时间（时:分）	距产流开始时间/min	流量/（m^3/s）	含沙量/（kg/m^3）
1963.6.3	16:13	13	0.077	298	16:25	25	0.025	757
1963.6.15	20:59	19	0.977	874	20:59	19	0.977	874
1963.8.26	19:59	49	0.682	845	19:56	47	0.675	858
1963.8.28	21:32	58	0.561	689	21:22	48	0.536	693
1964.7.5	1:02	629	0.990	814	1:02	629	0.990	814
1964.7.14	22:43	10	0.758	649	22:43	10	0.758	649
1964.7.21	3:46	226	0.036	104	4:01	241	0.016	232
1964.8.2	14:53	11	4.420	769	14:53	11	4.420	769
1964.8.23	21:46	8	0.796	616	21:50	12	0.210	717
1964.9.11	23:57	281	0.704	653	23:54	278	0.430	672
1966.6.17	14:28	4	0.012	219	14:28	4	0.012	219
1966.6.26	16:45	18	4.270	893	16:47	20	1.220	923
1966.6.27	15:25	82	5.400	711	15:27	84	4.250	864
1966.7.17	20:20	436	2.360	689	20:26	442	0.125	832
1966.8.8	7:36	9	1.020	750	7:37	10	0.790	779
1966.8.14	16:35	9	0.447	480	16:37	11	0.217	654
1966.8.15	19:17	405	6.970	836	19:19	407	5.410	841
1966.8.28	19:15	9	0.687	698	19:21	15	0.372	853
1968.7.11	16:09	15	0.081	405	16:09	15	0.081	405
1967.7.17	16:27	37	0.054	336	16:29	39	0.035	373
1967.8.10	13:48	120	0.067	314	13:51	123	0.036	321
1967.8.19	22:27	12	0.382	986	22:27	12	0.382	986
1967.8.21	19:55	13	0.115	253	19:58	16	0.084	315
1967.8.22	2:52	15	0.884	872	2:52	15	0.884	872
1967.8.25	0:18	18	0.350	761	0:24	24	0.114	803
1967.8.26	15:52	38	2.020	860	15:57	43	0.974	898
1967.8.31	23:29	18	0.076	343	23:33	22	0.026	646
1967.9.13	17:30	15	0.023	202	17:35	20	0.010	442
1968.6.13	13:07	3	0.019	179	13:14	10	0.007	473
1968.7.15	19:51	11	8.370	921	19:50	10	6.290	963
1968.7.18	18:46	6	0.083	386	18:46	6	0.083	386
1968.7.19	14:02	8	0.099	289	14:10	16	0.055	477
1968.7.25	18:50	9	2.030	602	18:52	11	1.470	854
1968.8.13	10:17	11	0.209	553	10:22	16	0.059	600
1968.8.22	0:38	12	0.248	531	0:44	18	0.144	551
1968.9.3	18:21	11	0.050	351	18:27	17	0.024	394

续表

日期（年.月.日）	最大流量				最大含沙量			
	出现时间（时:分）	距产流开始时间/min	流量/(m^3/s)	含沙量/(kg/m^3)	出现时间（时:分）	距产流开始时间/min	流量/(m^3/s)	含沙量/(kg/m^3)
1969.5.11	16:33	21	6.240	1030	16:33	21	6.240	1030
1969.6.16	15:18	8	0.125	622	15:18	8	0.125	622
1969.7.14	17:37	6	0.243	409	17:41	10	0.145	538
1969.7.20	17:44	6	0.402	470	18:05	27	0.025	702
1969.7.26	19:08	111	2.050	856	19:10	113	1.090	1030
1969.8.9	23:31	193	0.276	626	23:31	193	0.276	626
1969.8.20	21:45	38	0.071	349	21:54	47	0.016	471
1969.9.1	19:21	12	0.055	313	19:21	12	0.055	313
平均		69.2	1.268	577.4		72.2	0.913	661.2

表 5.13　蛇家沟主要产流降雨最大流量、最大含沙量及出现时间

日期（年.月.日）	最大流量				最大含沙量			
	出现时间（时:分）	距产流开始时间/min	流量/(m^3/s)	含沙量/(kg/m^3)	出现时间（时:分）	距产流开始时间/min	流量/(m^3/s)	含沙量/(kg/m^3)
1963.5.23	11:27	457	0.252	57.8	7:00	190	0.107	201
1963.6.3	16:48	48	2.330	837	16:50	50	2.140	846
1963.6.15	20:58	58	3.930	650	21:10	70	1.730	681
1963.8.26	20:18	48	2.500	672	20:25	55	2.360	743
1963.8.28	21:42	102	6.530	703	21:48	108	3.380	743
1964.7.5	1:12	312	28.500	819	1:24	324	14.600	842
1964.7.14	22:54	54	24.000	934	22.54	54	24.000	934
1964.8.2	14:59	23	30.700	664	15:12	36	9.230	733
1964.8.23	21:51	21	1.770	412	22:00	30	0.521	578
1964.9.11	0:03	243	6.780	632	0:03	243	6.780	632
1967.7.11	16:28	28	4.930	423	16:54	54	0.682	809
1967.7.17	16:30	40	3.250	602	16:30	40	3.250	602
1967.8.19	22:36	18	1.330	622	22:36	18	1.330	622
1967.8.21	20:00	42	0.674	208	20:00	42	0.674	208
1967.8.22	3:06	16	6.620	768	2:57	7	4.920	779
1967.8.26	16:00	42	27.600	689	16:24	66	4.000	711
1967.8.29	13:24	180	3.050	751	13:24	180	3.050	751
1968.7.15	19:54	18	95.000	761	20:00	24	64.200	953
1968.7.18	19:00	18	9.470	670	19:03	21	6.050	794
1968.7.25	19:12	32	8.090	530	19:30	50	3.880	733
1968.8.13	10:28	28	6.000	556	10:36	36	3.880	650
1968.8.22	0:54	36	19.500	587	0:54	36	19.500	587
1969.5.11	16:33	33	75.000	775	16:36	36	75.000	890
1969.7.14	17:46	16	14.000	750	17:46	16	14.000	750
1969.7.26	19:20	122	10.900	700	19:20	122	10.900	700
1969.8.9	17:15	39	3.630	719	17:12	36	3.050	761
1969.8.20	21:42	102	7.770	681	21:42	102	7.770	681
平均		80.6	14.967	636.0		75.8	10.777	700.5

表 5.14　三川口主要产流降雨最大流量、最大含沙量及出现时间

日期（年.月.日）	最大流量				最大含沙量			
	出现时间（时:分）	距产流开始时间/min	流量/(m^3/s)	含沙量/(kg/m^3)	出现时间（时:分）	距产流开始时间/min	流量/(m^3/s)	含沙量/(kg/m^3)
1963.6.3	16:47	53	43.000	919	17:30	96	8.280	945
1963.6.26	20:00	60	61.000	776	20:06	66	46.500	895
1963.8.28	21:21	70	50.000	746	21:04	64	46.500	756
1964.6.17	18:24	54	6.790	674	18:27	57	6.260	746
1964.7.14	23:09	39	25.200	993	23:09	39	25.200	993
1964.7.16	17:30	6	4.000	594	17:30	6	4.000	594
1964.7.21	4:00	120	1.830	210	4:30	150	0.870	235
1964.8.2	15:30	60	8.830	935	15:30	60	8.830	935
1964.9.11	23:51	231	16.800	419	20:57	237	13.600	603
1964.8.23	21:48	6	0.074	18	24:00	196	0.125	55.1
1964.7.5	23:00	330	33.400	857	23:00	330	33.400	857
1967.7.17	16:18	18	73.000	869	16:30	40	33.000	919
1967.8.22	3:24	84	10.300	628	3:24	84	10.300	628
1967.8.26	16:15	75	32.200	664	16:84	108	7.600	846
1968.7.15	19:54	24	56.500	803	21:00	90	2.140	874
1968.8.11	13:18	78	11.500	817	13:18	78	11.500	817
1968.8.13	15:51	231	35.900	873	15:51	231	35.900	873
1968.8.22	0:42	42	140.000	712	0:54	54	82.000	753
1969.5.11	16:24	24	138.000	797	16:45	45	59.700	842
1969.5.12	2:36	156	25.300	618	2:40	162	18.000	646
1969.7.8	19:42	168	35.000	771	19:42	168	35.000	771
1969.8.20	21:36	96	36.000	595	21:36	96	36.000	595
平均		107.3	36.877	685.9		127.7	22.868	737.5

表 5.15　曹坪主要产流降雨最大流量、最大含沙量及出现时间

日期（年.月.日）	最大流量				最大含沙量			
	出现时间（时:分）	距产流开始时间/min	流量/(m^3/s)	含沙量/(kg/m^3)	出现时间（时:分）	距产流开始时间/min	流量/(m^3/s)	含沙量/(kg/m^3)
1963.6.3	17:22	78	131.0	1010	17:22	78	131.0	1010
1963.6.15	22:00	72	10.2	537	22:00	72	10.2	537
1963.6.5	23:36	216	5.5	259	24:00	240	3.4	335
1963.6.29	22:00	300	3.1	116	22:30	330	2.7	740
1963.7.6	6:18	300	27.7	401	7:00	342	15.8	653
1963.8.26	20:36	306	585.0	1020	20:32	302	554.0	1220
1963.8.28	21:56	181	187.0	707	20:00	65	6.8	855
1964.4.29	19:42	45	190.0	953	19:51	54	133.0	1000
1964.7.5	1:24	624	183.0	684	2:00	660	127.0	760
1964.7.14	0:15	255	79.8	713	2:30	390	10.4	796

续表

日期（年.月.日）	最大流量				最大含沙量			
	出现时间（时:分）	距产流开始时间/min	流量/(m^3/s)	含沙量/(kg/m^3)	出现时间（时:分）	距产流开始时间/min	流量/(m^3/s)	含沙量/(kg/m^3)
1964.7.16	18:43	193	14.3	855	18:43	193	14.3	855
1964.8.2	15:26	36	155.0	709	16:30	100	27.6	762
1964.8.23	23:12	192	6.3	139	24:00	240	2.4	391
1964.9.11	0:30	270	96.7	589	0:30	270	96.7	589
1964.9.17	3:30	90	31.5	691	5:00	180	9.2	829
1967.5.21	18:25	9	53.5	870	20:00	99	17.6	1020
1967.7.17	17:37	97	167.0	876	17:22	82	161.0	887
1967.8.22	4:06	66	60.8	702	3:54	54	56.5	745
1967.8.26	16:14	86	289.0	803	16:16	88	276.0	820
1967.9.1	0:15	15	114.0	802	0:15	15	114.0	802
1967.9.13	19:42	462	38.8	715	20:15	495	21.2	988
1968.7.15	20:21	61	308.0	821	19:53	33	3.3	865
1968.7.18	19:33	3	33.0	760	20:30	60	4.6	872
1968.7.25	19:30	42	86.9	653	19:30	42	86.9	653
1968.8.13	10:38	148	6.0		10:36	156	3.9	650
1968.8.22	0:54	36	19.5	587	0:54	36	19.5	587
1969.5.11	16:51	27	818.0	789	17:30	66	132.0	951
1969.7.26	19:35	95	145.0	699	21:30	210	21.4	766
1969.8.9	23:48	378	67.1	563	17:48	18	12.0	771
1969.8.20	22:12	22	446.0	736	23:00	70	109.0	833
平均		166.7	143.3	686.8		178.1	72.3	792.3

由表 5.12～表 5.15 可以看出：

（1）从四个沟道小流域洪峰和沙峰的出现时间看，①沙峰滞后于洪峰的：团山沟有 27 次，占 44 次降雨产流的 61.4%；蛇家沟有 14 次，占 27 次降雨产流的 51.8%；三川口有 13 次，占 23 次降雨产流的 56.5%；曹坪有 18 次，占 31 次降雨产流的 58.0%。因此，从总体情况看，在沟道小流域的降雨产流中，沙峰滞后于洪峰的发生概率占 50%～60%；②沙峰和洪峰同时出现的：团山沟有 13 次，蛇家沟有 10 次，三川口有 9 次，曹坪有 7 次，分别占各自降雨产流总次数的 29.5%、37.0%、39.1%、22.6%。因此，在沟道小流域的降雨产流中，沙峰和洪峰同时出现的发生概率可占 20%～40%；③沙峰超前于洪峰的：团山沟有 4 次，蛇家沟有 3 次，三川口 1 次，曹坪 6 次，分别占各自降雨产流总次数的 9.1%、11.1%、4.3%、19.3%。从总体情况看，在沟道小流域的降雨产流中，沙峰超前于洪峰的一般占 10%左右。

（2）从沙峰和洪峰出现时的含沙量看，团山沟 44 次降雨产流的最大含沙量平均为 661.2kg/m^3，最大流量出现时的含沙量平均为 577.4kg/m^3，比最大含沙量偏小 12.7%；蛇家沟 27 次降雨产流的最大含沙量平均为 700.5kg/m^3，最大流量出现时的含沙量平均为 636.0kg/m^3，比最大含沙量偏小 9.2%；三川口 23 次降雨产流的最大含沙量平均为

737.5kg/m^3，最大流量出现时的含沙量平均为 685.9kg/m^3，比最大含沙量偏小 7.0%；曹坪 31 次降雨产流的最大含沙量平均为 792.3kg/m^3，最大流量出现时的含沙量平均为 686.8kg/m^3，比最大含沙量偏小 13.3%；总体上最大流量出现时的含沙量较最大含沙量偏小 10%左右。从洪峰和沙峰出现时间的对应关系看，当沙峰和洪峰同时出现时，最大流量出现时的含沙量即为最大含沙量，当沙峰滞后于洪峰时，最大流量出现时的含沙量较最大含沙量偏小 10%～20%（团山沟偏小 20.8%，蛇家沟偏小 14.4%，三川口偏小 12.9%，曹坪偏小 18.8%）；当沙峰超前于洪峰时，最大流量出现时的含沙量较最大含沙量偏小 5%～10%（团山沟偏小 2.5%，蛇家沟偏小 11.3%，三川口偏小 1.3%，曹坪偏小 12.2%）。

（3）从沙峰和洪峰出现时的流量看，团山沟 44 次降雨产流的最大流量平均为 1.268m^3/s，最大含沙量出现时的流量为 0.913m^3/s，比最大流量偏小 28.0%；蛇家沟 27 次降雨产流的最大流量平均为 14.967m^3/s，最大含沙量出现时的流量为 10.777m^3/s，比最大流量偏小 28.0%；三川口 23 次降雨产流的最大流量平均为 36.877m^3/s，最大含沙量出现时的流量为 22.868m^3/s，比最大流量偏小 37.9%；曹坪 31 次降雨产流的最大流量平均为 143.3m^3/s，最大含沙量出现时的流量为 72.3m^3/s，比最大流量偏小 49.5%，总体上最大含沙量出现时的流量较最大流量偏小 30%～50%。当沙峰滞后于洪峰时，最大含沙量出现时的流量较最大流量偏小 40%～60%（团山沟偏小 43.8%，蛇家沟偏小 36.6%，三川口偏小 53.3%，曹坪偏小 62.4%）；当沙峰超前于洪峰时，最大含沙量出现时的流量较最大流量偏小 20%～40%（团山沟偏小 23.1%，蛇家沟偏小 23.1%，三川口偏小 7.0%，曹坪偏小 42.3%）。

图 5.8、图 5.9 是蛇家沟和曹坪几次典型降雨的产流、产沙过程变化，图 5.10 是清涧河延川站 1978 年 7 月 27 日的洪水流量、含沙量过程变化。

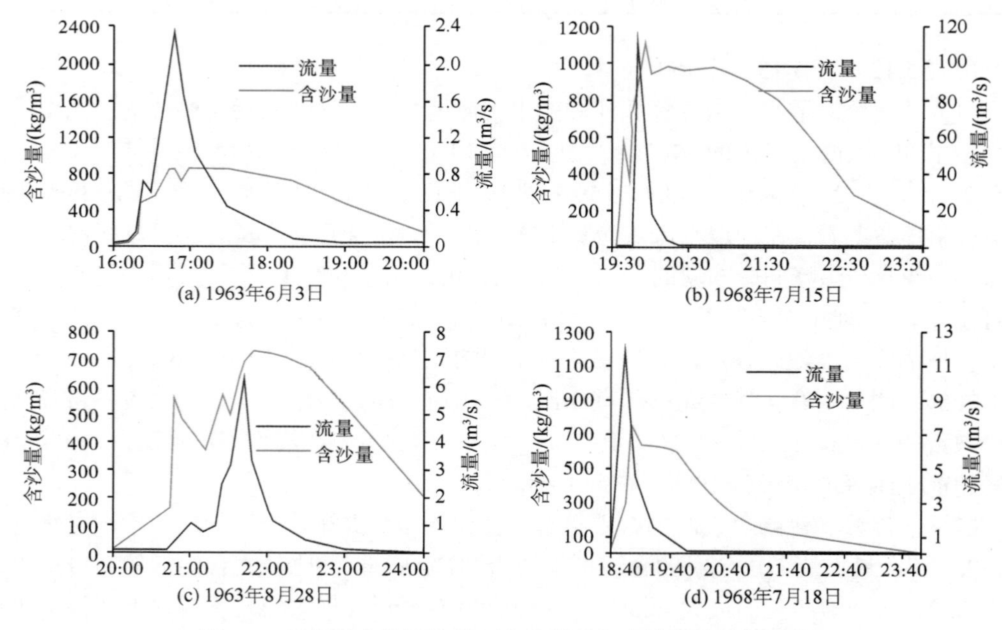

图 5.8 子洲蛇家沟四次降雨产流流量与含沙量的过程变化

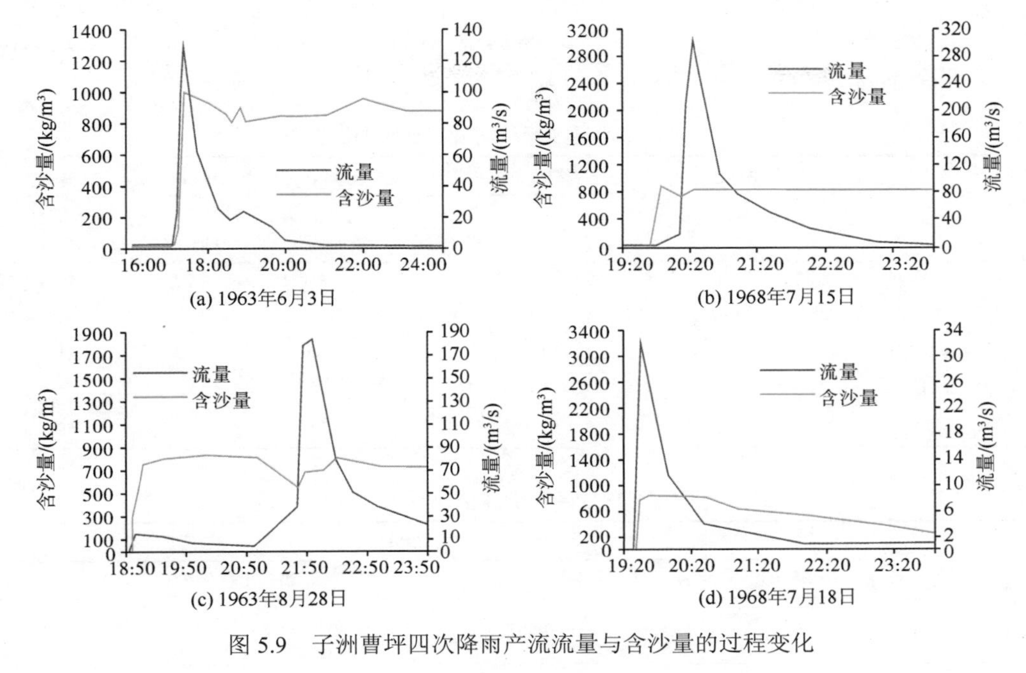

图 5.9　子洲曹坪四次降雨产流流量与含沙量的过程变化

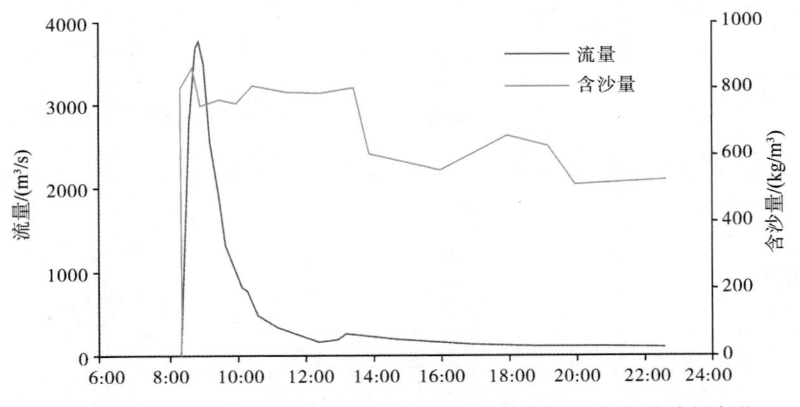

图 5.10　清涧河延川站 1978 年 7 月 27 日洪水流量、含沙量过程变化

黄土高原流域洪水过程的基本特点是峰高、量小、历时短，洪峰陡涨陡落。这一特点不仅沟道小流域如此，大中流域亦同。根据允江（1994）提供的资料，1979 年 8 月 10～14 日纳林河流域降雨面平均雨量为 160mm，在 18min 内洪水流量由 40m^3/s 猛增到 4220m^3/s。在中型流域，也有沙峰超前于洪峰的现象，如 1978 年 7 月 27 日陕西清涧河流域（面积 3468km^2）的大暴雨，面平均雨量 202mm，延川水文站最大含沙量 8:42 出现，洪峰滞后于 6min 于 8:48 出现。

5.2.4　不同集水区产流、产沙过程变化的区别

由于集水区面积、流域几何特征和汇流过程的差异，不同集水区其产流、产沙的过程变化有所不同。对坡面、毛沟、支沟、干沟等五种不同空间尺度的产流、产沙过程变

化特征进行了统计，见表 5.16、表 5.17。同时，图 5.11 是 3 号径流场、团山沟、蛇家沟和曹坪四个不同集水区 1964 年 8 月 2 日降雨的流量、含沙量过程变化曲线。

表 5.16　不同集水区沙峰、洪峰出现时的发生概率

集水区	地点	产流总次数	沙峰、洪峰不同出现时间的发生次数			沙峰、洪峰不同出现时间的发生概率/%		
			沙峰超前于洪峰	沙峰、洪峰同时出现	沙峰滞后于洪峰	沙峰超前于洪峰	沙峰、洪峰同时出现	沙峰滞后于洪峰
坡面	3 号场	39	14	20	5	35.9	51.3	12.8
毛沟	团山沟	44	4	13	27	9.1	29.5	61.4
支沟	蛇家沟	27	3	10	14	11.1	37.0	51.9
支沟	三川口	23	1	9	13	4.3	39.1	56.5
干沟	曹坪	31	4	9	18	12.9	29.9	58.0

表 5.17　不同集水区沙峰、洪峰出现时的流量和含沙量

集水区	地点	沙峰超前于洪峰				沙峰、洪峰同时出现		沙峰滞后于洪峰			
		沙峰出现		洪峰出现				洪峰出现		沙峰出现	
		流量	最大含沙量	最大流量	含沙量	最大流量	最大含沙量	最大流量	含沙量	流量	最大含沙量
坡面	3 号场	0.009	661.5	0.018	517.9	0.009	522.2	0.016	297.6	0.010	388.4
毛沟	团山沟	1.983	796.5	2.579	777.0	1.176	658.8	1.118	508.6	0.628	642.2
支沟	蛇家沟	2.692	580.3	3.501	514.9	9.125	646.7	21.59	654.4	13.69	764.7
支沟	三川口	46.5	756.0	50.0	746.0	22.24	784.8	46.0	612.8	21.49	703.3
干沟	曹坪	132.3	890.5	229.2	781.5	67.5	719.0	144.1	640.1	54.2	788.1

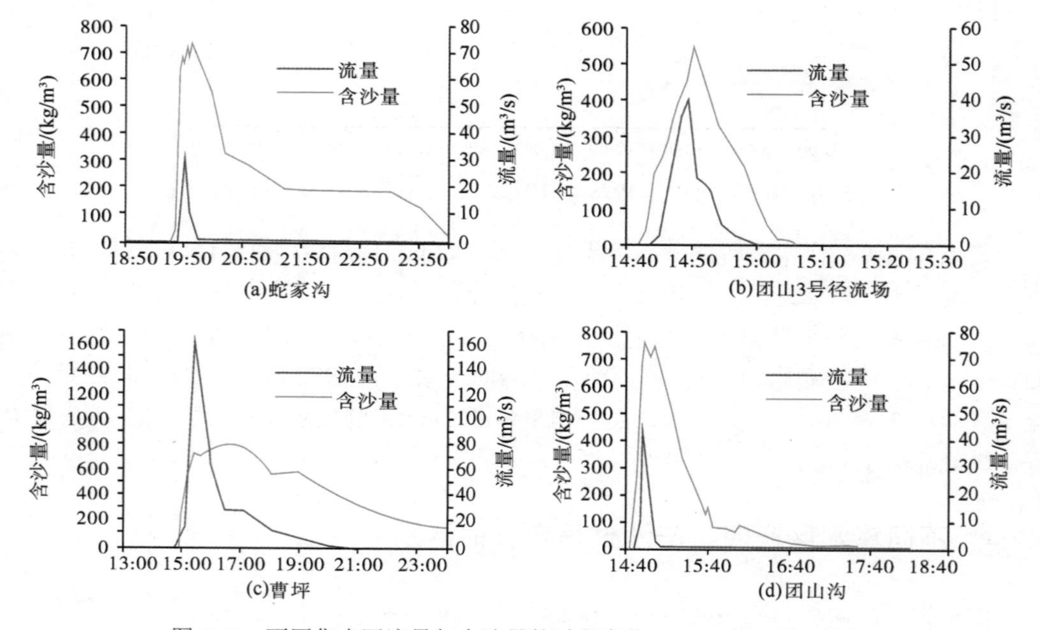

图 5.11　不同集水区流量与含沙量的过程变化（1964 年 8 月 2 日）

从表 5.16、表 5.17 和图 5.11 可以看出，不同集水区的产流、产沙过程变化有以下几点区别：

（1）在坡面，近 90%的降雨产流其洪峰和沙峰同时出现或沙峰超前于洪峰。而在沟道小流域 90%的降雨产流是沙峰滞后于洪峰或沙、洪峰同时出现。从表 5.16 的统计结果可以看出：在坡面沙峰超前于洪峰的概率为 35.9%，在沟道小流域沙峰超前于洪峰的发生概率只有 10%左右。在坡面，沙峰和洪峰同时出现的概率为 51.3%，而沟道小流域只有 30%左右。在坡面，沙峰滞后于洪峰的概率只有 12.8%，而沟道小流域这种概率超过了 55%。

（2）当沙峰超前于洪峰时，在坡面，最大流量出现时的含沙量较最大含沙量偏小 20%，而在沟道小流域二者之相差 10%左右；在坡面，最大含沙量出现时的流量较最大流量偏小 1 倍，而在沟道小流域二者相差 20%～40%。

（3）当沙峰滞后于洪峰时，在坡面，最大流量出现时的含沙量较最大含沙量偏小近 25%，沟道小流域二者相差 15%左右。这和沙峰超前于洪峰时的情况差不多，但对于流量则和沙峰超前于洪峰时的情况相反，坡面上最大含沙量出现时的流量和最大流量相差 37.5%，在沟道小流域二者相差达 40%～60%。

（4）在坡面，洪峰和沙峰的变化几乎是同步的，即随着流量的变小，含沙量也随之变小。但在沟道小流域，洪峰降落后，虽然在退水阶段，流量变得很小，但沙峰还要持续一段时间。沙峰持续时间的长短与流域面积、沟道长度呈正相关。如图 5.11 所示，1964 年 8 月 2 日的流量与含沙量过程变化说明了这一点。

5.2.5　流量与含沙量的关系

据孟庆枚对黄土高原丘陵沟壑区第一副区典型小流域含沙量与流量关系的分析（史景汉等，1991），不同干沟沟道都有一个共同输沙特点，当流量小于 5.0m^3/s 时，含沙量与流量点子散乱没有一定规律。流量大于 5.0m^3/s 时，含沙量与流量点子趋近于 800kg/m^3 左右，变幅明显缩小。

图 5.12 是团山沟 3 号径流场 33 场降雨流量与含沙量关系的散点图，可以看出，在坡面上，由于大多数产流其沙峰超前于洪峰或同时发生，而且最大含沙量大多出现在产流开始后的 1min、2min，而这时流量并不大，这就使得流量和含沙量关系的点很散乱，特别是在低流量处出现了许多高含沙量值。在坡面，含沙量并不随着流量的增大而增大，而是趋近在 800g/dm^3 左右。流量与含沙量的下外包线基本为双曲函数曲线，并可用下列回归方程表示：

$$\frac{1}{y}=0.000646+0.0657\frac{1}{x} \tag{5.6}$$

式中，y 为含沙量，g/dm^3；x 为流量，dm^3/s。

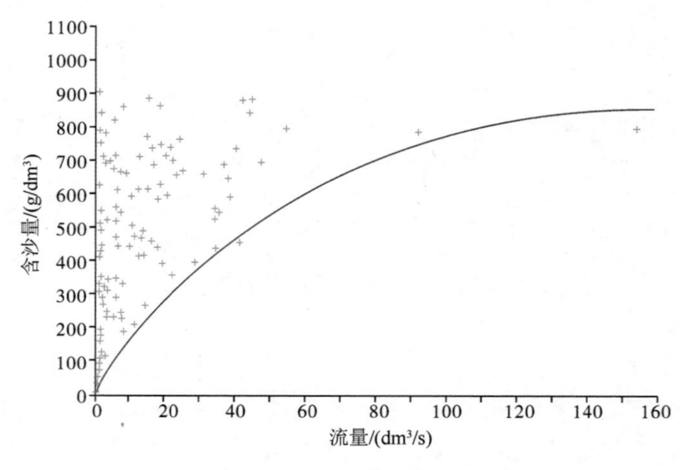

图 5.12　子洲团山沟坡面流量与含沙量关系

5.3　雨沙关系的统计分析与预报

5.3.1　次降雨雨沙关系的统计分析与预报

1. 降雨单因子、复合因子与次土壤流失量的关系

根据各降雨特性因子与土壤流失量的关系，选择雨量（P）、最大 10min、30min、60min 降雨强度（I_{10}，I_{30}，I_{60}）以及雨量与最大时段降雨强度的乘积（$P \cdot I_{10}$，$P \cdot I_{30}$，$P \cdot I_{60}$）、最大时段降雨强度的相互乘积（$I_{10} \cdot I_{30}$，$I_{10} \cdot I_{60}$，$I_{30} \cdot I_{60}$）等 10 个降雨单因子和复合因子以及径流深（L）因子与土壤流失量的关系进行了幂函数回归统计分析。

由于受降雨雨型和承雨空间尺度的影响，使得黄土高原次降雨的雨沙关系变得十分复杂，仅靠少数几个站（点）的一些观测资料是很难说明雨沙关系中带有规律性和普遍性的一些问题，实践证明，用个别站（点）观测资料所得的结果有时带有很大的片面性。鉴于这一情况，在次降雨雨沙关系的分析中尽可能采用较多的资料样本，并考虑不同空间尺度对降雨指标选择的差异性，用于分析的样点共 32 个，样本总数 1055 个，其中坡面小区样点 9 个，样本 312 个；5km^2 以下的沟道 9 个，样本 427 个；20～350km^2 的小流域样点 14 个，样本 316 个。考虑到空间尺度对降雨特性因子选择的影响，在小流域雨沙关系分析中，增加了最大 120min 降雨强度因子。从表 5.18～表 5.20 的统计结果可以看出：

（1）在坡面，与次土壤流失量相关程度最好的单因子是最大 30min 降雨强度（I_{30}），（实际上根据已有的统计结果，在坡面最大 15min 降雨强度（I_{15}）与土壤流失量的相关程度还略好于最大 30min 降雨强度（I_{30}），由于 15min 降雨强度在一般资料统计中不常用，这里没有选择 I_{15} 因子）；在沟道、小流域与次土壤流失量相关程度最好的单因子是最大 60min 降雨强度（I_{60}）。

表 5.18　坡面降雨单因子、复合因子与次土壤流失量的相关程度（相关系数 *r*）

地点	子洲团山沟				安塞纸坊沟			绥德辛店沟		平均
	3 号场	4 号场	7 号场	9 号场	2 号场	3 号场	4 号场	11 号场	18 号场	
坡度/(°)	22	22	28	30	10	20	28	28.1	14.6	22.5
样本数	38	21	40	38	39	39	39	29	29	35
P	0.622	0.637	0.555	0.678	0.385	0.354	0.339	0.298	0.283	0.461
I_{10}	0.808	0.743	0.528	0.768	0.917	0.909	0.901	0.687	0.609	0.763
I_{30}	0.860	0.801	0.632	0.842	0.917	0.912	0.905	0.762	0.634	0.807
I_{60}	0.841	0.842	0.652	0.833	0.882	0.862	0.861	0.726	0.592	0.788
$P{\cdot}I_{10}$	0.796	0.797	0.616	0.820	0.815	0.792	0.778	0.613	0.558	0.732
$P{\cdot}I_{30}$	0.777	0.779	0.630	0.805	0.773	0.753	0.740	0.629	0.548	0.715
$P{\cdot}I_{60}$	0.750	0.769	0.624	0.780	0.704	0.675	0.665	0.554	0.479	0.667
$I_{10}{\cdot}I_{30}$	0.857	0.817	0.586	0.836	0.928	0.922	0.914	0.738	0.633	0.803
$I_{10}{\cdot}I_{60}$	0.868	0.848	0.606	0.852	0.927	0.903	0.908	0.734	0.625	0.808
$I_{30}{\cdot}I_{60}$	0.847	0.847	0.630	0.839	0.909	0.897	0.893	0.754	0.621	0.804
L	0.925	0.930	0.982	0.975	0.889	0.0896	0.878	0.838	0.865	0.909

表 5.19　小沟道降雨单因子、复合因子与次土壤流失量的相关程度（相关系数 *r*）

地点	子洲团山沟	子洲黑矾沟	绥德团圆沟	离石羊道沟	榆林王家沟	子洲水旺沟	子洲驼耳巷	延安小砭沟	子洲蛇家沟	平均
面积/km^2	0.18	0.133	0.491	0.206	0.434	0.107	5.17	4.05	4.26	1.670
样本数	75	48	26	109	20	23	34	53	39	47
P	0.569	0.600	0.587	0.611	0.534	0.638	0.090	0.651	0.442	0.525
I_{10}	0.757	0.679	0.482	0.689	0.764	0.870	0.754	0.679	0.511	0.687
I_{30}	0.804	0.765	0.702	0.750	0.830	0.726	0.760	0.726	0.538	0.734
I_{60}	0.805	0.769	0.769	0.743	0.855	0.888	0.705	0.743	0.546	0.758
$P{\cdot}I_{10}$	0.773	0.744	0.696	0.771	0.866	0.857	0.430	0.841	0.612	0.732
$P{\cdot}I_{30}$	0.750	0.732	0.757	0.748	0.807	0.758	0.409	0.807	0.565	0.704
$P{\cdot}I_{60}$	0.721	0.711	0.773	0.715	0.766	0.811	0.382	0.771	0.547	0.689
$I_{10}{\cdot}I_{30}$	0.841	0.751	0.586	0.740	0.814	0.851	0.749	0.725	0.614	0.741
$I_{10}{\cdot}I_{60}$	0.859	0.772	0.662	0.759	0.858	0.905	0.766	0.753	0.620	0.773
$I_{30}{\cdot}I_{60}$	0.860	0.780	0.727	0.756	0.854	0.858	0.789	0.749	0.617	0.774
L	0.928	0.892	0.968	0.894	0.961	0.962	0.952	0.954	0.949	0.940

表 5.20　小流域降雨单因子、复合因子与次土壤流失量的相关程度（相关系数 *r*）

地点	横山店房台沟	清涧店则沟	神木贾家沟	庆阳南小河沟	天水秋合子沟	镇原脱家沟	延川文安驿川	吴堡张家湾	临县招贤沟	子洲三川口	子洲杜家沟岔	子洲西庄	子洲曹坪	平均
面积/km^2	87.0	56.4	93.4	336.0	122.0	34.4	303.0	52.0	57.2	21.0	96.1	49.0	187.0	117.3
样本数	24	22	31	13	25	19	25	25	22	21	21	22	30	22.6
P	0.638	0.599	0.476	0.763	0.416	0.316	0.426	0.322	0.511	0.733	0.541	0.697	0.587	0.549
I_{10}	0.310	0.625	0.694	0.494	0.607	0.731	0.449	0.796	0.824	0.764	0.649	0.627	0.903	0.643
I_{30}	0.524	0.735	0.702	0.610	0.649	0.722	0.507	0.778	0.865	0.807	0.617	0.716	0.868	0.700
I_{60}	0.573	0.820	0.701	0.700	0.719	0.606	0.608	0.719	0.838	0.790	0.609	0.702	0.864	0.711
I_{120}	0.614	0.801	0.623	0.747	0.698	0.437	0.605	0.618	0.806	0.797	0.527	0.668	0.838	0.676
$P{\cdot}I_{10}$	0.616	0.778	0.515	0.780	0.611	0.619	0.595	0.604	0.789	0.839	0.709	0.786	0.852	0.700
$P{\cdot}I_{30}$	0.686	0.752	0.471	0.783	0.598	0.548	0.581	0.518	0.795	0.825	0.681	0.788	0.840	0.682
$P{\cdot}I_{60}$	0.680	0.731	0.406	0.784	0.605	0.440	0.555	0.440	0.758	0.793	0.660	0.764	0.801	0.647
$P{\cdot}I_{120}$	0.682	0.704	0.312	0.782	0.571	0.322	0.510	0.355	0.708	0.784	0.595	0.723	0.765	0.601
$I_{10}{\cdot}I_{30}$	0.433	0.712	0.711	0.558	0.634	0.738	0.481	0.796	0.856	0.798	0.642	0.679	0.353	0.645
$I_{10}{\cdot}I_{60}$	0.468	0.808	0.727	0.622	0.675	0.696	0.542	0.782	0.862	0.799	0.639	0.682	0.398	0.669
$I_{30}{\cdot}I_{60}$	0.552	0.800	0.707	0.662	0.688	0.672	0.566	0.754	0.860	0.805	0.621	0.716	0.457	0.681
$I_{10}{\cdot}I_{60}{\cdot}I_{120}$	0.530	0.859	0.732	0.685	0.701	0.636	0.615	0.749	0.864	0.813	0.614	0.699	0.446	0.687
$I_{60}{\cdot}I_{120}$	0.596	0.825	0.685	0.729	0.716	0.534	0.632	0.676	0.831	0.799	0.574	0.692	0.497	0.675
L	0.934	0.947	0.812	0.952	0.933	0.907	0.913	0.724	0.925	0.978	0.985	0.983	0.984	0.921

（2）无论是坡面还是沟道小流域，次雨量（P）与次土壤流失量的相关程度都不好，这主要是由于雨型的影响，这一点在第 3 章降雨侵蚀力指标选择中已进行了分析。从表中的统计结果同时可以看出，随着空间尺度的增大，雨量与次土壤流失量的相关程度逐渐提高。例如，就平均状况而言，坡面雨量与次土壤流失量的相关系数为 0.461，沟道为 0.525，小流域为 0.549。

（3）在坡面以及≤5km^2 的小沟道，与次土壤流失量相关程度最好的降雨复合因子是最大 60min 降雨强度与最大 10min 降雨强度的乘积（$I_{60}{\cdot}I_{10}$）；在小流域与次土壤流失量相关程度最好的复合因子是次雨量与次最大 10min 降雨强度的乘积（$P{\cdot}I_{10}$）。这说明无论是坡面还是小流域、瞬时雨率（最大 10min 降雨强度）对产流产沙具有很重要的作用。

（4）由于雨量与土壤流失量的关系不好。因此，在坡面以及≤5km^2 的小沟道，雨量与雨强的复合形式并不如雨强自身的复合形式与土壤流失量的关系密切，这和美国的研究结果有所不同，其主要原因取决于土壤特性和入渗产流方式。

（5）从总体上看，最大时段降雨强度 I_n 与次土壤流失量本身就有着很好的相关性。因此，复合结构（无论是雨量与雨强的复合，还是雨强自身的复合）与土壤流失量的相关程度并不比最大时段降雨强度单因子与土壤流失量的相关程度高多少。例如，9 个坡

面小区单因子 I_{30} 与土壤流失量的相关系数平均为 0.807，复合因子 $I_{60}·I_{10}$ 与土壤流失量的相关系数平均为 0.808；9 个小沟道单因子 I_{60} 与土壤流失量的相关系数为 0.758，复合因子 $I_{60}·I_{10}$ 与土壤流失量的相关系数平均为 0.773。14 个小流域单因子 I_{60} 与土壤流失量的相关系数平均为 0.711，复合因子 $P·I_{60}$ 与土壤流失量的相关系数只有 0.647。

（6）随着流域面积的增大，降雨因子与土壤流失量的相关程度逐渐降低，从 10 个因子的总体情况看，降雨各因子与土壤流失量的相关程度坡面比小沟道高，小沟道又比小流域高，这主要是受降雨不均匀分布的影响。

（7）无论是坡面还是小流域，径流量与土壤流失量之间存在着很好的相关性，它要比雨沙相关性好得多。例如，9 个坡面小区，径流深（L）与土壤流失量的相关系数平均为 0.909，最高为 0.982；而最好的降雨因子（$I_{60}·I_{10}$）与土壤流失量的相关系数平均为 0.808，最高为 0.927。9 个小沟道，径流深（L）与土壤流失量的相关系数平均为 0.940，最高为 0.968；而最好的降雨因子（$I_{60}·I_{10}$）与土壤流失量的相关系数平均只有 0.773，最高为 0.905。14 个小流域，径流深（L）与土壤流失量的相关系数平均为 0.921，最高为 0.985；而最好的降雨因子（I_{60}）与土壤流失量的相关系数只有 0.711。

（8）从以上分析认为，在坡面可以直接用最大 30min 降雨强度（I_{30}）作为建立雨沙关系的降雨因子；对于沟道、小流域，可以直接用最大 60min 降雨强度（I_{60}）作为建立雨沙的降雨因子。

2. 降雨多因子与土壤流失量的关系

在分析单因子和复合因子与土壤流失量相关程度的基础上，用雨量（P）、最大时段降雨强度（I_{10}，I_{30}，I_{60}，I_{120}）等五种降雨单因子组合成 10 种不同形式的多因子结构，对其与次土壤流失量的关系进行了幂函数多元回归统计分析，各组合结构与土壤流失量的复相关系数见表 5.21～表 5.23。

表 5.21　坡面降雨多因子与土壤流失量的相关程度（复相关系数 *R*）

地点	子洲团山沟				安塞纸坊沟			绥德辛店沟		平均
	3 号场	4 号场	7 号场	9 号场	2 号场	3 号场	4 号场	11 号场	18 号场	
坡度/（°）	22	22	28	30	10	20	28	28.1	14.6	22.5
样本数	38	21	40	38	39	39	39	29	29	35
P、I_{10}	0.844	0.817	0.845	0.841	0.920	0.910	0.902	0.720	0.644	0.827
P、I_{30}	0.860	0.815	0.869	0.847	0.918	0.915	0.909	0.772	0.649	0.839
P、I_{60}	0.854	0.843	0.882	0.834	0.892	0.876	0.879	0.726	0.593	0.820
P、I_{10}、I_{30}	0.864	0.823	0.869	0.852	0.928	0.922	0.915	0.773	0.656	0.845
P、I_{30}、I_{60}	0.863	0.845	0.882	0.847	0.918	0.916	0.909	0.780	0.670	0.847
P、I_{60}、I_{10}	0.871	0.848	0.884	0.853	0.928	0.917	0.912	0.771	0.665	0.850
P、I_{10}、I_{30}、I_{60}	0.871	0.865	0.886	0.853	0.929	0.922	0.915	0.785	0.682	0.857
I_{10}、I_{30}	0.863	0.802	0.860	0.843	0.928	0.922	0.914	0.764	0.637	0.837
I_{30}、I_{60}	0.860	0.842	0.882	0.846	0.917	0.915	0.906	0.762	0.636	0.841
I_{60}、I_{10}	0.870	0.848	0.884	0.851	0.928	0.916	0.911	0.738	0.625	0.841

表 5.22　小沟道降雨多因子与次土壤流失量的相关程度（复相关系数 R）

地点	子洲团山沟	子洲黑矾沟	绥德团圆沟	离石羊道沟	榆林王家沟	子洲水旺沟	子洲驼耳巷	延安小砭沟	子洲蛇家沟	平均
面积/km^2	0.18	0.133	0.491	0.206	0.434	0.107	5.17	4.05	4.26	1.670
样本数	75	48	26	109	20	23	34	53	39	47
P、I_{10}	0.810	0.759	0.697	0.779	0.891	0.900	0.758	0.842	0.618	0.784
P、I_{30}	0.812	0.776	0.775	0.775	0.869	0.766	0.760	0.810	0.576	0.769
P、I_{60}	0.805	0.769	0.810	0.748	0.858	0.889	0.709	0.780	0.562	0.770
P、I_{10}、I_{30}	0.822	0.779	0.789	0.786	0.892	0.900	0.775	0.846	0.619	0.801
P、I_{30}、I_{60}	0.813	0.777	0.810	0.777	0.870	0.892	0.768	0.823	0.576	0.790
P、I_{60}、I_{10}	0.829	0.779	0.811	0.784	0.898	0.908	0.764	0.846	0.621	0.804
P、I_{10}、I_{30}、I_{60}	0.830	0.780	0.811	0.786	0.904	0.908	0.779	0.846	0.622	0.807
I_{10}、I_{30}	0.808	0.765	0.747	0.752	0.831	0.878	0.774	0.728	0.548	0.759
I_{30}、I_{60}	0.812	0.774	0.769	0.756	0.858	0.891	0.767	0.747	0.549	0.769
I_{60}、I_{10}	0.826	0.777	0.769	0.764	0.871	0.905	0.763	0.755	0.561	0.777

表 5.23　小流域降雨多因子与次土壤流失量的相关程度（复相关系数 R）

地点	横山店房台沟	清涧店则沟	神木贾家沟	庆阳南小河沟	天水秋合子沟	镇原脱家沟	延川文安驿川	吴堡张家湾	临县招贤沟	子洲三川口	子洲杜家沟岔	子洲西庄	子洲曹坪	平均
面积/km^2	87.0	56.4	93.4	336.0	122.0	34.4	303.0	52.0	57.2	21.0	96.1	49.0	187.0	117.3
样本数	24	22	31	13	25	19	25	25	22	21	21	22	30	22.6
P、I_{10}	0.657	0.815	0.699	0.788	0.648	0.732	0.605	0.798	0.863	0.841	0.719	0.789	0.861	0.755
P、I_{30}	0.693	0.796	0.702	0.786	0.663	0.744	0.612	0.791	0.882	0.833	0.687	0.789	0.883	0.758
P、I_{60}	0.683	0.820	0.704	0.784	0.719	0.648	0.627	0.767	0.844	0.803	0.666	0.764	0.866	0.745
P、I_{10}、I_{30}	0.720	0.819	0.713	0.789	0.663	0.745	0.612	0.798	0.883	0.842	0.721	0.790	0.883	0.767
P、I_{30}、I_{60}	0.701	0.820	0.708	0.786	0.773	0.806	0.627	0.801	0.883	0.851	0.687	0.794	0.883	0.778
P、I_{60}、I_{10}	0.692	0.840	0.728	0.788	0.730	0.743	0.629	0.800	0.877	0.844	0.733	0.790	0.874	0.774
P、I_{10}、I_{30}、I_{60}	0.732	0.852	0.738	0.790	0.777	0.806	0.636	0.804	0.884	0.859	0.734	0.795	0.884	0.792
P、I_{30}、I_{120}	0.694	0.851	0.722	0.786	0.727	0.773	0.638	0.795	0.882	0.834	0.725	0.806	0.883	0.778
P、I_{30}、I_{60}、I_{120}	0.706	0.862	0.722	0.786	0.773	0.817	0.641	0.802	0.896	0.883	0.790	0.814	0.884	0.798
I_{10}、I_{30}	0.630	0.735	0.712	0.691	0.651	0.738	0.519	0.798	0.865	0.807	0.649	0.739	0.870	0.723
I_{30}、I_{60}	0.589	0.820	0.707	0.744	0.756	0.806	0.620	0.801	0.866	0.807	0.622	0.718	0.876	0.748
I_{60}、I_{10}	0.644	0.832	0.728	0.733	0.727	0.733	0.611	0.797	0.862	0.802	0.649	0.702	0.866	0.745

由表 5.21～表 5.23 可以看出：

（1）在坡面，各种组合结构与次土壤流失量相关程度都差不多。在两个因子结构中，I_{60} 与 I_{10} 的二元组合结构与次土壤流失量的相关程度较好（复相关系数 R 为 0.841），在三个因子结构中，P 与 I_{60}、I_{10} 的三元组合结构与次土壤流失量的相关程度较好（复相关系数 R 为 0.850）；P、I_{10}、I_{30}、I_{60} 的四元组合结构与次土壤流失量的相关程度最好（复相关系数 R 为 0.857）。

（2）对于小沟道，在二元结构中，P 与 I_{10} 的二元组合结构与次土壤流失量的相关程度较好（复相关系数 R 为 0.784）；在三元结构中，P 与 I_{60}、I_{10} 的组合结构与次土壤流失量的相关程度较好（R 为 0.804）；P、I_{10}、I_{30}、I_{60} 四元组合结构与次土壤流失量的复相关系数为 0.807。

（3）对于小流域，各种多元组合结构与土壤流失量的相关程度几乎没有多大的差别，相比较而言，二元结构以 P 与 I_{30} 的组合，三元结构以 P 与 I_{30}、I_{60} 的组合及 P 与 I_{60}、I_{120} 的组合，四元结构以 P 与 I_{30}、I_{60}、I_{120} 的组合与土壤流失量的相关程度稍好一些。

（4）从不同空间尺度多元结构的组成形式看，对于二元结构，在坡面，最大时段雨强自身的二元结构比雨量同雨强的二元结构形式与土壤流失量的相关程度略好一些；而在沟道小流域则相反，雨量同雨强的组合结构比雨强自身的组合结构与土壤流失量相关程度要好一些；对于三元结构来说，坡面和沟道相对以 P 与 I_{10}、I_{60} 的结构为好，小流域相对以 P 与 I_{30}、I_{120} 的结构为好。

（5）从总体情况看，多元结构因子的增加，对于提高雨沙关系的相关程度影响并不显著。四元、三元与二元三种结构型式与土壤流失量的相关程度差不多。例如，在坡面，四元结构 P、I_{10}、I_{30}、I_{60} 的复相关系数为 0.857，三元结构 P、I_{10}、I_{60} 的复相关系数为 0.850，二元结构 I_{60}、I_{10} 的复相关系数为 0.841；在小沟道，四元结构 P、I_{10}、I_{30}、I_{60} 的复相关系数为 0.807，三元结构 P、I_{10}、I_{60} 的复相关系数为 0.804，二元结构 P、I_{10} 的复相关系数为 0.784；在小流域，四元结构 P、I_{30}、I_{60}、I_{120} 的复相关系数为 0.798，三元结构 P、I_{30}、I_{120} 的复相关系数为 0.778，二元结构 P 与 I_{30} 的复相关系数为 0.758。

3. 次雨沙关系预报中降雨因子的选择

通过以上分析认为，对于次降雨雨沙关系预报来说，可直接应用单因子，不必要采用复合因子和多因子的形式。因为实际分析资料证明，由于黄土高原的土壤特性和超渗产流特点，对于影响次土壤流失量的降雨因素来说，关键取决于最大时段雨强的大小。对于坡面土壤流失来说，主要取决于最大 30min 降雨强度；对于沟道小流域来说，主要取决于最大 60min 降雨强度。而采用多因子或复合因子，不仅提高不了多少预报精度，反而带来了计算上的许多麻烦。

表 5.24～表 5.26 是次土壤流失量与次降雨最大 30min 雨量（P_{30}）和最大 60min 雨量（P_{60}）的回归分析结果。需要说明的是为了计算方便，这里将最大 30min 和最大 60min 降雨强度（I_{30}，I_{60}）直接变成最大 30min 和最大 60min 雨量（P_{30}，P_{60}）。

表 5.24　次最大 30min 雨量与坡面土壤流失量的回归分析结果

函数形式	$S=a \cdot P_{30}^{b}$							
地点	子洲团山沟			安塞纸坊沟			绥德辛店沟	
	3 号场	4 号场	9 号场	2 号场	3 号场	4 号场	11 号场	18 号场
样本数	38	21	38	39	39	39	29	29
a	0.706	2.725	0.395	0.112	0.176	0.221	0.148	0.719
b	2.861	2.224	3.146	3.042	3.166	3.174	3.268	2.368
r	0.860	0.801	0.842	0.917	0.912	0.905	0.762	0.634

表 5.25　次最大 60min 降雨量与沟道土壤流失量的回归分析结果

函数形式	$S=a\cdot P_{60}^{b}$								
地点	团山沟	黑矾沟	团圆沟	羊道沟	王家沟	水旺沟	驼耳巷	小砭沟	蛇家沟
样本数	75	48	26	109	20	23	34	53	39
a	0.244	0.004	1.651	0.090	0.029	0.019	0.578	0.230	45.629
b	3.02	3.667	2.623	3.487	3.715	3.811	2.732	2.602	1.365
r	0.805	0.769	0.769	0.743	0.855	0.888	0.791	0.745	0.601

表 5.26　次最大 60min 降雨量与小流域土壤流失量的回归分析结果

函数形式	$S=a\cdot P_{60}^{b}$												
地点	店房台沟	店则沟	贾家沟	南小河沟	秋合子沟	脱家沟	文安驿川	张家墕	招贤沟	三川口	杜家沟岔	西庄	曹坪
样本数	24	22	31	13	25	19	25	25	22	21	21	22	30
a	38.85	0.088	1.781	94.942	55.05	0.747	5.004	0.017	0.668	2.189	181.7	28.838	26.67
b	1.12	3.37	2.578	1.103	1.301	2.161	1.912	3.584	2.543	2.396	1.019	1.600	1.640
r	0.573	0.820	0.701	0.700	0.719	0.606	0.608	0.719	0.838	0.790	0.609	0.702	0.864

从表 5.24～表 5.26 的结果可以看出：在坡面，土壤流失量与次最大 30min 雨量非线性关系指数 *b* 的变化范围为 2.0～3.5；在小沟道，土壤流失量与次最大 60min 雨量非线性关系指数 b 的变化范围为 2.5～4.0；在小流域，土壤流失量与次最大 60min 雨量非线性关系指数 *b* 的变化范围为 1.0～4.0。

5.3.2　年降雨雨沙关系的统计分析与预报

自 20 世纪 80 年代以来，年雨沙关系分析已广泛应用于黄河水沙变化的分析中，年雨沙关系分析的关键在于选择一个既具有较高预报程度又计算简便的降雨指标或组合指标。

周明衍（1982）在分析晋西入黄泥沙量的变化中，采用了一个综合反映各种降雨特征的降雨指标 *K*，建立 *K* 和产沙量的关系形式为

$$W_s=AK^n \tag{5.7}$$

式中，W_s 为流域年沙量；*A* 为反映流域下垫面产沙特性的系数；*n* 为反映降雨指标年际变化对输沙量的影响。

降雨指标 *K* 的计算公式为

$$K=n_1M_{X_1}+n_2M_{X30}+n_3M_{X汛}+n_4M_{X年} \tag{5.8}$$

式中，n_1、n_2、n_3、n_4 为对应历时中降雨对年输沙量的影响系数，取值等于各时段多年平均输沙量占多年平均输沙量的比例，$n_1+n_2+n_3+n_4=1$。

$$n_1=\frac{W_{S_1}}{W_{S_{年}}} \qquad n_2=\frac{W_{S_{30}}-W_{S_1}}{W_{S_{年}}}$$

$$n_3=\frac{W_{S_{汛}}-W_{S_{30}}}{W_{S_{年}}} \qquad n_4=\frac{W_{S_{年}}-W_{S_{汛}}}{W_{S_{年}}}$$

M_{X_1}、$M_{X_{30}}$、$M_{X汛}$、$M_{X年}$分别代表最大 1 日、最大 30 日、汛期和年雨量与多年均值的模比系数。

时明立（1993）选用最大 1 日（P_1）、最大 30 日（P_{30}）及汛期雨量（P_X）与年输沙量 W_S 进行多元回归分析，建立河龙区间的雨沙关系式为：

$$W_S=0.000275P_1^{0.144}\cdot P_{30}^{1.579}\cdot P_X^{0.265} \tag{5.9}$$

式中，W_S 和 P 的单位分别为亿 t 和 mm。

王广任、赵文林等在研究三川河、湫水河、岚漪河、蔚汾河等晋西支流的基础上建立了如下的关系式：

$$W_S=K\cdot P^n{}_{汛}\left(\frac{P_{6+8}}{P_{6+9}}\right)^n \tag{5.10}$$

式中，$P_{汛}$为汛期雨量；P_{7+8}、P_{6+9} 分别为 7～8 月和 6～9 月的雨量之和；K、n 为根据实测资料回归得到的系数和指数（张仁和丁联臻，1993）。

焦恩泽在分析孤山川、窟野河、皇甫川等支流的产沙关系时，采用洪水期的有效雨量和有效雨强两个变量作为降雨因素值建立雨沙关系：

$$W_{S汛}=K\cdot P_e{}^n\cdot I_e{}^n \tag{5.11}$$

式中，$W_{S汛}$为汛期输沙量，P_e、I_e 为洪水期的有效雨量和有效雨强，K、n 为系数和指数（张仁和丁联臻，1993）。

姜乃森、曹文洪等在研究朱家川、红河、县川河、偏关河等支流时建立了如下的产沙公式：

$$W_S=K\left(0.35\frac{P_{汛-月}^{2.0}}{P_{年}}+0.45\frac{P_{月-日}^{2.0}}{P_{年}}+0.2\frac{P_{日}^{2.5}}{P_{年}}\right)^n \tag{5.12}$$

式中，W_S 为年输沙量；$P_{年}$、$P_{汛}$、$P_{月}$、$P_{日}$分别代表年雨量、汛期雨量和最大 1 月、最大 1 日雨量；K、n 为系数和指数（张仁和丁联臻，1993）。

陈景梁等在分析北洛河的水沙变化趋势时，提出了用降雨特征参数作指标的雨沙关系新模式：

$$W_S=K_1+K_2\frac{R}{R_C}+K_3C_V+K_4C_S+K_5C_E \tag{5.13}$$

式中，W_S 为输沙量；R、R_C 是径流深和多年平均径流深；C_V、C_S、C_E 为日雨量统计分析的特征参数（变异系数 CV、偏态系数 C_S、峰度系数 C_E）；K_n 为系数（张仁和丁联臻，1993）。

王宏和熊维新（1994）在渭河流域雨沙关系分析中，采用的经验公式为

$$W_S=2.821\times10^{-2}P_Y-0.4426T_Y+0.2253 \tag{5.14}$$

式中，W_S 为年输沙量，亿 t；P_Y 为日雨量大于 9mm 的年累计雨量，mm；T_Y 为相应于日雨量大于 9mm 的累计降雨天数。

董雪娜（1994）在《水利水保措施对入黄泥沙、径流影响分析计算》一文中建立雨沙关系的多元线性回归方程：

$$W_S=\beta_1P_1+\beta_2P_2+\cdots+\beta_mP_m+C \tag{5.15}$$

式中，W_S 为泥沙量；β_1、β_2、β_3、…、β_m 为分级降雨产沙系数；P_1、P_2、P_3、…、P_m 为分级日雨量。

采用此公式，可将日雨量分为 50mm、40mm、30mm、20mm、10mm 五个等级。同时，董雪娜分析认为用≥30mm 的日雨量作为降雨特性指标，就可取得较好的预报效果。

王云璋等（1991）用 7 月 1 日至 9 月 10 日日雨量大于 10mm、25mm、50mm 的日次和累计雨量作为基本资料，分析雨沙变化也取得了满意的结果。

冉大川（1992）认为流域产沙量是以下各因子的函数：

$$W_S=F\left(P_{年},\ P_{7\sim8},\ \sum P_{10},\ P_{汛},\ P_1,\ I_1,\ I_{24}\right) \tag{5.16}$$

式中，$P_{年}$、$P_{汛}$、$P_{7\sim8}$、P_1、$\sum P_{10}$ 分别为年雨量、汛期雨量、7～8 月雨量、最大 1 日雨量和最大 10 日雨量，mm；I_1 和 I_{24} 分别为最大 1h 和最大 24h 雨强，mm/h。

上述公式都具有较好的预报效果，但是由于黄土高原区域自然条件的差异及产沙问题的复杂性，以及一些公式本身计算的繁冗，使得这些公式还未能在大范围推广应用。

1. 降雨单因子、组合因子与年土壤流失量关系的统计分析

为了能够选择一个比较理想的年降雨特性指标用于产沙预报中，根据年降雨特性指标的类型和特征，共选用了 10 类、53 个因子与年土壤流失量进行幂函数回归统计分析，这些因子包括：

（1）年雨量、降雨日数和汛期雨量类 7 个因子（年雨量、年降雨日数、7～8 月、6～8 月、6～9 月、7～9 月、5～9 月雨量），年最大时段雨量类 7 个因子（年最大 10min、30min、60min、120min、180min、360min、720min、1440min 雨量）；

（2）年最大日雨量类 4 个因子（年最大 3 日、7 日、15 日、30 日雨量）；

（3）年≥某一量级雨量类 6 个因子（年≥40mm、≥30mm、≥25mm、≥20mm、≥15mm、≥10mm 雨量）；

（4）年≥某一量级降雨日数 6 个因子（年≥40mm、≥30mm、≥25mm、≥20mm、≥15mm、≥10mm 降雨日数）；

（5）年≥某一量级降雨强度（$\frac{雨量}{降雨日数}$）类 6 个因子（年≥40mm、≥30mm、≥25mm、≥20mm、≥15mm、≥10mm 降雨强度）；

（6）汛期雨量的平方与年雨量的比值（$\frac{P_{汛}^2}{P}$）类 5 个因子（7～8 月、6～8 月、6～9 月、7～9 月、5～9 月雨量的平方与年雨量的比值）；

（7）年最大时段雨量的平方与年雨量的比值（$\frac{P_{max}^2}{P}$）类 4 个因子（年最大 60min、180min、360min、1440min 雨量的平方与年雨量的比值）；

（8）年最大日雨量的平方与年雨量的比值（$\frac{P_{日}^2}{P}$）类 4 个因子（年最大 3 日、7 日、15 日、30 日雨量的平方与年雨量的比值）；

（9）汛期雨量的集中程度类 2 个因子（7～8 月雨量与 6～9 月雨量的比值，6～8 月雨量与 5～9 月雨量的比值）；

（10）年雨量与年最大 1440min、60min 雨量三者的乘积（$P{\cdot}P_{1440}{\cdot}P_{60}$）以及年雨量与年最大 1440min、60min、10min 雨量四者的乘积（$P{\cdot}P_{1440}{\cdot}P_{60}{\cdot}P_{10}$）。

这些因子基本包括了反映年降雨特征的主要因子及其不同组合，包括了雨量、雨强、雨量集中程度等多方面的因素，采用了均值、最大值、量级值、比值、复合值等多种特征值指标。为了将降雨产沙关系与产流产沙关系相比较，同时分析了年径流深（L）与年流失量的关系。选择的沟道和中小流域共 39 个，其中 5km^2 以下的小沟道 4 个，5～50km^2 的沟道 6 个，50～200km^2 的小流域 11 个，200～500km^2 的中小流域 6 个，500～1000km^2 的中型流域 7 个，≥1000km^2 的流域 5 个，基本情况见表 5.27。各因子与年土壤流失相关程度见表 5.28～表 5.34。

表 5.27　用于年雨沙关系分析所选用流域的基本情况

空间尺度/km^2	流域名称	位置	面积/km^2	资料年限	样本数
＜5	团山沟	陕西子洲	0.18	1961～1969 年	9
	黑矾沟	陕西子洲	0.133	1960～1967 年	8
	蛇家沟	陕西子洲	4.72	1961～1969 年	9
	羊道沟	山西离石	0.206	1956～1970 年	15
5～50	三川口	陕西子洲	21.0	1960～1969 年	10
	西庄	陕西子洲	49.0	1960～1967 年	8
	裴家峁沟	陕西绥德	41.5	1961～1967 年	7
	吕二沟	甘肃天水	12.0	1954～1963 年	10
	岔上	山西宁武	31.7	1962～1987 年	26
	董茹	山西太原	18.9	1965～1987 年	23
50～200	杜家沟岔	陕西子洲	95.1	1960～1967 年	8
	店房台沟	陕西横山	87.0	1979～1988 年	10
	贾家沟	陕西神木	93.4	1979～1987 年	9
	田沟门	甘肃泾川	58.0	1980～1988 年	9
	洞川沟	陕西神木	140.0	1980～1988 年	9
	陈梨夭	内蒙古和林格尔	185.0	1960～1984 年	25
	吉家堡	青海民和	192.0	1964～1986 年	23
	招贤沟	山西临县	57.2	1979～1988 年	10
	店则沟	陕西清涧	56.4	1979～1988 年	10
	张家墕	陕西吴堡	52.6	1980～1988 年	9
	曹坪	陕西子洲	187.0	1959～1988 年	30
200～500	南小河沟	甘肃庆阳	336.0	1980～1988 年	9
	文安驿川	陕西延川	336.0	1978～1988 年	11
	岢岚	山西岢岚	476.0	1959～1988 年	30
	殿市	陕西横山	327.0	1960～1988 年	29
	吉县	山西吉县	436.0	1961～1988 年	28
	杨家坡	山西临县	283.0	1960～1988 年	29

续表

空间尺度/km^2	流域名称	位置	面积/km^2	资料年限	样本数
500～1000	青阳岔	陕西靖边	662.0	1959～1988年	30
	志丹	陕西志丹	774.0	1965～1987年	23
	悦乐	甘肃华池	528.0	1959～1987年	29
	东园	内蒙古包头	886.0	1959～1986年	28
	首阳	甘肃陇西	833.0	1959～1981年	23
	圪洞	山西方山	749.0	1961～1988年	28
	子长	陕西子长	913.0	1959～1988年	30
＞1000	会宁	甘肃会宁	1041.0	1957～1987年	31
	碧村	山西兴县	1476.0	1956～1985年	30
	高石崖	陕西府谷	1263.0	1955～1987年	33
	上静游	山西类烦	1140.0	1964～1987年	24
	申家湾	陕西佳县	1121.0	1958～1988年	31

表 5.28　黄土高原 50km^2 以下流域降雨单因子、复合因子与土壤流失量的相关程度（相关系数 *r*）

因子	表示符号	$<5\text{km}^2$					$5\sim50\text{km}^2$		
		团山沟	黑矾沟	蛇家沟	羊道沟	平均	三川口	西庄	裴家峁沟
年雨量	P	0.629	0.617	0.869	0.658	0.693	0.800	0.639	0.716
年雨日	N	0.278	0.445	0.458	0.490	0.418	0.373	0.372	0.936
7～8月雨量	$P_{7\sim8}$	0.773	0.724	0.865	0.829	0.798	0.765	0.666	0.722
6～8月雨量	$P_{6\sim8}$	0.771	0.745	0.904	0.799	0.805	0.864	0.835	0.705
6～9月雨量	$P_{6\sim9}$	0.640	0.527	0.882	0.799	0.712	0.860	0.717	0.660
7～9月雨量	$P_{7\sim9}$	0.609	0.451	0.843	0.785	0.672	0.755	0.572	0.663
5～9月雨量	$P_{5\sim9}$	0.622	0.548	0.877	0.791	0.712	0.865	0.721	0.703
年10min最大雨量	P_{10}	0.890	0.861	0.766		0.839	0.631	0.600	
年30min最大雨量	P_{30}	0.796	0.954	0.841		0.863	0.631	0.820	
年60min最大雨量	P_{60}	0.763	0.955	0.796		0.838	0.684	0.666	
年120min最大雨量	P_{120}	0.788	0.976	0.818		0.861	0.769	0.714	
年180min最大雨量	P_{180}	0.823	0.922	0.861		0.869	0.744	0.734	
年360min最大雨量	P_{360}	0.725	0.778	0.823		0.755	0.774	0.710	
年720min最大雨量	P_{720}	0.511	0.608	0.681		0.600	0.692	0.585	
年1440min最大雨量	P_{1440}	0.271	0.466	0.540		0.425	0.716	0.539	
年3日最大雨量	$P_{3日}$	0.224	0.288	0.603	0.766	0.470	0.816	0.513	0.487
年7日最大雨量	$P_{7日}$	0.123	0.057	0.519	0.790	0.372	0.699	0.463	0.477
年15日最大雨量	$P_{15日}$	0.663	0.510	0.876	0.802	0.713	0.752	0.835	0.762
年30日最大雨量	$P_{30日}$	0.554	0.472	0.771	0.834	0.658	0.725	0.551	0.749
年≥40mm雨量	$P_{\geqslant40}$	0.561	0.001	0.174	0.829	0.391	0.629	0.501	0.771
年≥30mm雨量	$P_{\geqslant30}$	0.626	0.585	0.847	0.717	0.694	0.926	0.727	0.455

续表

因子	表示符号	$<5\text{km}^2$				$5\sim50\text{km}^2$			
		团山沟	黑矾沟	蛇家沟	羊道沟	平均	三川口	西庄	裴家峁沟
年≥25mm 雨量	$P_{\geq25}$	0.711	0.520	0.916	0.705	0.713	0.907	0.769	0.362
年≥20mm 雨量	$P_{\geq20}$	0.668	0.545	0.907	0.698	0.705	0.895	0.746	0.320
年≥15mm 雨量	$P_{\geq15}$	0.727	0.595	0.932	0.643	0.724	0.894	0.780	0.547
年≥10mm 雨量	$P_{\geq10}$	0.675	0.618	0.892	0.675	0.715	0.872	0.673	0.610
年≥40mm 雨日	$N_{\geq40}$	0.588	0.094	0.293	0.829	0.451	0.645	0.593	0.747
年≥30mm 雨日	$N_{\geq30}$	0.590	0.515	0.809	0.690	0.651	0.916	0.721	0.420
年≥25mm 雨日	$N_{\geq25}$	0.657	0.369	0.833	0.699	0.640	0.805	0.720	0.051
年≥20mm 雨日	$N_{\geq20}$	0.622	0.464	0.862	0.493	0.611	0.807	0.692	0.100
年≥15mm 雨日	$N_{\geq15}$	0.748	0.539	0.902	0.459	0.662	0.836	0.716	0.580
年≥10mm 雨日	$N_{\geq10}$	0.624	0.598	0.800	0.503	0.631	0.797	0.431	0.698
年≥40mm 雨强	$P/N_{\geq40}$	0.523	0.098	0.487	0.814	0.481	0.459	0.430	0.793
年≥30mm 雨强	$P/N_{\geq30}$	0.338	0.310	0.568	0.690	0.476	0.904	0.704	0.471
年≥25mm 雨强	$P/N_{\geq25}$	0.308	0.582	0.463	0.669	0.506	0.711	0.676	0.739
年≥20mm 雨强	$P/N_{\geq20}$	0.168	0.315	0.167	0.833	0.371	0.759	0.664	0.795
年≥15mm 雨强	$P/N_{\geq15}$	0.421	0.466	0.700	0.742	0.582	0.727	0.460	0.192
年≥10mm 雨强	$P/N_{\geq10}$	0.570	0.435	0.818	0.760	0.646	0.917	0.829	0.106
汛期雨量与年雨量比值	$(P_{7\sim8})^2/P$	0.682	0.499	0.683	0.843	0.677	0.646	0.469	0.630
	$(P_{6\sim8})^2/P$	0.711	0.578	0.809	0.770	0.717	0.778	0.650	0.648
	$(P_{6\sim9})^2/P$	0.612	0.370	0.864	0.851	0.674	0.758	0.563	0.606
	$(P_{7\sim9})^2/P$	0.559	0.285	0.783	0.819	0.612	0.646	0.425	0.598
	$(P_{5\sim9})^2/P$	0.589	0.364	0.854	0.842	0.662	0.759	0.557	0.675
年最大时段雨量平方与年雨量比值	$(P_{60})^2/P$	0.662	0.921	0.617		0.733	0.671	0.686	
	$(P_{180})^2/P$	0.721	0.775	0.659		0.719	0.669	0.578	
	$(P_{360})^2/P$	0.604	0.612	0.605		0.607	0.680	0.538	
	$(P_{1440})^2/P$	0.077	0.275	0.346		0.232	0.600	0.406	
年最大日雨量平方与年雨量比值	$P^2_{3日}/P$	0.062	0.140	0.382	0.719	0.326	0.703	0.372	0.219
	$P^2_{7日}/P$	0.182	0.047	0.250	0.751	0.308	0.614	0.288	0.242
	$P^2_{15日}/P$	0.592	0.325	0.830	0.796	0.636	0.641	0.640	0.642
	$P^2_{30日}/P$	0.478	0.316	0.709	0.850	0.588	0.613	0.401	0.696
汛期雨量比值	$P_{7\sim8}/P_{6\sim9}$	0.100	0.081	0.448	0.416	0.261	0.691	0.611	0.279
	$P_{6\sim8}/P_{5\sim9}$	0.142	0.519	0.129	0.020	0.203	0.013	0.229	0.471
年雨量与年最大时段雨量乘积	$P\cdot P_{1440}\cdot P_{60}\cdot P_{10}$	0.825	0.844	0.925	0.950	0.886	0.815	0.798	0.667
	$P\cdot P_{1440}\cdot P_{60}$	0.665	0.820	0.861	0.898	0.811	0.823	0.788	0.673
径流深	L	0.911	0.972	0.969	0.992	0.961	0.980	0.990	0.977

从表 5.28～表 5.34 各因子与年土壤流失的相关程度可以看出：

表 5.29　黄土高原 5～50km² 及 50～200km² 流域降雨单因子、复合因子与土壤流失量的相关程度（相关系数 r）

因子	表示符号	5～50km²				50～200km²			
		吕二沟	岔上	董茹	平均	杜家沟岔	店房台沟	贾家沟	田沟门
年雨量	P	0.849	0.586	0.548	0.690	0.505	0.690	0.361	0.564
年雨日	N	0.380	0.226	0.297	0.431	0.489	0.749	0.025	0.552
7～8 月雨量	$P_{7\sim8}$	0.256	0.613	0.531	0.592	0.621	0.502	0.501	0.901
6～8 月雨量	$P_{6\sim8}$	0.706	0.606	0.516	0.705	0.737	0.368	0.351	0.848
6～9 月雨量	$P_{6\sim9}$	0.667	0.570	0.542	0.669	0.597	0.641	0.374	0.816
7～9 月雨量	$P_{7\sim9}$	0.317	0.564	0.583	0.576	0.480	0.659	0.410	0.854
5～9 月雨量	$P_{5\sim9}$	0.754	0.518	0.489	0.675	0.604	0.649	0.325	0.647
年 10min 最大雨量	P_{10}	0.050	0.462	0.466	0.441	0.551	0.060	0.726	0.441
年 30min 最大雨量	P_{30}	0.093	0.688	0.460	0.539	0.784	0.444	0.745	0.622
年 60min 最大雨量	P_{60}	0.467	0.694	0.532	0.609	0.660	0.502	0.709	0.728
年 120min 最大雨量	P_{120}	0.521	0.692	0.578	0.655	0.649	0.471	0.649	0.699
年 180min 最大雨量	P_{180}	0.507	0.594	0.642	0.644	0.688	0.048	0.233	0.595
年 360min 最大雨量	P_{360}	0.573	0.486	0.416	0.592	0.640	0.586	0.527	0.639
年 720min 最大雨量	P_{720}	0.456	0.594	0.305	0.526	0.520	0.471	0.619	0.721
年 1440min 最大雨量	P_{1440}	0.503	0.482	0.346	0.517	0.449	0.228	0.523	0.788
年 3 日最大雨量	$P_{3日}$	0.385	0.422	0.476	0.516	0.246	0.007	0.540	0.906
年 7 日最大雨量	$P_{7日}$	0.811	0.441	0.535	0.571	0.009	0.319	0.411	0.830
年 15 日最大雨量	$P_{15日}$	0.679	0.551	0.567	0.691	0.317	0.296	0.248	0.606
年 30 日最大雨量	$P_{30日}$	0.627	0.551	0.594	0.633	0.393	0.115	0.523	0.765
年≥40mm 雨量	$P_{\geq40}$	0.094	0.455	0.365	0.469	0.382	0.395	0.292	0.788
年≥30mm 雨量	$P_{\geq30}$	0.523	0.590	0.007	0.538	0.627	0.269	0.184	0.963
年≥25mm 雨量	$P_{\geq25}$	0.917	0.623	0.351	0.655	0.659	0.356	0.163	0.748
年≥20mm 雨量	$P_{\geq20}$	0.837	0.543	0.449	0.631	0.582	0.652	0.311	0.771
年≥15mm 雨量	$P_{\geq15}$	0.808	0.541	0.538	0.684	0.647	0.505	0.256	0.740
年≥10mm 雨量	$P_{\geq10}$	0.841	0.610	0.523	0.688	0.584	0.439	0.296	0.661
年≥40mm 雨日	$N_{\geq40}$	0.099	0.463	0.381	0.488	0.620	0.380	0.298	0.782
年≥30mm 雨日	$N_{\geq30}$	0.595	0.544	0.014	0.535	0.652	0.257	0.314	0.958
年≥25mm 雨日	$N_{\geq25}$	0.948	0.577	0.302	0.567	0.591	0.374	0.092	0.746
年≥20mm 雨日	$N_{\geq20}$	0.827	0.486	0.432	0.557	0.458	0.741	0.331	0.594
年≥15mm 雨日	$N_{\geq15}$	0.730	0.442	0.578	0.647	0.563	0.416	0.210	0.359
年≥10mm 雨日	$N_{\geq10}$	0.777	0.551	0.444	0.616	0.472	0.267	0.220	0.275
年≥40mm 雨强	$P/N_{\geq40}$	0.079	0.419	0.336	0.419	0.381	0.416	0.292	0.795
年≥30mm 雨强	$P/N_{\geq30}$	0.207	0.394	0.054	0.456	0.579	0.138	0.201	0.959
年≥25mm 雨强	$P/N_{\geq25}$	0.296	0.405	0.205	0.505	0.442	0.068	0.063	0.718
年≥20mm 雨强	$P/N_{\geq20}$	0.382	0.487	0.078	0.528	0.736	0.475	0.255	0.837
年≥15mm 雨强	$P/N_{\geq15}$	0.565	0.531	0.071	0.424	0.453	0.356	0.019	0.860
年≥10mm 雨强	$P/N_{\geq10}$	0.082	0.342	0.321	0.433	0.588	0.450	0.187	0.786

续表

因子	表示符号	5～50km²				50～200km²			
		吕二沟	岔上	董茹	平均	杜家沟岔	店房台沟	贾家沟	田沟门
汛期雨量与年雨量比值	$(P_{7\sim8})^2/P$	0.037	0.564	0.465	0.469	0.385	0.399	0.482	0.805
	$(P_{6\sim8})^2/P$	0.559	0.566	0.452	0.609	0.523	0.161	0.298	0.741
	$(P_{6\sim9})^2/P$	0.529	0.530	0.519	0.584	0.411	0.544	0.365	0.833
	$(P_{7\sim9})^2/P$	0.081	0.510	0.556	0.469	0.301	0.595	0.395	0.822
	$(P_{5\sim9})^2/P$	0.633	0.447	0.426	0.583	0.412	0.580	0.295	0.688
年最大时段雨量平方与年雨量比值	$(P_{60})^2/P$	0.207	0.631	0.287	0.497	0.598	0.335	0.677	0.632
	$(P_{180})^2/P$	0.225	0.498	0.471	0.488	0.485	0.310	0.178	0.525
	$(P_{360})^2/P$	0.196	0.361	0.244	0.404	0.435	0.746	0.506	0.547
	$(P_{1440})^2/P$	0.094	0.337	0.181	0.325	0.290	0.420	0.517	0.708
年最大日雨量平方与年雨量比值	$P_{3日}^2/P$	0.041	0.289	0.324	0.325	0.115	0.210	0.499	0.848
	$P_{7日}^2/P$	0.658	0.315	0.435	0.425	0.103	0.158	0.368	0.769
	$P_{15日}^2/P$	0.469	0.461	0.517	0.562	0.121	0.138	0.175	0.466
	$P_{30日}^2/P$	0.423	0.454	0.554	0.524	0.212	0.084	0.536	0.668
汛期雨量比值	$P_{7\sim8}/P_{6\sim9}$	0.642	0.174	0.193	0.431	0.286	0.245	0.363	0.588
	$P_{6\sim8}/P_{5\sim9}$	0.030	0.363	0.151	0.209	0.203	0.201	0.142	0.324
年雨量与年最大时段雨量乘积	$P{\cdot}P_{1440}{\cdot}P_{60}{\cdot}P_{10}$	0.541	0.689	0.658	0.695	0.729	0.344	0.735	0.740
	$P{\cdot}P_{1440}{\cdot}P_{60}$	0.817	0.682	0.559	0.724	0.710	0.425	0.688	0.857
径流深	L	0.973	0.751	0.864	0.923	0.994	0.941	0.977	0.872

表 5.30　黄土高原 50～200km² 流域降雨单因子、复合因子与土壤流失量的相关程度（相关系数 r）

因子	表示符号	50～200km²							
		洞川沟	陈梨夭	吉家堡	招贤沟	店则沟	张家墕	曹坪	平均
年雨量	P	0.703	0.653	0.714	0.599	0.266	0.595	0.582	0.567
年雨日	N	0.681	0.242	0.169	0.280	0.508	0.031	0.241	0.361
7～8 月雨量	$P_{7\sim8}$	0.736	0.717	0.593	0.042	0.520	0.848	0.530	0.592
6～8 月雨量	$P_{6\sim8}$	0.705	0.696	0.643	0.157	0.523	0.902	0.441	0.579
6～9 月雨量	$P_{6\sim9}$	0.749	0.678	0.613	0.443	0.418	0.758	0.527	0.601
7～9 月雨量	$P_{7\sim9}$	0.687	0.686	0.503	0.229	0.317	0.459	0.584	0.533
5～9 月雨量	$P_{5\sim9}$	0.703	0.675	0.730	0.566	0.229	0.616	0.580	0.575
年 10min 最大雨量	P_{10}	0.384	0.288	0.229	0.256	0.528	0.785	0.260	0.410
年 30min 最大雨量	P_{30}	0.380	0.244	0.375	0.559	0.785	0.776	0.418	0.557
年 60min 最大雨量	P_{60}	0.465	0.269	0.343	0.504	0.825	0.659	0.479	0.559
年 120min 最大雨量	P_{120}	0.575	0.271	0.324	0.310	0.618	0.599	0.502	0.515
年 180min 最大雨量	P_{180}	0.678	0.275	0.309	0.169	0.472	0.385	0.478	0.394
年 360min 最大雨量	P_{360}	0.483	0.419	0.211	0.063	0.276	0.237	0.379	0.406
年 720min 最大雨量	P_{720}	0.550	0.499	0.141	0.158	0.092	0.157	0.336	0.388
年 1440min 最大雨量	P_{1440}	0.519	0.592	0.168	0.208	0.109	0.263	0.363	0.383
年 3 日最大雨量	$P_{3日}$	0.671	0.588	0.317	0.202	0.257	0.574	0.480	0.435

续表

因子	表示符号	50～200km²							
		洞川沟	陈梨天	吉家堡	招贤沟	店则沟	张家墕	曹坪	平均
年7日最大雨量	$P_{7日}$	0.663	0.728	0.556	0.329	0.475	0.458	0.511	0.481
年15日最大雨量	$P_{15日}$	0.587	0.668	0.449	0.527	0.503	0.643	0.520	0.488
年30日最大雨量	$P_{30日}$	0.635	0.717	0.505	0.615	0.425	0.454	0.525	0.516
年≥40mm雨量	$P_{\geqslant 40}$	0.378	0.515	0.186	0.090	0.369	0.356	0.390	0.376
年≥30mm雨量	$P_{\geqslant 30}$	0.303	0.585	0.036	0.073	0.412	0.245	0.582	0.389
年≥25mm雨量	$P_{\geqslant 25}$	0.468	0.301	0.151	0.368	0.437	0.313	0.594	0.414
年≥20mm雨量	$P_{\geqslant 20}$	0.426	0.286	0.332	0.606	0.445	0.637	0.614	0.515
年≥15mm雨量	$P_{\geqslant 15}$	0.448	0.707	0.416	0.729	0.426	0.775	0.588	0.567
年≥10mm雨量	$P_{\geqslant 10}$	0.507	0.759	0.763	0.720	0.285	0.763	0.569	0.577
年≥40mm雨日	$N_{\geqslant 40}$	0.398	0.510	0.185	0.120	0.371	0.334	0.391	0.399
年≥30mm雨日	$N_{\geqslant 30}$	0.319	0.588	0.048	0.140	0.423	0.266	0.595	0.415
年≥25mm雨日	$N_{\geqslant 25}$	0.321	0.306	0.171	0.566	0.377	0.334	0.613	0.408
年≥20mm雨日	$N_{\geqslant 20}$	0.201	0.289	0.368	0.763	0.355	0.657	0.538	0.482
年≥15mm雨日	$N_{\geqslant 15}$	0.279	0.748	0.453	0.640	0.317	0.729	0.460	0.470
年≥10mm雨日	$N_{\geqslant 10}$	0.445	0.710	0.812	0.565	0.153	0.405	0.429	0.432
年≥40mm雨强	$P/N_{\geqslant 40}$	0.336	0.503	0.189	0.073	0.361	0.345	0.384	0.371
年≥30mm雨强	$P/N_{\geqslant 30}$	0.229	0.556	0.016	0.006	0.379	0.184	0.554	0.346
年≥25mm雨强	$P/N_{\geqslant 25}$	0.382	0.222	0.120	0.289	0.444	0.239	0.505	0.318
年≥20mm雨强	$P/N_{\geqslant 20}$	0.397	0.217	0.273	0.450	0.360	0.307	0.196	0.409
年≥15mm雨强	$P/N_{\geqslant 15}$	0.604	0.429	0.323	0.067	0.538	0.274	0.389	0.392
年≥10mm雨强	$P/N_{\geqslant 10}$	0.427	0.362	0.043	0.104	0.603	0.589	0.383	0.411
汛期雨量与年雨量比值	$(P_{7\sim8})^2/P$	0.686	0.687	0.444	0.145	0.463	0.790	0.444	0.521
	$(P_{6\sim8})^2/P$	0.619	0.666	0.493	0.011	0.441	0.825	0.301	0.462
	$(P_{6\sim9})^2/P$	0.751	0.665	0.404	0.297	0.446	0.737	0.460	0.538
	$(P_{7\sim9})^2/P$	0.618	0.662	0.283	0.036	0.304	0.360	0.545	0.447
	$(P_{5\sim9})^2/P$	0.680	0.665	0.677	0.494	0.194	0.568	0.550	0.528
年最大时段雨量平方与年雨量比值	$(P_{60})^2/P$	0.318	0.052	0.153	0.391	0.789	0.560	0.313	0.438
	$(P_{180})^2/P$	0.502	0.058	0.104	0.049	0.401	0.314	0.336	0.296
	$(P_{360})^2/P$	0.269	0.236	0.008	0.074	0.220	0.108	0.238	0.308
	$(P_{1440})^2/P$	0.336	0.467	0.087	0.359	0.030	0.107	0.203	0.320
年最大日雨量平方与年雨量比值	$P^2_{3日}/P$	0.592	0.477	0.034	0.097	0.238	0.513	0.324	0.359
	$P^2_{7日}/P$	0.564	0.667	0.345	0.248	0.509	0.383	0.385	0.409
	$P^2_{15日}/P$	0.446	0.585	0.179	0.481	0.535	0.628	0.407	0.378
	$P^2_{30日}/P$	0.522	0.688	0.210	0.581	0.456	0.344	0.424	0.430
汛期雨量比值	$P_{7\sim8}/P_{6\sim9}$	0.408	0.341	0.358	0.402	0.343	0.658	0.252	0.386
	$P_{6\sim8}/P_{5\sim9}$	0.088	0.243	0.132	0.210	0.330	0.677	0.104	0.241
年雨量与年最大时段雨量乘积	$P\cdot P_{1440}\cdot P_{60}\cdot P_{10}$	0.596	0.496	0.409	0.383	0.655	0.855	0.513	0.587
	$P\cdot P_{1440}\cdot P_{60}$	0.664	0.564	0.486	0.403	0.629	0.721	0.567	0.610
径流深	L	0.969	0.903	0.771	0.896	0.904	0.885	0.822	0.903

表 5.31　黄土高原 200～500km² 流域降雨单因子、复合因子与土壤流失量的相关程度（相关系数 r）

因子	表示符号	200～500km²						
		南小河沟	文安驿川	珂岚	殿市	吉县	杨家坡	平均
年雨量	P	0.134	0.058	0.644	0.568	0.385	0.517	0.384
年雨日	N	0.417	0.076	0.593	0.295	0.349	0.264	0.332
7～8 月雨量	$P_{7\sim8}$	0.419	0.515	0.755	0.557	0.333	0.529	0.518
6～8 月雨量	$P_{6\sim8}$	0.492	0.591	0.672	0.450	0.316	0.449	0.495
6～9 月雨量	$P_{6\sim9}$	0.388	0.186	0.678	0.560	0.422	0.525	0.460
7～9 月雨量	$P_{7\sim9}$	0.263	0.206	0.733	0.653	0.421	0.574	0.475
5～9 月雨量	$P_{5\sim9}$	0.490	0.059	0.624	0.569	0.291	0.501	0.422
年 10min 最大雨量	P_{10}	0.716	0.640	0.536	0.142	0.324	0.191	0.425
年 30min 最大雨量	P_{30}	0.800	0.538	0.494	0.141	0.433	0.288	0.449
年 60min 最大雨量	P_{60}	0.812	0.713	0.612	0.289	0.513	0.328	0.544
年 120min 最大雨量	P_{120}	0.779	0.800	0.623	0.356	0.550	0.220	0.555
年 180min 最大雨量	P_{180}	0.040	0.191	0.551	0.310	0.578	0.257	0.321
年 360min 最大雨量	P_{360}	0.074	0.129	0.497	0.376	0.539	0.240	0.309
年 720min 最大雨量	P_{720}	0.197	0.002	0.649	0.403	0.430	0.200	0.314
年 1440min 最大雨量	P_{1440}	0.566	0.185	0.616	0.428	0.397	0.272	0.411
年 3 日最大雨量	$P_{3日}$	0.011	0.236	0.634	0.489	0.469	0.550	0.398
年 7 日最大雨量	$P_{7日}$	0.258	0.042	0.620	0.527	0.499	0.520	0.411
年 15 日最大雨量	$P_{15日}$	0.454	0.118	0.785	0.474	0.437	0.669	0.490
年 30 日最大雨量	$P_{30日}$	0.213	0.385	0.790	0.450	0.417	0.615	0.478
年≥40mm 雨量	$P_{\geq40}$	0.097	0.217	0.537	0.240	0.025	0.314	0.238
年≥30mm 雨量	$P_{\geq30}$	0.421	0.000	0.466	0.536	0.256	0.375	0.342
年≥25mm 雨量	$P_{\geq25}$	0.455	0.188	0.458	0.530	0.004	0.468	0.351
年≥20mm 雨量	$P_{\geq20}$	0.787	0.392	0.332	0.502	0.090	0.472	0.429
年≥15mm 雨量	$P_{\geq15}$	0.750	0.320	0.554	0.487	0.007	0.435	0.426
年≥10mm 雨量	$P_{\geq10}$	0.786	0.056	0.619	0.492	0.001	0.460	0.402
年≥40mm 雨日	$N_{\geq40}$	0.111	0.214	0.541	0.226	0.018	0.304	0.236
年≥30mm 雨日	$N_{\geq30}$	0.418	0.045	0.460	0.553	0.237	0.403	0.353
年≥25mm 雨日	$N_{\geq25}$	0.475	0.265	0.455	0.534	0.053	0.488	0.378
年≥20mm 雨日	$N_{\geq20}$	0.770	0.347	0.337	0.486	0.105	0.454	0.417
年≥15mm 雨日	$N_{\geq15}$	0.667	0.088	0.485	0.366	0.039	0.423	0.345
年≥10mm 雨日	$N_{\geq10}$	0.716	0.184	0.603	0.396	0.016	0.369	0.381
年≥40mm 雨强	$P/N_{\geq40}$	0.073	0.249	0.523	0.245	0.040	0.330	0.243
年≥30mm 雨强	$P/N_{\geq30}$	0.419	0.131	0.428	0.487	0.261	0.325	0.342
年≥25mm 雨强	$P/N_{\geq25}$	0.413	0.159	0.424	0.472	0.151	0.406	0.338
年≥20mm 雨强	$P/N_{\geq20}$	0.095	0.069	0.235	0.479	0.017	0.400	0.216
年≥15mm 雨强	$P/N_{\geq15}$	0.257	0.220	0.425	0.432	0.085	0.418	0.306
年≥10mm 雨强	$P/N_{\geq10}$	0.115	0.303	0.330	0.428	0.025	0.323	0.254

续表

因子	表示符号	200～500km²						
		南小河沟	文安驿川	岢岚	殿市	吉县	杨家坡	平均
汛期雨量与年雨量比值	$(P_{7\sim8})^2/P$	0.462	0.506	0.765	0.493	0.264	0.473	0.494
	$(P_{6\sim8})^2/P$	0.546	0.539	0.643	0.352	0.234	0.358	0.446
	$(P_{6\sim9})^2/P$	0.455	0.216	0.685	0.537	0.406	0.509	0.468
	$(P_{7\sim9})^2/P$	0.279	0.227	0.753	0.647	0.399	0.563	0.478
	$(P_{5\sim9})^2/P$	0.664	0.131	0.593	0.551	0.214	0.474	0.438
年最大时段雨量平方与年雨量比值	$(P_{60})^2/P$	0.770	0.693	0.517	0.128	0.419	0.176	0.451
	$(P_{180})^2/P$	0.010	0.170	0.440	0.152	0.475	0.081	0.221
	$(P_{360})^2/P$	0.101	0.108	0.352	0.222	0.433	0.072	0.215
	$(P_{1440})^2/P$	0.563	0.189	0.524	0.246	0.284	0.136	0.324
年最大日雨量平方与年雨量比值	$P_{3日}^2/P$	0.041	0.231	0.547	0.296	0.417	0.490	0.337
	$P_{7日}^2/P$	0.262	0.028	0.513	0.394	0.462	0.440	0.350
	$P_{15日}^2/P$	0.472	0.158	0.769	0.338	0.411	0.647	0.466
	$P_{30日}^2/P$	0.185	0.398	0.808	0.322	0.386	0.614	0.452
汛期雨量比值	$P_{7\sim8}/P_{6\sim9}$	0.163	0.558	0.416	0.121	0.020	0.229	0.251
	$P_{6\sim8}/P_{5\sim9}$	0.195	0.532	0.238	0.155	0.128	0.051	0.217
年雨量与年最大时段雨量乘积	$P{\cdot}P_{1440}{\cdot}P_{60}{\cdot}P_{10}$	0.788	0.591	0.681	0.384	0.562	0.358	0.561
	$P{\cdot}P_{1440}{\cdot}P_{60}$	0.682	0.391	0.686	0.478	0.599	0.399	0.539
径流深	L	0.919	0.965	0.794	0.934	0.891	0.967	0.912

表 5.32　黄土高原 500～1000km² 流域降雨单因子、复合因子与土壤流失量的相关程度（相关系数 r）

因子	表示符号	500～1000km²							
		青阳岔	志丹	悦乐	东园	首阳	圪洞	子长	平均
年雨量	P	0.680	0.580	0.702	0.474	0.764	0.543	0.383	0.589
年雨日	N	0.586	0.288	0.376	0.160	0.429	0.499	0.371	0.387
7～8 月雨量	$P_{7\sim8}$	0.602	0.617	0.465	0.669	0.777	0.828	0.479	0.634
6～8 月雨量	$P_{6\sim8}$	0.541	0.629	0.464	0.651	0.834	0.732	0.453	0.615
6～9 月雨量	$P_{6\sim9}$	0.641	0.675	0.703	0.563	0.748	0.665	0.432	0.632
7～9 月雨量	$P_{7\sim9}$	0.677	0.602	0.699	0.563	0.686	0.704	0.445	0.625
5～9 月雨量	$P_{5\sim9}$	0.660	0.622	0.685	0.543	0.767	0.594	0.416	0.613
年 10min 最大雨量	P_{10}	0.401	0.669	0.393	0.001	0.707	0.084	0.328	0.369
年 30min 最大雨量	P_{30}	0.261	0.669	0.393	0.145	0.716	0.169	0.361	0.388
年 60min 最大雨量	P_{60}	0.311	0.669	0.393	0.239	0.712	0.199	0.462	0.429
年 120min 最大雨量	P_{120}	0.319	0.475	0.327	0.393	0.714	0.302	0.382	0.416
年 180min 最大雨量	P_{180}	0.242	0.301	0.269	0.249	0.718	0.437	0.344	0.366
年 360min 最大雨量	P_{360}	0.192	0.004	0.231	0.335	0.678	0.531	0.276	0.321
年 720min 最大雨量	P_{720}	0.173	0.172	0.409	0.440	0.631	0.499	0.246	0.367
年 1440min 最大雨量	P_{1440}	0.120	0.274	0.481	0.547	0.660	0.491	0.233	0.401
年 3 日最大雨量	$P_{3日}$	0.282	0.338	0.453	0.449	0.681	0.588	0.302	0.442

续表

因子	表示符号	500～1000km²							
		青阳岔	志丹	悦乐	东园	首阳	圪洞	子长	平均
年 7 日最大雨量	$P_{7日}$	0.457	0.494	0.619	0.511	0.731	0.607	0.262	0.526
年 15 日最大雨量	$P_{15日}$	0.431	0.511	0.618	0.551	0.777	0.739	0.390	0.574
年 30 日最大雨量	$P_{30日}$	0.577	0.603	0.635	0.602	0.758	0.690	0.509	0.622
年≥40mm 雨量	$P_{\geqslant 40}$	0.113	0.020	0.494	0.516	0.438	0.434	0.292	0.330
年≥30mm 雨量	$P_{\geqslant 30}$	0.318	0.038	0.320	0.240	0.592	0.673	0.195	0.339
年≥25mm 雨量	$P_{\geqslant 25}$	0.225	0.470	0.247	0.199	0.743	0.589	0.290	0.395
年≥20mm 雨量	$P_{\geqslant 20}$	0.400	0.588	0.664	0.214	0.672	0.490	0.412	0.491
年≥15mm 雨量	$P_{\geqslant 15}$	0.589	0.563	0.713	0.455	0.772	0.489	0.361	0.563
年≥10mm 雨量	$P_{\geqslant 10}$	0.620	0.578	0.850	0.514	0.723	0.545	0.406	0.605
年≥40mm 雨日	$N_{\geqslant 40}$	0.099	0.021	0.490	0.518	0.433	0.450	0.286	0.328
年≥30mm 雨日	$N_{\geqslant 30}$	0.349	0.013	0.319	0.241	0.593	0.558	0.199	0.325
年≥25mm 雨日	$N_{\geqslant 25}$	0.250	0.425	0.256	0.188	0.677	0.399	0.171	0.338
年≥20mm 雨日	$N_{\geqslant 20}$	0.432	0.591	0.663	0.221	0.537	0.292	0.389	0.447
年≥15mm 雨日	$N_{\geqslant 15}$	0.630	0.423	0.754	0.378	0.083	0.307	0.262	0.405
年≥10mm 雨日	$N_{\geqslant 10}$	0.642	0.482	0.602	0.498	0.600	0.401	0.351	0.511
年≥40mm 雨强	$P/N_{\geqslant 40}$	0.138	0.030	0.492	0.507	0.433	0.385	0.280	0.324
年≥30mm 雨强	$P/N_{\geqslant 30}$	0.268	0.111	0.272	0.207	0.562	0.187	0.106	0.245
年≥25mm 雨强	$P/N_{\geqslant 25}$	0.169	0.075	0.156	0.181	0.456	0.250	0.365	0.236
年≥20mm 雨强	$P/N_{\geqslant 20}$	0.320	0.046	0.196	0.117	0.347	0.424	0.175	0.232
年≥15mm 雨强	$P/N_{\geqslant 15}$	0.069	0.199	0.077	0.355	0.088	0.473	0.288	0.221
年≥10mm 雨强	$P/N_{\geqslant 10}$	0.097	0.183	0.545	0.368	0.696	0.498	0.165	0.365
汛期雨量与年雨量比值	$(P_{7\sim8})^2/P$	0.506	0.545	0.280	0.715	0.687	0.840	0.443	0.574
	$(P_{6\sim8})^2/P$	0.393	0.518	0.260	0.708	0.785	0.728	0.415	0.544
	$(P_{6\sim9})^2/P$	0.592	0.685	0.653	0.602	0.680	0.708	0.434	0.622
	$(P_{7\sim9})^2/P$	0.642	0.578	0.615	0.581	0.572	0.719	0.440	0.592
	$(P_{5\sim9})^2/P$	0.620	0.622	0.632	0.579	0.721	0.605	0.418	0.599
年最大时段雨量平方与年雨量比值	$(P_{60})^2/P$	0.127	0.522	0.212	0.052	0.625	0.025	0.392	0.279
	$(P_{180})^2/P$	0.029	0.098	0.034	0.026	0.620	0.233	0.264	0.186
	$(P_{360})^2/P$	0.070	0.158	0.011	0.100	0.559	0.321	0.177	0.199
	$(P_{1440})^2/P$	0.171	0.116	0.324	0.451	0.513	0.314	0.107	0.285
年最大日雨量平方与年雨量比值	$P^2_{3日}/P$	0.023	0.194	0.241	0.318	0.523	0.452	0.182	0.276
	$P^2_{7日}/P$	0.292	0.412	0.469	0.432	0.640	0.517	0.157	0.417
	$P^2_{15日}/P$	0.245	0.418	0.429	0.511	0.711	0.720	0.323	0.480
	$P^2_{30日}/P$	0.438	0.556	0.486	0.620	0.682	0.669	0.484	0.562
汛期雨量比值	$P_{7\sim8}/P_{6\sim9}$	0.194	0.155	0.137	0.388	0.360	0.609	0.265	0.301
	$P_{6\sim8}/P_{5\sim9}$	0.105	0.090	0.190	0.474	0.530	0.271	0.189	0.264
年雨量与年最大时段雨量乘积	$P\cdot P_{1440}\cdot P_{60}\cdot P_{10}$	0.443			0.383	0.759	0.450	0.461	0.499
	$P\cdot P_{1440}\cdot P_{60}$	0.426			0.525	0.768	0.568	0.471	0.551
径流深	L	0.882	0.816	0.964	0.727	0.983	0.710	0.886	0.853

表 5.33　黄土高原>1000km² 流域降雨单因子、复合因子与土壤流失量的相关程度（相关系数 r）

因子	表示符号	>1000km²					
		会宁	碧村	高石崖	上静游	申家湾	平均
年雨量	P	0.446	0.799	0.734	0.747	0.528	0.651
年雨日	N	0.332	0.439	0.758	0.336	0.124	0.398
7～8 月雨量	$P_{7\sim8}$	0.393	0.812	0.730	0.801	0.644	0.676
6～8 月雨量	$P_{6\sim8}$	0.339	0.749	0.697	0.852	0.600	0.647
6～9 月雨量	$P_{6\sim9}$	0.301	0.771	0.727	0.832	0.540	0.634
7～9 月雨量	$P_{7\sim9}$	0.341	0.813	0.751	0.782	0.557	0.649
5～9 月雨量	$P_{5\sim9}$	0.242	0.740	0.730	0.804	0.525	0.608
年 10min 最大雨量	P_{10}	0.462	0.389	0.248	0.247	0.298	0.329
年 30min 最大雨量	P_{30}	0.502	0.368	0.305	0.331	0.298	0.361
年 60min 最大雨量	P_{60}	0.408	0.448	0.549	0.328	0.486	0.444
年 120min 最大雨量	P_{120}	0.349	0.500	0.536	0.354	0.572	0.462
年 180min 最大雨量	P_{180}	0.349	0.568	0.600	0.477	0.576	0.514
年 360min 最大雨量	P_{360}	0.387	0.623	0.516	0.563	0.654	0.549
年 720min 最大雨量	P_{720}	0.438	0.576	0.625	0.620	0.637	0.579
年 1440min 最大雨量	P_{1440}	0.428	0.626	0.591	0.621	0.699	0.593
年 3 日最大雨量	$P_{3日}$	0.463	0.619	0.653	0.706	0.703	0.629
年 7 日最大雨量	$P_{7日}$	0.540	0.696	0.418	0.734	0.637	0.605
年 15 日最大雨量	$P_{15日}$	0.512	0.819	0.700	0.766	0.660	0.691
年 30 日最大雨量	$P_{30日}$	0.538	0.835	0.720	0.837	0.617	0.709
年≥40mm 雨量	$P_{\geqslant40}$	0.331	0.505	0.401	0.578	0.572	0.477
年≥30mm 雨量	$P_{\geqslant30}$	0.217	0.611	0.181	0.477	0.506	0.398
年≥25mm 雨量	$P_{\geqslant25}$	0.276	0.662	0.281	0.622	0.608	0.490
年≥20mm 雨量	$P_{\geqslant20}$	0.336	0.754	0.529	0.676	0.414	0.542
年≥15mm 雨量	$P_{\geqslant15}$	0.262	0.788	0.609	0.676	0.371	0.541
年≥10mm 雨量	$P_{\geqslant10}$	0.431	0.779	0.690	0.689	0.501	0.618
年≥40mm 雨日	$N_{\geqslant40}$	0.333	0.509	0.409	0.593	0.579	0.485
年≥30mm 雨日	$N_{\geqslant30}$	0.219	0.616	0.177	0.488	0.516	0.403
年≥25mm 雨日	$N_{\geqslant25}$	0.274	0.679	0.274	0.635	0.580	0.488
年≥20mm 雨日	$N_{\geqslant20}$	0.324	0.663	0.486	0.627	0.398	0.500
年≥15mm 雨日	$N_{\geqslant15}$	0.259	0.657	0.606	0.615	0.368	0.501
年≥10mm 雨日	$N_{\geqslant10}$	0.313	0.681	0.707	0.578	0.280	0.512
年≥40mm 雨强	$P/N_{\geqslant40}$	0.322	0.484	0.375	0.550	0.540	0.454
年≥30mm 雨强	$P/N_{\geqslant30}$	0.196	0.579	0.137	0.424	0.453	0.358
年≥25mm 雨强	$P/N_{\geqslant25}$	0.256	0.587	0.201	0.556	0.592	0.438
年≥20mm 雨强	$P/N_{\geqslant20}$	0.297	0.487	0.261	0.583	0.342	0.394
年≥15mm 雨强	$P/N_{\geqslant15}$	0.186	0.470	0.151	0.614	0.316	0.347
年≥10mm 雨强	$P/N_{\geqslant10}$	0.460	0.622	0.259	0.638	0.618	0.519

续表

因子	表示符号	>1000km²					
		会宁	碧村	高石崖	上静游	申家湾	平均
汛期雨量与年雨量比值	$(P_{7\sim8})^2/P$	0.348	0.710	0.682	0.717	0.621	0.615
	$(P_{6\sim8})^2/P$	0.278	0.627	0.639	0.793	0.581	0.584
	$(P_{6\sim9})^2/P$	0.222	0.719	0.709	0.849	0.530	0.606
	$(P_{7\sim9})^2/P$	0.275	0.769	0.729	0.746	0.532	0.610
	$(P_{5\sim9})^2/P$	0.140	0.665	0.710	0.806	0.506	0.565
年最大时段雨量平方与年雨量比值	$(P_{60})^2/P$	0.292	0.163	0.296	0.077	0.325	0.231
	$(P_{180})^2/P$	0.234	0.297	0.392	0.230	0.451	0.321
	$(P_{360})^2/P$	0.287	0.370	0.287	0.332	0.532	0.361
	$(P_{1440})^2/P$	0.332	0.400	0.435	0.433	0.637	0.447
年最大日雨量平方与年雨量比值	$P_{3日}^2/P$	0.377	0.388	0.536	0.618	0.637	0.511
	$P_{7日}^2/P$	0.501	0.478	0.252	0.641	0.582	0.491
	$P_{15日}^2/P$	0.456	0.675	0.644	0.687	0.619	0.616
	$P_{30日}^2/P$	0.475	0.768	0.675	0.783	0.603	0.661
汛期雨量比值	$P_{7\sim8}/P_{6\sim9}$	0.382	0.098	0.281	0.207	0.410	0.276
	$P_{6\sim8}/P_{5\sim9}$	0.395	0.047	0.141	0.123	0.100	0.161
年雨量与年最大时段雨量乘积	$P{\cdot}P_{1440}{\cdot}P_{60}{\cdot}P_{10}$	0.553	0.644	0.644	0.588	0.600	0.606
	$P{\cdot}P_{1440}{\cdot}P_{60}$	0.538	0.710	0.697	0.663	0.661	0.654
径流深	L	0.956	0.861	0.951	0.897	0.846	0.902

表 5.34　黄土高原不同空间尺度降雨单因子、复合因子与土壤流失量的相关程度（相关系数 r）

因子	表示符号	流域面积/km²						
		<5	5～50	50～200	200～500	500～1000	≥1000	平均
年雨量	P	0.693	0.690	0.567	0.384	0.589	0.651	0.596
年雨日	N	0.418	0.431	0.361	0.332	0.387	0.398	0.388
7～8 月雨量	$P_{7\sim8}$	0.798	0.592	0.592	0.518	0.634	0.676	0.635
6～8 月雨量	$P_{6\sim8}$	0.805	0.705	0.579	0.495	0.615	0.647	0.641
6～9 月雨量	$P_{6\sim9}$	0.712	0.669	0.601	0.460	0.632	0.634	0.618
7～9 月雨量	$P_{7\sim9}$	0.672	0.576	0.533	0.475	0.625	0.649	0.588
5～9 月雨量	$P_{5\sim9}$	0.712	0.675	0.575	0.422	0.613	0.608	0.601
年 10min 最大雨量	P_{10}	0.789	0.380	0.410	0.425	0.369	0.329	0.450
年 30min 最大雨量	P_{30}	0.838	0.529	0.557	0.449	0.388	0.361	0.520
年 60min 最大雨量	P_{60}	0.799	0.557	0.559	0.544	0.429	0.444	0.555
年 120min 最大雨量	P_{120}	0.861	0.655	0.515	0.555	0.416	0.462	0.577
年 180min 最大雨量	P_{180}	0.869	0.644	0.394	0.321	0.366	0.514	0.518
年 360min 最大雨量	P_{360}	0.775	0.592	0.406	0.309	0.321	0.549	0.492
年 720min 最大雨量	P_{720}	0.600	0.526	0.388	0.314	0.367	0.579	0.462
年 1440min 最大雨量	P_{1440}	0.530	0.543	0.383	0.411	0.401	0.593	0.477
年 3 日最大雨量	$P_{3日}$	0.470	0.516	0.435	0.398	0.442	0.629	0.482

续表

因子	表示符号	流域面积/km²						
		<5	5～50	50～200	200～500	500～1000	≥1000	平均
年 7 日最大雨量	$P_{7日}$	0.372	0.571	0.481	0.411	0.526	0.605	0.494
年 15 日最大雨量	$P_{15日}$	0.713	0.691	0.488	0.490	0.574	0.691	0.608
年 30 日最大雨量	$P_{30日}$	0.658	0.633	0.516	0.478	0.622	0.709	0.603
年≥40mm 雨量	$P_{\geqslant 40}$	0.391	0.469	0.376	0.238	0.330	0.477	0.380
年≥30mm 雨量	$P_{\geqslant 30}$	0.694	0.538	0.389	0.342	0.339	0.398	0.450
年≥25mm 雨量	$P_{\geqslant 25}$	0.713	0.655	0.414	0.351	0.395	0.490	0.503
年≥20mm 雨量	$P_{\geqslant 20}$	0.705	0.631	0.515	0.429	0.491	0.542	0.552
年≥15mm 雨量	$P_{\geqslant 15}$	0.724	0.684	0.567	0.426	0.563	0.541	0.584
年≥10mm 雨量	$P_{\geqslant 10}$	0.715	0.688	0.577	0.402	0.605	0.618	0.601
年≥40mm 雨日	$N_{\geqslant 40}$	0.451	0.488	0.399	0.236	0.328	0.485	0.398
年≥30mm 雨日	$N_{\geqslant 30}$	0.651	0.535	0.415	0.353	0.325	0.403	0.447
年≥25mm 雨日	$N_{\geqslant 25}$	0.640	0.567	0.408	0.378	0.338	0.488	0.470
年≥20mm 雨日	$N_{\geqslant 20}$	0.611	0.557	0.482	0.417	0.447	0.500	0.502
年≥15mm 雨日	$N_{\geqslant 15}$	0.662	0.647	0.470	0.345	0.405	0.501	0.505
年≥10mm 雨日	$N_{\geqslant 10}$	0.631	0.616	0.432	0.381	0.511	0.512	0.514
年≥40mm 雨强	$P/N_{\geqslant 40}$	0.481	0.419	0.371	0.243	0.324	0.454	0.382
年≥30mm 雨强	$P/N_{\geqslant 30}$	0.476	0.456	0.346	0.342	0.245	0.358	0.370
年≥25mm 雨强	$P/N_{\geqslant 25}$	0.506	0.505	0.318	0.338	0.236	0.438	0.390
年≥20mm 雨强	$P/N_{\geqslant 20}$	0.371	0.528	0.409	0.216	0.232	0.394	0.358
年≥15mm 雨强	$P/N_{\geqslant 15}$	0.582	0.424	0.392	0.306	0.221	0.347	0.379
年≥10mm 雨强	$P/N_{\geqslant 10}$	0.646	0.433	0.411	0.254	0.365	0.519	0.438
汛期雨量与年雨量比值	$(P_{7\sim8})^2/P$	0.677	0.469	0.521	0.494	0.574	0.615	0.558
	$(P_{6\sim8})^2/P$	0.717	0.609	0.462	0.446	0.544	0.584	0.560
	$(P_{6\sim9})^2/P$	0.674	0.584	0.538	0.468	0.622	0.606	0.582
	$(P_{7\sim9})^2/P$	0.612	0.469	0.447	0.478	0.592	0.610	0.535
	$(P_{5\sim9})^2/P$	0.662	0.583	0.528	0.438	0.599	0.565	0.563
年最大时段雨量平方与年雨量比值	$(P_{60})^2/P$	0.619	0.420	0.438	0.451	0.279	0.231	0.406
	$(P_{180})^2/P$	0.719	0.488	0.296	0.221	0.186	0.321	0.372
	$(P_{360})^2/P$	0.607	0.404	0.308	0.215	0.199	0.361	0.349
	$(P_{1440})^2/P$	0.378	0.366	0.320	0.324	0.285	0.447	0.353
年最大日雨量平方与年雨量比值	$P_{3日}^2/P$	0.326	0.325	0.359	0.337	0.276	0.511	0.356
	$P_{7日}^2/P$	0.308	0.425	0.409	0.350	0.417	0.491	0.400
	$P_{15日}^2/P$	0.636	0.562	0.378	0.466	0.480	0.616	0.523
	$P_{30日}^2/P$	0.588	0.524	0.430	0.452	0.562	0.661	0.536
汛期雨量比值	$P_{7\sim8}/P_{6\sim9}$	0.261	0.431	0.386	0.251	0.301	0.276	0.318
	$P_{6\sim8}/P_{5\sim9}$	0.203	0.209	0.241	0.217	0.264	0.161	0.216
年雨量与年最大时段雨量乘积	$P \cdot P_{1440} \cdot P_{60} \cdot P_{10}$	0.886	0.695	0.587	0.561	0.499	0.606	0.639
	$P \cdot P_{1440} \cdot P_{60}$	0.811	0.724	0.61	0.539	0.551	0.654	0.648
径流深	L	0.961	0.923	0.903	0.912	0.853	0.902	0.909

（1）在年雨量、降雨日数和汛期雨量类的 7 个因子中，与年土壤流失量相关程度最好的是 6～8 月雨量（$P_{6\sim8}$）和 7～8 月雨量（$P_{7\sim8}$）。总体看，汛期雨量各因子与土壤流失量的相关程度较年雨量稍好一些，年降雨日数与年土壤流失量的相关程度比较差。

（2）在年最大时段雨量类的 8 个因子中，年最大 120min 雨量（P_{120}）与年土壤流失量的相关程度最好，其次是年最大 60min 雨量（P_{60}），这充分体现了在黄土高原的超渗产流中短时段高强度降雨的作用。

（3）在年最大日雨量的 4 个因子中，与年土壤流失量相关程度较好的是年最大 15 日雨量（$P_{15日}$）和年最大 30 日雨量（$P_{30日}$），年最大 3 日和年最大 7 日雨量与土壤流失量的相关程度比较差。

（4）在年≥某一量级雨量的 6 个因子中，年≥10mm 的雨量（$P_{\geqslant10}$）与土壤流失量的相关程度最好，其次是年≥15mm 和年≥20mm 的雨量，年≥30mm 和年≥40mm 雨量与土壤流失的相关程度较差。

（5）在年≥某量级雨量降雨日数的 6 个因子中，同样是年≥10mm 雨日（$N_{\geqslant10}$）和年≥15mm 雨日（$N_{\geqslant15}$）与土壤流失量的相关程度好一些，年≥某一量级雨量降雨强度（$\frac{P}{N}$）6 个因子与土壤流失量的相关程度都比较差。

（6）在汛期雨量平方与年雨量比值的 5 个因子中，6～9 月降雨量的平方与年雨量的比值（$\frac{P_{6\sim9}^2}{P}$）与土壤流失量的相关程度较其他 4 个因子要高一些。

（7）年最大时段雨量平方与年雨量比值的 4 个因子和年最大日数雨量平方与年雨量比值的 4 个因子与土壤流失的相关程度都不大好。

（8）汛期雨量比值的两个因子与土壤流失量的相关程度更差，两个复合因子（$P\cdot P_{1440}\cdot P_{60}\cdot P_{10}$）和（$P\cdot P_{1440}\cdot P_{60}$）与土壤流失量的相关程度都比较好。

（9）从因子的类别看，年雨量与年最大时段雨量的乘积、汛期雨量、最大时段雨量以及年≥10mm 雨量与土壤流失量的相关程度好一些，而大于某一量级雨日、雨强及与年雨量比值的各种因子与土壤流失量的相关程度都不大好。

（10）径流与产沙的关系要比雨沙关系好得多，从 39 个样点的平均情况看，径流深与土壤流失量的相关系数达到了 0.909，而雨沙关系中最好的因子（$P\cdot P_{1440}\cdot P_{60}$）和 $P_{6\sim8}$ 与土壤流失的相关系数也只达到了 0.648 和 0.641。

上述分析只是就总体情况而言，实际上，不同的空间尺度，各因子与土壤流失量的相关程度是不同的。例如，以最大时段雨量与土壤流失量的相关程度来说，对于小于 5km^2 的沟道，短历时（180min 以前）要比长历时的相关程度好，而对大于 1000km^2 的中型流域，长历时（180min 以后）要比短历时的相关程度好。但从总体情况看，空间尺度越大，雨沙关系越差。

2. 降雨多因子与年土壤流失量关系的统计分析

根据降雨单因子及复合因子与年土壤流失量关系的分析结果，选择由年降雨量（P）、年≥10mm 雨量（$P_{\geqslant 10}$）、年汛期雨量（$P_{6\sim8}$）、年最大 10min、60min、1440min 雨量（P_{10}，P_{60}，P_{1440}）及年最大 15 日、30 日雨量（$P_{15\text{日}}$，$P_{30\text{日}}$）等 8 种降雨单因子相互组合成 15 类多因子结构，与年土壤流失量进行幂函数多元回归分析，其复相关系数见表 5.35～表 5.39。

表 5.35　黄土高原<5km^{2}流域降雨多因子与年土壤流失量的相关程度（复相关系数 *R*）

降雨因子组合结构	<5km^2						5～50km^2					
	团山沟	黑矾沟	蛇家沟	羊道沟	平均	三川口	西庄	裴家峁	吕二沟	岔上	董茹	平均
P_{1440}，P_{60}	0.767	0.956	0.822	0.929	0.868	0.775	0.794	0.675	0.618	0.702	0.544	0.685
P，P_{1440}，P_{60}	0.885	0.972	0.981	0.929	0.942	0.854	0.842	0.724	0.925	0.710	0.649	0.784
$P_{6\sim8}$，P_{1440}，P_{60}	0.897	0.965	0.959	0.936	0.939	0.900	0.920	0.732	0.809	0.717	0.619	0.783
$P_{\geqslant 10}$，P_{1440}，P_{60}	0.863	0.983	0.973	0.930	0.937	0.915	0.897	0.680	0.902	0.703	0.644	0.790
$P_{30\text{日}}$，P_{1440}，P_{60}	0.894	0.957	0.980	0.935	0.942	0.823	0.833	0.777	0.759	0.734	0.674	0.767
P_{1440}，P_{60}，P_{10}	0.970	0.958	0.940	0.943	0.953	0.804	0.794	0.677	0.735	0.704	0.664	0.730
P，P_{1440}，P_{60}，P_{10}	0.971	0.978	0.989	0.961	0.975	0.860	0.843	0.745	0.936	0.711	0.681	0.796
$P_{6\sim8}$，P_{1440}，P_{60}，P_{10}	0.986	0.969	0.985	0.962	0.975	0.901	0.922	0.739	0.823	0.718	0.672	0.796
$P_{\geqslant 10}$，P_{1440}，P_{60}，P_{10}	0.971	0.993	0.988	0.951	0.976	0.943	0.898	0.698	0.903	0.705	0.698	0.808
$P_{30\text{日}}$，P_{1440}，P_{60}，P_{10}	0.973	0.962	0.990	0.973	0.974	0.823	0.833	0.777	0.808	0.735	0.696	0.779
P，$P_{30\text{日}}$，P_{1440}，P_{60}	0.905	0.984	0.983	0.938	0.952	0.867	0.858	0.782	0.925	0.736	0.677	0.807
$P_{6\sim8}$，$P_{30\text{日}}$，P_{1440}，P_{60}	0.914	0.969	0.990	0.937	0.952	0.902	0.956	0.787	0.809	0.734	0.677	0.811
$P_{\geqslant 10}$，$P_{30\text{日}}$，P_{1440}，P_{60}	0.894	0.991	0.986	0.939	0.952	0.918	0.851	0.807	0.901	0.735	0.686	0.816
P，$P_{30\text{日}}$，P_{60}	0.905	0.983	0.970	0.913	0.943	0.861	0.850	0.772	0.916	0.733	0.665	0.799
P，$P_{15\text{日}}$，P_{120}	0.837	0.980	0.973		0.930	0.882	0.962		0.893	0.762	0.678	0.835

表 5.36　黄土高原 50～200km^{2}流域降雨多因子与年土壤流失量的相关程度（复相关系数 *R*）

降雨因子组合结构	50～200km^2											
	杜家沟岔	店房台沟	贾家沟	田沟门	洞川沟	陈梨夭	吉家堡	招贤沟	店则沟	张家墕	曹坪	平均
P_{1440}，P_{60}	0.743	0.532	0.735	0.821	0.606	0.628	0.343	0.603	0.855	0.680	0.508	0.641
P，P_{1440}，P_{60}	0.796	0.824	0.736	0.867	0.718	0.700	0.743	0.781	0.889	0.849	0.634	0.776
$P_{6\sim8}$，P_{1440}，P_{60}	0.912	0.704	0.763	0.916	0.730	0.739	0.653	0.635	0.930	0.929	0.547	0.769
$P_{\geqslant 10}$，P_{1440}，P_{60}	0.822	0.727	0.753	0.917	0.643	0.743	0.515	0.896	0.942	0.907	0.515	0.762
$P_{30\text{日}}$，P_{1440}，P_{60}	0.756	0.586	0.750	0.956	0.777	0.736	0.522	0.866	0.930	0.823	0.592	0.754
P_{1440}，P_{60}，P_{10}	0.743	0.620	0.757	0.841	0.608	0.629	0.366	0.661	0.871	0.930	0.529	0.687
P，P_{1440}，P_{60}，P_{10}	0.798	0.850	0.757	0.980	0.830	0.703	0.821	0.839	0.935	0.994	0.705	0.837
$P_{6\sim8}$，P_{1440}，P_{60}，P_{10}	0.912	0.706	0.765	0.929	0.809	0.739	0.675	0.665	0.932	0.941	0.578	0.786
$P_{\geqslant 10}$，P_{1440}，P_{60}，P_{10}	0.826	0.781	0.772	0.980	0.712	0.743	0.576	0.956	0.947	0.972	0.536	0.800
$P_{30\text{日}}$，P_{1440}，P_{60}，P_{10}	0.757	0.664	0.779	0.958	0.816	0.742	0.560	0.904	0.952	0.956	0.635	0.793
P，$P_{30\text{日}}$，P_{1440}，P_{60}	0.841	0.835	0.756	0.958	0.823	0.737	0.743	0.935	0.945	0.867	0.637	0.825
$P_{6\sim8}$，$P_{30\text{日}}$，P_{1440}，P_{60}	0.965	0.706	0.825	0.956	0.932	0.745	0.655	0.909	0.968	0.960	0.594	0.838
$P_{\geqslant 10}$，$P_{30\text{日}}$，P_{1440}，P_{60}	0.859	0.712	0.847	0.956	0.825	0.769	0.795	0.868	0.931	0.910	0.619	0.826
P，$P_{30\text{日}}$，P_{60}	0.839	0.823	0.751	0.947	0.823	0.728	0.734	0.721	0.898	0.834	0.635	0.794
P，$P_{15\text{日}}$，P_{120}	0.755	0.774	0.750	0.935	0.823	0.708	0.736	0.622	0.712	0.811	0.642	0.752

表 5.37　黄土高原 200～500km² 流域降雨多因子与年土壤流失量的相关程度（复相关系数 *R*）

降雨因子组合结构	200～500km²						
	南小河沟	文安驿川	岢岚	殿市	吉县	杨家坡	平均
P_{1440}，P_{60}	0.820	0.718	0.663	0.430	0.561	0.337	0.588
P，P_{1440}，P_{60}	0.825	0.718	0.696	0.621	0.607	0.534	0.666
$P_{6\sim8}$，P_{1440}，P_{60}	0.899	0.931	0.714	0.498	0.562	0.450	0.675
$P_{\geq10}$，P_{1440}，P_{60}	0.966	0.725	0.666	0.527	0.562	0.442	0.648
$P_{30日}$，P_{1440}，P_{60}	0.881	0.809	0.777	0.480	0.594	0.651	0.698
P_{1440}，P_{60}，P_{10}	0.820	0.718	0.664	0.535	0.562	0.372	0.611
P，P_{1440}，P_{60}，P_{10}	0.826	0.718	0.698	0.676	0.607	0.606	0.688
$P_{6\sim8}$，P_{1440}，P_{60}，P_{10}	0.950	0.933	0.716	0.582	0.563	0.507	0.708
$P_{\geq10}$，P_{1440}，P_{60}，P_{10}	0.969	0.728	0.667	0.612	0.563	0.503	0.673
$P_{30日}$，P_{1440}，P_{60}，P_{10}	0.962	0.809	0.779	0.594	0.595	0.729	0.744
P，$P_{30日}$，P_{1440}，P_{60}	0.887	0.823	0.796	0.631	0.608	0.652	0.733
$P_{6\sim8}$，$P_{30日}$，P_{1440}，P_{60}	0.899	0.932	0.787	0.499	0.605	0.654	0.729
$P_{\geq10}$，$P_{30日}$，P_{1440}，P_{60}	0.968	0.825	0.807	0.533	0.594	0.664	0.732
P，$P_{30日}$，P_{60}	0.883	0.823	0.795	0.578	0.587	0.620	0.714
P，$P_{15日}$，P_{120}	0.874	0.823	0.764	0.575	0.651	0.697	0.731

表 5.38　黄土高原 500～1000km² 流域降雨多因子与年土壤流失量的相关程度（复相关系数 *R*）

降雨因子组合结构	500～1000km²					
	青阳岔	东园	昔阳	圪洞	子长	平均
P_{1440}，P_{60}	0.335	0.547	0.729	0.500	0.466	0.515
P，P_{1440}，P_{60}	0.732	0.566	0.798	0.657	0.514	0.653
$P_{6\sim8}$，P_{1440}，P_{60}	0.625	0.669	0.857	0.765	0.557	0.694
$P_{\geq10}$，P_{1440}，P_{60}	0.706	0.559	0.817	0.633	0.489	0.641
$P_{30日}$，P_{1440}，P_{60}	0.662	0.622	0.806	0.710	0.569	0.673
P_{1440}，P_{60}，P_{10}	0.405	0.634	0.731	0.501	0.471	0.548
P，P_{1440}，P_{60}，P_{10}	0.755	0.653	0.798	0.657	0.518	0.676
$P_{6\sim8}$，P_{1440}，P_{60}，P_{10}	0.631	0.745	0.857	0.768	0.561	0.712
$P_{\geq10}$，P_{1440}，P_{60}，P_{10}	0.716	0.669	0.818	0.635	0.492	0.665
$P_{30日}$，P_{1440}，P_{60}，P_{10}	0.667	0.716	0.807	0.715	0.580	0.697
P，$P_{30日}$，P_{1440}，P_{60}	0.733	0.643	0.815	0.711	0.569	0.694
$P_{6\sim8}$，$P_{30日}$，P_{1440}，P_{60}	0.670	0.680	0.857	0.765	0.582	0.711
$P_{\geq10}$，$P_{30日}$，P_{1440}，P_{60}	0.715	0.633	0.808	0.711	0.569	0.687
P，$P_{30日}$，P_{60}	0.688	0.620	0.815	0.702	0.561	0.677
P，$P_{15日}$，P_{120}	0.716	0.579	0.832	0.741	0.473	0.668

表 5.39 黄土高原＞1000km² 流域降雨多因子与年土壤流失量的相关程度（复相关系数 R）

降雨因子组合结构	＞1000km²					
	会宁	碧村	高石崖	上静游	申家湾	平均
P_{1440}，P_{60}	0.494	0.631	0.651	0.626	0.700	0.621
P，P_{1440}，P_{60}	0.549	0.806	0.746	0.753	0.703	0.711
$P_{6\sim8}$，P_{1440}，P_{60}	0.504	0.774	0.709	0.853	0.703	0.709
$P_{\geqslant10}$，P_{1440}，P_{60}	0.494	0.792	0.662	0.684	0.704	0.667
$P_{30日}$，P_{1440}，P_{60}	0.588	0.837	0.733	0.854	0.718	0.746
P_{1440}，P_{60}，P_{10}	0.544	0.632	0.655	0.626	0.731	0.637
P，P_{1440}，P_{60}，P_{10}	0.562	0.827	0.749	0.754	0.734	0.725
$P_{6\sim8}$，P_{1440}，P_{60}，P_{10}	0.546	0.776	0.710	0.855	0.738	0.725
$P_{\geqslant10}$，P_{1440}，P_{60}，P_{10}	0.551	0.797	0.664	0.686	0.734	0.686
$P_{30日}$，P_{1440}，P_{60}，P_{10}	0.601	0.852	0.734	0.855	0.746	0.758
P，$P_{30日}$，P_{1440}，P_{60}	0.592	0.847	0.753	0.739	0.725	0.732
$P_{6\sim8}$，$P_{30日}$，P_{1440}，P_{60}	0.593	0.838	0.734	0.768	0.731	0.733
$P_{\geqslant10}$，$P_{30日}$，P_{1440}，P_{60}	0.590	0.838	0.733	0.729	0.736	0.725
P，$P_{30日}$，P_{60}	0.591	0.847	0.747	0.717	0.666	0.713
P，$P_{15日}$，P_{120}	0.535	0.855	0.739	0.641	0.705	0.695

由表 5.35～表 5.39 可以看出：

（1）对于<5km² 的小沟道，除 P_{1440} 与 P_{60} 的二元组合结构与土壤流失量的相关程度相对稍低一点外，其余各种多元组合结构与年土壤流失量的相关程度都很高，其中 P、$P_{6\sim8}$、$P_{\geqslant10}$、$P_{30日}$四种因子分别与 P_{1440}、P_{60}、P_{10} 三种因子的组合结构与年土壤流失量的相关程度最高；对于 5～50km² 的沟道小流域，除 P_{1440} 与 P_{60} 的二元组合结构与年土壤流失量的相关程度相对差一些外，其余各种组合的相关程度都差不多；对于 50～200km² 的小流域，以 $P_{6\sim8}$、$P_{30日}$、P_{1440}、P_{60} 四元结构及 P、P_{1440}、P_{60}、P_{10} 四元结构与年土壤流失量的相关程度最好；对于≥200km² 的中小流域，除 P_{1440} 与 P_{60} 的二元组合结构与年土壤流失量的相关程度稍差一些外，其余各组合因子的相关程度无很大差异。

（2）从 15 种组合因子与年土壤流失量的相关程度相比较，相对较好的组合因子是：$P_{6\sim8}$、$P_{30日}$、P_{1440}、P_{60} 的四元结构，$P_{6\sim8}$、P_{1440}、P_{60}、P_{10} 的四元结构，以及 $P_{30日}$、P_{1440}、P_{60}、P_{10} 的四元组合结构。在这三种组合结构中，除了<5km² 的小沟道外，多数样点以 $P_{6\sim8}$、$P_{30日}$、P_{1440}、P_{60} 的四元结构为好。

3. 年雨沙关系预报中降雨因子的选择

通过上述分析，以 $P_{6\sim8}$、P_{1440}、P_{60}、P_{10} 四元结构作为小沟道及坡面（<5km²）年雨沙关系预报的降雨因子：

$$S_1=aP_{6\sim8}{}^{b1}P_{1440}{}^{b2}P_{60}{}^{b3}P_{10}{}^{b4} \tag{5.17}$$

以 $P_{6\sim8}$、$P_{30日}$、P_{1440}、P_{60} 四元结构作为中小流域（5～1000km²）年雨沙关系预报

的降雨因子。

$$S_2=aP_{6\sim8}{}^{b1}P_{30日}{}^{b2}P_{1440}{}^{b3}P_{60}{}^{b4} \tag{5.18}$$

5.4　极强烈侵蚀的降雨产流产沙特征

按照侵蚀强度的划分指标，一般将侵蚀模数≥10000t/（km^2·a）的侵蚀称为极强烈侵蚀。在黄土高原，极强烈侵蚀主要发生在河龙区间的多沙粗沙区，极强烈侵蚀造成的危害是极其严重的。因此，分析极强烈侵蚀的降雨产流产沙特征是十分必要的。

5.4.1　极强烈侵蚀的降雨产流、产沙特征

表 5.40 和表 5.41 分别是黄土高原坡面和沟道小流域极强烈侵蚀的降雨产流、产沙特征，可以看出：

（1）发生在坡面和沟道小流域的极强烈侵蚀 70%是短历时高强度的局地雷暴雨（A 型），其雨量多为 30～50mm，降雨历时只有几十分钟，一般不超过 180min，最大 10min 雨量为 15～25mm，占次雨量的 50%～70%，最大 30min 雨量为 20～40mm，占次雨量的 70%～90%，最大 60min 雨量为 25～50mm，占次雨量的 85%～100%。其次是锋面性降雨夹有雷暴性质的 B 型降雨，这类暴雨的雨量多在 50～80mm，降雨历时一般在 300～600min，最大 10min 雨量为 10～15mm，占次雨量的 20%～35%，最大 30min 雨量为 15～30mm，占次降雨量的 30%～45%，最大 60min 雨量为 20～40mm，占次雨量的 40%～60%。长历时的锋面性降雨在坡面和沟道小流域很少发生极强烈侵蚀。

（2）发生在中小流域的极强烈侵蚀多为特大暴雨或大暴雨，雨型多为 B 型，其雨量多超过或接近 100mm，短历时的降雨强度也很大，最大 10min 雨量大多超过 10mm，最大 30min 雨量超过 20mm，最大 60min 雨量在 40mm 左右。

（3）极强烈侵蚀的径流系数大多超过了 30%，其中 A 型暴雨有的超过了 50%，高达 70%多；B 型暴雨多在 30%左右，有的也超过了 50%；C 型暴雨一般低于 30%。

（4）极强烈侵蚀的平均含沙量多为 600～900kg/m^3，有的超过了 1000kg/m^3，最大含沙量一般超过 800kg/m^3，达到 1000kg/m^3，有的超过 1400kg/m^3。

（5）由于极强烈侵蚀具有很高的含沙量，因此其径流状态多为泥流。这是因为高强度的暴雨一旦发生，坡面、沟谷流量迅速增大，坡蚀、沟蚀加剧，再加上沟头、沟岸坍塌的土方，从而形成了含沙量高达 1000kg/m^3 左右的泥沙。

（6）极强烈侵蚀发生的降雨时间特征有两种：一类是出现在每年汛期的第一、第二场高强度暴雨；第二类是在连绵阴雨之后不几天，再遇高强度的暴雨所形成。

（7）由于极强烈侵蚀降雨的空间分布很不均匀，因此，流域空间所遭受的侵蚀程度也就不同，侵蚀量亦差异很大。例如，子洲岔巴沟 1963 年 8 月 26 日降雨，支沟间的侵蚀模数最大值达 33400t/km^2，最小值只有 1690t/km^2，相差几十倍。

表 5.40　黄土高原坡面极强烈侵蚀的降雨、径流、产沙特征

地点	坡度/(°)	日期（年.月.日）	侵蚀产沙			径流		降雨							
			侵蚀模数/(t/km²)	平均含沙量/(kg/m³)	最大含沙量/(kg/m³)	深/mm	系数/%	雨量/mm	历时/min	雨强/(mm/min)	最大时段雨量/mm			$\frac{P_{60}}{P}$	雨型
											10	30	60		
团山沟 3 号径流场	22	1963.8.26	10100.0	684	957	11.0	50.0	28.3	330	0.086	12.2	18.3	21.5	0.76	A
		1966.6.27	12400.0	566	673	17.4	33.9	52.5	729	0.072	17.5	36.4	44.9	0.85	A
		1966.7.17	10730.0	347	863	20.2	32.4	74.3	437	0.170	12.8	25.1	31.5	0.50	B
		1966.8.15	12700.0	473	889	22.1	58.3	45.2	170	0.266	14.9	32.2	36.2	0.81	A
		1968.7.15	19600.0	721	880	18.5	68.6	29.0	34	0.853	23.0	28.8	29.0	1.00	A
		1969.5.11	14800.0	793	879	13.2	25.2	52.4	80	0.655	21.3	48.8	52.3	1.00	A
绥德辛店沟 11 号场	28.7	1956.8.8	36130.0	822		30.3	77.0	45.6	150	0.304	22.8	40.1	41.5	0.91	A
榆林跳沟 4 号场		1961.7.21	11250.0			19.4	23.3	64.7	455	0.142	7.5	13.5	21.0	0.46	B
榆林跳沟 4 号场		1961.7.31	43060.0			30.2	72.9	41.5	140	0.296	11.2	19.4	26.0	0.63	B
榆林王家沟 1 号场	27	1958.7.13	10530.0			12.1	18.7	64.8							
榆林王家沟 4 号场	32	1959.7.6	17450.0			12.7	33.6	37.6	45	0.835	21.8	39.3	39.3	1.00	A
绥德王茂沟 8 号场	38	1961.8.1	31870.0			43.4	73.6	59.0	120	0.492	26.5	52.4	58.5	1.00	A
安寨茶坊 5 号场	28	1988.8.3	30700.6					137.6	1281	0.107	17.5	43.5	56.4	0.41	B

表 5.41　黄土高原沟道小流域极强烈侵蚀的降雨、径流、产沙特征

地点	面积/km²	日期（年.月.日）	侵蚀产沙			径流		降雨							
			侵蚀模数/(t/km²)	平均含沙量/(kg/m³)	最大含沙量/(kg/m³)	深/mm	系数/%	雨量/mm	历时/min	雨强/(mm/min)	最大时段雨量/mm			$\frac{P_{60}}{P}$	雨型
											10	30	60		
子洲团山沟	0.18	1966.6.27	19300.0	722	864	19.6	35.5	52.5	729	0.072	17.5	36.4	44.9	0.85	A
		1966.7.17	16900.0	632	832	20.5	27.3	74.3	437	0.170	12.9	25.2	37.5	0.50	B
		1966.8.15	23700.0	749	841	23.0	55.3	45.2	170	0.266	15.0	32.6	37.0	0.82	A
		1968.7.15	19600.0	891	963	14.8	51.0	29.0	34	0.853	23.0	28.8	29.0	1.00	A
		1969.5.11	19800.0	882	1030	15.1	28.8	52.4	80	0.655	21.3	48.8	52.3	1.00	A
子洲蛇家沟	4.72	1966.6.27	17000.0			23.0	49.0	46.7	180	0.260	14.2	37.7	44.9	0.96	A
		1966.7.17	19700.0			31.3	52.0	60.6	420	0.144	13.5	26.3	31.9	0.53	B
		1966.8.15	15000.0			21.3	44.0	48.5	172	0.282	20.4	39.9	46.3	0.95	A
		1968.7.15	15000.0			18.2	76.0	24.0	30	0.80	20.1	24.0	24.0	1.00	A
		1969.5.11	17700.0			23.6	40.0	59.2	60	0.99	24.5	53.1	59.2	1.00	A
离石羊道沟	0.21	1958.7.29	13521.0		810	18.2	37.4	48.7	255	0.191	10.4	28.0	40.5	0.83	A
		1959.8.20	24944.0		1035	37.5	36.1	104.0	909	0.114	6.7	14.0	21.4	0.21	C
		1962.7.15	18245.0		936	18.1	21.7	83.6	635	0.132	10.4	23.5	31.4	0.37	B
		1966.7.17	27214.0		1194	37.0	43.4	62.0	250	0.248	18.7	31.0	49.4	0.80	A
		1970.8.9	10660.0		834	13.4	26.8	50.0	190	0.263	16.0	29.8	43.4	0.85	A
		1969.7.26	47924.0		824	56.4	61.6	91.6	360	0.254	12.4	22.8	34.6	0.37	B
绥德团圆沟	0.491	1959.8.19	13900.0	649	891	16.1	17.7	90.7	1649	0.055	5.6	12.9	16.3	0.18	C
		1961.8.1	40000.0	1060.0	1130.0	22.6	34.7	63.9	115	0.555	27.7	54.8	63.0	0.99	A

续表

地点	面积/km²	日期（年.月.日）	侵蚀产沙			径流		降雨							
			侵蚀模数/(t/km²)	平均含沙量/(kg/m³)	最大含沙量/(kg/m³)	深/mm	系数/%	雨量/mm	历时/min	雨强/(mm/min)	最大时段雨量/mm			$\frac{P_{60}}{P}$	雨型
											10	30	60		
王家沟	1.67	1956.8.8	28960.0	813	850	24.7	56.2	43.9	230	0.191	15.3	34.7	41.0	0.93	A
南窑沟	0.732	1956.8.8	20670.0	600	754	28.6	77.9	48.0	150	0.300	20.0	44.0	46.5	0.97	A
裴家峁沟	41.5	1964.7.5	21580.0	692	862	23.0	16.8	127.2	925	0.137	9.0	18.5	28.6	0.22	C
		1968.7.26	17880.0	751	826	17.0	30.2	56.5	188	0.300	11.8	30.4	41.7	0.74	B
		1959.8.19	14430.0	597	744	18.8	17.7	106.3	1225	0.087	6.0	14.1	17.4	0.16	C
韭园沟	70.1	1977.8.4	109000.0	896	1100	80.5	54.9	146.6	645	0.227					B
天水桥子东沟	1.36	1958.7.3	11170.0	429	759			34.0	144	0.236	9.0	13.0	25.8	0.76	B
		1958.7.20	10620.0	385	734			40.9	141	0.290	12.0	18.7	35.3	0.86	A
罗玉沟	75.3	1965.7.7	21161.0	604		19.2	21.3	90.0	480	0.187			57.6	0.64	B
贾家沟	93.4	1982.8.4	11500.0			13.6	73.0	18.7	67	0.273	11.8	18.2	18.3	1.00	A
秋合子沟	122.0	1985.8.28	10400.0			10.3	26.0	39.3	212	0.185	11.3	26.4	31.0	0.79	A
西峰野鸡沟	0.202	1958.8.4	14630.0	883	1180			79.5	1800	0.044	4.0	7.8	10.3	0.13	C
董庄沟	1.06	1956.7.2	12000.0	780	1100			70.8							
小羊沟	0.469	1959.8.5	14620.0	783	1070			41.7	625	0.066	8.0	17.2	28.3	0.68	B
清涧店则沟	56.4	1987.8.26	22000.0				26.2	75.0	450	0.167	11.0	24.0	39.9	0.532	B
靖边杨湾沟	0.90	1959.8.24	13110.0	746	874	12.7	55.8	22.8	42	0.543	14.2	20.9	22.8	1.00	A
榆林王家沟	0.434	1958.7.13	14630.0	681	828	16.0	24.7	64.7	400	0.162	12.5	29.5	41.7	0.64	B
		1959.8.5	12390.0	877	421	24.7	58.7	42.2	320	0.132	9.4	19.9	31.1	0.76	B
		1959.7.6	10020.0	611	759	13.7	36.6	37.3	45	0.829	21.8	37.3	37.3	1.00	A
子洲驼耳巷	5.76	1963.8.26	33400.0			39.0	43.3	43.3	160	0.271	15.9	26.7	37.3	0.86	A
		1966.7.17	23700.0			37.9	40.0	95.1	780	0.122	16.2	35.7	46.4	0.49	B
平凉纸坊沟	19.0	1957.7.24	12645.0	348	595	31.0	29.0	106.9	745	0.143					B
吴堡张家湾沟	52.6	1987.8.26	32500.0			24.4	46.4	87.1	319	0.273	8.7	21.4	36.4	0.42	B
延河	3208	1977.7.5	21882.8			33.2	24.9	133.2	1427	0.933					B
清涧河	4368	1978.7.27	48100.0			64.8	32.0	202.4	360	0.562					B

5.4.2 岔巴沟和韭园沟极强烈侵蚀降雨产流、产沙情况介绍

1. 子洲岔巴沟的六次极强烈侵蚀

1963～1967 年子洲岔巴沟流域共发生了 6 次极强烈侵蚀，造成这 6 次极强烈侵蚀的有 3 次是短历时局地暴雨，另 3 次是峰面性降雨夹有雷暴性质的暴雨（表 5.42）。

1963 年 8 月 26 日降雨历时 330min，流域平均雨量为 31.4mm，最大点降雨 123.6mm，最小点降雨只有 11.9mm。最大 60min 雨量占次雨量的 83.5%，流域平均侵蚀模数 9790t/km²，主要降雨区集中在流域的中游，西庄至杜家沟岔 47.1km² 的侵蚀模数为

20713.0t/km²，为流域平均侵蚀模数的 2.1 倍，支沟最大侵蚀模数为 33400t/km²（驼耳巷 5.74km²），最小侵蚀模数为 1690t/km²（蛇家沟 4.26km²）。流域平均径流系数 34.0%，主要降雨产流产沙区的径流系数为 78.2%，支沟最大径流系数 90.0%（驼耳巷），支沟最小径流系数为 6.0%（蛇家沟）。

表 5.42　岔巴沟流域 6 次极强烈侵蚀的径流情况

位置	水文站	径流系数/%					
		1963 年	1966 年		1968 年		1969 年
		8 月 26 日	6 月 27 日	7 月 17 日	7 月 15 日	8 月 15 日	5 月 11 日
峁坡	3 号场	50.0	33.9	32.4	68.6	58.3	
	7 号场	17.7	27.3	26.4	32.1	44.8	25.2
全坡	9 号场	10.2	26.7	26.0	49.7	40.9	
	团山沟	11.9	35.5	27.3	51.0	55.3	28.8
沟掌	黑矾沟	3.7	27.5	24.2		35.8	
	水旺沟		42.9	32.3		58.3	
毛沟	蛇家沟	6.0	49.0	52.0	24.0	44.0	40.0
	驼耳巷	90.0	12.0	40.0		25.0	
支沟	三川口	20.0	10.0	26.0	16.0	57.0	27.0
	西庄	25.0	23.0	52.0		80.0	
主沟	杜家沟岔	51.0	31.0	52.0		69.0	
	曹坪	34.0	30.0	43.0	26.0	63.0	34.5

1966 年 6 月 27 日降雨历时 600min，流域平均雨量为 38.7mm，最大点雨量为 78.9mm，最小点雨量为 9.9mm。最大 60min 雨量占次雨量的 51.8%，流域平均侵蚀模数为 8290t/km²。主要降雨侵蚀区集中在流域的中游，西庄至杜家沟岔 47.1km² 的侵蚀模数为 11306.1t/km²，这次降雨流域空间的侵蚀分布情况比较均匀，流域平均径流系数为 30.0%。

1966 年 7 月 17 日降雨历时 720min，流域平均雨量为 78.8mm，最大点雨量为 150.0mm，最小点雨量为 31.2mm，最大 60min 雨量占次雨量的 37.8%，流域平均侵蚀模数为 28000.0t/km²。主要降雨侵蚀区集中在流域的上中游，杜家沟岔以上 96.1km² 的侵蚀模数为 42900.0t/km²，为流域平均侵蚀模数的 1.5 倍。流域径流系数为 43.0%，其中杜家沟岔以上主雨区的径流系数为 52.0%。

1968 年 7 月 15 日降雨历时只有 30 余分钟，而且雨区很小，因此，虽然蛇家沟的侵蚀模数达到 15000t/km²，但流域平均侵蚀模数只有 3670.0t/km²。

1966 年 8 月 15 日降雨历时 824min，流域平均雨量 50.3mm，最大点雨量 86.7mm，最小点雨量 20.5mm，这次降雨的流域分布比较均匀，流域侵蚀模数平均为 22000.0t/km²。上、中、下游的侵蚀模数差异不大，支沟最大侵蚀模数为 31800.0t/km²（三川口）、最小侵蚀模数为 5000t/km²（驼耳巷）、流域平均径流系数 63.0%，其中西庄以上 49.0km² 的径流系数达到 80.0%。

1969 年 5 月 11 日降雨历时 80min 左右，流域平均雨量 34.0mm，流域平均侵蚀模数 10600.0t/km²。

上述 6 次极强烈侵蚀的基本特点是：①流域平均雨量超过 30mm，最大点的雨量一般超过 50mm，而且最大 60min 雨量一般占到次雨量的 50%以上；②流域侵蚀程度的差异完全取决于雨量和雨强空间分布的均匀程度，降雨历时越短，强度越集中，雨区分布越不均匀，其侵蚀程度的空间差异越大。有时，主雨区的侵蚀量为流域平均侵蚀量的数倍。例如，1963 年 8 月 26 日最大点（驼耳巷）的侵蚀量为流域平均侵蚀量的 3.4 倍，为最小点（蛇家沟）的近 20.0 倍；1966 年 6 月 27 日最大点（水旺沟）的侵蚀量等于流域平均侵蚀量的 3.9 倍，为最小点（三川口）的 14.0 倍；③总体看，极强烈侵蚀的流域空间分布很不均匀，流域最大点的侵蚀量一般等于流域平均侵蚀量的 2～5 倍。

2. 韭园沟四次极强烈侵蚀①

韭园沟流域自 1955 年起共发生过 4 次极强烈侵蚀（表 5.43）。

表 5.43　岔巴沟流域 6 次极强烈侵蚀的土壤流失情况

位置	水文站	控制面积	侵蚀模数/（t/km²）					
			1963 年	1966 年		1968 年		1969 年
			8 月 26 日	6 月 27 日	7 月 17 日	7 月 15 日	8 月 15 日	5 月 11 日
峁坡	3 号场		10100	12400	10730	19600	12700	
全坡	7 号场		4960	17600	15400	11800	16100	14800
沟掌	9 号场		2710	14400	15800	17700	18300	19600
毛沟	团山沟	0.180	2580	19300	16900	19600	23700	19800
	黑矾沟	0.133	166	16300	10000		8963	
	水旺沟	0.107		32500	22000		21000	
支沟	蛇家沟	4.26	1690	17000	19700	15000	15000	17700
	驼耳巷	5.74	33400	4340	23700		5000	
	三川口	21.0	4370	2320	8330	3060	31800	11500
主沟	西庄	49.0	5390	5940	44100		22000	
	杜家沟岔	96.1	12900	8570	42900		20300	
	曹坪	187.0	9790	8290	28000	3670	22000	10600

1961 年 8 月 1 日，降雨历时 240min 左右，流域平均雨量 57.7mm，降雨中心位于流域中游左侧的王茂沟，中心点雨量 95.0mm。根据王茂沟内埝堰沟自记雨量，最大 10min 雨量近 30mm，最大 60min 雨量 74.0mm，分别占次雨量的 38.9%和 96.0%。这次降雨流域平均侵蚀模数为 14920t/km^2，最大含沙量 684.0kg/m^3，径流系数为 49.3%。其中暴雨中心区王茂沟的侵蚀模数为 24520t/km^2，最大含沙量 1020.0kg/m^3，径流系数为 54.7%。在缺乏水土保持措施的团园沟，侵蚀模数达到 40000.0t/km^2，最大含沙量达 1060kg/m^3。这次暴雨对流域水土保持措施破坏较大，在 140 座淤地坝中，全部破坏的有 28 座，基本破坏的 23 座。

1956 年 8 月 8 日，降雨历时 150min 左右，流域平均雨量 38.0mm，暴雨中心在流

① 晁中权. 韭园沟流域 1961 年 8 月 1 日暴雨径流与水保效益调查分析报告

域的上游及左岸，最大点雨量 66.2mm（三角坪），最小点雨量只有 9.9mm，最大 60min 雨量占次雨量的 90%左右。这次降雨流域平均侵蚀模数 7258.0t/km^2，最大含沙量 644kg/m^3，径流系数 41.8%，其中侵蚀最严重的王家沟流域侵蚀模数 28960t/km^2，最大含沙量 850kg/m^3，径流系数 56.2%。

1959 年 8 月 20 日，这次降雨的特点是历时长，强度小，总量大，分布比较均匀。降雨历时 28h 左右，流域平均雨量 157.0mm，最大点雨量 168.5mm，最小点雨量 131.3mm。由于这次降雨比较均匀，流域的侵蚀模数平均为 13890.0t/km^2，而且流域间差异不大。这次暴雨造成的危害不是很大，水土保持措施发挥了很大的作用，但是淤地坝的破坏情况和 1956 年 8 月 8 日差不多。

1977 年 8 月 4～5 日，这次降雨分两次过程，第一次降雨从 8 月 4 日 22:30 开始，至 5 日 8:50 结束，历时 645min，流域平均雨量 146.5mm；第二次降雨从 5 日 16:30 开始，至 23:00 结束，历时 395min，流域平均雨量为 30.8mm。两次降雨流域平均雨量为 177.4mm，最大点雨量为 240.5mm。这次暴雨的侵蚀危害相当严重，共冲毁坝库 200 多座，占总坝库的 70%左右，冲走坝地面积 600 多亩，冲毁水平梯田约 10%。由于大量的坝库冲毁，致使这次暴雨实测侵蚀模数达 109000t/km^2，最大含沙量 1100kg/m^3，平均含沙量达到 896kg/m^3，浑水径流系数为 83.0%，清水为 59.9%。

5.5　小　　结

（1）侵蚀性降雨的临界雨量标准，是指引起土壤侵蚀的临界雨量值。它是根据所有产生土壤侵蚀的降雨为分析条件的，这就包括了相当数量的极其微量的土壤侵蚀现象。计算结果表明，黄土地区侵蚀性降雨的临界雨量标准是：农地 8.1mm，人工草地 10.9mm，林地 14.6mm；在农地，引起弱度侵蚀的临界雨量标准是 9.0mm，轻度侵蚀为 11.5mm，中度侵蚀为 14.2mm，强度侵蚀为 25.0mm。

（2）把不包括那些微量侵蚀的侵蚀性降雨的雨量标准，称为侵蚀性降雨的一般雨量标准。根据统计分析，黄土高原侵蚀性降雨的次雨量标准为 10.0mm，最大 10min 雨量标准为 5.2mm，最大 30min 雨量标准为 7.5mm。上述标准所产生的土壤侵蚀量占总侵蚀量的 95%以上，次侵蚀模数一般≥200t/km^2。

（3）黄土高原每年能够引起坡面土壤流失的雨量年平均为 138.6mm，可占年雨量的 26.7%；其中中北部地区为 140～150mm，占年雨量的 28.0%；南部地区为 120～130mm，占年雨量的 22.0%左右。若减去轻微侵蚀的雨量，黄土高原每年能够引起次侵蚀模数≥200t/km^2 的雨量平均为 94.4mm，占年雨量的 18.2%；其中中北部地区一般在 90～120mm，南部一般在 70mm 左右。黄土高原占流失量 80%的侵蚀性雨量年平均为 41.6mm，为年雨量的 8.0%；占流失量 50%的侵蚀性雨量年平均只有 17.1mm，为年雨量的 3.3%。在黄土高原，一年的侵蚀量不仅决定于 1 次、2 次降雨，就是对多年的侵蚀量来说，也主要取决于几场降雨。子洲团山沟 3 号径流场 1963～1969 年 7 年间发生的 38 次土壤流失总量为 131468.7t/km^2，侵蚀雨量为 977.0mm，其中 5 次降雨的侵蚀量就占 38 次总侵蚀量的 55%，而 5 次的雨量只占总侵蚀雨量的 18.3%，仅占年雨量的 5%。

（4）黄土高原每年能够引起土壤流失的降雨次数在坡面平均为 5.2 次，可占年降雨总次数的 6.6%，其中中北部地区一般 5～7 次，占年总雨次的 7～8%；南部地区一般为 4 次，占年总雨次的 4%～5%。减去次侵蚀模数≤200t/km^2 轻微侵蚀，黄土高原每年在坡面发生的侵蚀性降雨平均为 3 次，仅占年总雨次的 4%；黄土高原占总流失量 80%的降雨次数年均只有 1.3 次，而占总流失量 50%的降雨次数年均只有 0.6 次。黄土高原水土流失的集中度相当高，一个地区多年的流失量往往决定于几场降雨。黄土高原年最大一次降雨引起的侵蚀量占年总流失量的比例平均为 60.7%，一般为 45%～80%；最大 2 次降雨引起的侵蚀量占总流失量的比例平均为 81.8%，一般为 70%～90%。

（5）在侵蚀性降雨中，30min 降雨强度小于 15mm/h 的发生次数占 32.8%，但其侵蚀量仅占总侵蚀量的 2.5%，这说明一个地区的侵蚀量 95%以上是由 30min 降雨强度≥15mm/h（也就是 30min 雨量≥7.5mm）的降雨所引起。

（6）在侵蚀性降雨中，A 型暴雨（局地雷暴雨）的发生次数占 55%，B 型暴雨（锋面性降雨夹有雷暴雨性质）占 35%，C 型暴雨（一般性锋面雨）占 15%；上述三种雨型所引起的侵蚀量占总侵蚀量的比例分别为 65%、30%和 5%。

（7）黄土高原 A 型暴雨产流发生前的雨量一般为 2～4mm，占次雨量的 10%左右，产流中的雨量一般占次雨量的 80%以上，产流停止后的雨量一般也只有 2mm、3mm，占次雨量的 5%～10%。B 型暴雨产流发生前的雨量一般为 3～5mm，同样占次雨量的 10%左右，产流中的雨量一般占次雨量的 70%左右（扣除一部分未产流的间歇性降雨，实际产流雨量占次雨量的 50%），产流停止后的雨量一般不超过 10mm。C 型暴雨产流发生前的雨量可达几十毫米，甚至五六十毫米，占次雨量的 1/3～1/2，产流雨量一般占次雨量的 30%，产流停止后的雨量及产流过程中的间歇雨量占次雨量的 20%～40%。不同类型暴雨产流雨量占次雨量的比例分别为：A 型暴雨 80%，B 型暴雨 50%～70%，C 型暴雨 30%。

（8）由于黄土性土壤具有超渗产流的显著特点，不论产流发生前雨量多大，降雨历时多长，关键是触发产流的瞬时降雨强度一般要达到 0.5mm/min。A 型暴雨产流前的降雨历时一般为 3～10min，B 型暴雨为 20～50min，C 型暴雨为 300～800min。产流历时占次降雨总历时的比例 A 型暴雨为 20%～40%，B 型暴雨为 10%～20%，C 型暴雨为 5%～10%。

（9）由于集水区面积、流域几何形状和汇流过程的差异，不同集水区其产流、产沙过程变化有所不同。在坡面，沙峰超前于洪峰的占 35.9%，沙峰和洪峰同时出现的占 51.3%，沙峰滞后于洪峰的占 12.8%。在沟道小流域，沙峰超前于洪峰的占 12%，沙峰和洪峰同时出现的占 33%，沙峰滞后于洪峰的占 55%。总体来看，沙峰和洪峰的时间对应关系，在坡面主要为沙峰超前于洪峰或沙、洪峰同时出现；在沟道小流域主要为沙峰滞后洪峰。

（10）在坡面，洪峰和沙峰的过程变化几乎是同步的，即随着流量的变小，含沙量也随之变小；但在沟道小流域，洪峰降落后，虽然在退水阶段流量变得很小，但沙峰还要持续一段时间。沙峰持续时间的长短与流域面积、沟道长度呈正相关。

（11）当沙峰超前于洪峰时，最大流量出现时的含沙量较最大含沙量坡面偏小 20%，沟道小流域偏小 10%；最大含沙量出现时的流量较最大流量坡面偏小 1 倍，沟道小流域偏小 20%～40%。当沙峰滞后于洪峰时，最大流量出现时的含沙量较最大含沙量坡面偏小 25%，沟道小流域偏小 15%；最大含沙量出现时的流量较最大流量坡面偏小 35%，沟道小流域偏小 40%～60%。

（12）在坡面上，最大含沙量出现在产流开始后 1～3min 的占 40%，出现在产流开始后 5min 的占 60%，出现在产流开始后 10min 的占 80%。由于引起坡面土壤流失的主要是局地雷暴雨，这类暴雨一开始，降雨强度就很大，高强度的降雨对于坡面十分松散的表层土壤具有强烈的冲击力，因而，虽然径流刚一开始，流量很小，但含沙量却大得惊人。根据对团山沟 3 号径流场 33 次产流降雨的统计，产流开始 1min 含沙量超过 $500kg/m^3$ 的占 21.2%，超过 $300kg/m^3$ 的占 30.3%，超过 $200kg/m^3$ 的占 57.6%；产流开始 1min 的流量平均为 $0.31dm^3/s$，而产流开始 1min 的含沙量却平均达 $292.7kg/m^3$，多数在 $200～600kg/m^3$。

（13）在坡面，由于大多数产流其沙峰超前于洪峰，且最大含沙量多出现在径流刚一开始的 2min、3min，而这时流量比较小，就使得流量和含沙量关系的点子很散乱，特别是在低流量处出现了许多高含沙量值，含沙量并不随着流量的增大而增大，而是趋近在 $800kg/m^3$ 左右，流量与含沙量关系的下外包线可用双曲函数表示。

（14）受降雨特性和土壤特征的影响，黄土高原最大时段雨强与次土壤流失量之间存在着很好的关系，而雨量与次土壤流失量的关系则比较差。在坡面，与次土壤流失量关系最好的因子是最大 30min（或 15min）降雨强度，在沟道小流域与次土壤流失量关系最好的因子是最大 60min 降雨强度。由于最大时段雨强单因子本身与次土壤流失量就存在着很好的关系，因此，采取复合结构（无论是雨量与雨强的复合，还是雨强自身的复合）与次土壤流失量的相关程度并不比最大时段雨强单因子与土壤流失量的相关程度高多少。由多因子组合的多元结构亦提高不了多少预报精度，反而带来了计算上的许多麻烦。因此，认为对于次侵蚀预报来说，坡面可以直接用最大 30min 降雨量作为降雨因子，沟道小流域可以直接用最大 60min 降雨量作为降雨因子。在坡面，次土壤流失量与次最大 30min 雨量非线性关系指数 b 的变化范围为 2.0～3.5；在沟道小流域，次土壤流失量与次最大 60min 雨量非线性关系指数 b 的变化范围为 1.0～4.0。

（15）在所有的年降雨特征单因子中，汛期（6～8 月）雨量、年最大时段雨量、年≥10mm 雨量与年土壤流失量的关系比较好；在复合因子中，年雨量与年最大 1440min 雨量、年最大 60min 雨量、年最大 10min 雨量四者的乘积（$P\cdot P_{1440}\cdot P_{60}\cdot P_{10}$）及前三者的乘积（$P\cdot P_{1440}\cdot P_{60}$）与年土壤流失量的关系比较好。在多因子结构中，对于坡面和小沟道，6～8 月雨量与年最大 1440min 雨量、年最大 60min 雨量、年最大 10min 雨量的四元结构（$P_{6\sim8}$，P_{1440}，P_{60}，P_{10}）与年土壤流失的关系比较好。在中小流域，6～8 月雨量与年最大 30 日雨量、年最大 1440min、年最大 60min 雨量的四元结构（$P_{6\sim8}$，$P_{30日}$，P_{1440}，P_{60}）与年土壤流失量的关系比较好。因此，对于 $<5km^2$ 的小沟道及坡面，用于年雨沙关系预报的降雨因子为

$$S_1=a\cdot {P_{6\sim8}}^{b_1}\cdot {P_{1440}}^{b_2}\cdot {P_{60}}^{b_3}\cdot {P_{10}}^{b_4}$$

对于 $5～1000km^2$ 的中小流域，用于年雨沙关系预报的降雨因子为

$$S_2=a\cdot P_{6\sim8}{}^{b_1}\cdot P_{30\text{日}}{}^{b_2}\cdot P_{1440}{}^{b_3}\cdot P_{60}{}^{b_4}$$

也可直接用它们的乘积作为预报因子。

（16）按照侵蚀强度的划分指标，一般将侵蚀模数≥10000t/（km^2·a）的侵蚀称为极强烈侵蚀。在黄土高原，极强烈侵蚀主要发生在河龙区间的多沙粗沙区，极强烈侵蚀造成的危害是极其严重的。

（17）发生在坡面和沟道小流域的极强烈侵蚀（≥10000t/（km^2·a））70%是由短历时高强度的局地性暴雨所造成，其雨量多在 30～50mm 之间，历时只有几十分钟，一般不超过 180min，最大 10min 雨量占次雨量的 50%～70%，最大 30min 雨量占次雨量的 70%～90%。其次是锋面性夹有雷暴雨性质的降雨，雨量多为 50～80mm，降雨历时一般在 300～600min，最大 10min 雨量占次雨量的 20%～35%，最大 30min 雨量占次雨量的 30%～45%。长历时的锋面性降雨在坡面和沟道小流域很少发生极强烈侵蚀，发生在中型流域的极强烈侵蚀主要是由锋面性降雨夹有雷暴性质的特大暴雨或大暴雨所造成，其雨量多超过或接近 100mm，最大 30min 雨量超过 20mm，最大 60min 雨量在 40mm 左右。

（18）极强烈侵蚀的径流系数大多超过了 30%，其中 A 型暴雨有的超过了 50%，高达 70%多，B 型暴雨多在 30%左右，有的也超过了 50%，C 型暴雨一般低于 30%。极强烈侵蚀的平均含沙量多为 600～900kg/m^3，有的超过了 1000kg/m^3，最大含沙量一般超过 800kg/m^3，达到 1000kg/m^3，有的超过 1400kg/m^3。由于极强烈侵蚀具有很高的含沙量，因此其径流状态多为泥流。这是因为高强度的暴雨一旦发生，坡面、沟谷流量迅速增大，坡蚀、沟蚀加剧，再加上沟头、沟岸的坍塌，从而含沙量高达 1000kg/m^3 左右。

（19）极强烈侵蚀发生的降雨时间特征有两种，一类是出现在每年汛期的第一、第二场高强度暴雨；第二类是在连绵阴雨之后不几天，再遇高强度暴雨。

第 6 章　侵蚀产沙的区域分异特征

6.1　侵蚀产沙环境

一般认为，黄土高原范围是东起太行山西坡，西至乌鞘岭和日月山东坡，南达秦岭北坡，北止长城，面积约为 40 万 km^2。在黄土高原的水土保持研究中，从水沙来源和水系流域的完整性考虑，人们往往把其北部界线扩展到大青山、阴山以南，包括了整个黄河中游，面积约 62 万 km^2，称之为黄土高原地区。

黄河流域集水面积为 75.2 万 km^2。一般认为上、中、下游的界线以托克托、花园口为界线。黄河河源至内蒙古托克托县河口镇为上游，区间面积为 38.6 万 km^2；河口镇至郑州的桃花峪（以花园口站为界）为中游，区间面积为 34.4 万 km^2；桃花峪至河口为黄河下游，面积为 2.2 万 km^2。

黄土高原的水土流失主要集中在黄河中游的黄土高原部分，以及上游的祖厉河、清水河流域，主要包括中游河口镇至龙门区间的各个支流，泾河、北洛河、渭河、汾河流域以及上游的祖厉河、清水河流域，面积约为 32 万 km^2。

6.1.1　地貌

黄土高原是我国一个独特的地貌单元，它的东、南、西、北四面均为高山环绕，整个地势由西北向东南倾斜。区内沟壑纵横，地形起伏较大，境内的中低山面积约为 12～13 万 km^2，主要有六盘山、吕梁山、黄龙山、崂山、子午岭等。六盘山和吕梁山两个主要山脉将黄土高原分为三块区域。六盘山以西的西部为陇西盆地，海拔 1500～2000m；六盘山和吕梁山之间的中部为陕北高原，海拔 1500m；吕梁山以东的东部是山西高原，海拔 1000m 左右。除了一些主要的山地外，塬、梁、峁是黄土高原最主要的地貌形态。完整的黄土高塬主要分布在黄土高原的南部，如洛川塬、董志塬。破碎塬以晋西隰县和大宁一带最为典型。黄土高原的中北部主要为梁峁丘陵，六盘山以西多为宽梁大峁，梁体延伸几平方千米到几十平方千米，六盘山以东多为短梁小峁。

黄土高原的现代地貌是在古地貌的基础上形成的。关于黄土高原的地貌类型，有的以成因分类、有的以形态分类、有的将其二者结合起来分类。与土壤侵蚀关系密切的主要是山地地貌和黄土地貌。

1. 山地地貌

区内主要山地有吕梁山、黄龙山、子午岭、白于山、屈武山、六盘山和陇山。吕梁山位于山西省西部，山体呈南北走向，自南而北有火焰山、关帝山、芦芽山、管涔山等较高山峰，一般都不超过2500m。黄龙山位于黄龙及其邻近县境内，为南北走向。子午岭与黄龙山平行，是黄土覆盖的山地，主峰海拔1687m，向北与白于山构成不完整山系。六盘山位于宁甘交界处，亦呈南北走向，山势陡峭，主峰海拔2942m，向南余脉为陇山，向北余脉为屈武山。六盘山和吕梁山是黄土高原侵蚀强度区域差异的主要界线（景可等，1993），六盘山以西和吕梁山以东的大部分地区，侵蚀强度都在5000t/（km^2·a）以内，只有渭河上游流域和祖厉河流域达到5000～7000t/（km^2·a）。两山之间地区的侵蚀强度普遍较大，但有明显的南北差异。渭河北山以南的侵蚀强度多小于1000t/（km^2·a），渭河北山至庆阳—延安—离石一线之间，多为2500～5000t/（km^2·a），庆阳—延安—离石一线以北一般为5000t/（（km^2·a）以上。

2. 黄土地貌

主要类型有黄土山地、丘陵宽谷、丘陵宽谷沟壑、丘陵沟壑、黄土高原和山间黄土平原。黄土塬、梁、峁地形是构成今日黄土高原的基本地貌类型。黄土塬地势宽阔平坦，黄土厚一般130～200m，主要分布在白于山以南地带。黄土塬和台塬是在下伏古地形的基础上，黄土堆积后，经河流下切而形成。同时，经流水侵蚀被沟壑蚕食，形成黄土残塬或破碎塬，并可演变成残塬梁峁地形（吴钦孝和杨文治，1998）。黄土梁峁主要分布于高原西部及中部北段，因古地貌为起伏不平的丘陵，则黄土堆积地貌也同样呈波浪起伏状。由于晚近期构造活动以隆升为主，故侵蚀强烈，沟谷冲沟下切，地表遭到严重破坏，因而产生众多的峁丘和梁岗，一般将前者称为黄土峁，后者称为黄土梁（孟庆枚，1996）。黄土峁通常分布在侵蚀比较活跃的地区，如陕北绥德、米脂、子洲一带。黄土梁主要分布在六盘山以西陇中盆地，陕北横山、榆林、神木、府谷一线以北，以及白于山南侧的吴起、志丹等地。

地貌形态与土壤侵蚀之间存在着密切的关系。按地貌形态可将黄土高原划分为不同的侵蚀类型区（水利部黄河水利委员会，1989），以丘陵沟壑区和台塬沟壑区侵蚀产沙最为严重，分别占黄土高原总产沙量的80%和12%。丘陵沟壑的侵蚀模数大都为5000t/（km^2·a）以上，其中峁状丘陵沟壑区和平岗丘陵沟壑区的侵蚀模数超过或接近10000t/（km^2·a），梁状丘陵沟壑区和干旱黄土丘陵沟壑区的侵蚀模数接近7000t/（km^2·a），台塬沟壑区的侵蚀模数除黄土阶地在2000t/（km^2·a）左右外，高塬沟壑区和残塬沟壑区的侵蚀模数分别超过5000t/（km^2·a）和10000t/（km^2·a）。

6.1.2　土壤

黄土是一种质地均匀，结构疏松，钙质含量丰富，具有大孔隙的第四纪风成堆积物。其粒度组成以粉砂为主，多属粉砂壤土至粉砂黏壤土，具有明显的水平分带特征，黄土质地呈现着由北而南，由西而东逐渐变细的规律。刘东生院士根据黄土颗粒组成中细砂与黏粒的含量，将新黄土划分为沙黄土、黄土与黏黄土三个带，其颗粒组成自鄂尔多斯高原南沿开始，自西北向东南由粗逐渐变细。中值粒径从西北部的大于 0.045mm 逐渐减小到东南部的 0.015mm。在黄土颗粒组成中，0.25～0.05mm 的颗粒含量从西北沙黄土带的 57.85%减小到南部黏黄土带的 4.5%左右（蒋定生等，1997）。

黄土高原主要地带性土壤有褐土、黑垆土和栗钙土，其中以黑垆土为主。在广大的黑垆土分布地区，由于人为不合理的耕种与强烈的水土流失，黑垆土剖面被侵蚀殆尽，黄土和红土母质出露，形成了大面积的初育土壤黄绵土和红土。

与水土流失有关的是土壤的渗透性、抗蚀性和抗冲性。黄土是渗透性很强的第四纪松散沉积物，土壤稳定入渗速率一般为 0.5mm/min 以上，蒋定生等（1997）根据黄土高原土壤入渗速率的地域差异性，将其划分为 5 个土壤入渗速率区：子午岭、黄龙山土壤入渗速率极快区（稳定入渗速率 5～12mm/min）；华家岭、董志塬土壤入渗速率很快区（稳定入渗速率 1.3～3.5mm/min）；延安等地土壤入渗速率较快区（稳定入渗速率 1.1～1.3mm/min）；长城沿线、黄河峡谷和泾洛渭台塬土壤入渗速率一般区（稳定入渗速率 0.5～1.0mm/min）；陕东豫西北土壤入渗速率较慢区（稳定入渗速率<0.5mm/min）。

20 世纪 50 年代后期，朱显谟发现在疏松黄土进行的水蚀常是分散和冲刷同时进行，而且冲刷过程非常强烈，常常大大地掩盖分散的强度，随后于 1960 年提出抗冲性概念，并将土壤的抗侵蚀力区分为抗蚀性和抗冲性两类（朱显谟，1960）。认为土壤抗蚀性是指土壤抵抗水的分散和悬浮的能力，其大小主要取决于土粒和水的亲和力；土壤抗冲性表示土壤抵抗地表径流机械破坏和搬运的能力，它主要取决于土粒间和微结构体间的胶结力。

影响黄土高原土壤抗蚀性的主导因子是腐殖质及黏粒含量，水稳性团粒含量是反映黄土高原土壤抗蚀性的最佳指标。黄土高原土壤抗蚀性的地域分异是东南部最强，西部居中，而北部最弱。王佑民等（王佑民，1994）根据水稳性团聚体与腐殖质含量的关系以及土地利用情况，将黄土高原土壤抗蚀性分为 6 级。如果水稳性团聚体含量已达到某一级别，但土壤的腐殖质含量低于该级别的值，则土壤抗蚀性应列入较小的一级。

土壤抗冲性实质上是土壤抵抗径流机械破坏的能力，主要与土壤机械组成、土壤容重、紧实度以及土地利用方式有关。测定土壤抗冲性的方法有多种，蒋定生等（1997）采用土壤抗冲性系数（冲走 1g 土壤所需的水量和时间），将黄土高原土壤抗冲性划分为 5 个区：子午岭、黄龙山、崂山黄绵土和黑壮土土壤抗冲性极强区（抗冲刷系数在 98L·s/g 以上）；陇东、渭北、晋西残塬区黑垆土与塿土土壤抗冲性较强区（抗冲刷系数为 0.262～1.412L·s/g）；陇中、宁南丘陵区黄绵土与黄麻土土壤抗冲性一般区（抗冲刷系数为 0.026～0.559L·s/g）；晋西、陕北黄土丘陵区黄绵土土壤抗冲性很弱区（抗冲刷系数为 0.023～0.177L·s/g）；宁、陕、内蒙古长城沿线黄土丘陵黄绵土与沙化黄绵土土壤抗冲性极弱区（抗冲刷系数为 0.010～0.047L·s/g）。

6.1.3　植被

黄土高原自东南向西北依次分布有森林、森林草原、典型草原和荒漠草原等四个植被带（吴钦孝和杨文治，1998）。

森林带位于黄土高原东南部，北界始于离石南部，沿西南方向，由山西石楼经陕西延川、延安，沿子午岭西麓，经志丹南部进入甘肃，折向西经平凉过关山北端，止于天水，包括吕梁山的南段、黄龙山、子午岭、关山等山地。带内气候属温暖半湿润气候，年降水量500～650mm，主要植被为落叶阔叶林。根据土壤和植被类型的差异以及森林恢复的难易程度，又可划分成南北两个亚带，其分界线始于山西蒲县，经吉县过黄河，入陕西经黄龙、黄陵、彬县、陇县进入甘肃。南亚带土壤为褐土，植被以喜暖的栎林（麻栎、槲栎、栓皮栎）为主；北亚带较南亚带干旱，气温低，土壤为紫黑垆土，植被主要为半旱生落阔叶林，优势种有山杨、辽东栎、白桦等。

森林草原带南接森林带，北界始于神池，由兴县和临县间过黄河至绥德、志丹，经甘肃华池、宁夏固原，越六盘山过华家岭，终止定西南部，包括洛河中游、泾河中游和渭河上游、吕梁山中段、子午岭、六盘山等。带内地貌为起伏的黄土丘陵，海拔1000～1200m。为半湿润-半干旱气候，干燥度1.4～1.8、年均气温8.5～10℃，年均降水量 450～550mm，地带性土壤为黑垆土，山地次生林下土壤为灰褐土。本带处于森林与典型草原之间的过渡地带，与森林带的最大差别是草原植被占有较大优势，其中具有代表性的有白羊草草原、长芒草-白羊草草原、茭蒿-长芒草草原、长芒草-兴安胡枝子-杂类草草原。

典型草原带南接森林草原带，北界始于东胜，经定边、盐池、同心、海原，止于甘肃兰州以南，包括无定河上游、清水河上游、祖厉河上游以及白于山、屈武山等。带内气候为温暖半干旱气候，大部分地区干燥度1.8～2.2，年均降水量300～450mm，地貌为缓坡长梁状黄土丘陵，地带性土壤为轻黑垆土和少量的淡栗钙土。本带草原植被占优势，其中长芒草草原分布最广，其次为茭蒿草原。与森林草原带相比，铁杆蒿草原成分下降，大针茅草原占据一定位置。

荒漠草原带位于黄土高原水土流失区的西北端，东南接典型草原带，面积较小。气候为半干旱-干旱气候，干燥度 2.2～3.0，年均降水量小于 300mm。地带性土壤为棕钙土和灰钙土，土壤沙性重。因地处黄土区边缘，带内丘陵平缓，谷地开阔，各种类型的短花针茅草原广为分布。由于区域性差异，西部除短花针茅外，还有灌木亚菊、中亚紫菀木等；东部在短花针茅草原中常伴生戈壁针茅、沙生针茅，地形较高处还常生长着长芒草草原。在黄土与沙地复合地区，黄土上为短花针茅、戈壁针茅草原，沙地上则生长着苦豆子等。

杨文治等（1994）将上述植被带与土壤水分生态区进行综合研究，根据土壤水分循环补偿特征和乔灌木树种的生态适宜性，提出了黄土高原地区造林土壤水分生态分区：①暖温带半湿润区土壤水分均衡补偿人工乔林适生区，包括晋东中部黄土丘陵、晋陕汾渭盆地、黄土覆盖的子午岭—桥山—黄龙林区、晋南豫西黄土丘陵区以及秦岭北麓一带；②暖温带半湿润区土壤水分准均衡补偿人工乔灌林适生区，包括晋陕中部黄土丘陵区、陇东南土丘陵、陇东渭北黄土塬区；③暖温带—温带半干旱区土壤水分周期亏缺与补偿失调人工灌乔林适生区，包括晋陕北部黄土丘陵区、陇中南部黄土丘陵区和晋中北部黄土丘陵区、内蒙古黄土丘陵区、鄂尔多斯草原东部、宁夏盐池和甘肃白银—皋兰—兰州一线；④温带干旱区土壤强烈干旱林木非适生区，包括宁夏和内蒙古黄河沿岸地带、鄂尔多斯高原西部、甘肃靖远—景泰—永登一线。

6.1.4　降水

黄土高原年降水量由东南向西北逐渐减少。600mm 等雨量线在晋东南沁河流域的沁源、润城、阳城到豫西的三门峡及秦岭北麓的潼关、马渡王、斜峪关、林家村一线。550mm 等雨量线从东向西经过垣曲、运城拐向北、经过黄龙、富县、太白镇，再向南到正宁、旬邑、泾川、华亭，550mm 等雨量线变化大的原因主要受地形和植被状况的影响。在 600～550mm 雨量带中可分为三大雨区：一是晋东南雨区，二是渭北及子午岭雨区，三是泾河上游雨区。500mm 等雨量线从东经临县、离石、隰县，向北到子长、志丹、庆阳，向南到隆德、秦安、天水。500～550mm 的雨带中也包括三个雨区：一是晋中和晋陕交界的东部雨区，二是位于泾河和北洛河上游陇东和陕北的中部雨区，三是六盘山南段一带的西部雨区。400mm 等雨量线基本沿长城沿线，经偏关、神木、榆林、靖边、环县、固原北部到定西一带。在 400～500mm 等雨量线中，受地形影响有三个主要降雨区：一是晋北云中山、芦芽山、五台山的东部地区；二是陕北的中部地区；三是六盘山和华家岭一带的西部地区。300mm 等雨量线从阴山南坡的阿塔山向西穿过毛乌素沙地经盐池、同心到靖远。

黄土高原降雨的时间分配比较集中，在年降雨中，夏季（6～8 月）雨量占年雨量的 50%～60%，其中，北部地区一般占 65%，中西部地区占 55%，南部地区占 45%；秋季（9～11 月）雨量占年雨量的 20%～30%，冬季（12 月至翌年 2 月）雨量占年雨量的 1.5%～3.0%，春季（3～5 月）雨量占年雨量的 13%～20%。

暴雨是造成黄土高原水土流失最主要的降水形式。黄土高原的暴雨可分为三种类型：一类是局地强对流条件引起的小范围、短历时、高强度局地暴雨，可占总暴雨次数的 50%左右，这类暴雨降雨历时在 30～120min（一般不超过 180min），雨量为 10～30mm（一般不超过 50mm），主要降雨历时只有几分钟或十几分钟，时程分布为单峰型。第二类是由锋面型降雨夹有局地雷暴性质的较大范围、中历时、中强度暴雨，可占总暴雨次数的 35%左右，这类暴雨的降雨历时在 3～12h，一般不超过 24h，次雨量为 30～100mm，时程分布为双峰型。第三类是由峰面降雨引起的大面积、长历时、低强度暴雨，可占总暴雨次数的 5%左右。

由于黄土高原的暴雨与地理位置和地形因素密切相关，因此，在黄土高原分布着许多暴雨区和暴雨中心，主要有：东部济源暴雨区（赵礼庄、小浪底、八里胡同），太行山南麓暴雨区（长治、陵川），沁河中上游暴雨区（古县、沁源、安泽），秦岭北麓暴雨区（涝峪口、大峪、罗李村），渭北暴雨区（千阳、旬邑、淳化、耀县），北洛河中游暴雨区（黄陵、洛川、黄龙），泾河中上游暴雨区（平凉、庆阳、泾川），渭河上游暴雨区（秦安、天水、渭源），吉（县）龙（门）暴雨区（吉县、龙门），延河、清涧河暴雨区（延安、子长），吕梁西侧暴雨区（临县、榆林、吴堡、石楼），吕梁山东侧朔县暴雨区（朔县），晋中太原暴雨区（昔阳、太原、汾河二坝），无定河中上游暴雨区（榆林、韩家峁、纳林河），河（曲）神（木）暴雨区（黄甫、神木、高家堡），大青山南侧暴雨区

（呼和浩特、大脑包、哈德门沟、头道拐），贺兰山东侧暴雨区（中宁、贺兰、银川）。

黄土高原暴雨的发生频率，六盘山以西的地区年均只有 2 次，无暴雨年数占 1/4；中北部地区年均 3～5 次，几乎每年都有暴雨发生；东南部地区年均 6 次左右，最多年超过 10 次。从各地特大暴雨的发生频率看，特大暴雨发生频率比较高的几个地区是：宁夏的银川，内蒙古的呼和浩特、包头、准格尔旗，陕北的榆林、神木、延安、黄陵，渭北的千阳、耀县、淳化，秦岭北麓的眉县、户县、长安、蓝田，晋西北的柳林、中阳，晋中的太原、朔县，晋东南的运城、永济、古县、沁源、陵川、长治，河南的济源、孟津、沁阳等地区。

6.1.5　人为活动

人类活动加剧水土流失，主要是在明清以后，表现在三个方面：

一是人口的增长。从秦、汉经隋、唐直至明末，黄土高原地区的人口密度一直徘徊在 1000 万～1500 万之内。典型的黄土丘陵沟壑区的人口密度每平方千米一般不超过 10 人。但到清代道光年间黄土高原地区人口达 4100 万，基本奠定了现代人口的基础。当时主要典型黄土区的人口密度已接近目前的水平。1985 年，黄土高原典型黄土区人口密度已比汉代的人口密度超出 10 倍，尤其是陕北榆林南部、陇中宁南、兰州地区及青海东部，有的人口密度已接近 200 人/km^2，是汉代的 20 倍（孟庆枚，1996）。

二是土地的不合理利用。历史资料考证，黄土高原曾是塬面广阔，沟壑稀少，草木丰茂地区。随着人口的不断增加，因开垦而使天然林草植被的破坏越来越严重。20 世纪 70、80 年代，黄土高原现有的林草分布因人为的破坏，已丧失了连片的地带性规律，森林覆盖率仅 6.5%。占总土地面积 30%的草地，其中约有 60%已退化或沙化。在绝大部分天然植被遭到破坏的情况下，显然人类加速侵蚀的地区已超过自然侵蚀（叶青超等，1994）。明清前的子午岭地区森林茂密，山清水秀，随着人口的增长，毁林开荒日趋严重，明清时代森林已遭到大面积破坏，土壤侵蚀发展已十分严重，到了清末的 1866 年，因战乱和民族纠纷，人口逃亡，田地荒芜，植被又逐渐自然恢复，形成了今日的次生景观。

三是工矿道路等建设。黄河中游有着丰富的矿产资源，大多分布于多沙粗沙区，如神木、府谷、榆林、横山、定边等县，资源开发涉及的支流有土壤侵蚀严重的皇甫川、孤山川、窟野河、秃尾河、无定河等。而煤炭等资源的大规模开采，铲除地表原有植被，移动大量的岩石土体，造成地表土层松动，地下岩性物质出露，易风化成碎屑，并伴有滑坡、崩塌等重力侵蚀，水土流失更加加剧。随着矿产资源开发规模的扩大，交通及其他基本建设也迅速发展，大规模的铁路、公路建设已全面展开。由于黄土高原地形破碎，单位动土量大，将促进地表的强烈侵蚀产沙。据统计，无定河流域 1950～1985 年仅修建窑洞、修路和开矿共新增加 3.092 亿 t 泥沙（姚文艺和郑合英，1987）；陕北农村建窑 133 万孔，可移动土石方约 2.66 亿 m^3。据粗略估算，黄土高原由于建窑、筑路、基本农田建设和筑坝等，每年移动的土石方量约 5 亿～6 亿 t，相当于黄河年输向下游沙量的 1/3。黄土高原的矿产资源十分丰富，是能源重化工基地，采矿造成的土壤流失十分严重，窟野河沙量增加与采煤有直接关系。据估算，晋、陕、内蒙古接壤区（面积约 4.57 万 km^2），如果采煤时防蚀措施不力，每年将向黄河多输送数千万吨泥沙（孟庆枚，1996）。

6.2 侵蚀产沙量的计算方法

6.2.1 侵蚀产沙量的概念

根据《中国大百科全书 • 水利卷》对土壤侵蚀的定义为：土壤侵蚀是指土壤或成土母质在外力（水、风）作用下，被破坏剥蚀、搬运和沉积的过程。土壤在外应力下产生位移的物质量称土壤侵蚀量。单位面积、单位时间内的侵蚀量称为土壤侵蚀速率。

土壤侵蚀量中被输移出特定地段的泥沙量，称为土壤流失量。在特定的时段内，通过小流域出口某一观测断面的泥沙总量，称为流域产沙量。一定时段内通过河流某一断面的泥沙总量称为输沙量。

尽管上述概念的表达是明确的，但在实际工作中，有时却很难明晰地将三者加以区别。其一，在空间尺度和地貌形态上，三者有区别。侵蚀的对象是指土壤，它的空间尺度是坡面至沟道。产沙的对象是侵蚀的物质量，它的空间尺度是小流域。输沙的对象是产沙的物质量，它的空间尺度是中大河流。因此，不能用一个很严格的空间面积尺度来区别什么是侵蚀量，什么是产沙量，什么是输沙量。流域有大有小，形态差异很大，不能绝对地认为支流是产沙，干流是输沙，而应当以空间尺度的地貌形态来区别侵蚀、产沙与输沙。其二，在物质的破坏剥蚀、搬运、输移和沉积的过程方面有区别。侵蚀主要是破坏和剥蚀，产沙主要是剥蚀和搬运，输沙主要是输移和沉积。尽管如此，在实际的统计计算中，也很难将侵蚀量和产沙量严格地区分开来。因此，人们习惯用侵蚀产沙量这一复合名词来研究中小流域的水土流失问题。在本研究中，采用“侵蚀产沙”这一复合名词，并将侵蚀产沙强度简称“侵蚀强度”，将侵蚀产沙量简称“产沙量”。

6.2.2 侵蚀产沙量的计算

目前，在黄土高原区域侵蚀产沙量计算与空间分异特征的研究中，能够直接应用且比较可靠系统的实测资料是这一地区的水文站泥沙观测资料。但由于黄土高原土壤侵蚀类型复杂，即使在一个面积不大的流域内，也常常包含着多种侵蚀类型和侵蚀方式。而水文站测得的泥沙量只能说明流域的平均侵蚀产沙状况，它不能反映出该流域不同侵蚀类型区的侵蚀产沙强度差异。因此，也就不能反映和说明一个这个流域侵蚀产沙的空间分异变化情况。据此，采用水文站实测值与侵蚀地貌类型相结合的方法，即“水文—地貌法”，来计算不同区域或流域的侵蚀产沙量，主要步骤和方法叙述如下。

1. 水文站实测泥沙资料的整理

水文站实测资料是区域侵蚀产沙量计算的基础，也是最可靠的资料。对研究区域 121 个水文站 1955～1969 年的输沙量进行了整理，并对个别年份缺测资料进行了插补，插补方法采用与上下站关系或与周边站关系进行。

由于受降雨因素和人为因素的影响，黄土高原侵蚀产沙量的年际变化很大，为了能够相对客观的反映这一地区“自然”状态下的侵蚀产沙情况，选择用1955～1969年这15年的水文站实测资料作为基础资料，来计算侵蚀产沙量。其主要原因：一是黄河流域的水文站大部分是从1955年开始观测的，资料比较整齐；二是黄土高原大规模的水土流失治理是从20世纪70年代开始的，1969年以前可相对视作未治理阶段；三是这一时段降水量相对比较多，处于平水—丰水期。应该说，用1955～1969年这15年资料计算的侵蚀产沙量是可以反映黄土高原“本底”的侵蚀产沙状况。

2. 水文站控制区侵蚀产沙量计算

根据每一流域水文站的设置情况，从下到上依次可划分出若干水文控制区，计算其侵蚀产沙量，具体步骤如下：

单站控制区：流域上游或流域支流上游水文站控制的区域，其侵蚀产沙量的计算是以该站的输沙量来代替，侵蚀强度为该站的输沙量除以该站的集水面积。

多站控制区：流域（支流）下游水文站与上游（支流）一个或多个水文站之间的区域，用下游水文站的输沙量减去上游水文站的输沙量作为该区域的产沙量，所得结果除以水文站控制区间的面积即为该水文控制区的侵蚀强度。

未控区：对于流域下游的未控制区域，以黄河干流水文站的分布情况划分区段，水文站控制区域则为黄河干流某区段两水文站及该区段内各流域出口水文站之间的区域。其侵蚀产沙量为干流下游站的输沙量减去干流上游站及两站区间各支流出口站的输沙量，所得结果除以本区的面积则为该区域的侵蚀强度。

对于多站控制区和未控区，若所得结果为负值，说明泥沙沿程有淤积，视该区的产沙量为零。

依据研究区水文站的分布情况，可将研究区划分为120个水文站控制区，最小区域的面积为327km^2，最大为11661km^2，平均为2584.2km^2。

3. 侵蚀产沙单元侵蚀产沙量的计算

侵蚀产沙单元划分，是将蔡志恒划分土壤侵蚀类型区图（水利部黄河水利委员会，1989）与120个水文站控制区的平面分布图相叠加，便可由区界范围直接划分成292个侵蚀产沙单元。最小单元面积为12.2km^2，最大为7395.6km^2，平均面积为1062.0km^2。侵蚀产沙单元的划分结果见图6.1和表6.1。

在120个水文站控制区产沙量的基础上，各侵蚀产沙单元产沙量的计算是：

对于单一侵蚀类型的水文控制区（一个侵蚀单元），其侵蚀强度和产沙量直接应用水文控制区的实测资料。

对于包含多个侵蚀类型的水文控制区，各侵蚀产沙单元的侵蚀强度和产沙量按照面积的大小，分步计算。先将几个面积较小单元的产沙量计算出来，再用水文控制区的总

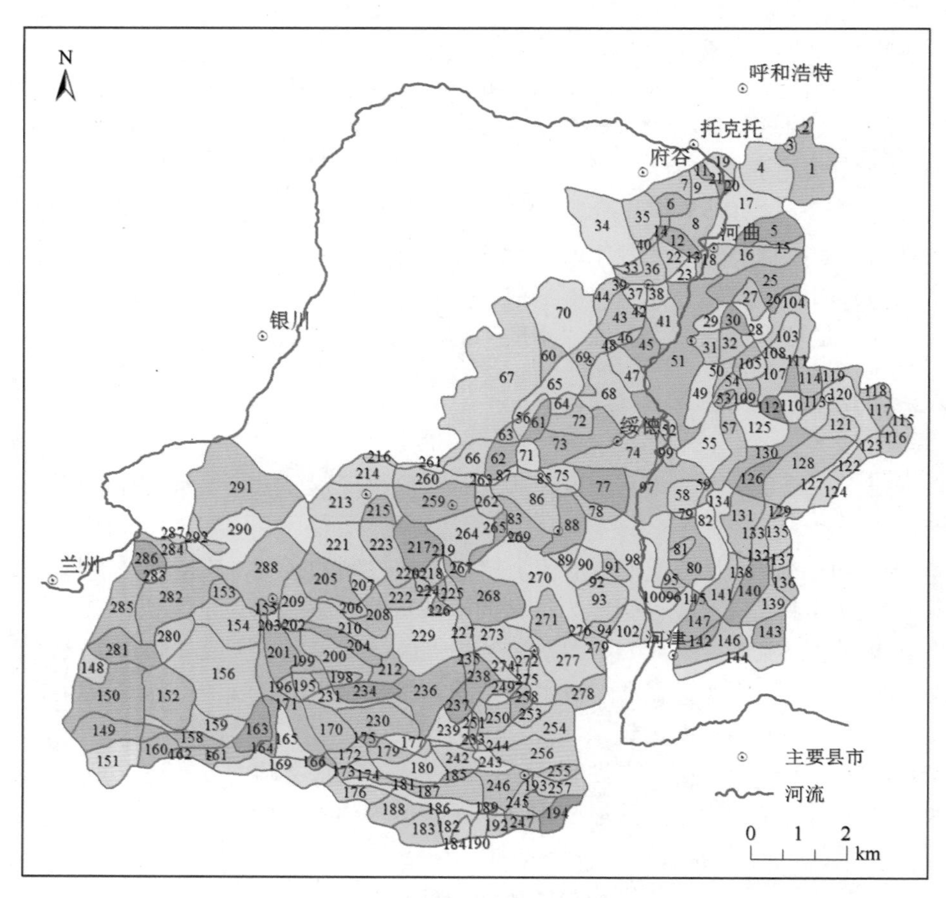

图 6.1　黄土高原侵蚀单元划分

表 6.1　水文控制区和侵蚀产沙单元的划分

流域	水文控制区			侵蚀产沙单元		
	编号	区间	面积/km^2	编号	类型区	面积/km^2
浑河	1	太平窑以上	3406.0	1	黄土平岗丘陵沟壑区	3133.5
				2	高原土石山区	137.8
				3	高原土石山区	134.6
	2	放牛沟—太平窑	2055.0	4	黄土平岗丘陵沟壑区	2055.0
偏关河	3	偏关以上	1915.0	5	黄土平岗丘陵沟壑区	1915.0
皇甫川	4	沙圪堵以上	1351.0	6	黄土平岗丘陵沟壑区	635.0
				7	风沙草原区	716.0
	5	黄甫—沙圪堵	1848.0	8	黄土平岗丘陵沟壑区	1238.2
				9	风沙草原区	425.0
				10	风沙草原区	37.0
				11	库布齐沙漠	147.8
清水川	6	清水以上	735.0	12	黄土平岗丘陵沟壑区	602.7
				13	黄土峁状丘陵沟壑区	58.8
				14	风沙草原区	73.5

续表

流域	水文控制区			侵蚀产沙单元		
	编号	区间	面积/km^2	编号	类型区	面积/km^2
县川河	7	旧县以上	1562.0	15	黄土平岗丘陵沟壑区	374.9
				16	黄土峁状丘陵沟壑区	1187.1
黄河	8	府谷—（头道拐、放牛沟、偏关、旧县、清水、黄甫）	23107.0	17	黄土平岗丘陵沟壑区	14326.3
				18	黄土峁状丘陵沟壑区	4159.3
				19	冲积平原区	1848.6
				20	风沙草原区	1155.5
				21	库布齐沙漠	1617.3
孤山川	9	高石崖以上	1263.0	22	黄土平岗丘陵沟壑区	656.8
				23	黄土峁状丘陵沟壑区	593.6
				24	风沙草原区	12.6
朱家川	10	下流碛以上	2881.0	25	黄土峁状丘陵沟壑区	2679.3
				26	高原土石山区	201.7
岚漪河	11	岢岚以上	476.0	27	黄土峁状丘陵沟壑区	261.8
				28	高原土石山区	214.2
	12	裴家川—岢岚	1683.0	29	黄土峁状丘陵沟壑区	774.2
				30	高原土石山区	908.8
蔚汾河	13	碧村以上	1476.0	31	黄土峁状丘陵沟壑区	782.3
				32	高原土石山区	693.7
窟野河	14	王道恒塔以上	3839.0	33	黄土平岗丘陵沟壑区	307.1
				34	风沙草原区	3531.9
	15	新庙以上	1527.0	35	风沙草原区	1527.0
	16	神木—（王道恒塔、新庙）	1932.0	36	黄土平岗丘陵沟壑区	946.7
				37	黄土峁状丘陵沟壑区	386.4
				38	风沙黄土丘陵沟壑区	309.1
				39	风沙草原区	38.6
				40	风沙草原区	251.2
	17	温家川—神木	1347.0	41	黄土峁状丘陵沟壑区	1212.3
				42	风沙黄土丘陵沟壑区	134.7
秃尾河	18	高家堡以上	2095.0	43	风沙黄土丘陵沟壑区	1424.6
				44	风沙草原区	670.4
	19	高家川—高家堡	1158.0	45	黄土峁状丘陵沟壑区	972.7
				46	风沙黄土丘陵沟壑区	185.3
佳芦河	20	申家湾以上	1121.0	47	黄土峁状丘陵沟壑区	1053.7
				48	风沙黄土丘陵沟壑区	67.3
湫水河	21	林家坪以上	1873.0	49	黄土峁状丘陵沟壑区	1517.1
				50	高原土石山区	355.9
黄河	22	吴堡—府谷—（申家湾、高家川、温家川、高石崖、下流碛、裴家川、碧村、林家坪）	6966.0	51	黄土峁状丘陵沟壑区	6269.4
				52	黄土残塬沟壑区	696.6

续表

流域	水文控制区			侵蚀产沙单元		
	编号	区间	面积/km²	编号	类型区	面积/km²
三川河	23	圪洞以上	749.0	53	黄土峁状丘陵沟壑区	134.8
				54	高原土石山区	614.2
	24	后大成—圪洞	3353.0	55	黄土峁状丘陵沟壑区	1877.7
				56	黄土残塬沟壑区	67.1
				57	高原土石山区	1408.3
屈产河	25	裴沟以上	1023.0	58	黄土峁状丘陵沟壑区	879.8
				59	高原土石山区	143.2
无定河	26	韩家峁以上	2452.0	60	风沙草原区	2452.0
	27	横山以上	2415.0	61	黄土峁状丘陵沟壑区	603.8
				62	风沙黄土丘陵沟壑区	1449.0
				63	风沙草原区	362.3
	28	殿市以上	327.0	64	黄土峁状丘陵沟壑区	327.0
	29	赵石窑—（韩家峁、横山、殿市）	10131.0	65	风沙黄土丘陵沟壑区	1519.7
				66	风沙黄土丘陵沟壑区	1215.7
				67	风沙草原区	7395.6
	30	丁家沟—赵石窑	8097.0	68	黄土峁状丘陵沟壑区	2591.0
				69	风沙黄土丘陵沟壑区	1538.4
				70	风沙草原区	3967.5
	31	青阳岔以上	662.0	71	黄土峁状丘陵沟壑区	662
	32	李家河以上	807.0	72	黄土峁状丘陵沟壑区	807
	33	绥德—（青阳岔、李家河）	2424.0	73	黄土峁状丘陵沟壑区	2424
	34	白家川—（绥德、丁家沟）	2902.0	74	黄土峁状丘陵沟壑区	2902
清涧河	35	子长以上	913.0	75	黄土峁状丘陵沟壑区	748.7
				76	黄土梁状丘陵沟壑区	164.3
	36	延川—子长	2555.0	77	黄土峁状丘陵沟壑区	1941.8
				78	黄土梁状丘陵沟壑区	613.2
昕水河	37	大宁以上	3992.0	79	黄土峁状丘陵沟壑区	159.7
				80	黄土梁状丘陵沟壑区	2155.7
				81	黄土残塬沟壑区	239.5
				82	高原土石山区	1437.1
延水	38	枣园以上	719.0	83	黄土梁状丘陵沟壑区	661.5
				84	森林黄土丘陵沟壑区	57.5
	39	延安以上	3208.0	85	黄土峁状丘陵沟壑区	288.7
				86	黄土梁状丘陵沟壑区	2694.7
				87	风沙黄土丘陵沟壑区	224.6

续表

流域	水文控制区			侵蚀产沙单元		
	编号	区间	面积/km^2	编号	类型区	面积/km^2
延水	40	甘谷驿—（延安、枣园）	1964.0	88	黄土梁状丘陵沟壑区	1630.1
				89	森林黄土丘陵沟壑区	333.9
汾川河	41	临镇以上	1121.0	90	森林黄土丘陵沟壑区	1121.0
	42	新市河—临镇	541.0	91	黄土梁状丘陵沟壑区	394.9
				92	森林黄土丘陵沟壑区	146.1
仕望川	43	大村以上	2141.0	93	森林黄土丘陵沟壑区	1862.7
				94	高原土石山区	278.3
州川河	44	吉县以上	436.0	95	黄土梁状丘陵沟壑区	335.7
				96	黄土残塬沟壑区	100.3
黄河	45	龙门—吴堡—（白家川、延川、甘谷驿、新市河、大村、后大成、裴沟、大宁、吉县）	11661.0	97	黄土峁状丘陵沟壑区	2798.6
				98	黄土梁状丘陵沟壑区	5247.5
				99	黄土残塬沟壑区	349.8
				100	黄土残塬沟壑区	1399.3
				101	高原土石山区	233.2
				102	高原土石山区	1632.5
汾河	46	静乐以上	2799.0	103	黄土山麓丘陵沟壑区	979.7
				104	高原土石山区	1819.4
	47	上静游以上	1140.0	105	黄土山麓丘陵沟壑区	558.6
				106	高原土石山区	581.4
	48	汾河水库—（静乐、上静游）	1329.0	107	黄土山麓丘陵沟壑区	943.6
				108	高原土石山区	106.3
				109	高原土石山区	279.1
	49	寨上—汾河水库	1551.0	110	黄土山麓丘陵沟壑区	682.4
				111	高原土石山区	372.2
				112	高原土石山区	496.3
	50	兰村—寨上	886.0	113	黄土山麓丘陵沟壑区	203.8
				114	高原土石山区	682.2
	51	独堆以上	1152.0	115	黄土山麓丘陵沟壑区	92.2
				116	高原土石山区	1059.8
	52	芦家庄—独堆	1215.0	117	黄土山麓丘陵沟壑区	753.3
				118	高原土石山区	449.6
				119	高原土石山区	12.2
	53	汾河二坝—（兰村、芦家庄）	3958.0	120	黄土山麓丘陵沟壑区	1979.0
				121	冲积平原区	949.9
				122	高原土石山区	672.9
				123	高原土石山区	356.2
	54	盘陀以上	533.0	124	高原土石山区	533.0
	55	文峪河水库以上	1876.0	125	高原土石山区	1876.0

续表

流域	水文控制区			侵蚀产沙单元		
	编号	区间	面积/km²	编号	类型区	面积/km²
汾河	56	义棠—（文峪河水库、汾河二坝、盘陀）	7506.0	126	黄土山麓丘陵沟壑区	750.6
				127	黄土山麓丘陵沟壑区	1201.0
				128	冲积平原区	3227.6
				129	高原土石山区	675.5
				130	高原土石山区	1651.3
	57	石滩—义棠	4269.0	131	黄土山麓丘陵沟壑区	1750.3
				132	黄土山麓丘陵沟壑区	85.4
				133	冲积平原区	768.4
				134	高原土石山区	725.7
				135	高原土石山区	939.2
	58	东庄以上	987.0	136	黄土山麓丘陵沟壑区	611.9
				137	高原土石山区	375.1
	59	柴庄—（石滩、东庄）	4731.0	138	黄土山麓丘陵沟壑区	378.5
				139	黄土山麓丘陵沟壑区	1182.8
				140	冲积平原区	1845.1
				141	高原土石山区	1230.1
				142	高原土石山区	94.6
	60	河坛以上	1260.0	143	黄土山麓丘陵沟壑区	1260.0
	61	河津—（柴庄、河坛）	3536.0	144	黄土山麓丘陵沟壑区	1308.3
				145	黄土阶地区	282.9
				146	冲积平原区	1131.5
				147	高原土石山区	813.3
渭河	62	首阳以上	833.0	148	干旱黄土丘陵沟壑区	833.0
	63	武山（车家川）—首阳	7247.0	149	黄土山麓丘陵沟壑区	1811.8
				150	干旱黄土丘陵沟壑区	3623.5
				151	极高土石山区	1811.8
	64	甘谷以上	2484.0	152	干旱黄土丘陵沟壑区	2484.0
	65	将台以上	869.0	153	干旱黄土丘陵沟壑区	869.0
	66	北峡—将台	1971.0	154	干旱黄土丘陵沟壑区	1872.5
				155	高原土石山区	98.6
	67	秦安—北峡	6965.0	156	干旱黄土丘陵沟壑区	6268.5
				157	高原土石山区	696.5
	68	南河川—（甘谷、秦安、武山）	3478.0	158	黄土山麓丘陵沟壑区	1113.0
				159	干旱黄土丘陵沟壑区	1495.5
				160	极高土石山区	869.5
	69	天水以上	1019.0	161	黄土山麓丘陵沟壑区	856.0
				162	极高土石山区	163.0
	70	社棠（石岭寺）以上	1836.0	163	干旱黄土丘陵沟壑区	1303.6
				164	高原土石山区	532.4

续表

流域	水文控制区			侵蚀产沙单元		
	编号	区间	面积/km^2	编号	类型区	面积/km^2
渭河	71	凤阁岭以上	846.0	165	高原土石山区	846.0
	72	朱园以上	402.0	166	高原土石山区	402.0
	73	林家村—（南河川、天水、社棠、凤阁岭、朱园）	3173.0	167	黄土山麓丘陵沟壑区	793.3
				168	干旱黄土丘陵沟壑区	158.7
				169	高原土石山区	2221.1
	74	千阳以上	2935.0	170	黄土梁状丘陵沟壑区	1731.7
				171	高原土石山区	1203.4
	75	魏家堡—（林家村、千阳）	3410.0	172	黄土梁状丘陵沟壑区	784.3
				173	黄土阶地区	409.2
				174	黄土阶地区	375.1
				175	冲积平原区	647.9
				176	高原土石山区	1193.5
	76	好峙河以上	1007.0	177	黄土梁状丘陵沟壑区	845.9
				178	黄土阶地区	161.1
	77	柴家嘴—好峙河	2799.0	179	黄土梁状丘陵沟壑区	867.7
				180	黄土阶地区	1707.4
				181	冲积平原区	195.9
				182	高原土石山区	28.0
	78	黑峪口以上	1481.0	183	高原土石山区	1481.0
	79	涝峪口以上	347.0	184	高原土石山区	347.0
	80	咸阳—（魏家堡、柴家嘴、黑峪口、涝峪口）	4187.0	185	黄土阶地区	376.8
				186	黄土阶地区	837.4
				187	冲积平原区	1256.1
				188	高原土石山区	1716.7
	81	秦渡镇以上	566.0	189	黄土阶地区	39.6
				190	高原土石山区	526.4
	82	高桥以上	632.0	191	黄土阶地区	151.7
				192	高原土石山区	480.3
	83	马渡王以上	1601.0	193	黄土阶地区	528.3
				194	高原土石山区	1072.7
泾河	84	安口以上	1133.0	195	黄土梁状丘陵沟壑区	702.5
				196	高原土石山区	430.5
	85	袁家庵—安口	512.0	197	黄土梁状丘陵沟壑区	199.7
				198	黄土高塬沟壑区	312.3
	86	泾川—袁家庵	1500.0	199	黄土梁状丘陵沟壑区	300.0
				200	黄土高塬沟壑区	675.0
				201	高原土石山区	525.0
	87	杨闾以上	1307.0	202	黄土梁状丘陵沟壑区	65.4
				203	干旱黄土丘陵沟壑区	130.7

续表

流域	水文控制区			侵蚀产沙单元		
	编号	区间	面积/km^2	编号	类型区	面积/km^2
泾河	87	杨闾以上	1307.0	204	黄土高塬沟壑区	1111.0
	88	姚新庄以上	2264.0	205	干旱黄土丘陵沟壑区	1969.7
				206	黄土高塬沟壑区	294.3
	89	巴家嘴—姚新庄	1258.0	207	干旱黄土丘陵沟壑区	276.8
				208	黄土高塬沟壑区	981.2
	90	毛家河—巴家嘴	3667.0	209	干旱黄土丘陵沟壑区	1540.1
				210	黄土高塬沟壑区	1906.8
				211	高原土石山区	220.0
	91	杨家坪—（毛家河、杨闾、泾川）	2483.0	212	黄土高塬沟壑区	2483.0
	92	洪德以上	4640.0	213	干旱黄土丘陵沟壑区	2784.0
				214	风沙黄土丘陵沟壑区	1345.6
				215	黄土残塬沟壑区	371.2
				216	风沙草原区	139.2
	93	悦乐以上	528.0	217	干旱黄土丘陵沟壑区	528.0
	94	贾桥—悦乐	2460.0	218	干旱黄土丘陵沟壑区	1746.6
				219	森林黄土丘陵沟壑区	295.2
				220	黄土高塬沟壑区	418.2
	95	庆阳—（贾桥、洪德）	2975.0	221	干旱黄土丘陵沟壑区	1338.8
				222	黄土高塬沟壑区	654.5
				223	黄土残塬沟壑区	981.8
	96	板桥以上	807.0	224	干旱黄土丘陵沟壑区	153.3
				225	森林黄土丘陵沟壑区	443.9
				226	黄土高塬沟壑区	209.8
	97	雨落坪—（板桥、庆阳）	7609.0	227	森林黄土丘陵沟壑区	1065.3
				228	干旱黄土丘陵沟壑区	76.1
				229	黄土高塬沟壑区	6467.7
	98	张家沟以上	2485.0	230	黄土梁状丘陵沟壑区	1888.6
				231	黄土高塬沟壑区	521.9
				232	高原土石山区	74.6
	99	张河以上	1506.0	233	黄土梁状丘陵沟壑区	451.8
				234	黄土高塬沟壑区	1054.2
	100	景村—（张家沟、张河、杨家坪、雨落坪）	3147.0	235	森林黄土丘陵沟壑区	220.3
				236	黄土高塬沟壑区	2926.7
	101	刘家河以上	1310.0	237	黄土高塬沟壑区	484.7
				238	高原土石山区	825.3
	102	张家山—（景村、刘家河）	1625.0	239	黄土高塬沟壑区	1446.3
				240	高原土石山区	178.8
	103	桃园—张家山	2157.0	241	黄土高塬沟壑区	107.9

续表

流域	水文控制区			侵蚀产沙单元		
	编号	区间	面积/km²	编号	类型区	面积/km²
泾河	103	桃园—张家山	2157.0	242	黄土阶地区	1272.6
				243	冲积平原区	711.8
				244	高原土石山区	64.7
渭河	104	临潼—（桃园、咸阳、秦渡镇、高桥、马渡王）	2300.0	245	黄土阶地区	552.0
				246	冲积平原区	1334.0
				247	高原土石山区	414.0
	105	柳林以上	674.0	248	黄土梁状丘陵沟壑区	128.1
				249	高原土石山区	545.9
	106	耀县以上	797.0	250	黄土梁状丘陵沟壑区	534.0
				251	高原土石山区	263.0
	107	华县—（临潼、耀县、柳林）	7728.0	252	黄土梁状丘陵沟壑区	1236.5
				253	黄土高塬沟壑区	154.6
				254	黄土阶地区	2318.4
				255	黄土阶地区	618.2
				256	冲积平原区	2318.4
				257	高原土石山区	850.1
				258	高原土石山区	231.8
北洛河	108	吴起（金佛坪）以上	3842.0	259	干旱黄土丘陵沟壑区	2574.1
				260	风沙黄土丘陵沟壑区	998.9
				261	风沙草原区	268.9
	109	志丹以上	774.0	262	干旱黄土丘陵沟壑区	642.4
				263	风沙黄土丘陵沟壑区	131.6
	110	刘家河—（吴起、志丹）	2709.0	264	干旱黄土丘陵沟壑区	2465.2
				265	森林黄土丘陵沟壑区	216.7
				266	森林黄土丘陵沟壑区	27.1
	111	张村驿以上	4715.0	267	干旱黄土丘陵沟壑区	235.8
				268	森林黄土丘陵沟壑区	4479.3
	112	交口河—（刘家河、张村驿）	5140.0	269	干旱黄土丘陵沟壑区	257.0
				270	森林黄土丘陵沟壑区	3649.4
				271	黄土高塬沟壑区	1233.6
	113	黄陵以上	2266.0	272	黄土梁状丘陵沟壑区	407.9
				273	森林黄土丘陵沟壑区	1495.6
				274	高原土石山区	362.6
	114	洑头—（交口河、黄陵）	5708.0	275	黄土梁状丘陵沟壑区	1198.7
				276	森林黄土丘陵沟壑区	114.2

续表

流域	水文控制区			侵蚀产沙单元		
	编号	区间	面积/km²	编号	类型区	面积/km²
北洛河	114	洑头—（交口河、黄陵）	5708.0	277	黄土高塬沟壑区	2854.0
				278	黄土阶地区	1484.1
				279	高原土石山区	57.1
祖厉河	115	会宁以上	1041.0	280	干旱黄土丘陵沟壑区	1041.0
	116	巉口以上	1640.0	281	干旱黄土丘陵沟壑区	1640.0
	117	郭城驿—（会宁、巉口）	2792.0	282	干旱黄土丘陵沟壑区	2708.2
				283	黄土残塬沟壑区	83.8
	118	靖远—郭城驿	5174.0	284	干旱黄土丘陵沟壑区	1293.5
				285	干旱黄土丘陵沟壑区	2638.7
				286	黄土残塬沟壑区	1138.3
				287	高原土石山区	103.5
清水河	119	韩府湾以上	4935.0	288	干旱黄土丘陵沟壑区	4737.6
				289	高原土石山区	197.4
	120	泉眼山—韩府湾	9545.0	290	干旱黄土丘陵沟壑区	3340.7
				291	风沙黄土丘陵沟壑区	5727.0
				292	高原土石山区	477.3

产沙量减去小面积单元的产沙量作为该水文控制区最大产沙单元（即主要侵蚀类型区）的产沙量。较小面积的侵蚀强度和产沙量的计算，一般先用临近同一侵蚀类型区的侵蚀强度代替（多采用侵蚀类型单一的水文控制区实测值代替）。对于个别无法用临近地区同一侵蚀类型来代替的面积较小的单元，可先用临近地区同一侵蚀类型单元的侵蚀强度代替较大面积单元的侵蚀强度后，再行计算。例如，对于丁家沟至赵石窑控制区，按侵蚀类型可划分为三个侵蚀产沙单元：单元 68（黄土峁状丘陵沟壑区，面积 2591.1km²）、单元 69（风沙黄土丘陵沟壑区，面积 1538.4km²）、单元 70（风沙草原区，面积 3967.5km²）。单元 68 与单元 72 相邻，单元 72 是大理河李家河水文站控制区，为单一的黄土峁状丘陵沟壑区，这样就可用单元 72 的侵蚀强度代替单元 68 的侵蚀强度；单元 70 与单元 60 相邻，单元 60 为韩家峁水文站控制区，为单一的风沙草原区，单元 70 的侵蚀强度可用单元 60 的来代替；剩余单元 69 的侵蚀强度用该控制区的总产沙量减去单元 68 和单元 70 的产沙量，再除以单元 69 的面积。具体计算公式为

$$S_{69}=(S \cdot A-S_{68} \cdot A_{68}-S_{70} \cdot A_{70})/A_{69} \tag{6.1}$$

式中，S_{69} 为单元 69 的侵蚀强度，t/（km²·a）；S 为丁家沟至赵石窑控制区的侵蚀强度，t/（km²·a）；A 为丁家沟至赵石窑控制区的面积，km²；S_{68} 为单元 68 的侵蚀强度，t/（km²·a）；A_{68} 为单元 68 的面积，km²；S_{70} 为侵蚀单元 70 的侵蚀强度，t/（km²·a）；A_{70} 为单元 70 的面积，km²；A_{69} 为单元 69 的面积，km²。

尽管各单元侵蚀产沙量计算比较复杂，但它是取得不同类型区侵蚀产沙量的必须一步。

6.2.3　侵蚀强度的划分

几乎国内所有的学者都想以土壤侵蚀量与土壤允许流失量之差作为划分侵蚀强度

等级的标准。但是，由于如何确定允许流失量的问题并未得到很好的解决，因此，用此作为划分侵蚀强度等级标准的方法很难得到广泛的应用。特别是对于黄土高原这样一个黄土堆积厚度很大的地区，用此作为侵蚀强度等级划分标准实际意义不大。

目前，侵蚀强度的划分标准多是根据侵蚀的危害程度和水土保持规划的实际需要而拟定的。侵蚀强度等级的数量标准多采用等差的方法。1984 年水利电力部颁发了关于侵蚀类型区和强度分级标准的规定（试行）；陈永宗和张勋昌根据黄土高原地区的侵蚀特点，采用综合评判方法，拟定了黄土高原地区侵蚀强度等级（中国科学院黄土高原综合科学考察队，1990），见表 6.2。陈永宗等采用等差数量分级的办法，便于应用和对比分析，且与水利电力部颁发的分级标准基本一致。因此，本研究中的侵蚀强度划分等级采用陈永宗等提出的分级标准。

表 6.2　土壤侵蚀强度分级标准

全国（土壤侵蚀分类分级标准 SL 190—96，1997）		黄土高原（中国科学院黄土高原综合科学考察队，1990）	
级别	侵蚀模数/［t/（km²·a）］	级别	侵蚀模数/［t/（km²·a）］
一、弱度侵蚀	<200，500，1000	一、微弱侵蚀	<1000
二、轻度侵蚀	（200，500，1000）～2500	二、轻度侵蚀	1000～2500
三、中度侵蚀	2500～5000	三、中度侵蚀	2500～5000
四、强度侵蚀	5000～8000	四、强度侵蚀	5000～7500
五、极强度侵蚀	8000～15000	五、强烈度侵蚀	7500～10000
六、剧烈侵蚀	＞15000	六、极强烈侵蚀	1000～15000
		七、剧烈侵蚀	15000～20000
		八、极剧烈侵蚀	＞20000

6.2.4　研究区域的范围确定

本研究的区域范围包括：黄河干流头道拐水文站以南、汾河以西、渭河以北、祖厉河以东的所有水文控制区，即阴山以南、太行山以西、秦岭以北、贺兰山以东的大部分区域，面积 326178.0km^2。该范围基本涵盖了黄河中游黄土高原的主体，也是黄土高原的主要水土流失区和黄河的泥沙来源区。

6.3　不同类型区的侵蚀强度结构特征及空间分布

6.3.1　侵蚀类型区的划分

根据蔡志恒对黄河流域划分的 6 个一级类型区和 20 个二级类型区，本研究区域包括 6 个一级类型区和 15 个二级类型区，见图 6.2 和表 6.3。各侵蚀类型区的基本情况如下：

I_1 黄土平岗丘陵沟壑区：面积 26191.1km^2，分布于陕、晋、内蒙古交界处，岗丘平缓，河谷宽浅，地面为沙黄土所覆盖。

I_2 黄土峁状丘陵沟壑区：面积 41054.7km^2，分布于陕北、晋西的黄河两侧，以峁状丘陵为主，沟深坡陡，地面支离破碎。

I_3黄土梁状丘陵沟壑区：面积25240.1km^2，主要分布于延河、昕水河流域，以及六盘山东侧和铜川以南，梁短坡长，沟深谷窄。

I_4黄土山麓丘陵沟壑区：面积19295.2km^2，主要分布于西秦岭北坡、吕梁山东坡、太行山西坡和太岳山、熊耳山、崤山山麓，冲积锥、冲积扇发育，有些地方已经连结成冲积裙。

I_5干旱黄土丘陵沟壑区：面积53026.5km^2，是研究区内面积分布最大的侵蚀类型区，主要分布于六盘山以西，年降水量分配不均，植被稀疏，水资源贫乏，干旱是本区的主要威胁。

I_6风沙黄土丘陵沟壑区：面积16271.5km^2，主要分布于长城沿线，基本地貌是黄土丘陵，间有小块残塬，由于北临沙漠，地表常为流沙的覆盖。

I_7森林黄土丘陵沟壑区：面积15528.0km^2，分布于子午岭和黄龙山一带，基本地貌是黄土梁状丘陵，有大批次生林成长，已成林区。

II_1黄土高塬沟壑区：面积26297.5km^2，分布在陇东、陕北和晋西南，塬面面积一般占总面积的25%以上。人口密度每平方千米120人，耕垦指数14%～50%。

II_2黄土残塬沟壑区：面积5427.6km^2，零星分布于祖厉河下游、泾河支流马莲河上游和黄河北干流两岸，以及晋西南等地。塬面较小，多在总面积的25%以下。人口密度每平方千米40多人，耕垦指数6%～16%。

II_3黄土阶地区：面积11114.9km^2，呈阶梯状广泛分布在汾渭盆地的两侧，地面平坦，土层深厚，土壤肥沃，是良好的农耕基地。人口密度每平方千米354人，耕垦指数34%～76%。

III_1冲积平原区：面积16235.3km^2，主要分布在河套平原和汾渭盆地，地面平坦，土层深厚，土壤肥沃，灌溉引水方便，是上好的农业区。由于黄河泥沙淤垫，地面处于微淤积状态，局部地区有轻微侵蚀。人口密度为335人/km^2，耕垦指数44%～54%。

IV_3风沙草原区：面积23024.3km^2，位于鄂尔多斯高原，多为固定和半固定沙丘，水蚀轻微，风蚀强烈。人口密度为25人/km^{2}左右，耕垦指数5%左右。

V_1极高原石质山区：面积2844.3km^2，只占研究区总面积的0.9%，在渭河流域上游南部有分布，植被较好，土壤侵蚀轻微。

V_2高原土石山区：面积42862.0km^2，广泛分布于黄土高原，占研究区总面积的13.8%。气候寒冷阴湿，植被较好，土壤侵蚀较轻，因开垦种植，局部地区水土流失严重。

VI_0库布齐沙漠区：面积1765.1km^2，只有库布齐沙漠的东部边缘位于研究区域，面积占研究区的0.6%。气候干燥，蒸发强烈，风蚀十分严重，水蚀轻微。

6.3.2　各类型区不同侵蚀强度的面积结构特征

表6.4～表6.6是计算得出的各侵蚀类型区不同侵蚀强度的面积，以及该面积分别占该类型区总面积的比例和占全区域同级侵蚀强度总面积的比例；图6.3是黄土高原不同侵蚀强度的空间分布情况。

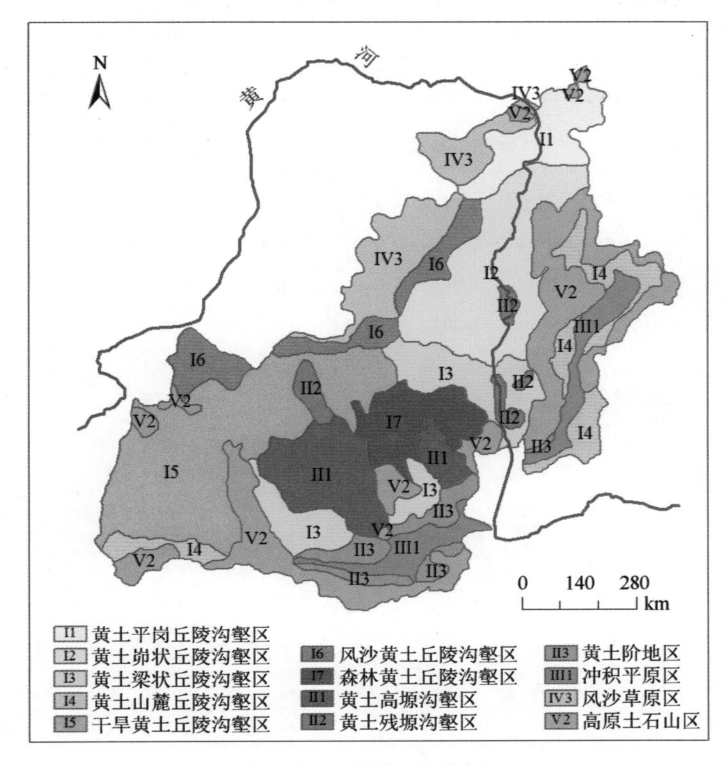

图 6.2　侵蚀类型区划分

表 6.3　黄土高原侵蚀类型分区

一级类型区	二级类型区	面积/km²	所占比例/%
丘陵沟壑区	Ⅰ1 黄土平岗丘陵沟壑区	26191.1	8.0
	Ⅰ2 黄土峁状丘陵沟壑区	41054.7	12.6
	Ⅰ3 黄土梁状丘陵沟壑区	25240.1	7.7
	Ⅰ4 黄土山麓丘陵沟壑区	19295.2	5.9
	Ⅰ5 干旱黄土丘陵沟壑区	53026.5	16.3
	Ⅰ6 风沙黄土丘陵沟壑区	16271.5	5.0
	Ⅰ7 森林黄土丘陵沟壑区	15528.0	4.8
台塬沟壑区	Ⅱ1 黄土高塬沟壑区	26297.5	8.1
	Ⅱ2 黄土残塬沟壑区	5427.6	1.7
	Ⅱ3 黄土阶地区	11114.9	3.4
冲积平原区	Ⅲ冲积平原区	16235.3	5.0
高地草原区	Ⅳ风沙草原区	23024.3	7.1
土石山区	Ⅴ1 极高土石山区	2844.3	0.9
	Ⅴ2 高原土石山区	42862.0	13.1
沙漠区	Ⅵ0 库布齐沙漠	1765.1	0.5
合计		326178.0	100.0

表 6.4　黄土高原各类型区不同侵蚀强度的面积结构

类型名称	不同侵蚀强度面积/km²								合计
	微弱	轻度	中度	强度	强烈	极强烈	剧烈	极剧烈	
黄土平岗丘陵沟壑区	—	—	17459.8	2055.0	2289.9	1856.5	656.8	1873.1	26191.1
黄土峁状丘陵沟壑区	—	261.8	2679.3	5732.8	—	17564.4	8280.5	6535.8	41054.7
黄土梁状丘陵沟壑区	2066.4	4404.6	2422.6	394.9	5231.6	9183.5	1236.5	300.0	25240.1
黄土山麓丘陵沟壑区	—	1260.0	6800.1	6293.3	2815.3	2034.3	92.2	—	19295.2
干旱黄土丘陵沟壑区	—	3576.5	14204.8	4973.2	12352.6	13032.0	4887.4	—	53026.5
风沙黄土丘陵沟壑区	—	5727.0	2735.4	4149.7	2121.0	1538.4	—	—	16271.5
森林黄土丘陵沟壑区	13665.3	1862.7	—	—	—	—	—	—	15528.0
黄土高塬沟壑区	3835.2	1446.3	6355.1	7106.9	1366.5	6187.5	—	—	26297.5
黄土残塬沟壑区	—	—	—	1353.0	1222.0	—	2852.6	—	5427.6
黄土阶地区	4328.2	3591.0	1497.1	1146.6	—	—	552.0	—	11114.9
冲积平原区	16235.3	—	—	—	—	—	—	—	16235.3
风沙草原区	16450.1	—	—	3531.9	—	3042.3	—	—	23024.3
极高原石质山区	2844.3	—	—	—	—	—	—	—	2844.3
高原土石山区	34192.1	8669.9	—	—	—	—	—	—	42862.0
库布齐沙漠区	1765.1	—	—	—	—	—	—	—	1765.1
全区域	95382.0	30799.8	54154.2	36737.2	27398.9	54439.0	18557.9	8709.0	3261780

表 6.5　黄土高原各类型区不同侵蚀强度面积占该区总面积比例

类型名称	不同侵蚀强度面积比例/%								合计
	微弱	轻度	中度	强度	强烈	极强烈	剧烈	极剧烈	
黄土平岗丘陵沟壑区	—	—	66.7	7.8	8.7	7.1	2.5	7.2	100.0
黄土峁状丘陵沟壑区	—	0.6	6.5	14.0	—	42.8	20.2	15.9	100.0
黄土梁状丘陵沟壑区	8.2	17.5	9.6	1.6	20.7	36.4	4.9	1.2	100.0
黄土山麓丘陵沟壑区	—	6.5	35.2	32.6	14.6	10.5	0.5	—	100.0
干旱黄土丘陵沟壑区	—	6.7	26.8	9.4	23.3	24.6	9.2	—	100.0
风沙黄土丘陵沟壑区	—	35.2	16.8	25.5	13.0	9.5	—	—	100.0
森林黄土丘陵沟壑区	88.0	12.0	—	—	—	—	—	—	100.0
黄土高塬沟壑区	14.6	5.5	24.2	27.0	5.2	23.5	—	—	100.0
黄土残塬沟壑区	—	—	—	24.9	22.5	—	52.6	—	100.0
黄土阶地区	38.9	32.3	13.5	10.3	—	—	5.0	—	100.0
冲积平原区	100.0	—	—	—	—	—	—	—	100.0
风沙草原区	71.4	—	—	15.3	—	13.2	—	—	100.0
极高原石质山区	100.0	—	—	—	—	—	—	—	100.0
高原土石山区	79.8	20.2	—	—	—	—	—	—	100.0
库布齐沙漠区	100.0	—	—	—	—	—	—	—	100.0
全区域	29.2	9.4	16.6	11.3	8.4	16.7	5.7	2.7	100.0

表 6.6　黄土高原各类型区不同侵蚀强度面积占全区该强度总面积比例

类型名称	不同侵蚀强度面积比例/%								合计
	微弱	轻度	中度	强度	强烈	极强烈	剧烈	极剧烈	
黄土平岗丘陵沟壑区	—	—	32.2	5.6	8.4	3.4	3.5	21.5	8.0
黄土峁状丘陵沟壑区	—	0.9	4.9	15.6	—	32.3	44.6	75.0	12.6
黄土梁状丘陵沟壑区	2.2	14.3	4.5	1.1	19.1	16.9	6.7	3.4	7.7
黄土山麓丘陵沟壑区	—	4.1	12.6	17.1	10.3	3.7	0.5	—	5.9
干旱黄土丘陵沟壑区	—	11.6	26.2	13.5	45.1	23.9	26.3	—	16.3
风沙黄土丘陵沟壑区	—	18.6	5.1	11.3	7.7	2.8	—	—	5.0
森林黄土丘陵沟壑区	14.3	6.0	—	—	—	—	—	—	4.8
黄土高塬沟壑区	4.0	4.7	11.7	19.3	5.0	11.4	—	—	8.1
黄土残塬沟壑区	—	—	—	3.7	4.5	—	15.4	—	1.7
黄土阶地区	4.5	11.7	2.8	3.1	—	—	3.0	—	3.4
冲积平原区	17.0	—	—	—	—	—	—	—	5.0
风沙草原区	17.2	—	—	9.6	—	5.6	—	—	7.1
极高原石质山区	3.0	—	—	—	—	—	—	—	0.9
高原土石山区	35.8	28.1	—	—	—	—	—	—	13.1
库布齐沙漠区	1.9	—	—	—	—	—	—	—	0.5
全区域	100.0	100.0	100.0	100.0	100.0	100.0	100.0	100.0	100.0

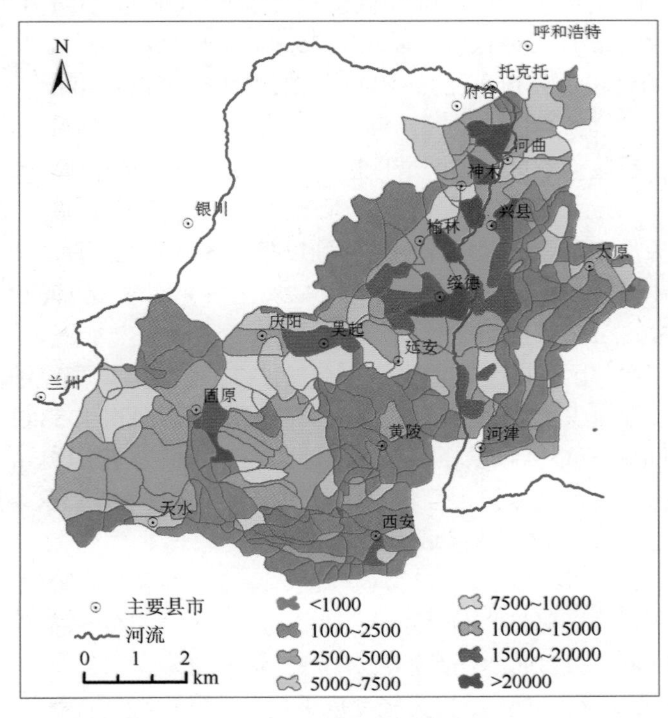

图 6.3　黄土高原侵蚀强度分布（1955～1969 年）

1. 各类型区不同侵蚀强度的面积结构

（1）黄土平岗丘陵沟壑区。该区域中度侵蚀以上的各种侵蚀强度均有分布。其中以中度侵蚀面积分布最广（17459.8km^2），占 66.7%。其次为强烈侵蚀、强度侵蚀、极剧烈侵蚀和极强烈侵蚀，面积分别为 2289.9km^2、2055.0km^2、1873.1km^2 和 1856.5km^2，各占该区域面积的 8.7%、7.8%、7.2%和 7.1%。

（2）黄土峁状丘陵沟壑区。该区域以极强烈侵蚀以上的面积为主体（32380.7km^2），占该区域面积的近 80.0%。其中，极强烈侵蚀面积 17564.4km^2，占 42.8%；剧烈侵蚀面积 8280.5km^2，占 20.2%；极剧烈侵蚀面积 6535.8km^2，占 15.9%。

（3）黄土梁状丘陵沟壑区。该区域各种强度侵蚀的面积均有分布。其中分布面积较大的依次为极强烈侵蚀，面积 9183.5km^2，占 36.4%；强烈侵蚀，面积 5231.6km^2，占 20.7%；轻度侵蚀，面积 4404.7km^2，占 17.5%；中度侵蚀面积 2422.6km^2，占 9.6%。

（4）黄土山麓丘陵沟壑区。该区域以中度侵蚀和强度侵蚀为主，面积分别为 6800.1km^2 和 6293.3km^2，各占该区域面积的 35.2%和 32.6%。其次为强烈侵蚀和极强烈侵蚀，面积分别为 2815.3km^2 和 2034.3km^2 各占该区域面积的 14.6%和 10.5%。

（5）干旱黄土丘陵沟壑区。该区域除微弱侵蚀和极剧烈侵蚀以外，其他各种侵蚀强度均有分布。其中占面积较大的为中度侵蚀（14204.8km^2），占 26.8%；强烈侵蚀（12352.6km^2），占 23.3%；极强烈侵蚀（13032.0km^2），占 24.6%。

（6）风沙黄土丘陵沟壑区。该区域以轻度侵蚀和强度侵蚀为主，面积分别为 5727.0km^2 和 4149.7km^2，各占该区域面积的 35.2%和 25.5%。另外，中度侵蚀、强烈侵蚀和极强烈侵蚀的面积也分别为 2735.4km^2、2121.0km^2、1538.4km^2，各占该区域面积的 16.8%、13.0%和 9.5%。

（7）森林黄土丘陵沟壑区。该区域侵蚀强度均在轻度侵蚀以下，其中微弱侵蚀面积 13665.3km^2，占 88.0%。

（8）黄土高塬沟壑区。该区域除剧烈侵蚀以外，各种侵蚀强度均有分布。其中面积分布比较广的有中度侵蚀（6355.1km^2），占 24.2%；强度侵蚀（7106.9km^2），占 27.0%；极强烈侵蚀（6187.5km^2），占 23.5%。

（9）黄土残塬沟壑区。该区域主要分布有三种侵蚀强度：剧烈侵蚀面积 2852.6km^2，占 52.6%；强烈侵蚀面积 1222.0km^2，占 22.5%；强度侵蚀面积 1353.0km^2，占 24.9%。

（10）黄土阶地区。该区域以轻度以下侵蚀为主，面积为 7919.2km^2，占该区域面积的 71.2%；另外，中度和强度侵蚀面积也各占 13.5%和 10.3%。该区域还发生少量的剧烈侵蚀，面积 552.0km^2，仅占该区域面积的 5.0%。

（11）风沙草原区。该区域分布有微弱侵蚀、强度侵蚀和极强烈侵蚀三种侵蚀强度。其中微弱侵蚀面积最大（16450.5km^2），占该区域面积的 71.4%；强度侵蚀和极强烈侵蚀面积分别为 3531.9km^2 和 3042.3km^2，各占 15.3%和 13.2%。

（12）高原土石山区。该区域均为轻度以下侵蚀，其中微弱侵蚀面积 34192.1km^2，占该区域面积的近 80.0%。

2. 全区域不同侵蚀强度的面积结构与空间分布

（1）全区域轻度侵蚀以下的面积 126181.8km²，占全区域总面积的 38.6%。其中，微弱侵蚀面积 95382.0km²，占全区域总面积的 29.2%；轻度侵蚀面积 30799.8km²，占全区域总面积的 9.4%。微弱侵蚀主要分布在高原土石山区，面积 34192.1km²，可占全区域微弱侵蚀总面积的 35.8%。其次为风沙草原区、冲积平原区和森林黄土丘陵沟壑区，面积分别为 16450.1km²、16235.3km² 和 13665.3km²，各占全区域微弱侵蚀总面积的 17.2%、17.0%和 14.3%。轻度侵蚀主要分布在高原土石山区、风沙黄土丘陵沟壑区、黄土梁状丘陵沟壑区、黄土阶地区和干旱黄土丘陵沟壑区，面积分别为 8669.9km²、5727.0km²、4404.6km²、3591.0km² 和 3576.5km²，各占全区域轻度侵蚀总面积的 28.1%、18.6%、14.3%、11.7%和 11.6%。上述五个类型区的轻度侵蚀面积可占全区域轻度侵蚀总面积的 84.3%。

（2）全区域中度侵蚀的面积共 54154.2km²，占全区域总面积的 16.6%。以黄土平岗丘陵沟壑区分别最广（17459.8km²），占全区域中度侵蚀总面积的 32.2%；其次为干旱黄土丘陵沟壑区（14204.8km²），占 26.2%；黄土山麓丘陵沟壑区（6800.1km²），占 12.6%；黄土高塬丘陵沟壑区（6355.1km²）占 11.7%。上述四个区域占全区域中度侵蚀总面积的 82.7%。

（3）全区域强度侵蚀面积 36737.2km²，占全区域总面积的 11.3%。主要分布在黄土高塬沟壑区、黄土山麓沟壑区、黄土峁状丘陵沟壑区、干旱黄土丘陵沟壑区、风沙丘陵沟壑区和风沙草原区，面积分别为 7106.9km²、6293.3km²、5732.8km²、4973.2km²、4149.7km² 和 3531.9km²，各占全区域强度侵蚀总面积的 19.3%、17.1%、15.6%、13.5%、11.3%和 9.6%。

（4）全区域强烈侵蚀和极强烈侵蚀面积共 81837.9km²，可占全区域总面积的 25.1%。其中强烈侵蚀面积 27398.9km²，占 8.4%；极强烈侵蚀面积 54439.0km²，占 16.7%。强烈侵蚀主要分布在干旱黄土丘陵沟壑区（12352.6km²），占全区域强烈侵蚀总面积的 45.1%；其次为黄土梁状丘陵沟壑区（5231.6km²），占 19.1%；黄土山麓丘陵沟壑区（2815.3km²），占 10.3%；上述三个区域占全区域强烈侵蚀总面积的 74.5%。极强烈侵蚀分别分布在黄土峁状丘陵沟壑区（17564.4km²）、干旱黄土丘陵沟壑区（13032.0km²）、黄土梁状丘陵沟壑区（9183.5km²）、黄土高塬沟壑区（6187.5km²），各占全区域极强烈侵蚀总面积的 32.3%、23.9%、16.9%和 11.4%。

（5）全区域剧烈侵蚀和极剧烈侵蚀面积共 27266.9km²，占全区域总面积的 8.4%。其中，剧烈侵蚀面积 18557.9km²，占 5.7%；极剧烈侵蚀面积 8709.0km²，占 2.7%。剧烈侵蚀面积主要分布在黄土峁状丘陵沟壑区（8280.5km²）、干旱黄土丘陵沟壑区（4887.4km²）、黄土残塬沟壑区（2852.6km²）、黄土梁状丘陵沟壑区（1236.5km²），分别占全区域剧烈侵蚀总面积的 44.6%、26.3%、15.4%和 6.7%。极剧烈侵蚀面积主要分布在黄土峁状丘陵沟壑区（6535.8km²）、黄土平岗丘陵沟壑区（1873.1km²）、黄土梁状丘陵沟壑区（300.0km²），分别占全区域极剧烈侵蚀总面积的 75.0%、21.5%和 3.4%。

6.3.3　各类型区不同侵蚀强度的产沙量结构特征

表 6.7～表 6.9 是计算得出的各侵蚀类型区不同侵蚀强度区的年产沙量，以及该产沙量分别占该类型区总产沙量的比例和占全区域同级侵蚀强度总产沙量的比例。

根据表 6.7～表 6.9 中所列结果，分述如下。

表 6.7　黄土高原各类型区不同侵蚀强度的产沙量结构

类型名称	不同侵蚀强度产沙量/万 t								合计
	微弱	轻度	中度	强度	强烈	极强烈	剧烈	极剧烈	
黄土平岗丘陵沟壑区	—	—	5070.3	1324.8	2174.2	2386.9	1131.7	4442.9	16530.8
黄土峁状丘陵沟壑区	—	46.5	674.8	3458.1	—	22657.9	13911.3	16398.8	57147.3
黄土梁状丘陵沟壑区	91.6	783.3	926.5	247.8	4655.8	11982.0	2214.3	684.5	21585.7
黄土山麓丘陵沟壑区	—	229.1	2361.1	3524.4	2386.1	2520.0	151.0	—	11171.7
干旱黄土丘陵沟壑区	—	394.8	5693.0	3034.2	10770.9	15070.2	8919.8	—	43882.9
风沙黄土丘陵沟壑区	—	654.4	909.9	2491.9	1862.4	1551.3	—	—	7470.0
森林黄土丘陵沟壑区	188.3	346.5	—	—	—	—	—	—	534.7
黄土高塬沟壑区	244.4	272.8	2820.1	4544.3	1307.4	8313.5	—	—	17502.6
黄土残塬沟壑区	—	—	—	798.2	1025.6	—	4782.1	—	6605.9
黄土阶地区	178.2	474.5	724.9	684.6	—	—	1039.4	—	3101.4
冲积平原区	—	—	—	—	—	—	—	—	—
风沙草原区	379.6	—	—	2644.7	—	3596.6	—	—	6621.0
极高原石质山区	—	—	—	—	—	—	—	—	—
高原土石山区	475.6	1255.9	—	—	—	—	—	—	1731.5
库布齐沙漠区	—	—	—	—	—	—	—	—	—
全区域	1557.7	4457.7	19180.5	22753.1	24182.3	68078.5	32149.6	21526.2	193885.7

表 6.8　黄土高原各类型区不同侵蚀强度的产沙量占该区总产沙量比例

类型名称	不同侵蚀强度面积比例/%								合计
	微弱	轻度	中度	强度	强烈	极强烈	剧烈	极剧烈	
黄土平岗丘陵沟壑区	—	—	30.7	8.0	13.2	14.4	6.8	26.9	100.0
黄土峁状丘陵沟壑区	—	0.1	1.2	6.1	—	39.6	24.3	28.7	100.0
黄土梁状丘陵沟壑区	0.4	3.6	4.3	1.1	21.6	55.5	10.3	3.2	100.0
黄土山麓丘陵沟壑区	—	2.1	21.1	31.5	21.4	22.6	1.4	—	100.0
干旱黄土丘陵沟壑区	—	0.9	13.0	6.9	24.5	34.3	20.3	—	100.0
风沙黄土丘陵沟壑区	—	8.8	12.2	33.4	24.9	20.8	—	—	100.0
森林黄土丘陵沟壑区	35.2	64.8	—	—	—	—	—	—	100.0
黄土高塬沟壑区	1.4	1.6	16.1	26.0	7.5	47.5	—	—	100.0
黄土残塬沟壑区	—	—	—	12.1	15.5	—	72.4	—	100.0
黄土阶地区	5.7	15.3	23.4	22.1	—	—	33.5	—	100.0
冲积平原区	—	—	—	—	—	—	—	—	100.0
风沙草原区	5.7	—	—	39.9	—	54.3	—	—	100.0
极高原石质山区	—	—	—	—	—	—	—	—	100.0
高原土石山区	27.5	72.5	—	—	—	—	—	—	100.0
库布齐沙漠区	—	—	—	—	—	—	—	—	100.0
全区域	0.8	2.3	9.9	11.7	12.5	35.1	16.6	11.1	100.0

表 6.9　黄土高原各类型区不同侵蚀强度的产沙量占全区域比例

类型名称	不同侵蚀强度面积比例/%								合计
	微弱	轻度	中度	强度	强烈	极强烈	剧烈	极剧烈	
黄土平岗丘陵沟壑区	—	—	26.4	5.8	9.0	3.5	3.5	20.6	8.5
黄土峁状丘陵沟壑区	—	1.0	3.5	15.2	—	33.3	43.3	76.2	29.5
黄土梁状丘陵沟壑区	5.9	17.6	4.8	1.1	19.3	17.6	6.9	3.2	11.1
黄土山麓丘陵沟壑区	—	5.1	12.3	15.5	9.9	3.7	0.5	—	5.8
干旱黄土丘陵沟壑区	—	8.9	29.7	13.3	44.5	22.1	27.7	—	22.6
风沙黄土丘陵沟壑区	—	14.7	4.7	10.9	7.7	2.3	—	—	3.9
森林黄土丘陵沟壑区	12.1	7.8	—	—	—	—	—	—	0.3
黄土高塬沟壑区	15.7	6.1	14.7	20.0	5.4	12.2	—	—	9.0
黄土残塬沟壑区	—	—	—	3.5	4.2	—	14.9	—	3.4
黄土阶地区	11.4	10.6	3.8	3.0	—	—	3.2	—	1.6
冲积平原区	—	—	—	—	—	—	—	—	—
风沙草原区	24.4	—	—	11.6	—	5.3	—	—	3.4
极高原石质山区	—	—	—	—	—	—	—	—	—
高原土石山区	30.5	28.2	—	—	—	—	—	—	0.9
库布齐沙漠区	—	—	—	—	—	—	—	—	—
全区域	100.0	100.0	100.0	100.0	100.0	100.0	100.0	100.0	100.0

1. 各类型区不同侵蚀强度的产沙量结构

（1）黄土平岗丘陵沟壑区，年产沙量 16530.8 万 t，主要来自：中度侵蚀区（5070.3 万 t），占 30.7%；极剧烈侵蚀区、极强烈侵蚀区和强烈侵蚀区，年产沙量分别为 4442.9 万 t、2386.9 万 t 和 2174.2 万 t，各占该类型区年总产沙量的 26.9%、14.4%和 13.2%。

（2）黄土峁状丘陵沟壑区，年产沙量 57147.3 万 t。主要来自极强烈侵蚀以上区域（52968.0 万 t），占该类型区年总产沙量的 92.7%。其中，极强烈侵蚀区为 22657.9 万 t，占 39.6%；剧烈侵蚀区为 13911.3 万 t，占 24.3%；极剧烈侵蚀区为 16398.8 万 t，占 28.7%。

（3）黄土梁状丘陵沟壑区，年产沙量 21585.7 万 t。主要来自极强烈侵蚀区（11982.0 万 t），占 55.5%；强烈侵蚀区（4655.8 万 t），占 21.0%；剧烈侵蚀区（2214.3 万 t），占 10.3%。

（4）黄土山麓丘陵沟壑区，年产沙量 11171.7 万 t，主要来自：强度侵蚀区（3524.4 万 t），占 31.5%；极强烈侵蚀区（2520.0 万 t），占 22.6%；强烈侵蚀区（2386.1 万 t），占 21.4%；中度侵蚀区（2361.1 万 t），占 21.1%。

（5）干旱黄土丘陵沟壑区，年产沙量 43882.9 万 t，主要来自：强烈侵蚀区（1070.9 万 t），占 24.5%；极强烈侵蚀区（15070.2 万 t），占 34.3%；剧烈侵蚀区（8919.8 万 t），占 20.3%；中度侵蚀区（5693.0 万 t），占 13.0%。

（6）风沙黄土丘陵沟壑区，年产沙量 7470.0 万 t，主要来自：强度侵蚀区（2491.9 万 t），占 33.4%；强烈侵蚀区（1862.4 万 t），占 24.9%；极强烈侵蚀区（1551.3 万 t），占 24.8%。

（7）森林黄土丘陵沟壑区，年产沙量 534.7 万 t，主要来自：轻度侵蚀区（346.5 万 t），占 64.8%；微弱侵蚀区（188.3 万 t），占 35.2%。

（8）黄土高塬沟壑区，年产沙量 17502.6 万 t，主要来自：极强烈侵蚀区（8313.5 万 t），占 47.5%；强度侵蚀区（4544.3 万 t），占 26.0%；中度侵蚀区（2820.1 万 t），占 16.1%。

（9）黄土残塬沟壑区，年产沙量 6605.9 万 t，主要来自剧烈侵蚀区（4782.1 万 t），占 72.4%；其次为强烈侵蚀区（1025.6 万 t），占 15.5%；强度侵蚀区（798.2 万 t），占 12.1%。

（10）黄土阶地区，年产沙量 3101.4 万 t，主要来自：剧烈侵蚀区（1039.4 万 t），占 33.5%；轻度侵蚀区（474.5 万 t），占 15.3%；中度侵蚀区（724.9 万 t），占 23.4%；强度侵蚀区（684.6 万 t），占 22.1%。

（11）风沙草原区，年产沙量 6621.0 万 t，主要来自极强烈侵蚀区（3596.6 万 t），占 54.3%；其次强度侵蚀区（2644.7 万 t），占 39.9%。

（12）高原土石山区，年产沙量 1731.5 万 t，主要来自轻度侵蚀区（1255.9 万 t），占 72.5%；其次微弱侵蚀区（475.6 万 t），占 27.5%。

2. 全区域不同侵蚀强度的产沙量结构特征与空间分布

根据统计计算结果，整个研究区（326178.4km^2）1955～1969 年的 15 年，年均产沙量为 193885.7 万 t，其不同侵蚀强度的产沙量结构和空间分布如下：

（1）全区域轻度侵蚀以下地区的年产沙量 6015.4 万 t，仅占全区域总产沙量 3.1%。其中，微弱侵蚀区的产沙量共 1557.7 万 t，占全区域总产沙量的 0.8%；轻度侵蚀区的产沙量 4457.7 万 t，占全区域总产沙量的 2.3%。对于微弱侵蚀区的产沙量，高原土石山区（475.6 万 t）占 30.5%；风沙草原区（379.6 万 t）占 24.4%；黄土高塬沟壑区（244.4 万 t）占 15.7%；森林黄土丘陵沟壑区（188.3 万 t）占 12.1%；黄土阶地区（178.2 万 t）占 11.4%。轻度侵蚀区的产沙量，自高原土石山区（1255.9 万 t）占 28.2%；黄土梁状丘陵沟壑区（783.3 万 t）占 17.6%；风沙黄土丘陵沟壑区（654.4 万 t）占 14.7%；黄土阶地区（474.5 万 t）占 10.6%。

（2）全区域中度侵蚀地区的年产沙量为 19180.5 万 t，占全区域总产沙量 9.9%。主要来自黄土平岗丘陵沟壑区（5070.3 万 t）和干旱黄土丘陵沟壑区（5693.0 万 t），分别占 26.4%和 29.7%；其次为黄土高原沟壑区（2820.1 万 t）和黄土山麓丘陵沟壑区（2361.1 万 t），分别占 14.7%和 12.3%。

（3）全区域强度侵蚀地区的年产沙量为 22753.1 万 t，占全区域总产沙量的 11.7%。主要来自黄土高塬沟壑区（4544.3 万 t）、黄土山麓丘陵沟壑区（3524.4 万 t）、黄土峁状丘陵沟壑区（3458.1 万 t）、干旱黄土丘陵沟壑区（3034.2 万 t）、风沙草原区（2644.7 万 t）以及风沙丘陵沟壑区（2491.9 万 t），分别占 20.0%、15.5%、15.2%、13.3%、11.6%和 10.9%。

（4）全区域强烈侵蚀地区的年产沙量为 24182.3 万 t，占全区域总产沙量的 12.5%。主要来自干旱黄土丘陵沟壑区（10770.9 万 t），占 44.5%；其次为黄土梁状丘陵沟壑区（4655.8 万 t），占 19.3%。

（5）全区域极强烈侵蚀地区的年产沙量为68078.5万t，占全区域总产沙量的35.1%。主要来自黄土峁状丘陵沟壑区（22657.9万t）、干旱黄土丘陵沟壑区（15070.2万t）、黄土梁状丘陵沟壑区（11982.0万t）、黄土高原沟壑区（8313.5万t），分别占33.3%、22.1%、17.6%和12.2%。

（6）全区域剧烈侵蚀地区的年产沙量为32149.6万t，占全区域总产沙量的16.6%。主要来自黄土峁状丘陵沟壑区（13911.3万t）、干旱黄土丘陵沟壑区（8919.8万t）、黄土残塬沟壑区（4782.1万t），分别占43.3%、27.7%和14.9%。

（7）全区域极剧烈侵蚀地区的年产沙量为21526.2万t，占全区域总产沙量的11.1%。主要来自黄土峁状丘陵沟壑区（16398.8万t）和黄土平岗丘陵沟壑区（4442.9万t），分别占76.2%和20.6%。

6.3.4 主要类型区侵蚀产沙的空间分布特征

表6.10～表6.15分别列出了几种主要侵蚀类型区不同区域间的侵蚀产沙分布状况，各类型区的侵蚀产沙空间分布有以下特征。

表6.10 黄土平岗丘陵沟壑区侵蚀产沙空间分布

流域	区间	面积/km^2	侵蚀强度/［t/（km^2·a）］	产沙量/万t	面积占比/%	产沙量占比/%
浑河	太平窑以上	3133.5	3061.9	959.4	12.0	5.8
	放牛沟—太平窑	2055.0	6446.7	1324.8	7.8	8.0
偏关河	偏关以上	1915.0	9494.7	1818.2	7.3	11.0
皇甫川	沙圪堵以上	635.0	26872.8	1706.3	2.4	10.3
	黄甫—沙圪堵	1238.2	22102.0	2736.6	4.7	16.6
清水河	清水以上	602.7	12465.1	751.3	2.3	4.5
县川河	旧县以上	374.9	9494.7	355.9	1.4	2.2
黄河	府谷以上	14326.3	2869.4	4110.8	54.7	24.9
孤山川	高石崖以上	656.8	17231.5	1131.7	2.5	6.8
窟野河	王道恒塔以上	307.1	13045.7	400.7	1.2	2.4
	神木—（王道恒塔、新庙）	946.7	13045.7	1235.0	3.6	7.5
合计		26191.1	6311.6	16530.8	100.0	100.0

表6.11 黄土峁状丘陵沟壑区侵蚀产沙空间分布

流域	区间	面积/km^2	侵蚀强度/［t/（km^2·a）］	产沙量/万t	面积占比/%	产沙量占比/%
清水河	清水以上	58.8	14946.6	87.9	0.1	0.2
县川河	旧县以上	1187.1	5925.0	703.4	2.9	1.2
黄河干流	府谷以上	4159.3	5993.6	2492.9	10.1	4.4
孤山川	高石崖以上	593.6	23899.7	1418.7	1.4	2.5
朱家川	下流碛以上	2679.3	2518.4	674.8	6.5	1.2
岚漪河	岢岚以上	261.8	1777.4	46.5	0.6	0.1
	裴家川—岢岚	774.2	21024.4	1627.7	1.9	2.8
蔚汾河	碧村以上	782.3	18395.5	1439.0	1.9	2.5

续表

流域	区间	面积/km²	侵蚀强度/[t/(km²·a)]	产沙量/万 t	面积占比/%	产沙量占比/%
窟野河	神木—(王道恒塔、新庙)	386.4	6775.9	261.8	0.9	0.5
	温家川—神木	1212.3	40389.3	4896.4	3.0	8.6
秃尾河	高家川—高家堡	972.7	14984.4	1457.6	2.4	2.6
佳芦河	申家湾以上	1053.7	22524.3	2373.5	2.6	4.2
湫水河	林家坪以上	1517.1	19508.8	2959.7	3.7	5.2
黄河	吴堡以上	6269.4	12073.8	7569.6	15.3	13.2
三川河	圪洞以上	134.8	10267.7	138.4	0.3	0.2
	后大成—圪洞	1877.7	16672.5	3130.6	4.6	5.5
屈产河	裴沟以上	879.8	14840.1	1305.6	2.1	2.3
无定河	横山以上	603.8	16459.4	993.7	1.5	1.7
	殿市以上	327.0	16459.4	538.2	0.8	0.9
	丁家沟—赵石窑	2591.0	14010.9	3630.3	6.3	6.4
	青阳岔以上	662.0	14634.0	968.8	1.6	1.7
	李家河以上	807.0	14010.9	1130.7	2.0	2.0
	绥德—(青阳岔、李家河)	2424.0	15286.9	3705.6	5.9	6.5
	白家川—(绥德、丁家沟)	2902.0	20959.7	6082.5	7.1	10.6
清涧河	子长以上	748.7	15286.9	1144.5	1.8	2.0
	延川—子长	1941.8	13613.6	2643.5	4.7	4.6
昕水河	大宁以上	159.7	14741.0	235.4	0.4	0.4
延水	延安以上	288.7	11872.2	342.8	0.7	0.6
黄河干流	龙门以上	2798.6	11246.4	3147.5	6.8	5.5
合计		41054.7	13919.8	57147.3	100.0	100.0

表 6.12　黄土梁状丘陵沟壑区侵蚀产沙空间分布

流 域	区间	面积/km²	侵蚀强度/[t/(km²·a)]	产沙量/万 t	面积占比/%	产沙量占比/%
清涧河	子长以上	164.3	13279.5	218.2	0.7	1.0
	延川—子长	613.2	13250.8	812.5	2.4	3.8
昕水河	大宁以上	2155.7	9704.1	2091.9	8.5	9.7
延水	枣园以上	661.5	9022.1	596.8	2.6	2.8
	延安以上	2694.7	14634.0	3943.5	10.7	18.3
	甘谷驿—(延安、枣园)	1630.1	7603.3	1239.4	6.5	5.7
汾川河	新市河—临镇	394.9	6273.5	247.8	1.6	1.1
州川河	吉县以上	335.7	12286.5	412.5	1.3	1.9
黄河	龙门以上	5247.5	12286.5	6447.3	20.8	29.9
渭河	千阳以上	1731.7	1762.5	305.2	6.9	1.4
	魏家堡—(林家村、千阳)	784.3	9277.8	727.7	3.1	3.4
	好峙河以上	845.9	1762.5	149.1	3.4	0.7
	柴家嘴—好峙河	867.7	215.5	18.7	3.4	0.1
泾河	安口以上	702.5	1953.5	137.2	2.8	0.6
	袁家庵—安口	199.7	1949.5	38.9	0.8	0.2

续表

流 域	区间	面积/km^2	侵蚀强度/[t/(km^2·a)]	产沙量/万 t	面积占比/%	产沙量占比/%
泾河	泾川—袁家庵	300.0	22816.6	684.5	1.2	3.2
	杨闾以上	65.4	1949.5	12.7	0.3	0.1
	张家沟以上	1888.6	3939.0	743.9	7.5	3.4
	张河以上	451.8	1949.5	88.1	1.8	0.4
渭河	柳林以上	128.1	11559.4	148.0	0.5	0.7
	耀县以上	534.0	3418.6	182.5	2.1	0.8
	华县—（临潼、耀县、柳林）	1236.5	17907.8	2214.3	4.9	10.3
北洛河	黄陵以上	407.9	1275.5	52.0	1.6	0.2
	洑头—（交口河、黄陵）	1198.7	608.6	72.9	4.7	0.3
合计		25240.1	8552.1	21585.7	100.0	100.0

表 6.13　黄土山麓丘陵沟壑区侵蚀产沙空间分布

流域	区 间	面积/km^2	侵蚀强度/[t/(km^2·a)]	产沙量/万 t	面积占比/%	产沙量占比/%
汾河	静乐以上	979.7	8910.6	872.9	5.1	7.8
	上静游以上	558.6	10319.0	576.4	2.9	5.2
	汾河水库—（静乐、上静游）	943.6	5765.5	544.0	4.9	4.9
	寨上—汾河水库	682.4	13590.8	927.5	3.5	8.3
	兰村—寨上	203.8	6921.7	141.1	1.1	1.3
	独堆以上	92.2	16388.3	151.0	0.5	1.4
	芦家庄—独堆	753.3	5768.6	434.5	3.9	3.9
	汾河二坝—（兰村、芦家庄）	1979.0	4539.5	898.4	10.3	8.0
	义棠—（文峪河水库、汾河二坝、盘陀）	750.6	2583.1	193.9	3.9	1.7
	义棠—（文峪河水库、汾河二坝、盘陀）	1201.0	2583.1	310.2	6.2	2.8
	石滩—义棠	1750.3	8246.6	1443.4	9.1	12.9
	石滩—义棠	85.4	8175.3	69.8	0.4	0.6
	东庄以上	611.9	5123.6	313.5	3.2	2.8
	柴庄—（石滩、东庄）	378.5	3340.7	126.4	2.0	1.1
	柴庄—（石滩、东庄）	1182.8	3340.7	395.1	6.1	3.5
	河坛以上	1260.0	1817.9	229.1	6.5	2.1
	河津—（柴庄、河坛）	1308.3	3340.7	437.1	6.8	3.9
渭河	武山（车家川）—首阳	1811.8	5531.4	1002.2	9.4	9.0
	南河川—（甘谷、秦安、武山）	1113.0	5531.4	615.6	5.8	5.5
	天水以上	856.0	5531.4	473.5	4.4	4.2
	林家村以上	793.3	12809.0	1016.1	4.1	9.1
合计		19295.2	5789.9	11171.7	100.0	100.0

表 6.14 干旱黄土丘陵沟壑区侵蚀产沙空间分布

流域	区间	面积 /km^2	侵蚀强度 /[t/(km^2·a)]	产沙量 /万 t	面积占比 /%	产沙量占比 /%
渭河	首阳以上	833.0	8424.4	701.8	1.6	1.6
	武山（车家川）—首阳	3623.5	3459.5	1253.6	6.8	2.9
	甘谷以上	2484.0	11259.6	2796.9	4.7	6.4
	将台以上	869.0	2565.2	222.9	1.6	0.5
	北峡—将台	1872.5	3923.6	734.7	3.5	1.7
	秦安—北峡	6268.5	10213.5	6402.3	11.8	14.6
	南河川—（甘谷、秦安、武山）	1495.5	13594.9	2033.2	2.8	4.6
	社棠（石岭寺）	1303.6	4064.7	529.9	2.5	1.2
	林家村以上	158.7	4074.3	64.6	0.3	0.1
泾河	杨闾以上	130.7	15347.0	200.6	0.2	0.5
	姚新庄以上	1969.7	9741.2	1918.7	3.7	4.4
	巴家嘴—姚新庄	276.8	9743.1	269.7	0.5	0.6
	毛家河—巴家嘴	1540.1	15397.9	2371.5	2.9	5.4
	洪德以上	2784.0	13785.4	3837.8	5.3	8.7
	悦乐以上	528.0	7980.4	421.4	1.0	1.0
	贾桥—悦乐	1746.6	8032.9	1403.0	3.3	3.2
	庆阳—（贾桥、洪德）	1338.8	8032.9	1075.4	2.5	2.5
	板桥以上	153.3	8032.9	123.2	0.3	0.3
	雨落坪—（板桥、庆阳）	76.1	8032.9	61.1	0.1	0.1
北洛河	吴起（金佛坪）	2574.1	19885.4	5118.8	4.9	11.7
	志丹以上	642.4	19129.3	1228.9	1.2	2.8
	刘家河—（吴起、志丹）	2465.2	8772.5	2162.6	4.6	4.9
	张村驿以上	235.8	1620.7	38.2	0.4	0.1
	交口河—（刘家河、张村驿）	257.0	8779.5	225.6	0.5	0.5
祖厉河	会宁以上	1041.0	6101.1	635.1	2.0	1.4
	巉口以上	1640.0	4527.8	742.6	3.1	1.7
	郭城驿—（会宁、巉口）	2708.2	8893.0	2408.4	5.1	5.5
	靖远—郭城驿	1293.5	6101.1	789.2	2.4	1.8
	靖远—郭城驿	2638.7	6101.1	1609.9	5.0	3.7
清水河	韩府湾以上	4737.6	4527.3	2144.8	8.9	4.9
	泉眼山—韩府湾	3340.7	1067.4	356.6	6.3	0.8
合计		53026.5	8275.7	43882.9	100.0	100.0

表 6.15 黄土高塬沟壑区侵蚀产沙空间分布

流域	区 间	面积 /km^2	侵蚀强度 /[t/(km^2·a)]	产沙量 /万 t	面积占比 /%	产沙量占比 /%
泾河	袁家庵—安口	312.3	8641.8	269.9	1.2	1.5
	泾川—袁家庵	675.0	13711.7	925.5	2.6	5.3
	杨闾以上	1111.0	13711.7	1523.3	4.2	8.7
	姚新庄以上	294.3	13711.7	403.6	1.1	2.3
	巴家嘴—姚新庄	981.2	721.1	70.8	3.7	0.4

续表

流域	区 间	面积/km^2	侵蚀强度/[t/(km^2·a)]	产沙量/万 t	面积占比/%	产沙量占比/%
泾河	毛家河—巴家嘴	1906.8	4455.8	849.7	7.3	4.9
	杨家坪—（毛家河、杨闾、泾川）	2483.0	4455.8	1106.4	9.4	6.3
	贾桥—悦乐	418.2	13620.9	569.6	1.6	3.3
	庆阳—（贾桥、洪德）	654.5	13600.7	890.2	2.5	5.1
	板桥以上	209.8	3181.3	66.8	0.8	0.4
	雨落坪—（板桥、庆阳）	6467.7	6400.1	4139.3	24.6	23.6
	张家沟以上	521.9	4455.8	232.5	2.0	1.3
	张河以上	1054.2	9841.7	1037.5	4.0	5.9
	景村—（张家沟、张河、杨家坪、雨落坪）	2926.7	13172.1	3855.1	11.1	22.0
	刘家河以上	484.7	6334.9	307.1	1.8	1.8
	张家山—（景村、刘家河）	1446.3	1886.4	272.8	5.5	1.6
	桃园—张家山	107.9	13558.9	146.2	0.4	0.8
渭河	华县—（临潼、耀县、柳林）	154.6	6336.1	97.9	0.6	0.6
北洛河	交口河—（刘家河、张村驿）	1233.6	4578.4	564.8	4.7	3.2
	洑头—（交口河、黄陵）	2854.0	608.6	173.7	10.9	1.0
合计		26297.5	6655.6	17502.6	100.0	100.0

1. 黄土平岗丘陵沟壑区

黄土平岗丘陵沟壑区面积为 26191.1km^2，平均侵蚀强度为 6311.6t/（km^2·a），年产沙量为 16530.8 万 t。

该类型区侵蚀产沙最严重的是皇甫川流域，其中沙圪堵以上区域侵蚀强度达到 26872.8t/（km^2·a），黄甫至沙圪堵之间的区域侵蚀强度达 22102.0t/（km^2·a），分别是该类型区平均侵蚀强度的 4.3 倍和 3.5 倍。除皇甫川流域外，孤山川流域高石崖以上区域、窟野河流域王道恒塔以上区域和神木—（王道恒塔、新庙）之间区域、以及清水河清水以上区域侵蚀强度也分别达到 17231.5t/（km^2·a）、13045.7t/（km^2·a）和 12465.1t/（km^2·a）。

该类型区产沙量主要来自皇甫川流域沙圪堵以上及黄甫至沙圪堵之间的区域，占年产沙量的 26.9%；黄河干流府谷以上的未控区域，占 24.9%。另外，浑河流域太平窑以上及放牛沟—太平窑之间的区域，占 13.8%；偏关河偏关以上区域占 11.0%。

2. 黄土峁状丘陵沟壑区

黄土峁状丘陵沟壑区面积为 41054.7km^2，平均侵蚀强度为 13919.8t/（km^2·a）。年产沙量为 57147.3 万 t。

该类型区除县川河、朱家川、岚漪河以及黄河干流府谷以上个别区域侵蚀强度比较小外，其余大部分地区侵蚀强度均超过 10000.0t/（km^2·a）。侵蚀产沙最严重的区域分别在窟野河温家川—神木之间的区域，侵蚀强度达到 40389.3t/（km^2·a），是该类型区平均侵蚀强度的 2.9 倍。其次侵蚀强度超过 20000.0t/km^2 的区域有孤山川流域高石崖以上区域［23899.7t/（km^2·a）］；岚漪河流域裴家川—岢岚之间的区域［21024.4t/（km^2·a）］；佳芦河流域申家湾以上区域［22524.3t/（km^2·a）］；无定河流域白家川—（绥德、丁家沟）之间区域［20959.7t/（km^2·a）］。

该类型区产沙量主要来自无定河流域，占 29.8%；窟野河流域占 9.1%，黄河干流吴堡以上的其他未控区域占 13.2%。

3. 黄土梁状丘陵沟壑区

黄土梁状丘陵沟壑区面积为 25240.1km^2，平均侵蚀强度为 8552.1t/（km^2·a），年产沙量为 21585.7 万 t。

该类型区侵蚀最严重的地区在泾河流域泾川—袁家庵之间区域，侵蚀强度达 22816.6t/（km^2·a），是该类型区平均侵蚀强度的 2.7 倍。另外，侵蚀强度超过 10000.0t/（km^2·a）的区域有渭河流域华县—（临潼、耀县、柳林）之间区域［17907.8t/（km^2·a）］及柳林以上区域［11559.4t/（km^2·a）］；清涧河流域子长以上及延川—子长之间区域［13250.8t/（km^2·a）］；延河流域延安以上区域［14634.0t/（km^2·a）］、州川河吉县以上区域［12286.5t/（km^2·a）］；黄河龙门以上干流及其他小支流［12286.5t/（km^2·a）］。

该类型区产沙量主要来自黄河龙门以上干流及其他小支流，占 29.9%；其次为延河流域，占 26.8%；渭河流域华县—（临潼、耀县、柳林）之间区域占 10.3%；昕水河大宁以上区域占 9.7%；泾河流域张家沟以上及泾川—袁家庵之间区域，占 6.6%。

4. 黄土山麓丘陵沟壑区

黄土山麓丘陵沟壑区面积为 19295.2km^2，平均侵蚀强度为 5789.9t/（km^2·a），年产沙量为 11171.7 万 t。

该类型区侵蚀最严重的地区在汾河流域上静游以上区域［10319.0t/（km^2·a）］，寨上—汾河水库之间区域［13590.8t/（km^2·a）］，独堆以上区域［16388.3t/（km^2·a）］，渭河流域林家村以上区域［12809.0t/（km^2·a）］。其次，汾河流域静乐以上区域和石滩—义棠之间区域的侵蚀强度也接近 10000.0t/km^2［分别为 8910.6t/（km^2·a）和 8246.6t/（km^2·a）］。其他区域的侵蚀强度大都为 3000～6000t/（km^2·a）。

该类型区产沙量主要来自汾河流域石滩—义棠之间，占 13.5%；寨上—汾河水库之间区域占 8.3%；汾河二坝—（兰村、芦家庄）之间区域占 8.0%；渭河流域武山—首阳之间区域占 9.0%；林家村以上区域占 9.1%。

5. 干旱黄土丘陵沟壑区

干旱黄土丘陵沟壑区面积为 53026.5km^2，平均侵蚀强度为 8275.7t/（km^2·a），年产沙量为 43882.9 万 t。

该类型区侵蚀强度超过 10000t/（km^2·a）的地区有北洛河吴起以上区域［19885.4t/（km^2·a）］，志丹以上区域［19129.3t/（km^2·a）］，泾河杨闾以上区域［15347.0t/（km^2·a）］，毛家河—巴家嘴之间区域［15397.9t/（km^2·a）］，洪德以上区域［13785.4t/（km^2·a）］，渭河甘谷以上区域［11259.6t/（km^2·a）］，秦安—北峡之间区域［10213.5t/（km^2·a）］；南河川—（甘谷、秦安、武山）之间区域［13594.9t/（km^2·a）］。另外，泾河流域大部分地区侵蚀强度达到 8000t/（km^2·a）以上，祖厉河达到 6000t/（km^2·a）以上，北洛河除张村驿以上区域外，其他也达到 8000t/（km^2·a）以上，渭河流域大部分地区侵蚀强度为 3000～4000t/（km^2·a）。

该类型区产沙量主要来自渭河秦安—北峡之间区域，占 14.6%；泾河洪德以上区域，占 8.7%；北洛河吴起以上区域占 11.7%。另外，祖厉河郭城驿—（会宁、巉口）之间和清水河韩府湾以上区域分别占 5.5%和 4.9%。

6. 黄土高塬沟壑区

黄土高塬沟壑区面积为 26297.6km^2，平均侵蚀强度为 6655.6t/（km^2·a），年产沙量为 17520.6 万 t。

该类型区侵蚀强度超过 10000t/（km^2·a）的地区有：泾河流域泾川—袁家庵之间区域、杨闾以上区域和姚新庄以上区域［13711.7t/（km^2·a）］，贾桥—悦乐之间区域［13120.9t/（km^2·a）］，庆阳—（贾桥、洪德之间）区域［13600.7t/（km^2·a）］，桃园—张家山之间区域［13558.9t/（km^2·a）］，景村—（张家沟、张河、杨家坪、雨落坪）之间区域［13172.1t/（km^2·a）］。另外，泾河流域张河以上区域和袁家庵—安口之间区域侵蚀强度也接近 1000t/（km^2·a），分别为 9841.7t/（km^2·a）和 8641.8t/（km^2·a）。

该类型区产沙量主要来自泾河流域雨落坪—（板桥、庆阳）之间区域，占 23.6%；景村—（张家沟、张河、杨家坪、雨落坪）之间区域占 22.9%；泾河杨闾以上区域和杨家坪—（毛家河、杨闾、景村）之间区域分别占 8.7%和 6.3%。

6.4　不同侵蚀带的侵蚀强度结构特征及空间分布

6.4.1　侵蚀带的划分

根据黄土高原土壤侵蚀方式及强度的地域分布特征，甘枝茂（1990）将黄土高原土壤侵蚀方式的地带性分布自西北向东南分为四个侵蚀带（图 6.4）。

1. 中温带干旱荒漠草原、暖温带半干旱草原强烈风蚀带

第Ⅰ带为中温带干旱荒漠草原、暖温带半干旱草原强烈风蚀带。大体处于靖远—同心—定边—榆林—准格尔旗—和林格尔以北，即黄土高原地区的西北部，面积为 36639.8km^2。

年均降水量西部小于 300mm，东部基本上在 400mm，年蒸发量 2000mm 以上，干燥度大于 2。除灌溉农业区外，基本上是干旱荒漠草原、半干旱草原景观，沙丘沙地分布广泛。全年多风，尤其春季多大风和沙暴，年均大风日数 10 天以上，临近的东胜等地年均大风日数达 50～60 天，强烈的风蚀成为塑造地面的主导营力。夏季降暴雨时，在土状堆积物覆盖的地面和易侵蚀岩分布区，有暂短的水力侵蚀，但范围不大。

2. 暖温带半干旱草原风蚀、水力侵蚀带

第Ⅱ带为暖温带半干旱草原风蚀、水力侵蚀带。处于第Ⅰ带以南，永靖—定西—会宁—固原—环县—吴起—绥德—临县—五寨—神池—朔县—线以北，面积为 84 414.5km^2。

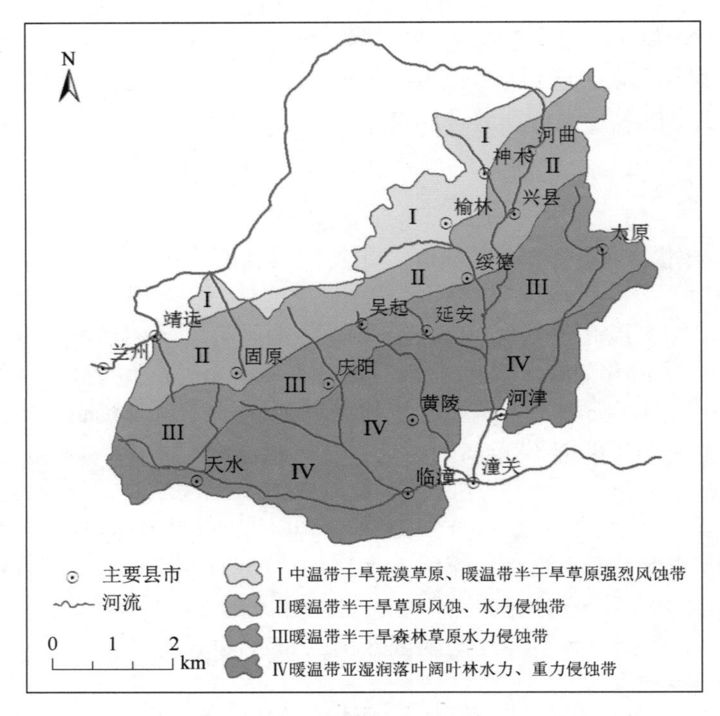

图 6.4　黄土高原侵蚀带划分图

年均降水量在西部小于 400mm，东部陕、晋、内蒙古一带 400～450mm，年蒸发量为 1600～2000mm，干燥度为 1.5～2，年均大风日数 5～10 天。地面形态有黄土梁峁、宽谷地、黄土残塬、土石山地、缓坡丘陵等，临近风沙区有片沙覆盖。植被稀少，以干草原植被为主，绝大部分地面裸露。夏秋季多暴雨，水力侵蚀强烈；春季多大风，风蚀较强。此外，动物侵蚀也较明显。

3. 暖温带半干旱森林草原水力侵蚀带

第III带为暖温带半干旱森林草原水力侵蚀带。处于第II带以南，甘谷—隆德—镇原—庆阳—延安—永和—阳泉以北，面积为 80072.4km^2。

年降水量为 400～500mm，干燥度为 1.5～1.2，地貌以黄土丘陵沟壑为主，西部陇中、宁南以梁状黄土丘陵或山地为主，东部晋西北、陕北为黄土梁峁沟壑，黄土分布广泛，厚 50～100m。属于干旱森林草原地带，但因长期人为破坏植被、垦荒种田，大部分地区目前植被较少，以草原植被为主，仅在山地或局部丘陵有次生幼林或人工幼林。由于降水增多，特别是夏秋多暴雨，以及地面起伏较大，土质疏松，加之植被盖度低等因素的影响，水力侵蚀强烈，面状侵蚀、沟状侵蚀均较严重。此外，重力侵蚀、动物侵蚀、潜蚀溶蚀也较活跃。

4. 暖温带亚湿润落叶阔叶林水力、重力侵蚀带

第IV带为暖温带亚湿润落叶阔叶林水力、重力侵蚀带。处于第III带以南，面积

125051.3km^2。

年降水量为 500～700mm，干燥度小于 1.2。该带内黄土台状地（黄土塬、黄土残塬、黄土台塬）及冲洪积平原、河谷平原、土石山地分布较广，此外，黄土丘陵、黄土山地、石质山地也有分布。因年降水量较多，水力侵蚀成为主要的侵蚀方式。同时在黄土台状地的沟谷边坡和大河沿岸，崩塌、滑坡、岸边坍塌等重力侵蚀较普遍，土石山地崩塌、泥石流在雨季也时有发生。但本带山地、丘陵植被保存较好，如六盘山南段、陇山、子午岭、崂山、黄龙山、吕梁山、秦岭、晋东南山地等都有一定的乔灌林分布；而黄土塬、黄土台塬塬面及各类平原，地面较平坦；丘陵沟壑区除农田外，多有草被覆盖。因此，本带土壤侵蚀相对较轻。

6.4.2　各侵蚀带不同侵蚀强度的面积结构特征

表 6.16～表 6.18 是计算得出的各不同侵蚀强度的面积，以及该面积分别占该侵蚀带总面积的比例和占全区域同级侵蚀强度总面积的比例。

根据表 6.16～表 6.18 中所列结果，分述如下。

表 6.16　黄土高原各侵蚀带不同侵蚀强度的面积结构

侵蚀带	不同侵蚀强度面积/km^2								合计
	微弱	轻度	中度	强度	强烈	极强烈	剧烈	极剧烈	
Ⅰ	18677.1	2863.5	1997.2	4398.0	2121.0	5556.3	82.1	944.5	36639.8
Ⅱ	3132.0	6635.6	26629.1	15614.1	5495.9	15014.4	6605.5	5288.0	84414.5
Ⅲ	18946.0	1082.5	9876.1	4745.1	13382.8	21552.8	8250.6	2236.5	80072.4
Ⅳ	54626.8	20218.1	15651.8	11980.1	6399.3	12315.5	3619.8	240.0	125051.3
全区域	95382.0	30799.8	54154.2	36737.2	27398.9	54439.0	18557.9	8709.0	326178.0

表 6.17　黄土高原各侵蚀带不同侵蚀强度面积占该侵蚀带总面积比例

侵蚀带	不同侵蚀强度面积比例/%								合计
	微弱	轻度	中度	强度	强烈	极强烈	剧烈	极剧烈	
Ⅰ	51.0	7.8	5.5	12.0	5.8	15.1	0.2	2.6	100.0
Ⅱ	3.7	7.9	31.5	18.5	6.5	17.8	7.8	6.3	100.0
Ⅲ	23.7	1.4	12.3	5.9	16.7	26.9	10.3	2.8	100.0
Ⅳ	43.7	16.2	12.5	9.6	5.1	9.8	2.9	0.2	100.0
全区域	29.2	9.4	16.6	11.3	8.4	16.7	5.7	2.7	100.0

表 6.18　黄土高原各侵蚀带不同侵蚀强度面积占全区域该强度总面积比例

侵蚀带	不同侵蚀强度面积比例/%								合计
	微弱	轻度	中度	强度	强烈	极强烈	剧烈	极剧烈	
Ⅰ	19.6	9.3	3.7	12.0	7.7	10.2	0.4	10.8	11.2
Ⅱ	3.3	21.5	49.2	42.5	20.1	27.6	35.6	60.7	25.9
Ⅲ	19.9	3.5	18.2	12.9	48.8	39.6	44.5	25.7	24.5
Ⅳ	57.3	65.6	28.9	32.6	23.4	22.6	19.5	2.8	38.3
全区域	100.0	100.0	100.0	100.0	100.0	100.0	100.0	100.0	100.0

1. 各侵蚀带不同侵蚀强度的面积结构

（1）中温带干旱荒草原、暖温带半干旱草原强烈风蚀带。该区域以微弱侵蚀所占面积最大（18 677.1km^2），占该区域总面积的 51.0%；其次为极强烈侵蚀（5556.3km^2），占 15.2%；强度侵蚀面积（4398.0km^2），占 12.0%。该区域剧烈侵蚀以上的面积较小，仅占 2.8%。

（2）暖温带半干旱草原风蚀、水力侵蚀带。该侵区域以中度侵蚀所占面积比例最大（26 629.1km^2），占 31.5%；其次为强度侵蚀（15 614.1km^2），占 18.5%；极强烈侵蚀（15 014.4km^2），占 17.8%。该区域剧烈以上侵蚀面积也有较大分布（11 893.5km^2），占该区域总面积 14.1%

（3）暖温带半干旱森林草原水力侵蚀带。该区域以微弱侵蚀和极强烈侵蚀分布最广，面积分别为 18 946.0km^2 和 21 152.8km^2，各占该区域总面积的 23.7%和 26.9%；其次为中度侵蚀和强烈侵蚀，面积分别为 9876.1km^2 和 13 382.8km^2，各占 12.3%和 16.7%；另外，剧烈侵蚀面积也分布比较广（8250.6km^2），占到该区域总面积的 10.3%。

（4）暖温带亚湿润落叶阔叶林水力、重力侵蚀带。该区域以微弱侵蚀分布最广，面积 54 626.8km^2，占该区域总面积的 43.7%；其次为轻度侵蚀和中度侵蚀，面积分别为 20 218.1km^2 和 15 651.8km^2，各占该区域面积的 16.2%和 12.5%。该区域剧烈以上侵蚀面积分布较少，仅占该区域面积 3.1%。

2. 全区域不同侵蚀强度面积的空间分布

（1）全区域轻度侵蚀以下的面积主要分布在暖温带亚湿润落叶阔叶林水力、重力侵蚀带，面积为 74844.9km^2，占全区域轻度侵蚀以下总的面积 59.3%；其次为中温带干旱荒草原、暖温带半干旱草原强烈风蚀带，面积为 21541.0km^2，占 17.1%；暖温带半干旱森林草原水力侵蚀带面积为 20028.5km^2，占 15.9%。微弱侵蚀主要分布在暖温带亚湿润落叶阔叶林水力、重力侵蚀带（54626.8km^2），占全区域微弱侵蚀总面积的 57.3%；其次分别为暖温带半干旱森林草原水力侵蚀带（18946.0km^2），占 19.9%；中温带干旱荒草原、暖温带半干旱草原强烈风蚀带（18677.5km^2），占 19.6%。轻度侵蚀主要分布在暖温带亚湿润落叶阔叶林水力、重力侵蚀带（20218.1km^2），占全区域轻度侵蚀总面积的 65.6%；其次为暖温带半干旱草原风蚀、水力侵蚀带（6635.6km^2），占 21.5%。

（2）全区域中度侵蚀的面积以暖温带半干旱草原风蚀、水力侵蚀带为最广，面积为 26629.1km^2，占全区域中度侵蚀总面积的 49.2%；其次为暖温带亚湿润落叶阔叶林水力、重力侵蚀带（15651.8km^2），占 28.9%。

（3）全区域强度侵蚀面积主要分布在暖温带半干旱草原风蚀、水力侵蚀带（15614.1km^2），占全区域强度侵蚀总面积的 42.5%；其次为暖温带亚湿润落叶阔叶林水力、重力侵蚀带（11980.1km^2），占 32.6%。

（4）全区域强烈侵蚀面积主要分布在暖温带半干旱森林草原水力侵蚀带，面积为 13382.8km^2，占全区域强烈侵蚀总面积的 48.8%；另外，暖温带半干旱草原风蚀、水力侵蚀带和暖温带亚湿润落叶阔叶林水力、重力侵蚀带也分别占到 20.1%和 23.4%。

（5）全区域极强烈侵蚀主要分布在暖温带半干旱森林草原水力侵蚀带（21552.8km^2），占全区域极强烈侵蚀总面积的 39.6%；另外，暖温带半干旱草原风蚀、水力侵蚀带和暖温带亚湿润落叶阔叶林水力、重力侵蚀带也分别占 27.6%和 22.6%。

（6）全区域剧烈侵蚀面积主要分布在暖温带半干旱草原风蚀、水力侵蚀带和暖温带半干旱森林草原水力侵蚀带，面积分别为 6605.5km^2 和 8250.6km^2，各占全区域剧烈侵蚀总面积的 35.6%和 44.5%。

（7）全区域极剧烈侵蚀面积主要分布在暖温带半干旱草原风蚀、水力侵蚀带，面积 5288.0km^2，占全区域极剧烈侵蚀总面积的 60.7%；其次为暖温带半干旱森林草原水力侵蚀带，面积 2236.5km^2，占 25.7%。

6.4.3　各侵蚀带不同侵蚀强度的产沙量结构特征

表 6.19～表 6.21 是计算得出的各侵蚀带不同侵蚀强度区的年产沙量，以及该产沙量分别占该侵蚀带总产沙量的比例和占全区域同级侵蚀强度总产沙量的比例。

表 6.19　黄土高原各侵蚀带不同侵蚀强度的产沙量结构

侵蚀带	不同侵蚀强度的产沙量/万 t								合计
	微弱	轻度	中度	强度	强烈	极强烈	剧烈	极剧烈	
Ⅰ	347.6	327.2	642.5	3194.5	1862.4	6414.8	141.5	2390.5	15321.0
Ⅱ	42.4	747.1	8494.6	9491.7	4938.6	19835.2	11119.1	13889.3	68558.0
Ⅲ	138.2	153.2	3881.1	2819.2	11606.7	26526.1	14568.9	4698.8	64392.1
Ⅳ	1029.4	3230.1	6162.3	7247.8	5774.6	15302.4	6320.2	547.6	45614.5
全区域	1557.7	4457.7	19180.5	22753.1	24182.3	68078.5	32149.6	21526.2	193885.7

表 6.20　黄土高原各侵蚀带不同侵蚀强度的产沙量占该区总产沙量比例

侵蚀带	不同侵蚀强度的产沙量比例/%								合计
	微弱	轻度	中度	强度	强烈	极强烈	剧烈	极剧烈	
Ⅰ	2.3	2.1	4.2	20.9	12.2	41.9	0.9	15.6	100.0
Ⅱ	0.1	1.1	12.4	13.8	7.2	28.9	16.2	20.3	100.0
Ⅲ	0.2	0.2	6.0	4.4	18.0	41.2	22.6	7.3	100.0
Ⅳ	2.3	7.1	13.5	15.9	12.7	33.5	13.9	1.2	100.0
全区域	0.8	2.3	9.9	11.7	12.5	35.1	16.6	11.1	100.0

表 6.21　黄土高原各侵蚀带不同侵蚀强度的产沙量占全区该强度总产沙量比例

侵蚀带	不同侵蚀强度的产沙量比例/%								合计
	微弱	轻度	中度	强度	强烈	极强烈	剧烈	极剧烈	
Ⅰ	22.3	7.3	3.3	14.0	7.7	9.4	0.4	11.1	7.9
Ⅱ	2.7	16.8	44.3	41.7	20.4	29.1	34.6	64.5	35.4
Ⅲ	8.9	3.4	20.2	12.4	48.0	39.0	45.3	21.8	33.2
Ⅳ	66.1	72.5	32.1	31.9	23.9	22.5	19.7	2.5	23.5
全区域	100.0	100.0	100.0	100.0	100.0	100.0	100.0	100.0	100.0

1. 各侵蚀带不同侵蚀强度的产沙量结构

（1）中温带干旱荒草原、暖温带半干旱草原强烈风蚀带，年产沙量为15321.0万t。该侵蚀带产沙量主要来自强度侵蚀以上的区域，占该区域总产沙量的91.4%。其中强度侵蚀区产沙量为3194.5万t，占20.9%；极强烈侵蚀区产沙量为6414.8万t，占全41.9%；极剧烈侵蚀区产沙量为2390.5万t，占15.6%。

（2）暖温带半干旱草原风蚀、水力侵蚀带，年产沙量为68558.0万t。该侵蚀带产沙量主要来自极强烈以上侵蚀区（44843.6万t），占该区域总产沙量的65.4%。其中，极强烈侵蚀区产沙量为19835.2万t，占28.9%；剧烈侵蚀区产沙量为11119.1万t，占16.2%；极剧烈侵蚀区产沙量为13889.3万t，占20.3%；强度侵蚀区产沙量为9491.7万t，占13.8%。

（3）暖温带半干旱森林草原水力侵蚀带，年产沙量为64392.1万t。该侵蚀带产沙量主要来自极强烈侵蚀区（26526.1万t），占该区域总产沙量的41.2%；其次，剧烈侵蚀区产沙量为14568.9万t，占22.6%；强烈侵蚀区产沙量为11606.7万t，占18.0%。

（4）暖温带亚湿润落叶阔叶林水力、重力侵蚀带，年产沙量为45614.5万t，其中，极强烈侵蚀区（15302.4万t）占该区域总产沙量的33.5%；强度侵蚀区（7247.8万t）占15.9%；强烈侵蚀区（5774.6万t）占12.7%；剧烈侵蚀区（6320.2万t）占13.9%。

2. 全区域不同侵蚀强度产沙量的空间分布

（1）全区域轻度侵蚀以下的年产沙量为6015.4万t。主要来自暖温带亚湿润落叶阔叶林水力、重力侵蚀带（4259.6万t），占70.8%。其中，微弱侵蚀区的产沙量主要来自暖温带亚湿润落叶阔叶林水力、重力侵蚀带和中温带干旱荒草原、暖温带半干旱草原强烈风蚀带，分别占全区域微弱侵蚀总产沙量的66.1%和22.3%；轻度侵蚀区的产沙量主要来自暖温带亚湿润落叶阔叶林水力、重力侵蚀带和暖温带半干旱草原风蚀、水力侵蚀带，分别占全区域轻度侵蚀总产沙量的72.5%和16.8%。

（2）全区域中度侵蚀区的年产沙量为19180.5万t。主要来自暖温带半干旱草原风蚀、水力侵蚀带（8949.6万t），占44.3%；其次为暖温带亚湿润落叶阔叶林水力、重力侵蚀带和暖温带半干旱森林草原水力侵蚀带，产沙量分别为6162.3万t和3881.1万t，各占32.1%和20.2%。

（3）全区域强度侵蚀区的年产沙量22753.1万t。主要来自暖温带半干旱草原风蚀、水力侵蚀带（9491.7万t），占41.7%；其次为暖温带亚湿润落叶阔叶林水力、重力侵蚀带（7247.8万t），占31.9%。

（4）全区域强烈侵蚀区的年产沙量为24182.3万t。主要来自暖温带半干旱森林草原水力侵蚀带（11606.7万t），占48.0%；其次为暖温带亚湿润落叶阔叶林水力、重力侵蚀带和暖温带半干旱草原风蚀、水力侵蚀带，分别为5774.6万t和4938.6万t，各占23.9%和20.4%。

（5）全区域极强烈侵蚀区年产沙量为68078.5万t。主要来自暖温带半干旱森林草原水力侵蚀带（26526.1万t），占39.0%；其次为暖温带半干旱草原风蚀、水力侵蚀带和暖温带亚湿润落叶阔叶林水力、重力侵蚀带，分别为19835.2万t和15302.4万t，各占

29.1%和 22.5%。

（6）全区域剧烈侵蚀区年产沙量为 32149.6 万 t。主要来自暖温带半干旱森林草原水力侵蚀带（14568.9 万 t），占 45.3%；其次为暖温带半干旱草原风蚀、水力侵蚀带（11119.1 万 t），占 34.6%。

（7）全区域极剧烈侵蚀区年产沙量为 21526.2 万 t。主要来自暖温带半干旱草原风蚀、水力侵蚀带（13889.3 万 t），占 64.5%；其次为暖温带半干旱森林草原水力侵蚀带（4698.8 万 t），占 21.8%。

6.5 不同水文控制区侵蚀强度结构特征及空间分布

6.5.1 各控制区不同侵蚀强度的面积结构特征

根据黄土高原侵蚀产沙的区域特征及黄河中游的支流分布情况，将其分为五个水文控制区，每个水文控制区又划分出 2 个至 3 个副区，见图 6.5。表 6.22～表 6.24 是计算得出的各控制区不同侵蚀强度的面积，以及该面积分别占该控制区总面积的比例和占全区域同级侵蚀强度总面积的比例。

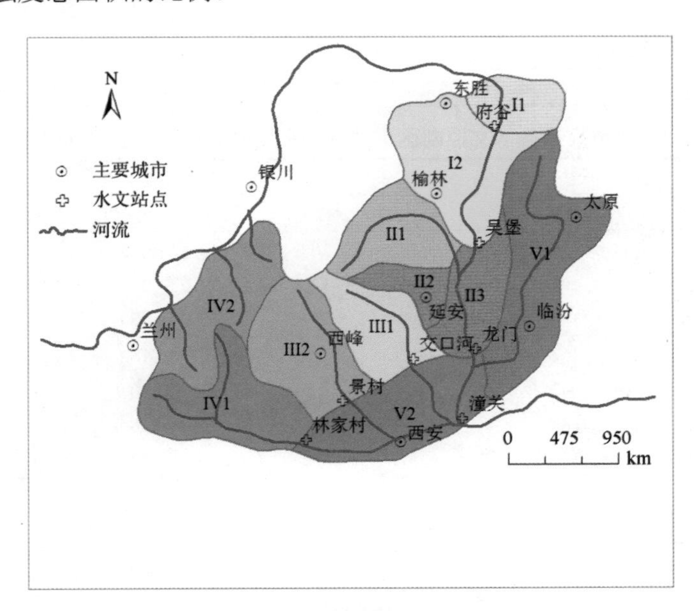

图 6.5 黄土高原水文控制区划分图

表 6.22 黄土高原各水文控制区不同侵蚀强度的面积结构

水文控制区	区间范围	不同侵蚀强度面积/km²								合计
		微弱	轻度	中度	强度	强烈	极强烈	剧烈	极剧烈	
河口—吴堡区间	河口—府谷	5041.7	—	17459.8	7401.4	2289.9	1913.0	—	1873.1	35979.0
	府谷—吴堡	3083.3	261.8	2679.3	3918.3	2121.0	10286.8	3652.8	3633.8	29637.0
	合计	8125.4	261.8	20139.2	11319.7	4410.8	12199.8	3652.8	5507.0	65616.4

续表

水文控制区	区间范围	不同侵蚀强度面积/km^2								合计
		微弱	轻度	中度	强度	强烈	极强烈	剧烈	极剧烈	
吴堡—龙门区间	无定河流域	14177.4	—	2735.4	1449.0	—	5598.5	3354.8	2902.0	30217.0
	清涧河、延河流域	391.4	—	—	224.6	2291.6	5702.8	748.7	—	9359.0
	该区间其他流域	7013.9	1862.7	—	394.9	2155.7	9556.1	4033.7	—	25017.0
	合计	21582.8	1862.7	2735.4	2068.5	4447.3	20857.3	8137.1	2902.0	64593.0
北洛河、泾河中上游地区	北洛河交口以上地区	3219.6	2594.9	7010.1	9166.2	7455.7	8863.7	1670.8	300.0	40281.0
	泾河景村以上地区	8641.4	235.8	1233.6	1130.5	2722.2	—	3216.6	—	17180.0
	合计	11861.0	2830.6	8243.7	10296.7	10177.9	8863.7	4887.4	300.0	57461.0
渭河上游，祖厉河、清水河中上游地区	渭河林家村以上地区	2844.3	4796.6	7827.2	3780.7	833.0	11041.3	—	—	31123.0
	祖厉河、清水河流域	477.3	9368.6	6377.6	4973.2	3930.3	—	—	—	25127.0
	合计	3321.5	14165.2	14204.8	8753.9	4763.3	11041.3	0.0	0.0	56250.0
汾河及渭河、泾河、北洛河下游地区	汾河流域	23723.9	1260.0	7083.0	2512.6	2815.3	1241.0	92.2	—	38728.0
	渭河、泾河、北洛河下游地区	26767.7	10419.6	1748.2	1785.8	784.3	235.9	1788.5	—	43530.0
	合计	50491.6	11679.6	8831.2	4298.4	3599.6	1477.0	1880.6	0.0	82258.0
全区域		95382.0	30799.8	54154.2	36737.2	27398.9	54439.0	18557.9	8709.0	326178.0

表 6.23 黄土高原各水文控制区不同侵蚀强度的面积占该区总面积的比例

水文控制区	区间范围	不同侵蚀强度面积比例/%								合计
		微弱	轻度	中度	强度	强烈	极强烈	剧烈	极剧烈	
河口—吴堡区间	河口—府谷	14.0	—	48.5	20.6	6.4	5.3	—	5.2	100.0
	府谷—吴堡	10.4	0.9	9.0	13.2	7.2	34.7	12.3	12.3	100.0
	合计	12.4	0.4	30.7	17.3	6.7	18.6	5.6	8.4	100.0
吴堡—龙门区间	无定河流域	46.9	—	9.1	4.8	—	18.5	11.1	9.6	100.0
	清涧河、延河流域	4.2	—	—	2.4	24.5	60.9	8.0	—	100.0
	该区间其他流域	28.0	7.4	—	1.6	8.6	38.2	16.1	—	100.0
	合计	33.4	2.9	4.2	3.2	6.9	32.3	12.6	4.5	100.0
北洛河、泾河中上游地区	北洛河交口以上地区	8.0	6.4	17.4	22.8	18.5	22.0	4.1	0.7	100.0
	泾河景村以上地区	50.3	1.4	7.2	6.6	15.8	—	18.7	—	100.0
	合计	20.6	4.9	14.3	17.9	17.7	15.4	8.5	0.5	100.0
渭河上游，祖厉河、清水河中上游地区	渭河林家村以上地区	9.1	15.4	25.1	12.1	2.7	35.5	—	—	100.0
	祖厉河、清水河流域	1.9	37.3	25.4	19.8	15.6	—	—	—	100.0
	合计	5.9	25.2	25.3	15.6	8.5	19.6	—	—	100.0
汾河及渭河、泾河、北洛河下游地区	汾河流域	61.3	3.3	18.3	6.5	7.3	3.2	0.2	—	100.0
	渭河、泾河、北洛河下游地区	61.5	23.9	4.0	4.1	1.8	0.5	4.1	—	100.0
	合计	61.4	14.2	10.7	5.2	4.4	1.8	2.3	—	100.0
全区域		29.3	9.6	16.6	11.1	8.4	16.6	5.7	2.7	100.0

表 6.24　黄土高原各水文控制区不同侵蚀强度面积占全区域总面积的比例

水文控制区	区间范围	不同侵蚀强度面积比例/%								合计
		微弱	轻度	中度	强度	强烈	极强烈	剧烈	极剧烈	
河口—吴堡区间	河口—府谷	5.3	—	32.2	20.1	8.4	3.5	—	21.5	11.0
	府谷—吴堡	3.2	0.8	4.9	10.7	7.7	18.9	19.7	41.7	9.1
	合计	8.5	0.8	37.2	30.8	16.1	22.4	19.7	63.2	20.1
吴堡—龙门区间	无定河流域	14.9	—	5.1	3.9	—	10.3	18.1	33.3	9.3
	清涧河、延河流域	0.4	—	—	0.6	8.4	10.5	4.0	—	2.9
	该区其他流域	7.4	6.0	—	1.1	7.9	17.5	21.7	—	7.7
	合计	22.7	6.0	5.1	5.6	16.2	38.3	43.8	33.3	19.8
北洛河、泾河中上游地区	北洛河交口以上地区	3.4	8.4	12.9	25.0	27.2	16.3	9.0	3.4	12.3
	泾河景村以上地区	9.0	0.8	2.3	3.1	9.9	—	17.3	—	5.3
	合计	12.4	9.2	15.2	28.1	37.1	16.3	26.3	3.4	17.6
渭河上游，祖厉河、清水河中上游地区	渭河林家村以上地区	3.0	15.6	14.5	10.3	3.0	20.3	—	—	9.5
	祖厉河、清水河流域	0.5	30.4	11.8	13.5	14.3	—	—	—	7.7
	合计	3.5	46.0	26.2	23.8	17.4	20.3	—	—	17.2
汾河及渭河、泾河、北洛河下游地区	汾河流域	24.9	4.1	13.1	6.8	10.3	2.3	0.5	—	11.9
	渭河、泾河、北洛河下游地区	28.0	33.8	3.2	4.9	2.9	0.4	9.6	—	13.3
	合计	52.9	37.9	16.3	11.7	13.1	2.7	10.1	—	25.2
全区域		100.0	100.0	100.0	100.0	100.0	100.0	100.0	100.0	100.0

根据表 6.22～表 6.24 中所列结果，分述如下。

1. 各控制区不同侵蚀强度的面积结构

（1）河口—吴堡区间（Ⅰ区，65616.4km^2）。该区域以中度侵蚀所占面积最大（20139.2km^2），占该区域总面积的 30.7%；其次为强度侵蚀和极强烈侵蚀，面积分别为 11319.7km^2 和 12199.8km^2，各占总面积的 17.3%和 18.6%。其中，河口—府谷区间（Ⅰ1 区）主要以中度侵蚀和强度侵蚀为主，面积各占 48.5%和 20.6%；府谷—吴堡区间（Ⅰ2 区）主要以极强烈侵蚀为主，占该区间面积的 34.7%。其次，除轻度侵蚀以外，其他各不同强度的侵蚀面积约占 10.0%。

（2）吴堡—龙门区间（Ⅱ区，64593.0km^2）。该区域以微弱侵蚀和极强烈侵蚀为主，面积分别为 21582.8km^2 和 20857.3m^2，各占总面积的 33.4%和 32.3%。其中，无定河流域（Ⅱ1 区）微弱侵蚀分布面积最大，占 46.9%，极强烈侵蚀面积占 18.5%，剧烈以上侵蚀面积占 20.7%；清涧河、延河流域（Ⅱ2 区）以极强烈侵蚀面积最大，占 60.9%，强烈侵蚀面积占 24.5%；吴堡—龙门区间干流未控区（Ⅱ3 区）以极强烈侵蚀和微弱侵蚀所占面积最大，分别占 38.2%和 28.0%。剧烈侵蚀面积也占到 16.1%。

（3）北洛河、泾河中上游地区（Ⅲ区，57461.0km^2）。该区域微弱侵蚀面积为11861.0km^2，占 20.6%；强度侵蚀面积为 10296.7km^2，占 17.9%；强烈侵蚀面积为10177.9km^2，占 17.7%；极强烈侵蚀面积为 8863.7km^2，占 15.4%。其中北洛河交口以上区域（Ⅲ1 区）以中度—极强烈侵蚀所分布面积最广，占该区间面积的 80.7%（中度侵蚀面积占 17.4%，强度侵蚀面积占 22.8%，强烈侵蚀面积占 18.5%，极强烈侵蚀面积占22.0%）；泾河景村以上地区（Ⅲ2 区）微弱侵蚀占该区间面积的 50.3%，强度侵蚀和剧烈侵蚀分别占 15.8%和 18.7%。

（4）渭河上游，祖厉河、清水河中上游地区（Ⅳ区，56250.0km^2）。该区域中度以下侵蚀面积 31691.5km^2，占 56.4%；强度侵蚀面积为 8753.9km^2，占 15.6%；极强烈侵蚀面积为 11401.3km^2，占 19.6%。其中，渭河林家村以上地区（Ⅳ1 区）以极强烈侵蚀和中度侵蚀分布最广，分别占 35.5%和 25.1%；祖厉河、清水河流域（Ⅳ2 区）以轻度侵蚀和中度侵蚀分布最广，分别占 37.3%和 25.4%。

（5）汾河及渭河、泾河、北洛河下游地区（Ⅴ区，82258.0km^2）。该区域以微弱侵蚀为主，面积为 50491.6km^2，占 61.4%；另外，轻度侵蚀面积为 11679.6km^2，占 14.2%，中度侵蚀面积为 8831.2km^2，占 10.7%。其中，汾河流域（Ⅴ1 区）以微弱侵蚀和中度侵蚀为主，面积各占 61.3%和 18.3%；渭河、泾河、北洛河下游地区（Ⅴ2 区）以微弱侵蚀和轻度侵蚀为主，面积分别占 61.5%和 23.9%。

2. 全区域不同侵蚀强度面积的空间分布

（1）全区域微弱侵蚀主要分布在渭河、泾河、北洛河下游地区（26767.7km^2），占28.0%；汾河流域（23723.9km^2），占 24.9%；其次无定河流域（14177.4km^2），占 14.9%。

（2）全区域轻度侵蚀主要分布在渭河、泾河、北洛河下游地区（11037.8km^2），占33.8%；祖厉河、清水河流域（9368.6km^2），占 30.4%；渭河林家村以上地区（4796.6km^2），占 15.6%。

（3）全区域中度侵蚀的面积主要分布在河口—府谷区间（17459.8km^2），占 32.2%；渭河林家村以上地区（7827.2km^2），占 14.5%；汾河流域（7083.0km^2），占 13.1%；北洛河交口以上地区（7010.1km^2），占 12.9%。

（4）全区域强度侵蚀面积主要分布在河口—府谷区间（7401.4km^2），占 20.1%；北洛河交口以上地区（9166.2km^2），占 25.0%；祖厉河、清水河流域（4973.2km^2），占 13.5%；府谷—吴堡区间（3918.3km^2），占 10.7%；渭河林家村以上地区（3780.7km^2），占 10.3%。

（5）全区域强烈侵蚀主要分布在北洛河交口以上地区（7455.7km^2），占 27.2%；祖厉河、清水河流域（3930.3km^2），占 14.3%；汾河流域（2815.3km^2），占 10.3%；泾河景村以上地区（2722.2km^2），占 9.9%。

（6）全区域极强烈侵蚀主要分布在渭河林家村以上地区（11041.3km^2），占 20.3%；府谷—吴堡区间（10286.8km^2），占 18.9%；吴堡—龙门区间的未控区（9556.1km^2），占 17.5%；北洛河交口以上地区（8863.7km^2），占 16.3%；无定河流域 5598.5km^2，占 10.3%；清涧河、延河流域（5702.8km^2），占 10.5%。

（7）全区域剧烈侵蚀主要分布在府谷—吴堡区间（3652.8km^2），占 19.7%；无定河流域（3354.8km²），占 18.1%；吴堡—龙门区间的未控区（4033.7km²），占 21.7%；泾河景村以上地区（3216.6km²），占 17.3%；另外，渭河、泾河、北洛河下游地区（1788.5km²），占 9.6%。

（8）全区域极剧烈侵蚀面积主要分布在府谷—吴堡区间（3633.8km²），占 41.7%；无定河流域（2902.0km²），占 33.3%；河口—府谷区间（1873.1km²），占 21.5%。

6.5.2　各控制区不同侵蚀强度的产沙量结构特征

表 6.25～表 6.27 是计算得出的各控制区不同侵蚀强度的产沙量，以及该产沙量分别占该控制区总产沙量的比例和占全区域同级侵蚀强度总产沙量的比例。

表 6.25　黄土高原各水文控制区不同侵蚀强度产沙量结构

水文控制区	区间范围	不同侵蚀强度产沙量/万 t								总计
		微弱	轻度	中度	强度	强烈	极强烈	剧烈	极剧烈	
河口—吴堡区间	河口—府谷	27.2	—	5070.3	4521.1	2174.2	2318.7	—	4442.9	18554.4
	府谷—吴堡	21.3	46.5	674.8	2906.6	1862.4	12779.8	6698.2	10316.3	35305.9
	合计	48.5	46.5	5745.0	7427.6	4036.5	15098.5	6698.2	14759.2	53860.3
吴堡—龙门区间	无定河流域	327.2	—	909.9	865.4	—	7281.0	5237.5	6082.5	20703.6
	清涧河、延河流域	18.2	—	—	135.2	1836.2	7960.5	1144.5	—	11094.6
	该区间其他流域	91.5	346.5	—	247.8	2091.9	11686.6	6744.9	—	21209.1
	合计	436.8	346.5	909.9	1248.4	3928.1	26928.2	13126.9	6082.5	53007.3
北洛河、泾河中上游地区	北洛河交口以上地区	98.8	419.1	2999.2	5748.0	6579.9	12005.1	2572.1	684.5	31106.7
	泾河景村以上地区	68.5	38.2	564.8	680.9	2388.2	—	6347.7		10088.2
	合计	167.3	457.3	3564.0	6428.9	8968.1	12005.1	8919.8	684.5	41195.0
渭河上游，祖厉河、清水河中上游地区	渭河林家村以上地区	—	733.9	2805.6	2091.3	701.8	12248.5	—	—	18581.0
	祖厉河、清水河流域	7.8	1047.4	2887.4	3034.2	3434.0	—	—	—	10410.9
	合计	7.8	1781.3	5693.0	5125.5	4135.8	12248.5	—	—	28991.8
汾河及渭河、泾河、北洛河下游地区	汾河流域	221.2	229.1	2479.9	1433.2	2386.1	1503.9	151.0	—	8404.4
	渭河、泾河、北洛河下游地区	676.1	1597.0	788.6	1089.6	727.7	294.3	3253.7	—	8426.9
	合计	897.3	1826.1	3268.5	2522.8	3113.8	1798.2	3404.7	—	16831.3
全区域		1557.7	4457.7	19180.5	22753.1	24182.3	68078.5	32149.6	21526.2	193885.7

表 6.26　黄土高原各水文控制区不同侵蚀强度产沙量占该区总产沙量的比例

水文控制区	区间范围	不同侵蚀强度产沙量比例/%								总计
		微弱	轻度	中度	强度	强烈	极强烈	剧烈	极剧烈	
河口—吴堡区间	河口—府谷	0.1	—	27.3	24.4	11.7	12.5	—	23.9	100.0
	府谷—吴堡	0.1	0.1	1.9	8.2	5.3	36.2	19.0	29.2	100.0
	合计	0.1	0.1	10.7	13.8	7.5	28.0	12.4	27.4	100.0

续表

水文控制区	区间范围	不同侵蚀强度产沙量比例/%								总计
		微弱	轻度	中度	强度	强烈	极强烈	剧烈	极剧烈	
吴堡—龙门区间	无定河流域	1.6	—	4.4	4.2	—	35.2	25.3	29.4	100.0
	清涧河、延河流域	0.2	—	—	1.2	16.6	71.8	10.3	—	100.0
	该区间其他流域	0.4	1.6	—	1.2	9.9	55.1	31.8	—	100.0
	合计	0.8	0.7	1.7	2.4	7.4	50.8	24.8	11.5	100.0
北洛河、泾河中上游地区	北洛河交口以上地区	0.3	1.3	9.6	18.5	21.2	38.6	8.3	2.2	100.0
	泾河景村以上地区	0.7	0.4	5.6	6.7	23.7	—	62.9	—	100.0
	合计	0.4	1.1	8.7	15.6	21.8	29.1	21.7	1.7	100.0
渭河上游，祖厉河、清水河中上游地区	渭河林家村以上地区	—	3.9	15.1	11.3	3.8	65.9	—	—	100.0
	祖厉河、清水河流域	0.1	10.1	27.7	29.1	33.0	—	—	—	100.0
	合计	—	6.1	19.6	17.7	14.3	42.2	—	—	100.0
汾河及渭河、泾河、北洛河下游地区	汾河流域	2.6	2.7	29.5	17.1	28.4	17.9	1.8	—	100.0
	渭河、泾河、北洛河下游地区	8.0	20.0	9.4	12.9	8.6	3.5	38.6	—	100.0
	合计	5.3	10.8	19.4	14.9	18.5	10.7	20.2	—	100.0
全区域		0.8	2.3	9.9	11.57	12.5	35.1	16.6	11.1	100.0

表 6.27　黄土高原各水文控制区不同侵蚀强度产沙量占全区域总产沙量的比例

水文控制区	区间范围	不同侵蚀强度产沙量比例/%								总计
		微弱	轻度	中度	强度	强烈	极强烈	剧烈	极剧烈	
河口—吴堡区间	河口—府谷	1.7	—	26.4	19.9	9.0	3.4	—	20.6	9.6
	府谷—吴堡	1.4	1.0	3.5	12.8	7.7	18.8	20.8	47.9	18.2
	合计	3.1	1.0	30.0	32.7	16.7	22.2	20.8	68.6	27.8
吴堡—龙门区间	无定河流域	21.0	—	4.7	3.8	—	10.7	16.3	28.3	10.7
	清涧河、延河流域	1.1	—	—	0.6	7.6	11.7	3.6	—	5.7
	该区间其他流域	5.9	7.8	—	1.1	8.7	17.2	21.0	—	10.9
	合计	28.0	7.8	4.7	5.5	16.2	39.6	40.8	28.3	27.3
北洛河、泾河中上游地区	北洛河交口以上地区	6.3	9.4	15.6	25.2	27.2	17.6	8.0	3.2	16.0
	泾河景村以上地区	4.4	0.8	2.9	3.0	9.9	—	19.7	—	5.2
	合计	10.7	10.2	18.6	28.2	37.1	17.6	27.7	3.2	21.2
渭河上游，祖厉河、清水河中上游地区	渭河林家村以上地区	—	16.5	14.6	9.2	2.9	18.0	—	—	9.6
	祖厉河、清水河流域	0.5	23.5	15.1	13.3	14.2	—	—	—	5.4
	合计	0.5	40.0	29.7	22.5	17.1	18.0	—	—	15.0

续表

水文控制区	区间范围	不同侵蚀强度产沙量比例/%								总计
		微弱	轻度	中度	强度	强烈	极强烈	剧烈	极剧烈	
汾河及渭河、泾河、北洛河下游地区	汾河流域	14.2	5.1	12.9	6.3	9.9	2.2	0.5	—	4.3
	渭河、泾河、北洛河下游地区	43.4	35.9	4.1	4.8	3.0	0.4	10.1	—	4.3
	合计	57.6	41.0	17.0	11.1	12.9	2.6	10.6	—	8.7
全区域		100.0	100.0	100.0	100.0	100.0	100.0	100.0	100.0	100.0

1. 各控制区不同侵蚀强度的产沙量结构

（1）河口—吴堡区间，年产沙量为53860.3万t。该区域产沙量主要来自强度侵蚀以上区域，其中极强烈侵蚀区（15098.5万t），占28.0%；极剧烈侵蚀区（14759.2万t），占27.4%；剧烈侵蚀区（6698.2万t），占12.4%；强度侵蚀区（7427.6万t），占13.8%。该区域河口—府谷区间与府谷—吴堡区间的产沙量结构有所不同，河口—府谷区间产沙量以中度侵蚀、强度侵蚀以及极剧烈侵蚀三种侵蚀强度的产沙量为主构成，分别占该区域的27.3%、24.4%和23.9%；而府谷—吴堡区间，产沙量则主要由极强烈侵蚀、剧烈侵蚀和极剧烈侵蚀三种侵蚀强度构成，分别占该区域总产沙量的36.2%、19.0%和29.2%。

（2）吴堡—龙门区间，年产沙量为53007.3万t。该区域产沙量主要来自极强烈侵蚀以上地区，占总产沙量的87.1%。其中，极强烈侵蚀区（26928.2万t），占50.8%；剧烈侵蚀（13126.9万t），占24.8%。极剧烈侵蚀区（6082.5万t），占11.5%。该区域无定河流域产沙量主要来自极强烈侵蚀、剧烈侵蚀和极剧烈侵蚀三种侵蚀强度区，分别占该流域总产沙量的35.2%、25.3%和29.4%；清涧河、延河流域产沙量主要来自极强烈侵蚀区，占其总产沙量的71.8%；吴堡—龙门区间未控区产沙量主要来自极强烈侵蚀区和剧烈侵蚀区，分别占该区间产沙量的55.1%和31.8%。

（3）北洛河、泾河中上游地区，年产沙量为41195.0万t。该区域产沙量主要由强度—剧烈侵蚀四种侵蚀强度构成，其中强度侵蚀区占15.6%，强烈侵蚀区占21.8%，极强烈侵蚀区占29.1%，剧烈侵蚀区占21.7%。该区域北洛河交口以上地区产沙量主要来自强度侵蚀区、强烈侵蚀区和极强烈侵蚀区，分别占该区间总产沙量的18.5%、21.2%和38.6%；泾河景村以上地区产沙量主要来自剧烈侵蚀区和强烈侵蚀区，分别占62.9%和23.7%。

（4）渭河上游，祖厉河、清水河中上游地区，年产沙量为28991.8万t。该区域产沙量主要来自极强烈侵蚀区（12248.5万t），占42.2%；另外，中度侵蚀区、强度侵蚀区和强烈侵蚀区也分别占到19.6%、17.7%和14.3%。该区域渭河林家村以上地区产沙量主要由极强烈侵蚀区造成，占该地区总产沙量的65.9%；而祖厉河、清水河流域主要来自中度侵蚀区、强度侵蚀区和强烈侵蚀区，分别占其总产沙量的27.7%、29.1%和33.0%。

（5）汾河及渭河、泾河、北洛河下游地区年产沙量为16 831.3万t。该区间除未发生极剧烈侵蚀以外，其他各种侵蚀强度均占有一定比例。除微弱侵蚀区仅占年产沙量的5.3%外，其余各侵蚀强度区的产沙量大约占该区间年产沙量10%～20%。该区域汾河流域产沙量主要来源于中度侵蚀区、强度侵蚀区、强烈侵蚀区和极强烈侵蚀区，分别占汾河流域总产沙量的 29.5%、17.1%、28.4%和 17.9%；渭河、泾河、北洛河下游地区主要来自轻度侵蚀区和剧烈侵蚀区，分别该占地区总产沙量的 20.0%和 38.6%。

2. 全区域不同侵蚀强度产沙量的空间分布

（1）全区域微弱侵蚀区的产沙量主要来自渭河、泾河、北洛河下游地区（占 43.4%），汾河流域（占 14.2%），以及无定河流域（占 21.0%）。

（2）全区域轻度侵蚀区的产沙量主要来自渭河、泾河、北洛河下游地区（占 35.9%），祖厉河、清水河流域（占 23.5%），以及渭河林家村以上地区（占 16.5%）。

（3）全区域中度侵蚀区产沙量主要来自河口—府谷区间（占 26.4%），北洛河交口以上地区（占 15.6%），渭河林家村以上地区（占 14.6%），祖厉河、清水河流域（占 15.1%），以及汾河流域（占 12.9%）。

（4）全区域强度侵蚀区产沙量主要来自北洛河交口以上地区（占 25.2%），祖厉河、清水河流域（占 13.3%），河口—府谷区间（占 19.9%），以及府谷—吴堡区间（占 12.8%）。

（5）全区域强烈侵蚀区产沙量主要来自北洛河交口以上地区（占 27.2%），河口—吴堡区间（占 16.7%），祖厉河、清水河流域（占 14.2%），以及汾河流域（占 9.9%）。

（6）全区域极强烈侵蚀区产沙量主要来自府谷—吴堡区间（占 18.8%），吴堡—龙门区间（占 39.6%），北洛河交口以上地区（占 17.6%），以及渭河林家村以上地区（占 18.0%）。

（7）全区域剧烈侵蚀区产沙量主要来自府谷—吴堡区间（占 20.8%），无定河流域（占 16.3%），吴堡—龙门区间未控区（占 21.0%），泾河景村以上地区（占 19.7%），以及渭河、泾河、北洛河下游地区（占 10.1%）。

（8）全区域极剧烈侵蚀区产沙量主要来自河口—吴堡区间（占 68.6%）和无定河流域（占 28.3%）。

6.6 不同流域侵蚀强度结构特征及空间分布

6.6.1 各流域不同侵蚀强度的面积结构和产沙量结构特征

表 6.28～表 6.33 是计算得出的各流域不同侵蚀强度的面积、产沙量，以及它们分别占该流域总面积、总产沙量的比例和占全区域同级侵蚀强度总面积、总产沙量的比例。

根据表 6.28～表 6.33 中所列结果，分述如下。

表 6.28 各流域不同侵蚀强度的面积结构

流域名称	不同侵蚀强度面积/km²								总计
	微弱	轻度	中度	强度	强烈	极强烈	剧烈	极剧烈	
祖厉河	—	103.5	1640.0	4973.2	3930.3	—	—	—	10647.0
清水河	477.3	9265.1	4737.6	—	—	—	—	—	14480.0
浑河	272.5	—	3133.5	2055.0	—	—	—	—	5461.0
偏关河	—	—	—	—	1915.0	—	—	—	1915.0

续表

流域名称	不同侵蚀强度面积/km²								总计
	微弱	轻度	中度	强度	强烈	极强烈	剧烈	极剧烈	
皇甫川	147.8	—	—	—	—	1178.0	—	1873.1	3199.0
清水川	—	—	—	—	—	735.0	—	—	735.0
县川河	—	—	—	1187.1	374.9	—	—	—	1562.0
孤山川	—	—	—	—	—	12.6	656.8	593.6	1263.0
朱家川	201.7	—	2679.3	—	—	—	—	—	2881.0
岚漪河	1123.0	261.8	—	—	—	—	—	774.2	2159.0
蔚汾河	693.7	—	—	—	—	—	782.3	—	1476.0
窟野河	38.6	—	—	3918.3	443.8	3032.0	—	1212.3	8645.0
秃尾河	670.4	—	—	—	1609.9	972.7	—	—	3253.0
佳芦河	—	—	—	—	67.3	—	—	1053.7	1121.0
湫水河	355.9	—	—	—	—	—	1517.1	—	1873.0
三川河	2022.4	—	—	—	—	134.8	1944.7	—	4102.0
屈产河	143.2	—	—	—	—	879.8	—	—	1023.0
无定河	14177.4	—	2735.4	1449.0	—	5598.5	3354.8	2902.0	30217.0
清涧河	—	—	—	—	—	2719.3	748.7	—	3468.0
昕水河	1437.1	—	—	—	2155.7	159.7	239.5	—	3992.0
延河	391.4	—	—	224.6	2291.6	2983.4	—	—	5891.0
汾川河	1267.1	—	—	394.9	—	—	—	—	1662.0
仕望川	278.3	1862.7	—	—	—	—	—	—	2141.0
州川河	—	—	—	—	—	335.7	100.3	—	436.0
汾河	23723.9	1260.0	7083.0	2512.6	2815.3	1241.0	92.2	—	38728.0
渭河	20265.3	12089.4	9575.4	5081.8	1617.3	11169.4	1788.5	—	61587.0
泾河	5000.2	5313.7	7010.1	9650.9	7455.7	8971.5	1670.8	300.0	45373.0
北洛河	16207.5	643.6	1233.6	1130.5	2722.2	—	3216.6	—	25154.0
黄河干流	6487.3	—	14326.3	4159.3	—	14315.5	2445.8	—	41734，0
全区域	95382.0	30799.8	54154.2	36737.2	27398.9	54439.0	18557.9	8709.0	326178.0

表 6.29 各流域不同侵蚀强度面积占该流域总面积的比例

流域名称	不同侵蚀强度面积比例/%								总计
	微弱	轻度	中度	强度	强烈	极强烈	剧烈	极剧烈	
祖厉河	—	1.0	15.4	46.7	36.9	—	—	—	100.0
清水河	3.3	64.0	32.7	—	—	—	—	—	100.0
浑河	5.0	—	57.4	37.6	—	—	—	—	100.0
偏关河	—	—	—	—	100.0	—	—	—	100.0
皇甫川	4.6	—	—	—	—	36.8	—	58.6	100.0
清水川	—	—	—	—	—	100.0	—	—	100.0
县川河	—	—	—	76.0	24.0	—	—	—	100.0
孤山川	—	—	—	—	—	1.0	52.0	47.0	100.0
朱家川	7.0	—	93.0	—	—	—	—	—	100.0

续表

流域名称	不同侵蚀强度面积比例/%								总计
	微弱	轻度	中度	强度	强烈	极强烈	剧烈	极剧烈	
岚漪河	52.0	12.1	—	—	—	—	—	35.9	100.0
蔚汾河	47.0	—	—	—	—	—	53.0	—	100.0
窟野河	0.4	—	—	45.3	5.1	35.1	—	14.0	100.0
秃尾河	20.6	—	—	—	49.5	29.9	—	—	100.0
佳芦河	—	—	—	—	6.0	—	—	94.0	100.0
湫水河	19.0	—	—	—	—	—	81.0	—	100.0
三川河	49.3	—	—	—	—	3.3	47.4	—	100.0
屈产河	14.0	—	—	—	—	86.0	—	—	100.0
无定河	46.9	—	9.1	4.8	—	18.5	11.1	9.6	100.0
清涧河	—	—	—	—	—	78.4	21.6	—	100.0
昕水河	36.0	—	—	—	54.0	4.0	6.0	—	100.0
延河	6.6	—	—	3.8	38.9	50.6	—	—	100.0
汾川河	76.2	—	—	23.8	—	—	—	—	100.0
仕望川	13.0	87.0	—	—	—	—	—	—	100.0
州川河	—	—	—	—	—	77.0	23.0	—	100.0
汾河	61.3	3.3	18.3	6.5	7.3	3.2	0.2	—	100.0
渭河	32.9	19.6	15.5	8.3	2.6	18.1	2.9	—	100.0
泾河	11.0	11.7	15.4	21.3	16.4	19.8	3.7	0.7	100.0
北洛河	64.4	2.6	4.9	4.5	10.8	—	12.8	—	100.0
黄河干流	15.5	—	34.3	10.0	—	34.3	5.9	—	100.0
全区域	29.2	9.4	16.6	11.3	8.4	16.7	5.7	2.7	100.0

表 6.30　各流域不同侵蚀强度面积占全区域面积的比例

流域名称	不同侵蚀强度面积比例/%								总计
	微弱	轻度	中度	强度	强烈	极强烈	剧烈	极剧烈	
祖厉河	—	0.3	3.0	13.5	14.3	—	—	—	3.3
清水河	0.5	30.1	8.7	—	—	—	—	—	4.4
浑河	0.3	—	5.8	5.6	—	—	—	—	1.7
偏关河	—	—	—	—	7.0	—	—	—	0.6
皇甫川	0.2	—	—	—	—	2.2	—	21.5	1.0
清水川	—	—	—	—	—	1.4	—	—	0.2
县川河	—	—	—	3.2	1.4	—	—	—	0.5
孤山川	—	—	—	—	—	0.0	3.5	6.8	0.4
朱家川	0.2	—	4.9	—	—	—	—	—	0.9
岚漪河	1.2	0.9	—	—	—	—	—	8.9	0.7
蔚汾河	0.7	—	—	—	—	—	4.2	—	0.5
窟野河	0.0	—	—	10.7	1.6	5.6	—	13.9	2.7
秃尾河	0.7	—	—	—	5.9	1.8	—	—	1.0
佳芦河	—	—	—	—	0.2	—	—	12.1	0.3

续表

流域名称	不同侵蚀强度面积比例/%								总计
	微弱	轻度	中度	强度	强烈	极强烈	剧烈	极剧烈	
湫水河	0.4	—	—	—	—	—	8.2	—	0.6
三川河	2.1	—	—	—	—	0.2	10.5	—	1.3
屈产河	0.2	—	—	—	—	1.6	—	—	0.3
无定河	14.9	—	5.1	3.9	—	10.3	18.1	33.3	9.3
清涧河	—	—	—	—	—	5.0	4.0	—	1.1
昕水河	1.5	—	—	—	7.9	0.3	1.3	—	1.2
延河	0.4	—	—	0.6	8.4	5.5	—	—	1.8
汾川河	1.3	—	—	1.1	—	—	—	—	0.5
仕望川	0.3	6.0	—	—	—	—	—	—	0.7
州川河	—	—	—	—	—	0.6	0.5	—	0.1
汾河	24.9	4.1	13.1	6.8	10.3	2.3	0.5	—	11.9
渭河	21.2	39.3	17.7	13.8	5.9	20.5	9.6	—	18.9
泾河	5.2	17.3	12.9	26.3	27.2	16.5	9.0	3.4	13.9
北洛河	17.0	2.1	2.3	3.1	9.9	—	17.3	—	7.7
黄河干流	6.8	—	26.5	11.3	—	26.3	13.2	—	12.8
全区域	100.0	100.0	100.0	100.0	100.0	100.0	100.0	100.0	100.0

表 6.31　各流域不同侵蚀强度的产沙量结构

流域名称	不同侵蚀强度产沙量/万 t								总计
	微弱	轻度	中度	强度	强烈	极强烈	剧烈	极剧烈	
祖厉河	—	12.5	742.6	3034.2	3434.0	—	—	—	7223.3
清水河	7.8	1034.9	2144.8	—	—	—	—	—	3187.5
浑河	0.6	—	959.4	1324.8	—	—	—	—	2284.8
偏关河	—	—	—	—	1818.2	—	—	—	1818.2
皇甫川	0.0	—	—	—	—	1392.7	—	4442.9	5835.6
清水川	—	—	—	—	—	926.1	—	—	926.1
县川河	—	—	—	703.4	355.9	—	—	—	1059.3
孤山川	—	—	—	—	—	14.9	1131.7	1418.7	2565.3
朱家川	0.4	—	674.8	—	—	—	—	—	675.2
岚漪河	2.3	46.5	—	—	—	—	—	1627.7	1676.5
蔚汾河	1.4	—	—	—	—	—	1439.0	—	1440.5
窟野河	0.9	—	—	2906.6	391.4	3737.8	—	4896.4	11933.1
秃尾河	15.5	—	—	—	1411.6	1457.6	—	—	2884.6
佳芦河	—	—	—	—	59.3	—	—	2373.5	2432.8
湫水河	0.7	—	—	—	—	—	2959.7	—	2960.5
三川河	4.2	—	—	—	—	138.4	3243.0	—	3385.6
屈产河	0.3	—	—	—	—	1305.6	—	—	1305.9
无定河	327.2	—	909.9	865.4	—	7281.0	5237.5	6082.5	20703.6
清涧河	—	—	—	—	—	3674.3	1144.5	—	4818.7

续表

流域名称	不同侵蚀强度产沙量/万 t								总计
	微弱	轻度	中度	强度	强烈	极强烈	剧烈	极剧烈	
昕水河	3.0	—	—	—	2091.9	235.4	401.5	—	2731.8
延河	18.2	—	—	135.2	1836.2	4286.2	—	—	6275.9
汾川河	66.4	—	—	247.8	—	—	—	—	314.1
仕望川	13.7	346.5	—	—	—	—	—	—	360.2
州川河	—	—	—	—	—	412.5	168.1	—	580.6
汾河	221.2	229.1	2479.9	1433.2	2386.1	1503.9	151.0	—	8404.4
渭河	287.9	1838.0	3594.3	2873.8	1429.4	12396.5	3253.7	—	25673.5
泾河	116.3	860.0	2999.2	6055.0	6579.9	12151.4	2572.1	684.5	32018.4
北洛河	439.2	90.2	564.8	680.9	2388.2	—	6347.7	—	10511.0
黄河干流	30.5	—	4110.8	2492.9	—	17164.3	4100.0	—	27898.6
全区域	1557.7	4457.7	19180.5	22753.1	24182.3	68078.5	32149.6	21526.2	193885.7

表 6.32 各流域不同侵蚀强度的产沙量占该流域总产沙量的比例

流域名称	不同侵蚀强度产沙量比例/%								总计
	微弱	轻度	中度	强度	强烈	极强烈	剧烈	极剧烈	
祖厉河	—	0.2	10.3	42.0	47.5	—	—	—	100.0
清水河	0.2	32.5	67.3	—	—	—	—	—	100.0
浑河	0.0	—	42.0	58.0	—	—	—	—	100.0
偏关河	—	—	—	—	100.0	—	—	—	100.0
皇甫川	0.0	—	—	—	—	23.9	—	76.1	100.0
清水川	—	—	—	—	—	100.0	—	—	100.0
县川河	—	—	—	66.4	33.6	—	—	—	100.0
孤山川	—	—	—	—	—	0.6	44.1	55.3	100.0
朱家川	0.1	—	99.9	—	—	—	—	—	100.0
岚漪河	0.1	2.8	—	—	—	—	—	97.1	100.0
蔚汾河	0.1	—	—	—	—	—	99.9	—	100.0
窟野河	0.0	—	—	24.4	3.3	31.3	—	41.0	100.0
秃尾河	0.5	—	—	—	48.9	50.5	—	—	100.0
佳芦河	—	—	—	—	2.4	—	—	97.6	100.0
湫水河	0.0	—	—	—	—	—	100.0	—	100.0
三川河	0.1	—	—	—	—	4.1	95.8	—	100.0
屈产河	0.0	—	—	—	—	100.0	—	—	100.0
无定河	1.6	—	4.4	4.2	—	35.2	25.3	29.4	100.0
清涧河	—	—	—	—	—	76.3	23.8	—	100.0
昕水河	0.1	—	—	—	76.6	8.6	14.7	—	100.0
延河	0.3	—	—	2.2	29.3	68.3	—	—	100.0
汾川河	21.1	—	—	78.9	—	—	—	—	100.0
仕望川	3.8	96.2	—	—	—	—	—	—	100.0
州川河	—	—	—	—	—	71.0	29.0	—	100.0

续表

流域名称	不同侵蚀强度产沙量比例/%								总计
	微弱	轻度	中度	强度	强烈	极强烈	剧烈	极剧烈	
汾河	2.6	2.7	29.5	17.1	28.4	17.9	1.8	—	100.0
渭河	1.1	7.2	14.0	11.2	5.6	48.3	12.7	—	100.0
泾河	0.4	2.7	9.4	18.9	20.6	38.0	8.0	2.1	100.0
北洛河	4.2	0.9	5.4	6.5	22.7	—	60.4	—	100.0
黄河干流	0.1	—	14.7	8.9	—	61.5	14.7	—	100.0
全区域	0.8	2.3	9.9	11.7	12.5	35.1	16.6	11.1	100.0

表 6.33　各流域不同侵蚀强度的产沙量占全区域总产沙量的比例

流域名称	不同侵蚀强度产沙量比例 /%								总计
	微弱	轻度	中度	强度	强烈	极强烈	剧烈	极剧烈	
祖厉河	—	0.3	3.9	13.3	14.2	—	—	—	3.7
清水河	0.5	23.2	11.2	—	—	—	—	—	1.6
浑河	0.0	—	5.0	5.8	—	—	—	—	1.2
偏关河	—	—	—	—	7.5	—	—	—	0.9
皇甫川	0.0	—	—	—	—	2.0	—	20.6	3.0
清水川	—	—	—	—	—	1.4	—	—	0.5
县川河	—	—	—	3.1	1.5	—	—	—	0.5
孤山川	—	—	—	—	—	0.0	3.5	6.6	1.3
朱家川	0.0	—	3.5	—	—	—	—	—	0.3
岚漪河	0.1	1.0	—	—	—	—	—	7.6	0.9
蔚汾河	0.1	—	—	—	—	—	4.5	—	0.7
窟野河	0.1	—	—	12.8	1.6	5.5	—	22.7	6.2
秃尾河	1.0	—	—	—	5.8	2.1	—	—	1.5
佳芦河	—	—	—	—	0.2	—	—	11.0	1.3
湫水河	0.0	—	—	—	—	—	9.2	—	1.5
三川河	0.3	—	—	—	—	0.2	10.1	—	1.7
屈产河	0.0	—	—	—	—	1.9	—	—	0.7
无定河	21.0	—	4.7	3.8	—	10.7	16.3	28.3	10.7
清涧河	—	—	—	—	—	5.4	3.6	—	2.5
昕水河	0.2	—	—	—	8.7	0.3	1.2	—	1.4
延河	1.2	—	—	0.6	7.6	6.3	—	—	3.2
汾川河	4.3	—	—	1.1	—	—	—	—	0.2
仕望川	0.9	7.8	—	—	—	—	—	—	0.2
州川河	—	—	—	—	—	0.6	0.5	—	0.3
汾河	14.2	5.1	12.9	6.3	9.9	2.2	0.5	—	4.3
渭河	18.5	41.2	18.7	12.6	5.9	18.2	10.1	—	13.2
泾河	7.5	19.3	15.6	26.6	27.2	17.8	8.0	3.2	16.5
北洛河	28.2	2.0	2.9	3.0	9.9	—	19.7	—	5.4
黄河干流	2.0	—	21.4	11.0	—	25.2	12.8	—	14.4
全区域	100.0	100.0	100.0	100.0	100.0	100.0	100.0	100.0	100.0

（1）祖厉河流域。该流域分布有轻度、中度、强度和强烈四种侵蚀强度。以强度侵蚀和强烈侵蚀所占面积最大，分别占流域总面积的 46.7%和 36.9%；其次是中度侵蚀，占总面积的 15.4%；该流域产沙量主要来自强度侵蚀区和强烈侵蚀区，各占流域总产量的 42.0%和 47.5%。

（2）清水河流域。该流域分布有微弱、轻度和中度三种侵蚀强度。主要以轻度侵蚀为主，占流域总面积的 64.0%；其次是中度侵蚀，占总面积 32.7%。该流域产沙量也主要来自这两个侵蚀区，分别占流域总产量的 32.5%和 67.3%。

（3）浑河流域。该流域分布有微弱、中度和强度三种侵蚀强度。主要以中度侵蚀和强度侵蚀分布为主，分别占流域总面积的 57.4%和 37.6%。该流域产沙量也主要来自中度侵蚀区和强度侵蚀区，分别占 42.0%和 58.0%。

（4）偏关河流域。该流域基本上都为强烈侵蚀，面积和产沙量结构单一。

（5）皇甫川流域。该流域分布有微弱、极强烈和极剧烈三种侵蚀强度。主要为极强烈侵蚀和极剧烈侵蚀，面积分别占流域总面积的 36.8%和 58.6%。该流域产沙量也主要来自这两个侵蚀区，分别占流域总产量的 23.9%和 76.1%。

（6）清水川流域。该流域基本上都为极强烈侵蚀，面积和产沙量结构单一。

（7）县川河流域。该流域分布有强度侵蚀和强烈侵蚀两种侵蚀强度，面积分别占流域总面积的 76.0%和 24.0%，其产沙量也分别占流域总产量的 66.4%和 33.6%。

（8）孤山川流域。该流域分布有极强烈、剧烈和极剧烈三种侵蚀强度。以剧烈侵蚀和极剧烈侵蚀面积分布最大，分别占流域总面积的 52.0%和 47.0%，其产沙量也分别占流域总产量的 44.1%和 55.3%。

（9）朱家川流域。该流域只分布有微弱和中度两种侵蚀强度侵蚀强度。其中以中度侵蚀面积分布最广，占流域总面积的 93.0%，其产沙量也占到流域总产量的 99.9%。

（10）岚漪河流域。该流域分布有微弱、轻度和极剧烈三种侵蚀强度。其中轻度以下侵蚀面积占 64.1%，极剧烈侵蚀面积占 35.9%。流域产沙量主要来源于极剧烈侵蚀区，占到流域总产量的 97.1%。

（11）蔚汾河流域。该流域只分布有微弱和剧烈两种侵蚀强度。其中微弱侵蚀面积占 47.0%，剧烈侵蚀面积占 53.0%。流域产沙量主要来自剧烈侵蚀区，占流域总产量的 99.9%。

（12）窟野河流域。该流域分布有微弱、强度、强烈、极强烈和极剧烈五种侵蚀强度。以强度侵蚀和极强烈侵蚀为主，分别占流域总面积的 45.3%和 35.1%。流域产沙量主要来自极剧烈侵蚀区、极强烈侵蚀区和强烈侵蚀区，分别占到流域总产量的 41.0%、31.3%和 24.4%。

（13）秃尾河流域。该流域分布有微弱、强烈和极强烈三种侵蚀强度。其中微弱侵蚀占 20.6%，强烈侵蚀占 49.5%，极强烈侵蚀占 29.9%。流域产沙量主要来自强烈侵蚀区和极强烈侵蚀区，分别占流域总产量的 48.9%和 50.5%。

（14）佳芦河流域。该流域除强烈侵蚀面积占 6.0%以外，其余 94.0%的面积均为极剧烈侵蚀，其产沙量占到流域总产量的 97.6%。

（15）湫水河流域。该流域主要由微弱侵蚀和剧烈侵蚀构成，其中剧烈侵蚀占

81.0%，微弱侵蚀面积占19.0%。流域产沙量全部来自于剧烈侵蚀区。

（16）三川河流域。该流域分布有微弱、极强烈和剧烈三种侵蚀强度。以轻微侵蚀和剧烈侵蚀分布为主，其中轻微侵蚀面积占49.3%，剧烈侵蚀面积占47.4%。流域产沙量主要来自剧烈侵蚀区，占到流域总产量的95.8%。

（17）屈产河流域。该流域仅分布有微弱和极强烈两种侵蚀强度。以极强烈侵蚀分布为主，占86.0%，其产沙量全部来自极强烈侵蚀区。

（18）无定河流域。该流域除轻度和强烈侵蚀外，各类强度侵蚀面积均有分布，其中微弱侵蚀面积占46.9%，极强烈侵蚀面积占18.5%，剧烈侵蚀面积占11.1%，极剧烈侵蚀面积占 9.6%。流域产沙量主要来自极强烈侵蚀区、剧烈侵蚀区和极剧烈侵蚀区，各占流域总产沙量的35.2%、25.3%和29.4%。

（19）清涧河流域。该流域主要为极强烈侵蚀和剧烈侵蚀，面积分别占 78.4%和21.6%，产沙量各占流域总产沙量的76.2%和23.8%。

（20）昕水河流域。该流域分布有微弱、强烈、极强烈和剧烈四种侵蚀强度。微弱侵蚀和强烈侵蚀面积各占流域总面积的36.0%和54.0%。流域产沙量主要来自强烈侵蚀区和剧烈侵蚀区，各占流域总产沙量的76.6%和14.7%。

（21）延河流域。该流域分布有微弱、强度、强烈和极强烈四种侵蚀强度。以强烈侵蚀和极强烈侵蚀分布为主，各占流域总面积的38.9%和50.6%，其产沙量各占流域总产沙量的29.3%和68.2%。

（22）汾川河流域。该流域仅分布有微弱和强度两种侵蚀强度，各占流域总面积的76.2%和23.8%，其产沙量各占流域总产沙量的21.1%和78.9%。

（23）仕望川流域。该区域分布有微弱和轻度两种侵蚀强度。以轻度侵蚀分布为主，占流域总面积的87.0%，流域产沙量的96.2%。

（24）州川河流域。该流域分布有极强烈和剧烈两种侵蚀强度，面积各占 77.0%和23.0%，产沙量各占71.0%和29.0%。

（25）汾河流域。该流域除极剧烈侵蚀外，各种侵蚀强度均有分布。其中微弱侵蚀面积占61.3%，中度侵蚀面积占18.3%。流域产沙量主要来自中度侵蚀—极强烈侵蚀区，其中，中度侵蚀区占29.5%，强度侵蚀区占17.1%，强烈侵蚀区占28.4%，极强烈侵蚀区占17.9%。

（26）渭河流域。该流域除极剧烈侵蚀外，其他各类侵蚀强度均有分布。其中轻度以下侵蚀面积占46.2%，中度侵蚀面积占19.1%，极强烈侵蚀面积占23.3%。流域产沙量主要来自极强烈侵蚀区，占58.7%，另外，中度侵蚀和强度侵蚀区各占16.3%和10.0%。

（27）泾河流域。该流域各类侵蚀强度面积均有分布。其中，中度侵蚀面积占16.2%，强度侵蚀面积占22.3%，强烈侵蚀面积占17.3%，极强烈侵蚀面积占20.5%。流域产沙量主要来自极强烈侵蚀区（占37.9%）、强烈侵蚀区（占20.8%）和强度侵蚀区（占19.1%）。

（28）北洛河流域。该流域除极强烈和极剧烈侵蚀外，各种侵蚀强度均有分布。以微弱侵蚀面积最大，占流域总面积的64.4%，其次是强烈侵蚀面积和剧烈侵蚀面积，各占流域总面积的10.8%和12.8%。流域产沙量主要来自剧烈侵蚀区和强烈侵蚀区，各占流域总产沙量的60.4%和22.7%。

6.6.2　全区域不同侵蚀强度面积和产沙量的流域分布

（1）全区域微弱侵蚀面积在大多流域都有不同程度的分布，主要分布在汾河、渭河、北洛河、无定河，以及黄河干流未控区，分别占全区域微弱侵蚀总面积的 24.9%、21.2%、17.0%、14.9%和 6.8%，上述五个流域共占全区域微弱侵蚀总面积的 84.8%；其产沙量分别占全区域微弱侵蚀总产沙量的 14.2%、18.5%、28.2%；21.0%和 2.0%，上述五个流域共占全区域微弱侵蚀总产沙量的 83.9%。

（2）全区域轻度侵蚀面积主要分布在渭河、清水河和泾河流域，分别占全区域轻度侵蚀总面积的 39.3%、30.1%和 17.3%，上述三个流域共占到全区域轻度侵蚀总面积的 86.7%；其产沙量分别占全区域轻度侵蚀总产沙量的 41.2%、23.2%和 19.3%，上述三个流域共占全区域轻度侵蚀总产沙量的 83.7%。

（3）全区域中度侵蚀的面积主要分布在在汾河、渭河、泾河，以及黄河干流未控区，分别占全区域中度侵蚀总面积的 13.1%、17.7%、12.9%和 26.5%，上述四个流域共占全区域中度侵蚀总面积的 70.2%；其产沙量分别占全区域中度侵蚀总产沙量的 12.9%、18.7%、15.6%和 21.4%，共占全区域中度侵蚀总产沙量的 68.6%。

（4）全区域强度侵蚀面积主要分布在祖厉河、窟野河、渭河、泾河，以及黄河干流未控区，分别占全区域强度侵蚀总面积的 13.5%、10.7%、13.8%、26.3%和 11.3%，上述五个流域共占到全区域强度侵蚀总面积的 75.6%；其产沙量分别占全区域强度侵蚀总产沙量的 13.3%、12.8%、12.6%；26.6%和 11.0%，共占全区域强度侵蚀总产沙量的 76.3%。

（5）全区域强烈侵蚀面积主要分布在祖厉河、汾河、泾河和北洛河，分别占全区域强烈侵蚀总面积的 14.3%、10.3%、27.2%和 9.9%；其产沙量分别占全区域强烈侵蚀总产沙量的 14.2%、9.9%、27.2%和 9.9%。

（6）全区域极强烈侵蚀主要分布在无定河、渭河、泾河，以及黄河干流未控区，分别占全区域极强烈侵蚀侵总面积的 10.3%、20.5%、16.5%和 26.3%；其产沙量分别占全区域极强烈侵蚀总产沙量的 10.7%、18.2%、17.8%和 25.2%。

（7）全区域剧烈侵蚀面积主要分布在三川河、无定河、渭河、泾河、北洛河，以及黄河干流未控区，分别占全区域剧烈侵蚀侵总面积的 10.5%、18.1%、9.6%、9.0%、17.3%和 13.2%，共占全区域剧烈侵蚀总面积的 77.7%；其产沙量分别占全区域剧烈侵蚀总产沙量的 10.1%、16.3%、10.1%、8.0%、19.7%和 12.8%，共占全区域剧烈侵蚀总产沙量的 77.0%。

（8）全区域极剧烈侵蚀面积主要分布在皇甫川、窟野河、佳芦河和无定河，分别占全区域极剧烈侵蚀侵总面积的 21.5%、13.9%、12.1%和 33.3%；其产沙量分别占全区域极剧烈侵蚀总产沙量的 20.6%、22.7%、11.0%和 28.3%。

6.6.3　各流域侵蚀产沙的空间分异特征

表 6.34 是各流域不同区间和不同类型区的侵蚀产沙情况，基本反映了该流域侵蚀产沙的空间分异特征。

根据表 6.34 中数据，分述如下。

表 6.34 各流域侵蚀产沙空间分布

流域名称	区间范围	侵蚀类型区	面积 /km^2	侵蚀强度 /［t/（km^2·a）］	产沙量 /万 t
祖厉河	会宁以上	干旱黄土丘陵沟壑区	1041.0	6101.1	635.1
	巉口以上	干旱黄土丘陵沟壑区	1640.0	4527.8	742.6
	郭城驿—（会宁、巉口）	干旱黄土丘陵沟壑区	2708.2	8893.0	2408.4
		黄土残塬沟壑区	83.8	8454.9	70.8
	靖远—郭城驿	干旱黄土丘陵沟壑区	3932.2	6101.1	2399.1
		黄土残塬沟壑区	1138.3	8387.9	954.8
		高原土石山区	103.5	1209.0	12.5
	合计		10647.0	6784.4	7223.3
清水河	韩府湾以上	干旱黄土丘陵沟壑区	4737.6	4527.3	2144.8
		高原土石山区	197.4	1209.0	23.9
	泉眼山—韩府湾	干旱黄土丘陵沟壑区	3340.7	1067.4	356.6
		风沙黄土丘陵沟壑区	5727.0	1142.7	654.4
		高原土石山区	477.3	163.4	7.8
	合计		14480.0	2201.3	3187.5
浑河	太平窑以上	黄土平岗丘陵沟壑区	3133.5	3061.9	959.4
		高原土石山区	272.5	22.0	0.6
	放牛沟—太平窑	黄土平岗丘陵沟壑区	2055.0	6446.7	1324.8
	合计		5461.0	4183.8	2284.8
偏关河	偏关以上	黄土平岗丘陵沟壑区	1915.0	9494.7	1818.2
皇甫川	沙圪堵以上	黄土平岗丘陵沟壑区	635.0	26872.8	1706.3
		风沙草原区	716.0	11822.1	846.5
	黄甫—沙圪堵	黄土平岗丘陵沟壑区	1238.2	22102.0	2736.6
		风沙草原区	462.0	11822.5	546.2
		库布齐沙漠区	147.8	0.0	0.0
	合计		3199.0	18242.0	5835.6
清水河	清水以上	黄土平岗丘陵沟壑区	602.7	12465.1	751.3
		黄土峁状丘陵沟壑区	58.8	14946.6	87.9
		风沙草原区	73.5	11822.1	86.9
	合计		735.0	12599.3	926.1
县川河	旧县以上	黄土平岗丘陵沟壑区	374.9	9494.7	355.9
		黄土峁状丘陵沟壑区	1187.1	5925.0	703.4
	合计		1562.0	6781.7	1059.3
孤山川	高石崖以上	黄土平岗丘陵沟壑区	656.8	17231.5	1131.7
		黄土峁状丘陵沟壑区	593.6	23899.7	1418.7
		风沙草原区	12.6	11822.1	14.9
	合计		1263.0	20311.4	2565.3

续表

流域名称	区间范围	侵蚀类型区	面积/km²	侵蚀强度/[t/(km²·a)]	产沙量/万 t
朱家川	下流碛以上	黄土峁状丘陵沟壑区	2679.3	2518.4	674.8
		高原土石山区	201.7	20.8	0.4
	合计		2881.0	2343.6	675.2
岚漪河	岢岚以上	黄土峁状丘陵沟壑区	261.8	1777.4	46.5
		高原土石山区	214.2	20.8	0.4
	裴家川—岢岚	黄土峁状丘陵沟壑区	774.2	21024.4	1627.7
		高原土石山区	908.8	20.8	1.9
	合计		2159.0	7765.3	1676.5
蔚汾河	碧村以上	黄土峁状丘陵沟壑区	782.3	18395.5	1439.0
		高原土石山区	693.7	20.8	1.4
	合计		1476.0	9759.4	1440.5
窟野河	王道恒塔以上	黄土平岗丘陵沟壑区	307.1	13045.7	400.7
		风沙草原区	3531.9	7488.2	2644.7
	新庙以上	风沙草原区	1527.0	11822.1	1805.2
	神木—（王道恒塔、新庙）	黄土平岗丘陵沟壑区	946.7	13045.7	1235.0
		黄土峁状丘陵沟壑区	386.4	6775.9	261.8
		风沙黄土丘陵沟壑区	309.1	8819.8	272.6
		风沙草原区	38.6	230.8	0.9
		风沙草原区	251.2	11822.1	296.9
	温家川—神木	黄土峁状丘陵沟壑区	1212.3	40389.3	4896.4
		风沙黄土丘陵沟壑区	134.7	8819.8	118.8
	合计		8645.0	13803.5	11933.1
秃尾河	高家堡以上	风沙黄土丘陵沟壑区	1424.6	8761.7	1248.2
		风沙草原区	670.4	230.8	15.5
	高家川—高家堡	黄土峁状丘陵沟壑区	972.7	14984.4	1457.6
		风沙黄土丘陵沟壑区	185.3	8819.8	163.4
	合计		3253.0	8867.6	2884.6
佳芦河	申家湾以上	黄土峁状丘陵沟壑区	1053.7	22524.3	2373.5
		风沙黄土丘陵沟壑区	67.3	8819.8	59.3
	合计		1121.0	21702.0	2432.8
湫水河	林家坪以上	黄土峁状丘陵沟壑区	1517.1	19508.8	2959.7
		高原土石山区	355.9	20.8	0.7
	合计		1873.0	15806.1	2960.5
三川河	圪洞以上	黄土峁状丘陵沟壑区	134.8	10267.7	138.4
		高原土石山区	614.2	20.8	1.3
	后大成—圪洞	黄土峁状丘陵沟壑区	1877.7	16672.5	3130.6
		黄土残塬沟壑区	67.1	16763.9	112.4
		高原土石山区	1408.3	20.8	2.9
	合计		4102.0	8253.5	3385.6
屈产河	裴沟以上	黄土峁状丘陵沟壑区	879.8	14840.1	1305.6
		高原土石山区	143.2	20.8	0.3
	合计		1023.0	12765.4	1305.9
无定河	韩家峁以上	风沙草原区	2452.0	230.8	56.6
	横山以上	黄土峁状丘陵沟壑区	603.8	16459.4	993.7

续表

流域名称	区间范围	侵蚀类型区	面积/km^2	侵蚀强度/[t/(km^2·a)]	产沙量/万 t
无定河	横山以上	风沙黄土丘陵沟壑区	1449.0	5972.6	865.4
		风沙草原区	362.3	230.8	8.4
	殿市以上	黄土峁状丘陵沟壑区	327.0	16459.4	538.2
	赵石窑—（韩家峁、横山、殿市）	风沙黄土丘陵沟壑区	2735.4	3326.5	909.9
		风沙草原区	7395.6	230.8	170.7
	丁家沟—赵石窑	黄土峁状丘陵沟壑区	2591.0	14010.9	3630.3
		风沙黄土丘陵沟壑区	1538.4	10083.6	1551.3
		风沙草原区	3967.5	230.8	91.6
	青阳岔以上	黄土峁状丘陵沟壑区	662.0	14634.0	968.8
	李家河以上	黄土峁状丘陵沟壑区	807.0	14010.9	1130.7
	绥德—（青阳岔、李家河）	黄土峁状丘陵沟壑区	2424.0	15286.9	3705.6
	白家川—（绥德、丁家沟）	黄土峁状丘陵沟壑区	2902.0	20959.7	6082.5
	合计		30217.0	6851.6	20703.6
清涧河	子长以上	黄土峁状丘陵沟壑区	748.7	15286.9	1144.5
		黄土梁状丘陵沟壑区	164.3	13279.5	218.2
	延川—子长	黄土峁状丘陵沟壑区	1941.8	13613.6	2643.5
		黄土梁状丘陵沟壑区	613.2	13250.8	812.5
	合计		3468.0	13894.8	4818.7
昕水河	大宁以上	黄土峁状丘陵沟壑区	159.7	14741.0	235.4
		黄土梁状丘陵沟壑区	2155.7	9704.1	2091.9
		黄土残塬沟壑区	239.5	16763.9	401.5
		高原土石山区	1437.1	20.8	3.0
	合计		3992.0	6843.2	2731.8
延水	枣园以上	黄土梁状丘陵沟壑区	661.5	9022.1	596.8
		森林黄土丘陵沟壑区	57.5	116.7	0.7
	延安以上	黄土峁状丘陵沟壑区	288.7	11872.2	342.8
		黄土梁状丘陵沟壑区	2694.7	14634.0	3943.5
		风沙黄土丘陵沟壑区	224.6	6022.6	135.2
	甘谷驿—（延安、枣园）	黄土梁状丘陵沟壑区	1630.1	7603.3	1239.4
		森林黄土丘陵沟壑区	333.9	523.9	17.5
	合计		5891.0	10653.3	6275.9
汾川河	临镇以上	森林黄土丘陵沟壑区	1121.0	523.9	58.7
	新市河—临镇	黄土梁状丘陵沟壑区	394.9	6273.5	247.8
		森林黄土丘陵沟壑区	146.1	523.9	7.7
	合计		1662.0	1890.1	314.1
仕望川	大村以上	森林黄土丘陵沟壑区	1862.7	1860.2	346.5
		高原土石山区	278.3	493.2	13.7
	合计		2141.0	1682.5	360.2
州川河	吉县以上	黄土梁状丘陵沟壑区	335.7	12286.5	412.5
		黄土残塬沟壑区	100.3	16763.9	168.1
	合计		436.0	13316.3	580.6

续表

流域名称	区间范围	侵蚀类型区	面积/km²	侵蚀强度/[t/(km²·a)]	产沙量/万 t
汾河	静乐以上	黄土山麓丘陵沟壑区	979.7	8910.6	872.9
		高原土石山区	1819.4	20.8	3.8
	上静游以上	黄土山麓丘陵沟壑区	558.6	10319.0	576.4
		高原土石山区	581.4	20.8	1.2
	汾河水库—（静乐、上静游）	黄土山麓丘陵沟壑区	943.6	5765.5	544.0
		高原土石山区	385.4	20.8	0.8
	寨上—汾河水库	黄土山麓丘陵沟壑区	682.4	13590.8	927.5
		高原土石山区	868.6	20.8	1.8
	兰村—寨上	黄土山麓丘陵沟壑区	203.8	6921.7	141.1
		高原土石山区	682.2	20.8	1.4
	独堆以上	黄土山麓丘陵沟壑区	92.2	16388.3	151.0
		高原土石山区	1059.8	20.8	2.2
	芦家庄—独堆	黄土山麓丘陵沟壑区	753.3	5768.6	434.5
		高原土石山区	461.8	803.3	37.1
	汾河二坝—（兰村、芦家庄）	黄土山麓丘陵沟壑区	1979.0	4539.5	898.4
		冲积平原区	949.9	0.0	0.0
		高原土石山区	1029.1	20.5	2.1
	盘陀以上	高原土石山区	533.0	804.6	42.9
	文峪河水库以上	高原土石山区	1876.0	20.8	3.9
	义棠—（文峪河水库、汾河二坝、盘陀）	黄土山麓丘陵沟壑区	1951.6	2583.1	504.1
		冲积平原区	3227.6	0.0	0.0
		高原土石山区	2326.8	20.6	4.8
	石滩—义棠	黄土山麓丘陵沟壑区	1750.3	8246.6	1443.4
		黄土山麓丘陵沟壑区	85.4	8175.3	69.8
		冲积平原区	768.4	0.0	0.0
		高原土石山区	725.7	20.8	1.5
		高原土石山区	939.2	804.6	75.6
	东庄以上	黄土山麓丘陵沟壑区	611.9	5123.6	313.5
		高原土石山区	375.1	804.6	30.2
	柴庄—（石滩、东庄）	黄土山麓丘陵沟壑区	1561.3	3340.2	521.5
		冲积平原区	1845.1	0.0	0.0
		高原土石山区	1230.1	20.8	2.6
		高原土石山区	94.6	804.6	7.6
	河坛以上	黄土山麓丘陵沟壑区	1260.0	1817.9	229.1
	河津—（柴庄、河坛）	黄土山麓丘陵沟壑区	1308.3	3340.7	437.1
		黄土阶地区	282.9	4199.8	118.8
		冲积平原区	1131.5	0.0	0.0
		高原土石山区	813.3	20.8	1.7
	合计		38728.0	2170.1	8404.4
渭河	首阳以上	干旱黄土丘陵沟壑区	833.0	8424.4	701.8
	武山（车家川）—首阳	黄土山麓丘陵沟壑区	1811.8	5531.4	1002.2

续表

流域名称	区间范围	侵蚀类型区	面积/km^2	侵蚀强度/[t/（km^2·a）]	产沙量/万 t
渭河	武山（车家川）—首阳	干旱黄土丘陵沟壑区	3623.5	3459.5	1253.6
		极高原石质山区	1811.8	0.0	0.0
	甘谷以上	干旱黄土丘陵沟壑区	2484.0	11259.6	2796.9
	将台以上	干旱黄土丘陵沟壑区	869.0	2565.2	222.9
	北峡—将台	干旱黄土丘陵沟壑区	1872.5	3923.6	734.7
		高原土石山区	98.6	1659.4	16.4
	秦安—北峡	干旱黄土丘陵沟壑区	6268.5	10213.5	6402.3
		高原土石山区	696.5	1659.4	115.6
	南河川—（甘谷、秦安、武山）	黄土山麓丘陵沟壑区	1113.0	5531.4	615.6
		干旱黄土丘陵沟壑区	1495.5	13594.9	2033.2
		极高原石质山区	869.5	0.0	0.0
	天水以上	黄土山麓丘陵沟壑区	856.0	5531.4	473.5
		极高原石质山区	163.0	0.0	0.0
	社棠（石岭寺）以上	干旱黄土丘陵沟壑区	1303.6	4064.7	529.9
		高原土石山区	532.4	1209.0	64.4
	凤阁岭以上	高原土石山区	846.0	1209.0	102.3
	朱园以上	高原土石山区	402.0	1659.4	66.7
	林家村以上	黄土山麓丘陵沟壑区	793.3	12809.0	1016.1
		干旱黄土丘陵沟壑区	158.7	4074.3	64.6
		高原土石山区	2221.1	1659.4	368.6
	千阳以上	黄土梁状丘陵沟壑区	1731.7	1762.5	305.2
		高原土石山区	1203.4	1209.0	145.5
	魏家堡—（林家村、千阳）	黄土梁状丘陵沟壑区	784.3	9277.8	727.7
		黄土阶地区	784.3	400.4	31.4
		冲积平原区	647.9	0.0	0.0
		高原土石山区	1193.5	1659.4	198.0
	好峙河以上	黄土梁状丘陵沟壑区	845.9	1762.5	149.1
		黄土阶地区	161.1	433.0	7.0
	柴家嘴—好峙河	黄土梁状丘陵沟壑区	867.7	215.5	18.7
		黄土阶地区	1707.4	175.6	30.0
		冲积平原区	195.9	0.0	0.0
		高原土石山区	28.0	163.4	0.5
	黑峪口以上	高原土石山区	1481.0	163.4	24.2
	涝峪口以上	高原土石山区	347.0	493.2	17.1
	咸阳—（魏家堡、柴家嘴、黑峪口、涝峪口）	黄土阶地区	1214.2	4991.8	606.1
		冲积平原区	1256.1	0.0	0.0
		高原土石山区	1716.7	163.4	28.0
	合计		47289.4	4413.2	20869.8
泾河	安口以上	黄土梁状丘陵沟壑区	702.5	1953.5	137.2
		高原土石山区	430.5	1209.0	52.1

续表

流域名称	区间范围	侵蚀类型区	面积/km^2	侵蚀强度/[t/(km^2·a)]	产沙量/万t
泾河	袁家庵—安口	黄土梁状丘陵沟壑区	199.7	1949.5	38.9
		黄土高塬沟壑区	312.3	8641.8	269.9
	泾川—袁家庵	黄土梁状丘陵沟壑区	300.0	22816.6	684.5
		黄土高塬沟壑区	675.0	13711.7	925.5
		高原土石山区	525.0	1209.0	63.5
	杨闾以上	黄土梁状丘陵沟壑区	65.4	1949.5	12.7
		干旱黄土丘陵沟壑区	130.7	15347.0	200.6
		黄土高塬沟壑区	1111.0	13711.7	1523.3
	姚新庄以上	干旱黄土丘陵沟壑区	1969.7	9741.2	1918.7
		黄土高塬沟壑区	294.3	13711.7	403.6
	巴家嘴—姚新庄	干旱黄土丘陵沟壑区	276.8	9743.1	269.7
		黄土高塬沟壑区	981.2	721.1	70.8
	毛家河—巴家嘴	干旱黄土丘陵沟壑区	1540.1	15397.9	2371.5
		黄土高塬沟壑区	1906.8	4455.8	849.7
		高原土石山区	220.0	1209.0	26.6
	杨家坪—（毛家河、杨闾、泾川）	黄土高塬沟壑区	2483.0	4455.8	1106.4
	洪德以上	干旱黄土丘陵沟壑区	2784.0	13785.4	3837.8
		风沙黄土丘陵沟壑区	1345.6	6022.6	810.4
		黄土残塬沟壑区	371.2	6267.3	232.6
		风沙草原区	139.2	230.8	3.2
	悦乐以上	干旱黄土丘陵沟壑区	528.0	7980.4	421.4
	贾桥—悦乐	干旱黄土丘陵沟壑区	1746.6	8032.9	1403.0
		森林黄土丘陵沟壑区	295.2	116.7	3.4
		黄土高塬沟壑区	418.2	13620.9	569.6
	庆阳—（贾桥、洪德）	干旱黄土丘陵沟壑区	1338.8	8032.9	1075.4
		黄土高塬沟壑区	654.5	13600.7	890.2
		黄土残塬沟壑区	981.8	5761.2	565.6
	板桥以上	干旱黄土丘陵沟壑区	153.3	8032.9	123.2
		森林黄土丘陵沟壑区	443.9	116.7	5.2
		黄土高塬沟壑区	209.8	3181.3	66.8
	雨落坪—（板桥、庆阳）	森林黄土丘陵沟壑区	1065.3	116.7	12.4
		干旱黄土丘陵沟壑区	76.1	8032.9	61.1
		黄土高塬沟壑区	6467.7	6400.1	4139.3
	张家沟以上	黄土梁状丘陵沟壑区	1888.6	3939.0	743.9
		黄土高塬沟壑区	521.9	4455.8	232.5
		高原土石山区	74.6	163.4	1.2
	张河以上	黄土梁状丘陵沟壑区	451.8	1949.5	88.1
		黄土高塬沟壑区	1054.2	9841.7	1037.5
	景村—（张家沟、张河、杨家坪、雨落坪）	森林黄土丘陵沟壑区	220.3	116.7	2.6
		黄土高塬沟壑区	2926.7	13172.1	3855.1

续表

流域名称	区间范围	侵蚀类型区	面积/km^2	侵蚀强度/［t/（km^2·a）］	产沙量/万 t
泾河	刘家河以上	黄土高塬沟壑区	484.7	6334.9	307.1
		高原土石山区	825.3	163.4	13.5
	张家山—（景村、刘家河）	黄土高塬沟壑区	1446.3	1886.4	272.8
		高原土石山区	178.8	163.4	2.9
	桃园—张家山	黄土高塬沟壑区	107.9	13558.9	146.2
		黄土阶地区	1272.6	1321.0	168.1
		冲积平原区	711.8	0.0	0.0
		高原土石山区	64.7	163.4	1.1
	合计		45373.0	7056.7	32018.4
北洛河	吴起（金佛坪）	干旱黄土丘陵沟壑区	2574.1	19885.4	5118.8
		风沙黄土丘陵沟壑区	998.9	6022.6	601.6
		风沙草原区	268.9	230.8	6.2
	志丹以上	干旱黄土丘陵沟壑区	642.4	19129.3	1228.9
		风沙黄土丘陵沟壑区	131.6	6022.6	79.2
	刘家河—（吴起、志丹）	干旱黄土丘陵沟壑区	2465.2	8772.5	2162.6
		森林黄土丘陵沟壑区	243.8	114.8	2.8
	张村驿以上	干旱黄土丘陵沟壑区	235.8	1620.7	38.2
		森林黄土丘陵沟壑区	4479.3	37.6	16.8
	交口河—（刘家河、张村驿）	干旱黄土丘陵沟壑区	257.0	8779.5	225.6
		森林黄土丘陵沟壑区	3649.4	116.7	42.6
		黄土高塬沟壑区	1233.6	4578.4	564.8
	黄陵以上	黄土梁状丘陵沟壑区	407.9	1275.5	52.0
		森林黄土丘陵沟壑区	1495.6	116.7	17.5
		高原土石山区	362.6	163.4	5.9
	洑头—（交口河、黄陵）	黄土梁状丘陵沟壑区	1198.7	608.5	72.9
		森林黄土丘陵沟壑区	114.2	32.4	0.4
		黄土高塬沟壑区	2854.0	608.6	173.7
		黄土阶地区	1484.1	670.0	99.4
		高原土石山区	57.1	163.4	0.9
	合计		25154.0	4178.7	10511.0

（1）祖厉河流域。面积为 10 547.0km^2，侵蚀强度为 6784.4t/（km^2·a），年产沙量为 7223.3 万 t。该流域侵蚀最严重的区域主要发生在中下游的黄土残塬沟壑区，面积为 1222.1km^2，侵蚀强度为 8392.1t/（km^2·a），年产沙量为 1025.6 万 t（占该流域总产沙量的 14.2%）；其次是中上游的干旱黄土丘陵沟壑区，面积为 9321.4km^2（占该流域总面积的 87.5%），侵蚀强度为 6635.5t/（km^2·a），年产沙量为 6185.2 万 t（占该流域总产沙量的 85.6%）。另外，在该流域的下游，还分布极小面积的高原土石山区，侵蚀强度只有 1209.0t/（km^2·a）。

（2）清水河流域。面积为 14 480.0km^2，侵蚀强度为 2201.3t/（km^2·a），年产沙量为 3187.5 万 t。侵蚀最严重的区域主要发生在上游韩府湾以上的干旱黄土丘陵沟壑区，面积为 4737.6km^2，侵蚀强度为 4527.3t/（km^2·a），年产沙量为 2144.8 万 t（占该流域总产沙量的 67.3%）。侵蚀强度最小的是下游的高原土石山区，侵蚀强度只有 163.4t/（km^2·a）。其余流域大部分区域的侵蚀强度为 1000.0t/（km^2·a）左右。

（3）浑河流域。面积为 5461.0km^2，侵蚀强度为 4183.8t/（km^2·a），年产沙量为 2284.8 万 t。该流域除分布有少量的侵蚀轻微的高原土石山区外，大都为黄土平岗丘陵沟壑区。侵蚀最严重的区域主要发生在中下游放牛沟—太平窑之间的黄土平岗丘陵沟壑区，面积为 2055.0km^2，侵蚀强度为 6446.7t/（km^2·a），年产沙量为 1324.8 万 t（占该流域总产沙量的 58.0%）。太平窑以上的黄土平岗丘陵沟壑区，侵蚀强度为 3061.9t/（km^2·a）。

（4）偏关河流域。面积为 1915.0km^2，侵蚀强度为 9494.7t/（km^2·a），年产沙量为 1818.2 万 t。该流域基本上只有黄土平岗丘陵沟壑区一种侵蚀类型，侵蚀强度分布无明显变化。

（5）皇甫川流域。面积为 3199.0km^2，侵蚀强度为 18 242.5t/（km^2·a），年产沙量为 5835.6 万 t。该流域是黄土高原最严重的侵蚀产沙区之一，除分布有少量的库布齐沙漠区外，基本为黄土平岗丘陵沟壑区和风沙草原区两种侵蚀类型。风沙草原区面积 1178.0km^2（占该流域总面积的 36.8%），侵蚀强度为 11 822.1t/（km^2·a），年产沙量为 1392.7 万 t；黄土平岗丘陵沟壑区面积为 1873.2km^2（占该流域总面积的 58.6%），侵蚀强度为 23 718.2t/（km^2·a），年产沙量为 4442.9 万 t（占该流域总产沙量的 76.1%）。该流域侵蚀最严重的区域发生在上游沙圪堵以上的黄土平岗丘陵沟壑区，侵蚀强度为 26 872.8t/（km^2·a）。

（6）清水川流域。面积为 735.0km^2，侵蚀强度为 12 599.3t/（km^2·a），年产沙量为 926.1 万 t。该流域虽分布有三种侵蚀类型，但侵蚀强度差异不大，黄土峁状丘陵沟壑区相对比黄土平岗丘陵沟壑区和风沙草原区大一些。

（7）县川河流域。面积为 1562.0km^2，侵蚀强度为 6781.7t/（km^2·a），年产沙量为 1059.3 万 t。该流域主要分布黄土平岗丘陵沟壑区和黄土峁状丘陵沟壑区两种侵蚀类型。黄土平岗丘陵沟壑区面积只有 374.9km^2（占该流域总面积的 24.0%），侵蚀强度为 9494.7t/（km^2·a），年产沙量为 355.9 万 t；黄土峁状丘陵沟壑区面积为 1187.1km^2，侵蚀强度为 5925.0t/（km^2·a），年产沙量为 703.4 万 t（占该流域总产沙量的 66.4%）。

（8）孤山川流域。面积为 1263.0km^2，侵蚀强度为 20 311.4t/（km^2·a），年产沙量为 2565.3 万 t。该流域是黄土高原最严重的侵蚀产沙区之一，除分布有少量的风沙草原区外，均为黄土平岗丘陵沟壑区和黄土峁状丘陵沟壑区两种侵蚀类型所覆盖。侵蚀最严重的区域是峁状丘陵沟壑区，侵蚀强度为 23 899.7t/（km^2·a），其次为平岗丘陵沟壑区，侵蚀强度为 17 231.5t/（km^2·a）。

（9）朱家川流域。面积为 2881.0km^2，侵蚀强度为 2343.6t/（km^2·a），年产沙量为 675.2 万 t。该流域侵蚀比较轻微。

（10）岚漪河流域。面积为 2159.0km^2，侵蚀强度为 7765.3t/（km^2·a），年产沙量为 1676.5 万 t。该流域主要分布黄土峁状丘陵沟壑区和高原土石山区两种侵蚀类型。由于高原土石山区侵蚀甚微，该流域侵蚀产沙主要来自峁状丘陵沟壑区。峁状丘陵沟壑区面积为 1036.0km^2（占该流域总面积的 48.0%），侵蚀强度 16 160.2t/（km^2·a），年产沙量为 1674.2 万 t（占该流域总产沙量的 99.8%）。其中侵蚀最严重的区域在裴家川—岢岚之间的峁状丘陵沟壑区，侵蚀强度达到 21 024.4t/（km^2·a）。

（11）蔚汾河流域。面积为 1476.0km^2，侵蚀强度为 9759.4t/（km^2·a），年产沙量为 1440.5 万 t。同岚漪河流域一样，该流域也分布有黄土峁状丘陵沟壑区和高原土石山区两种侵蚀类型。虽然两种侵蚀类型的面积差不多，但由于高原土石山区侵蚀甚微，该流域侵蚀产沙主要来自峁状丘陵沟壑区。峁状丘陵沟壑区侵蚀强度为 18 395.5t/（km^2·a），年产沙量为 1439.0 万 t（占该流域总产沙量的 99.9%）。

（12）窟野河流域。面积为 8645.0km^2，侵蚀强度为 13 803.5t/（km^2·a），年产沙量为 11 933.1 万 t。该流域是黄土高原最严重的侵蚀产沙区之一，流域内分布有黄土峁状丘陵沟壑区、黄土平岗丘陵沟壑区、风沙黄土丘陵沟壑区和风沙草原区四种侵蚀类型。侵蚀最严重的区域发生在温家川—神木间的黄土峁状丘陵沟壑区，面积为 1212.3km^2（占该流域总面积的 14.0%），侵蚀强度高达 40 389.3t/（km^2·a），成为黄土高原侵蚀强度最大的地区，其产沙量占该流域总产沙量的 41.0%。

（13）秃尾河流域。面积为 3253.0km^2，侵蚀强度为 8867.6t/（km^2·a），年产沙量为 2884.6 万 t。该流域除分布有少量的侵蚀轻微的风沙草原区外，侵蚀产沙主要来自黄土峁状丘陵沟壑区和风沙黄土丘陵沟壑区。侵蚀最严重区域发生在高家川—高家堡之间的黄土峁状丘陵沟壑区，面积为 972.7km^2（占该流域总面积的 29.9%），侵蚀强度为 14 984.4t/（km^2·a），年产沙量为 1457.6 万 t（占该流域总产沙量的 50.5%）。另外，风沙黄土丘陵沟壑区的侵蚀强度也达到 8768.2t/（km^2·a），年产沙量为 1411.6 万 t，占该流域总产沙量的 48.9%。

（14）佳芦河流域。面积为 1121.0km^2，侵蚀强度为 21702.0t/（km^2·a），年产沙量为 2432.8 万 t。该流域是黄土高原最严重的侵蚀产沙区之一，流域内分布有黄土峁状丘陵沟壑区和风沙黄土丘陵沟壑区两种侵蚀类型。侵蚀产沙主要来自黄土峁状丘陵沟壑区，面积为 1053.7km^2（占该流域总面积的 94.0%），侵蚀强度为 22524.3t/（km^2·a），年产沙量为 2373.5 万 t（占该流域总产沙量的 97.6%）。

（15）湫水河流域。面积为 1873.0km^2，侵蚀强度为 15806.1t/（km^2·a），年产沙量为 2906.5 万 t。该流域除分布有少量的侵蚀轻微的高原土石山区外，其余大部分地区为黄土峁状丘陵沟壑区，其面积为 1517.1km^2（占该流域总面积的 81.0%），侵蚀强度为 19508.8t/（km^2·a），年产沙量为 2959.7 万 t（占该流域总产沙量的 99.9%）。

（16）三川河流域。面积为 4102.0km^2，侵蚀强度为 8253.5t/（km^2·a），年产沙量为 3385.6 万 t。流域内分布有黄土峁状丘陵沟壑区、黄土残塬沟壑区和高原土石山区三种侵蚀类型。高原土石山区虽面积较大（占流域总面积的 49.3%），但侵蚀甚微；黄土残塬沟壑区虽面积很小（只有 67.1km^2），但侵蚀强度达到 16763.9t/（km^2·a）；而黄土峁状丘陵沟壑区既面积分布较广（占流域总面积的 49.1%），侵蚀强度又很大，圪洞以上区域为 16763.9t/（km^2·a），后大成—圪洞之间区域达到 16672.5t/（km^2·a）。黄土峁状丘陵沟壑区的产沙量占该流域总产沙量的 96.5%。

（17）屈产河流域。面积为 1023.0km^2，侵蚀强度为 12765.4t/（km^2·a），年产沙量为 1305.9 万 t。该流域除分布有少量的侵蚀轻微的高原土石山区外，其余均为黄土峁状丘陵沟壑区。其面积占流域总面积的 86.0%，侵蚀强度为 14840.1t/（km^2·a），该流域几乎所有的总产沙量都来自峁状丘陵沟壑区。

（18）无定河流域。面积为 30217.0km^2，侵蚀强度为 6851.6t/（km^2·a），年产沙量为 20703.6 万 t。该流域是黄土高原最严重的侵蚀产沙区之一，流域内分布有黄土峁状丘陵沟壑区、风沙黄土丘陵沟壑区和风沙草原区三种侵蚀类型。风沙草原区面积为 14177.4km^2，占流域总面积的 46.9%，侵蚀强度轻微（203.8t/（km^2·a））；风沙黄土丘陵沟壑区面积为 5722.8km^2，占流域总面积的 18.9%，侵蚀强度为 5812.9t/（km^2·a）；黄土峁状丘陵沟壑区面积为 10316.8km^2，占流域总面积的 34.2%，侵蚀强度为 16 526.2t/（km^2·a），其中下游一些区域侵蚀强度达到 20959.7t/（km^2·a）。该流域侵蚀产沙主要来自峁状丘陵沟壑区，占流域总产沙量的 82.3%

（19）清涧河流域。面积为 3468.0km^2，侵蚀强度为 13894.8t/（km^2·a），年产沙量为 4818.7 万 t。流域内分布有黄土峁状丘陵沟壑区和黄土梁状丘陵沟壑区两种侵蚀类型，区域间侵蚀强度无明显差异。

（20）昕水河流域。面积为 3992.0km^2，侵蚀强度为 6843.2t/（km^2·a），年产沙量为 2731.8 万 t。流域内分布有黄土峁状丘陵沟壑区、黄土梁状丘陵沟壑区、黄土残塬沟壑区和高原土石山区四种侵蚀类型。高原土石山区面积为 1437.1km^2，占流域总面积的 36.0%，侵蚀强度甚微；黄土梁状丘陵沟壑区面积为 2155.7km^2，占流域总面积的 54.0%，侵蚀强度为 9704.1t/（km^2·a）；该流域侵蚀最严重的区域是黄土残塬沟壑区和黄土峁状丘陵沟壑区，侵蚀强度分别为 16763.9t/（km^2·a）和 14 741.0t/（km^2·a）。

（21）延河流域。面积为 5891.0km^2，侵蚀强度为 10 653.3t/km^2，年产沙量为 6275.9 万 t。流域内分布有黄土峁状丘陵沟壑区、黄土梁状丘陵沟壑区、风沙黄土丘陵沟壑区和森林黄土丘陵沟壑区四种侵蚀类型。森林黄土丘陵沟壑区面积分布较小，侵蚀强度轻微；风沙黄土丘陵沟壑区面积分布也较小，侵蚀强度为 6022.6t/（km^2·a）；黄土峁状丘陵沟壑区面积分布也只有 288.7km^2，但侵蚀强度达到 11872.2t/（km^2·a）；黄土梁状丘陵沟壑区在该流域面积分布最大（4986.3km^2），占流域总面积的 84.6%，侵蚀强度为 11591.1t/（km^2·a）。该流域侵蚀产沙最严重的区域是延安以上，面积为 3208.0km^2（占流域总面积的 54.4%），侵蚀强度为 13783.0t/（km^2·a），年产沙量为 4421.6 万 t（占流域总产沙量的 70.5%）。

（22）汾川河流域。面积为 1662.0km^2，侵蚀强度为 1890.1t/（km^2·a），年产沙量为 314.1 万 t。该流域只有黄土梁状丘陵沟壑区和森林黄土丘陵沟壑区两种侵蚀类型。林黄土丘陵沟壑区虽然面积分布较大，占流域总面积的 76.2%，但侵蚀强度只有 523.9t/km^2；而黄土梁状丘陵沟壑区虽然面积分布较小，但侵蚀强度达到 6273.5t/（km^2·a），因此成为该流域的主要侵蚀产沙区。

（23）仕望川流域。面积为 2141.0km^2，侵蚀强度为 1682.5t/（km^2·a），年产沙量为 360.2 万 t。流域内分布有森林黄土丘陵沟壑区和高原土石山区两种侵蚀类型，这两种类型侵蚀强度都比较小。该流域侵蚀产沙主要来自森林黄土丘陵沟壑区，面积为 1862.7km^2

（占到流域总面积的 78.6%），侵蚀强度为 1860.2t/（km^2·a），产沙量为 346.5 万 t（占流域总产沙量的 96.2%）。

（24）州川河流域。面积为 436.0km^2，侵蚀强度为 13316.3t/（km^2·a），年产沙量为 580.6 万 t。该区域虽然面积比较小，但侵蚀产沙严重，其中黄土残塬沟壑区的侵蚀强度达到 16 763.9t/（km^2·a），黄土峁状丘陵沟壑区的侵蚀强度达到 12 286.5t/（km^2·a）。

（25）汾河流域。面积为 38728.0km^2，侵蚀强度为 2170.1t/（km^2·a），年产沙量为 8404.4 万 t。该流域虽然面积比较大，但侵蚀强度不大，总体属轻度侵蚀范围。流域内分布有黄土山麓丘陵沟壑区、高原土石山区、黄土阶地区和冲积平原区四种侵蚀类型。黄土山麓丘陵沟壑区面积为 14721.4km^2（占流域总面积的 38.0%），侵蚀强度为 5478.0t/（km^2·a），年产沙量为 8064.3 万 t（占流域总产沙量的 96.0%），是汾河流域的主要侵蚀产沙区；高原土石山区面积为 15801.3km^2（占流域总面积的 40.8%），侵蚀强度为 140.0t/（km^2·a），年产沙量为 221.2 万 t（占流域总产沙量的 2.6%）；黄土阶地区面积为 282.9km^2，侵蚀强度为 4199.8t/（km^2·a），年产沙量为 118.8 万 t（占流域总产沙量的 1.4%）；冲积平原区面积为 7922.4km^2，占流域总面积的 20.5%。该流域侵蚀最严重的区域主要发生在汾河二坝以上的区域，这一区域的山麓丘陵沟壑区侵蚀强度大多在 10 000.0t/（km^2·a）以上，汾河流域的产沙也主要来自这一区域。

（26）渭河流域（咸阳以上）。面积为 47 289.0km^2，侵蚀强度为 4413.2t/（km^2·a），年产沙量为 20 869.8 万 t。流域内分布有七种侵蚀类型，其中以干旱黄土丘陵沟壑区面积分布最大（面积 18 908.3km^2，占流域总面积的 40.0%），侵蚀产沙也最严重，侵蚀强度为 7795.5t/（km^2·a）；其次是高原土石山区，面积为 10 766.2km^2（占流域总面积的 22.8%），侵蚀强度为 1065.6t/（km^2·a）；黄土山麓丘陵沟壑区，面积为 4574.1km^2，侵蚀强度为 6793.4t/（km^2·a）；黄土阶地区面积为 3867.0km^2，侵蚀强度为 1744.2t/（km^2·a）；黄土梁状丘陵沟壑区面积为 4229.6km^2，侵蚀强度为 2838.8t/（km^2·a）；另外，极高原土石山区和冲积平原区面积各为 2844.3km^2 和 2099.9km^2。该流域侵蚀产沙主要来自林家村以上的干旱黄土丘陵沟壑区，占流域总产沙量的 70.6%。

（27）泾河流域。面积为 45 373.0km^2，侵蚀强度为 7056.7t/（km^2·a），年产沙量为 32 018.4 万 t。该流域内分布有十种侵蚀类型，是支流中侵蚀类型最多的流域。其中以黄土高塬沟壑区和干旱黄土丘陵沟壑区面积分布最大，侵蚀产沙也最严重。黄土高塬沟壑区面积为 22 055.5km^2（占流域总面积的 48.6%），侵蚀强度为 7556.5t/（km^2·a），年产沙量为 16 666.3 万 t（占流域总产沙量的 52.1%）；干旱黄土丘陵沟壑区面积为 10 544.1km^2（占流域总面积的 23.2%），侵蚀强度为 11 079.6t/（km^2·a），年产沙量为 11 682.4 万 t（占流域总产沙量的 36.5%）。另外，黄土梁状丘陵沟壑区面积为 3608.0km^2，侵蚀强度为 4726.4t/（km^2·a）；黄土残塬沟壑区面积为 1353.0km^2，侵蚀强度为 5899.5t/（km^2·a）；风沙黄土丘陵沟壑区面积为 1345.6km^2，侵蚀强度为 6022.6t/（km^2·a）；黄土阶地区面积为 1272.6km^2，侵蚀强度为 1321.0t/（km^2·a）；高原土石山区面积为 2318.9km^2，侵蚀强度为 693.8t/（km^2·a）；风沙草原区面积为 139.2km^2，侵蚀强度为 230.8t/（km^2·a）；森林黄土丘陵沟壑区面积为 2024.7km^2，侵蚀强度为 116.7t/km^2；冲积平原区面积为 711.8km^2。

（28）北洛河流域。面积为 25 154.0km^2，侵蚀强度为 4178.7t/（km^2·a），年产沙量为 10 511.0 万 t。该流域分布有八种侵蚀类型，其中以干旱黄土丘陵沟壑区、森林黄土丘陵沟壑区和黄土高塬沟壑区面积分布最大，分别占流域总面积的 24.5%、39.7%和 16.3%。侵蚀产沙主要来自交口河以上的干旱黄土丘陵沟壑区，侵蚀强度为 14 210.2t/（km^2·a），是流域平均侵蚀强度的 3.4 倍，产沙量为 8774.1 万 t，占流域总产沙量的 83.5%。特别是刘家河以上的干旱黄土丘陵沟壑区，侵蚀强度接近 20 000.0t/（km^2·a）。

6.7 黄土高原侵蚀产沙来源与主要产沙区

6.7.1 侵蚀产沙来源

表 6.35～表 6.38 是按照不同侵蚀类型区、不同侵蚀带、不同水文控制区和不同流域四种空间形式、分别统计计算的产沙量情况（1955～1969 年平均值）。

表 6.35 黄土高原侵蚀产沙量来源（不同类型区和侵蚀带）

侵蚀类型区			侵蚀带		
名 称	产沙量/万 t	全区占比/%	名 称	产沙量/万 t	全区占比/%
黄土平岗丘陵沟壑区	16530.8	8.5	中温带干旱荒漠草原、暖温带半干旱草原强烈风蚀带	15321.0	7.9
黄土峁状丘陵沟壑区	57147.3	29.5	暖温带半干旱草原风蚀、水力侵蚀带	68558.0	35.4
黄土梁状丘陵沟壑区	21585.7	11.1	暖温带半干旱森林草原水力侵蚀带	64392.1	33.2
黄土山麓丘陵沟壑区	11171.7	5.8	暖温带亚湿润落叶阔叶林水力、重力侵蚀带	45614.5	23.5
干旱黄土丘陵沟壑区	43882.9	22.7			
风沙黄土丘陵沟壑区	7470.0	3.8			
森林黄土丘陵沟壑区	534.7	0.3			
黄土高塬沟壑区	17502.6	9.0			
黄土残塬沟壑区	6605.9	3.4			
黄土阶地区	3101.4	1.6			
风沙草原区	6621.0	3.4			
高原土石山区	1731.5	0.9			
全区域	193885.7	100.00	全区域	193885.7	100.00

表 6.36 黄土高原侵蚀产沙量来源（水文控制区和主要流域）

水文控制区				主要流域		
水文控制区	控制区间	产沙量/万 t	全区占比/%	名称	产沙量/万 t	全区占比/%
河口—吴堡区间	河口—府谷	18554.4	9.6	祖厉河	7223.3	3.7
	府谷—吴堡	35305.9	18.2	清水河	3187.5	1.6
	合计	53860.3	27.8	浑河	2284.8	1.2
吴堡—龙门区间	无定河流域	20703.6	10.7	偏关河	1818.2	0.9
	清涧河、延河流域	11094.6	5.7	皇甫川	5835.6	3.0
	该区间其他流域	21209.1	10.9	清水川	926.1	0.5
	合计	53007.3	27.3	县川河	1059.3	0.5

续表

水文控制区				主要支流		
水文控制区	控制区间	产沙量/万 t	全区占比/%	名称	产沙量/万 t	全区占比/%
北洛河、泾河中上游地区	北洛河交口以上地区	10088.2	5.2	孤山川	2565.3	1.3
	泾河景村以上地区	31106.7	16.0	朱家川	675.2	0.3
	合计	41195.0	21.2	岚漪河	1676.5	0.9
渭河上游，祖厉河、清水河中上游地区	渭河林家村以上地区	18581.0	9.6	蔚汾河	1440.5	0.7
	祖厉河、清水河流域	10410.9	5.4	窟野河	11933.1	6.2
	合计	28991.8	15.0	秃尾河	2884.6	1.5
汾河及渭河、泾河、北洛河下游地区	汾河流域	8404.4	4.3	佳芦河	2432.8	1.3
	渭河、泾河、北洛河下游地区	8426.9	4.3	湫水河	2960.5	1.5
	合计	16831.3	8.7	三川河	3385.6	1.7
				屈产河	1305.9	0.7
				无定河	20703.6	10.7
				清涧河	4818.7	2.5
				昕水河	2731.8	1.4
				延河	6275.9	3.2
				汾川河	314.1	0.2
				仕望川	360.2	0.2
				州川河	580.6	0.3
				汾河	8404.4	4.3
				渭河	25673.5	13.2
				泾河	32018.4	16.5
				北洛河	10511.0	5.4
				黄河干流	27898.6	14.4
全区域		193885.7	100.0	全区域	193885.7	100.0

从表 6.35 和表 6.36 中统计结果可以看出：

（1）按不同侵蚀类型区统计计算，黄土高原的侵蚀产沙主要来自黄土峁状丘陵沟壑区和干旱黄土丘陵沟壑区，分别占全区域总产沙量的 29.5%和 22.6%，这两个类型区产沙量占了全区域的一半多。其次是黄土梁状丘陵沟壑区、黄土平岗丘陵沟壑区和黄土高塬沟壑区，分别占全区总产沙量的 11.1%、8.5%和 9.0%。上述五个类型区共占到全区域总产沙量的 80.7%。

（2）按侵蚀带统计计算，黄土高原的侵蚀产沙主要来自暖温带半干旱草原风蚀、水力侵蚀带，暖温带半干旱森林草原水力侵蚀带，以及暖温带亚湿润落叶阔叶林水力、重力侵蚀带，分别占全区域总产沙量的 35.4%、33.2%和 23.5%，这三个侵蚀带共占全区域总产沙量的 92.1%。

（3）按不同水文控制区统计计算，黄土高原的侵蚀产沙主要来自河龙区间，占全区域总产沙量的 55.1%，其中河口—吴堡区间和吴堡—龙门区间各占 27.8%和 27.3%；其次是北洛河、泾河中上游地区和渭河上游，祖厉河、清水河中上游地区，各占全区域总产沙量的 21.2%和 15.0%。从各二级控制区间看，黄土高原的侵蚀产沙的重点区域是：府谷—吴堡区间（占总产沙量的 18.2%），无定河流域（占总产沙量的 10.7%），泾河景村以上地区（占总产沙量的 16.0%），渭河林家村以上地区（占总产沙量的 9.6%），以及吴堡以上的未控区域（占总产沙量的 10.9%）。

（4）按不同流域不同统计计算，黄土高原的侵蚀产沙主要来自祖厉河、皇甫川、窟野河、无定河、延河、渭河、泾河、北洛河等流域。

表 6.37 黄土高原强度侵蚀以上［≥5000t/（km²·a）］面积来源（不同类型区和侵蚀带）

侵蚀类型区			侵蚀带		
名 称	面积/km²	全区占比/%	名 称	面积/km²	全区占比/%
黄土平岗丘陵沟壑区	8731.3	6.0	中温带干旱荒漠草原、暖温带半干旱草原强烈风蚀带	13101.9	9.0
黄土峁状丘陵沟壑区	38113.6	26.1	暖温带半干旱草原风蚀、水力侵蚀带	48017.9	32.9
黄土梁状丘陵沟壑区	16346.5	11.2	暖温带半干旱森林草原水力侵蚀带	50167.8	34.4
黄土山麓丘陵沟壑区	11235.1	7.7	暖温带亚湿润落叶阔叶林水力、重力侵蚀带	34554.7	23.7
干旱黄土丘陵沟壑区	35245.3	24.2			
风沙黄土丘陵沟壑区	7809.1	5.3			
森林黄土丘陵沟壑区					
黄土高塬沟壑区	14661.0	10.1			
黄土残塬沟壑区	5427.6	3.7			
黄土阶地区	1698.6	1.2			
风沙草原区	6574.2	4.5			
高原土石山区					
全区域	145842.1	100.00	全区域	145842.3	100.00

表 6.38 黄土高原强度侵蚀以上［≥5000t/（km²·a）］面积来源（水文控制区和主要流域）

水文控制区间				主要支流		
水文控制区	控制区间	面积/km²	全区占比/%	名称	面积/km²	全区占比/%
河口—吴堡区间	河口—府谷	13477.5	9.3	祖厉河	8903.5	6.1
	府谷—吴堡	23361.4	16.1	清水河	0.0	0.0
	合计	36838.9	25.4	浑河	2055.0	1.4
吴堡—龙门区间	无定河流域	13304.2	9.2	偏关河	1915.0	1.3
	清涧河、延河流域	8967.6	6.2	皇甫川	3051.1	2.1
	该区其他流域	16140.4	11.1	清水川	735.0	0.5
	合计	38412.2	26.5	县川河	1562.0	1.1
北洛河、泾河中上游地区	北洛河交口以上地区	7069.3	4.9	孤山川	1263.0	0.9
	泾河景村以上地区	27456.5	18.9	朱家川	0.0	0.0
	合计	34525.7	23.8	岚漪河	774.2	0.5

续表

水文控制区间				主要支流		
水文控制区	控制区间	面积/km^2	全区占比/%	名称	面积/km^2	全区占比/%
渭河上游，祖厉河、清水河中上游地区	渭河林家村以上地区	15655.0	10.8	蔚汾河	782.3	0.5
	祖厉河、清水河流域	8903.5	6.1	窟野河	8606.4	5.9
	合计	24558.5	16.9	秃尾河	2582.6	1.8
汾河及渭河、泾河、北洛河下游地区	汾河流域	6661.1	4.6	佳芦河	1121.0	0.8
	渭河、泾河、北洛河下游地区	3976.3	2.7	湫水河	1517.1	1.0
	合计	10637.4	7.3	三川河	2079.5	1.4
				屈产河	879.8	0.6
				无定河	13304.3	9.1
				清涧河	3468.0	2.4
				昕水河	2554.9	1.8
				延河	5499.6	3.8
				汾川河	394.9	0.3
				仕望川	0.0	0.0
				州川河	436.0	0.3
				汾河	6661.1	4.6
				渭河	19657.0	13.5
				泾河	28048.9	19.2
				北洛河	7069.3	4.8
				黄河干流	20920.6	14.3
全区域		144972.7	100.0	全区域	145842.0	100.0

6.7.2　主要侵蚀产沙区

图 6.6 和表 6.39 分别列出了侵蚀强度大于 10000t/（km^2·a）的区域，以此可将黄土高原划分为五个主要侵蚀产沙区。

第一个主要侵蚀产沙区位于黄土高原北部以黄土平岗丘陵沟壑区、黄土峁状丘陵沟壑区和风沙草原区为主的区域，包括皇甫川、孤山川、清水川、窟野河、岚漪河、蔚汾河，面积为 10850.0 km^2，侵蚀强度为 19380.8t/（km^2·a）。

第二个主要侵蚀产沙区位于黄土高原中部龙门至窟野河以下以黄土峁状丘陵沟壑区、黄土梁状丘陵沟壑区、风沙黄土丘陵沟壑区和黄土残塬沟壑区为主的区域，包括秃尾河、佳芦河、湫水河、三川河、屈产河、无定河、清涧河、昕水河、州川河以及黄河干流未控区域，面积为 42405.9km^2，侵蚀强度为 14541.7t/（km^2·a）。

第三个主要侵蚀产沙区位于北洛河吴起、志丹以上和泾河洪德以上的干旱黄土丘陵沟壑区，面积为 6000.5km^2，侵蚀强度为 16972.4t/（km^2·a）。

第四个主要侵蚀产沙区位于泾河流域以干旱黄土丘陵沟壑区、黄土高塬沟壑区为主的区域，面积为 8158.4km²，侵蚀强度为 14 179.1t/（km²·a）。

第五个主要侵蚀产沙区位于渭河上游林家村以上的干旱黄土丘陵沟壑区和黄土山麓丘陵沟壑区为主的区域，面积为 11 041.3km²，侵蚀强度为 11 093.3t/（km²·a）。

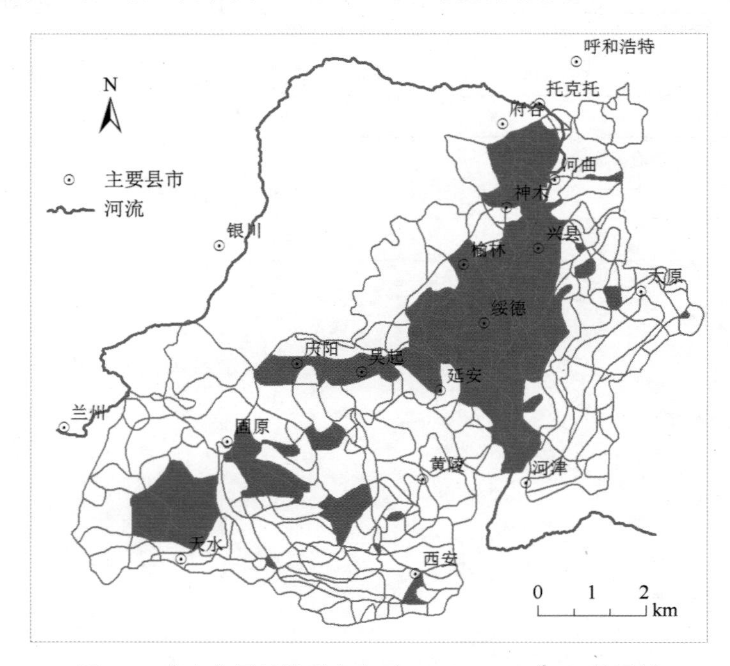

图 6.6　黄土高原侵蚀强度大于 10 000t/（km²·a）的区域

表 6.39　黄土高原重点侵蚀产沙区［侵蚀强度≥10 000t/（km²·a）］

流域名称	区间范围	类型区	侵蚀强度/［t/（km²·a）］	面积/km²
皇甫川	沙圪堵以上区域	黄土平岗丘陵沟壑区	26872.8	635.0
		风沙草原区	11822.1	716.0
	黄甫—沙圪堵之间	黄土平岗丘陵沟壑区	22102.0	1238.2
		风沙草原区	11822.1	462.0
清水川	清水以上区域	黄土平岗丘陵沟壑区	12465.1	602.7
		黄土峁状丘陵沟壑区	14946.6	58.8
		风沙草原区	11822.1	73.5
孤山川	高石崖以上区域	黄土平岗丘陵沟壑区	17231.5	656.8
		黄土峁状丘陵沟壑区	23899.7	593.6
		风沙草原区	11822.1	12.6
岚漪河	裴家川—岢岚之间	黄土峁状丘陵沟壑区	21024.4	774.2
蔚汾河	碧村以上区域	黄土峁状丘陵沟壑区	18395.5	782.3
窟野河	王道恒塔以上区域	黄土平岗丘陵沟壑区	13045.7	307.1
	新庙以上区域	风沙草原区	11822.1	1527.0
	神木—（王道恒塔、新庙）之间	黄土平岗丘陵沟壑区	13045.7	946.7
		风沙草原区	11822.1	251.2
	温家川—神木之间	黄土峁状丘陵沟壑区	40389.3	1212.3

续表

流域名称	区间范围	类型区	侵蚀强度/［t/（km^2·a）］	面积/km^2
秃尾河	高家川—高家堡之间	黄土峁状丘陵沟壑区	14984.4	972.7
佳芦河	申家湾以上区域	黄土峁状丘陵沟壑区	22524.3	1053.7
湫水河	林家坪以上区域	黄土峁状丘陵沟壑区	19508.8	1517.1
黄河干流	吴堡以上其他区域	黄土峁状丘陵沟壑区	12073.8	6269.4
		黄土残垣沟壑区	16763.9	696.6
三川河	圪洞以上区域	黄土峁状丘陵沟壑区	10267.7	134.8
	后大成—圪洞之间	黄土峁状丘陵沟壑区	16672.5	1877.7
		黄土残垣沟壑区	16763.9	67.1
屈产河	裴沟以上区域	黄土峁状丘陵沟壑区	14840.1	879.8
无定河	横山以上区域	黄土峁状丘陵沟壑区	16459.4	603.8
	殿市以上区域	黄土峁状丘陵沟壑区	16459.4	327.0
	丁家沟—赵石窑之间	黄土峁状丘陵沟壑区	14010.9	2591.0
		风沙黄土丘陵沟壑区	10083.6	1538.4
	青阳岔以上区域	黄土峁状丘陵沟壑区	14634.0	662
	李家河以上区域	黄土峁状丘陵沟壑区	14010.9	807
	绥德—（青阳岔、李家河）之间	黄土峁状丘陵沟壑区	15286.9	2424
	白家川—（绥德、丁家沟）之间	黄土峁状丘陵沟壑区	20959.7	2902
清涧河	子长以上区域	黄土峁状丘陵沟壑区	15286.9	748.7
		黄土梁状丘陵沟壑区	13279.5	164.3
	延川—子长之间	黄土峁状丘陵沟壑区	13613.6	1941.8
		黄土梁状丘陵沟壑区	13250.8	613.2
昕水河	大宁以上区域	黄土峁状丘陵沟壑区	14741.0	159.7
		黄土残垣沟壑区	16763.9	239.5
延河	延安以上区域	黄土峁状丘陵沟壑区	11872.2	288.7
		黄土梁状丘陵沟壑区	14634.0	2694.7
州川河	吉县以上区域	黄土梁状丘陵沟壑区	12286.5	335.7
		黄土残垣沟壑区	16763.9	100.3
黄河干流	龙门以上其他区域	黄土峁状丘陵沟壑区	11246.4	2798.6
		黄土梁状丘陵沟壑区	12286.5	5247.5
		黄土残垣沟壑区	16763.9	1749.1
汾河	上静游以上区域	黄土山麓丘陵沟壑区	10319.0	558.6
	寨上—汾河水库之间	黄土山麓丘陵沟壑区	13590.8	682.4
	独堆以上区域	黄土山麓丘陵沟壑区	16388.3	92.2
渭河	甘谷以上区域	干旱黄土丘陵沟壑区	11259.6	2484.0
	秦安—北峡之间	干旱黄土丘陵沟壑区	10213.5	6268.5
	南河川—（甘谷、秦安、武山）之间	干旱黄土丘陵沟壑区	13594.9	1495.5
	林家村—（南河川、天水、社棠、凤阁岭、朱园）	黄土山麓丘陵沟壑区	12809.0	793.3
泾河	泾川—袁家庵之间	黄土梁状丘陵沟壑区	22816.6	300.0
		黄土高塬沟壑区	13711.7	675.0

续表

流域名称	区间范围	类型区	侵蚀强度/［t/（km²·a）］	面积/km²
泾河	杨闾以上区域	干旱黄土丘陵沟壑区	15347.0	130.7
		黄土高塬沟壑区	13711.7	1111.0
	姚新庄以上区域	黄土高塬沟壑区	13711.7	294.3
	毛家河—巴家嘴之间	干旱黄土丘陵沟壑区	15397.9	1540.1
	洪德以上区域	干旱黄土丘陵沟壑区	13785.4	2784.0
	贾桥—悦乐之间	黄土高塬沟壑区	13620.9	418.2
	庆阳—（贾桥、洪德）之间	黄土高塬沟壑区	13600.7	654.5
	景村—（张家沟、张河、杨家坪、雨落坪）之间	黄土高塬沟壑区	13172.1	2926.7
	桃园—张家山之间	黄土高塬沟壑区	13558.9	107.9
渭河	临潼—（桃园、咸阳、秦渡镇、高桥、马渡王）之间	黄土阶地区	18829.9	552.0
	柳林以上区域	黄土梁状丘陵沟壑区	11559.4	128.1
		黄土梁状丘陵沟壑区	17907.8	1236.5
北洛河	吴起以上区域	干旱黄土丘陵沟壑区	19885.4	2574.1
	志丹以上区域	干旱黄土丘陵沟壑区	19129.3	642.4
	总计			81705.9

另外，根据表6.37各类型区侵蚀强度大于10 000t/（km²·a）的面积统计，黄土峁状丘陵沟壑区大于 10 000t/（km²·a）的面积最大，共 32 380.7km²，占全区域该类面积的39.6%；其次是干旱黄土丘陵沟壑区，面积为17 919.3km²，占全区域该类面积的21.9%；再次为黄土梁状丘陵沟壑区，面积为10 720.0km²，占全区域该类面积的13.1%；这三个类型区侵蚀强度大于10 000t/（km²·a）的面积占全区域该类面积的75%。

6.8 侵蚀产沙的空间集中度

6.8.1 侵蚀产沙量的空间集中度

为了分析产沙量与产沙面积之间的关系，以便对黄土高原侵蚀产沙量空间分布的集中程度有一个量的认识，按各单元侵蚀强度的大小从大到小排序，统计计算侵蚀产沙量与侵蚀产沙面积的累积变化，并以各占总产沙量和总面积的比例（%）绘制了二者的关系曲线（图6.7）。

从图 6.7 中的曲线变化可以看到，黄土高原侵蚀产沙的空间集中度非常高，10.0%的面积对应的产沙量为31.8%，20.0%的面积对应的产沙量为53.4%，50.0%的面积对应的产沙量为91.2%。也就是说，在黄土高原，90.0%的产沙量来自于不到50.0%的面积，50.0%的产沙量来自于不到20.0%的面积，30.0%的产沙量来自于不到10.0%的面积。

6.8.2 侵蚀产沙强度的空间集中度

为了分析侵蚀产沙强度的空间集中度，按侵蚀产沙强度的大小从大到小排序，并计算其对应的面积和产沙量，同时进行累积计算，结果见表6.40和图6.8。可以看出，

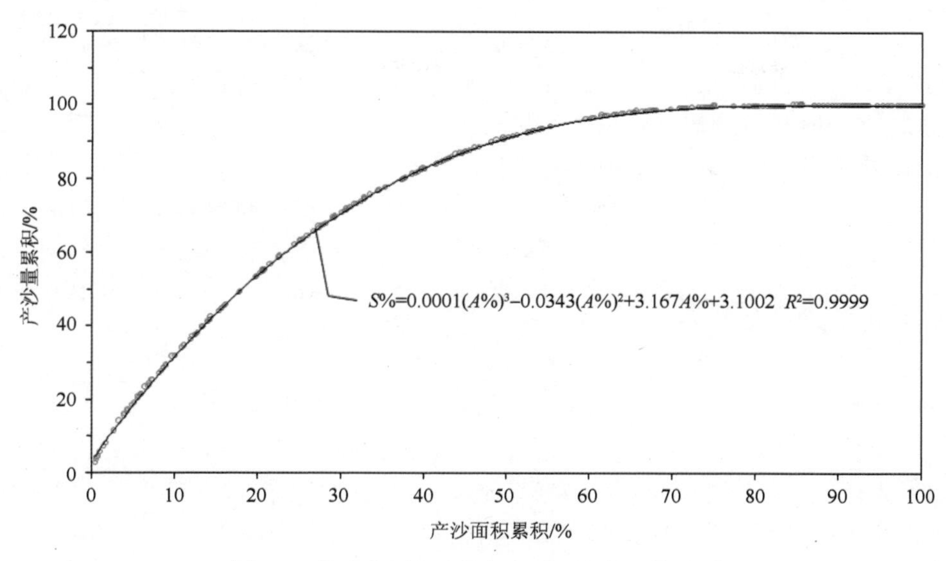

图 6.7　黄土高原产沙量与产沙面积的累积关系

表 6.40　黄土高原侵蚀强度与产沙面积、产沙量的关系

侵蚀强度/［t/（km²·a）］		面积/km²	面积占比/%	产沙量/万 t	产沙量占比/%
极剧烈以上	≥20000	8709.0	2.7	21526.2	11.1
剧烈以上	≥15000	27266.9	8.4	53675.8	27.7
极强烈以上	≥10000	81705.9	25.1	121754.3	62.8
强烈以上	≥7500	109104.8	33.4	145936.6	75.3
强度以上	≥5000	145801.2	44.7	168689.7	87.0
中度以上	≥2500	199996.2	61.3	187870.2	96.9
轻度以上	≥1000	230379.6	70.8	192327.9	99.2
微弱以上	全部	326178.0	100	193885.6	100

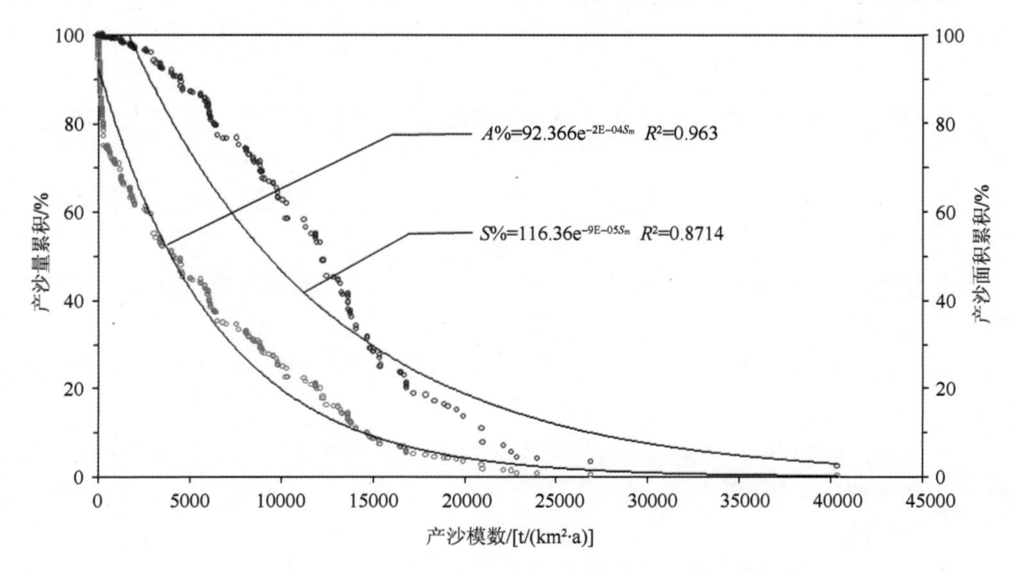

图 6.8　黄土高原侵蚀产沙强度与面积和产沙量的关系

侵蚀产沙强度的空间集中度也很高，特别是高强度的侵蚀所占面积比例虽然不大，但其占总产沙量的比例却很高。例如，≥20000t/（km^2·a）的极剧烈以上侵蚀面积仅占总面积的 2.7%，但产沙量却占到总产沙量的 11.1%；≥15 000t/（km^2·a）的剧烈以上侵蚀面积占总面积的比例不到 10%（8.4%），但产沙量却占到总产沙量的近 30%（27.7%）；≥10000t/（km^2·a）的极强烈以上侵蚀面积仅占总面积的 25.1%，但产沙量却占到总产沙量的 62.8%；≥5000t/（km^2·a）的强度以上侵蚀面积占总面积的比例为 44.7%，但产沙量却占到总产沙量的 87.0%；≥2500t/（km^2·a）的中度以上侵蚀面积占总面积的比例为 61.3%，但产沙量却占到总产沙量的 96.9%。

6.9　小　　结

（1）本研究的区域范围包括：黄河干流头道拐水文站以南、汾河以西、渭河以北、祖厉河以东的所有水文控制区，即阴山以南、太行山以西、秦岭以北、贺兰山以东的大部分区域，面积为 326178.0km^2。该范围基本涵盖了黄河中游黄土高原的主体，也是黄土高原的主要水土流失区和黄河的泥沙来源区。

（2）采用水文站实测值与侵蚀地貌类型相结合的方法，即“水文—地貌法”，来计算不同区域或流域的侵蚀产沙量。依据研究区水文站的分布情况，可将研究区划分为 120 个水文站控制区，292 个侵蚀产沙单元。

（3）在本研究中，采用“侵蚀产沙”这一复合名词，并将侵蚀产沙强度简称“侵蚀强度”，将侵蚀产沙量简称“产沙量”。

（4）由于受降雨因素和人为因素的影响，黄土高原侵蚀产沙量的年际变化很大，为了能够相对客观的反映这一地区“自然”状态下的侵蚀产沙情况，选择用 1955～1969 年这 15 年的水文站实测资料作为基础资料，来计算侵蚀产沙量。

（5）全区域各种侵蚀强度的面积结构如下：

微弱侵蚀 95382.0km^2，占 29.2%，主要分布在高原土石山区；

轻度侵蚀 30799.8km^2，占 9.4%，主要分布在高原土石山区、风沙黄土丘陵沟壑区；

中度侵蚀 54154.2km^2，占 16.6%，主要分布在黄土平岗丘陵沟壑区和干旱黄土丘陵沟壑区；

强度侵蚀 36737.2km^2，占 11.3%，主要分布在黄土高原沟壑区、黄土山麓沟壑区和黄土峁状丘陵沟壑区；

强烈侵蚀 27398.9km^2，占 8.4%，主要分布在干旱黄土丘陵沟壑区和黄土梁状丘陵沟壑区；

极强烈侵蚀面积 54439.0km^2，占 16.7%，主要分布在黄土峁状丘陵沟壑区和干旱黄土丘陵沟壑区；

剧烈侵蚀 18557.9km^2，占 5.7%，主要分布在黄土峁状丘陵沟壑区、干旱黄土丘陵沟壑区和黄土残塬沟壑区；

极剧烈侵蚀面积 8709.0km^2，占 2.7%，主要分布在黄土峁状丘陵沟壑区、黄土平岗丘陵沟壑区和黄土梁状丘陵沟壑区。

（6）各类型区不同侵蚀强度的面积结构：

黄土平岗丘陵沟壑区，面积为 26191.1km^2，平均侵蚀强度为 6311.6t/（km^2·a），该区域以中度侵蚀面积分布最广（17459.8km^2），占该区总面积的 66.7%；

黄土峁状丘陵沟壑区，面积为 41054.7km^2，平均侵蚀强度为 13919.8t/（km^2·a），该区域以极强烈侵蚀以上的面积为主体（32380.7km^2），占该区总面积的 80.0%；

黄土梁状丘陵沟壑区，面积为 25240.1km^2，平均侵蚀强度为 8552.1t/（km^2·a），该区域各种强度侵蚀的面积均有分布。其中分布面积较大的为极强烈侵蚀（9183.5km^2），占 36.4%和强烈侵蚀（5231.6km^2），占 20.7%；

黄土山麓丘陵沟壑区，面积为 19295.2km^2，平均侵蚀强度为 5789.9t/（km^2·a），该区域以中度侵蚀和强度侵蚀为主，面积分别为 6800.1km^2 和 6293.3km^2，各占该区总面积的 35.2%和 32.6%；

干旱黄土丘陵沟壑区，面积为 53026.5km^2，平均侵蚀强度为 8275.7t/（km^2·a），该区域除微弱侵蚀和极剧烈侵蚀以外，各种侵蚀强度均有分布，其中占面积较大的为中度侵蚀（14204.8km^2，占 26.8%），强烈侵蚀（12352.6km^2，占 23.3%），极强烈侵蚀（13032.0km^2，占 24.6%）；

风沙黄土丘陵沟壑区，面积为 16271.5km^2，平均侵蚀强度为 4590.8t/（km^2·a），该区域以轻度侵蚀和强度侵蚀为主，面积分别为 5727.0km^2 和 4149.7km^2，各占该区域面积的 35.2%和 25.5%；

森林黄土丘陵沟壑区，面积为 15528.0km^2，平均侵蚀强度为 1164.7t/（km^2·a），该区域的侵蚀强度均在轻度侵蚀以下，其中微弱侵蚀面积 13665.3km^2，占 88.0%；

黄土高塬沟壑区，面积为 26297.6km^2，平均侵蚀强度为 6655.6t/（km^2·a），该区域除剧烈侵蚀以外，各种侵蚀强度均有分布，其中面积分布比较广的有中度侵蚀（6355.1km^2，占 24.2%），强度侵蚀（7106.9km^2，占 27.0%），极强烈侵蚀（6187.5km^2，占 23.5%）；

黄土残塬沟壑区，面积为 5427.6km^2，平均侵蚀强度为 12170.9t/（km^2·a），该区域主要分布有三种侵蚀强度：剧烈侵蚀（面积 2852.6km^2，占 52.6%）、强烈侵蚀（面积 1222.0km^2，占 22.5%）、强度侵蚀（面积 1353.0km^2，占 24.9%）；

黄土阶地区，面积为 11114.9km^2，平均侵蚀强度为 2790.3t/（km^2·a），该区域以轻度以下侵蚀为主，面积为 7919.2km^2，占该区域面积的 71.2%；

风沙草原区，面积为 23024.3km^2，平均侵蚀强度为 2875.7t/（km^2·a），该区域分布有微弱侵蚀、强度侵蚀和极强烈侵蚀三种侵蚀强度，其中微弱侵蚀面积最大（16450.5km^2），占该区域面积的 71.4%；

高原土石山区，面积为 42862.0km^2，平均侵蚀强度为 404.0t/（km^2·a），该区域均为轻度以下侵蚀，其中微弱侵蚀面积为 34192.1km^2，占该区域面积的近 80.0%。

（7）不同侵蚀强度的产沙量结构：

根据统计计算结果，整个研究区（326178.4km^2）1955～1969 年的 15 年，年均产沙量为 193885.7 万 t。其中来自轻度侵蚀以下地区的年产沙量为 6015.4 万 t，仅占全区域总产沙量 3.1%；来自中度侵蚀地区的年产沙量为 19180.5 万 t，占全区域总产沙量 9.9%；

来自强度侵蚀地区的年产沙量为 22753.1 万 t，占全区域总产沙量的 11.7%；来自强烈侵蚀地区的年产沙量为 24182.3 万 t，占全区域总产沙量的 12.5%；来自极强烈侵蚀地区的年产沙量为 68078.5 万 t，占全区域总产沙量的 35.1%；来自剧烈侵蚀地区的年产沙量为 32149.6 万 t，占全区域总产沙量的 16.6%；来自极剧烈侵蚀地区的年产沙量为 21526.2 万 t，占全区域总产沙量的 11.1%。

（8）各类型区的产沙量结构：

黄土高原不同类型区的年产沙量及占全区域总产沙量的比例为：黄土平岗丘陵沟壑区年产沙量为 16530.8 万 t，占全区域总产沙量 8.5%；黄土峁状丘陵沟壑区，年产沙量为 57147.3 万 t，占全区域总产沙量 29.5%；黄土梁状丘陵沟壑区，年产沙量为 21585.7 万 t，占全区域总产沙量 11.1%；黄土山麓丘陵沟壑区，年产沙量为 11171.7 万 t，占全区域总产沙量 5.8%；干旱黄土丘陵沟壑区，年产沙量为 43882.9 万 t，占全区域总产沙量 22.6%；风沙黄土丘陵沟壑区，年产沙量为 7470.0 万 t，占全区域总产沙量 3.9%；森林黄土丘陵沟壑区，年产沙量为 534.7 万 t，占全区域总产沙量 0.3%；黄土高塬沟壑区，年产沙量为 17520.6 万 t，占全区域总产沙量 9.0%；黄土残塬沟壑区，年产沙量为 6605.9 万 t，占全区域总产沙量 3.4%；黄土阶地区，年产沙量为 3101.4 万 t，占全区域总产沙量 1.6%；风沙草原区，年产沙量为 6621.0 万 t，占全区域总产沙量 3.4%；高原土石山区，年产沙量为 1731.5 万 t，占全区域总产沙量 3.4%。

（9）各侵蚀带不同侵蚀强度的面积结构：

中温带干旱荒漠草原、暖温带半干旱草原强烈风蚀带，面积为 36639.8km^2，平均侵蚀强度为 4181.5t/（km^2·a）。该区域以微弱侵蚀所占面积最大（18677.1km^2），占该区域总面积的 51.0%；其次为极强烈侵蚀（5556.3km^2），占 15.2%；强度侵蚀面积（4398.0km^2），占 12.0%；该区域剧烈侵蚀以上的面积较小，仅占 2.8%。

暖温带半干旱草原风蚀、水力侵蚀带，面积为 84414.5km^2，平均侵蚀强度为 8121.6t/（km^2·a）。该侵区域以中度侵蚀所占面积比例最大（26629.1km^2），占 31.5%；其次为强度侵蚀（15614.1km^2），占 18.5%；极强烈侵蚀（15014.4km^2），占 17.8%；该区域剧烈以上侵蚀面积也有较大分布（11893.5km^2），占该区域总面积 14.1%。

暖温带半干旱森林草原水力侵蚀带，面积为 80072.4km^2，平均侵蚀强度为 8041.7t/（km^2·a）。该区域以微弱侵蚀和极强烈侵蚀分布最广，面积分别为 18946.0km^2 和 21 152.8km^2，各占该区域总面积的 23.7%和 26.9%；其次为中度侵蚀和强烈侵蚀，面积分别为 9876.1km^2 和 13 382.8km^2，各占 12.3%和 16.7%；另外，剧烈侵蚀面积也分布比较广（8250.6km^2），占到该区域总面积的 10.3%。

暖温带亚湿润落叶阔叶林水力、重力侵蚀带，面积为 125051.3km^2，平均侵蚀强度为 3647.7t/（km^2·a）。该区域以微弱侵蚀分布最广，面积为 54626.8km^2，占该区域总面积的 43.7%；其次为轻度侵蚀和中度侵蚀，面积分别为 20218.1km^2 和 15651.8km^2，各占该区域面积的 16.2%和 12.5%；该区域剧烈以上侵蚀面积分布较少，仅占该区域面积 3.1%。

（10）各侵蚀带的产沙量结构：

中温带干旱荒漠草原、暖温带半干旱草原强烈风蚀带，年产沙量为 15321.0 万 t，占全区域总产沙量 7.9%；暖温带半干旱草原风蚀、水力侵蚀带，年产沙量为 68558.0 万 t，占全区域总产沙量 35.4%；暖温带半干旱森林草原水力侵蚀带，年产沙量为 64392.1 万 t，占全区域总产沙量 33.2%；暖温带亚湿润落叶阔叶林水力、重力侵蚀带，年产沙量为 45614.5 万 t，占全区域总产沙量 23.5%。

（11）各水文控制区不同侵蚀强度的面积结构：

河口—吴堡区间，面积为 65616.4km^2。该区域以中度侵蚀所占面积最大（20139.2km^2），占该区域总面积的 30.7%；其次为强度侵蚀和极强烈侵蚀，面积分别为 11319.7km^2 和 12199.8km^2，各占总面积的 17.3%和 18.6%。

吴堡—龙门区间，面积为 64593.0km^2。该区域以微弱侵蚀和极强烈侵蚀为主，面积分别为 21582.8km^2 和 20857.3m^2，各占总面积的 33.4%和 32.3%。

北洛河、泾河中上游地区，面积为 57461.0km^2。该区域微弱侵蚀面积为 11861.0km^2，占 20.6%；强度侵蚀面积为 10296.7km^2，占 17.9%；强烈侵蚀面积为 10177.9km^2，占 17.7%；极强烈侵蚀面积为 8863.7km^2，占 15.4%。

渭河上游及祖厉河、清水河中上游地区，面积为 56250.0km^2。该区域中度以下侵蚀面积为 31691.5km^2，占 56.4%；强度侵蚀面积为 8753.9km^2，占 15.6%；极强烈侵蚀面积为 11401.3km^2，占 19.6%。

汾河及渭河、泾河、北洛河下游地区，面积为 82258.0km^2。该该区域以微弱侵蚀为主，面积为 50491.6km^2，占 61.4%；另外，轻度侵蚀面积为 11679.6km^2，占 14.2%；中度侵蚀面积为 8831.2km^2，占 10.7%。

（12）各水文控制区的产沙量结构：

河口—吴堡区间，年产沙量为 53860.3 万 t，占全区域总产沙量的 27.8%；吴堡—龙门区间，年产沙量为 53007.3 万 t，占全区域总产沙量的 27.3%；北洛河、泾河中上游地区，年产沙量为 41195.0 万 t，占全区域总产沙量的 21.2%；渭河上游及祖厉河、清水河中上游地区，年产沙量为 28991.8 万 t，占全区域总产沙量的 15.0%；汾河及渭河、泾河、北洛河下游地区年产沙量为 16831.3 万 t，占全区域总产沙量的 8.7%。

（13）黄土高原侵蚀产沙来源：

按不同侵蚀类型区统计计算，黄土高原的侵蚀产沙主要来自黄土峁状丘陵沟壑区和干旱黄土丘陵沟壑区，分别占全区域总产沙量的 29.5%和 22.6%；其次是黄土梁状丘陵沟壑区、黄土平岗丘陵沟壑区和黄土高原沟壑区，分别占全区总产沙量的 11.1%、8.5%和 9.0%。上述五个类型区共占到全区域总产沙量的 80.7%。

按侵蚀带统计计算，黄土高原的侵蚀产沙主要来自暖温带半干旱草原风蚀、水力侵蚀带，以及暖温带半干旱森林草原水力侵蚀带，分别占全区域总产沙量的 35.4%和 33.2%，共占全区域总产沙量的 68.6%。

按不同水文控制区统计计算，黄土高原的侵蚀产沙主要来自河龙区间，占全区域总产沙量的 55.1%；其次是北洛河、泾河中上游地区和渭河上游及祖厉河、清水河中上游地区，各占全区域总产沙量的 21.2%和 15.0%。上述三个区域占全区域总产沙量的 91.3%。

按不同流域不同统计计算，黄土高原的侵蚀产沙主要来自祖厉河、皇甫川、窟野河、无定河、延河、渭河、泾河、北洛河等流域。

（14）若将侵蚀强度大于 10000t/（km^2·a）的区域作为划分主要侵蚀产沙区的标准，可将黄土高原划分为五个主要侵蚀产沙区：

第一个主要侵蚀产沙区位于黄土高原北部以黄土平岗丘陵沟壑区、黄土峁状丘陵沟壑区和风沙草原区为主的区域，包括皇甫川、孤山川、清水川、窟野河、岚漪河、蔚汾河，面积为 10850.0km^2，侵蚀强度为 19380.8t/（km^2·a）。

第二个主要侵蚀产沙区位于黄土高原中部龙门至窟野河以下以黄土峁状丘陵沟壑区、黄土梁状丘陵沟壑区、风沙黄土丘陵沟壑区和黄土残塬沟壑区为主的区域，包括秃尾河、佳芦河、湫水河、三川河、屈产河、无定河、清涧河、昕水河、州川河以及黄河干流未控区域，面积为 42405.9km^2，侵蚀强度为 14541.7t/（km^2·a）。

第三个主要侵蚀产沙区位于北洛河吴起、志丹以上和泾河洪德以上的干旱黄土丘陵沟壑区，面积为 6000.5km^2，侵蚀强度为 16972.4t/（km^2·a）。

第四个主要侵蚀产沙区位于泾河流域以干旱黄土丘陵沟壑区、黄土高塬沟壑区为主的区域，面积为 8158.4km^2，侵蚀强度为 14179.1t/（km^2·a）。

第五个主要侵蚀产沙区位于渭河上游林家村以上的干旱黄土丘陵沟壑区和黄土山麓丘陵沟壑区为主的区域，面积为 11041.3km^2，侵蚀强度为 11093.3t/（km^2·a）。

另外，根据各类型区侵蚀强度大于 10000t/（km^2·a）的面积统计，黄土峁状丘陵沟壑区大于 10000t/（km^2·a）的面积最大，共 32380.7km^2，占全区域该类面积的 39.6%；其次是干旱黄土丘陵沟壑区，面积为 17919.3km^2，占全区域该类面积的近 21.9%；再次为黄土梁状丘陵沟壑区，面积为 10720.0km^2，占全区域该类面积的近 13.1%；这三个类型区侵蚀强度大于 10000t/（km^2·a）的面积占全区域该类面积的 75%。

第 7 章　黄土高原侵蚀产沙的年际变化

7.1　黄河及其主要支流的输沙量年际变化

7.1.1　近 90 年来黄河输沙量的变化（1919～2009 年）

根据黄河 1919～2009 年共 91 年的实测输沙量资料（1919～1959 年用陕县水文站资料，1960～2009 年用潼关水文站资料），分别统计了不同年代黄河输沙量的变化特征（图 7.1，表 7.1、表 7.2）。

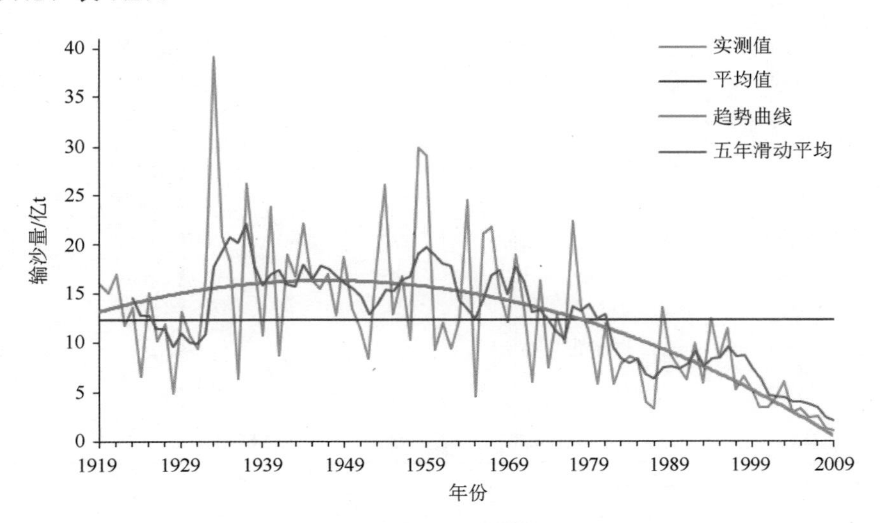

图 7.1　黄河 1919～2009 年输沙量变化曲线图

1. 黄河输沙量变化的阶段划分

按年代统计分析，黄河输沙量的变化大致可分为五个阶段：

第一阶段是 20 世纪 20 年代（1919～1929 年），输沙量较小，平均输沙量为 12.3 亿 t，其中 1924 年和 1928 年出现了 6.65 亿 t 和 4.88 亿 t 的偏小值。

第二阶段是 20 世纪 30～50 年代（1930～1959 年），这 30 年黄河输沙量较大，年平均为 17.3 亿 t。黄河历史上年输沙量大于 20.0 亿 t 的共有 12 个年份，其中 8 个年份就发生在这一时期，而且 1933 年出现了黄河历史上输沙量的最大值（39.1 亿 t），同时在 1958 年、1959 年，连续两年的输沙量也接近 30 亿 t，分别达到 29.9 亿 t 和 29.1 亿 t。

第三阶段是 20 世纪 60～70 年代（1960～1979 年），这 20 年黄河输沙量平均为

表 7.1　黄河历年输沙量变化

年份	输沙量/亿 t	年份	输沙量/亿 t	年份	输沙量/亿 t	年份	输沙量/亿 t
1919	15.90	1942	19.02	1965	4.54	1988	13.60
1920	15.00	1943	16.70	1966	21.10	1989	8.84
1921	16.90	1944	22.10	1967	21.80	1990	7.52
1922	11.80	1945	16.40	1968	15.20	1991	6.22
1923	13.60	1946	15.52	1969	12.10	1992	9.96
1924	6.65	1947	17.00	1970	19.00	1993	5.87
1925	15.00	1948	12.80	1971	13.40	1994	12.40
1926	10.20	1949	18.80	1972	6.00	1995	8.52
1927	11.90	1950	13.49	1973	16.30	1996	11.40
1928	4.88	1951	11.40	1974	7.45	1997	5.21
1929	13.10	1952	8.44	1975	12.80	1998	6.61
1930	10.80	1953	17.80	1976	9.93	1999	5.26
1931	9.39	1954	26.10	1977	22.10	2000	3.41
1932	16.40	1955	12.90	1978	13.60	2001	3.42
1933	39.10	1956	16.70	1979	10.90	2002	4.50
1934	20.91	1957	10.30	1980	5.83	2003	6.08
1935	18.31	1958	29.90	1981	11.90	2004	2.99
1936	6.34	1959	29.10	1982	5.81	2005	3.28
1937	26.20	1960	9.35	1983	7.92	2006	2.47
1938	17.78	1961	12.00	1984	8.57	2007	2.54
1939	10.78	1962	9.38	1985	8.26	2008	1.30
1940	23.82	1963	12.30	1986	3.96	2009	1.12
1941	8.68	1964	24.50	1987	3.34		

注：1919～1959 年用陕县资料，1960～2007 年用潼关资料。

表 7.2　黄河不同年代输沙量变化

年代时段	输沙量/万 t	距平/万 t	距平率/%
1919～1929	122664	–421	–0.3
1930～1939	176014	52929	43.0
1940～1949	170840	47755	38.8
1950～1959	176126	53041	43.1
1960～1969	142270	19185	15.6
1970～1979	131780	8695	7.1
1980～1989	78030	–45055	–36.6
1990～1999	78970	–44115	–35.8
2000～2009	31111	–91974	–74.7
1919～2009	123085		

13.7 亿 t。其中超过 20 亿 t 的有 4 个年份，分别为 1964 年（24.5 亿 t）、1966 年（21.1 亿 t）、1967 年（21.8 亿 t）和 1977 年（22.4 亿 t）。

第四阶段是 20 世纪 80～90 年代（1980～1999 年），这 20 年黄河输沙量平均为 7.9 亿 t。其间有 8 个年份输沙量只有 5 亿 t，1986 年和 1987 年的输沙量仅为 3.96 亿 t 和 3.34 亿 t。

第五阶段是进入 21 世纪后，从 2000～2009 年，这 10 年黄河平均输沙量仅为 3.1 亿 t，其中 2008 年和 2009 年的输沙量只有 1 亿 t 左右。

2. 黄河输沙量的距平变化

按不同年代输沙量的距平情况看：

（1）正距平的有五个年代（1930～1979 年），负距平的有四个年代（1919～1929 年，1980～2009 年）。

（2）在正距平的五个年代中，20 世纪 30 年代、40 年代和 50 年代的输沙量均高出黄河年均输沙量（1930～2009 年）的 40%左右。

（3）在负距平的四个年代中，20 世纪 80 年代和 90 年代（1980～1999）的输沙量比黄河年均输沙量（1930～2009 年）减少了近 40%；21 世纪初十年（2000～2009 年）输沙量比黄河年均输沙量（1930～2009 年）减少了 74.7%。

3. 黄河输沙量年际变化特征与趋势

（1）黄河输沙量的变化整体呈递减趋势，特别是从 1979 年起，除个别年份，黄河年输沙量普遍低于 10 亿 t。

（2）1919～2009 年黄河的年平均输沙量为 12.31 亿 t，总输沙量 1120.07 亿 t。其中大于平均值的共有 40 个年份，输沙量为 742.45 亿 t，占黄河 91 年总输沙量的 66.3%；小于平均值的共有 51 个年份，输沙量为 377.62 亿 t，占黄河 91 年总输沙量的 33.7%。在 91 年中，年输沙量大于 20.0 亿 t 的有 12 个年份，总输沙量为 307.12 亿 t，占黄河 91 年总输沙量的 27.4%。

（3）按年际变化曲线分析，黄河输沙量的年际变化有三个峰值区：一是 1933～1944 年这 12 年间，年输沙量大于或接近 20 亿 t 的就有 6 年，占了一半；二是 1953～1959 年这 7 年间，年输沙量大于或接近 20 亿 t 的有 3 年，其中 1958 和 1959 年连续两年输沙量接近 30 亿 t；三是 1964～1968 年这 5 年，出现了 3 次输沙量大于 20 亿 t 的年份。

（4）以 1969 年为节点，治理前（1919～1969 年），这 51 年年平均输沙量为 15.69 亿 t，可概念性称之 16 亿 t；治理后（1970～2009 年）40 年年平均输沙量为 7.99 亿 t，可概念性称之 8 亿 t。治理前后相比输沙量减少了 50%。若以退耕还林还草工程实施后为节点（2000 年后），这 10 年平均年输沙量为 3.1 亿 t，可概称为 3 亿 t，较治理前减少了 80%。

（5）影响黄河输沙量变化的主要因素是人为因素和降雨因素。但这二者在影响黄河输沙量变化的程度和方式上是不同的，即人为因素主要决定输沙量年际变化的整体趋势，降雨因素主要决定输沙量年际变化的个体差异。人为因素决定黄河泥沙的趋势性，降雨因素决定黄河泥沙的波动性，也就是说，黄河输沙量逐步减少的总趋势主要取决于人为治理的作用。例如，20 世纪 80 年代以来的 30 年，尽管也出现过雨量和强度都较大的年份，但其输沙量并不多。但就对某一时期来说，黄河输沙量的年际间差异主要取决于降雨，特别是暴雨。例如，在 1933～1944 年这 12 年间，虽然年输沙量大于或接近 20 亿 t 的就有 6 年，但也有两年输沙量只有约 6 亿 t 和 8 亿 t（1936 年 6.34 亿 t，1941 年 8.68 亿 t）。

（6）随着治理程度的不断提高，黄河输沙量年际变化的变幅程度也逐渐变小，从一定意义上说，降雨因素对黄河输沙量的影响程度会随着治理度的提高而越来越小。

7.1.2　近 70 年来黄河主要区段的输沙量变化（1935～2009 年）

把黄河中上游大致可分为上游（头道拐以上）、中游北（河龙区间）、中游南（泾河、北洛河、渭河）和中游东（汾河）四个区段。图 7.2～图 7.11 绘制了黄河中上游不同区段 1935～2009 年输沙量的变化曲线；表 7.3～表 7.6 分别列出了黄河中上游各区段不同年代输沙量变化特征值及不同年代输沙量占同期黄河总输沙量的比例变化情况。

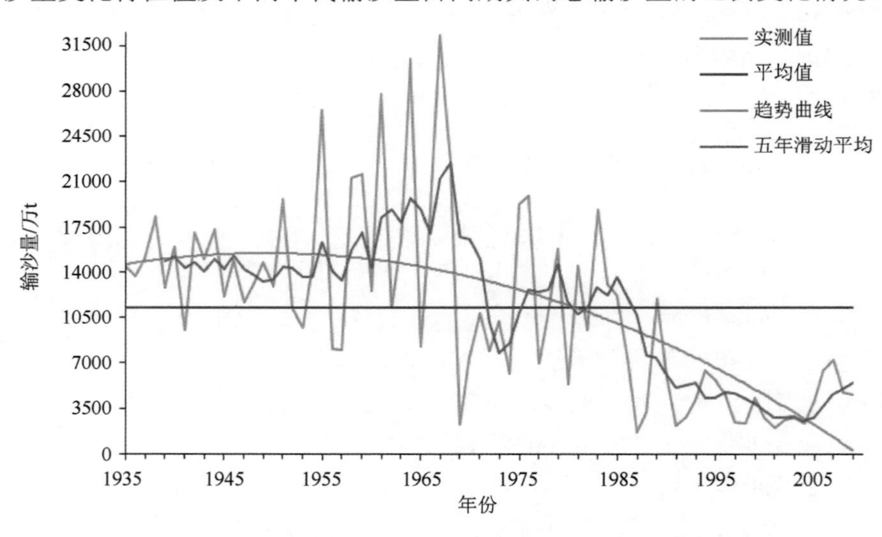

图 7.2　黄河上游（头道拐以上）输沙量变化（1935～2009 年）

1. 黄河各区段输沙量的变化特征

从图 7.2～图 7.11 各区段的输沙量变化曲线可以看出：

（1）黄河中上游六个区段输沙量变化的特征大致可分为四种类型：一是黄河上游（头道拐以上）；二是河龙区间（头道拐至龙门）；三是北洛河和泾河流域；四是渭河和汾河流域。这可能与降水的区域性有关。

（2）各区段的输沙量变化特征具体为：黄河上游（头道拐以上）输沙量变化的可分为四个阶段，即 1935～1954 年的中值区，1955～1968 年的高值区，1969～1989 年的次高值区，1990～2009 年的低值区；河龙区间（头道拐至龙门）输沙量变化也可分为

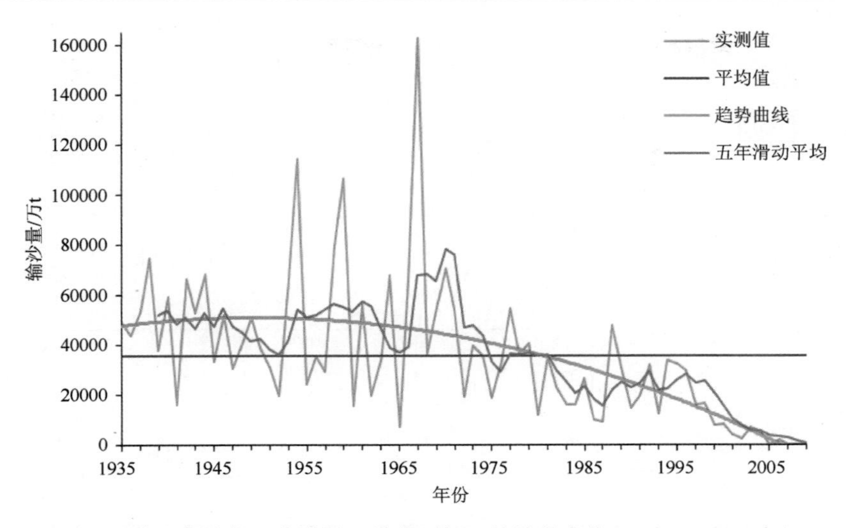

图 7.3　黄河中游北（头道拐—吴堡区间）输沙量变化（1935～2009 年）

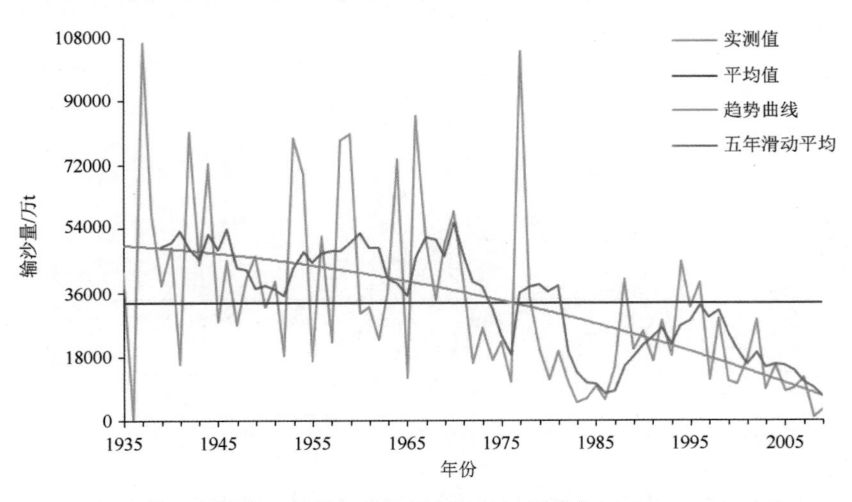

图 7.4　黄河中游北（吴堡—龙门区间）输沙量变化（1935～2009 年）

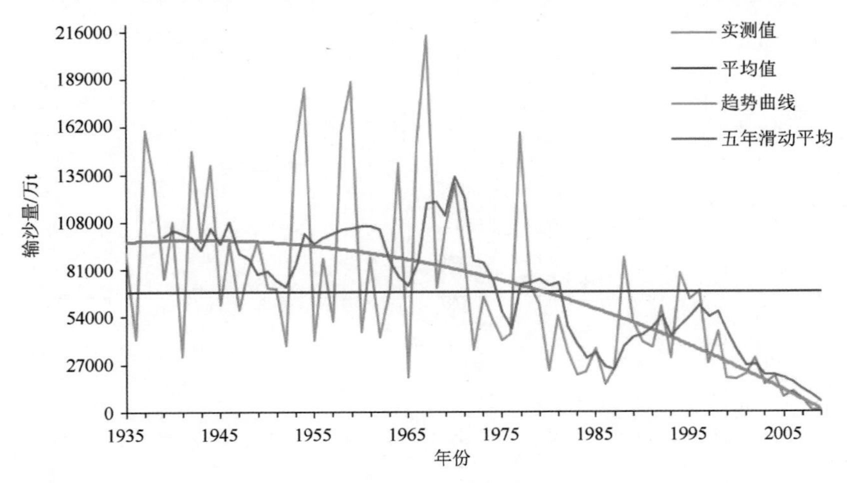

图 7.5　黄河中游北（头道拐—龙门区间）输沙量变化（1935～2009 年）

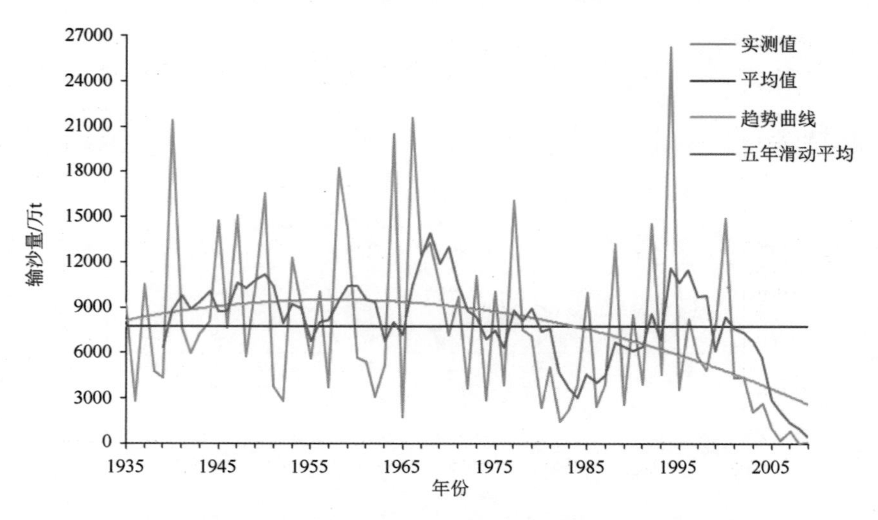

图 7.6　黄河中游南（北洛河洑头以上区域）输沙量变化（1935～2009 年）

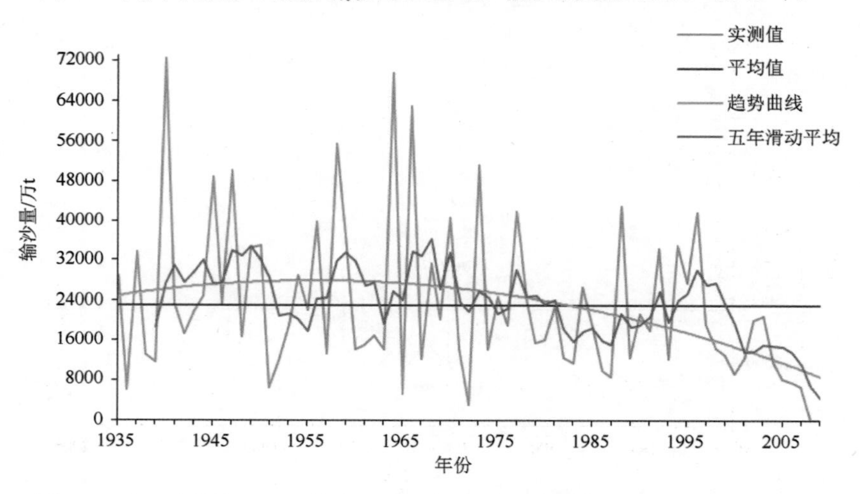

图 7.7　黄河中游南（泾河张家山以上区域）输沙量变化（1935～2009 年）

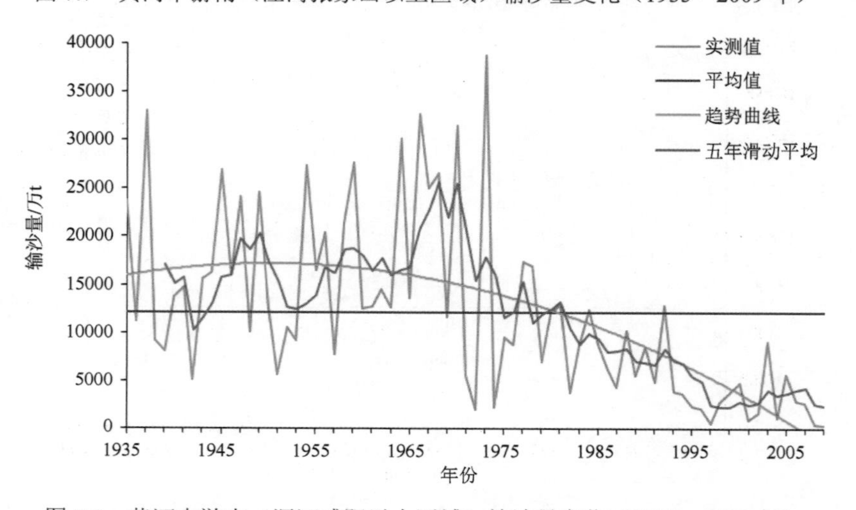

图 7.8　黄河中游南（渭河咸阳以上区域）输沙量变化（1935～2009 年）

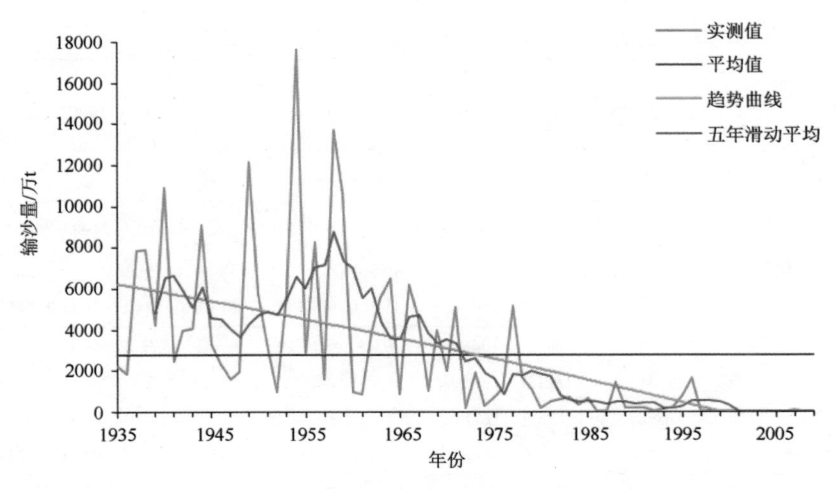

图 7.9　黄河中游东（汾河河津以上区域）输沙量变化（1935～2009 年）

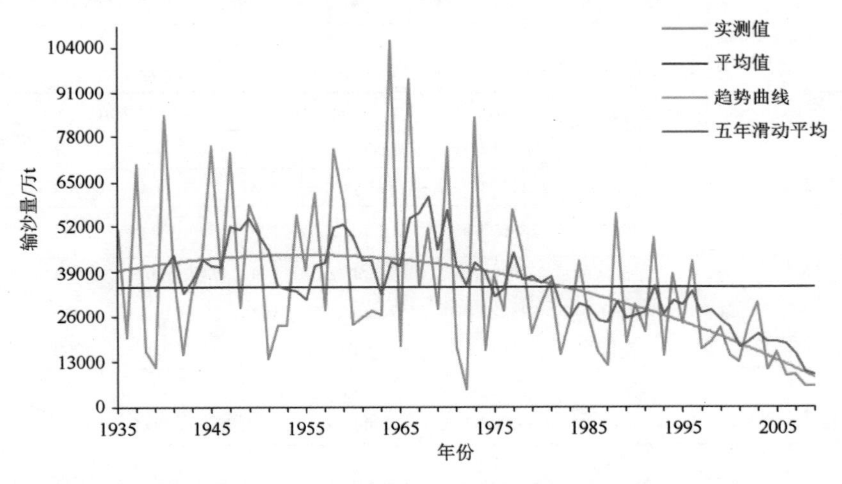

图 7.10　黄河中游南（华县以上区域）输沙量变化（1935～2009 年）

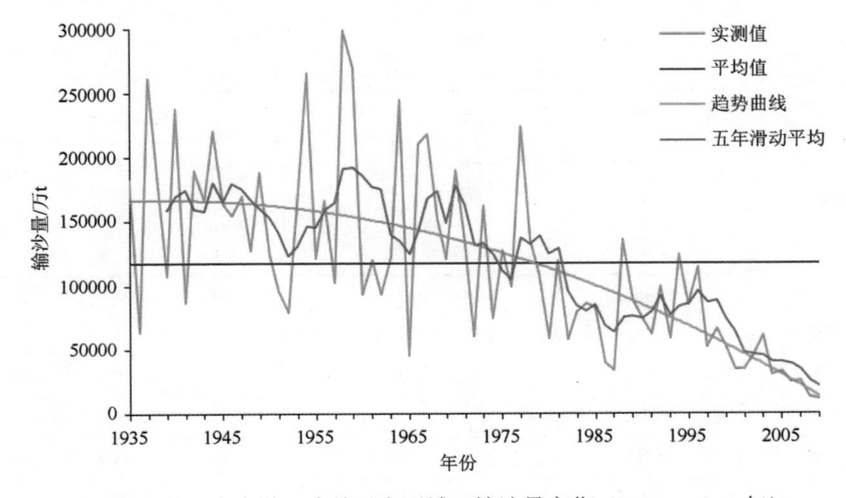

图 7.11　黄河中上游（潼关以上区域）输沙量变化（1935～2009 年）

表 7.3 黄河中上游各区段不同年代输沙量变化

区域	区间	站名	面积/km²	年代时段输沙量/万 t								
				1935～1939 年	1940～1949 年	1950～1959 年	1960～1969 年	1970～1979 年	1980～1989 年	1990～1999 年	2000～2009 年	1935～2009 年
上游	头道拐以上	头道拐	367898.0	14858.0	14146.0	15360.0	18266.0	11522.0	9779.0	4098.3	3961.0	11274.8
中游（北）	河龙区间	头道拐—吴堡	65616.0	51742.0	46964.0	54500.0	52114.0	40298.0	22701.0	21441.7	2968.1	35581.0
		吴堡—龙门	64038.0	48960.0	45010.0	49038.0	42770.0	34980.0	14520.0	25700.0	11562.2	33074.7
		小计	129654.0	100702.0	91974.0	103538.0	94884.0	75278.0	37221.0	47141.7	14530.3	68655.7
中游（南）	北洛河	洑头	25154.0	6384.0	10480.0	9703.4	9972.0	7949.0	4771.0	8888.0	3114.0	7742.6
	泾河	张家山	43216.0	18792.0	33430.0	26937.0	26224.0	24934.0	18319.0	23730.0	11186.0	23220.8
	渭河	咸阳	46827.0	17133.6	16784.5	15972.0	19290.0	14022.0	8545.0	4576.9	3011.6	12102.5
		小计	115197.0	42309.6	60694.5	52612.4	55486.0	46905.0	31635.0	37194.9	17311.6	43065.9
中游（东）	汾河	河津	38728.0	4809.8	5158.0	6990.0	3440.6	1911.3	450.4	316.1	8.1	2757.3
	全区域		651477.0	162679.4	171972.5	178500.4	172076.6	135616.3	79085.4	88751.0	35811.0	125753.7

表 7.4 黄河中上游各区段输沙量特征值（1935～2009 年）

区域	区间	站名	面积/km²	平均值	最大值		最小值		最大值/平均值	最大值/最小值
				输沙量/万 t	输沙量/万 t	年份	输沙量/万 t	年份		
上游	头道拐以上	头道拐	367898.0	11285.1	32300.0	1967	1680.0	1987	2.9	19.2
中游（北）	河龙区间	头道拐—龙门	129654.0	68697.7	213700.0	1967	1080.0	2008	3.1	197.9
中游（南）	北洛河	洑头	25154.0	7736.6	26300.0	1994	80.0	2008	3.4	328.8
	泾河	张家山	43216.0	23220.8	72600.0	1940	6260	1936	3.2	11.6
	渭河	咸阳	46827.0	11986.6	38900.0	1973	390.0	2009	3.2	99.7
中游（东）	汾河	河津	38728.0	2814.4	17600.0	1954	0.0	2008	6.3	
全区域		潼关	651477.0	117377.3	299000.0	1958	11200.0	2009	2.5	26.7

表 7.5 黄河中上游各区段不同年代输沙量距平率变化

区域	区间	站名	面积/km²	年代时段输沙量距平率变化/%							
				1935～1939 年	1940～1949 年	1950～1959 年	1960～1969 年	1970～1979 年	1980～1989 年	1990～1999 年	2000～2009 年
上游	头道拐以上	头道拐	367898.0	31.8	25.5	36.2	62.0	2.2	−13.3	−63.7	−64.9
中游（北）	河龙区间	头道拐—吴堡	65616.0	45.4	32.0	53.2	46.5	13.3	−36.2	−39.7	−91.7
		吴堡—龙门	64038.0	48.0	36.1	48.3	29.3	5.8	−56.1	−22.3	−65.0
		小计	129654.0	46.7	34.0	50.8	38.2	9.6	−45.8	−31.3	−78.8
中游（南）	北洛河	洑头	25154.0	−17.5	35.4	25.3	28.8	2.7	−38.4	14.8	−59.8
	泾河	张家山	43216.0	−19.1	44.0	16.0	12.9	7.4	−21.1	2.2	−51.8
	渭河	咸阳	46827.0	41.6	38.7	32.0	59.4	15.9	−29.4	−62.2	−75.1
		小计	115197.0	−1.8	40.9	22.2	28.8	8.9	−26.5	−13.6	−59.8
中游（东）	汾河	河津	38728.0	74.4	87.1	153.5	24.8	−30.7	−83.7	−88.5	−99.7
	全区域		651477.0	29.4	36.8	41.9	36.8	7.8	−37.1	−29.4	−71.5

表 7.6 黄河中上游各区段不同年代输沙量占黄河总输沙量比例

区域	区间	站名	面积/km²	年代时段/%							
				1935～1939 年	1940～1949 年	1950～1959 年	1960～1969 年	1970～1979 年	1980～1989 年	1990～1999 年	2000～2009 年
上游	头道拐以上	头道拐	367898.0	9.1	8.2	8.6	10.6	8.5	12.4	4.6	11.1
中游（北）	河龙区间	头道拐—吴堡	65616.0	31.8	27.3	30.5	30.3	29.7	28.7	24.2	8.3
		吴堡—龙门	64038.0	30.1	26.2	27.5	24.9	25.8	18.4	29.0	32.3
		小计	129654.0	61.9	53.5	58.0	55.1	55.5	47.1	53.1	40.6
中游（南）	北洛河	洑头	25154.0	3.9	6.1	5.4	5.8	5.9	6.0	10.0	8.7
	泾河	张家山	43216.0	11.6	19.4	15.1	15.2	18.4	23.2	26.7	31.2
	渭河	咸阳	46827.0	10.5	9.8	8.9	11.2	10.3	10.8	5.2	8.4
		小计	115197.0	26.0	35.3	29.5	32.2	34.6	40.0	41.9	48.3
中游（东）	汾河	河津	38728.0	3.0	3.0	3.9	2.0	1.4	0.6	0.4	0.0
	全区域		651477.0	100.0	100.0	100.0	100.0	100.0	100.0	100.0	100.0

四个阶段，即 1935～1977 年的高值区，1978～1986 年的低值区，1987～1996 年的次高值区，1997～2009 年的低值区；北洛河和泾河流域输沙量的变化有三个高值区，一是 1937～1950 年，二是 1957～1969 年，三是 1985～2000 年；渭河和汾河流域输沙量的变化大致可分为二个阶段，渭河流域 1935～1973 年为高值区，1974～2009 年为低值区。汾河流域 1935～1959 年为高值区，1960～2009 年为低值区。

（3）六个区段输沙量变化的趋势线，只有汾河流域为线性。

2. 黄河各区段不同年代输沙量的距平变化

从表 7.3～表 7.6 的统计结果可以看出：

（1）黄河上游（头道拐以上）区域。1935～2009 年年均输沙量为 11274.8 万 t，最大年输沙量为 32300.0 万 t（1967 年），最小年输沙量为 1680.0 万 t（1987 年）。20 世纪 70 年代以前，各年代输沙量均为正距平。其中 50 年代以前，各年代输沙量大概超出年均输沙量的 30%左右，60 年代超出了 62.0%，70 年代仅超出了 2.2%；20 世纪 80 年代以后，各年代距平率均为负值，其中 80 年代的距平率为–13.3%，90 年代和 21 世纪初距平率分别达到–63.7%和–64.9%。

（2）黄河中游北（河龙区间）。1935～2009 年年均输沙量为 68655.7 万 t，最大年输沙量为 213700.0 万 t（1967 年），最小年输沙量为 1080.0 万 t（2008 年）。20 世纪 70 年代以前，各年代输沙量均为正距平，其中 30 年代和 50 年代输沙量分别超出年均输沙量的 46.7%和 50.8%，40 年代和 60 年代输沙量分别超出年均输沙量的 34.0%和 38.2%；70 年代仅超出年均输沙量的 9.6%；20 世纪 80 年代以后，各年代距率平均为负值，其中 80 年代和 90 年代距平率分别为−45.8%和−31.3%，21 世纪初距平率达到了−78.8%。在河龙区间，无论是头道拐—吴堡，还是吴堡—龙门，这两个区域各年代输沙量的距平变化趋势和程度基本一致，只是头道拐—吴堡区域 21 世纪初（2000～2009）距平达到–91.7%，减幅明显大于吴堡—龙门区域。

（3）中游南区段（北洛河、泾河、渭河）。1935～2009 年年均输沙量为 43065.9 万 t，最大年输沙量为 120200.0 万 t（1964 年），最小年输沙量为 7220.0 万 t（2009 年）。20 世纪 70 年代以前，各年代输沙量除 30 年代为为负距平外，其余各年代输沙量均为正距平，其中 40 年代超出年均输沙量的 40.9%，50 年代和 60 年代各超出了 22.2%和 28.8%；70 年代仅超出 8.9%；20 世纪 80 年代以后，各年代距平均为负值，其中 80 年代和 90 年代距平率分别为–26.5%和–13.6%，21 世纪初距平率达到了–59.8%。在中游南区段，北洛河和泾河各年代输沙量的距平变化趋势和程度基本一致，而渭河与其有明显不同。北洛河和泾河各年代输沙量在 20 世纪 30 年代均为负距平，40 年代至 70 年代均为正距平，80 年代和 21 世纪初为负距平，90 年代又为正距平；而渭河流域各年代输沙量在 20 世纪 70 年代以前均为正距平，80 年代以后均为负距平。

（4）中游东区段（汾河）。1935～2009 年年均输沙量为 2757.3 万 t，最大年输沙量为 17600.0 万 t（1954 年），最小年输沙量为 0（2008 年）。20 世纪 60 年代以前，各年代输沙量均为正距平，其中 30 年代和 40 年代分别超出年均输沙量的 29.4%和 36.8%，50 年代高达 153.5%，60 年代为 24.8%；70 年代以后均负距平，其中 70 年代为–30.7%，80 年代和 90 年代各为–83.7%和–88.5%，21 世纪初距平率达到了–99.7%。

（5）根据各区段 1935～2009 年不同年代输沙量的距平变化过程和趋势，可大致划分为四种类型：一是中游北（河龙区间）和上游（头道拐以上）区域，即龙门以上区域；二是中游南的北洛河和泾河流域；三是中游南的渭河流域；四是中游东的汾河流域。

（6）从整个区域不同年代输沙量的距平变化过程看，可大致划分为三个阶段：一是 20 世纪 60 年代以前的正距平段，二是 80 年代以后的负距平段，三是 70 年代的转化段（正距平向负距平的过渡阶段）。

（7）从各区间不同年代的正负距平变化看，20 世纪 30 年代除中游南的北洛河、泾河为负距平外，其余各区段均为正距平；40 年代～60 年代各区段均为正距平；70 年代除中游东区段（汾河）出现负距平外，其余各区段均为正距平；80 年代至 21 世纪初各区段基本保持负距平，只是 90 年代中游南区段的北洛河和泾河出现正距平。

3. 黄河各区段不同年代输沙量占黄河总输沙量的比例变化

从表 7.5 的统计结果可以看出：

（1）上游头道拐以上区域。各年代输沙量占黄河输沙总量的比例变化不大，除 1990～1999 年较低，只有 4.6%外，其余各年代为 8.0%～10.0%。

（2）中游北区段。不同年代输沙量占黄河同期总输沙量的比例在 1940～1979 年基本保持在 55%左右（1935～1939 年最大，达 61.9%）；20 世纪 80 年代以后，减少到 45%左右。其中头道拐至吴堡区段各年代输沙量占黄河同期输沙量的比例，在 20 世纪 80 年代以前基本保持在 30%左右，80 年代减少到 24.2%，21 世纪初（2000～2009 年）减少到 8.3%，这可能与水库的拦截因素有关；吴堡至龙门区间，除 1980～1989 年较低（18.4%）外，其余各年代变化不大，大致保持在 25%～30%。

（3）中游南区段。各年代输沙量占黄河总输沙量的比例处于递增状态，由 1935～

1939 年的 26.0%增加到 2000～2009 年的 48.3%。其中渭河流域各年代占黄河输沙量的比例变化不大，在 20 世纪 80 年代以前基本保持在 10%左右，90 年代减少到 5.2%，21 世纪初（2000～2009 年）变为 8.4%；而泾河和北洛河流域各年代输沙量占黄河总输沙量的比例均处于递增状态，而且增幅较大，泾河流域由 1935～1939 年的 11.6%增至 2000～2009 年的 31.2%，北洛河流域由 1935～1939 年的 3.9%增至 2000～2009 年的 8.7%，说明这两个流域近 20 年来泥沙的减少幅度不大。

（4）中游东区段。各年代输沙量占黄河总输沙量的比例在 20 世纪 50 年代以前基本保持在 3%左右，从 60 年代以后逐步减少，到 21 世纪初基本无泥沙输入，说明汾河流域的减沙非常明显。

7.1.3　近 70 年来黄河各主要支流的输沙量变化

表 7.7～表 7.10 是经过统计计算得到的黄河 26 条主要支流不同年代输沙量变化的特征值。

表 7.7　黄河中游各主要支流不同年代输沙量变化

流域名	站名	面积/km^2	年代时段/万 t						
			1955～1959 年	1960～1969 年	1970～1979 年	1980～1989 年	1990～1999 年	2000～2009 年	1955～2009 年
浑河	放牛沟	5461	2470.8	2191.8	1635.3	716.0	470.3	101.2	1154.6
偏关河	偏关	1915	2117.7	1668.5	1265.6	736.7	383.5	82.5	944.7
黄浦川	皇甫	3199	7418.2	5044.3	6253.0	4282.2	2550.8	961.1	4145.5
清水河	清水	735	1123.9	827.1	1003.2	721.9	479.1	98.9	671.3
县川河	旧县	1562	1101.8	1038.1	1211.8	598.2	639.0	106.0	753.5
孤山川	高石崖	1263	2707.0	2494.5	2969.8	1278.2	944.0	370.6	1711.0
朱家川	下流碛	2881	694.3	665.6	781.5	415.1	532.8	152.8	526.4
岚漪河	裴家川	2159	1605.7	1711.9	790.8	287.0	481.1	116.7	761.9
蔚汾河	碧村	1476	1488.5	1416.5	1149.4	264.1	478.6	116.1	758.0
窟野河	温家川	8645	11712.0	11847.6	13986.0	6706.0	6475.0	519.3	8252.7
秃尾河	高家川	3253	3444.3	2604.8	2342.0	998.5	1285.6	225.9	1668.9
佳芦河	申家湾	1121	2339.8	2479.3	1784.3	459.7	692.8	214.9	1236.5
湫水河	林家坪	1873	2348.0	3266.7	2290.4	931.4	671.5	257.4	1562.1
三川河	后大成	4102	3375.4	3390.7	1831.1	964.3	815.5	211.6	1618.3
屈产河	裴沟	1023	1581.3	1168.2	1150.1	511.1	681.0	371.9	849.6
无定河	白家川	29662	24258.0	18665.0	11597.0	5270.0	8406.0	3617.6	10851.7
清涧河	延川	3468	5696.2	4380.0	4268.8	1448.2	3744.7	1879.3	3376.2
昕水河	大宁	3992	3069.4	2563.0	1864.1	742.1	833.7	335.6	1431.5
延水	甘谷驿	5891	6113.6	6357.0	4682.0	3192.0	4285.8	1696.5	4230.9
汾川河	新市河	1662	308.5	317.0	368.4	255.1	207.3	72.1	249.8
仕望川	大村	2141	300.0	390.3	318.3	124.6	55.1	11.9	190.9
州川河	吉县	436	644.6	548.6	472.4	80.5	52.4	14.9	271.1

续表

流域名	站名	面积/km²	年代时段/万 t						
			1955～1959 年	1960～1969 年	1970～1979 年	1980～1989 年	1990～1999 年	2000～2009 年	1955～2009 年
汾河	河津	38728	7374.0	3440.6	1911.3	450.4	316.1	8.1	1784.3
渭河	咸阳	46827	18846.0	19290.0	14022.0	8545.0	4576.9	3011.6	10703.4
泾河	张家山	43216	33480.0	26224.0	24934.0	18319.0	23730.0	11186.0	22024.2
北洛河	洑头	25154	10430.8	9972.0	7949.0	4771.0	8888.0	3114.0	7256.3
合计		241845.0	156049.8	133963.1	112831.6	63068.5	72676.5	28854.8	88985.3

表 7.8　黄河中游各主要支流输沙模数特征值（1955～2009 年）

流域名	站名	面积/km²	平均值	最大值		最小值		最大值/平均值	最大值/最小值
			输沙模数/[t/(km²·a)]	输沙模数/[t/(km²·a)]	年份	输沙模数/[t/(km²·a)]	年份		
浑河	放牛沟	5461.0	2114.2	9247.4	1971	42.1	2005	4.4	219.5
偏关河	偏关	1915.0	4932.9	28772.8	1967	98.0	2005	5.8	293.7
皇甫川	黄甫	3199.0	12958.9	53454.2	1959	304.5	2007	4.1	175.6
清水河	清水	735.0	9133.3	31756.5	1959	37.5	2005	3.5	847.9
县川河	旧县	1562.0	4823.7	20294.5	1977	19.0	2005	4.2	1070.9
孤山川	高石崖	1263.0	13547.3	66429.1	1977	410.9	2005	4.9	161.7
朱家川	下流碛	2881.0	1827.0	5640.4	1977	21.6	2005	3.1	261.5
岚漪河	裴家川	2159.0	3528.9	38629.0	1967	70.9	1989	10.9	545.1
蔚汾河	碧村	1476.0	5135.5	42276.4	1967	138.9	1989	8.2	304.4
窟野河	温家川	8645.0	9546.2	35049.2	1959	3.7	2009	3.7	9468.8
秃尾河	高家川	3253.0	5130.4	22164.2	1959	75.6	2009	4.3	293.1
佳芦河	申家湾	1121.0	11030.6	68688.7	1970	70.5	2009	6.2	974.7
湫水河	林家坪	1873.0	8340.0	47410.6	1967	99.3	2009	5.7	477.4
三川河	后大成	4102.0	3945.2	20355.9	1959	12.2	2008	5.2	1670.0
屈产河	裴沟	1023.0	8305.3	48973.6	1977	9.8	2008	5.9	5010.0
无定河	白家川	29662.0	3658.5	14833.8	1959	91.0	2008	4.1	163.0
清涧河	延川	3468.0	9735.3	35467.1	1959	34.6	2008	3.6	1025.0
昕水河	大宁	3992.0	3585.9	17660.3	1958	10.0	2008	4.9	1762.5
延水	甘谷驿	5891.0	7182.0	30894.6	1964	220.7	2008	4.3	140.0
汾川河	新市河	1662.0	1503.2	8724.4	1988	0.0	2008	5.8	
仕望川	大村	2141.0	891.8	4764.1	1971	0.0	2008	5.3	
州川河	吉县	436.0	6218.3	37614.7	1971	0.0	2008	6.0	
汾河	河津	38728.0	460.7	3537.5	1958	0.0	2008	7.7	
渭河	咸阳	46827.0	2285.7	8307.2	1973	83.3	2009	3.6	99.7
泾河	张家山	43216.0	5096.3	16082.0	1964	749.7	1972	3.2	21.5
北洛河	洑头	25154.0	2884.7	10455.6	1994	31.8	2008	3.6	328.8

表 7.9　黄河中游各主要支流不同年代输沙量距平率变化

流域名	站名	面积/km²	年代时段/%					
			1955～1959年	1960～1969年	1970～1979年	1980～1989年	1990～1999年	2000～2009年
浑河	放牛沟	5461.0	114.0	89.8	41.6	−38.0	−59.3	−91.2
偏关河	偏关	1915.0	124.2	76.6	34.0	−22.0	−59.4	−91.3
皇甫川	黄甫	3199.0	78.9	21.7	50.8	3.3	−38.5	−76.8
清水河	清水	735.0	67.4	23.2	49.4	7.5	−28.6	−85.3
县川河	旧县	1562.0	46.2	37.8	60.8	−20.6	−15.2	−85.9
孤山川	高石崖	1263.0	58.2	45.8	73.6	−25.3	−44.8	−78.3
朱家川	下流碛	2881.0	31.9	26.5	48.5	−21.1	1.2	−71.0
岚漪河	裴家川	2159.0	110.8	124.7	3.8	−62.3	−36.9	−84.7
蔚汾河	碧村	1476.0	96.4	86.9	51.6	−65.2	−36.9	−84.7
窟野河	温家川	8645.0	41.9	43.6	69.5	−18.7	−21.5	−93.7
秃尾河	高家川	3253.0	106.4	56.1	40.3	−40.2	−23.0	−86.5
佳芦河	申家湾	1121.0	89.2	100.5	44.3	−62.8	−44.0	−82.6
湫水河	林家坪	1873.0	50.3	109.1	46.6	−40.4	−57.0	−83.5
三川河	后大成	4102.0	108.6	109.5	13.1	−40.4	−49.6	−86.9
屈产河	裴沟	1023.0	86.1	37.5	35.4	−39.8	−19.8	−56.2
无定河	白家川	29662.0	123.5	72.0	6.9	−51.4	−22.5	−66.7
清涧河	延川	3468.0	68.7	29.7	26.4	−57.1	10.9	−44.3
昕水河	大宁	3992.0	114.4	79.0	30.2	−48.2	−41.8	−76.6
延水	甘谷驿	5891.0	44.5	50.3	10.7	−24.6	1.3	−59.9
汾川河	新市河	1662.0	23.5	26.9	47.4	2.1	−17.0	−71.2
仕望川	大村	2141.0	57.1	104.4	66.7	−34.7	−71.2	−93.8
州川河	吉县	436.0	137.7	102.3	74.2	−70.3	−80.7	−94.5
汾河	河津	38728.0	313.3	92.8	7.1	−74.8	−82.3	−99.5
渭河	咸阳	46827.0	76.1	80.2	31.0	−20.2	−57.2	−71.9
泾河	张家山	43216.0	52.0	19.1	13.2	−16.8	7.7	−49.2
北洛河	洑头	25154.0	43.7	37.4	9.5	−34.2	22.5	−57.1
合计		241845.0	75.4	50.5	26.8	−29.1	−18.3	−67.6

表 7.10　黄河中游各主要支流不同年代输沙量占黄河总输沙量比例

流域名	站名	面积/km²	年代时段/%					
			1955～1959年	1960～1969年	1970～1979年	1980～1989年	1990～1999年	2000～2009年
浑河	放牛沟	5461.0	1.2	1.5	1.2	0.9	0.6	0.3
偏关河	偏关	1915.0	1.1	1.2	1.0	0.9	0.5	0.3
皇甫川	黄甫	3199.0	3.8	3.5	4.7	5.5	3.2	3.1
清水河	清水	735.0	0.6	0.6	0.8	0.9	0.6	0.3
县川河	旧县	1562.0	0.6	0.7	0.9	0.8	0.8	0.3
孤山川	高石崖	1263.0	1.4	1.8	2.3	1.6	1.2	1.2
朱家川	下流碛	2881.0	0.4	0.5	0.6	0.5	0.7	0.5

续表

流域名	站名	面积/km²	年代时段/%					
			1955～1959年	1960～1969年	1970～1979年	1980～1989年	1990～1999年	2000～2009年
岚漪河	裴家川	2159.0	0.8	1.2	0.6	0.4	0.6	0.4
蔚汾河	碧村	1476.0	0.8	1.0	0.9	0.3	0.6	0.4
窟野河	温家川	8645.0	5.9	8.3	10.6	8.6	8.2	1.7
秃尾河	高家川	3253.0	1.7	1.8	1.8	1.3	1.6	0.7
佳芦河	申家湾	1121.0	1.2	1.7	1.4	0.6	0.9	0.7
湫水河	林家坪	1873.0	1.2	2.3	1.7	1.2	0.9	0.8
三川河	后大成	4102.0	1.7	2.4	1.4	1.2	1.0	0.7
屈产河	裴沟	1023.0	0.8	0.8	0.9	0.7	0.9	1.2
无定河	白家川	29662.0	12.3	13.1	8.8	6.8	10.6	11.6
清涧河	延川	3468.0	2.9	3.1	3.2	1.9	4.7	6.0
昕水河	大宁	3992.0	1.6	1.8	1.4	1.0	1.1	1.1
延水	甘谷驿	5891.0	3.1	4.5	3.6	4.1	5.4	5.5
汾川河	新市河	1662.0	0.2	0.2	0.3	0.3	0.3	0.2
仕望川	大村	2141.0	0.2	0.3	0.2	0.2	0.1	0.0
州川河	吉县	436.0	0.3	0.4	0.4	0.1	0.1	0.0
汾河	河津	38728.0	3.7	2.4	1.5	0.6	0.4	0.0
渭河	咸阳	46827.0	9.5	13.6	10.6	11.0	5.8	9.7
泾河	张家山	43216.0	16.9	18.4	18.9	23.5	30.0	36.0
北洛河	洑头	25154.0	5.3	7.0	6.0	6.1	11.3	10.0
合计		241845.0	78.9	94.2	85.6	80.8	92.0	92.7

1. 黄河各支流不同年代输沙量的距平变化

（1）从各支流同一年代输沙量距平变化的纵向比较看：20世纪50年代、60年代、70年代，各支流均为正距平。其中50年代有9个流域输沙量超过1955～2009年年均输沙量的1倍，汾河流域达到313.3%，有11个流域输沙量超过年均输沙量的0.5倍；60年代有6个流域输沙量超过年均输沙量的1倍，有9个流域输沙量超过年均输沙量的0.5倍；70年代有7个流域输沙量超过年均输沙量的0.5倍；80年代，除皇甫川、清水川、汾川河三个流域为正距平外，其余各流域均为负距平，其中蔚汾河、岚漪河、佳芦河、无定河、清涧河、州川河、汾河等七个流域的负距平率超过50%；90年代，有4个流域为正距平（朱家川、清涧河、延河、泾河、北洛河），其中北洛河的正距平率达到22.5%，其余各流域均为负距平，其中浑河、偏关河、湫水河、仕望川、州川河、汾河、渭河等7个流域的负距平率超过50%；21世纪初，各流域输沙量均为负距平，且负距平率大都超过50%，其中浑河、偏关河、窟野河、仕望川、州川河、汾河负距平率均超过了90%，输沙量较年均输沙量减少了近1倍。

（2）从各支流不同年代输沙量距平变化的横向比较看：受流域区位和降雨相似性的影响，相邻流域不同年代输沙量的距平变化特征和变化程度都比较相似。例如，浑河和偏关河，皇甫川和清水川，仕望川和州川河，蔚汾河和岚漪河，秃尾河和佳芦河、湫水河、三川河等。

（3）从无定河、汾河、渭河、泾河和北洛河这五大支流不同年代输沙量距平的变化特征看：渭河、泾河和北洛河这三条流域除 90 年代输沙量距平率相互差异较大外（渭河为–57.2%、泾河为 7.7%、北洛河为 22.5%），其他各年代基本差异不大；无定河和汾河的距平变化趋势基本一致。

2. 黄河各支流不同年代输沙量占黄河总输沙量的比例变化

从表 7.9 黄河中游各支流不同年代输沙量占黄河总输沙量的比例变化特征和趋势看，可将其分为三种类型：

（1）各年代输沙量占黄河总输沙量的比例基本无太大变化，或 21 世纪初略有减少。例如，皇甫川、清水川、县川河、孤山川、朱家川、岚漪河、蔚汾河、佳芦河、湫水河、三川河、忻水河、无定河、汾川河、仕望川、州川河等，大多数支流属这种类型。

（2）20 世纪 90 年代或 21 世纪初，输沙量占黄河总输沙量的比例明显减少。例如，窟野河、秃尾河、三川河、汾河等。

（3）20 世纪 90 年代或 21 世纪初，输沙量占黄河总输沙量的比例明显增加。例如，屈产河、清涧河、延河、泾河、北洛河，尤以泾河和北洛河增幅最大。

7.2　不同类型区和侵蚀带产沙量的年际变化

7.2.1　各类型区不同年代的产沙量变化

在本研究中，由于没有收集到汾河、祖厉河和清水河流域 1988～2009 年的水文站的泥沙资料，故本研究未考虑上述三流域，涉及的面积共 63855km^2，再减去未发生或侵蚀轻微的冲积平原区 8312.7km^2、极高原石质山区 2844.31km^2 和库布齐沙漠区 1765.3km^2，用于统计分析和研究的区域面积共 249400.7km^2。表 7.11～表 7.13 分别是各类型区 1955～2009 年不同年代的产沙量、距平率及占全区域总产沙量的变化。

表 7.11　不同类型区各年代侵蚀产沙量

类型区	面积/km^2	年代时段/万 t						
		1955～1959 年	1960～1969 年	1970～1979 年	1980～1989 年	1990～1999 年	2000～2009 年	1955～2009 年
黄土平岗丘陵沟壑区	26191.1	18711.5	16292.9	13468.8	9285.1	5100.3	1653.4	10068.4
黄土峁状丘陵沟壑区	41054.6	59952.6	54433.4	37419.9	17560.0	30510.9	11807.5	30869.1
黄土梁状丘陵沟壑区	25240.1	26189.3	19504.7	15961.3	8522.7	8186.2	3919.2	11929.5
黄土山麓丘陵沟壑区	4573.9	4427.1	2515.4	1786.2	1653.3	803.6	515.4	1510.9
干旱黄土丘陵沟壑区	35626.8	36920.2	33793.3	28913.3	20469.9	25671.2	10770.9	25111.6
风沙黄土丘陵沟壑区	10544.4	8645.8	5716.4	5501.1	1760.4	2101.9	683.4	3637.7
森林黄土丘陵沟壑区	15527.9	466.9	570.1	638.3	270.8	662.0	341.6	495.9
黄土高塬沟壑区	26297.6	20620.3	16653.0	16130.8	10158.3	11607.7	6506.5	12950.1

续表

类型区	面积/km²	年代时段/万 t						
		1955～1959 年	1960～1969 年	1970～1979 年	1980～1989 年	1990～1999 年	2000～2009 年	1955～2009 年
黄土残塬沟壑区	4205.6	6067.8	5409.7	3234.2	2210.1	4223.7	1596.2	3577.4
黄土阶地区	10832.0	3743.8	2713.3	3180.1	1523.6	2116.4	1351.3	2314.7
风沙草原区	23024.1	6616.4	6609.8	8279.3	4178.7	3028.0	349.7	4712.3
高原土石山区	26282.5	1861.0	1264.4	1142.7	1421.7	417.1	363.3	991.8
合计	249400.7	194222.7	165476.4	135656.0	79014.7	94429.1	39858.3	108169.4

表 7.12 不同类型区各年代侵蚀产沙量距平率

类型区	面积/km²	年代时段/%					
		1955～1959 年	1960～1969 年	1970～1979 年	1980～1989 年	1990～1999 年	2000～2009 年
黄土平岗丘陵沟壑区	26191.1	85.8	61.8	33.8	–7.8	–49.3	–83.6
黄土峁状丘陵沟壑区	41054.6	94.2	76.3	21.2	–43.1	–1.2	–61.7
黄土梁状丘陵沟壑区	25240.1	119.5	63.5	33.8	–28.6	–31.4	–67.1
黄土山麓丘陵沟壑区	4573.9	193.0	66.5	18.2	9.4	–46.8	–65.9
干旱黄土丘陵沟壑区	35626.8	47.0	34.6	15.1	–18.5	2.2	–57.1
风沙黄土丘陵沟壑区	10544.4	137.7	57.1	51.2	–51.6	–42.2	–81.2
森林黄土丘陵沟壑区	15527.9	–5.9	15.0	28.7	–45.4	33.5	–31.1
黄土高塬沟壑区	26297.6	59.2	28.6	24.6	–21.6	–10.4	–49.8
黄土残塬沟壑区	4205.6	69.6	51.2	–9.6	–38.2	18.1	–55.4
黄土阶地区	10832.0	61.7	17.2	37.4	–34.2	–8.6	–41.6
风沙草原区	23024.1	40.4	40.3	75.7	–11.3	–35.7	–92.6
高原土石山区	26282.5	87.6	27.5	15.2	43.3	–57.9	–63.4
合计	249400.6	79.6	53.0	25.4	–27.0	–12.7	–63.2

表 7.13 不同类型区各年代侵产沙量占总侵蚀产沙量比例

类型区	面积/km²	年代时段/%						
		1955～1959 年	1960～1969 年	1970～1979 年	1980～1989 年	1990～1999 年	2000～2009 年	1955～2009 年
黄土平岗丘陵沟壑区	26191.1	9.6	9.8	9.9	11.8	5.4	4.1	9.3
黄土峁状丘陵沟壑区	41054.6	30.9	32.9	27.6	22.2	32.3	29.6	28.5
黄土梁状丘陵沟壑区	25240.1	13.5	11.8	11.8	10.8	8.7	9.8	11.0
黄土山麓丘陵沟壑区	4573.9	2.3	1.5	1.3	2.1	0.9	1.3	1.4
干旱黄土丘陵沟壑区	35626.8	19.0	20.4	21.3	25.9	27.2	27.0	23.2
风沙黄土丘陵沟壑区	10544.4	4.5	3.5	4.1	2.2	2.2	1.7	3.4
森林黄土丘陵沟壑区	15527.9	0.2	0.3	0.5	0.3	0.7	0.9	0.5
黄土高塬沟壑区	26297.6	10.6	10.1	11.9	12.9	12.3	16.3	12.0
黄土残塬沟壑区	4205.6	3.1	3.3	2.4	2.8	4.5	4.0	3.3
黄土阶地区	10832.0	1.9	1.6	2.3	1.9	2.2	3.4	2.1
风沙草原区	23024.1	3.4	4.0	6.1	5.3	3.2	0.9	4.4
高原土石山区	26282.5	1.0	0.8	0.8	1.8	0.4	0.9	0.9
合计	249400.7	100.0	100.0	100.0	100.0	100.0	100.0	100.0

1. 各类型区不同年代产沙量的距平变化

（1）黄土平岗丘陵沟壑区、黄土峁状丘陵沟壑区、黄土梁状丘陵沟壑区、风沙黄土丘陵沟壑区和风沙草原区这五个类型区不同年代产沙量的距平变化趋势基本一致，即在 20 世纪 70 年代以前为正距平，80 年代以后为负距平。这五个类型区虽然距平变化的趋势基本一致，但 80 年代和 90 年代负距平的幅度差异较大，80 年代各自的负距平率分别为–7.8%、–43.1%、–28.6%、–51.6%、–11.3%；90 年代各自的负距平率分别为–49.3%、–1.2%、–31.4%、–42.2、–35.7%。

（2）黄土山麓丘陵沟壑区和高原土石山区这两个类型区不同年代产沙量的距平变化趋势基本一致，即在 20 世纪 80 年代以前为正距平，90 年代以后为负距平，也是 20 世纪 80 年代唯有保持正距平的两个类型区。这两个类型区各年代的距平率除 50 年代和 80 年代差异明显外（分别为 193.0%、87.6%和 9.4%、43.3%），其他各年代距平率相近。

（3）黄土高塬沟壑区和黄土阶地区不同年代产沙量的距平变化趋势和距平率基本相同。但黄土残塬沟壑区不同年代产沙量的距平变化趋势和距平率与其完全不同，即 70 年代为负距平，而 90 年代反而为正距平。

（4）干旱黄土丘陵沟壑区和森林黄土丘陵沟壑区这两个类型区在 20 世纪 90 年代为正距平。森林黄土丘陵沟壑区 50 年代为负距平，也是 12 个类型区中唯一的 50 年代为负距平的区域，而 90 年代反而为正距平，达到 33.5%，这说明影响森林黄土丘陵沟壑区产沙量变化的主要是降雨因素。

2. 各类型区不同年代产沙量占全区域总产沙量的比例变化

从表 7.6 至表 7.13 各类型区不同年代产沙量占全区域总产沙量的比例变化特征和趋势看，可将其分为四种类型：

（1）20 世纪 80 或 90 年代以后产沙量占全区域总产沙量比例明显减少的类型区有三个。黄土平岗丘陵沟壑区 80 年代以前，各年代产沙量占全区域总产沙量的比例基本在 10.0%左右，90 年代和 21 世纪初分别减少到 5.4%和 4.1%；风沙黄土丘陵沟壑区 70 年代以前各年代产沙量占全区域总产沙量的比例基本在 4.0%左右，80 年代和 90 年代减少到 2.2%，21 世纪初减少到 1.7%；风沙草原区 80 年代以前各年代产沙量占全区域总产沙量的比例基本在 4.5%左右，90 年代和 21 世纪初分别减少到 3.2%和 0.9%。

（2）20 世纪 80 或 90 年代以后产沙量占全区域总产沙量比例明显增加的类型区有五个。黄土高塬沟壑区 70 年代以前各年代产沙量占全区域总产沙量的比例基本 11.0%左右，80 年代和 90 年代增加到 12.9%和 12.3%，21 世纪初增加到 16.3%；干旱黄土丘陵沟壑区 70 年代以前各年代产沙量占全区域总产沙量的比例基本 20.0%左右，80 年代增加到 25.9%，90 年代和 21 世纪初分别增加到 27.2%和 27.0%；森林黄土丘陵沟壑区 80 年代以前各年代产沙量占全区域总产沙量的比例基本 0.3%左右，90 年代和 21 世纪初分别增加到 0.7%和 0.9%；黄土残塬沟壑区 80 年代以前各年代产沙量占全区域总产沙量的比例基本 3.0%左右，90 年代和 21 世纪初分别增加到 4.5%和 4.0%；黄土阶地区 90 年代以前各年代产沙量占全区域总产沙量的比例基本 2.0%左右，21 世纪初增加到 3.4%。

（3）各年代产沙量占全区域总产沙量的比例基本变化不大，无明显的增加或减少趋势的有四个类型区。黄土峁状丘陵沟壑区各年代产沙量占全区域总产沙量的比例除 80 年代在 22.2%外，其他各年代基本保持在 30.0%左右；黄土梁状丘陵沟壑区各年代产沙量占全区域总产沙量的比例基本保持在 10.0%左右；黄土山麓丘陵沟壑区各年代产沙量占全区域总产沙量的比例基本保持在 1.5%左右；高原土石山区各年代产沙量占全区域总产沙量的比例除 90 年代 0.4%外，其他各年代基本保持在 1.0%左右。

7.2.2 各侵蚀带不同年代的产沙量变化

1. 各侵蚀带不同年代产沙量的距平变化

从表 7.14 和表 7.15 可以看出，四个侵蚀带不同年代产沙量的距平变化趋势大致相同，但从距平率的大小变化看，可将其分为两种类型。一类是中温带干旱荒漠草原、暖温带半干旱草原强烈风蚀带和暖温带亚湿润落叶阔叶林水力、重力侵蚀带，这两个侵蚀带不同年代产沙量的距平变化由正到负呈递减趋势。例如，中温带干旱荒漠草原、暖温带半干旱草原强烈风蚀带距平率由 20 世纪 50～90 年代的 76.8%、54.9%、48.6%、–15.2%、–44.0%到 21 世纪初的–85.5%；另一类是暖温带半干旱草原风蚀、水力侵蚀带和暖温带半干旱森林草原水力侵蚀带，这两个侵蚀带不同年代产沙量的距平变化趋势并不由正到负呈递减趋势，90 年代的负距平率分别为–1.5%和–5.7%，而相邻两侧 80 年代和 21 世纪初的距平率分别为–33.3%、–65.8%和–30.1%、–52.3%。

表 7.14 不同侵蚀带各年代侵蚀产沙量

类型名	年代时段/万 t						
	1955～1959 年	1960～1969 年	1970～1979 年	1980～1989 年	1990～1999 年	2000～2009 年	1955～2009 年
中温带干旱荒漠草原、暖温带半干旱草原强烈风蚀带	27618.4	24201.1	23209.3	13255.1	8752.1	2267.0	15622.5
暖温带半干旱草原风蚀、水力侵蚀带	78668.1	70165.7	50299.7	29318.8	43245.7	15005.2	43926.2
暖温带半干旱森林草原水力侵蚀带	56735.3	51043.9	44625.0	23545.1	31773.3	16076.0	33679.0
暖温带亚湿润落叶阔叶林水力、重力侵蚀带	31201.0	20065.7	17522.0	12895.6	10657.9	6510.1	14941.7
全区域	194222.8	165476.4	135656.0	79014.6	94429.0	39858.3	108169.4

表 7.15 不同侵蚀带各年代侵蚀产沙量距平率变化

类型名	年代时段/%					
	1955～1959 年	1960～1969 年	1970～1979 年	1980～1989 年	1990～1999 年	2000～2009 年
中温带干旱荒漠草原、暖温带半干旱草原强烈风蚀带	76.8	54.9	48.6	–15.2	–44.0	–85.5
暖温带半干旱草原风蚀、水力侵蚀带	79.1	59.7	14.5	–33.3	–1.5	–65.8
暖温带半干旱森林草原水力侵蚀带	68.5	51.6	32.5	–30.1	–5.7	–52.3
暖温带亚湿润落叶阔叶林水力、重力侵蚀带	108.8	34.3	17.3	–13.7	–28.7	–56.4
全区域	79.6	53.0	25.4	–27.0	–12.7	–63.2

2. 各侵蚀带不同年代产沙量占全区域总产沙量的比例变化

从表 7.16 可以看出：

（1）中温带干旱荒漠草原、暖温带半干旱草原强烈风蚀带。可将各年代占全区域总产沙量的比例分为三个阶段，即 20 世纪 50 年代和 60 年代（14.2%、14.6%）；70 年代和 80 年代（17.1%、16.8%）；90 年代和 21 世纪初（9.3%、5.7%）。从 90 年代起，该侵蚀带产沙量占全区域总产沙量比例明显减少。

（2）暖温带半干旱草原风蚀、水力侵蚀带。除 90 年代产沙量占全区域总产沙量的比例达到 45.8%外，其余各年代基本保持在 40.0%左右，无明显的增加或减少趋势。

（3）暖温带半干旱森林草原水力侵蚀带。可将各年代占全区域总产沙量的比例分为两个阶段，即 20 世纪 50 年代至 80 年代，各年代占全区域总产沙量的比例基本保持在 30.0%左右；从 90 年代起，增加到 33.6%，21 世纪初增加到 40.3%，呈明显的增加趋势。

（4）暖温带亚湿润落叶阔叶林水力、重力侵蚀带。各年代占全区域总产沙量的比例无明显的增加或减少趋势，50 年代、80 年代和 21 世纪初分别为 16.1%、16.3%和 16.3%；60 年代、70 年代和 90 年代分别为 12.1%、12.9%和 11.3%。

表 7.16　不同侵蚀带各年代侵蚀产沙量占全区域的比例

类型名	年代时段/%						
	1955～1959 年	1960～1969 年	1970～1979 年	1980～1989 年	1990～1999 年	2000～2009 年	1955～2009 年
中温带干旱荒漠草原、暖温带半干旱草原强烈风蚀带	14.2	14.6	17.1	16.8	9.3	5.7	14.4
暖温带半干旱草原风蚀、水力侵蚀带	40.5	42.4	37.1	37.1	45.8	37.6	40.6
暖温带半干旱森林草原水力侵蚀带	29.2	30.8	32.9	29.8	33.6	40.3	31.1
暖温带亚湿润落叶阔叶林水力、重力侵蚀带	16.1	12.1	12.9	16.3	11.3	16.3	13.8
全区域	100.0	100.0	100.0	100.0	100.0	100.0	100.0

7.3　不同侵蚀强度面积结构的年际变化

7.3.1　全区域不同年代的侵蚀强度结构变化

1. 不同年代各侵蚀强度面积的变化趋势

表 7.17 列出了全区域不同年代各种侵蚀强度的面积变化情况，图 7.12～图 7.17 分别为不同年代五种侵蚀强度面积的空间分布变化情况，可以看出：

不同年代各种侵蚀强度的面积变化基本趋势是强度以上的侵蚀面积逐步减少，轻度以下的侵蚀面积逐步增加。这种变化从 20 世纪 80 年代起愈来愈明显，到 21 世纪初出现了根本性的改变。例如，20 世纪 50 年代强度以上的侵蚀面积共 133850.2km^2，到 20 世纪 80 年代减少到只有 56993.1km^2，21 世纪初仅有 10389.0km^2。而轻度轻度以下的侵蚀面

表 7.17　全区域各年代不同侵蚀强度的面积变化

强度分级	标准 /[t/(km²·a)]	年代时段/km²					
		1955～1959 年	1960～1969 年	1970～1979 年	1980～1989 年	1990～1999 年	2000～2009 年
总面积		249400.7	249400.7	249400.7	249400.7	249400.7	249400.7
微弱侵蚀	≤1000	49685.4	57138.1	70709.3	72726.5	104642.6	134217.9
轻度侵蚀	1000～2500	41703.3	26706.3	32788.0	59165.2	33678.5	62510.3
中度侵蚀	2500～5000	24161.8	39225.4	30830.8	60515.9	45645.7	42283.4
强度—强烈侵蚀	5000～10000	48623.7	56262.8	81883.0	48069.2	39451.4	6423.5
极强烈侵蚀以上	≥10000	85226.4	70068.1	33189.6	8923.8	25982.5	3965.5
轻度侵蚀以下	≤2500	91388.7	83844.4	103497.3	131891.7	138321.1	196728.3
中度侵蚀	2500～5000	24161.8	39225.4	30830.8	60515.9	45645.7	42283.4
强度侵蚀以上	≥5000	133850.2	126330.9	115072.6	56993.1	65433.9	10389.0

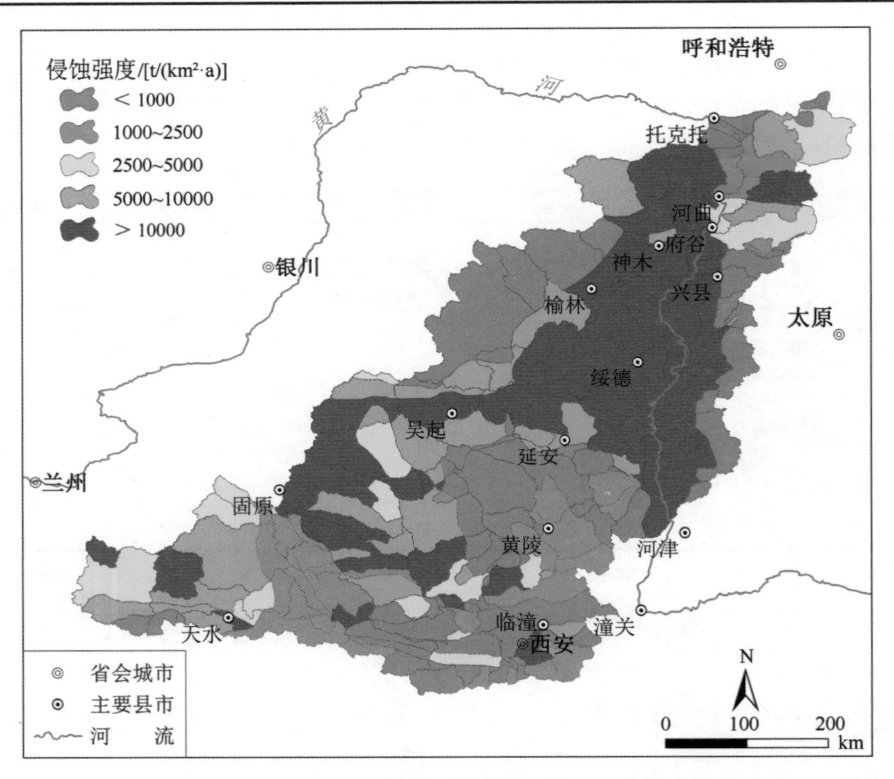

图 7.12　不同年代侵蚀强度分布图（1955～1959 年）

积从 20 世纪 50 年代的 91388.7km² 增加到 20 世纪 80 年代的 131891.7km²，到 21 世纪初达到 196728.3km²。

2. 不同年代各侵蚀强度面积的距平变化

表 7.18 列出了全区域不同年代各种侵蚀强度的面积距平变化情况，可以看各种侵蚀强度的面积距平变化有以下几个特点：

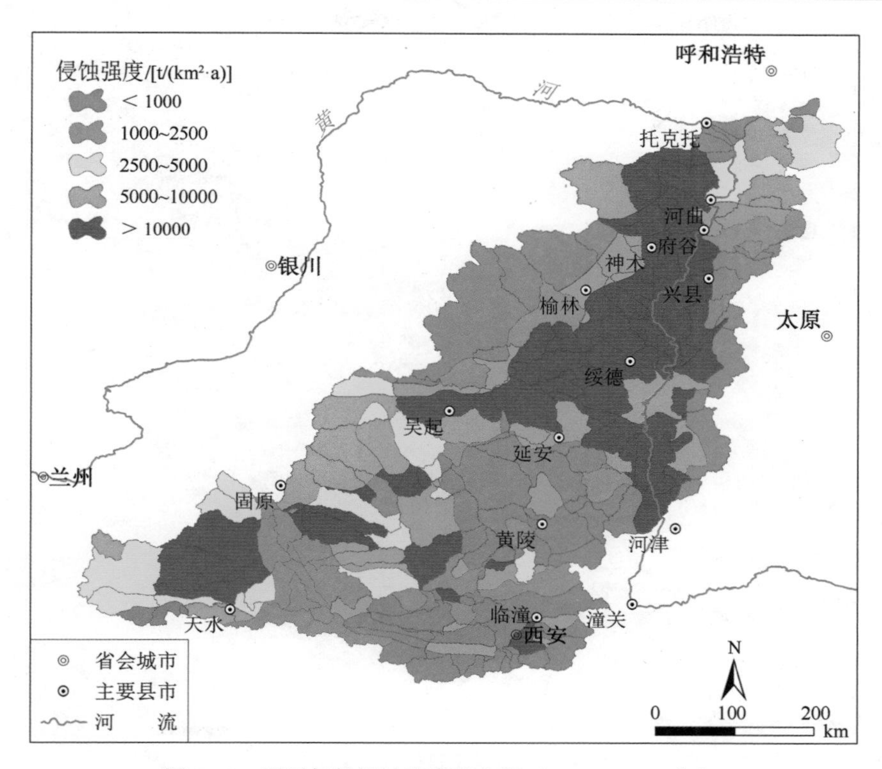

图 7.13　不同年代侵蚀强度分布图（1960～1969年）

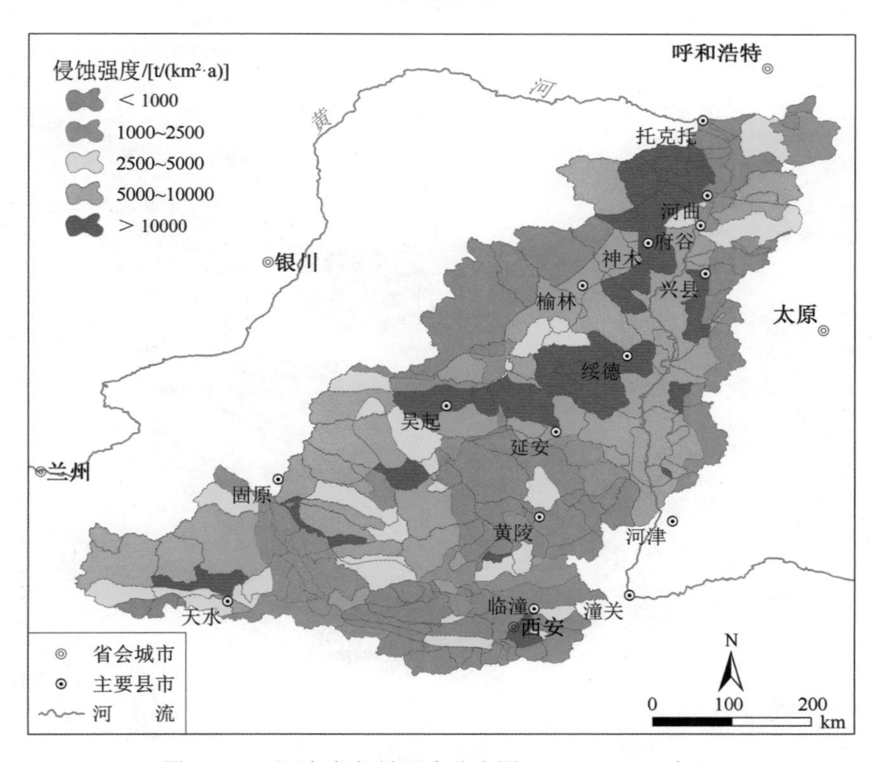

图 7.14　不同年代侵蚀强度分布图（1970～1979年）

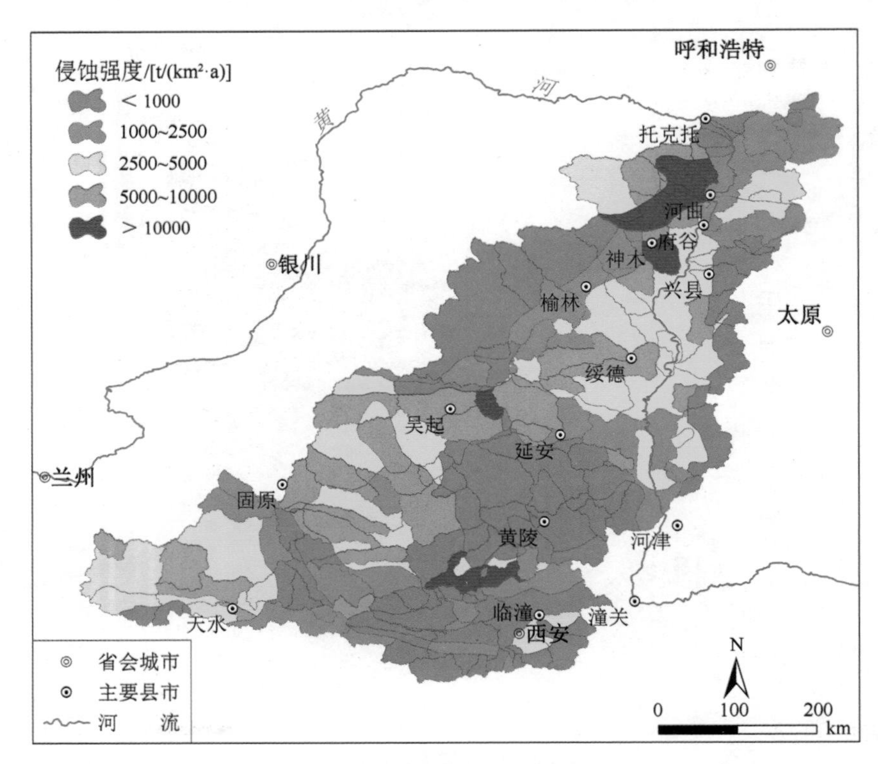

图 7.15　不同年代侵蚀强度分布图（1980～1989 年）

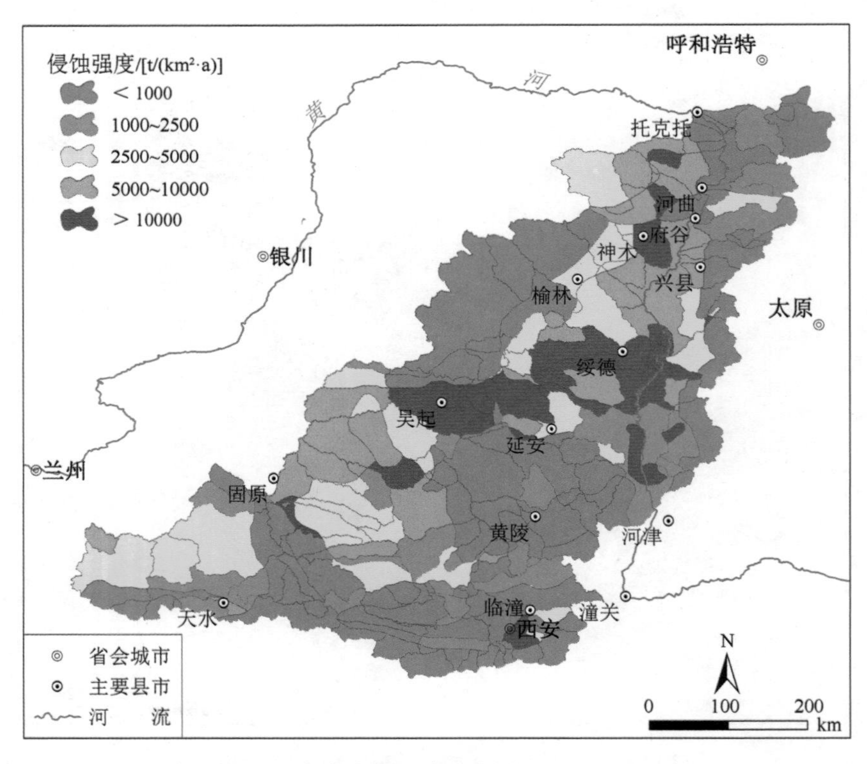

图 7.16　不同年代侵蚀强度分布图（1990～1999 年）

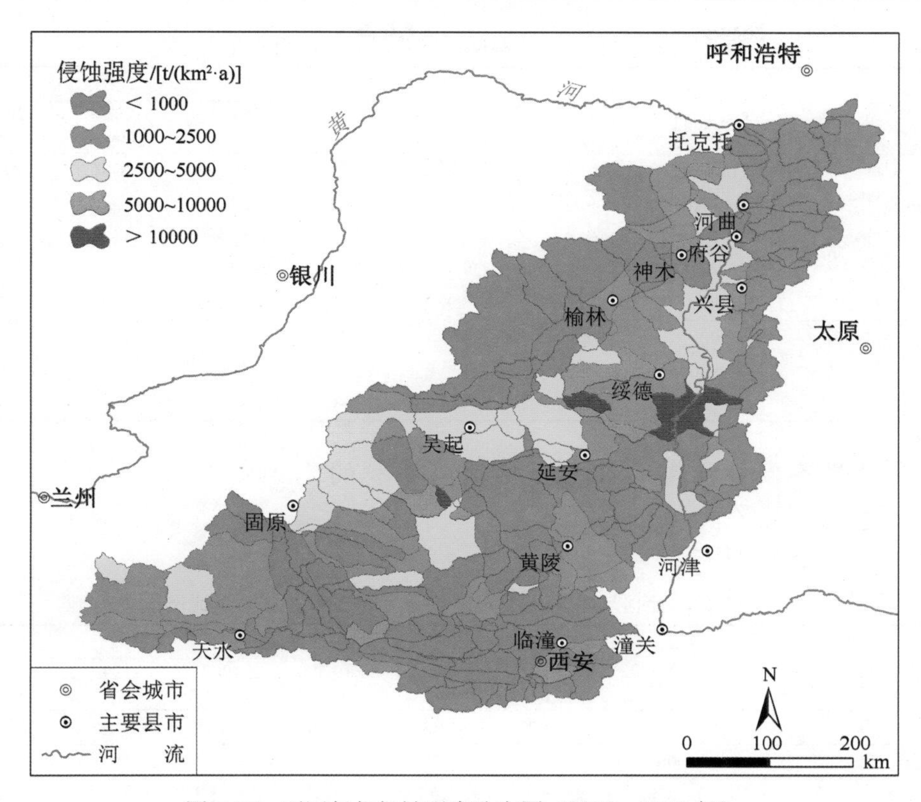

图 7.17　不同年代侵蚀强度分布图（2000～2009 年）

（1）从 20 世纪 50 年代到 70 年代轻度以下和中度侵蚀的面积各年代均为负距平，强度以上的侵蚀面积均为正距平；从 20 世纪 80 年代到 21 世纪初恰恰相反，轻度以下和中度侵蚀的面积各年代均为正距平，强度以上的侵蚀面积均为负距平。

（2）从五种侵蚀强度面积的各自距平变化看，微弱侵蚀除 20 世纪 50 年代和 60 年代为负距平外，其余各年代均为正距平；轻度侵蚀除 20 世纪 80 年代和 21 世纪初为正距平外，其余各年代均负正距平；中度侵蚀 20 世纪 50 年代至 70 年代各年代均为负距平外，80 年代至 21 世纪初各年代均为正距平；强度—强烈侵蚀除 20 世纪 70 年代为正距平外，其余各年代均为负距平；极强烈以上侵蚀 20 世纪 80 年代和 21 世纪初为负距平外，其余各年代均为正距平。

（3）从各年代的距平变化看，20 世纪 90 年代比较特殊，按照侵蚀强度面积的距平变化趋势，极强烈以上的侵蚀面积在 20 世纪 80 年代出现负距平（–53.3%）后，90 年代应持续负距平，但却出现正距平（36.0%）；同时，中度侵蚀面积在 20 世纪 80 年代出现正距平（29.0%）后，90 年代应持续正距平，但却出现负距平（–26.6%）。

（4）从各侵蚀强度距平变化的幅度看，极强烈以上的侵蚀面积各年代距平变化的幅度最大，20 世纪 50 年代、60 年代正距平率高达 346.2%和 266.9%，到 21 世纪初负距平率又升到–79.2%。

表 7.18 全区各年代不同侵蚀强度面积的距平变化

强度分级	标准 /［t/（km²·a）］	年代时代/%					
		1955～1959 年	1960～1969 年	1970～1979 年	1980～1989 年	1990～1999 年	2000～2009 年
微弱侵蚀	≤1000	–22.4	–10.8	10.4	13.5	63.4	109.5
轻度侵蚀	1000～2500	–9.1	–41.8	–28.5	29.0	–26.6	36.2
中度侵蚀	2500～5000	–39.8	–2.2	–23.2	50.8	13.8	5.4
强度-强烈侵蚀	5000～10000	–39.4	–29.9	2.0	–40.1	–50.8	–92.0
极强烈侵蚀以上	≥10000	346.2	266.9	73.8	–53.3	36.0	–79.2
轻度侵蚀以下	≤2500	–16.9	–23.7	–5.9	20.0	25.8	78.9
中度侵蚀	2500～5000	–39.8	–2.2	–23.2	50.8	13.8	5.4
强度侵蚀以上	≥5000	34.7	27.2	15.8	–42.6	–34.1	–89.5

3. 不同年代各侵蚀强度面积占全区域总面积的比例变化

由表 7.19 可以看出：

表 7.19 全区域各年代不同侵蚀强度的面积占总面积比例

强度分级	标准/［t/（km²·a）］	时段/%					
		1955～1959 年	1960～1969 年	1970～1979 年	1980～1989 年	1990～1999 年	2000～2009 年
总面积		100	100	100	100	100	100
微弱侵蚀	≤1000	19.9	22.9	28.4	29.2	42.0	53.8
轻度侵蚀	1000～2500	16.7	10.7	13.1	23.7	13.5	25.1
中度侵蚀	2500～5000	9.7	15.7	12.4	24.3	18.3	17.0
强度-强烈侵蚀	5000～10000	19.5	22.6	32.8	19.3	15.8	2.6
极强烈侵蚀以上	≥10000	34.2	28.1	13.3	3.6	10.4	1.6
轻度侵蚀以下	≤2500	36.6	33.6	41.5	52.9	55.5	78.9
中度侵蚀	2500～5000	9.7	15.7	12.4	24.3	18.3	17.0
强度侵蚀以上	≥5000	53.7	50.7	46.1	22.9	26.2	4.2

（1）从各侵蚀强度面积不同年代占全区域总面积的比例变化看：轻度以下的侵蚀面积占比随年代变化而增加，从 20 世纪 50 年代、60 年代的 35%左右增加到 70 年代的 41.5%，再到 80 年代、90 年代的 55%左右，21 世纪初增加到近 80%；强度以上的侵蚀面积占比随年代变化而减少，从 20 世纪 50 年代、60 年代的 50%左右减少到 70 年代的 46.1%，再到 80 年代、90 年代的 25%左右，21 世纪初减少到只有 4.2%；中度侵蚀面积占比随年代变化不大，除 20 世纪 50 年代的 9.7%和 80 年代的 24.3%外，其余各年代占比为 15%左右。

（2）从不同年代各侵蚀强度面积占全区域总面积的比例变化看：20 世纪 50 年代、60 年代轻度以下的侵蚀面积大约占 35%（其中微弱侵蚀面积约占 20%，轻度侵蚀面积约占 15%），强度以上的侵蚀面积约占 50%（其中强度—强烈侵蚀面积约占 20%，极强烈以上侵蚀面积约占 30%），中度侵蚀面积大约占 15%；70 年代轻度以下的侵蚀面积和强度以上的侵蚀面积各占 41.5%和 46.1%，中度侵蚀面积占 12.4%；80 年代和 90 年代轻度以下的侵蚀面积和强度以上的侵蚀面积大约各占 55%和 25%，中度侵蚀面积占 20%；

到了 21 世纪初轻度以下的侵蚀面积占了近 80%（其中微弱侵蚀面积占 53.8%，轻度侵蚀面积约占 25.1%），强度以上的侵蚀面积占了仅 4.2%（其中强度—强烈侵蚀面积占 2.6%，极强烈以上侵蚀面积只有 1.6%）。

（3）从轻度以下侵蚀面积和强度以上侵蚀面积不同年代占全区域总面积比例变化的总体趋势看：可分为四个阶段：一是 20 世纪 50 年代、60 年代，强度以上的侵蚀面积大于轻度以下侵蚀面积（大致为 5∶3）；二是到了 70 年代，二者面积基本相同（大致为 4∶4；三是到了 80 年代、90 年代强度以上的侵蚀面积小于轻度以下侵蚀面积（大致为 2.5∶5.5）；四是到了 21 世纪初强度以上的侵蚀面积远小于轻度以下侵蚀面积（大致为 0.5∶7.5）。

7.3.2　各类型区不同年代的侵蚀强度结构变化

在分析全区域不同年代侵蚀强度结构变化的基础上，又进一步对各类型区侵蚀强度的年际变化进行了统计，结果见表 7.20～表 7.31。

表 7.20　黄土平岗丘陵沟壑区不同年代不同侵蚀强度面积变化

强度分级	标准/［t/（km^2·a）］	年代时段/km^2					
		1955～1959 年	1960～1969 年	1970～1979 年	1980～1989 年	1990～1999 年	2000～2009 年
微弱侵蚀	≤1000	0.0	0.0	14326.3	0.0	17459.9	21804.7
轻度侵蚀	1000～2500	14326.3	0.0	3133.5	19514.9	4344.9	1856.5
中度侵蚀	2500～5000	3133.5	17459.9	2055.0	2289.9	0.0	1894.9
强度-强烈侵蚀	5000～10000	2055.0	4344.9	2289.9	0.0	3094.7	635.0
极强烈侵蚀以上	≥10000	6676.3	4386.4	4386.4	4386.4	1291.7	0.0
合计		26191.1	26191.1	26191.1	26191.1	26191.1	26191.1

表 7.21　黄土梁状丘陵沟壑区不同年代不同侵蚀强度面积变化

强度分级	标准/［t/（km^2·a）］	年代时段/km^2					
		1955～1959 年	1960～1969 年	1970～1979 年	1980～1989 年	1990～1999 年	2000～2009 年
微弱侵蚀	≤1000	867.7	2066.4	2912.3	4739.4	7707.6	12626.0
轻度侵蚀	1000～2500	5057.5	4404.7	3558.8	11367.5	9057.1	7568.0
中度侵蚀	2500～5000	1379.9	2422.6	3659.1	3061.3	3913.7	3484.3
强度-强烈侵蚀	5000～10000	4575.1	6863.0	11209.7	4835.4	789.5	1561.8
极强烈侵蚀以上	≥10000	13360.0	9483.5	3900.3	1236.5	3772.3	0.0
合计		25240.1	25240.1	25240.1	25240.1	25240.1	25240.1

表 7.22　黄土峁状丘陵沟壑区不同年代不同侵蚀强度面积变化

强度分级	标准/［t/（km^2·a）］	年代时段/km^2					
		1955～1959 年	1960～1969 年	1970～1979 年	1980～1989 年	1990～1999 年	2000～2009 年
微弱侵蚀	≤1000	0.0	0.0	0.0	261.8	5073.5	12768.5
轻度侵蚀	1000～2500	261.8	2941.1	4421.1	8249.3	2679.3	12823.6

续表

强度分级	标准/［t/（km²·a）］	年代时段/km²					
		1955～1959年	1960～1969年	1970～1979年	1980～1989年	1990～1999年	2000～2009年
中度侵蚀	2500～5000	6838.6	0.0	5069.5	20399.7	8573.5	9104.9
强度-强烈侵蚀	5000～10000	1708.3	8145.0	16583.6	10931.5	14256.3	2810.4
极强烈侵蚀以上	≥10000	32245.9	29968.5	14980.5	1212.3	10472.0	3547.3
合计		41054.6	41054.6	41054.6	41054.6	41054.6	41054.6

表 7.23　风沙黄土丘陵沟壑区不同年代不同侵蚀强度面积变化

强度分级	标准/［t/（km²·a）］	年代时段/km²					
		1955～1959年	1960～1969年	1970～1979年	1980～1989年	1990～1999年	2000～2009年
微弱侵蚀	≤1000	0.0	0.0	0.0	2579.5	5314.9	7435.8
轻度侵蚀	1000～2500	0.0	2735.4	2579.5	6394.8	0.0	3108.6
中度侵蚀	2500～5000	0.0	1345.6	1570.2	1570.2	5229.6	0.0
强度-强烈侵蚀	5000～10000	6885.0	6463.5	6394.8	0.0	0.0	0.0
极强烈侵蚀以上	≥10000	3659.4	0.0	0.0	0.0	0.0	0.0
合计		10544.4	10544.4	10544.4	10544.4	10544.4	10544.4

表 7.24　黄土山麓丘陵沟壑区不同年代不同侵蚀强度面积变化

强度分级	标准/［t/（km²·a）］	年代时段/km²					
		1955～1959年	1960～1969年	1970～1979年	1980～1989年	1990～1999年	2000～2009年
微弱侵蚀	≤1000	0.0	0.0	0.0	0.0	2924.7	793.3
轻度侵蚀	1000～2500	0.0	0.0	0.0	0.0	856.0	3780.7
中度侵蚀	2500～5000	0.0	2924.7	3780.7	3780.7	0.0	0.0
强度-强烈侵蚀	5000～10000	3780.7	1649.2	793.3	793.3	793.3	0.0
极强烈侵蚀以上	≥10000	793.3	0.0	0.0	0.0	0.0	0.0
合计		4573.9	4573.9	4573.9	4573.9	4573.9	4573.9

表 7.25　森林黄土丘陵沟壑区不同年代不同侵蚀强度面积变化

强度分级	标准/［t/（km²·a）］	年代时段/km²					
		1955～1959年	1960～1969年	1970～1979年	1980～1989年	1990～1999年	2000～2009年
微弱侵蚀	≤1000	13665.3	13665.3	12064.3	15527.9	15527.9	15527.9
轻度侵蚀	1000～2500	1862.7	1862.7	3463.6	0.0	0.0	0.0
中度侵蚀	2500～5000	0.0	0.0	0.0	0.0	0.0	0.0
强度-强烈侵蚀	5000～10000	0.0	0.0	0.0	0.0	0.0	0.0
极强烈侵蚀以上	≥10000	0.0	0.0	0.0	0.0	0.0	0.0
合计		15527.9	15527.9	15527.9	15527.9	15527.9	15527.9

表 7.26　干旱黄土丘陵沟壑区不同年代不同侵蚀强度面积变化

强度分级	标准/［t/（km²·a）］	年代时段/km²					
		1955～1959年	1960～1969年	1970～1979年	1980～1989年	1990～1999年	2000～2009年
微弱侵蚀	≤1000	235.8	0.0	0.0	235.8	869.0	3135.9
轻度侵蚀	1000～2500	0.0	235.8	1104.8	2741.5	5066.0	14965.7

续表

强度分级	标准/［t/（km²·a）］	年代时段/km²					
		1955～1959 年	1960～1969 年	1970～1979 年	1980～1989 年	1990～1999 年	2000～2009 年
中度侵蚀	2500～5000	7827.2	10101.8	5609.3	15197.0	14650.6	17525.2
强度-强烈侵蚀	5000～10000	12760.8	11693.9	24069.9	16810.2	8971.8	0.0
极强烈侵蚀以上	≥10000	14803.0	13595.3	4842.8	642.4	6069.5	0.0
合计		35626.8	35626.8	35626.8	35626.8	35626.8	35626.8

表 7.27　黄土高塬沟壑区不同年代不同侵蚀强度面积变化

强度分级	标准/［t/（km²·a）］	年代时段/km²					
		1955～1959 年	1960～1969 年	1970～1979 年	1980～1989 年	1990～1999 年	2000～2009 年
微弱侵蚀	≤1000	0.0	2854.0	2854.0	7332.0	3063.8	6323.6
轻度侵蚀	1000～2500	4819.3	2427.5	2427.5	981.2	6410.5	11169.6
中度侵蚀	2500～5000	2427.5	4599.7	6355.1	5863.3	8228.7	7521.9
强度-强烈侵蚀	5000～10000	11809.1	10228.9	13275.9	10674.8	7521.9	864.3
极强烈侵蚀以上	≥10000	7241.7	6187.5	1385.0	1446.3	1072.7	418.2
合计		26297.6	26297.6	26297.6	26297.6	26297.6	26297.6

表 7.28　黄土残塬沟壑区不同年代不同侵蚀强度面积变化

强度分级	标准/［t/（km²·a）］	年代时段/km²					
		1955～1959 年	1960～1969 年	1970～1979 年	1980～1989 年	1990～1999 年	2000～2009 年
微弱侵蚀	≤1000	0.0	0.0	0.0	0.0	0.0	1082.0
轻度侵蚀	1000～2500	0.0	0.0	0.0	100.3	100.3	371.2
中度侵蚀	2500～5000	981.8	371.2	371.2	3123.5	371.2	2752.3
强度-强烈侵蚀	5000～10000	371.2	981.8	3734.1	981.8	981.8	0.0
极强烈侵蚀以上	≥10000	2852.6	2852.6	100.3	0.0	2752.3	0.0
合计		4205.6	4205.6	4205.6	4205.6	4205.6	4205.6

表 7.29　黄土阶地区不同年代不同侵蚀强度面积变化

强度分级	标准/［t/（km²·a）］	年代时段/km²					
		1955～1959 年	1960～1969 年	1970～1979 年	1980～1989 年	1990～1999 年	2000～2009 年
微弱侵蚀	≤1000	2804.5	4328.2	4328.2	4288.6	4328.2	7649.4
轻度侵蚀	1000～2500	5114.7	3591.0	3591.0	4844.9	4805.3	2630.7
中度侵蚀	2500～5000	1214.2	0.0	2360.8	1698.6	1146.6	0.0
强度-强烈侵蚀	5000～10000	1146.6	2360.8	0.0	0.0	0.0	552.0
极强烈侵蚀以上	≥10000	552.0	552.0	552.0	0.0	552.0	0.0
合计		10832.0	10832.0	10832.0	10832.0	10832.0	10832.0

表 7.30　风沙草原区不同年代不同侵蚀强度面积变化

强度分级	标准/［t/（km²·a）］	年代时段/km²					
		1955～1959 年	1960～1969 年	1970～1979 年	1980～1989 年	1990～1999 年	2000～2009 年
微弱侵蚀	≤1000	16310.7	16310.7	16310.7	16310.7	16310.7	19981.8
轻度侵蚀	1000～2500	0.0	139.2	139.2	139.2	139.2	3042.3

续表

强度分级	标准/［t/（km²·a）］	年代时段/km²					
		1955～1959年	1960～1969年	1970～1979年	1980～1989年	1990～1999年	2000～2009年
中度侵蚀	2500～5000	139.2	0.0	0.0	3531.9	3531.9	0.0
强度-强烈侵蚀	5000～10000	3531.9	3531.9	3531.9	3042.3	3042.3	0.0
极强烈侵蚀以上	≥10000	3042.3	3042.3	3042.3	0.0	0.0	0.0
合计		23024.1	23024.1	23024.1	23024.1	23024.1	23024.1

表 7.31　高原土石山区不同年代不同侵蚀强度面积变化

强度分级	标准/［t/（km²·a）］	年代时段/km²					
		1955～1959年	1960～1969年	1970～1979年	1980～1989年	1990～1999年	2000～2009年
微弱侵蚀	≤1000	15801.5	17913.5	17913.5	21450.8	26062.5	25089.0
轻度侵蚀	1000～2500	10261.0	8369.0	8369.0	4831.7	220.0	1193.5
中度侵蚀	2500～5000	220.0	0.0	0.0	0.0	0.0	0.0
强度-强烈侵蚀	5000～10000	0.0	0.0	0.0	0.0	0.0	0.0
极强烈侵蚀以上	≥10000	0.0	0.0	0.0	0.0	0.0	0.0
合计		26282.5	26282.5	26282.5	26282.5	26282.5	26282.5

7.4　“极限”含沙量与最大侵蚀强度

7.4.1　“极限”含沙量

所谓“极限”含沙量，是指高含沙水流所能够达到的最大含沙量，“极限”含沙量的大小随降雨强度、地面条件及流域内所处部位的不同而异。王兴奎等（1982）将子洲岔巴沟及大理河流域有关坡面、沟道小流域1963年、1964年及1966年三年每次降雨形成径流时所出现的最大含沙量，按大小分级，分别求出各级含沙量的出现频率，以频率为10%的含沙量作为相对极限含沙量（表7.32）。

表 7.32　黄土丘陵区不同部位的相对极限含沙量

部位		代表场地及水文站	相对极限含沙量/（kg/m³）
峁坡区	无沟小场地	团山沟十一场，段川一号场	510
	上　　部	团山沟四场，段川二号场	690
	中　　部	团山沟二、三场	860
全坡面（包括峁坡区和沟坡区）		团山沟七场、九场	990
毛沟		黑矾沟、水旺沟、团山沟	920
支沟		驼耳港、三川口、蛇家沟	920
干沟		青阳岔、李家河、曹坪	1160
支流		绥德	1290

资料来源：王兴奎和钱宁，1982

为了分析黄土高原的“极限”含沙量，在表7.33中列出了大理河流域不同部位的最大含沙量，表7.34是黄土高原各沟道小流域的最大含沙量，表7.35是黄河主要支流

1955～1986 年把口站最大含沙量和流域内的最大含沙量，表 7.36 是黄河主要支流最大含沙量≥1500kg/m^3 的发生情况。

通过表 7.33～表 7.36 中不同空间尺度的最大含沙量，对黄土高原的“极限”含沙量有以下几点认识：

表 7.33　大理河流域不同位置的最大含沙量

部位	地点	最大含沙量/（kg/m^3）	日期（年.月.日.）
峁坡	团山沟 3 号场	1010	1963.6.15
	团山沟 7 号场	1120	1967.8.21
	团山沟 9 号场	1220	1967.8.26
毛沟	团山沟	1030	169.5.11
	黑矾沟	901	1963.6.3
	水旺沟	1270	1966.6.27
支沟	蛇家沟	953	1968.7.15
	驼耳港	1040	1964.4.29
	三川口	945	1963.6.3
干沟	西庄	1120	1967.5.21
	杜家沟岔	1130	1964.7.6
	曹坪	1240	1959.9.23
	李家河	1220	1963.6.17
支流	绥德	1420	1964.8.4

表 7.34　黄土高原沟道小流域降雨产流的最大含沙量

地点	名称	面积/km^2	最大含沙量/(kg/m^3)	发生日期（年.月.日.）
子洲	团山沟	0.18	1030	1969.5.11
	黑矾沟	0.13	901	1963.6.3
	水旺沟	0.11	1270	1966.6.27
	蛇家沟	4.26	953	1968.7.15
	驼耳港	5.74	1040	1964.4.29
	三川口	21.0	965	1963.6.3
	西庄	49.0	1120	1967.5.21
	杜家沟岔	96.1	1130	1964.7.6
	曹坪	187.0	1020	1967.5.21
绥德	团圆沟	0.49	1130	1961.8.1
	南窑沟	0.73	949	1959.8.3
	王茂庄沟	5.97	1020	1961.8.1
西峰	董庄沟	1.15	1100	1956.7.2
	南小河沟	36.3	1110	1956.7.2
	赵家川	29030	1110	1957.7.10
环县	野鸡沟	0.2	1180	1958.8.11
	小羊沟	0.47	1070	1959.8.5
宁县	砚瓦川	329.0	936	1976.6.7
延川	文安驿川	303.0	898	1987.8.23

续表

地点	名称	面积/km²	最大含沙量/(kg/m³)	发生日期（年.月.日.）
临县	招贤沟	57.2	580	1983.7.28
镇原	脱家沟	34.4	844	1981.8.21
泾川	田沟门	58.0	758	1981.8.21
神木	洞川门	140.0	1380	1988.6.27
横山	店房台沟	87.0	1110	1981.7.1
	王家沟	0.43	850	1956.8.8
	裴家峁沟	41.2	1000	1961.8.1
	韭园沟	70.1	1100	1959.8.28
	李家寨沟	4.92	1010	1963.5.23
离石	王家沟	9.1	1298	1962.7.18
	羊道沟	0.21	1194	1966.7.17
榆林	王家沟	0.43	1030	1959.8.3
靖边	杨湾沟	0.90	1080	1960.7.27
延安	小贬沟	4.05	805	1964.7.4
平凉	纸坊沟	18.0	1100	1982.8.8
庆阳	南小河沟	336.0	1110	1986.6.25
清涧	店则沟	56.4	726	1985.9.22
吴堡	张家墕沟	52.6	696	1987.8.26
神木	贾家沟	93.4	878	1981.6.10
天水	秋合子沟	122.0	900	1982.5.31
	吕二沟	12.01	1240	1954.5.30
	罗玉沟	75.3	604	1965.7.7
	桥子西沟	1.09	853	1958.7.3
	桥子东沟	1.36	759	1958.7.3

表 7.35　黄河各主要支流把口站和流域内水测站最大含沙量（1955～1987 年）

河名	站名	面积/km²	流域把口站最大含沙量/（kg/m³）			测站	面积/km²	流域内最大含沙量/（kg/m³）		
			年平均	系列最大	日期（年.月.日）			年平均	系列最大	日期（年.月.日）
皇甫川	黄甫	3199	1293.7	1570	1974.7.23					
清水川	清水	735	960.6	1120	1982.8.15	沙圪堵	1351	1219.3	1540	1969.8.10
孤山川	高石崖	1263	1058.1	1300	1976.6.28					
窟野河	温家川	8645	1164.4	1700	1976.7.10	神木	7298	1214.1	1640	1975.5.28
秃尾河	高家川	3254	968.1	1440	1971.7.23	高家堡	2095	1047.1	1430	1981.8.5
佳芦河	申家湾	1121	1065.0	1480	1963.6.3					
浑河	放牛沟	5461	801.7	1250	1973.8.9					
偏关河	偏关	1915	1054.5	1460	1969.8.10	红大成	3046	458.5	1210	1974.7.28
县川河	旧县	1562	1032.4	1430	1977.8.2					
朱家川	后会村	2914	104737	1260	1964.6.17					
岚漪河	裴家川	2159	756.4	992	1961.7.22	岢岚	476	247.6	592	1962.7.12
蔚汾河	碧村	1476	834.0	1110	1967.7.8					

续表

河名	站名	面积/km²	流域把口站最大含沙量/（kg/m³）			测站	面积/km²	流域内最大含沙量/（kg/m³）		
			年平均	系列最大	日期（年.月.日）			年平均	系列最大	日期（年.月.日）
湫水河	林家坪	1873	818.8	980	1975.7.19					
三川河	后大成	4102	691.8	819	1969.7.9	汔洞	749	346.0	524	1978.7.17
屈产河	裴沟	1023	699.2	866	1963.7.19					
无定河	川口	30217	1113.3	1290	1966.6.27	靖边		1237.1	1540	1969.8.8
清涧河	延川	3468	905.3	1150	1964.6.24	子长	913	970.6	1120	1963.7.11
延河	甘谷驿	5891	954.4	1200	1963.6.17	延安	3208	1002.3	1300	1963.6.17
汾川河	新市河	1662	570.7	745	1966.6.14	临镇	1121	418.2	726	1966.6.13
仕宝河	大村	2141	569.4	854	1972.7.1					
昕水河	大宁	3992	608.8	741	1966.6.26					
州川河	吉县	436	717.2	926	1988.7.15					
鄂河	乡宁	318	549.4	811	1984.5.11					
北洛河	洑头	25165	894.0	1150	1964.6.24	刘家河	1310	1002.6	1530	1959.7.21
泾河	张家山	45373	823.7	1430	1958.7.11	马连河庆阳	10603	1012.8	1220	1986.7.29
渭河	咸阳	46856	365.4	729	1968.8.3	车家川		800.5	1340	1972.6.20
汾河	河津	38728	104.8	286	1957.7.26	上静游	1140	645.9	840	1980.5.30
祖厉河	靖远	10647	918.8	1110	1971.6.24	郭成驿	5473	970.2	1070	1974.7.31
清水河	泉眼山	14480	857.5	1160	1982.5.28	韩府湾	4935	899.1	1240	1966.8.10
苦水河	郭家桥	5261	660.1	1190	1959.8.15	郝家台		1010.1	112.	1964.8.3

表 7.36　黄河支流最大含沙量≥1500 kg/m³的发生情况

流域	站名	发生时间（年.月.日）	含沙量/（kg/m³）	流域	站名	发生时间（年.月.日）	含沙量/（kg/m³）
窟野河	王道恒塔	1959.8.5	1640	窟野河	神木	1981.6.25	1530
窟野河	王道恒塔	1966.8.13	1510	窟野河	温家川	1958.7.10	1700
窟野河	王道恒塔	1988.7.13	1630	窟野河	温家川	1964.8.3	1500
窟野河	王道恒塔	1990	1550	皇甫川	沙圪堵	1969.8.10	1540
窟野河	神木	1964.8.3	1610	皇甫川	黄甫	1974.7.23	1570
窟野河	神木	1975.7.28	1640	无定河	靖边	1969.8.8	1540

（1）“极限”含沙量是一个相对的概念，它是在一定降雨强度、地面物质组成和地形条件下所能产生的最大含沙量。由于不同侵蚀作用的影响，流域内不同部位所能达到的“极限”含沙量是不同的。在峁坡区，细沟和浅沟侵蚀所能达到的“极限”含沙量为1000kg/m³；在沟坡区，除水力形成的切沟侵蚀外，还发生强烈的重力侵蚀，因此，沟坡区的“极限”含沙量可能达到1200/m³；毛沟和支沟的“极限”含沙量一般略低于沟坡区的含沙量，而高于峁坡区的含沙量，在1100kg/m³左右；干沟的“极限”含沙量又恢复到沟坡区的水平，达到1200kg/m³左右；支流的“极限”含沙量可由干沟的1200kg/m³增加到1400kg/m³，在北部的多沙粗沙区，“极限”含沙量可达到或超过1600kg/m³。

（2）受地面物质条件和地形的影响，在北部黄土丘陵和沙地丘陵区的一些流域，“极限”含沙量可达到 1400～1600kg/m^3，有的超过 1600kg/m^3。黄土高原 1955～1986 年 32 年系列中，最大含沙量超过 1400kg/m^3 的主要有皇甫川、窟野河、秃尾河、佳芦河、偏关河、县川河、泾河，以及北洛河流域内的刘家河站和无定河流域内的靖边站。超过 1500kg/m^3 有皇甫川、窟野河，以及北洛河流域内的刘家河站和无定河流域内的靖边站。超过 1600kg/m^3 的只有窟野河（1958 年 7 月 10 日温家川站最大含沙量为 1700kg/m^3）。从 32 年年最大含沙量的平均值看，超过 1000kg/m^3 的有皇甫川、孤山川、窟野河、佳芦河、偏关河、县川河、朱家川、无定河，以及秃尾河流域的高家堡站、延河流域的延安站、北洛河流域的刘家河站、泾河的庆阳站、苦水河的郝家台站。

（3）除了汾河、渭河、鄂河、昕水河、仕望河、汾川河、屈产河、三川河外，黄河主要支流把口站的最大含沙量均接近或超过 1000kg/m^3，年平均最大含沙量也均超过 800kg/m^3。但是在上述这些流域的某些区域，最大含沙量远超过流域把口站的最大含沙量。例如，渭河流域把口站咸阳最大含沙量为 729.0kg/m^3（1968 年 8 月 3 日），而上游车家川站最大含沙量达 1340kg/m^3（1972 年 6 月 20 日）；北洛河流域把口站洑头的最大含沙量为 1150kg/m^3（1985 年 8 月 16 日），但该流域刘家河站的最大含沙量却达到 1530kg/m^3（1959 年 7 月 21 日）。

（4）在林区和土石山区，由于有部分地表裸露，当遇到高强度暴雨，有时也会出现 800kg/m^3 左右的含沙量。

（5）1958 年 7 月 10 日 20：12，窟野河温家川水文站实测含沙量为 1700kg/m^3，是我国水文资料记载中的最大实测含沙量。林来照和薛耀文（1997）通过对原始取样记录的审查和模拟试验，证明这一记录资料基本上可靠。陈三俊等（2008）又通过实验分析，认为窟野河悬移质泥沙最大可能含沙量与泥沙组成相关，当河流悬移质泥沙组成符合区域高含沙量悬移质泥沙组成特性时，其最大可能含沙量达 1750kg/m^3。

7.4.2　最大侵蚀强度

1. 次降雨的最大侵蚀强度

表 7.37、表 7.38 分别列出了坡面和沟道小流域次降雨的最大侵蚀强度，可以看出：

表 7.37　黄土高原坡面次降雨的最大侵蚀强度

地点	径流场	坡度/（°）	最大侵蚀强度/（t/km^2）	发生日期（年.月.日）
子洲	团山沟 3 场	22	19600	1968.7.15
	团山沟 7 场		16100	1966.8.15
	团山沟 9 场		18300	1966.8.15
绥德	辛店沟 11 场	28.7	36130	1956.8.8
安塞	纸坊沟 5 场	28	30700	1988.8.3
绥德	王茂沟 8 场	38	31870	1961.8.1
榆林	跳沟 4 场	35.7	43060	1961.7.31
	王家沟 4 场	32	17450	1959.7.6
天水	罗玉沟裸地		18683	1965.7.7

表 7.38　黄土高原沟道小流域次降雨的最大侵蚀强度

地点	名称	面积/km²	最大侵蚀强度/（t/km²）	发生日期（年.月.日）
子洲	团山沟	0.18	23700	1968.8.15
	黑矾沟	0.13	16300	1966.6.27
	水旺沟	0.11	19700	1966.7.17
	蛇家沟	4.26	32500	1966.6.27
	驼耳港	5.74	33400	1963.8.26
	三川口	21.0	31800	1966.8.15
	西庄	49.0	44100	1966.7.17
	杜家沟岔	96.1	42900	1966.7.17
	曹坪	187.0	28000	1966.7.17
绥德	团圆沟	0.49	40000	1961.8.1
	南窑沟	0.73	20670	1956.8.8
	王茂庄沟	5.97	24520	1961.8.1
	王家沟	1.67	28960	1956.8.8
	裴家峁沟	41.2	21580	1964.7.5
	韭园沟	70.1	109000	1977.8.5
离石	王家沟	9.1	36456	1969.7.26
	羊道沟	0.21	47924	1969.7.26
榆林	王家沟	0.43	14630	1958.7.13
靖边	杨湾沟	0.90	13110	1959.8.24
延安	小贬沟	4.05	9062	1964.8.14
平凉	纸坊沟	18.0	12645	1957.7.24
彬县	梁渠沟		52029	1960.7.4
西峰	董庄沟	1.15	12000	1956.7.2
环县	野鸡沟	0.2	14630	1958.8.11
	小羊沟	0.47	14620	1959.8.5
米脂	孙家沟		22430	1991.7.6
	席麻湾		42810	1959.8.28
宁县	砚瓦川	329.0	4453	1978.7.17
	文安驿川	303.0	5120	1987.8.23
	招贤沟	57.2	5680	1983.7.18
	脱家沟	34.4	6080	1982.8.4
	田沟门	58.0	18600	1988.7.23
	洞川门	140.0	4990	1981.8.3
	店房台沟	87.0	3540	1981.7.1
	南小河沟	336.0	6370	1986.6.25
	店则沟	56.4	22000	1987.8.26
	张家塬沟	52.6	32500	1987.8.26
	贾家沟	93.4	11500	1982.8.3
	秋合子沟	122.0	11300	1982.5.31
天水	吕二沟	12.01	9051	1959.9.13
	罗玉沟	75.3	21161	1965.7.17
	桥子西沟	1.09	9633	1958.7.3
	桥子东沟	1.36	1170	1958.7.3
清涧河	延川	3468.0	48100	1978.7.27

（1）在坡面上，次降雨的最大侵蚀强度为 30000t/（km^2·a）左右，一般不超过 40000t/（km^2·a）。在沟道小流域，次降雨的最大侵蚀强度可达 40000t/（km^2·a）以上，一般不超过 50000t/（km^2·a）。受降雨分布不均匀性和流域区间地面条件的差异性影响，中型流域次降雨的最大侵蚀强度一般低于沟道小流域。

（2）决定次降雨最大侵蚀强度的关键因素是短时段降雨强度，一般而言，坡面最大侵蚀强度的发生取决于 10～30min 降雨强度，沟道小流域取决于 30～60min 降雨强度，中小流域取决于 60～120min 降雨强度。

（3）由于沟道小流域包括坡面和沟道多种侵蚀方式，因此，沟道小流域是发生最大侵蚀强度的最典型区域。

（4）由于水保工程措施被冲毁所致的流失量不应作为最大侵蚀强度看待。例如，韭园沟 1977 年 8 月 5 日出现的 109000t/（km^2·a）侵蚀强度，在很大程度上是由于水保工程措施被冲毁所致，不应作为该地区所能出现的最大侵蚀强度。

2. 年降雨的最大侵蚀强度

表 7.39～表 7.42 分别列出了不同空间尺度和类型区的年最大侵蚀强度，包括黄河主要支流最大年输沙模数、各水文控制区最大年产沙模数、各支流重点产沙区最大年侵蚀模数、以及年侵蚀强度≥50000t/（km^2·a）的发生区间和年份，可以看出不同空间尺度和类型区年最大侵蚀强度的发生有以下几个特点：

表 7.39　黄河各主要支流最大年输沙模数

流域	把口站	面积/km^2	侵蚀强度/［t/（km^2·a）］	发生年份
祖厉河	靖远	10647	16906.2	1959
清水河	泉眼山	14480	8425.4	1958
浑河	放牛沟	5461	9247.4	1971
偏关河	偏关	1915	28772.8	1967
皇甫川	黄甫	3199	53454.2	1959
清水川	清水	735	31756.5	1959
县川河	旧县	1562	20294.5	1977
孤山川	高石崖	1263	66429.1	1977
朱家川	下流碛	2881	5640.4	1977
岚漪河	裴家川	2159	38629.0	1967
蔚汾河	碧村	1476	42276.4	1967
窟野河	温家川	8645	35049.2	1959
秃尾河	高家川	3253	22164.2	1959
佳芦河	申家湾	1121	68688.7	1970
湫水河	林家坪	1873	47410.6	1967
三川河	后大成	4102	20355.9	1959
屈产河	裴沟	1023	48973.6	1977
无定河	白家川	29662	14833.8	1959

续表

流域	把口站	面积/km^2	侵蚀强度/［t/（km^2·a）］	发生年份
清涧河	延川	3468	35467.1	1959
昕水河	大宁	3992	17660.3	1958
延河	甘谷驿	5891	30894.6	1964
汾川河	新市河	1662	8724.4	1988
仕望川	大村	2141	4764.1	1971
州川河	吉县	436	37614.7	1971
汾河	河津	38728	3537.5	1958
渭河	咸阳	46827	8307.2	1973
泾河	张家山	43216	16082.0	1964
北洛河	洑头	25154	10455.6	1994

表7.40　主要支流各水文控制区最大年产沙模数

流域名	水文控制区		面积/km^2	侵蚀强度/［t/（km^2·a）］	发生年份
	编号	区间			
浑河	1	太平窑以上	3406	6048.2	1967
	2	放牛沟—太平窑	2055	19562.0	1971
偏关河	3	偏关以上	1915	28772.8	1967
皇甫川	4	沙圪堵以上	1351	59659.5	1979
	5	黄甫—沙圪堵	1848	49675.3	1967
清水河	6	清水以上	735	31756.5	1959
县川河	7	旧县以上	1562	20294.5	1977
黄河	8	府谷—（头道拐、放牛沟、偏关、旧县、清水、黄甫）	23107	10789.2	1967
孤山川	9	高石崖以上	1263	66429.1	1977
朱家川	10	下流碛以上	2881	5640.4	1977
岚漪河	11	岢岚以上	476	4634.5	1967
	12	裴家川—岢岚	1683	48243.6	1967
蔚汾河	13	碧村以上	1476	42276.4	1967
窟野河	14	王道恒塔以上	3839	32039.6	1976
	15	新庙以上	1527	33660.8	1976
	16	神木—（王道恒塔、新庙）	1932	33612.8	1977
	17	温家川—神木	1347	100222.7	1959
秃尾河	18	高家堡以上	2095	14713.4	1959
	19	高家川—高家堡	1158	35643.7	1959
佳芦河	20	申家湾以上	1121	68688.7	1970
湫水河	21	林家坪以上	1873	47410.6	1967
黄河	22	吴堡—府谷—（申家湾、高家川、温家川、高石崖、下流碛、裴家川、碧村、林家坪）	6966	57979.5	1967
三川河	23	圪洞以上	749	8311.1	1967
	24	后大成—圪洞	3353	23918.9	1966
屈产河	25	裴沟以上	1023	48973.6	1977

续表

流域名	水文控制区		面积/km²	侵蚀强度/［t/（km²·a）］	发生年份
	编号	区间			
无定河	26	韩家峁以上	2452	725.9	1964
	27	横山以上	2415	22029.0	1959
	28	殿市以上	327	36391.4	1966
	29	赵石窑—（韩家峁、横山、殿市）	10131	7505.7	1974
	30	丁家沟—赵石窑	8097	14684.5	1966
	31	青阳岔以上	662	40483.4	1964
	32	李家河以上	807	32961.6	1994
	33	绥德—（青阳岔、李家河）	2424	31472.8	1977
	34	白家川—（绥德、丁家沟）	2902	75235.2	1959
清涧河	35	子长以上	913	74044.3	2002
	36	延川—子长	2555	36477.5	1959
昕水河	37	大宁以上	3992	17660.3	1958
延河	38	枣园以上	719	23621.7	1964
	39	延安以上	3208	41458.9	1964
	40	甘谷驿—（延安、枣园）	1964	20112.0	1977
汾川河	41	临镇以上	1121	5432.6	1976
	42	新市河—临镇	541	23364.1	1988
仕望川	43	大村以上	2141	4764.1	1971
州川河	44	吉县以上	436	37614.7	1971
黄河	45	龙门—吴堡—（白家川、延川、甘谷驿、新市河、大村、后大成、裴沟、大宁、吉县）	11661	31397.8	1977
汾河	46	静乐以上	2799	12933.2	1967
	47	上静游以上	1140	21491.2	1967
	48	汾河水库—（静乐、上静游）	1329	0.0	1955
	49	寨上—汾河水库	1551	17173.6	1958
	50	兰村—寨上	886	6162.5	1963
	51	独堆以上	1152	2956.4	1962
	52	芦家庄—独堆	1215	8061.1	1962
	53	汾河二坝—（兰村、芦家庄）	3958	1214.8	1958
	54	盘陀以上	533	5703.6	1977
	55	文峪河水库以上	1876	60.1	1958
	56	义棠—（文峪河水库、汾河二坝、盘陀）	7506	3357.2	1959
	57	石滩—义棠	4269	16258.8	1958
	58	东庄以上	987	8378.9	1971
	59	柴庄—（石滩、东庄）	4731	4253.0	1958
	60	河坛以上	1260	6306.3	1958
	61	河津—（柴庄、河坛）	3536	6802.0	1959
	62	张留庄	5545	10207.4	1963
渭河	63	首阳以上	833	28811.5	1973
	64	武山（车家川）	7247	11177.0	1973

续表

流域名	水文控制区		面积/km²	侵蚀强度/［t/（km²·a）］	发生年份
	编号	区间			
渭河	65	甘谷以上	2484	20692.4	1973
	66	将台以上	869	5937.9	1959
	67	北峡—将台	1971	11532.2	1973
	68	秦安—北峡	6965	26481.0	1973
	69	南河川—（甘谷、秦安、武山）	3478	23209.5	1959
	70	天水以上	1019	19823.4	1959
	71	社棠（石岭寺）以上	1836	6644.9	1978
	72	凤阁岭以上	846	3546.1	1973
	73	朱园以上	402	6343.3	1981
	74	林家村—（南河川、天水、社棠、凤阁岭、朱园）	3173	24271.0	1987
	75	千阳以上	2935	3884.2	1970
	76	魏家堡—（林家村、千阳）	3410	17029.9	1956
	77	好峙河以上	1007	6753.3	1958
	78	柴家嘴—好峙河	2799	307.2	1979
	79	黑峪口以上	1481	1019.6	1981
	80	涝峪口以上	347	5014.4	1957
	81	咸阳—（魏家堡、柴家嘴、黑峪口、涝峪口）	4187	7763.6	1966
	82	秦渡镇以上	566	1247.3	1987
	83	高桥以上	632	1366.5	1987
	84	马渡王以上	1601	6096.2	1962
泾河	85	安口以上	1133	4158.1	1966
	86	袁家庵—安口	512	24237.9	1975
	87	泾川—袁家庵	1500	32235.2	1966
	88	杨闾以上	1307	46321.2	1958
	89	姚新庄以上	2264	39325.1	1958
	90	巴家嘴—姚新庄	1258	9936.4	1988
	91	毛家河—巴家嘴	3667	29970.0	1964
	92	杨家坪—（毛家河、杨闾、泾川）	2483	19875.0	1966
	93	洪德以上	4640	33620.7	1994
	94	悦乐以上	528	43371.2	1977
	95	贾桥—悦乐	2460	24837.4	1977
	96	庆阳—（贾桥、洪德）	2975	38924.4	1964
	97	板桥以上	807	15613.4	1966
	98	雨落坪—（板桥、庆阳）	7609	19516.4	1988
	99	张家沟以上	2485	9831.0	1964
	100	张河以上	1506	18539.2	1964
	101	景村—（张家沟、张河、杨家坪、雨落坪）	3147	25281.2	1959
	102	刘家河以上	1310	6183.2	1960
	103	张家山—（景村、刘家河）	1625	27427.7	1988
	104	桃园—张家山	2157	8239.2	1964

续表

流域名	水文控制区		面积/km²	侵蚀强度/［t/（km²·a）］	发生年份
	编号	区间			
渭河	105	临潼—（桃园、咸阳、秦渡镇、高桥、马渡王）	2300	28432.9	1960
	106	柳林以上	674	7205.3	1969
	107	耀县以上	797	8557.1	1969
	108	华县—（临潼、耀县、柳林）	7728	25629.4	1958
北洛河	109	吴起（金佛坪）以上	3842	58720.9	1994
	110	志丹以上	774	42894.1	1977
	111	刘家河—（吴起、志丹）	2709	20668.6	1994
	112	张村驿以上	4715	1361.6	1996
	113	交口河—（刘家河、张村驿）	5140	6196.5	1964
	114	黄陵以上	2266	3521.6	1976
	115	洑头—（交口河、黄陵）	5708	18788.0	2000
祖厉河	116	会宁以上	1041	17002.9	1959
	117	巉口以上	1640	11097.6	1973
	118	郭城驿—（会宁、巉口）	2792	31001.0	1959
	119	靖远—郭城驿	5174	17626.6	1964
清水河	120	韩府湾以上	4935	15406.3	1958
	121	泉眼山—韩府湾	9545	4816.1	1958

表 7.41　各重点产沙区最大年侵蚀强度

河名	区间	面积/km²	侵蚀强度/[t/（km²·a）]	发生年份	区间内重点产沙区		
					类型区	面积/km²	侵蚀强度/[t/（km²·a）]
皇甫川	沙圪堵以上	1351	59659.5	1979	黄土平岗丘陵沟壑区	635.0	84788.6
孤山川	高山崖以上	1263	66429.1	1977	黄土平岗丘陵沟壑区	656.8	82775.8
浑河	放牛沟—太平窑	2055	19562.0	1971	黄土平岗丘陵沟壑区	2055.0	19562.0
偏关河	偏关以上	1915	28772.8	1967	黄土平岗丘陵沟壑区	1915.0	28772.8
县川河	旧县以上	1562	20294.5	1977	黄土平岗丘陵沟壑区	374.9	28410.8
清水川	清水以上	735	31756.5	1959	黄土峁状丘陵沟壑区	58.8	37710.8
窟野河	温家川—神木	1347	100222.7	1970	黄土峁状丘陵沟壑区	1212.3	108685.9
秃尾河	高家川—高家堡	1148	35643.7	1959	黄土峁状丘陵沟壑区	972.7	38189.7
佳芦河	申家湾以上	1121	68688.7	1970	黄土峁状丘陵沟壑区	1053.7	71322.4
岚漪河	裴家川—岢岚	1683	48243.6	1967	黄土峁状丘陵沟壑区	774.2	104748.8
蔚汾河	碧村以上	1476	42276.4	1967	黄土峁状丘陵沟壑区	782.3	79708.9
湫水河	林家坪以上	1873	47410.6	1967	黄土峁状丘陵沟壑区	1517.1	58532.7
三川河	后大成—圪洞	3353	23918.9	1966	黄土峁状丘陵沟壑区	1877.7	41174.2
屈产河	裴沟以上	1023	48973.6	1977	黄土峁状丘陵沟壑区	879.8	56944.7
无定河	白家川—（绥德，丁家沟）	2902	60846.7	1959	黄土峁状丘陵沟壑区	2902.0	60846.7
清涧河	子长以上	913	74044.3	2002	黄土峁状丘陵沟壑区	748.7	75843.4
昕水河	大宁以上	3992	17660.3	1958	黄土残塬沟壑区	239.5	41505.1
延河	延安以上	3208	41458.9	1964	黄土梁状丘陵沟壑区	2694.7	44025.7

续表

河名	区间	面积/km²	侵蚀强度/[t/(km²·a)]	发生年份	区间内重点产沙区		
					类型区	面积/km²	侵蚀强度/[t/(km²·a)]
汾川河	新市河—临镇	541	23364.1	1988	黄土梁状丘陵沟壑区	394.9	31047.8
州川河	吉县以上	436	37614.7	1971	黄土梁状丘陵沟壑区	335.7	47417.5
北洛河	吴起以上	3842	58920.9	1994	干旱黄土丘陵沟壑区	2574.1	78709.1
泾河	洪德以上	4640	33620.7	1994	干旱黄土丘陵沟壑区	2784.0	45219.8
渭河	秦安—北峡	6969	26481.0	1973	干旱黄土丘陵沟壑区	6268.5	28834.9
汾河	上静游以上	1140	21491.2	1967	山麓黄土丘陵沟壑区	558.6	43771.9
祖厉河	郭成驿—（会宁，巉口）	2792	31001.0	1959	干旱黄土丘陵沟壑区	2708.2	31841.5
清水河	韩府湾以上	4935	15406.3	1958	干旱黄土丘陵沟壑区	4737.6	15567.1

表 7.42　侵蚀强度≥50000t/（km²·a）的区域及发生年份

河名	区间	类型区	面积/km²	侵蚀强度/[t/（km²·a）]	发生年份
皇甫川	沙讫堵以上	黄土平岗丘陵沟壑区	635.0	84556.7	1959
				84788.6	1979
				65377.1	1967
	黄甫—沙圪堵	黄土平岗丘陵沟壑区	1238.2	60992.1	1959
				61830.4	1967
孤山川	高山崖以上	黄土平岗丘陵沟壑区	656.8	66492.8	1959
				51398.7	1964
				66690.1	1967
				82775.8	1977
窟野河	温家川-神木	黄土峁状丘陵沟壑区	1212.3	108685.9	1959
				70818.1	1961
				50021.4	1964
				103715.3	1966
				103008.2	1967
				70013.4	1970
				76109.6	1971
				77256.1	1976
				106367.0	1994
	王道恒塔以上	黄土平岗丘陵沟壑区	307.1	54070.1	1976
佳芦河	申家湾以上	黄土峁状丘陵沟壑区	1053.7	51878.7	1958
				52712.5	1967
				71322.4	1970
岚漪河	裴家川—奇岚	黄土峁状丘陵沟壑区	774.2	104748.8	1967
蔚汾河	碧村以上	黄土峁状丘陵沟壑区	782.3	79708.9	1967
湫水河	林家坪以上	黄土峁状丘陵沟壑区	1517.1	58532.7	1967
屈产河	裴沟以上	黄土峁状丘陵沟壑区	879.8	56944.7	1977
无定河	白家川—（绥德，丁家沟）	黄土峁状丘陵沟壑区	2902.0	60846.7	1959
北洛河	吴起以上	干旱黄土丘陵沟壑区	2574.1	78709.1	1994
清涧河	子长以上	黄土峁状丘陵沟壑区	748.7	75843.4	2002

（1）黄河主要支流最大年输沙模数因流域条件的差异，相差悬殊。孤山川、佳芦河和皇甫川最大年输沙模数超过 50000t/（km^2·a），分别为 66429.1t/（km^2·a）（1977 年）、68688.7t/（km^2·a）和 53454t/（km^2·a）（1959 年）；其次，有 9 个流域最大年输沙模数达 30000～50000t/（km^2·a），分别为屈产河 48973.6t/（km^2·a）（1977 年）、湫水河 47410.6t/（km^2·a）（1967 年）、蔚汾河 42276.4t/（km^2·a）（1967 年）、岚漪河 38629.0t/（km^2·a）（1967 年）、州川河 37614.7t/（km^2·a）（1971 年）、清涧河 35467.1t/（km^2·a）（1959 年）、清水川 35756.5t/（km^2·a）（1959 年）、窟野河 35049.2t/（km^2·a）（1959 年）、延河 30894.6t/（km^2·a）（1967 年）；最大年输沙模数未超过 10000t/（km^2·a）的共有 7 个流域，汾河流域最大年输沙模数只有 3527.5t/（km^2·a）。

（2）从 121 个水文控制区的最大年产沙模数看，最大年产沙模数超过 100000t/（km^2·a）的水文控制区只有窟野河温家川—神木区间 1959 年的产沙模数达到 100222.7t/（km^2·a）；最大年产沙模数达 50000～100000t/（km^2·a）水文控制区共有 7 个，分别为无定河白家川—（绥德、丁家沟）区间 75235.2t/（km^2·a）（1959 年）、清涧河子长以上区域 74044.3t/（km^2·a）（2002 年）、佳芦河申家湾以上区域 68688.7t/（km^2·a）（1970 年）、孤山川高石崖以上区域 66429.1t/（km^2·a）（1977 年）、皇甫川沙圪堵以上区域 59659.5t/（km^2·a）（1979 年）、黄河干流吴堡至府谷区间未控区域 57979.5t/（km^2·a）（1967 年）、北洛河吴旗（金佛坪）以上区域 58720.9t/（km^2·a）（1994 年）。

（3）从各流域区间之间重点产沙区的最大年侵蚀模数看，最大年侵蚀模数超过 100000t/（km^2·a）的重点产沙区有两个，一个是窟野河温家川—神木区间的黄土峁状丘陵沟壑区（面积 1212.3km^2）1959 年的侵蚀模数达到 108685.9t/（km^2·a），另一个是岚漪河裴家川—岢岚区间的黄土峁状丘陵沟壑区（面积 774.2km^2）1967 年的侵蚀模数达到 104748.8t/（km^2·a）。最大年侵蚀模数达 70000～100000t/（km^2·a）的重点产沙区共有 6 个，分别为：皇甫川沙圪堵以上区域的黄土平岗丘陵沟壑区（面积 635.0km^2）1979 年的侵蚀模数为 84788.6t/（km^2·a）；孤山川高石崖以上区域的黄土平岗丘陵沟壑区（面积 656.8km^2）1977 年的侵蚀模数为 82775.68t/（km^2·a）；蔚汾河碧村以上区域的黄土峁状丘陵沟壑区（面积 782.3km^2）1967 年的侵蚀模数为 79708.9t/（km^2·a）；北洛河吴起（金佛坪）以上区域的干旱黄土丘陵沟壑区（面积 2574.1km^2）1994 年的侵蚀模数为 78709.1t/（km^2·a）；清涧河子长以上区域的黄土峁状丘陵沟壑区（面积 748.7km^2）2002 年的侵蚀模数为 75843.4t/（km^2·a）；佳芦河申家湾以上区域的黄土峁状丘陵沟壑区（面积 1053.7 km^2）1970 年的侵蚀模数为 71322.4t/（km^2·a）。

（4）根据表 7.42 的统计资料，黄土高原最大年侵蚀强度≥50000t/（km^2·a）共发生了 29 次。从发生的流域看，窟野河发生了 10 次，占 34.5%；皇甫川发生了 5 次，占 17.2%；孤山川发生了 4 次，占 13.8%；佳芦河发生了 3 次，占 10.3%；其余岚漪河、蔚汾河、湫水河、屈产河、无定河、清涧河、北洛河各发生了 1 次。从发生的侵蚀类型区看，黄土峁状丘陵沟壑区共发生了 18 次，占 62.1%；黄土平岗丘陵沟壑区共发生了 10 次，占 34.5%；干旱黄土丘陵沟壑区发生了 1 次。从发生的年份看，1967 年共发生了 8 次，占 27.6%；1959 年共发生了 5 次，占 17.2%；另外，1964 年、1970 年、1976 年、1977 年、1994 年各发生了 2 次，1958 年、1961 年、1966 年、1971 年、1979 年、2002 年各发生了1次。

（5）综上所述，黄土高原在特殊年份发生的≥50000t/（km^2·a），甚至超过100000t/（km^2·a）的侵蚀强度，是降雨、地形和地面组成物质综合作用的结果。它主要发生于黄河中游西北部的黄土峁状丘陵沟壑区、黄土平岗丘陵沟壑区及干旱黄土丘陵沟壑区。同时，绝大多数发生在20世纪70年代以前。在黄土高原高度治理的今天，发生这样大的侵蚀强度的可能性不大。

7.5　小　　结

（1）黄河输沙量的变化大致可分为五个阶段：第一阶段是20世纪20年代（1919～1929年），输沙量较小，平均输沙量为12.3亿t，其中1924年和1928年出现了6.65亿t和4.88亿t的偏小值；第二阶段是20世纪30～50年代（1930～1959年），这30年黄河输沙量较大，年平均为17.3亿t，黄河历史上年输沙量大于20.0亿t的共有12个年份，其中8个年份就发生在这一时期，而且1933年出现了黄河历史上输沙量的最大值(39.1亿t)，同时在1958年、1959年，连续两年的输沙量也接近30亿t，分别达到29.9亿t和29.1亿t；第三阶段是20世纪60～70年代（1960～1979年），这20年黄河输沙量平均在13.7亿t，其中超过20亿t的有4个年份，分别为1964年（24.5亿t），1966年（21.1亿t），1967年（21.8亿t），1977年（22.4亿t）；第四阶段是20世纪80～90年代（1980～1999年），这20年黄河输沙量平均为7.9亿t，其间有8个年份输沙量只有5亿t左右，1986年和1987年的输沙量仅为3.96亿t和3.34亿t；第五阶段是进入21世纪后，从2000～2009年，这10年黄河平均输沙量仅为3.1亿t，其中2008年和2009年的输沙量只有1亿t左右。

（2）1919～2009年黄河的年平均输沙量为12.31亿t，总输沙量1120.07亿t。其中大于平均值的共有40个年份，输沙量为742.45亿t，占黄河91年总输沙量的66.3%；小于平均值的共有51个年份，输沙量为377.62亿t，占黄河91年总输沙量的33.7%。在91年中，年输沙量大于20.0亿t的有12个年份，总输沙量为307.12亿t，占黄河91年总输沙量的27.4%。

（3）按不同年代输沙量的距平情况看：正距平的有五个年代（1930～1979年），负距平的有四个年代（1919～1929年，1980～2009年）；在正距平的五个年代中，20世纪30年代（1930～1939年）、40年代（1940～1949年）和50年代（1950～1959年）的输沙量均高出黄河年均输沙量（1930～2009年）的40%左右；在负距平的四个年代中，20世纪80年代（1980～1989年）、90年代（1990～1999年）的输沙量比黄河年均输沙量（1930～2009年）减少了近40%；21世纪初的十年（2000～2009年）输沙量比黄河年均输沙量（1930～2009年）减少了74.7%。

（4）黄河输沙量的变化整体呈递减趋势，特别是从1979年起，除个别年份，黄河年输沙量普遍低于10亿t；按年际变化曲线分析，黄河输沙量的年际变化有三个峰值区：一是1933～1944年这12年间，年输沙量大于或接近20亿t的就有6年，占了一半；二是1953～1959年这7年间，年输沙量大于或接近20亿t的有3年，其中1958和1959

年连续两年输沙量接近 30 亿 t；三是 1964～1968 年这 5 年，出现了 3 次输沙量大于 20 亿 t 的年份。

（5）以 1969 年为节点，治理前（1919～1969 年）的 51 年年平均输沙量为 15.69 亿 t，可概念性称之 16 亿 t；治理后（1970～2009 年）的 40 年年平均输沙量为 7.99 亿 t，可概念性称之 8 亿 t；治理前后相比输沙量减少了 50%。若以退耕还林还草工程实施后为节点（2000 年后），这 10 年平均年输沙量为 3.1 亿 t，可概念性称为 3 亿 t，较治理前减少了 80%。

（6）影响黄河输沙量变化的主要因素是人为因素和降雨因素。但这二者在影响黄河输沙量变化的程度和方式上是不同的，即人为因素主要决定输沙量年际变化的整体趋势，降雨因素主要决定输沙量年际变化的个体差异。人为因素决定黄河泥沙的趋势性，降雨因素决定黄河泥沙的波动性，也就是说，黄河输沙量逐步减少的总趋势主要取决于人为治理的作用。例如，20 世纪 80 年代以来的 30 年，尽管也出现过雨量和强度都较大的年份，但其输沙量并不多。但就对某一时期来说，黄河输沙量的年际间差异主要取决于降雨，特别是暴雨。例如，在 1933～1944 年的 12 年间，虽然年输沙量大于或接近 20 亿 t 的就有 6 年，但也有两年输沙量只有 6 亿余 t 和 8 亿余 t（1936 年 6.34 亿 t，1941 年 8.68 亿 t）。

（7）随着治理程度的不断提高，黄河输沙量年际变化的变幅程度也逐渐变小，从一定意义上说，降雨因素对黄河输沙量的影响程度会随着治理度的提高而越来越小。

（8）黄土平岗丘陵沟壑区、黄土峁状丘陵沟壑区、黄土梁状丘陵沟壑区、风沙黄土丘陵沟壑区和风沙草原区这五个类型区不同年代产沙量的距平变化趋势基本一致，即在 20 世纪 70 年代以前为正距平，80 年代以后为负距平。这五个类型区虽然距平变化的趋势基本一致，但 80 年代和 90 年代负距平的幅度差异较大，80 年代各自的负距平率分别为–7.8%、–43.1%、–28.6%、–51.6%、–11.3%；90 年代各自的负距平率分别为–49.3%、–1.2%、–31.4%、–42.2、–35.7%。

（9）黄土山麓丘陵沟壑区和高原土石山区这两个类型区不同年代产沙量的距平变化趋势基本一致，即在 20 世纪 80 年代以前为正距平，90 年代以后为负距平。这两个类型区各年代的距平率除 50 年代和 80 年代差异明显外（分别为 193.0%、87.6%和 9.4%和 43.3%），其他各年代距平率相近。

（10）黄土高塬沟壑区和黄土阶地区不同年代产沙量的距平变化趋势和距平率基本相同。但黄土残塬沟壑区不同年代产沙量的距平变化趋势和距平率与其完全不同，即 70 年代为负距平，而 90 年代反而为正距平。

（11）干旱黄土丘陵沟壑区和森林黄土丘陵沟壑区这两个类型区在 20 世纪 90 年代为正距平。森林黄土丘陵沟壑区 50 年代为负距平，也是 12 个类型区中唯一的 50 年代为负距平的区域，而 90 年代反而为正距平，达到 33.5%，这说明影响森林黄土丘陵沟壑区产沙量变化的主要是降雨因素。

（12）四个侵蚀带不同年代产沙量的距平变化趋势大致相同，但从距平率的大小变化看，可将其分为两种类型。一类是中温带干旱荒漠草原、暖温带半干旱草原强烈风蚀带和暖温带亚湿润落叶阔叶林水力、重力侵蚀带，这两个侵蚀带不同年代产沙量的距平变化由正到负呈递减趋势。例如，中温带干旱荒漠草原、暖温带半干旱草原强烈风蚀带距平率由 20 世纪 50～90 年代的 76.8%、54.9%、48.6%、–15.2%、–44.0%到 21 世纪初的–85.5%；另一类是暖温带半干旱草原风蚀、水力侵蚀带和暖温带半干旱森林草原水力侵蚀带，这两个侵蚀带不同年代产沙量的距平变化趋势并不由正到负呈递减趋势，90 年代的负距平率分别为–1.5%和–5.7%，而相邻两侧 80 年代和 21 世纪初的距平率分别为–33.3%和–65.8%、–30.1%和–52.3%。

（13）黄土高原不同年代各种侵蚀强度的面积变化基本趋势是强度以上的侵蚀面积逐步减少，轻度以下的侵蚀面积逐步增加。这种变化从 20 世纪 80 年代起越来越明显，到 21 世纪初出现了根本性的改变。例如，20 世纪 50 年代强度以上的侵蚀面积共 133850.2km^2，到 20 世纪 80 年代减少到只有 56993.1km^2，21 世纪初仅有 10389.0km^2；而轻度轻度以下的侵蚀面积从 20 世纪 50 年代的 91388.7km^2 增加到 20 世纪 80 年代的 131891.7km^2，到 21 世纪初达到 196728.3km^2。

（14）从 20 世纪 50 年代到 70 年代轻度以下和中度侵蚀的面积各年代均为负距平，强度以上的侵蚀面积均为正距平；从 20 世纪 80 年代到 21 世纪初恰恰相反，轻度以下和中度侵蚀的面积各年代均为正距平，强度以上的侵蚀面积均为负距平。从各侵蚀强度距平变化的幅度看，极强烈以上的侵蚀面积各年代距平变化的幅度最大，20 世纪 50 年代、60 年代正距平率高达 346.2%和 266.9%，到 21 世纪初负距平率又大到–79.2%。

（15）从各侵蚀强度面积不同年代占全区域总面积的比例变化看：轻度以下的侵蚀面积占比随年代变化而增加，从 20 世纪 50 年代、60 年代的 35%左右增加到 70 年代的 41.5%，再到 80 年代、90 年代的 55%左右，21 世纪初增加到近 80%；强度以上的侵蚀面积占比随年代变化而减少，从 20 世纪 50 年代、60 年代的 50%左右减少到 70 年代的 46.1%，再到 80 年代、90 年代的 25%左右，21 世纪初减少到只有 4.2%；中度侵蚀面积占比随年代变化不大，除 20 世纪 50 年代的 9.7%和 80 年代的 24.3%外，其余各年代占比基本在 15%左右。

（16）从不同年代各侵蚀强度面积占全区域总面积的比例变化看：20 世纪 50 年代、60 年代轻度以下的侵蚀面积大约占 35%，中度侵蚀面积大约占 15%，强度以上的侵蚀面积约占 50%；70 年代，轻度以下的侵蚀面积和强度以上的侵蚀面积各占 41.5%和 46.1%，中度侵蚀面积占 12.4%；80 年代和 90 年代，轻度以下的侵蚀面积和强度以上的侵蚀面积大约各占 55%和 25%，中度侵蚀面积占 20%；到了 21 世纪初，轻度以下的侵蚀面积占了近 80%，强度以上的侵蚀面积占了仅 4.2%。

（17）“极限”含沙量是一个相对的概念，它是在一定降雨强度、地面物质组成和地形条件下所能产生的最大含沙量。“极限”含沙量的大小随降雨强度、地面条件及流域内所处部位的不同而异。由于不同侵蚀作用的影响，流域内不同部位所能达到的“极限”含沙量是不同的。在峁坡区，细沟和浅沟侵蚀所能达到的“极限”含沙量为 1000kg/m^3；在沟坡区，除水力形成的切沟侵蚀外，还发生强烈的重力侵蚀，因此，沟坡区的“极限”含沙量可能达到 1200/m^3；毛沟和支沟的“极限”含沙量一般略低于沟坡区的含沙量，而高于峁坡区的含沙量，在 1100kg/m^3 左右；干沟的“极限”含沙量又恢复到沟坡区的水平，达到 1200kg/m^3 左右；支流的“极限”含沙量可由干沟的 1200kg/m^3 增加到 1400kg/m^3。

（18）受地面物质条件和地形的影响，在北部黄土丘陵和沙地丘陵区的一些流域，“极限”含沙量可达到 1400～1600kg/m^3，有的超过 1600kg/m^3。黄土高原 1955～1986 年的 32 年系列中，最大含沙量超过 1400kg/m^3 的主要有皇甫川、窟野河、秃尾河、佳芦河、偏关河、县川河、泾河以及北洛河流域内的刘家河站和无定河流域内的靖边站。超过 1500kg/m^3 有皇甫川、窟野河和北洛河流域内的刘家河站和无定河流域内的靖边站。

（19）1958 年 7 月 10 日 20：12，窟野河温家川水文站实测含沙量 1700kg/m^3，是我国水文资料记载中的最大实测含沙量。有关研究通过实验分析，认为这一结果是可信的。同时认为，窟野河悬移质泥沙最大可能含沙量与泥沙组成相关，当河流悬移质泥沙组成符合区域高含沙量悬移质泥沙组成特性时，其最大可能含沙量达 1750kg/m^3。

（20）在坡面上，次降雨的最大侵蚀强度在 30000t/km^2 左右，一般不超过 40000t/km^2。在沟道小流域，次降雨的最大侵蚀度可达 40000t/km^2 以上，一般不超过 50000t/km^2。受降雨分布不均匀性和流域区间地面条件的差异性影响，中型流域次降雨的最大侵蚀强度一般低于沟道小流域；决定次降雨最大侵蚀强度的关键因素是短时段降雨强度，一般而言，坡面最大侵蚀强度的发生取决于 10～30min 降雨强度，沟道小流域取决于 30～60min 降雨强度，中小流域取决于 60～120min 降雨强度；由于沟道小流域包括坡面和沟道多种侵蚀方式，因而沟道小流域是发生最大侵蚀强度的最典型区域。

（21）从 121 个水文控制区的最大年产沙模数看，最大年产沙模数超过 100000t/（km^2·a）的水文控制区只有窟野河温家川—神木区间 1959 年的产沙模数达到 100222.7t/（km^2·a）。最大年产沙模数达 50000～100000t/（km^2·a）的水文控制区共有 7 个，分别为：无定河白家川—（绥德、丁家沟）区间 75235.2t/（km^2·a）（1959 年）、清涧河子长以上区域 74044.3t/（km^2·a）（2002 年）、佳芦河申家湾以上区域 68688.7t/（km^2·a）（1970 年）、孤山川高石崖以上区域 66429.1t/（km^2·a）（1977 年）、皇甫川沙圪堵以上区域 59659.5t/（km^2·a）（1979 年）、黄河干流吴堡至府谷区间未控区域 57979.5t/（km^2·a）（1967 年）、北洛河吴起（金佛坪）以上区域 58720.9t/（km^2·a）（1994 年）。

（22）从各流域区间之间重点产沙区的最大年侵蚀模数看，最大年侵蚀模数超过 100000t/（km^2·a）的重点产沙区有 2 个，一个是窟野河温家川—神木区间的黄土峁状丘陵沟壑区（面积 1212.3km^2）1959 年的侵蚀模数达到 108685.9t/（km^2·a），另一个是岚漪河裴家川—岢岚区间的黄土峁状丘陵沟壑区（面积 774.2km^2）1967 年的侵蚀模数达到 104748.8t/（km^2·a）。最大年侵蚀模数达 70000～100000t/（km^2·a）的重点产沙区共有 6 个，分别为：皇甫川沙圪堵以上区域的黄土平岗丘陵沟壑区（面积 635.0km^2）1979 年的侵蚀模数为 84788.6t/（km^2·a）；孤山川高石崖以上区域的黄土平岗丘陵沟壑区（面积 656.8km^2）1977 年的侵蚀模数为 82775.68t/（km^2·a）；蔚汾河碧村以上区域的黄土峁状丘陵沟壑区（面积 782.3km^2）1967 年的侵蚀模数为 79708.9t/（km^2·a）；北洛河吴起（金佛坪）以上区域的干旱黄土丘陵沟壑区（面积 2574.1km^2）1994 年的侵蚀模数为 78709.1t/（km^2·a）；清涧河子长以上区域的黄土峁状丘陵沟壑区（面积 748.7km^2）2002 年的侵蚀模数为 75843.4t/（km^2·a）；佳芦河申家湾以上区域的黄土峁状丘陵沟壑区（面积 1053.7 km^2）1970 年的侵蚀模数为 71322.4t/（km^2·a）。

（23）黄土高原在特殊年份发生的≥50000t/（km^2·a），甚至超过 100000t/（km^2·a）的侵蚀强度，是降雨、地形和地面组成物质综合作用的结果，主要发生于黄河中游西北部的黄土峁状丘陵沟壑区、黄土平岗丘陵沟壑区及干旱黄土丘陵沟壑区。同时，绝大多数发生在 20 世纪 70 年代以前，在黄土高原高度治理的今天，发生这样大侵蚀强度的可能性不大。

第 8 章　水土保持减沙效益

8.1　水土保持措施减沙效益计算

水土保持措施主要包括水平梯田、林、草、淤地坝等。决定水土保持措施减沙效益除了措施本身的数量和质量外，降雨因素的影响也是很重要的一个方面。因此，各项水土保持措施减沙效益的计算和评价必须将其置于不同的降雨条件下进行分析。

8.1.1　水平梯田的减沙效益

1. 资料与方法

用山西离石王家沟 1957～1966 年、延安大砭沟 1959～1967 年、绥德王茂沟 1961～1964 年、绥德辛店沟和韭园沟 1959～1963 年水平梯田与坡耕地径流小区降雨侵蚀观测资料进行对比分析，水平梯田小区的情况见表 8.1。

表 8.1　水平梯田小区的基本情况

地区	年份	地点	坡度/(°)	坡向	坡长/m	土质	小区面积/m^2	注
山西离石王家沟	1957	松树梁	0	NE	15.0	黄土	75	马铃薯
	1958	松树梁	0	NE	15.0	黄土	75	谷子
	1960	插财主沟	1	NE	40.0	黄土	400	田宽 4m，多台无边埂
	1961	插财主沟	1	NE	40.0	黄土	400	田宽 4m，多台无边埂
	1963	插财主沟	1	NE	40.0	黄土	400	田宽 4m，多台无边埂
	1964	插财主沟	1	NE	40.0	黄土	400	田宽 4m，多台无边埂
	1965	插财主沟	1	NE	40.0	黄土	400	田宽 4m，多台无边埂
	1966	插财主沟	1	NE	40.0	黄土	370	田宽 4m，多台无边埂
延安大砭沟	1959	小家窑				黄土	700	
	1960	坡面	0			黄土	700	糜子
	1964	下游右岸峁坡			20.2	黄绵土	186	糜子
	1965	下游左岸阳坡	0		20.0	黄绵土	188	糜子+马铃薯，盖度 10%
	1966	下游左岸阳坡	0		20.0	黄绵土	188	豆类，盖度 30%
	1967	下游左岸阳坡	0		20.0	黄绵土	188	糜子，盖度 30%
绥德王茂沟	1961	启家墕峁						小麦
	1963	史家儿子峁				黄土	2222	
	1963	尹家墕				黄土红土	708	
	1964	史家儿子峁	0			黄土	2218	豌豆
	1964	尹家墕	0			黄土红土	708	谷子、绿豆

续表

地区	年份	地点	坡度/(°)	坡向	坡长/m	土质	小区面积/m^2	注
绥德辛店沟	1959	小 13				黄土	24	马铃薯，盖度 30%
	1959	小 14				黄土	36	高粱，盖度 40%
	1959	小 15				黄土	24	谷子，盖度 35%
	1961	小 25				黄土	25	农地，盖度 50%
绥德韭园沟	1959	水 17		W	9.4	黄土	135	糜子，盖度 18%
	1960	团 7		S	10.0	黄土	50	高粱、豇豆，盖度 24%
	1961	埝 7		S		黄土	783	小麦
	1962	埝 7		S	35.2	黄土	783	谷子、绿豆，盖度 11%
	1962	埝 20		SE	42.4	黄土	876	谷子、绿豆，盖度 11%
	1963	埝 7		S	35.2	黄土	708	小麦、黑豆，盖度 11%
	1963	埝 20		SE	42.4	黄土	2218	高粱、豇豆，盖度 20%

根据水平梯田的质量分类，将山西离石王家沟 1960～1966 年的资料作为无埂水平梯田，其余作为水平梯田，选择 10°～25°的坡耕地作为对照，减沙效益采用相对指标来表示。

2. 次降雨条件下水平梯田的减沙效益

要计算水平梯田的减沙效益，首先要确定坡耕地的侵蚀性降雨标准。由于“雨量”与“雨强”两因素是反映降雨对侵蚀影响的主要降雨特征指标，因此，采用雨量（P）与最大 30min 雨强（I_{30}）的乘积（$P \cdot I_{30}$）作为侵蚀性降雨指标。考虑到黄土高原超渗产流的特点，决定其水土流失的主要降雨特征指标是降雨强度，特别是瞬时降雨强度。因此，在采用 $P \cdot I_{30}$ 指标的同时，还考虑了 I_{30}。侵蚀性降雨标准的确定方法，是将所有的侵蚀性降雨资料，分别按 $P \cdot I_{30}$ 和 I_{30} 由大到小排序，计算相应的侵蚀累积百分比（E_p），再点绘 $P \cdot I_{30}$ 和 I_{30} 与侵蚀累积百分比散点图，并进行模拟配线，取 E_p=95%时的 $P \cdot I_{30}$ 和 I_{30} 值，作为坡耕地的侵蚀性降雨标准。取 E_p=95%的原因，主要是考虑个别统计样本试验误差的影响。

由于延安、绥德和离石的土壤类型基本一致，可排除土壤因素的影响，进行统一分析，根据 10°～25°之间坡耕地径流小区 245 场侵蚀性降雨资料，分析结果如下：

$$P \cdot I_{30} = 0.0094E_p^2 - 1.6959\,E_p + 80.676 \qquad (r = 0.983) \tag{8.1}$$

$$I_{30} = -0.3403\ln(E_p) + 1.8304 \qquad (r = 0.962) \tag{8.2}$$

当 E_p=95%时，$P \cdot I_{30}$=4.4mm^2/min，I_{30}=0.28mm/min。因此，以 $P \cdot I_{30}>4.4$mm^2/min 和 $I_{30}>0.28$mm/min 作为 10°～25°坡耕地的侵蚀性降雨标准。

根据这一标准，对水平梯田的 48 场降雨径流观测资料进行统计分析，绘制减沙效益与 $P \cdot I_{30}$ 的散点图（图 8.1）。

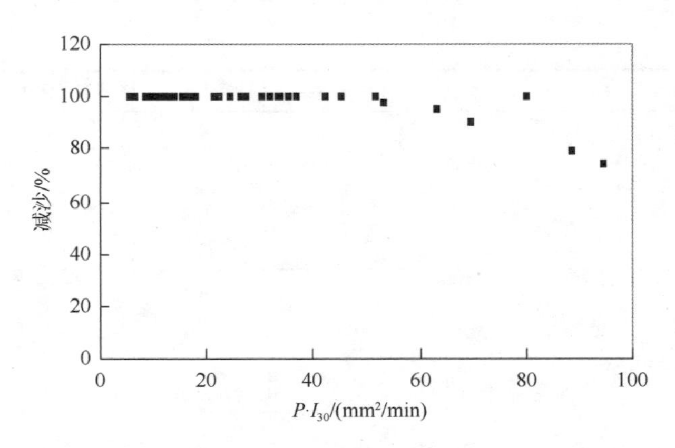

图 8.1　不同次降雨条件下水平梯田的减沙效益

根据散点的疏密分布情况，可以看出，当 $P·I_{30}$<50mm^2/min 时，降雨的发生频率为 85.4%，减沙效益均为 100%；当 $P·I_{30}$ ＞50mm^2/min 时，降雨的发生频率只有 14.6%，平均减沙效益为 90.9%，且随着 $P·I_{30}$ 的增大而减小（图 8.1）。

经回归分析，当 $P·I_{30}$＞50mm^2/min 时，减沙效益 S（%）与 $P·I_{30}$ 的关系如下：

$$S（\%）=-0.5848（P·I_{30}）+130.07 \tag{8.3}$$

$$（r = 0.993^{**} \quad r_{0.05} = 0.811 \quad r_{0.01} = 0.917）$$

通过相关系数检验，减沙效益回归方程达到极显著水平。根据回归方程，$P·I_{30}$ 在 50～100mm^2/min 时间的减沙效益见表 8.2。

表 8.2　$P·I_{30}$ 在 50～100 mm^2/min 时水平梯田的减沙效益

指标	$P·I_{30}$（mm^2/min）									
	55	60	65	70	75	80	85	90	95	100
减沙/%	97.9	95.0	92.1	89.1	86.2	83.3	80.4	77.4	74.5	71.6

上述分析结果说明，当 $P·I_{30}$<50mm^2/min 时，水平梯田完全可以作到全部降雨拦蓄，减沙效益为 100%；经统计分析，延安、绥德、兴县等地 10 年一遇的 $P·I_{30}$ 值分别为 58mm^2/min、70mm^2/min 和 65mm^2/min，若将 $P·I_{30}$=50mm^2/min 代入上述三地的频率统计曲线，所对应的频率分别为 13%、18%和 15%。

蒋定生等（1997）测得延安等地土壤的稳定入渗速率为 1.15～1.30mm/min，将其作为 I_{30} 代入 $P·I_{30}$=50mm^2/min 之中，得到 P=38.5～43.5mm。这说明对一般梯田来说，50mm 以下的降雨不会产生径流。由于统计样本的梯田质量和标准不是很高，对于高标准田埂坚固的梯田，$P·I_{30}$ 的标准会超过 50mm^2/min。据蒋定生试验结果，水平梯田 20min 的入渗水量可达到 85mm，入渗速率为 4.1mm/min。通过分析计算，延安、绥德、兴县等地 10 年一遇 24h 最大雨量为 80～120mm，因此，高标准的梯田基本可以防御 10 年一遇的暴雨。

3. 年降雨条件下水平梯田的减沙效益

将汛期雨量（5～9 月雨量）作为年降雨指标，统计不同年降雨条件下水平梯田的减沙效益，见图 8.2。由图可以看出，在汛期雨量小于 450mm 时，减沙效益均为 100%，大于 450mm 时，减沙效益平均为 95.4%。

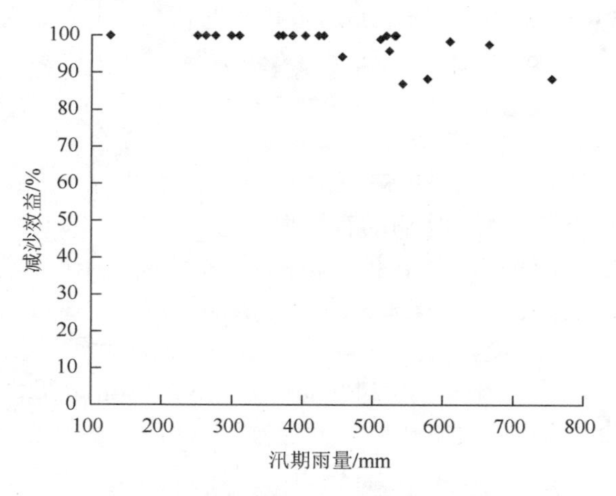

图 8.2　不同年降雨条件下水平梯田的减沙效益

4. 水平梯田的质量对其减沙效益的影响

水平梯田可根据地埂的有无，分为有埂梯田和无埂梯田。根据统计分析，当 $P \cdot I_{30}$<45mm^2/min 时，无埂梯田的减沙效益比有埂梯田降低 5～15 个百分点，当 $P \cdot I_{30}$＞45mm^2/min 时，其减沙效益明显降低。

水平梯田可按质量分为 4 类（徐乃民和张金慧，1993）：

第一类，合乎设计标准，埂坎完好，田面平整或成反坡，土地肥沃，在设计暴雨情况下不发生水土流失。

第二类，边埂部分破坏，田面基本水平或坡度小于 2°，部分渠湾冲毁，土地较肥，在一般情况下不会发生或轻微发生水土流失。

第三类，埂坎破坏严重，大部分已无边埂，田面坡度为 2°～5°，部分渠湾冲毁，遇暴雨地面产生径流就有水土流失。

第四类，埂坎破坏严重，没有地边埂，田面坡度＞5°，渠湾大都破坏，水土流失严重。

根据绥德水保站的资料，1964 年 7 月 5 日韭园沟流域的暴雨，平均雨量为 128.9mm，历时 18.8h，平均强度为 0.12mm/min，最大降雨强度为 1.1mm/min，梯田地埂的破坏埂长占总埂长为 1.4%～6.3%，梯田破坏部位为填土部位的占 90%，说明梯田的质量标准甚为重要。1985 年绥德水保站对绥德、米脂两县 15 个村的 41hm^2 暴雨后水平梯田破坏情况的调查结果为：第一类约占 21%；第二类约占 43%；第三类约占 19%；第四类约占 17%。第三类、四类梯田的埂畔滑塌，是梯田破坏的主要原因，主要是在梯田修筑时填土与埂畔表皮的击实度太差，内填虚土严重沉陷，与表皮分离；加之土壤不断风化、崩裂，及管理养护不善，年久失修所致。据黄委会中游局调查组的资料，绥德韭园沟和辛店沟 1994 年 8 月 4 日、5 日降雨 150mm，调查的几块梯田坎损坏率几乎达到 100%，即使新修的梯田也达 80%。说明水平梯田的工程质量严重影响其抗御暴雨的能力，而且水平梯田抗御大暴雨的能力是越来越小。原因如下：

（1）据绥德水保站观测研究，梯田地埂变平一般需 10～15 年，20 世纪 70 年代以前修的梯田，老化失修，效益衰减。在米脂 8 个村庄的调查，在总长 2619m 的田坎中，50 年代修的破坏率为 77%，60 年代修的破坏率为 14.7%，70 年代修的破坏率为 5.4%，80 年代修的破坏率为 1.3%。

（2）随着年代的延长，梯田的有埂率逐渐减小。据黄委会天水、西峰水保站的调查，70 年代以前，晋西南片有埂率为 30%左右，陕北南片为 35%左右；80 年代，晋西南片为 15%，陕北南片为 15～20%。梯田的有埂率一般都在 20%以下。

（3）据黄委会天水水保站调查结果，质量好的梯田是 70 年代修的，近几年推广的机修梯田，田面宽度较大且很平整，但边埂下部压实不够，在遇暴雨时，很容易塌陷或滑坡，有的是在田内填方的交界处形成陷穴，造成严重的跑水现象。在 1994 年 8 月 4 日柳林县的一次暴雨中，县城雨量为 134.9mm，历时 32h，30min 最大雨强为 1.6mm/min，三川河出现两次较大洪峰，后大城站最大流量为 1700m^3/s。梯田毁坏比较严重，尤其是新修梯田，1993 年在梁峁部位修的 8 条梯田，1994 年全部种植高粱，尽管田面被作物覆盖，但除峁顶一条梯田没有受到水毁外，其余都有不同程度的毁坏，且越往下毁坏越大。70 年代修的梯田在这次暴雨中毁坏较轻，一部分田坎有轻微破坏，大部分梯田基本完好。

综上所述，水平梯田是黄土高原主要的水土保持措施，工程质量是影响梯田水土保持效益的重要因子。修筑梯田时，严把质量关，尽量达到田面水平，坎埂牢固，并经常维护，以充分发挥其减沙作用。

8.1.2　林草措施的减沙效益

1. 资料与方法

分析资料为黄土高原多沙区的绥德辛店沟和韭园沟 1959～1963 年、绥德王茂沟 1961～1964 年、延安大砭沟 1959～1967 年、山西离石王家沟 1957～1966 年、以及安塞 1980～1989 年部分场次的坡耕地、林地、草地径流小区的基本情况资料，径流场逐次径流泥沙测验资料，以及雨量摘录资料。径流小区的坡度为 20°～35°，坡长为 10～40m，小区面积为 100～500m^2。坡耕地小区种植的作物主要为谷子、糜子、豆类、高粱、马铃薯等，作物盖度为 0～60%，且多在 35%以下。林地小区的树种主要是刺槐，还有椿树、榆树、紫穗槐、柠条等，林地盖度变化范围为 10%～90%。草地小区的牧草主要为苜蓿、草木樨和沙打旺等，盖度为 0～100%。林地、草地径流小区的基本情况见表 8.3 和表 8.4。

表 8.3　林地径流小区的基本情况

地点	场号	种类	坡度/（°）	坡长/m	面积/m^2	盖度/%	资料年限
绥德辛店沟	辛 1	三，五年洋槐	35.0	19.0，20.0	125，164	40，70	1956，1958
	辛 3	五年洋槐	32.5	19.0	135	70	1958
	辛 4	五年桑条	25.0	23.8	360	30	1958

续表

地点	场号	种类	坡度/（°）	坡长/m	面积/m²	盖度/%	资料年限
绥德辛店沟	辛 5	五年柳树	25.0	26.3	423	50	1958
	辛 6	五年柳、桑	26.0	31.0	670	50	1958
	验 6	五、六年洋槐	35.5	11.0	75	70，90	1958，1959
	验 7	五、六年洋槐	30.5	13.0	131	78，90	1958，1959
	验 8	五年榆树	20.5	19.5	183	15	1958
	验 9	五年中槐	23.0	21.0	190	15	1958
	验 10	五年臭椿	25.0	19.0	172	15	1958
	育 1	五年臭椿	29.5	33.3	581	10	1958
	育 2	五年洋槐	29.0	33.3	583	50	1958
	育 3	五年白榆	31.0	33.3	572	20	1958
	育 4	五年臭椿	30.0	33.3	578	40	1958
	育 5	五年白榆	27.0	33.3	594	40	1958
	育 6	六，八年椿树	30.5	30.0	74	28，30	1959，1961
	育 7	六，八年椿树	30.5	30.0	439	28	1959，1961
	育 8	六，八年洋槐	29.3	28.4	74	90，90	1959，1961
	育 9	六，八年洋槐	29.3	28.4	422	90	1959，1961
	育 10	六，八年榆树	33.0	31.1	522	27，90	1959，1961
	育 11	六，八年椿树，紫穗槐	34.0	27.0	452	50，60	1959，1961
	育 12	六，八年洋槐，紫穗槐	34.0	28.0	464	90，90	1959，1961
	育 13	六，八年榆树，紫穗槐	33.0	24.0	403	50，60	1959，1961
	育 15	四年洋槐	34.0	20.0	216	60	1961
	育 16	四年洋槐	32.0	20.0	254	60	1961
	育 17	四年洋槐	32.0	20.0	254	60	1961
	育 18	四年洋槐	30.5	20.0	258	60	1961
	小 5	五至七年洋槐	32.0	18.0	183	51，51，50	1959～1961
	小 6	五年洋槐	21.0	21.5	185	90	1959
绥德韭园沟	水 8	六年洋槐	26.5	14.2	104	70	1959
	水 10	二年洋槐	29.5	18.2	94	15	1959
	水 11	二年洋槐	36.0	18.5	160	10	1959
	马 2	四年洋槐	28.5	10.0	53	38	1959
	关 4	三年洋槐，柠条	25.0	26.6	165	19	1960
	埝 4	三至六年柠条、洋槐、紫穗槐	31.0	42.5	279	19，51，62，82	1960～1963
	埝 21	四，五年洋槐	20.0	12.0	56	10，10	1962，1963
	李 5	七，八年洋槐	29.5	25.0	109	57，61	1962，1963
延安大砭沟	10	林	27.0	29.5	226	60	1963
	11	枣树，柠条	29.0	23.3	204	45	1965
	12	枣树	28.0	23.2	205	80	1965
	18	洋槐	30.0	22.2	96	85	1965
	19	五龄林	28.0	22.7	100	80	1965

续表

地点	场号	种类	坡度/（°）	坡长/m	面积/m²	盖度/%	资料年限
延安大砭沟	10	紫穗槐	30.0	23.4	105	40	1966
	13	六龄林	28.0	22.7	100	80	1966
	4	紫穗槐	26.0	21.4	100	15	1967
	11	紫穗槐	30.0	23.4	105	40	1967
	14	七龄林	28.0	22.7	100	80	1967
安塞纸坊沟		刺槐	27.0	20.0	100	50～75	1980～1989
		柠条	27.0	20.0	100	20～60	1980～1989
		沙棘	27.0	20.0	100	65～90	1980～1989

表 8.4　草地径流小区的基本情况

地点	场号	种类	坡度/（°）	坡长/m	面积/m²	盖度/%	资料年限
绥德辛店沟	7	苜蓿	34.25	24.2	100	37～100	1955～1960
	9	草木樨	32.78	23.8	100	6～95	1955～1960
	31	草木樨	24.25	44.0	400	0～80	1957～1960
	辛 10	牧草	27.0	22.7	333	50	1958
	辛 11	牧草	25.0	25.2	388	60	1958
	辛 12	牧草	30.0	33.0	571	60	1958
	辛 13	牧草	30.0	32.0	555	60	1958
	辛 14	牧草	26.0	31.0	670	60	1958
	验 31	紫花苜蓿	31.5	54.0	460	60	1959
	小 10	草木樨	23.0	44.2	411	60	1959
	小 11	紫花苜蓿	24.0	52.3	478	40	1959
	小 17	苜蓿	23.0	42.2	396	48	1960
	小 18	草木樨	23.0	43.0	396	48	1960
	小 19	苜蓿	21.0	42.2	372	48	1960
	小 20	草木樨	18.0	20.7	201	48，25	1960，1961
	验 32	苜蓿	35.13	20.0	82	40	1961
	验 33	苜蓿	35.13	20.0	82	40	1961
	验 34	苜蓿	35.13	20.0	82	40	1961
	育 22	苜蓿	34.4	24.2	100	60	1961
	育 23	牛筋子	22.0	16.0	65	30	1961
	育 24	牛筋子	24.3	16.0	64	30	1961
	育 25	牛筋子	24.0	16.0	64	30	1961
	育 26	牛筋子	24.0	16.0	64	30	1961
	育 27	牛筋子	24.5	16.0	64	30	1961
	育 28	牛筋子	24.5	16.0	64	30	1961
	育 29	牛筋子	27.0	11.0	59	30	1961
	育 30	牛筋子	26.0	11.0	59	30	1961
	育 31	牛筋子	24.5	11.0	60	30	1961
	育 32	牛筋子	26.0	11.0	59	30	1961

续表

地点	场号	种类	坡度/（°）	坡长/m	面积/m²	盖度/%	资料年限
绥德韭园沟	水12	苜蓿	36.7	21.8	119	33	1959
	水13	草木樨	33.0	11.3	68	35	1959
	西2	草木樨	28.0	53.7	609	35	1959
	团4	草木樨	35.0	22.4	95	16	1959
	团5	草木樨	35.0	24.0	112	16	1959
	想5	草木樨	40.0	23.0	139	10	1959
	想6	草木樨	25.0	19.0	98	10	1959
	关3	苜蓿	36.5	10.0	48	20	1960
	埝6	苜蓿	32.0	28.0，23.1	119，98	54，28	1961，1962
	埝25	苜蓿	33.5	20.0	150	31	1963
	想17	苜蓿	21.0	10.0	51	28	1961
	李11	苜蓿	33.8	22.6，22.8	105，91	33，47	1962，1963
延安大砭沟	5	苜蓿	22.0	21.5	100	60	1963
	1	草木樨	31.0	22.6	105	60	1965
	3	草木樨	27.0	21.6	100	15	1966，1967
	5	草木樨	20.0	22.0	188	15	1966
	2	苜蓿	31.0	21.3	93	15	1967
安塞纸坊沟		沙打旺	27.0	20.0	100	50～95	1987～1985
		沙打旺	32.0	40.03	169.6	50～95	1987～1986
		苜蓿	32.0	40.03	169.6	10～80	1987～1986
		草木樨	32.0	40.03	169.6	10～88	1987～1986
		红豆草	32.0	40.03	169.6	10～60	1987～1986

对于减沙效益分析，是以坡耕地为对照，选择降雨条件大于坡耕地侵蚀性降雨标准的降雨侵蚀资料，分别计算林地、草地相对于坡耕地的减沙量，得到林地、草地的相对减沙效益。再统计分析林地、草地的减沙效益与降雨和植被盖度的关系，从而得到不同降雨条件下不同盖度林草的减沙指标。

2. 次降雨条件下林草措施的减沙效益

由于造林种草措施多分布在20°～35°的坡地上，因此，选择20°～35°的坡耕地径流小区侵蚀性降雨资料共424场，首先确定20°～35°坡耕地的侵蚀性降雨标准（方法同水平梯田），结果如下：

$$P{\cdot}I_{30}=0.0118E_p^2-2.1225E_p+98.338\quad(r=0.962)\tag{8.4}$$

$$I_{30}=-0.4565\ln(E_p)+2.3192\quad(r=0.964)\tag{8.5}$$

当 E_p=95%时，$P{\cdot}I_{30}$=3.20mm²/min，I_{30}=0.24mm/min。故以 $P{\cdot}I_{30}>3.2\text{mm}^2/\text{min}$ 和 $I_{30}>0.24\text{mm/min}$ 作为20°～35°坡耕地的侵蚀性降雨标准。

根据林地、草地径流小区的降雨侵蚀资料，整理降雨 $P{\cdot}I_{30}>3.20\text{mm}^2/\text{min}$，$I_{30}>0.24\text{mm/min}$，且无整地工程措施（如地埂、水平沟、鱼鳞坑）的小区资料进行统计分析，得到林地、草地的减沙效益与降雨、盖度的关系如下（v 取值0～100%）：

林地：

$$S(\%)=223.927-3103.189(1/v-30.985\log(P{\cdot}I_{30}{\cdot}v)\tag{8.6}$$

$$(r=0.682^{**}\qquad n=88)$$

草地：

$$S（\%）=-108.520 + 46.194\log（v/P\cdot I_{30}）+ 84.813\log（v） \quad (8.7)$$

$$（r=0.787^{**} \quad n=110）$$

式中，S（%）为林草地的相对减沙效益，%；v 为林草地盖度，0～100%；$P\cdot I_{30}$ 为降雨特性指标，3.2～100mm^2/min。

通过上述关系式，可得到不同降雨条件下不同盖度林地、草地的减沙效益（表 8.5、表 8.6、图 8.3），可以看出：

（1）林草的减沙效益随着 $P\cdot I_{30}$ 的增大而减小，且减幅程度逐渐变小。

（2）林草的减沙效益随着盖度的增大而增大，且增幅程度逐渐变小，在这一点上，林地表现得比草地更为明显。

（3）对于林地，当盖度＞30%，就有较明显的减沙作用；当盖度＞60%，减沙效益趋于相对稳定。

（4）对于草地，当盖度＞40%，有较明显的水土保持作用；当盖度＞70%，随着盖度的增加，减沙趋于相对稳定。

表 8.5　不同次降雨条件下林地的减沙效益

$P\cdot I_{30}$	不同盖度林地的减沙效益/%							
	20%	30%	40%	50%	60%	70%	80%	90%
5	6.8	53.1	75.0	87.6	95.4	100.0	100.0	100.0
10	0.0	43.7	65.7	78.2	86.1	91.4	95.2	97.9
20	0.0	34.4	56.4	68.9	76.8	82.1	85.9	88.6
30	0.0	28.9	50.9	63.4	71.3	76.7	80.4	83.1
40	0.0	25.1	47.1	59.6	67.5	72.8	76.5	79.3
50	0.0	22.1	44.1	56.6	64.5	69.8	73.5	76.2
60	0.0	19.6	41.6	54.1	62.0	67.3	71.1	73.8
70	0.0	17.5	39.5	52.0	59.9	65.3	69.0	71.7
80	0.0	15.7	37.7	50.2	58.1	63.5	67.2	69.9
90	0.0	14.2	36.2	48.7	56.6	61.9	65.6	68.3
100	0.0	12.7	34.7	47.2	55.1	60.5	64.2	66.9

表 8.6　不同次降雨条件下草地的减沙效益

$P\cdot I_{30}$	不同盖度草地的减沙效益/%							
	20%	30%	40%	50%	60%	70%	80%	90%
5	29.6	52.7	69.1	81.8	92.1	100.0	100.0	100.0
10	15.7	38.8	55.2	67.9	78.2	87.0	94.6	100.0
20	1.8	24.9	41.3	54.0	64.3	73.1	80.7	87.4
30	0.0	16.8	33.1	45.8	56.2	65.0	72.6	79.3
40	0.0	11.0	27.4	40.1	50.4	59.2	66.8	73.5
50	0.0	6.5	22.9	35.6	45.9	54.7	62.3	69.0
60	0.0	2.9	19.2	31.9	42.3	51.1	58.7	65.4
70	0.0	0.0	16.1	28.8	39.2	48.0	55.6	62.3
80	0.0	0.0	13.4	26.1	36.5	45.3	52.9	59.6
90	0.0	0.0	11.1	23.8	34.2	42.9	50.5	57.2
100	0.0	0.0	9.0	21.7	32.0	40.8	48.4	55.1

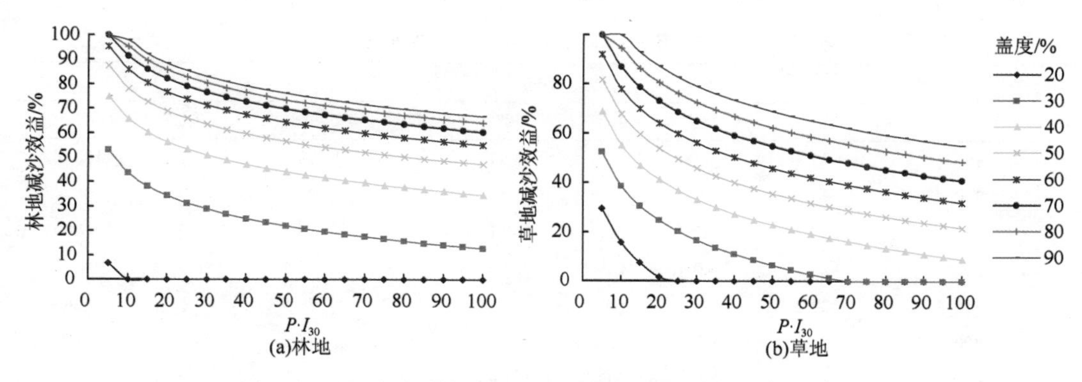

图 8.3　不同次降雨条件下不同盖度林地、草地的减沙效益

3. 年降雨条件下林草措施的减沙效益

根据各小区年降雨侵蚀资料，对不同盖度林地、草地相对于坡耕地的减沙效益与汛期雨量（5～9 月雨量）的关系进行了统计分析，结果如下：

林地：

$$S(\%)=-56.523+116.520\log(v)-30.864\log(P_{59}) \tag{8.8}$$

$$(n=57\quad r=0.722\quad F=29.37^{**})$$

草地：

$$S(\%)=-26.902+105.368\log(v)-34.194\log(P_{59}) \tag{8.9}$$

$$(n=40\quad r=0.737\quad F=21.95^{**})$$

式中，S（%）为林地或草地的年减沙效益，%；v 为林草地盖度，0～100%；P_{59} 为 5～9 月雨量，100～700mm。

由以上关系式，可得不同年降雨条件下，林地、草地的年减沙效益，见表 8.7、表 8.8 和图 8.4。

表 8.7　不同年降雨条件下林地的减沙效益

汛期雨量/mm	不同盖度林地的减沙效益/%							
	20%	30%	40%	50%	60%	70%	80%	90%
150	27.9	48.4	63.0	74.3	83.5	91.3	98.1	100.0
200	24.1	44.6	59.1	70.4	79.7	87.5	94.2	100.0
250	21.2	41.6	56.1	67.4	76.7	84.5	91.2	97.2
300	18.6	39.1	53.7	65.0	74.2	82.0	88.8	94.7
350	16.6	37.1	51.6	62.9	72.2	80.0	86.7	92.7
400	14.8	35.3	49.8	61.1	70.4	78.2	84.9	90.8
450	13.2	33.7	48.3	59.6	68.8	76.6	83.3	89.3
500	11.8	32.3	46.9	58.1	67.4	75.2	81.9	87.9
550	10.5	31.0	45.6	56.9	66.1	73.9	80.7	86.6
600	9.3	29.9	44.4	55.7	64.9	72.7	79.5	85.4
650	8.3	28.8	43.3	54.6	63.9	71.7	78.4	84.4

表 8.8　不同年降雨条件下草地减沙效益

汛期雨量/mm	不同盖度草地的减沙效益/%							
	20%	30%	40%	50%	60%	70%	80%	90%
150	35.8	54.3	67.5	77.7	86.1	93.1	99.2	100.0
200	31.5	50.1	63.2	73.4	81.8	88.8	94.9	100.0
250	28.2	46.7	59.9	70.1	78.5	85.5	91.6	97.0
300	25.5	44.0	57.2	67.4	75.8	82.8	88.9	94.3
350	23.2	41.8	54.9	65.1	73.5	80.5	86.6	92.0
400	21.2	39.8	52.9	63.1	71.5	78.5	84.7	90.0
450	19.5	38.0	51.2	61.4	69.7	76.8	82.9	88.3
500	17.9	36.6	49.6	59.8	68.2	75.2	81.3	86.7
550	16.5	35.0	48.2	58.4	66.8	73.8	79.9	85.3
600	15.2	33.8	46.9	57.1	65.5	72.5	78.6	84.0
650	14.0	32.6	45.7	55.9	64.3	71.3	77.4	82.8

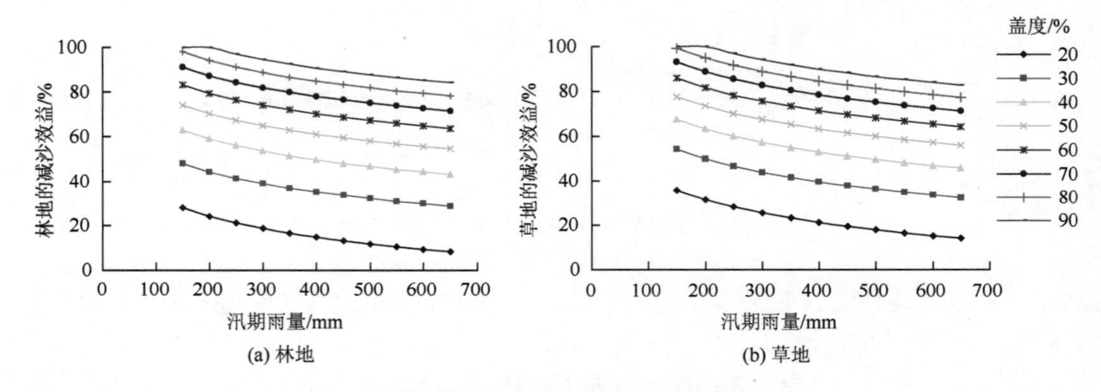

图 8.4　不同年降雨条件下林地草地的减沙效益

4. 整地工程对林草措施减沙效益的影响

在水土流失严重的黄土高原，林木生长立地条件差，成活率较低，生长速度较慢，容易形成所谓的“小老头树”。林草措施如不与鱼鳞坑、水平沟、水平阶等工程措施相结合，其水土保持效益必将受到限制。

表 8.9 和表 8.10 是山西离石王家沟不同整地措施刺槐林径流小区的降雨侵蚀观测资料及其减沙效益的分析结果。从表 8.9 可以看出，相对于坡耕地来说，穴植的减沙效益比较明显，但其减水效益没有表现出来，大都为负值，主要原因是穴植林地的入渗率不如坡耕地，且无拦蓄作用；水平沟种植的林地减水减沙效益都较坡耕地明显增加，主要原因是既体现了林地的防蚀作用，又体现水平沟的拦蓄作用。水平沟种植与穴植相比，减水减沙效益都增大，尤以减水效益最为明显。可见，整地工程措施可为林草的生长提供充足的水分条件。表 8.10 为年降雨条件下的减水减沙作用，可以看出，与穴植相比，水平沟种植刺槐林的减水减沙效益平均为 93.9%、96.5%；鱼鳞坑种植刺槐林为 80.1%、83.7%；水平阶种植刺槐林为 52.0%、73.2%。

表 8.9　次降雨条件下水平沟种植与穴植刺槐林的减水减沙效益对比

日期（年.月.日）	雨量/mm	历时/h	强度/（mm/h）	径流深/mm			侵蚀摸数/t/km^2			减水效益/%			减沙效益/%		
				坡耕地	穴植	水平沟	坡耕地	穴植	水平沟	穴植	水平沟	增加	穴植	水平沟	增加
1957.07.23	8.2	2.0	4.2	1.0	0.1	0.0	202.6	0.0	0.0	90.0	100.0	10.0	100.0	100.0	0.0
1957.08.13	30.9	1.2	26.8	5.5	10.7	0.4	2250.0	3620.2	46.9	–94.5	92.7	187.3	–60.9	97.9	158.8
1958.07.24	21.7	6.2	3.5	1.7	0.2	0.0	37.0	2.6	0.0	88.2	100.0	11.8	93.0	100.0	7.0
1958.07. 29	50.9	5.1	10.0	14.0	22.4	0.9	5651.3	180.5	12.6	–60.0	93.6	153.6	96.8	99.8	3.0
1959.07.08	35.9	8.0	4.5	1.0	0.3	0.0	499.0	10.8	0.0	70.0	100.0	30.0	97.8	100.0	2.2
1959.07.30	19.3	1.4	14.3	2.9	1.4	0.3	1505.0	57.3	14.2	51.7	89.7	37.9	96.2	99.1	2.9
1959.08.05	58.8	6.5	9.0	7.2	7.6	0.5	4204.0	64.5	5.9	–5.6	93.1	98.6	98.5	99.9	1.4
1959.08.15	23.6	2.4	9.7	1.4	2.8	0.2	1172.0	93.5	1.5	–100.0	85.7	185.7	92.0	99.9	7.9
1959.08.17	20.3	4.2	4.9	1.0	4.0	0.2	1387.0	91.0	1.4	–300.0	80.0	380.0	93.4	99.9	6.5
1959.08.19	101.2	17.0	6.0	17.2	20.1	0.8	5651.0	349.0	8.1	–16.9	95.3	112.2	93.8	99.9	6.1

表 8.10　整地造林措施的年减水减沙作用

年份	穴植		整地措施种植		减水/%	减沙/%
	径流深/mm	侵蚀模数/[t/(km²·a)]	径流深/mm	侵蚀模数/[t/(km²·a)]		
			水平沟			
1957	18.0	3690.1	1.3	118.9	92.6	96.8
1958	41.9	904.6	2.6	28.8	93.8	96.8
1959	42.8	733.2	2.0	31.1	95.3	95.8
			鱼鳞坑			
1957	18.0	3690.1	4.3	148.4	76.1	96.0
1958	41.9	904.6	6.5	118.2	84.5	86.9
1959	42.8	733.2	8.7	232.4	79.7	68.3
			水平阶			
1957	18.0	3690.1	11.4	1124.3	36.7	69.5
1958	41.9	904.6	22.8		45.6	
1959	42.8	733.2	11.2	170.1	73.8	76.8

5. 林草措施水土保持有效盖度

对水土保持而言，起关键作用的是植被群落的盖度，即有效植被盖度。有效植被盖度是水土保持林草措施建设中一个重要的指导性指标，不少学者从不同的方面进行过研究，由于研究对象不同，概念不明确，致使有诸多的有效盖度（30%～70%），而且为一定值（曾伯庆等，1990；侯喜禄和曹清玉，1990；罗伟祥等，1990；郭百年等，1997）。土壤侵蚀的大小是降雨、土壤、植被、地形等因子共同作用的结果，要使土壤流失量小于某一定值时，在不同的降雨、地形条件下，要求的植被盖度是不一样的。张光辉等（1996）定义有效植被盖度是指在一定区域内（气候、土壤等因素相对稳定的条件下），某块草地和林地的土壤侵蚀量降低到最大允许土壤流失量以内所需的植被盖度。它是气候、土壤的函数，同时随着植被类型、地形地貌等因素的变化而变化，对于某一给定草地和林地，它是从临界有效盖度到 1 这样一个数字区间。但未对不同条件下植被有效盖度进行定量研究。下面就对林地和草地在不同坡度和次降雨情况下的有效盖度进行分析。

对于某一特定的地点来说，令人满意的水土保持措施是其土壤侵蚀量小于该地的土壤侵蚀允许值（吴以学和张胜利，1981）。在现代生产技术条件下，维持土壤获得永久经济效益所允许的最大土壤流失量为 20kg/100m²（罗伟祥等，1990），即为 200t/km²。因此，以土壤侵蚀强度小于 200t/km² 作为次降雨条件下林草水土保持有效盖度的目标指标。临界有效盖度是指在相对某一降雨和地形（坡度）条件下，不使土壤流失（在允许土壤流失量范围内）的最低植被盖度。经对林地 78 场次、草地 68 场次不同降雨条件下临界有效盖度的统计分析，得出林地、草地的水土保持临界有效盖度（v）与 $P{\cdot}I_{30}$ 和坡度（s）的关系如下（v 取值为 0～100%）：

林地：

$$v = -103.29 + 33.81\log(P{\cdot}I_{30}) + 75.38\log(s)\ (r = 0.739) \tag{8.10}$$

草地：

$$v = -103.20 + 34.62\log(P \cdot I_{30}) + 78.97\log(s)\ (r = 0.780) \quad (8.11)$$

式中，v 为林、草地临界有效盖度，0～100%；$P \cdot I_{30}$ 为降雨特性指标，3.2～100$\mathrm{mm}^2/\mathrm{min}$；$s$ 为林草地的坡度，20°～35°。

根据回归方程可得到不同降雨（$P \cdot I_{30}$）和坡度下林地和草地的水土保持临界有效盖度见表 8.11 和图 8.5。可以看出，在降雨、坡度相同的情况下，植被类型不同，临界有效盖度也不同，林地的临界有效盖度较草地的小，这主要是因为林冠的截流作用较大。在相同的坡度下，林、草地的临界盖度随着 $P \cdot I_{30}$ 的增加而增加，其增加的幅度逐渐减缓，特别是当坡度为 20°、25°、30°和 35°时，对于林地临界盖度分别大于 40%、50%、60%和 65%，对于草地临界盖度分别大于 55%、60%、65%和 70%时，降雨因子对临界有效盖度的影响减弱的较快。在降雨条件相同时，林、草地的临界有效盖度随着坡度的增大而增大，坡度越大，增加的幅度也有所减缓。

表 8.11　不同降雨和地形条件下林地、草地水土保持临界有效盖度

$P \cdot I_{30}$	不同坡度下林地临界有效盖度/%				不同坡度下草地临界有效盖度/%			
	20°	25°	30°	35°	20°	25°	30°	35°
5	18.4	25.7	31.7	36.7	23.7	31.4	37.6	42.9
10	28.6	35.9	41.9	46.9	34.2	41.8	48.1	53.4
15	34.5	41.9	47.8	52.9	40.3	47.9	54.2	59.5
20	38.8	46.1	52.0	57.1	44.6	52.2	58.5	63.8
25	42.0	49.4	55.3	60.4	47.9	55.6	61.8	67.1
30	44.7	52.0	58.0	63.0	50.7	58.3	64.6	69.9
35	47.0	54.3	60.3	65.3	53.0	60.7	66.9	72.2
40	48.9	56.3	62.2	67.3	55.0	62.7	68.9	74.2
45	50.7	58.0	64.0	69.0	56.8	64.4	70.7	76.0
50	52.2	59.5	65.5	70.5	58.4	66.0	72.3	77.6
55	53.6	60.9	66.9	71.9	59.8	67.4	73.7	79.0
60	54.9	62.2	68.2	73.2	61.1	68.8	75.0	80.3
65	56.1	63.4	69.4	74.4	62.3	70.0	76.2	81.5
70	57.2	64.5	70.4	75.5	63.4	71.1	77.3	82.6
75	58.2	65.5	71.5	76.5	64.5	72.1	78.4	83.6
80	59.1	66.4	72.4	77.4	65.4	73.1	79.3	84.6
85	60.0	67.3	73.3	78.3	66.3	74.0	80.2	85.5
90	60.9	68.2	74.1	79.2	67.2	74.9	81.1	86.4
95	61.6	69.0	74.9	80.0	68.0	75.7	81.9	87.2
100	62.4	69.7	75.7	80.7	68.8	76.4	82.7	88.0
120	65.1	72.4	78.4	83.4	71.5	79.2	85.4	90.7

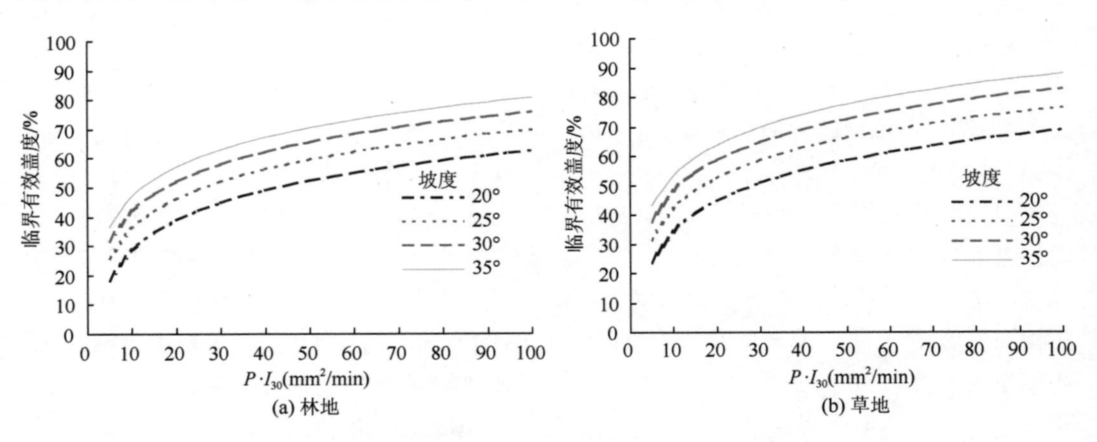

图 8.5　不同降雨和坡度下林地、草地的水土保持临界有效盖度

8.1.3　淤地坝的减沙效益

1. 资料与方法

分析资料为大理河、佳芦河、秃尾河、窟野河及皇甫川五条支流淤地坝的调查资料（绥德水保站提供）。调查数据为开始建坝至 1992 年年底。调查方法是对各流域坝高大于 10m，或已淤坝地面积 0.67hm² 以上，或总库容大于 10 万 m³ 的所有坝库进行实际测量，对于达不到以上标准，但坝高大于 5m，已淤地面积大于 0.33 hm² 的谷坊，只调查统计不作测量。每座淤地坝外业测量内容有：坝体尺寸、淤地面积、利用面积、坝顶距淤泥面的距离、有效剩余拦泥高度等，调查内容主要有建坝时间、坝地利用时间等。

为了获取每座坝的总库容和已淤库容，对每一条支流都建立了一套计算库容的公式（表 8.12）。对于无设计资料的坝库可根据外业调查获得其坝高、淤地面积和坝控流域面积，代入公式可得已淤库容。对于有设计资料的淤地坝，其已淤库容根据已淤高度查得。

表 8.12　五支流计算库容的回归公式

支流名	分类	库容计算公式	相关系数
大理河	$F<1$	$V=0.5957H^{0.872}A^{1.002}$	0.992
	$F=1\sim3$	$V=0.2943H^{1.241}A^{0.726}$	0.965
	$F=3\sim5$	$V=0.7017H^{0.778}A^{1.104}$	0.986
	$F=5\sim10$	$V=0.7356H^{0.768}A^{1.067}$	0.985
	$F>10$	$V=0.5072H^{0.983}A^{0.998}$	0.987
佳芦河	全流域	$V=0.3461H^{1.014}A^{0.998}$	0.993
	黄丘区	$V=0.6467H^{0.867}A^{0.990}$	0.997
秃尾河	盖沙区	$V=0.6232H^{0.908}A^{0.964}$	0.994
窟野河	风沙区	$V=0.4831H^{0.900}A^{0.920}$	0.991
皇甫川	黄丘区	$V=0.3365H^{1.062}A^{1.014}$	0.997
	砒砂岩区	$V=0.3384H^{1.077}A^{0.965}$	0.993
	盖沙区	$V=0.2996H^{1.261}A^{0.833}$	0.997

注：F 为流域面积，km²；V 为库容，万 m³；H 为坝高，m；A 为淤地面积，hm²。

数据项目有控制面积（km^2）、坝高（m）、泥面至坝顶距离（m）、总库容（万 m^3）、已淤库容（万 m^3）、剩余库容（万 m^3）、可淤坝地（hm^2）、已淤坝地（hm^2）、建坝时间等。共有淤地坝 4877 座，其中大理河 2768 座、佳芦河 424 座、秃尾河 489 座、窟野河 815 座和皇甫川 381 座（表 8.13）。各支流内淤地坝建设较好的小流域的淤地坝情况见表 8.14。

表 8.13　五支流的建坝情况

流域	流域面积/km^2	大型坝/座	中小型坝/座	合计/座
皇甫川	3246	104	277	381
窟野河	8706	70	745	815
秃尾河	3294	36	453	489
佳芦河	1134	61	363	424
大理河	3906	271	2497	2768
合计	20286	542	4335	4877

表 8.14　小流域的淤地坝情况

支流	小流域	面积/km^2	区间	大型坝/座	中小型坝/座	合计/座
皇甫川	十里长川	702	黄甫—沙圪堵	45	71	116
	乌兰沟	75	沙圪堵以上	0	6	6
窟野河	暖水川		新庙以上	0	13	13
	灰昌沟	120	神木—王道恒塔，新庙	1	27	28
	牛栏沟	146	神木—温家川	8	42	50
	活鸡兔沟	327	王道恒塔以上	6	14	20
秃尾河	红柳沟	286	高家堡以上	5	20	25
	开荒川	140	高家堡—高家川	12	91	103
佳芦河	五女川	373	申家湾以上	20	166	186
大理河	岔巴沟	205	青阳岔—绥德	10	206	216
	青阳岔以上	662	青阳岔以上	32	282	314

淤地坝的减沙效益包括淤地坝的拦泥量、减轻沟蚀量以及由于淤地坝滞洪后削减洪峰流量、流速而对淤地坝下游沟道侵蚀的减少量。在淤地坝的建设中，有一部分是修建在沟道比较平缓、沟谷侵蚀已达到相对稳定的流域内，这些淤地坝基本无减蚀作用，在计算减蚀量时应扣除这一部分。但目前对这一部分不减蚀的坝地无法确定，可与对坝地以上沟谷侵蚀的减沙量相抵，不予考虑（张胜利等，1994；1998）。

淤地坝减沙效益的计算公式如下：

$$\text{总减沙量：}\Delta M = M_1 + M_2 \tag{8.12}$$

$$M_1 = V\cdot 10000\cdot r\cdot(1-a_1)\cdot(1-a_2)$$

$$M_2 = 0.01A\cdot S\cdot K$$

$$\text{总产沙量：}M = S\cdot F\cdot n \tag{8.13}$$

$$\text{减沙效益：}S(\%) = (\Delta M/M)\cdot 100\% \tag{8.14}$$

式中，M_1 为淤地坝的拦沙量，t；M_2 为淤地坝的减蚀量，t；V 为已淤库容，万 m^3；A 为已淤坝地面积，hm^2；S 为自然状态下年均侵蚀模数，t/（$km^2\cdot a$），；F 为流域（坝控）面积，km^2；n 为淤积年限，年；K 为沟谷侵蚀模数与流域平均侵蚀模数之比，据子洲团山沟资料，取 1.5；r 为淤泥干容重，t/m^3，取 1.35；a_1 为人工填垫占淤地坝拦泥的比例，据陕西省水保局对陕北淤地坝的调查，取 0.10；a_2 为推移质系数，据绥德水保站对韭园沟的观测，取 0.15。

选取没有淤满淤地坝的资料，计算单个淤地坝的减沙效益、拦沙指标、淤积速度，以及与坝高、控制面积、降雨等因素之间的相互关系。

2. 单坝的减沙效益

1）多年平均减沙效益计算

表 8.15 为五支流不同坝高淤地坝的多年平均减沙效益的分析结果，表中资料说明淤地坝的减沙效益随坝高的增加而增加。五支流的平均减沙效益为 34.4%。其中坝高在 5～10m、10～15m、15～20m、20～25m、25～30m 的淤地坝减沙效益分别为 13.5%、27.9%、38.3%、42.0%、48.4%。有些支流≥30m 的淤地坝的减沙效益相对较小，与控制面积大有关。相同坝高范围，有些支流效益差异很大，原因在于不同坝高与控制面积的比例分配有差异。

表 8.15　不同坝高淤地坝多年平均减沙效益

流域	不同坝高的减沙效益/%						
	5～10m	10～15m	15～20m	20～25m	25～30m	≥30m	平均坝高/m
皇甫川	26.91	25.61	36.22	27.71	38.02		30.50
窟野河	17.19	25.99	39.32	44.22	37.32	47.56	29.88
秃尾河	7.18	38.65	50.99	41.59	65.34	70.62	47.76
佳芦河	6.68	13.52	18.86	32.14	33.79	28.28	22.00
大理河	15.13	36.12	49.21	55.46	59.61	78.45	47.57
平均	14.62	27.98	38.92	40.22	46.82	56.23	35.54

对单坝的减沙效益与坝高和控制面积之间的相互关系进行了统计分析，见表 8.16。结果表明单坝的减沙效益与坝高成正比，与控制面积成反比。

表 8.16　单坝减沙效益与坝高和控制面积的关系

流域	回归方程	样本	相关系数	坝高范围/m	控制面积范围/km^2
窟野河灰昌沟等	S（%）$=1.496F^{-0.562}\cdot H^{0.932}$	74	0.696	5～42	0.04～11.94
佳芦河五女川	S（%）$=0.077F^{-0.829}\cdot H^{1.884}$	160	0.808	5～35	0.13～12.7
秃尾河开荒川	S（%）$=0.074F^{-0.830}\cdot H^{2.173}$	59	0.770	6～35	0.03～7.43
大理河岔巴沟	S（%）$=0.019F^{-0.737}\cdot H^{2.280}$	101	0.755	3～30	0.1～13.95

注：S（%）为减沙效益，%；H 为坝高，m；F 为控制面积，km^2。

2）不同水文年型淤地坝的减水减沙效益

因淤地坝的调查资料为建坝时间至调查时间的总淤积量和总淤积面积，若需计算某个年份的减沙效益，用这些调查资料是很困难的。下面对不同水文年型淤地坝的减沙效益进行尝试性分析，方法步骤如下：

首先采用降雨指标比例法，就是用某年的降雨指标和坝地淤积年限内降雨指标的累积值的比值系数，求出各年淤地坝的拦泥量和淤地面积。选取的降雨指标为年最大 60min 雨量（P_{60}）。再建立侵蚀模数与 P_{60} 的关系，以计算自然状态下不同水文年型的侵蚀模数。

以佳芦河五女川为例，根据佳芦河申家湾水文站 1970 年以前的降雨输沙资料，得出径流模数（R）、侵蚀模数（S）与 P_{60} 的关系如下：

$$P = 3211e^{0.00299P_{60}} \quad (r=0.943 \quad n=12) \tag{8.15}$$

$$S=8\times10^{-7}R^2 + 0.4113R - 19487 \quad (r = 0.989 \quad n=10) \tag{8.16}$$

然后按分配后各年淤积库容、淤积面积计算每年的减沙量，根据侵蚀模数与 P_{60} 的关系、控制面积计算各年的产沙量，从而得出各年的减沙效益。最后统计分析减沙效益与坝高（H）、控制面积（F）和 P_{60} 的关系，结果如下：

$$S(\%) = 9.29498F^{-0.718}\cdot H^{1.689}\cdot P_{60}{}^{-1.122} \quad (r = 0.813 \quad n = 2475) \tag{8.17}$$

3. 坝系的减沙效益

表 8.17 为皇甫川、窟野河、秃尾河、佳芦河和大理河五支流及其水文站控制区间、小流域坝系自建坝至 1992 年的减沙效益分析结果。可以看出，在五支流中，大理河流域的效益最大，减沙效益为 28.0%；佳芦河次之，减沙效益为 12.2%；窟野河最小，减沙效益为 2.6%。皇甫川、秃尾河的减沙效益比较接近，分别为 7.5%和 8.6%。各水文站控制区间相比，大理河的青阳岔至绥德之间的减沙效益最高，为 27.2%，皇甫川的黄甫至沙圪堵区间、秃尾河的高家堡至高家川区间和大理河的青阳岔以上区域的减沙效益分别为 10.1%、11.8%和 13.7%；其他区间都在 5%以下。各小流域相比，秃尾河的开荒沟的减沙效益最高，为 28.8%，大理河的岔巴沟次之，为 22.8%，皇甫川十里长川、窟野河灰昌沟、秃尾河五女川的减沙效益相近分别为 12.5%、13.3%和 12.1%，窟野河牛栏沟和秃尾河的红柳沟的减沙效益分别为 9.1%和 8.3%，皇甫川的乌兰沟最低，仅为 0.3%。

表 8.17　坝系的减水减沙效益

流域	流域情况			坝系减沙						
	流域/km²	侵蚀模数/[t/(km²·a)]	产沙量/亿 t	年限/年	已淤库容/万 m³	淤地面积/km²	淤地面积/%	拦沙量/万 t	减沙量/万 t	减沙/%
皇甫川	3246	17227.3	19.57	35	14134.4	19.5	0.6	14597.3	55.5	7.5
窟野河	8706	12689.6	36.46	33	9028.6	14.5	0.2	9324.3	33.2	2.6
秃尾河	3294	6734.4	7.54	34	6265.9	9.9	0.3	6471.1	13.7	8.6
佳芦河	1134	15020.3	5.79	34	6792.5	11.2	1.0	7015.0	45.2	12.2
大理河	3906	10669.2	17.09	41	46230.8	59.9	1.5	47744.9	146.3	28.0
沙圪堵以上	1351	20137.6	9.25	34	40337.9	4.4	0.3	4170.1	9.9	4.5
黄甫-沙圪堵	1848	15099.8	9.77	35	9521.1	14.1	0.8	9832.9	34.4	10.1
王道恒塔以上	3839	7579.0	9.89	34	1792.0	4.0	0.1	1850.7	5.5	1.9
新庙以上	1527	11986.0	6.22	34	336.3	0.7	0.0	347.3	1.4	0.6
神木-王，新	1932	10472.2	6.07	30	2437.9	3.6	0.2	2517.7	6.3	4.2
神木-温家川	1347	31754.8	14.12	33	4414.3	6.2	0.5	4558.9	36.9	3.3

续表

流域	流域情况			坝系减沙						
	流域/km^2	侵蚀模数/[t/(km^2·a)]	产沙量/亿 t	年限/年	已淤库容/万 m^3	淤地面积/km^2	淤地面积/%	拦沙量/万 t	减沙量/万 t	减沙/%
高家堡以上	2095	4426.6	2.23	24	1173.9	1.6	0.1	1212.3	1.5	5.5
高家堡-高家川	1158	10909.5	4.42	35	5027.2	8.1	0.7	5191.8	17.7	11.8
青阳岔以上	662	9059.8	2.52	42	3327.1	5.1	0.8	3436.1	12.1	13.7
青阳岔-绥德	3231	12046.2	16.35	42	42903.7	54.9	1.7	44308.8	125.6	27.2
十里长川	702	15099.8	3.07	29	3700.0	7.0	1.0	3821.2	17.1	12.5
乌兰沟	75	20137.6	0.33	22	9.8	0.0	0.0	10.1	0.1	0.3
灰昌沟	120	10472.2	0.21	17	274.0	0.4	0.3	283.0	0.7	13.3
牛栏沟	146	31754.8	1.53	33	1335.4	1.8	1.2	1379.1	10.6	9.1
活鸡兔沟	327	7579.0	0.82	33	320.9	0.7	0.2	331.4	1.0	4.1
红柳沟	286	4426.6	0.33	26	262.9	1.1	0.4	271.5	1.0	8.3
开荒沟	140	10909.5	0.53	35	1484.8	2.2	1.6	1533.4	4.9	28.8
五女川	373	15020.3	1.96	35	2281.5	4.1	1.1	2356.2	16.5	12.1
岔巴沟	205	12024.9	0.96	39	2109.2	3.0	1.5	2178.3	9.8	22.8

经分析，坝系的减水减沙效益与坝地面积占流域面积的比例关系密切（表 8.18），其大小随着坝地面积比例的增加而增加，呈直线关系。

表 8.18　坝系减沙效益与坝地面积占流域面积比例的关系

流域	关系式	样本数/个	相关系数
支流	S（%）= −0.413+16.927A（%）	5	0.933
区间	S（%）= 0.511+14.897A（%）	10	0.960
小流域	S（%）= 2.358+12.317A（%）	9	0.832
合计	S（%）= 1.043+14.134A（%）	24	0.903

注：S 为减沙系数，%；A 为坝地面积占流域面积比例，%。

4. 淤地坝的拦沙指标

拦沙指标是淤地坝减沙效益计算中的一个非常重要的参数，也是正确评价淤地坝拦沙效益的基础。

1）单坝的拦沙指标

表 8.19 是对五支流不同坝高拦沙指标的分析结果。

表 8.19　五支流不同坝高的拦沙指标　　（单位：万 t/km^2）

流域	<5m	5～10m	10～15m	15～20m	20～25m	25～30m	≥30m	平均
皇甫川		222.9	384.0	529.4	631.1	849.0	1338.6	453.4
窟野河	94.5	243.6	415.0	625.5	748.0	907.0	1180.8	499.9
秃尾河	153.6	288.9	467.5	618.8	755.0	829.7	1060.8	551.6
佳芦河		201.3	333.1	439.2	604.6	660.5	889.5	470.6
大理河	181.6	320.9	483.7	636.8	816.7	975.5	1231.9	556.4
平均	143.2	255.5	416.7	569.9	711.0	844.4	1140.3	506.4

拦沙指标与坝高、控制面积及降雨的关系如下：

A. 拦沙指标与坝高的关系，见表 8.20。

表 8.20　拦沙指标与坝高的关系

流域	关系式	样本数/个	相关系数	坝高范围/m
皇甫川	$M_s = 33.659H - 22.628$	338	0.894	5～50
窟野河	$M_s = 35.394H + 17.012$	772	0.931	2～50
秃尾河	$M_s = 29.806H + 110.09$	473	0.918	2～45
佳芦河	$M_s = 25.891H + 24.097$	413	0.878	4～40
大理河	$M_s = 34.607H + 72.520$	2725	0.923	3～50

B. 拦沙指标与坝高、控制面积的关系（佳芦河五女川）：

$$M_s = 148.471 - 45.605F + 172.482H \tag{8.18}$$

（r=0.833　　n=160）

C. 拦沙指标与坝高、控制面积及降雨的关系（佳芦河五女川）：

$$M_s = 140.4467 - 42.9634F + 175.2315H - 0.13437P_{60} \tag{8.19}$$

（r=0.844　　n=2475）

2）坝系单位坝地的拦沙、减沙指标

对五支流及其水文站控制区间、小流域坝系中单位坝地的拦沙量、减蚀量进行了计算，结果见表 8.21。五支流平均单位坝地的拦沙量为 656.0 万 t/km²，减沙量为 2.53 万 t/km²，平均总减沙量为 658.6 万 t/km²。

表 8.21　坝系单位坝地的拦沙指标

流域		已淤库容/万 m³	淤地面积/km²	拦沙量/（万 t/km²）	减沙量/（万 t/km²）	拦沙减沙量/万（t/km²）
支流	皇甫川	14134.4	19.5	749.7	2.85	752.6
	窟野河	9028.6	14.5	641.8	2.29	644.1
	秃尾河	6265.9	9.9	655.9	1.39	657.3
	佳芦河	6792.5	11.2	626.7	4.04	630.7
	大理河	46230.8	59.9	796.9	2.44	799.3
流域区间	沙圪堵以上	40337.9	4.4	954.2	2.26	956.5
	黄甫至沙圪堵	9521.1	14.1	698.5	2.44	701.0
	王道横塔以上	1792.0	4.0	462.8	1.39	464.2
	新庙以上	336.3	0.7	469.7	1.95	471.7
	神木—王、新	2437.9	3.6	702.9	1.75	704.6
	神木—温家川	4414.3	6.2	738.4	5.98	744.4
	高家堡以上	1173.9	1.6	751.1	0.96	752.1
	高家堡—高家川	5027.2	8.1	640.2	2.19	642.4
	青阳岔以上	3327.1	5.1	680.2	2.40	682.6
	青阳岔—绥德	42903.7	54.9	807.6	2.29	809.9

续表

流域		已淤库容/万 m^3	淤地面积/km^2	拦沙量/（万 t/km^2）	减沙量/（万 t/km^2）	拦沙减沙量/万（t/km^2）
小流域	十里长川	3700.0	7.0	547.4	2.44	549.8
	乌兰沟	9.8	0.0	345.0	2.26	347.3
	灰昌沟	274.0	0.4	687.9	1.75	689.7
	牛栏沟	1335.4	1.8	778.3	5.98	784.3
	活鸡兔沟	320.9	0.7	472.1	1.39	473.5
	红柳沟	262.9	1.1	256.5	0.96	257.4
	开荒沟	1484.8	2.2	683.0	2.19	685.2
	五女川	2281.5	4.1	575.3	4.04	579.4
	岔巴沟	2109.2	3.0	724.1	3.26	727.4
平均				656.0	2.53	658..6

5. 淤地坝的淤积速度

淤积速度是指单坝年均淤积库容和年均淤地面积，反映淤地坝的拦蓄能力，可为淤地坝设计标准与治理规划的制定提供依据。不同坝高淤地坝的年均库容与淤地面积见表 8.22。为了便于应用，对它们与控制面积和坝高之间的关系进行了统计分析，结果见表 8.23。结果说明，二者与坝高、控制面积成正比关系，但坝高的影响远远大于控制面积。

表 8.22　不同坝高淤地坝的年均淤积库容与淤地面积

流域	坝高						
	5～10m	10～15m	15～20m	20～25m	25～30m	≥30m	平均
	年均淤积库容/万 m^3						
皇甫川	1.37	4.36	4.71	5.79	15.26	29.88	5.02
窟野河	0.82	1.16	1.84	2.39	3.39	3.95	1.61
秃尾河	0.55	1.26	2.02	3.28	3.37	3.72	1.82
佳芦河	0.80	1.12	1.81	2.54	3.59	5.59	2.11
大理河	0.46	0.71	1.91	3.08	4.96	9.06	1.62
平均	0.80	1.72	2.46	3.42	6.11	10.44	2.44
	年均淤地面积/hm^2						
皇甫川	0.014	0.078	0.109	0.159	0.556	1.699	0.141
窟野河	0.008	0.021	0.050	0.079	0.125	0.199	0.045
秃尾河	0.007	0.025	0.054	0.103	0.055	0.169	0.051
佳芦河	0.007	0.017	0.035	0.069	0.105	0.237	0.056
大理河	0.006	0.015	0.052	0.109	0.205	0.525	0.055
平均	0.009	0.031	0.060	0.103	0.209	0.566	0.069

表 8.23　淤积库容和淤地面积与坝高、控制面积的关系

流域	样本数/个	年均淤库/万 m^3	相关系数	年均淤地/hm^2	相关系数	坝高范围/m	控制面积/km^2
皇甫川	338	$V_n=0.0016F^{0.411}\cdot H^{2.237}$	0.839	$A_n=0.005F^{0.408}\cdot H^{1.199}$	0.756	5～50	0.05～50
窟野河	771	$V_n=0.0018F^{0.164}\cdot H^{2.017}$	0.804	$A_n=0.007F^{0.251}\cdot H^{0.882}$	0.623	1.5～50	0.02～50
秃尾河	473	$V_n=0.0027F^{0.218}\cdot H^{1.934}$	0.842	$A_n=0.005F^{0.252}\cdot H^{1.050}$	0.716	3～45	0.02～10.61
佳芦河	412	$V_n=0.0017F^{0.254}\cdot H^{1.976}$	0.862	$A_n=0.006F^{0.275}\cdot H^{0.975}$	0.763	4～40	0.1～38
大理河	1892	$V_n=0.0029F^{0.418}\cdot H^{1.924}$	0.926	$A_n=0.004F^{0.427}\cdot H^{1.076}$	0.865	3～48	0.1～50

注：V_n为淤积库容，万 m^3；A_n为淤积面积，hm^2；H为坝高，m；F为控制面积，km^2。

以佳芦河五女川为例，年淤库容（m^3）与年淤坝地（hm^2）与坝高、控制面积和 P_{60} 的关系如下所示：

$$V_n = 0.58618F^{0.173}\cdot H^{1.955}\cdot {P_{60}}^{1.002} \quad (8.20)$$

$$(r=0.826 \qquad n=2475)$$

$$A_n = 0.00323F^{0.198}\cdot H^{0.973}\cdot {P_{60}}^{1.001} \quad (8.21)$$

$$(r=0.794 \qquad n=2475)$$

与减沙效益、拦沙指标相同，坝高、控制面积与降雨三因素相比，坝高影响最大，降雨次之，说明坝地效益主要由坝高即坝的规格所决定，而降雨的大小则影响其拦蓄能力，即降雨影响着泥沙的来源量，而坝高则影响着泥沙的可拦蓄量。

6. 暴雨毁坝增沙分析

从曾发生过的四次较大淤地坝溃决情况（表 8.24）可以看出：

表 8.24　陕北地区四次暴雨垮坝调查汇总（唐克丽，1993）

调查地区	无定河绥德、米脂、横山		清涧河延川		延水延长		清涧河子长	
垮坝时间	1966 年 7 月 17 日		1973 8 月 25 日		1975 年 8 月 5 日		1977 年 5 月 6 日	
雨量/mm	165		112		108		167	
调查范围	8 个公社		全　县		全　县		416km^2	
	座数	%	座数	%	座数	%	座数	%
调查座数	693		7570		6000		403	
冲毁座数	444	64	3300	43	1830	30.6	121	30
坝体大部溃决坝体大部冲走	172	24.8	1120	14.8	373	6.2		
坝体部分溃决，坝地拉沟	53	7.7	890	11.8	844	14.1		
翻坎、拉大溢洪道	219	31.6	1269	17.0	23	0.04		
洪水漫顶，没有损失					591	9.9		
总淤地面积/hm^2	141.4		1465.8		2493.3		342.5	
破坏坝地/hm^2	92.3	72	（220）	15	232.2	9.0	89.3	26
调查单位	陕西省水保局		延安地区水利局 延安县水利局		延安地区水电局 延安县水电局		子长县革委会	

（1）四次淤地坝被冲坏的数量都很大，约占当地淤地坝总数的 30%～60%。大多数淤地坝是坝体部分或小部分被冲，有些是溢洪道被冲开，有些只是在坝坡形成冲沟，只

有 15%左右淤地坝的坝体大部分被冲，坝地破坏严重。

（2）坝地的损坏率比坝体低，如 1973 年、1975 年、1977 年三次淤地坝损坏率分别为 43%、30.6%和 30%，而坝地的损坏率分别为 15.0%、9.0%和 26.0%。又如 1977 年受灾严重的韭园沟流域，淤地坝损坏率为 73.0%，而坝地的损坏率为 27.0%。这是由于黄土丘陵沟壑区的暴雨洪水具有峰高量小历时短的特点所致。当淤地坝剩余库容较小，一遇暴雨就可能造成坝体溃决和部分冲坏，而坝地被拉出一些冲沟，仍可耕种。

（3）有时坝地的被冲则会伴随新坝地的淤成。例如，1977 年子长县 11 条沟道内，坝地被冲失 89.3 hm^2，而新淤出坝地 148.2 hm^2，反而净增坝地 58.9 hm^2。

（4）淤地坝被冲坏后，大部分淤积的泥沙依然保存，不存在“零存整取”的情况，河流输沙量也未发生大幅度增加，如 1973 年和 1977 年延河和清涧河流域都有成千座淤地坝被冲坏，但洪水期的水沙关系无显著变化。

（5）龚时杨等（1991）认为在暴雨和特大暴雨时淤地坝遭到破坏，但大多数只是坝体本身被冲开一个缺口，所拦截泥沙冲失率只有 10%～30%，在一些沟道内，因有一定数量骨干与中小型淤地坝相结合形成坝系，在特大暴雨的袭击下仍安全无恙。由此可见，大暴雨情况下，对于单坝来说，个别毁坝增沙严重；但对整个坝系（流域）来说，泥沙未出坝系，有时会淤出新的坝地，整个坝系在特大暴雨中仍具有很大的拦沙作用。在计算流域或区域淤地坝的效益时，用坝系效益或坝系中单位坝地的减水减沙效益指标是较为合理的。

8.2　重点治理区的措施配置

8.2.1　治理区的划分

1. 划分的原则和方法

第一，由于黄土高原的水土流失主要来自侵蚀强度≥5000t/（km^2·a）的多沙区（占总流失量的 84.6%），因此，黄土高原水土流失的治理重点应该是上述地区。根据黄土高原 292 个侵蚀产沙单元 1955～1969 年的侵蚀强度，将侵蚀强度≥5000t/km^2 的侵蚀单元所组成的区域作为黄土高原的主要产沙区（面积 14.7 万 km^2）。为了保持区域的完整性，将其临近一些<5000t/（km^2·a）的侵蚀单元也并入区域（面积为 1.4 万 km^2）；而对于分布在渭河上游和秦岭北麓、汾河上中游个别≥5000t/（km^2·a）的侵蚀单元（面积为 1.2 万 km^2），由于距离主要产沙区较远，且为零星分布，因此，这部分面积未包括在内。最后确定的黄土高原重点治理区（主要产沙区）面积共 14.9 万 km^2。

第二，在黄土高原主要产沙区域划分的基础上，以侵蚀类型为重要因素，并考虑植被气候带和治理区的完整性。

第三，考虑到整体措施的布设，各治理区按照“流域+侵蚀类型区”进行命名，前者考虑了以流域为单元的治理特点，后者考虑了不同类型区措施布设的差异性，这样既保证了流域的完整性，又兼顾了流域内不同类型区措施的配置特点。

第四，治理区划分后，分别统计各治理区的坡度分级、社会经济状况和水土保持进展情况。坡度分级是依据各治理区的所辖县范围，及各县在各治理区的面积比例，将“七五”黄土高原地区综合治理开发研究提供的“中国黄土高原地区地面坡度分级数据集”和“中国黄土高原地区耕地坡度分级数据集”中的各县数据资料，分配到各治理区；土地利用现状资料是根据“75”国家科技攻关“黄土高原地区资源与环境遥感调查数据集”提供的有关数据；社会经济状况和水土保持进展情况的数据是根据黄河上中游局提供的“黄河上中游地区 1992 年末有关社会经济和水土保持进展（分县统计资料）”数据进行统计的，未包括的县是根据水利部黄委会黄河上中游治理局计财处提供的“黄河流域水土保持流失区水土保持基本资料汇编（1989～1990 年）”中 1990 年的统计数据进行插补的。

2. 划分结果

根据上述原则，将黄土高原主要产沙区划分为 10 个治理区：窟野河皇甫川上游风沙草原区；河曲至头道拐黄土平岗丘陵沟壑区；河曲至吴堡黄土峁状丘陵沟壑区；清涧河、无定河和三川河中下游黄土峁状丘陵沟壑区；延河昕水河汾川河黄土梁状丘陵沟壑区；西北部风沙黄土丘陵沟壑区；泾河北洛河上游干旱黄土丘陵沟壑区；泾河中下游黄土高塬沟壑区；祖厉河清水河上游黄土高塬沟壑区；渭河上游黄土高塬沟壑区。各治理区的面积大小及空间分布如图 8.6 和表 8.25 所示。

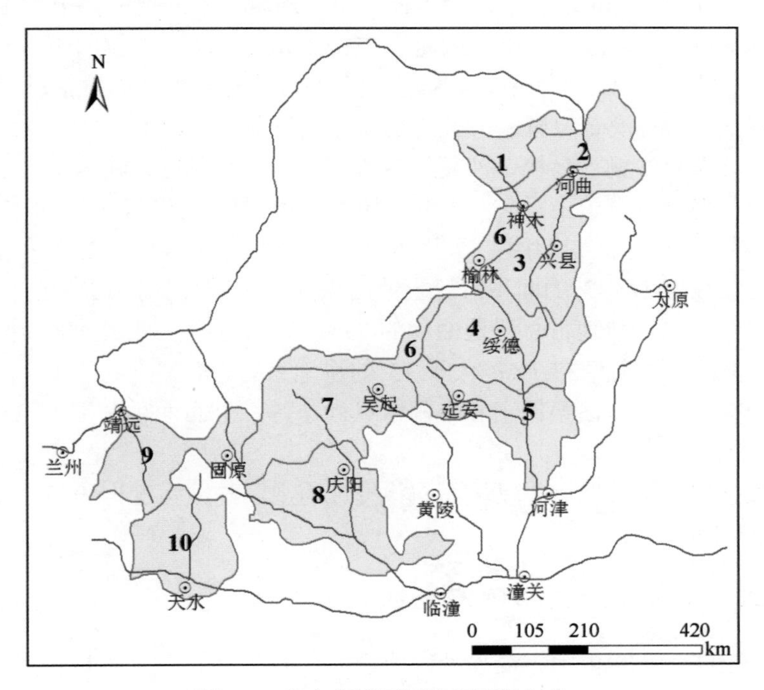

图 8.6　黄土高原不同治理区的划分

表 8.25　黄土高原不同治理区的面积与分布

治理区	面积/km²	涉及的县、市
1 窟野河皇甫川上游风沙草原区	6574.2	准格尔旗、府谷、神木、伊金霍洛旗、东胜的部分地区
2 河曲至头道拐黄土平岗丘陵沟壑区	13092.5	和林格尔、右玉、平鲁、朔县、神池、偏关、清水河、准格尔旗、府谷、神木、河曲的部分地区
3 河曲至吴堡黄土峁状丘陵沟壑区	16074.4	佳县及神池、五寨、偏关、河曲、保德、岢岚、府谷、兴县、神木、榆林、临县、米脂、绥德、柳林、吴堡、离石的部分地区
4 清涧河、无定河和三川河中下游黄土峁状丘陵沟壑区	20126.5	子洲、清涧以及榆林、米脂、横山、绥德、吴堡、柳林、离石、方山、中阳、靖边、子长、石楼、延川、永和、隰县、安塞的部分地区
5 延河昕水河汾川河黄土梁状丘陵沟壑区	15636.7	延长、大宁以及靖边、安塞、子长、延川、永和、隰县、延安、蒲县、宜川、吉县、乡宁、韩城、河津、志丹的部分地区
6 西北部风沙黄土丘陵沟壑区	7810.3	神木、榆林、横山、靖边、安塞、吴起、定边、盐池、环县的部分地区
7 泾河北洛河上游干旱黄土丘陵沟壑区	17835.8	吴起、靖边、志丹、定边、环县、华池、合水、庆阳、镇原、彭阳、固原的部分地区
8 泾河中下游黄土高塬沟壑区	23743.8	西峰、泾川、长武以及华池、庆阳、合水、彭阳、镇原、平凉、华亭、崇信、、宁县、灵台、正宁、彬县、旬邑、永寿、乾县、淳化、礼泉、泾阳、耀县、铜川市、富平的部分地区
9 祖厉河清水河上游黄土高塬沟壑区	13641.9	靖远、会宁、定西、海源、西吉、通渭、固原、环县的部分地区
10 渭河上游黄土高塬沟壑区	14473.1	秦安及会宁、通渭、静宁、隆德、庄浪、甘谷、张家川、清水、天水、武山的部分地区

8.2.2　不同治理区的侵蚀环境特征

1. 窟野河皇甫川上游风沙草原区

该区面积为 6574.4km²，位于鄂尔多斯高原，属温带干旱地区。干旱少雨，年降水量为 300～350mm。风大沙多，年均风速为 2～3.6m/s，大风日数为 10～35 天，最多可达 95 天。由于受沙漠南侵的影响，植被已逐渐被沙生植物取代，群落种类贫乏，结构简单，覆盖率低，为荒漠草原带。植被的空间分布与降水量、土壤含水量、以及人类活动密切相关，分布有沙柳、乌柳、沙蒿、沙竹等流沙地带先锋植物。

该区地貌类型主要有黄土丘陵、干燥作用的剥蚀平原、流动沙丘、半固定沙丘和平缓沙地等，分布面积以前三者为主，分别占区内总面积的 39.4%、23.5%和 11.8%。该区地面较为平坦，坡度小于 3°的面积占总土地面积的 53.2%，小于 15°的面积占总土地面积的 95.2%。小于 7°的耕地占总耕地面积的 77%，其中梯条田占 2.5%，小于 3°的耕地占 40.8%，3°～7°的耕地占 33.7%；大于 15°的耕地只有 3%。

土壤类型有黄绵土、淡栗钙土和半固定风沙土等，分布面积分别为 35.3%、17.6%和 23.5%。

该区风蚀强烈，水蚀轻微，以坡面面状侵蚀为主。侵蚀强度为 9493.7 t/（km²·a），年产沙量为 6241.4 万 t。

2. 头道拐至河曲黄土平岗丘陵沟壑区

该区分布于陕、晋和内蒙古交界处，面积为 13092.5km²。降水量在 400mm 左右，属典型的草原地带。

地貌类型有黄土丘陵、岩溶作用的中山和流水作用的中山、平缓沙地、流动沙丘和固定沙丘等，而主要的地貌类型为黄土丘陵、岩溶作用的中山、流水作用的中山，面积分别占总面积的 44.6%、21.4%和 17.9%。地面坡度主要由 7°～25°组成，占总土地面积的 63%，其中，小于 3°的面积占总土地面积的 32.8%；大于 25°的占 4.2%。耕地的坡度组成较利于农业生产，坡度小于 7°的耕地面积占总耕地面积的 61.4%，其中，梯条田占 8.8%，小于 3°的耕地占 22.4%，3°～7°的耕地占 30.2%；若以 15°作为退耕还林还草的界限，大于 15°的退耕地仅占 12.9%。

该区的土壤类型主要有黄绵土、褐土、黑垆土和半固定的风沙土等，分别占该区总面积的 46.4%、21.4%、17.9%和 2.1%。

该区水蚀、风蚀都很强烈，流水的面状、沟状侵蚀均较强烈，并有一定的重力侵蚀。侵蚀强度为 12170.7 t/（km^2·a），年产沙量为 15933.8 万 t。

3. 河曲至吴堡黄土峁状丘陵沟壑区

该区分布于河曲至吴堡区间的黄河两侧，面积为 16074.4km^2，沟深坡陡，地面支离破碎。降水量为 400～500mm，属典型草原带。

该区主要分布有黄土峁状丘陵、黄土梁峁丘陵、黄土峁梁丘陵、黄土破碎塬和黄土墹地等地貌类型，面积分别为总面积的 27.8%、27.8%、16.7%、13.9%和 3.3%。地面坡度为 15°～25°的面积占 45.5%，大于 25°的面积占 12.1%，小于 3°的平坦地为 17.5%。基本农田面积为总耕地面积的 19.3%，坡度大于 15°的退耕地占 27.4%。

土壤以黄绵土为主，占总面积的 76.4%；还有少量的褐土、棕壤和黑垆土分布，面积分别为 8.3%、5.6%和 9.7%。

该区水力侵蚀严重，沟谷坡崩塌、泻溜普遍，春季风蚀较为明显。侵蚀强度为 18468.5 t/（km^2·a），年产沙量为 29683.5 万 t。

4. 清涧河无定河三川河中下游黄土峁状丘陵沟壑区

该区分布于清涧河、无定河和三川河的中下游地区，面积为 20126.5km^2。年降水量为 450～500mm，属于森林草原带。

地貌类型有黄土梁峁丘陵、黄土峁梁丘陵、黄土破碎塬、黄土峁丘陵和冲积平原等，黄土梁峁丘陵为该区的主要地貌类型，其分布面积占全区的 46.8%。该区地面坡度较大，坡度大于 15°的面积占总土地面积的 69.9%，其中大于 25°的面积就占了 49.5%。在耕地中，小于 7°耕地占总耕地面积的 27.4%，其中梯条田占 17.1%；大于 15°的退耕地占 46.2%。

该区只有黄绵土和褐土两种土壤类型，且以黄绵土为主，面积占全区面积的 93.6%。

该区坡面及沟谷的水力侵蚀、各种重力侵蚀均较普遍，而且强度较大；此外，潜蚀、动物侵蚀也屡见不鲜，西北部春季风蚀较为明显。侵蚀强度为 15337.0 t/（km^2·a），年产沙量为 30866.2 万 t。

5. 延河昕水河汾川河黄土梁状丘陵沟壑区

该区位于延河、昕水河和汾川河流域，面积为 15636.7km^2。年降水量为 500～550mm，本区延安的西北部为森林草原带，东南部为森林带。

地貌类型有黄土峁梁丘陵、黄土梁状丘陵、黄土破碎塬、以及流水作用的中山和黄土塬等，前三者为本区的主要地貌类型，分别占总面积的29.7%、14.9%和18.9%。该区坡度大于15°的土地占总土地面积的75.9%，其中大于25°的占53.3%；小于3°的平地只有7.1%。大于15°的退耕地占总耕地的42.4%，基本农田面积占13.7%。

本区分布的土壤类型较多，有黄绵土、褐土、灰褐土、棕壤、油缕土和两合土等，但黄绵土为该区的主要土壤类型，其分布面积为全区的86.5%。

该区沟壑下切、侧蚀、溯源侵蚀强烈，各种重力侵蚀到处可见，塬边潜蚀溶蚀明显，塬面侵蚀轻微。侵蚀强度为12103.1t/（km^2·a），年产沙量为18925.3万t。

6. 西北部风沙黄土丘陵沟壑区

该区面积7810.3km^2，主要分布于长城沿线，由于北临沙漠，地表常被流沙所覆盖，属于典型草原带，年降水量接近400mm。

地貌类型较多，有黄土覆盖的低山、流动沙丘、黄土塬、黄土破碎塬、黄土梁丘陵和固定沙丘等，但以黄土覆盖的低山、流动沙丘为主，分别占总面积的22.5%和20.0%。本区地面坡度组成以小于15°为主，占总土地面积的67.6%，其中小于3°的土地就占46.1%；在耕地中，梯条田只占总耕地面积的5.6%，小于3°的耕地占24.1%，大于15°的退耕地占总耕地的29.9%。

该区分布有三种土壤类型，即黄绵土、灰褐土和黑垆土，分别占总面积的77.0%、8.0%和15%。

该区风蚀明显，水力侵蚀严重，流水的面状、沟状侵蚀强烈，沟谷坡崩塌、泻溜较为普遍。侵蚀强度为7562.5 t/（km^2·a），年产沙量为5905.6万t。

7. 泾河北洛河上游干旱黄土丘陵沟壑区

该区位于泾河和北洛河流域的上游地区，面积为17835.8km^2。年降水量为500mm左右，属于森林草原带。

地貌类型有黄土梁状丘陵、黄土塬、黄土覆盖的低山、黄土破碎塬和黄土堳地等，黄土梁状丘陵是本区主要的地貌类型，分布面积占全区的62.0%。本区坡度大于15°的土地占69.3%，其中15°～25°的占42.9%，大于25°的占26.4%。在总耕地中，小于15°的耕地占总耕地面积的68.5%，其中，梯条田、小于3°的耕地、3°～7°的耕地和7°～15°的耕地分别占耕地总面积的12.4%、19.7%、7.2%和29.2%；大于15°的退耕地占总耕地的31.4%。

黄绵土是该区的主要土壤类型，分布面积为全区总面积的92.3%，还有少量的灰褐土和黑垆土分布。

该区的北部风蚀明显，流水的面状、沟状侵蚀均较强烈，尚有一定的重力侵蚀；南部流水的面状侵蚀、切沟、小冲沟侵蚀，以及沟谷底塌岸侵蚀均较普遍。侵蚀强度为11895.5t/（km^2·a），年产沙量为21216.6万t。

8. 泾河中下游黄土高原沟壑区

该区位于泾河的中下游地区，面积为23743.8km^2。年降水量为520mm左右，西峰的西北部属于森林草原带，西峰的东南部属于森林带。

本区主要的地貌类型为黄土塬，分布面积占总面积的64.6%，还有黄土覆盖的低山、黄土破碎塬、黄土台塬和黄土梁丘陵等，面积分别占总面积的10.4%、8.0%、3.1%和1.5%。该区坡度小于3°、3°～7°、7°～15°、15°～25°和大于25°的各级土地面积占总土地面积的比例分别为26.7%、4.8%、13.0%、35.1%和20.4%。耕地以小于3°的为主，占66.5%，其中梯条田占36.1%，小于3°的耕地占30.4%；3°～7°和7°～15°的耕地分别占7.2%和29.2%；大于15°的耕地占31.4%。

该区分布有黄绵土、黑垆土和褐土等土壤类型，分别占全区总面积的60.4%、25.0%和8.3%。

该区黄土深厚，多超过100m，沟壑下切、侧蚀、溯源侵蚀强烈，沟谷陡峻，各种重力侵蚀到处可见，塬边潜蚀溶蚀明显，塬面侵蚀轻微。侵蚀强度为8300.5t/（km^2·a），年产沙量为19707.1万t。

9. 祖厉河清水河上游黄土高原沟壑区

该区位于祖厉河和清水河流域的上游地区，面积为13641.9km^2。年降水量为250～350mm，属于典型草原带。

该区地貌类型复杂，有黄土峁状丘陵、黄土梁状丘陵、黄土塬、流水作用的中山、冲积平原、黄土墹地等，其中以黄土丘陵、黄土塬和流水作用的中山分布面积较广，分别占全区总面积的48.5%、14.5%和9.1%。本区7°～15°和15°～25°的土地面积较大，占总土地面积的30.0%和27.8%；小于3°和大于15°的土地各占17.0%和17.8%；3°～7°的土地面积较小，占总土地面积的7.5%。耕地中，3°～7°和大于15°的耕地面积占总耕地的比例分别为10.3%和5.6%，梯条田、小于3°、7°～15°坡度等级的耕地均在20%左右。

该区的土壤类型多样，有灰钙土、黄绵土、黑垆土、灌淤澄土、灰褐土和灌淤潮土等，其中黄绵土、灰钙土、黑垆土的分布面积较大，分别为29.0%、22.6%和23.9%。

该区流水的面状侵蚀、沟状侵蚀均较强烈，也存在一定的重力侵蚀，风力侵蚀明显。侵蚀强度为6314.4t/（km^2·a），年产沙量为8613.1万t。

10. 渭河上游黄土高原沟壑区

该区位于渭河上游的天水、秦安、清水、甘谷、通渭和静宁一带，面积为14473.1km^2。年降水量为500mm左右，属于森林草原带。

地貌类型以黄土峁丘陵为主，面积比例为75.8%；流水作用的中山的分布面积相对较大，为15.2%。该区的地面坡度组成以7°～15°和15°～25°的土地为主，分别为总土地面积的41.0%和30.1%，大于25°的土地占15.3%。本区的梯条田面积较大，占总耕地面积的32.1%；大于15°的耕地占28.9%。

该区的土壤有黄绵土、黑垆土和褐土等，面积比例分别为 48.5%、11.6%和 20%。该区坡面长，其上既有流水的面状侵蚀，也有切沟、小冲沟侵蚀；在沟谷底塌岸侵蚀较为普遍。侵蚀强度为 9626.6 t/（km^2·a），年产沙量为 13932.1 万 t。

各治理区的侵蚀环境特征与地面、耕地的坡度组成见表 8.26 和表 8.27。

表 8.26　不同治理区侵蚀环境特征

治理区	年降水量/mm	主要土壤类型	主要地貌类型	植被带	主要土壤侵蚀方式
1 窟野河皇甫川上游风沙草原区	300～350	黄绵土；栗钙土	黄土丘陵；剥蚀平原；流动沙丘	荒漠草原带	风力侵蚀为主
2 河曲至头道拐黄土平岗丘陵沟壑区	380～430	黄绵土；褐土黑垆土；	黄土丘陵；中山	典型草原带	面状、线状水蚀—风蚀
3 河曲至吴堡黄土峁状丘陵沟壑区	400～500	黄绵土	黄土丘陵；黄土峁梁丘陵；黄土破碎塬	典型草原带	面状、线状水蚀—崩塌、泻溜—风蚀
4 清涧河、无定河和三川河中下游黄土峁状丘陵沟壑区	400～500	黄绵土	黄土梁峁丘陵；黄土峁梁丘陵；黄土破碎塬	森林草原带	面状、线状水蚀—崩塌、泻溜—风蚀；面状、线状水蚀—滑坡、崩塌、泻溜—潜蚀
5 延河、昕水河、汾川河黄土梁状丘陵沟壑区	510～550	黄绵土	黄土峁梁丘陵；黄土梁丘陵；黄土破碎塬	延安的东南部为森林带；西北部为森林草原带	沟谷水蚀—滑坡、崩塌、泻溜—潜蚀
6 西北部风沙黄土丘陵沟壑区	350～400	黄绵土；黑垆土	黄土覆盖的低山	典型草原带	面状、线状水蚀—风蚀；面状、线状水蚀—崩塌、泻溜—风蚀；
7 泾河、北洛河上游干旱黄土丘陵沟壑区	450～550	黄绵土	黄土梁丘陵；黄土塬；黄土破碎塬	森林草原带	面状、线状水蚀—崩塌、泻溜—风蚀；面状、线状水蚀—谷底塌岸侵蚀
8 泾河中下游黄土高塬沟壑区	500～600	黄绵土；黑垆土	黄土塬；黄土覆盖的低山	西峰的西北部为森林草原带；东南部为森林带	沟谷水蚀—滑坡、崩塌、泻溜—潜蚀
9 祖厉河清水河上游黄土高塬沟壑区	300～400	灰钙土；黄绵土	黄土丘陵；黄土塬	典型草原带	面状、线状水蚀—风蚀
10 渭河上游黄土高塬沟壑区	450～500	黄绵土；黑垆土；灰褐土	黄土丘陵；流水作用的中山	森林草原带	面状、线状水蚀—谷底塌岸侵蚀

表 8.27　不同治理区地面与耕地坡度组成

治理区	地面坡度分级比例/%					耕地坡度分级比例/%					
	<3°	3°～7°	7°～15°	15°～25°	>25°	梯条田	<3°	3°～7°	7°～15°	15°～25°	>25°
1	53.2	18.6	23.5	4.5	0.3	2.5	40.8	33.7	20.0	2.5	0.5
2	19.4	13.4	37.3	25.7	4.2	8.8	22.4	30.2	25.6	10.3	2.6
3	17.5	4.4	20.5	45.5	12.1	19.3	9.4	7.1	27.0	28.3	8.9
4	13.4	2.5	14.1	20.4	49.5	17.1	6.3	4.0	25.3	25.8	21.4
5	7.1	4.3	12.8	22.6	53.3	13.7	10.0	8.5	25.3	28.6	13.8
6	46.1	4.9	16.6	24.6	7.9	5.6	24.1	9.8	30.7	25.2	4.7
7	11.0	2.8	17.0	42.9	26.4	12.4	19.7	7.2	29.2	20.9	10.5
8	26.7	4.8	13.0	35.1	20.4	36.1	30.4	6.6	9.5	11.3	6.1
9	17.0	7.5	30.0	27.8	17.8	19.8	20.5	10.3	22.9	20.9	5.6
10	10.8	2.7	41.0	30.1	15.3	32.1	13.3	3.3	22.4	23.6	5.3

8.2.3　不同治理区的社会经济特征

表 8.28～表 8.32 为 10 个治理区的社会经济状况、土地利用现状和水土保持进展情况。

表 8.28　不同治理区的社会经济状况

治理区	面积/km^2	总人口/万人	农业人口/万人	在册总耕地/万 hm^2	糖食播种面积/万 hm^2	总产量/万 t	单产/（kg/hm^2）	农民人均产粮/kg	农民人均纯收入/元
1	6574.4	20.4	16.4	4.28	3.37	3.7	1108.5	227.7	356.1
2	13092.5	64.8	57.1	20.6	16.30	18.4	1126.5	321.3	431.6
3	16074.4	151.3	138.5	30.88	23.95	30.4	1267.5	219.3	379.7
4	20126.5	209.5	188.3	37.63	34.94	40.0	1143.0	212.2	378.5
5	15636.7	104.4	87.2	16.68	15.61	36.1	2313.0	414.0	475.8
6	7810.3	34.0	30.0	8.23	7.12	8.9	1252.5	297.2	434.4
7	17835.8	83.5	77.8	24.88	19.29	22.9	1185.0	294.0	436.5
8	23743.8	377.6	324.4	64.09	62.69	126.6	2020.5	390.3	494.6
9	13641.9	105.6	98.0	27.71	20.39	22.6	1110.0	230.9	382.2
10	14473.1	297.2	274.6	52.72	43.76	76.0	1735.5	276.6	408.2
∑	149009.4	1448.3	1292.3	287.72	3711.4	385.6	1426.5	288.4	417.8

注：1992 年末统计数据。

表 8.29　不同治理区耕地情况

治理区	总面积/km^2	水田/km^2	水浇地/km^2	旱地/km^2				合计/km^2
				川沟旱地	台塬旱地	平旱地	坡旱地	
1	6574.4	0.5	75.3	64.8	0.0	270.7	431.4	842.7
2	13092.5	1.4	248.6	207.5	33.6	307.7	2551.6	3350.4
3	16074.4	4.7	214.7	238.1	9.0	204.8	4395.0	5066.3
4	20126.5	7.0	281.5	240.7	19.5	44.3	7325.7	7918.8
5	15636.7	2.6	138.0	294.7	327.2	11.5	3958.5	4732.5
6	7810.3	6.6	127.3	66.3	11.7	228.1	1311.3	1751.3
7	17835.8	0.0	113.0	181.0	66.1	147.3	3505.0	4012.5
8	23743.8	0.0	919.4	264.7	2961.1	25.5	4536.4	8707.1
9	13641.9	5.5	413.2	175.3	107.5	387.9	4110.6	5200.1
10	14473.1	0.0	402.7	249.4	5.2	18.1	6295.0	6970.3
∑	149009.4	28.3	2933.7	1982.5	3540.9	1645.9	38420.5	48552.0

注：1986 年统计数据。

表 8.30　不同治理区林草地情况

治理区	总面积/km^2	园地/km^2	林地/km^2				牧草地/km^2	
			幼林地	灌木林	疏林地	合计	可利用草地	合计
1	6574.4	4.3	111.6	369.0	35.5	516.1	3098.2	3383.2
2	13092.5	14.6	385.9	679.1	98.1	1163.1	4273.9	4913.9
3	16074.4	61.9	633.1	1222.9	104.3	1960.3	4256.0	4657.6
4	20126.5	143.3	889.1	1340.2	292.4	2521.6	4036.9	4635.8

续表

治理区	总面积/km²	园地/km²	林地/km²				牧草地/km²	
			幼林地	灌木林	疏林地	合计	可利用草地	合计
5	15636.7	98.7	1714.8	1034.2	393.7	3142.8	3875.9	4388.0
6	7810.3	17.2	188.1	980.5	62.6	1231.3	3183.7	3432.3
7	17835.8	52.2	760.7	457.7	161.9	1380.4	7453.8	8346.9
8	23743.8	252.6	2203.7	562.5	536.6	3302.8	5628.5	6411.9
9	13641.9	11.7	246.5	64.1	37.9	348.6	5183.4	5820.7
10	14473.1	57.2	1368.0	362.4	226.8	1957.2	1621.4	1949.1
∑	149009.4	713.7	8501.5	7072.6	1949.8	17524.2	42611.7	47939.4

注：1986 年统计数据。

表 8.31　不同治理区其他用地情况

治理区	总面积/km²	面积/km²						
		居民工矿用地	交通用地	水域	盐碱地	沙地	裸岩、石砾地	其他
1	6574.4	38.4	18.7	182.4	0.5	417.2	15.8	1155.2
2	13092.5	194.0	72.3	242.4	0.4	355.4	183.3	2602.7
3	16074.4	381.4	127.5	302.5	2.3	392.7	579.4	2542.5
4	20126.5	416.7	262.6	308.0	7.0	450.0	466.3	2996.3
5	15637.7	262.6	192.1	266.1	1.2	7.3	176.7	2369.6
6	7810.3	94.4	90.1	122.7	13.2	523.3	81.2	453.3
7	17835.8	210.3	186.1	165.6	4.2	11.9	44.4	3422.2
8	23743.8	1051.4	320.8	293.8	2.5	0.0	114.2	3286.9
9	13641.9	374.1	144.3	177.1	1.6	0.0	20.4	1543.3
10	14473.1	428.1	242.0	422.2	0.0	0.0	163.8	2283.2
∑	149009.4	3451.4	1656.5	2482.8	32.9	2157.8	1845.5	22655.2

注：1986 年统计数据。

表 8.32　不同治理区水土保持情况

治理区	水土流失面积/km²	治理面积/km²	治理程度/%	基本农田/km²				水土保持林/km²				人工种草/km²
				梯条埝	坝地	其他	小计	用材林	经济林	灌木林	小计	
1	6299.5	3134.7	49.8	44.1	35.8	39.5	119.4	1163.2	9.6	1281.2	2454.1	561.4
2	11815.6	5567.4	47.1	470.1	87.3	91.3	648.8	1566.6	132.2	1942.5	3894.6	936.0
3	12787.9	6702.3	52.4	1287.5	132.4	165.9	1585.6	1358.1	569.0	1824.6	3759.8	776.4
4	17349.0	10863.4	62.6	1915.2	245.7	282.0	2439.8	1974.1	1173.0	3591.3	6857.4	1456.5
5	12973.3	6874.9	53.0	918.2	132.3	81.0	1131.6	2124.0	600.3	1171.9	3938.2	1462.2
6	6485.1	2829.6	43.6	150.1	32.1	179.9	362.1	420.0	93.4	1406.8	1920.2	547.5
7	16624.1	5192.9	31.2	878.3	34.7	183.1	1004.1	1028.2	245.7	1281.0	2554.9	1634.0
8	21693.2	9336.4	43.0	3619.6	16.5	176.9	3808.8	2752.1	277.9	736.9	4210.0	1303.2
9	11690.7	3799.6	32.5	1160.0	57.0	118.4	1317.6	785.0	12.8	463.1	1288.3	1155.7
10	12627.0	6994.9	55.4	2950.1	4.7	13.4	2968.2	1455.8	81.1	680.3	2610.5	1438.8

注：1992 年末统计数据。

从表 8.28～表 8.32 可以看出：

1. 窟野河、皇甫川上游风沙草原区

该区涉及准格尔旗、府谷、神木、伊金霍洛旗和东胜的部分地区。总人口为20.4万人，其中农业人口为16.4万人。总耕地面积为4.28万hm^2，粮食播种面积为3.37万hm^2，占总耕地的78.8%；基本农田共1.24万hm^2，占总耕地面积的28.9%，人均基本农田为0.073hm^2。该区平均产量为1108.5kg/hm^2，人均粮食为227.7kg，人均纯收入为356.1元。

该区土地利用以牧业为主，农、林、牧、及其他的比例为13∶8∶51∶28。治理度为49.8%，其中基本农田、水土保持林和人工种草的面积分别占总治理面积的3.8%、78.3%和17.9%。

2. 河曲至头道拐黄土平岗丘陵沟壑区

该区总人口为64.8万人，农业人口为57.1万人。总耕地面积为30.6万hm^2，粮食播种面积为16.3万hm^2，占总耕地面积的79.1%；基本农田为8.79万hm^2，占总耕地面积的42.7%，人均基本农田为0.153hm^2。该区平均产量1126.5kg/hm^2，人均粮食为321.3kg，人均纯收入为431.6元。

该区农、林、牧及其他的土地利用比例为26∶9∶37∶28。治理度为47.1%，其中基本农田、水土保持林和人工种草的面积分别占总治理面积的12.0%、71.0%和17.0%。

3. 河曲至吴堡黄土峁状丘陵沟壑区

该区总人口为151.3万人，农业人口为138.5万人。总耕地面积为30.88万hm^2，粮食播种面积为23.95万hm^2，占总耕地面积的77.6%；基本农田为17.23万hm^2，占总耕地面积的55.8%，人均基本农田为0.127hm^2。该区平均产量为1267.5kg/hm^2，人均粮食为219.3kg，人均纯收入为379.7元。

该区农、林、牧及其他的土地利用比例为32∶12∶29∶27。治理度为52.4%，其中基本农田、水土保持林和人工种草的面积分别占总治理面积的23.7%、56.1%和11.6%。

4. 清涧河无定河三川河中下游黄土峁状丘陵沟壑区

该区总人口为209.5万人，农业人口为188.3万人。总耕地面积为37.63万hm^2，粮食播种面积为34.94万hm^2，占总耕地面积的92.8%；基本农田为24.8万hm^2，占总耕地面积的65.9%，人均基本农田0.0133hm^2。该区平均产量为1143.0kg/hm^2，人均粮食为212.2kg，人均纯收入为378.5元。

该区农、林、牧及其他的土地利用比例为40∶13∶23∶24。治理度为62.6%，其中基本农田、水土保持林和人工种草的面积分别占总治理面积的22.5%、63.1%和13.4%。

5. 延河昕水河汾川河黄土梁状丘陵沟壑区

该区总人口为104.4万人，农业人口为87.2万人。总耕地面积为16.68万hm^2，粮食播种面积为15.61万hm^2，占总耕地面积的93.6%；基本农田为11.25万hm^2，占总耕

地面积的 67.4%，人均基本农田为 0.127hm^2。该区平均产量为 2313.0kg/hm^2，人均粮食为 414.0kg，人均纯收入为 475.8 元。

该区农、林、牧及其他的土地利用比例为 31∶20∶28∶21。治理度为 53.0%，其中基本农田、水土保持林和人工种草的面积分别占总治理面积的 16.5%、57.3%和 21.3%。

6. 西北部风沙黄土丘陵沟壑区

该区总人口为 34.0 万人，农业人口为 30.0 万人。总耕地面积为 8.23 万 hm^2，粮食播种面积为 7.12 万 hm^2，占总耕地面积的 86.5%；基本农田为 2.63 万 hm^2，占总耕地面积的 44.1%，人均基本农田为 0.12hm^2。该区平均产量为 1252.5kg/hm^2，人均粮食为 297.2kg，人均纯收入为 434.4 元。

该区农、林、牧及其他的土地利用比例为 23∶16∶43∶18。治理度为 43.6%，其中基本农田、水土保持林和人工种草的面积分别占总治理面积的 12.8%、67.9%和 19.3%。

7. 泾河北洛河上游干旱黄土丘陵沟壑区

该区总人口为 83.5 万人，农业人口为 77.8 万人。总耕地面积为 24.88 万 hm^2，粮食播种面积为 19.29 万 hm^2，占总耕地面积的 77.5%；基本农田为 10.74 万 hm^2，占总耕地面积的 43.2%，人均基本农田为 0.14hm^2。该区平均产量为 1185.0kg/hm^2，人均粮食为 294.0kg，人均纯收入为 436.5 元。

该区农、林、牧及其他的土地利用比例为 23∶8∶46∶23。治理度为 31.2%，其中基本农田、水土保持林和人工种草的面积分别占总治理面积的 19.3%、49.2%和 31.5%。

8. 泾河中下游黄土高原沟壑区

该区总人口为 377.6 万人，农业人口为 324.4 万人。总耕地面积为 64.09 万 hm^2，粮食播种面积为 62.69 万 hm^2，占总耕地面积的 97.8%；基本农田为 40.75 万 hm^2，占总耕地面积的 63.6%，人均基本农田为 0.127hm^2。该区平均产量为 2020.5kg/hm^2，人均粮食为 390.3kg，人均纯收入为 494.6 元。

该区农、林、牧及其他的土地利用比例为 38∶14∶27∶21。治理度为 43.0%，其中基本农田、水土保持林和人工种草的面积分别占总治理面积的 40.8%、45.1%和 14.0%。

9. 祖厉河清水河上游黄土高原沟壑区

该区总人口为 105.6 万人，农业人口为 98.0 万人。总耕地面积为 27.71 万 hm^2，粮食播种面积为 20.39 万 hm^2，占总耕地的 73.6%；基本农田为 16.61 万 hm^2，占总耕地面积的 60.0%，人均基本农田为 0.167hm^2。该区平均产量为 1110.0kg/hm^2，人均粮食为 230.9kg，人均纯收入为 382.2 元。

该区农、林、牧及其他的土地利用比例为 38∶3∶43∶17。治理度为 32.5%，其中基本农田、水土保持林和人工种草的面积分别占总治理面积的 34.7%、33.9%和 30.4%。

10. 渭河上游黄土高原沟壑区

该区总人口为 297.2 万人，农业人口为 274.6 万人。总耕地面积为 52.72 万 hm^2，粮食播种面积为 43.76 万 hm^2，占总耕地面积的 83.0%；基本农田为 30.5 万 hm^2，占总耕地面积的 57.9%，人均基本农田为 0.113hm^2。该区平均产量为 1735.5kg/hm^2，人均粮食为 276.6kg，人均纯收入为 408.2 元。

该区农、林、牧及其他的土地利用比例为 49∶14∶13∶24。治理度为 55.4%，其中基本农田、水土保持林和人工种草的面积分别占总治理面积的 42.4%、37.3%和 20.6%。

8.2.4　水土保持措施配置

水土保持措施的数量、质量及其分布状况，是水土保持措施减水减沙效益计算与土壤流失预测的基础，决定着计算与预测结果的精度与准确度。由于受统计方法、社会经济等诸多人为因素的影响，反映大面积水土保持措施状况的行政年报资料严重“失真”，与实际情况出入很大，水土保持措施确切的减沙效益无法评估，更难以对未来的土壤流失发展趋势进行预测。因此，黄土高原区域水土保持措施减沙效益评价即对未来黄河泥沙的影响作用，应该建立在对不同治理区水土保持措施科学配置的基础上。

1. 配置原则

（1）以减蚀为主要目标。黄土高原水土保持措施的主要作用是防止和减轻水土流失，减少入黄泥沙，其中坡面措施的作用是减沙，沟道措施的作用是拦沙。本次主要围绕减沙作用，进行坡面水土保持措施包括梯田和林草措施的配置。

（2）梯田的配置与耕地的坡度相结合。当坡度小于 3°时，地面平坦，适宜发展灌溉和机械作业，在排水系统比较健全的地区，一般不会发生明显的侵蚀，适宜发展种植业。坡度 3°～7°为平坡地，发生轻度土壤侵蚀，产生片蚀、面蚀及少量的纹沟和浅沟，易修筑田面较宽的梯田，适宜发展种植业。坡度 7°～15°为缓坡地，表土有明显流失现象，浅沟切割而发育成冲沟，水土流失比较严重，属中度侵蚀，需要加强水土保持措施，修筑水平梯田。坡度 15°～25°为斜坡地，表土基本流失，心土出露地表，冲沟发育，水土流失严重，修筑梯田费工投资大，田面窄，应修外高里低的反坡梯田，以防冲毁，有研究者认为这个坡度范围应该退耕还林还草（程国栋等，2000；中国科学院黄土高原综合科学考察队，1990）。坡度大于 25°为陡坡地，水土流失剧烈，心土大部分流失，冲沟往往极为发育（唐克丽等，1998），地面破碎，不宜耕种；若修筑梯田，不仅耗劳多、易滑塌，而且加大了土地表面面积，使蒸发面积过大，梯田保墒失去了优越性（朱象山，1990）。因此，梯田措施主要配置在 3°～15°的坡地上。

（3）林草的配置遵循植被的地带分布规律。植被的地理分布受综合地理要素诸如气候、地形、土壤和土壤母质等条件的制约，集中反映于环境的水热条件。水热条件的不同组合，导致了气候、植被土壤等地理分布发生有规律的更替。黄土高原由东南向西北，依次分布着森林、森林草原、典型草原和荒漠草原四个植被带。在林草措施的配置上，按照植被的地带性选择林草措施的配置比例。经分析，不同植被带的林（含灌木）、草配置比例确定为：森林带为 8∶2；森林草原带为 5∶5；草原带为 2∶8。

2. 水土保持措施应治理面积的确定

（1）应治理总面积的确定。对于一个地区来说，并不是所有的土地都存在着严重的水土流失而需要治理，如地势较为平坦的地面、水域、居民和工矿用地、及裸岩石砾地等。因此，在对治理区进行梯田、林地和草地的配置时，首先要确定该区的应治理的总面积，然后，在应治理总面积的范围内，来模拟配置梯田、林地和草地的不同组合。各治理区的应治理总面积的确定，是以各治理区的总土地面积减去居民工矿用地面积、交通用地面积、水域面积、裸岩石砾地面积和小于 3°的耕地面积。

（2）梯田的应治理面积。以各治理区内 3°～15°的坡耕面积之和作为梯田的应治理面积。

（3）林草的应治理面积。对于每一个治理区来说，应治理总面积减去梯田的治理面积就是林草的治理面积。由于各治理区所处区域位置的不同，林草的生长规律也存在空间分布上的差异性。所以，林草措施的配置应按照黄土高原的植被带进行配置。根据 10 个治理区的地域分布，治理区 1、治理区 2、治理区 3、治理区 6 和治理区 9 属于草原带；治理区 4、治理区 5 延安西北地区、治理区 7、治理区 8 西峰西北地区、治理区 10 为森林草原带；治理区 5 延安东南地区和治理区 8 西峰东南地区属于森林带。

由此得到 10 个治理区应治理的总面积以及梯田、林地和草地的治理面积见表 8.33。据此，可按照不同治理程度，对梯田、林地和草地的面积进行组合配置。

表 8.33　不同治理区应治理的面积

治理区	总面积/km²	应治理面积/km²			
		梯田	林地	草地	合计
1	6574.4	473.4	1100.4	4401.4	5975.2
2	13092.5	2186.7	4530.2	4925.9	11642.7
3	16074.4	2705.0	5751.7	5751.7	14208.4
4	20126.5	3678.5	7246.1	7246.1	18170.6
5	15636.7	2083.2	7969.9	3338.9	13392.0
6	7810.3	805.5	1238.8	4955.1	6999.4
7	17835.8	2010.6	6109.9	8583.7	16704.2
8	23743.8	4490.8	10433.6	4420.0	19344.3
9	13641.9	2757.9	1820.8	7283.1	11861.8
10	14473.1	4025.4	4130.9	4130.9	12287.2
总计	149009.4	25217.0	50332.3	55036.8	130585.8

3. 水土保持措施质量的界定

（1）水平梯田。为一类梯田，埂坎完好，田面平整，或成反坡，土地肥沃，在 20 年一遇暴雨情况下不发生水土流失。

（2）林地。林地的盖度为 70%。

（3）草地。草地的盖度为 80%。

4. 治理度的确定

治理度通常表示为治理面积与应治理面积之比。但由于单位面积各种措施减沙效益不同，很难建立治理度与减沙效益的关系。例如，1 亩水平梯田和 1 亩林草地的减沙效益就不同，在计算总体效益时，5 亩林草地的减沙量可能只相当于 3 亩水平梯田的减沙量，而且林草地的减沙效益还要受到其盖度的影响。因此，以梯田为“标准面积单位”，将不同降雨条件下不同盖度林地和草地的减沙效益进行标准化处理，折算成“标准面积”的换算系数，来确定治理度。表 8.34 和表 8.35 分别是林地和草地“标准面积”的折算系数。

治理度的计算公式为

$$C=(T+F\cdot\xi_1+G\cdot\xi_2)/A \tag{8.22}$$

式中，C 为治理度；T 为梯田的面积；F 为林地的面积；G 为草地的面积；A 为应治理面积；ξ_1 为林地“标准面积”的折算系数；ξ_2 为草地“标准面积”的折算系数。

表 8.34　各治理区林地“标准面积”的折算系数

治理区	盖度 50%时不同降雨频率					盖度 70 %时不同降雨频率					盖度 90%时不同降雨频率				
	10%	30%	50%	70%	90%	10%	30%	50%	70%	90%	10%	30%	50%	70%	90%
1	0.62	0.67	0.69	0.71	0.73	0.80	0.85	0.87	0.89	0.91	0.93	0.98	1.00	1.00	1.00
2	0.60	0.65	0.67	0.70	0.71	0.78	0.83	0.85	0.87	0.89	0.92	0.96	0.99	1.00	1.00
3	0.62	0.67	0.70	0.72	0.74	0.80	0.85	0.88	0.90	0.92	0.94	0.98	1.00	1.00	1.00
4	0.61	0.64	0.66	0.69	0.71	0.79	0.82	0.84	0.87	0.89	0.92	0.95	0.97	1.00	1.00
5	0.59	0.62	0.64	0.66	0.69	0.77	0.80	0.82	0.84	0.87	0.91	0.93	0.95	0.98	1.00
6	0.62	0.65	0.68	0.71	0.74	0.80	0.83	0.86	0.89	0.92	0.93	0.96	0.99	1.00	1.00
7	0.60	0.62	0.65	0.67	0.69	0.78	0.80	0.83	0.85	0.87	0.91	0.94	0.96	0.98	1.00
8	0.60	0.62	0.64	0.67	0.69	0.78	0.80	0.82	0.85	0.87	0.91	0.93	0.96	0.98	1.00
9	0.64	0.67	0.70	0.72	0.75	0.82	0.85	0.88	0.90	0.93	0.96	0.98	1.00	1.00	1.00
10	0.61	0.63	0.65	0.67	0.70	0.78	0.81	0.83	0.85	0.88	0.92	0.94	0.96	0.99	1.00

表 8.35　各治理区草地“标准面积”的折算系数

治理区	盖度 50%时不同降雨频率					盖度 70%时不同降雨频率					盖度 90%时不同降雨频率				
	10%	30%	50%	70%	90%	10%	30%	50%	70%	90%	10%	30%	50%	70%	90%
1	0.64	0.69	0.72	0.74	0.76	0.80	0.85	0.88	0.90	0.92	0.92	0.97	1.00	1.03	1.00
2	0.62	0.67	0.70	0.72	0.74	0.78	0.83	0.86	0.88	0.90	0.90	0.95	0.98	1.01	1.00
3	0.64	0.70	0.73	0.75	0.77	0.81	0.86	0.89	0.92	0.94	0.93	0.98	1.01	1.04	1.00
4	0.63	0.66	0.68	0.71	0.74	0.79	0.82	0.85	0.87	0.90	0.91	0.94	0.97	1.00	1.00
5	0.61	0.64	0.66	0.69	0.71	0.77	0.80	0.82	0.85	0.88	0.89	0.92	0.94	0.97	1.00
6	0.64	0.67	0.71	0.74	0.77	0.80	0.83	0.87	0.90	0.93	0.92	0.96	0.99	1.02	1.00
7	0.62	0.64	0.67	0.70	0.72	0.78	0.81	0.83	0.86	0.88	0.90	0.93	0.95	0.98	1.00

续表

治理区	盖度 50%时不同降雨频率					盖度 70%时不同降雨频率					盖度 90%时不同降雨频率				
	10%	30%	50%	70%	90%	10%	30%	50%	70%	90%	10%	30%	50%	70%	90%
8	0.62	0.64	0.67	0.69	0.72	0.78	0.80	0.83	0.85	0.88	0.90	0.92	0.95	0.97	1.00
9	0.66	0.69	0.72	0.75	0.78	0.83	0.86	0.89	0.91	0.94	0.95	0.98	1.01	1.04	1.00
10	0.62	0.65	0.67	0.70	0.73	0.78	0.81	0.84	0.86	0.89	0.91	0.93	0.96	0.98	1.00

5. 水土保持措施的模拟配置

为了分析不同降雨条件与不同治理程度下的减沙效益与土壤流失量，就需对不同降雨条件的降雨指标与不同治理程度下梯田、林地和草地的面积进行随机组合。梯田、林地和草地各自按 10%的进度，进行完全排列组合（1000 个治理组合）。不同的降雨条件是选择 9 个降雨频率下的汛期雨量，即 10%、20%、30%、40%、50%、60%、70%、80%和 90%。

将 9 种降雨频率与 1000 个治理组合进行排列组合，可得到 9000 组不同降雨条件与不同治理程度的组合方案。用以分析不同降雨与治理程度双相组合下的土壤流失量与减沙效益。政府和治理部门可根据经费投入状况和治理进度安排，选择某一治理度下的措施配置组合方案。表 8.36 列出了泾河北洛河上游干旱黄土丘陵沟壑区在治理度达到 50%和 70%时的措施组合配置方案。

表 8.36　第七治理区两种治理度时的措施配置组合

50%治理度/万 hm^2			70%治理度/万 hm^2		
梯田	林地	草地	梯田	林地	草地
13.4	325.8	228.9	13.4	325.8	457.8
13.4	203.7	343.4	26.8	366.6	400.6
13.4	81.5	457.8	26.8	244.4	515.0
53.6	407.3	114.5	40.2	407.3	343.4
53.6	285.1	228.9	40.2	285.1	457.8
53.6	162.9	343.4	40.2	162.9	572.3
67.0	325.8	171.7	53.6	203.7	515.0
67.0	203.7	286.1	80.4	366.6	343.4
67.0	81.5	400.6	80.4	244.4	457.8
80.4	244.4	228.9	80.4	122.2	572.3
80.4	122.2	343.4	93.8	407.3	286.1
107.2	407.3	57.2	93.8	285.1	400.6
120.6	325.8	114.5	93.8	162.9	515.0
120.6	203.7	228.9	107.2	325.8	343.4
120.6	81.5	343.4	107.2	203.7	457.8
134.1	366.6	57.2	107.2	81.5	572.3
134.1	244.4	171.7	120.6	122.2	515.0
134.1	122.2	286.1	134.1	366.6	286.1

8.3　重点治理区水土保持减沙效益预测

水土保持措施的减沙效益受降雨情况、治理程度和措施质量等因素的影响，是相对变化的。这里的水土保持减沙效益的分析和预测基于以下几个方面：一是不同降雨条件（汛期雨量频率），二是不同治理程度（不同治理度和不同措施组合配置），三是措施质量（梯田为一类水平梯田；林地盖度为 70%，草地盖度为 80%），四是对比条件（以 1955～1969 年的产沙量作为未治理条件下的产沙状况），五是水土保持措施主要是水平梯田和林草等坡面措施，未考虑淤地坝等治沟工程。

8.3.1　预测方法

1. 降雨频率的确定

根据小区试验资料，尽管 $P{\cdot}I_{30}$ 与土壤流失存在着很好的相关关系，但当将其作为降雨指标应用到大的区域，由于降雨空间分布的不均匀性，特别是最大降雨强度 I_{30} 空间分布的均匀性更差，使得 $P{\cdot}I_{30}$ 在大区域内与土壤流失的关系不如小区那么好。作者曾选用年最大 1h 雨量、年最大 24h 雨量、年最大 30 日雨量和汛期雨量（5～9 月雨量），分别与年土壤流失量进行相关分析，结果以年最大 30 日雨量与土壤流失的相关性最好，汛期雨量次之。考虑到资料的易获性，选择汛期雨量作为降雨指标。

在各治理区内，分别选择 3～5 个具有 35 年长系列（1955～1989 年）降雨观测资料的雨量站，对其汛期雨量进行频率分析，得到各治理区不同频率下的汛期雨量见表 8.37。

表 8.37　各治理区不同频率下的汛期雨量

治理区	不同频率下汛期雨量/mm								
	10%	20%	30%	40%	50%	60%	70%	80%	90%
1	466.1	386.8	340.4	307.5	282.0	261.1	243.5	228.2	214.7
2	527.6	438.4	386.3	349.3	320.6	297.1	277.3	260.1	245.0
3	529.9	448.0	400.1	366.0	339.7	318.1	299.9	284.1	270.2
4	483.8	442.6	404.9	370.4	338.9	310.0	283.6	259.5	237.4
5	572.5	525.9	483.0	443.7	407.5	374.3	343.8	315.8	290.1
6	470.6	423.3	380.7	342.4	308.0	277.0	249.2	224.1	201.6
7	539.4	496.5	456.9	420.5	387.0	356.2	327.8	301.7	277.7
8	549.0	506.8	467.8	431.9	398.7	368.0	339.7	313.6	289.5
9	400.0	364.1	331.4	301.7	274.6	250.0	227.6	207.1	188.6
10	523.6	482.4	444.4	409.4	377.2	347.5	320.1	294.9	271.7
Σ	500.8	445.9	403.9	368.4	337.4	309.9	285.1	262.6	242.3

2. 未治理情况下土壤流失量的计算

要计算一个区域的水土保持减沙效益，首先要确定这个区域在未治理状况下的土壤流失情况。已有的研究一般将 1970 年作为黄土高原未治理与治理的分界线，因此，以 1970 年以前各水文站的泥沙资料来计算各治理区在未治理情况下的土壤流失量。

首先，在各治理区选择 3 个以上具有代表性的雨量站，计算其区域的面雨量；然后，建立面汛期雨量与区域土壤侵蚀强度的相关关系(资料年限为 1955～1969 年)，如表 8.38 所示。

表 8.38　未治理情况下侵蚀强度与汛期雨量的关系

治理区	关系式	相关系数
1	$S=1239.9e^{0.0060P}$	0.895
2	$S=1054.6e^{0.0058P}$	0.921
3	$S=753.02e^{0.0066P}$	0.955
4	$S=818.54e^{0.0066P}$	0.909
5	$S=1015.1e^{0.0050P}$	0.813
6	$S=478.08e^{0.0068P}$	0.852
7	$S=531.33e^{0.0067P}$	0.870
8	$S=274.29e^{.0073P}$	0.804
9	$S=611.75e^{0.0064P}$	0.834
10	$S=789.01e^{0.0053P}$	0.791
∑	$S=833.24e^{0.0063P}$	0.899

注：S 为侵蚀强度，t/（$km^2 \cdot a$）；P 为汛期雨量，mm。

考虑到 15 年的统计系列较短，难以反映各种降雨情况下的土壤流失情况，因此，将 1955～1989 年 35 年汛期雨量进行频率分析，先将各年的汛期雨量代入表 8.37 中，再按其对应的频率得到各治理区不同降雨频率下的侵蚀强度和产沙量，见表 8.39 和表 8.40。

表 8.39　各治理区不同降雨频率下的侵蚀强度

治理区	不同降雨频率下侵蚀强度/［t/（$km^2 \cdot a$）］								
	10%	20%	30%	40%	50%	60%	70%	80%	90%
1	20323.6	12627.5	9559.1	7845.8	6731.3	5939.3	5342.8	4874.8	4496.1
2	22492.7	13411.4	9910.9	7996.6	6770.4	5909.4	5267.5	4768.0	4367.0
3	15412.3	8974.0	6540.2	5225.3	4390.3	3808.1	3376.6	3042.5	2775.4
4	22497.6	16966.5	13106.3	10349.5	8338.5	6843.0	5711.1	4840.3	4160.5
5	17773.6	14075.5	11360.8	9331.2	7788.1	6596.6	5663.5	4923.2	4328.8
6	11732.8	8503.8	6366.2	4906.8	3882.3	3144.9	2602.1	2194.4	1882.6
7	19725.5	14791.3	11348.6	8892.9	7105.2	5779.3	4778.8	4011.8	3415.1
8	15091.0	11089.2	8344.0	6417.2	5035.9	4026.3	3275.0	2706.5	2269.7
9	7912.8	6289.1	5102.6	4218.4	3547.4	3029.9	2624.7	2303.2	2044.9
10	12656.6	10172.6	8317.9	6910.1	5824.9	4976.6	4304.9	3766.6	3330.5
∑	19547.9	13828.3	10612.3	8488.4	6982.7	5869.0	5020.0	4359.0	3834.0

表 8.40　各治理区不同降雨频率下的产沙量

治理区	不同降雨频率下产沙量/万 t								
	10%	20%	30%	40%	50%	60%	70%	80%	90%
1	13361.1	8301.6	6284.4	5158.0	4425.3	3904.6	3512.5	3204.8	2955.8
2	29447.3	17558.1	12975.2	10469.1	8863.7	7736.5	6896.1	6242.3	5717.2
3	24773.0	14424.4	10512.4	8398.8	7056.8	6121.0	5427.4	4890.4	4461.0
4	45277.2	34145.5	26376.9	20828.6	16781.5	13771.8	11493.7	9741.3	8373.2
5	27792.0	22009.5	17764.6	14590.9	12178.0	10314.9	8855.8	7698.3	6768.8
6	9162.3	6640.7	4971.4	3831.8	3031.7	2455.9	2032.0	1713.6	1470.1
7	35182.0	26381.5	20241.1	15861.2	12672.7	10307.9	8523.4	7155.3	6091.2
8	35829.4	26328.3	19810.5	15235.7	11956.4	9559.4	7775.5	6425.8	5388.7
9	10794.0	8579.0	6960.5	5754.3	4839.0	4133.1	3580.4	3141.9	2789.5
10	18317.4	14722.4	12038.2	10000.7	8430.2	7202.5	6230.3	5451.3	4820.1
合计	291268.4	206045.0	158125.8	126479.2	104043.9	87449.5	74803.7	64950.1	57127.5

3. 单项水土保持措施的减沙指标

高标准的水平梯田，在 10 年一遇的降雨条件下（汛期雨量 500mm 左右）其减沙效益一般都能达到 100%。但实际中，由于水平梯田的质量（诸如田面的平整程度、地埂的高底和牢固性等）和降雨因素的影响，这一标准有些偏高，所以将 100%减沙效益所对应的汛期雨量标准确定为 450mm，即当汛期雨量小于 450mm 时，减沙效益指标均为 100%，大于 450mm 时，减沙效益指标为 95%。

林草措施的减沙指标按照已建立的减沙效益与盖度和汛期雨量的关系计算。

4. 减沙量、减沙效益与土壤流失程度的计算方法

不同治理程度下减沙量、减沙效益与土壤流失量的计算是以未治理情况下的土壤流失量、水土保持措施的减沙效益指标和水土保持措施的面积为基础，具体的计算方法如下：

减沙量（ΔS）：

$$\Delta S_i=A_i \cdot S_{\text{自}} \cdot S_i\ (\%) \tag{8.23}$$

$$\Delta S=(\Delta S_T+\Delta S_F+\Delta S_G) \tag{8.24}$$

减沙效益（$S\%$）：

$$S\%=\Delta S/S\times 100\% \tag{8.25}$$

土壤流失程度：

$$E=(S-\Delta S)/A \tag{8.26}$$

式中，ΔS_i 为某措施（梯田、林地或草地）的减沙量，t；A_i 为某措施的治理面积，km^2；$S_{\text{自}}$ 为各治理区内未治理状况下的土壤侵蚀模数，t/（km^2·a）；S_i（%）为某措施的减沙效益指标，%；ΔS_T 为梯田的减沙量，t；ΔS_F 为林地的减沙量，t；ΔS_G 为草地的减沙量，t；E 为治理区的土壤流失程度，t/km^2；S 为治理区的自然土壤流失总量，t；A 为治理区的面积，km^2。

8.3.2 预测结果

1. 不同水文年型与治理度下的减沙效益、减沙量与土壤流失量

通过对9000种组合的分析，得出10个治理区减沙效益与降雨频率和治理度的关系如表8.41所示。由此得到各治理区不同降雨条件、不同治理程度的减沙效益计算结果见表8.41，可以看出：

表 8.41　减沙效益与降雨频率、治理度的关系

治理区	关系式	相关系数
1	$S\% = 0.656\ C{\cdot}P^{0.542}$	0.9999
2	$S\% = 0.642\ C{\cdot}P^{0.048}$	0.9999
3	$S\% = 0.646\ C{\cdot}P^{0.0416}$	0.9999
4	$S\% = 0.659\ C{\cdot}P^{0.0428}$	0.9997
5	$S\% = 0.635\ C{\cdot}P^{0.0441}$	0.9997
6	$S\% = 0.638\ C{\cdot}P^{0.0567}$	0.9997
7	$S\% = 0.652\ C{\cdot}P^{0.0453}$	0.9997
8	$S\% = 0.593\ C{\cdot}P^{0.0371}$	0.9998
9	$S\% = 0.670\ C{\cdot}P^{0.0425}$	0.9998
10	$S\% = 0.649\ C{\cdot}P^{0.0329}$	0.9998
Σ	$S\% = 0.642\ C{\cdot}P^{0.0437}$	0.9997

注：$S\%$为减沙效益，取值0～100%；P为降雨频率，取值10%～90%；C为治理度，取值0～100%。

（1）由于在治理度标准化计算中，已考虑了降雨因素和单项措施的减沙指标（降雨因子已作为隐函数包含其中），因此，降雨频率对减沙效益的影响不甚明显。

（2）10个治理区同一降雨频率或同一治理度下的减沙效益差别不大，主要差别反映在3个植被带的林草措施的配置比例上，以及梯田措施的配置数量上。例如，在降雨频率为50%，治理度为70%时，各治理区的减沙效益变化为48.0%～56.7%。

（3）当治理度分别为50%、70%和90%时，黄土高原主要产沙区平水年份的减沙效益分别在38.1%、53.3%和68.5%左右。如果达到完全治理（治理度100%），各治理区不同降雨频率下的减沙效益为65.0%～83.0%。

根据各治理区不同降雨频率的未治理状态下的产沙量（表8.39），可以分别计算出各治理区不同水文年型与治理度下的减沙效益（表8.42）、不同水文年型与治理度下的减沙量（表8.43）、不同水文年型与治理度下的土壤流失量（表8.44）与土壤流失程度（表8.45。

表 8.42　各治理区不同降雨频率与治理度下的减沙效益

降雨频率/%	治理度									
	10%	20%	30%	40%	50%	60%	70%	80%	90%	100%
			治理区 1		效益/%					
10	7.4	14.9	22.3	29.7	37.1	44.6	52.0	59.4	66.8	74.3
20	7.7	15.4	23.1	30.8	38.6	46.3	54.0	61.7	69.4	77.1
30	7.9	15.8	23.6	31.5	39.4	47.3	55.2	63.1	70.9	78.8

续表

降雨频率/%	治理度									
	10%	20%	30%	40%	50%	60%	70%	80%	90%	100%
	治理区 1　效益/%									
40	8.0	16.0	24.0	32.0	40.0	48.0	56.0	64.0	72.0	80.1
50	8.1	16.2	24.3	32.4	40.5	48.6	56.7	64.8	72.9	81.0
60	8.2	16.4	24.6	32.7	40.9	49.1	57.3	65.5	73.7	81.8
70	8.3	16.5	24.8	33.0	41.3	49.5	57.8	66.0	74.3	82.5
80	8.3	16.6	24.9	33.3	41.6	49.9	58.2	66.5	74.8	83.1
90	8.4	16.7	25.1	33.5	41.8	50.2	58.6	66.9	75.3	83.7
	治理区 2　效益/%									
10	7.2	14.3	21.5	28.7	35.9	43.0	50.2	57.4	64.5	71.7
20	7.4	14.8	22.2	29.7	37.1	44.5	51.9	59.3	66.7	74.1
30	7.6	15.1	22.7	30.2	37.8	45.4	52.9	60.5	68.0	75.6
40	7.7	15.3	23.0	30.7	38.3	46.0	53.7	61.3	69.0	76.7
50	7.8	15.5	23.3	31.0	38.7	46.5	54.2	62.0	69.7	77.5
60	7.8	15.6	23.5	31.3	39.1	46.9	54.7	62.5	70.4	78.2
70	7.9	15.8	23.6	31.5	39.4	47.3	55.1	63.0	70.9	78.8
80	7.9	15.9	23.8	31.7	39.6	47.6	55.5	63.4	71.3	79.3
90	8.0	15.9	23.9	31.9	39.9	47.8	55.8	63.8	71.8	79.7
	治理区 3　效益/%									
10	7.1	14.2	21.3	28.4	35.5	42.7	49.8	56.9	64.0	71.1
20	7.3	14.6	22.0	29.3	36.6	43.9	51.2	58.5	65.9	73.2
30	7.4	14.9	22.3	29.8	37.2	44.7	52.1	59.5	67.0	74.4
40	7.5	15.1	22.6	30.1	37.7	45.2	52.7	60.3	67.8	75.3
50	7.6	15.2	22.8	30.4	38.0	45.6	53.2	60.8	68.4	76.0
60	7.7	15.3	23.0	30.6	38.3	46.0	53.6	61.3	68.9	76.6
70	7.7	15.4	23.1	30.8	38.5	46.3	54.0	61.7	69.4	77.1
80	7.8	15.5	23.3	31.0	38.8	46.5	54.3	62.0	69.8	77.5
90	7.8	15.6	23.4	31.2	39.0	46.7	54.5	62.3	70.1	77.9
	治理区 4　效益/%									
10	7.3	14.5	21.8	29.1	36.3	43.6	50.9	58.1	65.4	72.7
20	7.5	15.0	22.5	29.9	37.4	44.9	52.4	59.9	67.4	74.9
30	7.6	15.2	22.9	30.5	38.1	45.7	53.3	60.9	68.6	76.2
40	7.7	15.4	23.1	30.8	38.6	46.3	54.0	61.7	69.4	77.1
50	7.8	15.6	23.4	31.1	38.9	46.7	54.5	62.3	70.1	77.9
60	7.8	15.7	23.5	31.4	39.2	47.1	54.9	62.8	70.6	78.5
70	7.9	15.8	23.7	31.6	39.5	47.4	55.3	63.2	71.1	79.0
80	7.9	15.9	23.8	31.8	39.7	47.7	55.6	63.5	71.5	79.4
90	8.0	16.0	24.0	31.9	39.9	47.9	55.9	63.9	71.9	79.8
	治理区 5　效益/%									
10	7.0	14.1	21.1	28.1	35.1	42.2	49.2	56.2	63.2	70.3
20	7.2	14.5	21.7	29.0	36.2	43.5	50.7	58.0	65.2	72.5
30	7.4	14.8	22.1	29.5	36.9	44.3	51.6	59.0	66.4	73.8
40	7.5	14.9	22.4	29.9	37.4	44.8	52.3	59.8	67.2	74.7

续表

降雨频率/%	治理度									
	10%	20%	30%	40%	50%	60%	70%	80%	90%	100%
	治理区 5　效益/%									
50	7.5	15.1	22.6	30.2	37.7	45.3	52.8	60.4	67.9	75.4
60	7.6	15.2	22.8	30.4	38.0	45.6	53.2	60.8	68.5	76.1
70	7.7	15.3	23.0	30.6	38.3	45.9	53.6	61.3	68.9	76.6
80	7.7	15.4	23.1	30.8	38.5	46.2	53.9	61.6	69.3	77.0
90	7.7	15.5	23.2	31.0	38.7	46.5	54.2	61.9	69.7	77.4
	治理区 6　效益/%									
10	7.3	14.5	21.8	29.1	36.4	43.6	50.9	58.2	65.4	72.7
20	7.6	15.1	22.7	30.2	37.8	45.4	52.9	60.5	68.1	75.6
30	7.7	15.5	23.2	31.0	38.7	46.4	54.2	61.9	69.6	77.4
40	7.9	15.7	23.6	31.5	39.3	47.2	55.1	62.9	70.8	78.6
50	8.0	15.9	23.9	31.9	39.8	47.8	55.8	63.7	71.7	79.6
60	8.0	16.1	24.1	32.2	40.2	48.3	56.3	64.4	72.4	80.5
70	8.1	16.2	24.4	32.5	40.6	48.7	56.8	64.9	73.1	81.2
80	8.2	16.4	24.5	32.7	40.9	49.1	57.3	65.4	73.6	81.8
90	8.2	16.5	24.7	32.9	41.2	49.4	57.6	65.9	74.1	82.3
	治理区 7　效益/%									
10	7.2	14.5	21.7	28.9	36.2	43.4	50.7	57.9	65.1	72.4
20	7.5	14.9	22.4	29.9	37.3	44.8	52.3	59.7	67.2	74.7
30	7.6	15.2	22.8	30.4	38.0	45.6	53.2	60.8	68.4	76.0
40	7.7	15.4	23.1	30.8	38.5	46.2	53.9	61.6	69.3	77.0
50	7.8	15.6	23.4	31.1	38.9	46.7	54.5	62.3	70.0	77.8
60	7.8	15.7	23.5	31.4	39.2	47.1	54.9	62.8	70.6	78.5
70	7.9	15.8	23.7	31.6	39.5	47.4	55.3	63.2	71.1	79.0
80	8.0	15.9	23.9	31.8	39.8	47.7	55.7	63.6	71.6	79.5
90	8.0	16.0	24.0	32.0	40.0	48.0	56.0	63.9	71.9	79.9
	治理区 8　效益/%									
10	6.5	12.9	19.4	25.8	32.3	38.7	45.2	51.6	58.1	64.5
20	6.6	13.2	19.9	26.5	33.1	39.7	46.4	53.0	59.6	66.2
30	6.7	13.4	20.2	26.9	33.6	40.3	47.1	53.8	60.5	67.2
40	6.8	13.6	20.4	27.2	34.0	40.8	47.6	54.4	61.2	68.0
50	6.9	13.7	20.6	27.4	34.3	41.1	48.0	54.8	61.7	68.5
60	6.9	13.8	20.7	27.6	34.5	41.4	48.3	55.2	62.1	69.0
70	6.9	13.9	20.8	27.8	34.7	41.6	48.6	55.5	62.4	69.4
80	7.0	13.9	20.9	27.9	34.9	41.8	48.8	55.8	62.8	69.7
90	7.0	14.0	21.0	28.0	35.0	42.0	49.0	56.0	63.0	70.0
	治理区 9　效益/%									
10	7.4	14.8	22.1	29.5	36.9	44.3	51.7	59.0	66.4	73.8
20	7.6	15.2	22.8	30.4	38.0	45.6	53.2	60.8	68.4	76.0
30	7.7	15.5	23.2	30.9	38.7	46.4	54.1	61.9	69.6	77.3
40	7.8	15.7	23.5	31.3	39.1	47.0	54.8	62.6	70.5	78.3
50	7.9	15.8	23.7	31.6	39.5	47.4	55.3	63.2	71.1	79.0

续表

降雨频率/%	治理度									
	10%	20%	30%	40%	50%	60%	70%	80%	90%	100%
	治理区 9　效益/%									
60	8.0	15.9	23.9	31.9	39.8	47.8	55.8	63.7	71.7	79.7
70	8.0	16.0	24.1	32.1	40.1	48.1	56.1	64.1	72.2	80.2
80	8.1	16.1	24.2	32.3	40.3	48.4	56.4	64.5	72.6	80.6
90	8.1	16.2	24.3	32.4	40.5	48.6	56.7	64.8	72.9	81.0
	治理区 10　效益/%									
10	7.0	14.0	21.0	28.0	35.0	42.0	49.0	56.0	63.0	70.0
20	7.2	14.3	21.5	28.6	35.8	42.9	50.1	57.3	64.4	71.6
30	7.3	14.5	21.8	29.0	36.3	43.5	50.8	58.0	65.3	72.5
40	7.3	14.6	22.0	29.3	36.6	43.9	51.3	58.6	65.9	73.2
50	7.4	14.8	22.1	29.5	36.9	44.3	51.6	59.0	66.4	73.8
60	7.4	14.8	22.3	29.7	37.1	44.5	52.0	59.4	66.8	74.2
70	7.5	14.9	22.4	29.8	37.3	44.8	52.2	59.7	67.1	74.6
80	7.5	15.0	22.5	30.0	37.5	45.0	52.4	59.9	67.4	74.9
90	7.5	15.0	22.6	30.1	37.6	45.1	52.6	60.2	67.7	75.2
	全区　效益/%									
10	7.1	14.2	21.3	28.4	35.5	42.6	49.7	56.8	63.9	71.0
20	7.3	14.6	21.9	29.3	36.6	43.9	51.2	58.5	65.8	73.2
30	7.4	14.9	22.3	29.8	37.2	44.7	52.1	59.6	67.0	74.5
40	7.5	15.1	22.6	30.2	37.7	45.2	52.8	60.3	67.9	75.4
50	7.6	15.2	22.8	30.5	38.1	45.7	53.3	60.9	68.5	76.1
60	7.7	15.4	23.0	30.7	38.4	46.1	53.7	61.4	69.1	76.8
70	7.7	15.5	23.2	30.9	38.6	46.4	54.1	61.8	69.5	77.3
80	7.8	15.5	23.3	31.1	38.9	46.6	54.4	62.2	70.0	77.7
90	7.8	15.6	23.4	31.3	39.1	46.9	54.7	62.5	70.3	78.1

表 8.42　各治理区不同降雨频率与治理度下的减沙量

降雨频率/%	治理度									
	10%	20%	30%	40%	50%	60%	70%	80%	90%	100%
	治理区 1　减沙量/万 t									
10	992.4	1984.6	2976.8	3969.0	4961.1	5953.2	6945.3	7937.4	8929.5	9921.5
20	640.2	1280.3	1920.4	2560.5	3200.5	3840.6	4480.6	5120.6	5760.6	6400.6
30	495.4	990.8	1486.1	1981.4	2476.7	2972.0	3467.2	3962.5	4457.8	4953.0
40	413.0	826.0	1238.9	1651.8	2064.7	2477.6	2890.5	3303.4	3716.3	4129.2
50	358.7	717.3	1075.9	1434.4	1793.0	2151.6	2510.1	2868.7	3227.2	3585.8
60	319.6	639.2	958.7	1278.2	1597.8	1917.3	2236.8	2556.3	2875.8	3195.3
70	289.9	579.8	869.7	1159.5	1449.4	1739.2	2029.1	2318.9	2608.7	2898.5
80	266.4	532.9	799.3	1065.6	1332.0	1598.4	1864.8	2131.1	2397.5	2663.8
90	247.3	494.6	741.9	989.2	1236.4	1483.7	1730.9	1978.2	2225.4	2472.7
	治理区 2　减沙量/万 t									
10	2111.8	4223.2	6334.6	8445.9	10557.1	12668.3	14779.4	16890.6	19001.7	21112.7
20	1302.0	2603.9	3905.6	5207.4	6509.0	7810.7	9112.4	10414.0	11715.6	13017.2

续表

降雨频率/%	治理度									
	10%	20%	30%	40%	50%	60%	70%	80%	90%	100%
	治理区 2　减沙量/万 t									
30	981.2	1962.3	2943.3	3924.3	4905.2	5886.2	6867.1	7848.0	8828.9	9809.8
40	802.8	1605.4	2408.0	3210.6	4013.2	4815.7	5618.3	6420.8	7223.3	8025.8
50	687.0	1374.0	2060.9	2747.7	3434.6	4121.4	4808.3	5495.1	6181.9	6868.7
60	605.0	1209.8	1814.7	2419.5	3024.3	3629.2	4233.9	4838.7	5443.5	6048.3
70	543.3	1086.5	1629.7	2172.8	2716.0	3259.1	3802.2	4345.3	4888.4	5431.5
80	495.0	989.8	1484.7	1979.5	2474.4	2969.2	3464.0	3958.8	4453.6	4948.4
90	455.9	911.7	1367.6	1823.4	2279.2	2734.9	3190.7	3646.5	4102.2	4558.0
	治理区 3　减沙量/万 t									
10	1761.5	3522.8	5283.9	7045.1	8806.1	10567.2	12328.2	14089.1	15850.1	17611.0
20	1055.7	2111.3	3166.8	4222.2	5277.7	6333.1	7388.5	8443.8	9499.2	10554.6
30	782.5	1564.9	2347.2	3129.5	3911.8	4694.1	5476.3	6258.6	7040.8	7823.1
40	632.7	1265.3	1897.9	2530.4	3163.0	3795.5	4428.0	5060.5	5693.0	6325.5
50	536.6	1073.0	1609.5	2145.9	2682.4	3218.8	3755.2	4291.6	4828.0	5364.4
60	469.0	937.8	1406.7	1875.6	2344.4	2813.2	3282.1	3750.9	4219.7	4688.5
70	418.5	836.9	1255.3	1673.7	2092.1	2510.5	2928.9	3347.2	3765.6	4183.9
80	379.2	758.3	1137.4	1516.5	1895.6	2274.7	2653.8	3032.9	3411.9	3791.0
90	347.6	695.1	1042.7	1390.2	1737.7	2085.2	2432.7	2780.2	3127.6	3475.1
	治理区 4　减沙量/万 t									
10	3291.0	6581.6	9872.0	13162.3	16452.5	19742.7	23032.8	26322.8	29612.8	32902.8
20	2556.7	5113.0	7669.1	10225.2	12781.2	15337.2	17893.1	20449.0	23004.8	25560.6
30	2009.5	4018.8	6028.0	8037.1	10046.1	12055.1	14064.1	16073.0	18082.0	20090.8
40	1606.5	3212.8	4819.0	6425.1	8031.2	9637.3	11243.3	12849.4	14455.4	16061.3
50	1306.8	2613.4	3919.9	5226.4	6532.8	7839.2	9145.6	10452.0	11758.4	13064.7
60	1080.8	2161.5	3242.1	4322.6	5403.2	6483.7	7564.2	8644.7	9725.1	10805.6
70	908.0	1815.9	2723.7	3631.5	4539.3	5447.0	6354.7	7262.5	8170.2	9077.9
80	774.0	1547.8	2321.7	3095.4	3869.2	4643.0	5416.7	6190.5	6964.2	7737.9
90	668.6	1337.2	2005.7	2674.2	3342.6	4011.1	4679.5	5347.9	6016.4	6684.8
	治理区 5　减沙量/万 t									
10	1953.6	3906.9	5860.1	7813.2	9766.3	11719.4	13672.4	15625.4	17578.4	19531.3
20	1595.1	3190.0	4784.9	6379.6	7974.4	9569.1	11163.7	12758.4	14353.0	15947.6
30	1310.7	2621.2	3931.7	5242.1	6552.5	7862.8	9173.2	10483.5	11793.8	13104.1
40	1090.3	2180.4	3270.5	4360.6	5450.6	6540.6	7630.6	8720.5	9810.5	10900.4
50	919.0	1837.8	2756.7	3675.4	4594.2	5512.9	6431.7	7350.4	8269.1	9187.8
60	784.7	1569.2	2353.8	3138.3	3922.8	4707.2	5491.7	6276.1	7060.5	7845.0
70	678.3	1356.5	2034.6	2712.7	3390.9	4069.0	4747.0	5425.1	6103.2	6781.2
80	593.1	1186.1	1779.1	2372.1	2965.0	3558.0	4150.9	4743.8	5336.8	5929.7
90	524.2	1048.4	1572.5	2096.6	2620.6	3144.7	3668.8	4192.8	4716.9	5240.9
	治理区 6　减沙量/万 t									
10	666.2	1332.4	1998.5	2664.6	3330.6	3996.7	4662.7	5328.8	5994.8	6660.8
20	502.2	1004.4	1506.5	2008.7	2510.8	3012.9	3515.0	4017.0	4519.1	5021.2
30	384.7	769.4	1154.1	1538.7	1923.4	2308.0	2692.6	3077.2	3461.8	3846.4

续表

降雨频率/%	治理度									
	10%	20%	30%	40%	50%	60%	70%	80%	90%	100%
	治理区 6　减沙量/万 t									
40	301.4	602.8	904.1	1205.5	1506.8	1808.1	2109.5	2410.8	2712.1	3013.4
50	241.5	483.0	724.5	965.9	1207.4	1448.8	1690.3	1931.7	2173.1	2414.6
60	197.7	395.3	593.0	790.6	988.2	1185.8	1383.5	1581.1	1778.7	1976.3
70	165.0	330.0	494.9	659.9	824.8	989.8	1154.7	1319.7	1484.6	1649.5
80	140.2	280.4	420.6	560.7	700.9	841.0	981.2	1121.4	1261.5	1401.7
90	121.1	242.2	363.2	484.3	605.3	726.4	847.4	968.5	1089.5	1210.6
	治理区 7　减沙量/万 t									
10	2546.3	5092.2	7637.9	10183.6	12729.2	15274.8	17820.3	20365.8	22911.2	25456.7
20	1970.2	3940.2	5910.0	7879.8	9849.5	11819.2	13788.9	15758.5	17728.1	19697.7
30	1539.7	3079.1	4618.5	6157.8	7697.1	9236.4	10775.6	12314.8	13854.0	15393.2
40	1222.3	2444.5	3666.6	4888.7	6110.7	7332.7	8554.7	9776.6	10998.6	12220.5
50	986.5	1972.9	2959.3	3945.6	4931.9	5918.2	6904.4	7890.7	8876.9	9863.1
60	809.1	1618.1	2427.0	3235.9	4044.8	4853.7	5662.6	6471.4	7280.3	8089.1
70	673.7	1347.3	2020.9	2694.5	3368.0	4041.6	4715.1	5388.6	6062.1	6735.6
80	569.0	1137.9	1706.8	2275.7	2844.6	3413.5	3982.3	4551.1	5120.0	5688.8
90	487.0	973.9	1460.8	1947.6	2434.5	2921.3	3408.2	3895.0	4381.8	4868.7
	治理区 8　减沙量/万 t									
10	2313.2	4626.2	6939.0	9251.7	11564.3	13877.0	16189.5	18502.1	20814.6	23127.1
20	1744.1	3488.0	5231.7	6975.5	8719.1	10462.8	12206.4	13949.9	15693.5	17437.0
30	1332.2	2664.3	3996.2	5328.2	6660.0	7991.9	9323.8	10655.6	11987.4	13319.2
40	1035.6	2071.0	3106.4	4141.7	5177.0	6212.3	7247.6	8282.9	9318.1	10353.4
50	819.4	1638.7	2458.0	3277.3	4096.5	4915.7	5734.9	6554.1	7373.3	8192.4
60	659.6	1319.1	1978.6	2638.0	3297.5	3956.9	4616.3	5275.7	5935.1	6594.5
70	539.6	1079.1	1618.6	2158.1	2697.5	3237.0	3776.4	4315.8	4855.2	5394.7
80	448.1	896.2	1344.3	1792.3	2240.3	2688.3	3136.4	3584.4	4032.4	4480.3
90	377.5	754.9	1132.3	1509.6	1887.0	2264.4	2641.7	3019.1	3396.4	3773.7
	治理区 9　减沙量/万 t									
10	796.9	1593.7	2390.4	3187.1	3983.8	4780.5	5577.1	6373.8	7170.4	7967.0
20	652.3	1304.5	1956.7	2608.8	3261.0	3913.1	4565.2	5217.3	5869.4	6521.5
30	538.4	1076.8	1615.1	2153.5	2691.8	3230.1	3768.3	4306.6	4844.9	5383.1
40	450.6	901.1	1351.7	1802.2	2252.7	2703.1	3153.6	3604.1	4054.6	4505.0
50	382.5	765.0	1147.5	1530.0	1912.4	2294.9	2677.3	3059.7	3442.1	3824.6
60	329.3	658.5	987.7	1316.9	1646.1	1975.3	2304.5	2633.7	2962.8	3292.0
70	287.1	574.2	861.3	1148.3	1435.4	1722.4	2009.5	2296.5	2583.5	2870.6
80	253.4	506.7	760.1	1013.4	1266.7	1520.1	1773.4	2026.7	2280.0	2533.3
90	226.1	452.2	678.2	904.3	1130.3	1356.4	1582.4	1808.4	2034.5	2260.5
	治理区 10　减沙量/万 t									
10	1281.9	2563.5	3845.2	5126.7	6408.3	7689.8	8971.3	10252.8	11534.2	12815.7
20	1054.0	2107.9	3161.8	4215.6	5269.4	6323.1	7376.9	8430.6	9484.3	10538.0
30	873.4	1746.8	2620.1	3493.3	4366.5	5239.8	6112.9	6986.1	7859.3	8732.5
40	732.5	1464.9	2197.3	2929.6	3662.0	4394.3	5126.6	5858.9	6591.2	7323.4

续表

降雨频率/%	治理度									
	10%	20%	30%	40%	50%	60%	70%	80%	90%	100%
	治理区 10　减沙量/万 t									
50	622.0	1244.0	1865.9	2487.8	3109.6	3731.5	4353.3	4975.2	5597.0	6218.8
60	534.6	1069.2	1603.7	2138.3	2672.8	3207.3	3741.8	4276.2	4810.7	5345.2
70	464.8	929.6	1394.3	1859.1	2323.8	2788.5	3253.2	3717.9	4182.5	4647.2
80	408.5	816.9	1225.4	1633.8	2042.2	2450.5	2858.9	3267.3	3675.7	4084.0
90	362.6	725.1	1087.7	1450.2	1812.7	2175.2	2537.7	2900.2	3262.7	3625.1
	全区　减沙量/万 t									
10	20677.4	41351.9	62025.4	82698.2	103370.4	124042.2	144713.7	165384.8	186055.8	206726.4
20	15077.2	30152.2	45226.5	60300.3	75373.7	90446.8	105519.6	120592.3	135664.7	150737.0
30	11777.6	23553.5	35328.8	47103.7	58878.4	70652.8	82426.9	94201.0	105974.8	117748.6
40	9539.6	19077.9	28615.8	38153.3	47690.5	57227.6	66764.5	76301.2	85837.9	95374.4
50	7924.4	15847.6	23770.5	31693.1	39615.4	47537.7	55459.7	63381.7	71303.6	79225.4
60	6713.8	13426.6	20139.0	26851.3	33563.4	40275.3	46987.1	53698.8	60410.5	67122.1
70	5781.7	11562.6	17343.2	23123.6	28903.9	34684.1	40464.1	46244.1	52024.0	57803.8
80	5049.5	10098.3	15146.8	20195.2	25243.4	30291.5	35339.6	40387.6	45435.5	50483.3
90	4464.2	8927.9	13391.3	17854.5	22317.7	26780.7	31243.7	35706.6	40169.4	44632.2

表 8.43　各治理区不同降雨频率与治理度下的土壤流失量

降雨频率/%	治理度									
	10%	20%	30%	40%	50%	60%	70%	80%	90%	100%
	治理区 1　土壤流失量/万 t									
10	12368.7	11376.5	10384.3	9392.2	8400.0	7407.9	6415.8	5423.7	4431.7	3439.6
20	7661.4	7021.3	6381.2	5741.1	5101.1	4461.0	3821.0	3181.0	2541.0	1901.0
30	5788.9	5293.6	4798.3	4303.0	3807.7	3312.4	2817.1	2321.9	1826.6	1331.3
40	4745.0	4332.0	3919.1	3506.2	3093.3	2680.3	2267.5	1854.6	1441.7	1028.8
50	4066.7	3708.0	3349.5	2990.9	2632.3	2273.7	1915.2	1556.6	1198.1	839.5
60	3585.0	3265.5	2945.9	2626.4	2306.9	1987.3	1667.8	1348.3	1028.8	709.3
70	3222.6	2932.7	2642.8	2353.0	2063.1	1773.3	1483.4	1193.6	903.8	613.9
80	2938.3	2671.9	2405.5	2139.2	1872.8	1606.4	1340.0	1073.7	807.3	540.9
90	2708.5	2461.2	2213.9	1966.7	1719.4	1472.2	1224.9	977.7	730.4	483.2
	治理区 2　土壤流失量/万 t									
10	27335.5	25224.0	23112.7	21001.4	18890.2	16779.0	14667.8	12556.7	10445.6	8334.5
20	16256.1	14954.3	13652.5	12350.8	11049.1	9747.4	8445.8	7144.1	5842.5	4540.9
30	11994.0	11012.9	10031.9	9050.9	8070.0	7089.0	6108.1	5127.2	4146.3	3165.4
40	9666.4	8863.7	8061.1	7258.5	6455.9	5653.4	4850.9	4048.3	3245.8	2443.3
50	8176.7	7489.8	6802.9	6116.0	5429.1	4742.3	4055.4	3368.6	2681.8	1995.0
60	7131.6	6526.7	5921.8	5317.0	4712.2	4107.4	3502.6	2897.8	2293.0	1688.3
70	6352.8	5809.6	5266.5	4723.3	4180.2	3637.0	3093.9	2550.8	2007.7	1464.6
80	5747.3	5252.4	4757.6	4262.8	3767.9	3273.1	2778.3	2283.5	1788.7	1293.9
90	5261.3	4805.5	4349.6	3893.8	3438.1	2982.3	2526.5	2070.7	1615.0	1159.2
	治理区 3　土壤流失量/万 t									
10	23011.5	21250.2	19489.0	17727.9	15966.8	14205.8	12444.8	10683.8	8922.9	7161.9
20	13368.7	12313.2	11257.7	10202.2	9146.8	8091.4	7036.0	5980.6	4925.2	3869.9
30	9729.9	8947.6	8165.2	7382.9	6600.6	5818.3	5036.1	4253.8	3471.6	2689.4

续表

降雨频率/%	治理度									
	10%	20%	30%	40%	50%	60%	70%	80%	90%	100%
	治理区 3　土壤流失量/万 t									
40	7766.1	7133.5	6501.0	5868.4	5235.9	4603.3	3970.8	3338.3	2705.8	2073.3
50	6520.2	5983.7	5447.3	4910.8	4374.4	3838.0	3301.6	2765.2	2228.8	1692.4
60	5652.1	5183.2	4714.3	4245.5	3776.6	3307.8	2839.0	2370.1	1901.3	1432.5
70	5008.9	4590.4	4172.0	3753.6	3335.2	2916.9	2498.5	2080.1	1661.8	1243.4
80	4511.2	4132.0	3752.9	3373.8	2994.7	2615.6	2236.6	1857.5	1478.4	1099.4
90	4113.4	3765.8	3418.3	3070.8	2723.3	2375.8	2028.3	1680.8	1333.3	985.8
	治理区 4　土壤流失量/万 t									
10	41986.2	38695.6	35405.2	32114.9	28824.6	25534.5	22244.4	18954.4	15664.3	12374.4
20	31588.9	29032.6	26476.4	23920.4	21364.3	18808.4	16252.5	13696.6	11140.7	8584.9
30	24367.4	22358.1	20348.9	18339.8	16330.8	14321.8	12312.8	10303.9	8295.0	6286.1
40	19222.1	17615.8	16009.6	14403.5	12797.4	11191.3	9585.3	7979.2	6373.2	4767.3
50	15474.7	14168.1	12861.6	11555.1	10248.7	8942.3	7635.9	6329.5	5023.1	3716.8
60	12691.0	11610.3	10529.7	9449.2	8368.6	7288.1	6207.6	5127.1	4046.7	2966.2
70	10585.7	9677.9	8770.0	7862.2	6954.5	6046.7	5139.0	4231.3	3323.5	2415.8
80	8967.3	8193.5	7419.7	6645.9	5872.1	5098.3	4324.6	3550.9	2777.1	2003.4
90	7704.6	7036.0	6367.5	5699.1	5030.6	4362.1	3693.7	3025.3	2356.8	1688.4
	治理区 5　土壤流失量/万 t									
10	25838.5	23885.2	21932.0	19978.8	18025.7	16072.7	14119.7	12166.7	10213.7	8260.8
20	20414.3	18819.4	17224.6	15629.8	14035.1	12440.4	10845.7	9251.1	7656.5	6061.9
30	16453.8	15143.3	13832.9	12522.4	11212.1	9901.7	8591.4	7281.1	5970.8	4660.5
40	13500.6	12410.5	11320.4	10230.3	9140.3	8050.3	6960.3	5870.4	4780.4	3690.5
50	11259.0	10340.1	9421.3	8502.5	7583.8	6665.0	5746.3	4827.6	3908.9	2990.2
60	9530.2	8745.6	7961.1	7176.6	6392.1	5607.7	4823.2	4038.8	3254.3	2469.9
70	8177.6	7499.4	6821.2	6143.1	5465.0	4786.9	4108.8	3430.7	2752.7	2074.6
80	7105.2	6512.1	5919.2	5326.2	4733.2	4140.3	3547.4	2954.4	2361.5	1768.6
90	6244.6	5720.5	5196.4	4672.3	4148.2	3624.1	3100.1	2576.0	2052.0	1527.9
	治理区 6　土壤流失量/万 t									
10	8496.0	7829.9	7163.8	6497.7	5831.6	5165.6	4499.5	3833.5	3167.5	2501.4
20	6138.4	5636.3	5134.1	4632.0	4129.9	3627.8	3125.7	2623.6	2121.6	1619.5
30	4586.7	4202.0	3817.4	3432.7	3048.1	2663.5	2278.8	1894.2	1509.6	1125.0
40	3530.3	3229.0	2927.6	2626.3	2324.9	2023.6	1722.3	1421.0	1119.6	818.3
50	2790.2	2548.7	2307.2	2065.8	1824.3	1582.9	1341.4	1100.0	858.5	617.1
60	2258.2	2060.5	1862.9	1665.3	1467.7	1270.0	1072.4	874.8	677.2	479.6
70	1867.0	1702.0	1537.1	1372.1	1207.2	1042.2	877.3	712.3	547.4	382.4
80	1573.4	1433.3	1293.1	1152.9	1012.7	872.6	732.4	592.3	452.1	312.0
90	1349.0	1228.0	1106.9	985.9	864.8	743.8	622.7	501.7	380.6	259.6
	治理区 7　土壤流失量/万 t									
10	32635.8	30089.9	27544.1	24998.4	22452.8	19907.2	17361.7	14816.2	12270.8	9725.3
20	24411.2	22441.3	20471.4	18501.6	16531.9	14562.2	12592.6	10622.9	8653.3	6683.7
30	18701.5	17162.0	15622.6	14083.3	12544.0	11004.7	9465.5	7926.3	6387.1	4847.9
40	14638.8	13416.7	12194.6	10972.5	9750.5	8528.5	7306.5	6084.5	4862.6	3640.7
50	11686.2	10699.8	9713.5	8727.1	7740.8	6754.6	5768.3	4782.1	3795.8	2809.6
60	9498.8	8689.8	7880.9	7071.9	6263.0	5454.2	4645.3	3836.5	3027.6	2218.8

续表

降雨频率/%	治理度									
	10%	20%	30%	40%	50%	60%	70%	80%	90%	100%
	治理区 7 土壤流失量/万 t									
70	7849.7	7176.0	6502.5	5828.9	5155.4	4481.8	3808.3	3134.8	2461.3	1787.8
80	6586.3	6017.4	5448.5	4879.6	4310.7	3741.9	3173.0	2604.2	2035.4	1466.5
90	5604.2	5117.3	4630.4	4143.5	3656.7	3169.8	2683.0	2196.2	1709.3	1222.5
	治理区 8 土壤流失量/万 t									
10	33516.2	31203.2	28890.4	26577.7	24265.0	21952.4	19639.9	17327.3	15014.8	12702.3
20	24584.2	22840.3	21096.6	19352.8	17609.2	15865.5	14121.9	12378.4	10634.8	8891.3
30	18478.2	17146.2	15814.2	14482.3	13150.4	11818.5	10486.7	9154.9	7823.1	6491.3
40	14200.2	13164.7	12129.4	11094.0	10058.7	9023.4	7988.1	6952.9	5917.6	4882.4
50	11136.9	10317.6	9498.3	8679.1	7859.9	7040.7	6221.5	5402.3	4583.1	3763.9
60	8899.8	8240.3	7580.8	6921.3	6261.9	5602.5	4943.1	4283.7	3624.3	2964.9
70	7235.9	6696.4	6156.9	5617.4	5078.0	4538.6	3999.1	3459.7	2920.3	2380.9
80	5977.6	5529.6	5081.5	4633.5	4185.4	3737.4	3289.4	2841.4	2393.4	1945.4
90	5011.3	4633.9	4256.5	3879.1	3501.7	3124.4	2747.0	2369.7	1992.3	1615.0
	治理区 9 土壤流失量/万 t									
10	9997.1	9200.3	8403.6	7606.9	6810.2	6013.5	5216.9	4420.2	3623.6	2826.9
20	7926.7	7274.5	6622.3	5970.2	5318.1	4665.9	4013.8	3361.7	2709.6	2057.5
30	6422.1	5883.7	5345.4	4807.1	4268.8	3730.5	3192.2	2653.9	2115.7	1577.4
40	5303.7	4853.2	4402.6	3952.1	3501.6	3051.2	2600.7	2150.2	1699.8	1249.3
50	4456.5	4074.0	3691.5	3309.1	2926.6	2544.2	2161.8	1779.3	1396.9	1014.5
60	3803.8	3474.6	3145.4	2816.2	2487.0	2157.8	1828.6	1499.4	1170.2	841.1
70	3293.3	3006.2	2719.2	2432.1	2145.0	1858.0	1571.0	1283.9	996.9	709.9
80	2888.5	2635.1	2381.8	2128.5	1875.1	1621.8	1368.5	1115.2	861.9	608.6
90	2563.4	2337.4	2111.3	1885.3	1659.2	1433.2	1207.1	981.1	755.1	529.0
	治理区 10 土壤流失量/万 t									
10	17035.5	15753.8	14472.2	13190.6	11909.1	10627.6	9346.1	8064.6	6783.2	5501.7
20	13668.3	12614.4	11560.6	10506.8	9453.0	8399.2	7345.5	6291.8	5238.0	4184.3
30	11164.8	10291.4	9418.2	8544.9	7671.7	6798.5	5925.3	5052.1	4178.9	3305.7
40	9268.1	8535.7	7803.4	7071.0	6338.7	5606.4	4874.1	4141.8	3409.5	2677.2
50	7808.1	7186.2	6564.3	5942.4	5320.5	4698.7	4076.8	3455.0	2833.1	2211.3
60	6667.9	6133.3	5598.8	5064.2	4529.7	3995.2	3460.7	2926.3	2391.8	1857.3
70	5765.5	5300.8	4836.0	4371.3	3906.6	3441.9	2977.2	2512.5	2047.8	1583.1
80	5042.8	4634.3	4225.9	3817.5	3409.1	3000.7	2592.4	2184.0	1775.6	1367.3
90	4457.5	4094.9	3732.4	3369.9	3007.4	2644.9	2282.4	1919.9	1557.4	1194.9
	全区 土壤流失量/万 t									
10	270591.0	249916.5	229243.0	208570.2	187898.0	167226.2	146554.7	125883.6	105212.6	84542.0
20	190967.8	175892.7	160818.5	145744.7	130671.3	115598.2	100525.4	85452.7	70380.3	55308.0
30	146348.2	134572.3	122797.0	111022.1	99247.4	87473.1	75698.9	63924.9	52151.0	40377.2
40	116939.6	107401.2	97863.4	88325.9	78788.7	69251.6	59714.7	50178.0	40641.3	31104.8
50	96119.5	88196.3	80273.4	72350.9	64428.5	56506.3	48584.2	40662.2	32740.3	24818.5
60	80735.8	74022.9	67310.5	60598.2	53886.2	47174.2	40462.4	33750.7	27039.0	20327.5
70	69022.0	63241.1	57460.4	51680.0	45899.8	40119.6	34339.6	28559.6	22779.7	16999.9
80	59900.7	54851.9	49803.3	44755.0	39706.7	34658.6	29610.6	24562.6	19514.7	14466.8
90	52663.3	48199.6	43736.2	39273.0	34809.9	30346.8	25883.9	21421.0	16958.1	12495.3

表 8.44　各治理区不同降雨频率与治理度下的土壤流失强度

降雨频率/%	治理度									
	10%	20%	30%	40%	50%	60%	70%	80%	90%	100%
	治理区 1　土壤流失强度/［t/(km²·a)］									
10	18814.1	17304.8	15795.6	14286.4	12777.3	11268.2	9759.1	8250.0	6741.0	5232.0
20	11653.7	10680.0	9706.4	8732.8	7759.2	6785.7	5812.1	4838.6	3865.1	2891.6
30	8805.6	8052.1	7298.6	6545.2	5791.8	5038.5	4285.1	3531.8	2778.4	2025.1
40	7217.6	6589.4	5961.3	5333.2	4705.1	4077.1	3449.0	2821.0	2192.9	1564.9
50	6185.8	5640.3	5094.8	4549.4	4004.0	3458.6	2913.2	2367.8	1822.4	1277.0
60	5453.2	4967.1	4481.0	3995.0	3509.0	3022.9	2536.9	2050.9	1564.9	1078.9
70	4901.8	4460.9	4020.0	3579.1	3138.2	2697.3	2256.5	1815.6	1374.7	933.9
80	4469.5	4064.3	3659.1	3253.9	2848.7	2443.5	2038.3	1633.1	1228.0	822.8
90	4119.9	3743.8	3367.6	2991.5	2615.4	2239.3	1863.2	1487.1	1111.0	735.0
	治理区 2　土壤流失强度/［t/(km²·a)］									
10	20879.7	19266.9	17654.2	16041.5	14428.9	12816.3	11203.7	9591.2	7978.7	6366.2
20	12416.9	11422.5	10428.2	9433.9	8439.6	7445.4	6451.1	5456.9	4462.7	3468.5
30	9161.4	8412.0	7662.7	6913.4	6164.1	5414.8	4665.6	3916.3	3167.1	2417.9
40	7383.5	6770.4	6157.3	5544.3	4931.2	4318.2	3705.2	3092.2	2479.2	1866.3
50	6245.6	5720.9	5196.2	4671.6	4146.9	3622.3	3097.7	2573.1	2048.4	1523.8
60	5447.3	4985.3	4523.3	4061.3	3599.3	3137.4	2675.4	2213.4	1751.5	1289.6
70	4852.5	4437.6	4022.7	3607.8	3192.9	2778.1	2363.2	1948.4	1533.5	1118.7
80	4390.0	4012.0	3634.0	3256.0	2878.1	2500.1	2122.2	1744.2	1366.3	988.3
90	4018.7	3670.6	3322.4	2974.2	2626.1	2278.0	1929.8	1581.7	1233.6	885.4
	治理区 3　土壤流失强度/［t/(km²·a)］									
10	14316.4	13220.6	12124.9	11029.3	9933.6	8838.0	7742.4	6646.9	5551.3	4455.7
20	8317.2	7660.5	7003.9	6347.2	5690.6	5034.0	4377.4	3720.8	3064.2	2407.6
30	6053.4	5566.7	5079.9	4593.2	4106.5	3619.8	3133.2	2646.5	2159.8	1673.2
40	4831.6	4438.1	4044.5	3651.0	3257.5	2863.9	2470.4	2076.9	1683.4	1289.9
50	4056.5	3722.7	3389.0	3055.2	2721.5	2387.8	2054.0	1720.3	1386.6	1052.9
60	3516.4	3224.7	2933.0	2641.3	2349.6	2057.9	1766.2	1474.6	1182.9	891.2
70	3116.2	2855.9	2595.6	2335.3	2075.0	1814.7	1554.4	1294.1	1033.9	773.6
80	2806.6	2570.7	2334.8	2099.0	1863.1	1627.3	1391.5	1155.6	919.8	684.0
90	2559.1	2342.9	2126.7	1910.5	1694.3	1478.1	1261.9	1045.7	829.5	613.3
	治理区 4　土壤流失强度/［t/(km²·a)］									
10	20862.4	19227.3	17592.4	15957.5	14322.6	12687.8	11053.0	9418.2	7783.4	6148.7
20	15696.1	14425.9	13155.8	11885.7	10615.7	9345.6	8075.6	6805.7	5535.7	4265.7
30	12107.8	11109.4	10111.1	9112.8	8114.6	7116.3	6118.1	5119.9	4121.7	3123.5
40	9551.2	8753.1	7955.0	7156.9	6358.9	5560.8	4762.8	3964.8	3166.8	2368.8
50	7689.2	7040.0	6390.8	5741.6	5092.4	4443.3	3794.2	3145.0	2495.9	1846.8
60	6306.0	5769.0	5232.1	4695.2	4158.3	3621.4	3084.5	2547.6	2010.7	1473.9
70	5259.9	4808.8	4357.7	3906.6	3455.6	3004.5	2553.5	2102.5	1651.4	1200.4
80	4455.8	4071.2	3686.7	3302.2	2917.8	2533.3	2148.8	1764.4	1379.9	995.5

续表

降雨频率/%	治理度									
	10%	20%	30%	40%	50%	60%	70%	80%	90%	100%
	治理区 4　土壤流失强度/［t/(km²·a)］									
90	3828.3	3496.1	3163.9	2831.8	2499.6	2167.5	1835.4	1503.2	1171.1	839.0
	治理区 5　土壤流失强度/［t/(km²·a)］									
10	16524.2	15275.1	14025.9	12776.9	11527.8	10278.8	9029.8	7780.8	6531.9	5282.9
20	13055.4	12035.4	11015.5	9995.6	8975.8	7955.9	6936.1	5916.3	4896.5	3876.7
30	10522.6	9684.5	8846.4	8008.4	7170.4	6332.4	5494.4	4656.4	3818.4	2980.5
40	8633.9	7936.7	7239.6	6542.5	5845.4	5148.3	4451.3	3754.2	3057.2	2360.1
50	7200.3	6612.7	6025.1	5437.5	4850.0	4262.4	3674.9	3087.3	2499.8	1912.3
60	6094.8	5593.0	5091.3	4589.6	4087.9	3586.2	3084.5	2582.9	2081.2	1579.6
70	5229.7	4796.0	4362.3	3928.6	3495.0	3061.3	2627.7	2194.0	1760.4	1326.8
80	4543.9	4164.7	3785.4	3406.2	3027.0	2647.8	2268.6	1889.4	1510.2	1131.1
90	3993.6	3658.4	3323.2	2988.0	2652.9	2317.7	1982.6	1647.4	1312.3	977.1
	治理区 6　土壤流失强度/［t/(km²·a)］									
10	10879.6	10026.6	9173.6	8320.7	7467.7	6614.8	5761.9	4909.0	4056.1	3203.2
20	7860.6	7217.6	6574.6	5931.6	5288.6	4645.6	4002.7	3359.7	2716.8	2073.9
30	5873.5	5380.9	4888.4	4395.8	3903.2	3410.7	2918.2	2425.6	1933.1	1440.6
40	4520.8	4134.9	3749.0	3363.1	2977.2	2591.3	2205.5	1819.6	1433.8	1047.9
50	3573.0	3263.8	2954.5	2645.3	2336.1	2027.0	1717.8	1408.6	1099.4	790.2
60	2891.7	2638.6	2385.6	2132.5	1879.4	1626.3	1373.3	1120.2	867.2	614.1
70	2390.8	2179.6	1968.3	1757.1	1545.8	1334.6	1123.4	912.2	701.0	489.7
80	2014.9	1835.4	1655.9	1476.4	1296.9	1117.4	937.9	758.4	579.0	399.5
90	1727.5	1572.5	1417.5	1262.5	1107.4	952.4	797.4	642.4	487.4	332.4
	治理区 7　土壤流失强度/［t/(km²·a)］									
10	18297.9	16870.5	15443.1	14015.9	12588.6	11161.4	9734.2	8307.0	6879.9	5452.7
20	13686.6	12582.2	11477.7	10373.3	9268.9	8164.6	7060.3	5956.0	4851.7	3747.4
30	10485.3	9622.2	8759.1	7896.1	7033.0	6170.0	5307.0	4444.0	3581.1	2718.1
40	8207.6	7522.3	6837.1	6152.0	5466.8	4781.7	4096.5	3411.4	2726.3	2041.2
50	6552.1	5999.1	5446.0	4893.0	4340.1	3787.1	3234.1	2681.2	2128.2	1575.3
60	5325.7	4872.1	4418.6	3965.0	3511.5	3058.0	2604.5	2151.0	1697.5	1244.0
70	4401.1	4023.4	3645.7	3268.1	2890.5	2512.8	2135.2	1757.6	1380.0	1002.4
80	3692.8	3373.8	3054.8	2735.9	2416.9	2098.0	1779.0	1460.1	1141.2	822.2
90	3142.1	2869.1	2596.1	2323.2	2050.2	1777.2	1504.3	1231.3	958.4	685.4
	治理区 8　土壤流失强度/［t/(km²·a)］									
10	14116.7	13142.5	12168.4	11194.3	10220.2	9246.2	8272.1	7298.1	6324.1	5350.1
20	10354.6	9620.1	8885.7	8151.2	7416.8	6682.4	5948.0	5213.7	4479.3	3744.9
30	7782.9	7221.8	6660.8	6099.8	5538.8	4977.9	4416.9	3856.0	3295.0	2734.1
40	5981.0	5544.9	5108.8	4672.7	4236.6	3800.6	3364.5	2928.5	2492.4	2056.4
50	4690.8	4345.7	4000.6	3655.6	3310.5	2965.5	2620.4	2275.4	1930.4	1585.3
60	3748.5	3470.7	3193.0	2915.2	2637.5	2359.7	2082.0	1804.2	1526.5	1248.8

续表

降雨频率/%	治理度									
	10%	20%	30%	40%	50%	60%	70%	80%	90%	100%
	治理区 8　土壤流失强度/［t/(km²·a)］									
70	3047.7	2820.5	2593.2	2366.0	2138.8	1911.6	1684.4	1457.2	1230.0	1002.8
80	2517.7	2329.0	2140.3	1951.6	1762.9	1574.2	1385.5	1196.8	1008.1	819.4
90	2110.7	1951.7	1792.8	1633.8	1474.9	1316.0	1157.0	998.1	839.2	680.2
	治理区 9　土壤流失强度/［t/(km²·a)］									
10	7328.7	6744.6	6160.5	5576.4	4992.4	4408.4	3824.4	3240.4	2656.4	2072.4
20	5810.9	5332.8	4854.7	4376.6	3898.6	3420.5	2942.4	2464.4	1986.4	1508.3
30	4707.9	4313.2	3918.6	3524.0	3129.4	2734.7	2340.1	1945.5	1550.9	1156.4
40	3888.0	3557.8	3227.5	2897.2	2567.0	2236.7	1906.5	1576.3	1246.1	915.8
50	3267.0	2986.6	2706.2	2425.8	2145.5	1865.1	1584.7	1304.4	1024.0	743.7
60	2788.5	2547.1	2305.8	2064.5	1823.1	1581.8	1340.5	1099.2	857.9	616.6
70	2414.3	2203.8	1993.4	1782.9	1572.5	1362.1	1151.6	941.2	730.8	520.4
80	2117.5	1931.8	1746.0	1560.3	1374.6	1188.9	1003.2	817.5	631.8	446.1
90	1879.2	1713.5	1547.8	1382.0	1216.3	1050.6	884.9	719.2	553.5	387.8
	治理区 10　土壤流失强度/［t/(km²·a)］									
10	11770.9	10885.3	9999.7	9114.2	8228.7	7343.3	6457.8	5572.3	4686.9	3801.5
20	9444.3	8716.1	7987.9	7259.8	6531.6	5803.5	5075.4	4347.4	3619.3	2891.2
30	7714.4	7111.0	6507.6	5904.2	5300.8	4697.5	4094.1	3490.8	2887.5	2284.1
40	6403.9	5897.9	5391.8	4885.8	4379.8	3873.8	3367.8	2861.8	2355.8	1849.9
50	5395.1	4965.4	4535.7	4106.0	3676.3	3246.6	2816.9	2387.2	1957.6	1527.9
60	4607.2	4237.9	3868.5	3499.2	3129.9	2760.5	2391.2	2021.9	1652.6	1283.3
70	3983.7	3662.6	3341.5	3020.4	2699.3	2378.2	2057.1	1736.0	1414.9	1093.9
80	3484.4	3202.2	2920.0	2637.8	2355.6	2073.4	1791.2	1509.1	1226.9	944.7
90	3079.9	2829.4	2578.9	2328.5	2078.0	1827.5	1577.0	1326.6	1076.1	825.6
	全区　土壤流失强度/［t/(km²·a)］									
10	18160.2	16772.6	15385.2	13997.8	12610.4	11223.1	9835.7	8448.4	7061.1	5673.9
20	12816.4	11804.7	10793.0	9781.4	8769.7	7758.1	6746.6	5735.0	4723.4	3711.9
30	9821.9	9031.6	8241.3	7451.0	6660.8	5870.6	5080.4	4290.2	3500.0	2709.8
40	7848.2	7208.0	6567.9	5927.8	5287.7	4647.7	4007.6	3367.6	2727.6	2087.5
50	6450.9	5919.1	5387.4	4855.7	4324.0	3792.3	3260.6	2729.0	2197.3	1665.6
60	5418.4	4967.9	4517.4	4066.9	3616.5	3166.0	2715.6	2265.1	1814.7	1364.2
70	4632.3	4244.3	3856.3	3468.4	3080.5	2692.5	2304.6	1916.7	1528.8	1140.9
80	4020.1	3681.3	3342.5	3003.6	2664.8	2326.0	1987.3	1648.5	1309.7	970.9
90	3534.4	3234.8	2935.3	2635.7	2336.2	2036.7	1737.1	1437.6	1138.1	838.6

为了很直接方便地计算各治理区的减沙效益，对减沙效益与汛期雨量和梯田面积、林地面积、草地面积的关系进行了统计分析，结果见表 8.46。政府和治理单位可直接应用表 8.46 计算出不同治理情况下的减沙效益。

表 8.46　减沙效益与汛期雨量、梯田面积、林地面积、草地面积的关系

治理区	关系式	相关系数
1	$S\% = 10.186P_{59}^{-0.150}\cdot T^{0.077}\cdot F^{0.154}\cdot G^{0.642}$	0.983
2	$S\% = 8.018P_{59}^{-0.133}\cdot T^{0.170}\cdot F^{0.298}\cdot G^{0.350}$	0.956
3	$S\% = 6.826P_{59}^{-0.133}\cdot T^{0.174}\cdot F^{0.309}\cdot G^{0.334}$	0.956
4	$S\% = 5.653P_{59}^{-0.130}\cdot T^{0.184}\cdot F^{0.303}\cdot G^{0.328}$	0.955
5	$S\% = 6.702P_{59}^{-0.140}\cdot T^{0.151}\cdot F^{0.465}\cdot G^{0.214}$	0.965
6	$S\% = 9.229P_{59}^{-0.143}\cdot T^{0.110}\cdot F^{0.145}\cdot G^{0.607}$	0.980
7	$S\% = 5.954P_{59}^{-0.147}\cdot T^{0.114}\cdot F^{0.286}\cdot G^{0.430}$	0.962
8	$S\% = 3.543P_{59}^{-0.126}\cdot T^{0.218}\cdot F^{0.412}\cdot G^{0.191}$	0.960
9	$S\% = 6.052P_{59}^{-0.121}\cdot T^{0.208}\cdot F^{0.120}\cdot G^{0.511}$	0.970
10	$S\% = 6.896P_{59}^{-0.111}\cdot T^{0.292}\cdot F^{0.249}\cdot G^{0.270}$	0.953
全区	$S\% = 1.097P_{59}^{-0.131}\cdot T^{0.175}\cdot F^{0.294}\cdot G^{0.348}$	0.956

注：$S\%$为减沙效益，取值 0～100%；P_{59}为汛期（5～9 月）雨量，mm；T为梯田面积，万 hm²；F为林地面积，万 hm²；G为草地面积，万 hm²。

2. 治理程度实现的可能性与效益分析

表 8.42 所列的效益是按高标准梯田和高盖度的林草措施下计算的，实际上，要使整个区域大面积治理达到理想的标准状态是有一定难度的。首先，在一些区域，由于受气候、人为活动和林草措施减沙时效的影响，很难使林草地的盖度全面达到 70%以上。其次，由于局地性特大暴雨的影响，梯田田坎冲垮的现象时有发生，这样就使得全区域的梯田效益很难达到标准效益。再之，即使在高标准的治理情况下，完全防止沟坡道路的侵蚀作用是不现实的。因此，要比较客观实际地预测减沙效益，应当对理想状况的计算结果进行区域性的尺度转换。由于影响区域性转换的因素比较复杂，经综合考虑，以 0.8 作为尺度转换系数。表 8.47 是表 8.42 乘以 0.8 系数后所得的减沙效益结果。

表 8.47　转换后的减沙效益

降雨频率/%	治理度									
	10%	20%	30%	40%	50%	60%	70%	80%	90%	100%
	治理区 1 减沙效益/%									
10	5.9	11.9	17.8	23.8	29.7	35.6	41.6	47.5	53.5	59.4
20	6.2	12.3	18.5	24.7	30.8	37.0	43.2	49.3	55.5	61.7
30	6.3	12.6	18.9	25.2	31.5	37.8	44.1	50.4	56.7	63.1
40	6.4	12.8	19.2	25.6	32.0	38.4	44.8	51.2	57.6	64.0
50	6.5	13.0	19.4	25.9	32.4	38.9	45.4	51.9	58.3	64.8
60	6.5	13.1	19.6	26.2	32.7	39.3	45.8	52.4	58.9	65.5
70	6.6	13.2	19.8	26.4	33.0	39.6	46.2	52.8	59.4	66.0
80	6.7	13.3	20.0	26.6	33.3	39.9	46.5	53.2	59.8	66.5
90	6.7	13.4	20.1	26.8	33.5	40.2	46.8	53.5	60.2	66.9
	治理区 2 减沙效益/%									
10	5.7	11.5	17.2	22.9	28.7	34.4	40.2	45.9	51.6	57.4
20	5.9	11.9	17.8	23.7	29.7	35.6	41.5	47.4	53.4	59.3
30	6.0	12.1	18.1	24.2	30.2	36.3	42.3	48.4	54.4	60.5

续表

降雨频率/%	治理度									
	10%	20%	30%	40%	50%	60%	70%	80%	90%	100%
	治理区 2 减沙效益/%									
40	6.1	12.3	18.4	24.5	30.7	36.8	42.9	49.1	55.2	61.3
50	6.2	12.4	18.6	24.8	31.0	37.2	43.4	49.6	55.8	62.0
60	6.3	12.5	18.8	25.0	31.3	37.5	43.8	50.0	56.3	62.5
70	6.3	12.6	18.9	25.2	31.5	37.8	44.1	50.4	56.7	63.0
80	6.3	12.7	19.0	25.4	31.7	38.1	44.4	50.7	57.1	63.4
90	6.4	12.8	19.1	25.5	31.9	38.3	44.6	51.0	57.4	63.8
	治理区 3 减沙效益/%									
10	5.7	11.4	17.1	22.8	28.4	34.1	39.8	45.5	51.2	56.9
20	5.9	11.7	17.6	23.4	29.3	35.1	41.0	46.8	52.7	58.5
30	6.0	11.9	17.9	23.8	29.8	35.7	41.7	47.6	53.6	59.5
40	6.0	12.1	18.1	24.1	30.1	36.2	42.2	48.2	54.2	60.3
50	6.1	12.2	18.2	24.3	30.4	36.5	42.6	48.7	54.7	60.8
60	6.1	12.3	18.4	24.5	30.6	36.8	42.9	49.0	55.2	61.3
70	6.2	12.3	18.5	24.7	30.8	37.0	43.2	49.3	55.5	61.7
80	6.2	12.4	18.6	24.8	31.0	37.2	43.4	49.6	55.8	62.0
90	6.2	12.5	18.7	24.9	31.2	37.4	43.6	49.9	56.1	62.3
	治理区 4 减沙效益/%									
10	5.8	11.6	17.4	23.3	29.1	34.9	40.7	46.5	52.3	58.1
20	6.0	12.0	18.0	24.0	29.9	35.9	41.9	47.9	53.9	59.9
30	6.1	12.2	18.3	24.4	30.5	36.6	42.7	48.7	54.8	60.9
40	6.2	12.3	18.5	24.7	30.8	37.0	43.2	49.4	55.5	61.7
50	6.2	12.5	18.7	24.9	31.1	37.4	43.6	49.8	56.1	62.3
60	6.3	12.6	18.8	25.1	31.4	37.7	43.9	50.2	56.5	62.8
70	6.3	12.6	19.0	25.3	31.6	37.9	44.2	50.5	56.9	63.2
80	6.4	12.7	19.1	25.4	31.8	38.1	44.5	50.8	57.2	63.5
90	6.4	12.8	19.2	25.5	31.9	38.3	44.7	51.1	57.5	63.9
	治理区 5 减沙效益/%									
10	5.6	11.2	16.9	22.5	28.1	33.7	39.4	45.0	50.6	56.2
20	5.8	11.6	17.4	23.2	29.0	34.8	40.6	46.4	52.2	58.0
30	5.9	11.8	17.7	23.6	29.5	35.4	41.3	47.2	53.1	59.0
40	6.0	12.0	17.9	23.9	29.9	35.9	41.8	47.8	53.8	59.8
50	6.0	12.1	18.1	24.1	30.2	36.2	42.3	48.3	54.3	60.4
60	6.1	12.2	18.3	24.3	30.4	36.5	42.6	48.7	54.8	60.8
70	6.1	12.3	18.4	24.5	30.6	36.8	42.9	49.0	55.1	61.3
80	6.2	12.3	18.5	24.7	30.8	37.0	43.1	49.3	55.5	61.6
90	6.2	12.4	18.6	24.8	31.0	37.2	43.4	49.6	55.7	61.9
	治理区 6 减沙效益/%									
10	5.8	11.6	17.4	23.3	29.1	34.9	40.7	46.5	52.3	58.2
20	6.1	12.1	18.1	24.2	30.2	36.3	42.3	48.4	54.4	60.5
30	6.2	12.4	18.6	24.8	31.0	37.1	43.3	49.5	55.7	61.9
40	6.3	12.6	18.9	25.2	31.5	37.8	44.0	50.3	56.6	62.9

续表

降雨频率/%	治理度									
	10%	20%	30%	40%	50%	60%	70%	80%	90%	100%
	治理区 6 减沙效益/%									
50	6.4	12.7	19.1	25.5	31.9	38.2	44.6	51.0	57.3	63.7
60	6.4	12.9	19.3	25.8	32.2	38.6	45.1	51.5	57.9	64.4
70	6.5	13.0	19.5	26.0	32.5	39.0	45.5	52.0	58.4	64.9
80	6.5	13.1	19.6	26.2	32.7	39.3	45.8	52.4	58.9	65.4
90	6.6	13.2	19.8	26.4	32.9	39.5	46.1	52.7	59.3	65.9
	治理区 7 减沙效益/%									
10	5.8	11.6	17.4	23.2	28.9	34.7	40.5	46.3	52.1	57.9
20	6.0	11.9	17.9	23.9	29.9	35.8	41.8	47.8	53.8	59.7
30	6.1	12.2	18.3	24.3	30.4	36.5	42.6	48.7	54.8	60.8
40	6.2	12.3	18.5	24.7	30.8	37.0	43.1	49.3	55.5	61.6
50	6.2	12.5	18.7	24.9	31.1	37.4	43.6	49.8	56.0	62.3
60	6.3	12.6	18.8	25.1	31.4	37.7	43.9	50.2	56.5	62.8
70	6.3	12.6	19.0	25.3	31.6	37.9	44.3	50.6	56.9	63.2
80	6.4	12.7	19.1	25.4	31.8	38.2	44.5	50.9	57.2	63.6
90	6.4	12.8	19.2	25.6	32.0	38.4	44.8	51.2	57.5	63.9
	治理区 8 减沙效益/%									
10	5.2	10.3	15.5	20.7	25.8	31.0	36.1	41.3	46.5	51.6
20	5.3	10.6	15.9	21.2	26.5	31.8	37.1	42.4	47.7	53.0
30	5.4	10.8	16.1	21.5	26.9	32.3	37.7	43.0	48.4	53.8
40	5.4	10.9	16.3	21.7	27.2	32.6	38.1	43.5	48.9	54.4
50	5.5	11.0	16.4	21.9	27.4	32.9	38.4	43.9	49.3	54.8
60	5.5	11.0	16.6	22.1	27.6	33.1	38.6	44.2	49.7	55.2
70	5.6	11.1	16.7	22.2	27.8	33.3	38.9	44.4	50.0	55.5
80	5.6	11.2	16.7	22.3	27.9	33.5	39.0	44.6	50.2	55.8
90	5.6	11.2	16.8	22.4	28.0	33.6	39.2	44.8	50.4	56.0
	治理区 9 减沙效益/%									
10	5.9	11.8	17.7	23.6	29.5	35.4	41.3	47.2	53.1	59.0
20	6.1	12.2	18.2	24.3	30.4	36.5	42.6	48.7	54.7	60.8
30	6.2	12.4	18.6	24.8	30.9	37.1	43.3	49.5	55.7	61.9
40	6.3	12.5	18.8	25.1	31.3	37.6	43.8	50.1	56.4	62.6
50	6.3	12.6	19.0	25.3	31.6	37.9	44.3	50.6	56.9	63.2
60	6.4	12.7	19.1	25.5	31.9	38.2	44.6	51.0	57.3	63.7
70	6.4	12.8	19.2	25.7	32.1	38.5	44.9	51.3	57.7	64.1
80	6.5	12.9	19.4	25.8	32.3	38.7	45.2	51.6	58.1	64.5
90	6.5	13.0	19.5	25.9	32.4	38.9	45.4	51.9	58.3	64.8
	治理区 10 减沙效益/%									
10	5.6	11.2	16.8	22.4	28.0	33.6	39.2	44.8	50.4	56.0
20	5.7	11.5	17.2	22.9	28.6	34.4	40.1	45.8	51.5	57.3
30	5.8	11.6	17.4	23.2	29.0	34.8	40.6	46.4	52.2	58.0
40	5.9	11.7	17.6	23.4	29.3	35.2	41.0	46.9	52.7	58.6
50	5.9	11.8	17.7	23.6	29.5	35.4	41.3	47.2	53.1	59.0

续表

降雨频率/%	治理度									
	10%	20%	30%	40%	50%	60%	70%	80%	90%	100%
	治理区 10 减沙效益/%									
60	5.9	11.9	17.8	23.8	29.7	35.6	41.6	47.5	53.4	59.4
70	6.0	11.9	17.9	23.9	29.8	35.8	41.8	47.7	53.7	59.7
80	6.0	12.0	18.0	24.0	30.0	36.0	42.0	47.9	53.9	59.9
90	6.0	12.0	18.1	24.1	30.1	36.1	42.1	48.1	54.2	60.2
	全区减沙效益/%									
10	5.7	11.4	17.0	22.7	28.4	34.1	39.7	45.4	51.1	56.8
20	5.9	11.7	17.6	23.4	29.3	35.1	41.0	46.8	52.7	58.5
30	6.0	11.9	17.9	23.8	29.8	35.7	41.7	47.7	53.6	59.6
40	6.0	12.1	18.1	24.1	30.2	36.2	42.2	48.3	54.3	60.3
50	6.1	12.2	18.3	24.4	30.5	36.6	42.6	48.7	54.8	60.9
60	6.1	12.3	18.4	24.6	30.7	36.8	43.0	49.1	55.3	61.4
70	6.2	12.4	18.5	24.7	30.9	37.1	43.3	49.5	55.6	61.8
80	6.2	12.4	18.7	24.9	31.1	37.3	43.5	49.7	56.0	62.2
90	6.3	12.5	18.8	25.0	31.3	37.5	43.8	50.0	56.3	62.5

3. 重点治理区不同治理程度的土壤流失量预测

现将黄土高原重点治理区（14.9 万 km^2）不同水文年型与不同治理度下的减沙效益、减沙量与土壤流失量预测列于表 8.48。

表 8.48　黄土高原重点治理区不同治理度下的减沙效益、减沙量和土壤流失量

降雨频率/%	治理度									
	10%	20%	30%	40%	50%	60%	70%	80%	90%	100%
	减沙效益/%									
10	5.7	11.4	17.0	22.7	28.4	34.1	39.7	45.4	51.1	56.8
20	5.9	11.7	17.6	23.4	29.3	35.1	41.0	46.8	52.7	58.5
30	6.0	11.9	17.9	23.8	29.8	35.7	41.7	47.7	53.6	59.6
40	6.0	12.1	18.1	24.1	30.2	36.2	42.2	48.3	54.3	60.3
50	6.1	12.2	18.3	24.4	30.5	36.6	42.6	48.7	54.8	60.9
60	6.1	12.3	18.4	24.6	30.7	36.8	43.0	49.1	55.3	61.4
70	6.2	12.4	18.5	24.7	30.9	37.1	43.3	49.5	55.6	61.8
80	6.2	12.4	18.7	24.9	31.1	37.3	43.5	49.7	56.0	62.2
90	6.3	12.5	18.8	25.0	31.3	37.5	43.8	50.0	56.3	62.5
	减沙量/万 t									
10	16541.9	33081.6	49620.3	66158.5	82696.3	99233.8	115770.9	132307.9	148844.6	165381.2
20	12061.7	24121.8	36181.2	48240.2	60299.0	72357.4	84415.7	96473.8	108531.8	120589.6
30	9422.1	18842.8	28263.1	37683.0	47102.7	56522.2	65941.6	75360.8	84779.9	94198.9
40	7631.7	15262.4	22892.6	30522.6	38152.4	45782.0	53411.6	61041.0	68670.3	76299.5
50	6339.5	12678.1	19016.4	25354.4	31692.3	38030.1	44367.8	50705.4	57042.9	63380.3

续表

降雨频率/%	治理度									
	10%	20%	30%	40%	50%	60%	70%	80%	90%	100%
	减沙量/万 t									
60	5371.0	10741.3	16111.2	21481.0	26850.7	32220.2	37589.7	42959.1	48328.4	53697.6
70	4625.4	9250.1	13874.6	18498.9	23123.1	27747.2	32371.3	36995.3	41619.2	46243.0
80	4039.6	8078.6	12117.5	16156.1	20194.7	24233.2	28271.7	32310.0	36348.4	40386.6
90	3571.4	7142.3	10713.0	14283.6	17854.1	21424.6	24994.9	28565.3	32135.5	35705.8
	土壤流失量/万 t									
10	274726.5	258186.8	241648.1	225109.9	208572.1	192034.6	175497.5	158960.5	142423.8	125887.2
20	193983.3	181923.2	169863.8	157804.7	145746.0	133687.6	121629.3	109571.2	97513.2	85455.4
30	148703.8	139283.0	129862.8	120442.8	111023.1	101603.6	92184.3	82765.0	73346.0	63927.0
40	118847.5	111216.8	103586.6	95956.6	88326.8	80697.1	73067.6	65438.2	57808.9	50179.7
50	97704.4	91365.8	85027.5	78689.5	72351.6	66013.8	59676.1	53338.5	47001.0	40663.6
60	82078.5	76708.3	71338.3	65968.5	60598.8	55229.3	49859.8	44490.4	39121.1	33751.9
70	70178.3	65553.6	60929.1	56304.8	51680.6	47056.4	42432.4	37808.4	33184.5	28560.6
80	60910.6	56871.5	52832.7	48794.0	44755.4	40716.9	36678.5	32640.1	28601.8	24563.5
90	53556.1	49985.2	46414.5	42843.9	39273.4	35703.0	32132.6	28562.3	24992.0	21421.7
	土壤流失强度/［$t/(km^2·a)$］									
10	18437.7	17327.7	16217.7	15107.8	13997.9	12888.0	11778.2	10668.3	9558.5	8448.7
20	13018.8	12209.4	11400.1	10590.8	9781.5	8972.2	8162.9	7353.7	6544.4	5735.2
30	9980.0	9347.7	8715.5	8083.3	7451.1	6818.9	6186.8	5554.6	4922.5	4290.3
40	7976.2	7464.1	6952.0	6439.9	5927.9	5415.8	4903.8	4391.8	3879.7	3367.7
50	6557.2	6131.8	5706.5	5281.1	4855.7	4430.4	4005.0	3579.7	3154.4	2729.1
60	5508.5	5148.1	4787.7	4427.3	4067.0	3706.6	3346.2	2985.9	2625.5	2265.2
70	4709.9	4399.5	4089.1	3778.8	3468.4	3158.1	2847.8	2537.4	2227.1	1916.8
80	4087.9	3816.8	3545.8	3274.7	3003.7	2732.6	2461.6	2190.6	1919.6	1648.5
90	3594.3	3354.7	3115.0	2875.4	2635.8	2396.1	2156.5	1916.9	1677.3	1437.7

由表 8.48 可以看出：

（1）当治理度达到 50%时，平水年（P=50%）坡面梯田和林草措施的减沙效益为 30.5%，其土壤流失量可由 10.4 亿 t 减少到 7.2 亿 t；枯水年（P=80%）坡面梯田和林草措施的减沙效益为 31.1%，其土壤流失量可由 6.5 亿 t 减少到 4.5 亿 t；丰水年（P=20%）坡面梯田和林草措施的减沙效益为 29.3%，其土壤流失量可由 20.6 亿 t 减少到 14.6 亿 t。

（2）当治理度为 80%时，平水年（P=50%）坡面梯田和林草措施的减沙效益为 48.7%，其土壤流失量可由 10.4 亿 t 减少到 5.3 亿 t；枯水年（P=80%）坡面梯田和林草措施的减沙效益为 49.7%，其土壤流失量可由 6.5 亿 t 减少到 3.3 亿 t；丰水年（P=20%）坡面梯田和林草措施的减沙效益为 46.8%，其土壤流失量可由 20.6 亿 t 减少到 11.0 亿 t。

（3）在完全治理的情况下（治理度为 100%），平水年（P=50%）坡面梯田和林草措施的减沙效益为 60.9%，其土壤流失量可由 10.4 亿 t 减少到 4.1 亿 t；枯水年（P=80%）坡面梯田和林草措施的减沙效益为 62.2%，其土壤流失量可由 6.5 亿 t 减少到 2.5 亿 t；丰水年（P=20%）坡面梯田和林草措施的减沙效益为 58.5%，其土壤流失量可由 20.6 亿 t 减少到 8.5 亿 t。

8.4　重点治理区不同治理阶段的减沙变化

根据黄土高原水土保持的治理特点和治理力度，可将黄土高原治理分为四个阶段：一是将 20 世纪 60 年代以前视作为治理前（1955～1969 年），二是把 20 世纪 70 年代和 80 年代以基本农田建设为主体的这 20 年治理视作为一期治理阶段（1970～1989 年），三是把 90 年代以后以林草措施和淤地坝建设为主体的这 20 年治理视作为二期治理阶段（1990～2009 年）；四是在二期治理阶段中，将 2000 年以后视为退耕后阶段（2000～2009 年）。

表 8.49 是各治理区不同治理阶段的侵蚀强度变化情况（由于第九重点治理区没有收集到相关资料，因此未列入），可以看出：

表 8.49　各治理区不同治理阶段侵蚀模数变化

治理区	面积/km²	不同治理阶段侵蚀模数/［t/(km²·a)］				较治理前减幅/%		
		治理前	一期治理	二期治理	退耕后	一期治理	二期治理	退耕后
		1955～1969 年	1970～1989 年	1990～2009 年	2000～2009 年	1970～1989 年	1990～2009 年	2000～2009 年
1	6574.2	9480.1	9284.0	2542.9	486.7	2.1	73.2	94.9
2	13092.5	10143.4	7218.5	2420.8	1179.0	28.8	76.1	88.4
3	16074.4	14101.3	6748.5	4276.0	1803.2	52.1	69.7	87.2
4	20126.5	15097.0	7013.4	6735.0	4353.2	53.5	55.4	71.2
5	15636.7	12179.3	6408.4	3387.4	2100.0	47.4	72.2	82.8
6	7810.3	7405.5	3016.0	1662.5	829.6	59.3	77.6	88.8
7	17835.8	11759.2	8474.0	8152.0	4462.0	27.9	30.7	62.1
8	23743.8	8479.2	5938.8	3762.8	2470.7	30.0	55.6	70.9
10	14473.1	9657.8	5769.7	2000.6	1617.4	40.3	79.3	83.3
合计	135367.3	11530.2	6751.2	4306.4	2474.2	41.4	62.7	78.5

（1）各治理区一期治理较治理前相比，侵蚀产沙量平均减少了 41.4%。减沙幅度小于 30.0%的有四个治理区，分别为窟野河皇甫川上游风沙草原区（2.1%）、河曲至头道拐黄土平岗丘陵沟壑区（28.8%）、泾河北洛河上游干旱黄土丘陵沟壑区（27.9%）、泾河中下游黄土高塬沟壑区（30.0%）；减沙幅度大于 50.0%的有三个治理区，分别为河曲至吴堡黄土峁状丘陵沟壑区（52.1%）、清涧河、无定河和三川河中下游黄土峁状丘陵沟壑区（53.5%）、西北部风沙黄土丘陵沟壑区（59.3%）。

（2）各治理区二期治理较治理前相比，侵蚀产沙量平均减少了 62.7%。除泾河北洛河上游干旱黄土丘陵沟壑区（30.7%）、清涧河、无定河和三川河中下游黄土峁状丘陵沟壑区（55.4%）、泾河中下游黄土高原沟壑区（55.6%）减沙幅度小于 60.0%外，其余各区减沙幅度均接近或超过了 70.0%。

（3）各治理区退耕后较治理前相比，侵蚀产沙量平均减少了 78.5%。除泾河北洛河上游干旱黄土丘陵沟壑区（62.1%）、清涧河、无定河和三川河中下游黄土峁状丘陵沟壑区（71.2%）、泾河中下游黄土高原沟壑区（70.9%）外，其余各区减沙幅度均超过了 80.0%。

（4）黄土高原二期治理，特别是退耕后的减沙效益普遍比预测值高出 20 个百分点，有个别治理区甚至更高。其主要原因，考虑是淤地坝及部分水利设施的拦沙作用。

（5）由于退耕因素和淤地坝作用的双重影响，第一、第二、第三、第六治理区的减沙效益明显高于其他治理区。相比之下，处于径河、北洛河的第七、第八治理区减沙效益偏低。

（6）治理后的减沙效益变化说明，由于坡蚀与沟蚀的共同作用，即使在完全治理的情况下，坡面水土保持措施最大的减沙效益也只能达到 60%左右，必须同时辅以必要的淤地坝等治沟工程，才能把泥沙减少到最低程度。

为了反映各治理区不同治理阶段的侵蚀强度和减沙幅度变化，根据计算结果，分别绘制了各治理区治理前和不同治理阶段的侵蚀强度变化图（图 8.7～图 8.10）及各治理区不同治理阶段减沙幅度图（图 8.11～图 8.13）。

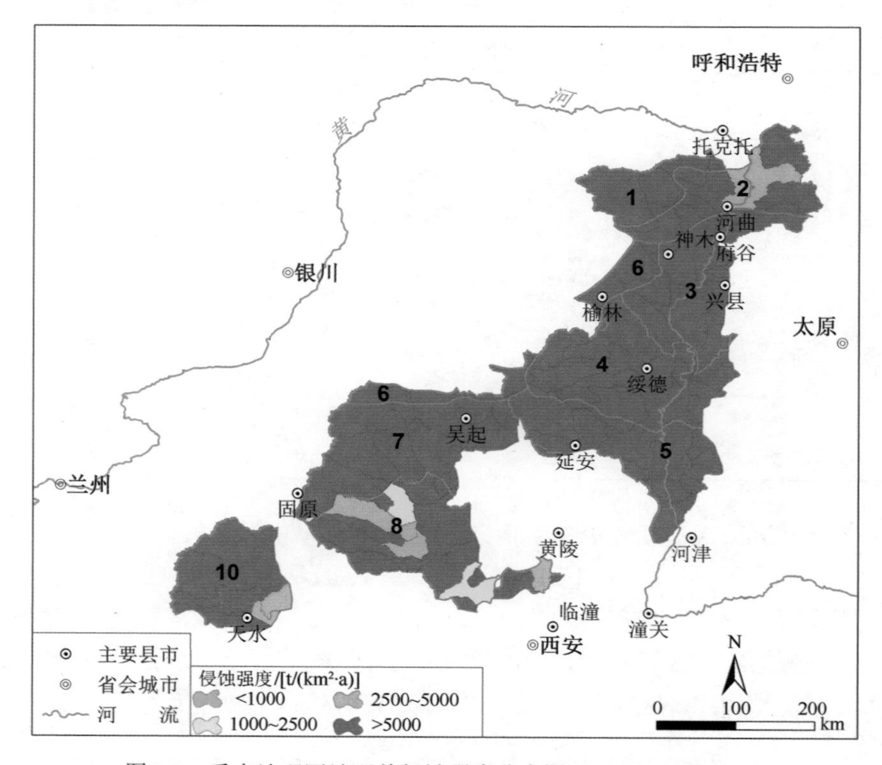

图 8.7　重点治理区治理前侵蚀强度分布图（1955～1969 年）

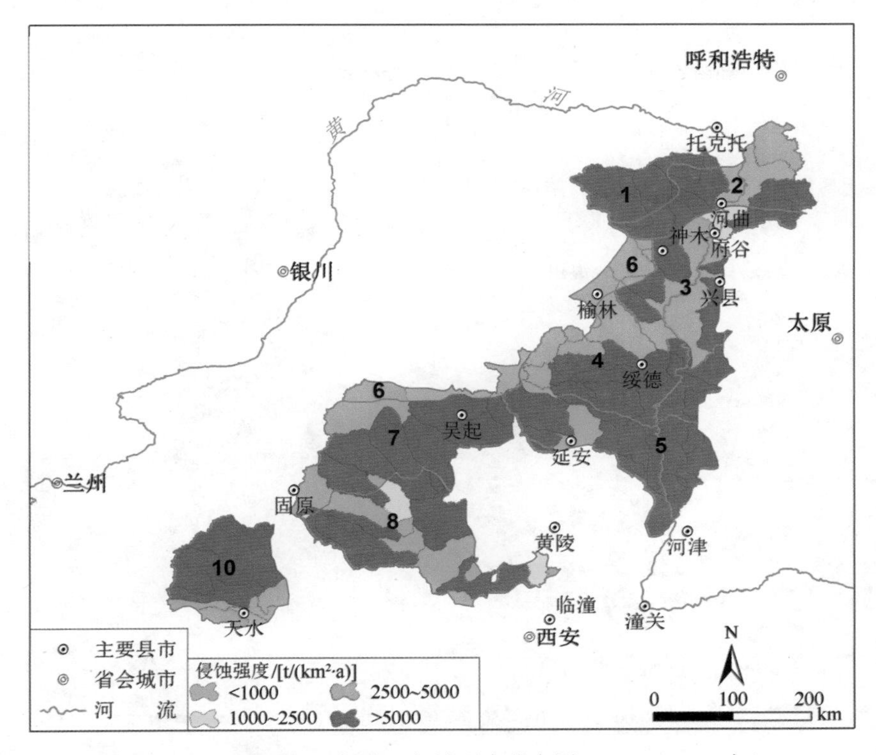

图 8.8　重点治理区一期治理侵蚀强度分布图（1970～1989 年）

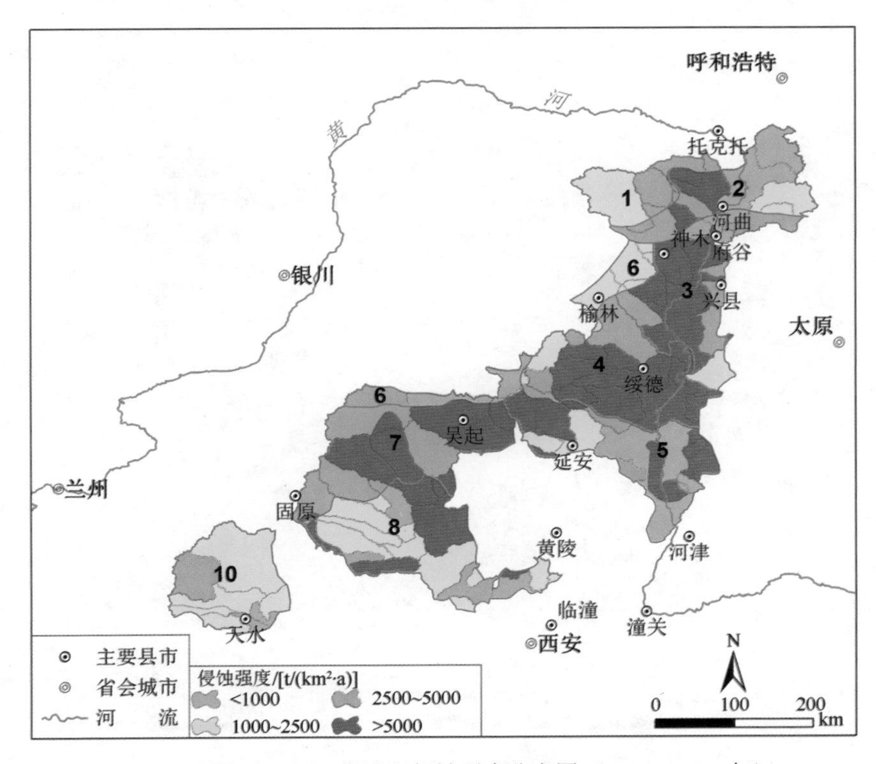

图 8.9　重点治理区二期治理侵蚀强度分布图（1990～2009 年）

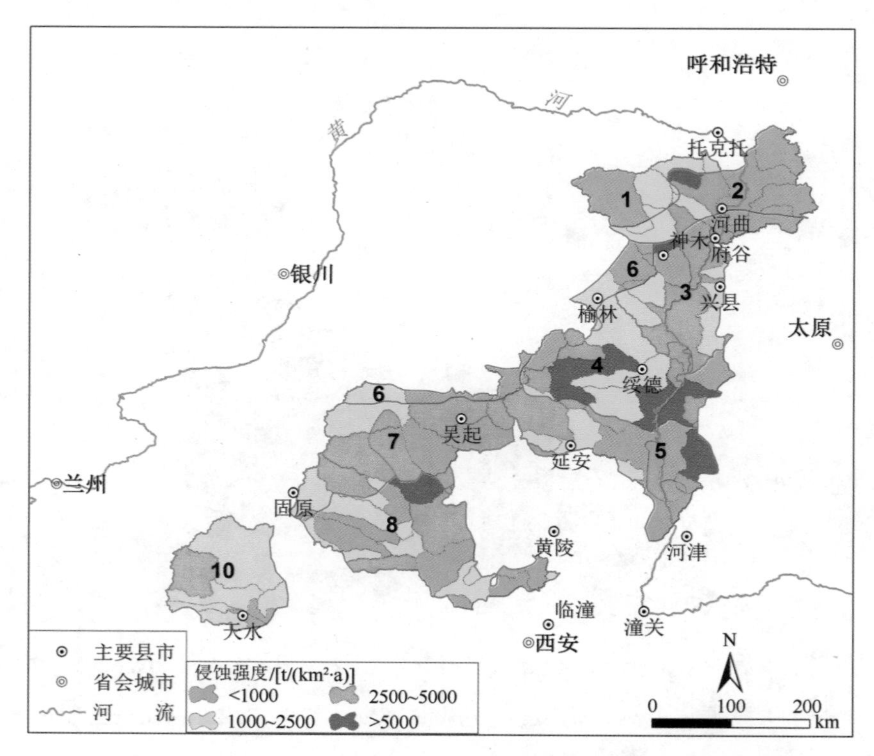

图 8.10　重点治理区退耕后侵蚀强度分布图（2000～2009 年）

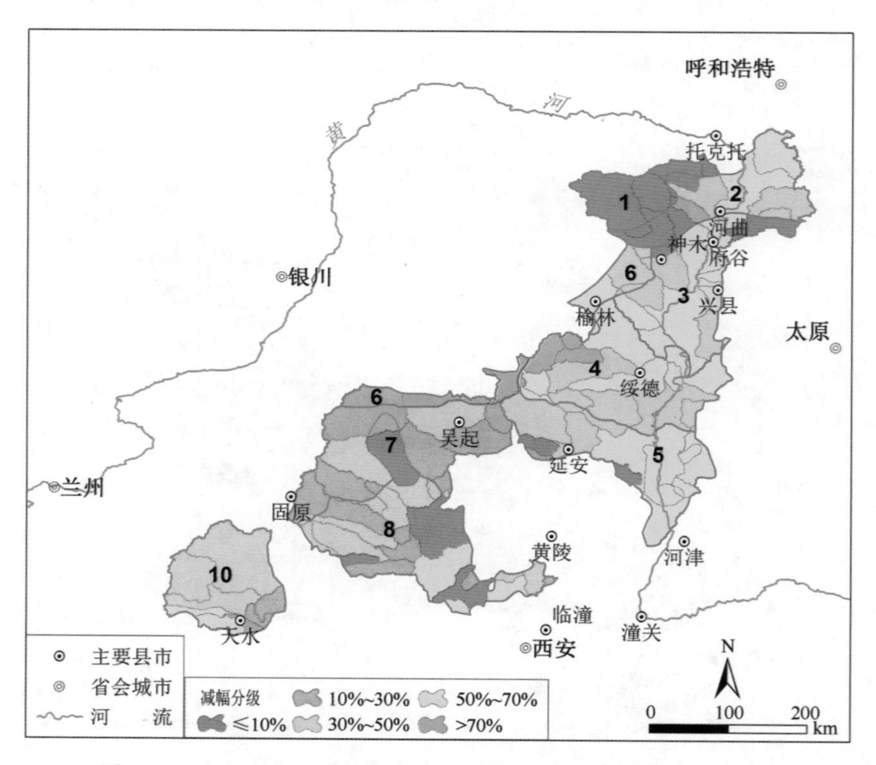

图 8.11　重点治理区一期治理减沙幅度分布图（1970～1989 年）

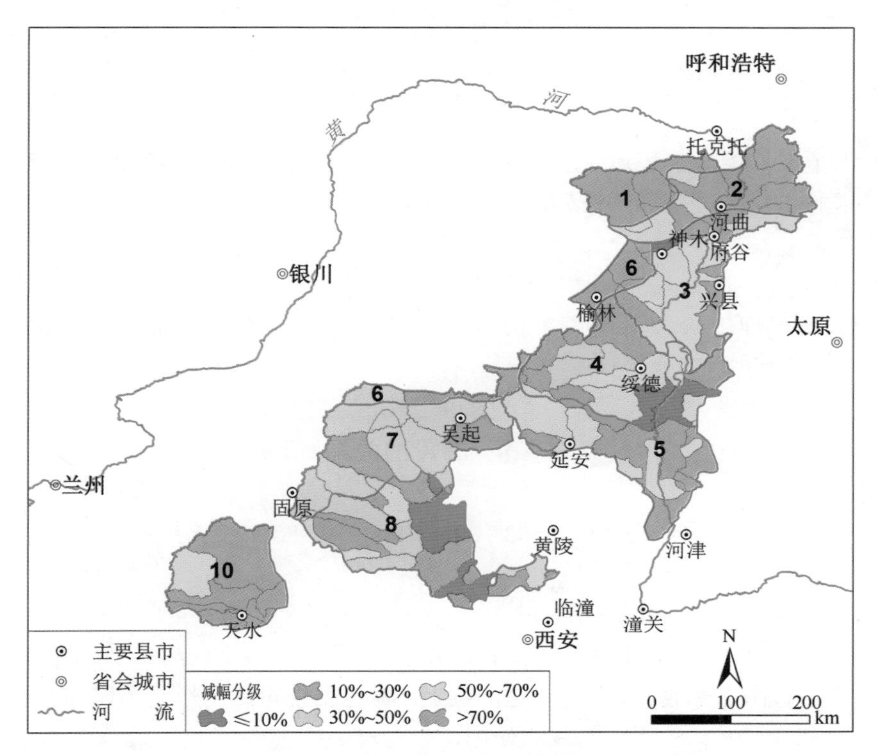

图 8.12　重点治理区二期治理减沙幅度分布图（1990～2009 年）

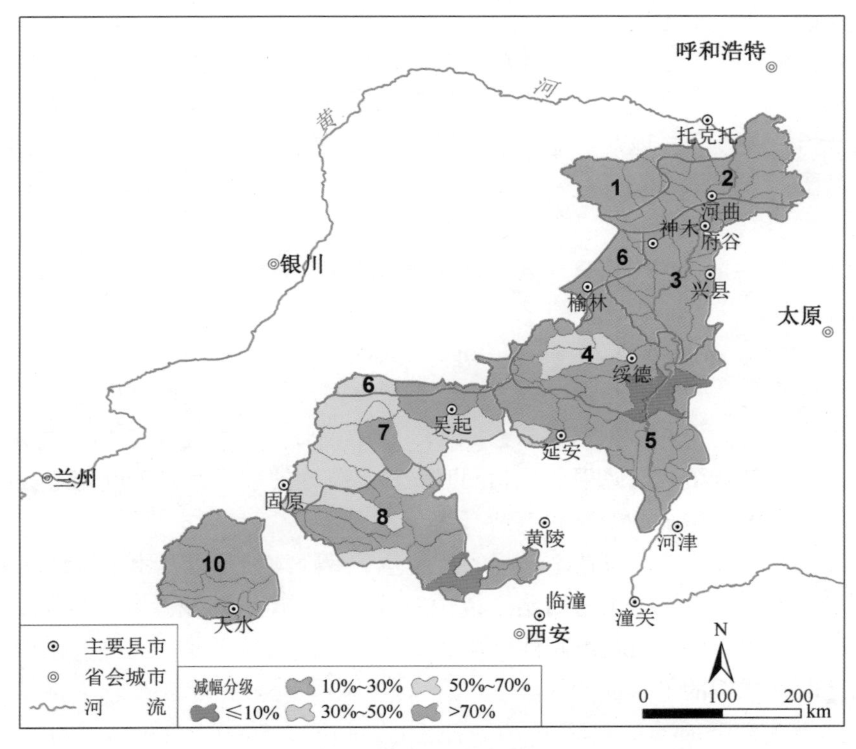

图 8.13　重点治理区退耕后减沙幅度分布图（2000～2009 年）

8.5 小 结

（1）水土保持措施主要包括水平梯田、林、草、淤地坝等。决定水土保持措施减沙效益除了措施本身的数量和质量外，降雨因素的影响也是很重要的一个方面。因此，各项水土保持措施减沙效益的计算和评价必须将其置于不同的降雨条件下进行分析。

（2）当 $P{\cdot}I_{30}<50\text{mm}^2/\text{min}$ 时，水平梯田完全可以做到全部降雨拦蓄，减沙效益为100%，高标准的梯田基本可以防御 10 年一遇的暴雨；当 $P{\cdot}I_{30}>50\text{mm}^2/\text{min}$ 时，减沙效益 S（%）与 $P{\cdot}I_{30}$ 的关系如下：

$$S(\%)=-0.5848(P{\cdot}I_{30})+130.07$$

（3）林地、草地的减沙效益与降雨、盖度的关系如下：

林地：

$$S(\%)=223.927-3103.189(1/v)-30.985\log(P{\cdot}I_{30}.v)$$

草地：

$$S(\%)=-108.520+46.194\log(v/P{\cdot}I_{30})+84.813\log(v)$$

（4）林草的减沙效益随着 $P{\cdot}I_{30}$ 的增大而减小，且减幅程度逐渐变小；随着盖度的增大而增大，且增幅程度逐渐变小，在这一点上，林地表现得比草地更为明显。对于林地，当盖度大于 30%时就有较明显的减沙作用，当盖度大于 60%时减沙效益趋于相对稳定；对于草地，当盖度大于 40%时有较明显的水土保持作用，当盖度大于 70%时随着盖度的增加，减沙趋于相对稳定。

（5）有效植被盖度是水土保持林草措施建设中一个重要的指导性指标。临界有效盖度是指在相对某一降雨和地形（坡度）条件下，不使土壤流失（在允许土壤流失量范围内）的最低植被盖度。林地、草地的水土保持临界有效盖度（v）与 $P{\cdot}I_{30}$ 和坡度（s）的关系如下：

林地：

$$v=-103.29+33.81\log(P{\cdot}I_{30})+75.38\log(s)$$

草地：

$$v=-103.20+34.62\log(P{\cdot}I_{30})+78.97\log(s)$$

（6）在降雨、坡度相同的情况下，植被类型不同，临界有效盖度也不同，林地的临界有效盖度较草地的小。在相同的坡度下，林、草地的临界盖度随着 $P{\cdot}I_{30}$ 的增加而增加，其增加的幅度逐渐减缓。在降雨条件相同时，林、草地的临界有效盖度随着坡度的增大而增大，坡度越大，增加的幅度也有所减缓。

（7）淤地坝的减沙效益包括淤地坝的拦泥量、减轻沟蚀量以及由于淤地坝滞洪后削减洪峰流量、流速而对淤地坝下游沟道侵蚀的减少量。单坝的减沙效益与坝高成正比，与控制面积成反比。坝系的减水减沙效益与坝地面积占流域面积的比例关系密切，其大小随着坝地面积比例的增加而增加。

（8）由于黄土高原的水土流失主要来自侵蚀强度≥5000t/（$\text{km}^2{\cdot}\text{a}$）的多沙区（占总流失量的 84.6%），因此，黄土高原水土流失的治理重点应该是上述地区。根据黄土高原 1955～1969 年的侵蚀强度，将侵蚀强度≥5000t/km^{2}的区域作为黄土高原的重点治理区，面积共 14.9 万 km^2；考虑到整体措施的布设，各治理区按照“流域+侵蚀类型区”进行命名，前者考虑了以流域为单元的治理特点，后者考虑了不同类型区措施布设的差异性，这样既保证了流域的完整性，又兼顾了流域内不同类型区措施的配置特点；根据上述原则，黄土高原的 10 个重点治理区分别为：窟野河皇甫川上游风沙草原区，河曲至头道拐黄土平岗丘陵沟壑区，河曲至吴堡黄土峁状丘陵沟壑区，清涧河、无定河和三川河中下游黄土峁状丘陵沟壑区，延河昕水河汾川河黄土梁状丘陵沟壑区，西北部风沙黄土丘陵沟壑区，泾河北洛河上游干旱黄土丘陵沟壑区，泾河中下游黄土高原沟壑区，祖厉河清水河上游黄土高原沟壑区，渭河上游黄土高原沟壑区。

（9）根据各治理区的自然环境和社会经济情况进行水土保持措施的配置，配置原则是：以减蚀为主要目标，梯田的配置与耕地的坡度相结合，主要配置在 3°～15°的坡地上；林草的配置遵循植被的地带分布规律，不同植被带的林（含灌木）、草配置比例确定为：森林带为 8∶2；森林草原带为 5∶5；草原带为 2∶8。

（10）各治理区的应治理总面积的确定，是以各治理区的总土地面积减去居民工矿用地面积、交通用地面积、水域面积、裸岩石砾地面积和小于 3°的耕地面积。

（11）治理度通常表示为治理面积与应治理面积之比，但由于单位面积各种措施减沙效益不同，很难建立治理度与减沙效益的关系。因此，以梯田为“标准面积单位”，将不同降雨条件下不同盖度林地和草地的减沙效益进行标准化处理，折算成“标准面积”的换算系数，来确定治理度。治理度的计算公式为

$$C=(T+F\cdot\xi_1+G\cdot\xi_2)/A$$

（12）为了分析不同降雨条件与不同治理程度下的减沙效益与土壤流失量，就需对不同降雨条件的降雨指标与不同治理程度下梯田、林地和草地的面积进行随机组合，这样就可得到若干不同降雨条件与不同治理程度的组合方案，分析不同降雨与治理程度双相组合下的土壤流失量与减沙效益。政府和治理部门可根据经费投入状况和治理进度安排，选择某一治理度下的措施配置组合方案。

（13）当治理度分别为 50%、70%和 90%时，黄土高原各治理区理想状态下（措施质量完全达到标准要求）平水年份的减沙效益分别在 38.1%、53.3%和 68.5%左右。如果达到完全治理（治理度 100%），各治理区不同降雨频率下的减沙效益为 65.0%～83.0%。若以实际情况，按以理想状态的 80%考虑，重点治理区不同水文年型、不同治理度下的减沙效益分别为：

当治理度达到 50%时，平水年（P=50%）坡面梯田和林草措施的减沙效益为 30.5%，其土壤流失量可由 10.4 亿 t 减少到 7.2 亿 t；枯水年（P=80%）坡面梯田和林草措施的减沙效益为 31.1%，其土壤流失量可由 6.5 亿 t 减少到 4.5 亿 t；丰水年（P=20%）坡面梯田和林草措施的减沙效益为 29.3%，其土壤流失量可由 20.6 亿 t 减少到 14.6 亿 t。

当治理度为 80%时，平水年（P=50%）坡面梯田和林草措施的减沙效益为 48.7%，其土壤流失量可由 10.4 亿 t 减少到 5.3 亿 t；枯水年（P=80%）坡面梯田和林草措施的减沙效益为 49.7%，其土壤流失量可由 6.5 亿 t 减少到 3.3 亿 t；丰水年（P=20%）坡面梯田和林草措施的减沙效益为 46.8%，其土壤流失量可由 20.6 亿 t 减少到 11.0 亿 t。

在完全治理的情况下（治理度为100%），平水年（P=50%）坡面梯田和林草措施的减沙效益为60.9%，其土壤流失量可由10.4亿t减少到4.1亿t；枯水年（P=80%）坡面梯田和林草措施的减沙效益为62.2%，其土壤流失量可由6.5亿t减少到2.5亿t；丰水年（P=20%）坡面梯田和林草措施的减沙效益为58.5%，其土壤流失量可由20.6亿t减少到8.5亿t。

（14）根据黄土高原水土保持的治理特点和治理力度，可将黄土高原治理分为四个阶段：一是将20世纪60年代以前视作为治理前（1955～1969年），二是把20世纪70年代和80年代以基本农田建设为主体的这20年治理视作为一期治理阶段（1970～1989年），三是把90年代以后以林草措施和淤地坝建设为主体的这20年治理视作为二期治理阶段（1990～2009年）；四是在二期治理阶段中，将2000年以后视为退耕后阶段（2000～2009年）。

（15）各治理区一期治理较治理前相比，侵蚀产沙量平均减少了41.4%。减沙幅度小于30.0%的有四个治理区，分别为窟野河皇甫川上游风沙草原区（2.1%）、河曲至头道拐黄土平岗丘陵沟壑区（28.8%）、泾河北洛河上游干旱黄土丘陵沟壑区（27.9%）、泾河中下游黄土高原沟壑区（30.0%）；减沙幅度大于50.0%的有三个治理区，分别为河曲至吴堡黄土峁状丘陵沟壑区（52.1%）、清涧河、无定河和三川河中下游黄土峁状丘陵沟壑区（53.5%）、西北部风沙黄土丘陵沟壑区（59.3%）。

（16）各治理区二期治理较治理前相比，侵蚀产沙量平均减少了62.7%。除泾河北洛河上游干旱黄土丘陵沟壑区（30.7%）、清涧河、无定河和三川河中下游黄土峁状丘陵沟壑区（55.4%）、泾河中下游黄土高原沟壑区（55.6%）减沙幅度小于60.0%外，其余各区减沙幅度均接近或超过了70.0%。

（17）各治理区退耕后较治理前相比，侵蚀产沙量平均减少了78.5%。除泾河北洛河上游干旱黄土丘陵沟壑区（62.1%）、清涧河、无定河和三川河中下游黄土峁状丘陵沟壑区（71.2%）、泾河中下游黄土高原沟壑区（70.9%）外，其余各区减沙幅度均超过了80.0%。

（18）黄土高原二期治理，特别是退耕后的减沙效益普遍比预测值高出20个百分点，有个别治理区甚至更高。考虑其主要原因是淤地坝及部分水利设施的拦沙作用，由于退耕因素和淤地坝作用的双重影响，第一、第二、第三、第六治理区的减沙效益明显高于其他治理区；相比较，处于径河、北洛河的第七、第八治理区减沙效益偏低。治理后的减沙效益变化说明，由于坡蚀与沟蚀的共同作用，即使在坡面完全治理的情况下，坡面水土保持措施最大的减沙效益也只能达到70%左右，必须同时辅以必要的淤地坝等治沟工程，才能把泥沙减少到最低程度。

第 9 章　水土保持综合治理效益评价

9.1　黄土高原治理前后的侵蚀产沙变化

近半个世纪以来，黄土高原的侵蚀产沙量与黄河输沙量发生了巨大的变化，特别是退耕还林还草以来，黄河输沙量急剧减少。据计算，2000～2009 年平均黄河输沙量（潼关站）仅为 3.1 亿 t，其中 2008 年和 2009 年的输沙量只有 1.0 亿 t 左右。这种变化不仅表现在时间尺度上，同时也必然反映在空间尺度方面。本节主要对不同空间不同治理阶段的侵蚀产沙量变化进行统计计算和分析。

9.1.1　黄河及主要支流不同治理阶段的输沙量变化

1. 不同治理阶段黄河输沙量变化

从表 9.1 的数据可以看出：黄河治理前（1935～1969 年 ）的年输沙量为 16.0 亿 t，治理后（1969～2009 年）的年输沙量为 8.0 亿 t，治理后较治理前年输沙量减少了 50.2%；一期治理后（1970～1989 年）的年输沙量为 10.4 亿 t，较治理前年输沙量减少了 34.6%；二期治理后（1990～2009 年）的年输沙量为 5.5 亿 t，较治理前年输沙量减少了 65.7%；其中退耕后（2000～2009 年）的年输沙量为 3.1 亿 t，较治理前年输沙量减少了 80.6%。

表 9.1　黄河不同治理阶段的输沙量变化

不同治理阶段		输沙量/万 t	较治理前减幅/%
治理前	1935～1969 年	160504.0	
一期治理	1970～1989 年	104905.0	34.6
二期治理	1990～2009 年	55040.5	65.7
退耕后	2000～2009 年	31111.0	80.6

2. 不同治理阶段黄河主要区段的输沙量变化

从表 9.2 黄河各区段不同治理阶段输沙量变化，以及较治理前的减幅程度看，有以下几个特点：

一是从治理后（1970～2009 年）与治理前（1935～1969 年）相比，全区域总体减沙幅度平均为 51.1%。其中：中游东（汾河流域）减沙幅度最大，达到 86.9%；次之为上游（头道拐以上）和中游北（河龙区间）及中游南的渭河流域，治理后较治理前输沙量大致减少了 50%～55%；而中游南的北洛河和泾河流域减幅最少，分别只有 35.1%和

30.0%。

二是一期治理（1970～1989 年）与治理前（1935～1969 年）相比，全区域总体减沙幅度平均为 37.8%。其中：中游东（汾河流域）减沙幅度最大，达到 77.0%；中游北（河龙区间）次之，平均为 42.2%，其中吴堡至龙门区间达到 46.3%；次之为上游（头道拐以上区域）为 32.5%；最少的是中游南区段，平均为 27.6%，其中泾河流域只有 21.1%。

三是二期治理（1990～2009 年）与治理前（1935～1969 年）相比，全区域总体减沙幅度平均为 64.3%，较一期治理提高了 26.5 个百分点，其中：中游东（汾河流域）减沙幅度最大，达到 96.8%；上游（头道拐以上）区域次之，为 74.5%；中游北（河龙区间）为 68.3%，其中头道拐至吴堡区间达到了 76.2%；中游南平均为 51.1%，其中渭河达到了 78.1%，北洛河和泾河流域却只有 37.0%和 39.0%。从二期治理与一期治理减沙的效果看，增幅最大的是渭河流域和头道拐以上区域，二期治理较一期治理的减沙效益分别提高了 43.3 个百分点和 42.0 个百分点；增幅最小的是北洛河流域，二期治理较一期治理的减沙效益只提高了 3.8 个百分点。

四是退耕后（2000～2009 年）与治理前（1935～1969 年）相比，全区域总体减沙幅度平均为 80.1%，较一期治理提高了 42.3 个百分点，其中：中游东（汾河流域）减沙幅度最大，达到 99.8%，基本已无泥沙流出；中游北（河龙区间）次之，达到 85.1%；上游（头道拐以上）区域和中游南也分别达到 74.9%。

五是从治理后各阶段的总体减沙幅度看，减沙幅度最大的是汾河流域和头道拐至吴堡区间，最小的是北洛河和泾河流域。

表 9.2 黄河中上游各区段不同治理阶段输沙量变化

区域	区间	站名	面积/km^2	不同治理阶段输沙量/万 t				较治理前减幅/%		
				治理前	一期治理	二期治理	退耕后	一期治理	二期治理	退耕后
上游	头道拐以上	头道拐	367898	15771.7	10650.5	4029.7	3961	32.5	74.5	74.9
中游（北）	河龙区间	头-吴	65616	51271.1	31499.5	12204.9	2968.1	38.6	76.2	94.2
		吴-龙	64038	46085.1	24750	18631.1	11562.2	46.3	59.6	74.9
		小计	129654	97356.3	56249.5	30836	14530.3	42.2	68.3	85.1
中游（南）	北洛河	洑头	25154	9527.8	6360	6001	3114	33.2	37	67.3
	泾河	张家山	43216	27424.9	21626.5	16742.2	9754.3	21.1	39	64.4
	渭河	咸阳	46827	17318.1	11283.5	3794.3	3011.6	34.8	78.1	82.6
		小计	115197	54270.8	39270	26537.4	15879.9	27.6	51.1	70.7
中游（东）	汾河	河津	38728	5141	1180.9	162.1	8.1	77	96.8	99.8
	合计		651477	172539.8	107350.9	61565.2	34379.3	37.8	64.3	80.1

3. 不同治理阶段黄河主要支流的输沙量变化

根据表 9.3 和表 9.4 黄河各支流不同治理阶段输沙量和输沙模数的变化特点，以及较治理前的减幅程度，可将其划分为以下 4 种类型：

第一种类型是无论从治理前后两个阶段相比，还是从不同治理时期的效果来看，减沙效果都非常显著的流域有浑河、偏关河、岚漪河、蔚汾河、秃尾河、湫水河、佳芦河、三川河、无定河、州川河、昕水河、仕望川等流域，这些流域治理前后的减沙幅度平均接近 70%，其中一期治理达到 50.0%，二期治理达 85.0%，退耕后达 95.0%。

第二种类型是无论从治理前后两个阶段相比，还是从不同治理时期的效果来看，减沙效果都一直不是很显著的流域包括汾川河、延河、清涧河、屈产河、泾河、北洛河等，这些流域治理前后减沙幅度在 40%左右，其中一期治理为 30%，二期为 50%，退耕后为 65%。

第三种类型是虽然从治理前后两个阶段和一期治理效果都不明显，但在二期治理和退耕后减沙幅度却有了明显变化的有皇甫川、清水河、县川河、孤山川、朱家川、窟野河流域，这些流域治理前后减沙幅度大致在 30%左右，一期治理（1970～1989 年）较治理前（1955～1969 年）减沙幅度仅有 10%，二期治理后（1990～2009 年）减幅达 70%，退耕后（2000～2009 年）减幅接近 90%。

第四种类型是治理效率最为明显的是汾河流域，治理前后相比减沙幅度达 80%，其中一期治理为 75.0%，二期为 96.6%，退耕后达 99.8%，几乎已无泥沙输出。

表 9.3　黄河中游各主要支流不同治理阶段年输沙量变化

流域名	站名	面积/km²	输沙量/万 t				
			治理前	治理后	一期治理	二期治理	退耕后
			1955～1969 年	1970～2009 年	1970～1989 年	1990～2009 年	2000～2009 年
浑河	放牛沟	5461	2284.8	730.7	1175.7	285.8	101.2
偏关河	偏关	1915	1818.2	617.1	1001.2	233.0	82.5
皇甫川	黄甫	3199	5835.6	3511.8	5267.6	1755.9	961.1
清水河	清水	735	926.1	575.8	862.6	289.0	98.9
县川河	旧县	1562	1059.3	638.8	905.0	372.5	106.0
孤山川	高石崖	1263	2565.3	1390.7	2124.0	657.3	370.6
朱家川	下流碛	2881	675.2	470.6	598.3	342.8	152.8
岚漪河	裴家川	2159	1676.5	418.9	538.9	298.9	116.7
蔚汾河	碧村	1476	1440.5	502.1	706.8	297.4	116.1
窟野河	温家川	8645	11802.4	6921.6	10346.0	3497.2	519.3
秃尾河	高家川	3253	2884.6	1213.0	1670.3	755.8	225.9
佳芦河	申家湾	1121	2432.8	787.9	1122.0	453.9	214.9
湫水河	林家坪	1873	2960.5	1037.7	1610.9	464.5	257.4
三川河	后大成	4102	3385.6	955.6	1397.7	513.5	211.6
屈产河	裴沟	1023	1305.9	678.5	830.6	526.5	371.9
无定河	白家川	29662	20529.3	7222.7	8433.5	6011.8	3617.6
清涧河	延川	3468	4818.7	2835.3	2858.5	2812.0	1879.3
昕水河	大宁	3992	2731.8	943.9	1303.1	584.7	335.6
延水	甘谷驿	5891	6275.9	3464.1	3937.0	2991.2	1696.5
汾川河	新市河	1662	314.1	225.7	311.8	139.7	72.1
仕望川	大村	2141	360.2	127.5	221.5	33.5	11.9

续表

流域名	站名	面积/km²	输沙量/万 t				
			治理前	治理后	一期治理	二期治理	退耕后
			1955～1969 年	1970～2009 年	1970～1989 年	1990～2009 年	2000～2009 年
州川河	吉县	436	580.6	155.1	276.5	33.7	14.9
汾河	河津	38728	4751.7	671.5	1180.9	162.1	8.1
渭河	咸阳	46827	19142.0	7538.9	11283.5	3794.3	3011.6
泾河	张家山	43216	28642.7	19542.3	21626.5	17458.0	11186.0
北洛河	洑头	25154	10124.9	6180.5	6360.0	6001.0	3114.0
合计			141325.3	69357.9	87950.1	50765.7	28854.8

表 9.4　黄河中游各主要支流不同治理阶段年输沙模数变化

流域名	站名	面积/km²	不同治理阶段输沙模数/［t/（km²·a）］					较治理前减幅/%			
			治理前	治理后	一期治理	二期治理	退耕后	治理后	一期治理	二期治理	退耕后
浑河	放牛沟	5461	4183.8	1338.1	2152.9	523.3	185.4	68.0	48.5	87.5	95.6
偏关河	偏关	1915	9494.7	3222.3	5227.9	1216.7	431.0	66.1	44.9	87.2	95.5
皇甫川	黄甫	3199	18242.0	10977.7	16466.4	5489.0	3004.2	39.8	9.7	69.9	83.5
清水河	清水	735	12599.3	7833.6	11735.7	3931.5	1345.1	37.8	6.9	68.8	89.3
县川河	旧县	1562	6781.7	4089.4	5794.0	2384.8	678.9	39.7	14.6	64.8	90.0
孤山川	高石崖	1263	20311.4	11010.7	16817.1	5204.3	2934.5	45.8	17.2	74.4	85.6
朱家川	下流碛	2881	2343.6	1633.3	2076.8	1189.9	530.4	30.3	11.4	49.2	77.4
岚漪河	裴家川	2159	7765.3	1940.2	2496.0	1384.4	540.6	75.0	67.9	82.2	93.0
蔚汾河	碧村	1476	9759.4	3401.5	4788.3	2014.8	786.8	65.1	50.9	79.4	91.9
窟野河	温家川	8645	13652.3	8006.5	11967.6	4045.3	600.7	41.4	12.3	70.4	95.6
秃尾河	高家川	3253	8867.6	3728.9	5134.5	2323.3	694.5	57.9	42.1	73.8	92.2
佳芦河	申家湾	1121	21702.0	7028.8	10008.9	4048.6	1917.0	67.6	53.9	81.3	91.2
湫水河	林家坪	1873	15806.1	5540.2	8600.6	2479.7	1374.3	64.9	45.6	84.3	91.3
三川河	后大成	4102	8253.5	2329.6	3407.4	1251.9	515.8	71.8	58.7	84.8	93.8
屈产河	裴沟	1023	12765.4	6632.8	8119.3	5146.4	3635.8	48.0	36.4	59.7	71.5
无定河	白家川	29662	6921.1	2435.0	2843.2	2026.8	1219.6	64.8	58.9	70.7	82.4
清涧河	延川	3468	13894.8	8175.5	8242.5	8108.5	5419.1	41.2	40.7	41.6	61.0
昕水河	大宁	3992	6843.2	2364.4	3264.3	1464.6	840.8	65.4	52.3	78.6	87.7
延水	甘谷驿	5891	10653.3	5880.3	6683.1	5077.5	2879.9	44.8	37.3	52.3	73.0
汾川河	新市河	1662	1890.1	1358.1	1875.8	840.5	433.5	28.1	0.8	55.5	77.1
仕望川	大村	2141	1682.5	595.4	1034.4	156.3	55.5	64.6	38.5	90.7	96.7
州川河	吉县	436	13316.3	3556.6	6340.9	772.2	342.6	73.3	52.4	94.2	97.4
汾河	河津	38728	1227.0	173.4	304.9	41.9	2.1	85.9	75.1	96.6	99.8
渭河	咸阳	46827	4087.8	1609.9	2409.6	810.3	643.1	60.6	41.1	80.2	84.3
泾河	张家山	43216	6627.8	4522.0	5004.3	4039.7	2588.4	31.8	24.5	39.0	60.9
北洛河	洑头	25154	4025.2	2457.1	2528.4	2385.7	1238.0	39.0	37.2	40.7	69.2

9.1.2　黄土高原及各类型区不同治理阶段的侵蚀产沙变化

1. 不同治理阶段各类型区的产沙量变化

表 9.5 和表 9.6 分别是黄土高原各类型区不同治理阶段侵蚀产沙量和侵蚀强度的变化情况。

表 9.5　各类型区不同治理阶段年产沙量变化

类型区	面积/km²	产沙量/万 t				
		治理前	治理后	一期治理	二期治理	退耕后
		1955～1969 年	1970～2009 年	1970～1989 年	1990～2009 年	2000～2009 年
黄土平岗丘陵沟壑区	26191.1	17099.1	7383.3	10895.4	3363.9	1653.4
黄土峁状丘陵沟壑区	41054.6	56122.0	24161.1	26939.4	21127.2	11807.5
黄土梁状丘陵沟壑区	25240.1	21733.0	8629.9	14317.6	5617.4	3919.2
黄土山麓丘陵沟壑区	4573.9	3152.6	892.6	1298.4	477.0	515.4
干旱黄土丘陵沟壑区	35626.8	34834.5	21404.6	24699.4	18251.0	10770.9
风沙黄土丘陵沟壑区	10544.4	6692.9	2488.8	3630.8	1383.8	683.4
森林黄土丘陵沟壑区	15527.9	535.7	477.0	454.6	505.4	341.6
黄土高塬沟壑区	26297.6	17975.5	11055.7	13144.5	9026.1	6506.5
黄土残塬沟壑区	4205.6	5629.1	2805.5	2722.2	2921.1	1596.2
黄土阶地区	10832.0	3057.0	2021.9	2351.8	1747.5	1351.3
风沙草原区	23024.1	6612.0	3958.3	6229.0	1705.1	349.7
高原土石山区	26282.5	1464.3	824.3	1246.6	368.8	363.3
合计	249400.7	174907.6	86103.0	107929.7	66494.4	39858.3

表 9.6　各类型区不同治理阶段年侵蚀强度变化

类型区	面积/km²	不同治理阶段侵蚀强度/［t/（km²·a）］					较治理前减幅/%			
		治理前	治理后	一期治理	二期治理	退耕后	治理后	一期治理	二期治理	退耕后
黄土平岗丘陵沟壑区	26191.1	6528.6	2819.0	4160.0	1284.4	631.3	56.8	36.3	80.3	90.3
黄土峁状丘陵沟壑区	41054.6	13670.1	5885.1	6561.8	5146.1	2876.0	56.9	52.0	62.4	79.0
黄土梁状丘陵沟壑区	25240.1	8610.5	3419.1	5672.5	2225.6	1552.7	60.3	34.1	74.2	82.0
黄土山麓丘陵沟壑区	4573.9	6892.6	1951.5	2838.8	1043.0	1126.7	71.7	58.8	84.9	83.7
干旱黄土丘陵沟壑区	35626.8	9777.6	6008.0	6932.8	5122.8	3023.3	38.6	29.1	47.6	69.1
风沙黄土丘陵沟壑区	10544.4	6347.3	2360.3	3443.3	1312.3	648.1	62.8	45.8	79.3	89.8
森林黄土丘陵沟壑区	15527.9	345.0	307.2	292.7	325.5	220.0	11.0	15.1	5.7	36.2
黄土高塬沟壑区	26297.6	6835.4	4204.1	4998.4	3432.3	2474.2	38.5	26.9	49.8	63.8
黄土残塬沟壑区	4205.6	13384.9	6671.0	6472.8	6945.8	3795.4	50.2	51.6	48.1	71.6
黄土阶地区	10832.0	2822.2	1866.6	2171.2	1613.3	1247.5	33.9	23.1	42.8	55.8
风沙草原区	23024.1	2871.8	1719.2	2705.4	740.6	151.9	40.1	5.8	74.2	94.7
高原土石山区	26282.5	557.1	313.6	474.3	140.3	138.2	43.7	14.9	74.8	75.2
合计	249400.7	7013.1	3452.4	4327.6	2666.2	1598.2	50.8	38.3	62.0	77.2

由表 9.5 和表 9.6 中数据可以看出：

（1）全区域治理前（1955～1969 年）年平均产沙量为 17.5 亿 t，治理后（1970～2009 年）年平均产沙量为 8.6 亿 t。其中一期治理（1970～1989 年）年平均产沙量为 10.8 亿 t，二期治理（1990～2009 年）年平均产沙量为 6.6 亿 t，退耕后（2000～2009 年）年平均产沙量为 4.0 亿 t。

（2）全区域治理前（1955～1969 年）的侵蚀强度为 7013.1t/（km^2·a），治理后（1970～2009 年）的侵蚀强度为 3452.4t/（km^2·a），较治理前减少了 50.8%；其中一期治理（1970～1989 年）的侵蚀强度为 4327.6t/（km^2·a），较治理前减少了 38.3%；二期治理（1990～2009 年）的侵蚀强度为 2666.2t/（km^2·a），较治理前减少了 62.0%；退耕后（2000～2009 年）的侵蚀强度为 1598.2t/（km^2·a），较治理前减少了 77.2%。

（3）治理后（1970～2009 年）和治理前（1955～1969 年）相比，侵蚀强度减幅最大的是黄土山麓丘陵沟壑区，减幅达到 71.7%；其次是风沙黄土丘陵沟壑区和黄土梁状丘陵沟壑区，减幅分别达到 62.8%和 60.3%；黄土平岗、峁状丘陵和残塬沟壑区治理前后侵蚀强度的减幅基本在 55%左右；除森林黄土丘陵沟壑区减幅在 11%外，其余各类型区大致都在 35%左右。

（4）一期治理（1970～1989 年）和治理前（1955～1969 年）相比，侵蚀强度减幅最大的是也是黄土山麓丘陵沟壑区，减幅达到 58.8%；其次是黄土峁状丘陵沟壑区、黄土残塬沟壑区和风沙黄土丘陵沟壑区，减沙幅度分别为 52.0%、51.6%和 45.8%；减沙幅度比较小的有风沙草原区（5.8%），高原土石山区（14.9%），森林黄土丘陵沟壑区（15.1%）；其他各类型区一期治理较治理前的减沙幅度为 20.0%～35.0%。

（5）二期治理（1990～2009 年）和治理前（1955～1969 年）相比，有三个类型区减幅接近或超过 80.0%（黄土山麓丘陵沟壑区 84.9%，黄土平岗丘陵沟壑区 80.3%，风沙黄土丘陵沟壑区 79.3%）；有三个类型区减幅接近 75.0%（黄土峁状丘陵沟壑区 74.2%，风沙草原区 74.2%，高原土石山区 74.8%）；森林黄土丘陵沟壑区减幅最少，只有 5.7%。

（6）退耕后（2000～2009 年）和治理前（1955～1969 年）相比，减幅接近或超过 90.0%的有三个类型区（风沙草原区 94.7%，黄土平岗丘陵沟壑区 90.3%，风沙黄土丘陵沟壑区 89.8%）；减幅接近或超过 80.0%有三个类型区（黄土峁状丘陵沟壑区 79.0%，黄土梁状丘陵沟壑区 82.0%，黄土山麓丘陵沟壑区 83.7%），森林黄土丘陵沟壑区减幅最少，只有 36.2%。

（7）从不同治理阶段的减幅看，二期治理较一期治理的减沙效益明显增强，其减幅普遍提高了近 20 个百分点，特别是退耕后（2000～2009 年）减沙幅度又普遍提高了近 10 个百分点。

（8）根据各类型区不同治理阶段的减幅变化情况，可将其分为三类：

第一类是二期治理和退耕后较一期治理减沙效益显著增强的有以下五个类型区：一是黄土平岗丘陵沟壑区，二期治理的减沙效益从一期治理的 36.3%增加到 80.3%，退耕后达到 90.3%；二是黄土梁状丘陵沟壑区，二期治理较一期治理的减沙幅度从 34.1%提高到 74.2%，退耕后达 82%；三是风沙草原区，二期治理的减沙幅度大从一期治理的 5.8%增加到 74.2%，退耕后达到 94.7%；四是高原土石山区二期治理的减沙效益从一期治理的 14.9%增加到 74.8%，退耕后达 75.2%。五是风沙黄土丘陵沟壑区二期治理的减沙效益从一期治理的 45.8%增加到 79.3%，退耕后达 89.8%。

第二类是二期治理和退耕后较一期治理减沙效益一般增强的有以下五类型区：一是黄土峁状丘陵沟壑区，二期治理较一期治理减幅只提高 10 个百分点，退耕后提高了 27 个百分点；二是黄土山麓丘陵沟壑区，二期治理和退耕后较一期治理提高了 25 个百分点；三是黄土残塬沟壑区，二期治理和一期治理的效益没有增加，退耕后也只增加了近 20 个百分点；四是干旱黄土丘陵沟壑区和黄土阶地区，二期治理较一期治理提高了近 20 个百分点。

第三类是二期治理和一期治理相比，减沙效益没有增强的有以下二类型区：一是森林黄土丘陵沟壑区，一期治理较治理前减幅为 15.1%，二期治理为 5.7%；二是黄土残塬沟壑区一期治理较治理前减幅为 51.6%，二期治理为 48.1%。

（9）不同治理阶段减沙效益的大小既受治理程度的影响，也受不同阶段雨量和降雨强度的影响。对于森林黄土丘陵沟壑区和高原土石山区以及黄土阶地区，主要还是降雨因素的影响。

2. 不同治理阶段各类型区强度以上侵蚀［≥5000t/（km^2·a）］的面积变化

黄土高原的水土流失主要来自侵蚀强度≥5000t/（km^2·a）的强度侵蚀区，强度侵蚀区面积的变化是衡量治理效益的一个重要方面。表 9.7 列出了各类型区不同治理阶段的强度侵蚀面积变化情况，可以看出：

（1）全区域治理前（1955～1969 年）的强度侵蚀面积为 13.03 万 km^2，治理后（1970～2009 年）的强度侵蚀面积为 7.41 万 km^2，较治理前减少了 43.1%；其中一期治理（1970～1989 年）的强度侵蚀面积为 9.17 万 km^2，较治理前减少了 29.6%；二期治理（1990～2009 年）的强度侵蚀面积为 4.92 万 km^2，较治理前减少了 62.2%；退耕后（2000～2009 年）的强度侵蚀面积为 1.04 万 km^2，较治理前减少了 92.0%。

（2）治理后（1970～2009 年）和治理前（1955～1969 年）相比，黄土山麓丘陵沟壑区、风沙黄土丘陵沟壑区已不存在有强度侵蚀；黄土梁状丘陵沟壑区和黄土阶地区也分别减少了 67.3%和 67.5%；黄土平岗丘陵沟壑区和风沙草原区也达到了 50.0%（分别为 49.8%和 53.7%；黄土峁状丘陵沟壑区和干旱黄土丘陵沟壑区分别减少了 32.8%和 31.0%；黄土残塬沟壑区减幅最小，只有 11.2%。

（3）一期治理（1970～1989 年）和治理前（1955～1969 年）相比，黄土山麓丘陵沟壑区和风沙黄土丘陵沟壑区减幅达到 100.0%，区域内已不再有强度侵蚀；黄土峁状丘陵沟壑区和黄土阶地区分别减少了 43.3%和 67.5%；黄土平岗丘陵沟壑区减少了 23.5%；其余类型区大致减少了 10.0%左右。

（4）二期治理（1990～2009 年）和治理前（1955～1969 年）相比，减幅最为显著的有四个类型区：一是黄土平岗丘陵沟壑区减少了 71.0%，较一期治理减幅提高了 47.5 个百分点；二是黄土梁状丘陵沟壑区减少了 88.6%，较一期治理减幅提高了 78.6 个百分点；三是干旱黄土丘陵沟壑区减少了 58.6%，较一期治理减幅提高了 50.3 个百分点；四是黄土残塬沟壑区减幅减少了 34.6%，较一期治理减幅提高了 25.8 个百分点。

（5）退耕后（2000～2009 年）和治理前（1955～1969 年）相比，有五个类型区减幅达到 100.0%，区域内已没有发生强度以上侵蚀；有三个类型区减幅在 90.0%左右；另有两个类型区减幅分别为 83.3%和 67.5%。

表 9.7　各类型区不同治理阶段强度以上侵蚀（≥5000t/（km^2·a）的面积变化

类型区	面积/km^2	面积/km^2					较治理前减幅/%			
		治理前	治理后	一期治理	二期治理	退耕后	治理后	一期治理	二期治理	退耕后
黄土平岗丘陵沟壑区	26191.1	8731.3	4386.4	6676.3	2529.9	635.0	49.8	23.5	71.0	92.7
黄土峁状丘陵沟壑区	41054.6	38113.5	25629.7	21618.1	21502.4	6357.7	32.8	43.3	43.6	83.3
黄土梁状丘陵沟壑区	25240.1	16346.5	5346.1	14716.4	1867.1	1561.8	67.3	10.0	88.6	90.4
黄土山麓丘陵沟壑区	4573.9	4573.9	0.0	0.0	0.0	0.0	100.0	100.0	100.0	100.0
干旱黄土丘陵沟壑区	35626.8	27563.8	19020.7	25289.2	11424.2	0.0	31.0	8.3	58.6	100.0
风沙黄土丘陵沟壑区	10544.4	7809.1	0.0	0.0	0.0	0.0	100.0	100.0	100.0	100.0
森林黄土丘陵沟壑区	15527.9	0.0	0.0	0.0	0.0	0.0	—	—	—	—
黄土高塬沟壑区	26297.6	14661.0	12433.4	12433.4	8594.6	1282.5	15.2	15.2	41.4	91.3
黄土残塬沟壑区	4205.6	4205.6	3734.1	3834.4	2752.3	0.0	11.2	8.8	34.6	100.0
黄土阶地区	10832.0	1698.6	552.0	552.0	552.0	552.0	67.5	67.5	67.5	67.5
风沙草原区	23024.1	6574.2	3042.3	6574.2	0.0	0.0	53.7	0.0	100.0	100.0
高原土石山区	26282.5	0.0	0.0	0.0	0.0	0.0	—	—	—	—
合计	249400.7	130277.4	74144.7	91693.9	49222.4	10389.0	43.1	29.6	62.2	92.0

（6）总体看来，二期治理较一期治理相比，效益最为明显的是强度以上侵蚀面积的大幅度减少，特别是退耕后的强度以上侵蚀面积不到治理前的 8.0%，由治理前的 13.03 万 km^2 减少到只有 1.03 万 km^2。

3. 不同治理阶段全区域产沙量变化的空间分布

将整个研究区（249400.7km^2）234 个侵蚀产沙单元不同治理阶段产沙量较治理前的减幅程度分为五级（≤10%，10%～30%，30%～50%，50%～70%，≥70%），绘制了减沙程度空间分布图，便于更直观地了解黄土高原不同治理阶段较治理前减沙程度的空间分布变化（图 9.1～图 9.3）。

9.1.3　黄土高原及各类型区不同治理阶段的侵蚀强度结构变化

1. 不同治理阶段各类型区的侵蚀强度结构变化

按照微弱侵蚀（≤1000t/（km^2·a））、轻度侵蚀（1000～2500t/（km^2·a））、中度侵蚀（2500～5000t/（km^2·a））、强度—强烈侵蚀（5000～10000t/（km^2·a））、极强烈以上侵蚀（≥10000t/（km^2·a））五个量级分别统计计算了各类型区不同治理阶段、不同侵蚀强度的面积结构变化特征，见表 9.8～表 9.19。

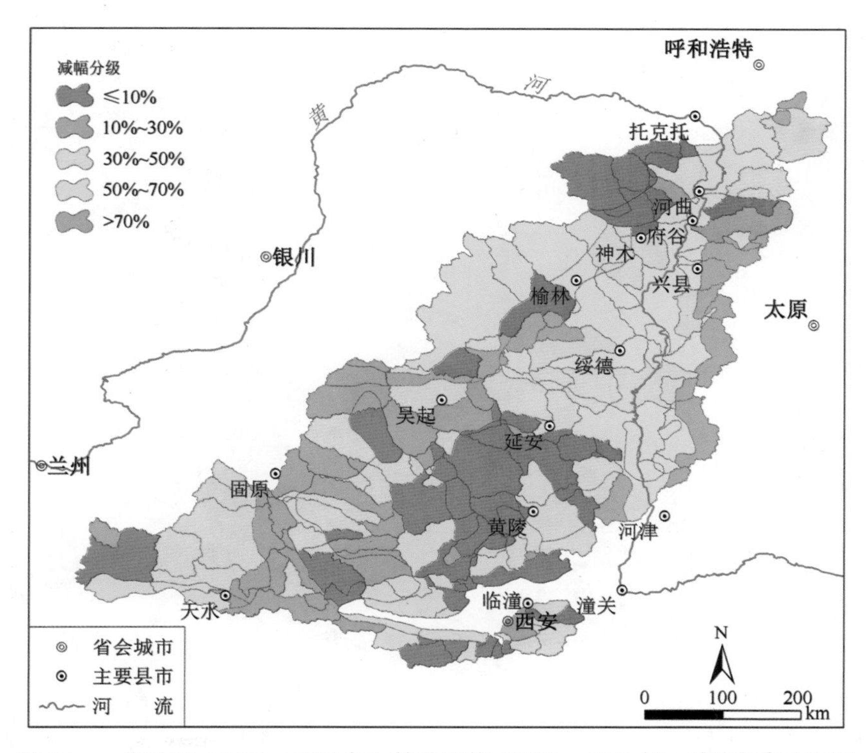

图 9.1　一期治理（1970～1989 年）较治理前（1955～1969 年）减沙程度分布图

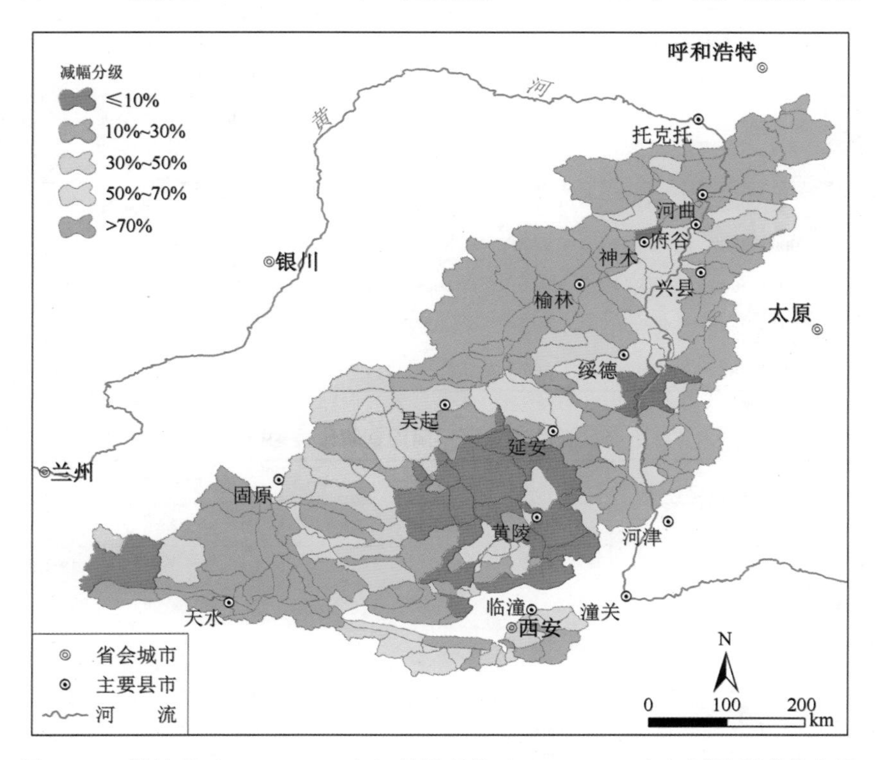

图 9.2　二期治理（1990～2009 年）较治理前（1955～1969 年）减沙程度分布图

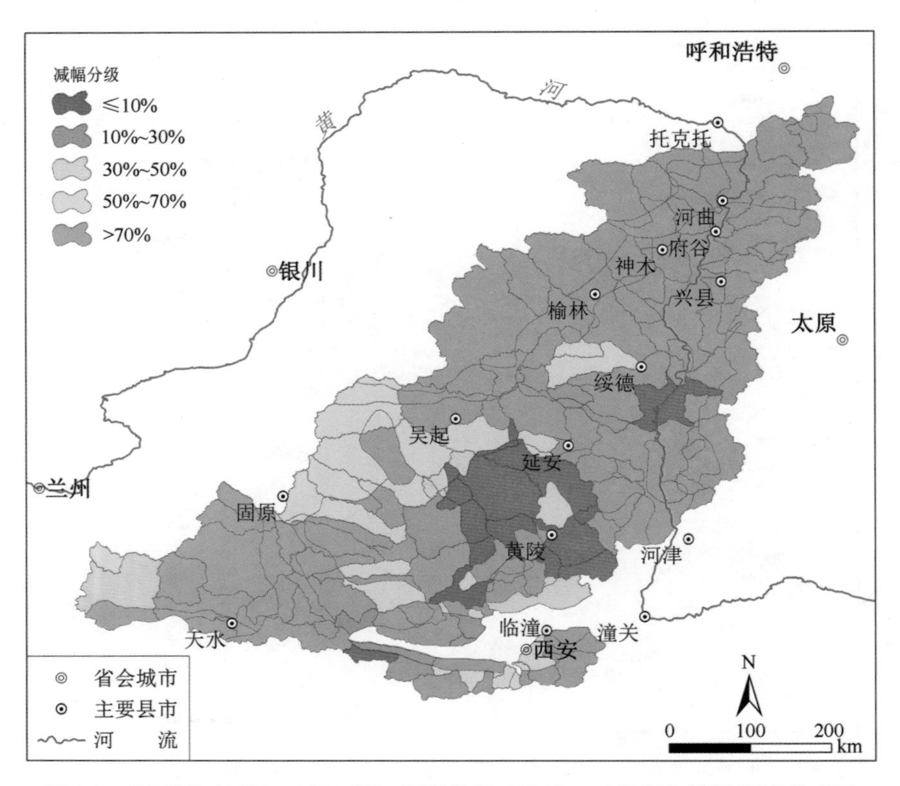

图 9.3　退耕后（2000～2009 年）较治理前（1955～1969 年）减沙程度分布图

表 9.8　黄土平岗丘陵沟壑区不同治理阶段侵蚀强度面积变化

强度分级	标准 /［t/（km^2·a）］	不同治理阶段侵蚀面积/km^2				占总面积（26191.1km^2）比例/%			
		治理前	一期治理	二期治理	退耕后	治理前	一期治理	二期治理	退耕后
微弱侵蚀	≤1000	0.0	14326.3	19514.9	21804.7	0.0	54.7	74.5	83.3
轻度侵蚀	1000～2500	0.0	3133.5	2289.9	1856.5	0.0	12.0	8.7	7.1
中度侵蚀	2500～5000	17459.9	2055.0	1856.5	1894.9	66.7	7.8	7.1	7.2
强度—强烈侵蚀	5000～10000	4344.9	2289.9	1894.9	635.0	16.6	8.8	7.3	2.4
极强烈侵蚀以上	≥10000	4386.4	4386.4	635.0	0.0	16.7	16.7	2.4	0.0

表 9.9　黄土峁状丘陵沟壑区不同治理阶段侵蚀强度面积变化

强度分级	标准 /［t/（km^2·a）］	不同治理阶段侵蚀面积/km^2				占总面积（41054.6km^2）比例/%			
		治理前	一期治理	二期治理	退耕后	治理前	一期治理	二期治理	退耕后
微弱侵蚀	≤1000	0.0	261.8	5073.5	12768.5	0.0	0.6	12.4	31.1
轻度侵蚀	1000～2500	261.8	6838.6	5295.6	12823.6	0.6	16.7	12.9	31.2
中度侵蚀	2500～5000	2679.3	12336.1	9183.2	9104.9	6.5	30.0	22.4	22.2
强度侵蚀以上	5000～10000	5732.8	14932.9	16356.4	2810.4	14.0	36.4	39.9	6.9
极强烈侵蚀以上	≥10000	32380.7	6685.2	5146.0	3547.3	78.9	16.3	12.5	8.6

表 9.10　黄土梁状丘陵沟壑区不同治理阶段侵蚀强度面积变化

强度分级	标准/[t/(km²·a)]	不同治理阶段侵蚀面积/km²				占总面积(25240.1km²)比例/%			
		治理前	一期治理	二期治理	退耕后	治理前	一期治理	二期治理	退耕后
微弱侵蚀	≤1000	2066.4	2912.3	13290.7	12626.0	8.2	11.5	52.7	50.0
轻度侵蚀	1000～2500	4404.7	4092.8	4319.8	7568.0	17.5	16.2	17.1	30.0
中度侵蚀	2500～5000	2422.6	3518.7	5762.6	3484.3	9.5	14.0	22.8	13.8
强度侵蚀以上	5000～10000	5626.5	13632.1	789.6	1561.8	22.3	54.0	3.1	6.2
极强烈侵蚀以上	≥10000	10720.0	1084.3	1077.5	0.0	42.5	4.3	4.3	0.0

表 9.11　黄土山麓丘陵沟壑区不同治理阶段侵蚀强度面积变化

强度分级	标准/[t/(km²·a)]	不同治理阶段侵蚀面积/km²				占总面积(4573.9km²)比例/%			
		治理前	一期治理	二期治理	退耕后	治理前	一期治理	二期治理	退耕后
微弱侵蚀	≤1000	0.0	793.3	793.3	793.3	0.0	17.3	17.3	17.3
轻度侵蚀	1000～2500	0.0	0.0	3780.7	3780.7	0.0	0.0	82.7	82.7
中度侵蚀	2500～5000	0.0	3780.7	0.0	0.0	0.0	82.7	0.0	0.0
强度侵蚀以上	5000～10000	3780.6	0.0	0.0	0.0	82.7	0.0	0.0	0.0
极强烈侵蚀以上	≥10000	793.3	0.0	0.0	0.0	17.3	0.0	0.0	0.0

表 9.12　干旱黄土丘陵沟壑区不同治理阶段侵蚀强度面积变化

强度分级	标准/[t/(km²·a)]	不同治理阶段侵蚀面积/km²				占总面积(35626.8km²)比例/%			
		治理前	一期治理	二期治理	退耕后	治理前	一期治理	二期治理	退耕后
微弱侵蚀	≤1000	0.0	235.8	2900.1	3135.9	0.0	0.7	8.1	8.8
轻度侵蚀	1000～2500	235.8	869.0	9303.4	14965.7	0.7	2.4	26.1	42.0
中度侵蚀	2500～5000	7827.2	9232.8	11999.1	17525.2	22.0	25.9	33.7	49.2
强度—强烈侵蚀	5000～10000	10888.3	21941.9	8850.1	0.0	30.6	61.6	24.9	0.0
极强烈侵蚀以上	≥10000	16675.5	3347.3	2574.1	0.0	46.7	9.4	7.2	0.0

表 9.13　风沙黄土丘陵沟壑区不同治理阶段侵蚀强度面积变化

强度分级	标准/[t/(km²·a)]	不同治理阶段侵蚀面积/km²				占总面积(10544.4km²)比例/%			
		治理前	一期治理	二期治理	退耕后	治理前	一期治理	二期治理	退耕后
微弱侵蚀	≤1000	0.0	2579.5	5314.9	7435.8	0.0	24.5	50.4	70.5
轻度侵蚀	1000～2500	0.0	0.0	3884.0	3108.6	0.0	0.0	36.8	29.5
中度侵蚀	2500～5000	2735.4	7964.9	1345.6	0.0	25.9	75.5	12.8	0.0
强度—强烈侵蚀	5000～10000	6270.7	0.0	0.0	0.0	59.5	0.0	0.0	0.0
极强烈侵蚀以上	≥10000	1538.4	0.0	0.0	0.0	14.6	0.0	0.0	0.0

表 9.14　森林黄土丘陵沟壑区不同治理阶段侵蚀强度面积变化

强度分级	标准/[t/(km²·a)]	不同治理阶段侵蚀面积/km²				占总面积(15527.9km²)比例/%			
		治理前	一期治理	二期治理	退耕后	治理前	一期治理	二期治理	退耕后
微弱侵蚀	≤1000	13665.3	13665.3	15527.9	15527.9	88.0	88.0	100.0	100.0
轻度侵蚀	1000～2500	1862.7	1862.7	0.0	0.0	12.0	12.0	0.0	0.0
中度侵蚀	2500～5000	0.0	0.0	0.0	0.0	0.0	0.0	0.0	0.0
强度—强烈侵蚀	5000～10000	0.0	0.0	0.0	0.0	0.0	0.0	0.0	0.0
极强烈侵蚀以上	≥10000	0.0	0.0	0.0	0.0	0.0	0.0	0.0	0.0

表 9.15　黄土高塬沟壑区不同治理阶段侵蚀强度面积变化

强度分级	标准 /[t/（km²·a）]	不同治理阶段侵蚀面积/km²				占总面积（26297.6km²）比例/%			
		治理前	一期治理	二期治理	退耕后	治理前	一期治理	二期治理	退耕后
微弱侵蚀	≤1000	3835.2	2854.0	3835.2	6323.6	14.6	10.9	14.6	24.0
轻度侵蚀	1000～2500	1446.3	2424.7	11899.4	11169.6	5.5	9.2	45.2	42.5
中度侵蚀	2500～5000	6355.1	8585.5	1968.4	7521.9	24.2	32.6	7.5	28.6
强度—强烈侵蚀	5000～10000	8473.5	12015.2	7521.9	864.3	32.2	45.7	28.6	3.3
极强烈侵蚀以上	≥10000	6187.5	418.2	1072.7	418.2	23.5	1.6	4.1	1.6

表 9.16　黄土残塬沟壑区不同治理阶段侵蚀强度面积变化

强度分级	标准 /[t/（km²·a）]	不同治理阶段侵蚀面积/km²				占总面积（4205.6km²）比例/%			
		治理前	一期治理	二期治理	退耕后	治理前	一期治理	二期治理	退耕后
微弱侵蚀	≤1000	0.0	0.0	100.3	1082.0	0.0	0.0	2.4	25.7
轻度侵蚀	1000～2500	0.0	0.0	0.0	371.2	0.0	0.0	0.0	8.8
中度侵蚀	2500～5000	0.0	371.2	1353.0	2752.3	0.0	8.8	32.2	65.4
强度—强烈侵蚀	5000～10000	1353.0	3834.4	2752.3	0.0	32.2	91.2	65.4	0.0
极强烈侵蚀以上	≥10000	2852.6	0.0	0.0	0.0	67.8	0.0	0.0	0.0

表 9.17　黄土阶地区不同治理阶段侵蚀强度面积变化

强度分级	标准 /[t/（km²·a）]	不同治理阶段侵蚀面积/km²				占总面积（10832km²）比例/%			
		治理前	一期治理	二期治理	退耕后	治理前	一期治理	二期治理	退耕后
微弱侵蚀	≤1000	4328.2	4328.2	4328.2	7649.4	40.0	40.0	40.0	70.6
轻度侵蚀	1000～2500	3591.0	3591.0	4805.3	2630.7	33.2	33.1	44.3	24.3
中度侵蚀	2500～5000	1214.2	2360.8	1146.6	0.0	11.2	21.8	10.6	0.0
强度—强烈侵蚀	5000～10000	1146.6	0	0	552.0	10.6	0	0	5.1
极强烈侵蚀以上	≥10000	552.0	552.0	552.0	0.0	5.1	5.1	5.1	0.0

表 9.18　风沙草原区不同治理阶段侵蚀强度面积变化

强度分级	标准 /[t/（km²·a）]	不同治理阶段侵蚀面积/km²				占总面积（23024.1km²）比例/%			
		治理前	一期治理	二期治理	退耕后	治理前	一期治理	二期治理	退耕后
微弱侵蚀	≤1000	16310.7	16310.7	16310.7	19981.8	70.8	70.8	70.8	86.8
轻度侵蚀	1000～2500	139.2	139.2	3671.1	3042.3	0.6	0.6	16.0	13.2
中度侵蚀	2500～5000	0.0	0.0	3042.3	0.0	0.0	0.0	13.2	0.0
强度—强烈侵蚀	5000～10000	3531.9	3531.9	0.0	0.0	15.4	15.4	0.0	0.0
极强烈侵蚀以上	≥10000	3042.3	3042.3	0.0	0.0	13.2	13.2	0.0	0.0

表 9.19　高原土石山区不同治理阶段侵蚀强度面积变化

强度分级	标准 /[t/（km²·a）]	不同治理阶段侵蚀面积/km²				占总面积（26282.5km²）比例/%			
		治理前	一期治理	二期治理	退耕后	治理前	一期治理	二期治理	退耕后
微弱侵蚀	≤1000	17913.5	18759.5	26062.5	25089.0	68.2	71.4	99.2	95.5
轻度侵蚀	1000～2500	8149.0	7523.0	220.0	1193.5	31.0	28.6	0.8	4.5
中度侵蚀	2500～5000	220.0	0.0	0.0	0.0	0.8	0.0	0.0	0.0
强度—强烈侵蚀	5000～10000	0.0	0.0	0.0	0.0	0.0	0.0	0.0	0.0
极强烈侵蚀以上	≥10000	0.0	0.0	0.0	0.0	0.0	0.0	0.0	0.0

从表 9.8 各类型区不同治理阶段的五种侵蚀强度面积结构变化看，大多数一期治理的侵蚀强度面积结构较治理前变化不大，但二期治理，特别是退耕后的侵蚀强度面积结构与治理前发生根本性变化。

（1）黄土平岗丘陵沟壑区、黄土峁状丘陵沟壑区、黄土山麓丘陵沟壑区、干旱黄土丘陵沟壑区、风沙黄土丘陵沟壑区、黄土残塬沟壑区，这六个类型区治理前侵蚀严重，均无轻度以下侵蚀，强度以上侵蚀面积占了区域面积的一半以上，有的甚至全部是强度以上侵蚀。但是经过治理，绝大部分的强度以上侵蚀面积转变为轻度以下侵蚀，有些类型区已不存在强度以上侵蚀。

黄土平岗丘陵沟壑区。治理前区域中度侵蚀面积占 66.7%，强度—强烈侵蚀面积占 16.6%，极强烈以上侵蚀面积占 16.7%。一期治理后极强烈以上侵蚀面积无变化，强度—强烈侵蚀面积减少了 73.8%（占区域面积的比例由 16.6%降低到 8.8%），轻度以下侵蚀的面积占到区域面积的 66.7%。到了退耕后，极强烈以上侵蚀面积已不存在，强度—强烈侵蚀面积也所剩无几，仅占区域面积的 2.4%，轻度以下侵蚀的面积占到区域面积的 90.4%，其中微弱侵蚀的面积就占到区域面积的 83.3%。

黄土峁状丘陵沟壑区。该区域是黄土高原侵蚀最严重的一个区域，治理前强度以上侵蚀面积占区域总面积的 92.8%，其中极强烈以上侵蚀面积占 78.9%（占到黄土高原极强烈以上侵蚀面积总面积的 40.5%）。一期治理后极强烈以上侵蚀面积减少了 77.4%，占区域面积的比例由治理前的 78.9%降低到 16.3%，大部分转变为强度—强烈侵蚀或中度侵蚀。退耕后，极强烈以上侵蚀面积占区域总面积的比例又降低到只有 8.6%，强度—强烈侵蚀面积占区域总面积的比例也由治理前的 20.7%降低到 6.9%。由此，中度侵蚀以下的面积占区域总面积的比例由治理前的只有 7.1%增加 84.5%，其中轻度以下的面积就占有 62.3%。

黄土山麓丘陵沟壑区。该区域治理前强度—强烈侵蚀面积占 82.7%，极强烈以上侵蚀面积占 17.3%。一期治理后，该区域已无强度以上侵蚀面积，全部是中度以下的侵蚀面积。退耕后，区域也已无中度侵蚀面积，全部为轻度以下的侵蚀，其中微弱侵蚀的面积占 17.3%，轻度侵蚀占 82.7%。

干旱黄土丘陵沟壑区。该区域治理前强度—强烈侵蚀面积占 30.6%，极强烈以上侵蚀面积占 46.7%，中度侵蚀面积占 22.0%。一期治理后极强烈以上侵蚀面积减少了 80.4%，占区域总面积的比例由治理前的 46.7%降低到 9.4%，大部分转变为强度—强烈侵蚀。退耕后，区域已无强度以上侵蚀面积，全部为中度以下的侵蚀，其中中度侵蚀面积占 49.2%，轻度侵蚀 42.0%。

风沙黄土丘陵沟壑区。治理前区域中度侵蚀面积占 25.9%，强度—强烈侵蚀面积占 59.5%，极强烈以上侵蚀面积占 14.6%。一期治理后，该区域已无强度以上侵蚀面积，全部是中度以下的侵蚀面积。退耕后，区域全部为轻度以下的侵蚀，其中微弱侵蚀的面积就占到区域面积的 70.5%。

黄土残塬沟壑区。该区域也是黄土高原侵蚀最严重的一个区域，治理前强度—强烈侵蚀面积占 32.2%，极强烈以上侵蚀面积占 67.8%。一期治理后，极强烈以上侵蚀面积

已不存在。退耕后，强度—强烈侵蚀面积也已消失，区域均为中度侵蚀以下侵蚀，其中，微弱和轻度侵蚀面积占到 34.5%

（2）黄土梁状丘陵沟壑区、黄土高塬沟壑区，这两个类型区治理前虽然各种侵蚀强度面积均有分布，但强度以上侵蚀面积也占了区域面积的 50%以上。经过治理后，虽然还有一些强度以上侵蚀面积，绝大部分已转变为轻度以下侵蚀。

黄土梁状丘陵沟壑区。该区域治理前极强烈以上侵蚀面积占了 42.5%，强度—强烈侵蚀占 22.3%。一期治理后极强烈以上侵蚀面积大幅度减少（88.9%），占区域总面积的比例由治理前的 42.5%降低到 4.3%，绝大部分转变为强度—强烈侵蚀。退耕后，区域已无极强烈以上侵蚀，强度—强烈侵蚀面积也只有 6.2%；区域轻度以下的侵蚀面积占了 80.0%，其中微弱侵蚀的面积就占到区域面积的 50.0%。

黄土高塬沟壑区。该区域治理前极强烈以上侵蚀面积占了 23.5%，强度—强烈侵蚀占 32.3%。一期治理后极强烈以上侵蚀面积占区域总面积的比例由治理前的 23.5%降低到 1.6%。退耕后，区域极强烈以上侵蚀面积无变化，强度—强烈侵蚀面积占区域总面积的比例由治理前的 32.3%降低到 3.3%；区域轻度以下的侵蚀面积较治理前增加了 46.4 个百分点，达到 66.5%。

（3）黄土阶地区、风沙草原区，这两个类型区治理前虽然各种侵蚀强度面积均有分布，但主要以轻度以下侵蚀为主（占到区域面积的 70.0%以上），强度以上侵蚀面积不大。经过治理后，强度以上侵蚀面积绝大部分已转变为轻度以下侵蚀。

黄土阶地区。该区域治理前极强烈以上侵蚀面积仅占 5.1%，强度—强烈侵蚀占 10.6%。一期治理后极强烈以上侵蚀面积没有变化，退耕后极强烈以上侵蚀面积已全部转变为强度—强烈侵蚀；区域轻度以下的侵蚀面积由治理前的 73.2%增加为 94.9%。

风沙草原区。该区域治理前极强烈以上侵蚀面积占 13.2%，强度—强烈侵蚀占 15.4%。一期治理后极强烈以上侵蚀和强度—强烈侵蚀面积均无变化；退耕后，极强烈以上侵蚀和强度—强烈侵蚀已全部转变为轻度以下侵蚀，其中微弱面积侵蚀面积占了 86.8%。

（4）森林黄土丘陵沟壑区、高原土石山区，这两个类型区治理前侵蚀轻微，主要以轻度以下侵蚀为主（占到区域面积的 90.0%以上），无强度以上侵蚀。治理前后，面积结构变化不大。

森林黄土丘陵沟壑区。该区域治理前微弱侵蚀面积占 88.0%，轻度侵蚀占 12.0%。一期治理后，面积结构无变化。退耕后，该区域全部为微弱侵蚀。

高原土石山区。该区域治理前微弱侵蚀面积占 68.2%，轻度侵蚀占 31.0%，另有 0.8%的中度侵蚀面积。一期治理后，已无中度侵蚀面积。退耕后，微弱侵蚀面积占区域面积的 95.5%。

2. 不同治理阶段全区域的侵蚀强度结构变化

表 9.20 和表 9.21 分别列出了全区域不同治理阶段五种侵蚀强度的面积变化情况。

表 9.20　全区域各治理阶段不同侵蚀强度面积变化

强度分级	标准 /［t/（km²·a）］	不同治理阶段侵蚀面积/km²				占总面积（249400.7km²）比例/%			
		治理前	一期治理	二期治理	退耕后	治理前	一期治理	二期治理	退耕后
微弱侵蚀	≤1000	57138.1	77026.6	113052.1	134217.9	22.9	30.9	45.4	53.7
轻度侵蚀	1000～2500	21071.6	30474.5	49469.0	62510.3	8.4	12.2	19.8	25.1
中度侵蚀	2500～5000	40913.7	50205.7	37657.2	42283.4	16.4	20.1	15.1	17.0
强度—强烈侵蚀	5000～10000	49904.8	72178.3	38165.0	6423.5	20.0	29.0	15.3	2，6
极强烈侵蚀以上	≥10000	80372.6	19515.6	11057.4	3965.5	32.3	7.8	4.4	1.6

表 9.21　全区域各治理阶段不同侵蚀强度面积的增减变化

强度分级	标准 /［t/（km²·a）］	不同治理阶段侵蚀面积/km²				较治理前增减变化/%		
		治理前	一期治理	二期治理	退耕后	一期治理	二期治理	退耕后
		1955～69	1970～89	1990～09	2000～09	1970～89	1990～09	2000～09
微弱侵蚀	≤1000	57138.1	77026.6	113052.1	134217.9	34.8	97.9	134.9
轻度侵蚀	1000～2500	21071.6	30474.5	49469.0	62510.3	44.6	134.8	196.7
中度侵蚀	2500～5000	40913.7	50205.7	37657.2	42283.4	22.7	−8.0	3.3
强度侵蚀	5000～10000	49904.8	72178.3	38165.1	6423.5	44.6	−23.6	−87.1
极强烈侵蚀以上	≥10000	80372.6	19515.6	11057.4	3965.5	−75.7	−86.2	−95.1
轻度侵蚀以下	≤2500	78209.7	107501.1	162521.1	196728.3	37.5	107.8	151.5
中度侵蚀	2500～5000	40913.7	50205.7	37657.2	42283.4	22.7	−8.0	3.3
强度侵蚀以上	＞5000	130277.4	91693.9	49222.4	10389.0	−29.6	−62.2	−92.0

由表 9.20 和表 9.21 可以看出：

（1）极强烈以上侵蚀的面积变化。从治理前后两个阶段相比，治理前全区域极强烈以上侵蚀的面积共 75405.6km²，占全区域总面积的 30.2%；治理后全区域极强烈以上侵蚀的面积为 12162.7km²，较治理前减少了 83.9%，占全区域总面积的比例变为 4.9%。从治理的不同阶段相比，一期治理和二期治理的极强烈以上侵蚀面积较治理前分别减少了 74.1%和 85.3%，占全区域总面积的比例也分别由治理前的 83.9%变为 7.8%和 4.4%。退耕后全区域极强烈以上侵蚀的面积只有 3965.6km²，较治理前减少了 94.7%，占全区域总面积的比例由治理前的 30.2%变为只有 1.6%。

（2）强度—强烈侵蚀的面积变化。从治理前后两个阶段相比，治理前全区域强度—强烈侵蚀的面积为共 54871.8km²，占全区域总面积的 22.0%；治理后全区域强度—强烈侵蚀的面积为 61982.0km²，较治理前增加了 13.0%，占全区域总面积的比例变为 24.8%。从治理的不同阶段相比，一期治理较治理前的强度—强烈侵蚀面积增加了 31.5%，二期治理较治理前减少 30.4%；退耕后全区域强度—强烈侵蚀面积只有 6423.5km²，较治理前减少了 83.0%，占全区域总面积的比例由治理前的 22.0%变为只有 2.6%。

（3）中度侵蚀的面积变化。从治理前后两个阶段相比，治理前全区域中度侵蚀的面积为共 40913.7km²，占全区域总面积的 16.4%；治理后全区域中度侵蚀的面积为 53806.7km²，较治理前增加了 31.5%，占全区域总面积的比例变为 21.6%。从治理的不同阶段相比，一期治理较治理前的中度侵蚀面积增加了 22.7%，二期治理较治理前减少 8.0%；退耕后全区域中度侵蚀面积共 42283.4km²，较治理前增加了 3.3%，占全区域总面积的比例由治理前的 16.4%变为 17.0%。

（4）轻度侵蚀的面积变化。从治理前后两个阶段相比，治理前全区域轻度侵蚀的面积为共 21071.6km^2，占全区域总面积的 8.4%；治理后全区域轻度侵蚀的面积为 35416.7km^2，较治理前增加了 68.1%，占全区域总面积的比例变为 14.2%。从治理的不同阶段相比，一期治理较治理前的轻度侵蚀面积增加了 44.6%，二期治理较治理前增加了 134.8%；退耕后全区域轻度侵蚀面积共 62510.3km^2，较治理前增加了 196.7%，占全区域总面积的比例由治理前的 8.4%变为 25.1%。

（5）微弱侵蚀的面积变化。治理前全区域微弱侵蚀的面积共 57138.1km^2，占全区域总面积的 22.9%；治理后全区域微弱侵蚀的面积为 86032.6km^2，较治理前增加了 50.6%，占全区域总面积的比例变为 34.5%。从治理的不同阶段相比，一期治理较治理前的微弱侵蚀面积增加了 34.8%，二期治理较治理前增加了 97.8%；退耕后全区域微弱侵蚀面积共 134217.9km^2，较治理前增加了 134.9%，占全区域总面积的比例由治理前的 22.9%变为 53.8%。

（6）从全区域及不同治理阶段、不同侵蚀强度的面积结构变化总体趋势看，一期治理后，极强烈以上侵蚀的面积大量减少，转为强度—强烈侵蚀，部分强度—强烈侵蚀转为中度侵蚀。二期治理特别是退耕后，全区域不同侵蚀强度的面积结构发生了根本性的改变，主要体现在强度以上侵蚀，特别是极强烈以上侵蚀面积的急剧减少和微弱侵蚀的面积的大幅度增加，中度侵蚀面积治理前后无明显的变化。

3. 不同治理阶段全区域侵蚀强度结构变化的空间分布

根据整个研究区 234 个侵蚀产沙单元不同治理阶段侵蚀强度结构变化（分为微弱、

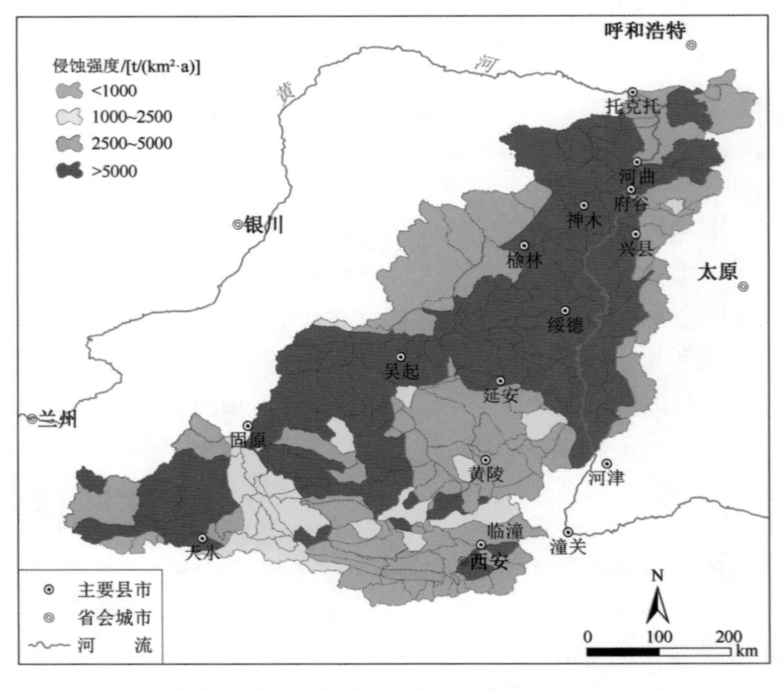

图 9.4　黄土高原治理前侵蚀强度分布图（1955～1969 年）

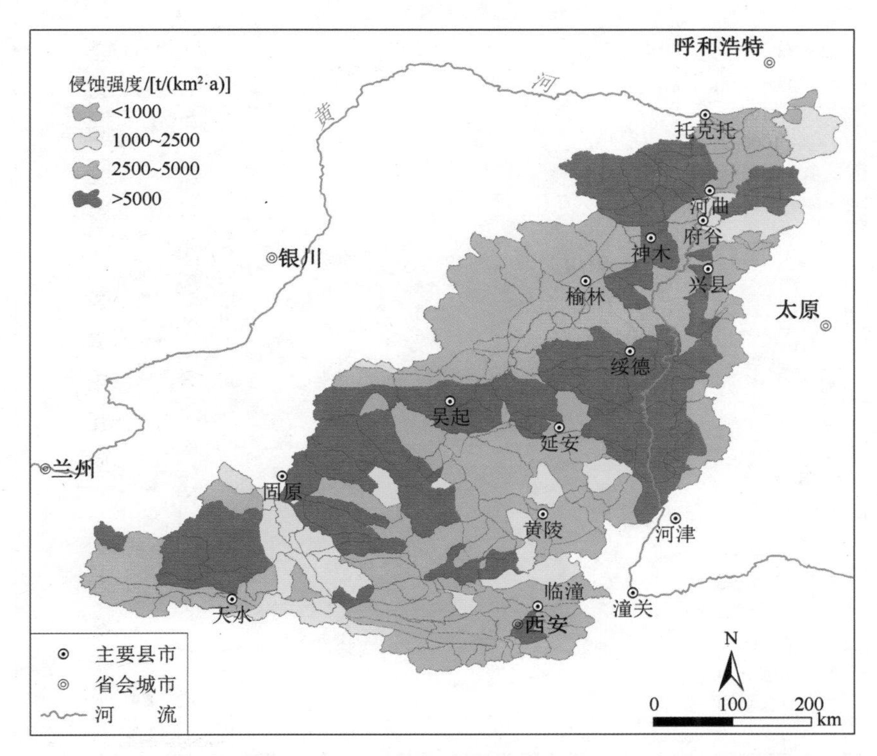

图 9.5　黄土高原一期治理侵蚀强度分布图（1970～1989 年）

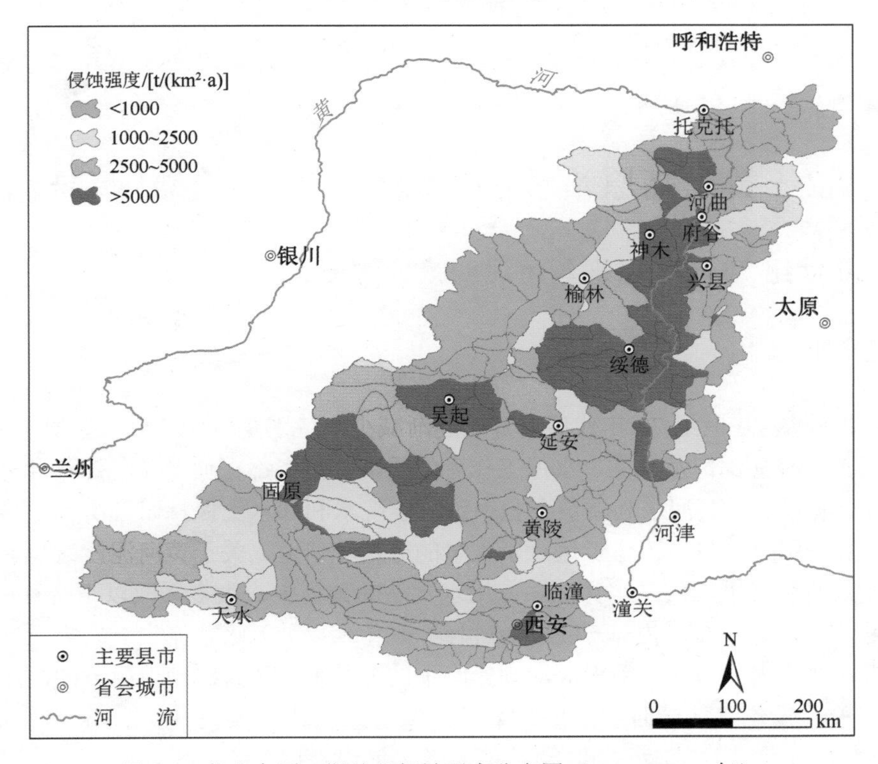

图 9.6　黄土高原二期治理侵蚀强度分布图（1990～2009 年）

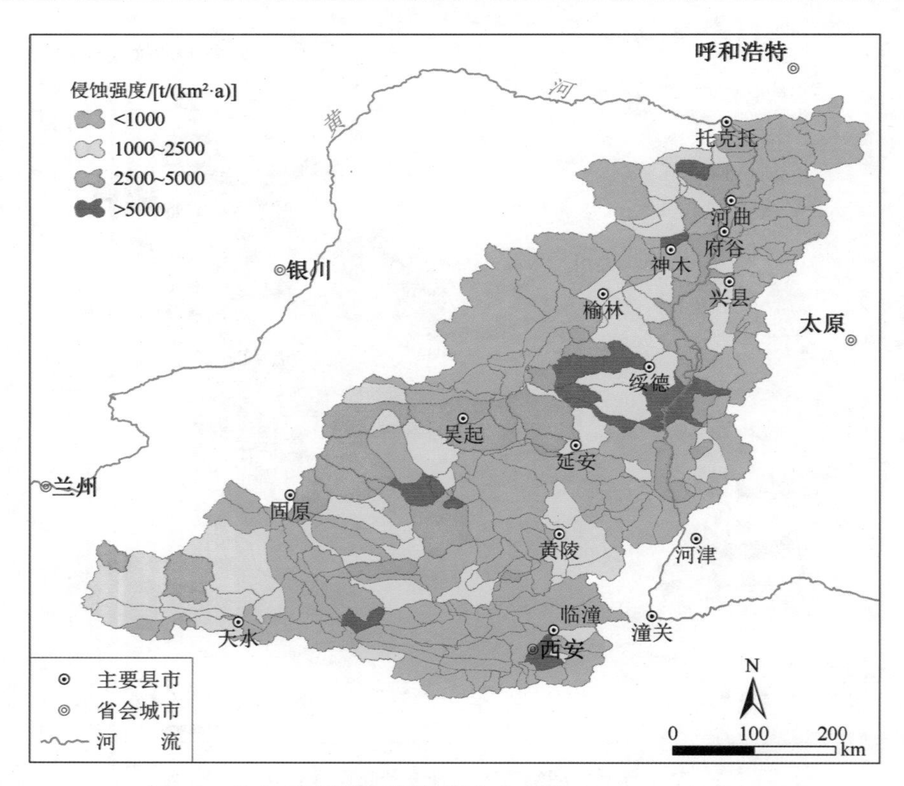

图 9.7　黄土高原退耕后侵蚀强度分布图（2000～2009 年）

轻度、中度、强度以上四个级别），绘制了全区域不同治理阶段侵蚀强度结构变化空间分布图如图 9.4～图 9.7 所示。

9.2　黄土高原治理后侵蚀产沙变化的原因分析

9.2.1　20 世纪 70 年代以来黄河泥沙减少的原因

1. 研究现状

黄河泥沙从 20 世纪 70 年代后期开始逐渐减少，特别是从 2000 年起急剧减少。这种变化引起了有关部门及水文、水保工作者的重视。他们都在通过各种途径和方法，分析其减少的原因。以黄河水利委员会和中国科学院水利部水土保持研究所为主体的研究团队，以及全国有关科研工作者进行了大量的分析和研究。关于黄河泥沙减少的原因分析，大多数研究者采用的是水文法。在用水文法的分析中，大多采取以下两种途径。

一是假定在某一时段内（一般取 20 世纪 60 年代以前）水土流失受人类活动影响较少，可将其视为未治理或未受人类活动影响下的泥沙量，认为这种情况下的泥沙量主要与降雨有关。先建立这一时期降雨因素与泥沙量的统计相关关系（回归分析或统计模型），再将此后不同年代或不同时期各年的降水量代入相关统计公式，求出该时期降雨因素引起的泥沙量，用其减去实测泥沙量，即为人类活动影响的泥沙量，再分别求出二者各自的比例关系。

二是采用双累积曲线法，即将降雨和泥沙两个变量按同一时间步长逐渐累积，令一个变量为横坐标，另一个变量为纵坐标，确定降雨和泥沙的关系为线性关系，将其出现拐点的年份作为受人类活动影响变化的年份，也称跃变（突变拐点）。先建立突变拐点前双累计曲线的回归方程，再将拐点后各年的降水资料代入回归方程，得出年输沙量。不同时段计算出的差异即为突变年代的降雨影响量，用同期实测泥沙量与降雨影响量相减即得人类活动的减少量。

上述研究取得了很多结果，现将主要的分述如下（表9.22）。

表9.22　20世纪70年代以来黄河泥沙减少原因分析

研究者	区间范围	比较时段	减沙原因/%	
			降雨因素	人为作用
冉大川等	河龙区间	1970～1979年较1954～1969年	33.1	66.9
		1980～1989年较1954～1969年	42.2	57.8
		1970～1996年较1954～1969年	35.6	64.4
张胜利等	多沙粗沙区	1980～1989年较60年代前	46.8	53.2
		1970～1989年较60年代前	28.5	71.5
时明立	河龙区间	1970～1979年较1954～1969年	58.0	42.0
		1980～1989年较1954～1969年	50.3	49.7
董雪娜	黄河中游	1970～1986年较1954～1969年	52.1	47.9
	河龙区间	1970～1986年较1954～1969年	54.0	46.0
	泾河、北洛河、渭河	1970～1986年较1954～1969年	46.0	54.0
张仁等	河龙区间	1980～1989年较1954～1969年	41.8	58.2
王云璋	河龙区间	1970～1979年较1955～1969年	41.3	58.7
		1980～1989年较1955～1969年	50.2	49.8
	泾河、渭河	1970～1979年较1955～1969年	63.0	37.0
		1980～1989年较1955～1969年	45.3	54.7
赵业安	河龙区间	1980～1989年较70年代前	50.2	49.8
	泾河、渭河	1980～1989年较70年代前	45.3	54.7
朱同新	黄河上中游	1970～1986年较60年代前	52.0	48.0
高博文	黄河上中游	1980～1989年较60年代前	35.2	64.8
陈永宗	黄河上中游	1971～1985年较1954～1970年	57.8	56.3
信忠保	黄河上中游	1980～2005年较1956～1979年	27.4	72.6
许炯心	河龙区间+北洛河	1970～1979年较1950～1969年	63.4	36.6
		1980～1989年较1950～1969年	41.6	58.4
		1990～1997年较1950～1969年	57.2	42.8
		1998～2006年较1950～1969年	35.0	65.0
高旭彪	黄河中游	1986～1989年较1951～1985年	58.1	41.9

续表

研究者	区间范围	比较时段	减沙原因/%	
			降雨因素	人为作用
高旭彪	黄河中游	1990～1999年较1951～1985年	29.8	70.2
		2000～2007年较1951～1985年	27.2	72.8
姚文艺	河龙区间	1997～2006年较60年代前	55.0	45.0
	泾河、北洛河、渭河、汾河	1997～2006年较60年代前	41.2	58.8
	黄河中游	1997～2006年较60年代前	50.3	49.7
李文家	黄河流域	1980～1989年较1919～1959年	38.0	62.0
		1990～1999年较1919～1959年	51.0	49.0
冉大川	河龙区间	1971～1980年较1954～1970年	49.0	51.0
		1981～1990年较1954～1970年	50.0	50.0
		1991～2000年较1954～1970年	42.0	58.0
		1996～2005年较1954～1970年	60.0	40.0
穆兴民	黄河上中游	1979～2009年较1951～1978年	19.0	81.0
王万忠	黄河上中游	1970～1986年较1955～1969年	43.7	56.3

陈永宗（1988b）分析表明，1971～1985 年黄河的输沙量比 1954～1970 年减少了 42.6%（7.93 亿 t）；其中水利水保措施减沙量为 3.35 亿 t（包括水库和引洪灌溉 1.191 亿 t 和水平梯田和坝地等水保措施减沙 2.16 亿 t），占总减沙的 42.2%；同期年平均降雨量较 70 年以前减少了 10.0%左右。

朱同新（1990）用分段年降水量指标法得出 20 世纪 70 年代以来，黄河中上游地区降水量平均减少 11.08%，因降水量减少引起的减沙效益为 20.17%，水利水保措施的减沙效益为 18.59%（各占比例为 52.0%和 48.0%）。

赵业安等（1992）等通过对 15 条河流域暴雨指标与沙量关系的分析得出：河龙区间 20 世纪 80 年代较 70 年代以前减沙 6.11 亿 t（减少 66.3%），其中降雨因素引起的减沙量为 3.07 亿 t（占总减沙量的 50.2%），流域综合治理引起的减沙量为 3.04 亿 t（占总减沙量的 49.8%），泾河、渭河 80 年代较 70 年代以前减沙 1.81 亿 t（减少 43.4%），其中降雨因素引起的减沙量为 0.82 亿 t（占总减沙量的 45.3%），流域综合治理引起的减沙量为 0.99 亿 t（占总减沙量的 54.7%）。

王云璋等（1992）利用盛夏期间（7 月 1 日至 9 月 10 日）的中雨、大雨、暴雨日次与累积雨量的变化，推算出 20 世纪 70 年代较 1955～1969 年河龙区间降雨和水利水保措施的影响作用分别为 41.3%和 58.7%，80 年代较 1955～1969 年各占 50.2%和 49.8%；泾河、渭河 70 年代减沙的降雨和水利水保措施各占 63%和 37%，80 年代减沙的比例各占 45.3%和 54.7%。

董雪娜和林银萍（1992）用大于 30mm 日雨量与产沙的相关关系，推算出 20 世纪 70 年代以来黄河中游地区较 1954～1969 年水利水保措施减沙量为 3.57 亿 t，其中河龙区间为 2.21 亿 t，泾洛渭为 0.94 亿 t；黄河中游区按总减沙 7.45 亿 t 计算，水利水保措施的减沙效益为 47.9%，其中河龙区间为 46.6%，泾洛渭为 54.9%。

时明立（1993）采用水文法计算河龙区间 20 世纪 70 年代较 1954～1969 年减沙 2.86 亿 t，其中人类活动影响占 42.0%，降雨因素影响占 58.0%；80 年代较 1954～1969 年减沙 6.68 亿 t，其中人类活动影响 49.7%，降雨因素影响占 50.3%。

熊贵枢（1992）计算出 20 世纪各年代黄河中游支流水库和水保措施（不包括三门峡水库）的拦沙量分别为：50 年代 1.09 亿 t，60 年代 13.85 亿 t，70 年代 38.51 亿 t，80 年代 25.89 亿 t。

高博文等（1994）在“80 年代黄河流域水利水土保持措施减沙作用研究”一文中，用水保法计算得出 20 世纪 80 年代的年均总减沙量为 11.577 亿 t，其中，水土保持措施 4.985 亿 t，占 43.06%；水库拦沙和灌溉引沙 2.514 亿 t，占 21.7%；降雨因素影响 4.078 亿 t，占 35.2%。

张仁和丁联臻（1993）在“黄河水沙变化的成因分析方法”一文中，通过对各研究课题成果的汇总得出：河龙区间 20 世纪 80 年代由于暴雨减少产生的减沙量为 2.61 亿 t，占减沙总量的 41.8%；由于人类活动影响的减沙量为 3.62 亿 t，占减沙量的 58.2%。

张胜利和王轶睿（1992）等对黄河多沙粗沙区输沙量变化原因进行了分析，20 世纪 80 年代较 1969 年以前平均减沙 7.418 亿 t，其中气候因素减沙 3.472 亿 t，占总减沙的 46.8%；水利水保工程拦减 3.946 亿 t，占总减沙的 53.2%。1970～1989 年年均减沙 5.257 亿 t，气候因素减沙占总减沙的 28.5%；水利水保工程拦减占总减沙的 71.5%。

冉大川等（2000）等在二期水沙基金研究中，计算河龙区间 21 条支流在 20 世纪 70 年代的减沙中，降雨因素占 33.1%，人为作用占 66.9%；在 80 年代的减沙中，降雨因素占 42.2%，人为作用占 57.8%；在 70 年代以后的减沙中，降雨因素占 35.6%，人为作用占 64.4%。

信忠宝等（2009）采用水文法建立黄河中游 10 条主要支流基准期降水和输沙的线性回归关系，采用线性外推的方法定量评价降水变化和人类活动对河流输沙量变化的影响量和相对贡献率：10 条支流人类活动减沙的贡献率为 61.4%～93.1%，平均为 72.6%，降水的贡献率平均为 27.4%。

许炯心（2010）用水文法（双累积曲线）分析了黄河中游多沙粗沙区（河龙区间、北洛河与泾河支流马连河等）不同治理时期与基准期（1950～1969 年）降水和人类活动对总输沙量的贡献率，其中 1970～1979 年降水和人类活动各自的贡献率分别为 63.4%和 36.6%，1980～1989 年分别为 41.6%和 58.4%，1990～1997 年分别为 57.2%和 42.8%，1998～2006 年分别为 35%和 65%。

高旭彪等（2008）通过建立 1951～1985 年输沙量与降雨因子的关系式，对 1986～2007 年的泥沙变化及影响因素的分析，结果为：在 20 世纪 80 年代后期，降水与人类活动的影响程度分别为 58.1%和 41.9%，20 世纪 90 年代分别为 29.8%和 70.2%，2000 年以后分别为 27.2%和 72.8%。

高鹏等（2013）根据黄河中游区段降水数据以及水文站实测水沙资料，通过双累计曲线法，统计出 1982～1989 年同 1981 年前相比，在减沙量中，降水和人类活动的影响各占 5.3%和 94.7%，1990～1999 年各占 25.8%和 74.2%，2000～2008 年各占 8.6%和

91.4%。

姚文艺（2009）等通过“十一五”国家科技支撑计划资助课题的研究表明，在黄河河口镇—龙门区间，1997～2006年与1969年以前相比，年均总减沙量7.77亿t，其中水利水保措施等人类活动减沙量3.5亿t，占45%，降雨因素引起的减沙量为4.27亿t，占总减沙量的55%。另外，渭河、泾河、北洛河、汾河流域同期年总减沙量为4.03亿t，其中水利水保措施减沙量2.37亿t，占58.8%，降雨因素影响的减沙量为1.66亿t，占41.2%。

穆兴民（2012）通过双累计曲线法得出黄河中上游1979～2009年较1951～1978年的减沙量中，人类活动因素占81%，降雨因素占19%。

王万忠和焦菊英（1996）用140多个站点的降雨资料，详细计算了黄河中游历年的降雨侵蚀力值，并按治理前（1955～1969年）和治理后（1970～1986年）分段统计，再用治理前和治理后的产沙量分别除以各自的降雨侵蚀力值，得出治理前后两个阶段单位侵蚀力的产沙量。用单位侵蚀力的产沙量的差值乘以治理后的侵蚀力值，即为人为因素减少的产沙量值，结果为人为因素引起的减沙量占56.3%，降雨因素占43.7%。

从上述大量研究结果可以看出，尽管各研究者计算所得降雨因素和人为因素各自对黄河泥沙量减少的影响比重不尽相同，有些差异很大，但总体能反映出从20世纪70年代起人类活动对黄河中游泥沙减少的影响作用逐渐加大。

根据多数研究者的研究结果（表3.3），可以认为70～80年代降雨因素与人为因素的减沙作用各占45%和55%，90年代以后（1990～2009年）降雨因素与人为因素的减沙作用各占30%和70%。

2. 几点讨论

在整理分析上述有关研究结果时，人们往往感到很茫然，应用时也很谨慎。主要问题是各研究者采用的方法、对比年代、基准期等都不一致，其结果也差异性很大。笔者认为，其主要原因有以下几个方面：

一是“基准期”或“对比参照期”不一致。在进行降雨与泥沙量的相关分析中，采用的基准期有的为1969年以前，有的为所研究的某一时段以前。例如，研究1980年以后的泥沙变化，就以1979年以前为参照期；研究1996年后的泥沙变化，就以1995年前为参照期。采用双累积曲线方法找到的拐点也不一致，有的拐点在80年代初，有的则在70年代中后期，基准期的不一致势必导致研究结果的差异性。

二是在统计年代上也很混乱。例如，有的基准期选择1969年以前，但在基准期的年代统计上，有的选择1950～1969年，有的选择1951～1969年，有的为1955～1969年。在年代的划分上也不一致，例如，70年代，有的划分为1970～1979年，有的则为1971～1980年。还有，截止期限也不一致，大都按照可能获取的年代资料计算，并未按照整体年代资料计算，例如，80年代，有的资料截至1986年，有的截至1989年。由于黄河中游泥沙的年际变化差异很大，时段划分的不同会对计算结果产生很大影响，例如，1980年潼关站泥沙量为5.83亿t，1981年为11.9亿t，选择从1980年计算还是1981年计算，影响会很大。

三是降雨因子的选择很不一致。有的选择年雨量，有的选择汛期雨量，即使在汛期雨量选择中，有的选 6～8 月，有的选 7～8 月，还有的选 5～9 月。再者，降雨的控制站网密度也很不一致，对黄河中游地区有的选了 50 多个站点资料，有的选择十几个站点资料，更有甚者选了 1～3 个站点资料，这些都对计算结果产生很大分歧。

基于上述因素，认为在用水文法研究黄河中游泥沙减少的原因分析中，建立未治理环境下降雨与泥沙量的关系应考虑以下几点：

一是基准期的选择，建议统计年代截至 1969 年前。因为从 70 年代开始黄河中游的水土流失治理有了较大规模的开展，选择 70 年代以前是比较合适的。其统计的计算年限应为 1950～1969 年，整 20 年，这样也符合一般年代统计的习惯做法。并不赞成用双累积曲线法来确定一个拐点，以拐点以前作为基准期。因为任何东西都有一个量变到质变的过程，水利水保措施也有一个逐渐加大的过程，这个线性到非线性的转变是不能截然分开的。再之，降雨、径流和泥沙三者的拐点并不在同一年。

二是在年代对比统计上，建议采取人们习惯的年代统计法，从 0 开始，从 9 结束，即 60 年代为 1960～1969 年，70 年代为 1970～1979 年。同时，最好以 10 年、20 年为一个时段期，大家都采用这一习惯做法，其所得结果就有了可比性。

三是降雨因子的选择不能单一。因为黄土高原土壤超渗产流的特点和短时段暴雨的降水特性，人们普遍认为降雨强度对泥沙量的影响远远大于雨量。尽管降雨指标的选择与空间尺度有很大关系，但是即使对于中小流域或更大的空间，降雨强度无疑是产生径流泥沙的最根本因素。实践证明，降雨多因子较单因子与泥沙量之间，具有更好的相关性。

9.2.2　降雨因素对黄河泥沙变化的影响作用

近年来，黄河来沙量锐减的原因成为人们普遍关注的热点问题，不少学者对降雨因素及人为因素（水利水保措施）对黄河来沙量变化的影响程度进行了大量的定性或定量的分析（李晓宇等，2016；赵广军等，2012；姚文艺等，2013；刘晓燕等，2014；王万忠等，2015）。

笔者认为，在对黄河近年来沙量锐减的原因分析中，首先要解决降雨问题，其理由有三个方面，一是降雨的数据来源为实测，水利水保措施的数据多为统计，降雨数据的可靠性相对比较好；二是降雨数据的时间序列可以到年，而水利水保措施的数据很难到年，而按年代或不同时段的统计方法，很容易由于各自统计时段的不同，使其结果产生认识上的差异；三是降雨问题相对比较单一，而水利水保措施比较复杂，只有先解决或排除降雨因素后，才能顺利地研究水利水保措施问题。

目前，研究降雨问题的常用方法是“水文法”，而目前在“水文法”中存在两个问题。一是所建立的基准期雨沙关系模型（或关系式）离散度较大，相关程度普遍不高（相关系数大多在 0.5 左右），这样的模型（或关系式）应用起来，其结果会误差很大。二是虽然在一些流域或支流的基准期存在着比较好的雨沙关系，但由于黄河中游降雨和泥沙的空间分异程度比较大，这些流域或支流的雨沙关系模型（或关系式）很难应用到黄河中游整个区域。

因此，怎么才能够建立一个令人满意的、精度比较高的基准期雨沙关系模型（或关系式）是必须解决的关键问题。从理论上讲，在下垫面相对一致的情况下，降雨与泥沙的关系应当是十分密切的。从统计学上讲，降雨与泥沙二者的相关程度应当是很高的（相关系数应当在 0.8 左右）。由于黄河中游降雨、泥沙时空分布变化的复杂性，要建立一个令人满意的、精度比较高的雨沙关系模型（或关系式），必须全方位综合考虑，尤其是处理好研究区域选择、基准期判定和降雨因子优选，以及对雨沙关系影响因素的科学分析等问题。

1. 研究区域的确定

研究区域的确定，既要考虑泥沙问题，也要考虑降雨的空间分布问题。一开始本研究设定了三个方案，一是河龙区间（黄河中游的河口镇至龙门站之间，面积 12.96 万 km^2），二是主要产沙区（河龙区间+北洛河交口河以上+泾河景村以上，面积为 18.7 万 km^2）；三是整个黄河中游及上游的部分地区（河龙区间+北洛河+泾河+渭河+汾河+祖厉河+清水河，面积为 33.9 万 km^2）。经过综合考虑，确定采用第二方案，主要基于以下三个方面的考虑。

一是从降雨特征，特别是暴雨特性的一致性来讲，河龙区间是最适合的研究区域。但从泥沙方面考虑，就存在明显的不足。因为河龙区间的泥沙量只占到黄河来沙量的 58.3%。要用其建立的雨沙关系式来代替整个黄河中游的雨沙关系，以此来分析黄河泥沙变化的原因，显然是不妥当的，就是想法把河龙区间的雨沙关系模型（或关系式）转换到黄河中游，其误差程度也是可以想象的。

二是从泥沙方面考虑，第三方案当然是最理想的。但是降雨问题的处理起来比较棘手。渭河流域在黄河中游的南部，汾河流域在黄河中游的东部，祖厉河和清水河流域在黄河中游的西部。受南部秦岭、东部太行山和西部六盘山的影响，这些区域的降雨特征，特别是暴雨特性和黄河中游腹地还是有一定的差异。我们按照暴雨的成因和降水特点，把黄河中游的暴雨分为三种类型：一类是由局地强对流条件引起的小范围、短历时、高强度暴雨（简称 A 型暴雨，下同）；二类是由锋面型降雨夹有局地雷暴性质的较大范围、中历时、中强度暴雨（简称 B 型暴雨，下同）；三类是由锋面型降雨引起的大面积、长历时、低强度暴雨（简称 C 型暴雨，下同）。据统计，造成黄河中游高强度土壤流失的主要是 B 型暴雨，这类暴雨主要发生在黄河中游腹地，而黄河中游的东部和南部多为 C 型暴雨。虽然 C 型暴雨的短时降水强度不如 B 型暴雨，但其总雨量一般又较 B 型暴雨多。这样，雨量和强度之间的错位，势必会影响到模型精度和降雨指标的选择。另外，由于黄河中游地形地貌以及植被条件的不同，区域间的侵蚀强度差异很大，同样一场大暴雨，降落在渭河中下游、汾河流域和降落在河龙区间的产沙量是大不相同的。如果不考虑侵蚀强度的空间差异，将这些区域的降雨资料一起统计计算，也会大大降低雨沙关系的精度。例如，汾河流域多年来已基本无泥沙流出，完全没必要将其包括到研究区域中。

三是选择第二方案作为研究区域，既考虑了黄河来沙量的代表性，又考虑到研究区域侵蚀产沙强度和降雨特性的一致性，从而最大限度的提高雨沙关系的相关度。根据

1951～2015年黄河泥沙资料平均计算，该研究区域的产沙量占黄河来沙量的86.1%。用其建立的雨沙关系完全可以解释和说明黄河的来沙量变化问题。另据1955～1989年的泥沙资料计算，该研究区域河龙区间、北洛河交口河以上和泾河景村以上的产沙强度分别为5729.6t/（km^2·a）、4615.2t/（km^2·a）和6158.8t/（km^2·a），其彼此的产沙强度差异不很悬殊。同时，降雨特征也基本相同。

2. 基准期的判定

基准期（又称基准自然期或自然期）是指下垫面条件相对稳定的一个时期。一般是指大规模水土保持工程开始前的一个阶段。基准期的确定除了根据水土保持工程开展情况和黄河泥沙的早期观测资料人为给定外，也有应用雨量与泥沙量变化的双累积曲线法、Mann—Kendall检验法等数学工具来判定。已有研究的基准期年代节点主要在1959年、1969年和1979年三个阶段，多数以1969年为节点（姚文艺和焦鹏，2016；穆兴民等，2014）。

以1959年作为基准期节点的主要原因是考虑了“16亿t”这一黄河泥沙的基准值。而这一数字来自黄河陕县水文站1919～1959年的年输沙量平均值；以1969年作为基准期节点的多数是考虑了水土保持工程的进展情况，因为黄河中游大规模的水土保持工程是20世纪70年代开展起来的。也有通过数学工具来划定的（赫晓慧等，2011）；以1979年作为基准期节点的多数是应用双累积曲线法等数学方法划定的（穆兴民等，2010；武荣等，2010；何毅等，2015）。也有研究，双累积曲线的转折点（拐点）分别出现在1971～1975年。

经过对降雨资料完善程度和水土保持工程开展情况的综合分析，确定以1957～1969年作为基准期：一是1956年以前的雨量观测点较少，观测资料也不完善；二是1969年以前黄河中游的水土保持工作基本是一些零散的、局部的坡面治理，大规模的治沟骨干工程还未开展起来；三是尽管一些经数学方法确定的基准期节点在1979年。但从实际情况看，在20世纪70年代的中后期，淤地坝等一些治沟工程已经发挥了一定的拦沙作用，如果以1979年作为基准期节点，可能会影响和降低雨沙关系的相关度。

3. 雨量站网密度

从理论上讲，在一定区域，布站数目越多，站网密度越大，面雨量的误差越小。同时，同样的面雨量误差，对于不同的降雨因子，布站数目的多少也是差异很大的（王万忠等，1999）。例如，一样的面雨量误差，年最大3h雨量所要求的站网密度可能是年雨量所要求站网密度的数倍，甚至数十倍。但是，黄河中游1969年以前的布站数目和观测资料无法满足所有降雨因子所要求的站网密度和完整数据。为了解决这一问题，先选择观察系列长，且资料完整的东胜、河曲、五寨、禅木、兴县、榆林、横山、绥德、离石、隰县、吴起、延安、环县、固原、平凉、西峰、长武、洛川等18个雨量站作为基本站（图9.8），对其所有降雨因子和来沙量进行相关分析。在通过优选，确定了最佳降雨因子后，再将雨量站进行扩充（共54个，数量要求3倍于基本站）。然后用扩充站的数值与来沙量进行相关分析，比较扩充站与基本站其雨沙关系相关度的差异，分析站网密度对雨沙关系精度的影响。

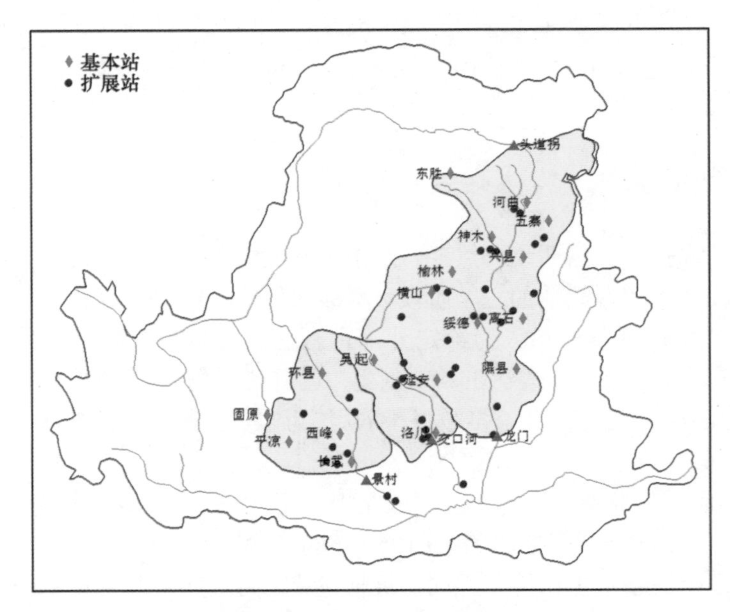

图 9.8　研究区范围及雨量站网

4. 降雨因子的选择

反映降雨特征的因子包括雨量和雨强两个方面。对于年降雨特性来说，主要有年雨量、汛期雨量、不同量级雨量、最大时段雨量和最大次数雨量五个方面。根据需求，共选取上述五个方面的 21 个因子进行雨沙关系分析，以便能够优选出一个比较满意的因子。

这 21 个降雨因子分别是：年雨量 1 个因子（p）；汛期雨量 4 个因子（$p_{7\sim8}$、$p_{6\sim8}$、$p_{7\sim9}$、$p_{6\sim9}$）；不同量级雨量 4 个因子（$p_{\geqslant10}$、$p_{\geqslant15}$、$p_{\geqslant25}$、$p_{\geqslant50}$）；最大时段雨量 9 个因子（p_{60}、p_{180}、p_{360}、p_{720}、p_{1440}、$p_{3日}$、$p_{7日}$、$p_{15日}$、$p_{30日}$）；最大次数雨量 3 个因子（$p_{1次}$、$p_{3次}$、$p_{5次}$）。

5. 雨沙关系分析

表 9.23 是各因子的雨沙关系分析结果，可以看出：

表 9.23　黄河主要产沙区不同降雨因子的雨沙关系分析结果（1957～1969 年）

序号	分类	指标	代号	关系式	相关系数（R^2）
1	年雨量		P	s=525.61P–133298	0.579
2	汛期雨量	7～8 月	$P_{7\sim8}$	s=1105.9$P_{7\sim8}$–119927	0.753
3		6～8 月	$P_{6\sim8}$	s=943.5$P_{6\sim8}$–122659	0.750
4		7～9 月	$P_{7\sim9}$	s=823.4$P_{7\sim9}$–123734	0.729

续表

序号	分类	指标	代号	关系式	相关系数（R^2）
5		6～9 月	$P_{6\sim9}$	$s=745.9P_{6\sim9}-131294$	0.745
6	不同量级雨量	≥10mm	$P_{\geqslant10}$	$s=673.1P_{\geqslant10}-90516$	0.609
7		≥15mm	$P_{\geqslant15}$	$s=751.0P_{\geqslant15}-58889$	0.629
8		≥25mm	$P_{\geqslant25}$	$s=1098.3P_{\geqslant25}-36078$	0.667
9		≥50mm	$P_{\geqslant50}$	$s=2031.7P_{\geqslant50}+50201$	0.252
10	最大时段雨量	1h	P_{60}	$s=16238.0P_{60}-251174$	0.743
11		3h	P_{180}	$s=12145.0P_{180}-267069$	0.773
12		6h	P_{360}	$s=8420.3P_{360}-211624$	0.660
13		12h	P_{720}	$s=6655.3P_{720}-202290$	0.525
14		24h	P_{1440}	$s=4753.1P_{1440}-141194$	0.409
15		3 日	$P_{3日}$	$s=4412.4P_{3日}-192729$	0.435
16		7 日	$P_{7日}$	$s=3032.5P_{7日}-158002$	0.427
17		15 日	$P_{15日}$	$s=2589.6P_{15日}-214445$	0.580
28		30 日	$P_{30日}$	$s=1841.7p_{30日}-202321$	0.805
19	最大次雨量	1 次	$P_{1次}$	$s=5611.9p_{1次}-158983$	0.394
20		3 次	$P_{3次}$	$s=3314.1p_{3次}-265368$	0.566
21		5 次	$P_{5次}$	$s=2395.5p_{5次}-273801$	0.631

（1）年雨量（p）与来沙量的相关关系并不好，相关系数（R^2）只有 0.579，主要原因是年降雨量没有体现和包含降雨强度这一因素。

（2）在汛期雨量 4 个因子中，与来沙量相关程度最好的是 7～8 月雨量（$p_{7\sim8}$），相关系数（R^2）达到 0.753。而加入 6 月、特别是 9 月雨量后，相关系数并没有得到提高，反而降低了一些。主要原因是黄河中游的高强度大暴雨或特大暴雨主要发生在 7 月和 8 月。6 月，特别是 9 月虽然会发生一些大暴雨，但多为锋面性降雨，总雨量虽不少，但短时段的降雨强度并不大。表 9.24 是对研究区域自 1950 年以来的特大暴雨发生情况按月统计的结果，可以看出，在 107 场特大暴雨中，发生在在 7 月和 8 月的就有 95 场，占 88.8%；特别是能够引起区域性高强度侵蚀产沙的 B 型特大暴雨，27 场中有 26 场就发生在 7 月和 8 月，占 96.3%。

表 9.24　黄河主要产沙区特大暴雨发生的时间

雨型	5 月			6 月			7 月			8 月			9 月			合计
	上	中	下	上	中	下	上	中	下	上	中	下	上	中	下	
A	1	2		3	1	1	4	6	13	8	5	4	2			50
B							4	3	11	8	1	2	1			30
C						1	9	3	5	3	4	2				27
合计	1	2		3	1	2	17	12	29	19	10	8	3			107

（3）不同量级雨量各因子与来沙量的相关程度整体并不是很理想。相比较，年≥25mm 雨量因子（$p_{\geqslant25}$）要好一些，相关系数（R^2）为 0.667。在已有的研究中，也有以

≥10mm 雨量、≥12mm 雨量和≥15mm 雨量作为雨沙关系的降雨因子（何毅等，2015）。实际上，不同量级雨量与侵蚀产沙的关系受侵蚀产沙强度和区域空间尺度面积大小两方面的影响。一方面，引起不同侵蚀产沙强度的雨量标准不同。据对坡面侵蚀的统计，引起轻度侵蚀的雨量为≥11.5mm，中度侵蚀的雨量为≥14.2mm，强度度侵蚀的雨量为≥25.0mm（王万忠，1984）。另一方面，不同空间尺度侵蚀产沙的雨量标准不同。受产汇流时间与降雨动力作用的影响，坡面侵蚀—流域产沙—河流输沙这三个空间尺度的雨量标准是不同的。据统计，引起坡面侵蚀的雨量标准一般≥10.0mm，流域产沙的雨量标准一般≥15.0 mm，而河流输沙的雨量标准一般≥25.0mm。因此，以上分析说明，年≥25mm 雨量因子与来沙量具有较好的相关程度是可以理解的。

另外，从理论上讲，年≥50mm 雨量与来沙量应该具有更好的相关性，因为大量的实测数据说明，决定黄河每年来沙量多少的主要因素是几场大暴雨或特大暴雨。这些暴雨的雨量大都≥50mm。为什么≥50mm 雨量与来沙量的相关系数（R^2）只有 0.252，原因不在≥50mm 雨量因子本身，而在于≥50mm 雨量的面平均雨量的可靠性。在黄河中游地区，暴雨中心发生的随机性很大，降雨的面分布均匀性很差。例如，岔巴沟（187km^2）1963 年 8 月 26 日一次历时 360min 的降雨，面雨量为 31.4mm，最大点（鸳鸯山）雨量为 123.6mm，距离最大点 2km 的杜家山雨量只有 24.7mm；文安驿川（303.0km^2），1988 年 8 月 11 日一次 382min 的降雨，面雨量为 30.9mm，最大点（前袁家沟）雨量为 106.4mm，距离最大点 4.2km 的小禹居站雨量只有 8.3mm。以上说明没有足够多的雨量站，仅靠几十个站的观测资料很难代表和说明研究区域≥50mm 的面雨量，其数据的可靠性也是令人难以置信的。

（4）在不同时段最大雨量的 9 个因子中，短时段与来沙量相关程度最好的是最大 180min 雨量（p_{180}），相关系数（R^2）为 0.773。长时段与输沙量相关程度最好的是最大 30 日雨量（$p_{30日}$），相关系数（R^2）为 0.805。这一结果再次说明，由于黄土具有的超渗产流的显著特点，使得决定这一地区侵蚀产沙量多少的主要因素是降雨强度，而不是雨量。同时，受暴雨雨型、发生频率及降雨特性的影响，对于不同的空间尺度来说，与侵蚀产沙及输沙量相关的时段降雨历时也不一样。

据统计（焦菊英等，1999），在坡面和沟道小流域，引起极强烈侵蚀（侵蚀模数≥10000t/（km^2·a）的 70%是 A 型暴雨。由于这类暴雨历时短，几乎 90%以上的雨量集中在 60min 内，高强度的降雨历时只有 10～30min。因此，10～30min 最大雨量与坡面和沟道侵蚀的相关性最好。对于一些中小流域，引起高强度产沙的主要是范围较大的 A 型暴雨和小范围的 B 型暴雨。这类暴雨 90%以上的雨量集中在 180min 内，高强度的降雨只有 60min 左右。因此，60min 最大雨量与中小流域产沙量的相关性最好。而对于大的支流和区域来说，引起高强度产沙输沙的主要是是 B 型暴雨和一些强度比较大的 C 型暴雨。这类暴雨的雨量大部分集中在 360min 内，高强度的降雨一般不超过 180min。180min 最大雨量与区域来沙量相关性最好是可以理解的。

同时，也对研究区域 1977 年 7 月和 2013 年 7 月这两次特大暴雨的降雨情况和产沙量进行了对比分析。研究区域 1977 年和 2013 年的来沙量分别为 21.71 亿 t 和 2.84 亿 t，相差七八倍。这两年的来沙量主要受这两次暴雨影响。从降雨的雨区范围看，这两场暴雨的中心都在延安地区，“77.7”暴雨中心在安塞县，“13.7”暴雨中心在富县。雨区的覆盖范围差不多，“13.7”暴雨雨区偏南一些。从实测的总雨量看，“13.7”暴雨比“77.7”暴雨多一些，“13.7”暴雨的总雨量延安宝塔区为 568.0 mm，延川为 410.5mm。“77.7”暴雨安塞总雨量为 182.6mm，中心招安乡总雨量为 224.9mm。从高强度降雨的集中程度看，“13.7”暴雨远不及“77.7”暴雨。“77.7”暴雨安塞 24h 为 215.0mm，暴雨中心招安乡的 24h 雨量达 406mm（调查值），9h 雨量为 310.0mm，6h 雨量为 280.0mm，3h 雨量为 165.0mm（范荣生和阎逢春，1989）。而“13.7”暴雨 24h 雨量富县为 151.9 mm，延长为 115.7mm；12h 雨量富县为 151.7mm，延长为 115.6mm；6h 雨量延长为 79.9mm；3h 雨量延长为 66.5mm（雷向杰等，2016）。说明除了水土保持工程的作用外，由于“13.7”暴雨虽然降雨总量大，但短时的降雨强度远不及“77.7”暴雨，且中心雨区偏南，因此它不可能产生像“77.7”暴雨那么大的泥沙量。

最大 30 日雨量（$p_{30\text{日}}$）与来沙量有如此好的相关度是出人意料的。在分析其原因时发现，这可能与大暴雨或特大暴雨的发生时间有关。据我们对研究区域 107 次特大暴雨发生时间统计，发生在 7 月中旬至 8 月下旬这 30 日的共占近 74 次，占 69.2%。这可能也会在一定程度上解释最大 30 日雨量（$p_{30\text{日}}$）与来沙量相关度密切的原因。

（5）在最大次数雨量的 3 个因子中，最大 5 次雨量（$p_{5\text{次}}$）与输沙量的相关程度比最大 1 次和最大 3 次雨量要好，相关系数（R^2）为 0.631。同时，也表现随着统计次数的增多，其与来沙量的相关程度逐渐提高。

通过以上分析比较，从与来沙量的相关程度和降雨数据获取的难易程度双方面考虑，选择用 7～8 月雨量（$p_{7\sim8}$）作为雨沙关系分析的降雨因子。虽然年最大 180min 雨量（p_{180}）和年最大 30 日雨量（$p_{30\text{日}}$）与来沙量的相关程度比 7～8 月雨量（$p_{7\sim8}$）更好一些，但其雨量资料数据不易获得（月雨量属常规资料，数据很易获得；最大时段雨量非常规资料，数据不易获得），且面雨量的误差程度也较 7～8 月雨量大一些（图 9.9～图 9.14）。

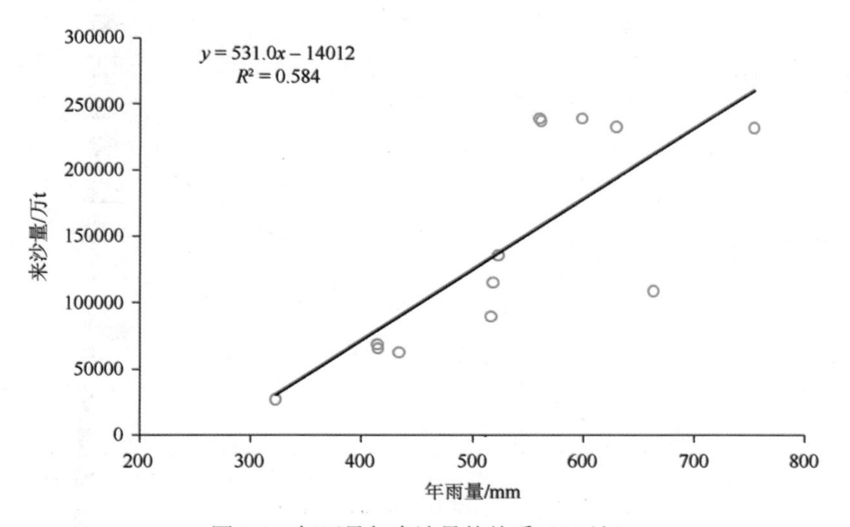

图 9.9　年雨量与来沙量的关系（54 站）

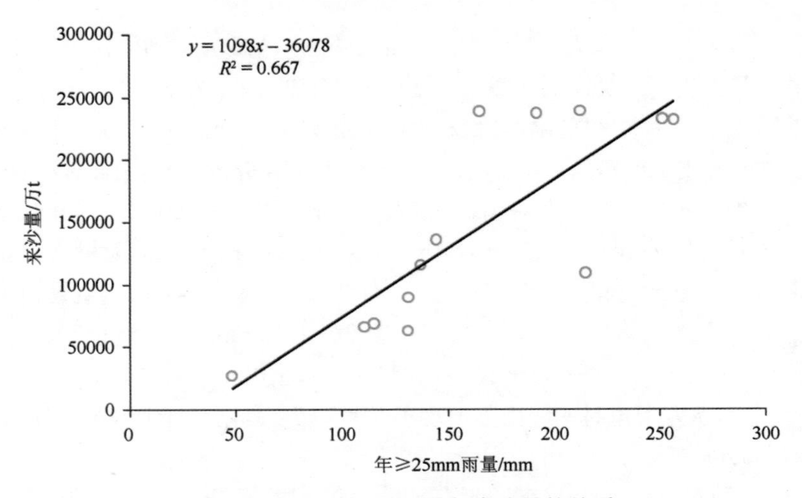

图 9.10　年≥25mm 雨量与来沙量的关系

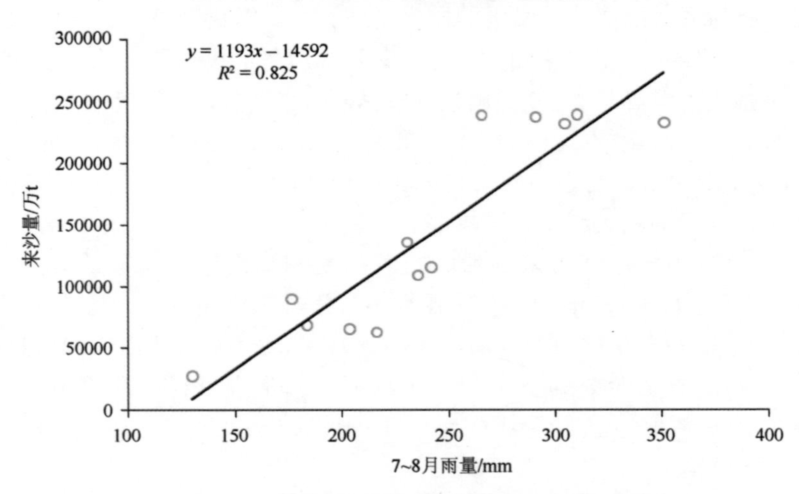

图 9.11　7～8 月雨量与来沙量的关系（54 站）

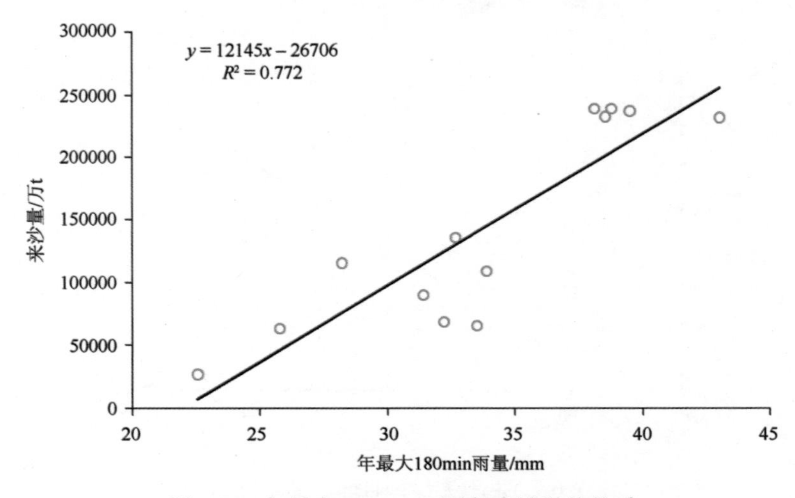

图 9.12　年最大 180min 雨量与来沙量的关系

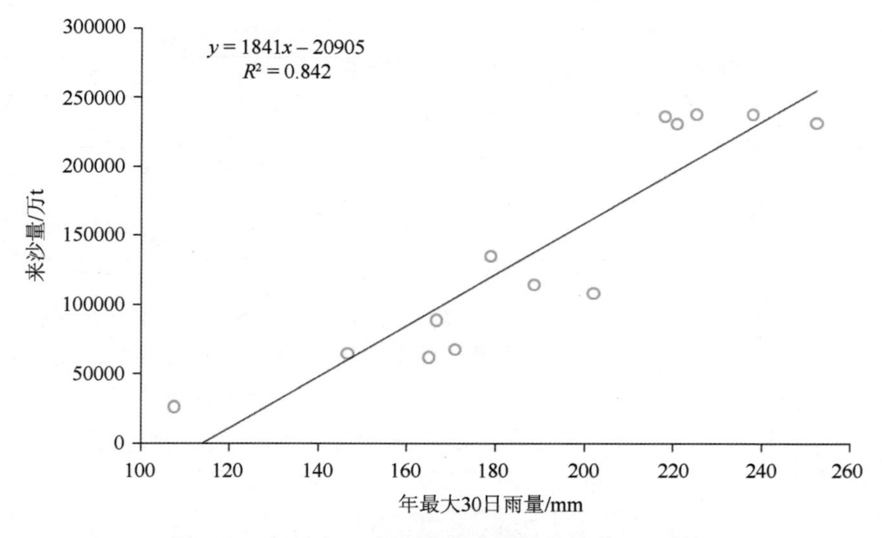

图 9.13　年最大 30 日雨量与来沙量的关系（54 站）

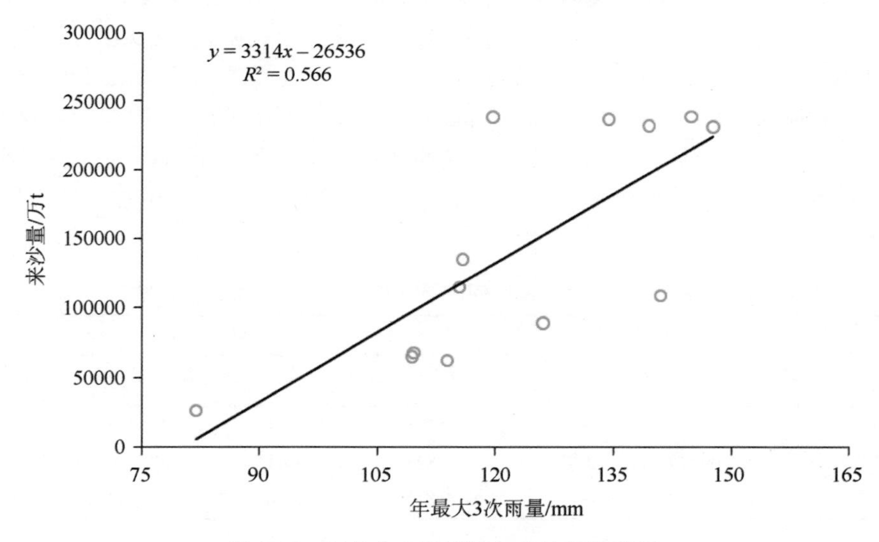

图 9.14　年最大 3 次雨量与来沙量的关系

6. 雨沙关系的影响因素

（1）站网密度。为了分析站网密度对雨沙关系的影响，选了资料比较完整的三个降雨因子（年雨量、7～8 月雨量、最大 30 日雨量），比较其不同站网密度（18 个站点和 54 个站点）的雨沙关系，结果见表 9.25，可以看出，当站网密度由 18 个站点扩展到 54 个站点后，对年雨量与来沙量的相关程度影响不大，相关系数（R^2）无明显差异。但对 7～8 月雨量和最大 30 日雨量与来沙量的相关程度来说，有不同程度的提高。7～8 月降雨量与来沙量的相关系数（R^2）由 0.753 提高到 0.826；最大 30 日雨量与来沙量的相关系数（R^2）由 0.805 提高到 0.843。

表 9.25　黄河主要产沙区站网密度对雨沙关系的影响

降雨因子	基本站（18 个）		扩展站（54 个）	
	关系式	相关系数（R^2）	关系式	相关系数（R^2）
P	s=525.61P–133298	0.579	s=531.11P–140107	0.584
$P_{7\sim8}$	S=1105.9$P_{7\sim8}$–119927	0.753	s=1193.0$P_{7\sim8}$–145920	0.826
$P_{30日}$	s=1841，7$P_{30日}$–202321	0.805	s=1841，9$P_{30日}$–209053	0.843

（2）面雨量计算方法。在雨沙关系分析中，面雨量的计算一般有两种方法。一是平均法，即将研究区域内每年各站点雨量平均计算。二是加权法，即根据研究区域每年各流域（或各区段）来沙量占整个研究区域来沙量的比例，将各流域（或各区段）雨量乘以该流域（或各区段）来沙量占整个研究区域来沙量的比例系数，再将各流域（或各区段）乘以沙量比例系数后的雨量平均，作为研究区域的面雨量。

表 9.26 是两种面雨量计算方法 $p_{7\sim8}$ 因子的雨沙关系分析结果，可以看出，无论站网密度如何，加权法计算的面雨量较平均法计算的面雨量相比，雨沙关系的相关程度都明显提高。18 个站点加权法计算的面雨量 $p_{7\sim8}$ 与来沙量的相关系数（R^2）由平均法的 0.753 提高到 0.845，53 个站点加权法计算的面雨量 $p_{7\sim8}$ 与来沙量的相关系数（R^2）由平均法的 0.826 提高到 0.903。其主要原因是，加权法考虑到了降雨的落区问题，同样的雨量，落区不同，产沙量就不同。尽管在研究区域的选择上考虑到了下垫面的侵蚀产沙状况，但那只能是就多年的平均状况而言，而对于每年的侵蚀产沙状况，用加权法计算的面雨量，是提高雨沙关系相关程度的好的方法。

表 9.26　黄河主要产沙区面雨量计算方法对雨沙关系的影响

面雨量计算方法	基本站（18 个）		扩展站（54 个）	
	关系式	相关系数（R^2）	关系式	相关系数（R^2）
平均计算	s=1105.9$P_{7\sim8}$ －119927	0.753	s=1193.0$P_{7\sim8}$ －145920	0.826
删除特异点	s=1097.5$P_{7\sim8}$ －125583	0.848	s=1154.3$P_{7\sim8}$ －142289	0.873
加权计算	s=1105.0$P_{7\sim8}$ －125705	0.845	s=1089.8$P_{7\sim8}$ －123894	0.903

（3）特异点。在统计分析中，常会出现个别非常离散的点，从而大大地降低或影响了变量间的相关程度。作为一般的现象统计，不多考虑这一问题。但当要将这一关系模型（或关系式）引入应用时，就必须分析出现个别非常离散点的原因。在降雨因子 $p_{7\sim8}$ 与来沙量的雨沙关系分析中，出现了一个非常离散点。经查这个点是 1967 年雨沙值。1957～1969 年研究区域共出现了 5 次来沙量≥20 亿 t 的年份，分别是：1958 年 23.23 亿 t，1959 年 23.86 亿 t，1964 年 23.15 亿 t，1966 年 23.68 亿 t，1967 年 23.85 亿 t。这 5 个年份中，除 1967 年外，其他 4 个年份 7～8 月雨量均接近或超过 300mm（1958 年 341.7mm，1959 年 309.4mm，1964 年 313.2mm，1966 年 286.1mm），而 1967 年只有 241.2mm。

经对 1967 年 54 个站点 7～8 月雨量的分析，发现这一年 7～8 月的高强度降雨雨区高度集中，全部集中在头道拐至吴堡的区域，其中岢岚、神木、义门等地 7～8 月降雨量接近或超过了 500mm（岢岚 567.3mm、神木 582.1mm、义门 553.2mm、三岔堡 495.0mm、草垛山 468.1mm）。而研究区域的其他地区 7～8 月雨量只有一二百毫米。这种雨量空间分布的极端差异势必会影响到面雨量的可靠性及雨沙关系。当将 1967 年删除后，雨沙关系的相关程度得以明显提高。18 个站 $p_{7\sim8}$ 与来沙量的相关系数（R^2）由 0.753 提高到 0.848；53 个站点 $p_{7\sim8}$ 与来沙量的相关系数（R^2）由 0.826 提高到 0.873。

上述研究结果再次说明，“强度、范围、落区”是降雨对来沙量影响的三个关键因素，也是影响雨沙关系相关度的关键因素，特别是对降雨的落区问题尤以引起重视。

（4）人为作用。在基准期（即下垫面相对未变化）的情况下，雨沙之间表现出非常好的相关关系。随着水土保持治理工程的不断加大，降雨对沙量的影响力越来越小，雨沙之间的关系就变得越来越差。当水土保持作用完全占主导地位后，雨沙之间已基本不存在相关关系（图 9.15～图 9.17）。

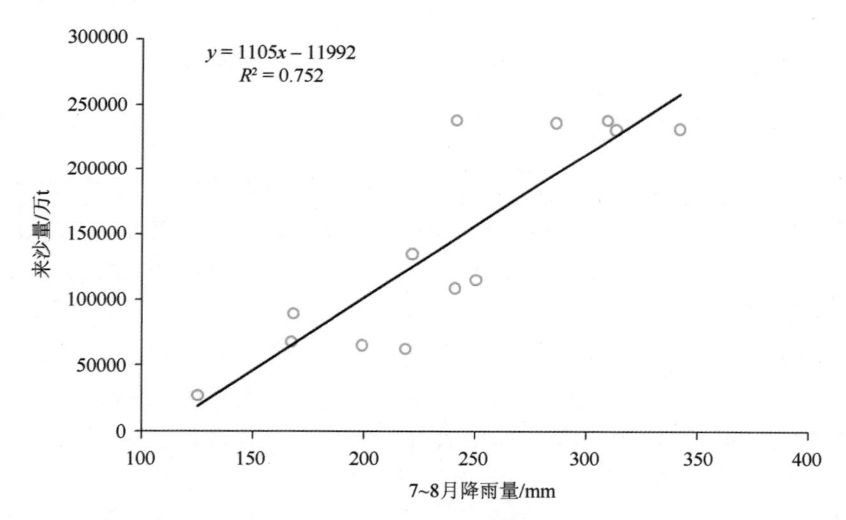

图 9.15　1957～1969 年 7～8 月降雨量与来沙量的关系

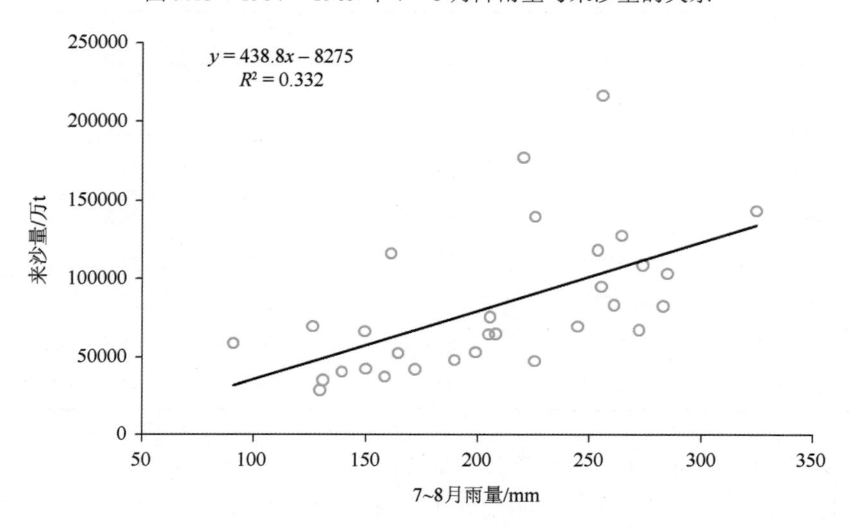

图 9.16　1970～1999 年 7～8 月雨量与来沙量的关系

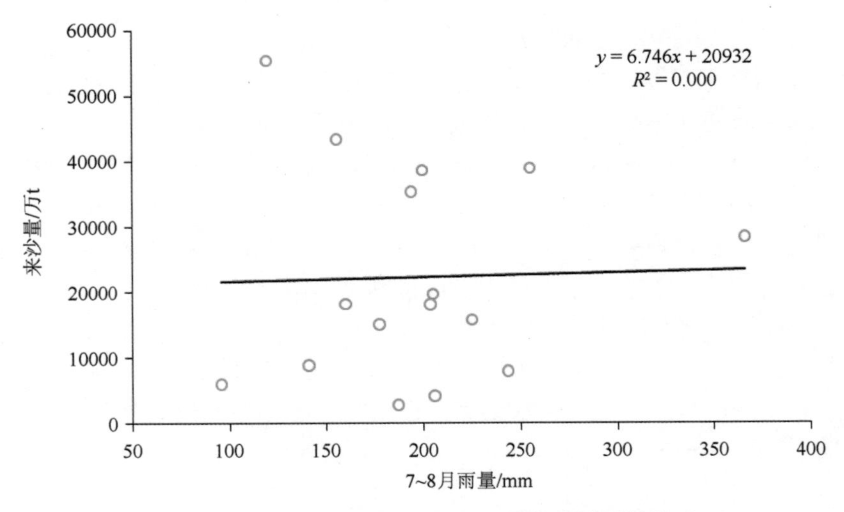

图 9.17　2000～2015 年 7～8 月雨量与来沙量的关系

7. 降雨对研究区域来沙量影响作用的数量分析

以 7～8 月雨量（$p_{7\sim8}$）作为降雨因子，以 1957～1969 年为基准期，建立了可用于黄河主要产沙区不同时段和不同年代来沙量变化原因分析的雨沙关系式。将其代入历年的 7～8 月雨量后，便可得到每年和每个年代的“天然”来沙量，用其减去实测来沙量，就可计算出降雨和人为作用各自对来沙量的影响程度。

通过用 1957～2015 年历年 7～8 月雨量与来沙量的双累积曲线发现，第一个拐点出现在 1979 年，第二个拐点出现在 1999 年。以此，将黄河主要产沙区历年来沙量的变化可分为 1957～1979 年、1980～1999 年和 2000～2015 年三个阶段，计算了这三个阶段以及自 20 世纪 70 年代后各年代降雨和人为作用对来沙量的影响程度（表 9.27）。

表 9.27　黄河主要产沙区不同统计时段降雨对来沙量的影响作用

阶段划分	时段	计算值/万 t	实测值/万 t	差值/万 t	降雨作用/%	人为作用/%
按阶段划分	1957～1979 年	149394	127467	21928	85.3	14.7
	1980～1999 年	104945	70035	34909	66.7	33.3
	2000～2015 年	95812	22253	73559	23.2	76.8
按年代划分	1970～1979 年	141756	108161	33595	76.3	23.7
	1980～1989 年	94829	60311	34518	63.6	36.4
	1990～1999 年	115060	75790	35300	69.3	30.7
	2000～2009 年	79186	28098	51087	35.5	64.5
	2010～2015 年	115751	12510	103241	10.8	89.2

从表 9.27 的结果可以看出，随着水土保持工程的加强，特别是 20 世纪 90 年代后期，以退耕还林还草为主体的大规模坡面治理工程和以淤地坝为主体的沟道治理工程，大幅度提高了人为作用对来沙量的影响程度。21 世纪后（2000～2015 年），降雨对来沙量的

影响程度由 1957～1979 年的 85.3%减少到 23.2%，人为作用对来沙量的影响程度由 1957～1979 年的 14.7%提高到 76.8%。到 2010～2015 年，人为作用对来沙量的影响程度已达到近由 1957～1979 年的 14.7%提高到 76.8%。其中，2010～2015 年，人为作用对来沙量的影响程度大到 89.2%，降雨因素只有 10.8%。也可以说，2000 年以来黄河来沙量锐减的根本性原因是水土保持工程的作用，其影响程度几乎占到近 80%。而降雨的作用仅占 20%多。

8. 讨论

（1）建立一个令人满意的、相关度比较高的基准期（又称基准自然期或自然期）雨沙关系模型（或关系式）是分析黄河来沙量变化原因的关键一步。而降雨和下垫面条件的诸多因素会影响到雨沙关系的相关程度，降雨方面的影响因素主要有降雨强度、范围和落区，下垫面条件方面主要是区域间侵蚀产沙强度的差异性。因此，科学合理地选择研究区域和基准期时段，优选一个满意的降雨因子是建立雨沙关系模型（或关系式）的非常重要的基础性工作。

（2）由于黄土具有的超渗产流的显著特点，使得降雨强度，特别是高强度降雨的集中度（短时段最大雨量）成为影响区域来沙量的最重要的指标。在进行的五大类 21 个降雨因子中与来沙量的相关关系中，年雨量（p）与来沙量的相关关系并不好，相关系数（R^2）只有 0.579；在汛期雨量 4 个因子中，与来沙量相关程度最好的是 7～8 月雨量（$p_{7\sim8}$），相关系数（R^2）达到 0.753；不同量级雨量各因子与来沙量的相关程度整体并不是很理想，相比较，年≥25mm 雨量因子（$p_{\geqslant25}$）要好一些，相关系数（R^2）为 0.667，年≥50mm 雨量因子（$p_{\geqslant50}$）由于面雨量误差较大，并没有表现出很好的相关性；在不同时段最大雨量的 9 个因子中，短时段与来沙量相关程度最好的是最大 3h 雨量（p_{180}），相关系数（R^2）为 0.773，长时段与输沙量相关程度最好的是最大 30 日雨量（$p_{30日}$），相关系数（R^2）为 0.805。上述结果充分表现出降雨强度对来沙量的影响作用。从与来沙量的相关程度和降雨数据获取的难易程度两方面考虑，7～8 月雨量（$p_{7\sim8}$）可作为雨沙关系分析的比较好的降雨因子。

（3）加大雨量站网密度，用不同流域（或区段）的产沙量占比系数对区域雨量进行加权处理，以及删除个别离散度较大且确有特殊原因的特异点，可明显的提高雨沙关系的相关度。

（4）随着水土保持工程的加强，特别是 20 世纪 90 年代后期，以退耕还林还草为主体的大规模坡面治理工程和以淤地坝为主体的沟道治理工程，大幅度提高了人为作用对来沙量的影响程度。21 世纪后（2000～2015 年），降雨对来沙量的影响程度由 1957～1979 年的 85.3%减少到 23.2%，人为作用对来沙量的影响程度由 1957～1979 年的 14.7%提高到 76.8%。其中 2010～2015 年，人为作用对来沙量的影响程度大到 89.2%，降雨因素只有 10.8%。也可以说，2000 年以来黄河来沙量锐减的根本性原因是水土保持工程的作用，其影响程度几乎占到近 80%。而降雨的作用仅占 20%多。

9.2.3 水利水保措施减沙效益评价

1. 研究现状

围绕黄河泥沙减少原因的分析，关于水利水保措施的减沙效益评价方法，从 20 世纪 80 年代起，国家科技攻关课题以及有关基金和黄河水利委员会设立的水沙基金等进行了大量的研究。这里重点将用水保法计算的研究成果分列在表 9.28～表 9.31 中（冉大川，2006a，b；康玲玲等，2010）。

表 9.28 是黄河中游不同年代水利水保措施的减沙情况，可以看出，20 世纪 70 年代（1970～1979 年）水利水保措施共减沙约 4.5 亿 t，其中水保措施占 65%，减沙约 3.0 亿 t；水利措施约 1.5 亿 t。80 年代（1980～1989 年）水利水保措施共减沙约 4.2 亿 t，其中水保措施占 75%，减沙约 3.2 亿 t；水利措施约 1.0 亿 t。90 年代（1990～1996 年）水利水保措施共减沙约 5.0 亿 t，其中水保措施占 75%，减沙约 3.7 亿 t；水利措施约 1.3 亿 t。从水保与水利措施的减沙比值看，70 年代二者之比为 65∶35，80～90 年代为 75∶25，从 70 年代到 90 年代，二者平均比值为 70∶30。

表 9.29 是黄河上中游水利水保措施减沙量分析，可以看出，20 世纪 70 年代（1970～1979 年）黄河上中游水利水保措施共减沙约 4.9 亿 t，其中水保措施占 52%，减沙约 2.5 亿 t；水利措施约 2.4 亿 t。80 年代（1980～1989 年）水利水保措施共减沙约 6.2 亿 t，其中水保措施占 60%，减沙约 3.7 亿 t；水利措施约 2.5 亿 t。90 年代（1990～1996 年）水利水保措施共减沙约 6.2 亿 t，其中水保措施占 66%，减沙约 4.0 亿 t；水利措施约 2.2 亿 t。从水保与水利措施的减沙比值看，70 年代二者之比大约各占 50%，80 年代大约为 60∶40，90 年代为 66∶34。

表 9.30 是对河龙区间各种水保措施的减沙作用进行分析，可以看出，在水保措施的整体减沙作用中，坡面措施与沟道措施之比，在 70 年代大约为 20∶80，80 年代约为 40∶60，90 年代约为 52∶48。从整体上看，坡面措施的减沙作用随年代逐渐增大，这说明水保措施的规模和作用随着时间的推移逐渐显现出来。在坡面措施中，占减沙比例最大的为造林工程，这也符合退耕还林还草的现实。但对梯田措施的减沙作用可能在计算中有所偏低，应当说，梯田对坡面水土流失来说是至关重要的一个措施。

表 9.31 是黄河中游不同区间水土保持措施的减沙作用情况，可以看出，河龙区间、北洛河、泾河和渭河在 20 世纪不同年代，坡面措施和坝地工程的减沙作用是不同的。例如，在 70 年代，河龙区间坡面工程的减沙作用占 20%，北洛河占 53.7%，泾河占 78.2%，渭河占 48.4%。但从总体看，无论河龙区间、北洛河、泾河和渭河，随着年代的变化，坡面措施的减沙作用在逐渐提升（北洛河在 90 年代有所减少）。例如，河龙区间 70 年代坡面措施的减沙作用占 20%，80 年代占 36.7%，90 年代占 52.4%；渭河流域 70 年代坡面措施的减沙作用占 48.4%，80 年代占 75.8%，90 年代占 89.2%；泾河流域 70 年代坡面措施的减沙作用占 78.2%，80 年代占 81.8%，90 年代占 87.5%。从总体统计结果可以看出，70 年代黄河中游坡面措施与坝地工程的减沙作用大约各占 30%和 70%，80 年代大约各占 55%和 45%，90 年代大约各占 65%和 35%。从 70 年代起，平均大约各占

55%和 45%。

表 9.28　黄河中游水利水保措施减沙量分析（冉大川，2006a）

时段	合计	水保措施		水利措施	
	减沙量/亿 t	减沙量/亿 t	比例/%	减沙量/亿 t	比例/%
1969 年以前	1.915	1.101	57.5	0.814	42.5
1970～1979 年	4.472	2.911	65.1	1.561	34.9
1980～1989 年	4.195	3.106	74.0	1.089	26.0
1990～1996 年	4.948	3.693	74.6	1.255	25.4
1970～1996 年	4.493	3.186	70.9	1.307	29.1

表 9.29　黄河上中游水利水土保持措施减沙量分析（康玲玲，2010）

时段	合计	水保措施		水利措施	
	减沙量/亿 t	减沙量/亿 t	比例/%	减沙量/亿 t	比例/%
1950～1959 年	1.1	0.109	10	0.991	90
1960～1969 年	2.841	1.145	40.3	1.696	59.7
1970～1979 年	4.888	2.519	51.5	2.369	48.5
1980～1989 年	6.17	3.676	59.6	2.494	40.4
1990～1996 年	6.131	4.055	66.1	2.076	33.9
1950～1969 年	1.971	0.627	31.8	1.344	68.2
1960～1996 年	4.92	2.754	56.0	2.166	44

表 9.30　河龙区间水保措施减沙作用分析（冉大川，2006b）

类型		减沙量/万 t				减沙比例/%			
		1970～1979 年	1980～1989 年	1990～1996 年	1970～1996 年	1970～1979 年	1980～1989 年	1990～1996 年	1970～1996 年
坡面	梯田	934	1080	1680	1180	6.4	7.7	10.0	7.9
	造林	1790	3750	6550	3750	12.2	26.8	38.8	25.1
	种草	198	301	600	340	1.4	2.2	3.6	2.3
	小计	2922	5131	8830	5270	20	36.7	52.4	35.3
沟道	坝地	11660	8850	8040	9680	80	63.3	47.6	64.7
合计		14582	13981	16870	14950	100	100	100	100

表 9.31　黄河中游水土保持措施减沙作用分析（冉大川，2006b）

类型		减沙量/万 t				减沙比例/%			
		1970～1979 年	1980～1989 年	1990～1996 年	1970～1996 年	1970～1979 年	1980～1989 年	1990～1996 年	1970～1996 年
坡面	河龙区间	2922	5131	8830	5270	20.0	36.7	52.4	35.3
	北洛河	768	1218	1407	1101	53.7	89.4	68.2	70.1
	泾河	1750	3795	3829	6875	78.2	81.8	87.5	82.7
	渭河	813	1745	2442	1579	48.4	75.8	89.2	72.4
	小计	6253	11889	16508	14825	31.4	53.4	63.4	56.5
坝地	河龙区间	11660	8850	8040	9680	80.0	63.3	47.6	64.7
	北洛河	663	145	656	470	46.3	10.6	31.8	29.9

续表

类型		减沙量/万 t				减沙比例/%			
		1970～1979 年	1980～1989 年	1990～1996 年	1970～1996 年	1970～1979 年	1980～1989 年	1990～1996 年	1970～1996 年
坝地	泾河	489	841	547	634	21.8	18.2	12.5	17.3
	渭河	866	556	298	604	51.6	24.2	10.8	27.6
	小计	13678	10392	9541	11388	68.6	46.6	36.6	43.5
合计		19931	22281	26049	26213	—	—	—	—

2. 讨论

一是所谓水保法，就是通过分析不同水保措施的基础资料，确定各措施的减沙指标，按分类措施分项计算，逐项叠加，由此得出水保措施的减沙效益。这中间存在两个方面的问题：①各种措施能否相叠加。因为就坡面措施来说，梯田和林草措施是相互关联的，如梯田上也有造林种草的，如果叠加计算，就可能有一部分重复计算，加大了减沙量；②梯田措施的质量和林草措施的郁闭度与盖度，与土壤流失量相关性较大，在调查和统计资料中，不仅会存在面积数量的问题，同时还存在措施质量上的真伪性问题。上述两点就产生了人们对水保法计算结果的认可问题。

二是水利水保措施减沙效益与水文年型密切相关。就某一措施来说，不同的水文年型（平水、枯水、丰水）其减沙效益是不一样的。应当说，在枯水和降水相对偏少的年份，坡面措施几乎可以产生巨大的减沙作用，以至于一些淤地坝和水利措施无沙可拦淤；而在丰水年，淤地坝和水利措施就会产生很好的拦淤作用。因此不能笼统地评价哪个作用大，哪个作用小。为探讨黄河中游水沙变化的情况，中国水利学会泥沙专业委员会和黄委会于 1986 年 6 月在郑州联合召开了研讨会，有关领导和专家根据现有的研究成果确定黄河中游水利水保措施的减沙为 3 亿 t，并在黄河治理规划中予以采用。而黄河上中游管理局 2009 年 2 月在黄河流域水土保持规划修编中，对水利水保措施的减沙作用进行了分析论证，认为黄河流域水利水保措施现状减沙的保守量为 4.8 亿 t。

三是综合水文法和水保法的减沙效益评价结果认为，对于黄河中游来说，在 20 世纪 70～80 年代（1970～1989 年）这 20 年，水利水保措施的减沙量平均应当在 4.0 亿 t 左右；90 年代以后（1990～2009 年）的减沙量应当在 6.0 亿 t 左右。如果加上上游的饮水、灌溉作用，黄河中上游水利水保措施的减沙效益在 1970～1989 年这 20 年平均为 5.0 亿 t 左右，1990～2009 年这 20 年应当有 6.5 亿 t 左右。至于在这其中水保措施与水利措施的影响作用大小，以至于水保措施中坡面与坝地措施的作用大小，在不同的地域、不同的水文年型都是不一样的，不能笼统地予以评价。

四是人们对坡面梯田、林草措施减沙作用大小的认识和看法很不一致。大多计算结果表明，梯田和林草措施的减沙作用仅占总减沙量的 30%左右；也有的认为，从 20 世纪 70 年代以来，水利水保措施减少入黄泥沙量年均 3.0 亿 t，水库、淤地坝的作用占到 90%，梯田、林草等措施的仅占 10%（李国英，2001）。

单项试验研究表明梯田和林草措施的防蚀减沙作用可分别达到 80%～90%和

50%～70%；经过以梯田和林草措施为主的综合治理的小流域，减沙作用也达到了70%左右，有的甚至达到了 90%；但对于大的流域和黄土高原整个区域来说，梯田和林草措施的作用就显得比较小。主要原因还是梯田和林草措施的质量和数量问题。冉大川等在二期水沙基金研究中，对河龙区间梯田、林草措施的面积和质量进行了大量的调查统计核实。根据 1989 年河龙区间各县土地详查资料，梯田平均保存率为 70.9%，林地 53%，草地为 24.2%。梯田的有埂率仅有 20%～40%，70～80 年代修筑的梯田，田坎的破坏率明显上升，一类梯田仅占 38%，二类梯田占 26%，拦洪拦沙能力较差的三类梯田占了近 40%。有整地工程措施、盖度在 60%的林地仅占 26%，无工程整地工程措施、盖度在 40%以下的占 25%。草地的盖度大多低于 50%，盖度在 70%以上的一类草地只占了 17%。由于造林种草措施大都是不连续的片状分布，郁闭度较低，而且整地工程不到位，很难产生明显地水土保持减沙效益。

20 世纪 90 年代末，国家实行退耕还林还草措施后，由于林草措施的数量、质量和郁被度有了大幅度的提高，使得在近十几年的黄河泥沙减少中发挥了巨大的作用。因此，林草措施的减沙效益关键是数量和质量。

9.3　关于侵蚀—产沙—输沙的关系问题

9.3.1　侵蚀—产沙—输沙的概念

根据《中国大百科全书 . 水利卷》对土壤侵蚀的定义为：土壤侵蚀是指土壤或成土母质在外力（水、风）作用下，被破坏剥蚀、搬运和沉积的过程。土壤在外应力下产生位移的物质量称土壤侵蚀量。单位面积、单位时间内的侵蚀量称为土壤侵蚀速率。

土壤侵蚀量中被输移出特定地段的泥沙量，称为土壤流失量。在特定的时段内，通过小流域出口某一观测断面的泥沙总量，称为流域产沙量。一定时段内通过河流某一断面的泥沙总量称为输沙量。根据上述定义和概念，三者的区别主要表现在两个方面。

其一，在空间尺度和地貌形态上，三者有区别。侵蚀的对象是指土壤，它的空间尺度是坡面至沟道。产沙的对象是侵蚀的物质量，它的空间尺度是小流域。输沙的对象是产沙的物质量，它的空间尺度是中大河流。因此，不能用一个很严格的空间面积尺度来区别什么是侵蚀量，什么是产沙量，什么是输沙量。流域有大有小，形态差异很大，不能绝对地认为支流是产沙，干流是输沙，而应当以空间尺度的地貌形态来区别侵蚀、产沙与输沙。其二，在物质的破坏剥蚀、搬运、输移和沉积的过程方面有区别。侵蚀主要是破坏和剥蚀，产沙主要是剥蚀和搬运，输沙主要是输移和沉积。

尽管如此，在实际的统计计算中，有时也很难将三者严格地区分开来。

9.3.2　侵蚀量、产沙量、输沙量的关系

为讨论侵蚀量、产沙量、输沙量三者的关系，在表 9.32 和表 9.33 中列出了黄河中游及其主要支流侵蚀—产沙—输沙的关系。

表 9.32　黄河中游侵蚀—产沙—输沙量的关系分析

序号	名称	类别/万 t	未治理期 1955～1969 年	一期治理 1970～1989 年	二期治理 1990～2009 年	退耕后 2000～2009 年	全期 1955～2009 年
①	侵蚀产沙单元	侵蚀—产沙量	174907.6	107929.7	66494.4	39858.3	108169.4
②	水文站控制区	产沙量	167632.7	105928.1	65463	39159.6	108041.6
	②/①		0.96	0.98	0.98	0.98	1.00
③	支流	产沙—输沙量	156065.8	97622.1	59551.7	34456.1	99722.2
	③/①		0.89	0.90	0.90	0.86	0.92
④	河龙区间+华湫	输沙量	155048.3	95608	57209.7	30749.8	97856.1
	④/①		0.89	0.89	0.86	0.77	0.90
⑤	潼关站	输沙量	136289.6	93073.7	50848.5	27141.9	89505.3
	⑤/①		0.78	0.86	0.76	0.68	0.83

表 9.33　黄河中游主要支流产沙量与输沙量的关系

流域名称	序号	类别/万 t	未治理期 1955～1969 年	一期治理 1970～1989 年	二期治理 1990～2009 年	退耕后 2000～2009 年	全期 1955～2009 年
窟野河	①	水文站控制区	11933.1	10371.1	3810.1	578.4	8411.2
	②	温家川（把口站）	11802.4	10346	3497.2	519.3	8252.7
		②/①	0.989	0.998	0.918	0.898	0.981
无定河	①	水文站控制区	20703.6	8998.6	6073.7	3715.2	11127.3
	②	白家川（把口站）	20670.5	8433.5	6011.8	3617.6	10890.3
		②/①	0.998	0.937	0.990	0.974	0.979
北洛河	①	水文站控制区	10731.7	6963.4	6780.8	3993.3	7924.7
	②	湫头（把口站）	10124.9	6360	6001	3114	7256.3
		②/①	0.943	0.913	0.885	0.780	0.916
泾河	①	水文站控制区	31678	23591.2	18892.3	12241	24088
	②	张家山（把口站）	28377	20881.1	17075.4	10940.9	21541.6
		②/①	0.896	0.885	0.904	0.894	0.894
渭河	①	水文站控制区	21162.9	14090	5618.7	4611	12938.5
	②	咸阳（把口站）	19142	11283.5	3794.3	3011.6	10703.4
		②/①	0.905	0.801	0.675	0.653	0.827
泾渭河	①	水文站控制区	53900.7	38590.9	25148.6	17290.7	37878.2
	②	临潼（把口站）	45931.8	32664.3	20486.8	13669.4	31854.5
		②/①	0.852	0.846	0.815	0.791	0.841
	③	水文站控制区	57248.7	40059.5	25400.6	17458.8	39416.9
	④	华县（把口站）	46586.7	32998.5	20738.7	13837.5	32246.3
		④/③	0.814	0.824	0.816	0.793	0.818

表 9.32 中的①是根据“水文—地貌法”将黄河中游（不含汾河流域）划分出的 234 个侵蚀产沙单元，逐一统计计算得出的侵蚀产沙量；②是按上述区域所有水文站所构成的 109 个水文控制区计算出的产沙量；③是按黄河中游 25 条支流加未控区计算出的产

沙—输沙量；④是河龙区间+华县+洑头这三个水文站计算出的输沙量；⑤是用潼关水文站减去头道拐水文站计算的输沙量。从表 9.16 的统计结果可以看出：

（1）从侵蚀产沙单元—水文控制区—支流—区间主要站—潼关站这 5 个不同空间尺度所统计计算出的侵蚀—产沙—输沙之间存在着明显的递减趋势。但这一递减趋势并不是均衡的，一是①和②差异不大，即用侵蚀产沙单元计算出的侵蚀产沙量和用水文控制区计算出的产沙量二者差异不大，其比值系数大都在 0.98 左右；二是③和④差异不大，即用支流把口站计算出的产沙输沙量和用中游 3 个主要站计算出的输沙量差异不大，其比值系数也在 0.98 左右，它们与①的比值系数无明显差异。

（2）不同治理阶段黄河中游的侵蚀产沙量与黄河输沙量的比值系数为 0.70～0.85，1955～2009 年平均比值系数为 0.83。因此，可以认为黄河中游侵蚀产沙量与输沙量的比值系数在 0.8 左右。

（3）从侵蚀产沙量与输沙量的差异数值看，在未治理期（1955～1969 年）两者相差 3.86 亿 t，一期治理期（1970～1989 年）相差 1.49 亿 t，二期治理期（1990～2009 年）相差 1.56 亿 t，1955～2009 年 55 年间平均相差 1.87 亿 t。因此，可以概略地认为黄河中游侵蚀产沙量与黄河输沙量大约相差 2.0 亿 t，即黄河主要支流和干流的淤积量大约有 2.0 亿 t。

表 9.33 是将各支流所涉及的水文控制区计算出的产沙量与该支流把口站输沙量的对比，从几个主要支流产沙量与输沙量关系的统计结果看出，1955～2009 年 55 年平均水文控制区所得的产沙量与流域把口站的输沙量相比，其比值系数大都为 0.8～0.95（窟野河、无定河为 0.98，北洛河为 0.92，泾河为 0.89，渭河为 0.83），这种差异与流域的地貌形态、面积和下游河道的长短有关，因为它们直接影响了泥沙的沉积。

9.3.3　关于泥沙输移比问题

从土壤侵蚀量到输沙量，中间要经过冲刷、输移、沉积、再搬运等复杂过程，泥沙无论在数量上还是物理特性上都发生了很大变化，二者之间存在转换系数，即泥沙输移比（sediment delivery ratio，SDR）。一般将泥沙输移比定义为流域出口处某一断面实测的输沙量与断面以上流域侵蚀产沙量之比。景可等（2002）在界定泥沙输移比 3 个条件（泥沙粒径、时间系列及空间范围）的前提下，给出了比较完整的定义，即一定时间和空间范围内，流域某过水断面输出小于某一粒级的泥沙量与断面以上侵蚀量中的同粒级泥沙量之比。

龚时旸（1979）和景可（1989）在黄土丘陵沟壑区的研究都证实黄土地区输沙量与流域产沙量基本一致，泥沙输移比约为 1。这一结论在黄土高原使得输沙量代替土壤侵蚀量成为可能，很多学者用输沙量直接代替土壤侵蚀量，但这种做法是不科学的。由于流域降雨、地形、地貌和土地利用等情况的变化，致使侵蚀产生的泥沙发生了沿路沉积而使得泥沙输移比小于 1。许炯心和孙季（2004）研究认为在天然状况下，无定河流域的泥沙输移比近似等于 1，但从 20 世纪 60 年代以后在流域中大规模地展开水土保持工作以来，泥沙输移比急剧下降为 0.2～0.4。陈浩等（2001）认为大理河流域在治理度达到 70%条件下与治理前相比，泥沙输移比减少约 50%。王志杰等（2013）对于面积<1km^{2}单元小流域，在未治理情况下，泥沙输移比接近于 1；而在治理情况下（治理度 62%～78%），泥沙输移比在 0.41～0.50。对于面积为 10～100km^{2}的小流域，在未治理情况下，泥沙输移比在 0.83～0.90；而在治理情况下（治理度 30%～40%），泥沙输移比为 0.37～0.62。说明流域治理措施的实施对于泥沙输移比的减少有明显的效果，但治理措施的减沙效应的发挥具有一定程度上的滞后性。例如，对面积<100km^{2}流域（插财主沟、想她沟、王茂庄沟、大砭沟、韭园沟、王家沟）的泥沙输移比和治理度分析发现，由于计算中采用的时期均处于治理初期，虽然短期内治理措施面积提高了，但是受降雨特性和暴雨洪水的影响，措施未完全发挥蓄水拦沙效益，使得泥沙输移比变化趋势不稳定。

泥沙输移比的计算方法主要有定性判别法、直接计算法、模型计算法、侵蚀单元法和沙量平衡法等。侵蚀单元法是牟金泽（1982）结合我国黄土高原具有较多单元流域水沙观测资料的实际情况，且缺少计算流域总侵蚀量实用公式的情况下提出的采用单元流域（面积<1km^2）作为泥沙的产源地，将其他各种不同大小流域面积的中、小流域输沙模数与单元流域侵蚀模数之比作为泥沙输移比，以此达到单元流域实测水沙资料，推求缺乏泥沙观测资料地区小流域产沙量的方法。为了探讨不同尺度流域泥沙输移比计算的可能性与方法，王志杰等（2013）以黄土丘陵沟壑区的径流小区、小流域、水文站实测资料为基础，利用径流小区观测资料和单元小流域侵蚀模数两种方法，对 4 种空间尺度流域的泥沙输移比进行了估算，结果表明：对于面积在 10～100km^{2}的小流域，利用 2 种方法计算的泥沙输移比结果非常接近，说明在没有小区观测资料时，用单元小流域计算流域泥沙输移比是可行的；对于土壤侵蚀类型单一的水文站控制流域，在没有面积<1km^{2}单元小流域资料的情况下，可以用面积 1～10km^{2}小流域或面积 10～100km^{2}小流域作为单元小流域来计算泥沙输移比；而对于侵蚀类型不同的支流其误差范围有些偏大。

关于泥沙输移比，在以下问题上还需进一步探讨。一是泥沙输移比的上限问题。在黄土高原地区的研究结果中，不同次降雨条件下、不同年份和多年平均的泥沙输移比都有大于 1 的情况，在长江上游地区的研究结果则中没有出现，而黄河下游河道和长江下游洞庭湖的排沙比有大于 1 的情况（李林育等，2009）。依据定义，流域的输沙量与侵蚀量的比值即 SDR 值应该是小于等于 1 的，出现大于 1 的情况是由于本次时段输沙量的计算中累计了前期时段的泥沙淤积量，并不是严格定义上的泥沙输移比。问题的关键在于实际计算时无法将本次计算时段的输沙量与前期的泥沙淤积量分离，目前的观测数据不能提供这样的支持，应规范不同时间尺度下的泥沙输移比的取值。二是泥沙输移比与面积的关系问题。多数学者的研究结论是泥沙输移比与流域面积成反比关系，在长江上游地区、燕山地区有研究显示出反比关系（景可，2002；卢金发，1989），但在黄土高原地区的研究结果中却没有反比关系，景可等（2010）在赣江流域的研究表明泥沙输移比随流域面积的变化是无序的，它们之间也并不存在一个绝对的反比关系。影响流域泥沙输移比的主要因素是侵蚀产沙类型、河谷形态与河床纵比降、下垫面条件、水文气候条件及人为因素，而这些影响因素中没有一个是与流域面积大小发生关系的。虽然流域的大小隐含着下垫面空间变化的复杂性，但这些从流域面积大小的数据上是反映不出来的。因此，流域面积不是决定泥沙输移比的关键因素，需要结合其他影响因子加以综合分析。三是泥沙输移粒径问题。影响泥沙输移比大小的侵蚀物质特征主要是泥沙的粒径，且侵蚀泥沙的特征同泥沙的来源地关系密切，最大粒径是最小粒径的百万倍，其体积比则以亿计。Walling（1983）在假设输移的泥沙中全部黏粒级颗粒不发生沉积的情况下，提出了用输移泥沙中黏土颗粒含量与土壤中黏土颗粒含量之比计算泥沙输移比。单从土壤粒级分类角度看，该公式的推广就受到限制，且未考虑到不同地区侵蚀产沙的特点，仅用黏粒级来划分计算泥沙输移比是不全面的。不同地区、不同河流乃至不同河道内泥沙粒径大小的分布范围都会有所不同，粒级组成受包括上游流域地质地貌、土壤类别、水量丰沛程度、人类活动在内的众多因素的影响。如景可（2002）在黄河中游和长江三峡定义的计算泥沙输移比的最大粒级上限分别为 1.0mm 和 2.0mm。因此，需要加强研究不同侵蚀类型区各粒径泥沙的输移特征，完善泥沙输移比的定义。

9.4　未来黄河泥沙量预测

在分析近年来黄河泥沙减少原因的基础上，大家对未来水利水保措施的减沙作用及黄河泥沙的状况进行了评估和预测，其所得结果很不一致，其主要原因一是对近年来黄河泥沙减少原因中降雨和人为作用的认识不同，二是在未来时间尺度上不统一。

在对未来黄河泥沙的预测中，涉及对两个方面状况的评价：一是未来降雨情况如何，二是未来水利水保措施的减沙作用如何。

黄河泥沙的变化受制于降水和人类活动两个方面的综合影响，而且这二者是相互关联的，不能截然分开讨论的。例如，同样的治理程度在不同的水文年型，输沙量是不一样的。同之，同样的水文年型在不同的治理程度下，输沙量也是不一样的。尽管水利水保措施的减沙作用与水文年型密切相关，但由于对未来气候变化引起的水文年型状况很难预测，因此有必要建立一个能够实用的“不同治理度与不同水文年型结合下的黄河输沙量预测”模型是很有必要的。因此，在计算黄河中游主要水土流失区不同治理度与不同水文年型条件下的水土流失量预测基础上，我们换算得出了不同治理度与不同水文条件下黄河输沙量预测（表 9.23），这一结果其最大的优点在于可根据治理度与水文年型的结合来判断未来的黄河泥沙量。根据表 9.34 的结果，按 90%的治理度，预测在 2010～2029 年这 20 年间，黄河的输沙量（潼关站）平水年在 5 亿 t 左右，枯水年份在 3 亿 t 左右，丰水年份在 8 亿 t 左右。以上仅就水保措施而言，如果加上水利措施，输沙量还会减少 30%～50%。

表 9.34　不同治理度与不同水文条件下黄河输沙量预测（潼关站）

降雨频率/%	不同治理度下的黄河输沙量/亿 t									
	10	20	30	40	50	60	70	80	90	100
10	30.27	28.45	26.62	24.80	22.99	21.16	19.34	17.52	15.69	13.87
20	21.38	20.05	18.72	17.39	16.05	14.73	13.40	12.08	10.74	9.41
30	16.38	15.35	14.31	13.27	12.23	11.20	10.16	9.12	8.08	7.04

续表

降雨频率/%	不同治理度下的黄河输沙量/亿 t									
	10	20	30	40	50	60	70	80	90	100
40	13.09	12.25	11.42	10.58	9.73	8.89	8.04	7.21	6.37	5.53
50	10.77	10.07	9.37	8.67	7.97	7.27	6.58	5.87	5.18	4.48
60	9.05	8.45	7.86	7.27	6.68	6.08	5.49	4.90	4.31	3.71
70	7.74	7.22	6.71	6.20	5.70	5.18	4.67	4.17	3.66	3.15
80	6.71	6.27	5.82	5.38	4.94	4.48	4.04	3.59	3.15	2.70
90	5.91	5.51	5.11	4.72	4.33	3.93	3.54	3.15	2.75	2.36

关于未来黄河泥沙预测，讨论分析如下：

1. 关于未来人类活动对黄河泥沙量的影响

根据目前水利水保措施的减沙情况，认为未来水利水保措施的减沙作用可维持在 10 亿 t 左右（平水年份）。其一是坡面水土保持措施的作用（特别是退耕还林还草以来）正在显现。随着林草树木的生长，郁闭度将大幅度提高，水土保持作用将明显增强。其二是大规模的淤地坝建设将会在减沙中发挥巨大的作用。三是陡坡开荒种粮的现象已基本根绝，这就从根本上解决了坡面泥沙的来源问题。四是该地区的一些工矿建设项目在《水土保持法》执行愈来愈严厉的情况下，不可能像以前那样造成新的更大的水土流失。因此，减沙 10 亿 t 这样一个估计是适当的。当然，有人认为这一估计可能偏高，其主要原因在于低估了水土保持的减沙作用，而过分地把近年来的泥沙减少归功于大型坝库的拦淤作用。为什么近年来河龙区间的减沙幅度明显高于泾洛渭流域，一个主要原因就是退耕还林还草以及淤地坝建设的拦沙作用。

2. 关于未来降雨变化对黄河泥沙量的影响

有人认为，近年来的泥沙减少主要是自 20 世纪 90 年代后期以来干旱少雨，黄河遇到了一个枯水期，而且这个枯水期很快就要结束，将迎来一个丰水期，因此泥沙量会大量增加。关于近年来降水情况的变化如何，特别是暴雨的强度、频率、笼罩面积如何，还未见到很有说服力的数据。因为这是件很难估计的事情，而且枯水期有多长以及枯水期过后是否一定遇到丰水期的问题，还需要一个科学的论断。

3. 关于"未来"的时间尺度

"未来"的概念不明晰，是指将来 10 年、20 年、30 年还是 50 年，各方表述都很不一致。笔者认为"未来"是指一个相对长时段的平均状况，既不是到哪一年，也不是该区段的某一年。可以把黄河泥沙变化根据预测需要划分若干可用于比较的时段，如可用 20 年来划分，1950～1969 年、1970～1989 年、1990～2009 年、2010～2029 年等，这样要预测的"未来"也就是 2010～2029 年这 20 年的平均状况，再长点再延长到

2030～2049年，这样做可和以前各时段对比，有了针对性和可比性。

4. 关于未来黄河泥沙量预测的可靠性问题

未来黄河泥沙量的预测，只能是根据现有状况进行一个宏观尺度上的估计，也只能就一个时段内的平均状况而言。在20世纪80年代初，就有一场关于未来黄河泥沙量多少的大讨论，有人提出未来30年（到21世纪初）要让黄河的泥沙减少50%，从16亿t变为8亿t，这一估计在当时遭到了多数人的反对，认为是不可能的。朱显谟先生提出的“黄河清”更是被认为是天方夜谭。可是，谁也没有料到，现在黄河的泥沙平均仅有2.6亿t左右，个别年份甚至不到1亿t。因此，本世纪以来（2000—2015年）未来黄河泥沙量预测的可靠性，还需要一个实践中不断检验的过程。

9.5　小　　结

（1）根据黄土高原水土保持的治理特点和治理力度，可将黄土高原治理分为四个阶段：一是将20世纪60年代以前作为治理前阶段（1955～1969年），二是把70年代以后作为治理后阶段（1970～2009年）；三是在治理阶段中，把20世纪80年代以前以基本农田建设为主体的这20年治理作为一期治理阶段（1970～1989年），把90年代以后以林草措施和淤地坝建设为主体的这20年治理作为二期治理阶段（1990～2009年）；四是在二期治理阶段中，将2000年以后作为退耕后阶段（2000～2009年）。

（2）黄河治理前的年输沙量为16.0亿t，治理后的年输沙量为8.0亿t，治理后较治理前年输沙量减少了50.2%；一期治理后的年输沙量为10.4亿t，较治理前年输沙量减少了34.6%；二期治理后的年输沙量为5.5亿t，较治理前年输沙量减少了65.7%；其中退耕后的年输沙量为3.1亿t，较治理前年输沙量减少了80.6%。

（3）黄河各区段治理后与治理前相比，汾河流域减沙幅度最大，达到86.9%；次之为头道拐以上、河龙区间以及渭河流域，治理后较治理前输沙量大致减少了50%～55%；北洛河和泾河流域减幅最少，分别只有35.1%和30.0%.

（4）根据黄河各支流不同治理阶段输沙量和输沙模数的变化特点，以及较治理前的减幅程度，可将其划分为以下4种类型：

第一种类型是无论从治理前后两个阶段相比，还是从不同治理时期的效果来看，减沙效果都非常显著的流域有浑河、偏关河、岚漪河、蔚汾河、秃尾河、湫水河、佳芦河、三川河、无定河、州川河、昕水河、仕望川等流域，这些流域治理前后的减沙幅度平均接近70%，其中一期治理达到50.0%，二期治理达85.0%，退耕后达95.0%。

第二种类型是无论从治理前后两个阶段相比，还是从不同治理时期的效果来看，减沙效果都一直不是很显著的流域包括汾川河、延河、清涧河、屈产河、泾河、北洛河等，这些流域治理前后减沙幅度在40%左右，其中一期治理为30%，二期治理为50%，退耕后为65%。

第三种类型是虽然从治理前后两个阶段和一期治理效果都不明显，但在二期治理和退耕后减沙幅度却有了明显变化的有皇甫川、清水河、县川河、孤山川、朱家川、窟野河流域，这些流域治理前后减沙幅度大致在 30%左右，一期治理（1970～1989 年）较治理前（1955～1969 年）减沙幅度仅有 10%，二期治理后（1990～2009 年）减幅达 70%，退耕后（2000～2009 年）减幅接近 90%。

第四种类型是治理效率最为明显的是汾河流域，治理前后相比减沙幅度达 80%，其中一期治理后为 75.0%，二期治理后为 96.6%，退耕后达 99.8%，几乎已无泥沙输出。

（5）全区域治理前年侵蚀强度为 7013.1t/（km^2·a），产沙量为 17.5 亿 t；治理后年侵蚀强度为 3452.4t/（km^2·a），产沙量为 8.6 亿 t。其中一期治理年侵蚀强度为 4327.6t/（km^2·a），平均产沙量为 10.8 亿 t；二期治理年侵蚀强度为 2666.2t/（km^2·a），产沙量为 6.6 亿 t；退耕后年侵蚀强度为 1598.2t/（km^2·a），平均产沙量为 4.0 亿 t。治理后较治理前侵蚀产沙量减少了 50.8%，其中一期治理较治理前减少了 38.3%，二期治理较治理前减少了 62.0%，退耕后较治理前减少了 77.2%。

（6）治理后和治理前相比，侵蚀强度减幅最大的是黄土山麓丘陵沟壑区，减幅达到 71.7%；其次是风沙黄土丘陵沟壑区和黄土梁状丘陵沟壑区，减幅分别达到 62.8%和 60.3%；黄土平岗、峁状丘陵和残塬沟壑区治理前后侵蚀强度的减幅基本在 55%左右；除森林黄土丘陵沟壑区减幅在 11%外，其余各类型区大致都在 35%左右。

（7）二期治理和治理前相比，有三个类型区减幅接近或超过 80.0%（黄土山麓丘陵沟壑区 84.9%，黄土平岗丘陵沟壑区 80.3%，风沙黄土丘陵沟壑区 79.3%）；退耕后和治理前相比，有三个类型区减幅接近或超过 90.0%（风沙草原区 94.7%，黄土平岗丘陵沟壑区 90.3%，风沙黄土丘陵沟壑区 89.8%）。

（8）从不同治理阶段的减幅看，二期治理较一期治理的减沙效益明显增强，其减幅普遍提高了近 20 个百分点。特别是退耕后（2000～2009 年），减沙幅度又普遍提高了近 10 个百分点。

（9）全区域治理前≥5000t/（km^2·a））的强度侵蚀面积为 13.03 万 km^2，治理后为 7.41 万 km^2，较治理前减少了 43.1%；其中一期治理的强度侵蚀面积为 9.17 万 km^2，较治理前减少了 29.6%；二期治理的强度侵蚀面积为 4.92 万 km^2，较治理前减少了 62.2%；退耕后的强度侵蚀面积为 1.04 万 km^2，较治理前减少了 92.0%。

（10）应用 140 多个站点的降雨资料，根据黄河中游 1955～1986 年的降雨侵蚀力值变化，计算得出治理后（1970～1986 年）较治理前 1955～1969 年）人为因素引起的减沙量占 56.3%，降雨因素占 43.7%。

（11）根据多数研究者的研究结果，可以认为 70～80 年代（1970～1989 年）降雨因素与人为因素的减沙作用各占 45%和 55%，90 年代以后（1990～2009 年）降雨因素与人为因素的减沙作用各占 30%和 70%。

（12）在治理前后侵蚀产沙变化的原因分析中，需要考虑的共识性问题是，基准期和统计年代的统一、未来的时间尺度、降雨因子的选择、水保与水利措施减沙的重复计算、水文年型的影响等。

（13）根据“水文—地貌法”，从侵蚀产沙单元—水文控制区—支流—区间主要站—潼关站这 5 个不同空间尺度所统计计算出的侵蚀—产沙—输沙之间存在着明显的递减趋势。用侵蚀产沙单元计算出的侵蚀产沙量和用水文控制区计算出的产沙量二者比值系数大都在 0.98 左右；用支流把口站计算出的产沙输沙量和用中游 3 个主要站计算出的输沙量其比值系数也在 0.98 左右。

（14）不同治理阶段黄河中游的侵蚀产沙量与黄河输沙量的比值系数为 0.70～0.85，1955～2009 年平均比值系数为 0.83。因此，可以认为黄河中游侵蚀产沙量与输沙量的比值系数在 0.8 左右。

（15）从侵蚀产沙量与输沙量的差异数值看，在未治理期（1955～1969 年）二者相差 3.86 亿 t，一期治理期（1970～1989 年）相差 1.49 亿 t，二期治理期（1990～2009 年）相差 1.56 亿 t，1955～2009 年 55 年间平均相差 1.87 亿 t。因此，可以概略地认为黄河中游侵蚀产沙量与黄河输沙量大约相差 2.0 亿 t，即黄河主要支流和干流的淤积量大约有 2.0 亿 t。

（16）从几个主要支流产沙量与输沙量关系的统计结果看，1955～2009 年这 55 年平均水文控制区所得的产沙量与流域把口站的输沙量相比，其比值系数大都为 0.8～0.95（窟野河、无定河为 0.98，北洛河为 0.93，泾河为 0.89，渭河为 0.83），这种差异与流域的地貌形态、面积和下游河道的长短有关，因为它们直接影响了泥沙的沉积。

（17）黄河泥沙的变化受制于降水和人类活动两个方面的综合影响，而且这二者是相互关联的，不能截然分开讨论的。例如，同样的治理程度在不同的水文年型，输沙量是不一样的。同之，同样的水文年型在不同的治理程度下，输沙量也是不一样的。尽管水利水保措施的减沙作用与水文年型密切相关，但由于对未来气候变化引起的水文年型状况很难预测，因此有必要建立一个能够实用的“不同治理度与不同水文年型结合下的黄河输沙量预测”模型。根据预测模型的结果，在 2010～2029 年这 20 年间，黄河的输沙量（潼关站）平水年在 5 亿 t 左右，枯水年份在 3 亿 t 左右，丰水年份在 8 亿 t 左右。以上仅就水保措施而言，如果加上水利措施，输沙量还会减少 30%～50%。

参 考 文 献

“587”暴雨研究组. 1987. 黄河中游“587”大暴雨成因的天气学分析. 大气科学, 11(1): 101～106
卜兆宏, 董勤瑞, 周伏建, 等. 1992. 降雨侵蚀力因子所算法的初步研究. 土壤学报, 29(4): 408～417
曹润珍. 2008. 松溪河“96.8”暴雨洪水分析. 山西科技, (6): 101～102
陈国华, 褚杰辉, 曹胜利, 等. 2007. 黄河中游府谷“2003.07.30”暴雨洪水分析. 水资源与水工程学报, 18(4): 72～75
陈海波, 严华生, 陈文, 等. 2009. 宁夏六盘山区多年降水的时空分布. 干旱气象, 27(2): 103～109
陈浩, 蔡强国, 陈金荣, 等. 2001. 黄土丘陵沟壑区人类活动对流域系统侵蚀、输移和沉积的影响. 地理研究, (1): 68～75
陈三俊, 齐斌, 慕明清, 等. 2008. 黄河中游实测最大含沙量可靠性试验分析. 山西水利, (6): 42～44
陈永宗, 景可, 蔡强国, 等. 1988a. 黄土高原现代侵蚀与治理. 北京: 科学出版社
陈永宗. 1988b. 黄河泥沙来源及侵蚀产沙的时间变化. 中国水土保持, (1): 23～29
陈赞廷, 胡汝南, 张优礼. 1981. 黄河 1958 年 7 月大洪水简介. 水文, 1(3): 44～47
程国栋等. 2000. 西北大开发初期战略思考. 科学新闻周刊, (14): 8
程海霞, 张红霞, 张燕, 等. 2011. 2010年8月晋城一次大暴雨天气过程. 安徽农业科学, 39(31): 19459～19462
崔泰昌, 王耀东. 2001. 松溪河流域“96.8”暴雨洪水调查分析. 山西水利科技, (4): 16～19
丁树繁. 2004. 庆阳地区暴雨洪水调查. 甘肃农业, (7): 48
董春卿, 苗爱梅, 郭媛媛, 等. 2015. 地形对山西垣曲“0729”特大暴雨影响的数值模型分析. 干旱气象, 33(3): 452～457
董雪娜, 林银萍. 1992. 黄河中游水利和水土保持工程的减沙效益研究. 水土保持学报, 6(2): 29～34
董雪娜. 1994. 水利水保措施对入黄泥沙、径流影响分析. 人民黄河, 16(5): 33～35
范荣生, 阎逢春. 1989. 延河 777 特大暴雨洪水. 水文, 9(1): 52～56
范兴科, 吴普特, 冯浩. 2003. 暴雨的判定方法和评价指标. 中国水土保持科学, 1(3): 72～75
方华荣译. 之雄种田. 1982. 日本农田的土壤侵蚀预报. 中国水土保持, (4): 63～64
方正三, 杨文治, 周佩华, 等. 1958. 黄河中游黄土高原梯田的调查研究. 北京: 科学出版社
甘枝茂. 1990. 黄土高原地貌与土壤侵蚀研究. 西安: 陕西人民出版社
高博文, 刘万铨, 张大全, 等. 1994. 80 年代黄河流域水利水土保持措施减沙作用研究. 中国水土保持, (5): 8～11+61
高鹏, 穆兴民, 王飞, 等. 2013. 黄河中游河口镇——花园口区间水沙变化及其对人类活动的响应. 泥沙研究, (5): 75～80
高旭彪, 刘斌, 李宏伟, 等. 2008. 黄河中游降水特点及其对入黄泥沙量的影响. 人民黄河, 30(7): 27～29
龚时旸, 熊贵枢. 1979. 黄河泥沙来源和地区分布. 人民黄河, 1(1): 7～17
龚时旸. 1991. 黄河流域黄土高原的土壤侵蚀问题. 人民黄河, 13(4): 38～43
郭百年, 王子科, 阎晋民, 等. 1997. 暴雨条件下沙棘林减水减沙效益研究. 人民黄河, 19(2): 26～28
何毅, 穆兴民, 赵广举, 等. 2015. 基于黄河河潼区间输沙量过程的特征性降雨研究. 泥沙研究, (2): 53～59
侯喜禄, 曹清玉. 1990. 陕北黄土丘陵沟壑区植被减水减沙效益研究. 水土保持通报, 10(2): 33～40
侯喜禄, 等. 1991. 黄土丘陵区主要水保林类型及草地水保效益的研究. 中国科学院水利部西北水土保持研究所集刊, 14: 96～103
赫晓慧, 武舫, 高亚军, 等. 2011. 河口镇—龙门区间主要支流水沙突变年代划分. 人民黄河, 33(3):

19～21, 143～144
扈祥来, 高前兆, 牛最荣, 等. 2004. 甘肃省暴雨初探. 干旱气象, 22(1): 74～79
黄炎和, 卢程隆, 郑添发, 等. 1992. 闽东南降雨侵蚀力指标R值的研究. 水土保持学报, (4): 1～5
惠俊堂. 2008. 马莲河流域“2003.8”暴雨洪水灾害调查分析. 水文, 28(3): 95～96, 85
加生荣, 徐雪良. 1991. 黄丘一区小流域暴雨特性研究. 中国水土保持, (5): 15～17
贾西安, 等. 1992. 黄河中游地区降雨侵蚀力 R 值的初步研究计算. 见: 西峰水保站. 水土保持试验研究成果汇编第三集. 73～77
贾志军, 王小平, 李俊义. 1986. 晋西黄土丘陵降雨侵蚀力R指标的确定. 中国水土保持, 6: 18～20
贾志伟, 江忠善, 刘志. 1990. 降雨特征与水土流失关系的研究. 中国科学院水利部西北水土保持研究所集刊, 12: 9～14
江忠善, 李秀英. 1988. 黄土高原土壤流失方程中降雨侵蚀力和地形因子的研究. 中国科学院水利部西北水土保持研究所集刊, 7: 40～45
蒋定生等. 1997. 黄土高原水土流失与治理模式. 北京: 中国水利水电出版社
焦菊英, 王万忠, 郝小品. 1999. 黄土高原不同类型暴雨的降水侵蚀特征. 干旱区资源与环境, 13(1): 34～41
景可, 陈永宗. 1989. 黄土高原泥沙输移比的研究. 见: 陈永宗主编. 黄河粗泥沙来源及侵蚀产沙机理研究文集. 北京: 气象出版社: 14～26
景可, 焦菊英, 李林育, 等. 2010. 输沙量、侵蚀量与泥沙输移比的流域尺度关系——以赣江流域为例. 地理研究, (7): 1163～1170
景可. 2002. 长江上游泥沙输移比初探. 泥沙研究, (1): 53～59
景可, 陈永宗, 李风新等. 1993. 黄河泥沙与环境. 北京: 科学出版社
景效礼, 宋志林. 2000. 陕西省北洛河“94.8”暴雨洪水分析. 水文, 20(1): 56～58
康玲玲, 张胜利, 魏义长, 等. 2010. 黄河中游水利水土保持措施减沙作用研究的回顾与展望. 中国水土保持科学, 8(2): 111～116
雷向杰, 李芳, 赵晓萌. 2016. 延安市2013年7月极端连续降水致灾评估分析. 暴雨灾害, 35(6): 521～528
李保如, 陈升辉, 孟庆枚. 1979. 黄河中游地区1977年暴雨后小型库坝工程情况的调查, 人民黄河, 1(1): 18～25
李长兴, 沈晋, 范荣生. 1995. 黄土地区小流域降雨空间变化特征分析. 水科学进展, 6(2): 127～132
李国英. 关于黄河长治久安的思考. 光明日报, 2001-8-7
李林育, 焦菊英, 陈扬. 2009. 泥沙输移比的研究方法及成果分析. 中国水土保持科学, 7(6): 113-122
李文家. 黄河泥沙减少的原因和今后泥沙状况分析. 黄河报, 2010-5-6
李晓宇, 刘晓燕, 李焯. 2016. 黄河主要产沙区近年降雨及下垫面变化对入黄沙量的影响. 水利学报, 47(10): 1253～1259
林来照, 薛耀文. 1997. 黄河中游实测含沙量1700 kg/m^{3}的可靠性分析. 人民黄河, 19(1): 7～8
刘秉正. 1993. 渭北地区R的估算与分布. 西北林学院学报, 8(2): 21～29
刘瑞芳, 牛乐田, 郭大梅. 2008. 渭河流域区域性大暴雨天气过程分析. 陕西气象, (4): 29～31
刘素媛, 聂振刚. 1988. 辽西低山丘陵半干旱地区天然降雨雨滴特性研究初报. 中国水土保持, (2): 14～17
刘晓燕, 杨胜天, 王富贵, 等. 2014. 黄土高原现状梯田和林草植被的减沙作用分析. 水利学报, 45(11): 1293～1300
刘元保. 1990. 小流域降雨侵蚀力模拟. 杨凌: 中国科学院水利部水土保持研究所博士学位论文: 1-68
陆存生, 吕梅花, 王秀琴. 2006. 宁夏水文概况. 宁夏农林科技, (5): 73～74
卢金发. 1989. 燕山地区流域侵蚀产沙与流域地质地貌的初步研究. 泥沙研究, (1): 25-33
吕光圻, 任齐. 1990. 黄河“89.7”暴雨洪水简析. 人民黄河, 12(2): 21～25

吕来瑞, 郑自宽. 1999. 蔡家庙流域“967”暴雨洪水分析. 水文, 19(4): 56～57
吕梅花. 2008. 贺兰山地区水文分析. 宁夏农林科技, (1): 76～77
罗伟祥, 白立强, 宋西德, 等. 1990. 不同盖度林地和草地的径流量和冲刷量. 水土保持学报, 4(1): 30～34
骆承政, 沈国昌. 2004. 西北地区局地性暴雨洪灾. 中国防汛抗旱, (2): 18～22
莫菲. 2008. 六盘山洪沟小流域森林植被水文影响与模拟. 北京：中国林业科学研究院博士学位论文. 33～35
马筛艳, 纪晓玲, 沈跃琴, 等. 2006. “2006-07-14”宁夏区域性暴雨天气分析. 宁夏工程技术, 5(4): 323～327
马秀峰, 任春香. 1992. 雨量场的统计特性和雨量站网密度的估算. 水文, 12(2): 12～19
马秀峰. 1983. 大理河流域面平均雨量的误差与最优布站密度分析. 水文, 3(3): 28～33
马志尊. 1989. 应用卫星形象估算通用土壤流失方程各因子值方法的探讨, 中国水土保持, (3): 24～27
美国土壤保持协会. 1981. 土壤侵蚀预报与控制. 窦葆璋译. 北京: 农业出版社
孟庆枚主编. 1996. 黄土高原水土保持. 郑州: 黄河水利出版社
苗爱梅, 郝振荣, 贾利冬, 等. 2014. “0702”山西大暴雨过程的多尺度特征. 高原气象, 33(3): 788～199
苗爱梅, 贾利冬, 吴秦, 等. 2008. 070729 特大暴雨的地闪特征与降水相关分析. 气象, 34(6): 74～80
牟金泽, 孟庆枚. 1982. 论流域产沙量计算中的泥沙输移比. 泥沙研究, (2): 60～65
慕建利, 李泽椿, 赵琳娜, 等. 2012. “07.08”陕西关中短历时强暴雨水汽条件分析. 高原气象, 31(4): 1042～1051
穆兴民, 王万忠, 高鹏, 等. 2014. 黄河泥沙变化研究现状与问题. 人民黄河, 36(12): 1～7
穆兴民, 张秀勤, 高鹏, 等. 2010. 双累积曲线方法理论及在水文气象领域应用中应注意的问题. 水文, (4): 47～51
宁夏水文总站. 1983. 偏城“825”特大暴雨调查. 宁夏水利科技, (4)
牛最荣, 扈祥来, 张正强, 等. 2004. 甘肃省最大点雨量量级分布规律及其暴雨衰减指数分析. 水文, 24(4): 21～25
钱林清. 1991. 黄土高原气候. 北京: 气象出版社
钱学伟. 1987. 降雨量的相关特性与雨量站网规划. 黑龙江水专学报, (4)
冉大川. 1992. 马莲河支流环江流域降雨产流产沙经验公式初探. 中国水土保持, (9): 12～15
冉大川. 2006a. 黄河中游水土保持措施减沙量宏观分析. 人民黄河, 28(11): 39～41, 87
冉大川. 2006b. 黄河中游水土保持措施的减水减沙作用研究. 资源科学, (01): 93～100
冉大川等. 2000. 黄河中游河口镇至龙门区间水土保持与水沙变化. 郑州: 黄河水利出版社
任蓓. 2008. 宁夏贺兰山东麓“2006.7.14”暴雨洪水分析及减灾对策探讨. 中国防汛抗旱, (2): 25～27
陕西省气象局. 1978. 1977 年 7 月 4—6 日延河流域大暴雨个例分析——材料之一. 陕西气象, (5): 3～26, 44
申天平. 2009. 长治市暴雨洪水特性分析. 山西水利科技, (1): 89～90
时明立. 1993. 黄河河龙区间水沙变化的水文分析. 中国水土保持, (4): 15～18
史辅成, 易元俊, 高治定. 1984. 1933 年 8 月黄河中游洪水. 水文, 4(6): 55～58
史辅成. 对未来黄河来沙量有关问题的思考. 黄河报, 2008-10-30(3)
史景汉, 徐雪良, 杨秀英, 等. 1991. 黄丘一区小流域洪水输沙特性研究. 中国水土保持, (10): 17～19, 54
水利部黄河水利委员会. 1989. 黄河流域地图集. 北京: 中国地图出版社: 248
孙保平, 赵廷宁, 齐实. 1990. USLE 在西吉县黄土丘陵沟壑区的应用. 中国科学院水利部西北水土保持研究所集刊, 12: 50～58
汤克清, 杨贤为, 姚佩珍, 等. 1995. 黄河中游致洪暴雨的特征分析. 灾害学, 10(3): 44～49

唐克丽，张科利，雷阿林. 1998. 黄土丘陵区退耕上限坡度的研究论证. 科学通报, 43(2): 200～203
唐克丽. 1993. 黄河流域的侵蚀与径流泥沙变化. 北京：中国科学技术出版社
陶林科，杨侃，胡文东，等. 2014. “7.30”大暴雨数值模拟及贺兰山地形影响分析. 沙漠与绿洲气象, 8(4): 32～39
陶林科，杨有林，胡文东，等. 2008. 宁夏局部突发性特大暴雨中尺度分析. 干旱区资源与环境, 22(7): 64～70
田文彬. 2013. 贺兰山地区水文分析. 科技创业, (11): 182～184
屠新武，马文进. 2004. 黄河中游“2003.7”特大暴雨洪水分析. 水文, 24(4): 61～64
王伏村，许东蓓，张德玉，等. 2014. 西北地区东部一次大暴雨天气过程诊断分析. 干旱区研究, 31(3): 452～461
王宏，熊维新. 1994. 渭河流域降雨产流产沙经验初探. 中国水土保持, 8: 15～18
王宏. 2009. 忻州市年降水规律分析. 科技情报开发与经济, 19(6): 172～173
王洪霞，苗爱梅，郑皓文，等. 2014. “0730”山西区域性暴雨的水汽输送特征分析. 科技与创新, (2): 140～142
王华贤. 1992. 沮河、黄柏河流域面雨量站数的分析. 水文, 12(5): 45～49
王礼先. 1987. 侵蚀指数微分计算法. 中国水土保持, (7): 5～6
王万忠. 1984. 关于侵蚀性降雨的标准问题. 水土保持通报, 4(2): 58～62
王万忠，焦菊英，郝小品. 1999. 黄土高原暴雨空间分布的不均匀性及点面关系. 水科学进展, 10(2): 165～169
王万忠，焦菊英. 1996. 黄土高原降雨侵蚀产沙与黄河输沙. 科学出版社
王万忠. 1983. 降雨侵蚀力指标 R 的值探讨. 水土保持通报, 3(5): 62～64
王万忠. 1984. 关于侵蚀性降雨的标准问题. 水土保持通报, 4(2): 58～62
王万忠. 1987. 黄土地区降雨侵蚀力 R 指标的研究. 中国水土保持, (12): 34～38
王万忠，焦菊英，魏艳红，等. 2015. 近半个世纪以来黄土高原侵蚀产沙的时空分异特征. 泥沙研究, (2): 9～16
王锡稳，高凤荣，王强，等. 1998. 甘肃“726”大暴雨分析. 甘肃气象, 16(2): 8～10
王筱萍. 2012. 马莲河流域灾害性洪水类型及成因分析. 甘肃水利水电技术, 48(8): 11～14
王鑫平. 2008. 陇东地区“96.7”暴雨洪水分析. 甘肃水利水电技术, 44(3): 183～185
王兴奎，钱宁，胡维德. 1982. 黄土丘陵沟壑区高含沙水流的形成及汇流过程. 水利学报, 13(7): 26～35
王佑民，郭培才，高维新. 1994. 黄土高原土壤抗蚀性研究. 水土保持学报, 8(4): 11～16
王云璋，彭雪香，温丽叶. 1991. 黄河中游降雨与入黄沙量关系的探讨. 人民黄河, 13(3): 44～46
王云璋，彭雪香，温丽叶. 1992. 80 年代黄河中游降雨特点及其对入黄沙量的影响. 人民黄河, 14(5): 10～14
王允升，王英顺. 1995. 黄河中游地区 1994 年暴雨洪水淤地坝水毁情况和拦淤情况调查. 中国水土保持, (8): 23～25
王志杰，马丽梅，焦菊英. 2013. 黄土丘陵沟壑区不同空间尺度流域泥沙输移比研究. 水土保持通报, 33(6): 1～8
吴钦孝，杨文治. 1998. 黄土高原植被建设与持续发展. 北京：科学出版社
吴素业. 1989. 安徽大别山区降雨侵蚀力简化算法与时空分布规律. 中国水土保持, (3): 12～13
吴素业. 1992. 安徽大别山区降雨侵蚀力指标的研究. 中国水土保持, (2): 32～33
吴以学，张胜利. 1981. 略论黄河流域水土保持基本概念. 人民黄河, 3(6): 45～47
武荣，陈高峰，张建兴. 2010. 黄河中游河口镇—龙门区间水沙变化特征分析. 中国沙漠, 30(1): 210～215
小流域暴雨径流研究组. 1978. 小流域暴雨洪峰量计算. 北京：科学出版社
肖文忠，杨毅，夏维武. 1989. 陕西省 81.6 大石槽暴雨简介. 水文, 9(5): 53～56

信忠宝, 许炯心, 余新晓, 等. 2009. 近 50 年黄土高原水土流失的时空变化. 生态学报, 29(3): 1129～1139
邢天佑, 李卓, 刘平乐, 等. 1991. 甘肃西峰地区“1988.7.23”特大暴雨灾害与水保措施调查评价. 水土保持通报, 11(3): 40～47
熊贵枢. 1992. 黄河 1919～1989 年的水沙变化. 人民黄河, 14(6): 9～13
徐剑峰. 1989. 河套平原水文特征. 水文, 9(6): 50～53
徐乃民, 张金慧. 1993. 水平梯田蓄水减沙效益计算探讨. 中国水土保持, (3): 32～34
许炯心, 孙季. 2004. 水土保持措施对流域泥沙输移比的影响. 水科学进展, 15(1): 29～34
许炯心. 2010. 黄河中游多沙粗沙区 1997-2007 年的水沙变化趋势及其成因. 水土保持学报, 24(1): 1～7
杨德应, 王玲, 高贵成, 等. 2002. 陕北清涧河“2002.7”暴雨洪水分析. 人民黄河, 24(12): 10～11, 45
杨开宝, 郭培才. 1994. 陕北黄土丘陵沟壑区降雨侵蚀力指标的研究.水土保持通报, 14(5): 31～35
杨文治, 马玉玺, 韩仕峰, 等. 1994. 黄土高原地区造林土壤水分生态分区研究. 水土保持学报, 8(1): 1～9
杨霞. 2007. 山西省年降水量规律初探. 水资源与水工程学报. 18(6): 84～87
杨亚利, 郑合清. 2013. 1956-2010 年宜君县降水变化特征分析. 现代农业科技, (11): 262～264
姚文艺, 焦鹏. 2016. 黄河水沙变化及研究展望. 中国水土保持, (9): 55～63, 93
姚文艺, 冉大川, 陈江南. 2013. 黄河流域近期水沙变化及其趋势预测. 水科学进展, 24(5): 607～616
姚文艺, 郑合英. 1987. 人类活动对无定河流域产沙影响的分析. 中国水土保持, (1): 44～47, 66
姚文艺. 黄河流域水沙变化研究新进展. 黄河报, 2009-09-24
姚治君, 廖俊国, 陈传友. 1991. 云南玉龙山东南坡降雨因子与土壤流失关系的研究. 自然资源学报, 6(1): 45～52
叶青超. 1994. 黄河流域环境演变与水沙运行规律研究. 济南: 山东科学技术出版社
袁金梁, 徐剑峰. 1991. 伊克昭盟“89.7”暴雨洪水分析. 水文, 11(2): 48～50
袁瑞强, 龙西亭, 王鹏, 等. 2015. 山西省降水量时空变化及预测. 自然资源学报, 30(4): 651～660
曾伯庆, 马文中, 李俊文, 等. 1990. 人工草地植被对产流产沙影响的研究. 见: 山西省水土保持研究所. 晋西黄土高原土壤侵蚀规律实验研究文集, 北京: 水利电力出版社 80～86
张光辉, 梁一民. 1996. 论有效植被盖度. 中国水土保持, (5): 28～46
张国宏, 郭慕萍, 赵海英. 2008. 近 45 年山西省降水变化特征. 干旱区研究, 25(6): 858～862
张海敏, 牛玉国. 2003. 黄河中游清涧河“2002.7”暴雨洪水分析. 水文, 23(5): 61～64
张汉雄, 王万忠. 1982. 黄土高原的暴雨特性及分布规律. 水土保持通报, 2(1): 35～43
张汉雄. 1983. 黄土高原的暴雨特性及分布规律. 地理学报, 38(4): 416～425
张华, 汪文浩. 2007. 宁夏贺兰山东麓“060714”暴雨洪水分析. 水资源与水工程学报, 18(2): 83～85
张仁, 丁联臻. 1993. 黄河水沙变化的成因分析方法[A]. 见: 黄河水沙变化研究基金会. 黄河水沙变化研究论文集(第二卷): 188-237
张仁, 丁联臻. 1998. 黄河水沙变化的成因分析方法. 见: 黄河水沙变化研究基金会. 黄河水沙变化研究论文集(二). 郑州: 黄河水利出版社
张胜利, 王轶睿. 1992. 80 年代黄河中游来沙量减少的原因分析. 人民黄河, 14(5): 15～18
张胜利. 1995. 从“94.8”暴雨洪水看黄河中游水利水保工程的作用和问题. 中国水土保持, (5): 45～49
张胜利, 于一鸣, 姚文艺. 1994. 水土保持减水减沙效益计算方法. 北京: 中国环境科学出版社
张胜利, 李悼, 赵文林, 等. 1998. 黄河中游多沙粗沙区水沙变化原因及发展趋势. 郑州: 黄河水利出版社
张宪奎, 卢秀琴, 詹敏. 1991. 土壤流失预报方程中 R 指标的研究. 水土保持科技情报, (4): 49～48
赵广举, 穆兴民, 田鹏. 2012. 近 60 年黄河中游水沙变化趋势及其影响因素分析. 资源科学, (6): 1070～1078
赵桂香, 韩龙, 任璞. 2008. “7.30”区域暴雨的中尺度特征分析. 山西气象, (1): 1～3

赵业安, 潘贤娣, 申冠卿. 1992. 80年代黄河水沙基本情况和特点. 人民黄河, 14(4): 11～20
赵文林, 焦恩泽, 王广任. 1992. 三川河水沙变化及人类活动影响. 人民黄河, 14(11): 22～26, 61～62
郑似苹. 1981. 黄河中游1933年8月特大暴雨等雨深线图的绘制. 人民黄河, 3(5): 28～32
郑梧森, 易维中, 晏宗镇. 1981. 内蒙乌审旗1977年8月特大暴雨简介. 水文, 1(2): 46～49
郑梧森, 易维中, 晏宗镇, 等. 1979. 黄河中游“778”乌审旗特大暴雨调查与初步分析. 人民黄河, 1(3): 45～49
郑自宽. 2003. 泾河流域暴雨洪水特性. 水文, 23(5): 57～60
中国科学院黄土高原综合科学考察队. 1990. 黄土高原地区土壤侵蚀区域特征及其治理途径. 北京: 中国科学技术出版社
周伏建, 黄炎和. 1995. 福建省天然降雨雨滴特征的研究. 水土保持学报, 9(1): 8～12
周明衍. 1982. 晋西入黄河流产沙规律和流域治理效果. 水文, 2(6): 31～39
周佩华, 王占礼. 1989. 黄土高原土壤侵蚀暴雨的研究. 水土保持学报, 3(1), 38～42
朱同新. 1990. 70年代以来黄河中上游地区人类活动及降雨因素对减少入黄泥沙的作用. 见: 阎树文. 水土保持科学理论与实践. 林业出版社, 219～224
朱显谟. 1960. 黄土高原枯落物因素对水土流失的影响. 土壤学报, 8(2): 110～121
朱象三. 1990. 黄土峁状丘陵沟壑区土地利用模式及其效益. 见: 陕西省黄土高原研究所编. 黄土高原开发治理研究. 杨陵: 天则出版社
郑粉莉, 唐克丽, 白红英, 等. 1994. 子午岭林区不同地形部位开垦裸露地降雨侵蚀力的研究. 水土保持学报, 8(1): 26～32
Hussein M H. 1988. 伊拉克的降雨侵蚀. 李凯荣译. 水土保持科技情报, (4): 61～62, 60
Hudon N W. 1976. 土壤保持. 窦葆璋译. 北京: 科学出版社: 52～53
Lal R. 1991. 土壤侵蚀研究方法. 黄河水利委员会宣传出版中心译. 北京: 科学出版社
Niwat Ruangpanit. 1984. 林冠郁被度对水土流失的影响. 王基柱译. 中国水土保持, (7): 56～58
Onchev N G. 1990. 计算降雨侵蚀度的通用指数. 赵振华译. 见: 土壤侵蚀与水土保持, 水土保持译文集(第二集). 郑州: 黄河水利委员会水土保持处, 278～281
大味新学, 綱本皓二. 1967. 山腹工法面の侵食に関する研究降雨加速指数と土砂流出との関係について. 日本林學會誌, 49: 286～292
Ateshian J K H. 1974. Estimation of rainfall erosion index. Journal of the Irrigation & Drainage Division, 100(3): 293～307
Elwell H. 1978. Destructive potential of Zimbabwe Rhodesia rainfall. Rhodesia agricultural journal, 76(6): 227～232
Foster G R, Lane L J. 1981. Simulation of erosion and sediment yield from field-sized areas. In: Lal R, Russell E W. Tropical Agricultural Hydrology. Chichester, Wiley: 375～394
Foster G R, Lanbardi F, Moldenhauer WC. 1982. Evaluation of rainfall-runoff erosivity factors for individual storms. Transations of the ASAE, 25(1): 124～127
Mu X M, Zhang X Q, Shao H B, et al. 2012. Dynamic changes of sediment discharge and the influencing factors in the Yellow River, China, for the recent 90 years. Clean－Soil, Air, Water, 40(3): 303～309.
Roose E J. 1975. Erosion et ruissellement en Afrique de l'Ouest, vingt années de mesures en parcelles expérimentales. Alcor.concordia.ca, 14(5): 325～331
Walling D E. 1983. The sediment delivery problem. Journal of hydrology, 65(1-3): 209～237
Wischmeier W H, Smith D D. 1958. Rainfall energy and its relationship to soil loss. Transactions, Americar Geophysical Union, 39: 285～291

附　　录

附录 1：本书作者相关研究发表的学术论文

1. 张汉雄, 王万忠. 1982. 黄土高原的暴雨特性及分布规律. 水土保持通报, 2(1): 35～43
2. 王万忠. 1982. 黄土高原水土流失的时间分布规律. 水土保持通报, 2(5): 43～48
3. 王万忠. 1983. 黄土地区降雨特性与土壤流失关系的研究: Ⅰ降雨参数与土壤流失量的相关性. 水土保持通报, 3(4): 7～13
4. 王万忠. 1983. 黄土地区降雨特性与土壤流失关系的研究: Ⅱ降雨侵蚀力指标 R 值的探讨. 水土保持通报, 3(5): 62～64
5. 王万忠. 1984. 黄土地区降雨特性与土壤流失关系的研究: Ⅲ关于侵蚀性降雨的标准问题. 水土保持通报, 4(2): 58～63
6. 王万忠. 1984. 黄土沟道小流域的泥流特征和防治. 水土保持通报, 4(1): 19～23
7. 王万忠. 1987. 黄土地区降雨侵蚀力 R 指标的研究. 中国水土保持, 12: 34～38
8. 王万忠. 1995. 中国降雨侵蚀力 R 值的计算与分布(Ⅰ). 水土保持学报, 9(4): 5～17
9. 王万忠. 1996. 中国降雨侵蚀力 R 值的计算与分布(Ⅱ). 土壤侵蚀与水土保持学报, 2(1): 29～39
10. 王万忠, 焦菊英. 1996. 中国的土壤侵蚀因子定量评价研究. 水土保持通报, 16(5): 1～19
11. 王万忠, 焦菊英. 1996. 黄土高原坡面降雨产流产沙过程变化的统计分析, 水土保持通报, 16(5): 21～27
12. 王万忠, 焦菊英. 1996. 黄土高原沟道降雨产流产沙过程变化的统计分析. 水土保持通报, 16(6): 12～18
13. 王万忠, 焦菊英, 郝小品. 1998. 黄土高原侵蚀产沙强度、面积、数量间相互关系的统计分析, 水土保持学报, 4(1): 54～60
14. 焦菊英, 王万忠, 郝小品. 1998. 黄土高原侵蚀产沙的年际变化特征. 水土保持通报, 18(2): 80～84
15. 焦菊英, 王万忠, 郝小品. 1999. 黄土高原极强烈侵蚀(灾害性)的降雨产流产沙特征. 自然灾害学报, 7(1): 78～82
16. 焦菊英, 王万忠, 郝小品. 1999. 黄土高原不同类型暴雨的降水侵蚀特征. 干旱区资源与环境, 13(1): 34～41
17. 王万忠, 焦菊英, 郝小品. 1999. 黄土高原暴雨空间分布的不均匀性及点面关系. 水科学进展, 10(2): 165～169
18. 焦菊英, 王万忠, 郝小品. 1999. 黄土高原流域出口站降雨的面代表性分析. 水文, 19(4): 33～36
19. 焦菊英, 王万忠. 1999. 黄土高原水平梯田质量及水土保持效果的分析. 农业工程学报, 15(2): 59～63
20. 焦菊英, 王万忠, 李靖. 1999. 黄土高原丘陵区不同降雨条件下水平梯田的减水减沙效益分析. 土壤侵蚀与水土保持学报, 5(3): 59～63
21. 焦菊英, 王万忠, 李靖等. 2001. 黄土高原丘陵沟壑区淤地坝的减水减沙效益分析. 干旱区资源与环境, 15(1): 78～83
22. 焦菊英, 王万忠. 2001. 人工草地在黄土高原水土保持中减水减沙效益与有效盖度. 草地学报, 9(3):

176～181
23. 焦菊英，王万忠. 2001. 黄土高原降雨空间分布的不均匀性研究. 水文, 21(2): 20～24
24. 焦菊英，王万忠，李靖，等. 2002. 黄土丘陵沟壑区水土保持人工林减蚀效应研究，林业科学, 38(5): 87～94
25. 王万忠，焦菊英. 2002. 黄土高原侵蚀产沙强度的时空变化特征. 地理学报, 57(2): 210～217
26. 焦菊英，王万忠，李靖，等. 2003. 黄土高原丘陵沟壑区淤地坝的淤地拦沙效益分析. 农业工程学报, 19(6): 302～305
27. 赵西宁，吴发启，王万忠. 2004. 黄土高原沟壑区坡耕地土壤入渗规律研究. 干旱区资源与环境, 18(4): 109～112
28. 赵西宁，王万忠，吴发启. 2004. 不同耕作管理措施对坡耕地降雨入渗的影响. 西北农林科技大学学报(自然科学版), 32(2): 69～72
29. 赵西宁，吴普特，王万忠，等. 2005. 生态环境需水研究进展. 水科学进展, 16(4): 617～622
30. 王万忠. 2005. 我国西部农村特色农业发展中几个问题的思考. 水土保持学报, 19(6): 145～147, 152
31. 焦菊英，景可，李林育，等. 2007. 应用输沙量推演流域侵蚀量的方法探讨. 泥沙研究, (4): 1～6
32. 焦菊英，贾燕锋，景可，等. 2008. 自然侵蚀量和容许土壤流失量与水土流失治理标准. 中国水土保持科学, 6(4): 77～84
33. 景可，焦菊英. 2010. 水土保持效益评价中的问题讨论. 水土保持通报, 30(4): 175～179
34. 马丽梅，王万忠，焦菊英，简金世. 2010. 黄河中游输沙与减沙的时空分异特征. 水土保持研究, (4): 67～72, 77
35. 王万忠，焦菊英，马丽梅，穆兴民. 2012. 黄土高原不同侵蚀类型区侵蚀产沙强度变化及其治理目标. 水土保持通报, (5): 1～7, 305
36. 穆兴民，王万忠，高鹏，赵广举. 2014. 黄河泥沙变化研究现状与问题. 人民黄河, 36(12): 1～7
37. 王万忠，焦菊英，魏艳红，王志杰. 2015. 近半个世纪以来黄土高原侵蚀产沙的时空分异特征. 泥沙研究, (2): 9～16

附录 2：本书作者主持参加的相关科研课题

1. 国家“八五”科技攻关项目“黄土高原水土流失综合治理试验示范研究”第 12 专题“黄土高原区域水土保持与农业发展综合研究”（1991～1995 年），专题负责人，并承担子专题“水土流失量评估及控制前景预测”研究，研究成果获 1998 年中国科学院科技进步二等奖。
2. 研究所自选课题“中国降雨侵蚀力研究”（1993～1997 年），课题负责人。
3. 国家“九五”科技攻关专题“区域水土流失防治与农业持续发展中重大共性关键问题研究”（1996～2000 年）子专题“水土保持效益分析与水土流失趋势预测”，子专题负责人，研究成果获 2002 年陕西省科技进步一等奖。
4. 中国科学院知识创新项目“黄土高原生态环境建设中的重大科学问题研究”（1999～2001 年）专题“高强度治理下黄土高原水土流失预测研究”，专题主持人。
5. 中国科学院知识创新项目“黄土高原水土保持与生态环境建设试验示范研究”（2000～2004 年）专题“黄土高原生态环境建设战略与宏观规划”，专题主持人。
6. 国家科技支撑项目“黄土高原水土流失综合治理工程关键支撑技术研究”第 10 课题“黄土高原水土流失综合防治技术研究”（2006～2010 年），课题负责人，研究成果获 2015 年陕西省科技进步一等奖。

后　　记

1976 年 7 月，我由陕西师范大学地理系毕业，分配到中国科学院西北水土保持生物土壤研究所（现中国科学院水利部水土保持研究所）工作。当时，我是分配到所里的第一位工农兵大学生，先临时在所政工处工作。1977 年春，所领导征求我意见，让我选择是干行政还是搞科研。我毫不犹豫地选择搞科研，至于什么原因让自己当时态度那么坚决，至今我也说不清。

所里把我分配到土地利用室喷灌组，这是当时所里科研力量最强且年轻精干的一个课题组。蒋定生、金兆森、张学栋等老师都是 20 世纪 60 年代从武汉水电学院、华东水利学院和西安交通大学毕业的高材生，其科研工作在全国同行中很有影响。我在喷灌组呆了四年，由于喷灌组的主要科研任务是喷灌设备的研制，与我的所学专业差之较远，因此，自己只能做一些辅助性工作。尽管如此，喷灌组的四年，我从几位老师那里学到了不少东西。特别是他们对科研工作的敬业、吃苦和一丝不苟精神使我受益匪浅，以至于对我的一生产生影响。

1980 年，一个偶然机会，室里派我陪同张汉雄老师去黄土高原主要气象台站抄录暴雨资料（主要是从雨量自记纸上摘录每场暴雨的最大时段雨量和降雨过程）。虽然这一工作极为枯燥，但我却对其很感兴趣。因为一方面能与我大学专业和兴趣结合起来（我大学最喜欢的专业基础课是气象与气候学，毕业实习也是在长安气象站和陕西气象局），二是能培养自己独立地发现、思考和判断能力。

1982 年，我参加了中国科学院组织的以我所科研力量为主体的黄土高原杏子河流域综合考察队。我除担任队务秘书外，还负责气候专题组，这不仅是自己第一次独立地从事科研工作，而且也是考察队最年轻的一个专题负责人。应当说，杏子河流域的综合考察是我从事科研工作的转折点，也是我确立从统计学角度研究“降雨—侵蚀产沙—输沙与水土保持防蚀减沙”这一主体科研方向的起点。

在杏子河流域考察期间，我有幸在所资料室无意翻阅了西峰、天水、绥德、延安等水土保持试验站的径流泥沙试验观测资料。从这些观测资料中发现，水土流失在发生时间上有一定的共性，随即就将资料中的有关数据进行了统计分析，并将其结果整理成《黄土高原水土流失的时间分布规律》一文发表在《水土保持通报》杂志上。这是自己独立完成的第一篇学术论文，在当时自己的兴奋程度丝毫不亚于今天获得了一项成果奖。这种喜悦、兴奋以及产生的冲动和爆发力，推动着我在 1982～1984 年间，连续发表了 5 篇有关黄土高原降雨特性与水土流失关系的研究论文，并奠定了我日后从事这一研究的基础，启示着我从事这一研究的思路和方法，培养了我对这一方面研究的兴趣、热情和信心。

1983 年杏子河考察结束后，我正式离开了喷灌组，到陈国良老师课题组从事作物需水和干旱气候方面的研究。1984年春，我正在宁夏固原上黄试验站和刘文兆一起进行春小麦需水盆栽实验时，所里任命我为所办公室副主任。当时，我的思想还很矛盾，很纠结。主要是自己的科研工作刚刚起步，而且兴趣盎然，如果马上戛然而止，心里还觉得有些留恋和不舍。当然，所里已经研究，我只有服从组织安排了。同时，也从内心感谢组织对我的信任。这是我科研工作的第二次转折。从此，我成了“双肩挑”的科研人员。

从1984年5月起，虽然我在编制上已属行政系列了，但对科研工作一直热情未减。工作之余，常去图书馆查阅资料。一次，我在印度的一期水文杂志上看到世界上已有近20个国家绘制了本国的降雨侵蚀力图的报道后，很受启发，思索着能否在自己已有的黄土高原降雨侵蚀力研究工作的基础上，将研究范围拓展到全国范围，进而绘制出我国的降雨侵蚀力图。我的这一想法以及在行政工作之余继续干点科研工作的念头，得到了时任所长杨文治先生的理解，时任科研处长汪立直老师还为我列了一个所里的自选课题。这一研究在南昌水利专科学校陈法扬老师，黑龙江省水土保持研究所张宪奎、卢秀琴老师，安徽省岳西水利局吴素业老师，以及中央气象局资料室的大力支持和参与下，虽然断断续续地做了六七年，但可喜的是，最终取得了圆满的成果。

组织上为了培养我，让我多岗位锻炼。1986年任命我为总务处处长，1989年又转任科研处处长。1991年所领导班子换届后，所里要求科研处长必须全身心投入管理工作，不允许直接从事科研工作。我为了科研工作，已投入了近10年的精力和情感，并产生了愈加浓厚的兴趣，在当处长和干科研之间，我毅然选择了从事科研工作。1991年8月，所领导根据我的要求，任命我为科研处副处长兼黄土项目办公室副主任，可以从事部分科研工作。从此，由于自己不再有处长岗位管理工作的责任与压力，基本上将大部分时间投入到科研上面了。这也是我科研工作的第三次转折。

1992年，正在我发愁没有科研课题和科研经费时，原主持国家“八五”科技攻关“黄土项目”第十二专题的刘宝元博士因要去美国读博士后，时任黄土项目办主任汪立直副所长和分管黄土项目的中国科学院资环局孙俊杰处长商定，由我代替刘宝元博士主持第十二专题。这对我来说真是雪中送炭，也使我有种如虎添翼的感觉。加之1993年焦菊英同志及辅助人员的加入，我的科研工作从此由单枪匹马的游击队员变成有团队、有课题、有经费、有实验室的“正规军”。我们这支精干高效的团队，在1993～1995年的3年时间里，几乎处于一种疯狂的工作状态。我们付出了艰辛的努力，也取得了丰硕的成果，特别是在黄土高原坡面及小流域的降雨侵蚀、产流产沙过程和规律研究方面取得了突破性进展，发表相关学术论文十余篇，撰写专著一部，获中国科学院科技进步二等奖一项。

1994年年底所领导班子换届时，我因群众高票推荐，被任命为副所长，分管行政方面的工作。这次，我再未产生和表现出对能否继续从事科研工作的忧虑和不安，也未出现在从政和科研之间选择的惆怅与担心。一是我是水保所的职工用双手把我送进领导班子的，我必须以加倍努力的工作来回报他们；二是中国科学院已明确所级领导是可以“双肩挑”；三是焦菊英同志已能独立地开展科研工作，无需我全部投入精力。此外，所长田均良老师对我的科研工作也给予了充分的理解和支持。这是我科研工作的第四次转折。1996年，我成为所里最年轻的研究员，并入选全国“八五”科技攻关先进个人，继而主持国家“九五”科技攻关专题子专题“水土保持效益分析与水土流失趋势预测”的研究工作，专题成果 2002 年获评陕西省科技进步一等奖。

1999 年，杨凌示范区 7 家教学科研单位合并组建西北农林科技大学，我被推荐进入领导班子。由于大学刚刚组建，日常事务较多，加之自己又分管学校的体制改革工作，已基本无暇顾及科研工作，科研课题主要由焦菊英同志承担完成。到 2002 年，课题组共发表黄土高原侵蚀产沙时空分布规律及水土保持减沙效益评价方面的学术论文近十篇，其中有关水土保持减沙效益方面的研究大部分是焦菊英同志攻读博士学位期间完成的。国家“九五”科技攻关课题结束后，根据其研究成果，我们在 2002 年撰写出版了《黄土高原水土保持减沙效益预测》专著一部。2000 年焦菊英同志博士研究生毕业，2002 年获陕西省优秀博士学位论文，并于 2003 年晋升为研究员。

“九五”科技攻关课题结束后，我们计划在已有研究的基础上，继续沿着降雨侵蚀产沙输沙过程与规律这条主线，分流域进行更为深入的研究。2002 年，当我们到有关部门抄录有关水文气象资料时，高得离奇的资料费使得我们只能望而生畏，这一计划自然成为泡影，有关这方面的研究也只好就此止步。原来，我们到有关部门抄资料时，基本都是按抄的时间象征性收取点人工费，大概一小时二三元钱。2000 年前后，全国很多单位开始搞创收，实行所谓的有偿服务，气象水文资料按成本收费，抄一个数据就要几元钱甚至上百元钱，按此标准，光抄录资料费就得四十余万元，而当时我们课题的总经费也只有十几万元。此后，我虽主持了两项中国科学院知识创新项目中的专题研究，但其内容基本是黄土高原发展战略和泥沙变化方面的宏观性、趋势性研究。焦菊英同志申请获批了多项国家自然科学基金项目，主要是黄土高原植被与土壤侵蚀关系方面的研究课题。

2006 年，我主持了国家科技支撑项目“黄土高原水土流失综合治理工程关键支撑技术研究”第十课题“黄土高原水土流失综合防治技术研究”的研究，并和焦菊英同志一起承担了第一专题“黄土高原水土流失治理标准”的研究。这一研究是在我们已有水土保持减沙效益研究的基础上，使其黄土高原水土流失的治理标准区域化、标准化、规范化，该研究发表相关学术论文 6 篇。课题成果获 2015 年陕西省科技进步一等奖。

自从我到西北农林科技大学工作后，由于分管的改革、组织人事及校园规划建设工作繁重，对科研投入的精力甚少。特别是 2006 年担任学校常务副书记后，科研工作几近中断。其间虽然也主持了几个课题，但大都是在课题研究内容、试验分析方法和关键问题上进行指导和把关，具体工作参加较少，日常科研大多由焦菊英等同志完成。我招收的博士生大多和别的导师联合培养，除学生的培养方案、开题报告自己把关审定外，学生的日常学习和论文指导多由其他导师负责。

2012 年，时任我所副所长穆兴民研究员希望我参加由他主持的中国科学院“十二五”重大突破项目“黄河水沙变化对黄土高原侵蚀环境演变过程的响应”，我欣然应允。主要原因，一是他可提供 1990～2009 年的黄河中游水文站的径流泥沙资料（我们原有研究的资料年限只到 1989 年，降雨资料也可由中央气象局网站免费获取）；二是我已年满 60 岁，我退出领导岗位后，到退休还有 5 年时间，我可以重新从事我所喜爱的科研工作。2012～2014 年，我用了两年多的时间，对原有的资料进行了补充、完善和重新计算，对近半个世纪以来（1955～2009 年）黄土高原侵蚀产沙的时空分异变化特征进行了系统分析，发表学术论文 3 篇。

2014年5月，我正式退出大学领导岗位。考虑到我多年撂下科研事业全身心投入学校工作，孙其信校长按照有关规定，批准给了我50万元的科研经费，支持我恢复学术研究。有了这些经费，我决定将1996年科学出版社出版的《黄土高原降雨侵蚀产沙与黄河输沙》一书的资料补充一些新的资料后再版。当时，该书出版后，由于印数较少，科学出版社的编辑和许多读者建议再版，加之由于当时交稿仓促以及审校不严而有些错误，自己虽然也想有机会再版，但由于各种原因而搁置下来。但是，在这个想法的实现和完成过程中遇到的困难、阻力和问题，远远超出了我的想象。一是1990～2009年这20年间降雨资料的搜集整理和数据分析计算工作量太大，仅暴雨资料的整理和数据处理就花费了整整半年时间。多亏了学校人事处张春林同志的大力帮助（他是学计算机的），不然，这庞大的数据和繁冗的计算是难以完成的。二是我小时候没学过汉语拼音，普通话不好，带着浓厚的陕西口音，加之年龄大了，眼花手拙，要在计算机上敲出几十万字的文稿，其难度可想而知。三是身体也不争气，关键时候掉链子，2015～2016年先后因病多次住院，体力严重不支，相当一段时间每天只能工作两三个小时，几次我都想放弃，但又不甘心，咬着牙还是坚持下来了。如果说，当初自己热心科研工作的动力来自于兴趣、激情和年少轻狂的勇气，从事行政后没有放弃科研工作靠的是爱好、信心和割舍不掉的情结，而这几年能够坚持，靠的是信念、毅力和愚公移山的精神。

我自1976年参加工作，到今已整整41年了。在这41年里，我在科研上真正投入全部或大部精力的时间也就十三四年，三分之二的时间都是处于兼职或断断续续的维系状态。尽管自己没有做出什么大的成绩，但对科研工作的特殊情结，我还是一直在努力着、坚持着。回顾四十余年自己走过的路，我非常感谢杨文治所长对我的信任、关心和培养，感谢汪立直副所长在我困境中对我科研工作的理解、支持和帮助，感谢焦菊英同志在关键时候加入我的科研团队，助我一臂之力，并与我同舟共济、齐心协力共同完成多项科研任务和本书的编写。我也特别感谢我的贤妻李亚玲女士在生活上对我的关怀，使我有更多的时间和精力从事科研工作，并经常帮我整理资料、计算数据。

本书完稿之时，我已年满65周岁，马上就要办退休手续了。当自己最后一次在计算机上修改整理好所有书稿内容，坐在沙发上望着对面书柜里存放的一沓沓有点发霉的20世纪80年代手抄的雨量自记资料和水文泥沙资料，以及右墙角堆放的一米多高的20世纪90年代初用针式打印机打印的计算资料底稿。我不禁陷入了许久的沉思和回忆……回想起20世纪80年代初，骑着自行车，背着干粮、大头咸菜，到原平、万荣、神木、西峰、固原等气象站抄雨量自记资料的情形；回想起当年在寒冷的冬天里，在没有暖气的陕西农科院家属区五号楼的居室里，和我爱人坐在火炉旁一起用5100计算器计算降雨资料的情景；回想起1994年和1995年，因计算资料经常加班到晚上12:00以后，回家时翻越水保所办公区铁大门的情形；回想起到黄委会、水科所资料室抄资料时，为了不上厕所，节约时间多抄一些数据，经常半天一口水也不喝……

再别了，那风华正茂的年代，那激情燃烧的岁月，那充满情结的科研生涯。

王万忠

2017年7月26日